"十三五"国家重点出版物出版规划项目

国家自然科学基金资助项目（71472135、71172175、70772058）

天津市教委社会科学重大项目资助（2016JWZU22）

工程价款管理

——基于 DBB 模式的建设工程投资管控百科全书

尹贻林　著

机械工业出版社

本书基于我国实际情景以探讨在建设工程项目中如何有效地进行工程价款管理。本书集中运用不完全契约理论、博弈理论、风险分担理论等经济学和管理学基础理论与分析工具，以探讨工程项目中发包人与承包人之间的工程价款管理活动，解析工程价款管理的原则、内容、机制、方法，并辨析我国建设工程价款管理的关键点，填补我国在相关领域的研究空白。其中，发承包双方的合理风险分担是现阶段我国建设工程价款管理的核心内容，本书主要基于风险分担视角探讨工程价款管理活动，给出基于风险分担视角的工程价款管理体系。

本书适合我国建设工程领域的从业者、学者及学生阅读使用，期望能够为我国建设工程价款管理事业的发展提供些许启迪。

图书在版编目（CIP）数据

工程价款管理/尹贻林著 . —北京：机械工业出版社，2018.5
（2023.1 重印）
"十三五"国家重点出版物出版规划项目
ISBN 978-7-111-59563-2

Ⅰ . ①工… Ⅱ . ①尹… Ⅲ . ①建筑工程 – 账款 – 管理
Ⅳ . ①TU723.1

中国版本图书馆 CIP 数据核字（2018）第 063339 号

机械工业出版社（北京市百万庄大街 22 号 邮政编码 100037）
策划编辑：刘 涛 责任编辑：刘 涛 刘 静 商红云
责任校对：王 延 封面设计：张 静 王 翔
责任印制：郜 敏
北京富资园科技发展有限公司印刷
2023 年 1 月第 1 版第 5 次印刷
184mm×260mm · 38.5 印张 · 1 插页 · 925 千字
标准书号：ISBN 978-7-111-59563-2
定价：198.00 元

前言——通往专业自由之路

从被动反应到主动控制工程造价，从全过程工程造价咨询到全过程工程咨询，从造价工程师到总咨询师。

一、徐大图教授与中国的造价工程师

1986 年初"两会"期间徐大图教授被国家计划委员会杨思忠、谭克文电召至北京，与香港测量师学会创会会长、英国皇家测量师学会资深会员简福怡先生见面商议在中国高校中开办 QS（工料测量）专业的可行性。事情缘起于简福怡先生以全国政协委员身份向"两会"提案，建议在内地高校设立 QS 专业，与国际惯例接轨，满足日益增长的固定资产投资控制的需要。此提案由国家计委办理，计委领导找到了时任天津大学工业管理工程系副主任的徐大图洽商。徐大图教授以其高度的敏感，马上着手论证开办技术经济专业。当时考虑既不能直接采用 QS 名称，也不能采用工程概预算名称（中专开办），工程造价当时尚不能被人们接受，但技术经济则早已被业内专家学者和领导认同，所以徐大图将其定名为技术经济。

徐大图教授于当年 5 月即开始着手论证开办技术经济专业，当时开办新专业不容易，他决定到北京开论证会。会议地址选定西三环京通宾馆，是通讯兵的招待所，距离教育部、建设部、人民大学、北京大学都不远，位置适中，接送专家方便（那时不习惯打车，更无专车之类）。首席专家是厉以宁教授，大图带着我到北大朗润园厉老家中，厉以宁教授没有推辞，只是拿出一个效率手册，念叨着：大图啊，那天我上午要去国务院研究室，下午要去国家计委，都是早定的。大图毫不退让：厉老师您必须去。厉以宁先生提出个妥协方案，会议早晨 8 时开始，我讲 30 分钟，9 时离会去国务院研究室。会议就是这样安排的，到会专家还有大图在中国人民大学读研究生时的老师，时任中国金融学院院长的徐文通，以及中国人民大学的邵以智教授、龚维丽教授；还有国家教委高教司副司长、国家计委标定司副司长、化工部一个处长、水电定额站李治平处长等。会议圆满成功，天津大学 1987 年当年就可以招生了。这时在国家计委的支持下，天津大学决定成立技术经济与系统工程系，徐大图任主任，来珠、高紫光任副主任，纪年任党总支书记，我任教学秘书兼系办公室主任。徐大图教授在系成立大会上潸然泪下，承诺把技术经济与系统工程系办成全国一流的学科。时任讲师、现任上海交通大学教授、博导的杨忠直教授回忆：那是英雄落泪。

徐大图有三板斧，第一板斧是继续办好全国定额站站长班，第二板斧是在国家计委支持下开办基本建设管理（工程造价）干部班，第三板斧是在天津大学成人教育学院支持下，在全国开办工程造价专业函授大专教育。

这样干了两年，中国的工程造价学科基本建立起来了。期间，徐大图教授编著了中国第一本《建设工程造价管理》，由天津大学出版社出版；还编写了一本高等学校管理类专业教学指导委员会规划教材《工程造价管理》，由机械工业出版社出版。更值得一提的是，徐大图教授直接策划并推动出版了一套"建设工程造价管理丛书"分别由几个大出版社出版，编者包括徐大图教授、虞和锡教授、曲修山教授、刘尔成教授、赵国杰教授、陈通教授、纪年教授等天津大学技术经济系的老师，也有徐大图在人民大学读研时的导师邵以智、徐文通和龚维丽教授。1989年国家教委举办首次全国优秀教学成果评选，天津大学申报的《建设工程造价管理学科的创立与发展》获得优秀奖（相当于后来的二等奖）。获奖人是：徐大图、刘尔成、尹贻林。

1994年大图决定选派我和我博士期间的师兄陈通教授去加拿大做访问学者，我们都在蒙特利尔，我在康考迪亚大学，陈通在高等商学院（HEC）。同期，后任天津大学管理学院院长的齐二石教授，副院长汪波教授都在那里，我们一起学习，一起打篮球，一起游览加国风光，度过了一段美好时光。徐大图教授交给我一个任务：考察北美造价工程师学会（AACE）。我认真负责地做了这项工作，访问了AACE蒙特利尔分支机构，又去美国访问了AACE。搞清楚了北美造价工程师学会要求会员首先应该是北美工程师学会会员再通过四门课程考试才能使用造价工程师（Cost Engineer）的头衔；如果你没有工程师学会会员头衔，即使你通过了四门课程考试也只能使用造价顾问的头衔（CC）。当时我想把CE译为成本工程师，但经当时国家计委标准定额司司长管麦初指示，译为造价工程师。

1995年回国后，徐大图教授让我向建设部相关负责人汇报。我去了方知建设部非常重视这次汇报，当时有位司长（后任副部长）直接问我：小尹！你们天津大学很早就了解了英国皇家测量师学会（RICS）的工料测量师（Quantity Surveyor，QS）执业资格，你又专门考察了AACE的造价工程师制度（Cost Engineer，CE）。你认为，如果中国也搞类似的执业资格，是按美国的搞，还是按英国的搞。这个问题我和大图早有准备。我说：我们天津大学的意见是按英国的QS搞。因为，第一，按英国的相关制度，QS是独立的执业资格，这样就照顾到了中国现有百万人规模的工程造价专业人员队伍现状。若按美国的相关制度，先取得工程师执业资格再成为造价工程师，现有百万队伍将会被边缘化，失去继承性，难以得到支持。第二，按英国的相关制度，大学设置单独的QS专业，符合中国现在大学专业教育的特点，若是按照美国的相关制度，一味宽口径的工程教育，我国现行高等学校教育体系无法接受。听完汇报，建设部相关负责人对我说，你的汇报更坚定了我们的信心，我们取名借鉴美国叫造价工程师，内容借鉴英国的QS。

1996年，建设部和人事部联合召开造价工程师执业资格制度研讨会，地点在保定良友宾馆。建设部标准定额司领导和人事部执业资格司领导主持会议。当时大图已经调入天津理工学院任院长，他出席了会议，我代表天津大学也出席了会议。当时考试的大思路已经定了，按QS和CE的四大知识支柱：法律合同类、土木工程技术类、定额计价类、实务操作案例类。人事部刘宝英司长（天津人，慈祥的老大姐）建议，你们考的科目必须有内在的联系，并且要一看就是造价工程师的课程而不是拼凑的。大家一下子陷入僵局，想不出好办法。后任建设部标准定额司副司长的徐惠琴回忆："到底是大师，徐大图教授打破僵局，就定这么四门课：工程造价相关知识、工程造价确定与控制、土木工程技术与计量、工程造价案例。一锤定音！"

保定会议圆满完成预定任务，造价工程师即将开考。

二、中国造价工程师的两种可借鉴模式

欧美的造价工程师制度截然不同。欧洲的代表是英国及其英联邦体系的"工料测量师（Quantity Surveyor，QS）"，美国则是真正的"造价工程师（Cost Engineer，CE）"。

（一）工料测量师 QS 的计价

投标前按图纸估算工程量，列工程量清单（Bill of Quantities，BOQ），投标的承包商在 BOQ 上标价。中标后的支付过程是按进度测量工程量（非消耗量），再按已标价工程量清单（BOQ）的单价支付工程进度款。结算工程量则是上述历次支付的累积，没有工程量则没有支付。QS 的工作环境或称工作前提是五要素：业主提供设计（DBB 模式）、三角模式或称建设监理制（聘用咨询方）、竞争性招标、工程量清单、单价合同（ICE 合同体系含有"价值工程"条款）。

（二）造价工程师 CE 的计价

与 QS 业务的前提不同，即承包商提供设计（Engineering Procurement Construction，EPC 模式）、竞争性招标、总价合同（AIA 合同族不含"价值工程"条款）。在 EPC 模式下计价采用价格清单/或称招标项目列项（Bid Item），小的 EPC 工程则采用总价合同（Lump–Sum Contract）。美国一般没有定额或者消耗量标准，均采用本工程公司有竞争力的成本数据加标高金报价，也有一些著名的咨询公司发布成本指数或数据供业主作投资估算参考。所以美国的 CE 制代表了先进的生产力，是中国工程建设领域深化改革的方向。

（三）QS 和 CE 植根于资本主义国家但发展阶段不同

QS 萌芽于英国工业时代，从建筑师包揽一切工程管理事务到分化为专司设计和专司施工管理两部分专业人士，但均代表业主；英国通过威特烈法案后允许承包商总承包一个工程项目，这样就出现了工程项目的发承包双方。因为信息不对称、双方互相不信任，且在有关"量"的数据上纠纷不断，客观上需要一个公允的工程量的"测量师"，于是 QS 应运而生。

CE 则是后工业革命时代发轫于新兴经济体美国。美国没有类似于英国的威特烈法案，它允许建筑师接受业主委托出设计后雇用工匠完成项目，所以美国的建筑师发展成后来的工程公司。因此，美国的发包人是业主，而承包人则是建筑师为主体的工程公司，采用的是 EPC 模式。EPC 的重要特征是发承包双方合作双赢，基础是信任，克服了信息不对称产生的逆向选择和道德风险，所以美国的造价工程师 CE 主要由工程公司雇用以降低建造成本。

（四）中国的选择

1994 年开始，建设部开始规划建立造价工程师执业资格制度，并意欲在执业资格基础上建立工程造价咨询产业。当时摆在面前的英美两套体系——学哪个？

权衡利弊，最终建设部选择了美国"造价工程师"的名，采纳了英国"工料测量师"之实。我认为这是一个极其高明的决策，既照顾了中国工程造价制度的现状，又为未来选择预留了接口。

三、中国项目管理的发展历程

1985 年前后，中国出版了两部项目管理方面的著作，第一部是企业管理出版社的《项目管理》，美国人约翰·宾写的；另一部是中国建筑工业出版社的《工程项目管理》，是同济大学丁士昭教授写的。起到普及效应的是前者，约翰·宾先生是美国著名的柏克德（Bechtel）工程公司的项目经理，曾在 20 世纪 70 年代中国引进八套合成氨系统的成都工厂担任 EPC 项目经理，给当时视察项目的国家领导人留下了深刻印象。20 世纪 80 年代中国改革开放，与美国合作建立大连企业管理培训中心，中方领导点名要约翰·宾先生任教，美方则顺水推舟任命宾先生担任美方教务长。

（一）项目管理思想在中国的传播

约翰·宾先生的《项目管理》明确告诉大家项目管理的三大目标——即工期控制、成本控制、质量控制等三大控制，以及三大控制工具：关键路径法（Critical Path Method，CPM）、工作分解结构（Work Breakdown Structure，WBS）和文件分发表。这三大控制目标和三大控制工具支撑了早期即 1985 年前后中国项目管理的普及和发展。1988 年约翰·宾先生访问天津大学，时任技术经济与系统工程系主任的徐大图教授在天南街（天津大学与南开大学两所高校的纽连之街）一个饭店宴请他，我在场作陪。1987 年，中国施工企业管理协会组织编写《施工企业管理手册》，我负责撰写"项目管理"一章。

（二）丁士昭倡导建设监理制

丁士昭先生的《工程项目管理》则介绍了德国的施工项目管理，毕竟是大学的教授，这本书比约翰·宾先生的书厚了一倍，多介绍了项目管理组织和项目控制方法。1986 年丁先生据此向上海市以及我国建设部建议实行"建设监理制"，先后被上海市和建设部采纳——1987 年中国正式实施建设监理制，与项目法人责任制、项目合同制、招投标制并称中国建设领域的"四制"。后来随着项目法施工的兴起，中国已经形成了业主的项目管理即监理制，承包商的项目管理为项目法施工。1988 年春节前，徐大图带领我在建设部三号楼招待所住了一周，起草监理工程师考试方案，被监理司傅仁璋司长认可；年后建设部发文由天津大学、同济大学、重庆建工学院同时开展监理工程师培训，三个月一期，取得结业证即可上岗。两年后正式开考，我任其考试教材之二《建设工程合同管理》副主编，撰写《施工合同管理》一章。

（三）项目法施工在中国兴起

1986 年，时任国务院副总理兼国家教委主任的李鹏同志发明码电报给直属高校，要求土木工程系学习鲁布革水电站建设项目（日本承包商大成公司，TAISEI Corporation）的项目管理经验。他把日本大成公司在鲁布革项目成功的经验归结为：项目管理、工程合同管理（含招标和索赔）和工程经济学（含造价）的成功，要求各高校在土木工程系或管理学专业开设上述课程。1987 年初在郑州的一次会议上国家计委施工司下达任务给天津大学管理工程系，要求总结鲁布革经验，拨科研经费 20 万元。当时天津大学张乃如等教师五上云南鲁布革工地，采集了大量素材。为与业主方项目管理区分，定名为"项目法施工"，主要内容是：前后方分离（前方成立施工项目部，后方设立基地）；内部设立两个独立核算市场（施工机械租赁市场和劳务市场）；严密的合同与索赔制度；项目部为扁平组织结构；公司为矩阵或地区总部组织结构。进入 20 世纪 90 年代，项目法施工在中国广泛应用，尤其是在原石油部系统的应用最为成功，当时吐哈油田等新建油田均采用项目法施工获得成功。我当时任天津大学技术经济与系统工程系办公室主任，组织黄东兵教授编著了《项目法施工》一书。

（四）代建制的崛起

朱镕基同志 1998 年任国务院总理，力促中美贸易协定于 1999 年圣诞节前签署，扫清了加入 WTO（世界贸易组织）的最大障碍。又经一年半与欧盟谈妥通信与保险业的条约，于 2011 年率中国加入了 WTO。虽然上述议定书中同意中国暂缓加入 GPA（Government procurement Agreement，政府采购协议），但要中国区分政府投资工程与私人投资工程，并采取不同管理体制。为落实此项承诺，当时建设部成立以建筑业司张鲁风司长为组长的"政府投资工程管理体制改革研究"课题组，我是其中一员。经过两年的对美国、德国、新加坡等国家和中国香港地区以及重庆、成都、西安、合肥等地的建设部门调研，形成了基本思路。我当时归纳发达国家政府投资项目管理的理念是：为了保证公平，宁愿牺牲效率，又高度评价重庆的"投建管用"分离的做法。根据 PMC（项目管理承包）和 PMA（项目管理咨询）的经验提出政府投资项目应实行"代建制"，得到国务院的肯定。从 2003 年起推广，在北京奥运会工程中大显身手；在深圳演变成工务局；在四川省则形成我心目中理想的"代建制"，即代业主实施项目管理。当年我主编的代建制著作就有三种。

（五）项目经济评价方法与参数

1984 年前后，建设项目科学决策、民主决策的呼声越来越高，国家决定引入世界银行（WB）和联合国工业发展组织（UNIDO）的以等值计算和折现为基础的项目经济评价方法。由建设部标准定额研究所于守法副所长牵头，天津大学等一批高校和研究机构参与。当时，中国已经引进了工程经济学等理论并且在高校开设课程。同济大学黄渝祥教授编著了《费用效益分析》一书，影响很大，但是国家重点是对有经营性的工业项目进行财务评价，黄先生主导的政府投资项目评价问题尚未提到议事日程。20 世纪 90 年代，国家发布《建设项目经济评价方法与参数》，中国建设项目科学决策的基础至此得到了奠定。

四、造价工程师

（一）渊源

1994 年造价工程师执业资格草案摆在决策者：建设部总经济师杨思忠，标准定额司司长徐义屏、副司长管麦初、费黎，后任副司长王绍成、后任副司长徐惠琴及人事部刘宝英司长的面前。有三种选择：预算员制度升格、英国的工料测量师 QS、美国的造价工程师 CE。徐大图教授、龚维丽教授支持用美国的 CE 之名、施英国 QS 之实。1996 年两部（建设部、人事部）定名造价工程师，1997 年七省市试点考试。

既然已选择 QS，就要系统引入英国 QS 三大环境要素：首先于 1987 年改良英国传统三角发承包模式形成中国特色的建设监理制；其次于 1983 年引进由英国的单价合同条件 ICE 演进而成的 FIDIC 红皮书，多年模仿后于 2007 年形成我国的"小 FIDIC"：标准施工招标文件（56 号令）；第三是英国标准工程量清单 BOQ 和 SMM7，2003 年引入中国形成工程量清单及计价规范。

（二）知识和学位

造价工程师知识体系包括管理学、经济与工程经济学、法律与合同、工程与信息技术、计量与计价等五类知识。RICS（英国皇家特许测量师学会）提出会员的能力体系：基本能力、核心能力（执业能力）、发展能力三类，要求大学培养计划针对三层能力配置理论课程、工作坊、考核等环节。获得学位后进行专业能力考核（Assessment of Professional Competence，APC），通过者获会员资格。我国则无此过程，所以学历教育与行业需求脱节。

英国大学有 QS 专业，其课程标准必须经过 RICS 认证，毕业生通过 APC 后获会员资格。美国则由工学院培养具有工程师学位的专业人士，通过美国造价工程师协会（American Association of Cost Engineers，AACE）考试获得 CE 头衔。中国长期只有技术经济、工程管理专业，2003 年天津理工大学率先获教育部批准试办工程造价专业，2013 年获得 RICS 认证，建立了 RICS 培训中心，工程造价专业 2012 年列入教育部《普通高等学校本科专业目录》基本专业系列。

（三）社会地位

造价工程师执业资格是一种具有专业知识、掌握专业技能与工具、能解决专业问题的专业人士。并非所有专业均设置执业资格，只有当委托人无法判断专业人士服务质量时才设置执业资格，由专业学会管理并设置服务标准约束其执业行为。医师、律师、会计师、建筑师、测量师等是国际公认的执业资格，测量师相当于牙科医生的社会地位，美国的 CE 地位高于工程师。

第一，宏观地位。造价工程师制度提高了中国国民经济的运行效率。中国工程造价咨询产业依靠约 16 万名造价工程师（2017 年）、近七千家工程造价咨询机构（2017 年），已经产生了 1100 亿元年产值。每年为政府及其他投资主体审计并管控 20 余万亿元的固定资产投资，预计将产生 2 万亿元的投资节约，极大地提高了中国国民经济运行效率，为中国国力的增强贡献了力量。

第二，中观地位。20 世纪 90 年代以前，在计划经济下我国固定资产投资控制有三关：一是设计院执行设计任务书及限额作为概算控制关；二是国家计委概算审批关；三是财政部授权建设银行以施工图预算为手段的支付控制关。1994 年设计院改制退出概算控制，建设银行则被取消财政职能，工程造价咨询产业适时建立了全过程工程造价咨询体系，填补了我国固定资产投资控制的空白。

第三，微观地位。造价工程师制度优化了中国社会主义市场经济体制，为解决发、承包人之间信息不对称的困境提供了符合国际惯例的顾问服务。造价工程师为处于信息弱势的发包人提供工程造价全过程咨询，平衡了发、承包双方的交易地位、降低了交易成本，使得嵌入了工程造价咨询体系的中国建筑市场高效率运行，在投融资领域保障了社会主义市场经济体制改革的成功。

第四，国际地位。造价工程师制度使中国工程发承包模式更加与国际惯例接轨。随着住房和城乡建设部有关部门和中国建设工程造价管理协会（CECA）对造价工程师执业资格制度和工程造价咨询产业的优化调整，使得中国真正在建筑市场确立了市场中介的第三方顾问主体。造价工程师制度在 2001 年中国加入 WTO、融入世界经济体系的过程中起到了降低谈判成本、减少改革阻力、缓解改革阵痛的作用。

（四）未来

造价工程师的未来可以用"移动"来描述：

第一，人才向高端咨询领域移动（咨询领域：PPP 模式、EPC 模式、PMC 模式、设计优化业务、项目监督和尽职调查业务）；第二，低端业务向虚拟平台移动；第三，工作重心向建筑产业链两端移动；第四，主战场向"一带一路"方向移动；第五，咨询工具和方法向"BIM + 硬件配套"移动、向大数据共享与云端协作移动；第六，小城市企业向京沪大城市公司移动；第七，50% 的小企业向有核心竞争力的优秀企业移动重组。

五、工程投资管控

工程咨询领袖欲取天下，必先知天下大势。造价工程师为委托人提供专业服务，即工程造价咨询，其核心就是投资管控。所谓控制，必先设定控制标准。英国 DBB 模式以分项工程所需工料数据（工程量清单）作为标准控制投资；美国 EPC 模式则以有序的市场竞争挤出真实成本，用合同总价控制投资；中国先使用定额为标准控制投资，近年来则采用工程量清单控制投资。

（一）纠偏是管控的主旋律

古典控制论鼻祖诺伯特·维纳（Norbert Wiener）提出了反馈的设计。信息反馈就是指控制系统把投资实施过程中的数据输送到判断器，又把判断结论返送回来的动作。投资管控系统就是一种典型的古典控制系统，其本质是通过信息反馈来揭示实际与计划之间的差异，并采取纠偏措施，使投资稳定在预定的计划状态内。全世界的投资管控都是循着反馈纠偏控制的思路设计的控制系统。

纠错防弊的内部控制是投资管控的基本方法。项目内部控制措施通常包括项目风险控制、授权审批的内部牵制等。工程造价咨询机构应当结合风险评估结果，采用主动控制（预防）与被动控制（纠偏）相结合的控制措施，将风险控制在投资计划之内。并通过内部牵制机制，实现项目纵向审批上下牵制，项目横向复核纠偏左右制约，相互监督，实现纠错防弊的管控功能。

（二）DBB 模式的分工范式

设计（Design，D）、招投标（Bid，B）、施工（Build，B）是三个阶段分立的发承包方式，英国称其为传统模式。因其形成业主/咨询机构/承包商三足鼎立状，也称其为三角模式，对应最著名的合同条件为 FIDIC 红皮书。中国 1983 年在鲁布革水电站项目中采用，1987 年由丁士昭先生倡导引入并称之为建设监理制，利用咨询机构消除承包商对发包人的信息优势，引入专业的顾问服务提高项目管理绩效。

DBB 模式中的"变更"是投资失控的主因。据统计，DBB 模式 35% 的投资失控由变更引起。有四种常见的"变更"：第一是业主的需求改变；第二种是设计错误；第三是施工困难或不利现场；第四是承包商合理化建议。DBB 模式中的前三种变更均应由业主承担价款改变的风险，第四种变更则应按价值工程条款评估，批准后与承包商分成获利。顾问机构要注意承包商与设计单位合谋制造变更以获利，则更应从前期入手抓设计

X

优化。

投资管控的重点在前期。英国的价值管理之父 Kelly 和 Wootoon 两人不约而同地发现投资管控的重点在前期，工程造价咨询机构应该把主要精力放在前期。采用的方法有价值工程（Value Engineering，VE）、全生命周期造价管理（Life Cycle Cost，LCC）和可施工性分析（Constructability），且在工业项目或大型土木工程项目，或采用新技术、新工艺、新材料的项目中的应用效果尤为显著。据统计，应用可施工性分析可缩短工期10% 以上、减少投资 5% 以上，且 BIM 技术是可施工性分析的利器。

开口合同抑或闭口合同。香港在 20 世纪一直采用闭口总价包死合同，但是 1999 年发生香港房屋署的公屋天颂苑"短桩"事件——承包商为避免损失，每根桩都短 15 米以上，直至房屋沉降不均才败露。事件导致拆除公屋，损失达 2.5 亿港元以上。后来特区政府成立调查组，给出报告认为总价包干合同是帮凶之一，建议地下工程不宜闭口，应据实结算，并认为承包商不可能自掏腰包弥补工程费用不足。

（三）EPC 是基于信任的集成范式

由于三角模式（DBB 模式）的零和博弈色彩太浓，发承包双方对抗，于是出现了设计 – 采购 – 施工集成（EPC）模式，采用 FIDIC 银皮书。EPC 的基础是合作，合作的前提是信任，信任表现为双方不利用对方的漏洞。因此，EPC 也称交钥匙工程，付款与结算按约定总价及程序执行，一般不再审核。中国推行 EPC 缺乏信任基础，故用 EPC 集成之形，施严格管控之实，称为中国特色 EPC 模式，举例如下：

施工图预算回归。在公路总承包工程的投资管控中创造了"零号工程量清单"，即初步设计完成后招标；施工图设计完成后招标人召集设计人、承包商、咨询方会商，最终商定一份各方均认可的工程量清单。这份清单叫零号工程量清单，支付与结算均按照清单量为依据。这种方法的本质是模仿施工图预算，把设计细节做到可施工程度，出工程量清单，按中标单价制定总价，实行总价包干。

三峡工程投资管控。1992 年三峡工程静态投资概算为 900.9 亿元人民币，三峡工程总工期为 17 年，考虑到物价上涨和利息因素，最终动态投资达到 1800 亿元。利息执行央行的利率，物价上涨因素则由国家计委（发改委）委托咨询公司根据当年的工作内容确定物价篮子的材料品种和权重，根据统计局的物价数据测算一篮子物价指数，乘以当年静态投资计划数即为当年动态投资额，国家据此下拨投资。

高铁投资管控。铁路有两个特殊环节，一个是概算检算，相当于施工图预算，检算不能超概算；另一个是概算清理，相当于竣工结算。"两算"责任主体均为勘察设计方。概算清理可增加的部分包括工程变更、量差、政策性调整等，如有异议则提交上级部委的鉴定中心处理。这种管控依赖定额，所以铁道定额研究所能获得巨额定额编制补助。这种管控无须咨询机构，勘察设计方是管控的第三方。

（四）投资管控的柔性

为了应对未来的不确定性，造成缔约成本很高。为了降低缔约成本，中外均为合同注入柔性，即合同再谈判机制。最容易理解的柔性表现为暂估价。如材料暂估价和专业工程暂估价都是为了加速缔约而设置的再谈判机制。合同的再谈判又分为事件级与项目级两类。变更、调价、索赔均为事件级；和解、调解则属于项目级再谈判。咨询领袖掌握柔性则必执专业之牛耳。

（五）招标两难

中国的招标早期采用低价中标原则，出现了赢者诅咒现象，即由于投标人的乐观偏见和对招标人套牢产生的敲竹杠行为；后来采用综合评估法，又出现合谋与围标现象，即价格卡特尔（垄断合谋）——这就是招标两难。我为解决两难问题提出了"信任"解决方案。首先，政府应建立信任规制；其次招标人按信任级别确定招标竞争烈度，配合相应柔性等级的合同条件。

赢者诅咒。低价中标破坏项目价值和市场秩序，这个结论在理论上没有说服力。低价中标损害项目和市场根本利益的现象叫赢者诅咒，它破坏的机理是：招标人的逆向选择，即买方宁愿出低价选择一个反正也信不过的人，造成建筑市场劣币驱逐良币；投标人的道德风险，即卖方机会主义行为、利用买方的漏洞获利。解决赢者诅咒的良方就是信任，用多次博弈克服机会主义。

（六）投资管控的激励

投资管控一般沿着监管和激励两条进路设计，因监管难度大、成本高，所以20世纪80年代后更重视激励进路。项目激励与公司激励不同，因无剩余索取权，所以不能使用产权激励。工程项目的激励有四种：第一是信任，产生柔性风险分担效应；第二是公平，产生参照点效应；第三是关系，产生声誉效应；第四是权力，产生位势差效应。上述效应均可改善项目管理绩效。

状态补偿。假设合同签订期是状态0，无风险的执行是状态1，风险造成偏离是状态2；一般在状态0时就必须预测到状态2，并约定状态2的价格。但纠结于这样做的缔约成本太大——则应在合同中约定再谈判：一旦出现风险导致的状态2，只需确定状态2与状态1的差异，并由买方予以补偿即可。工程合同的再谈判包括变更、索赔与调价、调解与和解，由发包人弥补状态差异、承包人完成项目，则项目成功。

咨询领袖的格局。工程造价咨询企业的领袖应具备三种素质，其一是企业管理能力，包括战略、内部控制与激励、经营与市场、质量与成本等；其二是投资管控能力，必须有强烈的为委托人提供投资管控顾问服务的意识；其三是为项目增值的能力，要利用VE、LCC、Constructability等工具优化项目。具备这三种素质的咨询机构领袖就会有宏大的格局，必然带领团队走向成功。

六、政府投资管控

政府投资评审与工程造价咨询产业一样，其核心就是政府投资管控。所谓控制，必先设定控制标准。英国DBB以分项工程所需工料数据即工程量清单作标准控制投资；美国EPC则以有序的市场竞争挤出真实成本，用合同总价控制投资；中国计划经济时期使用定额为标准控制投资，近年来采用工程量清单控制投资。

中国经济进入新常态后，经济增长方式由过去的投资拉动需求模式转变为供给侧改革模式。具体改革措施为在基础设施投资领域实施政府与社会资本合作（PPP）模式；在发承包模式中实施设计-采购-施工一体化（EPC）模式。新的建设方式要求政府投资管控与时俱进，在观念和手段上全面创新。

（一）PPP 的投资管控

政府与社会资本合作（PPP）模式的投资管控为我们提出了新的挑战：第一，PPP 模式中项目控制权基本交给社会资本方，社会资本方对工程投资管控无积极性，但对成本控制有动力；第二，为吸引社会资本，中央同意两标并一标（施工可不单独招标），这对工程概算的精度提出更高要求；第三，PPP 项目一般采用 EPC 模式建造施工，与传统模式相比则支付与结算方式发生了改变，政府投资管控抓手锐减。

针对上述三个难题，政府投资评审部门唯有抓住可行性研究不放，提高可研深度，建议采用初步可研和工可两阶段的可研以提高精度。另外，可迅速建立已完工程数据库，作为 PPP 项目投资管控的标杆。

（二）PPP 项目全生命周期投资管控

PPP 项目实质上属于政府投资项目，表面上看是社会资本投资并支付工程款，实际上是政府授予特许经营权并延期多次支付的投资行为。因为政府在提供公共品中采用 PPP 方式，确实向社会资本转移了大部分风险，其代价是向社会资本让渡了项目的大部分控制权。那么 PPP 项目的投资管控就具有了非常特殊的形式和内容，即通过可用性和绩效考核两种形式进行，考核标准是"物有所值"（Value for Money，VfM）。

具体的，从可用性评价看，主要是评价资产是否虚化。两标并一标后的利润可以算是资产形成，但设计优化形成的节约能否形成资产则争议很大，如果虚报冒领、偷工减料形成资产则绝对不能允许。政府对可用性评价的控制手段主要是投资评审和投资审计，可通过扣减社会资本履约保函和扣减可用性资产额（从而扣减可用性付费）来实现目的。至于绩效考核，则主要是基于以设计参数为基础制定的建造和运营绩效考核指标体系，并考核实际的实现程度。

七、项目增值

（一）价值链分析

价值链分析是迈克尔·波特在其竞争战略理论中提出的分析方法。他把企业的活动分成两类：主体活动是指原料供应、生产加工、成品储运、市场营销和售后服务五种活动，是企业的基本增值活动；支持活动是指采购管理、技术开发、人力资源管理和企业组织结构，这些不直接增加价值。传统思维把重点放在增值主体活动上，互联网思维则把增值重点放在支持活动上，而项目增值则应把两者结合起来。

具体看，项目价值管理的基本模型是 $V = F/C$，即价值（V）与功能（F）成正比、与全生命周期费用（C）成反比。按此模型，最有效的增值措施是：提高一点费用而大大提高其功能，这种增值措施实质上是投资增量引起边际效用陡增。比如一个乞丐花两角钱买两块烧饼吃完还觉得饿，再花半角钱吃半块突然饱了，因此以为前两块不值而后半块太值了。在工程实践中的关键是，寻找到引起项目价值陡增的增量。

（二）造价工程师的使命

2000 年在北京科学会堂举办了世界工程造价大会，一个英国人发言：造价工程师的使命是什么？是控制成本吗？是，但根本的使命是为项目增加价值！

当时并未引起与会专家的重视，后来我一直以写字楼少配电梯降低价值为例宣讲，直到一个听过课的学生寄来一张羊城晚报的图片：上班高峰的广州某写字楼登梯排队人群一直排到楼外的大街上。我意识到工程项目的价值判断和管理已经开始深入人心。

（三）设计优化

设计是项目基本增值活动，且"项目增值"的基本形式就是设计优化。优化的方向必须遵循 $V=F/C$，即提高功能、降低成本两个方向。我曾邀请日本著名工料测量师佐藤先生在天津做过报告，介绍其为日本中部国际机场（Central Japan International Airport）所开展的价值工程业务：其"设计优化"节约项目总投资 10% 以上。原航站楼设计为折纸鹤形状，但价值工程业务团队分析业主需求后认为，不应追求外形，而应以实用为主，遂将"折纸鹤"改为多矩形组合体。

应当注意，项目增值的重点在前期。英国 Kelly 教授绘制了著名的凯利曲线——设计阶段及之前，项目投资被有效控制的可能性最高，施工期则可控范围降低至 10% 以下。前期是项目增值的基础路径，我曾邀请 Kelly 教授到 IPPCE（天津理工大学公共项目与工程造价研究所）做报告，他派其学生来了，我们受益匪浅。前期增值的要点是把项目后期信息向前集成，即形成全生命周期造价管理（LCC）——以运营制约建设、以建设保障运营，实现全生命周期成本最低，实现全生命周期的项目增值。

（四）设计优化工具

1. 价值工程（VE）

根据价值工程的基本公式（$V=F/C$），项目价值即项目性价比。发明价值工程的是美国 GE（通用电气）的工程师 L. D. 迈尔斯，当时 GE 生产原料中的石棉紧缺且价高，他发现石棉的功能是防火，则寻找到一种相对低价的防火纸替代石棉，从而保障了原料供应。迈尔斯认为人们购买的不是产品而是功能，相同功能是可以通过不同产品满足的，需要选择性价比高的方案满足功能需求，这就是项目增值的本质。

了解项目增值即寻找性价比更高的方案后则可脑洞大开。在制定发承包方案时可以比较 DBB、EPC、PMC 等模式的优劣；设计时可以不断地寻找结构、空调、装饰、设备、材料等的替代方案，开拓增值途径；在项目招标时要寻找到性价比最高的施工企业，即报价不高于最高限价、业绩好、信誉高、技术强的承包商；施工时要寻找性价比更高的替代方案，不要最先进的，只要最适合的。

2. 全生命周期造价管理（LCC）

全生命周期造价管理（Life Cycle Cost，LCC）是指产品在有效使用期间所发生的建造和使用成本。LCC 理念源起于美国军方，据美国国防部预测：在一个典型的武器系统中，运行和维护的成本占总成本的 75%。威廉·杰斐逊·克林顿（William Jefferson Clinton）总统签署政令，各州所需的装备和工程项目，要求必须有 LCC 报告，否则一律不准签约。所以项目增值途径还包括了去除冗余功能、降低全生命周期成本的 LCC 思想。

3. 可施工性分析

可施工性分析（Constructability）即设计方案在实施过程中的可行性和易行性。10余年前，西方发达国家认为这是建筑业一项革命性的创新，因为研究表明：可施工性分析的投入产出比可达 1：5 左右、可节省工期高达 30%、可节约成本 10% 以上。在 DBB 模式下，设计与施工分离是导致可施工性差的主因，实施 EPC 并采用 BIM 技术后能大大改善可施工性。

4. 可运营性分析

按照 LCC 思想，运营阶段费用占比全生命周期费用高达 75%，所以在设计和施工时要充分考虑可运营性，包括市场可行性、运营费用最小、运营的便利性和市场柔性等。20 世纪 80 年代日本钢铁业实施"协力制"，即由 EPC 总承包商外包其设计施工的炼钢某些工序，节约成本效果显著。我国宝钢在烧结车间也实验过协力制，而现在 PPP 模式和 BIM 技术的出现均对可运营性分析提出了更高需求。

八、PPP 咨询的问题与对策：工程咨询的视角

当前 PPP 项目咨询的一般问题已经被财政部门发现并提出解决方案，如真假 PPP 问题、引入 PPP 模式但未引进社会资本的效率和对风险的管控能力、政府过度承担风险引起新的潜在债务风险、未关注运营绩效与付费挂钩等问题。而在此我主要从工程管理的角度观察 PPP 项目咨询的一些问题，角度略有不同。

（一）目前 PPP 咨询机构更像婚庆公司，而不是急需的 PPP 全生命周期咨询顾问

中国 PPP 目前急需"婚姻顾问"而不是"婚庆公司"。因为 PPP 项目包括识别、准备、采购、实施、移交五个阶段，政府与社会资本合作项目的关键在于实施阶段（即建造和运营环节），此阶段长达十年直至数十年。现阶段的问题是，各级政府选定的咨询机构大多对采购阶段（PPP 项目合同缔结）之后的事不甚了解，尤其是不懂基础设施的工程施工和运营维护。在此，我把这些咨询机构称为"PPP 的婚庆公司"——只安排婚礼：把两评一案做出来并通过论证即大功告成；而送入洞房后即当甩手掌柜了，至于孕育、成长养育、婚姻和生活质量维护等过程则再也不管不问。要解决这一问题，就要遴选和培养以工程咨询（监理、造价咨询）为主的 PPP 项目全生命周期咨询顾问机构。现阶段，全生命周期视域内的 PPP 项目咨询顾问机构一般职责如下：

1. 可用性审计问题

可用性审计主要解决 PPP 资产虚化问题。PPP 资产是怎么虚化的？第一，是两标并一标后无法再用竞争竞价以压出工程概算的水分，第二，是 PPP 项目采用 EPC 总承包模式后的设计优化，第三，是社会资本方获得 PPP 项目全生命周期的绝大部分控制权后可能在各个阶段偷工减料。上述三个成因致使 PPP 项目资产虚化，使可用性付费不能物有所值。很明显只办婚礼的婚庆公司类咨询机构胜任不了这个任务，能胜任的只有既懂 PPP 模式又懂工程咨询的全生命周期 PPP 项目的咨询机构。

2. 绩效评价的关键在于设计参数的实现

设计参数是 PPP 项目的纲领和宪法，它实现的关键在于设计和建造环节，并且它是运营环节的绩效考核目标之一。绩效考核的结论直接影响政府的按绩效付费额度，而按绩效付费也可能虚化，虚化的方向是：递次降低修缮标准、减量降质提供服务、竭泽而渔移交政府。要解决上述矛盾，需要懂工程、熟 BIM、谙成本的工程咨询机构为政府方保驾护航。

3. 移交资产的保镖

移交阶段不能只关注资产价值数量和财产所有权，最重要的是 PPP 项目资产安全使

用寿命。在社会资本方控制之下的 PPP 项目，必定像租来的出租车一样"多拉快跑、能不修就不修"——对资产实行竭泽而渔式的运营。这种长期带病运行的资产一旦移交给政府，其实际的安全使用寿命就非常关键，所以全生命周期 PPP 项目咨询机构也应是 PPP 项目资产移交的金牌保镖。

（二）做精品 PPP 项目

十九大后，各级政府应该把满足人们对美好生活的愿望作为首要任务。则每一个 PPP 项目都要做成经得起历史考验的精品项目。精品 PPP 项目应要求做好以下几点：

1. 强化项目策划，为 PPP 项目增值

目前，PPP 项目前期的咨询成果多是建立在可行性研究报告的内容基础上，PPP 项目前期测算的财务数据也多来源于可研报告。而可研报告一般由设计单位完成，缺乏对现实市场的认识和对商业模式的理解，即往往偏技术、轻经营，偏工程、轻经济。纠正这一问题的关键是强化项目策划，即强化对商业模式和 PPP 项目盈利模式的策划，像"共享单车"对自行车与公共交通业的思考和重构一样，PPP 项目咨询机构可用互联网思维的方式解决付费转嫁、绩效挂钩等问题。当然，这对 PPP 项目的咨询机构提出了更高要求。

2. 将 PPP 项目咨询由偏向金融、法律、财务适当向工程转移

所谓工程，首先就是设计优化，包括全生命周期成本分析、价值管理、可施工性分析、可运营性分析等内容；其次是工程项目发承包模式的选择，可选包括代建模式（即全过程工程咨询）、工程总承包模式（EPC、DB）、建设监理制（DBB 模式）等；最后要采用先进的 GIS、云计算、BIM、大数据分析等技术以辅助 PPP 项目建设与运营等。

3. 强化可用性审计和运营绩效评价

强化可用性审计和运营绩效评价，即要求彻底扭转目前 PPP 项目对施工和运营环节绩效评价的泛泛而谈、不实用、不落地、不便操作等现状。为此应将建筑业成熟的投资管控体系和建造、运维等定额全面纳入可用性审计和运营绩效评价体系，并将评价结果与政府补贴支付挂钩且强关联。

（三）把 PPP 项目定性为政府投资项目

PPP 项目就是政府投资项目。传统政府投资是政府对承包商的即时支付；BT（Build - Transfer，建设 - 移交）模式则是政府延迟的一次支付；PPP 模式是政府延迟的多次支付。所以 PPP 项目的本质就是政府投资项目。

既然 PPP 项目是政府投资项目，那就应将 PPP 项目的支付监督权、安全质量进度监理权、施工图设计审图权、竣工结算审计权等四大控制权还给政府方。这些都是工程领域成熟的原则和方法，也是财政部门的传统业务范围，如代建制、国库支付制度、财政投资评审业务等。

1. 支付监督权

PPP 项目中的中标社会资本与政府指定的实施机构（政府方出资代表）共同组建项目公司（SPV），则最佳方案是项目公司掌握施工阶段的工程款支付权，且由政府方驻SPV 的代表和政府方聘请的第三方咨询机构共同审核确认后支付工程款。则避免了由社会资本方利用两标并一标而直接向其分（子）工程公司支付工程款。这一措施的目的是完善项目公司的内部控制，从物理上切断社会资本方的作弊链条。

2. 安全质量进度监理权

安全质量进度的监理权掌握在政府方手中，主要是避免社会资本方实施 PPP 项目时偷工减料，并避免社会资本方对工程安全、工程质量和进度造成无法挽回的不利影响。

3. 施工图审图权

大多数 PPP 项目采用 EPC 模式，则给社会资本方（现阶段以"施工企业"为主）以较大的设计优化空间。我们既要鼓励设计优化，又要掌握优化后资产的实际价值，最好的办法就是政府掌握施工图的审图权。

4. 竣工结算审计权

目的是避免社会资本方虚报 PPP 项目资产。因为 PPP 项目的资产总额是各种付费（使用者付费、政府付费等）的核算基数。实化 PPP 项目资产对强化政府与社会资本伙伴关系大有裨益，因为公开、公平、公正才是合作的基础。

九、造价工程师制度的经济学理性

1992 年，邓小平同志南方谈话后，中共十四大正式确定建立社会主义市场经济体制。各领域均在思考其在社会主义市场经济体系中的作用和地位。工程造价管理领域也不例外，经过缜密思考，有关部门负责人高瞻远瞩，提出全面与国际惯例接轨——即建立造价工程师执业资格制度，并建立与之匹配的工程造价咨询产业。经过三年的思考和改革探索，并与国务院其他部门多次会商，1996 年建设部发出 75、76 号部令，正式在中国开启了工程造价管理改革的大幕：建立并完善造价工程师制度和工程造价咨询产业。多年后，我们再评价这场改革，确实是波澜壮阔，意义深远。

（一）造价工程师制度提高了中国国民经济的运行效率

如前所述，中国工程造价咨询产业依靠约 16 万造价工程师和近七千家工程造价咨询机构（2017 年），产生了 1100 亿元年产值，为政府及其他投资主体审计并管控 20 余万亿元固定资产投资，预计将产生 2 万亿元的投资节约。这极大地提高了中国国民经济运行效率，为国力的增强贡献了力量。

（二）造价工程师制度完善了固定资产投资管理系统

造价工程师制度从体制上完善了固定资产投资管理体系，建立了适应社会主义市场经济体制的全过程工程造价咨询与管理制度，为各行业的设计院退出概算控制、真正成为企业化经营机构，以及建设银行取消财政职能提供了保障，并在上述机构成为市场经济主体后填补了我国工程项目投资控制的空白和盲区。

（三）造价工程师制度完善了中国特色的社会主义市场经济体制

造价工程师为社会主义市场经济初期尚处于零和博弈阶段的发承包双方信息不对称提供了符合国际惯例的顾问服务，为信息相对处于弱势的发包人（即投资主体）提供工程造价全过程咨询服务，平衡了发承包双方的交易地位，降低了建筑市场的交易成本，使得嵌入了造价工程师服务的我国建筑市场高效率运行，在投融资领域保障了社会主义市场经济体制改革的成功。

（四）造价工程师制度使中国工程发承包模式更加与国际惯例接轨

随着住房和城乡建设部等有关部门和中国建设工程造价管理协会（CECA）不断改

革和完善造价工程师执业资格制度，并配合工程造价咨询产业的优化调整，使得中国真正在建筑市场确立了市场中介的第三方顾问主体。这一制度安排在 2001 年中国加入世贸组织（WTO）及其后融入世界经济体系中起到了降低谈判成本、减少改革阻力、缓解改革阵痛的作用。

综上所述，中国的造价工程师执业资格制度的建立和工程造价咨询产业的萌发，对中国的市场化改革进程，对实现中国梦以及中华民族在世界民族之林的复兴崛起均到了重要作用。

十、新时代、新咨询：十九大后的形势与任务

（一）迈进新时代

十九大定义新时代的基本矛盾是：人民日益增长的美好生活需要和不平衡不充分的发展之间的矛盾。所谓新时代就是：更加关注环境，更加关注健康，更加关注安全，更加关注公平，更加关注自我实现。即过去追求发展更快，现在追求发展更好。马斯洛（Maslow）的需求层次理论认为，人们的生存问题解决后，会考虑安全问题。"安全"包括与人身伤害相关的社会治安类低端安全；与中等阶层生活方式紧密相关的就业保障、房价、教育机会均等、医保、养老等中端安全；还有与个人家庭间接相关的国防安全、反恐安全、政治安全等高端安全。安全问题解决后则是人们"被尊重"的需求，再向上就是"人际交往"的更高需求，一旦均被满足则达到了发达社会。

十九大提出的"新时代"是对走出中等收入陷阱的精准描述。过去我们描述中等收入国家陷阱是"一高一低"——即劳动力成本高而技术研发的水平低于发达国家。"一高"导致低端制造业竞争力低于新兴市场国家，"一低"则导致高端制造业赶不上发达国家，掉入中等收入国家陷阱。经济学家认为人均 8000 美元 GDP 时即可能掉入陷阱，日本、韩国两国在不同时期均闯了出来，巴西和亚洲其他国家应该说都掉进去了——即经济陷入了停滞。应当注意，"新时代"主要特征的社会学表征是：蛇行。蛇头在前相当于人们的思想观念已经进入发达国家水平，但蛇身却仍在后表示经济发展水平相对落后，停滞在发展中国家的水平。这种蛇行特征是对我国所面临的中等收入陷阱的形象描述，解决方案是加快蛇行的动力和速度，迅速闯出陷阱。

全球公认日本、韩国两国是闯出中等收入陷阱的典范。日本在 20 世纪 70 年代石油危机中，依靠低耗油汽车和模拟电路的家电创新走出陷阱；韩国则在 20 世纪 90 年代互联网初期发起数字电路家电和手机革命闯出了中等收入陷阱。中国将依靠人工智能以"弯道超车"——即"BAT + 讯飞"所打造的四大智能平台，争取在 2030 年把我国的人工智能领域建设成世界领先的产业，从而闯出中等收入陷阱。

（二）开展新咨询

进入新时代，要求开展新咨询。传统的老咨询是用"信息对称"消灭不合理利润，这个我们工程造价咨询产业目前已经做到了；而新咨询要用"信用对称"消灭不合理成本，这个我们正在做。比如，用 EPC 模式取消监理制、用全过程工程咨询消灭分阶段咨询的交易成本。而"新咨询＋"要用"共享经济"消灭合理成本，这个我们尚未成熟，还没有找到盈利模式。但是，O2O（Online To Offline）类的互联网平台消灭了设立物理

平台（专用办公场地与办公家具）的成本，可能就是其中之一。

具体而言，新咨询是针对新时代矛盾的新工程解决方案。包括：第一，重视策划的精品 PPP 项目咨询：用监管强化伙伴关系，从而强化信用；第二，基于代建思维的全过程工程咨询：用专业强化信用；第三，以 BIM 等技术为手段的工程管理：用技术硬件使细节无所遁形；第四，以增值为目标的投资管控：用真诚强化信用。

致　谢

本书的撰写得到了国家自然科学基金（71472135、71172175、70772058）和天津市教委社会科学重大项目（2016JWZU22）的资助，同时受到业界、学界的广泛关注和大力支持。在此首先要感谢对本书内容提出诸多宝贵建议的胡懿华女士、苗月季老师、顾春晓先生、雷民政先生、孙冲冲先生，他们是"尹塾·智库机构"的核心成员。亦要感谢为本书内容提出修正建议的天津理工大学柯洪教授、严玲教授、王亦虹教授、吴静老师、段继校老师。

还要感谢我执教三十余年来的每一位学生，他们对本书的成稿均贡献了力量。本书在出版之前最终是由我的博士研究生王翔负责全书的编辑整理，各具体章节的编整分工如下：王剑云、董宇、王翔、孙毅编整绪论，郭凯寅、冀旭超、王翔、孙毅编整第 1 章，冀旭超、徐宁明、苗菁、孙毅编整第 2 章，钱坤、徐宁明、苗菁编整第 3 章，邱艳、陈梦龙、王华山、张子超编整第 4 章，钱坤、堵亚兰、尹玥编整第 5 章，邢世永、李建苹、钱坤、王翔、孙毅编整第 6 章，李彪、尹晓璐、王华山、张子超编整第 7 章，董宇、陈静、刘一格、霍昱辰、邱艳、范坤坤、刘进明、王翔、朱绪琪、邓子瑜编整第 8 章，刘一格、孙琼、尹晓璐、宋玉茹、刘琦娟编整第 9 章，赵进喜、邱艳、刘一格、李建苹、王晓娜、于翔鹏编整第 10 章，张瑞媛、尹晓璐、堵亚兰、尹玥编整第 11 章，霍昱辰、邱艳、范坤坤、尚应应编整第 12 章，陈静、范坤坤、尚应应编整第 13 章，李彪、聂冬、王先红、李冉编整第 14 章，聂冬、王先红、李冉编整第 15 章，聂冬、王先红、李冉编整第 16 章，张译元、白娟、聂冬、王先红、李冉编整第 17 章，李建苹、冀旭超、宋玉茹、刘琦娟编整第 18 章。另外，王垚、徐志超、高天、闻柠永、李淑敏、孙新艳、于晓田、赵轲、郑江飞、任雅茹、王姚姚、蔡俊峰、李美、陆鑫、杨先贺、李明洋、周晓杰、张倩、乔俊杰、张静、程帆、肖婉怡、高明娜等同学均为本书的订正和修编付出了努力。在此一并感谢，并祝学生们的人生之路一帆风顺！

综上，我将本书就教于我国工程建设领域的从业者、学者及其学生，期望能够为我国建设工程价款管理事业的未来发展提供些许启迪！

尹贻林

教授、博士生导师、国家级教学名师

天津理工大学公共项目与工程造价研究所（IPPCE）所长

天津市建设工程造价和招投标管理协会理事长

2018 年 3 月

目 录

第 3 篇　工程价款支付理论与实务

由于契约的不完备性、人的有限理性、风险的不确定性等因素，导致工程项目的状态发生改变，引起工程结算的变化、合同价款的调整，从而使得发包人支付给承包人的工程价款总值与合同签订时确定的签约合同价格并不相等，这体现出工程价款管理应是一个动态的交互过程。施工合同是典型的长期合同，在长期合同中，以当事人所能获得的有限信息以及对复杂信息的有限处理能力为表征的有限理性，意味着他们对未来的预测必然是有限的，而合同期限的延长则更加降低了当事人预测的可靠性。即使当事人具有充分的能力，也不会签订一份对将来可能出现的各种状况所采取的可行性行动做出全面约定的完全合同，因为这样准确约定的成本将大大超过准确约定带来的收益。奥利弗·哈特（Oliver Hart）认为合同双方不可能详尽地把所有可能发生的情况下的责任和义务都写入合同，所以合同是不完全的。因此，基于不完全契约的 GHM 模型将更好地理解以合同为核心的工程价款的形成。而风险分担则是工程价款管理活动的重要因素和手段，合理的风险分担能够明确发承包双方合理的权利义务，以此激励与约束发承包双方的管理行为，使其发挥各自对工程价款管理及项目管理的积极性、创造性。

在工程项目招投标阶段，招标人和投标人均以各自利益为出发点进行招标、投标、评标、中标和签约，这其实是双方的一个博弈过程。在签约时双方通过相互博弈从而达到一个主观或者客观的均衡，而这种均衡包括双方之间约定的风险分担。在项目实施阶段，风险事件的发生使得状态改变，而这种状态的改变则需要通过签约时已约定的风险分担手段或者重新约定的风险再分担的手段来进行补偿，从而达到一种新的均衡或者平衡。工程项目的建设伴随着工程价款的支付，而工程价款的支付则要依据已经形成的法律事实，包括按照合同约定施工形成的法律事实和合同价款调整的法律事实等。上述过程其实是工程价款全过程管理的过程。

任何一个国家均有其特殊性，有独特的管理情景，本书是基于特定的中国管理情境下，阐述在工程交易阶段（从发包人编制招标文件开始至最终结清完成合同履行完毕为止）发承包双方如何以签订的合同为依据对项目进行工程价款管理。因此，本书将从合同视角定义工程价款形成过程中的合同价格、合同价款、工程价款三个概念。虽然这三个概念与现行的相关文件规范不完全一致，但它们奠定了从合同角度分析工程计价的基础，更有助于我们理解工程价款的形成。在此基础上，本书通过博弈理论、风险分担理论、内部控制理论、不完全契约理论及合同状态理论等对工程价款中的合同价格形成、合同价款调整、工程价款支付进行分析，说明工程价款管理就是对这三项有关的涉及工程造价控制的事项进行管理。本章还讲述了基于工程量清单背景的工程价款管理的内容；由于风险分担是工程价款管理的基础，因此本章也对工程价款风险分担进行了论述，对专用合同条件和通用合同条件中风险分担进行了说明。

0.1 工程价款管理体系概述

本书将从合同价格、合同价款、工程价款三个方面进行论述，说明工程价款管理即为对与合同价格约定、合同价款调整、工程价款支付有关的涉及工程造价控制的事项进行管理。因此，绪论将首先厘清合同价格、合同价款、工程价款这三者的概念及逻辑关系。

0.1.1 基本概念

1. 合同价格

承包人在承包工程项目时会与发包人签订合同，在合同中会写明一个承包工程项目的总金额，即合同价格。[1]合同价格就是发包人应支付给和已支付给承包人的总金额数量，体现在合同文件中，是一个静态数值⊖。合同价格是合同价值考虑市场供求关系等因素后的货币表现⊖。由于施工合同履约时间长，履约时状态与签约时状态会发生变化，因此合同价格也可能会随着变化，项目签订合同时的合同价格与项目竣工时的合同价格便会存在差异。99版FIDIC《施工合同条件》（本章以下简称99版FIDIC新红皮书）第14.1款把合同价格（Contract Price）规定为：

（a）合同价格应根据第12.3款［估价］的规定进行商定或确定，并应按照合同进行调整。

（b）承包商应支付根据合同要求应由其支付的各项税金、关税和费用。除第13.17款［法规变化引起的调整］说明的情况外，合同价格不应因任何这些费用进行调整。

（c）工程量表或其他资料表可能列出的任何数量都是估计数，不是要作为下述内容的实际和正确的数量：

（ⅰ）要求承包商实施的工程。

（ⅱ）用于第12条［测量和估计］的。

（d）承包商在开工日期后28天内，应向工程师提交资料表中所列每项总价的建议分类细目。

工程师编制付款证书时可以考虑此类分类细目，但不受其约束。合同价格就是发包人按照合同约定体现合同价值的金额，是发承包双方对价格的约定，是一个静态的数值，但会在施工阶段进行调整。因此合同价格在合同签订时发承包双方在合同中约定形成，即签约合同价格；在项目建设期间，由于发生变更、调价、索赔等事件，使得合同状态发生变化，从而引起了合同价格的调整[2]；经过项目的一系列建设，项目最终竣工，形成竣工结算价，即

⊖ 本书把"中标价""签约合同价格""竣工结算价"都视为"合同价格"在不同阶段的具体表现。在评标阶段合同价格表现为"中标价"，在签约阶段合同价格表现为"签约合同价格"，在竣工阶段合同价格表现为"竣工结算价"。工程造价与合同价格对应，"竣工结算价"就是最终"工程造价"。

⊖ 本书后面将提到合同价格受到市场机制、风险因素、成本分析、报价策略的影响。

为最终合同价格。本书对合同价格的研究主要是指在合同签订时发承包双方约定形成的签约合同价格。

如果发包人不愿意承担项目建设期间的履约状态与签约时的初始状态发生变化这一风险，发包人倾向于签订总价合同，即不承认任何非发包人因素导致的状态变化而影响合同价格增加或减少的风险；当发包人愿意以一种合理风险分担的心态与承包人共担风险时，往往签订单价合同，并在专用条款中约定双方分担风险的界限与处理方法。

2. 合同价款

当工程项目约定合同价格后，发包人应随着项目的建设支付给承包人一定数量的金额以用来支付承包人的项目建设费用，保证项目的顺利进行，这种金额的支付即是价款。《中华人民共和国合同法》（本章以下简称《合同法》）第二百六十九条规定：建设工程合同是承包人进行工程建设，发包人支付价款的合同，建设工程合同包括工程勘察、设计、施工合同。不同于"价格"这一静态概念，价款体现的是一种动态的概念。99 版 FIDIC 新红皮书中没有"价款"一词，与"价款"概念相类似的概念是"付款"（Payment）一词。价款的支付则是要以价格为依据。我国的规章、规范以及建设工程类合同范本中对于"价款"一词的说明有两类，分别是"合同价款"以及"工程价款"，这些文件并没有有效地区别"合同价款"与"工程价款"这两个概念，存在着混用的现象，因此有必要区别"合同价款"与"工程价款"两个概念。

对于工程建设项目，需要通过结算确定应支付价款的数额，然后施行支付，即结算是支付的前提。《建设工程价款结算暂行办法》（财建〔2004〕369 号）第三条规定了工程价款结算应包括工程预付款、工程进度款、工程竣工结算价款等内容。工程建设项目应首先根据合同价格、计量计价规则进行结算，确定结算价款，这种结算价款是发包人应支付给承包人的额度，然后发包人根据结算价款向承包人支付工程建设的费用金额。因此当工程建设项目确定了结算价款后，便确定了发包人应支付给承包人的费用金额，但是此时发包人并没有支付给承包人，这便形成了一种债，即合同之债。这种由于已结算但是未支付而形成的"债"状态，便是合同价款。

合同价款是指未支付的应付工程价款，它表明的是一种"债"的状态，即合同之债。既然是一种债，就表明承包人有权利得到而发包人有支付的义务。但是，由于支付程序未履行完整或支付申请存在瑕疵，或者尚有对价关系（双务合同中双方当事人的互负对待给付义务之间互相依赖关系），或者发包人无力即时支付，均造成了合同价款这种中间状态。发承包双方均应尽快使合同价款予以支付而形成工程价款这种稳定状态。对本概念的描述有某种理想成分，在实际工作中大部分人或语境中"合同价款"和"工程价款"混用，也并未表明金额数量。在此重申，"合同价款"是已经结算但是未支付的应付工程价款。

3. 工程价款

发包人在结算而未支付时，与承包人形成了合同之债的关系，此时形成了合同价款。发包人为了消除这种债的关系便要依据合同价款对承包人进行支付，这种实际支付的金额数量便是工程价款。工程价款是指按合同约定的价格，以承包人实际完成的工程量为基础计算而得到实际支付的金额数量。在总价合同中，支付的基础不是已完工程量而是形象进度或支付节点。工程价款是已经支付的价款，即包括预付款、进度款、竣工结算价款以及质量保证金（简称质保金）、最终结清等内容。

4

　　结算和支付是工程价款成立的前提，是合同价款向工程价款转变的关键环节。结算在竣工之前大都表现为一种过程支付，竣工后则表现为最终支付，即预付款支付、进度款支付、竣工结算款支付、最终结清等。在我国，竣工阶段是一种特殊的过程，此阶段需要进行竣工结算。我国的竣工结算是过去计划经济时期定额计价与概预算制度中的重要环节，它要求承包人编制竣工结算，经发包人审核批准后支付。在当今的合同制度与工程量清单计价体系下仍采用过去竣工结算概念则与最终结清发生矛盾。但目前发承包双方均形成一种默契，即在合同外衣下做结算工作，导致对工程价款管理的削弱，只重视结算结果而忽略了工程价款支付管理过程。

　　4. 合同价格、合同价款与工程价款之间的关系

　　合同价格是一个静态的概念，在供求关系的基础上体现项目的价值；而合同价款和工程价款体现的是一个动态的概念，是一种结算和支付的思想。对工程项目已结算但未支付的这种债的关系，就形成了合同价款，需要通过支付来履行债的义务；当发包人实际支付给承包人金额后——履行其债的义务——合同价款转化为工程价款。

　　合同价格是合同价款和工程价款形成的前提，当签约时约定签约合同价格后，就对工程项目进行了初始的结算，确定了初始的结算金额，从而形成了预期的合同价款和工程价款。合同价格在合同签订时初始形成，但是在项目招投标阶段的发承包招投标活动却会影响到合同价格的约定。因为中标价是签约合同价格的直接来源，而中标价又是从承包人的投标价中所得，承包人的投标价又受招标控制价的影响，投标价不能超过招标控制价，因此招标控制价、投标价、中标价均影响签约合同价格的形成。

　　合同价款是指已结算但未支付的应付工程价款，它表明的是一种债的状态。在履约阶段会发生变更、调价、索赔等事件影响项目结算，改变项目原有结算，这便会引起合同价款的调整。在初始结算状态时形成了预期的合同价款，通过项目履约阶段合同价款的调整便会形成最终确定的合同价款。而合同价款通过实际支付过程便形成了工程价款，由于工程价款是已支付的价款，因此工程价款包括预付款、进度款、竣工结算款、返还质保金等。合同价格、合同价款与工程价款形成路径如图 0-1 所示。

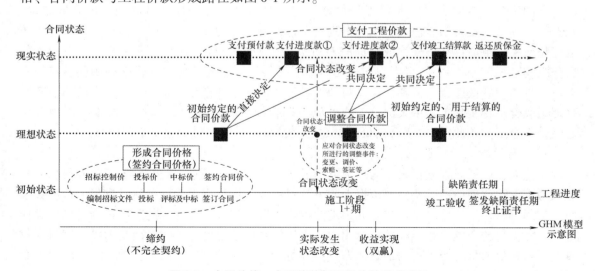

图 0-1　合同价格、合同价款与工程价款形成路径

0.1.2　工程价款管理的内容

工程价款管理是发包人在工程实施过程中进行合同管理的重要工作之一，是保证建设工程投资控制在合理范围内的重要手段。近年来，由于发包人对建设工程价款管理关注程度日益提高，同时，为了解决在工程竣工结算中出现的若干问题，国家有关部门在 2004 年颁布《建设工程价款结算暂行办法》（财建〔2004〕369 号），2007 年颁布《中华人民共和国标准施工招标文件》（发改委等令第 56 号）（本章以下简称 07 版《标准施工招标文件》（13 年修订）），2013 年颁布的新版《建设工程工程量清单计价规范》（GB 50500—2013）（本章以下简称 13 版《清单计价规范》），2017 年发布《建设工程施工合同（示范文本）》（GF—2017—0201）（本章以下简称 17 版《工程施工合同》）。这些规章、规范和合同范本中，均对工程价款管理的内容和方法做了详细规定，见表 0-1。

表 0-1　工程价款管理内容相关规定对比表

名称	《建设工程价款结算暂行办法》	07 版《标准施工招标文件》	17 版《工程施工合同》	13 版《清单计价规范》
颁布年	2004	2007	2017	2013
内容	第二章工程合同价款的约定与调整：包括对工程价款结算事项的约定、合同形式确定、工程设计变更价款调整 第三章工程价款结算：包括工程价款结算依据、工程预付款结算、工程进度款结算与支付、工程竣工结算（含索赔结算、合同外零星项目工程价款结算）、工程价款结算争议处理	包括计量支付、价格调整、变更、索赔、争议的解决等内容	包括变更、价格调整、合同价格、计量与支付、竣工结算、质量保证金、不可抗力、索赔等内容	第 5 章招标控制价 第 6 章投标报价 第 7 章合同价款约定 第 8 章工程计量 第 9 章合同价款调整 第 10 章合同价款期中支付 第 11 章竣工结算与支付 第 12 章合同解除的价款结算与支付 第 13 章合同价款争议的解决
说明	《建设工程价款结算暂行办法》主要明确了结算的概念，即合同价款的约定、预付款结算、进度款结算、竣工结算，并提出了在工程量清单计价模式下，因工程设计变更导致工程价款调整的计算方法	07 版《标准施工招标文件》在对合同价款约定方面未做规定。同时将竣工结算内容放在计量支付中约定，未与《建设工程价款结算暂行办法》一致	17 版《工程施工合同》是对 13 版《建设工程施工合同（示范文本）》（GF—2013—0201）的修改	13 版《清单计价规范》为国家最新颁布的清单计价文件，明确了工程价款管理的基本内容，涉及从合同价格初始约定到工程计价争议处理的全部内容

早期的法规对工程价款管理的系统性规定不足，其原因是 03 版《清单计价规范》出现之前我国的建设工程市场化发展还不完全，发包人是通过定额控制建设投资，对施工阶段工程价款管理要求较低。在该文件颁布后由于"量价分离"的提出，导致设计变更、工程删减、新增工程的价格因各个施工单位报价不一致而出现差别，对发包人和承包人工程价款管理水平提出了更高的要求。之后颁布的 08 版《清单计价规范》和 13 版《清单计价规范》

都在前者的基础上进行了补充和完善，因此工程价款管理规定的系统性较好，内容比较完善。

但是，工程价款管理如果仅仅是对预付款、进度款、竣工结算等支付内容进行管理，则并不能起到预期的效果，因为工程价款并不是独立分开的，而是与合同价格和合同价款紧密联系的。因此本书认为，对工程项目进行工程价款管理必须是一个广义的概念，与工程价款形成与实现相关的各个要素都需要管理——包括对签约合同价格的约定、合同价款的调整、工程价款的支付进行管理。

1. 工程价款管理的定义

工程价款是发包人对于承包人的实际支付过程，而合同价格反映的是工程价值，是发承包双方对价格的确定，合同价款则是未支付形成的一种合同之债。发包人必须要对工程价款的实际支付过程进行管理，以确保合理地减少或降低工程费用，保证发包人利益。由于工程价款与合同价格、合同价款密不可分，因此发包人对工程价款的管理必须包括对合同价格、合同价款的管理，否则对工程价款的管理不会有效。本书所提出的工程价款管理是一个大的概念，即管理与工程价款有关的相关内容，既包括工程价款，又包括合同价格和合同价款。

工程价款管理是指在建设工程项目中，全过程、全方位、多层次地运用技术、经济及法律手段，合理解决价款的形成、调整、确定、控制与支付等实际问题的活动，包括在招投标阶段对合同价格初始形成的管理、对合同价款调整的管理、对工程价款支付的管理。工程价款管理贯穿项目全过程，其管理工作范围在招投标、施工及竣工、缺陷责任期三个阶段皆有体现。工程价款管理的基础是发承包双方对工程风险的承担意愿，从风险分担的角度来看施工合同，是发承包双方风险承担意愿的合意。

2. 合同价格的约定

《中华人民共和国建筑法》（本章以下简称《建筑法》）第十五条规定：建筑工程的发包单位与承包单位应当依法订立书面合同，明确双方的权利和义务。因此工程建设项目合同是一种有偿合同，即发包人和承包人在取得合同约定权益的同时承担了相应的合同义务。《合同法》第二百六十九条规定：建设工程合同是承包人进行工程建设，发包人支付价款的合同。对于发包人其承担的义务就是支付给承包人项目建设的费用，而这一费用就要在合同中体现。《合同法》第二百七十五条规定：施工合同的内容应包括工程造价、拨款和结算，这也就明确了合同在签订时应明确合同的价格，即发承包双方约定的初始合同价格。合同价格的约定是合同的主要内容。

《合同法》第十三条规定：当事人订立合同，采取要约、承诺方式。对于工程建设项目，当事人订立合同需要经过要约和承诺两个阶段，包括要约邀请、要约、承诺三个内容。要约邀请是希望他人向自己发出要约的意思表示，要约邀请并不是合同成立过程中的必经过程，我国法学界一般认为建设工程招标是要约邀请，招标就是邀请投标人对招标人提出要约。要约是希望和他人订立合同的意思表示，投标文件是一种要约，一旦中标，投标人将受投标书的约束。承诺是受要约人同意要约的意思表示，在工程建设项目中，招标人发出的中标通知书是招标人同意接受中标人的投标条件，即同意中标人要约的意思表示，属于承诺。《合同法》第二十五条规定：承诺生效时合同成立。第三十条规定：承诺的内容应当与要约的内容一致。因此工程建设项目要约与承诺必须包括合同的主要内容，也就包括合同价格的确定。要约邀请虽然是当事人订立合同的预备行为，不具有法律意义，但是招标文件是发包人希望承包人发出要约（即投标文件）的意思表示，因此招标文件就要包括发包人对合同主要内容的描述或要求，也就包括对合同价格的要求，使用工程量清单的建设项目发包人在招标文件中对合同价格的要求体现为招标控制价。投标文件是要约，包含合同的主要内容（双方的权益、义务），对合同价格的体现就是投标价。中标通知书属于承诺，应包含合同的主要内容，对合同价格的体现就是中标价，而发包人和承包人双方签订的合同中必然包含合同价格的约定。

《中华人民共和国招标投标法》（本章以下简称《招标投标法》）第十九条规定，招标人应当根据招标项目的特点和需要编制招标文件，招标文件应当包括投标报价要求等实质性要求和条件；第二十七条规定，投标人应当按照招标文件的要求编制投标文件，这就包括对投标价的编写；第四十三条规定，在确定中标人前，招标人不得与投标人就投标价格、投标方案等实质性内容进行谈判；第四十六条规定，招标人和中标人应当自中标通知书发出之日起 30 日内，按照招标文件和中标人的投标文件订立书面合同。因此对于使用工程量清单的建设项目，要通过招标文件的发放、投标文件的送达、评标确定中标人这几个过程，最终发包人和承包人签订合同。因此合同价格的形成就要经历招标文件明确招标控制价限制投标报价、承包人在投标文件中给出投标报价、通过评标确定中标价的过程，最终在合同中约定初始的合同价格。

合同价格是伴随着合同签订过程而形成的。发包人首先提供招标文件，是一个要约邀请的活动，在招标文件中发包人要对承包人的投标价进行约定，这一约定就是招标控制价，承包人的投标报价不能超过招标控制价，并且招标控制价也是评判承包人是否使用不平衡报价的基础。承包人在获得招标文件后编制投标文件，承包人递交投标文件是一个要约的活动，投标文件要包括投标价这一实质内容，投标价应满足发包人的要求并且不高于招标控制价。招标人组织评标委员会对合格的投标文件进行评标，确定中标人，中标人的投标价即为中标价。招标人和中标人签订合同，依据中标价约定合同价格，在合同中明确，最终形成初始的签约合同价格。签约时的合同价格是通过招标控制价、投标报价、中标价、签约合同价格这一顺序确定的，需要经历招标、投标、评标、签约这几个过程。因此对合同价格确定的管理就是对招标控制价、投标报价、中标价、签约合同价格进行管理。

3. 合同价款的调整

发包人和承包人签订合同后，双方会在合同中约定发包人应支付给承包人的金额数量和支付方法，这就约定了初始的结算状态。在项目建设过程中若不发生变更、调价、索赔、签证等事项，则发包人就会按照初始的结算状态进行结算，确定发包人对承包人产生合同之债的金额，即发包人应支付给承包人的金额，这就形成了合同价款。但是当工程项目在建设期间发生变更、调价、索赔、签证等事项后，发包人需要对这些事项进行结算，这就改变了初始的结算状态，在初始的结算状态下加入新的结算，对结算进行调整，形成新的结算状态，这就是在原有合同价款的基础上对合同价款进行了调整，形成新的合同价款。因此当工程项目在建设过程中发生变更、调价、索赔、签证等事项后，会调整结算，从而调整合同价款。

13 版《清单计价规范》中规定了引起合同价款调整的 14 项内容：法律法规变化、物价变化、工程变更、项目特征不符、工程量清单缺项、工程量偏差、计日工、现场签证、暂估价、不可抗力、提前竣工（赶工补偿）、误期赔偿、索赔、暂列金额。这些内容有的是直接引起合同价款的调整，如法律法规变化、工程变更、工程量偏差、现场签证、物价变化、暂估价、不可抗力、提前竣工（赶工补偿）、误期赔偿、索赔等事项直接引起合同价款的调整；有的内容是发生后引起其他事件从而引起合同价款调整，如项目特征不符、工程量清单缺项会引起变更，从而调整合同价款；计日工则是一种计价方式，工程变更和现场签证则可以根据计日工计价方式确定合同价款的调整值；当合同价款调整后暂列金额则是用来支付已确定的合同价款调整金额。因此13版《清单计价规范》中规定的14项内容对合同价款调整均有直接或间接的联系。对合同价款调整的管理，就是对引起合同价款调整的因素进行管理，即13版《清单计价规范》中约定的14项价款调整的内容。

4. 工程价款的支付

发包人和承包人在项目建设期进行结算后便确定了双方之间存在一种债的关系，明确了发包人应支付给承包人的价款金额。发包人则应根据已形成的结算状态支付给承包人相应的金额，从而弥补这种债的关系，这就导致合同价款转换为工程价款，这一转换的关键便是发包人实行了支付这一活动。工程价款是发包人根据结算实际支付给承包人的价款，也就是通过支付由合同价款转化而来，因此工程价款支付的依据必须是调整后的合同价款。《建设工程价款结算暂行办法》（财建〔2004〕369号）中约定了"三大结算"的内容为工程预付款的结算、工程进度款的结算、工程竣工价款的结算，此外也对质量保证金的扣留和返还进行了说明，明确了预付款、进度款、质量保证金也是结算的一部分。13版《清单计价规范》中对预付款、进度款、竣工决算款、质量保证金及最终结清的内容都进行了规定。07版《标准施工招标文件》（13年修订）通用合同条款中对预付款、进度款、竣工决算、质量保证金及最终结清也进行了明确的约定。

因此对工程价款支付的管理包括对工程价款的预付（支付工程预付款）、工程价款的期中支付（支付进度款）、竣工结算时工程价款的支付（支付竣工结算款）、质量保证金的扣留及返还以及最终结清进行管理。

0.1.3 工程价款管理的主体

1. 发包人

发包人是工程项目发起者，是与承包人签订合同协议书的当事人及取得该当事人资格的合法继承人。发包人需要保证项目的建设质量、控制项目的工程造价、实现项目的预期使用功能。发包人工程价款管理主要内容包括招投标阶段对工程价款的管理，即编制招标文件、组织评标、签订合同，也包括施工阶段对工程价款的管理，还包括缺陷责任期对工程价款的管理。另外，应注意政府方相关部门、设计单位、勘察单位等行为活动也会对发包人工程价款管理工作产生影响。

2. 承包人

承包人是工程项目的实施者，是与发包人签订合同协议书的，具有相应工程施工承包资质的当事人及取得该当事人资格的合法继承人。承包人需要按照合同约定建设工程项目，通过向发包人申请工程价款和获得发包人工程价款的支付来保证和实现自己的经济利益。承包人在投标时应合理利用报价策略，并在项目实施过程中实现报价策略，获得更多的利益。承包人还应关注发包人在招标文件或合同中的一些利己约定，这些约定往往会使承包人产生损失（如一切物价不可调、措施费总价包干不可调、承包人对招标文件工程量清单准确性负责等），因此承包人必须要合理地应对发包人的利己约定，保证自身利益。同样，政府、设计单位、勘察单位等行为活动也会对承包人的工程价款管理工作产生影响。

3. 项目管理公司

（1）招标代理机构　招标代理机构是依法依规设立、从事招标代理业务并提供相关服务的社会中介组织。招标代理机构受发包人委托进行招标代理工作，包括编制招标文件，审查投标人资格，组织投标人踏勘现场，组织开标、评标、定标，协调合同签订等业务。招标代理机构应保障发包人利益，编制合理的招标文件，在招标文件中进行合理的风险分担，有效地组织投标人踏勘现场，以保证发包人工程价款管理的合理有效性。

（2）工程造价咨询人　工程造价咨询人是依法依规设立，接受委托从事建设工程造价咨询活动的企业。工程造价咨询人受发包人委托进行造价咨询工作，保证发包人利益，协助发包人进行工程价款管理。工程造价咨询人可受发包人委托编制工程量清单、招标控制价，也可受投标人委托编制投标报价。此外应帮助发包人审核和确认合同价款调整事项，编制和审核工程结算工作，以及协助发包人进行其他工程价款管理工作。

（3）监理人　监理人是指在专用合同条款中指明的，受发包人委托按照法律规定进行工程监督管理的法人或其他组织。监理人受发包人委托对工程项目实行监理工作，保证工程项目建设质量，保障发承包双方的利益。监理人帮助发承包双方进行价款管理的主要工作包括：确保工程项目建设进度、质量、安全可控，通过对责任事件的认定发布监理指示，对合同价款进行调整，对结算进行核查、商定和确定，出具价款支付证书，对工程项目进行计量等。

4. 各管理主体的工作关系及职责分工

（1）各管理主体之间的工作关系　发包人与招标代理机构签订委托代理合同，招标代理机构协助发包人进行招标，包括编制招标控制价、组织评标、协助发包人评标以及确定中标人、协助发包人签订合同；潜在承包人按照招标文件及工程项目现场情况进行投标，编制投标报价，中标后承包人与发包人签订合同；发包人与承包人按照签订的合同共同负责工程项目的管理以及工程价款的管理；工程造价咨询人与发包人签订咨询合同，协助发包人在施工阶段及竣工阶段进行工程价款管理；监理人与发包人签订监理合同，监理人要对工程项目的价款、质量、进度进行管理。各管理主体之间的工作关系如图0-2所示。

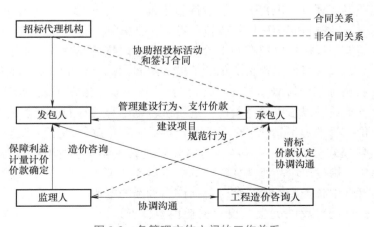

图0-2　各管理主体之间的工作关系

（2）工程价款管理职责分工　根据前文所述，各管理主体的工程价款管理职责分工如表 0-2 所示。

表 0-2　工程价款管理职责分工

管理内容 \ 管理主体	发 包 人	承 包 人	招标代理机构	监 理 人	工程造价咨询人
编制招标文件	○		○		○
编制招标工程量清单	○				○
编制招标控制价	○				○
投标报价		○			
清标	○				○
评标	○	○	○		
中标	○	○	○		
签订合同及约定合同价格	○	○			
合同价款调整报告提出	○	○			
合同价款调整的确认	○	○		○	○
工程计量	○	○		○	
工程价款支付申请	○	○			○
工程价款支付确认	○			○	○
工程价款支付	○				

注：○表示参与该工程价款管理工作。

0.1.4　工程价款管理的依据

1. 工程定额模式与工程量清单模式

工程定额模式与工程量清单模式是工程价款管理的主要依据。在计划经济时期，工程项目建设采用工程定额计价模式，进行估算、概算、预算、结算的工作。自 03 版《清单计价规范》发布以来，我国大部分地区的工程价款管理已逐步转变为工程量清单计价的管理模式。部分地区虽然仍沿用定额计价的管理模式，但也在试图转型中。基于工程量清单计价的工程价款管理模式是本书研究的关键内容。

现在，工程项目管理以及工程价款管理都要依据工程定额模式与工程量清单模式进行。项目前期要根据工程定额编制工程项目投资估算、设计概算、施工图预算、招标控制价；承包人使用工程定额编制投标报价；在施工阶段存在价款调整情况时，可使用工程定额确定综合单价或者组价。发包人根据工程量清单计价模式编制招标工程量清单；承包人使用工程量清单投标报价（在招标工程量清单基础上报价）；发承包双方依据工程量清单进行合同价款调整以及工程价款支付，以工程量清单模式进行价款调整和结算的递交审核。总体来说，工程量清单是工程价款管理的工具和平台，工程定额为工程价款管理提供数据性支持和依据。

（1）工程定额模式　工程定额是在合理的劳动组织和合理地使用材料与机械的条件下，完成一定计量单位合格建筑产品所消耗资源的数量标准。工程定额是一个综合概念，是建设工程造价计价和管理中各类定额的总称，包括许多种类的定额，可以按照不同的原则和方法对它进行分类。按照定额反映的生产要素消耗内容，可以分为劳动消耗定额、材料消耗定额、机械消耗定额；按照定额的编制程序和用途，可以分为施工定额、预算定额、概算定额、概算指标、投资估算指标；按照主编单位和管理权限，可以分为全国统一定额、行业统一定额、地区统一定额、企业定额、补充定额。工程定额中的预算定额、概算定额、费用定额、概算指标、投资估算指标等都是计价性定额，主要用来在建设项目的前期阶段作为编制估算、概算、预算的依据。消耗量定额用来确定项目工程量，是计算工程量的依据。工程项目实施期间若发生合同价款调整事项可依据工程定额进行组价，确定合同价款调整值。

（2）工程量清单模式　工程量清单计价方法是一种区别于工程定额计价模式的新计价模式，是一种主要由市场定价的计价模式，是由建设产品的买方和卖方在建设市场上根据供求状况、信息状况进行自由竞价，从而最终能够签订工程合同价款的方法。工程量清单是指载明建设工程分部分项工程项目、措施项目和其他项目名称和相应数量以及规费和税金项目等内容的明细清单。工程量清单计价的作用有：

1）提供一个平等的竞争条件。采用施工图预算来投标报价，由于设计图的缺陷，不同承包商的人员理解不一，计算出的工程量也不同，报价就更相去甚远，也容易产生纠纷。而工程量清单报价就为投标者提供了一个平等竞争的条件，相同的工程量，由企业根据自身的实力来填不同的单价。投标人的这种自主报价使得企业的优势体现到投标报价中，可在一定程度上规范建筑市场秩序，确保工程质量。

2）满足市场经济条件下竞争的需要。招投标过程就是竞争的过程，招标人提供工程量清单，投标人根据自身情况确定综合单价，利用单价与工程量逐项计算每个项目的合价，再分别填入工程量清单表内，计算出投标总价。单价成了决定性的因素，定高了不能中标，定低了又要承担过大的风险。单价的高低直接取决于企业管理水平和技术水平的高低，这种局面促成了企业整体实力的竞争，有利于我国建设市场的快速发展。

3）有利于提高工程计价效率，能真正实现快速报价。采用工程量清单计价方式，避免了传统计价方式下招标人与投标人在工程量计算上的重复工作，各投标人以招标人提供的工程量清单为统一平台，结合自身的管理水平和施工方案进行报价，促进了各投标人企业定额的完善和工程造价信息的积累和整理，满足了现代工程建设中快速报价的要求。

4）有利于工程款的拨付和工程造价的最终结算。中标后，发包人要与中标单位签订施工合同，中标价就是确定合同价的基础，投标工程量清单上的单价就成了拨付工程款的依据。发包人根据承包人完成的工程量，可以很容易地确定进度款的拨付额。工程竣工后，根据设计变更、工程量增减等，发包人也很容易确定工程的最终造价，在某种程度上减少了发包人与承包人之间的纠纷。

5）有利于发包人对投资的控制。采用施工图预算形式，发包人对因设计变更、工程量的增减所引起的工程造价变化不敏感，往往等到竣工结算时才知道这些变更对项目投资的影响有多大，但此时常常是为时已晚。而采用工程量清单报价的方式则可对投资变化一目了然，发生设计变更时，能马上知道它对工程造价的影响，发包人根据投资情况来决定是否要变更或进行方案比较，以选择最恰当的处理方法。

工程量清单计价的基本原理可以描述为：按照《清单计价规范》的规定，在各相应专业工程计量规范规定的工程量清单项目设置和工程量计算规则基础上，针对具体工程的施工图和施工组织设计计算出各个清单项目的工程量，依据规定的方法计算出综合单价，并汇总各清单合价得出工程总价。工程量清单计价模式可以应用于项目建设的交易阶段、施工结算和竣工验收阶段，在交易阶段依据工程量清单编制招标控制价、投标报价，在施工阶段依据工程量清单进行工程计量、工程价款支付、合同价款调整，在竣工验收阶段依据工程量清单进行竣工结算。

工程量清单计价模式下的工程价款管理内容包括：合同价格的约定、合同价款调整、工程价款支付等活动。其具体内容将在以后的章节中详细介绍。工程定额计价模式与工程量清单计价模式在计价及价款管理的方式上有明显区别，如表0-3所示。

表0-3　工程定额计价模式与工程量清单计价模式对比表

名　称	工程定额计价	工程量清单计价
单位工程基本构造要素	定额项目	清单项目
工程量计算规则	各类工程定额规定的计算规则	《房屋建筑与装饰工程工程量计算规范》（GB 50854—2013）、《通用安装工程工程量计算规范》（GB 50856—2013）等各专业计算规范中规定的计算规则
计价依据的性质	指导性	含有强制性条文的国家标准
编制工程量的主体	由招标人和投标人分别按图计算	由招标人统一计算或委托有关工程造价咨询资质单位统一计算
单价的组成	人工费、材料费、机械台班费	人工费、材料费、施工机具使用费、管理费、利润，并考虑风险因素
适用阶段	在项目建设前期各阶段对于建设投资的预测和估计；交易阶段价格形成的辅助依据	合同价格形成以及后续的工程价款管理阶段
是否区分施工实体性消耗和施工措施性消耗	未分离	将施工措施与工程实体项目进行分离，施工措施性消耗单列并纳入了竞争的范畴

2. 合同

发承包双方签订的合同是承包人建设工程项目、发承包双方进行项目管理和工程价款管理的最直接依据。承包人按照合同施工，发包人根据合同约定提供场地、资源及支付工程价款。施工合同中会写明签约合同价格，并会对合同价款的调整和工程价款的支付进行约定，如对变更、物价波动、法律法规变化等引起合同价款调整的事项进行约定，包括引起合同价款调整的范围，合同价款调整的计算方法、处理程序等，也会对预付款、进度款、竣工结算等工程价款支付的事项进行约定，包括工程价款支付程序、支付方式方法等。发承包双方会根据合同中对合同价格的约定、对合同价款调整的约定以及对工程价款支付的约定进行工程价款管理，违反合同约定的工程价款管理不会被支持。

在合同中约定合同价款调整以及工程价款支付的过程其实也是风险分担的过程。当发包人不愿意承担风险时，就会把合同中对合同价款调整以及工程价款支付的约定趋于对自己有利，如规定物价波动一律不可调整合同价款，强令承包人垫资施工等，这会威胁到承包人的收益，可能导致承包人承包工程项目后产生亏损。承包人也会利用发包人承担的风险来赚取利润，如承包人对不平衡报价的实施，当招标文件中约定工程量清单错漏项的风险由发包人承担后，承包人可在投标时对已识别出的错漏项进行不平衡报价，以获取更多的利益，而发包人则要支付更多的工程价款。发承包双方在合同中的风险分担也是工程价款管理的一个重要内容。

《中华人民共和国招标投标法实施条例》（本章以下简称《招标投标法实施条例》）第十五条规定：编制依法必须进行招标的项目的资格预审文件和招标文件，应当使用国务院发展改革部门会同有关行政监督部门制定的标准文本。由于07版《标准施工招标文件》（13年修订）是由发改委会同其他八部委一起负责起草编写的，因此依据《招标投标法实施条例》第十五条规定可知依法必须进行招标的项目需要使用07版《标准施工招标文件》（13年修订）。该文件中写有"通用合同条款"，而合同范本的约定是本书所要研究的重要内容和依据，又由于进行招投标的工程项目正是本书要研究的主要对象，因此本书以上述"通用合同条款"为主要依据进行编写。

在07版《标准施工招标文件》（13年修订）"通用合同条款"的第1.4款中规定了合同文件的优先顺序。除专用合同条款另有约定外，解释合同文件的优先顺序如下：①合同协议书；②中标通知书（如果有）；③投标函及其附录（如果有）；④专用合同条款及其附件；⑤通用合同条款；⑥技术标准和要求；⑦图纸；⑧已标价工程量清单或预算书；⑨其他合同文件。

3. 法律法规文件

发承包双方招投标活动、签订合同、承包人建设工程项目、发包人提供场地资源以及支付工程价款、合同价款调整事项的发生均要受到法律法规规定的约束，而这些活动均涉及发承包双方的工程价款管理活动，因此发承包双方的工程价款管理活动必须受到国家法律法规的约束，而法律法规文件也是工程价款管理的依据。对法律法规文件的熟悉、掌握和有效运用是工程价款管理的基础内容，本书的编写也是基于国家法律法规对工程价款管理的相关规定，法律法规文件包括法律、行政法规、司法解释、部门规章、地方性法规、自治条例和单行条例、地方政府规章、国家标准等。

（1）法律　本书所说的法律是狭义的法律，是指由全国人民代表大会及其常务委员会制定并由国家主席签署主席令予以公布的法律。涉及工程价款管理的法律文件包括《合同法》《中华人民共和国价格法》（本章以下简称《价格法》）《建筑法》《招标投标法》等。

（2）行政法规　行政法规是由国务院制定，通过后由国务院总理签署国务院令公布的行政法规文件。涉及工程价款管理的行政法规文件包括《招标投标法实施条例》《建设工程质量管理条例》等。

（3）司法解释　司法解释就是依法有权做出的具有普遍司法效力的解释，是由最高人民法院对具体适用法律的问题做出的解释。涉及工程价款管理的司法解释文件包括《最高人民法院关于适用〈中华人民共和国合同法〉若干问题的解释（二）》（法释〔2009〕5号）、《最高人民法院关于审理建设工程施工合同纠纷案件适用法律问题的解释》（法释〔2004〕14号）等。

（4）部门规章　部门规章是国务院各部门在本部门的权限范围内制定和发布的不得与宪法、法律和行政法规相抵触的规范性文件，主要形式是命令、指示、规章等，部门规章在本部门的权限范围内有效。涉及工程价款管理的部门规章文件包括《建筑工程施工发包与承包计价管理办法》（住建部令第16号）、《建设工程价款结算暂行办法》（财建〔2004〕369号）、《〈标准施工招标资格预审文件〉和〈标准施工招标文件〉暂行规定》（发改委等令第23号）等。

（5）地方性法规、自治条例和单行条例 地方性法规、自治条例和单行条例是指由省级（省、自治区、直辖市）人民代表大会及其常务委员会在不与宪法、法律和行政法规相抵触的前提下，制定和颁布的在本行政区域范围内实施的规范性文件。较大市的人民代表大会及其常务委员会根据本市的具体情况和实际需要，在不同宪法、法律、行政法规和本省、自治区的地方性法规相抵触的前提下，制定地方性法规。发承包双方进行工程价款管理均应熟悉工程项目所在地的地方性法规、自治条例和单行条例，在其规定下实行工程价款管理。

（6）地方政府规章 地方政府规章是由省、自治区、直辖市人民政府以及较大的市的人民政府根据法律、行政法规所制定的。地方政府规章的法律效力低于宪法、法律、行政法规。地方政府规章可以规定的事项包括：为执行法律、行政法规、地方性法规的规定需要制定规章的事项；属于本行政区域具体行政管理的事项。发承包双方进行工程价款管理均应在工程项目所在地的地方政府规章的规定下实行。

（7）国家标准 国家标准是在全国范围内统一的技术、管理要求，由国务院标准化行政主管部门编制计划，协调项目分工，组织制定（含修订），统一审批、编号、发布。工程项目的计量计价、工程价款管理活动均应按照国家标准规定执行。涉及工程价款管理的国家标准包括技术标准和管理标准，如《建设工程工程量清单计价规范》（GB 50500—2013）、《房屋建筑与装饰工程工程量计算规范》（GB 50854—2013）、《仿古建筑工程工程量计算规范》（GB 50855—2013）、《通用安装工程工程量计算规范》（GB 50856—2013）、《市政工程工程量计算规范》（GB 50857—2013）、《园林绿化工程工程量计算规范》（GB 50858—2013）、《矿山工程工程量计算规范》（GB 50859—2013）、《构筑物工程工程量计算规范》（GB 50860—2013）、《城市轨道交通工程工程量计算规范》（GB 50861—2013）、《爆破工程工程量计算规范》（GB 50862—2013）。

由于13版《清单计价规范》是对工程项目中发承包双方计价活动的管理规定，属于国家标准，具有强制性，因此发承包双方应依据其规定进行工程项目计价活动。该规范体现出了我国计价管理标准化这一特点，发承包双方必须在具有政府管制的建筑市场中进行发承包活动以及工程价款管理活动，发承包双方受到政府法律法规以及这一国家标准的约束。基于此，该规范是工程价款管理活动的主要依据，也是本书编写的主要依据。

0.1.5　工程价款管理的原则

1. 工程价款管理实质是以合同为核心的项目管理

工程建设项目是一种经济活动，承包人在建设工程项目的同时发包人需要支付工程价款，项目成本是工程项目建设过程中"铁三角"（在此指代工程质量、工期进度、工程价款三者及其相互关系）之一，而工程价款管理包含了对项目建设成本的管理，发包人和承包人必须重视工程价款支付的时间和数量，这就需要发包人和承包人对工程价款进行管理。工程价款管理是指在项目建设前期及建设过程中，全过程、全方位、多层次地运用技术、经济及法律手段，合理解决价款的形成、确定、控制与支付等实际问题的活动。发包人和承包人对工程项目建设管理的最基本、核心的依据就是双方签订的合同，承包人必须按照合同的约定履行其建设项目的义务，而发包人也要按照合同的约定履行支付给承包人工程价款的义务。因此，发包人和承包人双方必须都以合同为最基本的核心进行工程价款管理，按照合同约定确定工程价款的支付和调整金额，否则价款管理活动将会由于缺少有效的依据而缺少法律效力。

工程价款与工期进度和工程质量是项目的"铁三角"，这三者密切相连，对工程价款的管理不能简单地与对项目工期和质量的管理割裂开来，而需要对三者进行统一协调管理，在对工程价款进行管理时也要考虑对项目的时间和进度的管理。工程价款管理是以双方签订的合同为核心，因此对工程价款的管理必须要与合同管理相一致。对工程价款的管理，是要管理己方的利益不受损失，也是管理对方履行约定的义务，因此己方要对工程价款专业人士合理使用，同时还要监督、协调、配合对方的工作，更需要与监理工程师和咨询单位进行合作与对话。

工程价款管理并不是简单的对发包人支付给承包人金额的管理，而是与合同的签订与管理、项目建设的管理紧密契合与渗透，工程价款管理的核心就是以合同为核心的项目管理。

2. 风险分担及管理是工程价款管理的基础

发包人和承包人对工程价款的确定、调整和支付都是以合同为依据，按照合同的约定执行，而合同对于双方权利义务的约定其实是对工程项目风险进行分担，这既包括双方在签订合同时对风险的初次分担，又包括在履约阶段修改合同条款或签订补充协议时对风险的再分担。当双方确定了各自承担的风险后，也就确定了双方承担的责任和享有的义务，从而也就促使了工程价款的确定，如当双方对变更、调价的风险分担确定后，就确定了法律法规变化、物价波动变化调整价款的范围，也确定了变更定价的内容和适用范围，这就导致了变更和调价引起的合同价款调整值的确定。因此双方对风险承担的程度是工程价款确定的依据和基础，对工程价款的管理必须重视对风险的分担（包括风险初始分担和风险再分担），也要重视对风险的管理。

工程价款支付金额的时间和数量直接影响着发包人和承包人双方的利益，而工程价款与风险分担紧密相关。因此承包人想利用风险使自己多获益，如利用风险进行不平衡报价；而发包人也想利用风险减少自己的支出，如把风险过多地转移给承包人；发包人和承包人都会利用风险使自己受益。承包人获得的收益来源于发包人的支付，当承包人获得额外收益时，发包人就会存在损失；当发包人减少支付时，承包人就会减少收益。因此承包人和发包人对风险的利用其实是双方的博弈过程，而博弈的基础就是风险分担。

3. 工程价款管理涉及项目建设全过程

影响工程价款确定与支付的因素众多，既包括对合同的签订，又包括合同的履行和项目的建设，而项目的结算和结清又是确定工程价款的直接依据，对工程价款的管理必须在项目的招投标阶段就开始进行，直到项目的竣工结算与结清。在签订合同时双方会约定初始合同价格，在项目建设过程中变更、调价、索赔、签证等事件的发生会改变项目的结算，最终确定工程价款的金额并进行支付。双方在通过招投标签订合同时都会通过有效的管理和谈判来约定合同中对于工程价款的规定，并确定初始合同价格；在项目建设过程中，发包人和承包人都会通过有效管理来影响或改变变更、调价、索赔、签证等事件对合同价款的调整，影响或改变工程价款的确定和支付；在项目竣工后发包人和承包人要进行最终竣工结算与结清，在这一阶段发包人和承包人同样需要对工程价款进行管理以保证自己的利益。从招投标开始到竣工结算与结清都会对项目的工程价款产生影响，因此发包人和承包人也必须在项目建设的全过程（从项目的招投标到项目的竣工）对工程价款进行管理，如果单一地在项目实施阶段管理工程价款，则极有可能达不到预期设定的效果。

0.2 工程价款管理的中国情景

0.2.1 政府管制

我国自改革开放以来逐渐远离原有计划经济，不断向市场化推进，形成社会主义市场经济，我国加入WTO（世界贸易组织，World Trade Organization）后更加促进了市场经济的发展。我国市场经济的发展并没有采用哈耶克（Friedrich August von Hayek）、弗里德曼（Milton Friedman）的自由经济主义，而是通过政府管理调控市场经济的发展，这其中重要的手段就是政府管制，英美等发达国家也都采用政府管制政策和手段来控制市场经济的发展。管制来源于英文"Regulation"，也可以译为规制、规管等。政府管制就是政府出于公共利益或者政治等其他目的，依据各种法律法规或制度，对企业、个人或其他组织（主要是以企业这种经济主体为主）的活动进行管理。政府管制存在三个要素，即管制主体是政府行政机关；管制客体是企业、个人或其他组织；管制的依据和手段是制度或规定，在工程项目中体现为政府法律法规、规章政策、国家标准等。政府对于市场进行管制的目的包括维护公共利益或者政府要达到其他目标。发承包双方在工程项目中进行价款管理，必须要在熟知中国政府管制特点的前提下明确其要求，进而才能选择合理的工程价款管理手段与方法。

1. 特点

（1）强制性　国家只有通过强制性才能限制管制客体（企业、个人或其他组织）的活动，国家通过立法权、行政权、司法权等明确其管制的强制性。国家有关机关通过颁布法律法规、规章政策、国家标准等文件提出和明确其管制的内容、方法手段和依据。而法律法规、规章政策、国家标准等文件均存在强制性，管制客体要遵照执行，因此这种管制具有强制性。

（2）强力性　我国在计划经济时期，政府集多功能于一身，所有企业均受其管理，这就导致了现在仍然存在计划经济的惯性，很多企业仍然被政府管理和所有，这就使得政府管制的范围更加广，管制的内容更加深入和具体。而且，为了保证政府所有企业的利益，政府一些特定的管制可能会与其他管制存在冲突。

（3）依据多样性　由于我国管制的范围广、内容深入具体，因此必然要存在众多的依据来支持管制，这就使得管制的依据多样性。针对工程项目就有法律法规、规章政策、国家标准等文件作为政府管制依据，并且对发承包双方交易活动、工程管理、计量计价均存在管制。众多的管制依据必然导致某些依据存在冲突性，这就为发承包双方的管理、政府的管制带来困难。

2. 要求

在我国政府管制的市场背景下，首先要求工程项目参与者要遵守政府管制政策，因为政府管制存在强制性；其次要求发承包双方要加强对工程项目的管理，因为政府在工程项目的多方面均存在管制；还有要求发承包双方进行工程价款管理时必须要使用准确合理的政府管制依据，防止依据的错误引用，因为政府管制的依据存在多样性的特点。

3. 应对

发承包双方在进行工程价款管理时要熟悉我国对于工程项目建设及管理的法律法规、规章、国家标准等文件，并要熟知这些文件的适应性及适用范围。由于这些文件之间可能存在冲突，因此发承包双方要知道选择的文件依据是否支持工程价款管理活动，要熟悉各种文件之间的法律效力关系。由于有些发承包企业的所有者是政府，政府要保证其所有企业的利益，政府某些特定的管制可能会与其他管制存在冲突。又由于我国政府管制的范围广，因此由政府所有的发承包企业必须要平衡政府管制与其他制度之间的关系。

0.2.2 计价管理的标准化

各个国家关于工程项目的计量计价标准没有统一，各不相同。美国无统一的定额和详细的工程量计算规则；英国则依据皇家特许测量师学会《建筑工程工程量标准计算规则》和土木工程学会《土木工程工程量标准计算规则》计算工程量，无统一定额；日本有工程量计算规则及步挂（相当于我国的定额）。由此可以看出，有些国家对工程量的确定和计算存在统一规定和标准，但是却鲜见计价的规定，因为双方的发承包活动是一种市场交易活动，以市场为主导。而在我国，不仅存在着计量的标准，如工程量计算标准、工程定额等，还存在着对于计价的管理标准，如 13 版《清单计价规范》，以及部门规章，如《建筑工程施工发包与承包计价管理办法》（住建部令第 16 号）、《建设工程价款结算暂行办法》（财建〔2004〕369 号）等。13 版《清单计价规范》属于国家标准，里面有对于工程项目计价活动的管理规定，还有对于计价活动的强制性条文，必须严格执行，这就使得中国工程项目的工程价款管理存在独有的特点和要求。

1. 特点

（1）规范双方计价活动 发承包双方在建筑市场上进行工程项目的发承包活动，是以市场为导向，以双方自由意愿为基础，在不违反国家法律法规政策规定的基础上进行。但当在中国进行发承包活动时还要受到计价管理标准、规章的约束，双方的计价活动受到《建筑工程施工发包与承包计价管理办法》（住建部令第 16 号）、《建设工程价款结算暂行办法》（财建〔2004〕369 号）、13 版《清单计价规范》等的约束，而且 13 版《清单计价规范》对 14 项引起合同价款调整的因素进行了详细规定。因此工程项目发承包双方的计价活动、工程价款管理活动必须受到部门规章、国家标准的约束。

（2）规范双方合同签订及履行 13 版《清单计价规范》中对风险分担、招标工程量清单准确性等的规定均存在强制性条文，发承包双方必须严格执行，这就导致发承包双方在自愿签订合同的基础上还要满足该规范对于计价的强制性规定，并且在合同履行期间也应该严格执行。

（3）强制性约束 13 版《清单计价规范》属于国家标准，其中还存在强制性条文，这些强制性条文必须严格执行。因此发承包双方在自愿签订合同的前提下不仅受到《合同法》的约束和保护，还受到国家标准中强制性条文的约束。因此在中国进行工程计价活动以及工程价款管理活动要受到《合同法》以及 13 版《清单计价规范》的双重作用。

2. 要求

发承包双方的工程价款管理活动必须要在计价管理标准的约束下进行，不能违反部门规章、国家标准的规定，否则即使有《合同法》的保护，发承包双方的工程价款管理仍存在依据的合理性不足问题。

3. 应对

由于发承包双方的工程价款管理活动必须要在计价管理标准的约束下进行，不能违反部门规章、国家标准的规定，因此发承包双方应熟知部门规章、国家标准的规定，并且要加强对部门规章、国家标准的运用，使之成为工程价款管理的合理有效依据。

0.2.3 计价依据的兼容性

中国由计划经济转变为社会主义市场经济，在计划经济时期工程项目实行工程定额计价模式，发承包双方依据工程定额以及估算、概算、预算、结算管理项目。由于工程定额计价模式是我国长期主要使用的一种模式，范式、思想、内容方法均早已形成，因此现在很难完全被清单计价模式替代。在市场经济时期虽然要与国际接轨使用清单计价模式，但是工程定额计价模式仍然占据着重要的地位，我国现在仍然使用工程定额计价模式，并形成独特的方式方法。

1. 特点

1）工程定额存在兼容性，项目参与方均可以使用定额满足己方计价需求。工程定额是计价的基础和核心，工程定额计价模式并不是专属于某一方使用，发承包双方均可使用。发包人通过工程定额编制招标控制价，承包人通过工程定额编制投标报价，价款的结算与审核也要依据工程定额。工程定额是发承包双方必须使用的依据和工具，均通过使用工程定额来满足工程价款管理需求。

2）在我国，工程定额是一个知识库，发承包双方都通过工程定额的合理使用以获得最大效益，发包人通过使用工程定额满足控制成本的需求，承包人通过使用工程定额获得收益。发包人通过编制概算、预算、结算控制项目成本，由于工程定额是计价的基础和核心，概算、预算、结算均需要依据工程定额进行编制，因此发包人通过使用工程定额满足控制成本的需求。工程定额对于承包人具有潜在的有利性，通过工程定额计价计算出的成本会高于社会真实的成本，因此使用定额计算成本并作为结算依据本身就会给承包人带来收益，因此承包人会通过使用工程定额获得收益。

3）发承包双方均使用相同的工程定额。在发达国家，承包人内部会有一套企业定额，而在我国，发承包双方均共同使用政府颁布的统一工程定额，运用这套工程定额进行招标控制价的编制、投标报价的编制、价款的结算与审核等工作。

2. 要求

工程定额在工程造价管理中具有重要的地位和作用，这就要求发承包双方在进行工程价款管理时必须要重视定额的使用，发承包双方必须在相同的定额标准下进行工程价款管理，这才能保证工程价款管理依据使用的准确性。工程价款管理的重要内容之一就是工程定额准确合理的使用。

3. 应对

（1）正确使用工程定额　工程定额是工程价款管理的重要依据，因此发承包双方须做到正确使用工程定额编制招标控制价、投标报价、进行价款的结算与审核以及其他工作。

（2）厘清工程量清单与定额之间关系　我国目前工程定额计价模式和工程量清单计价模式均在使用，工程量清单的编制与审查与工程定额有密切关系，因此需要厘清工程量清单模式与定额之间关系，熟知相同的工程内容和工程量如何用工程量清单计量和用工程定额计量。

（3）掌握最新工程定额　在我国，工程定额每隔一段时间需要修编一次，因此必须要确保已使用的定额是最新定额，需要用最新的工程定额进行工程价款管理。

0.3　工程价款管理的基础理论

基于以上概述及背景，在中国情境下工程价款管理所应用的基础理论主要有（不限于）：博弈理论、不完全契约理论、风险分担理论、交易成本理论、内部控制理论等，本节将详细阐述上述理论对工程价款管理的影响。

0.3.1　基于博弈理论的合同价格约定

博弈理论是指双方在平等的对局中各自利用对方的策略变换自己的对抗策略，达到取胜的目的。工程项目合同价格的形成是发承包双方动态博弈的结果，招标控制价、投标报价、中标价及签约合同价格的逐步演化构成了合同价格的形成轨迹，同时动态演进过程也体现了初始合同状态的形成轨迹。在工程项目招投标阶段，招标人和投标人均以各自利益为出发点进行招标、投标、评标、中标和签约，这即是双方博弈过程。在签约时双方通过相互博弈从而达到一个主观或者客观的均衡，而这种均衡包括双方之间约定的风险分担。

基于博弈的视角，投标报价是三个层面博弈活动的综合体，即招标人和投标人之间的博弈、不同投标人策略之间的博弈以及投标人内部各资源配置方案间的博弈。招标人和投标人之间的博弈体现在投标人需要在完全响应招标人招标控制价的同时，期望获得更多的利润；不同投标人策略之间的博弈体现在投标策略的运用，竞争中标；而投标人内部各资源配置方案间的博弈体现在投标人在中标和利润间的均衡。

招投标阶段发包人通过编制招标文件来明确自己希望或者预期的风险分担状态，并通过招标控制价明确自己预期的工程项目最高限价。承包人则通过投标来响应发包人的风险分担方案，通过投标给出自己的拟建项目价格。通过评标后，发包人与中标人进行谈判与博弈（招标人和中标人不得再行订立背离合同实质性内容的其他协议）并签订合同，从而约定签约合同价格。此时发承包双方达到一个主观（虽然承包人仍对某些条款或者风险分担结果存在异议，但迫于对业务的需求只能接受并签约合同）或者客观（发承包双方均同意合同条款或者风险分担方案）的均衡，从而确定项目的初始状态。通过这一活动便形成了初始合同价格，即签约合同价格，为后续工程价款管理提供基础。

0.3.2　基于不完全契约理论的工程价款形成

1. 不完全契约理论概述

在现代契约经济学发展过程中，出现了两个理论，即非对称信息下的委托—代理契约理论和不完全契约理论。第一个理论出现在该阶段的初期，此时的思想还有着新古典契约理论的影子，即仍认为交易双方在信息不对称的情况下，经过双方的共同努力，签订完全契约是可以实现的。不完全契约出现在该阶段的后期，此时的思想已经摆脱了新古典契约的思想范式，提出了交易双方签订的合同不可能是完全的。不完全契约的代表人物有 Oliver Hart、Oliver Williamson、Benjamin Klein 等。Hart 和 Williamson 提出不完全契约存在的原因有两个方面，一是有限理性，二是交易成本；Klein 最重要的贡献就是提出了契约的自我实施机制。Hart 和 Sanford Grossman、John Moore 两位合作者从合作博弈和非合作博弈的角度，建立了

GHM 模型，开创了正式的不完全契约理论。

2. GHM 模型介绍

Hart 和 Grossman、Moore 两位合作者建立的 GHM 模型是不完全契约理论的主要代表，甚至有些学者把 GHM 模型称为不完全契约理论。考虑存在长期交易关系的两个风险中性的缔约方（$i = 1$，2），在缔约时（第 0 期），未来的自然状态 s 存在不确定性，所以，他们在第 0 期无法签订一个明确规定事后行动和收益的完全合同。为了实现和提高交易的最终收益，缔约双方可能需要分别做出一项关系专用性投资 e_i（通常假设发生在第 1/2 期），关于该投资的描述过于复杂以至于无法写入最初的合同。在自然状态实现之后（第 1 期），不确定性消失。此时，为了实现双方的收益，他们可能需要做出某项决策或采取某项无成本的行动（用 d 表示）。在交易的最后阶段（第 2 期），双方得到各自的收益。正是关于事前投资 e 和事后决策（或行动）d 的缔约能力的不同假设，体现了不同理论模型的差异。GHM 模型如图 0-3 所示。

0期	(½) 期	1期	(1+期)	2期
缔约	(投资e)	状态s 实现	(再谈判) (事后决策d)	收益实现

图 0-3　GHM 模型

3. 不完全契约理论在工程价款形成中的应用

在长期合同中，以当事人所能获得的有限的信息以及对复杂信息的有限处理能力为表征的有限理性，意味着他们对未来的预测必然是有限的；而合同期限的延长则更加降低了当事人预测的可靠性。即使当事人具有充分的能力，也不会签订一份对将来可能出现的各种状况下所采取的可行性行动做出全面约定的完全合同，因为这样准确约定的成本将大大超过准确约定带来的收益。Oliver Hart 认为合同双方不可能详尽地把所有可能发生情况下的责任和义务都写入合同，因此合同是不完全的。

建设工程合同的不完全性体现在：①发承包双方签订合同时的有限理性。发承包双方在签订合同时所获得的信息是有限的。发包方在招标之前虽然已经委托设计单位设计了图纸，并依照图纸计算工程量，作为承包方投标报价的依据，但是由于图纸设计人员和工程量清单编制人员对工程项目本身理解不同或技术水平所限，用于招标的工程量清单中的工程量与实际工程的工程量存在差异。承包方的投标报价也是如此，投标人的投标报价要考虑要素消耗量、施工方案、市场信息价格等多种信息和因素。承包方对于信息收集成本的考虑，其投标报价也是在有限理性下做出的。②建设工程合同的履约周期长，在合同履行期间会发生各种不可测的意外事件，例如物价的波动、法律法规的调整、不可抗力事件等。在合同签订时发承包双方不可能将所有事件的权利义务写入合同，也就是发承包双方无法签订一份依存所有自然状态的完全合同。为了降低交易成本和保持双方的合作关系，合同的不完全性要求在合同订立时留有开放性条款，开放性条款明确地授予合同的一方在执行合同时的自由决定权。在建设工程合同中与工程价款相关的开放性条款有工程变更、价格调整、索赔等相关约定，这类开放性条款设置的目的是避免事后无效率。

基于不完全契约的初始契约与再谈判模型，工程价款也可相应地解构为缔约阶段的合同价格（对应于初始契约）、履约阶段的合同价款（对应于再谈判）、最终阶段的工程价款

（对应于收益实现）。如图 0-4 所示。

图 0-4　基于不完全契约理论的工程价款模型

　　合同价格是合同价款和工程价款形成的前提，当签约时约定了签约合同价格后，即进行了初始的结算，确定了初始的结算金额，从而形成了预期的合同价款和工程价款。合同价格在合同签订时初始形成，但是在招投标阶段的发承包招投标活动却会影响到合同价格的约定，因为中标价是签约合同价格的直接来源，而中标价又是从承包人的投标价中所得，承包人的投标价又受招标控制价的影响，投标价不能超过招标控制价，因此招标控制价、投标价、中标价均影响签约合同价格的形成。而且又由于施工合同履约时间长，履约时状态与签约时状态会发生变化，因此合同价格具有不确定性，双方初始签订的合同是一份不完全合同，所形成的合同价格也是不完全的。

　　基于上述原因，在项目履约期间就会发生变更、调价、索赔等事件，改变项目的原有状态，需要在初始结算的基础上对结算进行调整，从而引起了预期合同价款的改变，导致合同价款的调整。在合同价款调整完成后，确定了发包人与承包人之间实际债的关系，发包人根据债的义务支付给承包人金额，即支付工程价款，这就形成了工程价款的支付。工程项目竣工后，项目进行竣工结算，合同价款全部转化为工程价款，此时形成最终合同价格。

0.3.3　基于风险分担理论的工程价款管理

1. 工程价款风险分担的定义

　　首先要了解风险分担的定义，风险分担有不同的定义，以下是几种简单概括：

　　1）风险分担是一个识别项目每一种潜在的风险并将其分配给项目参与者的过程，且分担的主要目的并非是减少或降低风险，而是减少承担风险的成本和降低风险准备金[3]。

　　2）风险分担的目的是提高项目治理水平进而促进项目成功，因此，风险分担不仅仅是一个将风险划分到责任方的过程，而应该进行合理正确的风险分担。

　　由此可见风险分担是项目参与者将风险进行分担，通过合理的风险分担提高项目的管理水平。

　　本书把工程价款风险定义为施工过程中发生的一系列可能引起费用变化的事项，这些事项可以在招投标阶段判断并预见，也可以在施工阶段发现。因此工程价款风险分担就是因工程价款风险发生而产生的工程价款损失的归属问题，实际表现为工程价款增量的分担。

　　结合风险分担的定义和对工程价款风险的分析，确定工程价款风险分担的概念为：工程价款风险分担是指发、承包方对可能会增加（或减少）的工程价款的责任界定和划分的过程，以期合理分配各参与主体的责任，以促使其提高控制风险的积极性。

　　结合对工程价款风险概念的界定，本书的风险分担不但包括合同中界定的风险的分担，而且将工程变更、价款调整与支付、竣工结算等的处理过程视为风险分担的过程，其处理方案视为风险分担方案。

2. 合同价款状态补偿机理

合同价款状态这一概念是基于成虎的合同状态理论提出的。合同状态就是指在合同签订时，合同文件、环境、实施方案、合同价格通过相互联系、相互影响所构成的一个整体[4]。合同价款的确定要针对"合同状态"（即合同签订时）的合同条件、工程环境和施工方案。在项目实施过程中，由于各种风险因素（干扰事件）的发生，造成工程范围、工程环境、承包人责任等变化，使原有的合同状态被打破，按照合同约定，重新确定合同的价款。

在建设工程管理中，其核心是项目管理，而项目管理的核心又体现在合同管理，合同的重点集中在施工合同价款。因此，根据前文对合同价款的界定，工程项目合同价款作为发包人与承包人予以确认应支付但未完成支付的一种状态。从本质上来讲，与合同状态相类似，其实质体现在承包人在特定的环境中，以特定的实施方案，完成特定的合同义务应得到的支付。可见，合同文件、工程环境、施工方案是构成合同价款必不可缺的三种要素，在施工合同签订时即构成一个整体，形成一种特定的合同状态。

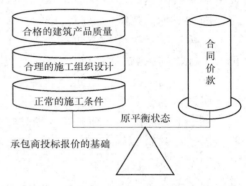

图 0-5　初始合同价款状态

（1）初始合同价款状态　合同价款的初始状态是合同签订时点的状态，即表现为签约合同价格。当发承包双方签订合同时，会根据合同签订内容确定合同的初始状态，即根据双方所约定的对建筑产品和施工的要求确定初始合同价款，如图 0-5 所示。

（2）初始合同价款状态失衡　合同价款的理想状态是指从合同价款初始状态开始，在无任何干扰因素的前提下按照合同正常规则推理演化出来的合同价款在某时刻的状态，它体现为一种假设合同文件被严格遵守时的价款状态。合同价款的现实状态是在合同执行过程中，由于各种风险因素（干扰条件）的影响，施工合同价款由于风险因素的干扰使得价款状态偏离理想的状态而产生的实际新状态。合同理想状态与合同现实状态都是以初始状态为起点，随合同执行过程中进行动态演化。合同价款的目标状态体现为当合同执行完成时应该达到的合同价款状态。

在合同执行过程中，由于各种风险因素（干扰条件）的影响，施工合同价款由于风险因素的干扰使得价款状态偏离原有的合同价款状态而产生失衡现象，如图 0-6 所示。

（3）状态补偿方式及作用　影响合同价款调整的风险因素发生后，将导致施工合同价款状态发生变化，不同的状态变化造成不同的状态补偿方式，需要对合同价款予以调整，通常体现在变更、签证、调价（包括法律法规变化和物价变化）、索赔等几类补偿方式，用以弥补与调整发承包双方之间的权利与义务分配关系，使合同价款状态重新调整到一种新的平衡状态，

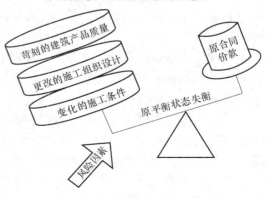

图 0-6　初始合同价款状态失衡

如图 0-7 所示。

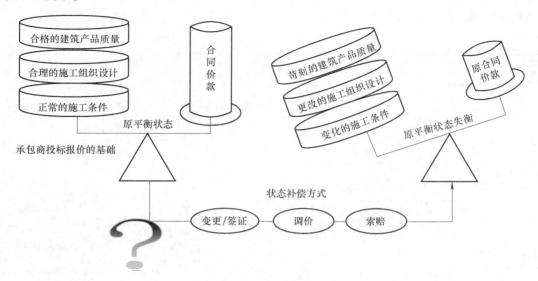

图 0-7　状态补偿

（4）合同价款状态重新达成平衡　合同价款状态重新调整到平衡状态，如图 0-8 所示。

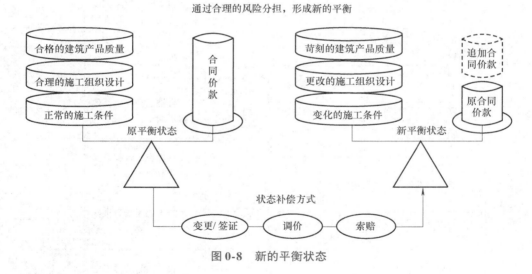

图 0-8　新的平衡状态

3. 工程价款风险识别

工程项目建设过程中存在着大量的不确定因素和风险，本书所指的工程价款风险也就是引起合同价款调整的风险因素。本书将工程价款风险因素按照来源进行分类，可分为社会环境风险、经济环境风险、法律环境风险、自然环境风险、履约风险和工程技术风险。而这些风险因素均会在合同及法律法规文件中提出并进行分担，17 版《工程施工合同》、07 版《标准施工招标文件》（13 年修订）、13 版《清单计价规范》中均给出了工程价款风险的分类识别并进行了分担。本书根据上述合同、文件和规范识别出工程价款风险因素，并在下文说明如何进行风险分担。

（1）17版《工程施工合同》风险因素的识别　根据17版《工程施工合同》相关内容列出约定的风险因素，如表0-4所示。

表0-4　17版《工程施工合同》约定风险因素

类　别	风险因素	条　款　号	类　别	风险因素	条　款　号
社会环境风险	骚乱、戒严、暴动、战争	17. 不可抗力	工程技术风险	环境污染	6.3 环境保护
自然环境风险	化石、文物	1.9 化石、文物		测量放线资料提供不准确	7.4 测量放线
	不利物质条件，但不包括气候条件	7.6 不利物质条件		发包人原因导致工期延误或无法按时复工	7.5 工期延误
	异常恶劣的气候条件	7.7 异常恶劣的气候条件		承包人原因导致工期延误	7.5 工期延误
	地震、海啸、瘟疫	17. 不可抗力		提前竣工	7.9 提前竣工
	延迟履行期间的不可抗力	17. 不可抗力		承包人采购的材料和工程设备不符合设计或有关标准要求	8.3 材料与工程设备的接收与拒收
经济环境风险	市场价格波动	11.1 市场价格波动引起的调整		发包人提供的材料或工程设备不符合合同要求	8.5 禁止使用不合格的材料和工程设备
法律环境风险	法律变化	11.2 法律变化引起的调整		承包人使用的施工设备不能满足合同进度计划和（或）质量要求	8.8 施工设备和临时设施
工程技术风险	场外交通	1.10 交通运输		变更	10. 变更
	场内交通	1.10 交通运输		承包人擅自变更	10.2 变更权
	其他场内临时道路和交通设施	1.10 交通运输		不合格工程导致其他工程不能正常使用	13.2 竣工验收
	超大件和超重件的运输	1.10 交通运输		设计原因导致试车达不到验收要求	13.3 工程试车
	道路和桥梁的损坏	1.10 交通运输		承包人原因导致试车达不到验收要求	13.3 工程试车
	工程量清单错误	1.13 工程量清单错误的修正		工程设备制造原因导致试车达不到验收要求	13.3 工程试车
	基础资料准确性	2.4 施工现场、施工条件和基础资料的提供		承包人原因造成投料试车不合格	13.3 工程试车
	承包人现场踏勘获取资料	3.4 承包人现场查勘		非因承包人原因导致投料试车不合格	13.3 工程试车
	工程照管与成品、半成品保护不利	3.6 工程照管与成品、半成品保护		—	—
	不合格工程处理	5.4 不合格工程的处理 13.2 竣工验收			
	危及工程安全的事件的处理	6.1 安全文明施工			
	安全生产责任	6.1 安全文明施工			

（续）

类 别	风险因素	条 款 号	类 别	风险因素	条 款 号
履约风险	图纸提供延误	1.6 图纸和承包人文件	履约风险	发包人供应材料与工程设备的保管与使用	8.4 材料与工程设备的保管与使用
	预期提供基础资料	2.4 施工现场、施工条件和基础资料的提供		承包人采购材料与工程设备的保管与使用	8.4 材料与工程设备的保管与使用
	提交项目经理相关文件	3.2 项目经理		材料、工程设备和工程的重新试验和检验	9.3 材料、工程设备和工程的试验和检验
	承包人引起工程质量未达到合同标准	5.1 质量要求		暂估价合同订立和履行迟延	10.7 暂估价
	发包人引起工程质量未达到合同标准	5.1 质量要求		发包人逾期支付进度款	12.4 工程进度款支付
	监理人检查和检验合格质量	5.2 质量保证措施		发包人不按照本项约定组织竣工验收、颁发工程接收证书	13.2 竣工验收
	监理人检查和检验不合格质量	5.2 质量保证措施		发包人无正当理由不接收工程	13.2 竣工验收
	隐蔽工程检查质量不合格	5.3 隐蔽工程检查		承包人无正当理由不移交工程	13.2 竣工验收
	承包人私自覆盖	5.3 隐蔽工程检查		提前交付单位工程	13.4 提前交付单位工程的验收
	隐蔽工程重新检验	5.3 隐蔽工程检查		承包人未地表还原	13.6 竣工退场
	质量争议检验	5.5 质量争议检测		逾期支付竣工结算款	14.2 竣工结算审核
	监理人指示错误	4.3 监理人的指示		逾期支付最终结清价款	14.4 最终结清
	安全文明施工费挪作他用	6.1 安全文明施工		发包人违约	16.1 发包人违约
	开工通知延误发出	7.3 开工		因发包人违约解除合同	16.1 发包人违约
	发包人原因导致暂停施工	7.8 暂停施工		承包人违约	16.2 承包人违约
	承包人原因导致暂停施工	7.8 暂停施工		因承包人违约解除合同	16.2 承包人违约
	承包人无故拖延和拒绝复工	7.8 暂停施工		第三人造成的违约	16.3 第三人造成的违约
	暂停施工持续84天以上	7.8 暂停施工			
	暂停施工期间的工程照管	7.8 暂停施工			
	发包人指定生产厂家或供应商	8.2 承包人采购材料与工程设备			

（2）07 版《标准施工招标文件》（13 年修订）风险因素的识别　根据 07 版《标准施工招标文件》（13 年修订）相关内容列出约定的风险因素，如表 0-5 所示。

表 0-5　07 版《标准施工招标文件》（13 年修订）约定风险因素

类　别	风险因素	条　款　号	类　别	风险因素	条　款　号
社会环境风险	骚乱、暴动、战争	21.1 不可抗力的确认	法律环境风险	法律变化	16.2 法律变化引起的价格调整
自然环境风险	化石、文物	1.10 化石、文物	经济环境风险	物价波动	16.1 物价波动引起的价格调整
	不利物质条件（不包括气候条件）	4.11 不利物质条件		发包人供应材料设备与约定不符	5.1 承包人提供的材料和工程设备
	地震、海啸、瘟疫、水灾	21.1 不可抗力的确认		承包人采购材料设备与约定不符	5.2 发包人提供的材料和工程设备
工程技术风险	基准资料准确性	8.3 基准资料错误的责任	履约风险	图纸延误	11.3 发包人的工期延误
	现场地质、水文气象资料的准确性	4.10 承包人现场查勘		预付款、进度款支付延误	11.3 发包人的工期延误
	承包人现场踏勘获取资料	4.10 承包人现场查勘		未能按照合同进度完成工作	11.5 承包人的工期延误
	图纸错误	1.6.4 图纸的错误		发包人原因导致暂停施工	11.3 发包人的工期延误
	承包人使用的施工设备不能满足合同要求	6.3 要求承包人增加或更换施工设备		承包人原因导致暂停施工	12.1 承包人暂停施工的责任
	发包人的施工安全责任	9.1 发包人的施工安全责任		暂停施工后拖延或拒绝复工	12.4 暂停施工后的复工
	承包人的施工安全责任	9.2 承包人的施工安全责任		工程师指示错误	3.4 监理人的指示
	承包人的工期延误	11.5 承包人的工期延误		承包人违约解除合同	22.1 承包人违约
	发包人要求的工期提前	11.6 工期提前		发包人违约解除合同	22.2 发包人违约
	变更	15.3.2 变更估价		材料、工程设备和工程的试验和检验	14.1 材料、工程设备和工程的试验和检验
	承包人擅自变更	15.2 变更权		发包人不按期支付竣工结算款	17.5 竣工结算
	试运行失败	18.6 试运行		承包人未地表还原	18.7 竣工清场
	暂估价	15.8 暂估价		逾期支付最终结清价款	17.6 最终结清
	道路和桥梁的损坏	7.5 道路和桥梁的损坏责任		—	—

（3）13 版《清单计价规范》风险因素的识别　根据 13 版《清单计价规范》相关内容列出约定的风险因素，如表 0-6 所示。

表 0-6　13 版《清单计价规范》约定风险因素

类　　别	风 险 因 素	条　款　号	类　　别	风 险 因 素	条　款　号
社会环境风险	不可抗力	9.11 不可抗力	经济环境风险	物价变化	9.8 物价变化
自然环境风险			法律环境风险	法律法规变化	9.2 法律法规变化
工程技术风险	招标工程量清单编制质量	4.1 一般规定		人工费调整	3.4 计价风险
	工期延误	9.2 法律法规变化		政府定价或政府指导价的原材料价格变化	3.4 计价风险
	工程变更	9.3 工程变更	履约风险	发包人提供材料设备与约定不符	3.2 发包人提供材料和工程设备
	项目特征描述不符	9.4 项目特征描述不符		承包人提供材料设备与约定不符	3.3 承包人提供材料和工程设备
	工程量清单缺项	9.5 工程量清单缺项		发包人检测合格的材料工程设备	3.3 承包人提供材料和工程设备
	工程量偏差	9.6 工程量偏差		预付款支付延误	10.1 预付款
	现场签证	9.14 现场签证		进度款支付延误	10.3 进度款
	暂估价	9.9 暂估价		竣工结算款支付延误	11.4 结算款支付
	提前竣工（赶工补偿）	9.11 提前竣工（赶工补偿）		承包人违约解除合同	12 合同解除的价款结算与支付
	误期赔偿	9.12 误期赔偿		发包人违约解除合同	12 合同解除的价款结算与支付
	索赔类风险	9.13 索赔			

07 版《标准施工招标文件》（13 年修订）与 17 版《工程施工合同》对风险识别基本一致，但后者更加全面；13 版《清单计价规范》涉及了工程量清单、招标控制价编制的风险，对上述两个文件又进行了补充，特别是把风险进行归类识别，如变更类风险、索赔类风险等等。

4. 工程价款的风险分担

（1）风险分担原则　对于工程项目，其风险分担的三个基本原则为：

1）可控性风险分担原则。谁能最有效地（有能力和经验）预测、防止和控制风险，能够有效地降低风险损失，或能将风险转移给其他方面，则应由他承担相应的风险。

2）经济性风险分担原则。承担者控制相关风险是经济的，能够以最低的成本来承担风险损失，同时他管理风险的成本、自我防范和市场保险费用最低。

3) 公平性风险分担原则。分担风险的一方必须有相应的权利、报酬或机会，公平原则是合同双方"责权利"分配关系的具体体现。

（2）风险初次分担 契约/合同（Contract）可以理解为节约交易成本的协调形式，它详细地规定了支付、权利和责任[5]。而责任即意味着承担一定的风险，风险分担是工程合同的重要组成部分[6]，并且学术界认为建设工程合同缔结与履行的核心经济学问题就是工程风险的有效分配问题[7]。根据不完全契约理论，由于未来的不确定性或者出于节省交易成本的考虑，现实中的契约不可避免地存在漏洞，即缔约当事人在契约中对于未来的风险有规定不尽之事宜，或者由于一些契约条款在事后无法被完全执行，因此，契约天然是不完全或不完备的，交易双方只能致力于接近完全契约[6]。交易行为一般分为契约的缔约和履约两个阶段，在不完全契约的缔约与履约阶段中，双方不可能完全、完整预测未来或然事件，但可以预期到履行过程中可能引起或发生的再谈判事件[8]，意即再谈判事件是不可避免的[9]。而交易行为一般通过缔约阶段的初始契约及履约阶段的再谈判对双方的责任、权利进行约定与调整，契约调整或再谈判则被视为一种补偿机制，在某种程度上弥补契约的不完全性状况[10]。因此工程项目合同分为签约阶段的初始契约和项目建设过程中所进行的再谈判两个阶段，而项目建设过程中的再谈判则用来弥补签约阶段初始契约的不完全性。

由于工程项目风险分担依托于工程项目合同，而工程合同具有不完全性，并且工程建设项目风险众多，因此在签约阶段初始合同形成过程中进行的风险分担并不能包含所有的风险；此外由于签约双方地位不同并且都以自己利益出发，因此所有已分配的风险并不都是合理、合适的；再者工程项目建设周期长、项目建设复杂，这就导致项目建设期间会产生新的风险，而这些风险也需要进行分担。所以，工程项目在合同签约阶段的风险分担也是"不完全"的。而这些没有分担或没有合理分担的风险，需要在项目实施阶段进行再分担，而风险的再分担则需要再谈判这一载体实施，这也体现出风险分担是工程合同的重要组成部分，即风险分担的动态性反应，而其原因就是工程项目合同的初始约定和再谈判这一过程。所以，工程项目风险在工程合同初始约定阶段进行风险的初始分担，而在项目的实施阶段以再谈判为载体进行风险的再分担，具体内容如图 0-9 所示。

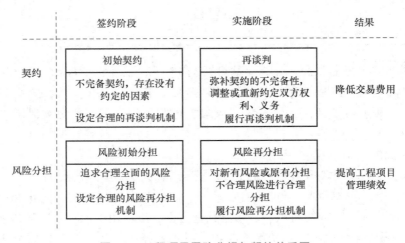

图 0-9 工程项目风险分担与契约关系图

1）通用合同条款的工程价款风险分担。

① 07 版《标准施工招标文件》（13 年修订）通用合同条款的工程价款风险分担如表 0-7 所示。

表 0-7　07 版《标准施工招标文件》（13 年修订）通用合同条款风险分担

风险分类	序号	风险事项	承担方	条　款	承担风险范围
社会环境风险	1	骚乱、暴动、战争	E＋A	21.3 不可抗力的后果及其处理	各自损失各自承担
经济环境风险	2	物价波动	E＋A	16.1 物价波动引起的价格调整	物价波动在风险幅度以外部分进行调价，此部分风险由发包人承担；物价波动在风险幅度以内不调价，此部分风险由承包人承担
法律环境风险	3	法律变化	E	16.2 法律变化引起的价格调整	在基准日后，此类工程价款风险由发包人承担
自然环境风险	4	化石、文物	E	1.10 化石、文物	由于保护文物导致的费用增加由发包人承担
自然环境风险	5	不利物质条件（不包括气候条件）	E	4.11 不利物质条件	承包人因采取合理措施而增加的费用由发包人承担
	6	地震、海啸、瘟疫、水灾	E＋A	21.3 不可抗力的后果及其处理	各自损失各自承担
	7	延迟履行期间的不可抗力	E＋A	21.3.2 延迟履行期间发生的不可抗力	不免除延迟履行一方的责任
	8	异常恶劣的气候条件	E	11.4 异常恶劣的气候条件	发包人在不延长工期的情况下应支付承包人赶工费，但不包括利润
履约风险	9	承包人提供的材料和工程设备	A	5.1 承包人提供的材料和工程设备	因货源质量、供应数量、运输安全、仓储保管等环节问题所引起的工程质量事故，均由承包人负责
	10	发包人提供的材料和工程设备	E	5.2 发包人提供的材料和工程设备 11.3 发包人的工期延误	发包人应承担其要求向承包人提前交货而增加的费用；发包人提供的材料和工程设备的规格、数量或质量不符合合同要求，或由于发包人原因发生交货日期延误及交货地点变更而增加的费用应由发包人承担，并支付合理利润
	11	不合格的材料和设备	E＋A	5.4 禁止使用不合格的材料和工程设备	由于发包人提供不合格的材料和工程设备由发包人承担；由于承包人提供不合格的材料和工程设备而增加的费用由承包人承担
	12	图纸延误	E	11.3 发包人的工期延误	由于发包人提供图纸延误造成的工期延误而增加的费用由发包人承担，并支付合理利润

（续）

风险分类	序号	风险事项	承担方	条　款	承担风险范围
履约风险	13	预付款、进度款支付延误	E	11.3 发包人的工期延误	未按照合同约定及时支付预付款和进度款造成工期延误增加的费用由发包人承担并支付合理利润
	14	未能按照合同进度完成工作	A	11.5 承包人的工期延误	加快进度而增加的费用由承包人承担，并支付竣工违约金
	15	发包人原因导致暂停施工	E	11.3 发包人的工期延误 12.2 发包人暂停施工的责任	承包人有权要求发包人增加费用，并支付合理利润
	16	承包人原因导致暂停施工	A	12.1 承包人暂停施工的责任	暂停施工增加的费用由承包人承担
	17	暂停施工后拖延或拒绝复工	E＋A	12.4 暂停施工后的复工	因发包人原因无法按时复工而增加的费用由发包人承担，并支付合理利润；承包人无故拖延和拒绝复工，由此增加的费用由承包人承担
	18	材料、工程设备和工程的实验和检验	E＋A	13.1 工程质量要求 14.1 材料、工程设备和工程的试验和检验	重新试验和检验结果证明符合合同要求，由发包人承担由此增加的费用和（或）工期延误，并支付承包人合理利润；重新试验和检验的结果证明不符合合同要求的，由此增加的费用和工期延误由承包人承担
	19	发包人不按期支付竣工结算款	E	17.5 竣工结算	发包人不按期支付的，按第17.3.3（2）目的约定，将逾期付款违约金支付给承包人
	20	承包人未地表还原	A	18.7 竣工清场	承包人未按监理人的要求恢复临时占地，或者场地清理未达到合同约定的，发包人有权委托其他人恢复或清理，所发生的金额从拟支付给承包人的款项中扣除
	21	工程师指示错误	E	3.4 监理人的指示	由于监理人未能按合同约定发出指示、指示延误或指示错误而导致承包人费用增加，由发包人承担赔偿责任
	22	逾期支付最终结清价款	E	17.6 最终结清	发包人不按期支付的，将逾期付款违约金支付给承包人
	23	承包人违约解除合同	A	22.1 承包人违约	承包人应承担其违约所引起的费用增加
	24	发包人违约解除合同	E	22.2 发包人违约	发包人应承担其违约所引起的费用增加

（续）

风险分类	序号	风险事项	承担方	条　款	承担风险范围
工程技术风险	25	基准资料准确性	E	8.3 基准资料错误的责任	由于发包人提供基准资料错误导致承包人测量放线工作的返工或造成工程的损失而增加的费用由发包人承担，并支付合理利润
	26	现场地质、水文气象资料的准确性	E	4.10 承包人现场查勘	发包人对其准确性负责
	27	承包人现场踏勘获取资料	A	4.10 承包人现场查勘	视为承包人已充分估计了应承担的责任和风险，因此此风险导致的费用增加由承包人承担
	28	图纸错误	E	1.6.4 图纸的错误	相应的费用风险由发包人承担
	29	承包人使用施工设备不能满足合同要求	A	6.3 要求承包人增加或更换施工设备	承包人使用的施工设备不能满足合同进度计划和质量要求时，增加或更换施工设备而增加的费用由承包人承担
	30	发包人的施工安全责任	E	9.1 发包人的施工安全责任	除承包人原因造成发包人人员伤亡及财产损失，以及由于发包人原因导致第三者人员伤亡及财产损失的，由发包人承担
	31	承包人的施工安全责任	A	9.2 承包人的施工安全责任	除发包人原因造成承包人人员、分包人人员伤亡及财产损失，以及由于承包人原因导致第三者人员伤亡及财产损失的，由承包人承担
	32	承包人的工期延误	A	11.5 承包人的工期延误	承包人承担因加快进度而增加的费用
	33	发包人要求的工期提前	A	11.6 工期提前	由此增加的费用由发包人承担，并向承包人支付专用合同条款约定的相应奖金
	34	变更	E	15.3.2 变更估价	因变更引起的价格调整部分按变更估价原则确定，全部由发包人承担
	35	暂估价	E	15.8 暂估价	暂估价的金额差以及相应的税金等其他费用列入合同价格
	36	承包人擅自变更	A	15.2 变更权	没有监理人的变更指示，承包人不得擅自变更
	37	发包人原因导致试运行失败	E	18.6 试运行	由于发包人原因导致试运行失败的，承包人应采取措施保证试运行合格，发包人承担由此产生的费用，并支付承包人合理利润
	38	承包人原因导致试运行失败	A	18.6 试运行	由于承包人原因导致试运行失败的，承包人应采取措施保证试运行合格，并承担相应费用
	39	道路和桥梁的损坏	A	7.5 道路和桥梁的损坏责任	修复损坏的全部费用和可能引起的赔偿由承包人承担

注：E 代表发包人，A 代表承包人。

② 17 版《工程施工合同》通用合同条款的工程价款风险分担如表 0-8 所示。

表 0-8　17 版《工程施工合同》通用合同条款风险分担

风险分类	序号	风险事项	承担方	条　款	承担工程价款风险范围
社会环境风险	1	骚乱、戒严、暴动、战争	E + A	17. 不可抗力	各自损失各自承担
自然环境风险	2	化石、文物	E	1.9 化石、文物	发包人承担由此增加的费用和（或）延误的工期
	3	不利物质条件，但不包括气候条件	E	7.6 不利物质条件	增加的费用和（或）延误的工期由发包人承担
	4	异常恶劣的气候条件	E	7.7 异常恶劣的气候条件	增加的费用和（或）延误的工期由发包人承担
	5	地震、海啸、瘟疫	E + A	17. 不可抗力	各自损失各自承担
	6	延迟履行期间的不可抗力	E + A	17. 不可抗力	因合同一方迟延履行合同义务，在迟延履行期间遭遇不可抗力的，不免除其违约责任
经济环境风险	7	市场价格波动	E + A	11.1 市场价格波动引起的调整	物价波动在风险幅度以外部分进行调价，此部分风险由发包人承担；物价波动在风险幅度以内不调价，此部分风险由承包人承担
法律环境风险	8	法律变化	E	11.2 法律变化引起的调整	此类风险由发包人承担
履约风险	9	图纸提供延误	E	1.6 图纸和承包人文件	发包人承担导致承包人费用增加和（或）工期延误
	10	预期提供基础资料	E	2.4 施工现场、施工条件和基础资料的提供	由发包人承担由此增加的费用和（或）延误的工期
	11	提交项目经理相关文件	A	3.2 项目经理	由此增加的费用和（或）延误的工期由承包人承担
	12	承包人引起工程质量未达到合同标准	A	5.1 质量要求	由承包人承担由此增加的费用和（或）延误的工期
	13	发包人引起工程质量未达到合同标准	E	5.1 质量要求	由发包人承担由此增加的费用和（或）延误的工期，并支付承包人合理的利润
	14	监理人检查和检验合格质量	E	5.2 质量保证措施	由此增加的费用和（或）延误的工期由发包人承担
	15	监理人检查和检验不合格质量	A	5.2 质量保证措施	影响正常施工的费用由承包人承担，工期不予顺延
	16	隐蔽工程检查质量不合格	A	5.3 隐蔽工程检查	由此增加的费用和（或）延误的工期由承包人承担
	17	承包人私自覆盖	A	5.3 隐蔽工程检查	由此增加的费用和（或）延误的工期均由承包人承担

（续）

风险分类	序号	风险事项	承担方	条　款	承担工程价款风险范围
履约风险	18	隐蔽工程重新检验	E + A	5.3 隐蔽工程检查	检验合格，由发包人承担由此增加的费用和（或）延误的工期，并支付承包人合理的利润；检验不合格，由此增加的费用和（或）延误的工期由承包人承担
	19	质量争议检验	E + A	5.5 质量争议检测	由此产生的费用及因此造成的损失，由责任方承担
	20	监理人指示错误	E	4.3 监理人的指示	因监理人未能按合同约定发出指示、指示延误或发出了错误指示而导致承包人费用增加和（或）工期延误的，由发包人承担赔偿责任
	21	安全文明施工费挪作他用	A	6.1 安全文明施工	此增加的费用和（或）延误的工期由承包人承担
	22	开工通知延误发出	E	7.3 开工	发包人应当承担由此增加的费用和（或）延误的工期，并向承包人支付合理利润
	23	发包人原因导致暂停施工	E	7.8 暂停施工	发包人应承担由此增加的费用和（或）延误的工期，并支付承包人合理的利润
	24	承包人原因导致暂停施工	A	7.8 暂停施工	承包人应承担由此增加的费用和（或）延误的工期
	25	承包人无故拖延和拒绝复工	A	7.8 暂停施工	承包人承担由此增加的费用和（或）延误的工期
	26	暂停施工持续84天以上	E	7.8 暂停施工	暂停施工持续84天以上不复工的，且不属于第7.8.2项（承包人原因引起的暂停施工）及第17条（不可抗力）约定的情形，并影响到整个工程以及合同目的实现的，承包人有权提出价格调整要求
	27	暂停施工期间的工程照管	E + A	7.8 暂停施工	承包人应负责妥善照管工程并提供安全保障，由此增加的费用由责任方承担
	28	发包人指定生产厂家或供应商	E	8.2 承包人采购材料与工程设备	合同约定由承包人采购的材料、工程设备，发包人不得指定生产厂家或供应商，发包人违反本条约定指定生产厂家或供应商的，承包人有权拒绝，并由发包人承担由此增加的费用和（或）延误的工期
	29	发包人供应材料与工程设备的保管与使用	E + A	8.4 材料与工程设备的保管与使用	保管费用由发包人承担，因承包人原因发生丢失毁损的，由承包人负责赔偿；监理人未通知承包人清点的，承包人不负责材料和工程设备的保管，由此导致丢失毁损的由发包人负责

（续）

风险分类	序号	风险事项	承担方	条款	承担工程价款风险范围
履约风险	30	承包人采购材料与工程设备的保管与使用	A	8.4 材料与工程设备的保管与使用	保管费用由承包人承担，检验或试验费用由承包人承担；承包人使用不符合设计或有关标准要求的材料和工程设备的，增加的费用和（或）延误的工期由承包人承担
	31	材料、工程设备和工程的重新试验和检验	E + A	9.3 材料、工程设备和工程的试验和检验	不符合合同要求的，由此增加的费用和（或）延误的工期由承包人承担；符合合同要求的，由此增加的费用和（或）延误的工期由发包人承担
	32	暂估价合同订立和履行迟延	E + A	10.7 暂估价	发包人原因，由此增加的费用和（或）延误的工期由发包人承担，并支付承包人合理的利润；承包人原因，由此增加的费用和（或）延误的工期由承包人承担
	33	发包人逾期支付进度款	E	12.4 工程进度款支付	发包人逾期支付进度款的，应按照中国人民银行发布的同期同类贷款基准利率支付违约金
	34	发包人不按照本项约定组织竣工验收、颁发工程接收证书	E	13.2 竣工验收	发包人不按照本项约定组织竣工验收、颁发工程接收证书的，每逾期一天，应以签约合同价为基数，按照中国人民银行发布的同期同类贷款基准利率支付违约金
	35	发包人无正当理由不接收工程	E	13.2 竣工验收	发包人自应当接收工程之日起，承担工程照管、成品保护、保管等与工程有关的各项费用，合同当事人可以在专用合同条款中另行约定发包人逾期接收工程的违约责任
	36	承包人无正当理由不移交工程	A	13.2 竣工验收	承包人应当承担工程照管、成品保护、保管等与工程有关的各项费用，合同当事人可以在专用合同条款中另行约定承包人无正当理由不移交工程的违约责任
	37	提前交付单位工程	E	13.4 提前交付单位工程的验收	由发包人承担由此增加的费用和（或）延误的工期，并支付承包人合理的利润
	38	承包人未地表还原	A	13.6 竣工退场	承包人未地表还原的，发包人有权委托其他人恢复或清理，所发生的费用由承包人承担
	39	逾期支付竣工结算款	E	14.2 竣工结算审核	发包人逾期支付的，按照中国人民银行发布的同期同类贷款基准利率支付违约金；逾期支付超过56天的，按照中国人民银行发布的同期同类贷款基准利率的两倍支付违约金

（续）

风险分类	序号	风险事项	承担方	条款	承担工程价款风险范围
履约风险	40	逾期支付最终结清价款	E	14.4 最终结清	发包人逾期支付的，按照中国人民银行发布的同期同类贷款基准利率支付违约金；逾期支付超过 56 天的，按照中国人民银行发布的同期同类贷款基准利率的两倍支付违约金
	41	发包人违约	E	16.1 发包人违约	发包人应承担因其违约给承包人增加的费用和（或）延误的工期，并支付承包人合理的利润
	42	因发包人违约解除合同	E	16.1 发包人违约	发包人应承担由此增加的费用，并支付承包人合理的利润
	43	承包人违约	A	16.2 承包人违约	承包人应承担因其违约行为而增加的费用和（或）延误的工期
	44	因承包人违约解除合同	A	16.2 承包人违约	合同解除后，承包人应支付的违约金
	45	第三人造成的违约	E/A	16.3 第三人造成的违约	一方当事人因第三人的原因造成违约的，应当向对方当事人承担违约责任
工程技术风险	46	场外交通	E	1.10 交通运输	场外交通设施无法满足工程施工需要的，由发包人负责完善并承担相关费用
	47	场内交通	E + A	1.10 交通运输	发包人免费提供场内道路和交通设施，承包人原因造成上损坏的，承包人负责修复并承担由此增加的费用
	48	其他场内临时道路和交通设施	A	1.10 交通运输	承包人负责修建、维修、养护和管理施工所需的其他场内临时道路和交通设施
	49	超大件和超重件的运输	A	1.10 交通运输	运输超大件或超重件所需的道路和桥梁临时加固改造费用和其他有关费用，由承包人承担
	50	道路和桥梁的损坏	A	1.10 交通运输	因承包人运输造成施工场地内外公共道路和桥梁损坏的，由承包人承担修复损坏的全部费用和可能引起的赔偿
	51	工程量清单错误	E	1.13 工程量清单错误的修正	发包人应予以修正工程量清单，并相应调整合同价格
	52	基础资料准确性	E	2.4 施工现场、施工条件和基础资料的提供	发包人对所提供资料的真实性、准确性和完整性负责
	53	承包人现场踏勘获取资料	A	3.4 承包人现场查勘	因承包人未能充分查勘、了解前述情况或未能充分估计前述情况所可能产生后果的，承包人承担由此增加的费用和（或）延误的工期
	54	工程照管与成品、半成品保护不利	A	3.6 工程照管与成品、半成品保护	承包人承担由此增加的费用和（或）延误的工期

（续）

风险分类	序号	风险事项	承担方	条款	承担工程价款风险范围
工程技术风险	55	不合格工程处理	E＋A	5.4 不合格工程的处理 13.2 竣工验收	发包人原因，发包人承担由此增加的费用和（或）延误的工期，并支付承包人合理的利润；承包人原因，承包人承担由此增加的费用和（或）延误的工期
	56	危及工程安全的事件的处理	A	6.1 安全文明施工	此类抢救按合同约定属于承包人义务的，由此增加的费用和（或）延误的工期由承包人承担
	57	安全生产责任	E＋A	6.1 安全文明施工	各自责任各自负责
	58	环境污染	A	6.3 环境保护	承包人应当承担因其原因引起的环境污染侵权损害赔偿责任，由此增加的费用和（或）延误的工期由承包人承担
	59	测量放线资料提供不准确	E	7.4 测量放线	发包人应对其提供的测量基准点、基准线和水准点及其书面资料的真实性、准确性和完整性负责
	60	发包人原因导致工期延误或无法按时复工	E	7.5 工期延误	由发包人承担由此延误的工期和（或）增加的费用，且发包人应支付承包人合理的利润
	61	承包人原因导致工期延误	A	7.5 工期延误	因承包人原因造成工期延误的，可以在专用合同条款中约定逾期竣工违约金的计算方法和逾期竣工违约金的上限
	62	提前竣工	E	7.9 提前竣工	发包人要求承包人提前竣工，或承包人提出提前竣工的建议能够给发包人带来效益的，合同当事人可以在专用合同条款中约定提前竣工的奖励
	63	承包人采购的材料和工程设备不符合设计或有关标准要求	A	8.3 材料与工程设备的接收与拒收	由此增加的费用和（或）延误的工期，由承包人承担
	64	发包人提供的材料或工程设备不符合合同要求	E	8.5 禁止使用不合格的材料和工程设备	由此增加的费用和（或）延误的工期由发包人承担，并支付承包人合理的利润
	65	承包人使用的施工设备不能满足合同进度计划和（或）质量要求	A	8.8 施工设备和临时设施	由此增加的费用和（或）延误的工期由承包人承担
	66	变更	E	10. 变更	因变更引起的价格调整部分按变更估价原则确定，由发包人承担；因变更引起工期变化，合同当事人均可要求调整合同工期

（续）

风险分类	序号	风险事项	承担方	条款	承担工程价款风险范围
工程技术风险	67	承包人擅自变更	A	10.2 变更权	未经许可，承包人不得擅自对工程的任何部分进行变更
	68	不合格工程导致其他工程不能正常使用	A	13.2 竣工验收	因不合格工程导致其他工程不能正常使用的，承包人应采取措施确保相关工程的正常使用，由此增加的费用和（或）延误的工期由承包人承担
	69	因设计原因导致试车达不到验收要求	E	13.3 工程试车	发包人承担修改设计、拆除及重新安装的全部费用，工期相应顺延
	70	承包人原因导致试车达不到验收要求	A	13.3 工程试车	承担重新安装和试车的费用，工期不予顺延
	71	工程设备制造原因导致试车达不到验收要求	E/A	13.3 工程试车	由此增加的费用及延误的工期由采购该工程设备的合同当事人承担
	72	承包人原因造成投料试车不合格	A	13.3 工程试车	产生的整改费用由承包人承担
	73	非因承包人原因导致投料试车不合格	E	13.3 工程试车	由此产生的费用由发包人承担

注：E 代表发包人，A 代表承包人。

　　07 版《标准施工招标文件》（13 年修订）与 17 版《工程施工合同》对风险分担内容的规定基本一致，但是后者在前者基础上又进行了补充和发展，内容更加丰富和全面，有助于发承包双方的合理风险分担以及工程价款管理。

　　2）专用合同条款的工程价款风险分担。专用合同条款的工程价款风险分担是对通用合同条款工程价款风险分担的修改和补充，也需要存在合理风险分担的思想，按照风险分担的原则分担风险。不合理的风险分担不利于实现预期的目标，因为发承包一方不合理地承担过多风险，将会使这一方产生损失，为了保证自身的利益，必然会将损失转移给另一方，从而无法达到预期目标。发承包双方之间合理的风险分担，有效地改善了项目管理绩效，是项目成功的关键。13 版《清单计价规范》对风险分担进行了约定，可以根据其约定设置专用合同条款。

　　13 版《清单计价规范》强化了"合同计价风险分担原则"的强制性效力，并规定招标人必须在招标文件中或在签订合同时，载明投标人应考虑的风险内容及其风险范围或风险幅度。这从本质上体现了风险分担原则应秉承一种权责利对等的思想，并考虑合同各方的意愿与能力，实现风险的合理分担。

　　该规范第 3.4.2 条明确规定了发包人应承担的影响合同价款的风险：

　　① 国家法律、法规、规章和政策发生变化。

　　② 省级或行业建设主管部门发布的人工费调整，但承包人对人工费或人工单价的报价高于发布的除外。

　　③ 由政府定价或政府指导价管理的原材料等价格进行了调整。

　　由此可见，13 版《清单计价规范》进一步强化与明确了人工费调整的处理原则及政府定价或指导价管理的原材料价格的调整处理原则，加强了发包人承担的责任风险。由于承包人在投标时并没有考虑到以上三类风险或者没拥有与这三类风险相匹配的权利和利益，因此承包人不应该承担这类风险，这体现了公平性的风险分担原则。

13版《清单计价规范》第3.4.3条规定：由于市场物价波动影响合同价款的，应由发承包双方合理分摊；当合同中没有约定，发承包双方发生争议时，按第9.8.1～9.8.3条的规定调整合同价款。当物价变化较大时，承包人并没有能力控制该风险，也没有获取相应的利益去承担该风险，因此承包人不应承担物价波动幅度较大的风险，体现了公平性的风险分担原则。

第3.4.4条规定：由于承包人使用机械设备、施工技术以及组织管理水平等自身原因造成施工费用增加的，应由承包人全部承担。这一类风险承包人最有能力去控制，并且发包人并没有相应的利益来承担该类风险，由承包人承担这类风险体现了可控性和公平性的风险分担原则。

13版《清单计价规范》第3.4.3～3.4.4条对计价风险的规定体现了单价合同风险分担原则：

① 投标人应完全承担的风险是技术风险和管理风险，如管理费和利润。

② 投标人应有限承担的是市场风险，如材料价格、施工机械使用费等风险。

③ 投标人完全不承担的是法律、法规、规章和政策变化的风险，此外还包括省级或行业建设主管部门发布的人工费调整、由政府定价或政府指导价管理的原材料等价格的调整。

13版《清单计价规范》对风险分担进行了约定，可以根据其约定设置专用合同条款，具体约定，如表0-9所示。

表0-9　13版《清单计价规范》风险分担

风险分类	序号	风险事项	承担方	条款	承担工程价款风险范围
社会环境风险 / 自然环境风险	1	不可抗力	E＋A	9.10 不可抗力	各自损失各自承担
经济环境风险	2	物价变化	E＋A	9.8 物价变化	超出合同约定幅度的由发包人承担，如没有约定，则材料、工程设备单价变化超过5%，超过部分的价格应按照价格指数调整法或造价信息差额调整法计算调整材料、工程设备费
	3	发包人原因引起工期延误期间物价变化	E	9.8 物价变化	因发包人原因导致工期延误的，则计划进度日期后续工程的价格，采用计划进度日期与实际进度日期两者的较高者
	4	承包人原因引起工期延误期间物价变化	A	9.8 物价变化	因承包人原因导致工期延误的，则计划进度日期后续工程的价格，采用计划进度日期与实际进度日期两者的较低者

（续）

风险分类	序号	风险事项	承担方	条 款	承担工程价款风险范围
法律环境风险	5	法律法规变化	E	9.2 法律法规变化	此类风险由发包人承担
	6	人工费调整	E	3.4 计价风险	此类风险由发包人承担
	7	政府定价或政府指导价的原材料价格变化	E	3.4 计价风险	此类风险由发包人承担
履约风险	8	发包人提供材料设备与约定不符	E	3.2 发包人提供材料和工程设备	发包人提供的甲供材料如其规格、数量或质量不符合合同要求，或由于发包人原因发生交货日期延误、交货地点及交货方式变更等情况的，发包人应承担由此增加的费用和（或）工期延误，并向承包人支付合理利润
	9	承包人提供材料设备与约定不符	A	3.3 承包人提供材料和工程设备	发包人对承包人提供的材料和工程设备经检测不符合合同约定的质量标准，应立即要求承包人更换，由此增加的费用和（或）工期延误由承包人承担
	10	发包人检测合格的材料工程设备	E	3.3 承包人提供材料和工程设备	对发包人要求检测承包人已具有合格证明的材料、工程设备，但经检测证明该项材料、工程设备符合合同约定的质量标准，发包人应承担由此增加的费用和（或）工期延误，并向承包人支付合理利润
	11	预付款支付延误	E	10.1 预付款	发包人在预付款期满后的7天内仍未支付的，承包人可在付款期满后的第8天起暂停施工。发包人应承担由此增加的费用和（或）延误的工期，并向承包人支付合理利润
	12	进度款支付延误	E	10.3 进度款	发包人未支付进度款的，承包人有权获得延迟支付的利息；发包人在付款期满后的7天内仍未支付的，承包人可在付款期满后的第8天起暂停施工。发包人应承担由此增加的费用和（或）延误的工期，向承包人支付合理利润，并承担违约责任
	13	竣工结算款支付延误	E	11.4 结算款支付	发包人未支付竣工结算款的，承包人有权获得延迟支付的利息。发包人在竣工结算支付证书签发后或者在收到承包人提交的竣工结算款支付申请7天后的56天内仍未支付的，除法律另有规定外，承包人可与发包人协商将该工程折价，也可直接向人民法院申请将该工程依法拍卖。承包人就该工程折价或拍卖的价款优先受偿

（续）

风险分类	序号	风险事项	承担方	条　款	承担工程价款风险范围
履约风险	14	承包人违约解除合同	A	12 合同解除的价款结算与支付	发包人应暂停向承包人支付任何价款。发包人按合同约定核算承包人应支付的违约金以及造成损失的索赔金额，并将结果通知承包人。发承包双方应在 28 天内予以确认或提出意见，并办理结算合同价款。如果发包人应扣除的金额超过了应支付的金额，则承包人应在合同解除后的 56 天内将其差额退还给发包人
	15	发包人违约解除合同	E	12 合同解除的价款结算与支付	发包人除应按照本规范第 12.0.2 条规定向承包人支付各项价款外，按合同约定核算发包人应支付的违约金以及给承包人造成损失或损害的索赔金额费用
工程技术风险	16	招标工程量清单编制质量	E	4.1 一般规定	招标工程量清单必须作为招标文件的组成部分，其准确性和完整性由招标人负责
	17	承包人原因引起工期延误	A	9.2 法律法规变化	因承包人原因导致工期延误，且第 9.2.1 条规定的调整时间在合同工程原定竣工时间之后，合同价款调增的不予调整，合同价款调减的予以调整
	18	工程变更	E	9.3 工程变更	工程变更引起已标价工程量清单项目或其工程数量发生变化，应调整合同价款；使措施项目发生变化的，调整措施项目费
	19	项目特征描述不符	E	9.4 项目特征不符	若在合同履行期间，出现设计图纸（含设计变更）与招标工程量清单任一项目的特征描述不符，且该变化引起该项目的工程造价增减变化的，应按照实际施工的项目特征按本规范工程变更相关条款的规定重新确定相应工程量清单项目的综合单价，调整合同价款
	20	工程量清单缺项	E	9.5 工程量清单缺项	应按照本规范工程变更规定确定单价，调整合同价款；引起措施项目发生变化的，在承包人提交的实施方案被发包人批准后，调整合同价款
	21	工程量偏差	E	9.6 工程量偏差	若应予计算的实际工程量与招标工程量清单出现偏差，且符合本规范工程量偏差其他规定的，发承包双方应调整合同价款
	22	现场签证	E	9.14 现场签证	承包人应按照现场签证内容计算价款，报送发包人确认后，作为增加合同价款，与进度款同期支付

（续）

风险分类	序号	风险事项	承担方	条款	承担工程价款风险范围
工程技术风险	23	暂估价	E	9.9 暂估价	根据确定的实际价格调整合同价款
	24	提前竣工（赶工补偿）	E	9.11 提前竣工（赶工补偿）	发包人应承担承包人由此增加的提前竣工（赶工补偿）费
	25	误期赔偿	A	9.12 误期赔偿	合同工程发生误期，承包人应赔偿发包人由此造成的损失，并按照合同约定向发包人支付误期赔偿费
	26	非承包人原因发生起的事件造成了承包人损失	E	9.13 索赔	承包人接受索赔处理结果的，索赔款项作为增加合同价款，在当期进度款中进行支付；承包人不接受索赔处理结果的，按合同约定的争议解决方式办理
	27	由于承包人原因造成发包人的损失	A	9.13 索赔	承包人应付给发包人的索赔金额可从拟支付给承包人的合同价款中扣除，或由承包人以其他方式支付给发包人

注：E 代表发包人，A 代表承包人。

（3）风险再分担　在工程项目建设过程中，如果发承包双方发现存在新的、没有被识别并分担的风险，或者发承包双方认为已有的风险分担不合理时，都可能进行风险的再分担。而风险再分担往往是伴随着项目中发承包双方的再谈判进行的，风险再分担的目的，就是对新识别的风险和原有分担不合理的风险进行分担，使风险分担更加合理。由于风险分担的本质是对责任义务的分配以及对工程价款的影响，因此风险再分担也是确定责任义务的分配以及对工程价款的影响。一般风险再分担分为两类：一类是将风险由原来承担的一方分担给另一方，如原来合同中约定变更不调整措施费，风险由承包人承担，施工中签订补充协议，改为变更引起措施费调整的风险由发包人承担；还有一类是改变原有风险承担的程度，如合同中约定物价变化不调整合同价款，但是在施工期间签订补充协议，约定钢材价格变化超过 10% 就调整合同价款，这就改变了原有风险分担承担的程度。

1）未识别风险的分担。由于工程项目契约的不完备性以及发承包双方的有限理性，工程项目建设期间往往会出现发承包双方没有分担或存在合同中没有约定的风险，当这类风险识别出来后，发承包双方就需要对该风险进行分担，同时根据风险的分担情况调整合同价款。如发承包双方在合同中并没有明确不利的物质条件、异常恶劣的气候条件、不可抗力所包括的具体内容时，如果项目实施期间发生该类事件，则发承包双方需要针对该类风险事件进行谈判确定风险分担方案。如果发包人承担其风险，则可以依据变更、现场签证、索赔等手段调整合同价款；如果是承包人承担这一风险，则不调整合同价款。

2）原有分担不合理的风险的再分担。在工程项目建设期间，如果发现分担不合理的风险，或者发现某一方没有能力或不愿意承担某一风险，发承包双方往往需要谈判改变合同条件或新增合同条件，通过这一手段对工程风险进行再分担，如原合同规定所有材料价格均不调整，但是承包人无法承担材料价格上涨，发包人就需要改变合同内容，签订补充协议给予承包人补偿。但是这种过程是发承包双方通过博弈去确定新的风险分担方案，而双方均是以各自的利益出发进行谈判，一方收益的增加意味着另一方收益的减少，因此发包人和承包人对利益的追求可能会阻碍风险再分担的实施。

成虎教授曾表示：索赔是项目实施阶段合同双方责权利关系和工程风险的合理再分配，索赔可以作为再分担不合理风险的一个手段，当某一方发现自己承担了不合理的风险或者这一风险不应由己方承担时，可以通过索赔手段来对风险进行再分担或者弥补己方承担风险的损失。如发包人在合同中约定施工期间物价波动不调整合同价格，而施工期间由于发包人原因引起工期延误，并且延误期间物价上涨，那么承包人可以通过索赔来再分担物价上涨的风险或者要求发包人弥补承包人承担工期延误期间物价上涨风险的损失，即承包人通过索赔要求发包人支付工程延期期间物价上涨的价款。

0.3.4 基于交易成本理论的工程价款管理

1. 交易成本理论概述

康艺斯（J. R. Commons）重构了经济组织，并选择了交易作为分析单元。科斯（R. H. Coase）在《企业的性质》中提出企业存在的原因，引入了交易成本的概念。Williamson 在《生产的纵向一体化：市场失灵的考察》中说明纵向一体化的程度，划清了市场与企业的边界，同时将资产专用性引入讨论。交易成本经济学发展有两个分支，即治理分支和测度分支。保罗·乔斯科（Paul Joskow）在《契约持续期与关系专用性投资：煤炭市场的实证证据》中认为对于重复性的交易，依靠事前将条款和条件具体化的长期契约将会使双方受益，而不是依靠重复的谈判，并证明了投资的专用性会产生事后为设计和管理长期契约的重复谈判成本。Williamson 将交易成本分为缔约前的交易成本与缔约后的交易成本两部分，两者是相互依存的，并提出缔约前是交易，缔约后是治理。缔约前的交易成本是指草拟合同、就合同内容进行谈判以及确保合同得以履行所付出的成本。缔约后的成本主要包括：不适应成本、讨价还价成本、启动及运转成本、保证成本四类。交易成本主要是当事人针对某一事件无法协商一致、双方相互说服过程中所消耗的成本，类似于经济学中的摩擦力。交易双方要订立合同就面临着合同条款的选择。合同条款设计时私人命令的作用在交易成本的研究中得到显现，也就是说交易双方出于自身利益最大化的角度出发，在与对方不断协商、妥协的过程中实现适应双边需求的最小成本[11]。

2. 交易成本理论下的合同履行效率

Williamson 在《资本主义经济制度》中将合约的达成分为两类：一类是垄断式合同；另一类是效率式合同。利用效率式合同可以区分：强调激励组合的理论和强调节省交易成本为特征的理论。交易成本经济学认为，人们不可能在缔约前就能事先估计到所有有关的讨价还价行为，讨价还价是无处不在的。对于合同履行效率的探索，Williamson 分析了生产的纵向一体化，指出了在清晰的产权制度下，冲突和纠纷均可通过协商和谈判解决实现一体化；Klein 以通用—费雪购并案为例，认为某种看似不公平的契约是当事人节约交易成本的主观故意。交易成本分为隐性成本和显性成本，交易成本的存在导致了契约的不完全，同时不完全合同理论也是为了节省交易成本。交易成本的影响因素主要包括不确定性、资产专用性、有限理性和机会主义行为四类，其中不确定性与有限理性导致了契约的不完全，资产专用性和机会主义行为产生了套牢的问题[12]。声誉模型中认为信用体系作为隐性激励可以产生对人的行为的激励与约束，替代显性激励[13]，抑制交易方的机会主义行为并为判断缔约方事后履约能力提供标准，加之奖惩体系均会对降低交易成本起到作用，具体如图 0-10 所示。除此之外，通过交易过程管理也可以实现交易成本的控制。

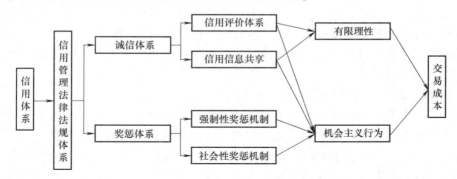

图 0-10　信用体系对交易成本的影响

3. 交易成本理论对工程价款的指导与应用

工程合同的签订是一般的交易过程，通过双方的协商进一步确定交易规则，所涉及的交易成本包括搜寻交易对象的成本、确定交易对象的成本、起草合同的成本、对合同条款进行讨价还价的成本以及事后的监督成本、协调成本、保证成本、支持成本等，这都会影响合同价格的形成。出现不确定性因素时，还包括对合同的再谈判成本，造成合同价款的调整。工程建设项目的不确定性增大了按约执行的阻力，加之发承包双方之间的信息不对称增加了交易成本。工程变更条款对承发包双方权利、义务的明确，对优化交易成本和双方利益最大化非常重要。工程项目具有资产的专用性和地理位置固定的特点，合同条款权责利的分配不明确、补偿机制设置不合理以及不确定性等均可能导致机会主义，增大交易成本。由于工程项目不是即期合同，是依赖于自然状态的长期合同，交易成本伴随合同履行的全过程，有效的交易成本控制有利于保证工程目标的实现。

0.3.5　基于内部控制理论的工程价款支付管理

1. 内部控制对工程价款支付管理的影响

工程价款支付管理是对成本进行项目层级的管理，通过各种管理手段实现自己预期价款支付目标，在预付款、进度款、竣工结算款、质保金、最终结清中实现己方预期的经济目标。由于工程项目的发承包活动需要发包人和承包人两个组织完成，因此项目层级的工程价款管理必须依靠组织层级的管理活动实现，也就是要依靠组织的内部控制实现。发承包双方均可以而且需要对工程价款管理进行组织层级的内部控制。例如进度款、竣工结算款的审核、确认和支付并不仅是项目层级的发包人确认和确定，并且还需要发包人所在组织内部其他部门或者人员确认和确定；进度款、竣工结算款的编制也不仅是项目层级的承包人确认和确定，也需要承包人所在组织内部其他部门或者人员确认和确定。因此，组织层级的内部控制与项目层级的工程价款支付管理是相互耦合的。

组织层级的内部控制对工程项目产生巨大影响，具体表现为：①组织层级的目标通过内部控制影响工程价款支付管理目标。工程价款支付受到组织层级的内部控制影响，发承包双方所在的组织会对工程价款的支付存在一个预期的目标，而这一目标则会传达给项目负责人并通过内部控制手段实现，如发包人所在组织内部对工程项目的进度和质量存在硬性要求，就需要与承包人建立良好关系保证项目建设质量或者通过及时的支付保证项目建设进度，这使发包人所在组织就会相对放松对承包人结算报价的审查，并放低发包人的成本控制要求，通过减少结算纠纷保障双方的良好关系以及保障项目建设进度，这就使得发包人会支付给承包人相对多一些的工程价款来保障发包人所在组织的预期目标的实现。②组织层级的内部控制效率影响工程价款支付管理的效率。这是显而易见的，组织的内部控制效率会影响到发承包双方决策和管理活动实施的效率，而这肯定影响工程价款支付管理的效率。

2. 以工程价款支付管理为导向的内部控制的实现

就西方发达国家内部控制理论的发展轨迹来看，内部控制理论从最初萌芽时期的相互牵制思想，到发展期的制度二分法，从过渡期的三要素理论到完善期的五要素理论，最后到成熟期的八要素理论，内部控制的重心是逐步从分散向系统、从单一向全面的全局系统方向发展的。组织的内部控制是基于风险导向实现的，这个结论已经影响并成为现代内部控制的发展方向，它引导了内部控制理论所关注的焦点，即转向有效的风险管理机制和治理结构的健全方向，将组织内部从控制转为风险防范。现有文献研究表明理论界和实务界普遍承认风险管理视角下的内部控制能够有效降低工程项目所面临的风险，当然也包括工程价款支付管理风险。通过内部控制降低工程价款支付管理风险的手段就是以工程价款支付管理为导向实行组织层级的内部控制，包括控制点的确定以及控制线路的确定。

（1）以工程价款支付管理为导向的控制点分析　工程价款支付的程序可概括为承包人向发包人提交付款申请单，发包人给付支付证书并支付工程价款，因此工程价款支付管理的内部控制主要是对"单、证、款"的控制。预付款是以预付款支付时点、支付额度、起扣点和起扣方式为关键，体现对预付款申请表、预付款支付证书、预付款保函的控制；进度款支付控制关键针对工程量和工程计价审核，体现对进度款申请报告、进度款支付申请表、变更签证单或其他类型的签证表格的控制；竣工结算的关键是明确竣工结算款的问题。因此，对其的控制为对竣工结算依据的控制，包括历次计量计价与支付的资料、工程施工材料、工程质量保证材料、工程检验评定资料和其他应交资料的控制审核；对质量保证金和最终结清控制的关键是质量保证金预留和返还方式方法的确定、最终结清涉及内容及计算方式的确定，体现为对最终结清申请单和最终结清证书的控制。

（2）以工程价款支付管理为导向的控制线路分析　确定工程价款支付管理的内部控制线路必须要先明确涉及内部控制的部门或机构，在分析部门职责任务的基础上确定控制流程，确定控制流程的基本原则是职务不相容的分离原则。控制流程须体现对控制点的要求，即对"单、证、款"的控制。整个控制线路需要由四部分组成，包括控制主体（部门）、进度流、信息流、资金流：资金流的表现形式为付款传递；信息流表现为监督、监理；进度流表现为进度审核。确定控制线路的整体流程如下：

1）明确现有组织机构的设立情况。

2）按照职务不相容原则设立组织内部的控制流程。

3）以确定的控制流程为基础，确定各影响工程价款支付因素的控制线路。所绘控制线路包括四部分内容：控制主体（部门）、进度流、信息流、资金流。其中，部门间相互制约、相互监督。职务不相容思想充分体现，例如资金计划的编制、审核、资金的支付应属不同部门。

例如，某发包人所在组织确定的预付款支付流程如图0-11所示。

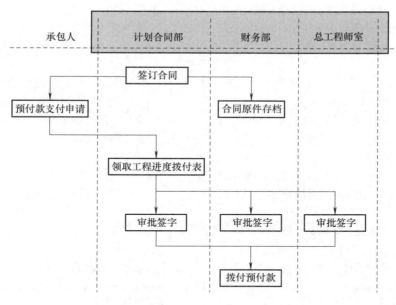

图 0-11　预付款支付流程

由图 0-11 可以看出，在该组织确定的预付款支付流程中，单独的一个部门没有完全的处理权，而是经过其他部门或人员的查证核对，参与的部门机构包括计划合同部、财务部和总工程师室。计划合同部与承包人签订合同后，向承包人进行支付的部门为财务部，符合职务不相容原则要求。根据该组织的预付款支付流程，可绘制其内部控制线路，如图 0-12 所示。

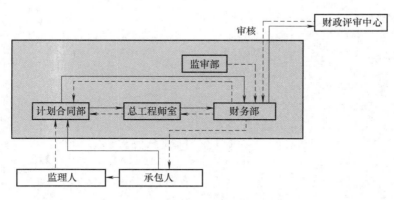

图 0-12　预付款支付的内部控制线路

该控制线路体现出：工程预付款支付需计划合同部、财务部、监审部以及总工程师室进行会签，即各部门无论集中或者分散，在对工程预付款支付的审核签字过程中都应交流信息。

本章参考文献

［1］李贺 . 工程量清单计价模式下工程价款的形成与实现研究［D］. 天津：天津理工大学，2013.
［2］成虎 . 工程承包合同状态研究［J］. 建筑经济，1995（2）：39-41.

[3] 赵华. 政府投资项目投资人与代建人风险分担机制研究 [D]. 天津：天津理工大学，2009.

[4] 成虎. 工程承包合同状态研究 [J]. 建筑经济，1995 (2)：39-41.

[5] 科斯，哈特，斯蒂格利茨，等. 契约经济学 [M]. 沃因，韦坎德，编，李凤圣译. 北京：经济科学出版社，1999.

[6] 杜亚灵，尹贻林. 不完全契约视角下的工程项目风险分担框架研究 [J]. 重庆大学学报 (社会科学版)，2012，18 (1)：65-70.

[7] 赵华. 合同风险分担对工程项目管理绩效的作用机理研究 [D]. 天津：天津大学，2012.

[8] 费方域，蒋士成. 不完全合同、产权和企业理论 [M]. 上海：格致出版社，上海三联出版社，上海人民出版社，2011.

[9] 杨瑞龙，聂辉华. 不完全契约理论：一个综述 [J]. 经济研究，2006 (2)：104-115.

[10] 尹贻林，赵华. 工程项目风险分担测量研究：模型构建、量表编制与效度检验 [J]. 预测，2013，32 (4)：8-14.

[11] 威廉姆森，马斯滕. 交易成本经济学经典名篇选读 [M]. 李自杰，蔡铭，等译. 北京：人民出版社，2008.

[12] 吴佳明. 工程项目建设中交易成本控制研究 [D]. 北京：北京交通大学，2008.

[13] Kreps D M, Wilson R. Reputation and Imperfect Information [J]. Journal of Economic Theory, 1982, 27 (2)：253-279.

第 1 篇

合同价格约定理论与实务

合同最早被称作"书契",《周易》记述:"上古结绳而治,后世圣人易之以书契。"与之相同的是"契约","契"既指一种协议过程,又指一种协议的结果。《礼记·中庸》云:"凡事预则立,不预则废。"毛泽东在《论持久战》中也引用此言,意思是没有事先的计划和准备,就不能获得战争的胜利。对于工程项目也是如此,没有前期的合同价格约定,对于后期的造价控制就难以进行。

合同价格是合同价值加上市场供求关系后的货币表现。在工程量清单计价模式下,合同价格是发包人和承包人在签订合同时约定的工程造价,是包括了分部分项工程费、措施项目费、其他项目费、规费和税金的合同总金额。在签约阶段合同价格的约定体现出初始合同状态,当工程项目实施过程中状态发生变化时,就需要对状态变化进行补偿,即合同价款调整,发包人依据调整后的合同状态(即在签约时约定的合同价格基础上考虑合同价款的调整)支付承包人工程价款,因此合同价格的约定是后续合同价款调整以及工程价款支付的基础,也是工程价款管理的重要内容。

招标人发放招标文件进行要约邀请,并公布招标控制价作为投标的最高限价;潜在承包人依据招标文件进行投标,交付投标文件,向发包人发出要约,并根据招标控制价的限制编制投标报价;发包人在评标和定标后确立中标人即承包人,向承包人发出中标通知书,做出承诺,并明确中标价格;在通过谈判后签订合同,约定签约合同价(格),形成合同价格。工程项目经过要约与承诺形成合同,而合同价格就在这一过程中伴随招标控制价、投标报价、中标价以及签约合同价的形成而形成。因此合同价格约定的管理就是对以上"四价"涉及内容的管理。

在招投标阶段合同价格形成的过程就是发承包双方相互博弈的过程。发承包双方在招投标阶段需要通过博弈保障己方的权益,在经过招标、投标、评标、中标、谈判及签约合同这几个环节的博弈之后,发承包双方达到了一种均衡,进行签约,确定初始的合同状态以及签约合同价(格)。博弈的结果就是基于发承包双方合同价格约定管理而形成的。

本篇全面介绍了招投标阶段合同价格形成所包含的内容,包括招标控制价的编制和审核、投标报价的编制和审核、中标价和签约合同价的形成等内容,并对承包人如何进行不平衡报价进行了详细分析,首创性地提出了识别、分析和利用不平衡报价机会点的工具——SEDA 模型。

第 1 章

合同价格约定管理综述

我国改革开放以来逐渐形成了招投标制度，从 1984 年颁布的《建设工程招标投标暂行规定》到 1999 年颁布的《中华人民共和国招标投标法》（主席令第 21 号）（本章以下简称《招标投标法》）再到 2011 年颁布的《中华人民共和国招标投标法实施条例》（国务院令第 613 号）（本章以下简称《招标投标法实施条例》）直到现在，招投标制度已在我国工程领域施行 30 余年。现在工程项目一般要通过招投标活动签订合同，并约定签约合同价格，以此为基础进行工程项目建设和管理活动。招投标活动其实是通过投标人的竞争来逼近工程项目真实的价格，并达到资源的优化配置。

招投标阶段其实是发包人（招标人）与承包人（投标人）之间的博弈活动，发包人（招标人）通过编制招标文件来明确自己希望或者预期的风险分担状态，并通过招标控制价明确自己预期的工程项目最高限价。承包人（投标人）则通过投标来响应发包人（招标人）的风险分担方案，通过投标给出自己的拟建项目价格。通过评标后，发包人（招标人）与中标人（承包人）进行谈判与博弈（招标人和中标人不得再行订立背离合同实质性内容的其他协议）并签订合同，从而约定签约合同价格。此时发承包双方达到一个主观（虽然承包人仍对某些条款或者风险分担结果存在异议，但迫于对业务的需求只能接受并签约合同）或者客观（发承包双方均同意合同条款或者风险分担方案）的均衡，从而确定项目的初始状态。通过这一活动便形成了初始合同价格，即签约合同价格，为后续工程价款管理提供基础。

发承包双方通过招标控制价、投标报价、评标、中标、签约形成签约合同价格这个过程来确定合同价格，目的在于确定一个科学合理的合同价格，为以后工程价款管理提供一个科学有效的管理依据，因此合同价格约定是工程价款管理的重要内容，合同价格是一个重要因素。而招标控制价、投标报价、评标、中标、签约形成签约合同价格则是合同价格约定管理的主要内容。

本章针对工程量清单计价模式下的合同价格形成、按规定（法规）进行约定的问题，主要以《招标投标法》、《中华人民共和国标准施工招标文件》（发改委等令第 56 号）［本章以下简称 07 版《标准施工招标文件》（13 年修订）]、《建设工程工程量清单计价规范》（GB 50500—2013）（本章以下简称《清单计价规范》）为依据，介绍了合同价格形成的影响因素和形成机制；给出合同价格形成的通用形式，将合同价格解构为成本和利润两部分；此外建立影响合同价格形成的因素组型，给出每一种关键因素对合同价格的影响机理，对合同价格进行深度解析。

1.1　合同价格的形成

1.1.1　合同价格概念的界定

如绪论所述，承包人在承包工程项目时会与发包人签订合同，在合同中会写明一个承包工程项目的总金额，这就是合同价格。合同价格就是发包人应支付给和已支付给承包人的总金额数量，体现在合同文件中，是一个静态数值。

合同价格是合同价值考虑市场供求关系后的货币表现。发包人和承包人在交易阶段签订合同时约定的合同总金额称为签约合同价格，签订合同时形成的签约合同价格称为合同价格的初始形成。由于工程合同履约时间长，履约时状态与签约时状态会发生变化，工程项目的价值会存在变化，因此合同价格便会随着价值的变化而变化，项目签订合同时的合同价格与项目竣工时的合同价格便会存在差异，项目竣工时形成的合同价格称为合同价格的最终形成。07 版《标准施工招标文件》（13 年修订）第 1.1.5.1 目规定签约合同价是指签订合同时合同协议书中写明的，包括了暂列金额、暂估价的合同总金额；第 1.1.5.2 目规定合同价格是指承包人按合同约定完成了包括缺陷责任期内的全部承包工作后，发包人应付给承包人的金额，包括在履行合同过程中按合同约定进行的变更和调整。

13 版《清单计价规范》第 2.0.47 条规定签约合同价是指发承包双方在工程合同中约定的工程造价，即包括了分部分项工程费、措施项目费、其他项目费、规费和税金的合同总金额；第 2.0.51 条认为竣工结算价是发承包双方依据国家有关法律、法规和标准规定，按照合同约定确定的，包括在履行合同过程中按合同约定进行的合同价款调整，是承包人按合同约定完成了全部承包工作后，发包人应付给承包人的合同总金额。

99 版 FIDIC《施工合同条件》（本章以下简称 99 版 FIDIC 新红皮书）第 14.1 款将合同价格规定为：①合同价格应根据第 12.3 款［估价］来商定或决定，并应根据本合同对其进行调整；②承包人应支付根据合同他应支付的所有税费、关税和费用，而合同价格不应因此类费用进行调整（第 13.17 款［法规变化引起的调整］的规定除外）。

上述合同范本和规范对于合同价格的界定基本一致，合同价格就是发包人按照合同约定体现合同价值的金额，是一个静态的数值。因此在合同签订时形成的签约合同价格即为初始合同价格；在项目建设期间，由于发生变更、调价、索赔等事件，使得合同状态发生变化，从而引起了合同价格的调整；经过项目的一系列建设，项目最终竣工，形成竣工结算价，即为最终合同价格，这也就是项目的工程造价。

1.1.2　合同价格形成的界定

建设工程招标投标制度是在市场经济条件下，通过公平竞争机制，进行建设工程项目发包与承包时所采用的一种交易方式。采用这种交易方式，须具备两个基本条件：一是要有能够开展公平竞争的市场经济运行机制；二是须存在招标项目的买方市场，能够形成多家竞争的局面。

通过招标投标，招标单位可以对符合条件的各投标竞争者进行比较，从中选择报价合理、技术力量强、质量和信誉可靠的承包人作为中标者签订承包合同。这样有利于保证工程质量和工期、降低工程造价、提高投资效益，也有利于防范建设工程发承包活动中的不正当竞争行为和腐败现象。

《中华人民共和国建筑法》（本章以下简称《建筑法》）第十五条规定：建筑工程的发包单位与承包单位应当依法订立书面合同，明确双方的权利和义务。因此工程建设项目合同是一种有偿合同，即发包人和承包人在取得合同约定权益的同时承担了相应的合同义务。《中华人民共和国合同法》（本章以下简称《合同法》）第二百六十九条规定：建设工程合同是承包人进行工程建设，发包人支付价款的合同。对于发包人，其承担的义务就是支付给承包人项目建设的费用，而这一费用就要在合同中体现。《合同法》第二百七十五条规定，施工合同的内容应包括工程造价、拨款和结算，这也就明确了合同在签订之时应确定合同价格，即确定初始的合同价格。合同价格的确定是合同的主要内容。

《合同法》第十三条规定，当事人订立合同，采取要约、承诺方式。对于工程建设项目，当事人订立合同需要经过要约和承诺两个过程，包括要约邀请、要约、承诺三个阶段。与合同订立的要求一致，合同价格的形成也要经历这三个阶段。

1. 要约邀请

要约邀请是希望他人向自己发出要约的意思表示。要约邀请并不是合同成立过程中的必经过程，我国法学界一般认为建设工程招标是要约邀请，招标就是邀请投标人对招标人提出要约。

要约邀请虽然是当事人订立合同的预备行为，不具有法律意义，但招标文件是发包人希望承包人发出要约（即投标文件）的意思表示，因此招标文件就要包括发包人对合同主要内容的描述或要求，也就包括对合同价格的要求。对于使用工程量清单的建设工程，发包人在招标文件中对合同价格的要求体现为招标控制价。

2. 要约

要约是希望和他人订立合同的意思表示，投标文件是一种要约，一旦中标，投标人将受投标书的约束。投标文件是要约，它包含合同的主要内容（双方的权利、义务），对合同价格的体现就是投标报价。

3. 承诺

承诺是受要约人同意要约的意思表示。在工程建设项目中，招标人发出的中标通知书是招标人同意接受中标人的投标条件，即同意中标人要约的意思表示，属于承诺。《合同法》第二十五条规定，承诺生效时合同成立，第三十条规定承诺的内容应当与要约的内容一致，因此对于工程建设项目要约与承诺必须包括合同的主要内容，也就包括合同价格的约定。中标通知书属于承诺，应包含合同的主要内容，对合同价格的体现就是中标价。而发包人和承包人双方签订的合同中必然包含合同价格的约定。

《招标投标法》第十九条规定，招标人编制招标文件时应当根据招标项目的特点和需要，招标文件应当包括投标报价要求等实质性要求和条件；第二十七条规定，投标人应当按照招标文件的要求编制投标文件，这就包括对投标报价的编写；第四十三条规定，在确定中标人前，招标人不得与投标人就投标价格、投标方案等实质性内容进行谈判；第四十六条规定，招标人和中标人应当在中标通知书发出之日起30日内，按照招标文件和中标人的投标文件订立书面合同。因此对于规定使用工程量清单的工程建设项目，合同的签订要通过招标文件的发放、投标文件的送达、评标确定中标人这几个过程，最终发包人和承包人签订合同。因此合同价格的形成就要经历招标文件明确招标控制价、承包人在投标文件中给出投标报价、通过评标确定中标价的过程，最终在合同中约定初始的合同价格，如图 1-1 所示。

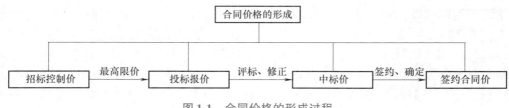

图 1-1　合同价格的形成过程

　　合同价格的形成过程是伴随着招标投标及合同签订过程而形成的。在建设工程交易阶段，发包人首先提供招标文件，是一个要约邀请的活动。在招标文件中发包人主要对承包人的投标报价进行限制，这一限制就是招标控制价，承包人的投标报价不能超过招标控制价，并且招标控制价也是评判承包人是否使用不平衡报价的基础。承包人在获得招标文件后编制投标文件，承包人递交投标文件是一个要约的活动，投标文件要包括投标报价这一实质内容，投标报价应满足发包人的要求并且不高于招标控制价。发包人组织评标委员会对合格的投标文件进行评标，确定中标人，中标人的投标报价即为中标价。发包人和中标人签订合同，依据中标价确定签约合同价格，在合同中明确，最终形成合同价格。

1.1.3　合同价格确定过程中的表现形式

　　合同价格的形成过程涉及招标控制价、投标报价、中标价、签约合同价格等紧密相关的四个环节和概念。在工程量清单计价方式下，这四个概念及其费用构成如下：

　　1. 招标控制价

　　招标控制价是指招标人根据国家或省级、行业建设主管部门颁发的有关计价依据和办法，按设计施工图纸计算的，对招标工程限定的最高工程造价。其内容包括分部分项工程费、措施项目费、其他项目费、规费和税金五部分。

　　2. 投标报价

　　投标报价是指投标人投标时报出的工程造价。在采用工程量清单进行工程招投标过程中，由投标人按照招标工程量清单，根据工程资料、计量规则和计价办法、工程造价管理机构发布的价格信息等，并结合自身的施工技术、装备和管理水平，自主确定工程造价，但不能高于招标人设定的招标控制价。

　　3. 中标价

　　中标价是指经评标被认可的投标价格，并在中标通知书中列明，一般为中标人的投标报价，是经过招标、投标、开标、评标、定标等环节确定了中标人之后，招标人向中标人发出中标通知书中载明的标的物的价格。如果在评标过程中中标人的投标文件不需要澄清、说明、补正和算术修正等，则中标人的投标报价就等于中标价，也等于签约合同价格。

　　4. 签约合同价格

　　签约合同价格是指发承包双方在合同协议书中约定的工程造价，是包括了分部分项工程费、措施项目费、其他项目费、规费和税金的合同总金额。

1.2 招标管理概述

建设工程以招投标实现交易方式的情况最早出现在英国，1782 年就开始实行了招投标制度，并产生了有关招投标的法律、法规。随后，其他国家也陆续引入了招投标的制度，经过长时间的发展变化，形成了相对成熟和完善的招投标体制。目前，我国的招投标体制与其他国家的招投标体制还存在一定的差异。招投标机制设置的目的是充分发挥竞争机制，使市场主体在平等条件下公平竞争，优胜劣汰，资源得到最优配置，而评标是招投标机制中最重要的一个环节，是招投标工作的核心，评标方法是营造招投标公平、公正环境的关键所在。

1.2.1 招投标原理及发展现状

1. 招投标的原理

招投标是与拍卖类似的一种交易机制，拍卖交易最大的特点是物品的价格是通过多轮公开竞价来确定，竞争只在需求方（买方）展开[1]。招投标也是通过竞争确定特定物品或服务价格的市场机制，只是竞价是以密封的方式进行，且竞争在供给方展开，招投标的过程如图 1-2 所示。

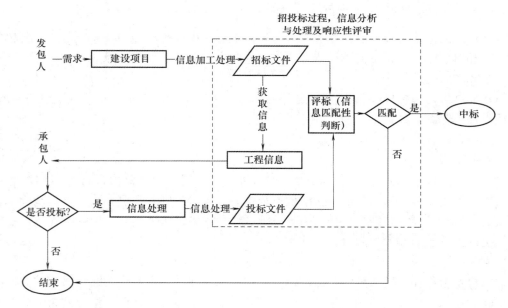

图 1-2　招投标的过程示意图

《评标委员会和评标方法暂行规定》第二十九条规定：评标方法包括经评审的最低投标价法、综合评估法或者法律、行政法规允许的其他评标方法。最基本的评标方法仍是经评审的最低投标价法和综合评估法，在现行的招投标体制下，经评审的最低投标价法和综合评估法这两种评标办法易引发低于成本价中标和串标围标行为的现实问题，其经济学本质为赢者诅咒[⊖]和价格卡特尔[⊜]。要打破这种局面，就要分别寻找破解低于成本价竞标以及串标围标的路径，以保证招投标机制的有效实施，充分发挥公平的竞争，使资源进行最有效的配置[2]。

因此，招投标过程实质上是一种相互依存的经济活动，是一种市场交易方式，在交易过程中信息的处理是至关重要的环节，一般情况下发承包双方都处于一种信息不对称的状态之下，两者信息无法完全响应，就会出现以下问题：

（1）发包人不能完全掌握承包人的信息，并基于对承包人的不信任，而导致交易过程中的成本增加。建设项目的招投标是市场经济条件下建设市场中相互依存的一种经济活动，是工程建设发承包时采用的一种交易方式。经济活动主体进行科学决策依赖于其拥有的信息状态，因此发承包双方所掌握信息的完备性在建设项目的招投标中占据重要地位。发承包双方在获取自身行为决策的相关信息时往往会出现失真，既有人为因素，也有自然原因。一方面投标人为了竞标成功而隐瞒不利的信息，仅提供有利甚至虚假信息，作为发包人的业主很难甄别其真伪。另一方面，处于信息劣势地位的发包人为了避免受到投标人对自己利益的侵犯，在交易前采用各种方法如咨询、调查等方法来增加对投标人信息的掌握，在中标签订合同后又要监视其是否遵守合同等，但这些方法都会造成信息成本的增加。针对建设市场的信息不对称现象，需要建立促进承发包双方信息揭露的交易机制，提高交易效率。

（2）信息不对称使得承包人无法准确获取信息，从而使得交易效率下降，基于此发展了招投标机制。根据目前信息经济学领域的研究成果：当市场的各个参与者之间出现信息不对称现象时，能够有效配置资源的机制必须具备两个约束条件，即"激励相容"约束和"个人理性"约束，而在建设工程领域，招投标机制则是能够满足这两个约束的一种有效配置资源的市场机制。在招投标机制中，"激励相容"约束是指在最优激励机制下能够使承包人和业主同时实现最大收益[3]；"个人理性"约束，是指发包人设计的招标机制应当使承包人参与投标后能得到相应收益，否则承包人可能会接受能提供更多收益的合同而放弃该合同[4]。通过设计招标机制和事后的监督机制，招标人可以诱使投标人披露真实信息。

2. 招投标发展现状

建设工程以招投标实现交易方式的情况最早出现在英国，1782年就开始实行了招投标制度，并产生了有关招投标的法律、法规。随后，其他国家也陆续引入了招投标的制度，经过长时间的发展变化，形成了相对成熟和完善的招投标体制[5]。目前，我国的招投标体制与其他国家的招投标体制还存在一定的差异。

（1）英国招投标过程中法律法规制度体系发挥主导地位　英国是最早产生工程量清单计价模式的国家，其管理制度和法律法规体系都相对完善，形成了一整套完善的建筑市场管理体系，其中包括竞争机制以及信用机制，英国招投标的主要特点有：①采用工程量清单方式招标；②实行量价分离；③执行低价中标原则；④依靠信誉约束机制来约束合同双方的行为。

（2）美国招投标过程中市场发挥主导作用　美国作为全世界市场经济最发达的国家之

⊖　赢者诅咒：是经济学中的一种现象，在拍卖市场中拍卖的夺标者往往并不能实现预期的收益，甚至会遭受损失。

⊜　价格卡特尔：是指两个或两个以上具有竞争关系的经营者为牟取超额利润，以合同、协议或其他方式，共同商定商品或服务价格，从而限制市场竞争的一种垄断联合。

一，有十分完善的相关法律法规体系。首先，政府采用法制手段管理建筑市场，建筑市场主体之间以合同方式开展各类发承包业务；其次，在各类经济活动中，市场的竞争机制、价格机制发挥着基础性调节作用。美国已基本形成了完善的市场价格报价体系，与英国相同，美国招投标体制中的工程价格也由市场决定，即承包人在参照市场行情的基础上，根据自身的综合实力，确定投标报价。与英国不同的是，美国建筑市场没有由政府部门统一发布的工程量计算规则和工程定额作为依据，取而代之的是一套统一的工程成本编码，其作用与我国计价规范中的分部分项工程名称类似。承包人获得图纸后，根据自身施工经验和技术情况计算工程量，以专业协会、大型工程咨询公司以及有关政府部门发布的价格信息和工程成本指南作为估价的参考，然而这些工程造价信息只是政府工程估价的依据，私人工程并不强制要求。

美国实行的多渠道工程招投标制度和管理办法，主要通过三种方式规范招投标双方的行为，即规范承包人发布的建设工程分包合同标准格式，规范仲裁协会制定的建筑业仲裁规则以及政府发布的合同条款。无论是公共工程还是私人工程，由于设有严格的承包人约束机制，评标方法均采用低价中标法，投标人通过技术、进度、质量、费用以及商务条款等有关条件综合评定完成初筛，再从当中的最低报价投标书开始进行评估，最终选出最合适的投标人。

（3）中国招投标制度正在逐步发展完善　中国的招投标制度发展较晚，改革开放以后正式被引入。随着市场经济的不断发展，招投标被认为是规范建筑市场、维持良好竞争秩序的重要手段。通过招投标活动，可以有效激发企业的竞争活力，优化建筑市场资源的配置。与国外先进的招投标管理模式相比，我国的招投标体系具有以下特点：①招投标的法律体系已经基本形成；②基本上建立了符合国情的监管体制；③建筑工程企业的竞争力正在不断加强。但是，招投标过程中仍然存在一些不足，比如围标串标、哄抬标价等不规范行为时有发生。

1.2.2　招标策划

1. 策划依据

1）《招标投标法》。

2）《招标投标法实施条例》。

3）《工程建设项目勘察设计招标投标办法》（国家发改委、建设部、铁道部、交通部、信息产业部、水利部、中国民航总局、国家广电总局令第 2 号）。

4）《工程建设项目货物招标投标办法》（七部委令第 27 号）。

5）《工程建设项目招标代理机构资格认定办法实施意见》（建市〔2007〕230 号）。

6）《工程建设项目招标代理机构资格认定办法》（建设部令 154 号）。

7）《工程建设项目施工招标投标办法》（七部委令第 30 号，2013 年修订）。

8）《招标公告发布暂行办法》（国家计委令第 4 号，2013 年修订）。

9）《评标委员会和评标方法暂行规定》（七部委令第 12 号，2013 年修订）。

10）《建筑工程设计招标投标管理办法》（住建部令第 33 号）。

11）07 版《标准施工招标文件》（13 年修订）。

2. 策划内容

招标工作质量的高低，直接影响建设工程项目管理目标能否实现，能否达到工程项目投资、进度、质量目标控制要求。而招标策划正是招标工作质量高低的决定性因素，因此，招标策划工作质量的高低对项目的顺利实施有决定性意义。

（1）风险分析与合同类型选择

1）工程合同的类型。工程合同类型按照计价方式可以分为：总价合同、单价合同、成本加酬金合同。

① 总价合同。总价合同是指发承包双方约定以施工图及其预算和有关条件进行合同价款计算、调整和确认的建设工程施工合同。

② 单价合同。单价合同是指发承包双方约定以工程量清单及综合单价进行合同价款计算、调整和确认的建设工程施工合同。

③ 成本加酬金合同。成本加酬金合同是指发承包双方约定以施工工程成本再加合同约定酬金进行合同价款计算、调整和确认的建设工程施工合同。

2）不同合同类型的风险分担。根据 13 版《清单计价规范》第 7.1.3 条的规定，实行工程量清单计价的工程，应当采用单价合同；建设规模较小，技术难度较低，工期较短，且施工图设计已审查批准的建设工程可以采用总价合同；紧急抢险、救灾以及施工技术特别复杂的建设工程可以采用成本加酬金合同。鉴于成本加酬金合同中的风险都由发包人承担，本书仅分析工程合同中单价合同和总价合同下风险的分担。

① 单价合同与风险分担。单价合同是指发承包双方约定以工程量清单及其综合单价进行合同价款计算、调整和确认的建设工程施工合同。13 版《清单计价规范》规定："采用工程量清单计价的工程，应在招标文件或合同中明确风险内容及其范围（幅度），不得采用无限风险、所有风险或类似语句规定风险内容及其范围（幅度）"。在工程施工阶段，发、承包双方都面临许多风险，但不是所有的风险以及无限度的风险都应由承包人承担，而是应按风险共担的原则，对风险进行合理分摊。这就要求应在招标文件或合同中对发、承包双方各自应承担的风险内容及其风险范围或幅度进行界定和明确，发包人不能要求承包人承担所有风险或无限度风险。

发包人要对所提供资料的准确性、正确性和充分性予以明确，并承担由此产生的风险。因此，发包人应特别重视项目前期的各项准备工作，做好工程涉及领域的资料收集与整理，加强勘察设计阶段的管理。一旦发生工程量变化情况，发包人可能发生的风险分为两种：

A. 如果发包人提供工程量清单，结算时根据承包人实际完成工程量及合同预先约定的单价计算，这样工程量变化的风险将由发包人承担。

B. 如果是由承包人根据发包人所提供的建筑工程项目的施工图、勘探报告和前期所收集的工程相关资料等自行计算并编制工程量清单，则发包人通常（除非法律政策或不可抗力条件下）不承担工程量变化的风险，相应风险即分摊在承包人身上，发包人仅对提供资料的准确性负责。

发包人为避免自身风险，应尽可能确保所提供资料的准确性，避免工程量变化风险的发生。

对于法律法规变化的风险，承包人无法预见以及控制，应该由发包人承担这一风险。

对于主要由市场价格波动导致的市场价格风险，包括材料、机械价格等风险，可由发承包双方共担这一风险，发承包双方约定风险的范围和幅度内的风险由承包人承担。

对于不可抗力引发的风险，应按照 13 版《清单计价规范》对不可抗力的相关规定执行，除专用合同条款另有约定外，合同工程本身的损害、因工程损害导致第三方人员伤亡和财产损失以及运至施工场地用于施工的材料和待安装的设备的损害，应由发包人承担；发包人、承包人人员伤亡应由其所在单位负责，并应承担相应费用；承包人的施工机械设备损坏及停工损失，应由承包人承担；停工期间，承包人应发包人要求留在施工场地的必要的管理人员及保卫人员的费用应由发包人承担；工程所需清理、修复费用，应由发包人承担。

对于承包人根据自身技术水平、管理、经营状况能够自主控制的风险，如承包人的管理费、利润的风险，由承包人全部承担。

② 总价合同与风险分担。总价合同是指合同中确定一个待完成项目的总价，承包人据此完成项目全部内容的合同。总价合同中承包人除了承担合同明确规定的一般风险外，承包人的风险主要体现在：价格风险、工程量风险。

A. 价格风险：

a. 报价计算错误的风险，即纯粹是由于计算错误而引起的风险。

b. 漏报项目的风险。在固定总价合同中，承包人所报合同价格应包含完成合同规定的所有工程的费用，任何漏报均属于承包人的风险，由承包人承担由此引发的各种损失。

B. 工程量风险：

a. 工程量计算的错误。发包人有时仅给出图纸、规范，让承包人投标报价。此时承包人必须认真复核和计算工程量，避免由于工程量计算错误带来的风险和损失。

b. 投标报价时，设计深度不够所造成的误差。对于总价合同，承包人按初步设计进行报价；无法详细核算工程量，只有按经验或统计资料估算工程量，由此造成的损失由承包人自己承担。

3）招标阶段的风险主要体现在两个方面：一是招标工作的风险大，二是参与招投标的各方主体均有风险，但各方风险不尽相同。招标策划阶段的风险分析是对招标活动、合同签订、合同实施等过程中的风险进行识别，通过经验数据的分析、风险调查、专家咨询及实验论证等方式实施，再根据招标人的承受能力并结合工程实际情况，对识别的风险事件做进一步分析，为下一步制定合同策略提供依据。

招投标活动中存在的风险因素大致包括：是否具备招标条件；标段划分是否科学合理；招标程序是否完备合法；招标文件是否公平合理；评标办法是否公平公正、科学择优；合同条件是否公平合理；投标人是否守法诚信；政策是否连续稳定等。

（2）强制招标和可以不招标情形的区分　按照是否必须通过招标方式选择承包人（供应商），可以将招标分为强制性招标（依法必须招标）和非强制性招标（自愿招标）。按照我国现行法律法规的规定，依法必须进行招标的工程建设项目的具体范围和规模标准，由国务院发展改革部门会同国务院有关部门制定，报国务院批准后公布施行，其他任何部门无权扩大或缩小依法必须招标的范围和规模标准。

（3）招标条件的审查　根据相关法律法规的规定，依法必须招标的项目，应达到规定的条件才能开展招投标工作，否则，有关行政监督部门将责令限期改正，根据情节可处罚款，情节严重的，招标无效。

根据《国务院关于投资体制改革的决定》（国发〔2004〕20号），凡政府投资的项目，实行审批制；企业投资属于《政府核准的投资项目目录》内的项目实行核准制；企业投资《政府核准的投资项目目录》以外的项目无论规模大小，均实行备案制。

（4）招标方式的确定　招标方式分为公开招标和邀请招标两种方式。

1）公开招标。公开招标又称无限竞争性招标，是指招标人以招标公告的方式邀请不特定的法人或者其他组织投标。国有资金控股或者占主导地位的依法必须进行招标的项目，应当公开招标。

2）邀请招标。邀请招标又称有限竞争性招标，是指招标人以投标邀请书的方式邀请特定的法人或其他组织投标。有下列情形之一的，可以进行邀请招标：

① 非国家投资的依法必须进行招标的工程建设项目。

② 国有资金未控股或者未占主导地位的依法必须进行招标的项目。

③ 国有资金控股或者占主导地位的依法必须进行招标的项目，有下列情形之一的：a. 技术复杂、有特殊要求或者受自然环境限制，只有少量潜在投标人可供选择；b. 采用公开招标方式的费用占项目合同金额的比例过大。

（5）招标组织形式的确定　招标组织形式分为自行招标和委托招标代理机构代理招标两种组织形式。按照国家有关规定需要履行项目审批、核准手续的依法必须进行招标的项目，其招标范围、招标方式、招标组织形式应当报项目审批、核准部门审批、核准，而不能自行确定。

1）自行招标。招标人具有编制招标文件和组织评标能力的，可以自行办理招标事宜。任何单位和个人不得强制其委托招标代理机构办理招标事宜。具有编制招标文件和组织评标能力，是指招标人具有与招标项目规模和复杂程度相适应的技术、经济等方面的专业人员。具体标准可按以下条件进行考察：

① 具有与招标项目规模和复杂程度相适应的工程技术、概预算、财务和工程管理等方面专业技术力量。

② 具有从事同类工程建设项目招标的经验。

③ 具有专门的招标机构或者拥有 3 名以上招标专职技术人员。

依法必须进行招标的项目，招标人自行办理招标事宜的，应当向有关行政监督部门备案。

2）委托招标。招标人不具备自行招标能力的，应选择具有相应资质的招标代理机构，委托其办理招标事宜，依法开展招标投标活动。

有下列情形之一的国家投资工程建设项目，招标人应当委托招标代理机构办理招标事宜：

① 招标人是对该项目具有行政监督职能的主管部门的。

② 行政监督部门的工作人员在招标项目中担任主要负责人的。

③ 招标人最近 3 年内在实施项目招标活动中有过违法行为的。

（6）标段划分

1）标段划分的法律规定。

《招标投标法》第十九条规定：招标项目需要划分标段、确定工期的，招标人应当合理划分标段、确定工期，并在招标文件中载明。

《招标投标法实施条例》第二十四条规定：招标人对招标项目划分标段的，应当遵守

《招标投标法》的有关规定，不得利用划分标段限制或者排斥潜在投标人。依法必须进行招标的项目的招标人不得利用划分标段规避招标。

2）标段划分的基本原则。划分标段应遵循的基本原则：合法合规、责任明确、经济高效、客观务实、便于操作。

① 合法合规。合法合规是划分标段的首要原则，否则会给招标人带来法律风险。不得利用划分标段限制或者排斥潜在投标人，避免标段划分过少、标段规模过大、资质过高而排斥竞争。标段的划分要有利于管理，有利于工艺衔接，避免因标段过多而发生大量技术上的协调和责任扯皮。

② 责任明确。如果承包人在履行合同中，其责任与招标人或其他承包人的责任犬牙交错，是无法客观确定承包人的应尽义务和应有权利的，因此，责任明确是划分标段的重要原则，包括质量责任明确、成本责任明确、工期责任明确、环保责任明确、知识产权责任明确、安全责任明确等，其中质量责任、成本责任、工期责任是承包人的基本责任。

a. 质量责任明确。质量责任可以划分为设计责任和施工责任，如果一个承包人既负责工程的设计又负责工程的施工，那么它对所承包工程应负的质量责任比较明确；如果一个承包人仅负责工程的施工，则显然它对图纸的错误只能负告知义务而不能负相应的质量责任，所以一旦工程出现质量问题，首先必须分清是设计问题还是施工问题，相对而言，明确仅负责施工的承包人的质量责任的难度会大一些；如果一个工程由几个承包人施工，则承包人的工作界面、质量责任更容易混淆，所以在划分标段时应该更重视承包人的质量责任是否可以明确和如何进行明确的问题。

b. 成本责任明确。承包人对所承包工程的成本责任是承包人的基本经济责任。所谓成本责任明确，指的是承包人成本和费用的支付范围明确，与标段划分也有内在联系。标段划分越细，将会在承包人之间产生越多的共同成本和共同费用，如建筑工程的大型临时设施等，标段划分不当导致承包人之间对成本费用的支付责任互相推诿的例子时有发生，所以能够明确承包人的成本责任也是标段划分的重要前置条件之一。

c. 工期责任明确。所谓工期责任明确，是指承包人在工期上尽可能地不受设计方或其他承包人完成工作进度的影响和制约，对于工期责任具有完全的控制力，标段划分越细承包人在工期上受其他承包人的制约越大，其工程责任也越难以确定。因此，能够明确承包人的工期责任当为标段划分的重要前置条件。

③ 经济高效。标段划分得越细，招标人对工程的直接控制权越大，并且在大多数的情况下，招标人可以通过对价格竞争最大化的手段更经济地发包工程。然而各个标段工程间的协调也越难，协调风险相应越大。同时，承包人的责任相对越难以确定，所以标段细分比较容易取得相对经济的发包价格，而不易取得工程建设的高效率；采用设计施工总承包的标段划分方法则较容易取得工程建设的高效率，但价格较高。所谓标段划分中的经济高效原则，就是指要根据工程特点的自身条件平衡成本与经济的关系，找到一个最佳的标段划分方案。

④ 客观务实。客观务实是指一切从实际出发，标段的划分要充分考虑到被划分工程的特殊性，包括潜在竞标对象的具体情况、发包人的财力和管理能力等一切客观的相关因素，从中找出决定标段划分方式的主要因素。只有努力尽可能地做到主观设想符合客观的实际情况，这种设想才可能达到预期的目标，因此客观务实是划分工程标段的一项基本原则，应该贯穿于划分工程标段的全过程。

⑤ 便于操作。便于操作包括：招标的可操作性，即划分后的标段在市场上有一定的竞标对象，可以形成合理的价格竞争；发包人管理的可操作性，即发包人有相应的力量或能委托有资质的咨询工程师协调好各个标段承包人之间在工程界面及质量、工期、成本、安全、环保等方面的搭接关系；发包人确定招标控制价的可操作性，即在设计图纸尚未具备的情况下，发包人有能力和有客观条件确定合理的招标控制价，以控制工程的造价；使用知识产权方面的可操作性；资金供应上的可操作性等。一般以单位工程为划分标段的最小单位，避免因工序划分而引起责任划分不清。

3）影响标段划分的因素。发包人可以把设计施工合并为一个标段；也可以把设计、施工划分为两个标段；还可以把设计划分为数个标段，如勘察、设计各为一个标段，把施工划分为若干标段，或把主体工程划为一个标段，配套工程按专业划分为相应的标段。影响上述工程标段划分的主要因素为：

① 工程的资金来源。如果建设工程的资金通过向承包人融资的方式解决，例如 BOT[⊖]项目。这类项目宜采取把设计施工合并为一个标段的形式，并采用 EPC[⊜] 的合同形式。

② 工程的性质。一般来说，发包人能够准确全面地提出规模、功能、技术要求的项目，可以采用把设计、施工合并为一个标段的形式，不具备上述条件的，宜采用把设计、施工分别划分为不同标段的形式进行招标。

③ 工程的技术要求。凡对工程的各个部分都没有特殊技术要求且不涉及专利等知识产权的项目，施工宜不分标段发包给一个总承包人。只有对工程的特定部分（包括生产设备、配套设施）有特别要求的项目或工程的特定部分涉及专利、专有技术等知识产权的项目，可以采用把这些部分单独划分标段招标的方式满足对这部分工程的特殊要求，然而也要在合同条款中特别明确承包人之间的责任范围。

④ 对工程造价的期望。如果发包人希望以固定总价的方式锁定工程的造价风险，宜采用把设计和施工合并为一个标段，在承包人同时负责设计的情况下，设计变更并不能构成其增加工程价格的理由，只有由发包人提起的变更才可调整工程价格，这样就具备了采用固定总价的基本条件。如果发包人希望按实际发生的工程量支付工程价格，宜采用把设计和施工划分为两个标段的方法。任何设计的变更都构成调整工程施工价款的依据。

⑤ 对工期的期望。如果发包人希望控制工期风险，宜采取把设计和施工并为一个标段的形式。在承包人同时负责设计的情况下，设计变更不能成为其延长工期的理由，因而合同工期相对于单纯施工合同有更大的确定性，同时总承包人集设计和施工责任于一身，也更有利于其控制工期。

⑥ 对质量的期望。如果发包人希望对工程的质量责任有较大的确定性，则采用把设计和施工合并为一个标段的标段划分方式，因为承包人同时负责设计，对工程的质量责任没有推托的余地，同时，发包人也可以通过明确工程功能指标的方式确保承包方对工程运行指标负有完全的责任。如果发包人对设计单位有特殊的要求，以确保工程的质量，则采用把设计和施工划分为两个标段的做法由发包人直接决定设计单位。

⑦ 资金的充裕程度。如果发包人的资金相对充裕，而且现金的供应链不会断裂，可采

⊖　BOT 为 Build-Operate-Transfer 的简写，译为建设—经营—转让。
⊜　EPC 为 Engineering Procurement Construction，工程总承包模式。

取把设计与施工合并为一个标段的做法，因为一般情况下总承包人的责任越大，其要价会相应提高，而且一旦总合同生效，发包人的付款义务是不容断裂的。如果发包人的资金较为紧张，或现金的供应有中断的可能，需进行阶段性的筹资，宜采取把设计与施工分为二个标段的做法，这样，施工部分的招标可与发包人资金实际到位的情况相匹配。

（7）合同策略的确定　招标人在工程合同签订过程中处于主导地位，招标人的合同策略将对整个工程项目实施有很大影响。制定正确的合同策略不仅能够签订一个完备而有利的合同，而且可以保证顺利地履行工程中的各个合同，以顺利地实现工程项目目标。

合同策略的内容包括：合同种类的选择，合同条件的选择等方面。

1）合同种类的选择。工程实践中的合同种类包括固定单价合同、固定总价合同、成本加酬金合同等。不同种类的合同，有不同的应用条件、不同的权力和责任的分配、不同的付款方式、不同的风险分配方式，应根据具体情况选择合同类型。可以在一个合同中采取上述合同类型的组合形式，也可以在同一项目合同规划的各个合同中分别采取不同的合同形式。实行工程量清单招标的，一般情况下宜采用固定单价合同。

2）合同条件的选择。合同协议书和合同条件是合同文件中最重要的组成部分。在工程实践中，招标人可以按照对工程目标的需要和期望起草合同协议书和合同条件，也可以选择合同示范文本标准的合同条件。在具体工程项目应用时，可以针对工程特点，对合同示范文本标准合同条件做修改、补充，在合同专用条款内写明具体约定，但应体现工程的针对性，并且公平合理，特别是重要条款如价款支付方式、价格调整方式、合同风险的分担等。

3. 注意事项

1）对强制招标和可以不招标情形的区分的理解应注意以下问题：

需要采用不可替代的专利或者专有技术，关键看所需要的专利或者专有技术是否具有唯一不可替代性，如果是可替代的，则不适用此种情形。可以不招标的情形如下：

① 采购人依法能够自行建设、生产或者提供：第一，仅限于采购人自身，不包括采购人的母（子）公司、分公司、投资股东以及具有管理或利害关系的其他单位。第二，采购人自己要求自行建设、生产或者提供，如采购人自愿通过招标选择承包人不在此列。第三，采购人根据有关法律法规和规定，自身具有项目建设、生产或者提供所需要的资格能力，并必须遵守相关法律法规及其监督管理规定。其中，采购人不能同时承担按照有关规定必须由第三方主体承担的工作（如监理）。第四，不分项目的资金来源，不限于自己使用，包括自己经营或出售的项目。

② 已通过招标方式选定的特许经营项目投资人依法能够自行建设、生产或者提供：第一，特许经营项目投资人必须是通过招标方式确定的。第二，项目中标的投资人（不是投资人组建的项目法人，这是与上述"采购人依法能够自行建设、生产或者提供"的情形下第三项限定采购人的主要区别）必须具备法律法规规定和项目所需要的资格、能力条件。

③ 需要向原中标人采购工程、货物或者服务，否则将影响施工或者功能配套要求：第一，原项目是通过招标确定了中标人，因客观原因必须向原中标人追加采购工程、货物或者服务。如果原项目合同没有通过招标确定承包人或供应商的，应视具体情况区别对待。第二，如果不向项目原中标人追加采购，必将影响项目施工或者功能配套要求。第三，原项目中标人必须具有继续履行合同的能力。如果是原中标人破产、违约、涉案等造成终止或无法继续履行合同的，应按规定重新组织招标选择原有合同和新增内容的中标人。第四，应防止

利用此条规定规避招标，如违反程序造成后继工程无法实施或作为行业垄断的配套理由等。

2）技术复杂、有特殊要求或者受自然环境限制，只有少量潜在投标人可供选择；采用公开招标方式的费用占项目合同总金额的比例过大而采取邀请招标的方式时需注意：

① 上述第一种情形落脚点在于"只有少量潜在投标人可供选择"，而且要有充分的证明材料证明，不是招标人主观认为。

② 上述第二种情形的"比例过大"，如属于按照国家有关规定需要履行项目审批、核准手续依法必须进行招标的项目，则由项目审批、核准部门在审批、核准项目时做出认定；其他项目由招标人申请有关行政监督部门做出认定。此种情形的规定充分体现了招投标活动是经济活动的属性。

3）招标项目需要划分标段的，招标人应当合理划分标段。一般情况下，一个项目应当作为一个整体进行招标。但是，对于大型的项目，由于符合招标条件的潜在投标人数量太少，作为一个整体进行招标将大大降低招标的竞争性，因此倾向于将招标项目划分成若干个标段分别进行招标。但若将标段划分得太小，则将失去对实力雄厚的潜在投标人的吸引力。

1.2.3　评标办法

编制招标文件时，评标方法的选择与评标方法的制定极其重要，会极大地影响中标候选人的排列，并最终影响中标价格和工程质量。《评标委员会和评标方法暂行规定》第二十九条规定：评标方法包括经评审的最低投标价法、综合评估法或者法律、行政法规允许的其他评标方法。此外，不同的省市区对于建设工程的评标办法也有不同的规定，如表 1-1 所示。

表 1-1　不同省市区对于建设工程评标办法的规定

序号	省 市 区	依 据	规 定
1	山东省	《山东省房屋建筑和市政工程施工招标评标办法》（鲁建发〔2014〕5 号）	第六条　评标方法包括综合评估法、经评审的最低投标价法、合理低价法、合理区间法以及法律、法规规定的其他方法
2	上海市	《上海市房屋建筑和市政工程施工招标评标办法》（沪建管〔2015〕321 号）	第四条　评标办法包括"简单比价法""经评审的合理低价法""综合评估法"以及法律、法规允许的其他评标办法
3	湖南省	《湖南省房屋建筑和市政基础设施工程施工招标评标定标办法（试行）》	第七条　评标办法分为综合评估法、经评审的最低投标价法
4	辽宁省	《辽宁省房屋建筑工程和市政基础设施工程施工招标评标、定标暂行办法》（辽建〔2006〕341 号）	第十八条　评标委员会对商务部分的评审方法：拦标价综合计算法、综合评估法、经评审的合理低价投标报价法

但是，最基本的评标方法仍是经评审的最低投标价法、综合评估法。还有常用的专家评议法。

1. 经评审的最低投标价法

（1）定义　经评审的最低投标价法是指评标委员会对满足招标文件实质要求的投标文件，根据详细评审标准规定的量化因素及量化标准进行价格折算，按照经评审的投标价由低到高的顺序推荐中标候选人，或根据招标人授权直接确定中标人，但投标报价低于其成本的除外。经评审的投标价相等时，投标报价低的优先；投标报价也相等的，由招标人自行确定。

（2）经评审的最低投标价法的适用范围 按照《评标委员会和评标方法暂行规定》的规定，经评审的最低投标价法一般适用于具有通用技术、性能标准或招标人对其技术、性能无特殊要求的招标项目。

2. 综合评估法

（1）定义 综合评估法是指评标委员会对满足招标文件实质性要求的投标文件，按照规定的评分标准进行打分，并按得分由高到低的顺序推荐中标候选人，或根据招标人授权直接确定中标人，但投标报价低于其成本的除外。综合评分相等时，以投标报价低的优先；投标报价也相等的，由招标人自行确定。

（2）评标分值构成 即施工组织设计、项目管理机构、投标报价、其他评分因素。总计分值100分。各方面所占比例和具体分值由招标人自行确定，并在招标文件中明确载明。

（3）适用范围 综合评估法一般适用于工程建设规模较大，履约工期较长，技术复杂，工程施工技术管理方案的选择性较大，且工程质量、工期和成本受不同施工技术管理方案影响较大，工程管理要求较高的施工招标项目的评标。不宜采用经评审的最低投标价法的招标项目，一般应当采取综合评估法进行评审。

1.2.4 "招标两难"困境及防范路径

在现行的招投标体制下，经评审的最低投标价法和综合评估法这两种评标办法或分别引发低于成本价竞标和串标围标行为，其经济学本质分别对应"赢者诅咒"和"价格卡特尔"现象。要打破这种招标方式及评标办法选择的"两难"局面，就要分别寻找破解低于成本价竞标以及串标围标的路径，以保证招投标机制的有效实施，充分发挥公平的竞争，使资源进行最有效的配置[6]。"招标两难"困境防范路径如图1-3所示。

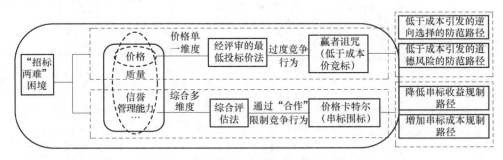

图1-3 "招标两难"困境防范路径

1. 最低价中标法面临的现实问题及防范路径

（1）赢者诅咒 赢者诅咒自发展以来，先后应用于特许权授予、企业收购、商品竞拍、股票交易等竞价过程之中，其基本解释为，判断和决策总是背离西方经济学中决策的理性人假设，发生的"出价"严重偏离标的物的真实价值。工程项目同样存在以"竞价"为主导的招投标环节，即以经评审的最低投标价法进行评标的项目，由此，引申出工程招标环节的赢者诅咒问题。

工程项目招投标中的赢者诅咒现象并没有从适用性的角度制约其应用范围，而是从

"竞价"的另一个视角（低价者中标视角），将赢者诅咒产生于理性人假设的背离这一基本解释进行应用延伸。由于工程项目的特殊情境，即招标完成仅仅是项目的开始并非竞价交易的结束，在这种情境下，赢者诅咒不再是单向性的、投标者一方的，而是成为双向性的。其原因在于，低于成本价中标的承包人通过"套牢"争取一切手段，将项目风险转嫁给发包人，最终将己方的诅咒（盈利成本无法实现）施于对方。该过程一方面使投标人的声誉等无形资产受到损失，另一方面发包人直接的控制手段失灵、造价失控。由此，工程项目中的赢者诅咒并非单方面的，而是双方甚至多方的。

（2）最低价中标法引发赢者诅咒现象　国际范围内，最低价中标法被认为是充分竞争环境下最有效的确定承包人的评标方法，我国现阶段实施的最低价中标法——经评审的最低投标价法，在实践中却造成了单方或者双方的赢者诅咒现象的产生，当投标人是在乐观偏见下盲目报价时，会导致发承包双方均受到诅咒，因为投标人高估了预期收益，低估了项目风险以及项目破坏力，后期却无法获得预期收益；发包人貌似支付了最低价获得了合同，但是发包人却面临低质量、投资失控等风险；当投标人之间恶意低于成本价竞标时，投标人为了争取中标，不顾以亏损价进行投标，中标后利用"二次经营"来弥补低价损失，容易产生道德风险，低效率投标人套牢发包人并且在施工阶段制造状态改变就原合同某些条款与发包人进行再谈判，不断向发包人"敲竹杠"，造成发包人投资失控的风险。

（3）赢者诅咒——低于成本价竞标防范路径

1）低于成本引发的逆向选择的防范路径：

① 信息披露机制。在招投标的过程中，发包人始终处在信息劣势地位。招标前的发承包双方信息不对称导致了柠檬市场，即逆向选择问题，逆向选择引发的低效率承包人又容易引发道德风险。基于此，招标人应精心编制招标文件，这不但是招标人将自身信息以及拟建项目信息传递给投标人的文件，其中设置的部分条款也是招标人迫使投标人将自身信息披露的机制。因此，招标人应尽可能细化招标文件中的每项内容，要确保工程量清单的完整性和正确性，提前消除潜在的被动因素，对于投标人的每一项报价均要分析其是否低于成本。

② 低于成本识别。"企业自证，评标认定"是目前界定投标人报价是否低于成本的方法，但是由于信息的严重不对称以及获得真实信息的成本过高，评审往往难以做出准确的判断。目前，界定方法有有效投标报价算术平均值下浮一定比例、招标控制价下浮一定比例法。

2）低于成本引发的道德风险的防范路径

信息不对称是道德风险产生的根源，获取利益是道德风险的根本目标，对道德风险的防范可以从激励和约束两方面"双管齐下"。一方面，招标人必须保证投标人一定的利润空间，降低招标人面临道德风险的概率；另一方面，招标人可以通过在契约合同中加入限制条件以及严厉的违约惩罚，保证自身的合法利益不受侵犯，让投标人不敢违约，改变投标人道德风险的成本收益，减少投标人的道德风险行为。

① 低价中标次低价合同评标模式。在招标人与投标人之间的博弈中，由于招标人无法对每个投标人的企业信息全面准确地了解，投标人就会做出一些对招标人不利的决策，这本质上是投标人的信息租金。如何在信息不完全前提下对投标人的行为进行约束就是所谓的机制设计问题。这种机制必须使投标人能在博弈中主动显示自己的工程真实成本价格，作为对

投标人讲实话的奖励，招标人也应给予投标人一定的利润，从而使双方都获得最大的期望利润，实现双赢互利。这即低价中标次低价合同的评标定标模式，投标人实质性地响应招标文件要求，根据测算的工程成本价格，将自己的投标书密封报送，中标者为报价最低者，但它只要支付次低价的合同价。在这种游戏规则下，既保证了承包人的基本利润，也保证了招标人的利益，实现了双赢。

② 工程担保制度。工程担保机制可以诱使承包人披露其自身信息，承包人为获得第三方相关保函，需要向担保公司传递证明自身资质的信号，担保公司通过对其信息的筛选，做出是否担保的决定。因此，担保制度不仅仅最大化地利用了市场各主体的信息，而且分散了招标人的风险，投标人也传递出证明自身资质的信号，而这些都有助于减少招投标的交易成本。

2. 综合评估法面临的现实问题及防范路径

（1）价格卡特尔 建设工程招投标中投标人之间横向串标是指为限制、排挤其他投标人，串标集团之间达成一种私下协议，该协议破坏了招投标竞争机制的发挥，其根本目的是谋求自身利益。"价格卡特尔是投标人之间横向串标的法经济学的本质"，美国《谢尔曼法》将横向串标认定为投标人之间达成一种价格协议，是指"在政府采购招投标中，投标人事前已协商出中标人或者每个投标人的投标报价，从而提高中标价格，是法律明文禁止的一种横向价格卡特尔"。游钰将价格卡特尔定义为复数以上即两个或两个以上的具有竞争关系的经营者联合，其目的在于事先确定商品的价格，从法经济学角度来看，价格卡特尔具有四个构成要件，即主体要件、主观要件、行为要件和结果要件，分析招投标中投标人之间横向串标是否属于价格卡特尔应从其构成要件入手，通过表1-2来分析招投标中横向串标与价格卡特尔的契合度。

表1-2 横向串标与价格卡特尔的契合度

对比项	主体要件	主观要件	行为要件	结果要件
价格卡特尔	各个主体之间必须是具有竞争关系的经营者且经营者必须在经济上和法律上均保持独立	卡特尔组织之间具有就价格达成一致的意思存在即存在合意	卡特尔成员就合意内容付诸了行动即行动上实施了主观要件	损害了其他竞争者或者扰乱了市场
横向串标	投标人之间	提前约定中标人或者就报价进行协商	投标文件由同一单位编制；存在投标文件异常一致、投标保证金由同一单位转出等具体串标行为	排挤竞争对手或者损害其他投标人利益，破坏招投标竞争机制

从表1-2可看出，招投标中投标人之间的横向串标在四个构成要件上完全符合价格卡特尔的构成条件，因此可以认定招投标中投标人之间的横向串标法经济学本质是价格卡特尔。串通招投标一般满足三个条件：第一，参与者数量是复数，若是单数则是逆向选择或道德风险而并非串标；第二，卡特尔成员之间必须达成一种协议，该协议是针对串标成功后获得的非法利益在成员之间如何分配，这种协议仅仅对卡特尔成员形成一种约束，但并不受法律保护；第三，投标人之间的横向串标具有一定的负外部性，即横向串标行为会损害其他竞争者的合法权益或招标人利益，扰乱市场竞争秩序。

（2）综合评估法促使价格卡特尔的出现　为解决经评审的最低投标价法引起的低于成本价竞标问题，我国采用了具有中国特色的评标办法——综合评估法，与最低价中标法相比，价格不再是唯一的竞标因素。在这种情况下，极大程度地增加了投标人之间串标行为发生的可能性，串标集团不用刻意压低报价既可以保证一定的中标概率也可以维持一定的串标收益，即导致价格卡特尔的出现。这种情况下，价格卡特尔组织所形成的串标集团的中标人就能以期望的利润额度中标，招标人无法准确了解中标人的正确信息，不利于招标人的投资控制和质量控制。

（3）价格卡特尔——串标行为防范路径　综合评估法下串标、围标的实施较经评审的最低投标价法更容易，因此，当发包人采用综合评估法评标时为投标人串标、围标提供了有利条件，对于串标、围标行为的防范，首先应分析其经济学本质，即价格卡特尔，找出价格卡特尔软肋以及实施价格卡特尔的前提：串标收益大于串标成本，最后从降低串标收益以及增加串标成本两方面来防范其行为的发生。

1）降低串标收益。只有当串标收益大于正常竞争带来的收益时，投标人才会冒险参与卡特尔；反之，投标人则会安分守己正常参与投标。

① 构建信息不对称增大背离集团的可能性。对于提供质量或服务较好的高效率的投标人而言，其成本较高导致报价较高，而高的报价将会面临不中标的风险，同时由于信息不对称，无法了解其他投标人的投标报价情况，此类高效率的投标人对获胜有些盲目乐观，很可能会选择正常竞标。同时，由于存在高效率的竞争者，低效率投标人要想保证中标概率必须降低报价，报价的降低意味着串标收益的减少，当串标收益足够小的时候，则会选择独立参加竞标。当投标人之间存在信息不对称时，卡特尔成员对于中标人的报价无法了解，也就无法考证卡特尔成员是否背叛了组织。

因此，构建投标人之间的信息不对称是防范串标行为发生的有效途径之一。具体实施的措施如：增加投标人数目从而增大串标成本使牵头人无力承担自愿放弃串标。投标人数的增加加大了串标集团策划、交流、谈判、协调彼此行为以及分割串标收益的难度，且卡特尔成员人数的增多意味着转移支付的增加以及沟通等成本的增大，因此增加投标人的数目有利于防范合谋。

② 设置合理招标控制价，控制串标收益。招标控制价作为最高投标限价在总价上能够直接限制投标报价，不但是招标人投资控制的手段，也是引导投标人进行合理投标报价的依据。招标控制价设置的初衷，是为了避免和遏制投标人的围标串标、哄抬价格等违规行为，但是目前招标控制价的使用和编制存在编制过高或过低的问题。对于过高的招标控制价，不同层次的投标人都会以招标控制价为目标报价，把价格报高，导致最后的中标价格偏高；但是过低的招标控制价不能保证投标人的正常利润，从而导致无人投标，招标失败。

因此，合理的招标控制价才能实现其设置的初衷，抑制串标行为的发生，过高、过低都将不利于投资管控。

2）增加串标成本。

① 切断信息传播途径，减少投标人合作的机会。在投标之前，存在着多次投标人之间有可能接触的机会，例如现场购买招标文件、踏勘现场、资格预审等，因此可通过表1-3的方法切断投标人信息传播途径来减少投标人之间的合作机会。

表 1-3　切断投标人信息传播途径的关键点

序　　号	实 施 方 案	实施关键点
1	网上发售招标文件	投标人网上直接下载招标文件
2	取消投标报名制度	取消现有的投标人信息登记报名制度,对于前来购买招标文件的投标人不进行登记
3	不集中潜在投标人踏勘现场	防止投标人互相碰面、相互传递信息
4	采用资格后审的方式	开标前隐瞒投标人数量以及身份

采用上述方式切断投标人之间的信息沟通渠道,还可以增加资格后审环节,投标人往往注重投标时的各项资料,在之后的活动中,围标人与陪标人容易放松警惕,漏洞易暴露,资格后审可以清晰地发现其中的问题。

② 设立"宽免制度",鼓励串标人自首。发达国家如美国、德国、日本等对于串标行为的法律制度都引入了"宽免制度",这种宽免制度在于建立了一种囚徒困境,即只有前几名自首的串标者能获得宽免的待遇,在参与串通招投标行为的人之间形成"窝里反"局面,导致相互之间的紧张和不信任,促成建立一种竞相自首的机制,达到瓦解联合同盟的目的。"宽免制度"在于通过对部分自首的行为人进行减轻或者免除处罚,以换取串通招投标行为的发现。

世界各国对串标行为一般都采取了民事上的损害赔偿、行政上的罚款以及刑事上串通罪的制裁等方法,但是相对于加大惩罚力度更重要的是提高串标行为的发现率,即使串标惩罚力度再大,如不能发现串标行为也将无济于事,因此,以上国家引入了"宽免制度",这种制度不仅可以诱发已参与串通行为的相关者主动脱离串通组织,而且还可以提高投标人遵纪守法的热情。"宽免制度"的引入事实上也让卡特尔成员进入一个囚徒困境,串标参与者时刻害怕其他串标者坦白利用"宽免制度"谋求宽免,激发其主动揭发的内在动因,破坏串通集团稳定性,从而有效提高串通行为的发现率。这个原理同刑法的自首有相似之处,符合我国的法律意识,可以加以借鉴。

本章参考文献

[1] 刘翠乔. 工程量清单计价模式下建设工程招投标研究 [D]. 天津:天津大学,2009.

[2] 冀旭超. 物流仓储中心招标控制价作业指导书编制研究 [D]. 天津:天津理工大学,2014.

[3] 李顺. 基于激励相容理论的资本市场监管研究 [D]. 北京:对外经济贸易大学,2011.

[4] 宁素莹. 建设工程招标投标与管理 [M]. 北京:中国建材工业出版社,2004.

[5] 唐颖. 关于工程建设项目设立招标控制价的思考 [J]. 广西城镇建设,2009 (5):123-125.

[6] 尹贻林,于晓田,徐宁明. 基于工程招标两难困境及规避方式的研究 [J]. 项目管理技术,2017,15(8):60-64.

第 2 章
招标控制价

当市场参与者之间存在信息不对称时，任何一种有效的资源配置机制必须满足"激励相容"约束和"个人理性"约束，而招投标机制正是能够满足这两个约束条件的一种有效的市场机制。面对信息不对称的建筑市场，发包人虽然在交易中占有优势，但是在信息上却占劣势，此时，发包人通过招投标机制诱使投标人真实地披露信息，招标人可以通过投标人之间的激烈竞争达到以最低的代价、满意的质量、合理的时间购买建筑产品，实现投资目标。招标控制价不仅帮助发包人对投标报价进行限制以及有效遏制投标人串标围标行为的发生，清除投标人之间合谋超额利益的可能性，更是招投标机制中发包人主动进行投资控制的一种手段，以及限制不平衡报价、分析投标报价是否低于成本价的重要参考资料。投标人通过招标控制价，可以避免投标决策的盲目性，增强投标活动的选择性和经济性。

《建设工程工程量清单计价规范》（GB 50500—2008）（本章以下简称08版《清单计价规范》）将各省市区关于建设工程的最高投标限价统一规定为"招标控制价"。《建设工程工程量清单计价规范》（GB 50500—2013）（本章以下简称13版《清单计价规范》）在08版《清单计价规范》的基础上对招标控制价做出更加详细明确的规定，增强了招标控制价编制的强制性。

本章以13版《清单计价规范》为主要依据，结合实际情况，根据招标控制价的概念及其本质，对招标控制价的发展由来，招标控制价在招投标过程中的作用，招标控制价的编制与审核，以及招标控制投诉与处理等问题进行介绍。

2.1 招标控制价概述

2.1.1 招标控制价的沿革

自2000年1月实施《中华人民共和国招标投标法》（本章以下简称《招标投标法》）以来，按照定额计价要求，招标期间招标人要编制工程标底并保密，作为评标依据。但设标底招标存在如下弊端：设标底时易发生标底泄露及暗箱操作的问题，失去招标的公平公正性；编制的标底价一般为预算价，科学合理性差；将标底作为衡量投标人报价的基准，导致投标人尽力地去迎合标底，从而使得招标过程反映的不是投标人实力的竞争，而是投标人编制预算文件能力的竞争。2003年推行工程量清单计价后，各地又开始采用无标底招标。而无标底招标同样出现很多问题，如容易出现围标串标、哄抬报价等现象，给招标人带来投资失控风险；也经常出现低价中标后偷工减料以降低成本的现象，工程质量难以保障，以及发生先低价中标后高价索赔的不良行为。

为了解决上述诸多弊端，各省市区相继出台了控制最高限价的规定，但在名称上有所不同，命名为拦标价、最高报价值、预算控制价、最高限价等名称，要求在招标文件中将其公布，并规定投标人的报价如超过公布的最高限价，其投标将作为废标。为避免与《招标投标法》关于标底必须保密的规定相违背，同时使各省市区对控制最高投标限价的名称统一，08 版《清单计价规范》出现了"招标控制价"的概念。13 版《清单计价规范》在 08 版《清单计价规范》的基础上对招标控制价做出更加详细明确的规定，即招标控制价是招标人根据国家或省级、行业建设主管部门颁发的有关计价依据和办法，以及拟定的招标文件和招标工程量清单，结合工程具体情况编制的招标工程的最高投标限价，并且增加了招标控制价编制的强制性，要求国有资金投资的建设工程招标，招标人必须编制招标控制价。

《中华人民共和国招标投标法实施条例》（本章以下简称《招标投标法实施条例》）第二十七条规定：招标人设有最高投标限价的，应当在招标文件中明确最高投标限价或者最高投标限价的计算方法，招标人不得规定最低投标限价。《建筑工程施工发包与承包计价管理办法》（住建部令第 16 号）第六条增强了招标控制价编制的强制性：国有资金投资的建筑工程招标的，应当设有最高投标限价；非国有资金投资的建筑工程招标的，可以设有最高投标限价或者招标标底。

因此，在工程量清单招标活动中，发包人要编制合理招标控制价，充分发挥招标工程量清单和招标控制价对项目实施过程中造价的预控作用，发挥招标控制价在造价市场化中的限制和导向作用。

2.1.2　招标控制价的理论基础

1. 招标控制价是发包人对工程投资的预算约束

建设项目的投资控制不仅可防止投资突破限额，更积极的意义是促进建设、设计、施工单位等有限的人力、物力、财力资源得到充分利用，取得最佳的经济效益和社会效益。而工程投资失控最明显的表现是三超现象的出现，即概算超估算、预算超概算、决算超预算。在招投标阶段招标控制价的设置是发包人投资控制的手段之一。工程量清单、合理低价中标原则、招标控制价共同构成了发包人预算约束机制。

（1）工程量清单　工程量清单对投资的预算约束直接表现在工程量上，间接传递到投资总额上。自 2003 年 7 月 1 日实施《建设工程工程量清单计价规范》以来，发包人需自行或委托有资质的咨询机构根据设计图纸、施工现场实际情况编制反映该项目所有内容的工程量清单，投标人根据此工程量清单，以及本企业的预算体制，初步形成投标报价进行竞标，工程量清单对投资的预算约束主要表现在工程量上，工程量偏差这一风险由发包人和投标人共担，若工程量偏差较大，发包人需根据合同中约定的调价原则进行调价，此时对工程投资产生很大影响，超概算的情况很有可能发生。

（2）合理低价中标原则　合理低价中标原则对投资预算的约束表现在进一步降低投标人的利润。《招标投标法》中标条件实质上体现了"合理低价中标"原则（第四十一条　中标人的投标应满足招标文件的实质性要求，并且经评审的投标价格最低，但是投标价格低于成本的除外），这种合理低价中标原则符合工程投资是在不影响工程质量、工程进度的前提下将工程的实际费用控制在目标之内。合理低价中标原则满足投标人的报价不低于工程成本，保证了发包人对项目质量的要求，并通过投标人的竞标降低其利润，使投标人既有动力参加投标，又有约束机制防止其获取超额利润。

（3）招标控制价　招标控制价对投资预算的约束直接表现在价格上，通过三条预警线的设置来使投资总额限定在一定范围内，从而防范投资失控的发生。第一条预警线：招标控制价自身不能超过原批准的概算，当招标控制价超过批准的概算时，招标人应将其报原概算审批部门审批（13 版《清单计价规范》第 5.1.5 条）；第二条预警线：投标报价总价不得高于招标控制价，否则否决投标人的投标（《招标投标法实施条例》第五十一条）；第三条预警线：招标控制价分部分项综合单价是预防投标人不平衡报价以及分析投标人的报价是否低于工程成本的依据。因此三条预警线是招标控制价对工程投资直接在价格上的约束。

2. 招标控制价提高了市场交易效率，降低了交易成本

从信息经济学角度分析招标控制价的产生，在项目招投标阶段，招标人与投标人之间存在信息不对称，一方面招标人要综合考虑投标人的业绩、资质、报价等选择投标人，另一方面投标人不了解招标人的标底价格或期望价格，另外也存在对招标人的选择问题，希望选择信誉高、有资金实力的招标人。而招标控制价的设立在一定程度上减少了招标人与投标人之间的信息不对称。首先，投标人只需根据自己的企业实力、施工方案等报价，不必与招标人进行心理较量，揣测招标人的标底，提高了市场交易效率。另外，招标控制价的公布，减少了投标人的交易成本，使投标人不必花费人力、财力去套取招标人的标底。从招标人角度看，可以把工程投资控制在招标控制价范围内，提高了交易成功的可能性。

3. 招标控制价的设置满足了博弈论中机制设计的"个人理性"约束

从博弈论的角度分析招标控制价的产生，一个有效资源配置机制必须满足两个约束，即"个人理性"约束与"激励相容"约束。"个人理性"约束是指投标人参与投标的前提是投标带来的利益大于不参与投标所获的利益，而招标控制价的设置正好满足这一约束，合理的招标控制价是投标人的最高投标限价，反映了社会平均水平，如投标人的生产水平高于社会平均水平，投标人会根据企业自身的实力报出具有竞争力的价格，在此价格下投标人会有利可图，进而选择投标。若投标人的生产水平低于社会平均水平，那么其投标报价也会高于招标控制价，投标企业的投标将予以废止，该企业也并不能有利可图，不如不投标。

2.1.3　招标控制价的作用

1. 招标控制价的限制作用：总价上限制投标报价

招标控制价作为最高投标限价在总价上能够直接限制投标报价。13 版《清单计价规范》第 6.1.5 条规定：投标人的投标报价高于招标控制价的应予废标，《招标投标法实施条例》第五十一条规定：投标报价低于成本或者高于招标文件设定的最高投标限价应当否决其投标，因此，招标控制价是投标人的投标报价最高上限。招标控制价在总价上限制了投标报价这一作用，还有效遏制了投标人之间的串标围标、哄抬报价等一系列合谋问题。

2. 招标控制价的引导作用：发包人投资控制的手段、投标人合理报价的依据[1]

招投标阶段是工程价格形成的关键环节，该阶段可直接影响到项目的实施阶段以及最后的竣工结算，设计—招标—建造（DBB）模式下招投标之前的决策阶段和设计阶段都是发包人自我投资控制阶段，而招投标阶段编制的招标控制价是发包人主动控制投资的手段，但其控制主体发生了改变，即从自我控制转变为对投标人的控制，招标控制价是发包人愿意为拟建项目支付的最高价格，是发包人对招标工程的质量、工期等内容反映在价格上的期望和要求，发包人通过设置招标控制价以及评标办法来选择合适的承包人，再与其签订科学的合同条款以达到有效的投资控制目的。投标人可以通过招标控制价、项目特征以及自身企业的生产水平进行科学的投标决策，避免投标决策的盲目性，增强投标活动的选择性和经济性。

2.2 招标控制价的编制

2.2.1 招标控制价的编制依据和程序

1. 招标控制价的编制依据

招标控制价应合理编制，避免过高或过低，招标控制价编制过高，则无法起到控制投资的作用，招标控制价编制过低，则可能会遭到承包人的投诉或造成流标。招标控制价编制的主要依据有以下几个方面：

（1）13 版《清单计价规范》中关于招标控制价编制依据的规定

5.2.1 招标控制价应根据下列依据编制与复核：

1）本规范。

2）国家或省级、行业建设主管部门颁发的计价定额和计价办法。

3）建设工程设计文件及相关资料。

4）拟定的招标文件及招标工程量清单。

5）与建设项目相关的标准、规范、技术资料。

6）施工现场情况、工程特点及常规施工方案。

7）工程造价管理机构发布的工程造价信息，当工程造价信息没有发布时，参照市场价。

8）其他的相关资料。

（2）《建设工程招标控制价编审规程》中关于招标控制价编制依据的规定

5.1.2 招投标控制价编制的主要依据包括：

1）国家、行业和地方政府的法律、法规及有关规定。

2）现行 13 版《清单计价规范》。

3）国家、行业和地方建设主管部门颁发的计价定额和计价办法、价格信息及其相关配套计价文件。

4）国家、行业和地方有关技术标准和质量验收规范等。

5）工程项目地质勘查报告以及相关设计文件。

6）工程项目拟定的招标文件、工程量清单和设备清单。

7）答疑文件、澄清和补充文件以及有关会议纪要。

8）常规或类似工程的施工组织设计。

9）本工程涉及的人工、材料、机械台班的价格信息。

10）施工期间的风险因素。

11）其他相关资料。

2. 招标控制价的编制程序

招标控制价编制工作的基本程序包括前期准备、编制招标控制价价格、招标控制价成果性文件审查及提交，最终形成招标控制价的成果性文件，附在招标文件中[2]。具体如图 2-1 所示。

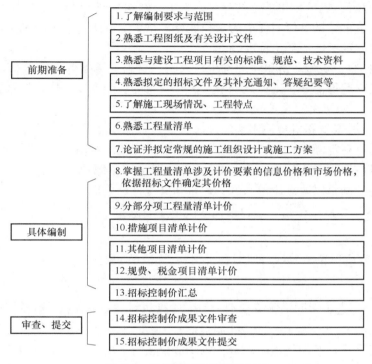

图 2-1　招标控制价的编制程序

2.2.2　招标控制价的编制内容

建设工程的招标控制价反映的是单位工程费用，各单位工程费用由分部分项工程费、措施项目费、其他项目费、规费和税金组成。

1. 分部分项工程费的编制

分部分项工程费等于综合单价乘以工程量清单给出的工程量。工程量清单中每个项目的综合单价的确定程序如下：首先，依据提供的工程量清单和施工图，按照工程所在地区颁发的计价定额的规定，确定所组价的定额项目名称，并计算出相应的工程量；其次，依据工程造价政策规定或工程造价信息确定其人工、材料、机械台班单价；同时，在考虑风险因素确定管理费率和利润率的基础上，按规定程序计算出所组价定额项目的合价，然后将若干项所组价的定额项目合价相加除以工程量清单项目工程量，便得到工程量清单项目综合单价，对于未计价材料费（包括暂估单价的材料费）应计入综合单价。

（1）人工费、材料费、机械使用费的确定　人工费、材料费、机械使用费的确定一般套用不同地区规定使用的计价定额。同时，为提高编制的精度，必要时应参照市场价进行编制，其具体计算原理如下：

1）消耗量定额的套用。根据每个清单项目的项目名称、项目特征描述及工作内容，套用完成一个清单项目所需要的所有定额子目及每个定额子目在此工程量清单项下的数量，定额子目按地方消耗量定额的相关规定进行选择，数量的计算按当地消耗量定额的计算规则进行。

2）人工、材料、机械台班数量的计算。人工、材料和机械台班数量按每个定额子目数量与该定额子目单个计量单位消耗量的乘积计算，每个定额子目单个计量单位的人、材、机消耗量应采用地方定额的消耗量标准。

3）人工、材料、机械台班单价的确定。人工、材料、机械台班的单价参照工程造价管理机构发布的工程造价信息，工程造价信息没有发布的参照市场价格，如材料、设备价格为暂估价的应按暂估价格确定。

4）人工费、材料费和机械使用费的计算。工程量清单项目的人工费、材料费和机械使用费由其套用的所有定额子目的人工费、材料费、机械使用费用组成，每个定额子目的人工费、材料费、机械使用费用应由"量"和"价"两个因素组成，用上述计算的人工、材料和机械台班数量分别乘以所选用的人工、材料和机械台班单价，即

$$人工费 = \sum(完成单位清单项目所需工人的工日数量 \times 每工日的人工日工资单价)$$

$$(2-1)$$

$$材料费 = \sum(完成单位清单项目所需各种材料、半成品的数量 \times 各种材料、半成品的单价)$$

$$(2-2)$$

$$机械使用费 = \sum(完成单位清单项目所需各种机械台班数量 \times 各种机械台班单价)$$

$$(2-3)$$

便形成了人工费、材料费和机械使用费，每个清单项目下所有定额子目的人工费、材料费和机械使用费之和，便形成了该清单项目的人工费、材料费和机械使用费。若其他项目清单中有材料暂估价，也要计入综合单价的材料费中。

（2）企业管理费的确定　企业管理费的确定应参考当地具体计价规定，通常的确定方式是计费基数乘以费率。计费基数一般有以下三种形式：

1）以直接工程费（人工费 + 材料费 + 机械使用费）为计算基础：

$$企业管理费 = 直接工程费 \times 相应费率(\%) \qquad (2-4)$$

2）以人工费和机械使用费为计算基础：

$$企业管理费 = 直接工程费中的人工费和机械使用费合计 \times 相应费率(\%) \qquad (2-5)$$

3）以人工费为计算基础：

$$企业管理费 = 直接工程费中的人工费 \times 相应费率(\%) \qquad (2-6)$$

（3）利润的确定　工程造价管理机构在确定计价定额中的利润时，应以定额人工费或（定额人工费 + 定额机械使用费）作为计算基数，其费率根据历年工程造价积累的资料，并结合建筑市场实际确定。

（4）综合单价的形成　每个清单项目所需要的所有定额子目下的人工费、材料费、机械使用费、企业管理费、利润和风险费之和为单个清单项目合价，单个清单项目合价除以清单项目的工程量，即为单个清单项目的综合单价。具体公式如下：

组成工程量清单项目综合单价的定额项目合价 = 定额项目工程量 × [定额人工消耗量 ×

人工单价 + $\sum$（定额材料消耗量 × 材料单价）+ $\sum$（定额机械台班消耗量 ×

机械台班单价）+ 价差（基价或人工、材料、机械使用费）+ 管理费和利润]　　　（2-7）

分部分项工程量清单综合单价 =

$$\frac{\sum 组成工程量清单项目综合单价的定额项目合价 + 未计价材料费（包括暂估材料费）}{工程量清单项目工程量}$$　（2-8）

2. 措施项目费的编制

依据《建筑安装工程费用项目组成》（建标〔2013〕44 号）的规定，措施项目费是指为完成建设工程施工，发生于该工程施工前和施工过程中技术、生活、安全、环境保护等方面的费用。

（1）措施项目费所包含的内容

1）安全文明施工费：

① 环境保护费：是指施工现场为达到环保部门要求所需要的各项费用。

② 文明施工费：是指施工现场文明施工所需要的各项费用。

③ 安全施工费：是指施工现场安全施工所需要的各项费用。

④ 临时设施费：是指施工企业为进行建设工程施工所必须搭设的生活和生产用的临时建筑物、构筑物和其他临时设施费用。包括临时设施的搭设费、维修费、拆除费、清理费或摊销费等。

2）夜间施工增加费：是指因夜间施工所发生的夜班补助费和夜间施工降效、夜间施工照明设备摊销及照明用电等费用。

3）二次搬运费：是指因施工场地条件限制而发生的材料、构配件、半成品等一次运输不能到达堆放地点，必须进行二次或多次搬运所发生的费用。

4）冬雨季施工增加费：是指在冬季或雨季施工需增加的临时设施、防滑、排除雨雪，人工及施工机械效率降低等费用。

5）已完工程及设备保护费：是指竣工验收前，对已完工程及设备采取的必要保护措施所发生的费用。

6）工程定位复测费：是指工程施工过程中进行全部施工测量放线和复测工作的费用。

7）特殊地区施工增加费：是指工程在沙漠或其边缘地区、高海拔、高寒、原始森林等特殊地区施工增加的费用。

8）大型机械设备进出场及安拆费：是指机械整体或分体自停放场地运至施工现场或由一个施工地点运至另一个施工地点，所发生的机械进出场运输及转移费用及机械在施工现场进行安装、拆卸所需的人工费、材料费、机械使用费、试运转费和安装所需的辅助设施的费用。

9）脚手架工程费：是指施工需要的各种脚手架搭、拆、运输费用以及脚手架购置费的摊销（或租赁）费用。

措施项目及其包含的内容详见各类专业工程的现行国家或行业计量规范。

（2）措施项目费的计算　招标控制价中的措施项目清单计价，应依据拟建工程的施工组织设计和特殊施工方案。可以计算工程量的措施项目，宜采用分部分项工程量清单的方式编制，应采用综合单价计价；对于不可计量的措施项目，则以"项"为计量单位，按项计价，采用费率法按有关规定综合取定，采用费率法时需确定某项费用的计费基数及其费率，应包括除规费、税金以外的全部费用。

1）综合单价法。措施项目清单采用综合单价法计价，与分部分项工程量清单综合单价的编制依据和计算方法一样。措施项目主要是指一些与实体项目紧密联系的项目，如脚手架费、混凝土模板及支架（撑）费、垂直运输费、超高施工增加费、大型机械设备进出场及安拆费、施工排水降水费等。

$$\text{某项措施项目费} = \text{措施项目工程量} \times \text{综合单价} \tag{2-9}$$

措施项目中的综合单价法参照分部分项工程费综合单价的计价方法，每个措施项目清单所需要的所有定额子目下的人工费、材料费、机械使用费、企业管理费、利润和风险费之和为单个清单项目合价，单个清单项目合价除以清单项目的工程量，即为单个清单项目的综合单价。具体公式如下：

$$\text{组成措施项目清单综合单价的定额项目合价} = \text{定额项目工程量} \times [(\text{定额人工消耗量} \times$$
$$\text{人工单价}) + \sum(\text{定额材料消耗量} \times \text{材料单价}) + \sum(\text{定额机械台班消耗量} \times$$
$$\text{机械台班单价}) + \text{管理费和利润}] \tag{2-10}$$

$$\text{措施项目清单综合单价} =$$
$$\frac{\sum \text{组成措施项目清单综合单价的定额项目合价} + \text{未计价材料费（包括暂估材料费）}}{\text{措施项目清单工程量}}$$
$$\tag{2-11}$$

2）费率法。费率法主要适用于施工过程中必须发生但在投标时很难具体分析，分项预测又无法单独列出项目内容的措施项目，以"项"为计量单位来编制。采用费率法计算的措施项目费应依据提供的工程量清单项目，按照国家、行业和地方政府的规定，合理确定计费基数和费率。

$$\text{某项目措施项目费} = \text{措施项目计费基数} \times \text{费率} \tag{2-12}$$

计费基数和费率要按各地建设工程计价办法的要求确定，一般不同地区对计费基数和费率的规定都不尽相同。这里需要注意，措施项目清单中的安全文明施工费应按照国家或省级、行业建设主管部门的规定计价，不得作为竞争性费用。

3）实物量法。这种方法是最基本也是最能反映投标人个别成本的计价方法，是按投标人现在的水平，预测将要发生的每一项费用的合计数，并考虑一定的浮动因数及其他社会环境影响因数，如大型机械设备进出场及安拆费。

4）分包计价法。分包计价法是在分包价格的基础上增加投标人的管理费及风险进行计价的方法，这种方法适用于可以分包的独立项目，如室内空气污染测试等。

不同的措施项目其特点不同，不同的地区，费用确定的方法也不一样，但基本上可归纳为两种：其一，以分部分项工程费为基数，乘以一定的费率计算；其二，按实计算。前一种方法中措施项目费一般已包含管理费和利润等。

3. 其他项目费的编制

（1）暂列金额的确定　暂列金额的确定应根据工程特点，即工程的复杂程度、设计深度、工程环境条件（包括地质、水文、气候条件等）按有关计价规定进行估算确定，一般可以分部分项工程费的 10% ~ 15% 作为参考。

（2）暂估价的确定　暂估价的确定包括材料暂估价和专业工程暂估价两部分。

1) 材料暂估价。招标人提供的暂估价的材料，应按暂定的单价计入综合单价；未提供暂估价的材料，应按工程造价管理机构发布的工程造价信息中的单价计算，工程造价信息未发布的材料单价，其单价参考市场价格估算。

2) 专业工程暂估价。招标人需另行发包的专业工程暂估价应分不同专业按项列支，价格中包含除规费、税金以外的所有费用，按有关计价规定进行估算。

（3）计日工的确定　计日工可以作为变更计价的补充计价方法，它的基本功能是计算不能使用工程量计算规则计价的且附带在主要合同工作的价格，例如对已形成的门窗孔洞进行扩大，很难用计算规则计量，使用计日工计价比较合适。在英美的建设工程合同体系如AIA、JCT[⊖]合同体系中，计日工性质属于小规模的成本加酬金，小规模指的是它的使用对象是附带性的，不是主要的，成本是施工当期的人工、材料、机械的实际费用，不是投标时的价格水平，酬金是承包人计算合同单价使用的管理费和利润。

计日工的项目和数量应按其他项目清单列出的项目和数量，计日工中的人工单价、施工机械台班单价应按工程所在地省级、行业建设主管部门或其授权的工程造价管理机构公布的单价计算；计日工的材料单价应按工程所在地的工程造价管理机构发布的工程造价信息价计算，对于未发布的材料单价，应按市场调查价格确定，并计取一定的管理费和利润。

（4）总承包服务费的确定　总承包服务费应按照省级或行业建设主管部门的规定计算，在计算时可参考以下标准：

1) 招标人仅要求对分包的专业工程进行总承包管理和协调时，按分包的专业工程估算造价的1.5%计算。

2) 招标人要求对分包的专业工程进行总承包管理和协调并同时要求提供配合服务时，根据招标文件中列出的配合服务内容和提出的要求，按分包的专业工程估算造价的3% ~ 5%计算。

3) 招标人自行供应材料的，按招标人供应材料价值的1%计算。

4. 规费和税金的编制

规费和税金应采用费率法编制，应按照国家或省级、行业建设主管部门的规定确定计费基数和费率计算，不得作为竞争性费用。

（1）规费的计算　规费的计算公式如下：

$$规费 = 计费基数 \times 规费费率 = 工程排污费 + 住房公积金 + 社会保险费 \qquad (2\text{-}13)$$

不同省市区对于规费都有不同的计算标准。

规费包括：

1) 工程排污费：是指施工现场按规定缴纳的排污费。

2) 社会保险费：

① 养老保险费：是指企业按规定标准为职工缴纳的基本养老保险费。

② 失业保险费：是指企业按照国家规定标准为职工缴纳的失业保险费。

③ 医疗保险费：是指企业按照规定标准为职工缴纳的基本医疗保险费。

④ 生育保险费：是指企业按照规定标准为职工缴纳的生育保险费。

⊖　AIA 为 American Institute of Architects，即美国建筑师协会；JCT 为 Joint Contracts Tribunal 的简写，即英国的联合合同委员会。

⑤ 工伤保险费：是指企业按规定标准为职工缴纳的工伤保险费。

3）住房公积金：是指企业按规定标准为职工缴纳的住房公积金。

（2）税金的计算 税金应按照国家或省级、行业建设主管部门的规定，结合工程所在地情况确定综合税率并参照下式计算：

$$税金 = （分部分项工程费 + 措施项目费 + 其他项目费 + 规费）× 相应税率 \qquad (2\text{-}14)$$

应注意的是，在"营改增"模式正式实施以来，计算增值税先计算其当期销项税额和当期进项税额，然后以销项税额抵扣进项税额后的余额为实际应纳税额。其计算公式为：应纳税额 = 当期销项税额 − 当期进项税额 = 含税销售额 ÷（1 + 税率）× 税率 − 不含税材料、机械设备购置费 × 税率，但应注意的是，所购买的材料或机械设备为增值税专用发票时才可用于做进项税额抵扣。

2.2.3 招标控制价的编制注意点

1. 分部分项工程量清单计价工作中应注意的事项

1）在编制招标控制价之前对照招标文件、设计图纸等对工程量清单进行审核，应以审核盖章的施工图设计文件为编制依据。

2）招标控制价的编制应采用工程造价管理机构发布的最新工程造价信息，确定人工、材料、机械使用费等价格；若采用市场价格，应通过可靠的信息来源来调查、分析确定。目前在"营改增"模式下，材料（设备）暂估价、确认价均应为除税单价，"营改增"后行业协会公布的材料信息价格，包括除税的材料（设备）原价、运杂费、运输损耗费和采购及保管费，自行询价的市场材料价格需要调整为除税预算价格进行组价，提供材料的供应商为一般纳税人提供的增值税专用发票时才可用进项税额抵扣[3]。

3）采用综合单价法时应选套项目所在地消耗量定额，对定额规定需要换算的项目按规定进行换算，充分考虑项目特征描述中所涉及的工作内容，应注意定额工程量与清单工程量的差异，要进行定额工程量和清单工程量的转换。

2. 措施项目清单计价工作中应注意的事项

1）核对措施项目清单，包括核对工程量清单的工程量和项目设置。

2）措施项目清单必须执行现行 13 版《清单计价规范》、《建筑安装工程费用项目组成》（建标〔2013〕44 号）及当地造价管理机构的有关规定。安全文明施工费按照国家或省级、行业建设主管部门的规定计算，国家计量规范规定计量较困难的措施项目按照《建筑安装工程费用项目组成》（建标〔2013〕44 号）及工程造价管理机构的规定计算，其他项目应结合相关规定和实际情况进行计算。

3）措施项目费用的计算应根据常规的施工组织设计和特殊施工方案，计取范围、标准必须符合规定，并与工程的施工方案相对应。

3. 其他项目清单计价工作中应注意的事项

其他项目中的暂列金额、暂估价按招标给定价格计算，计日工按给定的数量考虑一定的取费合理计算综合单价，总承包服务费应根据给定的服务内容合理计算。

4. 规费和税金项目清单计价工作中应注意的事项

（1）规费和税金必须按国家或省级、行业建设主管部门的规定计算，不得作为竞争性费用。

（2）对未包括的规费项目，在计算规费时应根据省级政府或省级有关主管部门的规定进行补充。

（3）国家税法如发生变化或地方政府及税务部门依据职权对税种进行了调整，应对税金项目清单进行相应调整。

5. 其他

1）招标控制价应定位准确，正确反映当时的市场价格水平，不宜过高或过低。招标控制价过高，易形成投标人围绕最高限价串标围标的现象；若公布的招标控制价远远低于市场平均价，又可能出现流标的情况，使招标人不得不修改招标控制价进行二次招标。

2）招标控制价应编制准确，不得上调和下浮，投诉后招标控制价的复查结论与原公布的招标控制价误差上下浮动不超过 3%，应避免投标人对招标控制价的相关投诉而影响招标工作的顺利进行。

3）由于招标控制价的投诉与处理需要经历一定时间，并且 13 版《清单计价规范》第 5.3.9 条规定：招标人根据招标控制价复查结论需要重新公布招标控制价的，其最终公布时间至招标文件要求提交投标文件截止时间不足 15 天的，应相应延长投标文件的截止时间。为防止投诉影响招标进度，在招标文件中可规定对招标控制价投诉的截止时间，如答疑发出之前。

4）"营改增"之前，由于营业税是价内税，因此工程造价是含税的，而根据《住房城乡建设部办公厅关于做好建筑业营改增建设工程计价依据调整准备工作的通知》（建办标〔2016〕4号），在"营改增"模式下工程造价按以下公式计算：工程造价 = 税前工程造价 ×（1 + 11%），11% 为建筑业增值税税率，式中的"税前工程造价"为人工费、材料费、施工机具使用费、企业管理费、利润和规费之和，各费用项目均以不包含增值税可抵扣进项税额的价格计算，即"净价"。要想形成一个正确的控制价，必须首先把"可抵扣的增值税"从价格之中给"掰"出来。因此，在询价时，必须要问不含税价格和税率，能否开可抵扣的增值税专用发票等[4]。

2.3 招标控制价的审核

在审核招标控制价时，针对编制招标控制价时较易出现的问题，要严格按规范和设计施工图纸，重点审核工程量计算是否正确、综合单价组价是否合理、特征描述是否清晰、费用计取是否准确等。在审核过程中主要采用质量管理的相关方法，利用 Checklist（质量审核清单）等工具，保证审核过程的完整性与准确性。

2.3.1 招标控制价的审核依据

根据中国建设工程造价管理协会组织有关单位编制的《建设工程招标控制价编审规程》，招标控制价的审核依据主要有以下几个方面：

1）国家、行业和地方政府的有关规定。

2）国家、行业和地方有关工程技术标准、规范等。

3）13 版《清单计价规范》，国家、行业和省市区颁发的计价办法及规定。

4）建设项目所在地工程造价管理机构发布的工程造价信息。

5）与建设项目有关的资料：①项目的批文；②已批复的项目设计概算；③有关建设项目的会议纪要、答疑；④施工图纸等设计文件；⑤工程项目招标文件、工程量清单、招标控制价的文字材料及电子文档；⑥其他相关资料。

2.3.2 招标控制价的审核内容

1. 工程量清单审核

工程量清单审核注意以下几个方面：

1）工程量清单必须依据13版《清单计价规范》和省、市造价管理机构的有关规定编制，编制内容与该项目的施工图一致。

2）工程量计算必须准确，项目划分合理，项目特征描述应完整、准确，并达到编制综合单价的要求。

3）措施项目清单和其他项目清单应合理。

4）设备的技术参数、主要材料的品种、规格、标准必须明确，应符合设计图纸的要求。

2. 审核的注意事项

招标控制价的审核须注意以下几个方面：

（1）招标控制价价格的审核

1）招标控制价的项目必须与工程量清单项目相一致。

2）分部分项综合单价的组成必须符合现行计价规范的要求。

3）措施费用的计取范围、标准必须符合规定，并与工程的施工方案相对应。

4）规费、税金及其他各类取费必须执行现行计价规范及省、市造价管理机构的有关规定。

5）主要材料及设备的价格应以工程所在地的造价管理机构发布的信息价为依据，也可通过市场调查、分析的方式确定，但应有可靠的信息来源。

（2）招标控制价文件组成的审核

1）招标控制价编制成果文件的完整性。

2）招标控制价编制成果文件的规范性，主要审核各种表格是否按照13版《清单计价规范》中要求的格式进行编制。

（3）招标控制价编制依据的审核

1）审核招标控制价编制依据的合法性。是否经过国家和行业主管部门批准，符合国家的编制规定，未经批准的不能采用。

2）审核招标控制价编制依据的时效性。各种编制依据均应该严格遵守国家及行业主管部门的现行规定，注意有无调整和新的规定，审核招标控制价编制依据是否仍具有法律效力。

3）审核招标控制价编制依据的适用范围。对各种编制依据的范围进行适用性审核，如不同投资规模、不同工程性质、专业工程是否具有相应的依据。

2.3.3 招标控制价的审核方法

1. 工程造价汇总的审核

1）招标控制价的项目是否和工程量清单项目相一致。

2）将招标控制价与设计概算进行对比，招标控制价不应超出原批准的设计概算。

3）采用技术经济指标复核，从工程造价指标、主要材料消耗量指标等方面与同类建筑工程进行比较分析。在复核时，选择与此工程具有相同或相似结构类型、建筑形式、装修标准、层数等的以往工程，对技术经济指标进行逐一比较，若出入不大，则可判定招标控制价基本正确，否则应对相关项目进行复核，分别查看清单计价、工程量计算汇总过程，找到差异原因。

2. 分部分项工程费的审核

审核分部分项综合单价的组成是否符合 13 版《清单计价规范》的要求，具体包括：

1）审核综合单价是否参照现行消耗量定额进行组价，计费是否完整，计费费率是否按国家或省级、行业建设主管部门对工程造价计价中费用或费用标准执行，综合单价中是否考虑了投标人承担的风险费用。

2）审核定额工程量计算是否准确，人工、材料、机械消耗量与定额不一致时，是否按定额规定进行了调整。

3）审核人工、材料、设备单价是否按工程造价管理机构发布的工程造价信息及市场信息价格计入综合单价；对于造价信息价格严重偏离市场价格的材料、设备，是否进行了价格处理；招标文件中提供暂估单价的材料，是否按暂估的单价进入综合单价，暂估价是否在工程量清单与计价表中单列，并计算了总额；由市场调查、分析方式确定的价格信息来源是否可靠。

4）工程量应按工程量清单提供的清单工程量进行计算。

5）综合单价分析按照清单计价规范中规定的表格形式，应清楚并充分满足以后调价的需要。

6）综合单价与数量的乘积是否与合价一致。

7）各分项金额合计是否与总计一致。

3. 措施项目费的审核

审核措施项目费用的计取范围、标准是否符合规定，并与工程常规的施工方案相对应，具体包括：

1）审核通用措施项目清单中相关的措施项目是否齐全，计算基础、费率应清晰；通用措施项目清单费用应根据相关计价规定、工程具体情况及企业实力进行计算，对其中未列但实际会发生的措施项目应进行补充。

2）专业措施项目费用是否按照专业措施项目清单数量进行计价，综合单价的组价按照分部分项工程量清单费用的组价原则进行计算，并提供工程量清单综合单价分析表，综合单价分析表格式及内容与分部分项工程量清单一致。

4. 其他项目费的审核

审核其他项目费是否按工程量清单给定的金额进行计价，具体包括：

1）审核暂列金额是否按工程量清单给定的金额进行计价，根据招标文件及工程量清单的要求，应注意此部分费用是否应计算规费和税金。

2）专业暂估价是否按招标工程量清单给定的价格进行计价，是否计取了规费和税金。

3）计日工是否按工程量清单给予的数量进行计价，计日工单价是否为综合单价。

4）总承包服务费是否按招标文件及工程量清单的要求，结合自身实力对发包人发包专业工程和发包人供应材料计取总承包服务费，计取的基数是否准确，费率是否符合相关规定。

5. 规费、税金的审核

审核规费和税金的计费基数和费率是否严格执行国家、省市区造价管理机构的有关规定，计算基数是否准确。

6. 注意事项

1）为了保证计算出的招标控制价更加合理、保证招投标工作的公平性，在审核招标控制价时应考虑如下影响因素：

① 是否符合招标文件的要求。

② 工程的规模和类型、结构复杂程度。

③ 工期的长短、必要的技术措施。

④ 工程质量的要求。

⑤ 工程所在地区的技术、经济条件等。

⑥ 根据不同的承包方式，考虑不同的包干系数及风险系数。

⑦ 现场的具体情况等。

2）审核汇总后的招标控制价是否控制在审批的概算范围内，如超出原概算，招标人应将其报原概算审批部门审核。

3）做好复核工作。审核过程中，为了检验成果的可行性，必须采用类比法。即利用工程所在地的类似工程的技术经济指标进行分析比较，进行可行性判断。

4）其他

① 审核招标控制价编制中的工程量清单的项目特征是否符合现场实际情况，所套用的材料是否与设计图纸描述相符。

② 审核招标控制价时，要全面了解市场价格，如果信息价格严重偏离市场价格，要对其进行修正。

③ 审核招标控制价时，还需参考当地相应的计价办法并严格执行。

2.4 招标控制价的投诉与处理

当前建设工程工程量清单计价规范的指导思想是"政府宏观调控，企业自主报价，市场形成价格，社会有效监督"，这也是对招标人和投标人参与招投标活动指导思想的准确定位。然而在实际招投标活动中，由于目前建设市场在一定程度上是招标人市场，招标人和投标人主体地位不同，双方掌握的权力和信息量不对等，导致招标控制价编制过程中存在着明显的倾向性问题：①招标控制价编制的依据缺乏统一标准规定，招标人存在过分压低招标控制价的倾向。②目前招标控制价编制采取限高不限低的做法，投标人为中标存在投标报价低于成本价的倾向。实践中低于成本价中标的案例也很多，给工程质量留下了极大的隐患。③招标控制价的准确性和合理性需加强。④招标控制价缺少有力的监督与审核，由发包人操纵，容易影响投标报价和中标价。

2.4.1 招标控制价的投诉

13版《清单计价规范》中第5.3.1条规定，投标人经复核认为招标人公布的招标控制价未按本规范的规定进行编制的，应当在招标控制价公布后 5 天内向招投标监督机构和工程造价管理机构投诉。因此，招标控制价的投诉是有时限性的，超过规定时限，招投标管理部门和工程造价管理机构可以不受理投诉。

因此，投标人在购买标书以后，应对招标文件中的招标控制价部分进行详细的审核，以确定招标控制价编制是否合理。若不符合相关规定或编制过低，应及时向招投标管理部门和工程造价管理机构发起投诉。目前招标控制价投诉的主要原因为，招标控制价未按照规定编制，或招标控制价编制过低。

13 版《清单计价规范》中第 5.3.2 条规定，投诉人投诉时，应当提交由单位盖章和法定代表人或其委托人签名或盖章的书面投诉书，投诉书应包括下列内容：投诉人与被投诉人的名称、地址及有效联系方式；投诉的招标工程名称、具体事项及理由；投诉依据及有关证明材料；相关的请求及主张。第 5.3.3 条规定，投诉人不得进行虚假、恶意投诉，阻碍招投标活动的正常进行。

2.4.2 招标控制价投诉的处理

招标控制价投诉的受理主体为招投标监督机构和工程造价管理机构，在接收到投标人关于建设工程招标控制价的投诉以后，以上两个部门要在 2 日内组织对所投诉工程的招标控制价进行审查，出现下列情况之一的，不予受理：

1）投诉人不是所投诉招标工程招标文件的受理人。

2）投诉书提交的时间不符合 13 版《清单计价规范》的规定的。

3）投诉书不符合 13 版《清单计价规范》的规定的。

4）投诉事项已进入行政复议或行政诉讼程序的。

在结束审查的次日，工程造价管理机构应及时将结果以书面形式通知投诉人、被投诉人以及负责该工程招投标监督的招投标管理机构。若接受投诉，则应在规定时间范围内进行复查，并将结果做出书面通知。招标控制价的复查结果应符合 13 版《清单计价规范》中第 5.3.8 条的规定：当招标控制价复查结论与原公布的招标控制价误差 > ±3% 的，应当责成招标人改正。根据第 5.3.9 条的规定，应相应延长投标文件的截止时间。

本章参考文献

[1] 徐宁明. 工程项目招标两难困境防范研究 [D]. 天津：天津理工大学，2017.

[2] 张梦圆. 招标控制价模式下建设工程投标报价规律研究 [D]. 重庆：重庆大学，2014.

[3] 刘丽芸. 营改增后招标控制价的编制要点研究 [J]. 建筑经济，2017，38（5）：48-51.

[4] 王黎明. 营改增后如何做好招标控制价 [J]. 铜业工程，2017（4）：28-29，51.

第3章
投标报价

投标报价是对招标文件的响应，各投标人的投标报价是形成合同价格的初始集，中标人的（经算术修正的）投标报价构成了合同价格的初始状态。招投标活动解决缔约过程中的信息不对称问题，投标报价是嵌入在该活动中重要的博弈载体。招标人通过预设合同菜单（招标工程量清单），以甄别不同投标人的投标报价，通过评标方法的机制设计，在各投标人的投标报价相对独立的前提下创造竞争条件，"倒逼"投标人，使其报出相对诚实的报价，实现招标人期望的最佳初始状态。

基于博弈的视角，投标报价是三个层面的博弈活动的综合体，即招标人和投标人之间的博弈、不同投标人策略之间的博弈以及投标人内部各资源配置方案间的博弈。招标人和投标人之间的博弈体现在投标人需要在完全响应招标人招标控制价的同时，期望获得更多的利润；不同投标人策略之间的博弈体现在投标策略的运用，竞争中标；而投标人内部各资源配置方案间的博弈体现在投标人在中标和利润间的均衡。

基于《中华人民共和国合同法》（本章以下简称《合同法》）的视角，投标报价可视为投标人对招标人的要约，而招标人招标文件中的招标控制价是要约邀请。一旦中标，投标报价在法律上就有了约束力，投标人必须依据投标报价履行合同。在法理上，招标文件是要约邀请；中标人的投标文件是要约，是对招标文件的响应。因此中标后，中标人的投标文件的法律约束力强于招标文件。合同履行过程中，当招标文件与投标文件不一致的地方，应以投标文件为准。

本章主要以《中华人民共和国招标投标法》（本章以下简称《招标投标法》）、《中华人民共和国招标投标法实施条例》、《建设工程工程量清单计价规范》（GB 50500—2013）（本章以下简称13版《清单计价规范》）、《中华人民共和国标准施工招标文件》（发改委等令第56号）[本章以下简称07版《标准施工招标文件》（13年修订）]、《建设工程施工合同（示范文本）》（GF—2017—0201）（本章以下简称17版《工程施工合同》）等为依据，介绍了投标报价的含义，投标报价编制的整个过程和编制投标报价的注意事项。

3.1 投标报价概述

3.1.1 投标报价的概念

13版《清单计价规范》中第2.0.46条规定：投标价是指投标人投标时响应招标文件要

求所报出的在已标价工程量清单汇总后标明的总价。即在工程招标发包的过程中，由投标人按照招标文件的要求，根据工程特点并结合自身的施工技术、设备和管理水平，依据有关计价规定自主确定的工程造价，是投标人希望达成工程承包交易的期望价格。承包人递交投标文件是一个要约的活动，投标文件要包括投标报价这一实质内容，投标报价应满足发包人的要求并且不高于招标控制价。

《招标投标法》第二十七条规定：投标人应当按照招标文件的要求编制投标文件。这就包括对投标报价的编写；《合同法》第十四条规定：要约是希望和他人订立合同的意思表示，该意思表示应当符合下列规定：①内容具体确定；②表明经受要约人承诺，要约人即受该意思表示约束。综上，在工程招投标过程中，投标人的投标报价即为投标人对招标人的要约，一旦中标，投标报价在法律上就有了约束力，投标人必须依据投标报价履行合同。

3.1.2　投标报价的理论基础

基于博弈论的视角，建筑工程的投标报价过程实质上就是一种博弈的过程。其中的各投标人就是博弈者，招投标规则即博弈规则，各位博弈者在对方看不到的情况下报出标价，按照招标文件设定的方法选出优胜者。博弈者的目标就是尽可能中标，且中标后获益最大。从博弈论角度来看，这是一种不完全信息的静态博弈。不完全性表现在每个投标人只知道自己对招标工程的投标报价，并不通晓其他人对工程的投标报价，或者对别人可能的报价只有大概了解，因此是不完全信息；静态表现在投标时每个投标人均不知道其他投标人的决策并且每个投标人同时进行密封报价。

由于投标人与投标人之间、投标人与招标人之间的信息不对称的存在，在不同的评标办法下，投标人的报价会产生不同的结果，作为发包人则应了解承包人的心理，做到心有防范：

1. 赢者诅咒是低于成本价竞标的必然结果

在采用最低投标价法时，追求低价的低于成本价竞标会造成单方或者双方赢者诅咒的产生。当投标人是在乐观偏见下盲目报价时，即投标人自身并不知道其报价过低，此类情况会导致发承包双方均受到诅咒，因为投标人高估了预期收益，低估了项目风险以及项目破坏力，后期却无法获得预期收益；发包人貌似支付了最低价获得了合同，但是发包人却面临低质量、投资失控等风险。当投标人之间恶意低于成本价竞标时，投标人为了争取中标，不惜以亏损价进行投标，低于成本价中标后往往采用一切可能的办法来弥补低价所造成的损失，容易产生道德风险。此种情况不但使得招标阶段中发包人难以区别最有效率的投标人，更会造成施工阶段效率的低下，造成社会福利的损失，降低了招投标制度绩效。

2. 横向串标形成价格卡特尔

在采用综合评估法时，投标人为了中标往往会与其他投标人组成卡特尔集团。产生串标行为的动机理论为：串标参与者认为用于非生产性的寻求利益活动所获取的利益大于用于生产性的寻求利益活动所获取的利益时，就会刺激投标人产生机会主义的心理，激发其参与卡特尔。即投标人之间横向串标行为的根源在于实施串标产生的收益大于成本[1]。

3.1.3　投标报价的作用

在招投标阶段，当承包人获得招标文件后编制投标文件，承包人递交投标文件是一个要约的活动，投标文件要包括投标报价这一实质内容，投标报价应满足发包人的要求并且不高于招标控制价。发包人组织评标委员会对合格的投标文件进行评标，确定中标人，中标人的投标报价即为中标价，因此，投标报价的作用表现在：

1. 投标报价既是对招标文件的响应，也是发包人选择中标人的重要标准

对于投标人来说，想要中标必须根据招标文件的要求和招标项目的具体特点，结合市场情况和自身竞争实力有选择性地自主投标报价，投标文件必须对招标文件的要求进行实质性响应，必须按照工程量清单填报价格，其中项目编码、项目名称、项目特征、计量单位、工程量必须与招标工程量一致，在评标阶段投标报价是发包人选择中标人重要标准之一，因此，报价是否合理直接影响中标概率。

2. 投标报价既是形成合同价格的初始集，也是合同谈判的基础

发包人组织评标委员会对合格的投标文件进行评标，中标人的投标报价即为中标价。发包人和中标人签订合同，依据中标价确定签约合同价，因此，投标报价是形成合同价格的初始集。投标人的投标文件属于要约，作为合同文件的组成部分，其效力高于发包人的招标文件，因此，发承包双方根据投标报价进行合同谈判，依据投标报价形成签约合同价。

3.1.4 投标报价的程序

投标报价根据工作内容可分为三个阶段：决策阶段、准备阶段和编制阶段。投标决策阶段的工作主要是决定企业是否进行投标，这是企业投标全过程中的关键环节。如何在一个充斥着各种信息的建筑市场中搜集信息、分析信息并及时做出准确的投标决策，增加建筑企业承包工程项目的机会和数量，并且在报价中运用先进适用的报价模型和策略技巧，使得企业在市场竞争中取得竞争优势，是每一个参与市场竞争的建筑企业所必须面对的问题。准备阶段工作主要包括研究招标文件，分析与投标有关的资料，主材、设备的询价等。编制阶段主要包括投标报价的确定及投标报价策略的选择等[2]。投标报价程序如图 3-1 所示。

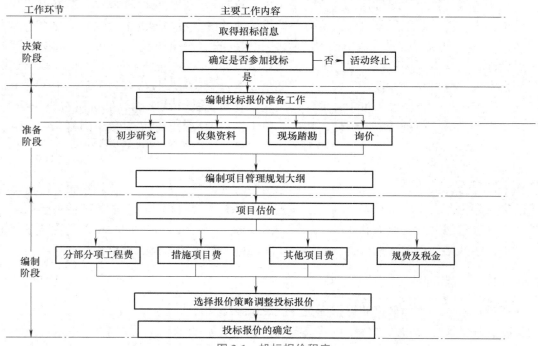

图 3-1 投标报价程序

3.1.5　招标控制价和投标报价的区别

投标报价和招标控制价的费用构成和计价过程是一致的，但两者在编制上有很大区别，主要表现在以下方面：

1. 编制依据不同

1）招标控制价的编制依据是国家或省级建设行政主管部门颁发的计价定额，反映的是社会平均消耗水平，具有普适性；施工企业依据地方定额或企业定额进行投标报价，这样的报价依据体现了个别成本消耗的标准，其消耗水平低于社会平均的消耗水平。

2）招标控制价的价格信息是根据相关部门发布的市场指导价取定的，在没有市场指导价的情况下，则按照市场信息价取定；而投标报价依据的是市场价格信息，所以两者存在差异。

3）措施项目费的计取不同。招标控制价主要依据现有的技术资料来编制措施项目费，即按照工程所在地最常用的施工技术和施工方案来编制；而投标报价的措施项目费是按照施工现场的情况、工程项目特点以及企业自身情况来编制的。

2. 风险费的计取不同

招标控制价计算的风险费是根据同类型工程的平均水平计算得出的，而投标报价中的风险费主要考虑到投标人自身的施工技术及管理水平，对风险所持态度以及业主的信誉等多方面因素的影响。

3. 管理费和利润水平不同

对于招标控制价来说，其管理费费率和利润率采用的是地区现行取费标准，体现了社会平均水平；而对于投标报价来说，由投标人自行确定管理费费率和利润率，与投标项目竞争情况、投标人的风险态度以及施工企业的经营策略等多种因素有关。

3.2　投标报价的决策阶段

投标决策是施工企业选择投标项目、确定投标目标和制定投标方案的过程。在激烈的招投标竞争中，由于竞争对手的参与，投标决策的决策过程充满着不确定性。管理层决策主要包括三方面的内容：①根据招标项目决定是否参与投标；②投什么性质的标；③选择何种投标效益。

3.2.1　投标项目的选择

投标人在投标时应权衡各方面因素，做出科学的投标判定，这是提高中标概率、取得良好经济效益的关键。从发布招标公告到出售招标文件的时间内，有经验的投标人会对招标项目进行详细的分析，从而做出投标决策。进行投标决策的方法可分为定性决策法和定量决策法：定性决策法是针对企业的优势和劣势以及招标项目的特征，确定是否参与投标，定量决策法是对影响项目选择的各种因素应用系统原理和概率统计方法进行定量分析，从而进行合理的选择。

3.2.2　投标性质的决策

按投标性质可将投标分为风险标和保险标。从经济学的角度来看，某项工程的经济效益与其风险等级成正比。风险等级高的项目若能成功实施，其收益也越大；风险等级低的项目，其收益也越小。两种标的具体适用情况如下：

（1）风险标　明知项目风险和难度大，在施工设备、技术等方面存在未解决的问题，但企业因项目利润丰厚，或是为了寻求技术上的突破而决定参与投标，即为风险标。中标后，若项目顺利实施则可取得较多的利益，提高企业的整体水准；否则，企业效益、信誉受到损害，严重的将导致企业亏损甚至破产。

（2）保险标　对可预见的情况进行全面考虑，并研究出了具体解决措施后再参与投标，即为保险标。经济实力较差的企业，不能承受较大的风险，通常投保险标。

3.2.3　投标效益的选择

在决定参与投标后，确定投标报价即为投标决策的核心问题。权衡中标概率和利润率之间的关系后确定最终报价，成为投标决策的关键所在。根据经济效益，可将投标分为盈利标、保本标、亏损标。影响承包人投标决策的因素有两大类，企业内部因素和企业外部因素。其中，企业内部因素包括技术水平、管理实力、经济实力、信誉问题、在建工程量以及价格水平，企业外部因素包括项目情况、发包人的经济能力与信誉、与发包人的关系、竞争对手的实力等，承包人应根据企业实力以及项目实际情况决策投标的效益。

3.3　投标报价的准备阶段

3.3.1　招标信息的获取

1. 招标信息获取平台

根据 2013 年 3 月 11 日《关于废止和修改部分招标投标规章和规范性文件的决定》修正的《招标公告发布暂行办法》第三条："国家发展改革委根据国务院授权，按照相对集中、适度竞争、受众分布合理的原则，指定发布依法必须招标项目招标公告的报纸、信息网络等媒介（以下简称指定媒介），并对招标公告发布活动进行监督。"指定媒介的名单由国家发展改革委另行公告。由国家发展改革委经国务院授权，指定《中国日报》、《中国经济导报》、《中国建设报》和中国采购与招标网为发布依法必须招标项目的招标公告媒介，其中，依法必须招标的国际项目的招标公告应在《中国日报》发布。

由此可知，全国范围内的指定招标公告的发布平台为上述几家，《招标公告发布暂行办法》第二十条规定：各地方人民政府依照审批权限审批的依法必须招标的民用建筑项目的招标公告，可在省、自治区、直辖市人民政府发展改革部门的媒介发布。因此在当地的招标信息网上也可以找到相关招标信息。上述的媒体都是光明公示窗口，其中大部分都是国家强制要求公开招标的，但是有的并非必须公开招标的项目，其招标信息的获取途径相对自由，除上述途径外，可以通过业内的人际关系，以被邀请的方式获取信息。

2. 应获取的招标信息

通常，为了更好地决策投标与否，承包人应了解发包人、项目两个方面的内容，其中发包人信息包括：发包人的信誉、发包人公司的经营情况；对招标文件的说明、预计的颁发时间、投标期、投标有效期、未中标者被通知的时间；要求对招标邀请承诺投标的截止日期；

邀请投标者的数量等。项目信息包括：拟建工程的地点、项目概况、地质条件等。

3.3.2 研究招标文件

因为招标文件反映了招标人对投标的要求，投标人取得招标文件后，必须仔细研究以便全面了解承包人在合同条件中约定的权利和义务、分析发包人提出的条件，对有疑问的事项应及时提出。招标文件主要包括投标人须知、合同条件、技术标准和要求、图纸和招标工程量清单等内容。

（1）投标人须知　投标人须知反映了招标人对投标的要求，特别要注意项目的资金来源、投标书的编制和递交、投标保证金、更改或备选方案、评标方法等，重点在于防止废标。

（2）合同条件　投标人要重视对合同条款的研究，合同的主要条款是招标文件的组成部分，了解合同的构成及主要条款，重点在价格、工期、违约责任、付款方式和合同双方的权利义务等方面进行分析：

1）价格方面：投标人要着重看招标文件对综合单价的调整问题，能不能调，如何调，并且根据工期和工程的实际预测价格风险。

2）工期及违约责任：根据编制的施工方案或施工组织设计分析能不能按期完工，如完成不了会有什么违约责任，工程有没有可能会发生变更。

3）付款方式：招标文件中约定的预付款支付比例、进度款支付比例等付款方式。这是投标人能不能保质保量按期完工的条件，很多实际工程由于招标人不按期付款而造成了停工的现象，结果给双方造成了一定的经济损失。

4）合同双方的权利义务：详细分析招标文件对双方权利义务的规定，尤其是对暂列工程、材料供应及其他有争议之处的约定，并予以重视和充分掌握。如果某些条件是招标单位不具备或不能达到的，就不必盲目投标，以免在以后的工作中被动。

（3）技术标准和要求　工程技术标准是按工程类型来描述工程技术和工艺内容特点，对设备、材料、施工和安装方法等所规定的技术要求，有的是对工程质量进行检验、试验和验收所规定的方法和要求。它们与工程量清单中各子项工作密不可分，报价人员应在准确理解招标人要求的基础上对有关工程内容进行报价，任何忽视技术标准的报价都是不完整、不可靠的，有时可能导致工程承包重大失误和亏损。

（4）图纸　图纸是确定工程范围、内容和技术要求的重要文件，也是投标人确定施工方法和施工计划的主要依据。

（5）招标工程量清单　在实行工程量清单计价的建设工程中，工程量清单应作为招标文件的组成部分，由招标人提供。工程量的多少是投标报价最直接的依据。研究招标工程量清单，就是复核工程量的准确程度，将影响承包人的经营行为：一是根据复核后的工程量与招标文件提供的工程量之间的差距，而考虑相应的投标策略如不平衡报价等，决定报价尺度；二是根据工程量的大小采取合适的施工方法，选择适用、经济的施工机具设备、投入使用的劳动力数量等，从而影响到投标人的询价过程。

复核工程量，主要从以下方面进行：

1）认真根据招标文件、设计文件、图纸等资料，复核工程量清单，要避免漏算或重算。

2）在复核工程量的过程中，针对工程量清单中工程量的遗漏或错误，不可以擅自修改工程量清单，可以向招标人提出，由招标人审查后统一修改，并把修改情况通知所有投标人；或运用一些报价的技巧提高报价质量，利用存在的问题争取在中标后能获得更大的收益。

3）在核算完全部工程量清单中的细目后，投标人应按大项分类汇总主要工程总量，以便获得对整个工程施工规模的整体概念，并据此研究采用合适的施工方法、适当的施工设备，并准确地确定订货及采购物资的数量，防止由于超量或少购等带来的浪费、积压或停工待料。

（6）评标办法　投标人要分析评标方法和授予合同的标准，据以采用相应的投标报价策略。在目前的评标方法中，较常采用的是综合评估法和经评审的最低投标价法。投标人在研究招标和补充文件后，应在分析评标办法的基础之上结合本企业的情况，选择是否参加投标。若决定投标，要进行广泛的调查研究、收集信息，为投标决策做好准备。需注意的是投标截止日期前，招标单位可能以补充通知的方式修改招标文件，投标人应注意修改后的招标文件所涉及的内容和具体的时间要求。

（7）招标控制价　13 版《清单计价规范》中指出"国有资金投资的项目应实行工程量清单招标，并应编制招标控制价"。招标控制价是招标文件的组成部分，是招标人在项目招标时能接受投标人报价的最高限价。投标人的投标报价高于招标控制价的，其投标应予以拒绝。因此，要求投标人在编制投标报价时要参照国家或省级、行业建设主管部门颁发的计价定额和计价办法与本企业定额进行比价分析，单价高出计价定额的要适当压低价格，以保证投标价格低于招标控制价。并且投标人要兼顾单项、单位工程招标控制价，结合企业盈利目标确定本企业最后的投标报价。

3.3.3　分析与投标相关的资料

在分析招标文件的同时，要收集、分析与投标相关的资料，作为报价的参考，投标人需要收集 13 版《清单计价规范》中所规定投标报价编制依据的相关资料，除此之外还应掌握：合同条件，尤其是有关工期、支付条件、外汇比例的规定；当地生活物资价格水平；其他的相关资料。

3.3.4　现场踏勘

招标人在招标文件中一般会明确进行工程现场踏勘的时间和地点。投标人主要应对以下方面进行调查：

1. 自然地理条件

工程所在地的地理位置、地形、地貌、用地范围等；气象、水文情况，包括气温、湿度、降雨量等；地质情况，包括地质构造及特征、承载能力等；地震、洪水及其他自然灾害情况。

2. 施工条件

工程现场周围的道路、进出场条件、交通限制情况；工程现场施工临时设施、大型施工机具、材料堆放场地安排情况；工程现场邻近建筑物与招标工程的间距、结构形式、基础埋深、新旧程度、高度；市政给水排水管线位置、管径、压力、废水、污水处理方式，市政、消防供水管道管径、压力、位置等；现场供电方式、方位、距离、电压等；工程现场通信线路的连接和铺设；当地政府有关部门对施工现场管理的一般要求、特殊要求及规定等。

3. 其他条件

主要包括各种构件、半成品及商品混凝土的供应能力和价格，以及现场附近的生活设施、治安情况等等。

3.3.5　复核工程量

13 版《清单计价规范》中将"工程量清单缺项"作为 14 个影响价款调整的因素之一，是发包人应完全承担的内部风险，因此承包人应在收到招标文件后仔细复核工程量，利用工程量错误或漏项进行不平衡报价，工程量有出入，一般分为以下三种：

1）工程量计算错误或有漏项。可以在招标文件规定的期限内向招标单位提疑。

2）图纸中有错误，如基础、梁板结构错误，图纸不符合强制标准，导致开工后工程量的变动等，可先报低价再通过索赔增加结算收入。

3）将来施工时可能发生的设计变更所引起的工程量的增减。投标人根据自己的施工经验及实际情况确定哪些内容在将来有可能发生变更，变更以后工程量是增加还是减少，在投标报价时就能确定出针对性的不平衡报价策略。

发包人编制招标控制价时，基本以施工图为基础，而不是工程量清单，常忽视清单工程量及图纸工程量数量和工作内容的差别。若投标人发现清单工程量与图纸工程量不符，在报价时应注意以清单工程量为准，而不以图纸工程量为准，但要根据施工图确定工作内容。

3.3.6　询价

询价是投标报价的基础，为投标报价提供可靠的依据。在工程投标活动中，投标人不仅要考虑投标报价能否中标，还应考虑中标后所承担的风险。因此，在投标报价前必须通过各种渠道，采用各种方式对所需人工、材料、施工机械等要素进行系统的调查，掌握各要素的价格、质量、供应时间、供应数量等数据。这个过程称为询价。询价时要特别注意两个问题：一是产品质量必须可靠，并满足招标文件的有关规定；二是供货方式、时间、地点，有无附加条件和费用。询价可分为生产要素询价和分包询价，其中生产要素询价又分为材料询价、施工机械设备询价和劳务询价。

1. 生产要素询价

（1）材料询价　材料询价的内容包括调查对比材料价格、供应数量、运输方式、保险和有效期、不同买卖条件下的支付方式等。询价人员在施工方案初步确定后，立即发出材料询价单，并催促材料供应商及时报价。收到询价单的回复后，询价人员应将从各种渠道所询得的材料报价及其他有关资料汇总整理，对同种材料从不同经销部门所得到的所有资料进行比较，选择合适、可靠的材料供应商的报价，提供给工程报价人员使用。

（2）施工机械设备询价　在外地施工需要的机械设备，有时在当地租赁或采购可能更为有利，因此事前有必要进行施工机具的询价。必须采购的施工机具可向供应厂商询价，对于租赁的施工机具，可向专门从事租赁业务的机构询价，并应详细了解其计价方法。

自"营改增"全面实施以来，在增值税模式下实行价税分离，自行询价的市场价材料或设备价格需要调整为除税预算价格进行组价，提供材料的供应商为一般纳税人提供的增值税专用发票才可用于进项税额抵扣。增值税模式下材料预算价格组成的内容没有变化，只是要计算相应的除税金额，因此对于材料和施工机械设备在询价应特别注意必须要问不含税价格和税率，能否开可抵扣的增值税专用发票等[3]。

（3）劳务询价 劳务询价主要有两种情况：一种是成建制劳务企业，相当于劳务分包，一般费用较高，但素质可靠，工作效率较高，承包人的管理工作较轻；另一种是在劳务市场招募零散劳动力，根据需要进行选择，这种方式虽然劳务价格低廉，但有时素质达不到要求或工作效率降低，且承包人的管理工作较繁重。投标人应在对劳务市场充分了解的基础上决定采用哪种方式，并以此为依据进行投标报价。

2. 分包询价

总承包人在确定了分包工作内容后，就将分包专业的工程施工图和技术说明送交预先选定的分包单位，请他们在约定的时间内报价，以便进行比较选择，最终选择合适的分包人。对分包人询价应注意以下几点：分包标函是否完整、分包工程单价所包含的内容、分包人的工程质量、信誉及可信赖程度、质量保证措施、分包报价等。

3.4 投标报价的编制阶段

3.4.1 投标报价的计价

1. 投标报价计价的原则

投标报价是承包工程的一个决定性环节，投标报价的计算是工程投标的重要工作，是投标文件的主要内容，招标人把投标人的投标报价作为主要标准来选择中标人，中标价也是招标人和投标人就工程进行承包合同谈判的基础。投标报价是投标人进行工程投标的核心：报价过高会失去承包机会；而报价过低，虽然可能中标，但会给工程承包带来亏损的风险。因此，报价过高或过低都不可取，必须做出合理的报价。

1）以招标文件中设定的发承包双方责任划分，作为考虑投标报价费用项目和费用计算的基础；根据工程发承包模式考虑投标报价的费用内容和计算深度。

2）以施工方案、技术措施等作为投标报价计算的基本条件。

3）以反映企业技术和管理水平的企业定额作为计算人工、材料和机械台班消耗量的基本依据。

4）充分利用现场考察、调研成果、市场价格信息和行情资料编制基价，并确定调价方法。

5）报价计算方法要严谨、简明适用。

2. 投标报价计价的依据

13版《清单计价规范》中第6.2.1条规定：投标报价应根据下列依据编制和复核：

1）本规范。

2）国家或省级、行业建设主管部门颁发的计价办法。

3）企业定额，国家或省级、行业建设主管部门颁发的计价定额和计价办法。

4）招标文件、招标工程量清单及其补充通知、答疑纪要。

5）建设工程设计文件及相关资料。

6）施工现场情况、工程特点及投标时拟定的施工组织设计或施工方案。

7）与建设项目相关的标准、规范等技术资料。

8）市场价格信息或工程造价管理机构发布的工程造价信息。

9）其他的相关资料。

3. 投标报价的调整

投标报价是按照国家有关部门计价的规定和招标文件的规定，依据招标人提供的工程量清单、施工设计图纸、施工现场情况、拟定的施工方案、企业定额以及市场价格，在考虑风险因素、成本因素、企业发展战略等因素的条件下编制的参加项目投标竞争的价格，此价格并不能作为企业的最终报价，这是因为按照上述方法计算出的工程总价与发包人的招标控制价相比往往有出入，有时可能相差很大。因此，为了提高中标率并获得一定的合理利润，投标人可以进行调整得到最终的投标报价，调整方法可以采用下文的投标报价策略进行适当的投标报价优化，投标报价的优化应仔细研究利润和风险这两个关键因素，要坚持"既能中标，又有利可图"的原则，实现科学决策、合理报价。

3. 4. 2 投标报价的策略

所谓投标报价策略，是指投标人在合法竞争条件下，依据自身的实力和条件确定的投标目标、竞争对策和报价技巧，即决定投标报价行为的决策思维和行动，包含投标报价目标、对策和技巧。对投标人来说，在掌握了竞争对手的信息动态和有关资料之后，一般是在对投标报价策略因素综合分析的基础上，决定是否参加投标报价，决定参加投标报价后确定什么样的投标目标，在竞争中采取什么对策以战胜竞争对手达到中标的目的。这种研究分析，就是制定投标报价策略的具体过程。

1. 投标报价目标的选择

由于投标人的经营能力和条件不同，出于不同目的需要，对同一招标项目，可以有不同投标报价目标的选择。

1）生存型。投标报价是以克服企业生存危机为目标，争取中标可以不考虑其他利益原则。

2）补偿型。投标报价是以补偿企业任务不足，以追求边际效益为目标。对工程设备投标表现较大热情，以亏损为代价的低报价具有很强的竞争力。但受生产能力的限制，只宜在较小的招标项目中考虑。

3）开发型。投标报价是以开拓市场、积累经验、向后续投标项目发展为目标。投标带有开发性，以资金、技术投入手段，进行技术经验储备，树立新的市场形象，以便争得后续投标的效益。其特点是不着眼于一次投标效益，用低报价吸引招标单位。

4）竞争型。投标报价是以竞争为手段，以低盈利为目标，报价是在精确计算报价成本的基础上，充分估计各个竞争对手的报价目标，以有竞争力的报价达到中标的目的。

5）盈利型。投标报价充分发挥自身优势，以实现最佳盈利为目标，投标人对盈利小的项目热情不高，对盈利大的项目充满自信，也不太注重对竞争对手的动机分析和对策研究。

2. 决定选择投标报价目标的因素

首先要研究招标项目在技术、经济、商务等诸多方面的要求，其次是剖析自身的技术、经济、管理等诸多方面的优势和不足，然后将自身条件同投标项目要求逐一进行对照，确定自身在投标报价中的竞争位置，制定有利的投标报价目标。其分析和对照主要考虑以下因素：

（1）技术装备能力和工人技术操作水平　投标项目的技术条件给投标人提出了相应技

术装备能力和工人技术操作水平的要求，若不能适应，就需要更新或新置技术设备并对工人进行技术培训，或是转包和在外组织采购，因此投标人有无能力或由此引起的报价成本的变化都直接影响着投标目标的选择。反之，具有较高技术装备和操作能力的投标人去承担技术水平较低的工程项目，可能会造成资源的浪费。

（2）设计能力　工程设计往往是投标项目的组成部分，在综合性的招标项目中，设计的工作要求和工作量占有更重要的地位，投标人的设计能力能否适应招标项目的要求直接决定着投标的方式和投标目标的选择，如设计能力适应招标工程，则可以充分发挥投标人的优势，有利于争取竞争的主动地位。

（3）对招标项目的熟悉程度　所谓熟悉程度，是指投标人对此工程项目过去是否承建过，是否有经验的积累，风险预测的能力有多大等。熟悉项目就可以尽量减轻风险损失，尽可能扩大投标的竞争能力。对项目不熟悉，就要充分考虑不可预见的风险因素，提供保障措施和设计应变能力。这就意味着间接投入的增多，在投标目标选择上就有一定的困难。

（4）投标项目可带来的随后机会　所谓随后机会，就是投标人在争取中标后，可能给今后连续性投标带来的中标概率，或是在今后类似项目的投标时占有有利位置。若随后机会较多，对投标人树立形象和扩大市场有利，则对这一项目在经济利益上做某些让步达到中标目的也是有利的；若随后机会不多，则对投标的经济效益要着重考虑。

（5）投标项目可能带来的出口机会　扩大国际市场，争取在国际投标中有位置是投标人追求的重要目标，对能够给国际投标取胜带来较大机会的投标项目，无疑是投标人应首先考虑的方面，它决定着对这一投标项目现实效益的低水平选择。

（6）投标项目可能带来的生产质量提高　投标项目一方面需要相适应的生产装备和劳动技能，另一方面也可能给投标人带来技术的进步，这会直接影响投标人投标目标的决策。

（7）投标项目可能带来的成本降低机会　投标人在争取中标后，在履约过程中，一般来说，各项管理提高的综合成果会直接反映在成本降低的机会和程度上，投标项目的完成能为投标人带来成本降低的机遇，也会影响到投标人投标报价目标的决策。

（8）投标项目的竞争程度　所谓竞争程度，是指参与投标的单位数量和各竞争投标人投标的动机和目标。它从外部制约着投标人效益目标选择的分寸，投标的竞争性决定了投标人在投标时必须以内部条件为基础，以市场竞争为导向，制定正确的投标目标。

除此之外，对于不同投标人来说，诸如承包工程交货条件、付款方式、历史经验、风险性等都是影响投标目标选择的因素，对选择投标目标的决策都起着重要的作用。

3. 具体报价方法技巧

投标时，既要考虑自身的优势和劣势，也要分析投标项目的整体特点，按照工程的类别、施工条件等考虑报价策略。

（1）报价可高一些的项目　施工条件差（如场地狭窄、地处闹市）的工程；专业要求高的技术密集型工程，而本公司在此方面有专长且声誉较高；总价低的小工程或自身不情愿中标，而被邀请投标时不得不投标的工程；特殊的工程，如港口码头工程、地下开挖工程等；发包人对工期要求急的工程；投标对手少的工程；支付条件不理想的工程。

（2）报价应低一些的项目　施工条件好的工程，工作简单、工程量大而一般公司都可以做的工程，如大量的土方工程、一般房建工程等；公司在建工程项目的附近有工程而本项目可以利用该项工程的设备、劳务或有条件短期内突击完成的；投标对手多，竞争力激烈时；非急需工程；支付条件好的工程，如现汇支付。

（3）不平衡报价法　不平衡报价法也叫前重后轻法。一个工程项目的投标报价，在总价基本确定后，可以调整内部各个项目的报价，以期既不提高总价，不影响中标，又能在结算时得到更理想的经济效益。

（4）计日工报价法　如果是单纯报计日工的报价，可以报高一些，以便在日后发包人用工或使用机械时可以多盈利。但如果招标文件中有一个假定的"名义工程量"时，则需要具体分析是否报高价。总之，要分析发包人在开工后可能使用的计日工数量确定报价方针。

（5）多方案报价法　对一些招标文件，如果发现工程范围不很明确、条款不清楚或很不公正，或技术规范要求过于苛刻时，可在充分估计投标风险的基础上，按多方案报价法处理。即按原招标文件报一个价，然后再提出："如某条款（如某规范规定）做某些变动，报价可降低多少……"，报一个较低的价，这样可以降低总价，吸引发包人；或是对某些部分工程提出按"成本补偿合同"方式处理，其余部分报一个总价。

（6）增加建议方案法　有时招标文件中规定，可以提出建议方案，即可以修改原设计方案，提出投标人的方案。投标人这时应组织一批有经验的设计和施工工程师，对原招标文件的设计和施工方案仔细研究，提出更合理的方案以吸引招标人，促成自己方案中标。这种新的建议方案可以降低总造价或提前竣工或使工程运用更合理，但要注意的是对原招标方案一定要标价，以供招标人比较。增加建议方案时，不要将方案写得太具体，保留方案的技术关键，防止招标人将此方案交给其他承包人，同时要强调的是，建议方案一定要比较成熟，或过去有这方面的实践经验，因为投标时间较短，若仅为中标而匆忙提出一些没有把握的建议方案，则可能引起很多后患。

（7）突然降价法　报价是一件保密性很强的工作，但是对手往往通过各种渠道、手段来刺探情况，因此在报价时可以采取迷惑对方的手法。即按一般情况报价或表现出自己对该工程兴趣不大，到快投标截止时，再突然降价。例如鲁布革水电站引水系统工程突然降低4%，取得最低标，为以后中标打下基础。采用这种方法时，一定要在准备投标报价的过程中考虑好降价的幅度，在临近投标截止日期前，根据情报信息与分析判断，再做最后决策。因为开标只降总价，采用突然降价法而中标，在签订合同后可采用不平衡报价的思想调整工程量表内的各项单价或价格，以期取得更高的效益。

4. 不同评标办法下投标报价的策略

发包人在选取中标人时，采用的评标标准和方法不同，不一定报价最低的投标人成为中标人，因此，承包人要仔细研究评标办法，合理利用评标办法对投标报价进行决策。根据《评标委员会和评标方法暂行规定》第二十九条，评标办法包括经评审的最低投标价法、综合评估法或者法律、行政法规允许的其他评标办法。此外，不同的省市区对于建设工程的评标办法也有不同的规定（见表1-1）。

目前，建设工程招标常见的评标办法有两种：经评审的最低投标价法、综合评估法。

（1）两种评标办法的应用

1）经评审的最低投标价法。我国现阶段采用的最低价中标法实质上是合理低价中标法，这是由于最低价中标法在应用过程中存在投标人盲目追求低价、事后道德风险行为等问题。面对最低价中标法的种种弊端，我国提出了经评审的最低投标价法，但是这里的最低价有一定的前提条件，即合理低价，保证不低于成本价基础上的低价中标。

目前，经评审的最低投标价法在实践中存在以下问题：①投标报价是否低于成本价难以界定。《招标投标法》所说的"投标价格低于成本的除外"中成本的概念，是指"低于投标人为完成投资项目所需支出的个别成本，而不是社会平均成本"。由于投标人的异质性，每个投标人的技术、管理、效率都各不相同，因此每个企业的成本也各不相同，因此无法采用统一的方式去明确表明成本。②信息不对称的存在，使得处于信息劣势方的评标委员会在完全了解实情后再界定的成本远远大于收益，因此，对报价与成本大小的界定将停留在信息收集边际收益等于边际成本的地方[4]。

2）综合评估法。该法通过给投标人技术部分以及商务部分加权打分，并用综合评分衡量其质量。评标委员会将根据招标文件的统一标准进行量化，对技术和经济两部分进行加权，计算出综合评分。可见，综合评估法的特点有两个：一则兼顾各方，有综合性；二则量化分析尽可能客观公平。

综合评估法评标过程由初步评审以及详细评审两个阶段组成：①第一阶段初步评审。由招标人召集相关技术、经济专家组成评标委员会对投标文件进行初审，其目的是排除没有实质响应招标文件以及投标报价有重大偏差的投标人。②第二阶段为详细评审。评标委员会在初步评审的基础上进行详细评审，并根据招标细则对评审对象量化打分，加权计算，排序得到中标候选人。

3）两种评标办法的比较如表3-1所示。

表3-1　两种评标办法的比较

项　目	经评审的最低投标价法	综合评估法
适用范围	一般适用于具有通用技术、性能标准或者招标人对其技术、性能没有特殊要求的招标项目	不宜采用经评审的最低投标价法的招标项目，一般应当采取综合评估法进行评审
评标操作方法	评标委员会对满足招标文件实质要求的投标文件，根据详细评审标准规定的量化因素及量化标准进行价格折算。无须对投标文件的技术部分进行价格折算，只要中标人的投标符合招标文件规定的技术要求和标准即可	评标委员会对满足招标文件实质性要求的投标文件，按照评分标准进行打分，并按得分由高到低顺序推荐中标候选人。综合评分相等时，以投标报价低的优先；投标报价也相等的，由招标人自行确定
确定中标人的依据	经评审的投标价	经计算的评分（综合考虑报价、工期、质量、技术、管理等因素）
候选人排序	经评审的投标价由低到高的顺序推荐中标候选人	得分由高到低的顺序推荐中标候选人
初步评审标准	1. 形式评审标准 2. 资格评审标准 3. 施工组织设计和项目管理机构评审标准 4. 响应性评审标准	1. 形式评审标准 2. 资格评审标准 3. 响应性评审标准
详细评审标准	包括量化因素和量化标准	包括： 1. 形式评审标准：分值构成；施工组织设计；项目管理机构；投标报价；其他评分因素 2. 资格评审标准：评标基准价计算方法 3. 施工组织设计和项目管理机构评审标准：投标报价的偏差率计算公式 4. 响应性评审标准：施工组织设计评分标准；项目管理机构评分标准；投标报价评分标准；其他因素评分标准

（2）针对"经评审的最低投标价法"的投标策略 针对"经评审的最低投标价法"，承包人的投标策略总的来说可分为两类，如图 3-2 所示：首先保证中标，常用的方法是先亏后盈法和许诺优惠条件；其次实现创收，主要采用不平衡报价法。

经评审的最低投标价法是选择通过评审的最低报价的投标人作为中标单位，但前提是要符合招标文件规定的各项技术标准，且满足招标文件其他要求的投标报价。"经评审"是指按照招标文件所

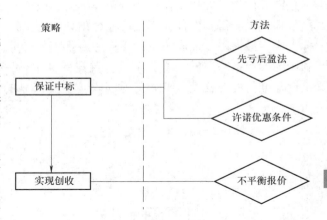

图 3-2 "经评审的最低投标价法"下的投标策略

规定的评分方法，对投标报价以及相应商务部分做评审，经评审通过的最低价投标人为中标候选单位，但是投标价格低于成本的除外。经评审的最低投标价法下投标人可利用的投标报价策略是首先采用先亏后盈法，尽可能地降低投标价，在此基础上再给予发包人一定的优惠条件，对投标价进行调整，从而再次导致评标价降低，先亏后盈法以及许诺优惠条件法相结合确保能够中标。采用先亏后盈法的投标人必须有较好的财务实力和综合实力，能承受短期的亏损，并且施工方案也确实先进可行。与此同时，要加强对公司情况的正面宣传以提高知名度，否则即使所报价格为最低价，发包人因不了解其施工能力、综合实力等因素，可能会产生不信任，也不一定被选中。后续采用不平衡报价法，在不影响总标价水平的前提下，有针对性地对某些项目加价而对另一些项目减价，以致既不提高总价确保中标，在施工过程中也能结合变更、调价、索赔实现二次创收，在结算时得到更理想的经济效益。其不同投标策略的具体影响机理如图 3-3 所示。

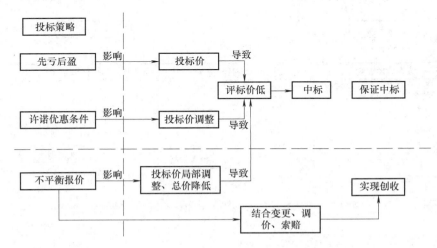

图 3-3 "经评审的最低投标价法"下不同投标策略的影响机理

（3）针对"综合评估法"的投标策略 采用综合评估法评标时，投标人的投标报价并

不是第一位的，发包人还比较看重投标人的服务、业绩和信誉等方面。此类评标办法的优点是工程质量能得到保证，不太可能会出现低价抢标的现象。基于综合评估法的评标原理，投标人应当最大限度地满足招标文件中所规定的各项综合评价标准，投标人在综合评估法下可利用的投标策略总的来说分两类：首先保证中标，常用的方法是假设最优策略（使投标价接近基准价的方法）；其次实现创收，主要依靠的也是不平衡报价法。其策略图如图 3-4 所示。

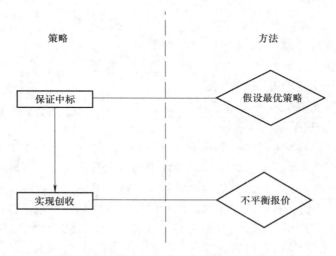

图 3-4　"综合评估法"下投标报价的策略

在采用综合评估法时，投标人应最大限度地满足招标文件中所规定的各项综合评价标准，假设最优策略使投标价尽可能接近基准价，从而提升投标价评分，保证中标，不平衡报价法使投标价总价不变，局部进行增减，施工时结合变更、索赔、调价进行二次创收，其不同投标策略的具体影响机理如图 3-5 所示。

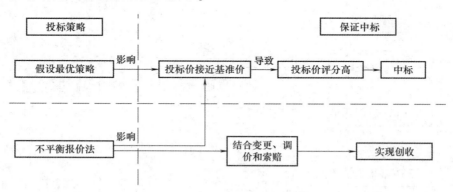

图 3-5　"综合评估法"下不同投标策略的影响机理

5. 招标文件中特殊规定的投标报价策略

由于建设市场供大于求的供需关系导致招标人与投标人地位不平等，招标人利用自身的强势地位在招标文件中设置一些特殊规定，例如要求投标人重新复核工程量、规定招标文件效力高于投标文件、招标控制价过低等不合理规定，面对此类不合理规定，投标人该采取哪种投标策略?

（1）招标人要求重新复核工程量的投标策略　虽然 13 版《清单计价规范》第 4.1.2 条明确规定，招标工程量清单必须作为招标文件的组成部分，其准确性和完整性应由招标人负责，但是招标人往往利用自己的强势地位在招标文件中规定要求投标人复核工程量清单，如投标人想要中标可采用不平衡报价法，结合施工过程中的变更、调价、索赔进行二次创收。复核工程量时，要注意：①工程量计算错误或有漏项，可以在招标文件规定的期限内向招标人提出疑问；②图纸中有错误，如基础漏项、梁板结构错误或图纸不符合强制标准，导致开工后工程量的变动等，可先报低价再通过索赔增加结算收入；③将来施工时可能发生的设计变更所引起的工程量的增减，投标人根据自己的施工经验及实际情况来确定哪些内容在将来有可能发生变更，变更后是否会导致工程量增减，在投标报价时就能确定出针对性的不平衡报价策略。

案例 3-1

【案例背景】　某招标人在招标文件中有以下条文："所有投标人在投标时，要核对招标人提供的工程量清单，如在投标时没有核对出错误，在竣工结算时如实际工程量与清单工程量差异较大，视为投标人对招标人的优惠、减让，实际工程量不予调整。"

某建筑公司为了能顺利中标，在投标时没有认真核对，但在竣工结算时发现了招标人提供的工程量清单数量有较大偏差，于是向招标人提出据实调整结算。招标人依据招标文件中的条文，拒绝投标人的要求。甲乙双方在竣工结算时产生了较大的矛盾和纠纷。

【案例分析】　首先应该看整个合同文件的约定，如果合同文件中没有约定适用《建设工程工程量清单计价规范》，则一般认为发包人无须调整合同价款。但是，如果有合同文件约定适用《建设工程工程量清单计价规范》，且该合同文件效力高于招标文件中的投标人须知，则依据 13 版《清单计价规范》，发包人应当调整合同价款。13 版《清单计价规范》第 4.1.2 条明确规定：招标工程量清单必须作为招标文件的组成部分，其准确性和完整性应由招标人负责。本条为强制性规定，关键点是：工程量清单必须作为招标文件的组成部分，招标人对编制的工程量清单准确性和完整性负责，即不缺项漏项、数量准确。本案例中招标人的条款显然违背了 13 版《清单计价规范》第 4.1.2 条的强制性规定，应属于无效条款，招标人在结算时对出错的清单项目不予调整是错误的。第 8.2.1 条、8.2.2 条规定：工程量必须以承包人完成合同工程应予计量的工程量确定；施工中进行工程计量，当发现招标工程量清单中出现的缺陷、工程量偏差，或因工程变更引起工程量增减时，应按承包人在履行合同义务中完成的工程量计算。因此，招标文件中工程量清单表明的工程量是招标人根据拟建工程设计文件预计的工程量，不能作为承包人在履行合同义务中应予完成的实际和准确的工程量，双方进行工程竣工结算时的工程量应按承包人正确履行合同义务实际完成的工程量进行结算。

【结论】

1）清单的工程量只是招标时所用的工程量，不是最终竣工结算的量。

2）竣工结算应该按双方认可的实际完成的量结算，如清单的量计算有误，或在工程实施过程中，设计发生变更，且工程量的增减超过了合同中约定的幅度而出现较大偏差，此时投标人有权向招标人提出据实调整结算，即应以双方认可的实际完成量作为结算量。

3）作为招标人不能凭借自己有利的市场地位，将所编制的工程量清单的准确性与完整性的责任转嫁投标人。

4）作为投标人，应依据 13 版《清单计价规范》的强制性条文，保护好自己的权利，做好竣工结算。

（2）招标文件效力高于投标文件的应对策略 13 版《清单计价规范》第 7.1.1 条规定：招标文件与中标人投标文件不一致的地方，应以投标文件为准，但是在实际项目中，发承包双方签订的施工合同往往会在专用条款中规定招标文件效力大于投标文件。

案例 3-2

【案例背景】 某体育馆在施工总承包招标文件中，关于招标文件的一个补充答疑问题如下：看台楼楼下静压通风道是否贯穿隔墙？清单中有无静压箱通风道（夹心保温玻璃钢）？

但在答疑中，仅回答了第一个问题，隔墙做至静压箱底，而对第二个问题没有回答。投标人在投标中未就静压箱通风道报价。但是，在履约过程中，发承包双方对静压箱通风道是否属于清单范围产生了纠纷。

【案例分析】 此案例若投标人在投标文件中说明"静压箱通风道未报价"，这样在双方发生纠纷时，根据投标文件效力高于招标文件的原则，可以减少争执。针对双方有关工程的洽商、变更等书面协议或文件的效力及解释顺序，投标人应：①同一事项后约定的法律效力高于先约定的法律效力。对比招标文件中明显有悖于合同的地方，说明后续合同的签订是双方针对工程实际情况的变化进行的具体约定，如果使用招标文件解释，就会废掉合同，从而打掉招标文件的有限解释顺序。②事实上的优先权高于程序上的优先权。通过实际施工过程中发生的事件与招标文件明显不同的地方，证明工程并非按照招标文件的约定进行施工，而是依据合同的约定，从而说明招标文件没有效力，从而打掉招标文件的有限解释顺序。③实际施工过程中的变更，改变了招标文件的招标基础和招标范围，因此招标文件不能作为合同的组成部分。具体统计施工过程中的变更情况以及金额，证明发生的变更不再属于原招标文件招标的范围。

（3）招标控制价过低的投标策略 招标文件中招标控制价编制过低，投标人的处理措施如下：投标人若认为招标控制价过低是不合理的，依据 13 版《清单计价规范》中第 5.3.1 条，投标人经复核认为招标人公布的招标控制价未按照本规范的规定进行编制的，应在招标控制价公布后 5 天内向招投标监督机构和工程造价管理机构投诉。招投标监督机构应会同工程造价管理机构对投诉进行处理，发现确有错误的，应责成招标人修改。若投标人认为招标控制价过低是合理的，则可以进行投标，通过合同管理来获取相应的利润，比如采用不平衡报价法，预计将来可能要索赔或变更的项目可以适当降低投标价，用将来可进行索赔的款项来弥补投标时价格的差额。

3.4.3 投标文件的编制与递交

投标报价内部审核通过之后，对相应的符合性及合理性进行修正之后，确定最终的投标报价。投标报价确定之后，下一步工作就是投标文件的编制与递交。

1. 投标文件的编制

（1）投标文件的编制内容　　投标人应按照招标文件的要求编制投标文件。投标文件应当包括下列内容：投标函及投标函附录、法定代表人身份证明或附有法定代表人身份证明的授权委托书、联合体协议书（如工程允许采用联合体投标）、投标保证金、已标价工程量清单、施工组织设计、项目管理机构、拟分包项目情况表、资格审查资料、规定的其他材料。

（2）投标文件的编制原则　　投标文件应按招标文件规定的格式编写，如有必要，可增加附页作为投标文件组成部分。投标文件应对招标文件有关工期、投标有效期、质量要求、技术标准和要求、招标范围等实质性内容做出全面具体的响应。投标文件正本应用不褪色墨水书写或打印。

投标文件签署投标函及投标函附录、已标价工程量清单（或投标报价表、投标报价文件）、调价函及调价后报价明细目录等内容，应由投标人的法定代表人或其委托代理人逐页签署姓名（该页正文内容已由投标人的法定代表人或其委托代理人签署姓名的可不签署），并逐页加盖投标人单位印章或按招标文件签署规定执行。以联合体形式参与投标的，投标文件由联合体牵头人的法定代表人或其委托代理人按上述规定签署并加盖联合体牵头人单位印章。

投标文件正本与副本应分别装订成册，并编制目录，封面上应标记"正本"或"副本"，正本和副本份数应符合招标文件规定。投标文件正本与副本都不得采用活页夹，并要求逐页标注连续页码，否则，招标人对由于投标文件装订松散而造成的丢失或其他后果不承担任何责任。

投标文件应该按照招标文件规定密封、包装。投标文件密封的规定有：

1）投标文件正本与副本应分别包装在内层封套里，投标文件电子文件（如需要）应放置于正本的同一内层封套里，然后统一密封在一个外层封套中，加密封条和盖投标人密封印章。国内招标的投标文件一般采用一层封套。

2）投标文件内层封套上应清楚标记"正本"或"副本"字样。投标文件内层封套应写明投标人邮政编码、投标人地址、投标人名称、所投项目名称和标段，投标文件外层封套应写明招标人地址及名称、所投项目名称和标段、开启时间等。也有些项目对外层封套的标识有特殊要求，如规定外层封套上不应有任何识别标志。当采用一层封套时，内外层的标记均合并在一层封套上。未按招标文件规定要求密封和加写标记的投标文件，招标人将拒绝接收。

2. 投标文件的递交

《招标投标法》第二十八条规定：投标人应当在招标文件要求提交投标文件的截止时间前，将投标文件送达投标地点。招标人收到投标文件后，应当签收保存，不得开启。在招标文件要求提交投标文件的截止时间后送达的投标文件，招标人应当拒收。因此，投标人必须按照招标文件的规定地点，在规定时间内送达投标文件。递交投标文件的最佳方式是直接或委托代理人送达，以便获得招标代理机构已收到投标文件的回执。如果以邮寄方式送达，投标人必须留出邮寄的时间，保证投标文件能够在截止日之前送达招标人指定地点。

招标人收到投标文件后应当签收，并在招标文件规定开标时间前不得开启。同时为了保护投标人的合法权益，招标人必须履行完备规范的签收手续。签收人要记录投标文件递交的日期和地点以及密封状况，签名后应将所有递交的投标文件妥善保存。

关于投标文件的递交，还应特别注意投标文件的有效期。投标文件有效期为开标之日至招标文件所写明的时间期限内，在此期限内，所有投标文件均保持有效，招标人需在投标文件有效期截止前完成评标，向中标人发出中标通知书以及签订合同协议书。招标人在原定投标文件有效期内可根据需要向投标人提出延长投标文件有效期的要求，投标人应立即以传真等书面形式对此要求向招标人做出答复，投标人可以拒绝招标人的要求，而不会因此被没收投标保证金。同意延期的投标人应相应延长投标保证金的有效期，但不得因此而提出修改投标文件的要求。如果投标人在投标文件有效期内撤回投标文件，其投标保证金将被没收。

3. 投标报价计价的内容

13 版《清单计价规范》中规定采用工程量清单计价，投标报价由分部分项工程费、措施项目费、其他项目费、规费和税金组成，投标报价编制内容如表 3-2 所示。

表 3-2　工程量清单计价模式下投标报价编制内容

序号	编制内容		解释说明
1	分部分项工程费		根据招标文件中的分部分项工程量清单及有关要求，按其依据确定综合单价计价，综合单价是指完成一个规定计量单位的分部分项工程量清单项目所需的人工费、材料费、机械使用费和企业管理费和利润，以及一定范围内的风险费，不包括措施项目费、规费和税金
2	措施项目费		指为完成工程项目施工，发生于该工程施工前和施工过程中技术、生活、文明、安全等方面的非工程实体项目所发生的费用
3	其他项目费	其他项目费	其他项目费是指分部分项工程量清单、措施项目清单所包含的内容以外，因招标人的特殊要求而发生的与拟建工程有关的其他项目的费用
		暂列金额	暂列金额是招标人暂定并包括在合同中的一笔款项，用于施工合同签订时尚未确定或者不可预见的所需材料、设备、服务的采购，施工中可能发生的工程变更、合同约定调整因素出现时的工程价款调整以及发生的索赔、现场签证确认等费用
		暂估价	暂估价是招标阶段直至签订合同时，招标人在招标文件中提供的用于支付必然要发生但暂时不能确定价格的材料、工程设备以及专业工程的金额，包括材料（工程设备）暂估单价、专业工程暂估价
		计日工	计日工是为了解决现场发生的零星工作的计价而设立的，一般是指完成合同约定之外的或者因变更而产生的、工程量清单中没有相应项目的额外工作，尤其是那些难以事先商定的额外工作的费用，具体费用组成由工程量清单编制人员预测确定
		总承包服务费	总承包服务费是为了解决招标人在法律、法规允许的条件下进行专业工程发包以及自行供应材料、设备，并需要总承包人对发包的专业工程提供协调和配合服务，对供应的材料、设备提供收发和保管服务以及进行施工现场管理、竣工资料汇总整理等服务时向总承包人支付的费用
4	规费和税金		规费包括：社会保险费，包括养老保险费、失业保险费、医疗保险费、工伤保险费、生育保险费；住房公积金；工程排污费 税金即增值税及其附加税

4. 投标报价计价的方法

（1）分部分项工程费工程量清单　投标价中的分部分项工程费应按招标文件中分部分项工程量清单项目的特征描述确定综合单价计算。因此确定综合单价是分部分项工程工程量清单与计价表编制过程中最主要的内容。分部分项工程量清单综合单价，包括完成单位分部分项工程所需的人工费、材料费、机械使用费、管理费、利润，并考虑风险费的分摊。分部分项工程综合单价 = 人工费 + 材料费 + 机械使用费 + 管理费 + 利润 + 风险费。

分部分项工程综合单价编制的步骤及方法如表3-3所示。

表3-3 分部分项工程综合单价编制的步骤及方法

编制步骤		编制依据	编制方法
确定计算基础	消耗量指标	委托方的企业实际消耗量水平；拟定的施工方案；企业定额、行业定额	计算时应采用企业定额，在没有企业定额或企业定额缺项时，可参照与本企业实际水平相近的国家、地区、行业定额，并通过调整来确定清单项目的人、材、机单位用量
	生产要素单价	市场价格；工程造价管理机构发布的造价信息	各种人工、材料、机械台班的单价，应根据询价的结果和市场行情综合确定，人工单价应根据当地的劳务工资水平，参考工程造价管理机构发布的工程造价信息进行确定
分析各清单项目的工程内容		招标文件提供的工程量清单；施工现场情况；拟定的施工方案；13版《清单计价规范》等	根据招标文件提供的工程量清单中的项目特征描述，结合施工现场情况和拟定的施工方案确定完成各清单项目实际应发生的工程内容，必要时可参照13版《清单计价规范》中提供的工程内容，有些特殊的工程也可能发生规范列表之外的工程内容
计算工程内容的工程数量与清单单位的含量		应根据所选定额的工程量计算规则计算其工程数量	当定额的工程量计算规则与清单的工程量计算规则相一致时，可直接以工程量清单中工程量作为工程内容的工程数量
			当采用清单单位含量计算人工费、材料费、机械使用费时，还需要计算每一计量单位的清单项目所分摊的工程内容的工程数量，即清单单位含量：$$清单单位含量 = \frac{某工程内容的定额工程量}{清单工程量}$$
计算人工费、材料费、机械使用费		完成每一计量单位清单项目所需人工、材料、机械用量	$$\begin{array}{l}每一计量单位清单项目\\某种资源的使用量\end{array} = \begin{array}{l}该种资源的\\定额单位用量\end{array} \times \begin{array}{l}相应定额条目\\的清单单位含量\end{array}$$ $$人工费 = \begin{array}{l}完成单位清单项目\\所需工人的工日数\end{array} \times 每工日的人工日工资单价$$ $$材料费 = \sum \left(\begin{array}{l}完成单位清单项目所需\\各种材料、半成品的数量\end{array} \times 各种材料、半成品单价 \right)$$ $$机械使用费 = \sum \left(\begin{array}{l}完成单位清单项目所需\\各种机械的台班数量\end{array} \times 各种机械的台班单价 \right)$$
计算企业管理费和利润		清单项目的人工费或直接费（人工费＋材料费＋机械使用费）当地费用定额标准	管理费＝（人工费＋材料费＋机械使用费）×管理费费率 利润＝（人工费＋材料费＋机械使用费＋管理费）×利润率
计算风险费		招标文件；施工图纸；合同条款；材料设备价格水平；项目周期等	可以直接费作为基数，也可以材料费作为计算基数乘以一定的费率计算
计算综合单价		每个清单项目的人工费；材料费；机械使用费；管理费；利润和风险费；清单工程量	单个清单项目合价＝每个清单项目的人工费、材料费、机械使用费＋管理费＋利润和风险费 $$综合单价 = \frac{单个清单项目合价}{清单工程量}$$
编制工程量清单综合单价分析表			为表明分部分项工程量综合单价的合理性，编制人员应对其进行单价分析，以作为评标时判断综合单价合理性的主要依据

（2）措施项目费工程量清单 措施项目清单中的安全文明施工费应按照国家或省级、

行业建设主管部门的规定计价，不得作为竞争性费用，编制措施项目费工程量清单分为单价措施项目和总价措施项目两种计价方式。

单价措施项目的计价方式与分部分项工程相同，采用综合单价，根据特征描述找到定额中与之相对应的项，进行定额工程量的计算，选用单价组合人工费、材料费、机械使用费，并计算管理费、利润和风险费，最终确定综合单价。

总价措施项目费用的发生和金额的大小与使用时间、施工方法或者两个以上的工序相关，与实际完成的实体工程量的多少关系不大，一般是用计算基数乘以费率计取，可以"项"为单位的方式计价，按一定的费率计算措施项目费用，费率应根据项目及委托方的实际情况并参考当地计价的相关规定来确定，没有规定的应根据实际经验进行计算。应包括除规费、税金外的全部费用。

（3）其他项目费工程量清单　其他项目费主要包括暂列金额、暂估价、计日工以及总承包服务费组成。

1）暂列金额。暂列金额应按照其他项目清单中列出的金额填写，不得变动。

2）暂估价。暂估价中的材料、工程设备暂估单价必须按照招标人提供的暂估单价计入分部分项工程费用中的综合单价；专业工程暂估价必须按照招标人提供的其他项目清单中列出的金额填写，材料、工程设备暂估单价和专业工程暂估价均由招标人提供。在工程实施过程中，对于不同类型的材料（工程设备）与专业工程采用不同的计价方法。

① 招标人在工程量清单中提供了暂估价的材料（工程设备）和专业工程属于依法必须招标的，由承包人和招标人共同通过招标确定材料（工程设备）单价与专业工程中标价。

② 若材料（工程设备）不属于依法必须招标的，经发、承包双方协商确认单价后计价。

③ 若专业工程不属于依法必须招标的，由发包人、总承包人与分包人按有关计价依据进行计价。

3）计日工。计日工包括人工、材料和施工机械，按市场价格并参考工程造价信息颁布的价格计取，根据工程实际情况参考当地费用定额的规定计取管理费、利润及风险费形成综合单价，再按工程量清单中给定的暂定数量计算合价。

4）总承包服务费。总承包服务费应根据招标人在招标文件中列出的分包专业工程内容和供应材料、设备情况，按照招标人提出的协调、配合与服务要求和施工现场管理需要自主确定。

（4）规费及税金工程量清单　规费和税金应按国家或省级、行业建设主管部门的规定计算，不得作为竞争性费用。

5. 投标报价的汇总

在确定分部分项工程费、措施项目费、其他项目费、规费及税金并编制完成分部分项工程和单价措施项目清单与计价表，总价措施项目清单与计价表，其他项目清单与计价表，规费、税金项目计价表后，汇总得到单位工程投标报价汇总表，再层层汇总，分别得出单项工程投标报价汇总表和工程项目投标报价汇总表，全部过程如图3-6所示。

投标总价应当与组成工程量清单的分部分项工程费、措施项目费、其他项目费和规费、税金的合计金额相一致，即投标人在进行工程量清单招标的投标报价时，不能进行投标总价优惠（或降价、让利），不得低于工程成本，且投标人对投标报价的任何优惠（或降价、让利）均应反映在相应清单项目的综合单价中。

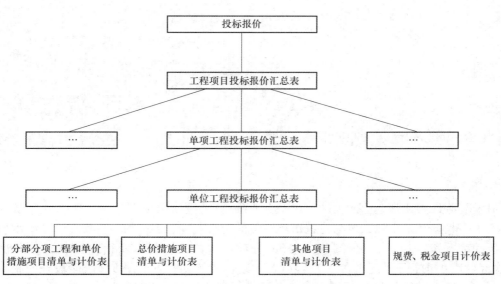

图 3-6 投标报价汇总流程

3.4.4 投标报价编制注意事项

1. 投标报价与招标控制价编制的区别

投标报价和招标控制价的费用构成和计价过程是一致的，但两者在编制上有很大区别，主要体现在编制依据不同、风险费的计取不同、利润率和管理费费率的选取不同。具体详见 3.1.5 招标控制价和投标报价的区别。

2. 定额选用要恰当

选用定额时要充分考虑本企业人员的技术水平和管理水平、机械化程度、施工技术条件、施工中各方面的协调配合、材料和半成品的加工性和装备性及自然条件对施工的影响等因素。

3. 工程数量要准确

认真按工程量清单核实工程数量，对号入座，检查施工图中工程量和清单中的数量是否相符，如有异议，及时提出并上报招标人，防止发生因漏项或数量不符而导致报价失误、造成经济损失。

4. 各分部、分项工程单价合理、可靠

在报各分部、分项工程单价时，应做到施工方案可行、施工工艺完备、施工设备配置合理、工程单价所选定额子目正确、所报单价合理可靠，与类似工程相比出入不大，否则容易导致招标人对投标人的实际技术水平发生怀疑。

本章参考文献

［1］尹贻林，于晓田，徐宁明. 基于工程招标两难困境及规避方式的研究 ［J］. 项目管理技术，2017，15（8）：60-64.

［2］张梦圆. 招标控制价模式下建设工程投标报价规律研究 ［D］. 重庆：重庆大学，2014.

［3］刘丽芸. 营改增后招标控制价的编制要点研究 ［J］. 建筑经济，2017，38（5）：48-51.

［4］徐宁明. 工程项目招标两难困境防范研究 ［D］. 天津：天津理工大学，2017.

追求利益最大化是企业的天性，也是企业维持自身发展的必要方式。不平衡报价为承包人带来更多收益，是承包人参与建筑市场竞争的正常表现。不平衡报价旨在不改变承包人投标总价的前提下，通过变更、调整各分部分项工程的工程量，获得额外收益，即在完成"一次经营"的前提下，通过"二次经营"实现创收，其实质是预测施工阶段合同状态的变化，通过工程变更等机制对合同状态进行补偿，以求在竣工结算时获得更多收益的报价方法。因此，不平衡报价的关键在于有效预测施工阶段可能出现的工程变更，并对工程量清单中相应分部分项工程的综合单价进行合理调整。需要注意的是，不平衡报价的实现必须基于以下两个条件：其一，施工合同应为单价合同，支持承包人对工程量清单中分部分项工程的综合单价进行调整；其二，不平衡报价利用的变更风险应由发包人承担，合同状态改变所引起的工程损失应由发包人补偿。有违上述前提，特别是不基于变更预期的不平衡报价将会造成适得其反的效果。

不平衡报价还推动着发、承包双方不断加强对风险的管理力度。一方面促进发包人改善工程造价控制能力，发包人为预防不平衡报价，优化设计，完善招标文件，以减少潜在的工程变更；另一方面促进承包人提高工程造价管理水平，随着发包人对招标文件的不断完善，不平衡报价可利用的机会点减少，承包人挖掘机会点的难度加大，促使其将工作重心逐渐转移至施工成本管理上来。发、承包的博弈使双方之间的"攻防"不断达到新的均衡，进而促进整个建筑市场的持续发展。

基于此，本章主要以《建设工程工程量清单计价规范》（GB 50500—2013）（本章以下简称13版《清单计价规范》）为依据，针对不平衡报价进行深入探讨，运用经济学及管理学理论对不平衡报价的产生原因及运作机理进行分析，并在此基础上利用天津理工大学公共项目与工程造价研究所（IPPCE）提出的基于变更预期的不平衡报价 SEDA⊖模型，通过识别、评价、设计、分析为不平衡报价提供可行的思路框架。

4.1 不平衡报价概述

4.1.1 不平衡报价的概念

不平衡报价是指投标总价基本确定后，通过调整工程量清单内部分部分项工程综合单价

⊖ 不平衡报价 SEDA 模型详见第 4.2 节。

的构成,以期既不抬高总价,也不影响中标,又能在结算时获得更多收益的投标报价方法。其中,保证总报价不变是不平衡报价的根本前提;有策略地调整报价是不平衡报价的基本方法;结算时获得更多收益是不平衡报价的最终目的。在单价合同的前提下合理运用不平衡报价可以为承包人带来更多收益,实现效益拓展,有利于提高建设项目的盈利能力,降低风险。

4.1.2　不平衡报价的成因

1. 不平衡报价成因的理论分析

工程项目的技术经济特性、环境的不确定性及主体的多样性决定了项目在实施过程中的风险特性,这一风险也是内部不确定因素和外部不确定因素相互作用的结果。内部的风险既取决于项目参与人技术、管理能力水平和可以利用的资源,也取决于机会主义行为。项目参与人的有限理性决定了其行为选择是追求私人效用最大化[1]。当私人目标与项目目标发生冲突时,项目参与方均会利用自身信息优势、外部环境不确定性及合同的不完备性,采取隐藏行动、隐藏信息甚至敲竹杠等机会主义行为,实现其效用的最大化。

(1) 机会主义行为　机会主义行为是指在信息不对称的情况下,市场交易中活动各主体不如实地披露私人信息或隐藏个人行动以谋取自身的效用最大化,从而给交易对方造成利益损失。机会主义行为的根源是人的"经济人"属性,即人是追求自身效用最大化的人。此外,信息不对称和人的有限理性助长了人的机会主义行为。由于人的有限理性,人不可能对外界的人和物,现在以及未来的发展变化洞察清楚,在这种情况下,一些人就利用自己的信息优势从而做出有利于自己的事情。

建设项目发包人与承包人不管是在项目的招投标阶段还是在项目的建设阶段都存在机会主义行为,且不同阶段双方的机会主义行为表征不同。如在招投标阶段,承包人相对于发包人而言对自身的工程技术水平以及工程项目的生产成本、质量标准、材料价格、地质情况等具有信息优势,而发包人要想获取这些信息则需要支付高额的信息成本。不平衡报价即为招投标阶段承包人利用自身的信息优势采取的机会主义行为。

(2) 买方市场　建设项目招投标市场是典型的单一买方市场。施工生产能力供应过剩与建筑市场需求相对不足的矛盾,促使该市场环境中招投标服务产品价格呈不断下降趋势,作为买方的发包人掌握着市场交易主动权,同时在招投标这场博弈中处于不败地位。

建设项目招投标市场的买方市场特点,意味着围绕建设项目进行交换的发、承包双方之间的不平等关系。由于提供商品或服务的承包人大于有需求的发包人,导致了承包人投标时所报总价出现下降趋势。一方面,承包人应对发包人的利益要求,不得不压低报价以实现发包人作为买方的最大化利益;另一方面,面对同行业竞争对手的压力,在提高自己专业技能的同时,又要果断执行成本最低的竞争战略,以保证在激烈的市场竞争中力拔头筹,导致的结果往往是承包人亏本中标。然而,"一次经营"⊖中的"亏本",必然使承包人通过施工阶段的"二次经营"⊜来扭亏为盈,否则将会被市场所淘汰。因此,不平衡报价"低价中标高价结算"的特点,为承包人提供了实现创收的可能,是承包人盈利的有效手段之一。可见,

---

⊖　承包人为获取工程项目所发生的一切经营行为,一次经营的最终目的是在固化的条件下获取合同。

⊜　发承包双方履行合同时所发生的一切经营行为。二次经营的最终目的是在合同履行过程中通过降本增效获取最好的管理效益。

建设项目招投标市场自身买方市场是不平衡报价产生的必要条件。

（3）信息不对称　信息不对称理论是指在市场经济活动中，各类参与者对有关信息的了解程度是存在差异的。掌握信息比较充分的，往往处于比较有利的地位；而信息贫乏的，则处于比较不利的地位。该理论认为，市场中卖方比买方更了解有关商品的各种信息，掌握更多信息的一方可以通过向信息贫乏的一方传递可靠信息而在市场中获益。

建设项目招投标市场中，承包人根据以往建设经验掌握着更加充分的信息。这种情况下，假设发包人和承包人对于即将施工的建设项目相关信息的知晓程度是不同的，后者了如指掌（信息充分），而前者只能凭经验或有限知识做大致的判断。假设发包人认为建设项目的成本为 C_1，从而发包人在招投标阶段只可能在 C_1 基础上确定签约合同价 C_2，那么显然建设项目成本高于 C_1 的承包人是不愿意参与建设的。但由于建设项目招投标市场的特点，决定了承包人为了中标不得不以成本 C_1 为基础的签约合同价 C_2 来进行成本高于 C_1 的建设项目。但是，由于发包人和承包人之间存在非对称信息，承包人可能通过某种渠道获得成本更为低廉的材料，或者根据以往的建设经验对施工期间可能出现的工程变更、索赔、调价等情况了如指掌。在这种情况下，承包人通过施工阶段的"二次经营"在签约合同价 C_2 的基础上增加一部分价款 C_3，最终在结算时形成 $C_3 + C_1$ 远远大于 C_2 的情况。而不平衡报价策略正是承包人利用其与发包人之间的信息不对称，追求这部分增加的价款的行为。

综上所述，在信息不对称的前提下，在招投标阶段，信息匮乏的发包人肯定愿意接受承包人提出的 C_2 的报价，而掌握完全信息的承包人由于对施工阶段可能出现的工程量调整情况了如指掌，保证了项目竣工后能够获得额外收益。在这个过程中，信息不对称起到了关键的作用，因此信息不对称是不平衡报价产生的充分条件。

2. 不平衡报价成因的现实分析

（1）单价合同明确了发、承包双方的风险分担　在以工程量清单计价模式的单价合同条件下，工程结算由完成工作的实际工程量和相应的综合单价组成，强调"量价分离"使发包人承担"量"的风险，而承包人承担"价"的风险。因此，即使承包人投标时所报总价相近，但由于报价时工程量清单中各分部分项工程的综合单价不同，也会使承包人的获利有所差异。

同时，13 版《清单计价规范》第 4.1.2 条规定：招标工程量清单必须作为招标文件的组成部分，其准确性和完整性应由招标人负责。该条文加强了发包人对工程量清单准确性的管理职责，明确了当由于招标工程量清单的不准确或不完整引起工程变更时，发包人应完全承担该风险，这就为不平衡报价提供了可能。随着经评审的合理低价中标法的广泛应用，建设工程投标市场的竞争更趋激烈。在低价中标的基础上提高经济效益、实现利润最大化成为承包人追求的目标，因而，承包人就利用单价合同风险分担的特点回避常规平衡报价，采用不平衡报价，达到既能保持投标报价的竞争力、又能获取最大经济收益的目的。

（2）发、承包双方利益上的不一致　招投标阶段，发、承包双方围绕建设项目进行交易。发包人期望建设项目能够在低成本的情况下实现建设目标，承包人则期望建设项目能在高收益的情况下完成。由此，项目建设过程中发、承包双方的目标并不能保持一致。

在"经济人"假设[⊖]下，发包人会选择报价最低且技术实力最强的承包人，来实现自身

⊖　亚当·斯密提出"经济人"假设，即人的行为动机根源于经济诱因，人都要争取最大的经济利益。

利益最大化的目标；同样，承包人也会加强自身技术能力，提高报价来确保利益目标的实现。实际中发、承包双方的目标很难同时满足。招投标阶段，买方市场的特点决定了承包人处于劣势地位，因此，成功的承包人会首先最大可能地满足发包人的目标要求以获得项目建设的"权利"，然后通过施工期间的各种管理手段以及状态的变化来提高收益，实现自身利益的最大化。可见，发、承包双方利益上的不一致在一定程度上促使了不平衡报价的产生。

4.1.3　不平衡报价的意义

1. 不平衡报价有利于弥补承包人的风险损失

建设项目招投标过程中，发包人利用自身优势向承包人提出各类要求，承包人为确保中标只能被动响应发包人提出的各类要求，使得承包人在招投标阶段往往处于劣势地位，需要应对更多的风险。然而，不平衡报价则充分利用了发包人应承担的那部分风险，提高了竣工结算价，在一定程度上弥补了承包人的风险损失。

2. 不平衡报价有助于强化发、承包双方的责任义务

承包人不平衡报价的关键在于利用发包人编制招标文件时的缺陷。工程量清单缺项、项目特征描述不符以及工程量偏差必然导致施工阶段发包人工程变更风险的出现，就为承包人不平衡报价带来了机会。相反，对于承包人而言，不考虑发包人风险的不平衡报价，往往被其反利用，通过将高价分部分项工程变更为低价分部分项工程的手段，使承包人蒙受更大的损失，从而使不平衡报价成为隐藏着风险的"双刃剑"。

一方面，发包人为预防承包人不平衡报价，就需要加强对图纸设计深度及质量的审核、重视工程量清单的编制及分部分项工程项目特征描述，避免错项、缺项及项目特征描述不符的情况出现，减少施工过程中工程变更的风险；另一方面，随着发包人对招标文件的不断完善，不平衡报价可利用的机会点减少，承包人挖掘机会点的难度加大，由此逐渐将工作重心从对不平衡报价机会点的识别转移至加强施工过程中的成本管理，通过劳务分包或项目经理部对成本的核算，减少项目建设成本从而获得更多收益。发、承包的博弈使双方之间的"攻防"不断达到新的均衡，在一定程度上促进了建筑市场的健康发展。

4.1.4　不平衡报价的应用

《建设工程工程量清单计价规范》（GB 50500—2003）的实施使得我国工程造价领域产生了重大的历史性变革，《建设工程工程量清单计价规范》（GB 50500—2008）与 13 版《清单计价规范》的相继出台进一步推动了我国计价与招投标方式的国际化演变。在清单计价方式得到广泛推广的情形下，不平衡报价在投标活动中得到了广泛使用，同样其"合法性"也引起了广泛争议。

对于不平衡报价的使用，一种观点认为不平衡报价以追逐利润为目的，掩盖了项目实际成本，若招标人不能准确识别并加以防范，一旦不平衡报价中标后则必将导致建设项目"低价中标，高价结算"的严重后果，甚至形成烂尾工程；同时履行合同过程中承包人收入大于支出，掌握了工程的主动权，从而提高了其索赔的成功率和风险防范能力。也有观点认为不平衡报价严重违反《中华人民共和国合同法》（本章以下简称《合同法》）第六条关于诚实信用原则的规定，已经构成欺诈，因此基于不平衡报价签订的合同属于可撤销合同。

1. 不平衡报价的行政规制

为了有效规制不平衡报价在实际投标过程中的不合理应用，各地住房和城乡建设部门纷纷颁布限制或禁止性规定，在一定程度上规范了不平衡报价的使用。

山东省住房和城乡建设厅2010年颁布并实施的《山东省房屋建筑和市政基础设施工程施工招标评标暂行办法》规定，清标报告中必须说明不平衡报价项目。浙江省淳安县2013年颁布实施的《淳安县房屋建筑和市政基础设施工程施工招标投标评标办法》中规定：投标书中出现"主要分部分项工程费用出现严重不平衡报价，造成重新划分业主风险的行为"的情形，认定该投标书为废标。浙江省舟山市2010年开始实施的《舟山市房屋建筑和市政基础设施工程施工招标评标办法》规定，对投标人的全部清单工程量的报价（指每一项目的综合单价或分项工程单价与工程量的乘积）进行评审，每个清单项目（或分部工程）与招标控制价相同编码项目价格相比，浮动率超过 +5% 或超过 −20% 时，每项扣0.2 分；在投标报价费率评审，投标报价材料价格评审，投标报价人、材、机总费用评审中均规定投标人报价偏差幅度及扣分细则，由此来综合限制不平衡报价。

江西省住房和城乡建设厅2012年颁布的《江西省房屋建筑和市政基础设施工程施工招投标评标办法》规定，工程施工招投标评标标准分为最低投标价法（试行）、综合评估法和报价承诺法3 种。在附件1 "最低投标价法（试行）"关于"招投标人施工合同补充要约承诺内容须知"中规定，投标人不得采用不平衡方式报价。在"商务标的合理性评审标准"中关于投标报价不响应招标文件情形规定，出现投标报价有利润为零或者负值，管理费低于本省现行工程费用定额规定费率的70% （按工程专业和类别对比），不可竞争费参与竞争，违反强制性条文，不平衡报价等情况，经评标委员会集体讨论后，可裁定其不响应招标文件实质性要求，作废标处理。在"商务报价的详细评审"中：关于"清标（含电子化清标）"中规定，要求审查是否存在不平衡报价，如存在，作废标处理；第8 条规定，评标委员会对排序前三名进行评审，如有不平衡报价的，作废标处理。在附件3 "报价承诺法"中，"商务报价符合性评审标准"之"商务报价的详细评审"第3 条规定，投标人采取不平衡报价的，评标委员会可做不利于投标人中标的评判。

2. 不平衡报价法并不违反合同法诚实信用原则

《合同法》第六条规定："当事人行使权利、履行义务应当遵循诚实信用原则。"并且依此规定了先合同义务、合同义务、随附义务、后合同义务的完整义务群，对当事人行为进行规范。传统民法认为，只有在合同成立后，订约的当事人才真正地负有合同义务，而在成立前即使当事人进行了谈判，也并不负有任何义务，否则就会增加义务给当事人，妨碍谈判自由。而现代合同法理论认为，尽管合同还未成立，但当事人为缔结契约而接触磋商之际，已由一般普通关系进入特殊联系关系，相互之间建立了一种特殊的信赖关系，虽非以给付义务为内容，但依诚实信用原则产生先契约的附随义务。

招投标活动中，投标人把自己的报价（包含总价及分部分项工程、措施项目等清单综合单价）载入投标书中递送给招标人进行投标竞争。投标人报价（包括所报的综合单价）本来就是要给招标人审查的。不管是否存在不平衡报价，投标人在主观上不想对招标人进行欺瞒，客观上也无法欺瞒。评标时，作为有经验的评审专家，应当能够识别出投标人是否存在不平衡报价。只要进入清标程序，是否存在不平衡报价、在哪些项目存在不平衡报价以及不平衡报价程度如何这些情况一目了然。在这一点上，投标人与招标人处于信息对等地位。

招投标阶段作为合同签订的准备工作，投标人已完全履行诚实信用义务，将投标意向以书面形式呈递招标人，因此其并未违反《合同法》诚实信用原则，没有违反法律要求。

3. 不平衡报价法的应用建议

虽然目前我国各地方对不平衡报价的使用进行了一定程度的规范和限制，但是不平衡报价在实现承包人创收、风险合理分担及增加承发包双方责任中具有重要意义，需要在实际应用中进行进一步优化。

遵循 FIDIC 国家惯例，允许竞标活动使用不平衡报价法。99 版 FIDIC《施工合同条件》（本章以下简称 99 版 FIDIC 新红皮书）认为业主应采用竞争性招标方式选择承包人，并推荐使用相应的"土木工程合同招标评标程序"（Tendering Procedure）。国际工程用于招标的设计图纸往往深度不够，仅相当于我国扩初设计图纸的深度水平，所以，招标人提供的工程量清单（BQ）中的工程量仅为一个估算数，这就为承包人运用不平衡报价提供了极好的机会。而作为一种成熟的投标报价策略，不平衡报价法也为业界所接受，国际建筑承包市场上不乏承包人成功运用不平衡报价而中标的案例。例如，对于"早收钱"类型的不平衡报价，业界普遍认为这不仅仅能平衡和舒缓承包人的资金压力，还有助于提高索赔成功率和防范各种不可预计风险。目前我国在建设工程招投标、工程计价、施工管理等各个领域制定的各项制度和办法均借鉴了 FIDIC 原则精神或者直接采用了 FIDIC 合同条款。这是一种不可逆转的趋势，而且随着我国市场经济的国际化程度越来越高，这一趋势将越加明显。因此在遵照 FIDIC 国际惯例的基础上，应当允许投标人使用不平衡报价法进行竞标，以适应国际建筑工程承发包模式。

明确不平衡报价幅度，合理限制发承包双方权利责任。不平衡幅度是指相对正常价格（或按一定方法计算得出的基准价）上浮或下浮的百分比。因不平衡报价客观上具有一定的消极作用，业主仅可接受一定幅度的不平衡报价。投标竞价实践中投标人应根据招标工程项目的实际情况、评标方法以及竞争对手的实力等综合情况确定。

目前，业界对于不平衡报价法在认识上存在很大的分歧，这种情况很不利于招投标活动的科学运行和发展。诚然，在业主和承包人招投标活动的博弈过程中，不平衡报价的确具有一定的消极性。但是，作为在国际承包工程中一种比较成熟的、为业界所认可的投标报价技巧，无疑更有其积极性的一面。不平衡报价不存在欺诈，没有违反诚实信用原则，而且目前我国也没有任何法律法规明文规定招投标活动中不得使用不平衡报价法，这就是确认不平衡报价合法性的基础条件。必须认识到，在市场经济条件下，企业行为有着较大的自主权，在竞争激烈的招投标活动中，有经验的承包人为了达到获得胜利、转嫁风险、取得利润的目的，会运用包括不平衡报价在内的一些投标报价策略和技巧。

不平衡报价的存在能够在很大程度上规范参与招投标各方的行为，完善评标制度与方法。过大幅度的不平衡报价中标后无疑会导致恶劣后果，致使招投标活动失去意义，故业主（评标委员会）必须要能够识别并且防范不平衡报价，目前各地正在大力建设和完善的电子招投标交易管理平台和电子清标评标软件系统为评标专家在短时间能够准确判断、识别不平衡报价及其幅度提供了可能。一定程度的不平衡报价完全能够为业主所接受，并且业主也有可能从中获得长远利益，和承包人一起形成双赢局面。因此目前在招投标活动中，我们应当看到不平衡报价存在的合理性，同时对其过度应用进行合理限制。

4.1.5　不平衡报价的类型

不平衡报价的实行建立在对招标文件工程量清单仔细分析核对的基础上，往往根据各个分部分项工程的信息特征以及承包人对各分部分项工程的敏感程度，制定相应的不平衡报价策略。常见的不平衡报价类型有基于资金时间价值的时间型不平衡报价，以及基于合同状态变化的变更型不平衡报价。

1. 时间型不平衡报价

（1）时间型不平衡报价原因及表现方式　时间型不平衡报价是基于资金时间价值将工程量清单中先行完成的分部分项工程（如基础、土方工程等）的综合单价相对调高，后续完成（如装饰工程等）的清单项目综合单价调低，以保证总价保持不变，使承包人所获得的收益现值最大，有利于资金周转和贷款利息的降低。尽管后期项目可能亏损，但前期已增收了工程款，降低了财务成本，提高了企业的应变能力和整个项目的收益水平。

由于不平衡报价策略自身使用基础的限制与一些工程项目隐蔽工程较多等特点，任何有经验的承包人也无法考虑到所有风险，因此不平衡报价是有风险的。同时，与变更型不平衡报价相比，时间型不平衡报价是通过减少企业内部资金流动占有与贷款利息支出的方式提高自身的财务应变能力，而非通过增加额外实收实现真正的承包人创收，因此，与变更型不平衡报价相比，时间型不平衡报价的策略失败所带来结算损失更为严重。优化策略为：时间型不平衡报价宜配合变更型不平衡报价实施。

投标人进行时间型不平衡报价主要表现为：投标人提高先完成工作内容的综合单价（如开办费、营地设施、土石方工程和基础工程等），调低后完成工作内容的综合单价（如道路面层、装饰装修、电气、清理施工现场和零散附属工程等）。

（2）时间型不平衡报价重点分项工程选取　对于建设工程项目来说，其工程量清单所包含的分项工程成百上千，各分项工程具有不同的价值，并且在工程施工过程中，各分项工程变更的可能性也不一样，各分项报价的平衡情况对投标报价的平衡性影响也不同。所以对工程量清单中每一个分项工程都进行分析既不现实，也没有必要。因此，对不平衡报价进行识别时，最简便且行之有效的办法是从投标人所提供的已标价工程量清单中合理地选取重点分项工程进行分析即可。在工程实践中，由于分项工程较多，招标人应采取随机抽样的方式对综合单价进行审查，对一些价值较大、主要材料的单价较大、变更的可能性较大的分项工程重点分析。但是考虑每个具体工程的施工工艺都有所差别，招标人在选取重点分项工程时应依据工程的具体情况，抽取不少于分部分项工程清单项目总数的 20%，且不少于 10 项的分项工程作为重点评审项目。

2. 变更型不平衡报价

变更型不平衡报价是基于施工过程中合同状态的变化以及对合同状态的补偿，通过调整工程量清单中相应分部分项工程综合单价的高低实现的，利用了施工过程中发包人补偿合同状态变化时的风险。变更型不平衡报价需要在投标报价阶段对施工过程中的工程变更进行有效的预测，提高或降低工程量清单中相应分部分项工程的综合单价，待工程变更出现后，工程量提高的分部分项工程套用高单价，工程量减小的分部分项工程套用低单价，最终提高竣工结算价。在实际工程中，变更型不平衡报价又可分为基于工程量变化的不平衡报价和基于施工方案改变的不平衡报价两种主要形式。

（1）基于工程量变化的不平衡报价　基于工程量变化的不平衡报价往往是由于招标文件错误所造成的，这类问题将造成施工阶段分部分项工程工程量的变化，对工程量清单中可能出现工程量变化的分部分项工程进行不平衡报价。这类不平衡报价主要针对施工图设计深度不够，招标工程量与实际发生工程量存在差异的情况。通过预测施工阶段实际发生的工程量并与清单工程量作对比，针对性的调整工程量清单中分项工程的综合单价。对工程量有可能增加的分部分项工程提高报价，同时对工程量有可能减少的分部分项工程降低其综合单价，并保持投标总价不变，当工程量变化情况与预测一致时，承包人利用发包人工程变更的风险获得额外收益。

（2）基于施工方案改变的不平衡报价　基于施工方案的不平衡报价的常见情形是由地质勘查资料与实际地质情形不符所造成的。有经验的承包人，通过研究施工图、勘察资料、并亲临现场踏勘后，对实际可能遇到的施工条件以及施工方案与招标文件中的施工条件以及施工方案之间的变化做出预测，预测施工方案或措施项目的变化来适当调高或降低清单分部分项工程的综合单价，并保持投标总价不变，最终在竣工结算时取得更高收益。

基于施工方案改变的不平衡报价实质是利用施工阶段中的诸多不确定因素，如施工条件、施工方法、施工材料、施工措施等的变化导致的分部分项工程施工方案的改变，利用工程变更把低价项目的价格抬高，高价的项目工程量增多。以某基础工程为例，原设计采用基坑部分支护，大部分放坡开挖的施工工艺，承包人投标时考虑到工程场地土质松软，地下水位线高，基坑部分支护不能满足现场施工的要求，因此在报价时将基坑开挖单价报低、支护单价报高。中标后施工时，由于部分土体坍塌和四邻的抗议，只得变更设计，将基坑放坡改为全部支护，从而减少了开挖量，增加了支护量，从而实现提高收益的目的。

（3）变更型不平衡报价实施策略　一是在设计基于预期变更的不平衡报价方案时，承包人需首先识别出所有可能利用到的预期变更机会点，并考虑与之对应的可能施工方案；二是结合拟投标项目具体情况，评价所有机会点是否被诱发为变更，是否对工程结算价款有影响，评估筛选出可利用的变更机会点；三是基于预期变更的不平衡报价方案设计，需基于已筛选可利用的变更机会点来进行。承包人设计方案前一定要认真研究招标文件，分析评标办法，确定合适的不平衡度，以保证合同价款变动幅度在合理幅度内，避免由于使用不平衡报价而造成废标。

4.2　不平衡报价的实施

4.2.1　不平衡报价 SEDA 模型的构建及其应用概述

1. 不平衡报价关键点分析

不平衡报价是在不改变投标总价的基础上，通过调整工程量清单中部分分部分项工程的报价，在结算时得到更理想收益的投标报价方法。这种方式首先不能改变投标总价以确保承包人能够中标，其次承包人利用不平衡报价获得额外收益就必须要对工程量清单中部分分部分项工程的报价进行调整，这也是不平衡报价的难点所在。

通过上述分析可知，不平衡报价面向的直接对象是工程量清单，以项目建设全生命周期为视角，以合同签订为基准点，承包人投标报价属于"一次经营"的范畴。然而承包人创收表现为合同签订后增加的收入，是承包人"二次经营"中实现的，因此承包人不平衡报价创收运作的总体思路是，通过"一次经营"完成合同价格的确定，在"二次经营"中实现收益最大化，最终达到工程价款大于合同价格。用数学的语言来描述，如下：

定义：

合同价格为 C_0；

工程价款为 C_1；

承包人收入金额为 G；

一次经营中第 i 个分部分项工程量为：Q_i，$i = 1, 2, \cdots, n$；

一次经营中第 i 个分部分项工程综合单价为：P_i，$i = 1, 2, \cdots, n$；

二次经营中第 i 个分部分项工程量为：Q'_i，$i = 1, 2, \cdots, m$；

二次经营中第 i 个分部分项工程综合单价为：P'_i，$i = 1, 2, \cdots, m$；

承包人不平衡报价创收的目标函数为

$$\max(G) = C_1 - C_0$$

式中　　$C_0 = \sum_1^n Q_i P_i$

$C_1 = \sum_1^m Q'_i P'_i$

从上述的分析公式中可以看出，若要实现 G 的最大化，只要通过一定手段，使 $\sum_1^m Q'_i P'_i > \sum_1^n Q_i P_i$ 即可，$\sum_1^m Q'_i P'_i > \sum_1^n Q_i P_i$ 中存在 3 组变量，即

$$m \text{ 与 } n \qquad \qquad \qquad ①$$
$$Q'_i \text{ 与 } Q_i \qquad \qquad \qquad ②$$
$$P'_i \text{ 与 } P_i \qquad \qquad \qquad ③$$

对于承包人而言，每组变量中的后一个变量是确定的，将其定义为"确定量"；前一个变量是未知的，但却是可以预测的，将其定义为"未知量"。因此承包人不平衡报价创收可理解为预测未知量可能出现的情况，调整已知量，待预测情况出现后实现 $\sum_1^m Q'_i P'_i > \sum_1^n Q_i P_i$，即承包人不平衡报价创收的关键，即预测和调整。

2. 不平衡报价 SEDA 模型概述

通过上述分析，SEDA（Seek-Evaluation-Design-Analyze）模型是基于对不平衡报价实行过程中关键问题的解决而形成的策略流程模型，其中"S"和"E"部分针对的是对未知量的预测，而"D"和"A"部分则是对分部分项工程综合单价的调整。

SEDA 模型可用于解决承包人运用不平衡报价方式实现创收的技术问题。该模型通过机会点识别——机会点评价——报价方案设计——实现机理分析四个步骤确定不平衡报价的实现流程。通过识别工程量清单中可用于不平衡报价的机会点，预测施工阶段可能出现的状态变化以及相应的工程变更；判断状态补偿由发包人供给，工程变更风险由发包人承担；设计合理的不平衡报价方案；提高承包人不平衡报价策略成功的概率。

（1）机会点识别　承包人利用不平衡报价是基于对施工阶段工程变更的合理预测，因

此承包人在对不平衡报价机会点进行识别时，就是对施工阶段可能出现的合同状态变化以及工程变更等合同补偿方式进行预测。事故树法、流程图法、德尔菲法、头脑风暴法、调查表法、核对表法、SWOT 技术法、项目工作分解结构（WBS）、因果图分析法以及问题树分析法等都是比较成熟的识别方法，承包人可以将这些方法作为基本的识别方法，对发包人提供的招标文件进行分析，找出可以用于不平衡报价的机会点。

（2）机会点评价　风险分担原则下，发包人应承担一定的风险，承包人进行不平衡报价就是利用了发包人在合同履行阶段需要承担的风险。因此，在机会点评价阶段，主要是对已经识别出的机会点进行评价以判断该机会点引起的工程变更的风险是否由发包人承担。在机会点评价阶段，主要利用风险分担理论对识别出的每个机会点在发包人与承包人之间进行责任分配。对承包人而言，可以利用的不平衡报价机会点属于发包人方面所要承担的风险；若是自身承担的风险，则为无法利用的机会点。

（3）报价方案设计　13 版《清单计价规范》给出的调价原则是以已经发生工程变更为前提的，承包人往往利用这些调价的原则，在报价阶段设计报价方案。可以说在 13 版《清单计价规范》中合同价款调整的相关规定是承包人进行不平衡报价的基础。除此之外，《建设工程施工合同（示范文本）》（GF—2017—0201）（本章以下简称 17 版《工程施工合同》）、《中华人民共和国标准施工招标文件》（发改委等令第 56 号）[本章以下简称 07 版《标准施工招标文件》（13 年修订）]也对由于工程变更引起价款调整的具体调整原则进行了类似的阐述。

（4）实现机理分析　当工程量清单中某分部分项工程的工程量不准确时，将不是竣工时最终确定的工程量，承包人以此进行不平衡报价。若此分部分项工程工程量明显偏低时，相应综合单价应适当报高，这样在施工过程中工程量增加后，承包人可获得额外收入；反之，如果分部分项工程工程量明显偏高时，相应综合单价就应适当报低，可使投标总价降低，增加中标的机会，由此减少的报价，加到其他项目中去，而不会造成损失。

在报价方案设计阶段，承包人利用 SEDA 模型，通过对机会点事件的识别及风险分担的评价，确定相应不平衡报价方案。SEDA 模型框架基本组成及具体运作流程如图 4-1 所示。

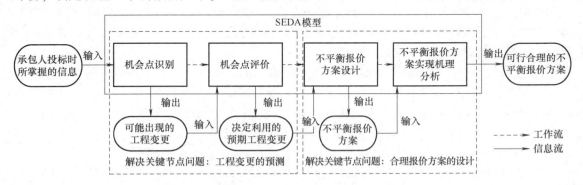

图 4-1　SEDA 模型框架基本组成及具体运作流程

承包人将投标时所掌握的相关信息输入 SEDA 模型后，通过前两个模块的处理可以解决工程变更的预测问题。其中，机会点识别模块主要分析工程量清单中可能造成工程变更的各种诱因（工程量缺项、项目特征描述不符、工程量偏差），并根据这些诱因预测施工阶段可能引起工程变更的合同状态变化以及与其相对应的工程变更方案；机会点评价模块中，承包人利用风险分担原则判断预测的工程变更是不是属于发包人所承担风险的范畴，以确定用于不平衡报价的机会点；方案设计模块，主要是对识别出来的机会点进行报价设计，并通过最后一个实现机理分析模块的机理分析，最终确定合理的不平衡报价方案，完成项目中间状态的构建。

4.2.2 SEDA 模型在清单缺项型不平衡报价中的应用

1. 机会点识别

工程量清单缺项⊖引起的工程变更主要表现为清单实体项目增加及措施项目的增加。遗漏的分部分项工程的工程量和综合单价由承包人提出，经发包人确认后作为结算的依据。因此，在交易阶段，承包人应重视现场踏勘、对比审核施工图和工程量清单，寻找工程量清单中的漏项，预期可能发生的工程变更来进行不平衡报价。

工程量清单缺项的类型很多，如在某安装工程中，工艺管道分部分项工程量清单中没有管件的清单项，承包人若在投标阶段准确把握了这个可能在施工阶段引起工程变更的机会点，那么在施工阶段承包人便可提出关键安装项目缺项，申请变更。

工程量清单缺项会造成施工组织设计或施工方案的变更，同时也必然导致措施项目的变化。不同措施项目确定时参考的依据也不相同，如：环境保护、安全文明施工、材料的二次搬运等项目，参考工程的施工组织设计确定；夜间施工、大型机械设备进出场及安拆、混凝土模板与支架、脚手架、施工排水、施工降水、垂直运输机械等项目参阅施工技术方案确定；施工技术方案没有表述的，但是为了实现施工规范与工程验收规范要求而必须发生的技术措施项目参考招标文件确定；一些不足以写进技术方案的，但是要通过一定的技术措施才能实现的内容参考设计文件确定。

由工程量清单缺项的产生原因可以知道，在投标报价阶段，由于工期紧、设计周期短以及编制人员自身原因等因素，发包人在编制工程量清单时难免会存在不完善之处。对工程量清单和图纸工程量进行审核可以发现清单中分部分项工程工程量缺漏的情况，同样通过对施工图的审核，可以发现工程设计有不合理的地方，从而可以找出清单中缺少的分部分项工程。另外，承包人还可以根据以往的施工经验和现场分析来对实际工程量和工程量清单进行对比，以判断清单中是否存在缺项的情况。

综上所述，利用工程量清单缺项进行不平衡报价的识别方法可归纳为以下两点：①承包人通过校核招标工程量清单和设计文件来发现工程量清单中的缺项情况；②承包人可以利用已有经验以及现场踏勘等方式，发现设计图中的疏漏，从而找到工程量清单中的缺漏情况。工程量清单编制过程中缺项问题比较集中在以下几个方面：

1）工程量清单编制内容与招标文件不一致，造成工程量清单缺项。

2）图纸中规格型号等不明确引起工程量清单缺项。

3）措施项目缺项。

4）招标文件、图纸明确的内容缺项或少计、多计。

5）文字或计算差错。

⊖ 13 版《清单计价规范》中将"工程量清单缺项"作为 14 个调价因素之一，是发包人应完全承担的内部风险。

2. 机会点评价

13 版《清单计价规范》中第 4.1.2 条明确规定：招标工程量清单必须作为招标文件的组成部分，其准确性和完整性应由招标人负责。因此工程量清单缺项引起的风险属于发包人所要承担的风险。工程量清单缺项是招标人在编制工程量清单时出现的清单缺陷的一种表现形式。工程量清单缺项发包人承担风险的相关规定及分析如表 4-1 所示。

表 4-1　工程量清单缺项发包人承担风险的相关规定及分析

名　称	条款号	条款内容	风险分担分析
《合同法》	第二百八十四条	因发包人的原因致使工程中途停建、缓建的，发包人应当采取措施弥补或者减少损失，赔偿承包人因此造成的停工、窝工、倒运、机械设备调迁、材料和构件积压等损失和实际费用	因发包人提供的清单缺项引起的停建、缓建的，发包人应赔偿承包人因此造成的停工、窝工、倒运、机械设备调迁、材料和构件积压等损失和实际费用
《最高人民法院关于审理建设工程施工合同纠纷案件适用法律问题的解释》（法释〔2004〕14 号）	第十二条	发包人具有下列情形之一，造成建设工程质量缺陷，应当承担过错责任：（一）提供的设计有缺陷；（二）提供或者指定购买的建筑材料、建筑构配件、设备不符合强制性标准；（三）直接指定分包人分包专业工程。承包人有过错的，也应当承担相应的过错责任	工程量清单缺项会在一定程度上影响施工建设，若处理不得当，会对工程质量造成影响。从结果上看，若由于工程量清单缺项引起工程质量方面的问题时，应由发包人承担该风险，出于对风险的规避，发包人会采纳由于工程量清单缺项引起的工程变更
07 版《标准施工招标文件》（13 年修订）	8.3	发包人应对其提供的测量基准点、基准线和水准点及其书面资料的真实性、准确性和完整性负责。发包人提供上述基准资料错误导致承包人测量放线工作的返工或造成工程损失的，发包人应当承担由此增加的费用和（或）工期延误，并向承包人支付合理利润。承包人发现发包人提供的上述基准资料存在明显错误或疏忽的，应及时通知监理人	工程量清单属于发包人提供的书面资料，若由于工程量清单缺项造成工程损失的，发包人应当承担由此增加的费用和（或）工期延误，并向承包人支付合理利润
	11.3	在履行合同过程中，由于发包人的下列原因造成工期延误的，承包人有权要求发包人延长工期和（或）增加费用，并支付合理利润。需要修订合同进度计划的，按照第 10.2 款的约定办理。（1）增加合同工作内容；（2）改变合同中任何一项工作的质量要求或其他特性；（3）发包人延迟提供材料、工程设备或变更交货地点的；（4）因发包人原因导致的暂停施工；（5）提供图纸延误；（6）未按合同约定及时支付预付款、进度款；（7）发包人造成工期延误的其他原因	工程量清单缺项，属于款项中提到的可以进行合同价款调整的事项，承包人可以依据此条规定进行合同价款的调整，也是发包人所要承担的风险
	13.1.3	因发包人原因造成工程质量达不到合同约定验收标准的，发包人应承担由于承包人返工造成的费用增加和（或）工期延误，并支付承包人合理利润	工程量清单缺项是工程量清单编制过程中的疏漏造成的，若由此造成了工程质量达不到合同约定验收标准，发包人应承担相应的风险

通过法律法规中相关条款的规定，可见承包人利用工程量清单缺项向发包人提出工程变

更⊖或索赔是具备一定法律依据的，并且工程量清单缺项的问题是发包人所要负责的范畴。综上所述，承包人是可以利用工程量清单缺项进行不平衡报价的。

3. 机会点利用策略

（1）工程量清单缺项引起项目变更机会点利用策略概述　由工程量清单缺项引起的工程变更，会使原清单中的"项和量"出现增加的趋势，结合13版《清单计价规范》中的相关规定，对工程量清单缺项不平衡报价的基本策略进行归纳，归纳结果如表4-2所示。

表4-2　工程量清单缺项不平衡报价基本策略

工程量清单缺项类型	具体情形		报价策略
原工程量清单缺实体项目	原清单中存在与所缺实体项相适应的分部分项工程（存在可以直接套用的综合单价项目）		原清单中"适用项目"的单价适当报高
	原清单中存在与所缺实体项相类似的分部分项工程	类似项目与变更项目图纸尺寸描述不同，但施工方法、材质、施工环境完全相同	在合理的范围内，直接提高类似项目的报价
		类似项目与变更项目材质描述不同，但人工、材料、机械消耗量、施工方法、施工环境等都相同	在类似项目综合单价分析表中适当降低材料单价，提高人工和机械台班单价
	原合同中不存在"适用或类似项目"		承包人应套用地方定额确定变更项目综合单价，不能采用不平衡报价实现创收
原工程量清单缺措施项目	缺少的措施项目可以以工程量计量	原措施费中已有的措施项目	提高"适用"措施项目的报价
		不存在与新增措施项目适用或类似的项目	采用重新预算的方法确定新增措施项目费，此时措施项目费的确定一般按照市场价和定额工程量确定，承包人创收的机会很少
	清单漏项造成不能计算工程量，以"项"为计量单位的措施项目发生变化		对于投标报价时以总价报价的措施项目，采用重新预算的方法确定措施项目费。在预算单价很难调整的情况下，优选施工方案，增加措施项目预算工程量是承包人创收的重要途径

可以看出，对于利用工程量清单缺项的不平衡报价，承包人采取基本策略的共同特点是：根据判断原有清单中是否存在与所缺项目相"适用"或"类似"的项目，来决定是否进行不平衡报价，并通过提高"适用"或"类似"项目的单价，以在结算时获得超额利益。

（2）工程量清单缺项引起实体项目变更机会点利用策略　在招投标阶段，承包人对比分析施工图和工程量清单，发现分部分项工程量清单缺项，应合理预期施工阶段产生的工程变更，有效利用不平衡报价，在保证中标的前提下为工程变更发生时增加承包人净收益提供前提。按照变更项目价款确定的原则以及相对应的综合单价确定方法，提高或降低合同中已有项目的综合单价，实现变更项目综合单价相对于一般报价水平的提高，增加承包人利润，

⊖　承包人可以通过合理化建议的形式向发包人提出工程变更申请。

承包人利用工程量清单缺项的不平衡报价的流程图如图 4-2 所示。

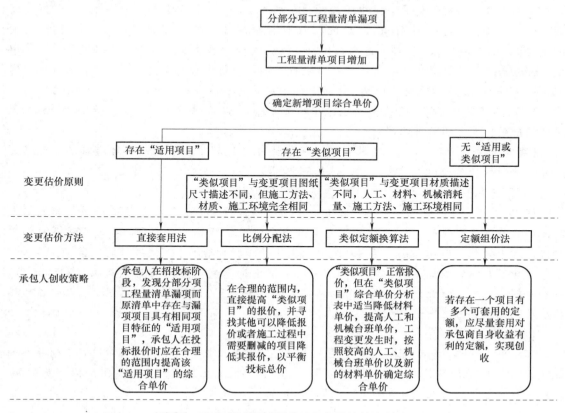

图 4-2　工程量清单缺项的不平衡报价的流程图

类型一：原合同中存在"适用项目"的不平衡报价

该问题中的关键点为所缺的实体项目在发包人提供的工程量清单中可以找到相适用的项目⊖。在变更调价时直接套用原清单中已有综合单价。这种缺项情况虽然会导致分部分项工程的增加，但由于清单有"适用项目"的存在，相当于增加了已有分部分项工程的工程量。基于上述总结分析，该问题下承包人不平衡报价的基本策略是提高"适用项目"的单价。

因此承包人在招投标阶段，发现分部分项工程量清单缺项并且原工程量清单中存在与所缺项目具有相同项目特征、工程内容、计量单位的"适用项目"时，承包人在投标报价时应在合理的范围内提高该"适用项目"的综合单价。在施工过程中，此项工程变更发生时，直接套用该高价项目的综合单价，承包人能够直接获得高额利润。

案例 4-1

【案例背景】

某市政工程在招标文件中规定：招标时的工程量与实际发生的工程量不一致时，工程量

⊖ 即变更工作采用的材料、施工工艺和方法与工程量清单中所列工作内容一致，同时变更工作也不会增加关键线路工程的施工时间，即变更工作实施条件与清单中此项工作条件一致。

以实际发生并经审计部门审定后的数量结算，工程量变化不影响完全综合费用单价的执行。并在合同中约定招标文件为合同组成文件。在施工过程中，由于需要借用临近道路的绿化带进行交通导行，对绿化带用 40cm 厚的 C30 商品混凝土进行基层补强，故新增 3950m² 的 40cm 厚 C30 商品混凝土基层。造价工程师审核后认为评标时根据招标文件规定已对施工单位的部分与平均价偏离较大的不平衡项目进行了调整，而该新增项目的项目特征与工程内容与投标文件第 62 项清单项目一致。根据合同约定的对单价变更的处理原则，新增的"绿化带 C30 商品混凝土基层"项目单价应采用投标文件第 62 项清单项目单价。后甲方与施工单位协商一致，双方同意该意见。

【案例问题】 假设承包人在投标阶段预测到施工过程中需要借用临近道路的绿化带进行交通导行的情况出现，那么承包人该如何进行报价能在结算时实现创收？

【案例分析】

13 版《清单计价规范》中第 9.3.1 条规定：因工程变更引起已标价工程量清单项目或其工程数量发生变化时，已标价工程量清单中有适用于变更工程项目的，采用该项目的单价。问题中提到了承包人报价时发现发包人提供的工程量清单中有缺项的情况出现，且工程量清单中有与所缺项目相适应的项目，因此在报价时承包人可以将与所缺项目相"适用"的项目报高价。工程变更后，所缺项被补充到工程中来，"适用项目"工程量增加，由于报价时已报高价，可实现承包人的创收。

【结论】

若承包人在报价时已经考虑到了施工过程中需要借用临近道路的绿化带进行交通导行的情况，需要 C30 商品混凝土进行基层补强，C30 商品混凝土的用量会在施工阶段有所增加，所以承包人在报价时应提高对第 62 项清单项目的报价。

类型二：原合同中存在"类似项目"的不平衡报价

99 版 FIDIC 新红皮书中第 12.3 款规定："如合同无某项内容，应取类似工作的费率和价格。"

07 版《标准施工招标文件》（13 年修订）中第 15.4.2 项规定：已标价工程量清单中无适用于变更工作的子目，但有类似子目的，可在合理范围内参照类似子目的单价，由监理人按第 3.5 款商定或确定变更工作的单价。

17 版《工程施工合同》中第 10.4.1 项规定：已标价工程量清单或预算书中无相同项目，但有类似项目的，参照类似项目的单价认定。另外 13 版《清单计价规范》中也有类似的规定。从目前已有的相关文件中可以看出，"类似项目"是工程变更时，可以为调价提供价格参考的一类项目，但却没有给出"类似项目"的具体定义。类似项目可归为两类：

第一类：变更项目与合同中已有项目两者图纸尺寸不同，但施工方法、材质、施工条件相同。

第二类：变更项目与合同中已有项目两者材质改变，而人工、材料、机械消耗量及施工方法、施工环境相同。

针对不同的"类似项目"，有相应的变更调整原则，即材料费改变及人工、材料及机械消耗量及单价等比例改变[2]。因此，在处理当工程量清单所缺项目在发包人提供的工程量清单中有类似项目的报价时，需要分成两种情况。

情况一：工程量清单所缺项目与清单中已有项目两者图纸尺寸不同，施工方法、材质、施工条件相同。

该种情况下，工程变更的实质是，变更项目清单子目较原工程量清单子目对人、材、机的消耗量进行了等比例的变化。因此，该种情况下工程变更后可以以原合同工程量清单单价为基础进行调整[3]。所以当工程量清单中所缺的项目能够找到该种"类似项目"时，则在定价的时候可以参考该"类似项目"的报价。

针对本情况，承包人在确定变更项目综合单价时，采用以"类似项目"为基础的按比例分配法，保持人工、材料、机械单价不变，在管理费和利润执行原合同费率的前提下，按比例调整人工、材料、机械台班的消耗量。因此，应用不平衡报价时，在合理的范围内，可直接提高"类似项目"的报价，并寻找其他可以降低报价或者施工过程中需要删减的项目降低其报价，以平衡投标总价。工程变更发生时，承包人在"类似项目"高报价的基础上能够按比例获得变更项目的较高综合单价。

案例 4-2

【案例背景】

某项目施工过程中，由于设计错误导致工程量清单中缺少了某一路段沥青路面的子项，所缺路段沥青路面采用6cm厚，原清单中无可直接套用的"适用项目"，但存在厚5cm的沥青路面清单子项。

【案例问题】

假设承包人在报价时识别出了所缺的项目，以及预测到了可能出现的工程变更，则如何安排报价策略？

【案例分析】

工程量清单所缺项目，在原有工程量清单中可以找到"类似项目"，即5cm厚的沥青路面，在报价时可提高该项的单价，待工程变更时，所缺项目组价时在原有5cm厚沥青路面价格的基础上进行调整，由于增加了新的项目相当于工程量的增加，因此承包人可以实现创收。

【结论】

假设承包人在投标报价时预测到施工阶段的工程变更，且变更后可采用5cm厚的沥青路面的单价，因此承包人可以适当报高5cm厚的沥青路面的单价。

情况二：工程量清单所缺项目与合同中已有项目两者材质改变，而人工、材料、机械消耗量及施工方法、施工条件相同。

工程量清单所缺项目与合同中已有项目两者材质改变，而人工、材料、机械消耗量及施工方法、施工条件相同的，仅改变其综合单价中的材料价格[4]，通过材料补差的方法来确定变更项目的综合单价；也可以采用合同中类似项目的计价方法，即采用与"类似项目"相同的定额、费率进行变更价款的确定[5]。但目前建设工程的承发包市场主要采用清单报价的形式，施工单位采用的定额和费率仅为一种手段和工具，不具有法律效力，因此应在合同中对如何参考"类似项目"应予明确约定。

针对本情况，承包人在确定变更项目综合单价时采用类似于定额换算的方法调整"类似项目"单价，即变更项目的综合单价中执行"类似项目"的人工费、机械费、管理费费率和利润率，只按照市场价或信息价调整"类似项目"中的材料单价。因此，应用不平衡报价时，"类似项目"正常报价，但在类似项目综合单价分析表中适当降低材料单价，提高人工和机械台班单价，工程变更发生时，按照较高的人工、机械台班单价以及新的材料单价确定综合单价，承包人获得一个较高的变更项目报价。

案例 4-3

【案例背景】

某市某企业在山边建立一个厂房，发包人编制的招标控制价为 9000 万元，中标单位（即承包人）的中标价为 8000 万元。由于设计图纸不明确，导致工程量清单缺项，承包人确定施工过程中会发生如下工程变更事件：某一库房门增加杉木带纱胶合板门。而在原有合同工程量清单中给出了杉木带纱镶板门的综合单价分析表，如表 4-3 所示。

表 4-3　杉木带纱镶板门综合单价分析表

项目编码	010501001		项目名称		木板大门		计量单位		樘	
清单综合单价组成明细										
定额编号	定 额 名 称	定额单位	数量	单价/元				合价/元			
				人工费	材料费	机械使用费	管理费和利润	人工费	材料费	机械使用费	管理费和利润
5-2	杉木带纱镶板门制作	m²	20	20	5.3	6.2	4.92	400	506	314	98.4
5-46	带纱镶板门、胶合板门安装	m²	20	20	0.4	1.6	3.36	400	408	32	67.2
人工单价			小计					800	914	346	165.6
100 元/工日			未计价材料费								
清单项目综合单价											
材料费明细	主要材料名称、规格、型号		单位		数量		单价/元	合价/元	暂估单价/元	暂估合价/元	
	其他材料费							—		—	
	材料费小计							—		—	

【案例问题】

承包人是否可以进行不平衡报价？并且如何利用现有的招标文件等资料进行不平衡报价实现创收？

【案例分析】

施工过程中承包人预期增加杉木带纱胶合板门，由于杉木带纱胶合板门的工作内容与原合同清单中带纱镶板门的工作内容一致，依据 13 版《清单计价规范》中第 9.3.1 条的规定，原合同中存在"类似项目"时，可直接套取这一项目的人、材、机单价。

【结论】

1）承包人可以利用由于设计图纸不明确造成的门窗工程施工方案变更进行不平衡报价。

2）报价策略及技巧：利用 SEDA 模型进行不平衡报价：

机会点识别（Seek）：

承包人在投标报价前对发包方提供的设计图纸进行研究，可以发现在施工阶段引起工程变更的机会点，即增加杉木带纱胶合板门。

机会点评价（Evaluation）：

13 版《清单计价规范》中第 4.1.2 条规定了工程量清单的准确性和完整性由招标人负责。本案例中，实际图纸的不明确必然导致工程量清单中相应项目的不准确，由此产生的风险应由招标人承担。

报价方案设计（Design）：

依据 13 版《清单计价规范》中第 9.3.1 条的规定，本案例中，存在"类似项目"，因此工程变更后，可直接套取这一工作内容的人、材、机单价。

因此，承包人决定采用不平衡报价，杉木带纱镶板门项目的综合单价适当提高，在施工过程中，此项工程变更发生时，直接套用该高价项目的综合单价，承包人能够直接获得高额利润。

针对本情况，承包人在确定变更项目综合单价时采用类似于定额换算的方法调整"类似项目"单价，即变更项目的综合单价中执行"类似项目"的人工费、机械使用费、管理费费率和利润率，只按照市场价或信息价调整"类似项目"中的材料单价。因此，应用不平衡报价时，"类似项目"正常报价，但在"类似项目"综合单价分析表中适当降低材料单价，提高人工和机械台班单价，工程变更发生时，按照较高的人工、机械台班单价以及新的材料单价确定综合单价，承包人获得一个较高的变更项目报价。

类型三：原合同中无"适用或类似项目"的不平衡报价

对合同中没有适用或类似综合单价的变更项目，法规、规范、合同范本都对其进行了明确的约定，虽然不同的文件中对工程变更项目综合单价的确定略有不同，但是对于价款的确定基本上是一致的，那就是要重新确定工程变更项目综合单价。在项目建设过程中，一切活动都以合同内容为基础进行。此外，对于承包人提出的工程变更项目综合单价，发包人和监理工程师必须知道工程变更项目各子目的成本和利润价格，才可能准确地确定和检查工程变更项目综合单价，才能有效防止承包人通过变更获得额外的收益，从而减少发包人的损失。此类情况有以下五个特点：

第一，变更项目与合同中已有的项目性质不同，因变更产生新的工作，从而产生新的单价，原清单单价无法套用。

第二，因变更导致施工环境不同。

第三，变更工程的增减工程量、价格在执行原有单价的合同约定幅度以外。

第四，承包人对原合同项目单价采用明显不平衡报价。

第五，变更工作增加了关键线路工程的施工时间。

没有"适用项目"或"类似项目"条件下，由于工程量清单缺项造成的工程变更，新增项目综合单价的确定应首先根据确定的工程变更项目明确工程变更子目的内容，为确定工程变更项目综合单价打下基础。没有适用或类似单价的工程变更项目，综合单价的确定也就是重新确定工程变更项目综合单价，因此应按照工程变更项目综合单价的确定程序执行。就是通过确定工程变更项目子目各工作内容的人材机消耗量和市场价格，汇总出变更项目子目的人工费、材料费和机械使用费。再根据承包人的管理费费率和利润率来确定承包人的管理费和利润，从而确定承包人的成本和利润。在此基础上汇总成为工程变更项目综合单价，再通过考虑承包人的让利率，来确定最终的工程变更项目综合单价。

原合同中不存在"适用项目"或"类似项目"时，承包人应套用地方定额消耗量法确定变更项目综合单价，不能采用不平衡报价实现创收。在此种情况下，依据定额中规定的人工、材料、机械消耗量，人工单价执行原合同单价，合同中没有的执行市场价或信息指导价，变更工程的管理费及利润执行原合同中的费率。

此种情况下，承包人实现创收的机会较小，很难实现创收。若存在一个项目有多个可套用的定额，尤其是针对大型政府投资项目，在部颁定额中缺乏合适的定额套用时，参考其他省份的补充定额，承包人在确定综合单价时应尽量套用对自身收益有利的定额，实现创收。

（3）工程量清单缺项引起措施项目变更机会点利用策略　完成措施项目费的有效调整，首先要明确措施项目的计价原则。根据13版《清单计价规范》中第9.3.2条的规定：工程变更引起施工方案改变并使措施项目发生变化时，承包人提出调整措施项目费的，应事先将拟实施的方案提交发包人确认，并详细说明与原方案措施项目相比的变化情况。拟实施的方案经发承包双方确认后执行，并应按照下列规定调整措施项目费：

1）安全文明施工费应按照实际发生变化的措施项目依据本规范第3.1.5条的规定计算。

2）采用单价计算的措施项目费，应按照实际发生变化的措施项目，按本规范第9.3.1条的规定确定单价。

3）按总价（或系数）计算的措施项目费，按照实际发生变化的措施项目调整，但应考虑承包人报价浮动因素，即调整金额按照实际调整金额乘以本规范第9.3.1条规定的承包人报价浮动率计算。如果承包人未事先将拟实施的方案提交给发包人确认，则视为工程变更不引起措施项目费的调整或承包人放弃调整措施项目费的权利。

应注意的是，措施项目费的调整存在两种情况。第一种措施项目，与使用时间、施工方法或者两个以上的工序相关，并且大都与实际完成的实体工程量的大小关系不大，是以总价计价的措施项目，如大型机械进出场及安拆、安全文明施工和安全防护、临时设施等；第二种措施项目，与实际完成的实体工程量的大小相关，并且是可以精确计量的项目，典型的是混凝土浇筑的模板工程、脚手架工程，采用综合单价以单价方式计价，更有利于措施项目费的确定和调整。

通过对清单缺项引起措施项目变化带来承包人创收的机会点进行分析，形成承包人创收的策略主要体现在两个方面：

第一，利用不平衡报价提高第一种措施项目综合单价。

针对第一种措施项目的变化，工程变更发生时，承包人在变更报价时应进行措施项目的报价，在准确计量新增措施项目工程量的基础上，提高该部分措施项目的单价成为承包人创收的重要机会点。

根据13版《清单计价规范》第9.3.2条的规定，因分部分项工程量清单漏项或非承包人原因的工程变更，引起措施项目发生变化，造成施工组织设计或施工方案变更，原措施项目费中已有的措施项目，按原措施项目费的组价方法调整。因此，在招投标阶段，承包人发现分部分项工程量清单漏项存在时，预期工程变更能够发生，而且能够引起措施项目增加时，在进行措施项目报价时应提高"适用"措施项目的报价，将投标报价增加的费用分摊到其他项目中，当工程变更发生时，该类措施项目增加，可直接套用原高价，提高承包人利润。而当工程变更发生时，新增措施项目参考原合同中存在的"类似"项目进行报价的情况很少发生。若原合同中不存在与新增措施项目适用或类似的项目，则采用重新预算的方法确定新增措施项目费，此时措施项目费的确定一般按照市场价和定额工程量确定，承包人创收的机会很少。

第二，优化施工方案提高第二种措施项目定额工程量。

针对第二种措施项目的变化，承包人应根据变更发生时重新确定的施工方案确定措施项目，重新进行工程预算，按照定额组价的方法确定措施项目费。当工程量清单漏项引起措施项目增加时，对于投标报价时以总价报价的措施项目，采用重新预算的方法确定措施项目费。在预算单价很难调整的情况下，优化施工方案，增加措施项目预算工程量是承包人创收的重要途径。

4.2.3　SEDA 模型在清单项目特征描述不符中应用

S：机会点识别

工程量清单的"项目特征"⊖决定综合单价，决定一个分部分项工程量清单项目价值的大小，任何不描述或描述不清或错误均会在合同履约过程中产生分歧，出现纠纷。当施工图与工程量清单项目特征描述不符发生工程变更时，如何确定有利于承包人且发包人认可的新综合单价是承包人进行不平衡报价的重要机会点。

工程量清单项目特征描述不符是承包人在投标报价时进行不平衡报价的重要机会点，具体变更机会点如表 4-4 所示。

表 4-4　项目特征描述不符机会点一览表

变更机会点	变更机会点情形	变更机会点细分	变更机会点细分内容	变更机会点综合单价确定方式
施工图纸与工程量清单项目特征描述不符	必须描述的内容不准确、不完整	正确计量的内容	图纸尺寸描述不同	① 原清单中存在"适用项目"的，直接套用原综合单价 ② 原清单中存在"类似项目"的，参照"类似项目"综合单价 ③ 原清单中无"适用项目"或"类似项目"，承包人重新确定综合单价
		结构要求的内容	混凝土构件中混凝土强度等级等	
		材质要求的内容	油漆品种、管材材质等	
		安装方式的内容	管道工程中钢管的连接方式	
	可不详细描述内容不准确、不完整	无法准确描述的	土壤类别等	
		施工图、标准图集标注明确的	见×图集×页号及节点大样等	
		清单编制人在项目特征描述中注明由投标人自定的	土方工程中的"取土运距""弃土运距"等	
	可不描述的内容	对计量计价无实质影响的内容	现浇混凝土柱高度、断面大小等特征	—
		应由投标人根据施工方案确定的	石方预裂爆破的单孔深度及装药量特征	
		应由投标人根据当地材料和施工要求的内容确定的	混凝土构件中的混凝土拌合料使用的石子种类及粒径、砂的种类的特征	
		应由施工措施解决的内容	现浇混凝土板、梁的标高的特征	

⊖ 即构成分部分项工程、措施项目自身价值的本质特征。

E：机会点评价

承包人利用分部分项工程量清单项目特征描述不符进行不平衡报价，对机会点进行评价时，主要评价其风险是否由发包人承担。当项目特征描述不符时，对于相同或相似的清单项目名称无从区分，在合同履行阶段就会出现变更产生新的清单项目，直接影响到工程量清单项目综合单价的准确确定。13版《清单计价规范》中第4.1.2条强制性条文规定：招标工程量清单必须作为招标文件的组成部分，其准确性、完整性应由招标人负责。由此可见，当工程量清单出现项目特征描述不符的情况时，合同履行阶段由此造成变更的风险应由发包人承担[⊖]。

D：机会点利用策略设计

当施工图与工程量清单项目特征描述不符出现错误并发生工程变更时，如何确定有利于承包人且发包人认可的新的综合单价是承包人创收的重要机会点。利用施工图纸与工程量清单项目特征描述不符的不平衡报价策略如图4-3所示。

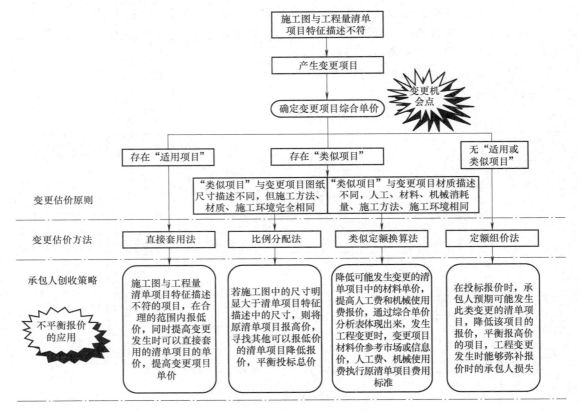

图4-3 项目特征描述不符的不平衡报价策略

当识别出工程量清单存在特征描述不符的情况时，承包人应在合理预期工程变更，且评价出该情况造成变更风险由发包人承担之后，有效利用不平衡报价，在保证中标的前提下，

⊖ 13版《清单计价规范》中将"项目特征不符"作为15个调价因素之一，该风险属于工程变更类风险，由发包人承担。

通过工程变更增加承包人的收益。按照变更项目估价的三原则以及相对应的综合单价确定方法，提高或降低工程量清单中已有分部分项工程的综合单价，实现变更项目综合单价相对于一般报价水平的提高，增加承包人利润。

类型一：原清单中存在"适用项目"的不平衡报价

承包人在投标报价阶段通过审核施工图纸与工程量清单项目，发现施工图与工程量清单项目特征描述不符的项目，在合理的范围内报低价，同时提高变更发生时可以直接套用的清单分部分项工程的综合单价。例如，某桥涵工程中，招标时某桥墩项目工程量清单项目特征中描述为 C40 混凝土薄壁式桥墩，而实际施工图中该项目为 C30 混凝土柱式桥墩，而原清单中存在与施工图描述相同的项目，因此，承包人在投标报价时在合理范围内对该项目报低价，同时对变更时可以直接套用的清单项目报高价，发生变更时承包人直接套用高价项目单价获得额外收益。

类型二：原清单中存在"类似项目"的不平衡报价

当施工图与工程量清单项目特征描述中图纸尺寸描述不同，施工方法、材质、施工环境相同时，如水泥砂浆台阶面项目特征描述时水泥砂浆的平均厚度描述与施工图中的规定不符，可以采用间接套用的方法确定变更项目综合单价。即以原报价清单综合单价为基础采用按比例分配法确定变更项目的综合单价，具体如下：对单位变更工程的人工费、机械使用费、材料费的消耗量按比例进行调整，人工单价、材料单价、机械单价不变，变更工程的管理费及利润执行原合同确定的费率。

因此，对于此种情况，进行不平衡报价，若施工图中的尺寸明显大于清单项目特征描述中的尺寸，则将原清单项目报高价，寻找其他可以报低价的清单项目降低报价，平衡投标总价，变更发生时能够明显提高变更项目的综合单价。若施工图中尺寸明显小于清单项目特征描述中的尺寸，则降低原清单项目报价，以平衡投标总价，变更发生时可以减少承包人的损失。

当施工图与工程量清单项目特征描述中材质描述不符，而人工、材料、机械消耗量及施工方法、施工环境相同时，如建筑结构的混凝土或砂浆的强度等级发生改变，在此情况下由于施工方法、施工环境不变，可采用如下方法调整综合单价：变更项目的人工费、机械费执行原清单项目的人工费、机械使用费；单位变更项目的材料消耗量执行报价清单中的消耗量，对报价清单中的材料单价可按照市场价或信息价进行调整；变更工程的管理费执行原合同确定的费率。因此，在投标报价时，进行不平衡报价，降低可能发生工程变更的清单项目中的材料单价，提高人工费和机械使用费报价，并通过综合单价分析表体现出来，施工过程中发生工程变更，变更项目的综合单价确定时材料价参考市场价或信息价，人工费、机械使用费执行原清单项目中的费用标准，提高变更项目单价，增加承包人利润。

类型三：原清单中无"适用或类似项目"的不平衡报价

在此种情况下，可采用套用地方定额消耗量法确定变更项目单价。依据定额中规定的人工、材料、机械消耗量，人工单价执行原合同单价，合同中没有的执行市场价或信息指导价，变更工程的管理费及利润执行原合同中的费率。

因此，在投标报价时，承包人预期可能发生此类变更的清单项目，降低该项目的报价，平衡报高价的项目以求总价不变，工程变更发生时能够弥补报价时的承包人损失。

4.2.4　SEDA 模型在招标文件工程量错算中的应用

S：机会点识别

工程量错算情况类似于工程量清单缺项，即发包人在投标报价阶段，由于工期紧、设计周期短以及编制人员自身原因等因素，在编制工程量清单时难免会存在不完善之处，其中工程量错算就属于工程量清单不准确及不完整的表现。对工程量清单和图纸工程量进行审核可以发现清单中工程量错算的情况，同样通过对施工图纸的审核，可以发现工程量偏差的地方，从而找出清单中错算的工程量。另外，承包人还可以根据以往的施工经验和现场分析来对实际工程量和工程量清单进行校拟，以判断清单中是否存在工程量错算的情况。

E：机会点评价

承包人利用招标文件工程量错算进行不平衡报价，对该机会点进行评价时，主要评价其风险是否由发包人承担。招标文件工程量错算将导致施工过程中工程量偏差⊖的情况，从而造成工程变更。07 版《标准施工招标文件》（13 年修订）第 15.2 款（变更权）规定：在履行合同过程中，经发包人同意，监理人可按第 15.3 款约定的变更程序向承包人做出变更指示，承包人应遵照执行。没有监理人的变更指示，承包人不得擅自变更。07 版《标准施工招标文件》（13 年修订）的规定指出，发包人拥有变更的决策权，因此由于工程变更引起合同价款调整而造成的风险，应是发包人决策时应考虑的因素，也是发包人应承担的风险。另外 13 版《清单计价规范》中第 4.1.2 条强制性条文规定：招标工程量清单必须作为招标文件的组成部分，其准确性、完整性应由招标人负责。由此可见，工程量错算导致工程量偏差属于招标文件不准确及不完整的表现，合同履行阶段由此造成变更的风险应由发包人承担。

D：机会点利用策略设计

在招投标阶段，承包人根据招标文件提供的工程量清单的不准确，可以有效利用不平衡报价，在保证中标的前提下为工程变更发生时增加承包人净收益提供前提。按照工程量的变动趋势，预计工程量会增加的施工项目，可以适当提高综合单价；若是工程量减少的施工项目，可以适当降低报价。"工程量清单工程量错算"的利用策略如表 4-5 所示。

表 4-5　"工程量清单工程量错算"的利用策略

变更机会点	变动趋势		报价的不平衡调整	不平衡报价种类	策　略
招标文件工程量错算	工程量不明确部分	增加工程量	单价报高	工程量不平衡报价	工程变更
		减少工程量	单价报低		
	工程量增加的施工项目		单价报高		
	工程量减少的施工项目		单价报低		

分部分项工程的综合单价由人工费、材料费、机械使用费和企业管理费与利润，以及一定范围内的风险费组成。而人工费、材料费和机械使用费分别由完成某单位数量的分项工程所需资源（如人工、材料、施工机械等）的消耗量和所消耗各类资源的单价汇总得到；企业管理费和利润则由各计费基数和各项费率汇总得到，费率可根据企业自身管理经营情况确

⊖　13 版《清单计价规范》中将"工程量偏差"作为 14 个调价因素之一。

定。因此，可将综合单价报高或报低的问题，转化为人、材、机各类资源的消耗量和单价以及各项费率报高或者报低的问题，并考虑一定范围内的风险费用。

案例 4-4

【案例背景】

某住宅项目采用带形基础，投标人在复核工程量时发现带形基础的工程量出现错算，表 4-6 和表 4-7 为带形基础工程量清单与计价表以及带形基础综合单价分析表。

表 4-6　带形基础工程量清单与计价表

序号	项目编码	项目名称	项目特征描述	计量单位	工程量	金额/元	
						综合单价	合价
4	010401001001	带形基础	C20	m³	307.20	277.35	85201.92

表 4-7　带形基础综合单价分析表

项目编码		010401001001		项目名称		带形基础	计量单位		m³	
定额编号	定额名称	定额单位	数量	单价/元				合价/元		
				人工费	材料费	机械使用费	管理费和利润	人工费	材料费	机械使用费	管理费和利润
5-394	带形基础	m³	1.000	33.46	192.41	11.10	40.38	33.46	192.41	11.10	40.38
人工单价			小计					33.46	192.41	11.10	40.38
35 元/工日			未计价材料/元								
清单项目综合单价/（元/项）								277.35			

【案例问题】

问承包人如何进行不平衡报价？

【案例分析】

承包人在复核工程量时，如果发现此项的工程量出现错算，实际工程量比清单工程量高，则可在报价时适当提高带形基础的综合单价，即适当调整带形基础综合单价分析表中的人工费、材料费、机械使用费、管理费和利润，进而提高综合单价。由于综合单价的报价中也需要考虑一定范围内的风险费，所以投标时可将单价分析表中的人工费和机械使用费适当报高，而材料费适当报低，这样可以在今后补充项目报价时，参考选用"综合单价分析表"中较高的人工费和机械使用费，而材料费则往往采用市场价，因而可以获得较高的收益。

【结论】

投标时可将单价分析表中的人工费和机械使用费适当报高，而材料费适当报低。

案例 4-5

【案例背景】

某别墅群住宅项目，承包人复核工程量后发现，工程量清单中地下结构部分的 A、B 两个分项工程的工程量出现了统计错误，同时，合同中并没有发包人风险转移或者免责的条款，承包人由此可以进行不平衡报价。

【案例问题】

问承包人如何进行不平衡报价？

【案例分析】

运用 SEDA 模型分析思路如表4-8所示。

表4-8　SEDA 模型分析表

SEDA 模型	
步　骤	内　容
S：机会点识别	承包人在对施工图进行算量计价编制工程量清单时，发现招标文件中的工程量清单中 A、B 两个分项工程的计算出现了错误
E：机会点评价	由于合同中没有发包人风险转移或者免责的条款，而识别出的机会点会在以后的施工过程中出现工程量的变化，所以承包人就可以利用这个机会点进行不平衡报价
D：机会点设计	承包人首先对工程量进行了重新核算，对以后可能增加工程量的项目大幅提高了报价，而对于会减少的工程量降低了报价
A：机会点分析	见以下内容

A、B 两个分项工程的常规报价为 $A + B = 5000\text{m}^3 \times 100\ \text{元/m}^3 + 3000\text{m}^3 \times 80\ \text{元/m}^3 = 74$ 万元，现在，使用不平衡报价进行调整。若 A、B 两个分项工程的单价分别增减 10%，则 A 项工程的单价由 p 增至 $p' = 100\ \text{元/m}^3 \times (1 + 10\%) = 110\ \text{元/m}^3$，B 项工程的单价 c 减至 $c' = 80\ \text{元/m}^3 \times (1 - 10\%) = 72\ \text{元/m}^3$；调整后 A、B 的总价为 $A' + B' = 5000\text{m}^3 \times 110\ \text{元/m}^3 + 3000\text{m}^3 \times 72\ \text{元/m}^3 = 76.6$ 万元，$(A' + B') - (A + B) = 76.6$ 万元 $- 74$ 万元 $= 2.6$ 万元，即比用常规平衡报价增加了 2.6 万元，使得合同总价也增加了相应金额。但是，为了保持合同总价不变，即将增调回到零，调零的办法是将上面调整的单价之一固定，在总价不变的条件下，再对另一个单价进行修正，若将 B 项工程的单价维持在 72 元/m³，设调零后 A 项工程的单价为 p''，并解下列方程式求出其值：$5000p'' + 3000 \times 72 = 740000$，$p'' = 104.8\ \text{元/m}^3$，即 A 项工程的单价调整为 104.8 元/m³。此时，A、B 两个分项工程的总报价为 $A'' + B'' = 5000\text{m}^3 \times 104.8\ \text{元/m}^3 + 3000\text{m}^3 \times 72\ \text{元/m}^3 = 74$ 万元，即调整后仍维持总报价不变。同理，若将 A 项工程的单价维持在 110 元/m³ 不变，也可求出调零后 B 项工程的单价 $c'' = 63.3\ \text{元/m}^3$。承包人在综合比较后，通常提高预计实际工程数量发生概率较高的那些分项工程的单价，并对其他分项工程进行调零修正。

A、B 分项工程的常规报价如表4-9所示。

表4-9　常规平衡报价的清单报价单

工程分项名称	清单工程量/m³	实际工程量/m³	单价/（元/m³）
A	5000	7500	100
B	3000	2000	80

【结论】

A、B 分项工程的不平衡报价清单报价单如表4-10、表4-11所示。

表 4-10　不平衡报价清单报价单（方案 1）

工程分项名称	清单工程量/m³	实际工程量/m³	单价/（元/m³）
A	5000	7500	104.8
B	3000	2000	72

表 4-11　不平衡报价清单报价单（方案 2）

工程分项名称	清单工程量/m³	实际工程量/m³	单价/（元/m³）
A	5000	7500	110
B	3000	2000	63.3

A、B 两个分项工程实际结算的结果是：当使用常规平衡报价时，总收入为 $7500m^3 \times 100$ 元/m³ $+ 2000m^3 \times 80$ 元/m³ $= 91$ 万元。

1）改用不平衡报价方案 1 后，总收入为 $7500m^3 \times 104.8$ 元/m³ $+ 2000m^3 \times 72$ 元/m³ $= 93$ 万元；不平衡报价比原常规平衡报价实际上多收入 93 万元 $-$ 91 万元 $= 2$ 万元。

2）改用不平衡报价方案 2 后，总收入为 $7500m^3 \times 110$ 元/m³ $+ 2000m^3 \times 63.3$ 元/m³ $= 95.16$ 万元；不平衡报价比原常规平衡报价实际上多收入 95.16 万元 $-$ 91 万元 $= 4.16$ 万元。

通过比较发现，方案 2 比方案 1 多收入 2.16 万元，因而方案 2 更优。

案例 4-6

【案例背景】

考虑实际工程量超过合同规定的范围，需要调价的问题，将案例 4-5 进行改进。其中有关合同条款如下：

当预期实际工程量超过（或低于）清单工程量的 10% 时，可进行调价，调价系数为 0.9（或 1.1）。

【案例问题】

问投标人如何进行不平衡报价？

【案例分析】

（1）A 分项工程实际工程量增加，且增幅超过 10%

解析：实际工程量为 7500 m³，比清单工程量超出 2500 m³，已超出清单工程量的 10%，对超出的部分应调整单价。

应按调整后的单价结算的工程量为：$7500m^3 - 5000m^3 \times (1 + 10\%) = 2000m^3$

（2）B 分项工程实际工程量减少，且减幅超过 10%

解析：实际工程量为 2000m³，比 $3000m^3 - 3000m^3 \times 10\% = 2700m^3$，还少 700m³，故应该调价。

【结论】

不平衡报价方案 1：

A 分项工程收入为 $(7500m^3 - 2000m^3) \times 104.8$ 元/m³ $+ 2000m^3 \times 104.8$ 元/m³ $\times 0.9 = 76.504$ 万元

B 分项工程报价为 $2000m^3 \times 72$ 元/m³ $\times 1.1 = 15.84$ 万元

A+B 的总收入 = 76.504 万元 + 15.84 万元 = 92.344 万元

不平衡报价方案 2：

A 分项工程收入为（7500 – 2000）m^3 × 110 元/m^3 + 2000m^3 × 110 元/m^3 × 0.9 = 80.3 万元

B 分项工程报价为 2000m^3 × 63.3 元/m^3 × 1.1 = 13.926 万元

A+B 的总收入 = 80.3 万元 + 13.926 万元 = 94.226 万元

方案 2 比方案 1 多收入 94.226 万元 – 92.344 万元 = 1.882 万元 < 2.16 万元（案例 4-5 中方案 2 比方案 1 多收入的数额）

结论：通过比较发现，工程量超过合同约定的幅度需要调价时，方案 2 仍然比方案 1 更优，但是收入减少为 1.882 万元。

4.2.5 现场踏勘相关的不平衡报价 SEDA 模型应用

现场踏勘⊖与地质资料描述不符，并能引起施工过程中合同状态发生变化而能给承包人进行不平衡报价带来变更机会点的情形都统称为地质资料描述错误。07 版《标准施工招标文件》（13 年修订）中第 4.10 款"承包人现场查勘"规定了发包人和承包人之间的权利与义务，发包人有义务将持有的现场地质勘探资料、水文气象资料提供给承包人，准确性风险由发包人承担；而承包人有义务对施工场地和周围环境进行查勘，进一步收集当地资料，保证施工作业和施工方法的完备性和安全可靠性，并且这种解释性和推断性的责任风险由承包人承担。由此，明确了现场踏勘与地质资料描述不符时的责任主体为发包人。

在建设项目的实施过程中，各种地质条件都可能会影响到合同状态的改变，有经验的承包人应在投标报价时，通过仔细现场踏勘，掌握施工现场条件和周围环境，不仅可以保证施工作业和施工方法的完备性和安全可靠性，也让承包人在投标阶段预测施工阶段可能发生的各种变更情形，并利用其进行不平衡报价，实现创收。不平衡报价常见的地质条件变更机会点主要包括以下五个方面：

1）地形地貌条件与地质资料描述不符情形下的变更机会点。

2）地质露头、地表植被与地质资料描述不符情形下的变更机会点。

3）地质构造条件与地质资料描述不符情形下的变更机会点。

4）水文地质条件与地质资料描述不符情形下的变更机会点。

5）取土弃土场地条件与地质资料描述不符情形下的变更机会点。

S：机会点识别

类型一：利用地形地貌

承包人要注意识别特殊类土地基。如发包人并未勘察出工程所在地存在软土，或实际存在的软土面积及深度远远大于勘察报告所描述时，承包人可在此埋伏不平衡报价点；表 4-12 为各类特殊类土的辨别特征及特殊类土机会点的确定。

⊖ 现场踏勘是指招标人组织投标人对项目的实施现场的经济、地理、地质、气候等客观条件和环境进行的现场调查。

表 4-12　特殊类土的辨别特征及特殊类土机会点的确定

类别	特点及物理力学性质	对建筑工程的影响	地基处理方案	机　会　点
软土	分布在沿海地带及平原低地,具有典型海绵结构和薄层状构造;高含水量、高孔隙性、低渗透性、高压缩性、低抗剪强度、较显著蠕变性和蠕变性等	软土地基承载力低;常出现地基下沉引起基础变形或开裂;对地基的固结排水不利;不均匀沉降	① 换土垫层法 ② 堆载预压法、真空预压法 ③ 沉管挤密砂石桩 ④ 石灰桩 ⑤ 水泥土搅拌法 ⑥ 振冲技术 ⑦ 高压喷射灌浆法	① 软土的颜色多为灰绿、灰黑色,手摸有滑腻感,能染指,有腥臭味,具有典型的海绵状或蜂窝状结构,承包人要注意识别软土地基,若发包人并未勘察出工程所在地存在,承包人可适当提高地基处理的报价 ② 承包人应注意软土埋藏深度,若软土埋藏不深,厚度较小时,可采用开挖换填卵石、碎石,或抛石排淤、爆破排淤的方法进行基地处理。若发包人以表面淤泥判断需进行桩基础施工,承包人可适当降低报价,因为仅采用换填法即可,或有可能减少打桩数量或不需要打桩 ③ 软土地基的加固措施有堆载预压法、强夯法、砂垫层、砂井、石灰桩、旋喷灌浆法、加筋土等,承包人应正确判断软土具体强度,以此判断采取何种及何种程度的加固措施
湿陷性黄土	褐黄或灰黄色,结构疏松,孔隙多;含水量较小;强度高;湿陷性	易发生下沉;注意黄土路堑边坡冲刷防护、边坡稳定性及边坡设计等	① 重锤表面夯实法 ② 强夯法 ③ 土(灰土)垫层 ④ 灰土(土)挤密桩复合地基 ⑤ 孔内深层夯扩桩 ⑥ 桩基础 ⑦ 硅化加固法 ⑧ 碱液加固法 ⑨ 预浸水法	① 一般老黄土无湿陷性,新黄土及离石黄土上部有湿陷性,位于地表以下数米至十余米处,很少超过20m厚 ② 自重湿陷性和非自重湿陷性 ③ 黄土地区常有各种黄土陷穴不易被发现
膨胀土	分布于盆地的边缘和谷底的较高阶上,下接湖泊或冲积平原;吸水膨胀,失水收缩,具有较大缩胀变形能力;结构强度高,压缩性小,天然含水量低,土体坚硬	边坡和基床变形;可能发生不均匀变形;既有地基承载力问题,又有引起建筑物变形的问题	① 换土垫层法 ② 预浸水法 ③ 暗沟保湿法、帷幕保湿法、全封闭法 ④ 土质改良——物理改良法、化学改良法 ⑤ 沙包基础与增大基础埋深 ⑥ 桩基 ⑦ 土工合成材料加固法	① 易被误认为是工程性能较好的土,但一旦地表水侵入或地下水位上升使含水量剧烈增大,土体强度会骤然降低、压缩性增高 ② 判别该地区膨胀土地质特征,判别属于强膨胀土、中等膨胀土还是弱膨胀土,然后根据这些资料进行正确的地基设计,确定边坡形式、高度及坡度 ③ 膨胀土裂隙十分发育,是区别于其他土的明显标志,易引起边坡失稳滑动

131

（续）

类别	特点及物理力学性质	对建筑工程的影响	地基处理方案	机 会 点
冻土	土中的水分冻结成固态的冰，这种温度低于零摄氏度并含有冰的特殊土就成为冻土；土冻结时膨胀，强度增高，融化时发生沉陷，强度降低，甚至出现软塑或流塑状态	冻结时膨胀，融化时下沉；多年冻土地区地基稳定问题较严重；易发生大量地下水涌进路堑，掩埋路线	① 换填法 ② 物理化学法 ③ 保温法 ④ 排水隔水法	① 冻土冻结时强度很高，不易被发现其危害，一旦融化将影响地基稳定性 ② 冻土开挖应结合工程所在地的气候条件，若当年雨量充沛，而地下水位上升，将增加施工降水的难度 ③ 判断冻土是否是强融沉性，若是强融沉性，有可能造成严重下沉以及边坡滑动，该边坡支护方案可能增加工程量
填土	由于人类活动而堆填的土一般密实度较差，但若堆积时间较长，由于土的自重压密作用，也能达到一定的密实度	素填土具有不均匀性；杂填土一般不宜作为地基；冲填土强度低、压缩性高	—	注意辨别填土类别：素填土、杂填土或冲填土，以生活垃圾和腐蚀性及易变性工业废料为主要成分的杂填土，一般不宜作为建筑物地基，此时需置换天然土

类型二：利用地质露头及地表植被

地质露头⊖是指地质构造在地表的出露处。当承包人通过现场踏勘发现，地表出露处与其地下部分的地质构成并不一致，即地质资料中对于地质露头的描述不准确，将会影响到工程项目的施工方法、施工组织设计以及措施项目。施工现场地质露头情况比地质资料描述复杂、难处理，施工方案难度加大或者需要改变施工组织设计、措施项目增加，增加人、材、机的消耗量，即工程量将会增加；若施工现场地质露头情况比地质资料描述简单，更易处理，承包人可以在施工过程中提出合理化建议要求设计院更改部分设计，减少或取消工程量清单中该子目，预计工程量将会减少。

机会点一：利用地质露头寻找机会点

影响的方面：

施工方法、施工组织设计、措施项目

如何影响：

① 地质情况比招标文件中预计的复杂、难处理：使施工方案难度加大或者改变施工组织设计、增加措施项目，增加人、材、机的消耗量，即增加工程量，可适当报低价。

② 地质情况比招标文件中预计的好：此时可按发包人提供的工程量正常报价。也可采用不平衡报价，施工过程中提出合理化建议要求设计院更改部分设计，减少或取消工程量清单中报价较低的子目。

机会点二：利用地表植被寻找机会点

影响的方面：

施工方法、施工组织设计、措施项目

⊖ 露头（Outcrop），地质学名词，是地层、岩体、矿体、地下水、天然气等出露于地表的部分。

如何影响：

① 实际植被情况比招标文件中预计的复杂、难处理：使施工方案难度加大或者改变施工组织设计、增加措施项目，增加人、材、机的消耗量，即增加工程量，可适当报低价。

② 实际植被情况比招标文件中预计的好：此时可按发包人提供的工程量正常报价。也可采用不平衡报价，施工过程中提出合理化建议要求设计院更改部分设计，减少或取消工程量清单中报价较低的子目。

类型三：利用地质构造

机会点一：利用褶皱寻找不平衡报价机会点

工程在褶曲的翼部遇到的基本上是单斜构造（见图4-4、图4-5），一般没有特殊不良的影响，但对于以下两种情况（见表4-13），则需要根据具体情况进行分析：

① 对于深路堑和高边坡来说，优势在于当路线垂直岩层走向或路线与岩层走向平行但岩层倾向与边坡倾向相反时，有利于路基边坡的稳定性；劣势在于当路线走向与岩层的走向平行时，边坡与岩层的倾向一致，尤其是边坡的倾角大于岩层的倾角时最为不利。

② 对于隧道工程来说，优势在于一般选线从褶曲的翼部通过是比较有利的；劣势在于在褶曲构造的轴部，岩层倾向发生显著变化，应力作用最集中，容易遇到工程地质问题。例如，由于岩层破碎而产生的岩体稳定问题和向斜轴部地下水的问题。

图4-4　褶皱构造实物图

图4-5　褶皱构造效果图

背斜核部由于节理发育易于风化破坏，可能形成河谷低地，而向斜核部则可能形成山脊。在野外，大部分岩层因为剥蚀破坏而露头不好，不能直接观察。应该垂直于岩层走向进行观察，当岩层重复并出现对称分布时就可断定有褶皱构造。

表4-13　褶皱不平衡报价机会点识别表

名　　称	识别特征	报价策略
深路堑和高边坡工程	路线垂直岩层走向或路线与岩层走向平行但岩层倾向与边坡倾向相反，可以预估施工时可能较为容易，衡量设计部门出具的工程量是否准确	如果承包人通过现场勘察预估的工程量和设计部门出具的工程量有出入，预估工程量比投标文件中高者，可在相关项目中报高价；比投标文件中低者，可正常报价
	当路线走向与岩层的走向平行时，边坡与岩层的倾向一致，尤其是边坡的倾角大于岩层的倾角，可以预估施工时难度较大，衡量设计部门出具的工程量是否准确	
隧道工程	在褶曲构造的轴部，岩层倾向发生显著变化，预估施工时难度较大，衡量设计部门出具的工程量是否准确	

机会点二：利用裂隙寻找不平衡报价机会点

有经验的承包人在现场勘察时可以通过以下现象来判断实际地质情况：在施工点寻找一具有代表性的基岩露头，观察岩体的风化程度、透水性和整体性，判断是否有裂隙存在。如果承包人通过现场勘察预估的工程量和设计部门出具的工程量有出入，预估工程量比投标文件中高者，可在相关项目中报高价；比投标文件中低者，可正常报价。

机会点三：利用断层寻找不平衡报价机会点

断层⊖分为正断层、逆断层、平移断层、顺层断层，断层总会在与产出地段有关的地层分布、构造、伴生构造以及地貌水文等方面反映出来，承包人在勘查现场时，出现以下现象可以初步判断存在断层：

1）地层、岩脉、矿脉等地质体在平面或剖面上突然中断或错开。

2）地层的重复或缺失。

3）有擦痕，即断层面上两盘岩石相互摩擦留下的痕迹。

4）近旁岩层受到拖曳造成的局部弧形弯曲。

5）由断层两盘岩石碎块构成的断层角砾岩、断层运动碾磨成粉末状断层泥等的出现。

此外，还可根据地貌特征（如错断山脊、断层陡崖、水系突然改向）来识别断层的存在。实践中来说，主要参照第3条判断。

发现不平衡报价的机会点之后，承包人可运用以下报价策略：如果承包人通过现场勘察预估的工程量比投标文件中高者，可在相关项目中报高价；比投标文件中低者，可正常报价。一般来说，存在断层的工程施工难度较大，投标时可适当降低风险费用，在变更时增加索赔。

通过对常见的地质构造运动对工程项目的影响分析可以知道，褶皱、断层以及节理⊜都会诸如在隧道工程、道路工程的施工过程中带来地质灾害，因其不可选择性、不可预见性、复杂性、特殊性并且往往具有突发性，因此，一个有经验的承包人在现场踏勘时，应依据地质构造运动的判断标准和以往积淀的工作经验，对施工现场的地质条件进行判断，并与发包人提供的地质资料描述进行对比分析，若两者不一致，对可能发生的地质灾害进行事先预计，并拟定相应的施工方案避免不利于工程项目的建设活动，并对该子项的工程量进行预估，若因施工难度加大，措施项目增加，工程量预计增加，承包人报价时可适当提高单价，若实际地质构造条件比地质资料描述更有利于施工，则承包人可以适当降低该子项单价，或者向发包人提出合理化建议，取消或者减少该子项。常见的地质构造变更机会点如图4-6所示。

针对上述三大类地质构造，当预计到将会发生相应的地质灾害时，有经验的承包人在投标报价阶段应采取相应的措施，并依据施工方案进行不平衡报价方案的设计，总结如下：

褶皱：岩体易发生坍落问题，可适当增加巩固岩体强度材料的报价。

节理：影响爆破作业效果，可适当增加此措施项目单价；需要化学注浆加固，会大幅度增加相应材料的用量，可适当提高水泥等材料报价。

⊖ 地壳岩层因受力达到一定强度而发生破裂，并沿破裂面有明显相对移动的构造称断层。

⊜ 断裂构造的一类，指岩石裂开而裂面两侧无明显相对位移者，受风化作用后易于识别，在石灰岩地区，节理和水溶作用形成喀斯特，是地壳上部岩石中最广泛发育的一种断裂构造。

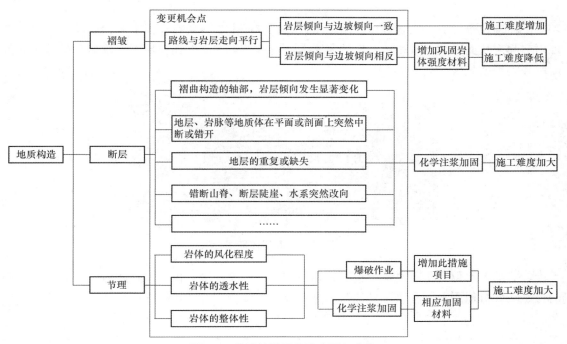

图 4-6　常见的地质构造变更机会点

断层：需化学注浆加固，会大幅度增加相应材料用量，可适当提高水泥等材料的报价。

类型四：利用水文地质

机会点一：利用地下水位升降变化寻找不平衡报价机会点

地下水引起的岩土工程危害，主要是由地下水位升降变化和地下水动水压力作用两方面原因造成的，其产生原因以及对建筑工程产生的影响如表 4-14 所示。

表 4-14　地下水位升降变化机会点分析表

类型	原因	影响因素	对建筑工程的影响	机会点识别
地下水位偏高	地质因素	地下水文结构、岩土构造、地区性降雨、人为灌溉等	土壤沼泽化、盐分含量升高，从而使得水体的腐蚀性增大；滑坡、崩塌；破坏岩土体的结构，产生流砂、管涌等	① 依据地形地貌判断：洪积扇地带、农田附近、河流周围、湖泊沼泽地带水位一般偏高② 地表植被生长旺盛的地区：芦苇周围、柳树和杨树周围等
地下水位偏低	人为因素	过度开采、河流筑坝；采矿时矿床疏干等	地裂、地面沉降、地面塌陷等	① 依据地形地貌判断② 地表植被生长情况等
地下水频繁升降	地质/人为因素	—	引起膨胀性岩土不均匀胀缩变形，形成地裂；土层中的胶结物铁、铝成分淋湿，土质变松，含水量、孔隙比增大，压缩模量、承载力降低	依据经验进行判断
地下水动水压力	人为工程活动	地下水天然动力平衡条件遭破坏	流砂、管涌、基坑突涌	① 查明基坑周围内隔水层的厚度、岩性、重量② 含水层的类型、岩性③ 基坑开挖深度等

洪积扇地带形成于山谷谷口，由山洪、泥石流冲击出的块石、泥土沉积而成，因大多呈现出扇叶形状而得名。洪积扇地区的水文地质特点是：透水性强，地下水位高，容易在洪积扇坡脚处形成泉眼，如图4-7所示。

图 4-7 洪积扇效果图

针对地下水位变化对建筑工程的破坏作用，承包人在进行现场踏勘之后，结合施工现场的自然条件对地下水分布以及其他情形进行分析，预测其可能给建设项目施工带来的各种机会点。

案例 4-7

【案例背景】

西安某广场 A 座建筑面积 4.1 万 m²；地上 25 层，地下 2 层；檐口高度 113m，基础埋深 −13.30m；结构形式为框架剪力墙；桩基为直径 800mm、桩长 38m 的钢筋混凝土灌注桩，桩顶标高 −13.30m；该场地岩土勘察报告显示地下水位常年维持在 −9.85m 至 −12.3m；施工现场场地狭窄，基坑开挖设计方案中边坡仰角为 85°；边坡支护采用土钉墙支护，桩基成孔采用进口钻机旋挖成孔。对于是否要进行施工降水，承发包双方进行了讨论。

若采取降水，则采用"管井井点"的降水方法，在其周边设置 6 眼降水井，成井一次性费用为 2.2 万元。6 台直径为 50mm 的潜水泵，每 24 小时一天的台班合计费用为 960 元。讨论结果如下：

1) 从进度方面考虑。如果选择先不降水，对土方开挖而言，从 −9.85m 以下势必要进行挖湿土作业，施工进度必然要慢于挖普通土；对桩基工程而言，在湿土环境下施工必然也要困难于在普通土面施工，因而进度也将更慢；同理对边坡支护工程，如在湿土环境内施工进度同样会更慢。因此对进度而言应该优先实施降水，以便使土方开挖、边坡支护、桩基施工等分项工程进度大幅度地提高。

2) 从工程质量方面考虑。对土方开挖及边坡支护施工而言，由于不先进行降水，在土方开挖进程中，容易形成边坡塌方，在土钉墙支护施工中，由于含水率过大，在大面积土钉形成共同抗剪切力作用之前，单个土钉与湿土壤间的摩擦力较小，按原图纸设计施工，难以起到支护作用，因此开挖及边坡支护均很难按照设计图完成，也就是质量难以满足要求；对桩基施工而言，给桩基定位、钻机的稳定、各工种人员操作带来诸多不便，质量控制的风险加大。因此对质量控制而言，应当优先考虑人工降低地下水位，以减小质量控制风险。

3）从工程造价方面考虑。先不进行降水，节约的可能就是两个月的降水台班费用，即960 元/天×60 天＝57600 元；而此时对应的土方开挖，因挖湿土要增加的费用为 10500m^3×18.4 元/m^3×0.15＝28980 元，桩基施工要增加 1000m^2 左右的混凝土硬化场地，增加 C20混凝土约 200m^3，费用增加为 60000 元。护坡即便不考虑增加费用，则造价也相对增加约31380 元人民币。

4）从施工安全及环境等方面考虑。如果不先实施降水，在土方开挖或者边坡支护过程中很可能要发生边坡的土方塌方，因为边坡设计只有 85°，对施工人员、机械均构成直接的威胁。从经济方面，各方都要蒙受不必要的损失，工程的进度也将要受到影响，各方的社会效益也将大打折扣。另外如果不实施人工降低地下水位，为确保安全，就必须加大基坑开挖的坡度，这样土方开挖量及回填土方量至少增加约 20000m^3，增加费用约 80万元。

根据以上的对比，该工程采用了先实施人工降低地下水位，确保了在设计边坡为 85°情况下的土方开挖，边坡、土钉墙支护施工过程的安全。从开始降水到主体达到 11 层时停止降水共 200 天，实际费用仅为：960 元/天×200 天＝192000 元，与不降水相比，大大节约了投资。

【案例问题】

换个角度重新审视这个案例，如果投标时遇到这种情况，承包人应如何进行报价可以实现创收？

【案例分析】

即机会点识别和机会点评价。

机会点识别（Seek）：

1）发包人采用承包人的建议，先进行施工降水（发包人希望降低成本，而降水可以节约投资）。

2）施工降水可能会采取分包（发包人怀疑承包人使用不平衡报价，选择分包）。

3）降水之后，湿土作业将变成一般土作业（采取降水之后的必然结果）。

机会点评价（Evaluation）：

分析招标文件有无发包人风险的转移或者免责的条款，如果没有，则可以进行不平衡报价。而且发包人希望降低成本，节约投资，接受建议选择先进行施工降水的可能性较大，因此不平衡报价实现的可能性较大。

【结论】

机会点设计（Design）：

降低地下水位后，原先的湿土作业将变成一般土作业，湿土工程量大量减少，而一般土的工程量增加。因此可以降低湿土开挖的报价，提高挖土方报价。如果发包人继续选择承包人进行施工降水，可以适当提高降水机械台班费的报价。

机会点二：利用水中化学成分寻找不平衡报价机会点

地下水中化学成分中对建筑材料的腐蚀主要是指对钢筋混凝土的腐蚀，其中腐蚀类型主要包括：结晶类、分解类和结晶分解复合类，具体内容如表 4-15 所示。

表 4-15　地下水中化学成分对钢筋混凝土腐蚀的影响分析

腐蚀分类	评价指标	腐蚀性质
结晶类	SO_4^{2-} 含量	地下水和土中含有一定量的某些盐类，与混凝土接触，使水泥水化或其成分起化合作用，形成水化物及稳定的含水结晶，从而膨胀引起胀裂，影响混凝土的耐久性
分解类	CO_2、NH_4^+ 和 pH 值	矿化度≤1g/L，硬度≤1.5mmol/L 的水，水中氢离子、二氧化碳、游离碳酸及某些盐类的含量处于极限值时，使混凝土碳酸化；或导致水泥水解，降低了混凝土的碱度，使混凝土强度降低
结晶分解复合类	Mg^{2+}、$NH_4^+ Cl^-$、SO_4^{2-} 以及 NO_3^-	地下水和土中含有某些一定量的化学成分，与混凝土成分、水泥产生化学反应，结晶类、分解类腐蚀同时存在

案例 4-8

【案例背景】

某工程地下水具有腐蚀性，而清单给出预制混凝土为 C20 预制混凝土，不能满足抗腐蚀要求。

【案例问题】

投标人如何选择不平衡报价策略？

【案例分析】

即机会点识别和机会点评价。

机会点识别（Seek）：

施工过程中发生变更，使用 C35 预制混凝土。

机会点评价（Evaluation）：

13 版《清单计价规范》中第 4.1.2 条规定：采用工程量清单方式招标，工程量清单必须作为招标文件的组成部分，其准确性和完整性由招标人负责。

因此，该风险应由发包人承担。然后分析招标文件有无发包人风险的转移或者免责的条款，如果没有，则可以进行不平衡报价。

【结论】

即机会点设计。

机会点设计（Design）：

降低 C20 预制混凝土的报价，如果其他分部分项工程清单中有 C35 预制混凝土，则可埋伏较高单价；如果没有，则可等待变更，重新报价。

机会点三：利用施工取水情况寻找不平衡报价机会点

对于一些不在市区的建设工程，水源无法得到保障，因此，地表水或者地下水成了主要供水水源，例如一些铁路工程、桥梁工程等。地表水作为施工水源，可能对工程造成的影响分析如表 4-16 所示。

表 4-16　地表水对建设工程的影响分析

序号	水源影响情况类型	施工场地水源情况	机会点分析
1	冬竭夏沛	夏季水量充沛，冬季几乎枯竭	若施工时间在冬季，预计施工用水不足，可能引起施工方案改变
2	旱季和雨季	雨季时水量充沛，旱季时水流量减少，分析当地历年降水情况	预测施工时是否能碰到旱季，旱季可能会导致施工用水不足，进而引起施工方案改变
3	水源的水质情况	现场踏勘判断施工水源是否被污染，达不到施工用水标准	施工水源被污染，预计施工用水不足，可能引起施工方案改变

类型五：利用取土、弃土场地

在实践情况中，承包人对取土、弃土场地的利用主要通过取土、弃土的路线，地质条件及取土、弃土场的选择等方面。取土场、弃土场踏勘的关键点在于运距，影响运距的主要因素有：

1）取土场的土质：取土场的土质若不能满足施工要求，则需要重新寻找取土场，运距会发生改变。

2）取土、弃土的线路：由于下雨或其他天气条件可能会导致线路被迫改变，一般会增加运距；发现捷径可以减少运距；由于修路也会导致线路改变，运距也会发生改变。

3）弃土场的容量：预测弃土量，估算弃土场容量是否符合弃土量要求。若弃土场容量不能满足弃土量的要求，则需要寻找新弃土场，而导致运距改变。

案例 4-9

【案例背景】

某工程，发包人指定取土场，招标文件写明取土场内土质为黄土，而在实际踏勘中承包人发现，取土场中央为大面积淤泥软土，不能满足施工要求。

【案例问题】

如何利用此背景进行不平衡报价？

【案例分析】

机会点识别（Seek）：

需要重新寻找取土场，运距发生改变。

机会点评价（Evaluation）：

招标文件错误，应由招标人承担风险。如果招标文件中没有发包人风险的转移或者免责的条款，则可以使用不平衡报价。

【结论】

机会点设计（Design）：

查找相关资料，寻找施工场地周围的取土场，如果找到的取土场距离远于原取土场，则适当提高取土运距报价，反之则降低报价。

机会点评价（Evaluation）：

07 版《标准施工招标文件》（13 年修订）第 4.10.1 项规定，发包人应将其持有的现场地质勘探资料、水文气象资料提供给承包人，并对其准确性负责。发包人应承担实际地质情况与勘察报告中地质情况不符的风险。即承包人现场踏勘时发现的土质条件与发包人提供的地质勘探资料不同，且发现其情况更恶劣，此时承包人应该明白将来施工措施可能发生变化，合同状态将发生改变，发包人应当给予合理的补偿。

机会点利用策略设计（Design）：

以淤泥软土为例进行分析：

若勘察报告中未发现淤泥软土而承包人判别其存在，需增加地基处理措施。地基处理措施报价由合同中约定或双方协商确定。正常情况下，施工单位可直接开挖土方，若发现淤泥软土，应先进行地基处理。

淤泥软土地基处理方案：

1）换填土法：可以处理建筑物荷载不大、软弱土层埋藏较浅的地基问题，是一种经济、简便的地基处理方法。

2）堆载预压法：是处理软土地基常用的方法，在软土地基上堆以矿、石等重物，使地基土在自然状态下逐渐固结。

3）爆破法：用于处理沿海滩头淤泥软弱地层基础，施工工艺简单，施工周期长，费用低，可处理深厚软基。

4）旋喷灌浆法：在软弱地基中部分土体内掺入水泥、水泥砂浆以及石灰等物。

案例 4-10

【案例背景】

某村建工厂，位于较宽敞的黄土冲沟中，两侧出露较厚的中更新统老红土，某勘测单位进行地质勘查时，未能正确认识这种地貌，本来地基土层为冲沟中的洪水堆积层，具有高压缩性、强湿陷性。可误判为中更新统老红土，认为提供了过高的承载力和良好的工程性质，隐蔽了该土层中极差的工程力学性质。

【案例问题】

问投标人如何进行不平衡报价？

【案例分析】

即对应机会点识别与机会点评价。

机会点识别（Seek）（预测状态改变）：

1）由于黄土冲沟具有高压缩性、强湿陷性，承包人若辨别出该类条件土的存在，预测将来可能要改变地基处理方案，承包人可在此处埋伏不平衡报价。

2）由于土质条件的改变，有可能导致工程结构的改变，承包人可在此处埋伏不平衡报价。

机会点评价（Evaluation）（评价风险是否由发包人承担）：

对于以上两个机会点，承包人首先应判断合同中是否存在免责条款，然后判断风险应由谁承担。根据07版《标准施工招标文件》（13年修订）第4.10.1项，发包人应将其持有的现场地质勘探资料、水文气象资料提供给承包人，并对其准确性负责，发包人应承担实际地质情况与勘察报告中地质情况不符的风险。

【结论】

对应于机会点设计，也即报价策略的设计。

机会点设计（Design）（设计报价策略）：

1）将原地基处理方案报低价，由于将改变地基处理方案，将赢得重新定价的机会。

2）由于土质条件的改变，为了防止建筑物的不均匀沉降带来墙体开裂，有可能增加承重墙数量、墙体厚度或增大梁的截面积，因此可适当提高混凝土、钢筋等材料的报价。

4.2.6　SEDA 应用于主材价格波动型的不平衡报价

S：机会点识别

近些年建筑材料价格普遍上涨，主要材料价格变动幅度超出了发包人、承包人双方能够预测的风险范围和承受能力，从而引发了大量的合同价款纠纷事件的产生，在此背景下，为了保证建设项目的正常实施，确保工程质量与安全，维护建筑市场的正常秩序，减少合同价款纠纷事件的发生，各省市区建设行政主管部门纷纷出台了造价管理文件来规范与指导该类纠纷问题的解决。但是承包人仍然可以利用对未来主材价格的预测变动走向，在总价不变的情况下，适当报低主材价，相应调整其他材料费或者人工费、机械使用费，以获得调价的机会，从而达到创收目的。

E：机会点评价

绝大多数省市区建设行政主管部门相继出台的文件均规定了一定的调差幅度，如 $\pm 10\%$，在调差幅度范围内的价格波动视为正常商业风险。如果建筑材料价格上涨则由承包人承担损失，由发包人受益；价格下跌则由承包人受益，由发包人承担损失。在调差幅度范围外的价格波动，材料价格上涨则由发包人承担损失，价格下跌由承包人受益，即把 10% 定为主材价格调整的临界点。

13 版《清单计价规范》中第 9.8.1 条规定：合同履行期间，因人工、材料、工程设备、机械台班价格波动影响合同价款时应根据合同约定，按本规范附录 A 的方法之一调整合同价款。另外 9.8.2 规定：承包人采购材料和工程设备的，应在合同中约定主要材料、工程设备价格变化的范围或幅度，如没有约定，且材料、工程设备单价变化超过 5%，超过部分的价格应按照价格指数调整法或造价信息调整法计算调整材料、工程设备费。

由此可见，如果主材价格变动未超过合同约定幅度，则风险由承包人承担。如果主材价格变动超过合同约定幅度，则超过的幅度风险由发包人承担。

以天津市为例，《天津市建设工程主要材料价格调整问题的指导意见》（建筑〔2008〕20 号）中规定，建设工程的主要材料包括：钢材、木材、水泥、砂石、预拌混凝土、钢筋混凝土预制构件、沥青混凝土、电线、电缆等对造价影响较大的主要材料；并指出招投标双方在签订合同时，应约定具体的主材价格波动幅度及调整方法。

市场价格变化幅度的确定：市场价格变化幅度以《天津工程造价信息》的中准价为依据，造价信息价格中未包括的，以发包人、承包人共同确认的市场价格为准。

1）投标报价的单价低于投标报价期对应的造价信息价格时，按施工期对应的造价信息价格（SXJ）与投标报价期对应的造价信息价格（BXJ）计算其变化幅度。

2）投标报价的单价高于投标报价期对应的造价信息价格时，按施工期对应的造价信息价格（SXJ）与投标报价时的价格计算其变化幅度。

D：机会点利用策略设计

策略一：预测主材价格上涨时的不平衡报价策略

预测主材价格将会上涨，但不会超过合同约定的调价幅度，此时承包人可以采取报低价的不平衡报价策略，以达到调价目的。预测主材价格将会上涨，且将会超过合同约定的调价幅度，此时承包人一般采取平衡报价，即按当地造价主管部门公布的信息价或者现行市场价格报价；也可以采取不平衡报价，报低价。

报价与预测到的未来主材价格的差额必须超过合同约定的调价幅度，从而使调价成为可能，继而调高主材价格，使得主要的材料费在不亏损的情况下，由于其他项目的价格高于市场价格而获得较高的管理费和利润，达到创收的目的。但需要注意，如果报价过低，会产生如下不利作用：

1）会被评标委员会判为恶意中标，取消中标资格。此时应该注意预测未来主材价格变动的精确性和报价的技巧，尽量不要报价太低。

2）将主材价格报低价，风险过大。在实际工程案例中很少有承包人冒险报低价，一般情况是承包人报价和权威部门发布的信息价基本保持一致。

对于物价异常波动的情况，一般承包人和发包人很难预测到，发生主材价格波动时受到的损失和冲击也比较大，对于风险分担的纠纷和商议会更详细和清晰，承包人通过不平衡报价实现创收比较困难。

案例 4-11

【案例背景】

该工程建筑面积4932.72m²，投标时工程只有初步设计图，发包人提供工程量清单，采用清单计价法，合同中约定合同价款采用可调整价格，单价变化幅度超过10%则按实调整，工程量按实核量结算。清单中大厅和走廊地面采用浮雕纹理全透光立体微粉型全玻化抛光砖，产品规格1000mm×1000mm，工程量是2550m²。以《××地区建设工程造价信息》的指导价格为准。经过复核工程量，造价员发现清单中的重大失误，确认采用浮雕纹理全透光立体微粉型全玻化抛光砖的实际面积约2785m²。投标报价时此类材料的市场价格为359.60元/m²。

【案例问题】

假设承包人预测到了价格走势，那么该如何进行不平衡报价？

【案例分析】

机会点识别（Seek）：

通过市场信息分析抛光砖市场价格走势，市场价很有可能在施工期间大幅涨价。所以应该适当报低价，可报价345.00元/m²。

机会点评价（Evaluation）：

装饰工程施工期间，正如公司的估计，此类抛光砖市场单价大幅飙升，从报价时的345.00元/m²升为382.50元/m²，（382.50元/m² – 345元/m²）/345元/m² = 10.86% > 10%，根据合同约定，单价变化幅度超过10%则按实调整。假设当初不降价，报价按照市场价格359.60元/m²，（382.5元/m² – 359.6元/m²）/359.6元/m² = 6.36% < 10%，按合同约定则不做调整。

【结论】

机会点设计（Design）：

压低投标单价为 345.00 元/m²，装饰工程的价格调整幅度都未超过 10%，属于合理范围。报价思路如下：

按原清单工程量的结算价为：345.00 元/m² × 2550m² = 879750 元

调整工程量的结算价为：345 元/m² × 2785m² = 960825 元

利用这个重大失误，调整报价后比之前多结算工程款：960825 元 − 879750 元 = 81075 元

所以判断此项不平衡报价可行，投标单价为 345.00 元/m²。

机会点分析（Analyze）：

清单工程量按实结算：抛光砖的最终结算面积为 2780m²。

最后在抛光砖的材料费上，工程款结算价为：2780m² × 382.5 元 = 1063350 元，结算价比投标清单报价多创收：1063350 元 − 879750 元 = 183600 元。

通过这个案例可以看出：当预测主材价格大幅上涨时，适当报低价，则总价会偏低，投标容易中标。通过不平衡报价为后期的价款调整工作做了铺垫，达到承包人创收的目的。

策略二：预测主材价格下降时的不平衡报价策略

预测主材价格将会下降，但不会超过合同约定的调价幅度，此种情况，主材价格轻微下浮，对于承包人来说，即便不通过不平衡报价也可以获得额外利润；也可以进行不平衡报价，通过报高价，人为地控制价格波动幅度，使其不超过合同要求的调价幅度，从而最大限度地获利。预测主材价格将会下降，且将会超过合同约定的调价幅度，此时承包人可将该材料价格报低，并保持在物价不调整的范围之内。

对主材价格调整的计算方法要在合同中约定，比如价款确定方法、价差调整的计算方法等。如果主要材料的价款调整使用公式法，还要在合同中约定各种材料的权重、调整时应用的基期价格基数指数、采用造价管理部门规定的价格指数还是市场实际价格作为实际价格指数进行计算等，这些计算方法的规定可以预防竣工结算争议的产生。

案例 4-12

【案例背景】

某工程走廊内墙面采用高档玉晶石花岗岩饰面，工程量为 3250m²。合同中约定玉晶石花岗岩单价变化幅度超过 5% 时（以当地造价主管部门公布的信息价为准）按实调整。投标报价时玉晶石花岗岩市场单价为 350 元/m²。等装饰工程施工时，花岗岩市场单价降为 330 元/m²。

【案例问题】

假设承包人预测到了价格走势，那么该如何进行不平衡报价？

【案例分析】

机会点识别（Seek）：

承包人利用允许价款调整的范围，前期采用不平衡报价，在施工阶段通过价款调整策略调高综合单价，达到增收的目的。

机会点评价（Evaluation）：

若以单价 350 元/m² 报价，材料变化幅度为 5.71%，按合同规定应对花岗岩单价进行调整；若以单价 340 元/m² 报价，材料变化幅度为 2.86%，按合同不需对花岗岩单价进行调整。

【结论】

机会点设计（Design）：

某承包人在充分分析花岗岩市场价格走势的基础上，在报价时将单价定为 340 元/m²，同时抬高措施项目相应费用。

机会点分析（Analyze）：

下面对调整报价前后所得工程款比较如下：

调整报价前花岗岩工程款结算价为：330 元/m² × 3250m² = 1072500 元

调整报价后花岗岩工程款结算价为：340 元/m² × 3250m² = 1105000 元

调整报价后比调整报价前多结算工程款：1105000 元 − 1072500 元 = 32500 元

总结本章不平衡报价策略对应表，如表 4-17 所示。

表 4-17 不平衡报价策略对应表

报价类型	具体分类	变动趋势		报价策略
时间型不平衡报价	早收钱类	能够早日结算的项目		提高单价
		后期的工程项目		降低单价
招标文件错误类不平衡报价	招标文件工程量清单缺项	工程量增加	存在"适用项目"	提高"适用项目"的报价 降低变更项目报价
			存在"类似项目"	提高"类似项目"的报价 降低变更项目报价
			无"适用或类似项目"	降低变更项目报价 获得重新定价机会
	项目特征描述错误	工程量不明确	增加工程量	提高单价
			减少工程量	降低单价
		预计工程量增加		提高单价
		预计工程量减少		降低单价
	工程量错算	工程量不明确	增加工程量	提高单价
			减少工程量	降低单价
		预计工程量增加		提高单价
		预计工程量减少		降低单价
地勘资料与实际不符类不平衡报价	利用土质条件	实际地质情况比勘察报告中预期的好		降低原地基处理方案报价
		实际地质情况比勘察报告中预期的复杂		提高原地基处理方案报价
	利用地质露头地表植被	可溶岩大面积出露	降低原方案报价	降低原方案报价
		基底有被揭露的溶洞	降低原方案报价	降低原方案报价
		表面存在白云质灰岩	地底存在溶洞的可能性较大、预测施工方案改变	降低原方案报价

（续）

报价类型	具体分类		变动趋势	报价策略
地勘资料与实际不符类不平衡报价	利用岩体断层	褶皱、节理、断层	预测工程量增加	提高单价
			预测工程量减少	降低单价
			预测施工方案改变	降低原方案报价
	利用水文地质	地下水位高低	预测施工排水降水方案改变	降低原方案报价
		水中化学成分	预测将增加地下水处理方案	获得重新定价机会
		施工取水	预测施工方案改变	降低原方案报价
	利用取土、弃土场地	取土场土质	实际土质比勘察报告中预期的好	提高原土方回填方案报价
			实际土质比勘察报告中预期的坏	降低原土方回填方案报价
		取土、弃土的线路	预测运距将增加	提高运距的单价
			预测运距将减少	降低运距的单价
		弃土场容量	预测更换弃土场，且运距增加	提高运距的单价
			预测更换弃土场，且运距减少	降低运距的单价
预测主材价格波动类不平衡报价	预测主材价格波动		预测主材价格将会上涨，但不会超过合同约定的调价幅度	主材价格报低价
			预测主材价格将会下降，但不会超过合同约定的调价幅度	主材价格报高价

4.3　不平衡报价的防范

4.3.1　不平衡报价的规制必要性

1. 交易阶段不平衡报价诱发逆向选择[6]

（1）交易阶段发承包方信息不对称分析

1）承包人机会主义下的交易信息披露不足。在招投标交易过程中，发包人首先会按照自身工程建设需要描绘出承建标的物的基本情况，包括范围、工期、质量、造价等要求，并根据自身认识或者委托代理部门建议，制定出意向承建单位的实力标准，一般包括资质条件、财务要求、业绩要求、信誉要求、项目经理资格等，然后通过招标前的资格预审与招标后的综合评审，量化评价投标单位的综合实力，以此来达到工程建设的目的。

承包人在参与工程招投标市场竞争时掌握的信息可以分为四个方面：①是基于自身财务实力、技术条件、装备性能、材料质量、工艺水平等硬实力信息；②是关于合同、项目、质量、安全、组织施工等自身人员管理软实力信息；③是历史业绩、守信状况、履约能力、争议纠纷等过往信息；④则是关于发包人、项目、竞标人等交易信息。为了在固定程序的评标过程中获得优势，承包人一般会在投标文件的技术和商务部分积极传递有利信息，而规避甚至粉饰对自身不利的信息内容，从而在评标过程中获得评标专家的认可，最终中标。

建筑劳动分工细化和施工技术专业化使得承包人在工程建设领域具有了客观的信息优势。信息不对称下，承包人向发包人披露信息不足主要体现在信息不全面、信息不真实、信息不完善几个方面。其中信息不全面是指承包人未能按照招标文件的要求，将自身实力进行全面展示，例如未来财务状况的发展、项目经理人的调度、技术设备的应用条件等，从而不利于发包人全面了解承包人未来的承建能力；信息不真实是指承包人传递的信息失真，例如资质造假、信誉造假、合同造假等；信息不完善则是指承包人传递的信息结构不完善，缺乏展示自身实力的信息，例如空洞的项目管理描述等。

因此，为了获得竞标优势，承包人会积极传递对自身有利的信息，而不真实、不完整地传递对自身不利的信息，以求获得中标机会。

2）发包人权利让渡下的委托代理信息屏障。在项目决策及招标过程中，为了弥补自身知识结构和技术实力的不足，发包人一般会委托专门的科研院所或咨询机构开展地质勘查、图纸设计、招标委托和专家评标工作。在此过程中，工作责任的转移也使得委托人将准确获取项目和承包人信息的机会让渡给了代理人，由此形成了信息屏障。

建设工程勘察一般包括基于建设项目选择的可研勘察、基于方案设计的初设勘察、基于初步设计的详细勘察以及必要情况下的基于施工图设计的施工勘察。发包人在委托勘察单位进行地质岩土信息搜集和分析的情况下，仅能通过勘察报告进行有限信息的掌握，在各阶段中无法真实判断勘察结果的优劣。

建设工程设计一般包括概念设计、方案设计、初步设计与施工图设计等。在此过程中，设计单位虽然将业主的抽象要求一步步具象成施工图或三维模型，但细部及抽象理念等信息却未在图纸中传递给业主，造成了业主掌握设计信息的不完全。

在项目可研获批、资金落实、勘察设计完毕的情况下，发包人委托招标代理单位编制资格预审文件、招标文件、工程量清单、合同条款等内容。在招标代理执行过程中，专业知识结构的不完善使得发包人无法真正全面观察和掌握项目执行信息，对承包人资质审查、文件编制质量和操作合法合规性缺乏准确认识。

在由评标委员会按照招标文件规定进行评审时，发包人将对承包人审查评定的权利让渡给了评审专家，并希望借助专业技术和评审经验规避承包人机会主义行为的风险。然而发包人只能通过评标报告对意向中标人进行选择，而不能依据评标办法或资质审查手段进行详细分析。因此，发包人无法全面掌握最优中标人的信息。

综上所述，发包人在面对承包人信息披露不足的情况下，希望借助代理机构的专业能力来弥足自身知识结构和防范经验的不足。然而勘察、设计、招标、评标等权利的让渡，在保证一定决策信息供给的情况下，也在发包人与项目之间形成了信息屏障。

3）市场不完全竞争下的交易信息使用成本。完整、准确、完善的信息是发承包人双方在进行市场博弈过程中做出正确决策的重要条件，然而交易信息使用成本的存在使得完全竞争条件下的理性决策难以实现。交易信息的使用成本主要体现在信息收集、信息分类、信息甄别、应用价值等几个方面。其中信息收集成本是指发承包双方在搜索对方信息、市场交易信息等内容的人力、物力投入；信息分类成本是指在获取信息后针对不同类型信息进行分类处理的成本投入，例如材料价格、分包商信誉等信息分类；信息甄别成本是指在获取信息后，发承包双方对信息真伪的判断，并在其中投入的人力、财力等辨别成本；应用价值成本是指处理后的信息对项目决策的真正价值，例如评标办法在防范不平衡报价中的贯彻成本等。

　　发包人和承包人可以花费人力和财力来改变工程交易过程中面临的不确定性，这种改变过程就是信息获取的过程，即通过信息获取来改变不确定性。然而信息使用成本的存在导致了这一结果的事与愿违。在不完全竞争市场下，收集信息、处理信息、认识信息以及使用信息能力和资源的有限性，决定了发承包双方信息不对称存在的必然性，同时也为发承包双方信息位势的形成埋下了伏笔。

　　4) 交易阶段发承包双方"信息位势"的形成。承包人对自身软硬实力和过往信息能准确掌握，同时对未来项目建设具有预判能力，其劣势存在于发包人、项目及其他竞标人方面信息的掌握不足上。发包人对项目建设意图和价款支付能力等具有准确的判断，其劣势在于对勘察设计、承包人以及未来项目不确定性等掌握不足。然而，在招投标过程中，承包人通过问题澄清、现场勘察、投标答疑等能够有效弥补信息不足的缺陷，而发包人则在权利让渡过程中失去了准确掌握信息的机会。因此，发承包双方在工程项目交易过程中，因为专业技术领域的分工、委托代理的信息传递不全面、机会主义行为的信息披露不足以及信息成本下的信息发现不完整导致了发承包人信息优劣势的差异，如图4-8所示。

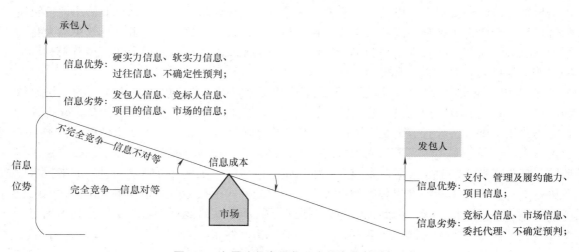

图4-8　交易阶段发承包双方信息位势差异图

　　交易阶段的信息位势差异为发包人快速、准确地选择理想承建单位增加了难度，同时也为承包人有效利用工程量清单和招投标机制进行不平衡报价提供了机会。

　　(2) 不平衡报价的信息经济学诱因分析

　　1) 承包人利己与理性的经济人行为表现。工程量清单体系和招投标制度追求竞标人量力而为的市场低价交易。承包人在招标文件和行业规范限制条件下追求工程合同效用最大化，其行为表现符合经济人的特征描述，因此常规不平衡报价是承包人有限理性、有限利己及有限意志力的正常表现，如下所述。

　　① 常规不平衡报价是承包人在"有限理性"约束下追求效益最大化的行为。行为经济学在修正新古典经济学完全理性的基础上认为，行为经济人在参与市场竞争过程中存在认知能力、个人偏好与效用评价的有限理性偏差。行为经济人做不到了解所有备选方案及其实施后果，在做出决策时总是受到个人和社会联系的约束，因而不得不在效率标准、利润目标、

个人价值等因素之间寻求协调。承包人在进行不平衡报价决策时：一方面受到时间、能力和成本等因素的限制，很难完全识别不平衡报价的机会，也不能对不平衡报价项目产生的结果有正确的预见和完全的了解，因而在决策时不可能考虑到所有可能的不平衡报价条件并进行最为有效的报价；另一方面，承包人并不具有完全的知识和精密的计算能力。在市场不完全或信息不完全的情况下搜集、加工、整理信息所付出的代价以及承包人自身能力的限制，完全理性的不平衡报价将不可能实现。因此，常规不平衡报价只能是承包人在对未来进行不完全分析的基础上，总结实践经验、发现并利用发包人漏洞的有限理性行为。

② 常规不平衡报价是承包人"有限利己、兼顾利他"的经济人行为表现。承包人作为参与市场竞争的"经济人"，自利是其第一本性。然而行为经济学认为市场经济不仅是法制经济，更是信用经济、道德经济。出于利他主义、纠正过度自私的道德准则使得行为经济人在参与市场竞争中表现得更加趋于有限利己。承包人在工程招投标中有限利己的行为特征即为"合理限度的不平衡报价"。承包人通过有限理性分析发包人设计图、招标文件、评标方法等文件漏洞，研究自身工程施工管理水平和风险防范能力，出于经济创收目的进行不平衡报价。承包人在考虑施工过程中变更、调价、索赔带来经济利益的同时，也需要预估到不平衡报价被识破的经济损失，以及过度索要变更价款的道德风险，甚至受到行业信用评价机制的惩罚及社会舆论的批判。因此，承包人在参与工程招投标竞争中，追求自身效用最大化的行为动机会促使其不断发现不平衡报价的机会，但信用及道德约束同样会使其在有限利己范围内兼顾招标人利益，进行常规不平衡报价。

③ 常规不平衡报价创收目标的实现受到承包人"有限意志力"的约束。行为经济学认为经济人不一定具有完全的自我控制能力，因此不一定能严格地、无偏地按照最优化条件进行行为决策，即经济人意志力是有限的。在招投标市场竞争中，承包人如果期望获得不平衡报价带来的效益，则不但需要投入大量的人力成本，需要在项目实施中进行信息搜集、过程监管与变更申请，同时需要防范发包人识别后带来的风险。长期的准备、大量的成本投入以及失败的打击都在不断消磨承包人的意志力，是否能够实现投标时利用变更、调价、索赔进行经济创收已经值得怀疑。因此，承包人利用不平衡报价实现经济创收，不但受到不确定环境及发包人防范的影响，同时也受到自身有限意志力的约束。

承包人作为参与市场竞争并谋求自身利益最大化的行为经济人，效用最大化追求驱使其利用自身专业优势与实践经验去寻找发包人可利用的不平衡报价漏洞；在以分工与交换为基础的招投标市场经济中，合作和尊重彼此意愿是实现发承包各方利益的必要前提。承包人在法律规范、道德约束、风险威胁与有限理性的约束下，基于合作和彼此的尊重，也只能在有限范围内识别和使用不平衡报价策略；为了实现不平衡报价目的，承包人前期需要在信息搜集与资料分析中投入大量的人力、物力成本，并在执行合同中对预先埋伏的高、低单价进行跟踪分析，在合适的机会点说服发包人进行工程变更。然而承包人的有限意志力使其并不一定具备完全的自我控制能力，不一定能严格无偏地按照最优化条件做出决策，只能在预定效益目标的基础上，做出有限的努力。

综上所述，常规不平衡报价是根植于工程量清单计价体系和招投标制度中的客观情形，是有经验的承包人在追求自身利益最大化过程中有限理性、有限利己及有限意志力的行为经济人正常表现。

2）基于失误与遗漏的委托代理工作责任。工程量清单与招投标制度追求的低价中标和高效交易建立在文件资料准确和承包人诚实守信基础之上，在此种情况下承包人进行常规不平衡报价更能体现出竞标人能力的差异，这也是不平衡报价存在的制度合理性。然而，目前大多数不平衡报价策略的实施却是建立在招标文件和项目资料错误和遗漏上，如勘察、设计、招标代理工作的失误和评标专家评审的遗漏等。

按照现场踏勘是否可识别将不平衡报价机会划分为常规地质地理岩土勘察错误和非常规勘察遗漏两种情形。第一种情形，最主要是勘察机构在"岩土工程勘察报告"中未就地质构造、岩土性质及均匀性、地下水埋藏情况等场地基本情况进行准确搜集和说明；第二种情形，主要是勘察机构并未对不良地质作用、地质灾害、特殊性岩土等概率较小的情况进行查明和汇报，由此为承包人进行不平衡报价留有机会。

设计单位在承接图纸设计任务过程中，为承包人留有的不平衡报价机会主要包括图纸设计错误、遗漏、说明不清和图纸设计深度不足两类情形。其中第一种情形是设计人员工作错误所致，以致承包人发现机会进行不平衡报价，利用工程变更获得额外经济补偿；另一种情形则是由于业主委托不明确或者项目本身的限制，使得图纸设计深度不足，承包人在此种情况下，利用自身经验对未来项目工程数量做出判断进行不平衡报价。因此，两种情形下图纸设计单位间接地为承包人进行不平衡报价创造了机会。

招标代理在接受发包人委托的情况下编制资格预审文件、编制招标工程量清单、招标文件，并拟定合同条款。然而由于工作失误和遗漏，招标代理机构会出现工程量清单缺项、项目特征描述不符、工程量计算不准确、材料设备指标描述不清和计价取费费率不明确等可利用的不平衡报价机会。因此，在招标代理机构为发包人准备招标材料的过程中，委托责任的履行不当为承包人进行不平衡报价留下了机会。

评标委员会的评标专家在招标人或招标代理机构引导下对投标文件进行综合评判。在评审过程中，评标专家的专业知识不全面、评标办法理解不到位以及受贿行为下的偏颇评判均导致不平衡报价的防范不当与惩罚不足。

综上所述，在交易阶段发包人寄希望于借助委托代理的专业知识和经验水平来完成项目资料的准备和承包人的筛选工作，然而勘察、设计、招标代理和评标工作的失误和遗漏却导致承包人不平衡报价机会的出现，此种情形也是承包人进行极端不平衡报价获得额外经济收益的机会。

3）约束不足与规制缺失情境下过度自利。为了全面分析以下 31 个省级行政区的不平衡报价防范与规制现状，对其颁布的房屋建筑和市政工程工程量清单招标投标评标办法进行归纳，具体如表 4-18 所示。

表 4-18　我国 31 个省级行政区不平衡报价防范与规制现状

序号	行 政 区	文 件 名 称	发 文 机 构	文号或时间	具 体 措 施	
1	四川省	《四川省房屋建筑和市政工程工程量清单招标投标报价评审办法》	四川省住建厅、四川省发改委	川建造价发〔2014〕648 号	详细阐述	有
					有关键字	有
					防范程度	直接
2	江西省	《江西省房屋建筑和市政基础设施工程施工招投标评标办法》	江西省住建厅	赣建字〔2012〕5 号	详细阐述	无
					有关键字	有
					防范程度	强间接

（续）

序号	行政区	文件名称	发文机构	文号或时间	具体措施	
3	山东省	《山东省房屋建筑和市政工程施工招标评标办法》	山东省住建厅	鲁建发〔2014〕5号	详细阐述	无
					有关键字	有
					防范程度	直接
4	山西省	《山西省房屋建筑和市政基础设施工程施工评标办法》	山西省住建厅	晋建市字〔2017〕83号	详细阐述	有
					有关键字	有
					防范程度	直接
5	广东省	《广东省住房和城乡建设厅关于房屋建筑和市政基础设施工程施工评标的管理办法》	广东省住建厅	粤建市〔2009〕7号	详细阐述	无
					有关键字	有
					防范程度	强间接
6	河北省	《河北省建设工程工程量清单招标评标规则》	河北省住建厅	冀建市〔2016〕24号	详细阐述	无
					有关键字	有
					防范程度	强间接
7	黑龙江省	《黑龙江省房屋建筑和市政基础设施工程招标投标管理办法》	黑龙江省住建厅	黑建招〔2012〕15号	详细阐述	无
					有关键字	有
					防范程度	直接
8	安徽省	《安徽省工程量清单计价方式招标评标导则（试行）》 附件1：《工程量清单计价方式招标经评审最低投标价法评标细则》 附件2：《工程量清单计价方式招标综合评估打分法评标细则》	安徽省原建设厅	皖建管〔2006〕309号	详细阐述	无
					有关键字	有
					防范程度	直接
9	福建省	《福建省房屋建筑和市政基础设施工程施工招标投标采用经评审的最低投标价中标法规定（试行）》	福建省原建设厅、福建省发改委、福建省财政厅	闽建筑〔2005〕69号	详细阐述	无
					有关键字	无
					防范程度	无
10	江苏省	《江苏省房屋建筑和市政基础设施工程项目工程量清单施工招标投标评标规则（试行）》	江苏省原建设厅	苏建法〔2004〕229号	详细阐述	无
					有关键字	无
					防范程度	弱间接
11	河南省	《河南省建设工程工程量清单招标评标办法》	河南省住建厅	豫建〔2014〕36号	详细阐述	无
					有关键字	无
					防范程度	无
12	海南省	《海南省房屋建筑和市政工程工程量清单招标投标评标办法》	海南省住建厅、海南省发改委	琼建招〔2014〕116号	详细阐述	无
					有关键字	无
					防范程度	弱间接
13	陕西省	《陕西省房屋建筑和市政基础设施工程施工招标评标办法》	陕西省建设工程招标投标管理办公室	陕建招发〔2016〕26号	详细阐述	无
					有关键字	无
					防范程度	弱间接
14	甘肃省	《甘肃省房屋建筑和市政基础设施工程工程量清单招标投标综合记分评标定标办法》	甘肃省住建厅	甘建建〔2011〕12号	详细阐述	无
					有关键字	无
					防范程度	弱间接

（续）

序号	行政区	文件名称	发文机构	文号或时间	具体措施	
15	云南省	《云南省房屋建筑和市政基础设施工程施工招标工程量清单评标（暂行）办法》	云南省原建设厅	云建建〔2004〕396号	详细阐述	无
					有关键字	无
					防范程度	弱间接
16		《云南省房屋建筑和市政基础设施工程施工招标评标补充规定》	云南省原建设厅	［第三号公告］（2005-11-20）	详细阐述	无
					有关键字	无
					防范程度	无
17	青海省	《青海省房屋建筑及市政基础设施工程项目工程量清单招标投标管理办法》附件：《青海省房屋建筑和市政基础设施工程项目工程量清单招标评标办法》	青海省住建厅	青建法〔2012〕826号	详细阐述	无
					有关键字	无
					防范程度	弱间接
18	浙江省	《关于进一步加强房屋建筑和市政基础设施工程项目招标投标行政监督管理工作的指导意见》	浙江省住建厅	浙建〔2014〕9号	详细阐述	无
					有关键字	无
					防范程度	无
19	湖南省	《湖南省房屋建筑和市政基础设施工程施工招标评标定标办法（试行）》	湖南省原建设厅	湘建价〔2002〕394号	详细阐述	无
					有关键字	无
					防范程度	无
20	湖北省	《湖北省房屋建筑和市政基础设施工程施工招标评标定标办法》	湖北省原建设厅办公室	鄂建〔2005〕108号	详细阐述	无
					有关键字	无
					防范程度	无
21	吉林省	《吉林省住房和城乡建设厅关于加强招标投标工作的通知》	吉林省住建厅	吉建招〔2016〕9号	详细阐述	无
					有关键字	无
					防范程度	无
22		《吉林省房屋建筑和市政基础设施工程项目招标投标管理办法》	吉林省人民政府令	吉林省人民政府令第254号	详细阐述	无
					有关键字	无
					防范程度	无
23	辽宁省	《辽宁省房屋建筑工程和市政基础设施工程施工招标评标、定标暂行办法》	辽宁省原建设厅	辽建〔2006〕341号	详细阐述	无
					有关键字	无
					防范程度	无
24	贵州省	《贵州省房屋建筑和市政基础设施工程工程量清单招标投标试行办法》	贵州省原建设厅	黔建招标通〔2007〕221号	详细阐述	无
					有关键字	无
					防范程度	无
25	重庆市	《重庆市房屋建筑和市政基础设施工程项目施工招标投标管理办法》	重庆市原建委	渝建发〔2009〕42号	详细阐述	无
					有关键字	无
					防范程度	弱
26	天津市	《天津市建委关于印发施工招标评标办法适用范围的通知》	天津市原建委	津建招标〔2014〕459号	详细阐述	无
					有关键字	无
					防范程度	无

151

（续）

序号	行政区	文件名称	发文机构	文号或时间	具体措施	
27	上海市	《上海市房屋建筑和市政工程施工招标评标办法》	上海市原建委	沪建管〔2015〕321号	详细阐述	无
					有关键字	无
					防范程度	无
28	北京市	《北京市建设工程施工综合定量评标办法》	北京市住建委、北京市发改委	京建法〔2016〕4号	详细阐述	无
					有关键字	无
					防范程度	无
29		《北京市工程建设项目施工评标办法》	北京市发改委、原北京市建委、北京市交委、北京市水务局	京发改〔2006〕1217号	详细阐述	无
					有关键字	无
					防范程度	无
30	宁夏回族自治区	《宁夏回族自治区房屋建筑和市政基础设施工程工程量清单招标投标评标办法》	宁夏回族自治区住建厅	宁建（建）发〔2015〕39号	详细阐述	无
					有关键字	有
					防范程度	直接
31	广西壮族自治区	《广西壮族自治区房屋建筑和市政基础设施工程工程量清单计价施工招标评标暂行规定》	广西壮族自治区原建设厅	桂建管〔2003〕62号	详细阐述	无
					有关键字	无
					防范程度	弱间接
32	新疆维吾尔自治区	《新疆维吾尔自治区建筑工程施工评标规则》	新疆维吾尔自治区原建设厅办公室	新建建〔2010〕7号	详细阐述	无
					有关键字	无
					防范程度	无
33	内蒙古自治区	《内蒙古自治区建设工程工程量清单计价规范实施细则》	内蒙古自治区住建厅	内建工〔2013〕641号	详细阐述	无
					有关键字	无
					防范程度	无
34	西藏自治区	《关于规范西藏自治区建设工程施工招标投标管理若干意见的通知》	西藏自治区原建设厅	藏建招〔2008〕121号	详细阐述	无
					有关键字	无
					防范程度	无

通过梳理31个省级行政区招标投标评标办法得出三点结论：目前除浙江、吉林、贵州三省和内蒙古、西藏、重庆二自治区一直辖市外，共有25个省级行政区有明确的房建和市政工程评标办法；25个行政区的评标办法中，正文有阐述并进行直接防范的占24%，正文无详细阐述、评标办法有强间接防范的占12%，正文无阐述、评标防范力度较弱的占28%，未进行任何防范的占36%；在各省级招标投标管理办法中，还未明确设置不平衡报价的惩罚措施。

综上结论可知，目前防范不平衡报价主要是借助各地评标办法的软性约束，并且各地评标办法的差异导致了软约束的无力性；另外，我国在惩罚和制裁不平衡报价中存在严重的规制空白，并未对极端不平衡报价的发生进行有效的事先警示。此种情形的出现，引发了承包人过度利用不平衡报价进行经济创收，过度利己性最终使发包人在经济上受到严重损害，同时不利于交易市场的正常运行。

（3）不平衡报价诱致逆向选择综合分析

1）不平衡报价诱发市场逆向选择的机理分析。交易阶段承包人信息披露不足、委托代理信息屏障、交易信息使用成本等因素导致了发承包双方信息位势差异的存在。在此情况下，承包人积极发现图纸设计、项目勘察、招标代理工作的错误和遗漏所在，并结合自身经验对未来工程数量和综合单价的变化和调整做出预判，在投标工程量清单中填报有利单价，最终在变更款项中获得额外的经济效益。在此经济诱惑下，其他承包人观察和分析中标人使用不平衡报价的好处，以便在下一次参与招投标工作中同样模仿采用不平衡报价方式，以期获得额外经济收益。

发包人处于信息劣势一方，在面对竞标人不同程度的不平衡报价情况时，因为无法真正观察和量化不同投标人的不平衡报价程度，会不断利用招标控制价和辅助评标手段压低中标价格，由此来弥补后期不可预期但可观察的不平衡报价损失。未采取不平衡报价策略的竞标人，在面对发包人不断压低的项目控制价格时，为了在项目后期获得合理的施工效益，便会在下一次参与市场竞争中积极采用不平衡报价策略。

最终，在发包人处于信息劣势而不断压低项目招标控制价和中标价时，承包人为了弥补中标价格收益的不足便会积极投入到不平衡报价中。由此"逆向选择"情景便会产生，坚持信誉第一、中立保护发包人利益的承包人便会"退出市场"，转变成积极利用不平衡报价手段的竞标人。市场上最终仅剩下最大化使用不平衡报价，实时寻找发包人漏洞的承包人。

2）不平衡报价诱发市场逆向选择的行为表现。市场逆向选择是不平衡报价策略造成的市场失灵表现。其行为特征主要表现在承包人竞标失利的报价极端不平衡、发包人防范成本过度投入的约束放松以及市场上承包人不平衡报价的广泛施行。

承包人在参与市场竞争过程中由于未采用不平衡报价丧失中标机会，此种经历会促使其在下一次参与招投标竞争中进行极端不平衡报价。一旦中标，此种情况便会不断降低招标人对承包人的信用预期，防范无效的情况下，便会导致低价逼走正常报价的承包人。因此，承包人竞标失利后的极端不平衡报价是导致逆向选择的重要表现。

发包人在遭受承包人极端不平衡报价诱致的经济损失后，便会在未来的招标过程中利用各种手段进行严格防范，例如增加委托代理合同价格、增加评标专家评审费用等。然而防范手段的失效和司法裁决的不利均会导致发包人丧失对不平衡报价的针对性防范。招标人只能通过不断压低招标控制价或中标价来弥补未来不平衡报价实施的经济损失。因此，招投标交易市场上发包人防范成本过度投入后的约束放松也是诱发逆向选择的行为表现之一。

在发包人或现有约束机制几乎默认极端不平衡报价的合理存在时，行政规制和司法规制空白会进一步削弱承包人实施极端不平衡报价的揭露恐惧，市场上承包人采用极端不平衡报价司空见惯。因此，在法律制度和行业规范约束不足的情况下，承包人广泛实施不平衡报价将是逆向选择的普遍表现。

3）招投标制度下逆向选择对竞标效率的影响。常规不平衡报价是工程量清单体系和招投标机制追求低价的正常表现，而极端不平衡报价则是造成市场"内部不经济"的重要形式。内部不经济是信息不对称和社会成本存在的重要表现，也是社会性规制的重要对象之一。内部不经济一方面是指没有在合同条款中预计和阐明的状态，由此导致合同标的物所有者的经济损失；另一方面是没有在合同条款中明确约定失信违约使另一方遭受损失的补偿方式。

在招投标制度下，不平衡报价极易诱发逆向选择，导致竞标人一致性地放弃常规报价而选择极端不平衡报价。在信息不对称情况下，发包人虽然积极采用评标手段进行防范，但是仍旧无法在工程合同中完全防范项目不平衡报价的实施。因此，发包人并未按照交易条款支付应有的成本和获取收益，导致了交易的内部不经济。

不平衡报价在造成市场逆向选择的同时，导致了发包人内部不经济，同时降低了市场竞标效率。为了有效规避交易的内部不经济，发包人会采取有效措施筛选、甄别、监督承包人，而在此过程中，不但延长了招投标的时间，同时增加了双方的交易成本，造成了市场竞标效率的降低。

2. 履约阶段不平衡报价引发道德风险

（1）履约阶段发承包方信息不对称分析

1）承包人机会主义下的行为信息披露不足。履约阶段，为了按照既定时间和成本计划完成工程项目建设内容，发包人或委托监理单位会实时跟踪掌握项目和承包人信息，比较和分析进度、质量、成本等目标的实现情况。

履约过程中，承包人拥有的信息可以分为四个方面：一是关于自身的信息，如施工人员素质、设备性能、材料供应能力、合同管理情况、质量管理情况、安全文明管理情况等；二是关于项目建设本身的信息，如建设进度、建设质量、材料质量；三是承包人掌握的造价信息、市场价格信息、政策文件信息、规范文件信息等外部环境内容；四是基于经验预测的项目未来不确定性情况的信息，如基础方案的改变、地质状况的情况等。

履约过程中，发包人的目的是在既定时间内获得理想的建设工程，并严格控制不合理成本的投入；承包人目的则是在保证项目建设满足发包人要求的情况下，追求自身经济利益最大化。因此，为了有效利用变更、调价、索赔获得项目本身预期收益外，承包人会积极利用自身信息优势实现不平衡报价创收的目标。在承包人寻求自身利益最大化的过程中，承包人有意隐藏自身实施不平衡报价的行为，例如隐蔽工程；另外也会将不利信息进行隐藏，以逃避发包人的审查和惩戒。

2）发包人权利让渡下的委托代理信息屏障。我国早期主要采用建设单位自管方式和工程指挥部方式，改革开放以后工程管理模式得到了重大改革，其中三角管理模式的应用最为广泛。三角管理模式是指由建设单位（业主）分别与承包单位（施工）和监理单位签订合同，构成建设项目实施主管架构，并由监理单位接受委托对施工单位进行全过程的监督和管理。其基本结构如图4-9所示。

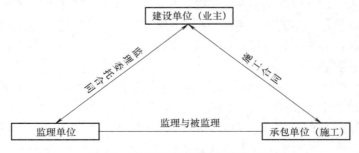

图4-9　施工阶段三角管理模式示意图

梳理《建设工程监理规范》（GB/T 50319—2013）可知，监理单位的工作责任主要分为六个方面，分别是工程质量控制、工程造价控制、工程进度控制、安全生产管理、合同管理以及组织协调等。工程造价控制和合同管理的主要内容就是价款支付与变更、索赔、争议的处理；工程质量控制主要包括事前的施工方案和质量控制措施审查、事中的材料工艺设备及隐蔽工程的检查、事后的分部分项与单位工程质量的综合复查；工程进度控制则包括事前的进度计划合理性分析和事中的进度核对与监督；安全生产管理的主要内容是审查施工组织设计中的安全技术措施或者专项施工方案是否符合工程建设强制性标准；组织协调则是综合协调施工单位、业主与其他行政机关等相关机构的事务关系。基于委托代理的三角管理使发包人将施工过程中绝大部分的控制权利让渡给了监理单位，尤其在"勘察、设计、施工、维修"一体化委托关系中，发包人对项目信息掌握更是不充分。因此，在合同履约阶段，委托代理使发包人失去了对质量、造价、进度、安全生产以及合同执行情况信息的绝对掌握，构筑了信息屏障，发包人对承包人执行合同的行为信息和决策信息明显掌握不足，对机会主义行为下的道德风险明显缺乏防范。

3）履约阶段发承包双方"信息位势"的分析。在工程项目三角管理模式下，承包人占有信息优势，正如上文所述主要包括自身信息、项目信息、外部环境信息和未来不确定情况信息四个方面。发包人委托监理单位按照"监理规划"和"监理实施规划"进行事前安排和事中监督，虽然在一定程度上弥补了发包人信息不足的劣势，但是由于承包人信息披露不足、承包人机会行为的隐蔽性和委托代理寻租等情况的存在，使得发包人很难全面掌握项目信息，更加无法识别和处理承包人机会主义行为。由此以项目和承包人行为信息为核心的信息不对称位势差异逐渐形成，如图4-10所示。

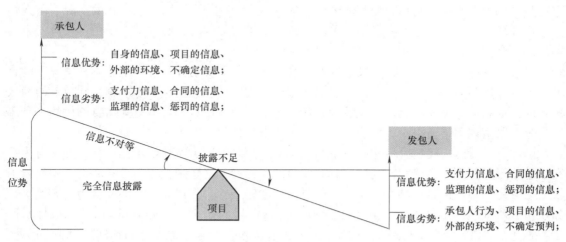

图4-10　履约阶段发承包双方信息位势差异图

在项目建设过程中，发包人对自身价款支付能力、合同管理能力和惩罚措施制定能力等具有信息优势，然而披露与传递的快速性使得承包人能够快速掌握相关信息，弥补信息劣势。与此同时，项目的持续推进使得项目进度、质量、成本、安全组织管理及承包人行为的信息不断累计，且变得错综复杂。监理单位在发挥信息传递和行为监督过程中的代理不利又使得发包人无法及时弥补信息上的劣势，因此履约阶段发承包人双方信息位势具有客观必然性。

履约阶段的信息位势差异使得发包人难以全盘把控项目的全方面管理，尤其是对承包人行为的监督。承包人则在信息优势的基础上，极易违背诚实守信、恪尽职守的原则，采取偷工减料、不实签证、实施不平衡报价等机会主义行为，破坏发包人利益。

（2）不平衡报价的信息经济学分析

1）交易阶段不平衡报价的防范不当（防范不足）。不平衡报价能够在履约阶段得以实施的重要原因是交易阶段的防范不当。交易阶段的不平衡报价防范主要包括委托代理工作绩效改善和清标、评标等正面制约。项目勘察、项目设计和招标代理委托工作绩效的改善是防范不平衡报价的预控机制，在源头对不平衡报价机会进行预先控制和防范；进入到招投标工作后，评标委员会组织实施清标工作，事前对投标文件进行梳理和分析，并经专家同意对承包人进行质询，能够有效识别和预处理不平衡报价；评标过程中，评标委员会通过研究招标文件和评标办法，结合事先质询答复，对不平衡报价进行判断和处罚，正面制衡不平衡报价行为；在评标委员会推荐候选中标人后，发包人借助咨询力量对理想中标人的投标文件进行回看审查，再次梳理和认定不平衡报价的可疑项目，并要求投标人书面解释或者在合同中进行具体安排，由此来制约不平衡报价的实施。

然而，信息不对称、审查程序不规范和时间有限等条件的限制使得交易阶段并不能实现不平衡报价的完全限制，清标、评标和确定中标人的回看审查分析便会遗漏隐蔽性较强的不平衡报价，导致承包人能够在履约阶段来实施。因此，履约阶段不平衡报价能够得以实施的重要前提是交易阶段的防范不当。

2）不平衡报价实施行为的特征分析（不可观察）。不平衡报价的实施具有两个基本条件：其一为施工合同采用工程量清单计价方式，并支持承包人对分部分项工程等价格的调整；其二是不平衡报价利用的变更风险应当由发包人承担，在合同状态变化的情况下由发包人进行补偿。因此，承包人在利用不平衡报价进行经济创收时，必须结合变更、调价、索赔等进行综合实施。

工程量清单计价体系允许或鼓励因业主要求改变、不确定性事件和施工不利情况下的合理变更、调价和索赔，目的是使发承包双方进行合理的风险分担，追求工程合同执行的高效率和社会福利损失的最小化。然而承包人却利用掌握项目信息和自身行为信息的优势，利用变更等手段实现不平衡报价，致使发包人出现经济损失。

由此可以看出，履约阶段实施不平衡报价的行为具有四个特征：①预谋性，即该行为是在交易阶段进行预先埋伏和计划的，具有明显的预谋性；②隐蔽性或不可观察性，即该行为在交易阶段与合理价款调整混合实施，具有明显的隐蔽性；③风险性，即该行为的实施必须如承包人所预想的那样发生，并得到发包人价款审核的认可，因此对承包人具有风险性；④有害性，即该行为在交易阶段能够明显损害发包人经济利益，造成合同预期外损失。因此，在履约阶段防范不平衡报价行为的实施，关键是对交易阶段的防范不当进行弥补，同时，加强项目信息的搜集和变更要求的审核，掌握关键控制信息来综合防范不平衡报价的发生。

3）认定无依与惩戒无据的规制空白（不可证实）。不平衡报价行为具有明显的不可观察性，为发包人及其委托的监理部门的防范造成了困难。然而在项目实施过程中，即使发现不平衡报价行为的实施，目前却严重缺少对该行为的认定标准和惩罚依据。

目前规范工程建设交易和实施行为的法律规范体系包括《中华人民共和国建筑法》（本章以下简称《建筑法》）、《合同法》《中华人民共和国招标投标法》《中华人民共和国政府采购法》等法律和最高人民法院发布的《最高人民法院关于审理建设工程施工合同纠纷案件适用法律问题的解释》（法释〔2004〕14 号）（本章以下简称法释〔2004〕第 14 号）；与法律配套实施的包括《中华人民共和国招标投标法实施条例》（国务院令第 613 号）（本章以下简称《招标投标法实施条例》）、《中华人民共和国政府采购法实施条例》（国务院令第 658 号）、《建设工程质量管理条例》（国务院令第 279 号）、《建设工程勘察设计管理条例》（国务院令第 662 号）、《建设项目环境保护管理条例》（国务院令第 682 号）、《建设工程安全生产管理条例》（国务院令第 393 号）等；同时还包括行政主管部门颁布实施的《工程建设项目施工招标投标办法》（国家发展计划委员会、建设部、铁道部、交通部、信息产业部、水利部、中国民用航空总局令第 30 号，2013 年修订）、《建筑工程施工发包与承包计价管理办法》（住建部令第 16 号）、《房屋建筑和市政基础设施工程施工招标投标管理办法》（原建设部令第 89 号）等，由此构成建筑领域的法律规范体系。

然而，通过分析现行国家法律规范可以知道，我国目前并未针对不平衡报价行为的认定标准和处罚依据进行规定，而不平衡报价的描述和行为的防范大多存在于部分地区实施的评标管理办法中。对于履约阶段不平衡报价行为的认定和处罚仍旧难以得到行政主管部门和司法部门的关注。

（3）不平衡报价诱致道德风险综合分析

1）不平衡报价诱发履约道德风险的机理分析。在工程项目建设过程中，承包人的责任是按照合同约定履行工程建设义务，其权利是得到发包人的工程价款；发包人的责任是按约即时支付承包人的工程价款，其权利是按时、按约得到理想的工程项目。然而在此合同关系中，承包人追求的目标是自身利益最大化，发包人则是追求质量、进度、成本、安全的综合效益最大化，发承包双方存在明显的利益冲突。同时，履约阶段承包人机会主义行为下的信息披露不足和权利让渡下的信息屏障使得发包人处于信息劣势的一方，发承包双方存在明显的信息不对称。在此种情况下，承包人便积极寻找不平衡报价的实现机会，并为其做准备。一旦工程项目或外部环境按照承包人之前预测的那样发生变更或价格变化，承包人便按照投标报价和合同约定要求工程变更和调整价款，由此实现追求自身利益最大化的目标。在此过程中，因为承包人实施不平衡报价行为的隐蔽性和认定标准的缺失化，发包人无法真正监督此种败德行为，并且无法衡量此种行为造成的真正损失。因此，不平衡报价是发包人作为委托方，承包人在履行合同过程中基于自身利益最大化做出损害发包人利益行为道德风险。

2）不平衡报价诱发履约道德风险的行为表现。不平衡报价作为一种道德风险，不但本身会对承包人和项目造成不良的影响，同时还会诱发其他类型的道德风险。不平衡报价道德风险与其他行为道德风险不同，它最主要的是利用合同内条款和隐蔽行动来做出不利于委托人的决策，而偷工减料、偷奸耍滑之类的道德风险则主要是利用合同外经验和隐藏信息来做出不利于委托人的决策。经济创收的诱惑、防范约束的不当和惩罚规制的空白会不断助长不平衡报价行为的出现，在合同履约阶段，实施行为的隐蔽和认定标准的缺失使得发包人的防范苍白无力，因此未来不平衡报价行为，尤其是极端不平衡报价将会不断诉之于众。并且，随着承包人施工经验的不断丰富和项目实施隐蔽性的增强，该道德行为风险的危害将不断增加。不平衡报价策略的实施需要事前单价的埋伏和事后的工程变更，因此存在一定的风险。如果工程项目并未按照承包人的预想发生变更或者发包人及时采取了防范措施，则会对承包人造成经济损失。在此种情况下，承包人为了规避或弥补不平衡报价失败的损失，便会采取降低施工标准、偷工减料等道德风险行为。然而此种情况同样会对发包人造成经济损害。因此，不平衡报价诱发履约道德风险包括不平衡报价本身实施的败德风险，还包括引发的偷工减料等其他形式的道德风险行为。

3）不平衡报价下道德风险对履约效率的影响。不平衡报价是承包人利用履约阶段信息的优势而实施的一种道德风险行为。它对履约效率的影响主要体现在四个方面：①发包人出于防范的角度过于投入监督管理成本，此种成本增加包括监理委托费用的增加、监管人员成本的投入和合同管理效率的损失；②承包人机会主义思想下的管理重点转移，表现在承包人过于依赖不平衡报价、降低施工标准等手段带来的经济利益创收，而并未将管理重点放在施工管理能力效率提高和施工成本降低上；③工程纠纷处理的成本和时间投入，具体是指不平衡报价的实施极易诱发发承包双方的纠纷，调解、仲裁、诉讼等均需要发承包人双方投入巨大的费用和时间，导致合同外的经济损失；④不平衡报价引致的发承包关系破裂和合同终止，具体是指发包人在完全揭露承包人不平衡报价后，无法忍受承包人的失信败德行为，与其解除合同，导致关系破裂和合同终止。由此，发承包人双方之间的对立态度将会不断升级，导致合同争端，费用和工期增加。

4.3.2 构建不平衡报价规制体系

1. 基于委托代理绩效改善的不平衡报价软约束

（1）交易阶段不平衡报价防范的委托代理绩效改善 承包人对项目勘察机会点的利用可以分为两类：一类是勘察资料的错误，例如土质类型和土层厚度勘察的错误；另一类是承包人结合施工经验对地质情况和工程结构不合理的判断，例如特殊类土和基础设计不合理的预判。在此情况下，承包人对分部分项工程、措施项目或特别材料等填报有利价格，并利用后期的变更创造收益。承包人对工程设计机会点的利用可以分为两类：一类是设计图的错误、遗漏和说明不清，例如对基础混凝土等级设计的错误；另一类则是承包人结合经验对图纸设计深度不足的预判，例如未来墙体使用材料的判断，承包人可以有效利用变更经验填报有利单价，进行经济创收。承包人对招标代理机会点的利用同样可以分为两类：一类是工程数量、单价和费率不准的错误和遗漏，例如工程量清单缺项；另一类是工程数量和综合单价不明确的项目，可结合自身经验和判断能力，填报有利单价。

通过以上分析可以看出，交易阶段承包人可利用的不平衡报价机会可以分为两个类型：一类为委托代理工作的失误和遗漏；另一类是项目要求改变、技术使用不当或环境变化导致的不确定情形。因此，对项目勘察而言，以现场踏勘是否可识别作为判断标准，将利用点分为常规地质地理岩土勘察错误和非常规勘察遗漏；对图纸设计来说，以投标阶段是否可识别作为判断标准，可将利用点划分为工程描述不准的失误遗漏情形和设计不深的不确定情形；对招标代理来说，以质量和技术问题为判断标准，利用点可以划分为失误遗漏情形和不确定情形。

交易阶段是项目资料准备和合同价格形成的重要阶段，同样也是不平衡报价"埋伏"的关键时间点，因此基于委托代理工作改善的不平衡报价防范尤其重要。通过梳理、总结、分析承包人不平衡报价机会点的识别过程认为，交易阶段勘察、设计、招标代理委托工作失误、遗漏和项目不确定情形的存在是诱发不平衡报价的直接原因。因此，提出基于委托代理绩效改善的不平衡报价防范策略，一方面是工作质量提高的情况下对常规失误和遗漏的防范，另一方面是基于历史经验对重要可利用点的审查。

（2）履约阶段不平衡报价防范的委托代理绩效改善　履约阶段不平衡报价能够得以实施的原因有两个：一个原因是监理单位监督管理不到位；另一原因是承包人信息优势下行为的隐蔽性较强。监理单位作为发包人的代理人，在履行委托代理合同责任时会在机会主义思想下疏于或放任防范不平衡报价。监理单位按照委托合同对工程项目实施进度、成本投入、施工质量、安全生产等进行日常监督，并对施工合同中出现的变更、索赔、纠纷等进行处理。然而监理单位并非绝对按照职业标准来约束和督促自身行为，因此会出现偷懒或受贿行为，在此情况下，便会疏于防范甚至放任不平衡报价行为，由此为发包人带来经济损失。

另外，投资所有权与控制权的相对分离使发承包双方之间同样存在委托代理关系，然而承包人却利用信息优势采取不平衡报价的隐藏行为，来骗取发包人的利益。施工委托合同中防范与处罚条款的缺失，助长了承包人利用不平衡报价的气势，导致项目实施过程中即使发包人发现承包人利用不平衡报价，也不能按照合同条款约定惩罚承包人；同时施工委托合同中缺乏激励合同条款，承包人不采取不平衡报价行动，并不会带来额外的经济奖励，由此未发挥抑制不平衡报价的作用。

综上所述，监理机会主义和施工合同条款设置不当是履约阶段委托代理工作绩效低下的两个重要表现，在防范不平衡报价中应当进行综合治理。

2. 基于综合制度改善优化的不平衡报价硬惩戒

（1）交易阶段不平衡报价规制的制度优化与改善　交易阶段识别和制约不平衡报价的手段包括清标、评标和确定中标人时的文件回审。然而在实践工作中，清标识别、评标处理和确定中标人的防范却存在诸多问题。在 22 省 4 直辖市 5 自治区共 31 个省级行政区中，目前共有 25 个行政区配套实施了房屋建筑和市政基础设施工程工程量清单招标投标评标办法，其中只有四川、江西、山东、山西、广东、安徽、江苏、河南、云南、青海、辽宁 11 省和北京、宁夏 1 直辖市 1 自治区评标文件正文中出现了"清标"关键词。这 13 个省级行政区评标文件中，只有四川、江西、山东、山西、广东、安徽、江苏、河南、云南、青海共 10 个文件中规定了具体的清标目的和实施步骤；13 个省级行政区评标办法中，只有四川、江西、山东、山西、广东、安徽 6 省将清标工作与不平衡报价防范相结合。综合以上可得三点结论：①目前清标未被大范围应用到工程项目评标过程中；②清标实施程序规范化和固定化尚未得到行业和行政主管部门的重视；③目前清标未充分发挥防范不平衡报价的作用，急需实施程序的规范化和实施步骤的优化。

目前我国 25 个配套实施评标办法的省级行政区中，共有 64% 的行政区在评标办法中制定了直接防范、强间接防范和弱间接防范的手段，并且绝大部分是在评标过程中进行直接惩罚。通过阅读采取防范手段的评标办法可以得出：目前部分省级行政辖区仅在综合评估法、经评审的最低投标价法和合理低价法的计分细则中通过差值计算进行间接防范；绝大部分评标办法未对识别出的不平衡报价制定明确的"废标"等处罚标准；绝大部分评标办法未对评标报价的"时间价值"进行综合考量，无法实现真正的早收钱防范。因此，如何利用评标办法实现不平衡报价的识别和处罚，仍旧需要我们优化和改善。

评标委员会按照评标办法选定拟中标候选人，提交发包人定夺。在此过程中绝大部分发包人疏于对意向中标人投标文件的回审查阅，进而导致不平衡报价制约效果的丧失。

因此，在确定中标人的过程中，有必要优化或改善回看审查意向中标人投标文件的程序和步骤。交易阶段的清标、评标和确定中标人时的文件回看审查是制约不平衡报价的重要阶段，然而目前实施的制度或工作程序中仍旧存在不规范、不合理的地方，需要进一步进行优化和改善。

（2）履约阶段不平衡报价规制的制度优化与改善　交易阶段的事前防范制约不当导致了履约阶段的事后不平衡报价实施。并且通过上文分析可知，不平衡报价行为的实施具有明显的不可观察和不可证实特征，因此基于监理单位的监督和审查防范十分有限，不平衡报价将会屡见不鲜。极端不平衡报价将会对发包人造成重大的经济损失已毋庸置疑，然而目前我国的政府规制和司法规制却有待完善。无论是《建筑法》《合同法》，还是行政主管部门实施的部门规章，目前均未对不平衡报价的认定和处罚做出规定，无法真正在建筑市场中保护发包人权益不受损害；同时，在司法实践中，无法可依和专业局限导致法官裁判极端不平衡报价时，难以做出准确的裁断，无法实现建筑交易市场的公平。因此，认定标准的缺失和惩罚依据的空白助长了不平衡报价行为的实施，需要我们结合实际案例经验和理论分析结果对未来的制度设计和优化提出合理建议。

3. 交易与履约全过程的不平衡报价规制设计

承包人信息披露不足、委托代理信息屏障与交易信息使用成本的存在导致发承包双方信息位势的形成。在信息不对称情况下，出于利己和理性经济人主义，承包人积极发现委托代理工作的失误和遗漏，进行常规不平衡报价和极端不平衡报价，损害了发包人利益，诱发市场逆向选择，降低了市场竞标效率。因此，有必要对交易阶段的不平衡报价防范和制约进行综合规制。

通过分析可知，承包人利用信息不对称优势，在交易阶段主要利用的机会是委托代理工作的失误遗漏和项目的不确定性情形，而发包人防范的漏洞则是招投标阶段清标、评标等工作不规范和处罚无依据等。因此，在交易阶段进行综合规制主要分为两个方面：一方面是基于委托代理工作绩效改善的软性防范，以弥补信息不对称下发包人的信息劣势；另一方面则是对招投标工作程序的优化和行政规制的建议，由此达到交易阶段综合规制目标。

承包人行为隐蔽、委托代理信息屏障的存在导致履约阶段发承包双方存在严重的信息不对称。在此情境下，承包人实施不平衡报价行为的不可观察性和不可证实性诱发了道德风险，损害了发包人利益，降低了履约效率。因此，有必要对履约阶段不平衡报价行为的防范和制约进行综合规制。

承包人利用信息不对称优势，能够在履约阶段实施不平衡报价的原因是监理单位监督不善和合同激励监督不到位，而发包人的不利处境则是认定标准的缺失和处罚依据的空白。因此在履约阶段进行的综合规制主要分为两个方面：一方面是基于委托代理工作绩效改善的行为软约束，以增强发包人的信息优势；另一方面则是对极端不平衡报价的认定和惩罚提出司法和行政规制建议，由此达到履约阶段综合规制的目标。通过分析交易阶段和履约阶段不平衡报价行为规制的必要性和手段可行性，本书结合不平衡报价策略实施的路径拟定了全过程不平衡报价行为规制设计图，具体如图4-11所示。

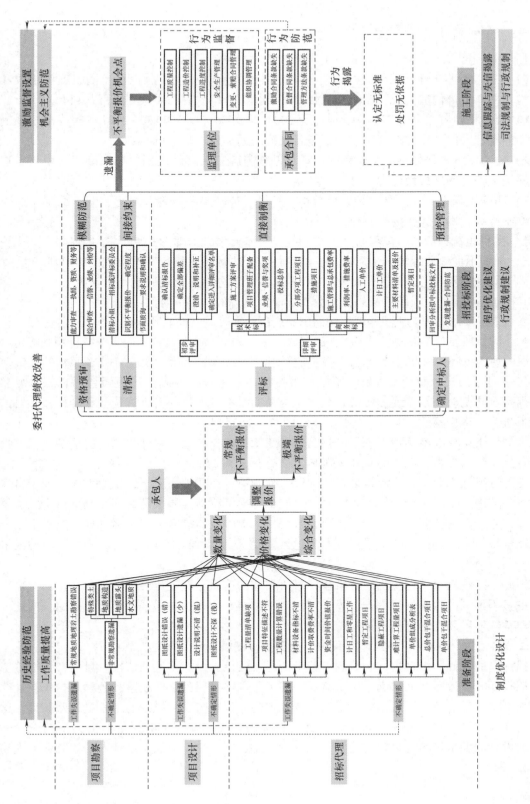

图 4-11　全过程不平衡报价行为规制设计图

4.3.3 招标准备阶段的控制措施

1. 措施一：工程勘察工作质量保障与不平衡报价防范经验

（1）工程勘察工作质量绩效改善对不平衡报价的预防　为了避免常规勘察工作错误和遗漏为不平衡报价创造机会，在改善项目勘察委托工作绩效时需要做到以下几点：

1）要严格执行《岩土工程勘察规范〔2009年版〕》（GB 50021—2001）等标准中强制性条文的规定，保证项目勘察工作符合国家规范的基本要求。

2）注重区分可研勘察、初步勘察、详细勘察与施工勘察的区别，按照勘察规范规定进行不同详细程度的勘探设计。

3）明确工程重要性等级、场地复杂程度等级、地基复杂程度等级等，并由此确定岩土工程勘察等级，确定岩土勘探参数选取标准。

4）搜集建筑物荷载、工程特点、结构类型、基础形式、埋置和变形限制等。

5）加强不良地质现象、地质灾害、特殊性岩土、地下水等特殊地质情况的识别。

6）认真进行岩土工程定量计算和定性分析，合理分析并选定岩土使用参数。

7）加强对岩土工程勘察成果报告分析，时间允许的情况下对其质量进行评估。

发包人除要求工程勘察机构严格按照国家规范标准开展工程地质勘查工作，并注意以上内容外，还应当加强对工程勘察成果报告的审核。必要的情况下可在项目勘察委托合同中规定勘察错误的惩罚机制，由此来综合提高工程项目勘察委托代理的绩效，预防不平衡报价的发生。

（2）基于历史经验的工程勘察不平衡报价机会点审查　在基于历史经验进行工程勘察不平衡报价防范时，最主要的内容是结合工程经验对不良地质环境进行预估和分析，必要的情况下进行二次勘察。

常规岩土工程勘察是根据项目勘察需要和建筑物特征进行一般性探测，包括场地稳定性与适宜性、岩土参数、工程降水建议等内容，并未对岩溶、活动裂带、采空区、盐渍岩土、腐蚀性等进行详细分析，由此极易导致项目工程变更。在此种情况下，承包人往往利用自身在某一区域内施工的经验，提前判断到项目施工场地下特殊地质条件的存在，分析出勘察报告的非常规错误或遗漏，结合变更情况，改变材料单价或者措施内容价格。施工过程中一旦出现勘察报告中未勘探到的地质情况，承包人便要求变更，套用有利单价，获得丰厚的经济利益。

因此，工程勘察单位应当结合工程项目所在地的地质环境进行合理预判，一方面对勘察报告中分析预测的内容进行审查，另一方面对不确定地质条件的出现提供解决措施，由此来提高非常规地质勘查不平衡报价的防范。

2. 措施二：加强对设计工作的管理，提高招标图纸的设计质量

招标时的设计图纸是招标人编制工程量清单、投标人投标报价的依据。目前，大部分工程在招投标时设计图纸尚未满足施工需要，甚至个别项目因为工期较紧，还利用初步设计图纸来编制工程量清单，以致招标的工程量清单中的工程量与实际施工的工程量相差甚远，这就给投标人不平衡报价提供了机会。因此，招标人在计划安排上应尽量留出充足的设计时间，使设计周期尽量满足设计的需要，杜绝"三边"工程⊖；加强对设计人员的监管，提高

⊖ "三边"即边勘测、边设计、边施工。

勘测和设计人员的风险意识，确保招标图纸达到深度要求，避免由于设计深度不够引起的不平衡报价。

在审查图纸时，应多方征求其他人（如使用人）的意见，以便深化设计和提高设计质量，尽可能使用施工图招标，从源头上减少不平衡报价。做好标前图纸会审工作，保证招标图纸基本无差错，避免施工中由于图纸问题而发生设计变更。

招标图纸做到尽量详尽，可以减少今后可能出现的设计变更，也可以避免结算工程量比招标工程量出现大的调整并避免一些暂定价项目。对造价影响大的主材如装饰材料、设备等的规格、参数在设计应该明确下来。

招标图纸的设计深度和设计质量是控制造价风险的前提因素，设计图纸越详尽，投标人所能应用的不平衡报价空间就越小，招标人不但可以通过详尽的设计图纸来控制造价风险，实现投资目标，也为自己采用合理低价中标的招投标方式选取质优价低的施工方创造了公平的竞争环境，节约了投资，提高了经济效益。

3. 措施三：严格控制工程造价下浮幅度

招投标管理部门应该在工程造价控制方面发挥应有的作用，遵循"量价分离"的原则，结合工程建设的造价指标，测算出各种类型招投标工程的下浮幅度范围，使工程承发包价格控制在相对合理的范围内，力求"合理低价中标"，避免出现"最低价中标"的恶性竞争局面，维护甲乙双方的经济权益，使投标人在不平衡报价方面不至于投入过多的精力，减少不平衡报价的发生，有利于工程建设活动的良性循环。

4. 措施四：选择技术素质过硬的招标代理机构

目前招标代理机构的素质良莠不齐，致使招标代理工作比较混乱。因此，招标人应选择具有良好信誉和丰富经验的招标代理机构及编制人员，这样才能尽可能地保证清单中工程量的准确，保证工程量清单的内容描述清楚、合理，以减少不平衡报价造成的损失。

4.3.4　招标文件编制的控制措施

1. 措施一：编制高水准的工程量清单

工程量应按照 13 版《清单计价规范》中明确的计算规则进行计算，分部分项工程的工程量清单应做到数量准确、完整；项目特征和工作内容要表述准确、清晰，避免产生歧义，确保清单内容符合实际、科学合理。清单编制反映的是工程实物量，应特别明确清单工程量所指的工程部位的各个施工步骤是否包含在单价之内，并向投标人明示，如木装饰墙面，该清单所列单价是否包含面层油漆、龙骨等，以免投标人出现歧义性投标，避免竣工结算时出现不必要的纠纷。

工程量清单是投标报价及竣工结算的重要依据，从不平衡报价的具体表现形式来看，不平衡报价往往是利用招标人提供的工程量清单中存在漏项及计算错误等方面的问题，因此，提高工程量清单的编制质量是防范不平衡报价的关键。建立工程量清单编制的质量保证体系，主要包括以下几个方面的内容：

（1）编制工程量清单　工程量的计算和清单的编制应该由一个团队完成，团队的负责人应是懂技术、懂造价、懂管理的具有同类工程造价经验的造价工程师。团队成员必须能够按照招标文件的要求划分各分部工程及措施项目，能够充分理解招标范围及工程界面的划分。

（2）做好统筹安排　从基础资料的积累、管理（包括设计图纸的日期和版本管理）到工程量的计算、清单的编制完成，都要有一个详细而明确的计划。

（3）编制清单程序化　从收集资料、组织图纸及招标文件交底到划分分部分项项目、工程量计算、工程量与图纸对应、工程量汇总，都要有一套严格的程序。

（4）进行三级复核　工程量清单编制完成后，首先是团体小组进行交叉复核、初审，然后由监理人审核，最后由招标人终审。有些地区采取审计部门跟踪审计的，可以送审计部门备案或审定，这样效果会更好。

2. 措施二：编制详细的评分细则

根据具体工程的特点，在招标文件中对可能出现的不平衡报价因素，制定详细的扣分细则，增加投标人采用不平衡报价的风险，以抑制投标人采用不平衡报价。同时，对投标人的资信状况进行考察，应重点关注投标人在以前施工中有无因工程结算而引起过重大的经济纠纷案件等情况。

3. 措施三：完善施工承包合同的主要条款

在合同专用条款中，明确综合单价风险范围和详细的价格调整因素，对设计变更、清单漏项、错项等给出详细的调整方案，并在合同条款中规定如果清单分项工程变更过大，需对该分项工程的综合单价重新组价，同时应明确相应的组价方法，以消除双方可能因此而产生的不公平额外支付。

同时，招标文件可以规定投标人存在不平衡报价时在澄清环节由投标人承诺，对于主要项目不平衡报价采用综合单价的调整方法。在合同条款中要明确，清单内的工程量执行其综合单价，清单外的工程量执行调整后的综合单价。

4. 措施四：招标文件中明确针对不平衡报价的条款

招标文件的编制应尽量详细，招标人为防止在图纸上或招标清单上出现的疏漏可以在招标文件中明确表示拒绝不平衡报价，并在招标文件中对不被接受的不平衡报价界限做出明确划分。当然，在划分该界限时应注意防止因自己过分苛刻的要求而客观上拒绝了潜在的质优价低的投标人，这一点非常重要。一般来说对施工工艺、施工水平、施工措施所报的单价低价是对自己有利的，应该接受；对于在必要的材料消耗、必需的材料单价上的不平衡报价应该加以阻止，当然也应注意到材料单价因投标人获得途径的不同，可能出现对招标人来说所谓的不平衡报价，这种因获得途径出现的材料差价是允许的，但前提必须是提供的材料应该满足图纸和招标书的质量要求。针对此问题，一个可行的方案是在招标文件中规定投标人必须填写材料设备明细汇总表，在表中详细列出所采用的材料设备的名称、品牌、规格型号、生产厂家（或供应商、产地）、质量等级、数量、单价和合价等。

在招标文件中要求投标人填报整个施工工期的资金流量表，绘制"竣工计价收入—工期时间"曲线，来控制在分期建设中的不平衡报价。这样，招标人就可以了解到施工过程中资金的流量分配，判断投标人是否采用了不平衡报价策略。

5. 措施五：招标文件中对主要项目设立指导价

招标文件应尽量详细说明各项目的工作内容和范围，明确价格差距较大的各种材料（如装修材料）或者设备的品牌、规格、质量等级等。招标人或其委托的中介机构应随时了解主要材料、设备的价格，并设立指导价。指导价为清单项目（或主要材料、设备）报价的最高限价，投标人可以自由报价，但不得高于最高限价，从而将项目的报价控制在合理的范围之内。当然指导价应当合理，尽量做到与市场价一致，既杜绝了暴利的产生，同时也包含了合理的成本、管理费和利润。对于把握不准的材料价格，可以设定暂定价并在招标文件中明确实施过程中的调整方法。

6. 措施六：做好现场踏勘和招标答疑工作

招标人应重视现场踏勘和招标答疑工作，切不可流于形式。如果投标人对踏勘文件和招标文件提出了质疑，招标人应针对特殊要求或质疑内容认真复核工程量清单，并通过招标补充通知或答疑纪要予以更正，将可能的不平衡报价消除于萌芽中。

7. 措施七：合理编制控制价

招标控制价应根据常规施工方案和政府造价部门公布的成本信息进行编制，并对综合单价进行分析，以便合理控制工程造价、节约投资、防止投标人串标和不平衡报价。

8. 措施八：资格预审的信誉追踪评价与不平衡报价模糊防范

资格预审阶段是发包人或委托代理机构首次接触承包人的机会。其中资格预审的作用主要包括三个方面：一方面是发包人向不确定竞标人传达项目信息、意向承包人要求等；另一方面为承包人寻找意向承建项目提供途径；第三个方面则是为双方审查主体资格和判断项目情况提供程序支持。

资格审查最主要的作用是发包人对意向承包人进行事前的综合考察，包括资质条件、财务条件、历史业绩、信誉条件、项目经理能力等方面。而信用追踪则是发包人对承包人不平衡报价进行模糊防范的重要手段。极端不平衡报价的实施会在项目施工过程中造成发包人重大的经济损失，导致发包人对承包人诚实信用预期的降低，促使发包人散播承包人信用缺失的信息；在极端不平衡报价引发发承包双方矛盾、诱致工程纠纷时，诉讼与仲裁将会借助专业技术人员力量裁断承包人失信的恶劣行为。在此种情况下，以往极端不平衡报价的实施均会导致承包人失信信息的传播和信誉的破坏。因此，发包人在资格预审阶段除了对承包人的承建能力进行综合考察外，还应当积极搜集意向投标人的合同信用状况、信誉评价状况、仲裁纠纷情况和极端不平衡报价实施历史等，剔除和拒绝机会主义承包人。

为了有效防范承包人弄虚作假与失信弃诺行为，在资格预审阶段招标人应当积极利用网站对外公布通过资格预审的承包人信息，通过招标人的信息披露与竞标人的事前监督来筛选符合项目施工要求的承包人。信息披露时应当注明承包人提供的企业资质、安全生产许可证、业绩、财务证明、荣誉奖、优良工程奖等内容的详细信息，并接受其他竞标人的监督和质询，由此综合提高资格预审的质量。

4.3.5 评标定标阶段的控制措施

1. 措施一：清标

清标的目的是让评标委员会或招标人更充分地了解投标文件的内容，主要看是否存在漏算或重复计算以及价格组成不合理等情况。清标时主要采用对比法。

《建设工程造价咨询规范》（GB/T 51095—2015）中第6.3.2条规定，清标工作应包括下列内容：

1）对招标文件的实质性响应。

2）错漏项分析。

3）分部分项工程量清单项目综合单价的合理性分析。

4）措施项目清单的完整性和合理性分析，以及其中不可竞争性费用正确性分析。

5）其他项目清单项目完整性和合理性分析。

6）不平衡报价分析。

7）暂列金额、暂估价正确性复核。

8）总价与合价的算术性复核及修正建议。

9）其他应分析和澄清的问题。

2. 措施二：细分评标过程、分阶段评审

目前，开标评标时基本上是针对不同的项目特征而采用不同的评标定标方法，主要有经评审的最低投标价法、综合评估法、综合评分法等。无论采用哪种方法，评标者都要深刻理解"低价中标"的原则，注意防止承包人隐性⊖的不平衡报价，即在审查投标单位报价时不但要看总价，还要看每项的单价，因为总造价最低并不等于每项报价最低。对于分项工程单价价值较高、工程量较大和主要材料的单价价值较高、分项变更的可能性较大的项目要重点评审。

（1）符合性评审 在详细评标之前，评标委员会首先审定每份投标文件是否实质上响应了招标文件的要求。实质上响应要求的投标文件，应该与招标文件的所有规定要求、条件、条款和规范相符，无显著差异或保留；实质上不响应招标文件要求的投标文件，招标单位将予以拒绝，不再详细评审。

（2）工程总价评审 总价评审的依据是评标基准价⊜，属社会平均先进水平，但不以社会平均水平取定。为控制基准价处于平均先进水平以激励投标人挖掘自身优势、提高整体竞争力，可划定一个有一定空间的合理范围，例如：用浮动系数 ±5% 表示，其值应在投标截止后开标前，根据工程特点、市场价确定，应保证落入该区间的投标报价具有竞争力，并依据评审内容和指标的不同随时调整。这里合理浮动范围的确定应达到让工程中标价格低得有"度"，同时又能达到保证各投标报价的"竞争性"的目的。

（3）分部分项工程综合单价评审 在具体操作时，如果对所有综合单价全部评审，则工作量太大，因此可选择工程量大、价值较高以及在施工过程中易出现变更的分部分项工程的综合单价作为评审的重点，评审的数目不得少于分部分项工程清单项目数的 20%，且不少于 10 项，并应按各分部工程所占造价的大体比重抽取其分项工程的项目数，单项发包的专业工程可另定。具体评审方法如下：将有效投标单位某分部分项工程综合单价的平均值下浮 5% 作为评标基准价，超过基准价 10% 的作为重点评审对象。当超过评标基准价 10% 时，则判定该投标人的该分部分项工程的综合单价不合理，计为 1 项。通过对所有投标人所抽项目的综合单价进行评审，统计出每个投标人综合单价不在合理范围的数目，当这个数目大于总数的 10%，且大于 5 项时，则判定该投标人的报价不合理，不能成为中标候选人（具体项目具体操作）。

（4）主要材料和设备的价格评审 一般是把招标文件提供的用量大且对投标报价有较大影响的材料和设备作为评审的重点，抽取的数目不少于表中材料和设备总数目的 50% 或

⊖ 不平衡报价需与施工阶段的工程变更、索赔和调价结合才能发挥其创收的作用，而在投标阶段，不平衡报价的功能不能被体现，因此称之为"隐性"。

⊜ 即满足招标文件要求且投标价格最低的投标报价。

全部评审（当数目较少时），判定方法与评审综合单价的原理、方法和步骤基本相同。

（5）措施项目费评审　将招标文件所列的全部措施项目费作为一个整体进行评审，不再单独抽取，其方法为：将有效投标单位措施项目费的平均值下浮 5% 作为评标基准价。当某个有效投标单位的措施项目费大于评标基准价 10% 时，即判定该投标人的措施项目费不合理，进一步判定该投标人的报价不合理，不能成为中标候选人。

3. 措施三：合理运用评标质疑权

评标过程中对商务标中含糊不清、责任界定不明的问题，应该要求承包方书面澄清或承诺，尽量不留纠纷和隐患。若评委发现投标人某项报价过分地低于或高于其他投标人的报价，可以要求该投标人进行澄清，对不能正确说明投标报价合理性的或拒不澄清的，评委可认定该投标人的标书为废标。

4. 措施四：采用现代化的评标手段

商务标的评审至关重要，因为这个阶段关系到是否能从各投标人中确实选出质优价低的中标人。评审商务标之前，评标专家应该对工程内容、工程图纸、实物量清单、招标书的各种实质性规定有清楚的了解，然后再考察各投标人的标书。评审商务标的一种比较有效的手段就是电子评审，应用电子评审可以客观地反映出商务标的水平。通过这种手段，评标专家可以一目了然地看到工程总价由几部分构成，各部分的分部单价，各分部单价的人工、机械、材料消耗与单价如何；还可以通过材料设备明细汇总表直接分析出各投标人为完成实物量清单所实际提供的材料在数量上有无偏差，单价上有无恶意报价，产品质量如何等。最后是询标，询标过程不仅针对投标人，必要时甚至可以询问招标人。通过各种细致的分析比对，才能真正达到选取实质上响应招标文件且是合理低价的标书的目的，进而选出合适的中标人。

4.3.6　合同签订阶段的控制措施

采用工程量清单报价，必须树立工程管理的一切行为均以合同为根本依据的意识，强化合同在管理中的核心地位。签订施工合同时，可参照 99 版 FIDIC 新红皮书在专用条款中对工程变更价款做进一步的限制。合同签订应和招标文件的相关条款一致，这样做除可以避免结算产生合同纠纷外，也可以避免可能出现的设计变更或新增子目单价的高价。对于有可能出现的设计变更和新增子目的单价的计算方法最好也能在招标文件中事先约定，以避免出现合同谈判时的不确定性因素。在工程合同中应对工程变更引起的综合单价调整情况做出具体说明，特别是对工程变更、工程量变化、新增项目等引起的新综合单价的确认办法要做出明确规定。

4.3.7　工程施工阶段的控制措施

施工阶段是防止投标人利用不平衡报价实施工程变更、索赔和调价的关键阶段，这就要求施工现场管理人员除应对图纸、工程量清单的实质性内容、招标文件各相关责权约定、投标文件、合同有着全面的认识以外，还应尽量避免对自己不利因素的工程变更、索赔和调价。该阶段需要施工现场管理人员和造价管理人员的紧密配合，分清自己需要承担的责任及由此产生的各项费用的增加等。还应注意的是，发包人要严把材料关，严格拒绝施工方将不满足图纸、招标文件要求或者质量低于中标人承诺使用的材料用于工程上。对涉及造价调整的变更联系单，监理、招标人、承包人均应按统一的变更办理审核程序，层层把关，按合同规定及时核算。对偏差较大的不平衡项目，在施工过程中及时妥善解决，避免竣工后扯皮；对索赔事项，要分清责任，及时提出反索赔。作为有经验的招标人和监理工程师，完全应该主动出击，采取措施，预防和减少索赔事件的发生，把索赔和反索赔的次数和金额减至最少。对于索赔事项，招标人和监理可以采取下列的预防措施：

1）严格控制工程范围和内容的变化。

2）不要轻易干扰施工进度。

3）及时合理地处理工程变更。

4）及时支付工程进度款。

5）迅速地处理合同争端。

4.3.8　竣工决算阶段的控制措施

工程竣工结算时，对工程实物量除依据竣工图纸仔细核对外，结算审查人员还应对工程量清单的实质性内容、招标文件各相关责权约定、各投标报价、合同有着全面的了解和认识。在此基础上，严格按照招标文件和合同的约定仔细审查变更单价和新增子目单价的计算方法。同时应仔细核对投标人对各种材料设备的使用是否和图纸及投标书一致，不一致的要查明原因，原因不清楚的不可计算在内。

4.3.9　时间型不平衡报价的防范

1. 对已识别出的时间型不平衡报价的防范

对实施轻微的时间型不平衡报价进行澄清、说明或补正。在实际的招投标过程中，通常会采用经评审的最低投标价法对投标人报价进行评分，评标委员会将依据详细评审标准规定的量化因素及量化标准对投标价格进行分析与比较，并且评标委员会可以以书面形式要求投标人对投标报价中不明确的内容做出必要的澄清、说明或补正。因此招标人可以在评标细则中约定，评标委员会应当要求投标人就已标价工程量清单中综合单价与评标基准价价差超过5%但不超过10%的分部分项工程做出澄清、说明或补正。若投标人能够对其价差原因解释清楚，并且评标委员会认为其解释合理，则应认为投标人的报价合理；否则应认为该投标文件无效。

对实施严重的时间型不平衡报价进行最高投标限价控制。发包人可以通过合理设置两个层次的投标控制价，即投标控制总价和投标报价各组成部分的最高价来限制投标人的报价。因此招标人应根据相关要求结合工程实际情况在编制最高投标限价总价的同时，编制分部分项工程费、措施项目费、其他项目费、规费和税金的最高投标限价。评标时，对于投标文件中已标价工程量清单中综合单价与评标基准价价差超过10%的分部分项项目，若该分部分项工程的综合单价超过投标控制价中相同或类似分部分项工程的综合单价，则认为该投标文件无效；若该分部分项工程的综合单价未超过投标控制价中相同或类似分部分项工程的综合单价，则应要求投标人对其价差的合理性做出说明。

2. 对未识别出的时间型不平衡报价的防范

在竞争激烈的市场环境下，为了加强自身报价竞争力，承包人自然会想到利用不平衡报价策略，通过"低价中标，高价结算"的方式获取高额利润。承包人采取时间型不平衡报价策略获取经济利益的基础是中标，然而不平衡报价真正发挥作用，还是需要与工程项目实施过程中的变更索赔等形式相结合，所以承包人的投标报价具有很强的技巧性。这就要求发包人对承包人可能利用的实际施工中的机会点进行详细研究，例如发包人可以通过采取在进行商务标评审过程中制定量化细则的方法防范不平衡报价，也可以通过向投标人提供一份完整详尽的工程量清单的方法来防范不平衡报价，防范日后可能被利用的不平衡报价的机会点。

若发包人未能在投标报价时成功识别出承包人采取时间型不平衡报价策略，使得承包人成功低价中标，承包人为了以更高的价款结算以获取更大的利润，将会在运用时间型不平衡报价的同时将其与变更、调价、索赔等手段相结合，以实现最终的目的。由于建设工程项目本身的特点，工程合同条款中所涉及的情况并不能完全覆盖实际施工过程中发生的所有情况，工程变更情形是必然发生和普遍存在的。当承包人预期的工程变更出现，承包人将会试图多次利用创收手段，依据设想状态的报价以及调整后的工程量进行结算，达到事先期望状态。

对于任何一项建设项目而言，工程变更都是不可避免的。当施工条件发生改变时，承包人常常会针对投标报价低但造价比重较大的部分提出工程变更要求，试图利用多次变更获取超额利润。由于签订合同时发包人无法准确预知未来可能发生的情况，当工程变更发生时发包人应严格控制变更的内容和范围，结合 13 版《清单计价规范》中有关于报价浮动率的规定，降低由工程变更所造成的价款调整额。

本章参考文献

[1] 李平. 工程项目机会主义风险及防范对策的研究 [J]. 企业经济, 2007 (6)：62-64.

[2] 李莹, 韩凌杰, 董宇. 应用类似子目变更项目估价原则的合理性研究 [J]. 工程管理学报, 2012, 26 (5)：70-73.

[3] 贾勇. 公路工程变更中如何确定变更单价 [J]. 山西建筑, 2012, 38 (8)：261-262.

[4] 严玲, 赵宇飞, 陈妙芳. 业主视角下的设计变更价款支付控制研究 [J]. 建筑经济, 2010 (11)：37-41.

[5] 董雄勇, 张守珍. 工程项目价款变更确定的原则与方法 [J]. 建筑经济, 2011 (8)：65-67.

[6] 王华山. 基于信息不对称理论的不平衡报价行为规制研究 [D]. 天津：天津理工大学, 2017.

169

5

　　签约合同价是指合同双方在签订合同时在协议书中列明的合同价格，是合同价值考虑市场供求关系后的货币表现，在数字上等于中标通知书中的中标价。法理上，经过公示后招标人向投标人发出的中标通知书（通知书到达中标人）可视为招标人对投标人要约的承诺。合同双方必须依据承诺的内容签订合同，不可违背承诺的实质性内容，而中标通知书中的中标价属于实质性内容的范畴，受到法律的保护。因此，签约合同价在数字上必须和中标价一致。

　　虽然中标价和签约合同价在数字上相等，但两种价格是合同价格不同状态下的两种表现形式，所包含的内容以及风险范围不同。中标价是在多个投标人的投标报价的基础上经过评标过程确定下来的价格，是在评标阶段投标人之间以及投标人与招标人之间博弈之后确定的。签约合同价是在中标价的基础上，附加了合同签订前合同谈判中双方共同达成的一些附加约定，是合同签订阶段确定的。

　　中标价、签约合同价都是工程造价的范畴，它们是工程造价在不同阶段的表现形式，本章主要以《中华人民共和国招标投标法》（本章以下简称《招标投标法》）、《中华人民共和国招标投标法实施条例》（本章以下简称《招标投标法实施条例》）、《建设工程工程量清单计价规范》（GB 50500—2013）（本章以下简称 13 版《清单计价规范》）、《中华人民共和国标准施工招标文件》（发改委等令第 56 号）［本章以下简称 07 版《标准施工招标文件》（13年修订）］、《建设工程施工合同（示范文本）》（GF—2017—0201）（本章以下简称 17 版《工程施工合同》）等为依据，介绍了中标价及签约合同价的概念、含义、形成及确定过程。

5.1 中标价的合理确定

5.1.1 中标价的基本概念

　　中标价是项目建设过程中经过招标、投标、开标、评标、定标等环节确定中标人之后，发出中标通知书，中标通知书中所载明的价格。在整个工程价格形成路径中，中标人是根据中标价签订合同，确定签约合同价，最终形成合同价格的。所以中标价是发包人通过招标确定中标人的优选结果，中标价也是签约合同价和合同价格形成的前提。

　　中标通知书是指招标人在确定中标人后向中标人发出的，接受投标人提出要约的书面承诺文件。中标通知书的内容应当简明扼要，通常只需告知投标人招标项目已经中标，并确定签订合同的时间、地点即可。中标通知书发出后，对招标人和中标人都具有法律约束力。根据 2013 年国家发展和改革委员会、工业和信息化部、财政部、住房和城乡建设部、交通运输部、铁道部、水利部、国家广播电影电视总局、中国民用航空局令第 23 号（本章以下简称"九部委 23 号令"），《招标投标法》第四十六条，《评标委员会和评标方法暂行规定》（2013 年 4 月修订）第五十一条，《工程建设项目施工招标投标办法》（国家发展计划委员会、建设部、铁道部、交通部、信息产业部、水利部、中国民用航空总局令第 30 号，已被九部委 23 号令修改）第五十九条，《工程建设项目货物招标投标办法》（国家发展和改革委员会、建设部、铁道部、交通部、信息产业部、水利部、民航总局令第 27 号，已被九部委 23 号令修改）第五十一条，07 版《标准施工招标文件》（13 年修订）第 7.4 款，《招标投标法实施条例》第五十七条等文件的相关规定，招标人和中标人应当依照法律法规及相关条例的规定签订书面合同，合同的标的、价款、质量、履行期限等主要条款应当与招标文件和中标人的投标文件的内容一致。招标人和中标人不得再行订立背离合同实质性内容的其他协议，中标价在数字上等于签约合同价。

中标价的来源就是中标人的投标报价，在数字上等于中标人经过初步评审后修正后的投标报价，需要经过开标、评标、定标等过程确定中标人，然后发出中标通知书，至此形成中标价。

5.1.2　中标价的确定过程

1. 开标

开标应当按照招标文件规定的时间、地点和程序以公开的方式进行。开标由招标人主持，邀请评标委员会成员、投标人代表和有关单位代表参加。招标人检查投标文件的密封情况，确认无误后，由有关工作人员当众拆封，验证投标资格并宣读投标人名称、投标价格以及其他主要内容等。

另外《招标投标法实施条例》第三十条对两阶段招标也做了相应规定："对技术复杂或者无法精确拟定其技术规格的项目，招标人可以分两阶段进行招标。第一阶段，投标人按照招标公告或者投标邀请书的要求提交不带报价的技术建议，招标人根据投标人提交的技术建议确定技术标准和要求，编制招标文件。第二阶段，招标人向在第一阶段提交技术建议书的投标人提供招标文件，投标人按照招标文件的要求提交包括最终技术方案和投标报价的投标文件。招标人要求投标人提交投标保证金的，应当在第二阶段提出。"

（1）开标时间和地点　根据《招标投标法》，开标应当在招标文件确定的提交投标文件截止时间的同一时间公开进行。这样的规定是为了避免投标中的舞弊行为。一般认为，出现以下情况时征得建设行政主管部门的同意后，可以暂缓或者推迟开标时间：

情况一，招标文件发售后对原招标文件做了变更或者补充。

情况二，开标前发现有影响招标公正性的不正当行为。

情况三，出现突发事件等。

（2）出席开标会议的规定　开标由招标人主持，并邀请所有投标人的法定代表人或其委托代理人准时参加。招标人可以在投标人须知前附表中对此做进一步说明，同时明确投标人的法定代表人或其委托代理人不参加开标的法律后果。

（3）开标程序　根据 07 版《标准施工招标文件》（13 年修订）的规定，主持人按下列程序进行开标：

1）宣布开标纪律。

2）公布在投标截止时间前递交投标文件的投标人名称，并点名确认投标人是否派人到场。

3）宣布开标人、唱标人、记录人、监标人等有关人员姓名。

4）按照投标人须知前附表规定检查投标文件的密封情况。

5）按照投标人须知前附表的规定确定并宣布投标文件开标顺序。

6）设有标底的，公布标底。

7）按照宣布的开标顺序当众开标，公布投标人名称、标段名称、投标保证金的递交情况、投标报价、质量目标、工期及其他内容，并记录在案。

8）投标人代表、招标人代表、监标人、记录人等有关人员在开标记录上签字确认。

9）开标结束。

2. 评标

评标是招投标过程中的核心环节。因为不合理的中标价，会引发大量的工程质量、施工事故、工程纠纷等问题。

过低中标价是指低于成本的中标价，即执行"谁最低价谁中标"，招投标过程成了投标人让利压费的竞争游戏。由于承包价低于成本价，承包人只能偷工减料，粗制滥造，造成了大量的"豆腐渣"工程。施工过程中还因施工设施简陋，使施工安全没有保证，过低中标价工程常是施工拖拖拉拉，工期无法保证，当一些承包人确实无法维持下去时，只好找理由追加工程款，导致与发包人纠纷不断，最后以拖欠工人工资来抵偿，或者是以低价中标、高价结算来收尾。从长远看，由于整个市场在竞争最低价，因此施工企业无须去提高施工工艺；材料市场无须提供优质耐用的材料，低劣产品大量充斥整个市场。在供大于求的建筑市场中，则会造成优汰劣胜，大量素质较差、设备简陋的小企业获得工程。其结果是整个建筑市场出现倒退，失去国内外的竞争能力。

过高的中标造价一般出现在一些较大型的政府投资或招投标人串通的工程中。这些工程不选择最低价者中标，而选其比较了解、比较有信用的长期合作伙伴，甚至是某种特殊关系者中标。这就难以避免投标人在某种利益的驱使下以过高的标价中标，这种以远远高于工程质量所需的造价中标，由于利润过高，其危害性也不少。首先过高的利润大部分不会落在施工者手中。一是流入主管者的手上，造成更多的腐败现象；二是流向转包者手中，造成更多的层层分包，产生更多中间剥削者，难以进行管理。其次是造成建筑市场价格混乱，无法体现出真实的市场价格。

《招标投标法》对评标做出了原则性的规定。为了更为细致地规范整个评标过程，2001年8月5日，国家计委（现国家发改委）、国家经贸委、建设部（现国家住建部）、铁道部、交通部、信息产业部、水利部联合发布了《评标委员会和评标方法暂行规定》，2013年3月对本文件进行了修订。上述各文件指出，评标活动应遵循公平、公正、科学、择优的原则，招标人应当采取必要的措施，保证评标在严格保密的情况下进行。评标是招标投标活动中一个十分重要的阶段，如果对评标过程不进行保密，则影响公正评标的不正当行为有可能发生。

基于上述法律法规，以下简要介绍国内工程项目的评标过程。

（1）评标委员会的组建及对评标委员会成员的要求

1）评标委员会的组建。评标委员会成员名单一般应于开标前确定，而且该名单在中标结果确定前应当保密。评标委员会在评标过程中是独立的，任何单位和个人都不得非法干预、影响评标过程和结果。评标委员会由招标人负责组建，负责评标活动，向招标人推荐中标候选人或者根据招标人的授权直接确定中标人。

评标委员会由招标人或其委托的招标代理机构熟悉相关业务的代表，以及有关技术、经济等方面的专家组成，成员人数为五人以上的单数，其中技术、经济等方面的专家不得少于成员总数的2/3。评标委员会设负责人的，负责人由评标委员会成员推举产生或者由招标人确定，评标委员会负责人与评标委员会的其他成员有同等的表决权。

评标委员会的专家成员应当从省级以上人民政府有关部门提供的专家名册或者招标代理机构专家库内的相关专家名单中确定。确定评标专家，可以采取随机抽取或者直接确定的方式。一般项目，可以采取随机抽取的方式；技术特别复杂、专业性要求特别高或者国家有特殊要求的招标项目，采取随机抽取方式确定的专家难以胜任的，可以由招标人直接确定。

2）对评标委员会成员的要求。评标委员会中的专家成员应符合下列条件：

① 从事相关专业领域工作满八年并具有高级职称或者同等专业水平。

② 熟悉有关招标投标的法律法规，并具有与招标项目相关的实践经验。

③ 能够认真、公正、诚实、廉洁地履行职责。

有下列情形之一的，不得担任评标委员会成员：

① 投标人或者投标人主要负责人的近亲属。

② 项目主管部门或者行政监督部门的人员。

③ 与投标人有经济利益关系，可能影响对投标公正评审的。

④ 曾因在招标、评标以及其他与招标投标有关的活动中从事违法行为而受过行政处罚或刑事处罚的。

评标委员会成员有上述情形之一的，应当主动提出回避。

3）评标委员会成员的基本行为要求。评标委员会成员应当客观、公正地履行职责，遵守职业道德，对所提出的评审意见承担个人责任。

评标委员会成员不得与任何投标人或者与招标结果有利害关系的人进行私下接触，不得收受投标人、中介人、其他利害关系人的财物或者其他好处。

评标委员会成员和与评标活动有关的工作人员不得透露对投标文件的评审和比较、中标候选人的推荐情况以及与评标有关的其他情况。

（2）评标的准备与初步评审

1）评标的准备。评标委员会成员应当编制供评标使用的相应表格，认真研究招标文件，至少应了解和熟悉以下内容：

① 招标的目标。

② 招标项目的范围和性质。

③ 招标文件中规定的主要技术要求、标准和商务条款。

④ 招标文件规定的评标标准、评标方法和在评标过程中考虑的相关因素。

招标人或者其委托的招标代理机构应当向评标委员会提供评标所需的重要信息和数据。招标人设有标底的，标底应当保密，并在评标时作为参考。

173

评标委员会应当根据招标文件规定的评标标准和方法，对投标文件进行系统的评审和比较。招标文件中没有规定的标准和方法不得作为评标的依据。因此，评标委员会成员还应当了解招标文件规定的评标标准和方法，这也是评标的重要准备工作。

2）涉及外汇报价的处理。评标委员会应当按照投标报价的高低或者招标文件规定的其他方法对投标文件排序。以多种货币报价的，应当按照中国银行在开标日公布的汇率中间价换算成人民币。

招标文件应当对汇率标准和汇率风险做出规定。未做规定的，汇率风险由投标人承担。

3）初步评审标准，包括以下四个方面：

① 形式评审标准：投标人名称与营业执照、资质证书、安全生产许可证一致；投标函上有法定代表人或其委托代理人的签字或加盖单位章；投标文件格式符合；联合体投标人已提交联合体协议书，并明确联合体牵头人（如有）；报价唯一，即只能有一个有效报价；等。

② 资格评审标准：应具备有效的营业执照，具备有效的安全生产许可证，并且资质等级、财务状况、类似项目业绩、信誉、项目经理、其他要求、联合体许可证等，均符合规定。

③ 响应性评审标准：主要的投标内容包括投标报价校核，审查全部报价数据计算的正确性，分析报价构成的合理性，并与招标控制价进行对比分析，还有工期、工程质量、投标有效期、投标保证金、权利义务、已标价工程清单、技术标准和要求等，均应符合招标文件的有关要求。也就是说，投标文件应实质上响应招标文件的所有条款、条件，无显著的差异或保留。所谓显著的差异或保留包括以下情况：对工程的范围、质量及使用性能产生实质性影响；偏离了招标文件的要求，对合同中规定的招标人的权利或者投标人的义务造成实质性的限制；纠正这种差异或者保留将会对提交了实质性响应要求的投标文件的其他投标人的竞争地位产生不公正影响。

④ 施工组织设计和项目管理机构评审标准：主要包括施工方案与技术措施、质量管理体系与措施、安全管理体系与措施、环境保护管理体系与措施、工程进度计划与措施、资源配备计划、技术负责人、其他主要人员、施工设备、试验、检测仪器设备等符合有关标准。

（3）投标文件的澄清和说明　评标委员会可以要求投标人对投标文件中含意不明确的内容做必要的澄清或者说明，但是澄清或者说明不得超出投标文件的范围或者改变投标文件的实质性内容。对投标文件的相关内容做出澄清和说明，其目的是有利于评标委员会对投标文件的审查、评审和比较。澄清和说明包括投标文件中含义不明确、对同类问题表述不一致或者有明显文字和计算错误的内容。

投标文件中的大写金额和小写金额不一致的，以大写金额为准；总价金额与单价金额不一致的，以单价金额为准，但单价金额小数点有明显错误的除外；对不同文字文本投标文件的解释发生异议的，以中文文本为准。

（4）投标偏差　评标委员会应当根据招标文件，审查并逐项列出投标文件的全部投标偏差。投标偏差分为重大偏差和细微偏差。

1）重大偏差。下列情况属于重大偏差，应作为废标处理：

① 没有按照招标文件要求提供投标担保或者所提供的投标担保有瑕疵。

② 投标文件没有投标人授权代表签字和加盖公章。

③ 投标文件载明的招标项目完成期限超过招标文件规定的期限。

④ 明显不符合技术规格、技术标准的要求。

⑤ 投标文件载明的货物包装方式、检验标准和方法等不符合招标文件的要求。

⑥ 投标文件附有招标人不能接受的条件。

⑦ 不符合招标文件中规定的其他实质性要求。

2）细微偏差。细微偏差是指投标文件在实质上响应招标文件要求，但在个别地方存在漏项或者提供了不完整的技术信息和数据等情况，并且补正这些遗漏或者不完整不会对其他投标人造成不公平的结果。细微偏差不影响投标文件的有效性。

评标委员会应当书面要求存在细微偏差的投标人在评标结束前予以补正。拒不补正的，在详细评审时可以对细微偏差做不利于该投标人的量化，量化标准应当在招标文件中规定。

（5）有效投标过少的处理　投标人数量是决定投标有竞争性的最主要的因素，但是，如果投标人数量很多，但有效投标很少，则仍然达不到竞争性的目的。因此，《评标委员会和评标方法暂行规定》（2013 年 4 月修订）规定，投标人少于三个或者所有投标被否决的，招标人在分析招标失败的原因并采取相应措施后，应当依法重新招标。

（6）详细评审　经初步评审合格的投标文件，评标委员会应当根据招标文件确定的评标标准和方法，对其技术部分和商务部分做进一步评审、比较。评标方法包括经评审的最低投标价法、综合评估法或者法律、行政法规允许的其他评标方法。常用的详细评审方法是经评审的最低投标价法和综合评估法两种。

经评审的最低投标价法一般适用于具有通用技术、性能标准或者招标人对其技术、性能没有特殊要求的招标项目。评标委员会对满足招标文件实质要求的投标文件，进行价格折算后，按照经评审的投标价由低到高的顺序推荐中标候选人。经评审的投标价相等时，投标报价低的优先；投标报价也相等的，由招标人自行确定。采用经评审的最低投标价法的，中标人的投标应当符合招标文件规定的技术要求和标准，但评标委员会无须对投标文件的技术部分进行价格折算。评标委员会应当拟定一份"标价比较表"，其中应当载明投标人的投标报价、对商务偏差的价格调整和说明以及经评审的最终投标价。

综合评估法是指将评审的内容进行分类后分别赋予不同权重，评标专家根据评分标准对各类内容细分的小项进行相应的打分，最后计算的累计分值反映投标人的综合水平，以得分最高的投标文件为最优。这种方法由于需要评分的涉及面较宽，每一项都要经过评委打分，所以可以全面地衡量投标人实施招标工程的综合能力。

对于较简单的工程项目，由于评比要素相对较少，通常采用百分制法进行评标，但应预先设定技术标和商务标的满分值；对于大型复杂工程，其评审要素较多，需将评审要素划分为几大类并分别给出不同的权重，每一类再进行百分制计分。评审因素一般设置如下：

1）因素一：投标报价。主要包括评审投标报价的准确性和报价的合理性等。

2）因素二：施工组织设计。即评审施工方案或组织设计是否齐全完整、科学合理，具体包括：

① 施工方法是否先进合理。

② 施工进度计划及措施是否合理，能否满足招标人关于工期或竣工计划的要求。

③ 质量保证措施是否可行，安全措施是否可靠。

④ 现场平面布置及文明施工措施是否可靠。

⑤ 主要施工机具及劳动力配备是否合理。

⑥ 提供的材料设备是否满足招标文件及设计要求。

⑦ 项目主要管理人员及工程技术人员的数量和资历等是否符合招标文件的规定。

3）因素三：质量。即评审工程质量是否达到国家施工验收规范合格标准，是否符合招标文件要求，质量措施是否全面和可行。

4）因素四：工期。即评审工期是否满足招标文件的要求。

5）因素五：信誉和业绩。信誉和业绩包括：经济技术实力，近期合同履行情况，服务态度以及是否承担过类似工程，是否获得过上级的表彰和奖励等。

（7）评标结果 除招标人直接确定中标人外，评标委员会按照评审的价格由低到高的顺序推荐中标候选人。评标委员会完成评标后，应当向招标人提交书面评标报告，并抄送有关行政监督部门。评标报告应当如实记载以下内容：

1）基本情况和数据表。

2）评标委员会成员名单。

3）开标记录。

4）符合要求的投标人一览表。

5）废标情况说明。

6）评标标准、评标方法或者评标因素一览表。

7）经评审的价格或者评分比较一览表。

8）经评审的投标人排序。

9）推荐中标人名单与签订合同前要处理的事宜。

10）澄清、说明、补正事项纪要。

评标报告由评标委员会全体成员签字。对评标结论持有异议的评标委员会成员可以书面方式阐述其不同意见和理由。评标委员会成员拒绝在评标报告上签字且不陈述其不同意见和理由的，视为同意评标结论，评标委员会应当对此做出书面说明并记录在案。

有下列情形之一的，评标委员会应当否决其投标：

① 投标文件未经投标单位盖章和单位负责人签字。

② 投标联合体没有提交共同投标协议。

③ 投标人不符合国家或者招标文件规定的资格条件。

④ 同一投标人提交两个以上不同的投标文件或者投标报价，但招标文件要求提交备选投标的除外。

⑤ 投标报价高于招标文件设定的最高投标限价。

⑥ 投标文件没有对招标文件的实质性要求和条件做出响应。

⑦ 投标人有串通投标、弄虚作假、行贿等违法行为。

⑧ 经评标委员会论证，认定投标人的报价低于其企业成本的，不能推荐为中标候选人或者中标人。

3. 定标

经过评标后，就可确定出中标候选人（或中标单位）。评标委员会推荐的中标候选人应当限定在 1～3 人，并标明排列顺序。

中标人的投标应当符合下列条件之一：

1）能够最大限度地满足招标文件中规定的各项综合评价标准。

2）能够满足招标文件的实质性要求，并且经评审的投标价最低；但是投标价低于成本的除外。

国有资金控股或者占主导地位的项目，招标人应当确定排名第一的中标候选人为中标人。排名第一的中标候选人放弃中标、因不可抗力提出不能履行合同，或者招标文件规定应当提交履约保证金而在规定的期限内未能提交，或者被查实存在影响中标结果的违法行为等情形，不符合中标条件的，招标人可以按照评标委员会提出的中标候选人名单排序依次确定其他中标候选人为中标人。依次确定其他中标候选人与招标人预期差距较大，或者对招标人明显不利的，招标人可以重新招标。

招标人可以授权评标委员会直接确定中标人。

最后要注意的是，在确定中标人之前，招标人不得与投标人就投标价格、投标方案等实质性内容进行谈判。

评标完成后，评标委员会应当向招标人提交书面评标报告和中标候选人名单。中标候选人应当不超过 3 个，并标明排序。依法必须进行招标的项目，招标人应当自收到评标报告之日起 3 日内公示中标候选人，公示期不得少于 3 日。

中标人确定后，招标人应当向中标人发出中标通知书，同时通知未中标人，并与中标人在投标有效期内以及中标通知书发出之日起 30 日之内签订合同。依法必须进行施工招标的工程，招标人应当自确定中标人之日起 15 日内，向工程所在地的县级以上地方人民政府建设行政主管部门提交施工招标投标情况的书面报告。建设行政主管部门自收到书面报告之日起 5 日内未通知招标人在招标投标活动中有违法行为的，招标人可以向中标人发出中标通知书，并将中标结果通知所有未中标的投标人。评标、定标流程如图 5-1 所示。

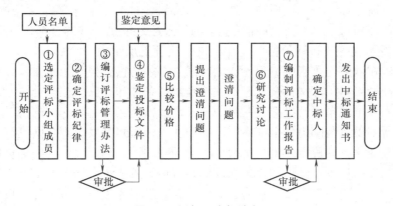

图 5-1　评标、定标流程

5.1.3　中标价的最终确定

中标人确定后，招标人应当向中标人发出中标通知书，并同时将中标结果通知所有未中标的投标人。中标通知书对招标人和中标人具有法律效力。中标通知书发出后，招标人改变中标结果，或者中标人放弃中标项目的，应当依法承担法律责任。中标通知书的发出标志着中标价的最终形成。

5.2 签约合同价及相关

5.2.1 签约合同价的概念

在签订合同阶段，招标人和中标人签订合同，依据中标价确定签约合同价，签约合同时形成的签约合同价称为合同价格的初始形成。签约合同价在数值上与中标价相同。

《招标投标法》第四十六条规定：招标人和中标人应当自中标通知书发出之日起 30 日内，按照招标文件和中标人的投标文件订立书面合同。同时，13 版《清单计价规范》第 7.1.1 条也有相同的规定。依照上述规定，在中标通知书发出之后，招标人与中标人应依照招标文件和中标人的投标文件，在不背离合同实质性内容的前提下进行谈判，在规定期限内达成一致并签订合同。

07 版《标准施工招标文件》（13 年修订）第 1.1.5.1 项规定：签约合同价是指签订合同时合同协议书中写明的，包括了暂列金额、暂估价的合同总金额。

07 版《标准施工招标文件》（13 年修订）第 1.1.5.2 项规定：合同价格是指承包人按合同约定完成了包括缺陷责任期内的全部承包工作后，发包人应付给承包人的金额，包括在履行合同过程中按合同约定进行的变更和调整。

这时两者关于"合同价"或者"合同价格"的约定就不一致，在实际工作中极易产生使用时的混淆与错乱。

而 13 版《清单计价规范》在 08 版《清单计价规范》的基础上，在"术语"中也给出了签约合同价的概念，签约合同价是指发承包双方在工程合同中约定的工程造价，包括了分部分项工程费、措施项目费、其他项目费、规费和税金的合同总金额。这就取得了与 07 版《标准施工招标文件》（13 年修订）相关概念的一致性，也使"签约合同价"和"签约合同价"经过调整后形成的"合同价格"有所区别，概念更加明确。

签约合同价在数值上等于中标价。签约合同价必须与投标报价相一致，即与中标价相一致，因为这是投标人对招标文件全部理解并接受相关条件计算后，在符合自己最大利益的条件下，向招标人发出的邀约，投标人一旦中标，该价格就成为签订合同的价格，此价格是完成工程量清单所列项目范围内的全部内容。除非在中标通知书发出到合同签订期间，国家法律法规发生重大变化，如税收政策发生改变，合同双方可进行商议，在中标价的基础上做出修正，形成新的价格作为签约合同价。合同的签订标志着签约合同价的最终确定。

签约合同价是合同当事人双方在协议书中约定，发包人用以支付承包人按照合同约定完成承包范围内全部工程并承担质量保修责任的价格。签约合同价是双方当事人关心的核心条款。招标工程的合同价格由合同双方依据中标通知中的中标价在协议书内约定；合同价格在协议书约定后，任何一方不能擅自改变。

5.2.2 签约合同价的确定

1. 合同的谈判

（1）合同谈判内容　合同签订之前，合同签订双方会进行谈判。因此，合同谈判是签约合同价确定的重要阶段。应根据招标文件和中标人的投标文件在书面合同中约定，且合同约定不得违背招、投标文件中关于工期、造价、质量等方面的实质性内容。

《合同法》第二章第十二条规定：合同的内容由当事人约定，一般包括以下条款：

① 当事人的名称或者姓名和住所。

② 标的。

③ 数量。

④ 质量。

⑤ 价款或者报酬。

⑥ 履行期限、地点和方式。

⑦ 违约责任。

⑧ 解决争议的方法。

第三十条规定：承诺的内容应当与要约的内容一致。受要约人对要约的内容做出实质性变更的，为新要约。有关合同标的、数量、质量、价款或者报酬、履行期限、履行地点和方式、违约责任和解决争议方法等的变更，是对要约内容的实质性变更。

该条就定义了合同的实质性内容。对于工程合同，除实质性内容以外的内容，合同签订双方可以在合同签订之前进行谈判，双方都表明观点之后，在对原则性问题双方意见基本一致的情况下，相互之间就可以交换书面意见或合同稿。然后以书面意见或合同稿为基础，逐项逐条审查合同条款。

（2）合同谈判技巧 对于工程项目，在中标人确定与合同签约之间，会有一个合同谈判阶段。考虑到在合同谈判阶段具有发包人与承包人博弈的性质，所有合同条款的添加都需要发包人与承包人双方参与，如果发包人要求添加某项强化承包人义务的条款，须经承包人同意；反之同理。在此阶段，为了保障项目实施过程中合同的顺利履行、强化发承包双方责权利合理分配、保障风险分担方案的实施效率、促使降低合同谈判的内生费用等，在谈判过程中有以下几点需要注意：

1）在合同谈判阶段加入具有激励性与约束性的条款保障风险分担方案实施的效率。在合同谈判阶段，中标人与招标人可以针对合同条款中已经存在的风险分担方案，有针对性地在合同条款中加入具有激励性与约束性的条款保障风险分担方案实施的效率。而在这一阶段，承包人充分参与具有重要的意义。在制定激励方案时，发包人应尽量给予承包人参与激励方案制定的机会。如果发包人有条件地给予承包人参与制定激励方案的机会，能够增进双方的信任与理解，确保激励方案的全面性、合理性和可实现性。

如何使承包人更愿意提出合理化建议？如何防止承包人自利行为、欺骗行为的出现？对发包人合同范围之外的要求如何促使承包人积极响应？或者发包人可以在合同谈判阶段提供哪些奖励机制、哪些条款来使其能够积极配合？这些问题是发承包双方在合同谈判阶段需要考虑的。

通过对建设单位与施工单位部分人员进行访谈，收集了具有风险分担效率保障作用的激励性与约束性条款集。结果表明：①双方可以在合同谈判阶段加入经济激励类、基于承包人权利保障类的激励性条款正向保障风险分担的实施效率；②加入经济惩罚类、清晰界定合同内容类的约束性条款反向保障风险分担的实施效率。

实际工作中对在合同谈判阶段加入的保障风险分担效率的激励性合同条款，其实施方式首先以经济激励为主，其次，也会使用基于承包人权利保障的激励方式，以提高承包人履约的积极性；对于保障风险分担效率的约束性合同条款的使用，实际工作中通常以经济惩罚的方式为主，同时使用清晰界定合同内容的方式防止承包人履约过程中出于自利动机而进行机会主义行为。

2）在合同谈判阶段雇用专业咨询团队减少信息不对称、降低内生交易费用。交易费用分为外生交易费用和内生交易费用。外生交易费用是指在交易过程中直接或间接发生的那些费用，而不是由于决策者的利益冲突导致经济扭曲的结果；内生交易费用则是信息不对称的必然产物，由特定的人类行为——机会主义对策行为引起，即一个参与者的利益以损害他人的利益为代价，它是人本性中固有的一面，这种对策行为是内生交易费用产生的根源。如果没有专业人士，发包人在和承包人的交易活动中面临着一系列内生交易费用增大的可能性。

在合同签订过程中，承包人为了能实现自己利益的最大化，利用自己的信息优势，或者选择对自己最有利的合同形式，或者在合同条款中故意使用模棱两可的字句暗中为自己创造日后逃脱责任或索赔的机会，发包人如果想获得谈判的标准、合同形式和索赔条款、合同谈判注意事项等，必须在合同签订前进行信息搜集和度量，这无疑会增大内生交易费用。在施工过程中，承包人可能利用自己的私人信息，在施工过程中偷工减料、利用私人关系购买廉价的原材料和机械设备并从中获得价差等谋害发包人利益，发生"道德风险"。

因此，可以雇用既掌握工程建设全过程的知识和专业技能，又能以公正、独立的态度为发包人服务的专业咨询团队，规定其职责为发包人服务。对于承包人的选择、合同形式的选择、合同的谈判、工程价格的计算、合同条款的确定、监督承包人的工作、意外事件发生导致的索赔等方面，他们可以通过自身拥有的知识、专业技能和对市场信息的了解占据控制权，减少了整个交易活动中的信息不对称问题；通过不断与承包人接触和监督其行为，抑制了承包人的机会主义行为。这样无论在时间上，还是在诸如信息搜索等一系列工作的成本上，比发包人亲自度量所需的成本和时间要少得多，因而节约了内生交易费用。

3）兼顾适当的刚性和充分的柔性是提高工程项目管理绩效的有效途径。如果发包人对中标人的初始信任水平相对于所有投标人的平均初始信任水平而言存在偏差，则中标后、签约前的合同谈判就非常必要。应在不背离合同实质性内容的前提下，根据对承包人的确切初始信任水平微调合同的柔性程度，使正式制度范畴内的合同柔性与非正式制度范畴内的承包人可信赖程度相吻合。

非重复博弈的特性使得工程项目交易双方的合作关系很容易建立在一种狭隘的"机会主义"之上：发包人倾向于将本应由己方承担的风险强制性转移给承包人且不愿在自然状态实现后提供相应的经济补偿（如设定免责条款），承包人因而热衷于利用发包人招标文件和合同条件中的"漏洞"来弥补自然状态恶化时己方多付出的建造成本（如不平衡报价、多变更、多调价、多索赔等）；交易双方的机会主义行为导致项目执行过程注定不会是"风平浪静"的，承包人动辄制造纠纷，发包人感觉麻烦不断，而任何纠纷的解决都是以双方的妥协与让步换来的，发包人的让步必然导致承包人二次经营的成功和项目成本的增加。

信任是交易过程中一方有"漏洞"时，另一方不会恶意利用甚至会善意提醒的状态，它会通过促使交易双方形成合理的风险分担而为项目产生"溢价"，最终促使项目成功。

我国工程领域签约通常采用合同范本并严格遵守相关法规，使得其合同普遍刚性有余、柔性不足。合同刚性的表征或评价可以初始合同中的风险分担为切入点，对于合同刚性的界定应包括：①风险分担基本原则的合理性；②针对承包人的保障风险分担方案实现的约束机制，主要是履约保证金、质量保证金、预付款保函、约定的对承包人的惩罚措施四个方面；③针对发包人的保障风险分担方案实现的约束机制，主要是支付保函、发包人履约不力或违约时承包人拥有索赔权的约定两个方面。对于承包人而言，合理的风险分担意味着在自然状态实现后为其提供相应的状态补偿，使其得到预期的合理利润，从而保证了承包人的公平感带来的其行为上的"安分守己"；对于发包人而言，合理的风险分担使得承包人不再专注于利用招标文件或初始合同中的漏洞，而是全力以赴应对项目中的风险，从而保证了项目管理过程的"风平浪静"，以及投资控制目标的实现。因此，适当的刚性和充分的柔性是提高工程项目管理绩效的有效途径。

初始信任通过合同柔性、合同刚性最终作用于工程项目管理绩效的具体路径如图 5-2所示。

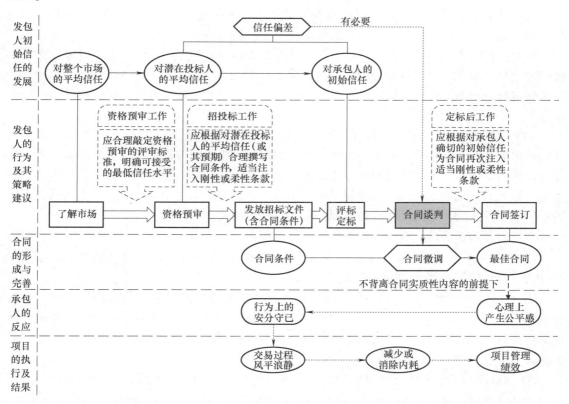

图 5-2　初始信任、合同柔性与刚性、工程项目管理绩效的作用路径

柔性可以注入工程项目合同的权利配置、风险分担、价格、工期甚至质量等方方面面，例如 07 版《标准施工招标文件》（13 年修订）中工程变更的范围和内容之一为"改变合同中任何一项工作的质量或其他特性"，事实上，只要承发包双方形成合意即可重新制定交易秩序，综合现有研究主要集中于以下四个方面：①价格柔性，关于项目合同设计中价格条款（Price Provisions）的问题，固定价格合同是最为刚性的，而设定价格调整条款、价格补偿机制甚至价格调整再谈判机制的合同会更加柔性[1]；②合同中规定的重新谈判机制（关于提

前终止、模式变更、合同期限、风险再分担等），合同条款中应写明在某些状况下允许执行重新谈判（Renegotiation），重新谈判机制是实现合同柔性的关键[2]；③合同中规定的纠纷预防与解决机制（包括所应遵循的原则、程序、指定的第三方等），工程争端的事前预防比目前常见的事后解决更具优越性，而预防措施之一即在合同中设置争端早期警告制度，从而使合同更加具有弹性[3]；④在合同中注入激励要素，激励要素可以促使合同参与方向实现预期目标、提高绩效水平的方向努力，从而提高合同的柔性[4]。

适当的合同刚性能够使当事人感受到其权利受到保护、结果可以预期，从而提高其事前专用性投资的积极性[5]。目前工程领域较为丰富的法律法规、成熟的合同范本等使得合同刚性普遍偏高，而拟定专用合同条款的高成本、工程领域信任水平普遍偏低以及对己方谈判力的不自信通常会导致合同柔性的不足[6]，因此，急需为工程领域合同注入柔性。

2. 履约担保

（1）履约担保的概念　所谓履约担保，是指招标人在招标文件中规定的要求中标的投标人提交的保证履行合同义务和责任的担保。

履约担保的有效期始于工程开工之日，终止日期则可以约定为工程竣工交付之日或者保修期满之日。由于合同履行期限应该包括保修期，履约担保的时间范围也应该覆盖保修期，如果确定履约担保的终止日期为工程竣工交付之日，则需要另外提供工程保修担保、质量保证金等。

（2）履约担保的形式　17版《工程施工合同》第3.7款规定：发包人需要承包人提供履约担保的，由合同当事人在专用合同条款中约定履约担保的方式、金额及期限等。履约担保可以采用银行保函或担保公司担保等形式，具体由合同当事人在专用合同条款中约定。因承包人原因导致工期延长的，继续提供履约担保所增加的费用由承包人承担；非因承包人原因导致工期延长的，继续提供履约担保所增加的费用由发包人承担。

常见的履约担保形式有银行履约保函、履约担保书、保留金三种。

1）银行履约保函是由商业银行开具的担保证明，通常为合同金额的10%左右。银行保函分为有条件的银行保函和无条件的银行保函。

①有条件的保函是指下述情形：在承包人没有实施合同或者未履行合同义务时，由发包人或工程师出具证明说明情况，并由担保人对已执行合同部分和未执行部分加以鉴定，确认后才能收兑银行保函，由发包人得到保函中的款项。建筑行业通常倾向于采用有条件的保函。

②无条件的保函是指下述情形：在承包人没有实施合同或者未履行合同义务时，发包人只要认为承包人违约，不需要出具任何证明和理由就可对银行保函进行收兑。

2）履约担保书由担保公司或者保险公司开具，当承包人在执行合同过程中违约时，开出担保书的担保公司或者保险公司用该项担保金去完成施工任务或者向发包人支付完成该项目所实际花费的金额，但该金额必须在担保金的担保金额之内。

3）保留金是指在发包人（工程师）根据合同的约定，每次支付工程进度款时扣除一定数目的款项，作为承包人完成其修补缺陷义务的保证。保留金一般为每次工程进度款的10%。但总额一般应限制在合同总价款的5%（通常最高不得超过10%）。一般在工程移交时，发包人（工程师）将保留金的一半支付给承包人；质量保修期（或"缺陷责任期"）满时，将剩下的一半支付给承包人。

（3）履约担保的作用　履约担保将在很大程度上促使承包人履行合同约定，完成工程建设任务，从而有利于保护发包人的合法权益。一旦承包人违约，担保人要代为履约或者赔偿经济损失。

履约担保金额的大小取决于招标项目的类型与规模，但必须保证承包人违约时，发包人不受损失。在投标人须知中，发包人要规定使用哪一种形式的履约担保。中标人应该按照招标文件中的规定提交履约担保。

（4）《世行采购指南》对履约担保的规定　工程的招标文件要求一定金额的保证金，其金额足以抵偿借款人（发包人）在承包人违约时所遭受的损失。该保证金应当按照借款人在招标文件中的规定以适当的格式和金额采用履约担保书或者银行保函的形式提供。担保书或者银行保函的金额将根据提供保证金的类型和工程的性质和规模有所不同。该保证金的一部分应展期至工程竣工日之后，以覆盖截至借款人最终验收的缺陷责任期或维修期；另一种做法是，在合同中规定从每次定期付款中扣留一定的百分比作为保留金，直到最终验收为止。可允许承包人在临时验收后用等额保证金来代替保留金。

（5）99 版 FIDIC《施工合同条件》（本章以下简称 99 版 FIDIC 新红皮书）对履约担保的规定　如果合同要求承包人为其正确履行合同取得担保时，承包人应在收到中标函之后28 天内，按投标书附件中注明的金额取得担保，并将此保函提交给发包人。该保函应与投标书附件中规定的货币种类及其比例相一致。当向发包人提交此保函时，承包人应将这一情况通知工程师。该保函采取 99 版 FIDIC 新红皮书附件中的格式或由发包人和承包人双方同意的格式。提供担保的机构须经发包人同意。除非合同另有规定，执行本款时所发生的费用应由承包人负担。

在承包人根据合同完成施工和竣工，并修补了任何缺陷之前，履约担保将一直有效。在发出缺陷责任证书之后，即不应对该担保提出索赔，并应在上述缺陷责任证书发出后 14 天内将该保函退还给承包人。

在任何情况下，发包人在按照履约担保提出索赔之前，皆应通知承包人，说明导致索赔的违约性质。

3. 合同的签订

（1）合同签订的原则　由于工程建设涉及国家利益和社会公共利益，所以其订立和履行要受到国家的干预，即在当事人双方意思表示一致的基础上，还应遵守国家关于建设工程管理的相关法律、法规，以保证工程合同的合法、有效，应注意遵循以下原则：

1）遵守国家和地方政府的法律及行政法规，涉外的还要遵守国际公约。

2）尊重社会公德，不得扰乱社会经济秩序、损害社会公共利益。

3）遵循平等、自愿、公平、诚实信用的原则。

4）合同中条款用词要严密具体，逻辑性强，不出现前后矛盾、相互抵触和否定。

（2）合同签订的时间要求　依据《招标投标法》第四十六条的规定，招标人和中标人应当自中标通知书发出之日起 30 日内，按照招标文件和中标人的投标文件订立书面合同。因此，发承包双方必须把握好合同签订的时限。

（3）合同签订的内容要求　13 版《清单计价规范》第 7.1.1 条规定：“合同约定不得违背招、投标文件中关于工期、造价、质量等方面的实质性内容。招标文件与中标人投标文件不一致的地方，应以投标文件为准。”因此，在签订建设工程合同时，发承包双方应依据招标文件和中标人的投标文件拟定合同内容。

13 版《清单计价规范》第 7.2.1 条规定，发承包双方应在合同条款中对下列事项进行约定：

1）预付工程款的数额、支付时间及抵扣方式。

2）安全文明施工措施的支付计划、使用要求等。

3）工程计量与支付工程进度款的方式、数额及时间。

4）工程价款的调整因素、方法、程序、支付及时间。

5）施工索赔与现场签证的程序、金额确认与支付时间。

6）承担计价风险的内容、范围以及超出约定内容、范围的调整办法。

7）工程竣工价款结算编制与核对、支付及时间。

8）工程质量保证金的数额、预留方式及时间。

9）违约责任以及发生工程价款争议的解决方法及时间。

10）与履行合同、支付价款有关的其他事项等。

合同内容应对这些内容详细约定，以便于施工及竣工结算阶段合同价款的管理。

本章参考文献

［1］ Athias L，Saussier S. Contractual flexibility or rigidity for public private partnerships? Theory and evidence from infrastructure concession contracts ［R］. Munich：Munich Personal RePEC Archive，2007.

［2］ Susarla A. Contractual flexibility，rent seeking，and renegotiation design：an empirical analysis of information technology outsourcing contracts ［J］. Management Science，2012，58（7）：1388-1407.

［3］ 吕文学，花园园. 基于交易成本的国际工程项目争端预防分析 ［J］. 国际经济合作，2010，（1）：69-73.

［4］ 石莎莎，杨明亮. 城市基础设施 PPP 项目内部契约治理的柔性激励机制探析 ［J］. 中南大学学报（社会科学版），2011，17（6）：155-160.

［5］ Hart O，Moore J. Agreeing now to agree later：contracts that rule out but do not rule in ［R］. Cambridge：National Bureau of Economic Research（NBER）Working Paper，No. 10397，2004.

［6］ Soili N H，Nari L，Jukka L. Flexibility in contract terms and contracting processes ［J］. International Journal of Managing Projects in Business，2010，3（3）：462-478.

第2篇

合同价款调整理论与实务

对于"合同价款"的界定，相关法律法规及各类合同范本的约定尚未达成统一，众学者对此也莫衷一是。本书引入债的视角对合同价款予以诠释。在实际工程项目建设中，由于支付程序未履行完整，或支付申请存在瑕疵，或者尚有对价关系，或者发包人无力即时支付等行为，构成一种法律事实，这种法律事实引起发包人与承包人之间存在特定的请求权利与给付义务的法律关系，即形成合同价款。合同价款往往体现一种动态的概念，是承发包双方对于项目建设的费用已经予以确认但还未完成支付的价款，表明一种债的状态，即合同之债。

既然合同价款体现的是一种不稳定的状态，在合同履约过程中，影响合同价款调整的风险因素一旦发生，则会导致发承包双方约定的合同状态（债的状态）发生变化，此时，发承包双方将面临一个风险分担过程，借助于对合同价款调整的条件，通过合理的风险分担对合同价款状态予以调整并作为一种状态补偿使其重新达到一种新的平衡。因此，本书将风险分担理论作为"道"，试图揭示风险因素与合同价款调整之间的影响机理，丰富并完善合同价款调整的理论体系。

同时，不同的风险因素导致不同的合同价款状态变化，不同的状态变化则需要不同的状态补偿方式，并通过变更、调价、索赔等手段表现。本篇将引入状态分析理论，从状态补偿角度将变更、调价、索赔的"道"理解为对合同价款状态变化的一种补偿。即变更是工程项目合同执行过程中，当风险因素导致合同状态发生变化时，为保证工程顺利实施而采取的对原合同状态的修改与补充，并予以调整合同价款的一种措施与方式。调价则通过对市场价格或费率的调整，平抑风险因素对合同价款状态改变带来的影响。索赔的实质则体现在对合同价款状态改变造成损失的一种补偿，在原始合同状态被打破的情况下，对合同价款进行调整，从而建立新的平衡状态，这不是一种惩罚，称为"索补"更为恰当。

《建设工程工程量清单计价规范》（GB 50500—2013）除包含《建设工程工程量清单计价规范》（GB 50500—2008）中规定的风险因素外，将暂估价、现场签证、误期赔偿等共计14项内容列入合同价款的调整因素，进一步丰富与细化了影响合同价款调整的风险因素。本书则以此14项引起合同价款调整的风险因素，探讨不同因素造成的合同价款调整。

第 6 章

合同价款调整管理综述

合同一经签订即形成一种特定的"合同状态"，这种合同状态体现出发承包双方的权利和义务[1]。影响合同状态的风险因素一旦发生，合同状态就会发生变化，就需要对合同状态进行补偿，此时需要通过合同价款的调整来达到新的合同状态的平衡。

合同状态的变化会引起合同价款的调整，因此影响合同状态变化的风险因素，即影响合同价款调整的风险因素必须要在发承包双方之间进行合理的风险分担。因为风险的承担意味费用的增加，当风险过多分担给一方而致使其无法承担时，该方为了弥补费用损失，就会做出损害对方利益的行为。如承包人就会采取偷工减料的行为弥补费用损失，而发包人就会通过价款的延期支付进行弥补，并且不合理的风险分担也会导致纠纷事件的产生。因此合理的风险分担是合同价款调整管理的关键因素，要以风险分担为导向进行合同价款调整的管理。

本章主要以《中华人民共和国民法总则》（本章以下简称《民法总则》）、《中华人民共和国合同法》（本章以下简称《合同法》）、《建设工程价款结算暂行办法》（财建〔2004〕369 号）、《中华人民共和国标准施工招标文件》（发改委等令第 56 号）［本章以下简称 07版《标准施工招标文件》（13 年修订）］、《建设工程施工合同（示范文本）》（GF—2017—0201）（本章以下简称 17 版《工程施工合同》）、《建设工程工程量清单计价规范》（GB 50500—2013）（本章以下简称 13 版《清单计价规范》）为依据，界定了合同价款的概念，从债的角度对合同价款进行解释，分析了合同范本及规章规范中影响合同价款的因素，构建了合同价款体系，确定了合同价款调整的对象。与此同时引入风险分担理论，并形成合同价款调整的实现路径，以保证影响合同价款的风险因素发生时，发承包双方可采取合理的路径实现合同价款的调整。

6.1 合同价款调整的内涵

6.1.1 合同价款概念的界定

关于合同价款的概念，相关法律法规及各类合同范本的约定尚未达成统一，甚至出现"合同价""合同价格""合同价款""工程款"及"工程价款"混用等现象。为了更好地对合同价款概念进行界定，本书首先从合同签约前至交易完成阶段厘清合同价格与合同价款的界面，如图 6-1 所示，并从债的法律视角对合同价款予以解释。

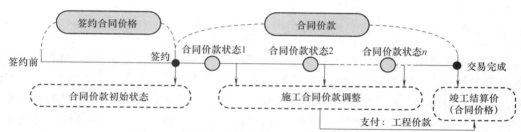

图 6-1 合同价格/合同价款/工程价款的界面示意图

从图中可以看出，合同价款以签约合同价格为起始点，以竣工结算价为终点，包括实施过程中的价款调整。合同价款体现了一种动态的概念，是表明发承包双方对于工程项目的费用已经予以确认但还未完成支付的价款，其实质是承包人在履行义务之后，应得到的发包人履行其义务而进行的支付。合同一经签订，合同价款即形成一种特定的"合同状态"。影响合同状态的风险因素一旦发生，合同价款就会发生变化，此时需要对合同价款做出调整以达到新的合同状态。根据上述界面的划分，本书将竣工结算价作为合同价款初始状态与调整部分的合同价款的和，即工程竣工结算价 = 合同价款初始状态 + 调整部分的合同价款，如图 6-2 所示。

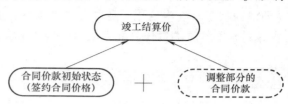

图 6-2 合同价款与竣工结算价的关系图

其次，从债的法律角度来看，在建设工程中发承包双方因合同而产生法律关系，从而产生了特定的权利与义务关系，即形成了合同之债的关系。既然合同之债发生在发承包双方之间，而合同的义务主要是完成施工任务与支付工程价款，因此，对于支付工程价款，发包人是债务人，承包人是债权人，合同及其法律则成为债权人实现其特定利益的依据。在建设工程实际中，由于支付程序未履行完整，或支付申请存在瑕疵，或尚有对价关系，或发包人无力即时支付等行为，构成一种法律事实，这种法律事实引起发包人与承包人之间存在特定的请求权利与给付义务的法律关系，即形成合同价款。

综合上述，本书将合同价款界定为以签约合同价格为起点，竣工结算价为终点，是发承包双方对于项目建设的费用已经予以确认应支付但还未完成支付的价款，表明一种债的状态，即合同之债。它以特定的给付为标的，以最终支付作为产生的法律效果，一旦完成支付，则形成工程价款。因此，发承包双方均应尽快使合同价款予以支付而形成工程价款这种稳定状态。合同价款的法律属性如图 6-3 所示。

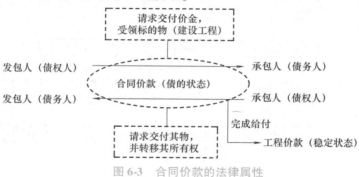

图 6-3 合同价款的法律属性

6.1.2　合同价款调整的界定

当发承包双方在签订合同时，双方会在施工合同中约定发包人应支付给承包人的价款金额数量和支付方法，即约定的合同价款初始状态。在项目建设过程中若未发生任何一个风险因素，发包人则按照初始的结算状态进行结算，确定合同价款的数额。但项目履约过程中，由于建设工程的周期长、受自然条件和客观因素的影响大，外在因素（如环境、政策因素）或内在因素（如双方履约能力、变更、调价等事项）的出现，将会导致工程建设实际情况与发承包双方之间约定的存在状态产生不同，从而打破原有的平衡，使约定的初始价款状态发生变化。此时需要在原有初始价款的基础上对合同价款进行调整，形成新的合同价款。

基于此，本书将合同价款调整界定为在合同签订以后，由于外在因素（如政策、市场环境）和内在因素（如工程变更、现场签证等）的影响，发承包双方约定的合同价款状态（即债的状态）发生变化，在原有初始状态的基础上，通过合理的路径以增加或减少各参与主体对合同价款的责任分配，从而调整初始状态，重新达到一种新的平衡。

6.2　合同价款调整的机理

6.2.1　合同价款体系的构成

合同价款调整的前提是明确合同价款体系的具体构成，工程项目发承包双方在签订合同时约定初始合同价格，由于工程本身的特性因素及外部因素环境影响的不确定性，签订合同的初始状态与基础条件可能伴随着某一个影响因素的发生而产生变化，即合同价款具有动态变化性。但合同价款的调整仅仅体现在一种状态的改变，其构成内容却未发生改变，反映的是已经结算但却未完成支付的合同价款。本书所指的合同价款构成体系集中体现在一种相对静止状态的合同价格构成。

基于特定的中国管理情境，本书以工程量清单计价模式为基础。在该模式下，工程项目施工合同价款是指发包人应该支付但还未支付给承包人的建设工程造价费用，其合同价款的构成与合同价格构成一致，即合同价款 = 分部分项工程费 + 措施项目费 + 其他项目费 + 规费 + 税金。工程项目施工合同价款的构成如图 6-4 所示。

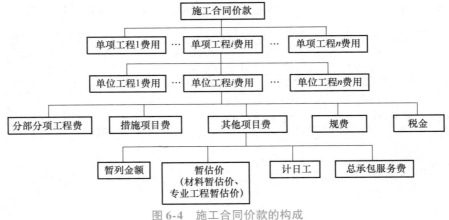

图 6-4　施工合同价款的构成

其中

$$施工合同价款 = \sum 单项工程费用 \tag{6-1}$$

$$单项工程费用 = \sum 单位工程费用 \tag{6-2}$$

$$单位工程费用 = 分部分项工程费 + 措施项目费 + 其他项目费 + 规费 + 税金 \tag{6-3}$$

$$分部分项工程费 = \sum (分部分项工程量 \times 相应分部分项综合单价) \tag{6-4}$$

$$措施项目费 = \sum (措施项目工程量 \times 措施项目综合单价) + \sum 单项措施费 \tag{6-5}$$

其他项目费包括暂列金额、暂估价、计日工、总承包服务费。

综上可见，研究工程项目施工合同价款体系的构成，为后续进一步对施工合同价款的解构奠定了基础。

6.2.2　合同价款调整的对象

国内工程量清单计价模式采用不完全综合单价的计价方式，故在进行工程量清单计价时，综合单价包括一个规定计量单位的工程量清单项目所需的人工费、材料费、机械使用费、企业管理费与利润，还包括一定范围内的风险费。

因此，为确定施工合同价款调整的对象，本书通过上述工程项目施工合同价款的构成，对其进行进一步 WBS 分解。如图 6-5 所示。

从图 6-5 工程项目合同价款 WBS 解构的结果可以看出：

1）分部分项工程费：以综合单价（人工费、材料费、机械使用费、管理费、利润）及工程量为调整对象。

2）措施项目费：单价计算的措施项目费以综合单价、工程量为调整对象；总价计算的措施项目费以要素价格（即指代人工费、材料费、机械使用费的单项价格费用）及费率为调整对象。

3）规费：以计算基数（要素价格构成）及费率为调整对象。

4）税金：以计算基数（要素价格构成）及费率为调整对象。

5）其他项目费：①暂列金额，用于合同签订时尚未确定或者不可预见的材料、设备、服务等金额，以要素价格为调整对象；②计日工，按照合同约定作为一种计价方式以综合单价为调整对象；③暂估价，用以支付必然发生的材料、工程设备单价或专业工程金额，可以以要素价格为调整对象；④总承包服务费，对供应的材料、设备提供收发和保管服务以及在进行施工现场管理时发生并向总承包人支付的费用，以费率为调整对象。

综上可见，合同价款的调整对象为综合单价、要素价格、费率、工程量。工程实践中，由于不可预见或覆盖项目实施过程中的风险因素的发生，发包人风险或责任招致的费用损失在很大程度上造成施工合同价款的调整，根据风险分担的原则，哪一方最有能力控制该风险，风险就应由哪一方承担；若是双方均不能控制的风险，则由发包人承担。因此，由于一些发包人原因引起的风险招致承包人的费用损失时，发包人应该调整合同价款予以补偿。本书将发包人风险或责任招致的费用损失列入施工合同价款的调整对象。此外，工程量清单计价模式下采用"量价分离"的计价模式，而工程量是承包人正确履行合同义务形成的应予计量的工程量。综上，本章仅从"价"的角度分析施工合同价款的调整对象。

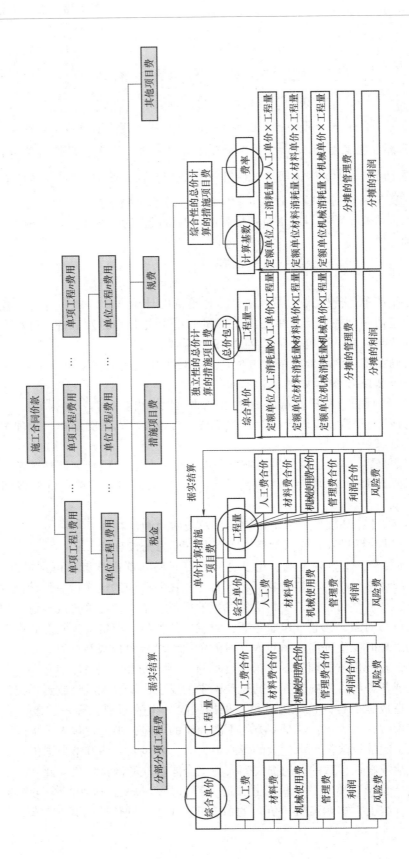

图 6-5 施工合同价款的解构

本书将工程项目施工合同价款的调整对象界定为综合单价、要素价格、费率及费用损失，即施工合同价款调整对象包括基于综合单价的调整、基于要素价格的调整、基于费率的调整、基于费用损失的调整。其中，综合单价是指与工程量对应的单价，除包括对应的资源价格及利润外，还包括归责于承包人的风险；要素价格是指人工费、材料费、机械使用费的单项价格；费率主要是指受国家法律法规变化影响的规费、管理费等费率；费用损失是指由发包人风险或责任而招致的费用损失。

6.2.3　合同价款调整的影响因素

目前，常用的合同范本及相关法律、法规均对引起合同价款调整的因素做出了相应规定。现阶段，我国建筑业常用的合同范本主要有 17 版《工程施工合同》、99 版 FIDIC《施工合同条件》（本章以下简称 99 版 FIDIC 新红皮书）及 07 版《标准施工招标文件》（13 年修订）。因此本书以上述三类合同范本为例。而相关法律、法规则以《民法总则》《合同法》《建筑工程施工发包与承包计价管理办法》（住建部令第 16 号）、13 版《清单计价规范》和《建设工程价款结算暂行办法》（财建〔2004〕369 号），分别探讨引起合同价款调整的因素。

1. 常用合同范本的规定

合同价款的调整是工程实施过程中一项重要的工作。当发承包双方进行合同价款调整时，首先需要依据双方签订的合同，即遵循合同优先原则。当合同中有明确的条款约定时（前提是合同约定符合法律或规范的要求），以合同约定为准；当合同中无明确的条款约定时，发承包双方则可通过协商按照国家的相关法律法规进行处理。因此，对于常用合同范本中相关合同价款调整的约定及处理原则进行深入分析很有必要，本书从风险分担的视角对三类合同范本中合同价款调整的条款进行分析，具体如表 6-1 所示。

表 6-1　常用合同范本对合同价款调整因素的相关规定

序号	风险种类	合同范本	具体条款	风险分担情况	
				发　包　人	承　包　人
1	法律法规变化的风险	17 版《工程施工合同》	11.2 法律变化引起的调整	基准日期后，法律变化导致承包人在合同履行过程中所需要的费用发生除市场价格波动引起的调整约定以外的风险（基准日期是指招标发包的工程投标截止日前 28 天的日期）	因承包人的原因造成工期延误，延误期间发生法律法规变化的风险（基准日期是指招标发包的工程投标截止日前 28 天的日期）
		07 版《标准施工招标文件》（13 年修订）	16.2 在基准日后，因法律变化导致承包人在合同履行中所需要的工程费用发生除第 16.1 款约定以外的增减时，监理人应根据法律和国家或省、自治区、直辖市有关部门的规定，按第 3.5 款商定或确定需调整的合同价款	承担基准日后法律、法规变化的风险（基准日是指投标截止时间前 28 天的日期）	承担基准日前法律、法规变化的风险（基准日是指投标截止时间前 28 天的日期）

（续）

序号	风险种类	合同范本	具 体 条 款	风险分担情况	
				发 包 人	承 包 人
1	法律法规变化的风险	99版FID-IC新红皮书	13.7 如果在基准日期以后，能够影响承包人履行其合同义务的工程所在国的法律（包括新法律的实施以及现有法律的废止或修改）或对此法律的司法的或官方政府的解释的变更导致费用的增减，则合同价格应做出相应调整	承担基准日后法律、法规变化的风险（基准日期是指提交投标文件截止日前28天的当日）	承担基准日前法律、法规变化的风险（基准日期是指提交投标文件截止日前28天的当日）
2	市场价格波动的风险	17版《工程施工合同》	11.1 市场价格波动引起的调整	除承包人应承担以外的市场价格调整风险	因承包人原因工期延误后的价格调整风险；材料、工程设备价格变化在基准价格5%以内的风险（基准价格是指发包人在招标文件或专用合同条款中给定的材料、工程设备的价格）
		07版《标准施工招标文件》（13年修订）	16.1 物价波动引起的价格调整	承担合同约定范围外的价格调整	因承包人原因工期延误后的价格调整风险
		99版FID-IC新红皮书	13.8 费用变化引起的调整	当合同中有"数据调整表"且其中规定适用该条款时，则发包人承担全部风险	当合同中规定不适用该条款时，承包人承担该项风险；因承包人原因工期延误后的价格调整风险，也由承包人承担
3	变更风险	17版《工程施工合同》	10.5 承包人的合理化建议 10.6 变更引起的工期调整	发包人提出的变更风险；承包人提出、发包人批准的变更风险	承包人擅自变更风险
		07版《标准施工招标文件》（13年修订）	15.2 变更权 15.3 变更程序 15.5 承包人的合理化建议	发包人提出的变更风险；承包人提出、发包人批准的变更风险	承包人擅自变更风险
		99版FIDIC新红皮书	13.4 以适用货币支付 如果合同规定合同价格以一种以上的货币支付，则在按上述规定已商定、批准或决定变更调整的同时，应规定以每种适用的货币支付的金额	已商定、批准或确定的变更风险	承包人擅自变更风险
4	不可抗力风险	17版《工程施工合同》	17.3 不可抗力后果的承担	工程损失及发包人的损失由发包人承担	承包人损失由承包人承担
		07版《标准施工招标文件》（13年修订）	21.3.1 不可抗力造成损害的责任	工程损失及发包人的损失由发包人承担	承包人损失由承包人承担
		99版FIDIC新红皮书	19.4 不可抗力的后果	承包人发出通知的不可抗力造成的风险	承包人未通知的不可抗力造成的风险

　　17 版《工程施工合同》、07 版《标准施工招标文件》（13 年修订）和 99 版 FIDIC 新红皮书均从市场价格、法律变化两方面对引起的价格调整予以规定，但在实践中发承包双方在合同中普遍约定的合同价款调整因素还包括变更和不可抗力。通过分析可以看出，上述三类合同范本对合同价款调整因素的规定原则基本一致。

2. 法律法规及相关文件中的规定

　　针对合同价款的调整因素，国家的相关法律法规也做出了具体规定。在实际工作中，法律法规作为合同文件的补充，当发承包双方未在合同中约定具体的合同价款调整因素或详细的价款调整方法时，可通过协商的方式依照法律法规合同对价款调整的原则进行调整。13 版《清单计价规范》详细列出了 14 个合同价款调整影响因素的规定，具体分析见表 6-2。

表 6-2　13 版《清单计价规范》对合同价款调整影响因素的规定

序号	风险种类	具体条款	分担情况	
			发　包　人	承　包　人
1	法律、法规变化	9.2.1 招标工程以投标截止日前 28 天，非招标工程以合同签订前 28 天为基准日，其后因国家的法律、法规、规章和政策发生变化引起工程造价增减变化的，发承包双方应按照省级或行业建设主管部门或其授权的工程造价管理机构据此发布的规定调整合同价款	承担基准日期之后法律法规变化的风险	承担基准日期之前法律法规变化的风险
2	工程变更	9.3.1 因工程变更引起已标价工程量清单项目或其工程数量发生变化，应按照下列规定调整 9.3.2 工程变更引起施工方案改变，并使措施项目发生变化时，承包人提出调整措施项目费的，应事先将拟实施的方案提交发包人确认，并详细说明与原方案措施项目相比的变化情况。拟实施的方案经发承包双方确认后执行。并应按照下列规定调整措施项目费 9.3.3 当发包人提出的工程变更因非承包人原因删减了合同中的某项原定工作或工程，致使承包人发生的费用或（和）得到的收益不能被包括在其他已支付或应支付的项目中，也未被包含在任何替代的工作或工程中时，承包人有权提出并应得到合理的费用及利润补偿	发包人提出的变更风险；承包人提出、发包人批准的变更风险	承包人擅自变更的风险
3	物价变化	9.8.1 合同履行期间，因人工、材料、工程设备、机械台班价格波动影响合同价款时，应根据合同约定，按本规范附录 A 的方法之一调整合同价款 9.8.2 承包人采购材料和工程设备的，应在合同中约定主要材料、工程设备价格变化的范围或幅度；当没有约定，且材料、工程设备单价变化超过 5% 时，超过部分的价格应按照价格指数调整法或造价信息调整法（具体方法见附录 A）计算调整材料、工程设备费	承担全部的人工单价变化风险和超过合同约定幅度的材料、设备价格变化风险	承担未超过合同约定幅度的材料、设备价格变化风险
4	工程量偏差	9.6.1 合同履行期间，当应予计算的实际工程量与招标工程量清单出现偏差，且符合本规范第 9.6.2 条、9.6.3 条规定时，发承包双方应调整合同价款 9.6.2 对于任一招标工程量清单项目，当因本节规定的工程量偏差和第 9.3 节规定的工程变更等原因导致工程量偏差超过 15% 时，调整的原则为：当工程量增加 15% 以上时，增加部分的工程量的综合单价应予调低；当工程量减少 15% 以上时，减少后剩余部分的工程量的综合单价应予调高	承担风险	—

（续）

序号	风险种类	具体条款	分担情况	
			发包人	承包人
5	不可抗力	9.10.1 因不可抗力事件导致的人员伤亡、财产损失及其费用增加，发承包双方应按下列原则分别承担并调整合同价款和工期	发包人自身的损失、工程损失	承包人自身的损失
6	项目特征不符	9.4.1 发包人在招标工程量清单中对项目特征的描述，应被认为是准确的和全面的，并且与实际施工要求相符合。承包人应按照发包人提供的招标工程量清单，根据项目特征描述的内容及有关要求实施合同工程，直到项目被改变为止 9.4.2 承包人应按照发包人提供的设计图纸实施合同工程，若在合同履行期间，出现设计图纸（含设计变更）与招标工程量清单任一项目的特征描述不符，且该变化引起该项目工程造价增减变化的，应按照实际施工的项目特征，按本规范第9.3节相关条款的规定重新确定相应工程量清单项目的综合单价，调整合同价款	承担风险	—
7	工程量清单缺项	9.5.1 合同履行期间，由于招标工程量清单中缺项，新增分部分项工程清单项目的，应按照本规范第9.3.1条的规定确定单价，并调整合同价款 9.5.2 新增分部分项工程清单项目后，引起措施项目发生变化的，应按照本规范第9.3.2条的规定，在承包人提交的实施方案被发包人批准后调整合同价款	承担风险	—
8	现场签证	9.14.3 现场签证的工作如已有相应的计日工单价，现场签证中应列明完成该类项目所需的人工、材料、工程设备和施工机械台班的数量。如现场签证的工作没有相应的计日工单价，应在现场签证报告中列明完成该签证工作所需的人工、材料设备和施工机械台班的数量及单价	承担风险	承担擅自施工的风险
9	提前竣工（赶工补偿）	9.11.2 发包人要求合同工程提前竣工的，应征得承包人同意后与承包人商定采取加快工程进度的措施，并修订合同工程进度计划。发包人应承担承包人由此增加的提前竣工（赶工补偿）费用	承担风险	—
10	误期赔偿	9.12.1 合同工程发生误期，承包人应赔偿发包人由此造成的损失，并按照合同约定向发包人支付误期赔偿费。即使承包人支付误期赔偿费，也不能免除承包人按照合同约定应承担的任何责任和应履行的任何义务	—	承担风险
11	索赔	9.13.1 至 9.13.9 对索赔事项进行了约定	责任方承担风险	
12	计日工	9.7.1 发包人通知承包人以计日工方式实施的零星工作，承包人应予执行 9.7.2 采用计日工计价的任何一项变更工作，在该项变更的实施过程中，承包人应按合同约定提交下列报表和有关凭证送发包人复核 9.7.3 任一计日工项目持续进行时，承包人应在该项工作实施结束后的24小时内向发包人提交有计日工记录汇总的现场签证报告一式三份。发包人在收到承包人提交现场签证报告后的2天内予以确认并将其中一份返还给承包人，作为计日工计价和支付的依据。发包人逾期未确认也未提出修改意见的，视为承包人提交的现场签证报告已被发包人认可 9.7.4 任一计日工项目实施结束后，承包人应按照确认的计日工现场签证报告核实该类项目的工程数量，并根据核实的工程数量和承包人已标价工程量清单中的计日工单价计算，提出应付价款；已标价工程量清单中没有该类计日工单价的，由发承包双方按本规范第9.3节的规定商定计日工单价计算	承担风险	—

（续）

序号	风险种类	具体条款	分担情况	
			发 包 人	承 包 人
13	暂估价	9.9.1 发包人在招标工程量清单中给定暂估价的材料、工程设备属于依法必须招标的，由发承包双方以招标的方式选择供应商。确定价格，并以此为依据取代暂估价，调整合同价款 9.9.2 发包人在招标工程量清单中给定暂估价的材料、工程设备不属于依法必须招标的，应由承包人按照合同约定采购，经发包人确认后取代暂估价，调整合同价款 9.9.3 发包人在工程量清单中给定暂估价的专业工程不属于依法必须招标的，应按照本规范第 9.3 节相应条款的规定确定专业工程价款，并应以此为依据取代专业工程暂估价，调整合同价款	承担风险	—
14	暂列金额	9.15.1 已签约合同价中的暂列金额应由发包人掌握使用 9.15.2 发包人按照本规范第 9.1 节至 9.14 节的规定支付后，暂列金额余额应归发包人所有	承担风险	—

除此之外，《民法总则》《合同法》《建设工程价款结算暂行办法》（财建〔2004〕369号）对合同价款调整也做出了相关规定，具体见表6-3。为了便于对比，本表中仍保留13版《清单计价规范》相应规定。

表6-3　相关文件中关于合同价款调整的规定

序号	风险种类	法规名称	具体条款	分担情况	
				发 包 人	承 包 人
1	法律法规变化的风险	《民法总则》（2017）	第十条　处理民事纠纷，应当依照法律；法律没有规定的，可以适用习惯，但是不得违背公序良俗 第十一条　其他法律对民事关系有特别规定的，依照其规定 第十二条　中华人民共和国领域内的民事活动，适用中华人民共和国法律。法律另有规定的，依照其规定	—	—
		《建设工程价款结算暂行办法》）	第八条（三）可调价格。可调价格包括可调综合单价和措施费等，双方应在合同中约定综合单价和措施费的调整方法，调整因素包括：1. 法律、行政法规和国家有关政策变化影响合同价款	承担风险	—
		13版《清单计价规范》	9.2.1 招标工程以投标截止日前28天，非招标工程以合同签订前28天为基准日，其后因国家的法律、法规、规章和政策发生变化引起工程造价增减变化的，发承包双方应按照省级或行业建设主管部门或其授权的工程造价管理机构据此发布的规定调整合同价款	承担基准日期之后法律法规变化的风险	承担基准日期之前法律法规变化的风险
2	市场价格波动的风险	《合同法》	第六十三条　执行政府定价或者政府指导价的，在合同约定的交付期限内政府价格调整时，按照交付时的价格计价。逾期交付标的物的，遇价格上涨时，按照原价格执行；价格下降时，按照新价格执行。逾期提取标的物或者逾期付款的，遇价格上涨时，按照新价格执行；价格下降时，按照原价格执行	逾期提取标的物时价格调整的风险	逾期交付标的物时价格调整的风险

序号	风险种类	法规名称	具体条款	分担情况	
				发包人	承包人
2	市场价格波动的风险	《建设工程价款结算暂行办法》	第八条（三）可调价格。可调价格包括可调综合单价和措施费等，双方应在合同中约定综合单价和措施费的调整方法，调整因素包括：2. 工程造价管理机构的价格调整	按照合同约定承担部分的风险	按照合同约定承担部分的风险
		13版《清单计价规范》	9.8.1 合同履行期间，因人工、材料、工程设备、机械台班价格波动影响合同价款时，应根据合同约定，按本规范附录A的方法之一调整合同价款 9.8.2 承包人采购材料和工程设备的，应在合同中约定主要材料、工程设备价格变化的范围或幅度；当没有约定，且材料、工程设备单价变化超过5%时，超过部分的价格应按照价格指数调整法或造价信息调整法（具体方法见附录A）计算调整材料、工程设备费	承担全部的人工单价变化风险和超过合同约定幅度的材料、设备价格变化风险	承担未超过合同约定幅度的材料、设备价格变化风险
3	工程变更的风险	《民法总则》（2017）	第一百三十六条 民事法律行为自成立时生效，但是法律另有规定或者当事人另有约定的除外。行为人非依法律规定或者未经对方同意，不得擅自变更或者解除民事法律行为	—	—
		《建设工程价款结算暂行办法》	第八条（三）可调价格。可调价格包括可调综合单价和措施费等，双方应在合同中约定综合单价和措施费的调整方法，调整因素包括：3. 经批准的设计变更；4. 发包人更改经审定批准的施工组织设计（修改错误除外）造成费用增加 第十条 工程设计变更价款调整	按照合同约定承担部分的风险	按照合同约定承担部分的风险
		13版《清单计价规范》	9.3.1 因工程变更引起已标价工程量清单项目或其工程数量发生变化时，应按照下列规定调整	发包人提出的变更风险；承包人提出、发包人批准的变更风险	承包人擅自变更的风险
			9.3.2 工程变更引起施工方案改变，并使措施项目发生变化时，承包人提出调整措施项目费的，应事先将拟实施的方案提交发包人确认，并详细说明与原方案措施项目相比的变化情况。拟实施的方案经发承包双方确认后执行。并应按照下列规定调整措施项目费		
			9.3.3 当发包人提出的工程变更因非承包人原因删减了合同中的某项原定工作或工程，致使承包人发生的费用或（和）得到的收益不能被包括在其他已支付或应支付的项目中，也未被包含在任何替代的工作或工程中时，承包人有权提出并应得到合理的费用及利润补偿		
4	不可抗力风险	《民法总则》（2017）	第一百八十条 因不可抗力不能履行民事义务的，不承担民事责任。法律另有规定的，依照其规定。不可抗力是指不能预见、不能避免且不能克服的客观情况	—	—

（续）

序号	风险种类	法规名称	具体条款	分担情况	
				发包人	承包人
4	不可抗力风险	《合同法》	第一百一十七条 因不可抗力不能履行合同的，根据不可抗力的影响，部分或者全部免除责任，但法律另有规定的除外。当事人迟延履行后发生不可抗力的，不能免除责任	—	—
		13版《清单计价规范》	9.10.1 因不可抗力事件导致的人员伤亡、财产损失及其费用增加，发承包双方应按下列原则分别承担并调整合同价款和工期	发包人自身损失及工程损失的风险	承包人自身损失的风险

　　《民法总则》规定民事活动的基本原则和一般规定，保护民事主体的合法权益；《合同法》保护合同当事人的合法权益，维护社会经济秩序。因此，工程建设活动中应以上述两法规定为基本原则，严格执行。对于法律法规变化、市场价格波动、工程变更、不可抗力四个影响合同价款调整因素的规定，《建设工程价款结算暂行办法》（财建〔2004〕369号）只是涉及了前三个因素的有关规定，不可抗力并未提及；《建筑工程施工发包与承包计价管理办法》（住建部令第16号）对各个因素未有明确规定，只在第十四条中说明发承包双方应当在合同中约定合同价款的调整方法；相比而言，13版《清单计价规范》规定得较全面详细。

6.2.4　风险因素与合同价款调整的影响关系

　　工程项目实施过程中，当任一影响合同价款调整的风险因素发生时，必然导致合同价款状态发生变化。此时，合同价款就需要做出调整以使合同价款状态趋于一种新的平衡状态，其实质体现在风险因素的发生对合同价款的计价或计量基数产生影响，从而导致合同价款的状态发生变化，这也意味着风险因素对于合同价款状态的影响改变了合同签订时的初始合同价款状态，双方的权利与义务需要做出调整。施工合同价款调整的影响机理如图6-6所示。

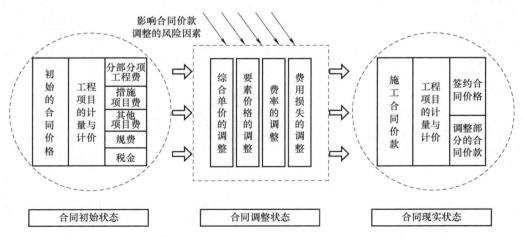

图6-6　施工合同价款调整的影响机理

　　然而，不同的风险因素对施工合同价款造成的影响不同，其实质体现在对施工合同价款基数的影响作用不同。基于此，本书从上述影响合同价款调整的 14 项风险因素入手，以 07 版《标准施工招标文件》（13 年修订）和 13 版《清单计价规范》作为研究理论依据，通过对相关风险因素涉及的合同条款进行详细分析，结合工程量清单模式下特有的相关规定，确定 14 项风险因素所影响的调整对象。具体如下：

1）法律法规变化类风险：法律法规变化类风险导致费率及要素价格（人工费）的变化。

2）物价波动类风险：物价波动类风险导致要素价格的变化。

3）变更类风险：工程变更、项目特征不符、工程量清单缺项、工程量偏差导致综合单价变化。

4）索赔类风险：提前竣工（赶工补偿）、误期赔偿、索赔、不可抗力导致费用损失。

5）其他类风险：计日工与现场签证作为一种方式对合同价款予以调整；暂估价与暂列金额的变化可直接列入合同价款的调整。

各风险因素对施工合同价款的影响关系如图 6-7 所示。

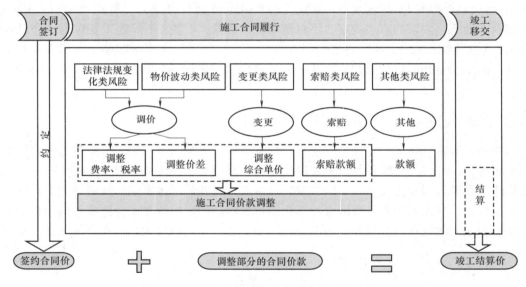

图 6-7　各风险因素对施工合同价款的影响关系

本章参考文献

[1] 刘一格. 工程计量对合同状态的动态补偿机理及实现研究 [D]. 天津：天津理工大学，2014.

第 7 章
法律法规变化引起的合同价款调整

建设工程的合同价格是根据中标承包人的投标报价确定的，而承包人投标报价的法律依据则是其投标时执行的相关法律法规，对于建设周期比较长的大中型工程项目，如果在建设实施期内，承包人投标时所依据的相关法律法规发生变化，则势必会产生建设工程合同价款调整的风险，对于因法律法规变化引起建设工程合同价款变动的风险，如果不能在发承包双方之间进行合理的分担，则会直接导致建设工程合同价款纠纷的形成。根据风险分担的可预见性原则，承包人在投标时不能预见的法律法规变动风险，由发包人承担应更为合理。因此，发承包双方可以在施工合同中约定以"基准日期"作为风险分担的分界点。但是，对于"基准日期"的约定是否合理，也会影响到风险分担的合理性。同时，能够引起建设工程合同价款调整的法律法规的范围，即哪些法律规范性文件发生变化会引起合同价款的变动，发、承包双方也应当在建设工程合同中明确约定。最后，法律法规变化引起建设工程合同价款变动数额的确定方法及原则，也应当在建设工程合同中事先做出约定。

本章主要以《中华人民共和国民法总则》［本章以下简称《民法总则》（2017）］、《中华人民共和国合同法》（本章以下简称《合同法》）、《中华人民共和国标准施工招标文件》（发改委等令第 56 号）［本章以下简称 07 版《标准施工招标文件》（13 年修订）］、《建设工程施工合同（示范文本）》（GF—2017—0201）（本章以下简称 17 版《工程施工合同》）、《建设工程工程量清单计价规范》（GB 50500—2013）（本章以下简称 13 版《清单计价规范》）以及 99 版 FIDIC《施工合同条件》（本章以下简称 99 版 FIDIC 新红皮书）等为依据，针对上述问题，对于因法律法规变化引起的建设工程合同价款变动问题，进行较为深入的分析，以期能为建设工程合同价款管理的理论与实践提供借鉴。

7.1 法律法规变化引起价款调整的依据

13 版《清单计价规范》第 3.4.2 条明确规定，由于法律法规变化，影响合同价款调整的，应由发包人承担，发承包双方应按照省级或行业建设主管部门或其授权的工程造价管理机构据此发布的规定调整合同价款。

7.1.1 允许调价的依据

对于法律法规变化引起的合同价款调整，在表 7-1 中的相关计价规范及合同文件，即 99 版 FIDIC 新红皮书、17 版《工程施工合同》《建设工程价款结算暂行办法》（财建〔2004

369 号）中均明确规定可以通过追加合同价款的方式进行调整，但也存在不同的解决方式：99 版 FIDIC 新红皮书按照承包人履行合同与否进行了时间的分割，不同的时间对应不同的调整方式，一种是直接进行合同价款调整，另一种是索赔；17 版《工程施工合同》和《建设工程价款结算暂行办法》（财建〔2004〕369 号）则是具体地将承包人提出调整合同价款申请、发包人受理该申请的时间进行了界定。

表 7-1　法律法规变化引起合同价款调整的依据

相关文件	具体条文内容
13 版《清单计价规范》	9.2.1：招标工程以投标截止日前 28 天、非招标工程以合同签订前 28 天为基准日，其后因国家的法律、法规、规章和政策发生变化引起工程造价增减变化的，发承包双方应按照省级或行业建设主管部门或其授权的工程造价管理机构此发布的规定调整合同价款 9.2.2：因承包人原因导致工期延误的，按本规范第 9.2.1 条规定的调整时间，在合同工程原定竣工时间之后，合同价款调增的不予调整，合同价款调减的予以调整
17 版《工程施工合同》	11.2：基准日期后，法律变化导致承包人在合同履行过程中所需要的费用发生除第 11.1 款〔市场价格波动引起的调整〕约定以外的增加时，由发包人承担由此增加的费用；减少时，应从合同价格中予以扣除。基准日期后，因法律变化造成工期延误时，工期应予以顺延。因法律变化引起的合同价格和工期调整，合同当事人无法达成一致的，由总监理工程师按第 4.4 款〔商定或确定〕的约定处理。因承包人原因造成工期延误，在工期延误期间出现法律变化的，由此增加的费用和（或）延误的工期由承包人承担
07 版《标准施工招标文件》（13 年修订）	3.5.1：合同约定总监理工程师应按照本款对任何事项进行商定或确定时，总监理工程师应与合同当事人协商，尽量达成一致。不能达成一致的，总监理工程师应认真研究后审慎确定 3.5.2：总监理工程师应将商定或确定的事项通知合同当事人，并附详细依据。对总监理工程师的确定有异议，构成争议，按照第 24 条的约定处理。在争议解决前，双方应暂按总监理工程师的确定执行，按照第 24 条的约定对总监理工程师的确定做出修改的，按修改后的结果执行 16.2：在基准日后，因法律变化导致承包人在合同履行中所需要的工程费用发生除 16.1 款约定以外的增减时，监理人应根据法律、国家或省、自治区、直辖市有关部门的规定，按第 3.5 款商定或确定需调整的合同价款
99 版 FIDIC 新红皮书	8.4：如果竣工已经或将受到延误，对任何此类延误给予延长期；任何此类费用应计入合同价格，给予支付。工程师收到此类通知后，应按第 3.5〔确定〕的规定，对这些事项进行商定或确定 13.7：对于基准日期后工程所在国的法律有改变（包括施用新的法律，废除或修改现有法律）或对此类法律的司法或政府解释有改变，使承包人履行合同规定的义务产生影响的，合同价格应考虑上述改变导致的任何费用增减，进行调整 如果由于这些基准日期后做出的法律或此类解释的改变，使承包人已（或将）遭受延误和（或）招致增加费用，承包人应向工程师发出通知
《建设工程价款结算暂行办法》（财建〔2004〕369 号）	第九条：承包人应当在合同规定的调整情况发生后 14 天内，将调整原因、金额以书面形式通知发包人，发包人确认调整金额后将其作为追加合同价款，与工程进度款同期支付。发包人收到承包人通知后 14 天内不予确认也不提出修改意见，视为已经同意该项调整。当合同规定的调整合同价款的调整情况发生后，承包人未在规定时间内通知发包人，或者未在规定时间内提出调整报告，发包人可以根据有关资料，决定是否调整和调整的金额，并书面通知承包人

7.1.2　法律法规的范围

13 版《清单计价规范》明确将法律法规的范围归为四类，其 3.4.2 规定：由于国家法律、法规、规章和政策发生变化影响合同价款调整的，应由发包人承担。由此可见，因法律法规变化引起合同价款调整的依据可以大致划分为四类，分别是法律类、法规类、规章类以及政策类。

第一类：法律

法律是由全国人民代表大会及其常委会⊖根据法定职权和程序制定和修改的，规定和调整国家、社会和公民生活中某一方面带有根本性的社会关系或基本问题的一种法。

法律有广义和狭义两种理解。广义上讲，法律泛指一切规范性文件；狭义上讲，仅指全国人大及其常委会制定的规范性文件。法律由于制定机关的不同可以分为两类：一类为基本法律，即由全国人大制定和修改的，规定和调整国家和社会生活中某一方面具有根本性和全民性关系的法律，包括刑事、民事、国家机构和其他的基本法律；另一类是基本法律之外的法律，是指由全国人大常委会制定和修改的，规定和调整除基本法律调整以外的，关于国家和社会生活某一方面具体问题的关系的法律，如文物保护法、商标法等。在全国人大闭会期间，全国人大常委会有权对全国人大制定的基本法律进行部分修改和补充，但不得与该法律的基本原则相抵触。

《中华人民共和国立法法》（2015 年修正）（本章以下简称《立法法》）第八条规定："下列事项只能制定法律：（一）国家主权的事项；（二）各级人民代表大会、人民政府、人民法院和人民检察院的产生、组织和职权；（三）民族区域自治制度、特别行政区制度、基层群众自治制度；（四）犯罪和刑罚；（五）对公民政治权利的剥夺、限制人身自由的强制措施和处罚；（六）税种的设立、税率的确定和税收征收管理等税收基本制度；（七）对非国有财产的征收、征用；（八）民事基本制度；（九）基本经济制度以及财政、海关、金融和外贸的基本制度；（十）诉讼和仲裁制度；（十一）必须由全国人民代表大会及其常务委员会制定法律的其他事项。"

第二类：法规

行政法规是由最高国家行政机关国务院依法制定和修改的，有关行政管理和管理行政两方面事项的规范性法律文件的总称。

行政法规是指国家最高行政机关即国务院根据并为实施宪法和法律而制定的关于国家行政管理活动的规范性文件，是我国一种重要的法的渊源。行政法规地位仅次于宪法和法律。国务院所发布的决定和命令，凡属于规范性的，也属于法的渊源之列。部门规章是国务院所属部委根据法律和国务院行政法规、决定、命令，在本部门的权限内，所发布的各种行政性的规范性法律文件，也称部委规章。国务院所属的具有行政职能的直属机构发布的具有行政职能的规范性法律文件，也属于部门规章的范围。部门规章的地位低于宪法、法律、行政法规，不得与它们相抵触。

《立法法》第六十五条规定："国务院根据宪法和法律，制定行政法规。行政法规可以就下列事项作出规定：（一）为执行法律的规定需要制定行政法规的事项；（二）宪法第八十九条规定的国务院行政管理职权的事项。"

地方性法规是由特定地方国家机关依法制定和变动，效力不超出本行政区域范围，作为地方司法依据之一，在法的形式体系中具有基础作用的规范性法律文件的总称。《立法法》第七十二条规定："省、自治区、直辖市的人民代表大会及其常务委员会根据本行政区域的具体情况和实际需要，在不同宪法、法律、行政法规相抵触的前提下，可以制定地方性法

　⊖　以下简称"全国人大及其常委会"。

规。设区的市的人民代表大会及其常务委员会根据本市的具体情况和实际需要，在不同宪法、法律、行政法规和本省、自治区的地方性法规相抵触的前提下，可以对城乡建设与管理、环境保护、历史文化保护等方面的事项制定地方性法规，法律对设区的市制定地方性法规的事项另有规定的，从其规定。设区的市的地方性法规须报省、自治区的人民代表大会常务委员会批准后施行。省、自治区的人民代表大会常务委员会对报请批准的地方性法规，应当对其合法性进行审查，同宪法、法律、行政法规和本省、自治区的地方性法规不抵触的，应当在四个月内予以批准。

省、自治区的人民代表大会常务委员会在对报请批准的设区的市的地方性法规进行审查时，发现其同本省、自治区的人民政府的规章相抵触的，应当做出处理决定。

除省、自治区的人民政府所在地的市，经济特区所在地的市和国务院已经批准的较大的市以外，其他设区的市开始制定地方性法规的具体步骤和时间，由省、自治区的人民代表大会常务委员会综合考虑本省、自治区所辖的设区的市的人口数量、地域面积、经济社会发展情况以及立法需求、立法能力等因素确定，并报全国人民代表大会常务委员会和国务院备案。

自治州的人民代表大会及其常务委员会可以依照本条第二款规定行使设区的市制定地方性法规的职权。自治州开始制定地方性法规的具体步骤和时间，依照前款规定确定。

省、自治区的人民政府所在地的市，经济特区所在地的市和国务院已经批准的较大的市已经制定的地方性法规，涉及本条第二款规定事项范围以外的，继续有效。"

《立法法》第七十五条规定："民族自治地方的人民代表大会有权依照当地民族的政治、经济和文化的特点，制定自治条例和单行条例。自治区的自治条例和单行条例，报全国人民代表大会常务委员会批准后生效。自治州、自治县的自治条例和单行条例，报省、自治区、直辖市的人民代表大会常务委员会批准后生效。

自治条例和单行条例可以依照当地民族的特点，对法律和行政法规的规定做出变通规定，但不得违背法律或者行政法规的基本原则，不得对宪法和民族区域自治法的规定以及其他有关法律、行政法规专门就民族自治地方所作的规定做出变通规定。"

第三类：政府规章

根据《立法法》第八十条的规定："国务院各部、委员会、中国人民银行、审计署和具有行政管理职能的直属机构，可以根据法律和国务院的行政法规、决定、命令，在本部门的权限范围内，制定规章。部门规章规定的事项应当属于执行法律或者国务院的行政法规、决定、命令的事项。没有法律或者国务院的行政法规、决定、命令的依据，部门规章不得设定减损公民、法人和其他组织权利或者增加其义务的规范，不得增加本部门的权力或者减少本部门的法定职责。"

关于地方政府规章，根据《立法法》第八十二条的规定："省、自治区、直辖市和设区的市、自治州[⊖]的人民政府，可以根据法律、行政法规和本省、自治区、直辖市的地方性法规，制定规章。"

第四类：政策

《立法法》中只针对法律、行政法规、地方性法规、自治条例和单行条例、规章的制

⊖　指经国务院批准，拥有与省会（自治区首府）城市相同的地方性法规和规章制定权的城市。

定、修改和废止，未对"政策"进行规定。

在我国，宪法以及各种法律、法规中规定的诸多原则是国家政策的体现，有的内容甚至成为宪法、法律和法规本身的有机组成部分。《民法总则》（2017）第八条规定："民事主体从事民事活动，不得违反法律，不得违背公序良俗。"党的政策对法律的制定或实施都有指导作用。但本书对"政策"理解为国家政策，一般分为对内与对外两大部分：对内政策包括财政经济政策、文化教育政策、军事政策、劳动政策、宗教政策、民族政策等；对外政策即外交政策。

7.2　法律法规变化引起价款调整的方法

通过对法律法规、计价规范以及合同范本中对法律法规变化引起合同价款调整的因素的相关规定得知，只有 13 版《清单计价规范》明确指出了规费、税金、人工费和措施项目费中的安全施工费，99 版 FIDIC 新红皮书则是"任何招致承包人增加的费用"均可进行调整，其余合同文件均没有明确的规定。

在工程建设中，法律、法规变化导致的合同价款调整的主要内容包括：规费的调整、税金的调整、措施项目费中的安全文明施工费的调整、人工费的调整。发承包双方对工程施工阶段的风险宜采用如下风险分担原则：对于法律、法规、规章或有关政策出台导致工程税金、规费、人工费等发生变化，并由省级、行业建设行政主管部门⊖或其授权的工程造价管理机构⊜根据上述变化发布的政策性调整，承包人不应承担此类风险，应按照有关调整规定执行。

7.2.1　税金的调整

1. 税金的内容

13 版《清单计价规范》第 2.0.35 条规定：税金是国家税法规定的应计入建筑安装工程造价内的营业税、城市维护建设税、教育费附加及地方教育附加。

13 版《清单计价规范》第 4.6.1 条规定：税金项目清单应包括下列内容：营业税；城市维护建设税；教育费附加；地方教育附加。第 4.6.2 条规定：出现本规范第 4.6.1 条未列的项目，应根据税务部门的规定列项。

《财政部、国家税务总局关于全面推开营业税改征增值税试点的通知》（财税〔2016〕36 号）规定，自 2016 年 5 月 1 日起，在全国范围内全面推开营业税改征增值税试点，建筑业、房地产业、金融业、生活服务业等全部营业税纳税人，纳入试点范围，由缴纳营业税改为缴纳增值税。

（1）增值税　增值税是指国家税法规定的应计入建设项目总投资内的增值税销项税额，应按工程费、工程建设其他费和预备费分别计取。

1）设备购置费中的增值税计算：

⊖ 省级住房和城乡建设厅、城乡建设委员会以及建设兵团等。
⊜ 省级建设工程造价管理协会、工程造价协会、工程建设标准造价协会、建设工程造价咨询协会、注册造价工程师协会等。

① 国产设备的增值税：

$$增值税税额 = 当期销项税额 - 进项税额$$

$$当期销项税额 = 销售额 \times 适用增值税税率$$

销售额是指成本计算估计法中，设备的材料费、加工费、辅助材料费、专用工具费、废品损失费、外购配套件费、包装费、利润之和。

② 进口设备购置费中的增值税：

$$进口产品增值税税额 = 组成计税价格 \times 增值税税率$$

$$组成计税价格 = 关税完税价格 + 关税 + 消费税$$

增值税税率根据规定的税率计算。

③ 设备运杂费中的增值税：

设备运杂费中的增值税按照规定的取费基数和税率计算。

2）建安工程造价的增值税计算：

建安工程造价的增值税是指增值税销项税额

$$增值税销项税额 = 税前工程造价 \times 11\%$$

其中，11%为建筑业拟征增值税税率，税前工程造价为人工费、材料费、施工机具使用费、企业管理费、利润和规费之和，各费用项目均以不包含增值税可抵扣进项税额的价格计算。

3）工程建设其他费和预备费的增值税计算。

工程建设其他费和预备费的增值税按照规定的取费基数和税率计算。

（2）城市维护建设税 《中华人民共和国城市维护建设税暂行条例》第三条规定：城市维护建设税，以纳税人实际缴纳的消费税、增值税、营业税税额为计税依据，分别与消费税、增值税、营业税同时缴纳。

《中华人民共和国城市维护建设税暂行条例》第四条规定：城市维护建设税税率如下：

纳税人所在地在市区的，税率为7%；

纳税人所在地在县城、镇的，税率为5%；

纳税人所在地不在市区、县城或镇的，税率为1%。

（3）教育费附加 《征收教育费附加的暂行规定》第二条规定：凡缴纳消费税、增值税、营业税的单位和个人，除按照《国务院关于筹措农村学校办学经费的通知》（国发〔1984〕174号文）的规定，缴纳农村教育事业费附加的单位外，都应当依照本规定缴纳教育费附加。

《征收教育费附加的暂行规定》第三条规定：教育费附加，以各单位和个人实际缴纳的增值税、营业税、消费税的税额为计征依据，教育费附加率为3%，分别与增值税、营业税、消费税同时缴纳。

除国务院另有规定者外，任何地区、部门不得擅自提高或者降低教育费附加率。

（4）地方教育附加 《国务院关于进一步加大财政教育投入的意见》（国发〔2011〕22号）中规定：全面开征地方教育附加。各省（区、市）人民政府应根据《中华人民共和国教育法》的相关规定和《财政部关于统一地方教育附加政策有关问题的通知》（财综〔2010〕98号）的要求，全面开征地方教育附加。地方教育附加统一按增值税、消费税、营业税实际缴纳税额的2%征收。

"营改增"以后，城市维护建设税、教育费附加、地方教育附加计税依据中的"营业税"也就不复存在了。

2. 税金调整的方法

13版《清单计价规范》第3.1.6条规定：规费和税金必须按国家或省级、行业建设主管部门的规定计算，不得作为竞争性费用。因此该费率的确定是根据国家主管部门颁布的法规，当新出台的法规规定对其调整时，承发包双方应按照相关的调整方法来进行合同价格的调整。

案例 7-1

【案例背景】

某市一施工企业承接的钢筋混凝土工程各项费用和相应取费费率见表7-2，所有购入要素都有合法的进项税抵扣凭证，求该钢筋混凝土工程的增值税税额及工程造价。

表7-2 措施项目费的计算方法

序号	项目/万元	数额/取费基数/费率	可抵扣进项税额/万元
一	直接费		
1	人工费	30 万元	
2	钢筋	100 万元	17
3	混凝土	50 万元	1.5
4	水（无票）	2 万元	0
5	机械使用费	18 万元	3
二	社保费（规费）	取费基数：人工费+机械使用费，费率：12.84%	
三	企业管理费	取费基数：人工费+机械使用费，费率：18.65%	
四	利润	取费基数：人工费+机械使用费，费率：9.32%	

【解答】

社保费 =（30 万元 + 18 万元）× 12.84% = 6.16 万元

企业管理费 =（30 万元 + 18 万元）× 18.65% = 8.95 万元

利润 =（30 万元 + 18 万元）× 9.32% = 4.47 万元

税前工程造价 = 直接费 + 间接费 + 企业管理费 + 利润

= 30 万元 + 100 万元 + 50 万元 + 2 万元 + 18 万元 + 6.16 万元 +

8.95 万元 + 4.47 万元 = 219.58 万元

增值税销项税额 = 税前工程造价 × 11% = 24.15 万元

工程造价 = 税前工程造价 ×（1 + 11%）= 243.73 万元

7.2.2 规费的调整

1. 规费的内容

13版《清单计价规范》第2.0.34条规定：规费是根据国家法律、法规规定，由省级政府或省级有关权力部门规定施工企业必须缴纳的，应计入建筑安装工程造价的费用。

13版《清单计价规范》第4.5.1条规定：规费项目清单应按照下列内容列项：社会保险费：包括养老保险费、失业保险费、医疗保险费、工伤保险费、生育保险费；住房公积金；工程排污费。

13版《清单计价规范》第4.5.2条规定：若出现第4.5.1条未列的项目，应根据省级政府或省级有关权力部门的规定列项。

2. 规费调整的方法

该部分费用在13版《清单计价规范》第3.1.6条规定：必须按国家或省级、行业建设主管部门的规定计算，不得作为竞争性费用。因此该费率的确定是根据国家主管部门颁布的法规，当新出台的法规规定对其调整时，承发包双方应按照相关的调整方法来进行合同价格的调整。

7.2.3 人工费的调整

1. 人工费的内容

根据《住房城乡建设部、财政部关于印发〈建筑安装工程费用项目组成〉的通知》（建标〔2013〕44号）的规定：人工费是指按工资总额构成规定，支付给从事建筑安装工程施工的生产工人和附属生产单位工人的各项费用。构成人工费的基本要素有两个，即人工工日消耗量和人工日工资单价。

1）人工工日消耗量。人工工日消耗量是指在正常施工生产条件下，建筑安装产品（分部分项工程或结构构件）必须消耗的某种技术等级的人工工日数量。它由分项工程所综合的各个工序施工劳动定额包括的基本用工、其他用工两部分组成。

2）人工日工资。相应等级的日工资单价包括计时工资或计件工资、奖金、津贴补贴、加班加点工资、特殊情况下支付的工资。

2. 人工费调整的方法

人工费的基本计算公式为

$$人工费 = \sum (工日消耗量 \times 日工资单价) \tag{7-1}$$

13版《清单计价规范》第3.4.2条第二款规定：当省级或行业建设主管部门发布的人工费调整时，（投标报价中的人工费其工日单价或人工费已经高于发布的工日单价或人工费的除外），承发包双方应按照相关的调整方法来进行合同价格的调整，且该项风险由发包人来承担。

7.2.4 安全文明施工费的调整

1. 安全文明施工费的内容

13版《清单计价规范》第2.0.22条规定：在合同履行过程中，承包人按照国家法律、法规、标准等规定，为保证安全施工、文明施工，保护现场内外环境和搭拆临时设施等所采用的措施而发生的费用。

各地区依据《建设部关于印发〈建筑工程安全防护、文明施工措施费用及使用管理规定〉的通知》（建办〔2005〕89号），结合当地的实际情况，制定了各自的安全文明施工费使用管理规定，并在费用内容、计价、费用支付、监管责任等方面做出了相应规定。从费用内容上看，各地区虽有不同，但大多数是基本一致的。而对于安全文明施工费计价，各地区的做法差异较大，有的地区是把安全文明施工费进一步划分为基本费＋奖励费，有的则是基

本费 + 现场评价费 + 奖励费，而大多数地区则不进行划分，如表 7-3 所示[1]。

表 7-3　安全文明施工费计价组合形式

类　　型	地　　区
不划分	北京、天津、上海、安徽、山西、内蒙古、辽宁、吉林、浙江、福建、江西、山东、湖北、湖南、广东、广西、贵州、云南、陕西、甘肃、青海、宁夏、新疆、西藏
基本费 + 奖励费	海南
基本费 + 现场评价费	河北、黑龙江、四川
基本费 + 现场评价费 + 奖励费	江苏、河南
定额费用 + 专项费用 + 按实计算费用	重庆

2. 安全文明施工费的政策规定

《住房城乡建设部、财政部关于印发〈建筑安装工程费用项目组成〉的通知》（建标〔2013〕44 号），把安全施工费、文明施工费、环境保护费、临时设施费在建筑安装工程费用中单列出来。

13 版《清单计价规范》第 3.1.5 条规定：措施项目中的安全文明施工费必须按国家或省级、行业建设主管部门的规定计算，不得作为竞争性费用。2012 年财政部与安全监管总局发布的《企业安全生产费用提取和使用管理办法》（财企〔2012〕16 号）第七条规定：建设工程施工企业提取的安全费用列入工程造价，在竞标时，不得删减，列入标外管理。

以上文件和计价规范明确规定，计价时安全文明施工费要单独列出，不可参与竞争。

3. 安全文明施工费调整的方法

13 版《清单计价规范》第 10.2.1 条规定：安全文明施工费包括的内容和范围，应符合国家有关文件和计量规范的规定。

由法律法规引起的安全文明施工费的变化，其合同价款调整的计算公式一般为原计价基数 × 新费率 = 新总价。法律法规直接影响的是原工程报价中的费率等，计价基数一般不发生变化。

（1）文明施工费

$$文明施工费 = 直接工程费 × 文明施工费费率(\%) \tag{7-2}$$

$$文明施工费费率(\%) = \frac{本项费用年度平均支出}{全年建安产值 × 直接工程费占总造价比例(\%)} \tag{7-3}$$

（2）环境保护费

$$环境保护费 = 直接工程费 × 环境保护费费率(\%) \tag{7-4}$$

$$环境保护费费率(\%) = \frac{本项费用年度平均值}{全年建安产值 × 直接工程费占总造价比例(\%)} \tag{7-5}$$

（3）临时设施费

临时设施费由三部分组成：周转使用临建费（如活动房屋费）、一次性使用临建费（如简易建筑费）以及其他临时设施费（如临时管线费）。

$$临时施工费 = (周转使用临建费 + 一次性使用临建费) × [1 + 其他临时设施费所占比例(\%)] \tag{7-6}$$

其中

207

$$周转使用临建费 = \sum \left[\frac{临时面积 \times 每平方米造价}{使用年限 \times 365 \times 利用率(\%)} \times 工期(天) \right] + 一次性拆除费$$

$$(7\text{-}7)$$

$$一次性使用临建费 = \sum \{临建面积 \times 每平方米造价 \times [1 - 残值率(\%)]\} + 一次性拆除费用$$

$$(7\text{-}8)$$

其他临时设施在临时设施费中所占比例，可由各地区造价管理部门依据典型施工企业的成本资料经分析后综合测定。

（4）安全施工费 《企业安全生产费用提取和使用管理办法》（财企〔2012〕16 号）第七条规定：建设工程施工企业以建筑安装工程造价为计提依据。各建设工程类别安全费用提取标准如下：①矿山工程为 2.5%；②房屋建筑工程、水利水电工程、电力工程、铁路工程、城市轨道交通工程为 2.0%；③市政公用工程、冶炼工程、机电安装工程、化工石油工程、港口与航道工程、公路工程、通信工程为 1.5%。

建设工程施工企业提取的安全费用列入工程造价，在竞标时，不得删减，列入标外管理。国家对基本建设投资概算另有规定的，从其规定。

总包单位应当将安全费用按比例直接支付分包单位并监督使用，分包单位不再重复提取。

《企业安全生产费用提取和使用管理办法》（财企〔2012〕16 号）第十九条规定：建设工程施工企业安全费用应当按照以下范围使用：①完善、改造和维护安全防护设施设备（不含"三同时"要求初期投入的安全设施）支出，包括施工现场临时用电系统、洞口、临边、机械设备、高处作业防护、交叉作业防护、防火、防爆、防尘、防毒、防雷、防台风、防地质灾害、地下工程有害气体监测、通风、临时安全防护等设施设备支出；②配备、维护、保养应急救援器材、设备支出和应急演练支出；③开展重大危险源和事故隐患评估、监控和整改支出；④安全生产检查、咨询、评价（不包括新建、改建、扩建项目安全评价）和标准化建设支出；⑤配备和更新现场作业人员安全防护用品支出；⑥安全生产宣传、教育、培训支出；⑦安全生产适用的新技术、新装备、新工艺、新标准的推广应用支出；⑧安全设施及特种设备检测检验支出；⑨ 其他与安全生产直接相关的支出。

$$安全施工费 = 直接工程费 \times 安全施工费率(\%) \tag{7-9}$$

$$安全施工费率(\%) = \frac{本项费用年度平均支出}{全年建安产值 \times 直接工程费占总价比例(\%)} \tag{7-10}$$

7.3 法律法规变化的合理风险分担分析

7.3.1 基准日期的确定

关于基准日期的规定，13 版《清单计价规范》和 99 版 FIDIC 新红皮书等基本都认定为投标截止日前 28 天的日期。不同之处在于 FIDIC 的专用合同条件，对于基准日期可以进行修改，同时 FIDIC 第 1.6 款的规定，建议在合同协议书中"最好"写入基准日期，因此可以看出 FIDIC 中认为通用合同条件关于基准日期的节点仅仅作为建议性，同时建议双方就此节点在公平基础上做进一步协商。

关于 13 版《清单计价规范》第 9.2.2 条中的"规定的调整时间",为发承包双方应当调整合同价款的时间。招标工程以投标截止日前 28 天、非招标工程以合同签订前 28 天为基准日期,其后国家的法律、法规、规章和政策发生变化引起工程造价增减变化的,发承包双方应当按照省级或行业建设主管部门或其授权的工程造价管理机构据此发布的规定调整合同价款。基准日期前后的风险分担如图 7-1 所示。

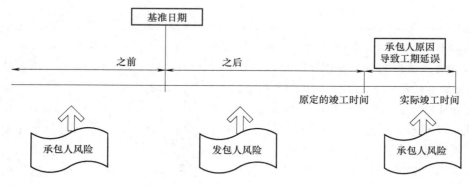

图 7-1　基准日期前后的风险分担

基准日期为投标截止日前第 28 天(非招标工程为合同签订前第 28 天)。在基准日期之前,由承包人承担因国家的法律、法规、规章和政策发生变化而引起的工程造价增减变化;在基准日期之后,由发包人承担因国家的法律、法规、规章和政策发生变化而引起的工程造价增减变化。

由此可知,当法律法规变化引起合同价款调整时,13 版《清单计价规范》规定,发承包双方应当调整合同价款。同时,如果是因为承包人的原因导致工期延误,则在工程原定竣工时间之后,由承包人承担风险,调整方法为:合同价款调增的不予调整,合同价款调减的予以调整。

基准日期的确定应该按照 13 版《清单计价规范》中的规定,以投标截止日前 28 天为准,而不应该放任发承包双方在合同中任意约定。下面以实际工程案例予以分析:

案例 7-2

【问题描述】

某工程 2 月 1 日投标截止,2 月 8 日评标中标,2 月 28 日发包人与承包人签合同。合同约定 2 月 28 日为基准日期。而 1 月 30 日四川省工程造价管理机构发布新的价格信息。发包人与承包人因是否可以调价发生纠纷,请问该基准日期的约定是否合理?

【解答】

针对本案例的问题,其争议焦点在于:基准日期的确定遵循 13 版《清单计价规范》规定合理,还是遵循合同约定合理。

13 版《清单计价规范》是具有一定法律强制性效力的国家标准⊖,在不断加强与国际

⊖ 国家标准,简称 GB,是指由国家标准化主管机构批准发布,对全国经济、技术发展有重大意义,且在全国范围内统一的标准。

惯例的接轨过程中，13 版《清单计价规范》参考借鉴了目前国内外比较成熟的规定，如 99 版 FIDIC 新红皮书以及 07 版《标准施工招标文件》（13 年修订）的规定，如对于基准日期的确定问题，采用的投标截止日前 28 天为基准日期。该基准日期的确定，不但是多年以来国内外工程建设实践不断探索总结所形成的最优时间，而且对于发承包双方风险分担和权利义务的限定给予了最大限度的合理分配，满足工程建设市场大多数发承包方的利益，具有普适性。

本题中，假设按照合同约定执行，则承包人将会因为不能调整合同价款而承担全部的风险，按照《合同法》第五条的规定，该约定是显失公平的。而且，若四川省工程造价管理机构发布新的价格信息与原价格信息相差过大，则承包人将会遭受巨额损失。而如果严格按照 13 版《清单计价规范》对基准日期的规定，则风险分担更为合理。

应根据 13 版《清单计价规范》第 9.2.1 条的规定，确定投标截止日前 28 天为基准日期。首先由招标文件中提出，其后的投标文件应对其响应，并最终由合同协议书等加以确认产生合同约束力。

对于招标文件中未加以明确的基准日期问题，对于投标人来说，为防止此类风险的发生，应根据 07 版《标准施工招标文件》（13 年修订）第 2.2 款的规定，仔细阅读和检查招标文件的全部内容。如有疑问，应在招标人须知前附表规定的时间前以书面形式，要求招标人对招标文件予以澄清。

本案例中投标截止日为 2 月 1 日，则其前 28 天即 1 月 4 日为基准日期，其后因四川省工程造价管理机构发布新的价格信息引起工程造价增减变化的，应根据该规定调整合同价款。

7.3.2 "违约者不受益"原则

发包人与承包人的权利与义务应对等，当一方的责任事件发生导致按原合同方案执行某些风险分配显失公平时，"违约者不受益原则"便显现出强大适用性。可以说，法律法规均保证合同双方任一违约者不能因其违约行为而受益，则必须对原合同方案进行修正。英国的《哈德逊论建筑和工程合同》中提出的消极防治原则（Negative Prevention Principal）与"违约者不受益"原则有异曲同工之妙，可以解释为：在执行合同期间，一方不能因其自身的错误而获利。

1. 法律与行业规范要求承发包双方按照"违约者不受益"原则执行

《合同法》第六十三条规定：执行政府定价或者政府指导价的，在合同约定的交付期限内政府价格调整时，按照交付时的价格计价。逾期交付标的物的，遇价格上涨时，按照原价格执行；价格下降时，按照新价格执行。逾期提取标的物或者逾期付款的，遇价格上涨时，按照新价格执行；价格下降时，按照原价格执行。可以预见的是，当逾期交付这一责任事件发生后遇到指导价上涨，若按照新价格执行则交货方作为违约方，可从其逾期交付事件中获得新旧价格的价差收益，为避免违约者从其违约行为中获利，则必须按照原价格执行。

13 版《清单计价规范》中关于"法律法规变化"的第 9.2.2 条规定：因承包人原因导致工期延误的，按本规范第 9.2.1 条规定的调整时间，在合同工程原定竣工时间之后，合同价款调增的不予调整，合同价款调减的予以调整。关于"物价变化"的第 9.8.3 条规定：

①因非承包人原因导致工期延误的，计划进度日期后续工程的价格，应采用计划进度日期与实际进度日期两者的较高者；②因承包人原因导致工期延误的，计划进度日期后续工程的价格，应采用计划进度日期与实际进度日期两者的较低者。

17 版《工程施工合同》第 11.1 款（4）的规定：因承包人原因未按期竣工的，对合同约定的竣工日期后继续施工的工程，在使用价格调整公式时，应采用计划竣工日期与实际竣工日期的两个价格指数中较低的一个作为现行价格指数。它明确指出若是承包人的责任造成工期延误，在其继续履行施工义务的过程中，并不能因工期的延误而获得向高价调整的机会，表现为"违约者不受益"。

2. "违约者不受益"原则支持保护遵守合同一方权益的观点

结合现有法规条文并参考工程实践纠纷判例，各方声音均支持保护遵守合同一方的权益，对不履行合同的一方，保证不因其违约行为而获益，此即"违约者不受益"原则。

现阶段，建设工程的长周期、高耗材的特性决定了物价波动风险将在很大程度上影响项目建设与合同履行。但是合同签订与备案节点所规定的对于物价波动的风险分担方案，是被限定在完成合同标的物和按合同工期完成的二维度框架下。当某一事件的发生导致合同执行情况超出原框架，则原风险分担方案在应对这期间的实际风险时已明显不合理，并且按照原分担方案继续执行则事件责任方必将从中得到额外利益，这明显有违合同公平、有损社会稳定、背离良俗正义。由此，鉴于物价变化问题发生频次较高、影响面较大，则可以说"违约者不受益原则"为非承包人原因的工期调整期间的物价变化问题找到了一条快速解决路径。

本章参考文献

[1] 刘一格. 工程计量对合同状态的动态补偿机理及实现研究 [D]. 天津：天津理工大学，2014.

第8章
工程变更类事项引起的合同价款调整

在设计—招标—建造（DBB）模式下，变更风险完全由发包人承担。所有的调价因素中，大致可以分为风险因素和非风险因素。根据发承包双方权责利对等的关系，风险因素又可以分为发包人完全承担的外部风险、发包人完全承担的内部风险、发包人与承包人共同承担的风险和承包人完全承担的风险。进一步细分，工程变更、项目特征不符、工程量清单缺项和工程量偏差都属于工程变更类风险，也就是发包人完全承担的内部风险，原因如下：①承包人虽有权提出变更，但不能擅自变更，承包人擅自变更设计发生的费用和由此导致发包人的直接损失，由承包人承担，延误的工期不予顺延；②工程变更类风险属于发包人的主动行为，只有经过发包人（监理人）指令的允许才会发生变更，承包人必须无条件执行，由此产生的费用发包人应予以支付，由此延误的工期应予以延长。基于以上分析，工程变更类风险是发包人承担的风险。

工程变更是引发合同价款调整，导致工程项目投资失控的主要原因。实践证明工程变更对工程造价的影响一般占建安工程总造价的 5% ~ 10% 左右，少数项目超过 30% 或更多[1]。究其原因，不完备的建筑合同无法全部列明工程建设中的所有不确定事件，一旦初始合同状态遭到潜在风险的破坏，需要补偿机制给予弥补。工程变更作为合同状态补偿的核心机制发挥维护合同公平的作用，促使合同价款发生相应变化。

依据委托代理理论，在强调个人理性与最优决策的条件下，处理好工程变更的关键是对风险进行合理分担。在权责利匹配的框架下，发包人拥有变更权的同时，应承担由此产生的风险，并提供合同状态补偿，针对这一观点，业界已达成共识。99 版 FIDIC《施工合同条件》（本章以下简称 99 版 FIDIC 新红皮书）合同体系强调工程变更是经过工程师批准的改变，承包人不可以随意进行变更。在项目实施过程中，如果变更风险不由发包人来承担，不啻欺诈。因此，发包人承担工程变更风险是实现发承包双方博弈均衡的重要前提。

工程变更作为合同状态补偿的核心机制，通过修改和补充合同文件，调整相应的合同价款[2]。建设项目实施过程中，当合同价款发生改变时，因变更引起价款调整额的确定准则与方法是分析工程变更对合同价款影响的重点。

本章在变更相关理论的基础上，主要以《中华人民共和国标准施工招标文件》（发改委等令第 56 号）［本章以下简称 07 版《标准施工招标文件》（13 年修订）］、《建设工程施工合同（示范文本）》（GF—2017—0201）（本章以下简称 17 版《工程施工合同》）、《建设工程工程量清单计价规范》（GB 50500—2013）（本章以下简称 13 版《清单计价规范》）以及

99 版 FIDIC 新红皮书为依据，针对工程变更引起合同价款的调整进行介绍，对比法律法规中涉及工程变更范围的相关内容，对其相同点和异同点进行了分析。此外介绍了各工程变更类事项引起的分部分项工程费和措施项目费的确定方法，并结合相关案例展示了合同价款调整的计算过程。

8.1 工程变更概述

8.1.1 工程变更的概念

1. 工程变更概念界定

现有法律法规并没有明确的工程变更的概念界定，只是提出了工程变更的范围、流程等具体内容。分析现有行业标准规范，仅有 13 版《清单计价规范》明确了定义，其中第 2.0.16 条指出：合同工程实施过程中由发包人提出或由承包人提出经发包人批准的合同工程任何一项工作的增、减、取消或施工工艺、顺序、时间的改变；设计图纸的修改；施工条件的改变；招标工程量清单的错、漏从而引起合同条件的改变或工程量的增减变化。在现有的法律法规体系中，工程变更的实质是合同物理边界和时间边界打破后的新的合同状态，是项目风险再分担的一种表现形式。项目实施过程中，一旦出现变更事项，必然会出现重新定价以及调整合同款这一过程。进而，工程变更是建设工程合同价款形成中价款调整部分的重要一环。

同时，相关学者的研究，也试图给出工程变更的定义，例如，尹贻林、严玲认为工程变更是指在合同实施过程中，当合同状态改变时，为保证工程顺利实施所采取对原合同文件的修改与补充的一种措施[2]。经过进一步研究和总结，本书认为：工程变更是指在合同实施过程中，当合同状态改变时，为保证工程顺利实施所采取的对原合同文件的修改与补充的一种措施。而合同状态就是合同签订时所受到的客观约束与主观愿望，例如工程范围、合同价款、合同工期、工程质量、施工环境、政治经济背景等。工程变更是合同标的物的变化，这就导致了业主和承包人之间权利义务指向的变化。

2. 工程变更产生原因

工程变更对项目影响巨大，可能产生巨大的破坏行为。为了防止这一现象的产生，国内外的学者对变更产生的原因都进行了不同程度的研究。总体来看，可以分为三类。第一类变更产生原因从项目缔约主体来分析。第二类变更产生原因从项目管理风险的角度来衡量。有学者从代建项目出发，将上述因素进一步归纳为主观和客观因素两个方面。其中，主观因素又细分为主体行为因素和个体行为因素。客观因素则包括了政策法律法规、制度、合同、市场、成本、质量和环境共七个因素。第三类也是目前工程变更产生原因最常见的分析，是从不确定事件的角度考虑的。国外的研究者 C. William 找到了导致工程变更的三大主要原因，分别是设计错误和设计遗漏、设计修改、不可预见条件，三大原因所占比例分别是 65%、30% 和 5%。鉴于国内外不同行业背景，国内学者发现，工程变更产生的原因和所占比例与国外有较大的差别。例如，艾光鲜通过案例分析则得出，设计错漏或设计深度不足、业主要求改变和专业接口以及资金落实不到位是工程变更产生的主要原因，其比例分别高达 43.33%、21% 和 16.33%。R. T. Taylor 等在研究了大量的公路工程后指出，明确变更的范围和内容可以大幅减少工程变更的出现。李爱英和厚渊博在分析地灾防治工程后指出，工程变更产生的原因是业主专业知识不足、勘察设计深度不足、施工工艺或技术改变、施工方案错误、业主要求不明、客观原因压缩工期和建设各方追求完美六个主要因素。

综合以上考虑，基于13版《清单计价规范》关于变更的相关规定，按照设计原因、发包人原因、承包人原因、监理人原因和客观原因五部分展开原因分析。

（1）主观原因

1）设计原因。设计原因造成的设计变更也是多种多样，主要有：设计方案不合理，设计不符合有关标准规定，设计遗漏、计算及绘图错误，各专业配合失误。其中，前两项属严重或较严重的设计质量问题。近年来，随着各设计院 ISO9000 标准质量体系认证工作的推广，设计方案不合理、设计不符合有关标准规定的问题明显减少。问题多为设计遗漏、计算及绘图错误、各专业配合失误等设计错误。

2）发包人原因。一般的项目建设周期都比较长，在施工过程中，发包人的意愿和观点难免会发生一些变化，其要求也发生了变化。有些要求是符合实际的，有些要求不符合实际，有些则属于改不改都可以。但一般情况下承包人多服从于发包人而做出变更。一般表现在以下几个方面：

① 发包人指示加速施工。发包人出于自身利益的考虑可能会指示承包人加速施工以提前竣工，对于提前竣工一般签订另外的协议，对承包人进行奖励。

② 发包人要求改变工作范围。发包人出于对功能及美观的新要求而指示变更。这在我国的工程中是很普遍的，例如改变门窗的位置、更换装修材料等。发包人要求的变更绝大多数属于这种情况。

③发包人要求工程质量的等级提高。

④ 发包人的失误。发包人的失误也包括了监理人的失误。发包人的失误有很多种，比如：对已检验部位的重新开孔，却又发现不是承包人的责任；发包人供应的材料影响施工进度或导致材料代换等。

3）承包人原因

① 承包人的失误。主要有以下几种情况：承包人对图纸理解不够；施工顺序不合理；由于施工能力等原因而造成施工方式的改变。对于第一种情况，在尚未施工前做出的变更是对原设计进行解释。对于第二及第三种情况，如已经施工既成事实，且返工比较困难，常需要对原设计进行改动。或者因为承包人原因导致的工期延误以及使用施工材料不符导致施工无法进行，则需要向发包人提出变更申请，发包人同意之后构成变更。如发包人不同意则不构成变更。

② 承包人提出的合理化建议并经发包人认可的工程变更。承包人可以随时向发包人提交一份书面建议，以缩短工期，降低工程实施、维护或运行的费用，对发包人而言能提高竣工工程的效率或价值，为发包人带来其他利益、节约发包人成本等为目的。承包人向发包人提交此类建议书，经过发包人同意之后，构成变更。

4）监理人原因

① 监理工程师为了协调相邻标段承包商运作或者协调本工程承包人与地方有关部门、单位的生产关系引起的工程变更。

② 监理工程师优化设计或优化工期所引起工程变更。

③监理工程师根据施工现场地形、地质、水文、材料、运距等施工条件，对原设计进行完善或局部修改。监理人发现建设工程可能出现变更的情况，可以向发包人提出变更建议，但是需要向发包人以书面形式提出变更计划，说明计划变更工程范围和变更的内容、理由，以及实施该变更对合同价格和工期的影响。发包人同意变更的，由监理人向承包人发出变更指示；发包人不同意变更的，监理人无权擅自发出变更指示。

设计单位、发包人、承包人和监理人会直接影响项目变更的产生。除此之外，建设项目从立项到结束，还有勘探单位、代理单位、造价单位、检测单位和政府部门的参与，它们会间接影响项目或者项目的直接责任单位，进而使项目发生变更。

（2）环境引起的变更

1）现场条件改变。由于实际的现场条件不同于招标书描述的条件或合同谈判、签订时的现场条件，因此为了使工程顺利进行，可能要求承包人增加一些必要的工作来实现合同规定的条件，增加的工作必须通过变更令的形式实施。对于这种现场条件的改变以指令的形式进行调整时，调整的活动被认为是工程变更。

2）施工技术规范标准的变化。技术标准的改变和施工、设计法规的改变会引起设计和施工修改。

通过分析，造成工程变更的原因种类很多基本上都可以归结到这几类中，研究诱发工程变更的因素，有助于确定建设工程项目过程中的权利责任问题，对合理确定工程变更价款并进行有效的控制具有非常重要的作用。用 Vensim 软件将引起工程变更的因素画成回流图，引起工程变更的因素回流图如图 8-1 所示。

215

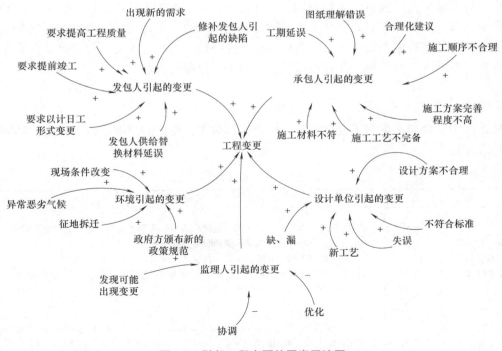

图8-1　引起工程变更的因素回流图

3. 工程变更的属性

工程变更是在合同实施过程中，由于合同状态的改变，为保证工程顺利实施而采取的对原合同文件的修改与补充，同时相应调整合同价格和工期的一种措施。工程变更不等于合同变更。合同变更有广义和狭义之分，广义的合同变更包括合同内容的变更和合同主体的变更两种情形，前者是指不改变合同的当事人，仅变更合同的内容；后者是指合同的内容保持不变，仅变更合同的主体，又称为合同的转让，通常理解的合同变更是合同内容的变更。合同变更是《中华人民共和国合同法》（本章以下简称《合同法》）中明确的一种法律概念，是指合同成立后，当事人在原合同的基础上针对合同内容进行修改或补充，从《合同法》对合同变更的程序来看变更合同需经对方同意，任何单独一方无变更合同的权利。而工程变更不一定引起合同内容或当事人的改变，仅仅是合同标的物的改变。工程变更的提出完全由发包人掌握，承包人需无条件执行。由此知，工程变更并不属于合同变更。工程变更是合同内的变更，是承发包双方针对合同无法缔结状态依赖而预先设置的柔性空间，通过工程变更实现合同的完整性。

4. 工程变更的影响

工程变更会干扰工程项目按照原计划实施，对建设项目是一种工程风险，会造成质量、工期和成本三大目标的影响。工程变更是影响建设项目成本最大最普遍的因素，对建设项目具有灾难性的影响，是造成投资失控的一大潜在原因。工程变更的产生会伴随着工程价款的变化，工程变更引起工程价款的调整一般占建筑安装工程价款总额的 5% ~ 10% 左右，少数项目超过 30% 或更多。C. Semple 在 1994 年研究了加拿大 24 个工程项目，分析了这些项目中的争议和索赔，认为工程项目费用和进度超过计划值的主要原因是工程变更，把索赔定义为非常严重和破坏性的变更。无独有偶，C. William 等认为如果变更是高度优先的，那么管理团队应立即确定批准临时的资金来源，因为变更导致的任何延迟可能会增加其成本，并给出了变更估价的路径模型以及分析变更是否进行的路径。因此，由于工程变更具有不确定性与其存在的客观性与必然性，在管理过程中非常难以把握与控制。

8.1.2 工程变更的范围

法律法规、合同范本和工程量清单计价规范都对工程变更的范围进行了介绍。具体对比内容见表 8-1。

表 8-1   相关文件中关于变更概念的内容对比表

名　　称	条款号	具 体 内 容
07 版《标准施工招标文件》（13 年修订）	15.1	1）取消合同中任何一项工作，但被取消的工作不能转由发包人或其他人实施 2）改变合同中任何一项工作的质量或其他特性 3）改变合同工程的基线、标高、位置或尺寸 4）改变合同中任何一项工作的施工时间或改变已批准的施工工艺或顺序 5）为完成工程需要追加的额外工作
13 版《清单计价规范》	2.0.16	合同工程实施过程中由发包人提出或由承包人提出经发包人批准的合同工程任何一项工作的增、减、取消或施工工艺、顺序、时间的改变；设计图纸的修改；施工条件的改变；招标工程量清单的错、漏从而引起合同条件的改变或工程量的增减变化

（续）

名　　称	条款号	具体内容
17 版《工程施工合同》	10.1	1）增加或减少合同中任何工作，或追加额外的工作 2）取消合同中任何工作，但转由他人实施的工作除外 3）改变合同中任何工作的质量标准或其他特性 4）改变工程的基线、标高、位置和尺寸 5）改变工程的时间安排或实施顺序
99 版 FIDIC 新红皮书	13.1	1）对合同中任何工作的工程量的改变（此类改变并不一定必然构成变更） 2）任何工作质量或其他特性上的变更 3）工程任何部分标高、位置和（或）尺寸上的改变 4）省略任何工作，除非它已被他人完成 5）永久工程所必需的任何附加工作、永久设备、材料或服务，包括任何联合竣工检验、钻孔和其他检验以及勘察工作 6）工程的实施顺序或时间安排的改变

通过以上相关文件对工程变更范围进行的对比，可总结出以下两个不同点：

不同点一：工程量的增减是否属于工程变更的范围。07 版《标准施工招标文件》（13 年修订）中没有把合同中约定工程量的增减规定为工程变更，而其余的文件都将工程量增减这一内容归入工程变更的范围。

不同点二：额外工作是否属于工程变更的范围。07 版《标准施工招标文件》（13 年修订）中泛泛地将所有的额外工作都算作工程变更的范围，而 99 版 FIDIC 新红皮书中则强调只有为了永久工程所必需的附加工作才能算作工程变更。

8.1.3　工程变更的程序

1. 国内工程变更程序

国内 07 版《标准施工招标文件》（13 年修订）、17 版《工程施工合同》以及 13 版《清单计价规范》都对变更程序做出了比较明确的规定，即分为变更的提出、变更估价和变更的实施及支付三部分。

（1）变更的提出　工程变更应由发包人向承包人发出变更指示，承包人收到变更指示后按照变更指示执行。变更指示只能由发包人发出，并且变更指示应说明变更的目的、范围、变更内容以及变更的工程量及其进度和技术要求，并附有关图纸和文件。没有监理人的变更指示，承包人不得擅自变更。引起发包人发出变更指示的有以下三种情况，这三种情况下变更指示都只能由发包人发出：

1）发包人提出变更。在合同履行过程中，发包人认为可能发生变更情形的，监理人可向承包人发出变更意向书。变更意向书应说明变更的具体内容和发包人对变更的时间要求，并附必要的图纸和相关资料。变更意向书应要求承包人提交包括拟实施变更工作的计划、措施和竣工时间等内容的实施方案。发包人同意承包人根据变更意向书要求提交的变更实施方案的，由监理人发出变更指示。若承包人收到监理人的变更意向书后认为难以实施此项变更，应立即通知发包人，说明原因并附详细依据。发包人与承包人协商后确定撤销、改变或不改变原变更意向书。

2）发包人直接指示变更。在合同履行过程中，发生合同中约定变更情形的，发包人向承包人发出变更指示，变更指示应包括变更的目的、范围、变更内容以及变更的工程量及其进度和技术要求，并附有关图纸和文件。

3）承包人的合理化建议被采纳的变更。承包人收到监理人按合同约定发出的图纸和文件，经检查认为其中存在合同约定变更情形的，可向发包人提出书面变更建议。变更建议应阐明要求变更的依据，并附必要的图纸和说明。发包人收到承包人书面建议后，应与承包人共同研究，确认存在变更的，应在收到承包人书面建议后的 14 天内做出变更指示。经研究后不同意作为变更的，应由监理人书面答复承包人。

（2）变更估价

1）除专用合同条款对期限另有约定外，承包人应在收到变更指示或变更意向书后的 14 天内，向发包人提交变更报价书，报价内容应根据变更估价原则，详细开列变更工作的价格组成及其依据，并附必要的施工方法说明和有关图纸。

2）除专用合同条款对期限另有约定外，发包人收到承包人变更报价书后的 14 天内，根据变更估价原则，商定或确定变更价格。如发包人不同意承包人提出的价格，按争议解决方式处理。07 版《标准施工招标文件》（13 年修订）中规定的变更指示及估价的程序如图 8-2

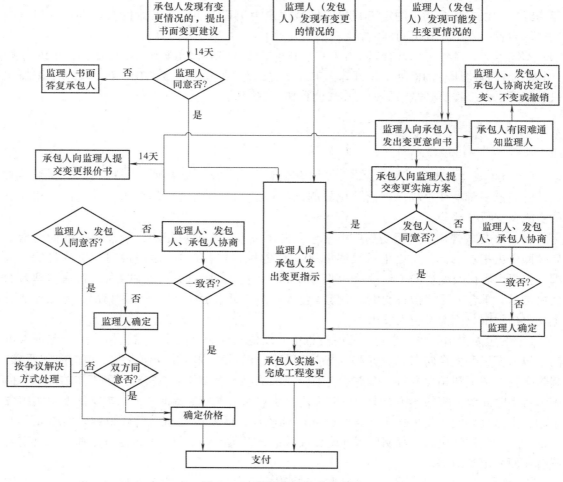

图 8-2　变更指示及估价的程序

所示。

（3）变更的实施及支付　承包人收到变更指示后，应按照变更指示实施工程变更。07版《标准施工招标文件》（13 年修订）第 17.3.2 项规定：进度付款申请单应包括增加和扣减的变更金额。因此在进度款计量和支付的周期内，应计量已完工程变更的工程量，按照监理人商定或确定的变更综合单价，确定应支付的变更合同价款。

因此工程项目变更工程量的确定应按照合同中约定的工程量的计量方法进行，也就是按照实际测量的方法确定。在竣工结算前发生的工程变更，应在竣工结算时计量和计价，汇同未支付的变更综合单价，在竣工结算时支付。具体程序如图 8-3 所示。

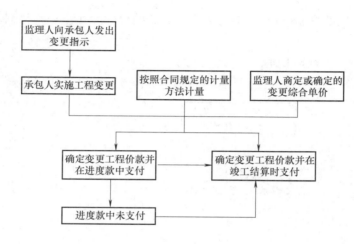

图 8-3　变更实施及支付程序图

2. 国际工程变更程序

根据 99 版 FIDIC 新红皮书第 13.1 款有权变更条款的规定，在颁发工程接收证书前的任何时间，工程师可以通过发布变更指令或以要求承包人递交建议书的方式提出工程变更。对变更的处理一般分为以下两种情况：

（1）变更的提出

1）指令变更。这种变更程序是工程师在业主授权范围内根据施工现场的实际情况发布变更指令。由于工程变更具有一定的法律性，因此工程变更指令应具有充分的严密性和公正性。指令的内容包括变更内容、变更工程量、变更项目的施工技术要求和有关部分文件图纸，以及变更处理的原则。

2）承包人要求变更。除了业主工程师有权提出的变更，也有承包人主动提出的变更，当承包人觉得项目中有必要进行变更可以帮助业主（第一，加速完工；第二，降低雇主实施、维护或运行工程的费用；第三，对雇主而言能提高竣工工程的效率或价值；第四，为雇主带来其他利益）的情况下，可向业主提供一份书面建议，如果业主采纳承包人的建议则可以进行变更，若业主不同意进行变更，则承包人无权变更。

（2）变更的处理程序　变更工作提出之后，业主与承包人都要对变更进行处理，99 版FIDIC 新红皮书指出：如果工程师在发布任何变更指示之前要求承包人提交一份建议书，则承包人应尽快做出书面反应，要么说明理由为何不能遵守指示（如果未遵守时），要么提交：

1）将要实施的工作的说明书以及该工作实施的进度计划。

2）承包人依据第8.3款对进度计划和竣工时间做出任何必要修改的建议书。

3）承包人对变更估价的建议书。

工程师在接到上述建议后（依据第13.2款［价值工程］或其他规定），应尽快予以答复，说明批准与否或提出意见。在等待答复期间，承包人不应延误任何工作。工程师应向承包人发出每一项实施变更的指示，并要求其记录费用，承包人应确认收到该指示。

每一项变更应依据第12条［测量与估价］进行估价，除非工程师依据本款另外做出指示或批准。

工程变更的程序如图8-4所示。

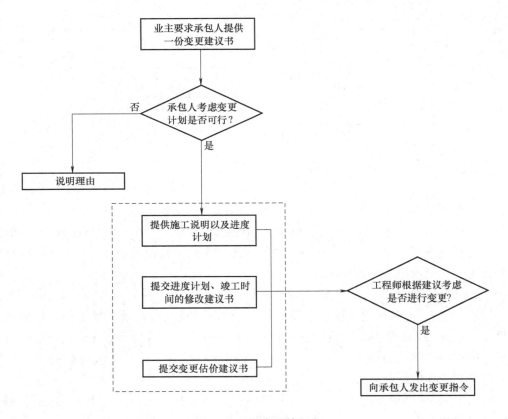

图8-4　工程变更的程序

（3）变更估价程序　在工程发生变更时，需要进行变更估价，按照99版FIDIC新红皮书的规定，变更估价的程序与其他工程量的计量和价款的调整基本一致。工程变更估价程序如图8-5所示。

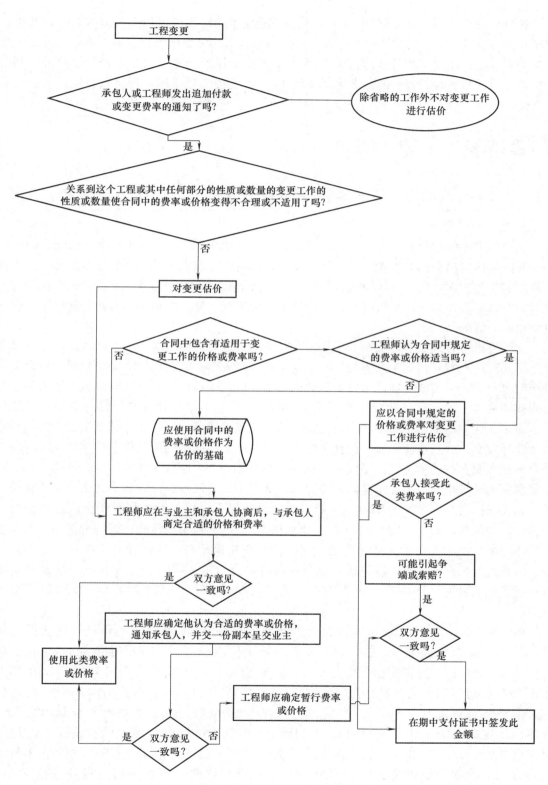

图 8-5　工程变更估价程序

通过国内 99 版 FIDIC 新红皮书关于工程变更程序的对比可以得出：国内对工程变更的程序基本沿袭了 FIDIC 的主要内容。即发包人与承包人均可提出工程变更，发包人提出变更时，均需业主代表（工程师或监理人）颁布变更指示保证变更项目正常进行。此外，判断承包人提出的变更是否可行的标准为"价值工程"，变更工程量和工程价款直接进入进度款中支付。

8.2 工程变更的基础理论

8.2.1 不完全契约理论视角下的变更分析

1. 基于不完全契约的变更理论分析

从契约理论的视角看，无论是新古典契约理论的完全合同，还是现代契约理论中的不完全合同，都体现出合同效率逻辑。显然，完全合同由于详细规定了每一种自然状态下交易双方的权利义务，而且每一种风险均分配给了能以最低成本承担的一方并能够得以强制执行，从而完全合同表现为一种帕累托均衡，能够最优地实现交易双方预期的初始交易目标，合同效率也是最优的。

合同若把所有或然事件及其处理写入合同条款，这对合同当事人双方而言无疑是一项收益，但同时这也需要就此条款进行谈判，这又是一项成本。故而，把不完全合同转换为完全合同的过程中，当增添不确定事件条款的成本等于所获收益时，此时合同是最有效率的。从合同效率视角来看，不完全合同有其经济上的必要性。不论是新古典契约理论中的完全合同，还是现代契约理论中的不完全合同，不论是拟定合同条款还是选择补充条款，它们都倾向于选择效率，就其本质而言，最优契约与合同效率是在同组约束条件下的等价议题。而交易成本是客观存在的，并且交易成本的存在本身就是一种合同效率损失，合同效率的获得在于交易成本的最小化。不完全合同就是在交易成本为正的假设条件下构建起来的，在此条件下，制度安排对合同效率有影响。在此实证结论前提下，如何设置制度安排以提高合同效率，这便涉及规范的科斯定理：一是建构法律以消除私人协商的障碍，即润滑交易；二是建构法律以最小化私人协商失败导致的损害，即纠正错误配置。这两种方法都是为了提高效率，前者符合帕累托效率，容易被人接受；后者符合卡尔多-希克斯效率标准。从效率角度看，后者比前者好，因为后一种方法可以消除交易成本，前一种方法可能仅仅降低交易成本。

Hart 等人认为由于交易成本的存在，特别是相关变量的第三方不可证实性使得合同是不完全的，这就意味着，必须有人拥有"剩余控制权"（residual rights of control），以便在那些未被初始合同规定的或然事件出现时做出相应的决策。与此同时，Hart 等人还断言在合同不完全的环境中物质资本所有权是权力的基础，而且对物质资本所有权的拥有将导致对人力资本所有者的控制，因此企业也就是由它所拥有或控制的非人力资本所决定的。由于有了这种独特的合同与权力观，再加上当事人风险偏好中性与信息对称假设，以及当事人不能承诺事后不要求再谈判这三个假设，GHM 理论就挣脱了完全合同理论的分析框架，转而研究物质资本所有权或剩余控制权的最佳安排。Hart 在论述一般委托代理契约时，认为交易成本的存在这种思想完全可以应用在工程契约理论中。

2. 基于 GHM 模型的再谈判是变更处理的核心环节

在实践中，由于发包人与承包人只能缔结一份不完全合同，那么不完全合同的不确定性必然将影响到交易双方预期目标的有效实现。在理论上，通过对这种充满不确定性的不完全合同的不断边际调整将减少其不确定性，使之向"确定性合同"转化，从而提高合同效率。因此，将尽可能多的未来或然事件写入合同条款并明确责任相关方，对于交易双方而言是一项收益，在不完全合同向"完全合同"的转化过程中，增加的收益与成本相等时，合同最有效率。但显然，这种转化过程中仍然将产生"合同剩余"，可能是由于交易双方的有限理性以及将所有或然事件纳入合同条款的信息成本可能大于该条款所带来的收益等。因此，再谈判或合同修订机制引入不完全合同模型便成为必要，从而填补"合同剩余"中的风险与责任的分配，因此不完全合同理论下的合同模型即可以界定为初始合同与再谈判的组合模型。

基于 GHM 模型和工程变更引起的合同价款调整的视角，天津理工大学公共项目与工程造价研究所（IPPCE）构建了一个合同状态改变的模型，如图 8-6 所示。

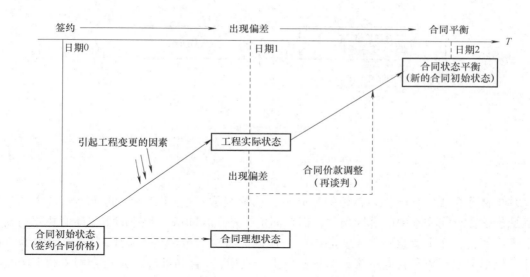

图 8-6　合同状态改变的模型

假设承发包双方在日期 0 期签订了一份施工合同，约定承包人向发包人提供一份特定的建筑产品；预计在日期 1 期的时候承包人按 0 期约定的标准向发包人提交约定的建筑产品，而发包人则向承包人支付 0 期约定的工程款。基于人的有限理性、实施环境的复杂性以及信息的不对称性等原因，承发包人在 0 期签订的合同是不完备的，在 0、1 期之间，发生了某些因素的变化即引起工程变更的因素，导致工程实际到达 1 期的时候，实际的状态与合同预期的状态出现了偏差，超出了在 0 期所签订的合同约定的内容范围，需要承发包双方通过再谈判即合同价款调整，来对 0 期的合同进行修改和补充从而在 2 期时候达到合同状态平衡。

8.2.2 合同状态理论视角下的变更分析

1. 合同状态是变更处理的理论基础

合同状态这一概念是描述工程项目中承发包双方缔约合同的环境，最早是在成虎的合同状态理论基础上提出的。他认为合同状态就是指在合同签订时，合同文件、合同环境、实施方案、合同价格通过相互联系、互相依据、相互影响所构成的一个整体状态，根据成虎的研究绘制的合同状态示意图如图 8-7 所示。在工程建设初期，合同的签订即表明合同状态的形成，在合同的履行过程中，一旦合同所处的环境发生变化，原"合同状态"就发生了改变，从而形成了新"合同状态"。

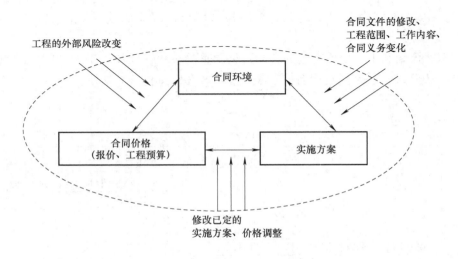

图 8-7 成虎版合同状态示意图

尹贻林等在成虎合同状态思想的基础上，认为组成"合同状态"的四个要素中，实施方案是包含在合同文本中的合同条件，而合同价格是在合同条件和外部实施环境共同约束下的平衡机制，在四个要素中处于核心地位。他据此将"合同状态"的四个要素归纳为合同条件、外部实施环境和合同价格三个核心要素。其中，"合同条件"是指合同中约定的关于工程建设项目的所有内容，包括双方的风险责任划分、项目实施方案、合同工期等。根据尹贻林等研究绘制的合同状态示意图如图 8-8 所示。

杨鹏鸣、罗汀将合同状态主要分为合同理想状态、合同现实状态两种。他认为合同理想状态是假设合同文件被严格遵守时的一种合同状态，由合同理想实施过程中各方面的要素构成，而合同现实状态是合同实际实施过程中各方面要素的总和，并且认为理想状态和现实状态是相互对应的某时间段上的过程状态。他还提出了关于合同状态的函数表达公式，并在成虎的合同状态思想的基础上指出合同状态在合同履行阶段重要的相关要素，包括工期、工程价款、工程量、施工条件和施工方案。

张晓丽则引入合同状态概念用于施工合同价款调整分析，构建了"合同价款状态"的概念。

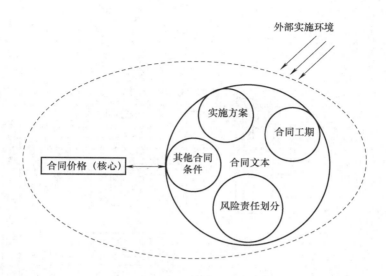

图 8-8　尹贻林版合同状态示意图

综上可知，合同状态形容的是工程项目中签订合同的承发包双方所处的合同条件、合同环境、实施方案、合同价格这四个要素以及四者相互关系的集合。

2. 状态补偿是变更处理的核心要素

与合同有关的合同目标和合同条件是随时间在不断变化的，所以合同状态是建立在时间变量基础上的函数。对于承包人索赔机会的识别，可以将合同状态划分为合同原始状态、合同假想状态和合同现实状态三种：①合同原始状态，即合同签订时合同目标、合同条件等方面要素的总和，是合同实施的起点。合同假想状态，即为了分析的需要，在原始合同的基础上，人为地加上外界干扰事情的影响，经合理推测得到的一种状态。②合同假想状态是从合同原始状态推演而来的，在加入了合理的干扰因素后，主要为在合同的实施过程中发生的索赔事件提供支持。③合同现实状态。在执行合同的过程中，由于各种干扰（如合同目标的变动、合同条件的变化等）的影响，实际的合同状态一般不会是合同的假想状态，而是一种与假想状态有联系但又不同的新的状态，这种由于各种干扰而使合同状态偏离假想状态产生的新的合同状态称为合同的现实状态。

基于工程变更的研究视角，本书在原有的合同状态模型基础上，根据识别出合同状态的要素构建天平模型，以及根据建立的变更、合同状态、合同价款基础的映射关系，延伸构建一个新的合同状态模型天平模型，工程变更影响合同价款的机理示意图如图 8-9 所示。

在工程项目实施过程中，当引起工程变更的因素发生后，必然导致合同初始状态会被打破，出现了合同失衡的现实状态。此时，合同价款就需要做出调整以使合同状态趋于一种新的平衡状态，其实质体现在风险因素的发生对施工合同价款的计价或计量基数产生影响，从而导致合同状态发生变化，双方的权利与义务需要做出调整。通过调整综合单价、调整工程量、调整计价基础以及调整总价包干的方式对合同状态进行补偿，使得合同达到一个新的平衡状态。这个新的平衡状态也是下一个新的合同初始状态，不断循环至工程的结束。由此来解释工程变更引起合同价款调整的内在机理。

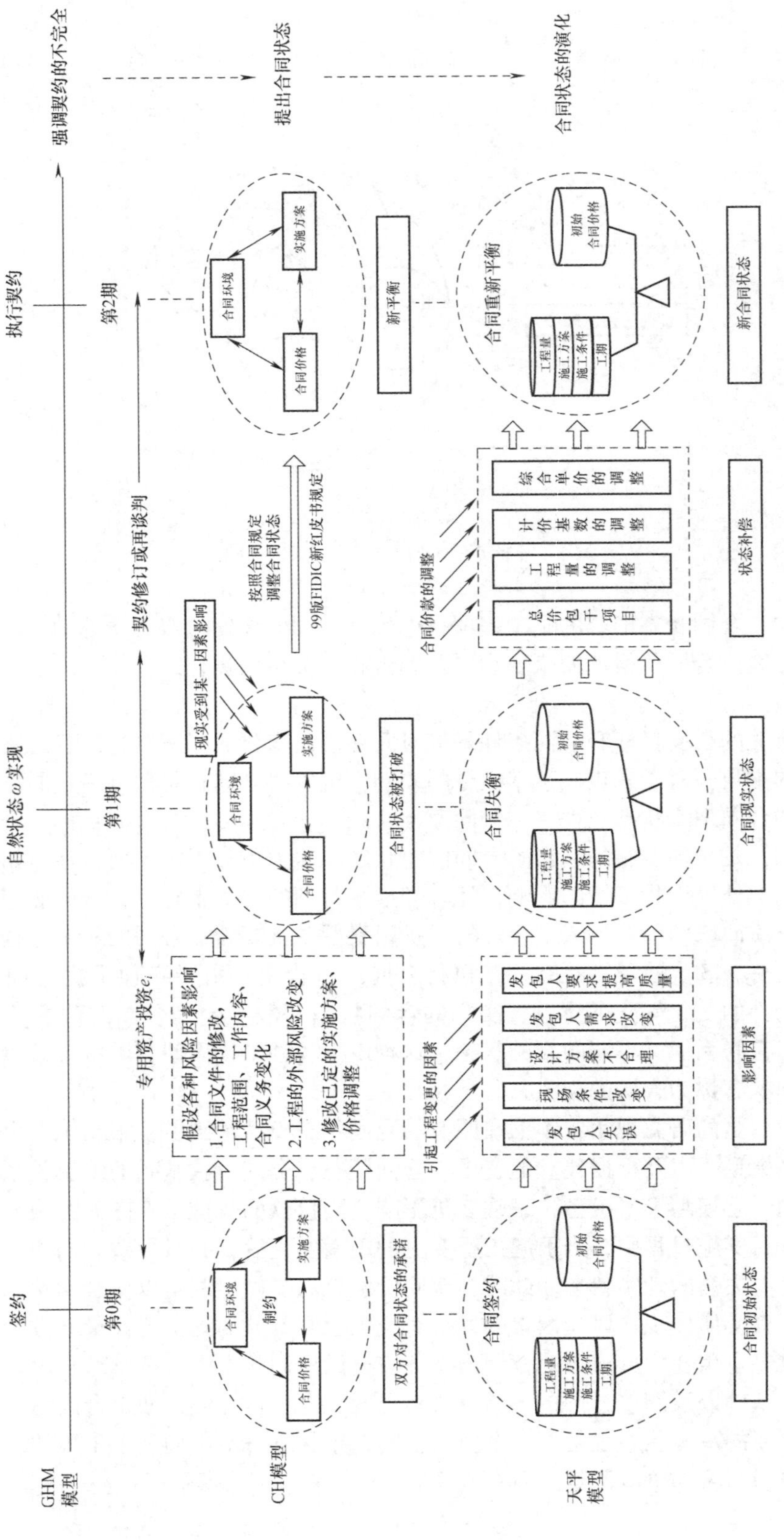

226

图 8-9 工程变更影响合同价款的机理示意图

8.2.3　合同柔性理论视角下的变更分析

1. 合同柔性的概念[3]

理想情况下，建设项目合同当事人通常倾向于签订"完备合同"，在合同中明确规定各方的权责利，以减少双方纠纷，降低后期再谈判的交易成本。但随着工程越来越复杂，巨型投资、新型技术的不断涌现，加之发承包人的有限理性，发承包双方已逐渐认识到合同的天然不完备性。在这种情况下，向合同注入柔性，减少前期缔约成本，降低后期谈判成本，成为合同的一种必然选择。A. Borison、G. Hamm 等人通过电力合同的研究指出，一般合同条款要求交易双方对所有不确定性均进行明确规定明显是耗时的，而且是不经济的。一个更为合理的做法是允许合同中有一方或双方在条件改变时做出适当反应的具体规定或"选择"的条款。这一做法往往为合同带来至少3%的额外收益。

Bo Carlsson 曾提出，柔性一词最早由 George Stigler 在 1939 年首次引入经济学，根据 George Stigler 的理论，经济学家将具有柔性的企业定义为有更低的平均成本曲线的企业。如今，柔性在供应链、人力资源管理等领域取得了长足的发展。M. Mandelbaum 认为，柔性是指系统有效地响应环境变化的能力。O. C. Carlos、R. C. Marques 从项目管理角度出发，指出合同柔性主要是指项目快速应对或然事件并拓展合同的一种策略空间。

由此可见，大部分研究者对柔性概念的看法基本一致，它表征了两个关键词：一是"不确定性"，二是"应变能力"。基于此，还有一部分学者给出了合同柔性的概念。A. S. Hanna 等人详细论述了合同柔性的相关内容，指出合同柔性是用来处理突发事件的工具。尹贻林和王垚[4]从风险分担的视角出发，指出合同柔性就是合理风险分担的一个重要组成部分（维度），从缔约阶段嵌入合同柔性条款实现合同状态变化下承包人获得相应补偿的基础。本书将合同柔性定义为，合同柔性即指为应对合同状态的不确定性，发承包双方在合同所预留的空间中经济而又快速地响应不确定性的能力。它表征为发包人与承包人在合同条款中约定快速、经济、有效地调整合同价格（款）的能力。

基于不同的研究视角，不同的学者对合同柔性分类的划分并不十分一致，甚至有较大的差距。如有的学者认为合同柔性的本质即价格柔性，有的学者认为合同柔性包括合同条款柔性和合同执行过程的柔性，还有学者将合同柔性的核心条款分成了权利维度、关系维度和争端处理维度。不同学者对合同柔性分类的认识具体见表8-2。

表 8-2　合同柔性的分类

序号	分　类	主　要　观　点	分析视角	代　表　学　者
1	再谈判柔性、价格柔性、时间柔性、争端处理柔性和激励柔性	合同的协调性可增强签约双方处理问题的灵活性，减少不必要的约束。合同条款产生灵活性主要集中在再谈判、价格、时间等方面	合同条款的柔性	Soili Nystén-Haarala、N. Lee、J. Lehto、A. Susarla
2	合同条款柔性和合同执行过程的柔性	合同柔性的注入途径可从事前和事后两个角度考虑，所以合同柔性可分为合同条款柔性和合同执行过程的柔性	合同的柔性	娄黎星
3	适当刚性和充分柔性	基于合同柔性程度的考虑，合同柔性可分为适当刚性和充分柔性	合同柔性程度	杜亚灵、闫鹏等

（续）

序号	分　类	主　要　观　点	分析视角	代　表　学　者
4	基于物价变化的柔性、基于不可抗力的柔性、基于法律法规变化的柔性、基于工程变更的柔性和基于工程索赔的柔性	合同柔性的本质是价格柔性，价格柔性可对承包人形成动态激励。据此，合同柔性的维度可根据 13 版《清单计价规范》来划分	合同价格的柔性	Steven Tadelis、柯洪、刘秀娜等
5	权利维度、关系维度和争端处理维度	通过分析不同合同条款的具体规定，可将合同条款的设计按照权利维度、关系维度和争端处理维度划分。其中，权利维度包括合同价款调整的权利、索赔的权利。关系维度包括共同协商的维度、利益共享的维度。争端处理维度包括争端早期预警维度和第三方治理维度	合同条款设计的条款	张亚娟

分析表 8-2 可知，目前对合同柔性的分类尚未形成一致的意见，各学者的观点主要体现为五个方面。自 Nystén-Haarala 等开始，从柔性的注入途径出发，将合同柔性分为再谈判柔性、时间柔性、价格柔性、争端处理柔性和激励柔性等，得到了大量学者的认同，并以此为基础不断适配各自研究领域，从供应链、外包合同、人力资源管理等不同方向论证了合同柔性的分类。娄黎星在前人基础上，分析得出前人的分析主要从合同条款的柔性入手，但合同执行过程也存在柔性，并以此作为合同柔性的两个注入途径。具体到建设工程领域，柯洪等则主要从合同价款的视角出发，指出价格柔性是合同柔性的本质，并依据现行规范提出了新的合同柔性的划分标准。张亚娟则应用多案例分析方法，以设计合同条款为出发点，指出以权利维度、关系维度和争端处理维度界定合同柔性的核心条款更为恰当。杜亚灵等则为了度量建设工程合同的柔性大小，将合同柔性分化为适当刚性和充分柔性两个维度。

工程变更对履约效率的影响更关注的是合同柔性的大小。若柔性过大，则为承包人采用机会主义行为提出了"可乘之机"，增加事后再谈判成本，导致合同履约效率降低。若柔性过小，则严苛的合同难以应对项目环境的不确定性，甚至发承包双方在仲裁或诉讼时也会因严格的合同条款不能明示合同签订之初的意思表示而导致结果不尽如人意，合同履约效率降低。基于上述分析，本文将合同的柔性程度划分为三个层级，即刚性、适当柔性与柔性。从前向后表示合同的柔性程度越来越大。

2. 合同柔性的本质是激励措施

经典的信息经济学激励理论认为，激励即为通过设计一系列的规则来弥补缔约各方目标和信息差异所带来的损失，这也是目前经济学研究的焦点之一。Gustavo Nombela 和 Gines de Rus 以公路特许经营合同为研究焦点，指出柔性合同可为项目预留状态补偿的余地，并对签约者形成较好的激励效果。Steven Tadelis 聚焦于价格补偿机制的分析，认为私营机构合同更具有合同柔性特征，可调价格柔性形成了对承包人的动态激励，提高了不确定情形下的履约效率。Turner 基于风险理论，提出合同策略需要提供必要的具有一定灵活性且能应对风险及风险造成外部环境发生变化的激励。Andy A. Tsay 在研究供应链合同时指出，客户按照合同约定的订购数量并不一定是客户真实需要的数量，此时签订一个数量柔性的订购合同可对双方形成激励。

综上，不同学者虽未正面界定柔性是一种激励措施，但均从不同角度提出了合同柔性可产生激励效果。因此，本书认为，合同柔性本质就是一种激励措施，可在降低前期缔约成本、增加合同灵活性的同时，提高事后履约效率。

3. 工程变更是合同条款的柔性点

建设项目工程合同是否具有柔性的标志是合同条款是否为后期项目出现不确定情况时为项目预留后期的再谈判和价款调整的空间。不同学者对变更与柔性之间的关系有着基本一致的认识，即工程变更是一个合同条款的柔性点，具体内容见表 8-3。

表 8-3　不同学者对工程变更柔性点的认识

序号	学　者	观　点
1	柯洪、刘秀娜	工程合同柔性点是非承包人原因导致的可调价事项，这类事项均应由发包人全部或部分地承担责任。根据 17 版《工程施工合同》的规定，合同价款调整事项即合同柔性点包括变更、索赔、市场价格波动与法律变化
2	张亚娟	深圳地铁项目中，发承包双方通过变更、调价和索赔三类柔性条款实现了初始合同的状态补偿。其实质就是事前约定保证事后效率，降低投资失控风险
3	杜亚灵、闫鹏等	合同柔性可根据项目实际情况注入合同的权责利配置、风险分配、工期、价格等方面。以 07 版《标准施工招标文件》（13 年修订）为例，工程变更即为合同柔性的注入点。其实，发包人与承包人之间达成一致即可重新确定交易秩序
4	严玲、丁乾星等	合同条款柔性（Flexibility in Contractual Terms）主要是在合同条款中设定合同价款调整机制（包括变更、调价、索赔等补偿机制）、重新谈判机制和激励机制等作为柔性元素，以实现合同设计追求的"权责利"对等
5	柯洪、刘秀娜等	合同柔性的维度可以划分为基于物价变化的柔性、基于不可抗力的柔性、基于法律法规变化的柔性、基于工程变更的柔性和基于工程索赔的柔性
6	娄黎星	合同条款的柔性包括在合同条款中设计调价、变更、索赔以及激励等条款
7	娄黎星	工程量变更，工程量清单缺、漏导致的数量变化，不可抗力造成的损失，法律法规、政策变动都属于合同条款的柔性
8	尹贻林、王垚	实际上，针对项目进程中的变更、索赔等风险再分担问题，允许合理再谈判的合同柔性为项目提供了一个风险缓释机会，有利于维护其价值
9	娄黎星	良好的合同柔性能够传达合理的风险分担，促使合同公平。合同中规定的针对可预期的不确定性的应对措施，如调价条款、激励条款、变更程序以及针对不可预期、不确定性的商定条款给出将来再谈判的程序，都能够使得合同实现良好的风险分担

8.3　工程变更引起的合同价款调整的依据

8.3.1　工程变更风险的分担机制研究

工程变更风险是发包人承担的风险。一方面，工程变更属于发包人的主动行为，只有经过发包人（监理人）指令的允许才会发生变更，承包人必须无条件执行，由此产生的费用发包人应予以支付，由此延误的工期应予以延长，因此工程变更风险是发包人承担的风险；另一方面，承包人有权提出变更，但不能擅自变更，承包人擅自变更设计发生的费用和由此导致发包人的直接损失，由承包人承担，延误的工期不予顺延。所以工程变更风险是发包人承担的风险。

工程变更的风险分担条款如下：

1. 项目特征描述不符的风险分担条款

13 版《清单计价规范》第 9.4.2 条规定：承包人应按照发包人提供的设计图纸实施合同工程，若在合同履行期间出现设计图纸（含设计变更）与招标工程量清单任一项目的特征描述不符，且该变化引起该项目的工程造价增减变化的，应按照实际施工的项目特征，按本规范第 9.3 节相关条款的规定重新确定相应工程量清单项目的综合单价，调整合同价款。

2. 工程量清单缺项引起的新增分部分项清单项目的风险分担条款

13 版《清单计价规范》第 9.5.1 条规定：合同履行期间，由于招标工程量清单中缺项，新增分部分项工程清单项目的，按照本规范第 9.3.1 条的规定确定单价，调整合同价款。

3. 工程量清单缺项引起的新增措施项目的风险分担条款

13 版《清单计价规范》第 9.5.2 条规定：新增分部分项工程清单项目后，引起措施项目发生变化的，应按照本规范第 9.3.2 条的规定，在承包人提交的实施方案被发包人批准后调整合同价款。

4. 工程量偏差引起的风险分担条款

13 版《清单计价规范》第 9.6.2 条规定：对于任一招标工程量清单项目，当因本节规定的工程量偏差和第 9.3 节规定的工程变更等原因导致工程量偏差超过 15% 时，可进行调整。当工程量增加 15% 以上时，增加部分的工程量的综合单价应予调低；当工程量减少 15% 以上时，减少后剩余部分的工程量的综合单价应予调高。

工程变更不仅包括一些由于发包人原因主动提出的变更，如在合同实施过程中由发包人提出或由承包人提出经发包人批准的合同工程任何一项工作的增、减、取消，或施工工艺、顺序、时间的改变或设计图纸的改变；而且还包括一些应由发包人承担责任的事件引起的变更，如施工条件的改变、招标工程量清单的缺项引起的合同条件的改变或工程量增减变化。

8.3.2 正确履行合同义务形成的工程量应予支付

1. 承包人正确履行合同义务形成的工程量应予支付的论证

（1）双务合同之债支持支付正确履行合同义务形成的工程量 《中华人民共和国民法通则》（本章以下简称《民法通则》）规定民事主体依法享有债权。债权是因合同、单方允诺、侵权行为、无因管理、不当得利以及法律的其他规定，权利人请求特定义务人为一定行为的权利。

《民法通则》之债权债务规则规定，债是按照合同的约定或法律的规定在当事人之间产生的特定权利和义务关系。债权人有权要求债务人按照合同约定或者法律的规定履行合同义务。

在双务工程合同之债中，承包人正确履行合同义务形成工程量是其索要薪酬支付债权的累积。虽然承发包双方合同义务履行出现时间上的前后性，然而按照工程量得以认可是施工合同之债消灭前提的思想，承包人正确履行合同义务形成的工程量应予支付。

（2）基于权责对等情境下应支付正确履行合同义务形成的工程量　在合同之权责对等情境下，承包人应当按照正确履行合同义务的原则实施工程建设工作，即按照合同规定的标的及其质量、数量，在适当的履行期限、履行地点以适当的履行方式，全面完成合同义务工作内容。

（3）最高法释思想支持现场签证在内的承包人履行补充协议义务形成的工程量　在工程施工合同执行过程中，承包人为了正确履行施工合同义务要完成工程变更、现场签证、口头协议、第三方监理指令和其他补充约定的工程量实施内容。为了有效保证承包人债权的主张，《最高人民法院关于审理建设工程施工合同纠纷案件适用法律问题的解释》（法释〔2004〕14号）（本章以下简称法释〔2004〕第14号）及《北京市高级人民法院关于审理建设工程施工合同纠纷案件若干疑难问题的解答》文件中对包括现场签证、会谈纪要等在内的正确履行合同义务形成的工程量给予了认可。

法释〔2004〕第14号第十九条规定："当事人对工程量有争议的，按照施工过程中形成的签证等书面文件确认。承包人能够证明发包人同意其施工，但未能提供签证文件证明工程量发生的，可以按照当事人提供的其他证据确认实际发生的工程量。"

综上，最高法及北京市高法高度认可了现场签证在内的承包人履行补充协议义务形成的工程量，成为"承包人正确履行合同义务形成的工程量应予支付"原则的有力支持。

（4）现有部门规章支持支付正确履行合同义务形成的工程量　国家部门规章是规范和引导行业发展的重要文件，也是保证工程建设各参与主体权利得以主张的关键支撑。其中，13版《清单计价规范》及07版《标准施工招标文件》（13年修订）明确提出已标价工程量清单中的单价子目工程量为估算工程量，合同履行过程中必须以承包人完成合同工程应予计量的工程量确定。并且文件还指出在招标工程量清单中出现缺项、工程量偏差，或因工程变更引起工程量增减时，应按承包人在履行合同义务中完成的工程量计算。

13版《清单计价规范》第8.2.1条规定：工程量必须以承包人完成合同工程应予计量的工程量确定；第8.2.2条规定：施工中进行工程计量，当发现招标工程量清单中出现缺项、工程量偏差，或因工程变更引起工程量增减时，应按承包人在履行合同义务中完成的工程量计算；第11.2.6条规定：承发包双方在合同工程实施过程中已经确认的工程计量结果和合同价款，在竣工结算办理中应直接进入结算。

07版《标准施工招标文件》（13年修订）第17.1.4条第一款规定：已标价工程量清单中的单价子目工程量为估算工程量。结算工程量是承包人实际完成的，并按合同约定的计量方法进行计量的工程量。

综上，作为行业指导规范与行为准则的13版《清单计价规范》及07版《标准施工招标文件》（13年修订），支持"承包人正确履行合同义务形成的工程量给予认可"原则。

（5）FIDIC研究学者支持支付正确履行合同义务形成的工程量　FIDIC研究学者在《哈德逊论建筑和工程合同》（哈德逊著）中阐述道："建筑师应该按照工程量表及承包商实际完成应予计量的部分进行有效计量，如果工程量表不能达到合理、准确的计量要求时，则承包商有权要求建筑师予以赔偿。"

在《FIDIC 系列工程合同范本——编制原理与应用指南》（尼尔 G. 巴尼著）第三章"基于习惯法系的法律概念"第 3.7 节"履行合同义务"中叙述道："当合同双方履行其合同义务时，合同就通过履行义务而得到执行。在建设工程合同中，一方面，履行合同意味着承包商要完成工程以及修复工程缺陷的义务，另一方面，履行合同也意味着业主要认可承包商义务工程量并履行支付的义务。"

2. 承包人正确履行合同义务的两大前提

（1）前提 1：承包人正确履行合同义务　承包人履行的义务是合同协议书约定的义务和发承包双方根据具体施工情况签订的补充协议的义务。施工合同义务的履行内容包括：

1）承包人应按施工图纸施工。施工图是结算的重要依据之一，承包人必须按照施工图纸进行施工，在实际施工过程中大多数承包人不愿意按照施工图纸施工，原因可能是多方面的，也许是承包人想偷工减料，或者是承包人想借机增加现场签证等。发包人在检查施工过程中，如果发现没有按施工图纸进行施工的，应该通过监理人及时通知承包人修改。

2）承包人应按规范施工。施工规范是承包人正确、安全施工的指导准则，指导承包人施工作业。经过查找资料，我国目前现行施工规范可分为 10 类规范，包括地基与基础类规范、主体结构类规范、建筑装饰装修类规范、专业工程类规范、施工技术类规范、材料及运用类规范、检测技术类规范、质量验收类规范、安全卫生类规范、施工组织与管理类规范。施工规范文本非常多，标志着我国建筑施工越来越规范，承包人应严格按照上述规范施工，正确作业，尽量避免各类安全事故的发生。

3）承包人应按指令施工。发包人可以检查承包人的施工，但是不可以影响正常施工，承包人要积极配合发包人的监督工作，在接到发包人指令后要修复或返工。

（2）前提 2：明确工程计量范围　承包人实际完成的工程量应除去承包人超出设计图纸（含设计变更）范围和因承包人原因造成返工的工程量。

13 版《清单计价规范》第 8.2.2 条规定：施工中进行工程计量，当发现招标工程量清单中出现缺项、工程量偏差，或因工程变更引起工程量增减时，应按承包人在履行合同义务中完成的工程量计算。

《建设工程价款结算暂行办法》（财建〔2004〕369 号）第三章第十三条（二）规定：对承包人超出设计图纸（含设计变更）范围和因承包人原因造成返工的工程量，发包人不予计量。

根据 13 版《清单计价规范》强制条文第 4.1.2 条的规定：招标工程量清单必须作为招标文件的组成部分，其准确性和完整性由招标人负责。

8.3.3　工程变更综合单价的确定原则

现行合同范本及规范对变更定价原则的规定见表 8-4。

通过分析表 8-4 可知，工程变更综合单价的确定分为三种，分别是：合同中已有适用综合单价的工程变更、合同中有类似综合单价的工程变更、合同中没有适用或类似单价的工程变更。本节关于工程变更引起的合同价款的调整将根据这一原则展开论述。

表 8-4　现行合同范本及规范对变更定价原则的规定

合同范本及规范	《建设工程价款结算暂行办法》（财建[2004]369号）	07 版《标准施工招标文件》（13 年修订）	17 版《工程施工合同》	99 版 FIDIC 新红皮书	13 版《清单计价规范》
颁布年份	2004	2007	2017	1999	2013
条款号	第十条（二）	15.4	10.4.1	12.3	9.3.1
变更估价原则——合同中已有适用	①合同中已有适用于变更工程的价格，按合同已有的价格变更合同价款	①已标价工程量清单中有适用于变更工作的子目的，采用该子目的单价	①已标价工程量清单或预算书中有相同项目的，按照相同项目单价认定	①除非合同中另有规定，工程师应通过对每一项工作的估价，根据第 3.5 款，商定或确定合同价格。每项工作的估价是用商定或确定的测量数据乘以此项工作的相应价格费率或价格得到的	①已标价工程量清单中有适用于变更工程项目的，应采用该项目的单价；但当工程变更导致该清单项目的工程数量发生变化，且工程量偏差超过 15%时，该项目单价应按照本规范第 9.6.2 条的规定调整
变更估价原则——合同中有类似	②合同中只有类似于变更工程的价格，可以参照类似价格变更合同价款	②已标价工程量清单中无适用于变更工作的子目，但有类似子目的，可在合理范围内参照类似子目的单价，由监理人按第 3.5 款确定或商定变更工作的单价	②已标价工程量清单或预算书中无相同项目，但有类似项目的，参照类似项目的单价认定	②对每一项工作，该项工作对应的费率或价格应是合同中对此项工作规定的费率或价格，或者如果没有该项，则为对其类似工作所规定的费率或价格	②已标价工程量清单中没有适用于变更工程项目的，但有类似子目的，可在合理范围内参照类似项目的单价

（续）

合同范本及规范	《建设工程价款结算暂行办法》（财建[2004]369号）	07版《标准施工招标文件》（13年修订）	17版《工程施工合同》	99版 FIDIC 新红皮书	13版《清单计价规范》
颁布年份	2004	2007	2017	1999	2013
条款号	第十条（二）	15.4	10.4.1	12.3	9.3.1
变更估价原则 合同中无适用或类似原则	③合同中没有适用或类似于变更工程的价格，由承包人或发包人提出适当的变更价格，经对方确认后执行。如双方不能达成一致的，双方可提请工程所在地工程造价管理机构进行咨询或按合同约定的争议或纠纷解决程序办理	③已标价工程量清单中无适用或类似子目的单价，可按照成本加利润的原则，由监理人按第3.5款商定或确定变更工作的单价	③变更导致实际完成的变更工程量与已标价工程量清单或预算书中列明的该项目工程量的变化幅度超过15%的，或已标价工程量清单或预算书中无相同项目及类似项目单价的，按照合理的原则，由合同当事人按照第4.4款［商定或确定］确定变更工作的单价	③由于该项工作与合同中的任何工作没有类似的性质，或不在类似的条件下进行，故没有一个规定的费率或价率适用，则新的费率或价率应考虑任何相关事件以后，从实施该项工作的合理费用中得到，加上合理利润中得到	③已标价工程量清单中没有适用也没有类似于变更工程项目的，应由承包人根据变更工程资料、工程造价管理机构发布的信息价格和计价办法，计算出变更项目的单价，并应报发包人确认后调整。承包人报价浮动率可按下列公式计算：招标工程：$L=(1-中标价/招标控制价)\times100\%$ 非招标工程：承包人报价浮动率 $L=(1-报价/施工图预算)\times100\%$ 已标价工程量清单中没有变更工程项目，也没有适用于变更工程项目的，且工程造价管理机构发布的信息价格缺项的，应由承包人根据变更工程资料、计量规则、计价办法和通过市场调查等取得有合法依据的市场价格提出变更工程项目的单价，并应报发包人确认后调整

8.4　工程变更引起合同价款调整值的确定

国际工程中，工程量清单计价模式下，清单项目中包含措施项目，因此工程变更引起合同价款调整不需要区分分部分项费用与措施项目费用，例如英国工程量清单由开办费、分部工程概要、工程量部分、暂定金额和主要成本、汇总五部分构成，而中国工程量清单则包括分部分项工程量清单、措施项目清单、其他项目清单、规费和税金清单。进而，由于国内分部分项工程与措施项目分别列项，工程变更对工程价款的影响主要体现在三个方面，即变更量、变更综合单价和措施项目费。

8.4.1　工程变更引起合同价款调整值的解构

在工程实践中，工程变更是项目投资失控的关键因素，发承包双方应将变更管理作为风险管理的重点内容。工程量清单计价模式下，工程变更管理的关键问题主要是工程变更的价款确定以及工程变更价款的确定程序。为确定工程变更引起的合同价款调整值，本书在分析合同价格属性的基础上，对合同价款进行解构，形成了一条变更价款确定新路径：变更形成的新工程量→组价→措施项目费确定→最终调整价格，构建了变更价款调整模型：

$$工程变更工程费 = 变更量 × 变更综合单价 + 措施项目费$$

即工程变更工程费由项目分部分项工程费和措施项目费两部分组成，项目分部分项工程费由变更量和变更综合单价相乘确定。

1. 合同价款的属性

合同价款是一种动态的概念，表明承发包双方对于工程项目的费用已经予以确认但还未完成支付的价款，其实质是承包人在履行义务之后，应得到的发包人履行其义务而进行的支付。合同一经签订，合同价款即形成一种特定的"合同状态"。一旦发生影响合同状态的风险因素，合同价款就会发生改变，此时需要对合同价款做出调整以达到新的合同状态过程，合同价款示意图如图 8-10 所示。

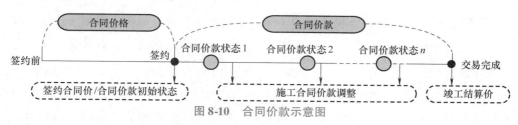

图 8-10　合同价款示意图

从债的法律角度来看，在建设工程中，承发包当事人因产生合同法律关系，从而产生了特定的权利与义务关系，即设立了债的关系。合同之债的发生在发承包双方之间，而合同的义务主要是完成施工任务与支付工程价款，因此，对于支付工程价款，承包人是债权人，发包人是债务人，合同及其法律则成为债权人实现其特定利益的依据。

在建设工程实际中，由于支付程序未履行完整，或支付申请存在瑕疵，或者尚有对价关系，或者发包人无力及时支付等行为，构成一种法律事实，这种法律事实引起发包人与承包人之间存在特定的请求权利与给付义务的法律关系，即形成合同价款。

基于上述分析，将合同价款界定为以签约合同价为起点，竣工结算价为终点，是发承包双方对于项目建设的费用已经予以确认应支付但还未完成支付的价款，表明一种债的状态，即合同之债。

2. 合同价款的解构

《建筑安装工程费用项目组成》（建标〔2013〕44 号）（本章以下简称建标〔2013〕44 号文）中对于建筑安装工程费有明确的规定。建筑安装工程费按照费用构成要素划分，由人工费、材料（包含工程设备，下同）费、施工机具使用费[⊖]、企业管理费、利润、规费和税金组成。其中人工费、材料费、施工机具使用费、企业管理费和利润包含在分部分项工程费、措施项目费、其他项目费中。建筑安装工程费按照工程造价形成由分部分项工程费、措施项目费、其他项目费、规费、税金组成。

工程量清单计价模式下，工程项目施工合同价款是指发包人应该支付但还未支付给承包人的建设工程造价费用，其合同价款的构成与合同价格构成一致，即合同价款 = 分部分项工程费 + 措施项目费 + 其他项目费 + 规费 + 税金。工程项目施工合同价款的构成如图 8-11 所示。

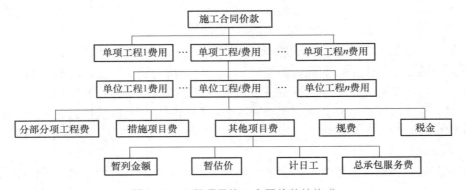

图 8-11　工程项目施工合同价款的构成

$$项目施工合同价款 = \sum 单项工程费用 \tag{8-1}$$

$$单项工程费用 = \sum 单位工程费用 \tag{8-2}$$

$$单位工程费用 = 分部分项工程费 + 措施项目费 + 其他项目费 + 规范 + 税金 \tag{8-3}$$

$$分部分项工程费 = \sum (分部分项工程量 \times 对应分部分项综合单价) \tag{8-4}$$

$$措施项目费 = \sum (措施项目工程量 \times 措施项目综合单价) + \sum 单项措施费 \tag{8-5}$$

$$其他项目费 = 暂列金额 + 暂估价 + 计日工 + 总承包服务费 \tag{8-6}$$

本章节研究的重点是工程变更使得合同状态发生改变，进而形成了新的合同状态，依据合同状态补偿理论，确定工程变更下的合同价款调整值。工程变更下合同价款调整对象为分部分项工程和与分部分项工程相关联的措施项目。

建标〔2013〕44 号文中规定建筑安装工程费按照工程造价形成由分部分项工程费、措施项目费、其他项目费、规费、税金组成，分部分项工程费、措施项目费、其他项目费包含人工费、材料费、施工机具使用费、管理费和利润。基于此，本书将合同价款中的分部分项工程费和与之相关联的措施项目费的费用构成进行进一步 WBS 分解，具体内容见图 8-12。

⊖　在建标〔2013〕44 号文中，施工机具使用费包括施工机械使用费和仪器仪表使用费，本书只讨论施工机械使用费。

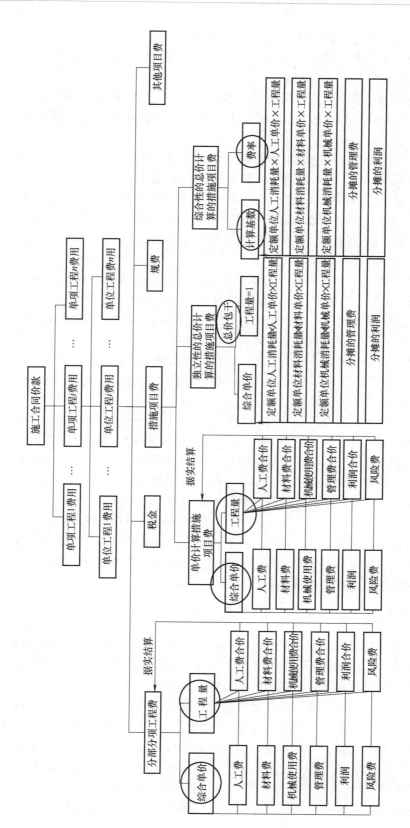

图 8-12　施工合同价款的解构图

从图 8-12 工程项目合同价款 WBS 解构的结果可以看出：

（1）分部分项工程费：以综合单价（人工费、材料费、机械使用费、管理费、利润）及工程量为调整对象。

（2）措施项目费：单价计算的措施项目费以综合单价、工程量为调整对象；总价计算的措施项目费以要素价格（即指代人工费、材料费、机械使用费的单项价格费用）及费率为调整对象。

根据建标〔2013〕44 号文关于措施项目费中的安全文明施工费的规定，其计算方法为：计算基数应为定额基价（定额分部分项工程费 + 定额中可以计量的措施项目费）、定额人工费或（定额人工费 + 定额机械使用费），其费率由工程造价管理机构根据各专业工程的特点综合确定。根据 13 版《清单计价规范》第 3.1.5 条规定，措施项目费中的安全文明施工费必须按国家或省级、行业建设主管部门的规定计算，不得作为竞争性费用。因此，不考虑措施项目费中的安全文明施工费。

13 版《清单计价规范》按照量价分离的特点，将措施项目分为单价计算的措施项目和以总价计算的措施项目，以总价计算的措施项目又可以分为独立性的总价计算的措施项目和综合性的总价计算的措施项目。独立性的总价计算的措施项目费计算方式为综合单价乘以独立单位工程量，此类措施项目通常是指工程中为了特殊要求而采取特殊的措施，往往是一次性的，所以采用总价包干的形式简单方便；综合性的总价计算的措施项目采用计算基数乘以相应费率；以单价计算的措施项目费的计算方法是综合单价乘以工程量，其中综合单价按照分部分项工程费的计算原则计算。

依据以上分析，本文将合同价款进行解构，得到了五个合同价款调整的对象，综合单价、工程量、总价包干、计算基数和费率。其中按总价计算的措施项目费的费率一般由省市区或者行业主管部门规定，不受合同状态因素的影响，最终确定合同价款调整的对象为综合单价、工程量、总价包干和计算基数，即施工合同价款调整对象包括基于综合单价的调整、基于工程量的调整、基于计算基数的调整和基于总价包干的调整。

根据对工程变更引起的施工合同价款调整的影响机理以及合同价款解构分析，合同价款的调整包括了综合单价的调整、工程量的调整、总价包干的调整和计算基数的调整。基于以上分析，工程变更工程费由项目分部分项工程费和措施项目费两部分组成，项目分部分项工程费由变更量和变更综合单价相乘确定。

8.4.2　工程变更项目分部分项工程费的确定

众所周知，建设项目合同纠纷最终的落脚点是合同价款的纠纷，这一原则同样适用于工程变更价款的确定。大量研究者将目光聚焦于现有工程变更估价原则存在的问题。吴书安和朱安峰站在公平和效率的角度评价目前的变更估价三原则，认为工程量清单计价规范和现行的合同范本均默认任一分部分项工程的价款都是合理的。但实际上，承包人或因为不平衡报价策略，或因为有限理性存在报价失误，导致直接套用变更估价三原则存在这样那样的问题，这直接降低了履行合同条款的效率。不同学者分析了变更价款不合理的表现之后，部分学者更进一步对变更价款的重新确定提出了不同的见解。Serag Engy 和 Oloufa Amr 首先分析了其他学者提出的变更价款确定模型，进一步提高了模型的实用度。而 Lu Wenxue 和 Nie Jianming 不仅构建了变更价款的博弈模型，还指出价款纠纷最有效的解决方式就是双方谈判。董宇[5]认为，合同中"有适用"单价的标准是投标文件中有施工方法、工艺、材料和施工条件相同的分部分项工程，且不存在改变关键路线；或是新增工程和工程量偏差不足以引起工程变更；合同中"有类似"的标准是某一分部分项工程在其他条件不变时，仅有材料改变，或工作内容的成比例增加或减少，同时不存在不平衡报价和改变关键路线的施工时间；无"适用或类似"的标准是项目性质不一致，施工环境不一致，工程量偏差超过合同约定幅度，承包人事先采用了不平衡报价或因变更项目导致关键路线改变，需要增加合同工期。杨倩[6]引入 Partnering 模式，提出工程变更的成本包括两类，分别是单一变更成本和变更的累积影响。单一变更成本的计算遵循可参照原合同价格时采用原合同价格、不可采用原合同价格时利用实际费用法计算成本的原则确定单价。变更累积影响的成本在有证据证明和可量化的基础上，可由承包人向发包人提出索赔。陈建华和王辉[7]分析工程变更发生的原因后指出，项目特征不符合工程量偏差是导致变更价款的主要原因之一。缔约各方应根据 13 版《清单计价规范》调整工程变更价款，无适用或类似子目确定综合单价时，可采用定额消耗法、合理价值法等，由承包人提出、发包人批准后确定。

综上所述，工程变更发生时，价款调整方式虽确有一定的不合理性，但在承包人不存在典型的不平衡报价时，"估价三原则"的标准基本适用于一般工程变更综合单价的确定。其中，变更工程量应遵循"承包人正确履行合同义务"的工程量计算，工程变更综合单价确定的基本原则是"成本加利润"，具体方法有"计日工定价法""实际组价法""定额组价法""数据库预测法"等。

1. 工程变更工程量的确定

法律法规、合同范本和工程量清单计价规范都对变更工程量的计量规则给了一定的指导意见，具体内容见表 8-5。

239

表 8-5　变更工程量计量规定

名称	《民法通则》	《合同法》	法释〔2004〕第 14 号文	13 版《清单计价规范》	07 版《标准施工招标文件》（13 年修订）
条款号	第八十八条	第六十条	第十九条	8.2.2	17.1.4
具体内容	合同的当事人应当按照合同的约定，全部履行自己的义务	当事人应当按照约定全面履行自己的义务	当事人对工程量有争议的，按照施工过程中形成的签证等书面文件确认。承包人能够证明发包人同意其施工，但未能提供签证文件证明工程量发生的，可以按照当事人提供的其他证据确认实际发生的工程量	施工中进行工程计量，当发现招标工程量清单中出现缺项、工程量偏差，或因工程变更引起工程量增减时，应按承包人在履行合同义务中完成的工程量计算	结算工程量是承包人实际完成的，并按照合同约定的计量方法进行计量的工程量

分析表 8-5 可以得出变更工程量的确定原则是：应按照承包人在变更项目中实际完成的工程量计算。

2. 工程变更综合单价的确定

工程变更项目综合单价确定的问题是一个非常实际的问题，其实质是综合单价的确定。变更综合单价属于综合单价，因此可以通过研究综合单价确定的方法和程序来确定变更综合单价确定的方法和程序，在此基础上研究设计出变更综合单价的确定应解决的问题。

各相关文件关于变更综合单价的对比分析见表8-6。

表 8-6　各相关文件关于变更综合单价的对比分析

文件名称		《建设工程价款结算暂行办法》（财建〔2004〕369号）	07版《标准施工招标文件》（13年修订）	08版《清单计价规范》	13版《清单计价规范》
提出人和确定人		承包人或发包人提出经对方确认	监理人商定或确定	承包人提出发包人确认	承包人提出发包人确认
确定原则	有适用	采用已有价格	采用适用单价	采用已有综合单价确定	采用适用单价，工程量偏差超过15%，按第9.6.2条确定
	有类似	参照类似价格	合理范围内参照类似单价	参照类似综合单价	合理范围内参照类似单价
	无适用或类似	—	按成本加利润原则确定	—	考虑报价浮动率确定

分析表8-6基本可以得出以下几点结论：

（1）13版《清单计价规范》关于变更单价的确定依然沿用08版《清单计价规范》中"有适用""有类似"和"无适用或类似"三种变更估价原则。

（2）关于"合同中已有适用子目"的变更综合单价的确定，法律法规及合同示范文本的规定基本一致，但是13版《清单计价规范》增加了工程量偏差超过15%时应调整综合单价。

（3）对于"合同中有类似子目"的变更综合单价的确定，法律法规及合同范本的规定基本一致。13版《清单计价规范》与07版《标准施工招标文件》（13年修订）的规定一致，即增添了限定条件"合理范围内"参照。

（4）对于"合同中无适用或类似子目"的变更综合单价的确定，主要是参考07版《标准施工招标文件》（13年修订）提出的"成本加利润"原则，13版《清单计价规范》在此基础上提出了新的约束——并考虑承包人的投标报价浮动率。

（5）13版《清单计价规范》对三类估价原则的具体内容进行了细化，并扩大了变更定价原则的适用外延，即"项目特征描述错误""工程量清单缺项"以及"工程量偏差"引起的价款调整均参照三类估价原则确定综合单价。

1）合同中已有适用的综合单价

①表现形式。合同中已有适用的综合单价的变更，业内一般认为，是指该项目变更应同时符合以下特点：

A. 变更项目与合同中已有项目性质相同，即两者的图纸尺寸、施工工艺和方法、材质完全一致。

　　B. 变更项目与合同中已有项目施工条件一致。

　　C. 变更工程的增减工程量在执行原有单价的合同约定幅度范围内。

　　D. 合同已有项目的价格没有明显偏高或偏低。

　　E. 不因变更工作增加关键线路工程的施工时间。

　　合同中已有的综合单价适用于变更工程综合单价时，由于合同中综合单价是承包人在投标时的报价，并且发包人已认可（承包人采用不平衡报价，发包人没有发现除外），因此该综合单价容易被发包人、承包人、监理人和咨询单位认可，此外工程量清单单价直接套用是比较合理的也是比较简便的。这类变更主要体现为工程量清单原有工程量的改变，在合同约定幅度内增加或减少。

　　② 确定方法。13 版《清单计价规范》规定，按合同已有的综合单价确定变更项目的综合单价，实质上就是由于工程量清单中的工程量有误或设计变更引起该工程量的增减，且幅度在 15% 以内时，变更综合单价可直接参考已有项目签订合同时确定的投标报价。按已有的综合单价确定时包括两种情况：

　　A. 工程量的变化：由于设计图纸深度不够或者发包人编写工程量清单时工程量编写错误，导致在实施过程中工程量产生变化，且变化幅度在 15% 以内，这种情况不改变合同标的物，不构成变更，执行原合同单价。

　　B. 工程量的变更：由于工程变更使合同已有某些工程的工程量单纯地进行增减，这种变更的综合单价执行原合同单价。

　　合同中已有适用的综合单价的情形，处理起来最简单。但在合同中需要注意对三点进行说明：

　　A. 防范不平衡报价。如果变更工程涉及合同中已有的综合单价是承包人采用不平衡报价的综合单价，继续沿用原有不合理的综合单价确定工程变更价款会损害公平原则或出现显失公平的现象，要办理好结算时不平衡报价的处理方式。

　　B. 考虑材料价格的波动。对于工程量清单中已有的分部分项工程量的增减，在按照原有的综合单价进行调整时，应考虑到此种情况。如果工程的工期较长，材料购买次数较多，材料价格的风险预测难度较大，则材料价格可以随市场价格波动进行调整，可通过价格指数法、造价信息调整法、实际价格调整法等方法确定。在材料价格调整费用实际支付及控制时，关键是要对一定的调差材料数量确定材差标准，可使用票证法、公式法、简易指标法确定。

　　C. 措施项目费、管理费及利润的调整。在工程量清单计价模式下，由于采用的是综合单价，管理费和利润已包含在综合单价中，工程量的变化必然会影响到合同约定的综合单价，13 版《清单计价规范》第 9.3.1 条规定：当工程量清单项目工程量的变化幅度在 15% 以内时，其综合单价不做调整，执行原有综合单价；当工程量清单项目工程量的变化幅度在 15% 以外，其综合单价应予调整（工程量增加超过 15% 时，增加部分的工程量的综合单价应予调低；工程量减少超过 15% 时，减少后剩余部分的工程量的综合单价应予调高）。所以当某工程量的增减在合同约定的幅度内时，应按原综合单价和措施项目费计算，当超过合同约定的幅度时，应按调整管理费和利润分摊后的新综合单价计算，如果影响到措施项目费，还应调整措施项目费，具体的调整方法同因工程量增加调整综合单价的方法。

241

算例 8-1

某合同中有一"借土石料填筑、碾压"工程细目，按其工作内容以及当前的市场价格（考虑成本、供求及竞争因素），其合理的价格组成为直接成本 6.3 元/m³、间接成本 1.4 元/m³、利润 0.9 元/m³，因此，合理的价格应为 8.6 元/m³（假定该价格为标底价）。但在报价过程中，由于多种原因，可能会出现以下三种报价：

第一种报价：8.6 元/m³ 以上，即报价与标底相当甚至更高。

第二种报价：7.7 元/m³，即报价中采取了让利策略，利润为 0。

第三种报价：7.0 元/m³，在第二种报价的基础上采用了不平衡报价法或将管理费分摊到了其他工程细目的报价中，此时的单价为亏损价。

现因工程变更而使得挖方工程量有较大的增加，那么三种不同的报价方法对单价的变更方法有什么影响？

【解答】

（1）对于第一种报价，由于工程量的增加，承包人增大规模效益，其工程量增加部分的直接成本和间接成本均会降低，因此，原有合同单价应予以降低，当单价因不平衡报价而超出 8.6 元/m³ 时更应如此。

（2）对于第二种报价，尽管承包人并未承诺对变更工程继续向发包人让利，但由于规模效益的增加会使得承包人获利，因此其单价可维持不变。

（3）对于第三种报价，由于其单价为亏损价，因此继续使用原单价对超出原合同的工程量计价是不公平的，此时对超出部分的工程量宜采用 8.6 元/m³ 或 7.7 元/m³ 的价格来计价。

2）合同中有类似综合单价

① 表现形式。合同中有类似单价的变更，业内一般认为，是指该项目变更应符合以下特点之一：

A. 变更项目与合同中已有的工程量清单项目，两者的材质改变，但是人工、材料、机械消耗量不变，施工工艺和施工方法、施工环境不变。如混凝土的强度等级由 C20 变为 C25。

B. 变更项目与合同中已有的工程量清单项目，两者的施工图改变，但是施工工艺方法、材料、施工环境不变。例如水泥砂浆找平层厚度的改变或者沥青混凝土路面设计的改变。

C. 对于合同中有类似综合单价的变更，其工程变更不得增加关键线路工程的施工时间，也不得存在明显的不平衡报价。

概括来说，此类变更主要包括 A 和 B 两种情形：

② 确定方法。合同中已有的单价类似于变更工程单价时，可以将合同中已有的单价间接套用，或者对原单价进行换算，改变原单价组价中的某一项或某几项，然后采用，或者是对于原单价的组价，采取其一部分组价。

A. 对于施工图改变，但施工方法、材料、施工环境均不变的工程变更项目，可以采用两种方法确定变更项目综合单价：比例分配法与数量插入法。

a. 比例分配法。在这种情况下，变更项目综合单价的组价内容没有变，只是人材机的消耗量按比例改变。由于施工工艺、材料、施工条件未产生变化，可以原报价清单综合单价为基础采用比例分配法确定变更项目的综合单价，具体如下：单位变更工程的人工费、机械使用费、材料费的消耗量按比例进行调整，人工单价、材料单价、机械使用单价不变；变更工程的管理费及利润执行原合同确定的费率。在此情形下，

$$变更项目综合单价 = 投标综合单价 \times 调整系数 \qquad (8-7)$$

算例 8-2

有堤防工程，在挖方、填方以及路面三项细目合同的工程量清单表中，泥结石路面原设计为厚20cm，其单价为 24 元/m^2。现进行设计变更为厚22cm。那么变更后的路面单价是多少？

【解答】

由于施工工艺、材料、施工条件均未发生变化，只改变了泥结石路面的厚度，所以只将泥结石路面的单价按比例进行调整即可。

按上述原则可求出变更后路面的单价为：24 元/m^2 × 22cm/20cm = 26.4 元/m^2。

采用比例分配法，优点是编制简单和快速，有合同依据。但是，比例分配法是等比例地改变项目的综合单价。如果原合同综合单价采用不平衡报价，则变更项目新综合单价仍然采用不平衡报价。这将会使发包人产生损失，承受变更项目变化那一部分的不平衡报价。所以比例分配法要确保原单价是合理的。

b. 数量插入法。数量插入法是不改变原项目的综合单价，确定变更新增部分的单价，原综合单价加上新增部分的单价得出变更项目的综合单价。变更新增部分的单价是测定变更新增部分人、材、机成本，以此为基数取管理费和利润确定的单价。

$$变更项目综合单价 = 原项目综合单价 + 变更新增部分的单价 \qquad (8-8)$$
$$变更新增部分的单价 = 变更新增部分净成本 \times (1 + 管理费费率 + 利润率) \qquad (8-9)$$

算例 8-3

某合同中沥青路面原设计为厚5cm，其单价为 160 元/m^2。现进行设计变更，沥青路面改为厚7cm。经测定沥青路面增厚1cm的净成本是 30 元/m^2，测算原综合单价的管理费费率为 0.06，利润率为 0.05，那么调整后的单价是多少？

【解答】

变更新增部分的单价 = 30 元/m^2 × 2 × (1 + 0.06 + 0.05) = 66.6 元/m^2

调整后的单价为 30 元/m^2 × 2 × (1 + 0.06 + 0.05) + 160 元/m^2 = 226.6 元/m^2。

B. 对于只改变材质，但是人工、材料、机械消耗量不变，施工方法、施工条件均不变的工程变更项目，一般采用替换新材料进行组价的方式。

在此情形下，由于变更项目只改变材料，变更项目的综合单价只需将原有项目综合单价中材料的组价进行替换，替换为新材料组价，即：变更项目的人工费、机械使用费执行原清单项目的人工费、机械使用费；单位变更项目的材料消耗量执行报价清单中的消耗量，对报价清单中的材料单价可按市场价、信息价进行调整；变更工程的管理费执行原合同确定的

费率。

$$变更项目综合单价 = 报价综合单价 + （变更后材料价格 - 合同中的材料价格）$$
$$\times 清单中材料消耗量$$

$$(8\text{-}10)$$

算例 8-4

某建筑物施工过程中，其结构所使用的混凝土强度等级发生改变，由原来的 C15 混凝土变为 C20 的混凝土，如何确定变更后的综合单价？

【解答】

在本题中，建筑物结构混凝土强度等级改变（由 C15 变为 C20），但人工、材料、机械台班消耗量没有因项目材质发生变化而变化，承包人也没有因此而导致任何额外工程费用的增加，故对此类项目变更的价款处理，适用于只改变材质，但是人工、材料、机械消耗量不变，施工方法、施工条件均不变的变更价款确定方法。即仅调整混凝土强度等级，根据变化后的混凝土材料价格结合实际施工方法与原合同项目混凝土材料价格直接进行调整。

3）合同中无适用或类似综合单价。

① 表现形式。各学者、实践工作者在理论研究或者实务中对无适用无类似变更工程项目的范围从工程量变化幅度、工程性质、施工条件、施工时间、变更工程造价以及明显的不平衡报价等进行区分。当以工程量变化幅度作为界定条件时，超过原数量的 10% 或者超出合同约定的幅度即可视为无适用无类似变更项目；当以工作性质作为界定条件时，工作性质改变或者产生无法套用原单价的新工作均可视为无适用无类似变更项目；当施工条件改变或者关键路线上的施工时间增加时，属于无适用或类似变更项目；当以变更工程项目的金额为界定条件时多数学者认为在工程量的改变在 25% 以上且工程造价的改变在 2% 以上的工程变更应运用无适用或类似变更工程项目的估价原则进行变更综合单价的计算；另外，当承包人在投标报价中对某一项目单价报价明显偏高或者偏低，在施工过程中被认定为明显的不平衡报价的，也属于无适用或类似变更工程项目的范畴。简单来说，"无适用或类似"是指该项目变更应符合以下特点之一：

A. 变更项目与合同中已有的项目性质不同，因变更产生新的工作，从而产生新的单价，原清单单价无法套用。

B. 因变更导致施工环境不同。

C. 变更工程的增减工程量、价格在执行原有单价的合同约定幅度以外。

D. 承包人对原合同项目单价采用明显不平衡报价。

E. 变更工作增加了关键线路工程的施工时间。

合同中已有的综合单价没有适用或类似的变更工程综合单价时，须经双方协商，然后确认价格。07 版《标准施工招标文件》（13 年修订）第 15.4.3 项规定，已标价工程量清单中无适用或类似子目的单价，可按照成本加利润的原则，由监理人按第 3.5 款商定或确定变更工作的单价。13 版《清单计价规范》第 9.3.1 条规定，合同中没有适用或类似的综合单价，由承包人提出综合单价，经发包人确认后执行。虽然两者规定存在差异，但是可以肯定的是变更综合单价必须经监理人确定才能生效，才能成为发包人支付工程价款、承包人索要工程价款的依据。

② 确定方法。法律法规、合同范本和工程量清单计价规范对无适用或类似的变更项目的综合单价的规定见表 8-7。

表 8-7　相关文件中关于变更无适用或类似综合单价对比表

名　　称	条 款 号	具 体 内 容
07 版《标准施工招标文件》（13 年修订）	15.4.3	已标价工程量清单中无适用或类似子目的单价，可按照成本加利润的原则，由监理人按第 3.5 款商定或确定变更工作的单价
13 版《清单计价规范》	9.3.1	已标价工程量清单中没有适用也没有类似于变更工程项目，且工程造价管理机构发布的信息价格缺价的，应由承包人根据变更工程资料、计量规则、计价办法和通过市场调查等取得有合法依据的市场价格提出变更工程项目的单价，报发包人确认后调整。合同中没有适用或类似的综合单价，由承包人提出综合单价，经发包人确认后执行
17 版《工程施工合同》	10.4.1	变更导致实际完成的变更工程量与已标价工程量清单或预算书中列明的该项目工程量的变化幅度超过 15% 的，或已标价工程量清单或预算书中无相同项目及类似项目单价的，按照合理的成本和利润构成的原则，由合同当事人按照第 4.4 款 ［商定或确定］ 确定变更工作的单价
法释〔2004〕第 14 号	第十六条	因设计变更导致建设工程的工程量或者质量标准发生变化，当事人对该部分工程价款不能协商一致的，可以参照签订建设工程施工合同时当地建设行政主管部门发布的计价方法或者计价标准结算工程价款
《建设工程价款结算暂行办法》（财建〔2004〕369 号）	第十条	变更合同价款按下列方法进行：3) 合同中没有适用或类似于变更工程的价格，由承包人或发包人提出适当的变更价格，经对方确认后执行。如双方不能达成一致的，双方可提请工程所在地工程造价管理机构进行咨询或按合同约定的争议或纠纷解决程序办理

由表 8-7 可知，现行法律法规及合同范本对变更无适用或类似综合单价只做出了一般性的规定，即采取"成本加利润"的原则，详细的估价原则要承发包双方在合同中进行确定。对于合同中没有类似和适用的价格的情况，在目前我国的工程造价管理体制下，一般采用按照预算定额和相关的计价文件及造价管理部门公布的主要材料信息价。若发、承包双方就工程变更价款不能达成一致意见，则可到工程所在地的造价工程师协会或造价管理站申请调解，若调解不成功，双方也可提请合同仲裁机构仲裁或向人民法院起诉。对合同中没有适用或类似的综合单价情况变更工程价款的确定主要有五种定价方法，具体如下：

A. 计日工定价法。计日工定价法适用于零星的变更，即变更性质不大的工作。在遇到工程变更问题的时候，如果没有适用单价，重新确定单价又比较费时，或者变更工作量不大，为便于结算，发包人可指令承包人按"计日工"的方式进行施工和结算。这种方法的计算方式是：根据计日工定价，分别估算出变更工程的人工材料及机械台班消耗量，然后按计日工形式根据工程量清单中计日工的相关单价计价。计日工一般由列在其他项目清单中的"暂列金额"来开支，按承包人在计日工表中签报的计日工综合单价，以实际完成的工程量来计算变更工程价款。

采用计日工计价的任何一项变更工作，承包人在该项变更的实施过程中，应按合同约定提交以下报表和有关凭证送发包人复核：

　　a. 工作名称、内容和数量。

　　b. 投入该工作所有人员的姓名、工种、级别和耗用工时。

　　c. 投入该工作的材料名称、类别和数量。

　　d. 投入该工作的施工设备型号、台数和耗用台时。

　　e. 发包人要求提交的其他资料和凭证。

　　计日工由承包人汇总后，在每次申请进度款支付时列入进度款付款申请单，由监理人复核并经发包人同意后列入进度付款。关于计日工的计价原则在第8.6节详细介绍。

　　B. 实际组价法。实际组价法又称合理价值法。适用于既不能套用类似清单作为编制工程变更综合单价的基础，又无相应的定额可套用的变更项目综合单价。这种方式下，监理人根据投标文件、工程变更具体内容和形式确定合理的施工组织与生产效率，在此基础上预先确定人工费、材料费和机械使用费，或在工程变更实施后，由承包人提供人工、材料、机械消耗量原始凭据，并由监理人审核确认，人工单价、材料及机械台班单价在合同中已有的执行原合同单价，合同中没有的执行市场价或信息指导价（材料价格适用于工期很短的工程或材料价格基本不变的情况，如果工期较长或材料价格波动较大则采用动态调整的方法），变更工程的管理费及利润执行原合同确定的费率。

　　但运用此种组价方式确定综合单价没有考虑到承包人本应承担的风险费，这会使得一部分本应由承包人承担的风险转移到发包人。这部分风险费包括两方面：其中一部分是承包人在进行投标报价时中标价低于招标控制价，为了低价中标自愿承担让利的风险；另一部分是承包人实际购买和使用的材料价格低于市场上的询价价格，承包人承担的正常价差风险。

　　因此，对于此类情况，13版《清单计价规范》规定，由承包人根据变更工程资料、计量规则和计价办法、工程造价管理机构发布的信息价格和承包人的报价浮动率提出变更工程项目的单价，报发包人确认后调整。并且给出了承包人的报价浮动率的计算公式：

$$\text{招标工程：承包人报价浮动率} \ L = (1 - \text{中标价／招标控制价}) \times 100\% \quad (8\text{-}11)$$

$$\text{非招标工程：承包人报价浮动率} \ L = (1 - \text{报价／施工图预算}) \times 100\% \quad (8\text{-}12)$$

也就是说，在项目变更后，原应由承包人承担的让利风险和正常的价差风险在计算变更综合单价时依然由承包人承担。

　　在这种情况下，确定变更项目综合单价又分为两种情况，即合同中有适用的工作内容和合同中没有适用的工作内容。

　　a. 合同中有适用的工作内容。对于合同中有相应计价项目的变更工程，应以工程量清单中的单价或总额价为依据。对于合同中有适用变更项目子目工作内容的，把承包人在投标时报的工程量清单综合单价中工作内容的人工费、材料费和机械使用费，套用在与其适用的工程变更项目子目相应工作内容中。这种确定方式应先确定工程变更项目子目工作内容的施工环境、工艺、方法等内容与原清单项目子目相应工作内容的施工环境、工艺、方法等内容一致。

　　b. 合同中没有适用的工作内容。当原合同清单中没有与变更项目子目工作内容一致的工作内容，监理人应确定变更项目子目各工作内容的人、材、机消耗量，本地区或行业有相应定额的，应按照定额确定工作内容的人、材、机消耗量，当本地区或行业没有定额时，应套用其他地区的定额确定人、材、机的消耗量，在此基础上按照定额的工程量计算规则确定工作内容的工程量；如果变更项目子目的工作内容其他地区也没有定额可用，则监理人应去现场确认人、材、机的消耗量，承包人报人材机的消耗量，监理人进行审批。

C. 定额组价法。这种方法适用于合同中没有适用的或类似于变更项目的综合单价，或虽有类似项目但综合单价不合理的情况。发、承包人根据国家和地方颁布的定额标准和相关的定额计价依据及当地建设主管部门的有关文件规定确定变更项目的预算单价，然后根据投标时的降价比率确定变更项目综合单价。其中，消耗量可依据定额中适用项目确定人、材、机的消耗量；人工单价、材料及机械台班单价在合同中已有的执行原合同单价，合同中没有的执行市场价或信息指导价（材料价格适用于工期很短的工程或材料单价基本不变的情况，如果工期较长或材料价格波动较大则采用动态调整的方法），变更工程的管理费及利润执行原合同确定的费率。由于该定额组价法存在不能反映不同施工方案下的综合单价的不同，也不能反映招投标价格的竞争性，特别是当承包人有不平衡报价时，该方法会加剧总造价的不合理性的问题，所以在预算价格的基础上要按照一定的降价比例降价。降价比率的确定由发、承包双方约定，可按中标价占施工图预算价格的比例确定。在使用该方法编制新增单价时应注意如下几个问题：

a. 管理费费率的确定方法：采用承包人投标文件预算资料中的相关管理费费率。

b. 人工费的确定方法：采用相关定额计价根据和定额标准中的人工费标准；采用承包人投标文件预算资料中的人工费标准。

c. 材料单价的确定：采用承包人投标文件预算资料中的相应材料单价（仅适用于工期很短的工程或材料单价基本不变的情况）；采用当地工程造价信息中提供的材料单价；采用承包人提供的材料正式发票直接确定材料单价；通过对材料市场价款调查得来的单价。

d. 降价比率的确定。按照如下公式进行计算：

$$降价比率 = (清单项目的预算总价 - 评标价)/清单项目的预算总价 \times 100\% \qquad (8-13)$$

D. 数据库预测法。数据库预测法是双方未达成一致时应采取的策略。如果双方对变更工程价款不能协商一致，最高人民法院的解释是"因设计变更导致建设工程的工程量或者质量标准发生变化，当事人对该部分工程价款不能协商一致的，可以参照签订建设工程施工合同时当地建设主管部门发布的计价方法或者计算标准确定合同价款。"解释中的计价标准可以理解为地方颁布的统一预算定额，反映的是当地社会平均水平和社会平均成本。根据司法解释，当双方对工程变更价款不能协商一致时，应根据社会平均成本确定工程变更价款，数据库预测法即是基于这种司法解释。在实际操作中，发包人据此会提出三种确定工程变更价款的方法：

a. 以国家和地区颁布的定额标准为计算依据确定工程变更价款。

b. 以发包人内部建立的数据库确定工程变更价款，数据库积累了近几年建设工程的详细价格信息，从中筛选适用的综合单价。

c. 根据所有投标书中相关项目的综合单价分别算出总价后平均，确定工程变更价款。

E. 对比分析法。这种方式适用于变更工作项目在原合同或清单中有相同性质的项目，但两者施工条件及环境不同的情形。由于两者工作内容一致，工作环境的变化直接会导致工人工作效益及机械工作效益的变化，即工程变更单价中人工与机械的消耗量在原报价清单的基础上有所变化，人工单价及机械台班单价执行合同规定的单价，而材料费不做调整，在此基础上依据投标费费率确定管理费及利润。此种情况下：

变更工程综合单价＝投标综合单价＋（合同中人工消耗量×施工条件变化人工工效调整系数×合同中人工单价＋合同中机械消耗量×施工条件变化机械工效调整系数×合同中机械台班单价）×合同管理费费率及利润率

$$(8-14)$$

【注意事项】

没有适用或类似综合单价的工程变更项目综合单价由成本和利润组成。成本包括变更项目子目的人工费、材料费、机械使用费和管理费，利润只是变更项目子目的利润费用。变更项目子目的人工费、材料费、机械使用费分两部分确定：一部分变更项目子目工作内容在原合同中有适用工作内容的，变更项目工作内容的人工费、材料费、机械使用费单价套用原工作内容的人工费、材料费、机械使用费单价，工作内容的工程量按照计算规则确定；另一部分变更项目子目工作内容在原合同中没有适用工作内容的，应根据定额确定人材机的定额单位用量，根据计算规则确定工作内容的工程量，并根据市场价格确定人、材、机的单价，在此基础上考虑承包人的让利率，让承包人承担降价的风险，从而形成人工费、材料费、机械使用费。把这两部分汇总以便形成工程变更项目综合单价中的人工费、材料费、机械使用费。用管理费费率乘以管理费计算基数得出管理费，用利润率乘以利润计算基数得出利润。这些费用汇总便形成工程变更项目综合单价。

8.4.3 工程变更项目措施项目费的确定

1. 措施项目费调整的前提

13 版《清单计价规范》规定：工程变更引起施工方案改变，并使措施项目发生变化的，承包人提出调整措施项目费的，应事先将拟实施的方案提交发包人确认，并详细说明与原措施方案措施项目相比的变化情况。拟实施的方案经发承包双方确认后执行。如果承包人未事先将拟实施的方案提交给发包人确认，则应视为工程变更不引起措施项目费的调整或承包人放弃调整措施项目费的权利。

措施项目变更的程序如图 8-13 所示。

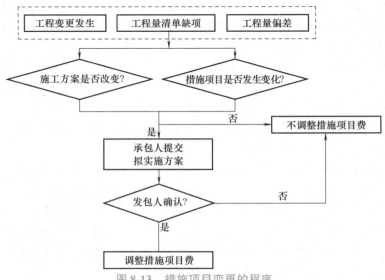

图 8-13　措施项目变更的程序

可见，措施项目工程变更价款调整的前提是已经发生了变更，并且变更使施工方案发生了改变，发包人批准了该施工方案。

2. 措施项目费调整的确定原则

13 版《清单计价规范》第 9.3.2 条规定：

（1）安全文明施工费应根据实际发生变化的措施项目，按照国家或省级、行业建设主管部门的规范来计算，不得作为竞争性费用。

（2）采用单价计算的措施项目费，应按照实际发生变化的措施项目，按照分部分项工程变更价款确定的原则来确定价款。

（3）按总价（或系数）计算的措施项目费，按照实际发生变化的措施项目调整，但应考虑承包人报价浮动因素，即调整金额按照实际调整金额乘以承包人报价浮动率计算。

3. 措施项目费调整确定的方法

（1）安全文明施工费的确定　13 版《清单计价规范》第 2.0.22 条规定：在合同履行过程中，承包人按照国家法律、法规、标准等规定，为保证安全施工、文明施工，保护现场内外环境和搭拆临时设施等所采用的措施而发生的费用。

建标〔2013〕44 号文中对安全文明施工费中费用包含的内容进行了详细的阐述：

1）环境保护费：指施工现场为达到环保部门要求所需要的各项费用。

2）文明施工费：指施工现场文明施工所需要的各项费用。

3）安全施工费：指施工现场安全施工所需要的各项费用。

4）临时设施费：指施工企业为进行建设工程施工所必须搭设的生活和生产用的临时建筑物、构筑物和其他临时设施费用。包括临时设施的搭设、维修、拆除、清理费或摊销费等。

13 版《清单计价规范》中第 3.1.5 条规定，措施项目中的安全文明施工费必须按照国家或省级、行业建设主管部门的规定计算，不得作为竞争性费用。

依据国家最新的规定，即建标〔2013〕44 号文，安全文明施工费的计取公式为

$$安全文明施工费 = 计算基数 × 安全文明施工费费率(\%) \qquad (8-15)$$

其中计算基数分为以下三种：

1）定额基价（定额分部分项工程费 + 定额中可以计量的措施项目费）。

2）定额人工费。

3）定额人工费与定额机械使用费之和。

安全文明施工费费率则是由工程造价管理机构根据各专业工程的特点综合确定。

（2）单价措施项目价格的调整　13 版《清单计价规范》第 9.3.2 条规定：工程变更引起施工方案改变并使措施项目发生变化时，承包人提出调整措施项目费的，应事先将拟实施的方案提交发包人确认，并详细说明与原方案措施项目相比的变化情况。拟实施的方案经发承包双方确认后执行，并应按照下列规定调整措施项目费：采用单价计算的措施项目费，按照实际发生变化的措施项目按本规范第 9.3.1 条的规定确定单价。

由此可以看出，按单价计算的措施项目的工程变更价款与分部分项工程费的工程变更价款的确定原则一致。

当工程变更或工程量清单缺项造成单价措施项目发生变化时，承包人有权提出调整措施项目费。承包人提出调整措施项目费，应事先将拟实施的方案提交监理人确认，并详细说明

与原方案措施项目的变化情况，拟实施的方案经监理人认可，并报发包人批准后执行。工程变更或工程量清单缺项部分的单价措施项目费，由承包人按实际发生的措施项目并依据变更工程资料、计量规则和计价办法、工程造价管理机构发布的参考价格和承包人报价浮动率提出调整价款。

如果承包人未按规定事先将拟实施的方案提交给监理人，则认为工程变更或工程量清单缺项不引起措施项目费的调整或承包人放弃调整措施项目费的权利。

因此，单价措施项目形成的合同价款必须要在相应清单子目的工程量全部计量完成后才可以确认。若在当期进度款中相应清单子目的工程量没有被全部计量完成时，可先用以被计量完成的工程量乘以清单中的综合单价形成合同估算价款。待下期进度款中，清单子目的工程量全部计量完成后，对已形成的合同估算价款做出修正，形成合同价款。其形成合同价款的机理如图 8-14 所示。

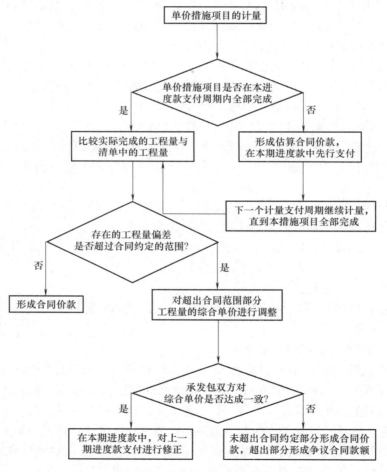

图 8-14　单价措施项目款额形成合同价款的机理

（3）总价措施项目价格的调整　在招标过程中，措施项目工程量清单报价和施工组织设计分别属于商务标和技术标的主要组成内容，投标人在措施项目清单报价中填写了各种措施项目的金额，此清单通过整个评标过程最终被招标人认可，并签发中标通知书，即为合同文件的组成部分，是支付措施项目费的法定依据。

招标文件中的发包人提供的施工图是承包人编制施工组织设计的主要参考文件。投标前编制的施工组织设计简称标前设计。主要内容包括施工方案、施工进度计划、施工平面、技术组织措施。签订合同之后的施工组织设计称为标后设计。这两种施工组织设计虽然服务范围、编制时间、主要特征和目标不同，但是不能有实质性变化，标后的施工组织设计是对标前组织设计的进一步细化。施工组织设计中的施工方案不同，相应的措施项目也会不同。因此，为了防止承包人对于标前标后施工组织设计的脱节，并且为了防止承包人对标后施工组织设计进行更改而影响施工质量和工期，此类措施项目一般是以总价包干的形式进行计价。

根据13版《清单计价规范》中对措施项目的划分，采用总价计算的措施项目包括：夜间施工、非夜间施工照明、二次搬运、冬雨季施工、地上地下设施、建筑物的临时保护设施；已完工程及设备保护。

按总价（或系数）计算的措施项目费，按照实际发生变化的措施项目调整，但应考虑承包人的报价浮动因素，即调整金额按照实际调整金额乘以报价浮动率计算。

$$调整后的措施项目费 = 工程量清单中填报的措施项目费 +/-$$
$$变更部分的措施项目费 \times 承包人报价浮动率$$
$$(8-16)$$

综述所述，总价措施项目价格调整的因素有两点：

1）当工程量出现较大变化时，与整个建设项目相关的综合取定的措施项目费用是否随分部分项工程费增减而调整。在形成合同价款的过程中，体现了先行进度款支付、最后修正的特点。

2）工程漏项或变更造成措施项目发生变化。在合同中，总价项目的价款一般采用总额包干。施工过程中只要工程总体规模不发生实质性变化，其费用不做调整。但若未做约定，可按以下情况进行价格调整。

按照实际发生变化的措施项目调整，但应考虑承包人报价浮动因素，即调整金额按照实际调整金额乘以承包人的报价浮动率（即承包人的让利率）计算。

$$招标工程：承包人报价浮动率 L = (1 - 中标价/招标控制价) \times 100\% \quad (8-11)$$
$$非招标工程：承包人报价浮动率 L = (1 - 报价值/施工图预算) \times 100\% \quad (8-12)$$

算例 8-5

天津某建筑采用措施项目费包干的形式对措施项目费部分计量计价。原施工现场的总面积为 $6200m^2$，新建工程首层建筑面积为 $3000m^2$，后经监理人同意，新增建设一个水房。水房的首层建筑面积为 $30m^2$，施工面积增加 $50m^2$。这时二次搬运费的费率是否应该改变？该如何变化？怎样调价？

【解答】

查询天津市定额，二次搬运费的计算基数为预算基价中的材料费合计。

变更前后施工现场总面积/新建工程首层建筑面积的比率分别为：

变更前，施工现场总面积/新建工程首层建筑面积 $= 6200m^2/3000m^2 = 2.06667$

变更后，施工现场总面积/新建工程首层建筑面积 $= (6200m^2 + 50m^2)/(3000m^2 + 30m^2) = 2.06$

查询天津市定额可知，施工现场总面积/新建工程首层建筑面积在 $1.5 \sim 2.5$ 的范围内，变更前后二次搬运费的费率都为 3.1%。即二次搬运费的费率不变。

因此，本题中，仅有因工程量增加而导致的材料费的变化，应该先计算出直接工程费的增加量，然后乘以费率即可。

8.5 常见工程变更事项引起合同价款调整

8.5.1 项目特征不符引起的合同价款调整

1. 项目特征概述

（1）项目特征描述的概念　13 版《清单计价规范》第 2.0.7 条规定：项目特征是构成分部分项工程项目、措施项目自身价值的本质特征，是对体现分部分项工程量清单、措施项目清单价值的特有属性和本质特征的描述。清单项目特征描述，是指根据工程量计算规范中有关项目特征的要求，结合技术规范、标准图集、施工图，按照工程结构、使用材质及规格或安装位置等，予以详细而准确的表述和说明。

项目特征描述是确定分部分项工程量清单综合单价的最重要依据之一，也是确定综合单价的前提，同时是正确履行合同义务的基础。投标人投标报价时应依据招标文件中分部分项工程量清单项目的特征描述确定清单项目的综合单价。可以说离开了清单项目特征的准确描述，清单项目就将没有生命力。

（2）项目特征描述的内容　项目特征是对项目的准确描述，是确定一个清单项目综合单价不可缺少的重要依据，是区分清单项目的依据，是履行合同义务的基础。分部分项工程量清单项目特征应按工程量计算规范中规定的项目特征描述格式，结合拟建工程项目的实际特点进行描述，并要满足确定综合单价的需要。对体现项目特征的区别和对报价有实质影响的内容必须描述，描述的原则应把握以下内容：

1）必须描述的内容如下：①涉及正确计量计价的必须描述：混凝土垫层厚度、地沟形式（是否靠墙和不靠墙）、保温层的厚度等；②涉及结构要求的必须描述：如混凝土强度等级（C20 或 C30）、砌筑砂浆的种类和强度等级（M5 或 M10）；③涉及施工难易程度的必须描述：如抹灰的墙体类型（砖墙或混凝土墙、轻质墙等）、天棚类型（现浇天棚或预制天棚等）、抹灰面油漆（一般抹灰面或其他材料面）等；④涉及材质要求的必须描述：如装饰材料、玻璃、油漆的品种，管材的材质（碳钢管、无缝钢管等）；⑤涉及材料品种规格厚度要求的必须描述：如地砖、面砖、瓷砖的大小、抹灰砂浆的厚度和配合比等。

2）可不详细描述的内容如下：①无法准确描述的可不详细描述：如土的类别可描述为"综合"（对工程所在具体地点来讲，应由投标人根据地勘资料确定土壤类别决定报价）。②施工图、标准图集标注明确的、用文字往往又难以准确和全面予以描述的，可不再详细描述（可直接描述为详见××图集或××图××节点）。③在项目划分和项目特征描述时，为了清单项目粗细适度和便于计价，应尽量与消耗量定额相结合。如：柱截面不一定要描述具体尺寸，可描述成柱断面周长 1800mm 以内或以上；钢筋不一定要描述具体规格，可描述成 φ10mm 以内圆钢筋、φ10mm 以上圆钢筋、φ10mm 以上螺纹钢筋；现浇板可根据厚度描述成板厚 100mm 以内或 100mm 以上；地砖规格可描述成周长 1200mm 以内、2000mm 以内、

2000mm 以上等。

3）可不描述的内容如下：①对项目特征或计量计价没有实质影响的内容可以不描述：如混凝土柱高度、断面大小等；②应由投标人根据施工方案确定的可不描述：如外运土运距、外购黄土的距离等；③应由投标人根据当地材料供应情况确定的可不描述：如混凝土拌合料使用的石子种类及粒径、砂子的种类等；④应由施工措施解决的可不描述：如现浇混凝土板、梁的标高、板的厚度、混凝土墙的厚度等。

4）增加描述的内容如下：由于工程量清单计价规范中的项目特征是参考项目，因此，对规范中没有项目特征要求的少数项目，计价时需要按一定要求计量的必须描述，应予以特别的描述。例如"门窗洞口尺寸"或"框外围尺寸"是影响报价的重要因数，虽然项目特征中没有此内容，但是编制清单时，如门窗以"樘"为计量单位就必须描述，以便投标人准确报价，如门窗以"m²"为计量单位时，可不描述"洞口尺寸"，同样"门窗的油漆"也是如此。又如，地沟在项目特征中没有提示要描述地沟是靠墙还是不靠墙，但是实际中的靠墙地沟和不靠墙地沟差异很大，应予以特别的描述。

2. 项目特征不符概述

（1）项目特征不符的表现形式　根据项目特征的描述分为使用材料，工程结构，规格、安装位置三类，根据这三类其项目特征不符的具体表现可分为：

1）使用材料不符。

2）工程结构不符。

3）规格、安装位置不符。

那么对于最常见的建筑安装工程，发生导致项目特征不符的又主要集中在这一些方面，通过研究 2013 版《房屋建筑和装饰工程工程量清单计算规范》中分部分项工程分析得出表 8-8 的研究内容。

表 8-8　分部分项工程项目特征分析

序号	分部分项工程	分部分项中项目特征	主要表现形式		
			工程结构不符	使用材料不符	规格、安装位置不符
1	土石方工程	土方工程中的土壤类别 石方工程中的岩石类别 回填中的密实度要求，填方材料品种、填方粒径要求		●	
2	地基处理与边坡支护工程	地基处理中的材料种类配合比、地层情况、水泥强度等级 基坑与边坡支护中的地表情况，混凝土种类、强度等级		●	
3	桩基工程	打桩中的地表情况、桩截面、混凝土强度等级 灌注桩中的地表情况、混凝土（水泥）种类和强度等级、成孔方法、沉管方式	●	●	
4	砌筑工程	砖砌体中的砖品种、规格、强度等级，砂浆强度等级，垫层（填充材料）种类厚度 砌块砌体中的砌块种类、规格、强度、墙体类型，砂浆强度等级 石砌体中的石料种类规格、砂浆强度等级	●	●	●

（续）

序号	分部分项工程	分部分项中项目特征	主要表现形式		
			工程结构不符	使用材料不符	规格、安装位置不符
5	混凝土及钢筋混凝土工程	现浇混凝土基础，现浇混凝土柱以及梁、墙板楼梯，其他构件，后浇带中的混凝土种类和强度等级 预制混凝土柱、梁、屋架、板、楼梯以及其他预制构件中的单体体积、安装高度，混凝土强度等级，砂浆（细石混凝土）强度等级配合比 钢筋工程中的钢筋种类规格 螺栓，铁件的尺寸、规则、连接方式	●	●	●
6	金属结构工程	钢网架，钢屋架，钢托架，钢桁架，钢架桥，钢柱，钢梁，钢板楼板、墙板，钢构件中的钢材品种、规格、构件类型，安装高度、螺栓种类、防火要求 金属制品中的材料品种和规格	●	●	●
7	木结构工程	木屋架、木构件、屋面木基层中的木材品种、规格、刨光要求、防护材料种类		●	
8	门窗工程	木门，金属门，金属卷帘门，厂库房大门、特种门，其他门中的门代号以及洞口尺寸，门框或扇外围尺寸，材料品种 木窗，金属窗，门窗套窗洞口尺寸和材料，防护材料		●	●
9	屋面及防水工程	瓦、型材及其他屋面中的材料品种类型、油漆品种 屋面防水及其他，墙面防水防潮，楼地面防水防潮中的材料品种规格、层数、厚度		●	●
10	保温、隔热、防腐工程	保温、隔热中的保温隔热部位，材料品种，规格，厚度、粘结材料，防护材料种类，做法 防腐面层，其他防腐中的防腐部位、面层厚度、砂浆（胶泥）种类以及配合比		●	●
11	楼地面装饰工程	整体面层及找平层，块料面层，橡塑面层，其他材料面层，台阶装饰，楼梯面层，零星装饰项目中找平层的厚度，砂浆配合比，面层材料的品种、规格、颜色，防护材料种类		●	●
12	墙、柱面装饰与隔断、幕墙工程	墙面抹灰，柱梁面抹灰，零星抹灰中的基层部位和厚度，砂浆配合比		●	
13	天棚工程	天棚抹灰、吊灯及其他装饰，采光天棚中的材料种类、规格、安装固定方式		●	●
14	油漆、涂料、裱糊工程	门油漆，窗油漆，木扶手及其他板条、线条油漆，木材面油漆，金属面油漆，抹灰面油漆，喷刷涂料，裱糊的油漆，防护材料，腻子种类，刮腻子遍数		●	●
15	其他装饰工程	柜类、货架，压条、装饰线，扶手、栏杆、栏板装饰，暖气罩，浴厕配件，雨篷，旗杆，招牌、灯箱，美术字中的相关材料以及防护材料		●	

注：●表示会产生的主要表现形式。

254

通过对表 8-8 分析，研究得出：项目特征不符很大一部分会导致使用材料不符，也有一部分会导致工程结构不符，规格、安装位置的不符，但是伴随着这三项变化的是施工机械以及施工人员的变化。而通过此表也可以看出其中对于整个房屋建筑和装饰工程，主要的材料变化包括混凝土、钢筋、水泥砂浆以及相关的门窗、涂料、钢结构和木结构的材料等的变化。那么对于设计变更导致的项目特征不符的研究，通过表 8-8 也能看出主要就是集中于导致三种：①使用材料不符；②工程结构不符；③规格、安装位置不符。

措施项目分为单价计算的措施项目和总价计算的措施项目，同时又分为可竞争项目与不可竞争项目，而项目特征不符引起的价款调整是对于单价计价的措施项目而言的。通过研究 13 版《清单计价规范》中单价计价项目的措施项目的项目特征，得出表 8-9。

表 8-9　单价措施项目的项目特征分析

序号	措 施 项 目	单价计价的措施项目的项目特征	主要表现形式		
			工程结构不符	使用材料不符	规格、安装位置不符
1	脚手架工程	搭设方式、搭设高度、脚手架材料		▲	▲
2	混凝土模板及支架（撑）	支撑高度及截面形状		▲	
3	垂直运输	地下室建筑面积、建筑物的层高	▲		
4	超高施工增加	建筑物的层高、结构形式	▲		
5	大型机械设备进出场及安拆	设备机械的名称、设备机械的规格			▲
6	施工排水、降水	管的类型、直径、规格		▲	
7	安全文明施工及其他措施项目	夜间施工中灯具、指示牌的设置，拆除非夜间施工照明中的照明灯具的安装维护，已完工程及设备中的保护措施			▲

注：▲表示单价措施项目的项目特征主要表现形式。

通过表 8-9 可以看出，项目特征不符的具体表现形式为以下三种：

1）工程结构不符。

2）使用材料不符。

3）规格、安装位置不符。

（2）项目特征不符的原因　造成工程量清单中项目特征不符的原因可以分为三大类，识别项目特征不符的途径可以从形成原因着手：

1）清单编制人员原因

① 项目特征与设计图纸不相符。清单编制人员描述项目特征不是完全按照设计的图纸描述的。这主要是由清单编制人员在编制时的失误造成的，也可能是由于编制人员的现场经验不足，对于施工工艺和流程不了解造成遗漏。

② 对计算部位表述不清楚。虽然 13 版《清单计价规范》对项目特征描述没有要求明确计算部位，但是由于不同计价人员对项目的理解存在偏差，清单编制人员要尽可能把计算部

位标注出来，便于投标人理解单价，准确报价。否则，在合同履行过程中，承包人提出质疑，发包人及现场监理也很难准确答复，可能引发竣工结算纠纷或造价调整偏差。

③ 对材料规格描述不完整。例如清单编制对于采用的商品混凝土是泵送商品混凝土还是非泵送商品混凝土要明确。两种不同的混凝土施工工艺对于计价影响很大，会造成混凝土分项报价和措施项目费中垂直运输费的偏差。发包人必须对材料设备进行市场调查，掌握价格信息，防止承包人的不平衡报价。

④ 工程做法简单指向图集代码。在清单编制时不要把有关工程做法简单指向图集编号，应该详细列出具体做法。一般来说图集只是表达施工的构造层次，对于涉及材料种类、规格及细致尺寸并不明确，简单指向图集，对于投标人就无法准确报价。

2）施工图的设计深度和质量问题原因。在实际的工作中经常会出现总说明与细部说明不一致、结构图与建筑图不一致、细部说明不清楚或者对于细部根本没有说明等问题，这些都给工程量清单项目特征的描述埋下了隐患。虽然《建筑工程设计文件编制深度规定》中，明确规定了对建筑施工图设计图纸的要求，但是由于设计师的业务能力不够和设计周期安排的不合理等各种问题，建筑施工图设计图纸不够完善。

3）描述方法不合理。描述方法不合理主要表现在对项目特征进行描述时没有明确的工作目标和要求以及合理的描述程序，造成项目特征描述的不准确。

3. 项目特征不符引起合同价款调整的依据

（1）项目特征不符的责任划分　项目特征不符属于发包人承担的责任。13 版《清单计价规范》指出招标人必须对清单项目的准确性与完整性负责，并且要求在投标人编制投标文件时，应按照招标工程量清单中的项目特征描述来确定综合单价。因此项目特征不符的责任应由发包人承担，在施工中若是项目特征描述与设计图纸不符时，可以按照设计图纸进行调整。

07 版《标准施工招标文件》（13 年修订）中规定的合同解释顺序中图纸的解释顺序在已标价工程量清单之前，但是 13 版《清单计价规范》中规定发包人在招标工程量清单中对项目特征的描述，应被认为是准确的和全面的，并且与实际施工要求相符合。承包人应按照发包人提供的招标工程量清单，根据其项目特征描述的内容及有关要求实施合同工程，直到项目被改变为止。可见，尽管项目特征不符由发包人承担相应的责任，但只有当发包人确认该项变更后才能进行相应的合同价款的调整。

（2）项目特征不符的合同价款调整原则　如果在施工过程中，出现设计图纸与清单项目特征不符的，首先依据合同约定，如果合同约定对此不做调整或使用其他调整方法的，则应遵照合同约定。如果合同未作约定，则应采取 13 版《清单计价规范》中的调整原则，根据新的项目特征来调整综合单价，其中如果引起措施项目变化的，也应一并调整。

合同中已有适用单价的变更，是指变更项目特征描述与原清单项目特征描述一致；合同中有类似单价的变更，是指变更项目特征描述中关于计量的内容、关于材质的内容与原清单项目特征描述不一致，但是其他描述一致、关于结构要求的内容描述存在不一致的情况时，有时也是属于这类变更；除了前两类变更项目特征描述特点外，变更项目特征描述存在其他不一致情况时，属于第三类变更。

4. 项目特征不符引起的合同价款调整值的确定

（1）使用材料不符引起的合同价款调整

1）使用材料不符但不改变施工工艺导致的合同价款调整。使用材料不符，但不改变施工工艺的，在确定综合单价时就要替换材料价格，那么就要对材料价格进行确定。材料价格是指材料（包括构件、成品及半成品等）从其来源地（或交货地点、供应者仓库提货地点）到达施工工地仓库（施工地点内存放材料的地点）的综合平均价格。材料价格一般由材料原价（或供应价格）、材料运杂费、运输损耗费、采购及保管费组成，即材料的基价。此外在一般计算材料费中还应包括单独列项计算的检验试验费，但依据建标〔2013〕44 号文，在确定综合单价时只考虑材料基价，不考虑检验试验费，其计算公式为

$$材料费 = \sum（材料消耗量 × 材料基价） \tag{8-17}$$

2）使用材料不符且施工工艺改变导致的合同价款调整

① 材料费的调整。对于新增材料价格的确定，和上文提到的方式一致。但是材料的变化不仅仅是对于新增加材料价格的确定，对于原材料也需要进行重新调整，那么对于原材料的减少又可以分为以下几种情况：

A. 如果原材料未进行准备。直接可以取消，双方不存在任何损失的，那么对于原材料减少无任何的价款调整。

B. 如果原材料已经进行了准备。那就需要判断是否能将减少部分的材料进行退还：如无法退还，那么发包人应该承担责任，进行价款的调整。如果能够退还，那么是否能够原价退还：如果不能，发包人仍需要对差价部分承担责任；如果能，发包人需承担一定的管理运输费用。

C. 如果原材料已经进行了供应，并且已经开始使用了。对于已经开始的工作而发生使用材料不符的，首先判断这些材料是否已经全部使用，如果已经全部使用了，发包人需对已使用材料的费用负责。若没有全部使用，对于已使用部分发包人需要负责费用，对于未使用部分需要看是否能够原价退还，如果能够原价退还，则发包人负责一部分的管理费用和运输费用。而如果不能够退还，则需要对这些材料费用负责。

② 人工费的调整。导致人工费的变化有两种可能：一种是导致增加新人工，另外一种是增加原有人工。对于新的人工，先确定产生的工作量的大小，如果是零星工作，先看是否在计日工中有。如果有，按照计日工中的人工进行确定。如果没有，就看合同中是否有规定怎么确定新的人工：如果有，就按照合同中的约定进行；如果没有，再看是否有信息价格，如果有，就按照信息价格，如果没有，再通过市场询价等方式解决。如果不是零星工作，就看合同中是否有规定怎么确定新的人工，如果有，就按照合同中的约定进行。如果没有，再看是否有信息价格：如果有，就按照信息价格；如果没有，再通过市场询价等方式解决。而对于增加原有人工的，看其市场价格是否进行调整，如果变化超过一定程度的，则进行调整，如果没有超过一定程度的，则仍按照原价。

③ 机械使用费的调整。新机械使用增加，确定是否是零星工程，如果是，那么新机械的价格是否会在计日工中出现。如果在计日工中出现，那么就按照计日工中的计算。如果没有出现，那就看合同中是否有新机械价格的确定方式：如果有，就按照合同中的规定；如果没有，就看是否有信息价格，如果有信息价格，那么就按照信息价格，并且乘以一定的报价

浮动率，如果没有，就按照市场价格进行确认。如果不是零星工程，就看合同中是否有新机械价格的确定方式。如果有，就按照合同中的规定。如果没有，就看是否有信息价格：如果有信息价格，那么就按照信息价格，并且乘以一定的报价浮动率；如果没有，就按照市场价格进行确认。

④ 总价措施项目费的调整。对于使用材料不符导致的合同价款调整中夜间施工、非夜间施工照明、冬雨季施工这几类总价措施项目费的变化，其计算主要包括公式参数法、实物量法和分包法三种类型。

（2）工程结构和规格、安装位置不符引起的合同价款调整

1）工程结构不符引起的合同价款调整。工程结构不符可能会导致原来的清单项目取消，产生新的清单项目，但也有可能只会在原清单项目上进行变动。若产生的新的清单项目，就需要重新对于综合单价进行确定。若只是在原清单项目上的变动，则只有原来人工、材料、机械费用的变化。

2）规格、安装位置不符引起的合同价款调整。规格、安装位置不符改变了施工难度，那么必然不仅仅是人工、机械使用的增加，还可能导致的是人工、机械使用的种类变化，以及管理费的变化，那么对于这样的不符导致综合单价的调整，适用于工程变更规定中，没有适用也没有类似变更工程的单价确定方式，即应该由承包人根据变更工程资料、计量规则和计价办法、工程造价管理机构发布的信息价格和承包人报价浮动率进行确定，若是工程造价管理机构发布的信息价格缺价的，应由承包人根据变更工程资料、计量规则、计价办法和通过市场调查等取得有合法依据的市场价格进行确定。可以结合计日工、概预算定额组价法、实际组价法进行单价确定。

5. 相关案例的分析

案例 8-1

【案例背景】

A 单位办公楼经过公开招标由 B 公司中标承建。该办公楼的建设时间为 2014 年 2 月至 2015 年 3 月，建筑面积 7874.56m²，主体十层，局部九层。

该工程采用的合同方式为以工程量清单为基础的固定单价合同。工程结算评审时，发承包双方因外窗材料价格调整的问题始终不能达成一致意见。按照办公楼施工图纸的设计要求应采用隔热断桥铝型材，但工程量清单的项目特征描述为普通铝合金材料，与设计图纸不符。B 公司的投标报价照工程量清单的项目特征进行组价，但在施工中为办公楼安装了隔热断桥铝型材外窗。

在进行工程结算时，B 公司要求按照其实际使用材料调整材料价格，计入结算总价。但 A 单位提出其已在投标人须知中规定，投标人在投标报价前需要对工程量清单进行审查，补充缺项并修正错误，否则，视为投标人认可工程量清单，如有遗漏或者错误，则由投标人自行负责，履行合同过程中不会因此调整合同价款。据此，A 单位认为不应对材料价格进行调整。

【争议焦点】

对案例背景进行分析可知，本案例的矛盾焦点在于：在招标工程量清单中对项目特征的描述与施工图纸设计描述不符时，应由哪一方来承担责任。

【案例分析】

在本案例中，工程量清单中的项目特征描述为普通铝合金材料，与施工图纸的设计中采用的隔热断桥铝型材不符，但在施工过程中由于是按图施工，B 公司安装了隔热断桥铝型材。这就使得 B 公司投标时组价与实际使用材料价格不符。

13 版《清单计价规范》中第 9.4.2 条规定了在招标工程量清单中的项目特征与设计图纸不符的时候，应该按图施工。这一条说明 B 公司采用隔热断桥铝型材的做法是正确的。并且根据 13 版《清单计价规范》第 9.4.1 条的规定：发包人在招标工程量清单中对项目特征的描述，应被认为是准确的和全面的，并且与实际施工要求相符合。承包人应按照发包人提供的招标工程量清单，根据项目特征描述的内容及有关要求实施合同工程，直到其被改变为止。从此款规定可以看出"项目特征不符"属于发包人的责任。

【结论】

A 单位在投标人须知中的规定与国家强制性条文相违背，属于无效条款，应该严格执行13 版《清单计价规范》，所以发包人应当对外窗材料价格进行调整。

8.5.2　工程量清单缺项引起合同价款调整

1. 工程量清单缺项概述

（1）工程量清单缺项的概念　工程量清单缺项是指招标人或招标代理机构提供的招标文件中的工程量清单没有很好地反映工程内容，与招标文件、施工图纸相脱节，造成招标过程中补遗工作量的增加或施工过程中的相应子目出现工程变更，从而引起费用增加，进而影响工程工期或质量。工程量清单缺项主要由三种情形构成：①招标工程量清单中分部分项工程量清单缺项；②由分部分项工程量清单缺项引起的措施项目缺项；③招标工程量清单中措施项目缺项。

常见工程量清单缺项分为两种情况：①若施工图纸表达出的工程内容在计价规范的附录中有相应的项目编码和项目名称，但工程量清单中并没有项目反映出来，则认定为工程量清单缺项；②若施工图纸表达出来的工程内容在计价规范附录中没有反映出来，则应由工程量清单编制者进行补充的清单项目，也属于工程量清单缺项。

（2）工程量清单缺项的原因　招标工程量清单中缺项的本质是潜在的风险转化为了现实风险。因此，工程量清单缺项是否能够引发合同价款的调整，其前提是进行风险责任的确定，而风险归责的依据是引起风险损失的因素。因此应先调查清楚导致招标工程量清单中工程量清单缺项的原因，识别出相应的风险因素。

有的学者将招标工程量清单缺项的原因仅限于招标阶段，包括招标工程量清单编制存在的问题、发包人提供的资料数据不准确。但在实践中，施工阶段也存在引起招标工程量清单中措施项目缺项的干扰因素，比如在施工过程中遇到设计变更以及不利物质条件均会造成招标工程量清单中措施项目的缺项。虽然承包人原因导致在投标阶段的施工方案与施工阶段的施工方案存在实质性的改变也能够造成招标工程量清单中措施项目缺项，但由于其属于承包人承担的风险责任，不予调整合同价款，只有发包人风险责任的风险事件引起施工方案改变，并且造成招标工程量清单缺项才可能引起合同价款的调整。以下总结了工程量清单缺项产生的四个主要原因，如图 8-15 所示。

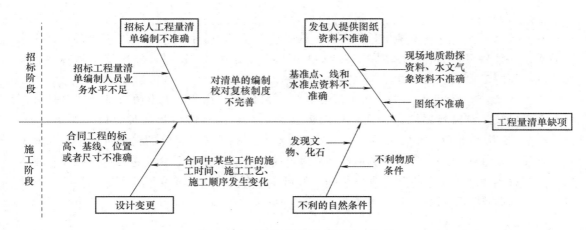

图 8-15　工程量清单缺项的原因分析

1）招标人工程量清单编制不准确。工程量清单是招标文件中重要的组成部分。在实际编制过程中，却常常出现由于招标人原因导致工程量清单缺项的情况。究其原因：一种情况是清单编制人员缺乏工程造价的专业能力，对工程量清单报价的整体概念模糊、认识深度不够，没有掌握工程量清单的计算方法，不能正确理解工程量清单计算规则；另一种情况是编制人员本身对清单编制工作缺乏足够的重视，没有仔细对清单项目进行对比查阅，从而造成清单设置的不规范或是出现了缺项。

2）发包人提供图纸资料不准确。勘探设计单位为发包人提供的图纸资料不准确。图纸资料不准确包括基准点、线和水准点资料不准确，现场地质勘探资料、水文气象资料不准确，图纸不准确等，以上原因均有可能导致工程量清单中措施项目的改变，从而导致项目清单缺项。发包人应当真实、准确、完整地提供图纸和资料，并对此负责。

3）设计变更。由建设单位批准的合同工程的标高、基线、位置或者尺寸不准确以及合同中某些工作的施工时间、施工工艺、施工顺序发生变化都属于设计变更。设计变更可能导致项目改变其措施项目，因此，设计变更可能导致工程量清单中的措施项目缺项，该部分责任需要由发包人承担。

4）不利的自然条件。不利物质条件是指承包人在施工场地遇到的不可预见的自然物质条件、非自然的物质障碍和污染物，包括地下和水文条件，但不包括气候条件。如果由于保护文物、遇到不利物质条件，承包人因采取合理措施而增加的费用应由发包人承担，因此发生不利的自然条件的风险事项且造成工程量清单项目缺项的，属于发包人责任，应对合同价款进行调整。

（3）工程量清单缺项引起合同状态的变化　由于施工图纸不完善，编制人员对施工图纸、招标文件或施工工艺不熟悉等原因导致工程量清单编制过程中出现分部分项工程量清单缺项或者措施项目缺项时，合同签订时的初始状态的平衡被打破，为弥补合同理想状态与合同现实状态的差距，需通过工程计量进行动态补偿，如图 8-16 所示。

2. 工程量清单缺项引起工程价款调整的依据

（1）工程量清单缺项风险分担的依据　在项目招标阶段，招标工程量清单必须作为招标文件的组成部分，由招标人在项目招标阶段提供。招标工程量清单是由招标人提供的供承包人投标报价的基础资料。按照工程量清单计价"量价分离"的原则，工程量的风险由招标人承担，综合单价的风险由投标人或双方共同承担，因此招标人要对其提供的工程量清单的项目完备性、工程量的准确性负责，并对工程量偏差进行调整。但是由于信息不完备和人的有限理性，招标工程量清单编制过程中不可避免会出现由于专业人员对施工工艺、流程、规范以及法律法规的不熟悉，加之缺少实际经验，在编制过程中容易出现工程量清单缺项。

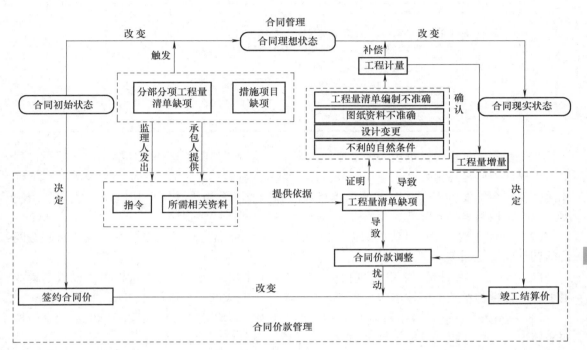

图 8-16　工程量清单缺项下工程计量对合同状态补偿机理

在项目实施阶段，设计变更、不利的自然条件给承包人的施工带来较大影响，根据合理的风险分担原则，应由发包人承担该部分内容的价款调整费用。但是，若发包人提供的基准点、线和水准点资料不准确，现场地质勘探资料、水文气象资料不准确等图纸资料不准确情况，其风险责任应视具体情况而定。07 版《标准施工招标文件》（13 年修订）中对于此类风险事项的风险责任划分不是很明确，基本原则都是发包人应当真实、准确、完整地提供图纸和资料并对此负责。但承包人也负有一定的检查义务，若是这些错误是作为一个有经验的承包人能够发现的，却又未及时提出的，承包人应对此负责，承担相应责任。工程量清单缺项风险责任的确定如表 8-10 所示。

表 8-10　工程量清单缺项风险责任的确定

序号	风险事项	风险因素	风险责任划分依据	风险承担者
1	招标人工程量清单编制不准确	招标工程量清单编制人员业务水平不足	13 版《清单计价规范》	发包人
		对清单的编制校对复核制度不完善	4.1.2 招标工程量清单必须作为招标文件的组成部分，其准确性和完整性应由招标人负责	

（续）

序号	风险事项	风险因素	风险责任划分依据		风险承担者
2	发包人提供图纸资料不准确	基准点、线和水平点资料不准确	07版《标准施工招标文件》（13年修订）	8.3 基准资料错误的责任	视具体情况而定
		现场地质勘探资料、水文气象资料不准确		4.10 承包人现场查勘	
		图纸不准确		1.6.4 图纸的错误	
3	设计变更	合同工程的标高、基线、位置或者尺寸不准确		15.3.2 变更估价	发包人
		合同中某些工作的施工时间、施工工艺、施工程序发生变化			
4	不利的自然条件	发现文物、化石		1.10 文物、化石	发包人
		不利物质条件		4.11 不利物质条件	

在工程实施过程中，承包人常常抓住工程量清单缺项、漏项这一文件漏洞，在招标过程中不予提出，而是在项目进入施工阶段后提出变更，从而获取利润。清单项目设置的不准确或是缺项将会给发包人带来较大的工程量风险，因此，发包人在清单编制过程中应利用制度、风险再谈判等机制降低风险损失，为项目的顺利进行提供保障。

（2）工程量清单缺项计价的依据　13版《清单计价规范》对工程量清单缺项引起合同价款调整的规定如下：

1）施工中工程计量时，若发现招标工程量清单中出现缺项、工程量偏差，或因工程变更引起工程量的增减，应按承包人在履行合同义务中完成的工程量计算。

2）合同履行期间，由于招标工程量清单中缺项，新增分部分项工程清单项目的，应按照实体项目工程变更估价原则规定确定综合单价，调整合同价款。

3）新增分部分项工程清单项目后，引起措施项目发生变化的，应按照本规范措施项目费确定原则的规定，在承包人提交的实施方案被发包人批准后，调整合同价款。

4）由于招标工程量清单中措施项目缺项，承包人应将新增措施项目实施方案提交发包人批准后，按照本规范实体项目工程变更估价原则、措施项目费确定原则规定调整合同价款。

08版《清单计价规范》和13版《清单计价规范》中关于工程量清单缺项条文对比如表8-11所示。

表8-11　08版《清单计价规范》和13版《清单计价规范》中关于工程量清单缺项条文对比

名　称	条　款　号	具体内容
08版《清单计价规范》	4.7 工程价款调整	4.7.4 因分部分项工程量清单漏项或非承包人原因的工程变更，引起措施项目发生变化，造成施工组织设计或施工方案变更，原措施费中已有的措施项目，按原措施费的组价方法调整；原措施费中没有的措施项目，由承包人根据措施项目变更情况，提出适当的措施费变更，经发包人确认后调整
13版《清单计价规范》	9.5 工程量清单缺项	9.5.1 合同履行期间，由于招标工程量清单中缺项，新增分部分项工程清单项目的，应按照本规范第9.3.1条的规定确定单价，调整合同价款
		9.5.2 新增分部分项工程清单项目后，引起措施项目发生变化的，应按照本规范第9.3.2条的规定，在承包人提交的实施方案被发包人批准后调整合同价款
		9.5.3 由于招标工程量清单中措施项目缺项，承包人应将新增措施项目实施方案提交发包人批准后，按照本规范第9.3.1条、9.3.2条的规定调整合同价款

13 版《清单计价规范》全面总结了工程量清单计价规范实施 10 年来的经验，针对存在的问题，对 08 版《清单计价规范》进行了全面修订，其中细化措施项目计价是一个显著的特点。13 版《清单计价规范》新增条款"由于招标工程量清单中措施项目缺项，承包人应将新增措施项目实施方案提交发包人批准后，按照本规范第 9.3.1 条、9.3.2 条的规定调整合同价款"，在一定程度上解决了措施项目费调整无据可依的状况。

3. 工程量清单缺项引起合同价款调整值的确定

（1）工程量清单缺项引起分部分项工程价款调整的计算方法　分部分项工程量清单缺项是在招投标阶段由工程量清单编制失误造成的缺少一项或者几项分部分项工程量清单项目的情况。分部分项工程量清单缺项引起新增分部分项工程项目的，属于工程变更的一种。其情况分为三种：合同中已有适用变更工程项目的、合同中没有适用有类似于变更工程项目的、合同中没有适用也没有类似于变更工程项目的。

1）合同中已有适用变更工程项目的。在工程量缺项引起分部分工程价款调整时，若合同中已有适用综合单价，可采用该项目的单价。为防止工程量过大导致给综合单价的成本带来影响以及有经验的承包人利用该缺陷采取不平衡报价，借机获取利益，对于变更导致项目工程量增加超过 15% 的，增加部分的工程量综合单价应予以调低，而工程量减少 15% 以上的，减少后剩余部分工程量的综合单价予以调高。

2）合同中没有适用有类似于变更工程项目的。对于没有适用但是有类似的综合单价，13 版《清单计价规范》中只是进行了模糊的描述，即"可在合理的范围内参照类似项目的单价"。对于如何确定综合单价，依据《2007 年版标准施工招标文件使用指南》，变更工作无法找到适用和类似的子目单价时，按成本加利润的原则协商新的变更单价。此外，在变更程序上，依据 07 版《标准施工招标文件》（13 年修订）对这类变更综合单价确定的规定，即应由监理工程师商定和确定工程变更项目的成本和利润。

3）已标价工程量清单没有适用也没有类似于变更工程项目的：

① 有工程造价管理机构发布的信息价格。没有适用或类似条件下工程变更项目综合单价的确定应首先根据确定的工程变更项目明确工程变更子目的内容，为确定工程变更项目综合单价打下基础。工程变更项目综合单价的确定应该按照工程变更项目综合单价的确定程序执行。就是通过确定工程变更项目子目各工作内容的人材机消耗量和工程造价管理机构发布的信息价格，汇总出变更项目子目的人工费、材料费和机械使用费。再根据承包人的管理费费率和利润率来确定承包人的管理费和利润，从而确定承包人的成本和利润。在此基础上汇总成为工程变更项目综合单价，再通过考虑承包人的让利率（即承包人承担的风险），来确定最终的工程变更项目综合单价。

② 无工程造价管理机构发布的信息价格。相较于工程量清单中有工程造价管理机构发布的信息价格的，无信息价格的应由承包人根据变更工程资料、计量规则、计价办法和通过市场调查等取得有合法依据的市场价格提出变更工程项目的单价，报发包人确认后调整。

（2）工程量清单缺项引起措施项目价款调整的计算方法　工程量清单缺项引起措施项目价款调整包括两个部分，分别是：分部分项工程量清单项目缺项和措施项目的缺项。这两者通过不同的作用机理来影响措施项目费，具体情况如图 8-17 所示。

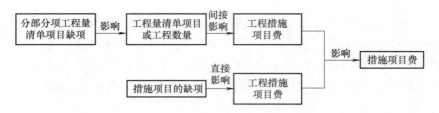

图 8-17　工程量清单缺项引起措施项目费的机理

1）新增分部分项工程引起措施项目费调整的计算方法。分部分项工程量清单缺项往往会造成施工组织设计或施工方案的变更，也必然导致相应措施项目的变化。不同措施项目确定时参考的依据也不相同，如：安全文明施工、材料的二次搬运等项目，参考工程的施工组织设计确定；夜间施工、大型机械设备进出场及安拆、混凝土模板与支架、脚手架、施工排水、施工降水、垂直运输机械等项目参阅施工技术方案确定；施工技术方案没有表述的，但是为了满足施工规范与工程验收规范要求而必须发生的技术措施项目参考招标文件确定；一些不足以写进技术方案的，但是要通过一定的技术措施才能实现的内容参考设计文件确定。

要合理准确地估计措施项目费，首先应对具体工程的措施项目进行分析。措施项目内容确定时，承包人拟定的施工组织设计或施工方案是主要依据，当两者之一发生变化时，措施项目以及措施项目费都会发生变化。

分部分项工程量清单缺项发生时，由于新增分部分项工程量清单项目，工程的分部分项工程量发生改变，因此对按总价计算的措施项目费的计费基数产生了相应的改变，对按单价计算的措施项目费则按照13版《清单计价规范》中第9.3.1条的内容进行调整。

2）措施项目清单缺项引起的合同价格调整的计算方法。措施项目清单是为完成工程项目施工，发生于该工程施工准备和施工过程中的技术、生活、安全、环境保护等方面的项目清单。有些措施项目与项目的施工组织有关，有些措施项目与项目的施工技术有关。

施工组织设计是对施工活动实行科学管理的重要手段，它具有战略部署和战术安排的双重作用。它体现了实现基本建设计划和设计的要求，提供了各阶段的施工准备工作内容，协调施工过程中各施工单位、各施工工种、各项资源之间的相互关系。

施工技术措施项目和分部分项工程是密不可分的，离开了分部分项工程谈施工技术措施项目，措施项目便成了无本之木。因此，在施工技术措施项目实施前，首先应将分部分项工程所必需的施工技术措施项目分解，即不同的分部分项工程有哪些施工技术措施项目，然后按施工技术措施项目种类分别汇总，最后进行估价。

当措施项目发生缺项时，因承包人自身原因导致施工方案的改变，进而导致措施项目缺项的情况很难被招标人认可，一般需经发包人同意后才可以调整。当工程缺项造成措施项目发生变化时，承包人有权提出调整措施项目费。工程缺项部分的措施项目费，由承包人按实际发生的措施项目并依据实际工程的材料、计量规则和计价依据、工程造价管理机构发布的参考价格和报价浮动率提出调整价款。

当工程量清单中没有适用也没有类似的项目时，由承包人根据工程资料、计量规则和计价办法、工程造价管理机构发布的信息价格和承包人报价浮动率提出工程项目新的单价，报发包人确认后调整。报价浮动率应按照实际发生变化的措施项目调整，但应考虑承包人报价浮动因素，即调整金额按照实际调整金额乘以承包人的报价浮动率（即承包人的让利率）

计算。其公式如下：

招标工程：承包人报价浮动率 $L=(1-$ 中标价/招标控制价 $)\times100\%$　　　(8-11)

非招标工程：承包人报价浮动率 $L=(1-$ 报价值/施工图预算 $)\times100\%$　　　(8-12)

案例 8-2

【案例背景】

由四川省甲市某市政工程公司承建的某学院南北校区下穿人行应急通道工程于 2014 年 3 月 28 日开工建设，2014 年 5 月 10 日竣工验收，评为合格工程，已投入使用。

在项目建设工程中，施工单位进场后，由于无专项深基坑支护施工方案，无法进行施工作业，经与建设单位联系后得知，因原设计单位无深基坑支护设计资质，故设计单位在施工图中已明确规定应由具有相应资质的设计单位进行深基坑支护方案设计。

由于该工程招标文件及清单中均无深基坑支护方案项目。建设单位及清单编制单位在招标时未考虑该费用，经咨询建设项目行政主管部门：该工程基础已超过 5m，属深基坑施工作业，必须由具有深基坑处理及设计资质的单位进行设计，并由专家论证后方可实施。

2014 年 4 月，经建设单位比选后由某岩土工程有限公司设计深基坑支护方案，该方案经专家研究并评审通过，由总承包单位分包给具有深基坑处理资质的施工单位实施。2014 年 5 月，与建设单位签订了该项方案的补充协议。

施工单位投标报价时，由于无具体的施工图及清单，故无报价。2014 年 11 月经审计部门审核，意见为：该项目应为措施项目，投标单位在投标时应已考虑该费用（审计部门的审定额约 72 万余元）。但建设单位、施工单位均认为此次深基坑支护工程主要是钢筋混凝土挡墙和土钉喷锚等，应属于实体工程，不应计入措施项目。同时，下穿通道工程的招标工程量清单中对此部分实体工程未列出相应的分部分项，应属于清单缺项，需按照相关程序进行工程变更并调整合同价款。

【争议焦点】

基坑支护是属于工程量清单缺项，还是属于措施项目。

【案例分析】

审计部门认为该深基坑支护分项工程项目应为措施项目，投标单位在投标时已考虑该费用，因此不应该支付；而建设单位和施工单位认为深基坑支护施工的成果已构成实体工程，且招标工程量清单中对此部分未列出相应的清单子目，应属于措施项目工程量清单缺项，需按照相关程序进行工程变更及价款调整。

【解答】

本案例解答思路如图 8-18 所示。

【经验教训】

四川省某学院南北校区下穿人行应急通道深基坑支护属于措施项目，但是依据四川省文件该措施项目应进行支付。原因在于该工程属于超过一定规模的危险性较大的分部分项工程范围，建设单位进行深基坑工程发包时，应将其列入工程量清单并选择有相应资质的勘察、设计、施工、监理、监测和检测单位；而建设单位并没有这么做，所以建设单位存在主要的过错，属于建设单位招标过程中因设计缺陷而导致的价款纠纷。依据 13 版《清单计价规范》第 9.5.3 条，由于招标工程量清单中措施项目缺项，承包人应将新增措施项目实施方案提交发包人批准后，按照本规范第 9.3.1、第 9.3.2 条的规定调整合同价款。

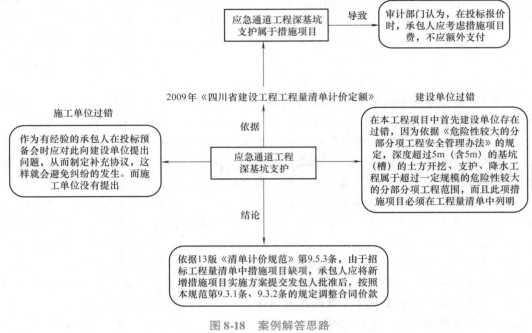

图 8-18　案例解答思路

通过上述案例，总结经验如下：

第一，建设单位编制措施项目清单时要特别注意措施项目清单列项的完整性。

第二，要注意不同的省、市对深基坑支护工程的划分并不一样。例如《湖南省建设工程工程量清单计价办法》规定基坑支护桩、土钉及喷锚等均属于实体工程，应按施工图施工。而《四川省建设工程工程量清单计价定额》将深基坑支护结构按有关措施项目计算。所以，在实践中应根据所承揽项目所在地来确定编制招标文件中各清单子目的列项依据。

8.5.3　工程量偏差引起的合同价款的调整

1. 工程量偏差概述

（1）工程量偏差的概念　99 版 FIDIC 新红皮书第 13.1 款"变更权"中规定：每项变更可包含"合同中包括的任何工作内容的数量的改变"，但此类改变不一定构成变更。张水波等认为此条规定中所指的部分工程量的增加，如工程师要求增加管线上的安全阀属于变更，而对于地基开挖，开挖量超过了工程量表中的数量，则不能算变更[8]。07 版《标准施工招标文件》（13 年修订）中也未将"工程量偏差"列入变更的范围，但合同履行过程中出现的变更可能会造成实际工程量与招标工程量清单项目的工程量出现偏差，进而引起合同价款的调整，因此 13 版《清单计价规范》条文说明中将"工程量偏差"列为工程变更类价款调整事项。

"工程量偏差"作为一个新出现的概念，其定义首次在 13 版《清单计价规范》中得到明确，而在 13 版《清单计价规范》以前，一般以"工程量增减"或"工程量变化"来表示招标工程量清单与实际工程量的差值。

13 版《清单计价规范》第 2.0.17 条规定：工程量偏差是承包人按照合同工程的图纸（含经发包人批准由承包人提供的图纸）实施，按照现行国家计量规范规定的工程量计算规则计算得到的完成合同工程项目应予计量的工程量与相应的招标工程量清单项目列出的工程量之间出现的量差。

对于工程量偏差，发承包双方应在合同专用条款中约定可以调整单价的实际工程量与清单工程量相差的比例：属于合同约定幅度以内的，应执行中标时的单价；属于合同约定幅度以外的，其单价由承包人提出，经发包人确认后作为结算的依据或按合同中约定的其他调整方法（如百分比调整法）进行价款调整和结算。

（2）工程量偏差的原因　采用工程量清单的方式进行招标，一般是针对工程施工图纸已完成、工程内容完全确定的待建项目。根据 13 版《清单计价规范》，招投标阶段的工程量清单是估算的，是投标人编制投标报价的基础。而在施工过程中，由于施工条件、设计深度、工程变更等变化以及招标工程量清单编制人专业水平的差异，往往会造成实际工程量与招标工程量清单出现偏差，从而对合同价款带来显著影响。

通过对文献进行研究表明，可以将工程量偏差的原因归纳为以下四类：

1）设计图纸深度不够。若设计单位提供的设计图纸设计深度不足，如设计各专业不协调、设计前后矛盾、细部方案不合理，会导致参编人员难以科学、合理地依据设计图纸和资料、现行定额、有关文件以及国家制定的相关工程技术规程和规范进行编制，无法保证工程量清单的客观公正性，从而引起工程量偏差。编制人员在编制过程中遇到对工程的材料标准及设备型号等内容交代不清时应及时向设计单位反映，综合应用工程科学知识向设计单位提出建议，补足现行定额没有的相应项目，确保清单内容全面符合实际、合情合理。

2）工程量清单编制不准确。工程量清单编制不准确会引起工程量偏差，如工程量清单缺项、工程量计算错误、项目特征描述错误、清单编制人员未按计量规则计算工程量。前三种错误属于清单中有关建设工程内容相关信息与设计图纸等不符并出现歧义，是建设工程内容信息错误；后一种错误属于编制人员未按合同约定使用统一的工程量计量规则中的相关规定来计量工程量，是规则性错误。

3）施工条件和地质水文的变化。在建设工程施工过程中，由于施工周期长、变化大，会遇到施工条件变化或者无法预见的地质水文情况。即使根据勘探单位编制的地质勘查报告及相关资料，以及有经验的承包人在投标前的现场勘察，都不可能准确无误地发现变化。例如受气候、地质、水文和施工活动等因素的影响，地下水位可能会发生较大变化，如果地下水位在基础底面以下上升时，岩土受上升后的地下水浸泡和软化作用影响，承载力发生变化，从而会使地基的压缩性增大，强度降低。此时原先的桩基础施工方案就会改变，可能会导致工程量清单中的工程量与实际施工过程中的工程量不一致的情况发生。

4）工程变更。在建设工程施工合同的履行过程中，存在着大量的工程变更。在工程实践中，工程变更使得工程量清单中的工程量与实际施工过程中的工程量不一致的情况不可避免。任何合同中工作内容的增减，因地质原因引起的设计更改，根据实际情况引起的结构物尺寸、标高的更改等工作都可能会对工程量的变化产生影响。

由于发包人要求和施工条件变化等原因，往往会发生合同约定的工程材料性质和品种、建筑物结构形式、施工工艺和方法等的变动，进而引起工程量变化。

综上所述，引起工程量偏差的因素回流图如图 8-19 所示。

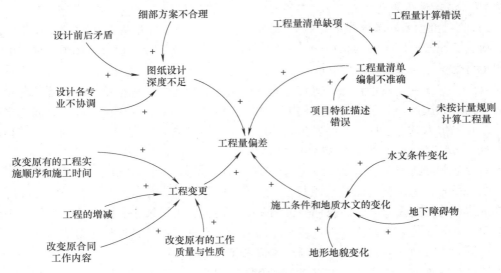

图 8-19　引起工程量偏差的因素回流图

（3）工程量偏差引起合同状态的变化　工程实施过程中，由于施工条件和地质水文变化、工程变更或者招标工程量清单编制人专业水平不高等原因，应予计量的实际工程量与招标工程量清单出现偏差，此时的合同状态偏离了理想状态。当监理人发现施工现场情况出现变化或承包人根据施工现场情况提出修改施工方案建议等情况时，触发了合同状态的变化，应通过工程计量及时对合同状态的变化进行补偿，弥补承包人的施工成本，如图 8-20 所示。

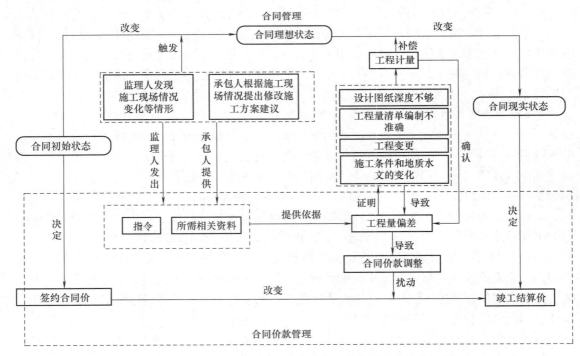

图 8-20　工程量偏差下工程计量对合同状态的动态补偿机理

（4）偏差工程量应据实结算　目前，在国际工程中被广泛使用的 99 版 FIDIC 新红皮书和《香港建筑工程合同》等均支持以招标过程中提供的工程量为招标工程量。

99 版 FIDIC 新红皮书中提出的工程偏差引起的合同价款的调整原因主要有两类：第一类的工程量偏差引起的合同价款调整原因为变更；第二类是由 99 版 FIDIC 新红皮书中合同性质决定的调整，这一类合同价款调整的主要原因分为两种，一种为工程重新计量，另一种为工程数量变化导致的单价变化。

1）FIDIC 新红皮书支持承包人据实结算。99 版 FIDIC 新红皮书是一种典型的单价合同，其工程量表中提供的工程量是估算工程量，因而投标时的报价仅为名义价格，最终合同价款应该由承包人完成的实际工程量决定。第 12.2 款计量方法中规定，永久工程的单项工程应该通过实际完成的净值进行计量。第 14.1 款规定，工程量表中提供的工程量是估算工程量，不能作为承包人实际完成的工程量，也无法作为估价使用的准确工程量。通过上述分析可知，99 版 FIDIC 新红皮书下的工程量的自然变动可被认为是一种自动变更，因此合同价款也随之进行调整。99 版 FIDIC 新红皮书下工程量偏差合同价款的调整如图 8-21 所示。

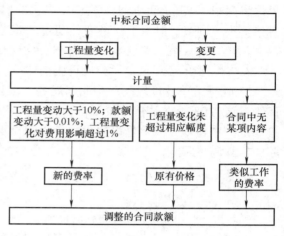

图 8-21　99 版 FIDIC 新红皮书下工程量偏差合同价款的调整

2）《香港建筑工程合同》支持对清单错误进行修正。《香港建筑工程合同》第 13.5 条规定：根据第 13.3 条估价后，最终需要进行合同总价（Contract Sum）的调整，即调整合同价款。第 13.3 条规定：工料测量师需通过以下指令对实施的工程进行测量和估价：①依据第 13.1 条，要求的变更；②依据第 13.2（a）条，对暂定工程量以及暂定项目进行重新测量；③依据第 13.2（b）条，确定暂定金额支出。

工程量清单中说明、漏项以及工程量等内容错误，如果基本不影响本合同或者导致本合同失效，承包人可免于承担责任或者履行义务，这部分工程量或者清单漏项的错误应该予以修正，即调整合同的总价，该项调整应被视为建筑师要求的变更，同时根据第 13.4 条的估价原则进行估价。《香港建筑工程合同》条件下工程量偏差合同价款的调整如图 8-22 所示。

3）我国 13 版《清单计价规范》明确应根据历次支付结果进行竣工结

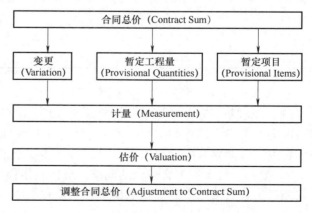

图 8-22　《香港建筑工程合同》条件下工程量偏差合同价款的调整

269

算。我国的单价合同，同 ICE⊖合同、99 版 FIDIC 新红皮书一样，本质上是一种重新计量合同（Re-measurement Contract），即招标工程量清单列明的工程量只是估算工程量，进度款支付应按承包人正确履行合同义务实际完成的工程量进行结算。从量支付原则体现为"工程量据实结算，价由量裁"。07 版《标准施工招标文件》（13 年修订）、13 版《清单计价规范》均强调了"据实结算"，结算的工程量应按合同约定的计量方法和计量周期进行重新计量，以承包人实际完成合同工程应予计量的工程量确定。也就是说，采用工程量清单招标的单价合同竣工结算应形成于历次期中支付的累积。单价合同中一般约定在风险包干范围内综合单价不予调整，但当工程量变化超过一定范围时，综合单价也应该做出一定的调整（13 版《清单计价规范》第 9.6.2 条），即"综合单价因量裁定，工程量据实结算"。

2. 工程量偏差引起工程价款调整的依据

13 版《清单计价规范》中明确规定了工程量偏差的幅度范围，将其调整幅度明确至 ±15%，这与 08 版《清单计价规范》中"工程量变化幅度 10%"存在差异。13 版《清单计价规范》中将双方风险分担的界限予以明确的划分：发包人承担工程量偏差 ±15% 以外引起的价款调整风险，承包人承担 ±15% 以内的风险。具体变化内容如表 8-12 所示。

表 8-12　08 版《清单计价规范》和 13 版《清单计价规范》中关于工程量偏差的规定对比

名　称	条　款　号	具　体　内　容
08 版《清单计价规范》	4.7 工程价款调整	4.7.5 因非承包人原因引起的工程量增减，该项工程量变化在合同约定幅度以内的，应执行原有的综合单价；该项工程量变化在合同约定幅度以外的，其综合单价及措施项目费应予以调整
	条文说明	4.7.5 工程量偏差对工程量清单项目的综合单价产生影响，是否调整综合单价以及如何调整应在合同中约定；若合同未做约定，按照以下原则调整： 1）当工程量清单变化幅度在 10% 以内时，综合单价不做调整，执行原有综合单价 2）当工程量清单变化幅度在 10% 以外时，影响分部分项工程费超过 0.1%，其综合单价及对应的措施项目费均做调整。调整方法由承包人对增加或减少后剩余的工程量提出综合单价和措施项目费，经发包人确认后调整
13 版《清单计价规范》	9.6 工程量偏差	9.6.2 对于任一招标工程量清单项目，如果因本节规定的工程量偏差和工程变更等原因导致工程量偏差超过 15%，调整的原则为： 　当工程量增加 15% 以上时，其增加部分的工程量的综合单价应予调低；当工程量减少 15% 以上时，减少后剩余部分的工程量的综合单价应予调高
		9.6.3 当工程量出现本规范第 9.6.2 条的变化，且该变化引起相关措施项目相应发生变化时，按系数或单一总价方式计价的，工程量增加的措施项目费调增，工程量减少的措施项目费调减

3. 工程量偏差的合同价款调整值的确定

（1）工程量偏差的合同价款调整原则　13 版《清单计价规范》第 9.6.1 条规定，合同履行期间，若应予计算的实际工程量与招标工程量清单出现偏差，且满足以下两个条件时，发承包双方应调整合同价款：

1）分部分项工程综合单价的调整。对任一招标工程量清单项目，如果因实际计量工程量与招标工程量清单中的工程量偏差和由工程变更等原因引起的工程量偏差超过 15% 以上

⊖　ICE 为 Institution of Civil Engineers 的简写，即英国土木工程师学会。

时，调整原则为：当工程量增加 15% 以上时，其增加部分的工程量的综合单价应予调低；当工程量减少 15% 以上时，减少后剩余部分的工程量的综合单价应予调高。

2）措施项目费的调整。如果工程量出现上条的变化，且该变化引起相关措施项目相应发生变化，如果按系数或单一总价方式计价的，工程量增加的措施项目调增，工程量减少的措施项目调减。

（2）工程量偏差引起的分部分项工程费调整　施工合同履行期间，若应予计算的实际工程量与招标工程量清单列出的工程量出现偏差，或者因工程变更等非承包人原因导致工程量偏差，该偏差对工程量清单项目的综合单价将产生影响，是否调整综合单价以及如何调整，发承包双方应当在施工合同中约定。如果合同中没有约定，可以按照以下原则办理：

1）工程量增加超过 15% 以上时的分部分项工程费的调整。因为是同一种工程量的增加，所以调整后的综合单价中人工费、材料费、机械使用费不变（不考虑费用变化导致人工、材料、机械使用费的变化），只是因工程量的变化导致综合单价中分摊的管理费和利润的变化，所以只需要调整管理费和利润：

调整后的管理费 = 原管理费 × (1 - 超过合同约定增加的工程量/实际完成的工程量)

(8-18)

调整后的利润 = 原利润 × (1 - 超过合同约定增加的工程量/实际完成的工程量)

(8-19)

调整后的综合单价 P_1 = 人工费 + 材料费 + 机械使用费 + 调整后的管理费 + 调整后的利润 + 风险费

(8-20)

最终分部分项工程费 = $P_0 × 1.15 Q_0 + P_1 (Q_1 - 1.15 Q_0)$　　(8-21)

式中　P_0——为承包人投标报价中的综合单价；

P_1——按最终完成工程量调整后的综合单价；

Q_0——招标工程量清单中列出的工程量；

Q_1——最终完成工程量。

2）工程量减少超过 15% 以上时的分部分项工程费的调整。工程量减少与工程量增加相同，人工、材料、机械使用费也不变，但由于是工程量减少，故对承包人的补偿计算中，不能考虑利润，反映在调整后的综合单价确定的过程中即不考虑利润的分摊，只计算新的管理费即可：

调整后的管理费 = 原管理费 × (1 + 超过合同约定减少工程量/实际完成工程量)

(8-22)

调整后的综合单价 = 人工费 + 材料费 + 机械使用费 + 调整后的管理费 + 利润　(8-23)

最终分部分项工程费 = $P_1 Q_1$　　　　(8-24)

3）调整后的综合单价的确定。13 版《清单计价规范》中对招标的工程量清单项目工程量出现偏差的幅度进行了明确规定，并约定了其调整的原则，但对于相应清单项目的综合单价的具体调整方法未予以规定。

由工程量偏差引起的清单项目综合单价发生变化的影响因素比较复杂，针对每一个影响因素来约定调整方法，实施中可操作性较差。因此，在工程实践中，当工程量偏差超过合同约定幅度时，新的综合单价可按下列方式确定：

① 合同中约定当工程量偏差超过一定幅度时，调整后的综合单价在原单价的基础上下

（上）浮一定百分比，则按照百分比调整法进行综合单价的确定。

② 合同中未约定具体调整方法，由承包人在施工期间或核实竣工文件时向监理人提出，经发包人确认后确定综合单价，作为结算的依据。

算例 8-6

广西某大学一幢学生宿舍楼项目的投标文件中，《分部分项工程量清单与计价表》序号45、项目编码020506001001、项目名称"抹灰面油漆"、项目特征描述"内墙及天棚抹瓷粉乳胶漆"工程量22962.71m²、综合单价19元/m²、项目合价436291.49元。在施工中，承包方发现各层宿舍房间的内置阳台内墙立面乳胶漆项目漏项，经监理人和发包人确认，其工程量偏差4320m²。根据13版《清单计价规范》的规定，经与承包人协商，将此项目综合单价调减为18元/m²。计算此项目的合同结算价款。

【解答】

根据公式，实际工程量 $Q_1 = 22962.71m^2 + 4320m^2 = 27282.71m^2$，调整后分部分项工程费：

$Q_1 > 1.15 Q_0$ 时，$S = 1.15 Q_0 P_0 + (Q_1 - 1.15 Q_0) P_1$

$S = 1.15 \times 22962.71m^2 \times 19 元/m^2 + (27282.71m^2 - 1.15 \times 22962.71m^2) \times 18 元/m^2$

$= 501735.21 元 + 15760.68 元 = 517495.89 元$

此项目合同结算价款为517495.89元。

（3）工程量偏差引起的措施项目费调整

1）安全文明施工费的调整。13版《清单计价规范》第3.1.5条规定：措施项目中的安全文明施工费必须按国家或省级、行业建设主管部门的规定计算，不得作为竞争性费用。根据建标〔2013〕44号文可知：

安全文明施工费 = 计算基数 × 安全文明施工费费率(%)

计算基数应为定额基价（定额分部分项工程费 + 定额中可以计量的措施项目费）、定额人工费或定额人工费 + 定额机械使用费，其费率由工程造价管理机构根据各专业工程的特点综合确定。

所以，虽然安全文明施工费的费率是按照国家或省级、行业建设主管部门规定计算的，但其计算基数与分部分项工程和可以计量的措施项目的工程量是成正比例关系的。发承包双方应在合同中约定，当工程量变化导致计算基数（如分部分项工程费）的增加或者减少超过一定幅度（比如15%）时，安全文明施工费按照计算基数增加或者减少的比例进行据实调整。

2）其他措施项目费的调整：

① 按单价计算的措施项目费的调整。工程量偏差引起按单价计算的措施项目发生变化的，其调整方法与工程量偏差引起综合单价调整的原则一致。

② 按总价计算的措施项目费的调整。工程量偏差引起按系数或单一总价方式计算的措施项目发生变化的，13版《清单计价规范》第9.6.3条规定，工程量增加的措施项目费调增，工程量减少的措施项目费调减。

　　上述原则的确定是基于按系数或按总价计算的措施项目特点确定的。按系数或按总价计算的措施项目是与整个建设项目相关的综合取定的费用，一般不固定于特定的分部分项工程，其费用几乎平均分配于各项其他服务的分部分项工程之中。所以在工程量增加时，相当于措施项目费分摊增大，要保证平均值不变措施项目费应该调增；工程量减少时，相当于措施项目费分摊的基数减小，要保证平均值不变措施项目费应该调减。

　　根据 13 版《清单计价规范》中对措施项目的划分，采用总价计算的措施项目包括安全文明施工、夜间施工、非夜间施工照明、二次搬运、冬雨季施工、地上地下设施、建筑物的临时保护设施；已完工程及设备保护。

　　其中，安全文明施工费以实际发生变化的措施项目按照下列规定计算：措施项目中的安全文明施工费必须按国家或省级、行业、行政建设主管部门的规定计算，不得作为竞争性费用。

　　其他按总价（或系数）计算的措施项目费，按照实际发生变化的措施项目调整，但应考虑承包人的报价浮动因素，即调整金额按照实际调整金额乘以报价浮动率计算。

　　调整后的措施项目费 = 工程量清单中填报的措施项目费 ± 变更部分的措施项目费 × 承包人报价浮动率

其中，招标工程：承包人报价浮动率为

$$L = (1 - 中标价/招标控制价) \times 100\%$$

非招标工程：承包人报价浮动率为

$$L = (1 - 报价值/施工图预算) \times 100\%$$

　　（4）关于 13 版《清单计价规范》中工程量偏差条文的探讨　在 13 版《清单计价规范》第 9.6.2 条与第 9.6.3 条关于工程量偏差引起的合同价款调整部分产生以下两点争议：

　　1）"增加部分的工程量"产生歧义。13 版《清单计价规范》中明确规定了工程量偏差引起综合单价调整的原则，即当工程量增加 15% 以上时，其增加部分的工程量的综合单价应予调低，当工程量减少 15% 以上时，减少后剩余部分的工程量的综合单价应予调高。但其中"增加部分的工程量"易产生歧义，究竟指代"实际工程量比预计工程量增加的部分"还是"实际工程量比（原工程量×1.15）增加部分的工程量"？根据省市区的相关规定，此处应该理解为后者。

　　例如，早在 2009 年，《四川省〈建设工程工程量清单计价规范〉实施办法》（2009 年发布）中就已规定：非承包人原因引起的工程量增减，该项工程量变化在 15% 以下或合同约定幅度以内的，应执行原有的综合单价，受其影响的措施项目费相应予以调整；该项工程量变化在 15% 以上或合同约定幅度以外的，15% 以下或合同约定幅度以内的部分，仍执行原有的综合单价，超过 15% 以上或减少 15% 以上剩余的部分，或合同约定幅度以外的部分，其综合单价及措施项目费应予以调整。

　　2）工程量减少措施项目费是否应调减。13 版《清单计价规范》第 9.6.3 条中规定：工程量减少的措施项目费调减。针对该条款，学者有不同意见：有学者对该做法表示同意，认为工程量的减少导致承包商所承担的工作量得以减少，因此需要对措施项目费进行扣减；但也有学者对该做法进行反驳：承包商在报价工程中是基于原有工程量进行报价，但随着工程量减少，合同状态发生改变，通过原有单价承包商已无法获取期望利润，因此需要提高单价来保证承包商利益。

案例 8-3

【案例背景】

2007 年 7 月，某多层住宅楼项目经过公开招标，发包人与承包人签订了土建及安装的总承包建设工程施工合同。该项目建筑面积 23118m² （由 12 幢多层住宅楼构成），签约合同价为 2650.3 万元，合同工期为 180 天，开工日期按发包人及监理人批准日起算，工程于 2008 年 4 月竣工，2008 年 10 月起开始竣工结算审核。该工程为工程量清单报价，合同约定采用固定单价合同。该项目在审计过程中由于工程量的增减、图纸变更等原因对该项目措施项目费中的基坑排水、措施项目费中的模板数量确认、钢筋工程量的核定、室外道路基层等方面产生了争议：

1) 措施项目费中基坑排水费用的确认：承包人认为其中 3 幢住宅原基础埋深 – 2.0m （室内外高差为 30cm） （采用基坑大开挖） 投标报价时不用考虑基坑排水故未报价，而在施工过程中由于基础地质条件原因基础埋深开挖至 – 5.2m，要求增加基坑排水费用，总计费用为 5.6 万元；而发包人认为原基础挖土深度为 – 1.70m 报价时已达到计算基坑排水要求，所以不认可该项费用。

2) 措施项目费中模板数量的确认：由于其中 3 幢原基础图纸变更，由条形基础（简称条基）改成桩基础，由于桩基础是矩形条基，高度较高，承包人认为条基模板应按接触面计算面积，该项费用增加为 1.2 万元；而发包人认为原报价时是按定额含量计算面积的，所以该项模板调整只能按定额含量计取。

3) 钢筋的工程量：由于其中 3 幢房屋改成桩基础，且钢筋直径≥22mm，承包人采用了机械连接 （套筒），计增机械连接 （套筒） 造价 1.5 万元，而发包人认为该项费用在实施时并未签证并认可，经设计院确认，用双面焊接也可达到设计要求，故不予增加该项费用。

4) 后三通室外道路基层：承包人认为后三通室外道路基层是由他们施工的，而且市政施工单位也部分使用了他们的路基作为后三通道路，应该增加该项费用，计增造价 20 万元；而发包人则认为，该项目并未安排承包人施工，且该项目本来就是临时硬化道路，在工程临时设施费报价中已包括，故不增加该项费用。

【案例问题】

该项目措施项目费中的基坑排水、措施项目费中的模板数量确认、钢筋工程量的核定、室外道路基层等争议应如何解决？

【案例分析】

鉴于发包人与承包人对以上工程结算问题存在争议，由造价咨询公司组织发包人及承包人进行了多次沟通、协商，并就其中的部分问题到造价处进行了咨询，经过近一年的时间，最终达成了一致。

1) 措施项目费中基坑排水费用的确认：经过比对招标文件，招标文件要求土方按自然地坪标高报价，本工程实际自然地坪比设计室外地坪低 50cm，报价时实际挖土深度不足 1.5m，由于变更后基础埋深为 – 5.2m，挖土深度为 4.4m，因此同意增加此项费用。

2) 措施项目费中模板数量的确认：因为承包人结算中只有该项目是按接触面计算模板的，根据定额要求，模板计量在一个工程中只能采用按定额含量或实际使用量中的一种形式进行计量，所以确认该矩形条基按定额含量计算模板面积。

3）钢筋的工程量：钢筋机械连接该项费用在实施时并未签证，未经招标人认可，经设计院确认，用双面焊接也可达到设计要求，故认为该项目属于承包人自行组织的技术措施，不予增加该项费用。

4）后三通室外道路基层：经双方沟通，承包人承认该项目并未经发包人安排施工，且该项目在本工程临时设施范围内，在工程临时设施费报价中已包括，故不增加该项费用。

【案例解答】

1）措施项目费中基坑排水费用的确认中，支持承包人的观点，增加基坑排水费用。

2）措施项目费中模板数量的确认：支持发包人的观点，按定额含量计算模板面积。

3）钢筋的工程量：支持发包人的观点，不增加此部分费用。

4）后三通室外道路基层：支持发包人的观点，不增加此部分费用。

【案例启示】

1）发包人在编制工程量清单前应严控招标图纸质量，图纸的深化程度直接影响到编制工程量清单的特征描述。严控编制工程量清单的招标文件质量及施工范围描述，作为有资格编制工程量清单的编制企业及编制人对工程量清单的清单编码、特征描述、单位、工程量认真复核，不详之处及时与建设单位沟通。

2）承包人投标报价时要认真阅读招标文件、工程量清单及所提供的相关图纸，认真进行投标报价分析。

3）发包人与承包人在签订建设工程施工合同时，要对承建工程的工作量调整方式、工程单价的套用及调整方式、材料价格的风险范围及调整方式、工程价款的调整方式、措施项目费包括的内容及调整、作为竣工结算价工程签证的有效性等进行详尽说明。

4）合同履行过程中，根据工程实际的变化情况及时办理签证（包括发包人要扣除的及承包人需增加的项目），并对工程签证的有效性确认，以免在工程结算中出现扯皮现象。

5）工程竣工后，承包人应及时送审工程竣工结算，工程竣工结算价审核时，需要发包人、承包人、造价咨询公司相互配合，互相沟通，才能做到及时送审、及时审结。

275

8.6　计日工计价相关概述

8.6.1　计日工概述

1. 计日工的概念

计日工方式计价起源于英国皇家特许建造学会（CIOB）1980 年《工程估价规程》（Code of Estimating Practice），其中对计日工的定义为，通常在发生的变更无法用清单中的单价或类似单价估算，或者在变更指令下达之前双方没有达成一致意见时，会发生按计日工计费的情况，目的是为解决现场零星工作计价提供一条快速计价途径。国际上常见的标准合同条款中 99 版 FIDIC 新红皮书规定"对于一些小的或附带性的工作，工程师可指示按计日工作实施变更"。07 版《标准施工招标文件》（13 年修订）沿袭 99 版 FIDIC 新红皮书，首次引入计日工概念，使计日工在我国的研究与应用得到法律法规和规范的认可。08 版《清单计价规范》引入"计日工"的概念，以代替"零星项目工作费"，13 版《清单计价规范》

继续沿用了"计日工"概念，对计日工定义为需要采用计日工方式的，经发包人同意后，由监理人通知承包人以计日工计价方式实施相应的工作。

计日工是为了解决现场发生的零星工作的计价而设立的。选用计日工的工程项目常常是在合同规定项目之外的、随时可能发生的、不可预见的工作，并大多属于工程中的辅助性工作，或者说是零星工作。计日工以完成零星工作所消耗的人工工时、材料数量、机械台班进行计量，并按照计日工表中填报的适用项目的单价进行计价支付。适用的所谓零星工作一般是指合同约定之外的或者因变更而产生的、工程量清单中没有相应项目的额外工作，尤其是那些时间紧迫不允许事先商定价格的额外工作。计日工为额外工作和变更的计价提供了一个方便快捷的途径。现行国内外标准合同条款及规范对计日工概念的界定如表 8-13 所示。

表 8-13 现行国内外标准合同条款及规范对计日工概念的界定

名称	《建设工程工程量清单计价规范》	《建设工程施工合同（示范文本）》	《标准施工招标文件》	99 版 FIDIC 新红皮书	英国土木工程师学会（ICE）
颁布年份	2013	2017	2007	1999	1991
条款号	2.0.20	10.9	1.1.5.6	13.6	56.（4）
具体内容	计日工是在施工过程中，承包人完成发包人提出的工程合同范围以外的零星项目或工作，按合同中约定的单价计价的一种方式	需要采用计日工方式的，经发包人同意后，由监理人通知承包人以计日工计价方式实施相应的工作	计日工是指对零星工作采取的一种计价方式，按合同中的计日工子目及其单价计价付款	对于数量少或偶然进行的零散工作，工程师可以指示规定在计日工的基础上实施任何变更	如果任何工程在计日工的基础上实施，承包人应就此工程按照合同中包括的计日工计划表规定的条件、费率和价格得到付款

根据以上对比可以看出，对计日工的概念界定，主要用到"零星工作""单价计价"来描述计日工的使用范围和计价方式。计日工是以工作日为单位计算报酬，为了解决现场发生的零星工作的计价而设立的。工程量清单没有相应项目的额外工作，尤其是那些时间不允许事先商定价额的额外工作。计日工支付体现出支付的灵活性和现实性，保护了承包人对在工程量清单中未包括的附加工程的费用支付，为招标人针对零星工程支付提供了依据，也成为其控制零星支出的手段。

2. 计日工计价的依据

计日工引起的工程价款调整依据主要通过梳理 13 版《清单计价规范》、07 版《标准施工招标文件》（13 年修订）及 99 版 FIDIC 新红皮书等文件，对计日工引起的工程价款调整依据进行总结，得出计日工生效、计价及支付依据。

（1）计日工生效的依据 任一计日工项目持续进行时，承包人应在该项工作实施结束后的 24 小时内，向发包人提交有计日工记录汇总的现场签证报告一式三份。发包人在收到承包人提交现场签证报告后的 2 天内予以确认并将其中一份返还给承包人，作为日后计日工计价和支付的依据。发包人逾期未确认也未提出修改意见的，视为承包人提交的现场签证报告已被发包人认可。

（2）计日工计价的依据 任一计日工项目实施结束。承包人应按照确认的计日工现场签证报告核实该类项目的工程数量，并根据核实的工程数量和承包人已标价工程量清单中的计日工单价计算，提出应付价款；已标价工程量清单中没有该类计日工单价的，由发承包双方按工程变更的有关规定商定计日工单价计算。

（3）计日工价款的支付依据　每个支付期末，承包人应与进度款同期向发包人提交本期间所有计日工记录的签证汇总表，以说明本期间自己认为有权得到的计日工金额，调整合同价款，列入进度款支付。

3. 计日工计价的程序

依据 13 版《清单计价规范》、07 版《标准施工招标文件》（13 年修订）及 99 版 FIDIC 新红皮书的规定，计日工计价程序为申请以计日工计价、收集凭证、确定价款、支付四个环节，具体绘制计日工计价的程序如图 8-23 所示。

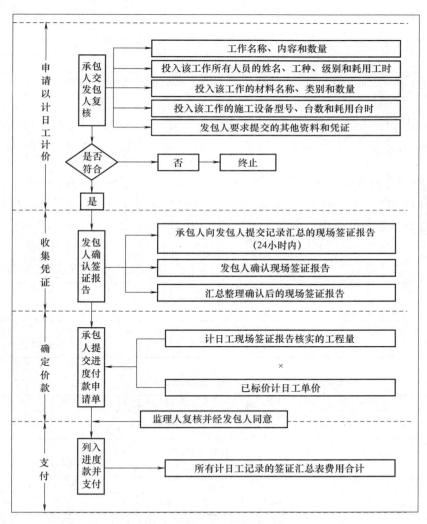

图 8-23　计日工计价的程序

4. 计日工表格格式

（1）13 版《清单计价规范》计日工表　计日工表见表 8-14。

表 8-14 计日工表

工程名称：标段：第 页共 页

编 号	项 目 名 称	单 位	暂定数量	综合单价	合 价
一	人工				
1					
2					
人工小计					
二	材料				
1					
2					
材料小计					
三	施工机械				
1					
2					
施工机械小计					
总计					

注：此表项目名称、数量由招标人填写，编制招标控制价时，单价由招标人按有关计价规定确定；投标时，单价由
投标人自主报价，计入投标总价中。

（2）07 版《标准施工招标文件》（13 年修订）计日工表　计日工的单价或合同总额价
一般作为工程量清单的附件包括在合同内，是由承包人在投标时根据计日工明细表所列的细
目填报的。

计日工明细表由总则、计日工劳务、计日工材料、计日工施工机械以及计日工汇总表组
成。相应的表格有 4 个，即计日工劳务单价表（见表 8-15）、计日工材料单价表（见
表 8-16）、计日工施工机械单价表（见表 8-17）以及计日工汇总表（见表 8-18）。

表 8-15 计日工劳务单价表

编 号	子 目 名 称	单 位	暂 定 数 量	单 价	合 价

劳务小计金额：

（计入"计日工汇总表"）

表 8-16 计日工材料单价表

编 号	子 目 名 称	单 位	暂 定 数 量	单 价	合 价

材料小计金额：

（计入"计日工汇总表"）

表 8-17 计日工施工机械单价表

编 号	子 目 名 称	单 位	暂 定 数 量	单 价	合 价

施工机械小计金额：

（计入"计日工汇总表"）

表 8-18　计日工汇总表

名　称	金　额	备　注
劳务		
材料		
施工机械		
计日工总计：		
（计入"投标报价汇总表"）		

（3）99 版 FIDIC 新红皮书中计日工表——格式　在国际工程中，通常在招标文件中有一个计日工表，列出有关施工设备、常用材料和各类人员等，要求承包人报出单价，以作为施工期间业主方/工程师要求承包人做一些附加的"零星工作"时的支付依据，这些费率一般是"一揽子"费率。计日工表格式如表 8-19 所示。

表 8-19　计日工表——格式

清单页码	项　目	类　型	基础总额	百分比	增加	总　额
5/12	a	建筑工人				
	b	专业工人				
		人工总额				
5/13	a	建筑材料				
	b	专业材料				
		材料总额				
5/14	a	建筑设备				
	b	专业设备				
		设备总额				
		计日工总额				

通过以上国内外三种形式的计日工表格对比可以看出，计日工单价或合同总额价都是由人工、材料、设备构成的，同时，承包人根据自身的情况、施工方法以及根据对具体项目设计的计日工带来的影响的判断，来决定需要考虑的利润和管理费额度。

8.6.2　计日工引起的合同价款调整适用范围

采用计日工计价的任何一项变更工作，应从暂列金额中支付。计日工通常用于在招标、投标时难以预料的，但是施工过程中随时可能发生的，抑或工程量清单中没有合适项目的额外工作。计日工多属于主体工程的辅助性工程或者零星工作。例如：施工中遇到地下文物需要保护、挖掘或遇到特殊情况时需承包人完成的某一特定任务等。

在实际应用中，当发生的变更是小型工作，此时可将这些小型变更工作进行分解，并分别估算出人工、材料、机械台班消耗的数量，按计日工形式并根据工程量清单中计日工的有关单价计价。

13版《清单计价规范》第9.14.3条规定：现场签证的工作如已有相应的计日工单价，应在现场签证中列明完成该签证工作所需的人工、材料设备和施工机械台班的数量及单价。此外，99版FIDIC新红皮书第13.6款规定：对于数量少或偶然进行的零散工作，工程师可以指示规定在计日工的基础上实施任何变更。

1. 常见的以计日工计价的工作内容

可以计日工方式计价的常见工作内容有：路面保洁、清扫（积雪、工程土等）、路基维护等；临时设施搭建；电力塔架基础施工、临时电力线路安拆、主线占地界沟开挖；由于发包人原因造成施工人员、设备闲置增加的费用；人员设备调遣，雨季、夜间施工等；标志、标语牌制作、安拆、维护；发包人指令性增加的相关措施发生的费用；保证建设工期所采取的工艺措施发生的费用；在施工期过程中，由于社会车辆、地方百姓等原因造成对已完工程设施的损毁、破坏、丢失而进行修复、完善发生的费用；救火、救灾、防洪所发生的费用；为便于施工组织管理，或满足居民生活需要，增加便道、便涵数量所发生的费用；加强施工现场精神文明建设发生的费用等。

2. 计日工的人工、材料、机械台班分类

根据《中华人民共和国劳动法》和《国务院关于职工工作时间的规定》（国务院令第174号）的规定，我国目前实行劳动者每日工作8h、每周工作40h这一标准工时制。有条件的企业应实行标准工时制。有些企业因工作性质和生产特点不能实行标准工时制，应保证劳动者每天工作不超过8h、每周工作不超过40h、每周至少休息一天。因此，根据《中华人民共和国劳动法》和《国务院关于职工工作时间的规定》（国务院令第174号），以工人每天工作8h为标准，机械台班的工作时长也为8h，根据文献总结出常见计日工的人工、材料、机械台班分类如表8-20所示。

表8-20　常见计日工的人工、材料、机械台班分类

分类	子目名称	单位	分类	子目名称	单位	分类	子目名称	单位
人工	班长	h	材料	普通水泥	t	机械台班	推土机	台时
	普通工	h		钢筋	t		装载机	台时
	混凝土工	h		木材			自行式地平机	台时
	焊工	h		沥青	t		压路机	台时
	木工	h		生石灰	t		拌和设备	台时
	钢筋工	h		砂、砂砾			沥青洒布车	台时
	施工机械操作工	h		片石、碎石			灰浆搅拌器	台时
	水暖工	h		泡沫剂			电站	台时
	抹灰工	h		钢板	t		沥青混合料摊铺机	台时
	架子工	h		地砖			混凝土搅拌机	台时
	油漆工	h		涂料				
	钳工	h		防锈漆				
	瓦工	h						

8.6.3　计日工引起的合同价款调整计价方法

1. 招标控制价中计日工的计价方法

（1）招标控制价中计日工计价原则　在 08 版《清单计价规范》和 13 版《清单计价规范》中，都对招投标阶段中计日工综合单价做出了明确规定，如表 8-21 所示。

表 8-21　08 版《清单计价规范》和 13 版《清单计价规范》中关于招标控制价中计日工计价的规定

名　　称	08 版《清单计价规范》	13 版《清单计价规范》
颁布年份	2008	2013
条款号	4.2.6（3）	5.2.5（4）
具体内容	计日工应根据工程特点和有关计价依据计算	计日工应按招标工程量清单中列出的项目根据工程特点和有关计价依据确定综合单价计算

在编制招标控制价时，计日工的"项目名称""计量单位""暂估数量"由招标人填写；对计日工中的人工单价和施工机械台班单价应按省级、行业建设主管部门或其授权的工程造价管理机构公布的单价计算；材料应按工程造价管理机构发布的工程造价信息中的材料单价计算，工程造价信息未发布材料单价的材料，其价格应按市场调查确定的单价计算。

13 版《清单计价规范》比 08 版《清单计价规范》增加了根据"工程特点"确定综合单价的规定，与英国皇家特许建造学会（CIOB）编著的《工程估价规程》中关于计日工的规定相似。另外，13 版《清单计价规范》中，第 4.4.1 条指出在招标工程量清单中应列入其他项目清单，第 4.4.4 条指出计日工应列出项目和数量。

281

（2）招标控制价中计日工的确定方法　英国土木工程师学会（ICE）合同条件下，承包人应就此工程按照合同中包括的计日工计划表规定的条件、费率和价格得到付款，计日工的计费通常采用英国皇家特许测量师学会（RICS）出版的《建设工程》以及英国土木工程承包人联合会（FCEC）出版的《土木工程》中主成本和利润的定义。在我国，《公路工程标准施工招标文件》（2009 年版）对计日工劳务、材料和施工机械的计价原则给出了较为明确的说明。具体说明如下：

1）计日工暂定数量的确定。计日工所包括的劳务、材料及施工机械的暂定数量是招标人（或其委托的咨询人）基于正常条件，按照经验估算的数量，其准确程度对于控制投标人的不平衡报价、避免工程结算争议有较大影响。

① 计日工暂定数量确定的影响因素。建筑工程计日工数量确定的主要影响因素有：工程的复杂程度、工程设计质量的优劣及设计深度等。一般而言，工程越复杂、工程设计质量差、设计深度不够（如招标时未完成施工图设计），则计日工所包括的劳务、材料、施工机械等暂定数量应较多，反之则少。

② 计日工暂定数量的确定方法

A. 经验法。即通过委托专业咨询机构，凭借其专业技术能力与相关数据资料预估计日工的劳务、材料、施工机械等使用数量。

B. 百分比法。即首先对分部分项工程的工料机进行分析，得出其相应的消耗量；其次，以工料机消耗量为基准按一定百分比取定计日工劳务、材料与施工机械的暂定数量。例如，一般工程的计日工劳务暂定数量可取分部分项人工消耗总量的 1%。最后，按照招标工程的实际情况，对上述百分比取值进行一定的调整。

2）计日工综合单价的确定。13 版《清单计价规范》第 5.2.5 条规定：计日工应按招标工程量清单中列出的项目根据工程特点和有关计价依据确定综合单价计算。

① 在编制招标控制价时，招标人提出的方案大多是以当地的定额上的人工单价为依据，再加上相应的管理费、利润、税费等，组合成一个综合单价。

但由于招标人按定额计价，定额反映一定时期的社会生产力水平的高低。随着工人生产效率的提高，再加上市场人工单价受物价波动影响较大，导致定额上的人工单价不能及时反映出当时的人工单价水平。

② 采用以最低工资标准为基础的人工单价测算方法，其实质是以权重和最低工资标准为基础的加权平均。

③ 根据人工单价的组成内容分别发布费用标准，然后进行组成内容（包括基本工资、辅助工资及工资附加费）的求和计算。

2. 投标报价中计日工的计价方法

（1）投标报价中计日工计价原则　13 版《清单计价规范》第 6.2.5 条规定：计日工应按招标工程量清单中列出的项目和数量，自主确定综合单价并计算计日工金额。编制投标报价时，计日工中的人工、材料、机械台班单价由投标人自主确定，按已给暂估数量计算合价计入投标总价中。

计日工单价的报价：如果是单纯报计日工单价，而且不计入总价中，可以报高些，以便在招标人额外用工或使用施工机械时可多盈利；但如果计日工单价要计入总报价，则需具体分析是否报高价，以免抬高总报价。总之，要分析招标人在开工后可能使用的计日工数量，再来确定报价方针。

（2）投标报价中计日工计价方法　由于在招标工程量清单中已列出了计日工的项目名称和暂估数量，因此在投标报价中计日工的计价一节仅讨论投标人如何自主确定综合单价。

1）人工综合单价的确定方法。承包人可以得到用于计日工劳务的全部工时的支付，该单价应包括基本单价及承包人的管理费、税费、利润等所有附加费，说明如下：

① 劳务基本单价包括：承包人劳务的全部直接费用，如工资、加班费、津贴、福利费及劳动保护费等，如表 8-22 所示。

② 除了上述基本单价以外，还有：承包人的利润、管理费、质检费、保险费、税费；易耗品的使用、水电及照明、工作台、脚手架、临时设施、手动机具与工具的使用及维修费用，以及上述各项伴随而来的费用。

表 8-22　基本单价的组成及定义

人工单价的组成	定　　义
基本工资	指发放的生产工人的基本工资，包括岗位工资、技能工资、工龄工资
工资性补贴	是按规定标准发放的物价补贴，煤、燃气补贴，交通费补贴，住房补贴，流动施工补贴，地区津贴等
生产工人辅助工资	是指生产工人年有效施工天数以外非作业天数的工资，包括职工学习、培训期间的工资，调动工作、探亲等工资
职工福利费	是指按规定标准计提的职工福利费
生产工人劳动保护费	是指按规定标准发放的劳动保护用品的购置费及修理费，徒工服装补贴，防暑降温费，在有碍身体健康环境中施工的保健费用等

2）材料综合单价的确定方法。承包人可以得到计日工使用的材料费的支付，此费用按承包人"计日工材料单价表"中所填报的单价计算，该单价应包括基本单价及承包人的管理费、税费、利润等所有附加费，说明如下：

① 材料基本单价按供货价加运杂费（到达承包人现场仓库）、保险费、仓库管理费以及运输损耗等计算。

② 承包人的利润、管理费、质检费、保险费、税费及其他附加费。

③ 从现场运至使用地点的人工费和施工机械使用费不包括在上述基本单价内。

3）机械台班综合单价的确定方法

① 承包人可以得到用于计日工作业的施工机械使用费的支付，该费用按承包人填报的"计日工施工机械单价表"中的租价计算。该租价应包括施工机械的折旧、利息、维修、保养、零配件、油燃料、保险和其他消耗品的费用以及全部有关使用这些机械的管理费、税费、利润和司机与助手的劳务费等费用。

② 在计日工作业中，承包人计算所用的施工机械使用费时，应按实际工作小时支付。除非经监理人的同意，计算的工作小时才能将施工机械从现场某处运到监理人指令的计日工作业的另一现场往返运送时间包括在内。

3. 结算阶段计日工的计量方法

（1）计日工的计量　计日工以现场计量为主，一般以规范的计日工签证单形式记录投入资源。承包人应在该项目变更实施过程中每天向监理单位提交以下报表和有关凭证报监理单位复核批准：①项目名称、工作内容和工作数量；②投入该项目的所有人员姓名、工种、级别和耗用工时；③投入该项目的材料数量和种类；④投入该项目的设备型号、台数和耗用工时；⑤监理单位要求提交的其他资料和凭证。

1）人工费计量。计日工对完成零星工作所消耗的人工进行计量时，零星工作中一般没有标准的定额数量可套取，只能按合同约定条款进行计量。

计日工的工时应从工人到达施工现场，执行待定计日工项目的实际工作时间开始计算，不包括用餐和休息时间。用餐和休息时间是施工人员恢复体力等必要的安排，开始计时的时间为工人开始对零星项目进行施工的时间，结束时间为工人回到原出发地点为止。且只有工人班组从事指定工作，且能胜任工作时，才算实际工作时间。工种的不同会导致施工质量产生差别，直接影响到工程整体，因此，监理应该在申报人工工种、级别、耗用工时等方面严格把关，为提高工程质量和为发包人减少不必要的损失。同时随班一起做工的班长的工作时间计算在内，但不包括工长和其他监督人员的工作时间。班长是负责安排与管理施工人员的，对整个施工过程有序正常的进行起到了重要作用，因此班长时间应计入总工时。

2）材料费计量。凡是发包人供应的材料均不计量，对于非发包人供材按下列情况分别对待：

① 不予计量的：a. 设备运转所需的燃料、电力、压缩空气，已含在设备使用费的二类费用中；b. 设备保养类（如润滑油、清洁用品），已含在建筑安装工程费的修理费用中；c. 正常运转耗用的设备用品（如轮胎、发动机传动带），属于建筑安装工程费的替换设备费；d. 操作人员工作必备的小型材料用品（如电工用的绝缘胶布、夜间施工中配备的应急灯及电池等），属于照明、消耗品已计入计日工人工单价中；e. 计日工单价中已经摊销的费用不

应再计量：f. 作为工作平台及脚手架用的竹跳板、枕木、小型钢管等。

②予以计量的：a. 完成工作、加工用的消耗材料（如砂轮、焊条等），如由承包人自带，应经过监理人审核后，由发包人予以支付，并支付相应的管理费、利润、税金；b. 构成设备本体或工程主体一部分的用具及材料（如抢险用于绑扎的钢丝绳、焊接在结构件上加固用的钢材等），需要工程项目完工后才拆除的，应按使用时间计算比例摊销。

3）施工机具使用费计量。在已发生的计日工项目中，会遇到设备与工具的划分问题，因为计日工单价中包含了工具、电动工具的使用费用。根据实践，一种方法是在施工机具使用费中列出及类似的均可作为设备；另一种方法是按所使用的设备或工具的原值大小划分。这两种方法仍不能完全划分清楚的由双方协商确定。例如，某水电工程计日工项目中，将磨光机、角磨机、砂轮机等作为电动工具考虑，而在建筑安装工程合同中，它们作为设备考虑。

（2）计日工的支付　计日工计量支付纳入每月的工程计量及进度款支付，承包人在计量、支付申请中必须附上监理人签发的计日工书面指令及签字确认的所有计日工清单。以上两项缺一不可，否则承包人无权要求计日工的计量支付。由于计日工的工程项目有很大的不可预见性，故在合同中只列总价，这笔费用的支付与否取决于监理人的指令。对于计日工的计量支付，一般采取如下方法：若合同单价中有计日工相类似的项目单价，如土石方开挖、回填等，则直接套用；若合同单价中无类似计日工项目单价，监理人则应根据合理的工、料、机等另行分析来审批承包人报送的计日工审批单价并报发包人确认后使用。

监理人在审批承包人报送的计日工审批单价时，应站在公正、合理的立场上。对于材料费，应按承包人采购此种材料的实际费用加上合同中规定的其他计费费率进行计量支付，该费用包括了材料费和运输费、装卸费、管理费、正常损耗及利润等，监理人可根据供货商和运货商的发票作为实际费用的支付依据；对于机械设备，可参照《概（预）算定额》中有关机械设备的台班定额，根据工程量大小，通过计算确定；对于计日工中的人工费，其单价核定通常比合同单价偏高，监理人可视具体工种及情况而定。

本章参考文献

[1] 袁红. 施工阶段监理工程师对工程变更的控制 [J]. 建筑经济，2009（6）：59-61.

[2] 严玲，尹贻林. 工程计价实务 [M]. 北京：科学出版社，2010.

[3] 刘进明. 合同履约效率改善视角下工程变更柔性条款设置研究 [D]. 天津：天津理工大学，2017.

[4] 尹贻林，王垚. 合同柔性与项目管理绩效改善市政研究 [J]. 管理评论，2015，27（9）：151.

[5] 董宇. 工程变更项目综合单价确定及其争议管理研究 [D]. 天津：天津理工大学，2012.

[6] 杨倩. 基于 Partnering 模式的工程变更定价机制研究 [D]. 天津：天津大学，2009.

[7] 陈建华，王辉. 新清单中工程变更综合单价的确定 [J]. 工程管理学报，2013，27（5）：83-87.

[8] 张水波，何伯森. FIDIC 新版合同条件导读与解析 [M]. 北京：中国建筑工业出版社，2003.

物价变化引起合同价款调整的实质是应对物价变化的一种风险分担方式。在 99 版 FIDIC《施工合同条件》（本章以下简称 99 版 FIDIC 新红皮书）中，施工期间发生物价变化时，采用调值公式对合同价款进行调整，物价变化的风险由发包人承担。但在中国情境下，发包人为规避风险，往往在合同中规定物价变化不允许调价。为了改善发承包双方交易的不平等地位，在施工合同履行期间，因人工、材料、工程设备以及施工机械台班等因素波动影响合同价款时，发承包双方可以根据合同约定对合同价款进行调整。《建设工程工程量清单计价规范》（GB 50500—2013）（本章以下简称 13 版《清单计价规范》）中规定发承包双方应在合同中明确约定物价变化的风险分担范围和幅度，当没有约定时，材料与工程设备单价变化超过 5% 时进行调整。在建筑行业中，材料和工程设备所消耗的资金占整个工程总造价的比重达到 60%，占承包人的平均利润率在 3%（60% × 5%）左右，承包人可承受利润率的降低，但承受极限是不能使自身发生亏损。因此，合同中进行合理的风险分担范围与幅度约定有助于发承包双方风险分担均衡的实现。

物价变化因素所引起的合同价款调整可以视为发包人与承包人双方之间的博弈。物价上涨时发包人通常倾向于不调价，因为允许调价增大了发包人的风险，增加了不确定性；而承包人则希望调价，以保障自身的利益不受损害。物价下跌时发包人通常倾向于按实际调价，以更低的价格购买相同的服务；而承包人则希望不调价，期望在物价变化引起的合同价款中实现盈利。这时，发承包双方就进入了一种僵持状态，博弈加剧，为打破僵局，需要寻找一个双方都可以接受的均衡点。在工程施工过程中，当物价变化超过一定范围时，发包人不允许调价的后果往往是承包人偷工减料，对工程造成损害，同时也极大地损害了发包人的利益。因此，为弥补由于物价变化造成承包人的利益损失，保证建设工程的质量和安全，可合理地进行调价，这也可视为对承包人的一种激励措施。

暂估价引起的合同价款调整的实质是发包人对风险约束的放松。发包人在招标过程中往往存在一些必然要发生但暂时不能预见的价格，此价格在未规范前称为暂估价、暂定价、甲控材料价、"甲控乙购"材料价等[1]。《工程建设项目货物招标投标办法》（七部委令〔2005〕第 27 号）（本章以下简称七部委 27 号令）中首次提出"暂估价"这个词语。随之《中华人民共和国标准施工招标文件》（发改委等令第 56 号）[本章以下简称 07 版《标准施工招标文件》（13 年修订）]、《建设工程施工合同（示范文本）》（GF—2017—0201）（本章以下简称 17 版《工程施工合同》）、《建设工程工程量清单计价规范》（GB 50500—2008）（本章以下简称 08 版《清单计价规范》）和 13 版《清单计价规范》对其进行了定义。在工程项目管理实践中，暂估价在竣工结算阶段容易产生争议和纠纷。其争议和纠纷的焦点就在于专业工程暂估价与最终结算价价差所涉及的规费、税金、管理费等费用是否需要补偿。根据07 版《标准施工招标文件》（13 年修订）第 15.8.1 项、15.8.2 项、15.8.3 项规定，暂估价与最终结算价价差所涉及的税金应进行补偿。而其他费用是否补偿，应根据实际情况具体分析。

本章主要以 07 版《标准施工招标文件》（13 年修订）、17 版《工程施工合同》、13 版《清单计价规范》和 99 版 FIDIC 新红皮书为依据，介绍物价变化引起合同价款调整的三种方法和暂估价引起合同价款调整的方法、内容和程序，并结合相关案例展示合同价款调整的计算过程。

9.1 物价变化引起的合同价款调整

9.1.1 物价变化概述

1. 物价变化的概念

建设工程由于其规模大、工期长、不确定因素多等特点，工程价款常会受到人工费、材料费、机械使用费等费用波动的影响。因此物价变化是工程价格形成过程中重要的价格调整因素。物价变化是客观存在的经济学现象[2]，也是市场经济常见的现象。物价变化在建设工程项目中，主要体现在人工费、材料费、机械使用费等费用的变化。

2. 物价变化对工程价款的影响

在经济发展过程中，物价水平是动态的、经常不断变化的。物价变化对其人工费、材料费、机械使用费等影响较大，同时建筑材料所消耗的资金是整个工程总造价的主体，因此工程造价的确定和控制在很大程度上取决于建筑材料的价格，所以材料的价格直接关系到承包人对成本的控制和发包人对投资的控制。

在工程价款结算中需要充分考虑多种动态因素，即把多种动态因素纳入结算过程中认真加以计算，使工程价款结算能够基本上反映工程项目的实际消耗费用。这对避免承包人（或发包人）遭受不必要的损失，获取必要的调价补偿，从而维护合同双方的正当权益是十分必要的。

市场物价波动影响的物价上涨风险通常由发承包双方合理分担，但实际上一个工程所用的人工、材料、机械上百种，若对每个因素都进行调整，工作量大且烦琐。因此，在实践过程中为使调价简单易行，又能消除绝大多数物价风险，在价格调整时往往针对主要的人工费、材料费、机械使用费进行调整。在工程实践中，物价变化引起合同价款调整的方法一般有价格指数调整法、造价信息调整法和实际价格调整法等。

3. 物件变化的调整原则

（1）发承包双方应合理分担物价变化风险　13 版《清单计价规范》第 3.4.3 条规定：由于市场物价波动影响合同价款的，应由发承包双方合理分摊。因此，发承包双方应按照合同公平公正以及风险合理分担的原则就合同价款进行调整，同时在合同签订阶段时将相关合同条款约定明确，如价款调整的主体、调整幅度等，以避免合同价款调整纠纷事件的发生。

99 版 FIDIC 新红皮书第 13.8 款"因成本改变的调整"是关于物价变化的规定，该条款主要规定了因物价变化而带来的调价问题，给出了物价上涨或下调的具体调价公式以及数据调整表。该条款还规定如果在基准日期后，某些材料、设备、劳工等的价格出现变化，应根据本款给出的调价公式调整合同款额。这两个规定体现了国际合同在发包人与承包人之间风险分摊的原则。但该款只适用于投标书附录中附有"调整数据表"的，如无此类调整数据表，本款应不适用。

（2）"物价变化一律不予调价"条款的处理　在工程项目管理实践中，发包人凭借其优势地位，往往将本应由自身承担的风险转嫁给承包人。例如部分发包人在合同专用条款中约定"材料价格变化的风险全部由承包人承担，当发生材料价格变化时一律不进行调价"等类似条款。发包人认为一旦在合同中约定此类条款，视为承包人已经认可了自身承担该项风险的事实，并且已经将该项风险折算为风险系数计算在投标报价中。然而"材料价格变化的风险全部由承包人承担，当发生材料价格变化时一律不进行调价"等类似条款违背了 13版《清单计价规范》第 3.4.1 条的规定，建设工程发承包，必须在招标文件、合同中明确计价中的风险内容及其范围，不得采用无限风险、所有风险或类似语句规定计价中的风险内容及其范围。

发承包双方在处理施工过程中物价变化导致的合同价款调整问题上各执己见，不能达成统一意见，导致工期延误，致使建设项目不能正常完工。而物价变化一旦发生并超过一定范围，实际的工程总价款远远高于合同价，引起一系列发承包双方纠纷事件的发生。

1）现实问题。当发承包双方签订固定价格合同，并且在合同中约定"物价变化一律不予调价"时，若施工期间发生物价的异常变化，如果继续按照原合同履行会导致承包人自身利益受损，丧失施工积极性，轻则消极怠工，工期拖延，重则偷工减料、降低质量标准，造成工程质量缺陷甚至质量事故，引发发承包双方之间的矛盾和纠纷，如图 9-1 所示。

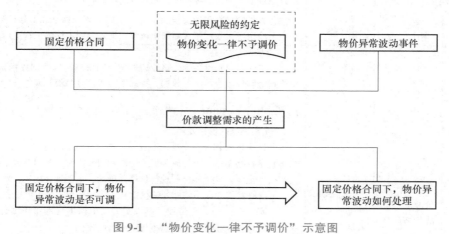

图 9-1　"物价变化一律不予调价"示意图

2）相关规定及应对。13 版《清单计价规范》第 3.4.3 条规定：当合同中没有约定，发承包双方发生争议时，应按本规范第 9.8.1～9.8.3 条的规定，调整合同价款。并且第 3.4.1条规定：建设工程发承包，必须在招标文件、合同中明确计价中的风险内容及其范围，不得采用无限风险、所有风险或类似语句规定计价中的风险内容及其范围。

在实际操作过程中，发包人为规避风险，维护自身利益，在招标文件中做出类似"固定价格合同不许调价"或者"物价变化一律不予调价"的约定。此类问题经常出现在工程项目管理实践中，即合同中约定的内容与 13 版《清单计价规范》强制性条文的规定不符，由此引发的争议层出不穷。这类争议的焦点在于约定优先还是规定优先。虽违反了 13 版《清单计价规范》的规定不能导致合同无效或者该合同条款无效，但并不意味着违反 13 版《清单计价规范》规定的做法就是正确的。司法审理及仲裁实践的结果表明，发承包双方在没有充分法律依据去支撑各自观点且争议案件无法判决的情况下，和解是解决此类问题的最佳方式。简而言之，按规定约定工程造价是防止此类争议的有效手段，是适应中国现阶段市场环境的次优方案。

通过对比分析 13 版《清单计价规范》、07 版《标准施工招标文件》（13 年修订）、17 版《工程施工合同》、99 版 FIDIC 新红皮书，得出关于现有的物价波动引起合同价款调整的政策性文件的规制，如表 9-1 所示。

表 9-1　国内外规范关于物价变化的调价的相关规定

文件名称	条款名称	条款号	内　　容
13 版《清单计价规范》	9.8 物价变化	9.8.1	合同履行期间，因人工、材料、工程设备、机械台班价格波动影响合同价款时，应根据合同约定，按照本规范附录 A 的方法之一调整合同价款
		9.8.2	承包人采购材料和工程设备的，应在合同中约定主要材料、工程设备价格变化的范围或幅度；当没有约定，且材料、工程设备变化单价超过 5% 时，超过部分的价格应按照本规范附录 A 的方法计算调整材料、工程设备费
		9.8.3	发生合同工程工期延误的，应按照下列规定确定合同履行期的价格调整： 1. 因非承包人原因导致工期延误的，计划进度日期后续工程的价格，应采用计划进度日期与实际进度日期两者的较高者 2. 因承包人原因导致工期延误的，计划进度日期后续工程的价格，应采用计划进度日期与实际进度日期两者的较低者
		9.8.4	发包人供应材料和工程设备的，不适用本规范第 9.8.1 条、第 9.8.2 条规定，应由发包人按照实际变化调整，列入合同工程的工程造价内
07 版《标准施工招标文件》（13 年修订）	16.1 物价波动引起的价格调整	16.1.1 采用价格指数调整价格差额	1. 价格调整公式 因人工、材料和设备等价格波动影响合同价格时，根据投标函附录中的价格指数和权重表约定的数据，按以下公式计算差额并调整合同价格： $$\Delta P = P_0 \left[A + \left(B_1 \times \frac{F_{t1}}{F_{01}} + B_2 \times \frac{F_{t2}}{F_{02}} + B_3 \times \frac{F_{t3}}{F_{03}} + \cdots + B_n \times \frac{F_{tn}}{F_{0n}} \right) - 1 \right]$$ ΔP 是需调整的价格差额 P_0 是约定的付款证书中承包人应得到的已完成工程量的金额。此项金额应不包括价格调整，不计质量保证金的扣留和支付、预付款的支付和扣回。约定的变更及其他金额已按现行价格计价的，也不计在内 A 是定值权重（即不调部分的权重） B_1、B_2、B_3、$\cdots$、B_n 是各可调因子的变值权重（即可调部分的权重），为各可调因子在投标函投标总报价中所占的比例 F_{t1}、F_{t2}、F_{t3}、$\cdots$、F_{tn} 是各可调因子的现行价格指数，指约定的付款证书相关周期最后一天的前 42 天的各可调因子的价格指数 F_{01}、F_{02}、F_{03}、$\cdots$、F_{0n} 是各可调因子的基本价格指数，指基准日期的各可调因子的价格指数 以上价格调整公式中的各可调因子、定值和变值权重，以及基本价格指数及其来源在投标函附录价格指数和权重表中约定。价格指数应首先采用有关部门提供的价格指数，缺乏上述价格指数时，可采用有关部门提供的价格代替

（续）

文件名称	条款名称	条款号	内　　容
07版《标准施工招标文件》（13年修订）	16.1 物价波动引起的价格调整	16.1.1 采用价格指数调整价格差额	2. 暂时确定调整差额 在计算调整差额时得不到现行价格指数的，可暂用上一次价格指数计算，并在以后的付款中再按实际价格指数进行调整 3. 权重的调整 按第15.1款约定的变更导致原定合同中的权重不合理时，由监理人与承包人和发包人协商后进行调整 4. 承包人工期延误后的价格调整 由于承包人原因未在约定的工期内竣工的，则对原约定竣工日期后继续施工的工程，在使用第16.1.1.1目价格调整公式时，应采用原约定竣工日期与实际竣工日期的两个价格指数中较低的一个作为现行价格指数
		16.1.2 采用造价信息调整价格差额	施工期内，因人工、材料、设备和机械台班价格波动影响合同价格时，人工、机械使用费按照国家或省、自治区、直辖市建设行政管理部门、行业建设管理部门或其授权的工程造价管理机构发布的人工成本信息、机械台班单价或机械使用费系数进行调整；需要进行价格调整的材料，其单价和采购数应由监理人复核，监理人确认需调整的材料单价及数量，作为调整工程合同价格差额的依据
17版《工程施工合同》	11.1 市场价格波动引起的调整	方式一：采用价格指数进行价格调整	因人工、材料和设备等价格波动影响合同价格时，根据专用合同条款中约定的数据，按以下公式计算差额并调整合同价格： $$\Delta P = P_0 \left[A + \left(B_1 \times \frac{F_{t1}}{F_{01}} + B_2 \times \frac{F_{t2}}{F_{02}} + B_3 \times \frac{F_{t3}}{F_{03}} + \cdots + B_n \times \frac{F_{tn}}{F_{0n}} \right) - 1 \right]$$ ΔP 是需调整的价格差额 A 是定值权重（即不调部分的权重） P_0 是约定的付款证书中承包人应得到的已完成工程量的金额。此项金额应不包括价格调整，不计质量保证金的扣留和支付、预付款的支付和扣回。约定的变更及其他金额已按现行价格计价的，也不计在内 B_1、B_2、B_3、$\cdots$、B_n 是各可调因子的变值权重（即可调部分的权重），为各可调因子在签约合同价中所占的比例 F_{t1}、F_{t2}、F_{t3}、$\cdots$、F_{tn} 是各可调因子的现行价格指数，指约定的付款证书相关周期最后一天的前42天的各可调因子的价格指数 F_{01}、F_{02}、F_{03}、$\cdots$、F_{0n} 是各可调因子的基本价格指数，指基准日期的各可调因子的价格指数 （1）以上价格调整公式中的各可调因子、定值和变值权重，以及基本价格指数及其来源在投标函附录价格指数和权重表中约定，非招标订立的合同，由合同当事人在专用合同条款中约定。价格指数应首先采用有关部门提供的价格指数，无上述价格指数时，可采用有关部门提供的价格代替 （2）暂时确定调整差额 在计算调整差额时无现行价格指数的，合同当事人同意暂用前次价格指数计算。实际价格指数有调整的，合同当事人进行相应调整

（续）

文件名称	条款名称	条款号	内　　容
17版《工程施工合同》	11.1 市场价格波动引起的调整	方式一：采用价格指数进行价格调整	（3）权重的调整 因变更导致合同约定的权重不合理时，按照第4.4款［商定或确定］执行 （4）因承包人原因工期延误后的价格调整 因承包人原因未按期竣工的，对合同约定的竣工日期后继续施工的工程，在使用价格调整公式时，应采用计划竣工日期与实际竣工日期的两个价格指数中较低的一个作为现行价格指数
		方式二：采用造价信息进行价格调整	合同履行期间，因人工、材料、工程设备和机械台班价格波动影响合同价格时，人工、机械使用费按照国家或省、自治区、直辖市建设行政管理部门、行业建设管理部门或其授权的工程造价管理机构发布的人工、机械使用费系数进行调整；需要进行价格调整的材料，其单价和采购数量应由发包人审批，发包人确认需调整的材料单价及数量，作为调整合同价格的依据 （1）人工单价发生变化且符合省级或行业建设主管部门发布的人工费调整规定，合同当事人应按省级或行业建设主管部门或其授权的工程造价管理机构发布的人工费等文件调整合同价格，但承包人对人工费或人工单价的报价高于发布价格的除外 （2）材料、工程设备价格变化的价款调整按照发包人提供的基准价格，按以下风险范围规定执行： ① 承包人在已标价工程量清单或预算书中载明材料单价低于基准价格的：除专用合同条款另有约定外，合同履行期间材料单价涨幅以基准价格为基础超过5%时，或材料单价跌幅以在已标价工程量清单或预算书中载明材料单价为基础超过5%时，其超过部分据实调整 ② 承包人在已标价工程量清单或预算书中载明材料单价高于基准价格的：除专用合同条款另有约定外，合同履行期间材料单价跌幅以基准价格为基础超过5%时，材料单价涨幅以在已标价工程量清单或预算书中载明材料单价为基础超过5%时，其超过部分据实调整 ③ 承包人在已标价工程量清单或预算书中载明材料单价等于基准价格的：除专用合同条款另有约定外，合同履行期间材料单价涨跌幅以基准价格为基础超过±5%时，其超过部分据实调整 ④ 承包人应在采购材料前将采购数量和新的材料单价报发包人核对，发包人确认用于工程时，发包人应确认采购材料的数量和单价。发包人在收到承包人报送的确认资料后5天内不予答复的视为认可，作为调整合同价格的依据。未经发包人事先核对，承包人自行采购材料的，发包人有权不予调整合同价格。发包人同意的，可以调整合同价格 前述基准价格是指由发包人在招标文件或专用合同条款中给定的材料、工程设备的价格，该价格原则上应当按照省级或行业建设主管部门或其授权的工程造价管理机构发布的信息价编制 （3）施工机械台班单价或施工机械使用费发生变化超过省级或行业建设主管部门或其授权的工程造价管理机构规定的范围时，按规定调整合同价格
		方式三	专用合同条款约定的其他方式

（续）

文件名称	条款名称	条款号	内　容
99版 FIDIC 新红皮书	13.8 费用变化引起的调整		对于其他应支付给承包商的款额，其价值依据合适的报表以及已证实的支付证书决定，所做的调整应按支付合同价格的每一种货币的公式加以确定。此调整不适用于基于费用或现行价格计算价值的工作。公式常用的形式如下： $$P_n = a + b \cdot L_n/L_0 + c \cdot M_n/M_0 + d \cdot E_n/E_0 + \cdots$$ P_n 是对第 n 期间内所完成工作以相应货币所估算的合同价值所采用的调整倍数，这个期间通常是一个月，除非投标函附录中另有规定 a 是在相关数据调整表中规定的一个系数，代表合同支付中不调整的部分 b、c、d 是相关数据调整表中规定的一个系数，代表与实际工程有关的每项费用因素的估算比例，此表中显示的费用因素可能是指资源，如劳务、设备和材料 L_n、E_n、M_n、$\cdots$是第 n 期间时使用的现行费用指数或参照价格，以相关的支付货币表示，而且按照该期间（具体的支付证书的相关期限）最后一日之前第 49 天当天对于相关表中的费用因素适用的费用指数或参照价格确定 L_0、E_0、M_0、$\cdots$是基本费用指数或参照价格，以相应的支付货币表示，按照在基准日期时相关表中的费用因素的费用指数或参照价格确定 如果承包商未能在竣工时间内完成工程，则应按照下列指数或价格对指数做出调整：（ i ）工程竣工期满前 49 天当天适用的每项指数或价格，或（ ii ）现行指数或价格。取其中对雇主有利者 如果由于变更使得数据调整表中规定的每项费用系数的权重（系数）变得不合理、失衡或不适用时，则应对其进行调整

291

通过上述对比，可以得出，国内的 07 版《标准施工招标文件》（13 年修订）、13 版《清单计价规范》、17 版《工程施工合同》均沿袭了国际上通用的 99 版 FIDIC 新红皮书的主要条款。即物价异常波动时合同条款应当调整，调整方式主要是价格指数法与造价信息法。且工期延误期间因物价波动导致费用上涨时，应遵循违约者不受益原则，即物价上涨导致的费用上涨由引起工期延误的一方承担损失。

在项目推进过程中，存在因事前对风险调整机制设置过于简单粗放，导致风险事件发生后，合同双发无法实现预期的项目收益。举例来说，长期合同一般会加入一个价格指数条款应对通货膨胀，但是该指数只能就供方的成本上涨提供一个大略的指标。如果供方的生产要素遇上了不寻常的价格上涨，则供方的真正成本可能严重偏离总指数。

9.1.2　物价变化的合同价款调整方法

07 版《标准施工招标文件》（13 年修订）和 17 版《工程施工合同》都给出了两种价格调整方案，包括价格指数调整价格差额和造价信息调整价格差额，供合同双方在签订合同协议书时参考选择。此外，实际价格调整价格差额在合同价款调整中也很常用。

07 版《标准施工招标文件》（13 年修订）第 16.1.2 项规定，施工期内，因人工、材料、设备和机械台班价格波动影响合同价格时，人工费、机械使用费按照国家或省、自治区、直辖市建设行政管理部门、行业建设管理部门或其授权的工程造价管理机构发布的人工成本信息、机械台班单价或机械使用费系数进行调整。

17 版《工程施工合同》第 11.1 款规定，除专用合同条款另有约定外，市场价格波动超过合同当事人约定的范围，合同价格应当调整。合同当事人可以在专用合同条款中约定选择价格指数或者造价信息的方式对合同价格进行调整。

13 版《清单计价规范》第 9.8.2 条规定，承包人采购材料和工程设备的，应在合同中约定主要材料、工程设备价格变化的范围或幅度；当没有约定，且材料、工程设备单价变化超过 5%，超过部分的价格应按照价格指数调整法或造价信息调整法计算调整材料、工程设备费。

1. 价格指数调整价格差额

价格指数调整价格差额又称调值公式法，主要适用于材料单价的调整，比如使用的材料品种较少，但每种材料使用量较大的土木工程，如公路、水坝等。FIDIC 和 NEC[3] 合同均是采用这种方法对工程价款进行动态调整的。由于我国水利水电工程和公路工程领域引进国外先进管理经验比较早，因此，我国水利水电工程和公路工程的标准施工招标文件中的合同文本均采用价格指数调整法来调整工程价款。

合同范本和工程量清单计价规范中对价格指数调整方法分别做出了相关规定，具体公式的对比如表 9-2 所示。

以上价格调整公式中的各可调因子、定值和变值权重，以及基本价格指数及其来源要在投标函附录价格指数和权重表中约定。还应首先采用有关部门提供的价格指数，缺乏上述价格指数时，可采用有关部门提供的价格代替。

但应用以上调价方法要有两个前提：一是在投标函附录中存在价格指数和权重表；二是合同规定当发生物价波动时可进行价款的调整。

2. 造价信息调整价格差额

造价信息调整价格差额主要适用于施工中消耗工程材料品种较多、用量较小的项目，同时在合同中应明确调整材料价格依据的造价文件，以及要发生费用调整所到达的价格波动幅度。对需要进行调整的材料，发承包双方应根据产品质量、市场行情、当地造价管理机构发布的价格信息综合考虑其单价。

关于造价信息调整价格差额，07 版《标准施工招标文件》（13 年修订）第 16.1.2 项、17 版《工程施工合同》第 11.1 款和 13 版《清单计价规范》附录 A.2 都有相关规定。施工期内，因人工、材料、设备和机械台班价格波动影响合同价格时，人工费、机械使用费按照国家或省、自治区、直辖市建设行政管理部门、行业建设管理部门或其授权的工程造价管理机构发布的人工成本信息、机械台班单价或机械使用费系数进行调整；需要进行价格调整的材料，其单价和采购数应由监理人复核，监理人确认需调整的材料单价及数量，作为调整工程合同价格差额的依据。

（1）人工费的调整 人工费发生变化时，根据 13 版《清单计价规范》第 3.4.2 条的规定，由发包人承担的影响合同价款的因素，其中包括省级或行业建设主管部门发布的人工费调整，但承包人对人工费或人工单价的报价高于发布的除外。发承包双方应按省级或行业建设主管部门或其授权的工程造价管理机构发布的人工成本文件调整工程价款。

⊖ NEC 为 New Engineering Contract 的简写，是由 ICE 编制的。

293

表 9-2　07 版《标准施工招标文件》（13 年修订）、17 版《工程施工合同》、13 版《清单计价规范》和 99 版 FIDIC 新红皮书关于价格指数调整方法公式的对比

名称	07 版《标准施工招标文件》（13 年修订）	17 版《工程施工合同》	13 版《清单计价规范》	99 版 FIDIC 新红皮书
颁布年份	2007	2017	2013	1999
条款号	16.1.1.1	11.1	附录 A.1	13.8
计算公式	同右	同右	$$\Delta P = P_0 \left[A + \left(B_1 \times \frac{F_{t1}}{F_{01}} + B_2 \times \frac{F_{t2}}{F_{02}} + B_3 \times \frac{F_{t3}}{F_{03}} + \cdots + B_n \times \frac{F_{tn}}{F_{0n}} \right) - 1 \right]$$	$$P_n = a + b \cdot L_n/L_o + c \cdot M_n/M_o + d \cdot E_n/E_o + \cdots$$
公式解释	同右	同右，不过 B_1、B_2、B_3、…、B_n 中"投标函投标总报标总"改为"签约合同价"	ΔP——需调整的价格差额 P_0——约定的付款证书中承包人应得到的已完成工程量的金额。此项金额应不包括价格调整、不计质量保证金扣留金额的扣回。约定的支付和支付、约定的变更及其他金额已按现行价格计价的，也不计在内 A——定值权重（即不调部分的权重） B_1、B_2、B_3、…、B_n——各可调因子的变值权重（即可调部分的权重），为各可调因子在投标函投标总报价中所占的比例 F_{t1}、F_{t2}、F_{t3}、…、F_{tn}——各可调因子的现行价格指数，指约定的付款证书相关周期最后一天的前 42 天的各可调因子的价格指数 F_{01}、F_{02}、F_{03}、…、F_{0n}——各可调因子的基本价格指数，指基准日期的各可调因子的价格指数	P_n 是对第 n 期间内所完成工作以相应货币所作以相应的合同值所所估算的合同价值所采用的调整倍数，这个期间通常是一个月，除非投标函附录中另有规定 a 是在相关数据调整表中规定的一个系数，代表与实施工程可能是不调整的部分 b、c、d 是相关数据调整表中规定的一个系数，有关的每项费用因素的估算占比例，此表中显示的费用因素可能是有关资源，如劳务、设备和材料 L_n、E_n、M_n、…是第 n 期间同时使用的现行费用指数参照间，而且按照该支付证书的相关期限）最后一日之前第 49 天当天对于相关表中的费用因素可能是适用的费用指数或参照价格，以相应的费用因素的指数或参照价格确定 L_o、E_o、M_o、…是基本费用指数或参照价格，以相应货币表示，按照在基准日期时相关的费用因素的指数或参照价格确定

造价信息调整价格差额的方法适用于人工单价的调整，具体方法可以分为调价系数法和绝对值法。

1）调价系数法。调价系数法是以造价机构发布的人工单价调价系数和原投标报价的人工单价为依据，通过原投标报价的人工单价与人工单价的调价系数的乘积来确定新的人工单价，即新的人工单价＝原投标报价的人工单价×调价系数。

2）绝对值法。绝对值法是以造价机构发布的差价计算公式来确定新的人工单价，其中人工单价价差＝造价机构发布的新人工单价－原定额人工单价。当造价机构发布了各工种新的人工单价时，按合同约定人工单价要按照造价文件的规定运用绝对值法进行调整，可通过人工单价价差与原投标报价的人工单价之和，来计算新的人工单价，即新的人工单价＝原投标报价的人工单价＋人工单价价差。

（2）材料、工程设备价款调整 根据13版《清单计价规范》附录 A.2 的规定，材料、工程设备价格变化的价款调整由发承包双方约定的风险范围按以下规定进行：

1）当承包人投标报价中材料单价低于基准单价：施工期间材料单价涨幅以基准单价为基础超过合同约定的风险幅度值时，或材料单价跌幅以投标报价为基础超过合同约定的风险幅度值时，其超过部分按实调整。材料单价低于基准单价时的调整如图 9-2 所示。

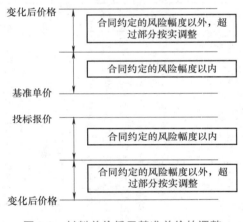

图 9-2 材料单价低于基准单价的调整

案例 9-1

【案例背景】

某工程合同中约定承包人承担 5% 的某钢材价格风险。其预算用量为 150t，承包人投标报价为 2800 元/t，投标期间行业部门发布的钢材价格单价为 2850 元/t。施工期间行业部门发布的钢材价格涨至 3100 元/t。

【案例问题】

请计算该钢材的结算价款。

【案例分析】

当承包人投标报价中材料单价低于基准单价时，施工期间材料单价涨幅以基准单价为基础超过合同约定的风险幅度值，或材料单价跌幅以投标报价为基础超过合同约定的风险幅度值，其超过部分按实调整。

本案例中基准价格大于承包人投标报价，当钢材价格在 2850 元及 2992.5（2850 × 1.05）元之间波动时，钢材价格不调整，一旦高于 2992.5 元，超过部分按实调整，如图 9-3 所示。

结算时钢材价格为 2800 元/t +（3100 元/t − 2992.5 元/t）= 2907.5 元/t

【解答】

该钢材的最终结算价款为 2907.5 元/t × 150t = 436125 元

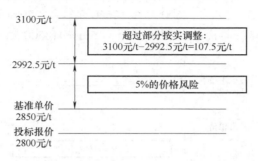

图 9-3 材料单价低于基准单价的计算

2）当承包人投标报价中材料单价高于基准单价：施工期间单价跌幅以基准单价为基础超过合同约定的风险幅度值，或材料单价涨幅以投标报价为基础超过合同约定的风险幅度值，其超过部分按实调整。材料单价高于基准单价的调整如图 9-4 所示。

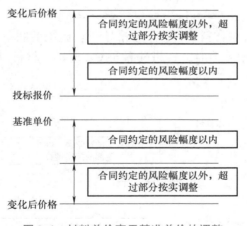

图 9-4 材料单价高于基准单价的调整

案例 9-2

【案例背景】

某工程合同中约定承包人承担 5% 的某钢材价格风险。其预算用量为 150t，承包人投标报价为 2850 元/t，投标时行业部门发布的钢材价格单价为 2800 元/t。施工期间行业部门发布的钢材价格跌至 2600 元/t。

【案例问题】 请计算该钢材的结算价款。

【案例分析】

当承包人投标报价中的材料单价高于基准单价时，施工期间材料单价跌幅以基准单价为基础超过合同约定的风险幅度值时，材料单价涨幅以投标报价为基础超过合同约定的风险幅度值时，其超过部分按实调整。

本案例中投标报价大于基准单价，当钢材价格在 2660 元/t 及 2800 元/t 之间波动时，钢材价格不调整，一旦低于 2660 元/t，超过部分按实调整，如图 9-5 所示。

结算时钢材价格为 2850 元/t + (2600 元/t − 2660 元/t) = 2790 元/t

【解答】 该钢材的最终结算价款为 2790 元/t × 150t = 418500 元

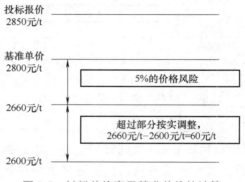

图 9-5 材料单价高于基准单价的计算

3）当承包人投标报价中材料单价等于基准单价：施工期间单价涨、跌幅以基准单价为基础超过合同约定的风险幅度值时，其超过部分按实调整。材料单价等于基准单价的调整如图 9-6 所示。

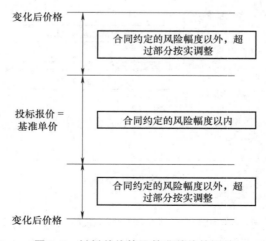

图 9-6 材料单价等于基准单价的调整

案例 9-3

【案例背景】

某工程合同中约定承包人承担 5% 的某钢材价格风险。其预算用量为 150t，承包人投标报价为 2800 元/t，同时期行业部门发布的钢材价格单价为 2800 元/t。结算时该钢材价格跌至 2600 元/t。

【案例问题】

请计算该钢材的结算价款。

【案例分析】

当承包人投标报价中材料单价等于基准单价时，施工期间材料单价涨、跌幅以基准单价为基础超过合同约定的风险幅度值时，其超过部分按实调整。

本案例中投标报价等于基准单价，当钢材价格在 2660 元/t 及 2800 元/t 之间波动时，钢材价格不调整，一旦低于 2660 元/t，超过部分按实调整，如图 9-7 所示。

结算时钢材价格为 2800 元/t + (2600 元/t − 2660 元/t) = 2740 元/t

【解答】

该钢材的最终结算价款为 2740 元/t × 150t = 411000 元

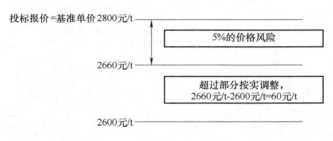

图 9-7　材料单价等于基准单价的计算

4）承包人应在采购材料前将采购数量和新的材料单价报发包人核对，确认用于本合同工程时，发包人应确认采购材料的数量和单价。发包人在收到承包人报送的确认资料后 3 个工作日内不予答复的视为已经认可，作为调整工程价款的根据。如果承包人未报经发包人核对即自行采购材料，再报发包人确认调整工程价款的，如发包人不同意，则不做调整。

（3）施工机械台班费的调整　根据 13 版《清单计价规范》中附录 A.2 中的规定，施工机械台班单价或施工机械使用费发生变化超过省级或行业建设主管部门或其授权的工程造价管理机构规定的范围时，按其规定调整合同价款。另外 07 版《标准施工招标文件》（13 年修订）、17 版《工程施工合同》、99 版 FIDIC 新红皮书中对材料和设备等价格波动的调整方式与人工费波动引起合同价款调整的调整方式详见表 9-1，按各自约定的合同价格调整公式进行调整。

3. 实际价格调整价格差额

实际价格调整价款在国际惯例中也称为"票据法"。有些地区规定对钢材、木材、水泥三大材料的价格采取按实际价格结算的方法。承包人可凭发票等按实际费用调整材料价格。这种方法简便易行，但由于对承包人采取费用实报实销，会导致承包人不重视降低材料价格成本，使发包人不容易控制工程造价。对此，发包人应在合同中约定发包人或监理人有权要求承包人选择更廉价的材料供应商。

在采用实际价格法调整价款时应主要控制的两个要素为：施工合同中的预算价格（或投标价格）和正式采购的实际价格。其中合同的预算价格可通过在报价清单中逐项查找分析来确定其价值。这一价格依据较充分，且不容易在发承包双方产生争议。而承包人提供票据的真实性和准确性将是发包人应重点控制和审核的内容。发包人应对承包人提供的有关发票、收据、订货单、账簿、账单和其他文件进行认真审核，确保实际价格的可信度。同时，按照实际价格调整价款还应明确实际价格法的三要素，如图 9-8 所示。

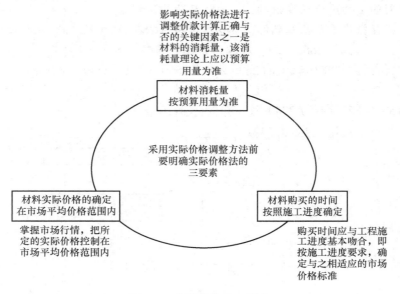

图 9-8　实际价格法三要素

（1）材料实际价格的确定　材料按实调整的关键是要掌握市场行情，把所定的实际价格控制在市场平均价格范围内。建筑材料的实际价格应首先用同时期的材料指导价或信息价为标准进行衡量。如果承包人能够出具材料购买发票，且经核实材料发票是真实的，则按照发票价格，考虑运杂费、采购保管费，测定实际价。但如果发票价格与同质量的同种材料的指导价相差悬殊，并且没有特殊原因的话，不认可发票价，因为这种发票不具有真实性。因此，确定建筑材料实际价格，应综合参考市场标准与购买实际等多种因素测定，以保证材料成本计算的准确与合理。

（2）材料消耗量的确定　影响实际价格法进行调整价款计算正确与否的关键因素之一是材料的消耗量，该消耗量理论上应以预算用量为准。例如，钢材用量应按设计图要求计算重量，通过套用相应定额求得总耗用量。而当工程施工过程中发生了变更，导致钢材的实际用量比当初预算量多时，该材料的消耗量应为发生在价格调整有效期间内的钢材使用量，其计算应以新增工程所需的实际用钢量来计算。竣工结算时亦应依最终的设计图纸来调整。

值得注意的是，在实际工作中，钢材的消耗量可能有三种不同的用量：一是按图纸计算的用量；二是根据定额（含钢量）计算出的定额用量；三是承包人购买量。在计算材差时，只能按设计图计算用量。除非有特殊原因，例如能采购到的钢材直径或类型与图纸要求不一致需要替换，钢材的理论重量与实际重量不一致等，否则无论承包人实际购买了多少吨钢材，均不予以承认，只能按设计图计算用量。

（3）材料购买时间的确定　材料的购买时间应与工程施工进度基本吻合，即按施工进度要求，确定与之相适应的市场价格标准，但如果材料购买时间与施工进度之间偏差太大，导致材料购买的真实价格与施工时的市场价格不一致，也应以施工时的市场价格为依据进行计算。其计算所用的材料量为工程进度实际所需的材料用量，而非承包人已经购买的所有材料量。

9.1.3　物价变化的合同价款调整程序

1. 合同价款调整的流程分析

物价变化引起的合同价款调整要以合同中约定的风险幅度范围为界限，超出风险幅度的价款才可以调整，否则不予调整。该调整幅度范围为发承包双方在签订合同的过程中重点协商的内容。同时，因物价变化引起价格调整的具体方法也应在合同中进行详细的约定。具体的价款调整程序如图 9-9 所示。

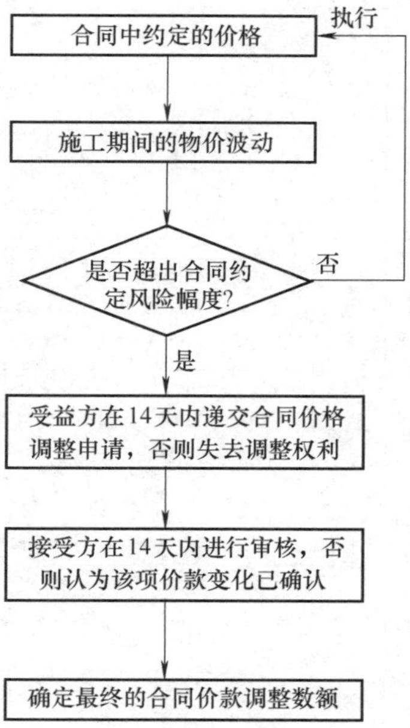

当发生由于物价变化引起的合同价款调整时，发承包双方应就具体的情况进行分析，按照合同中约定的程序或以上规定的程序来进行合同价款的调整。其中需要注意的是进行价款调整时应区分受益方，该受益方可能为发包人也可能为承包人。因此，发承包双方都应该时刻关注物价变化可能引起合同价款调整的因素，真正做到对合同价款的及时调整，维护自身的合理利益。

在进行合同价款调整时，发承包双方应在程序规定的时间内提出合同价款调整报告，避免因时间的延误而给自身造成损失。同时合同价款调整报告的接受方应对合同价款调整的具体数额进行认真审核，做到对工程价款的整体控制。

图 9-9　物价变化引起的合同价款调整程序

2. 合同价款调整的风险幅度

为维护建筑市场秩序，规范市场计价行为，降低人工、材料等市场价格变化给建设工程发承包双方带来的风险，保证建设工程的质量和安全，合同中需要约定物价变化引起合同价款调整的风险幅度范围。物价变化引起的合同价款调整主要以合同中约定的风险幅度范围为界，超出风险幅度价款才可以调整，否则不予调整。该调整幅度范围应为发承包双方在签订合同的过程中重点协商的内容。

另外，各省市区造价文件中也对物价变化引起合同价款调整的风险幅度进行了规定，具体内容如表 9-3 所示。

299

表 9-3　部分省市区对物价变化调整幅度的界定

省市区	年份	文件名称	具体规定
天津	2008	《建筑工程计价补充规定》（建筑〔2008〕881 号）	变化幅度大于合同中约定的价格变化幅度时，应当计算超过部分的价差，其价差由发包人承担或受益
北京	2008	《关于加强建设工程施工合同中人工、材料等市场价格风险防范与控制的指导意见》（京造定〔2008〕4 号）	沥青混凝土、钢材、电线、木材、电缆、水泥、钢筋混凝土预制构件、预拌混凝土等对造价影响较大的主要材料以及人工和机械，风险可调幅度控制在 3% ~6%
上海	2008	《关于建设工程要素价格波动风险条款约定、工程合同价款调整等事宜的指导意见》（沪建市管〔2008〕12 号）	人工价格的变化幅度在 ±3% 以外的、钢材价格的变化幅度在 ±5% 以外的、除人工、钢材外其他材料价格的变化幅度在 ±8% 以外的应调整
江苏	2005	《关于工程量清单计价施工合同价款确定与调整的指导意见》（苏建价〔2005〕593 号）	材料价格上涨 10% 以内部分由承包人承担，10% 以外部分由发包人承担 材料价格下跌 5% 以内部分由承包人受益，5% 以外部分由发包人受益
浙江	2008	《关于加强建设工程人工、材料要素价格风险控制的指导意见》（建建发〔2008〕163 号）	人工费调整幅度：结算期人工市场价或合同前 80% 工期月份的人工信息价平均值与投标报价文件编制期对应的市场价或信息价之比上涨或下降 15% 以上时应该调整。材料费调整幅度：单种规格材料的合价占工程合同造价的比例在 1% 及以上，且该材料价格波动幅度在 10% 以上；单种规格材料的合价占工程合同造价的比例在 1% 及以下，但材料价格波动幅度在 20% 以上
广东	2007	《关于建设工程工料机价格涨落调整与确定工程造价的意见》（粤建价函〔2007〕402 号）	当人工、施工机械台班、材料（设备）价格涨落超过合同工程基准期价格 10% 时，应该进行调整
湖南	2008	《关于工程主要材料价格调整的通知》（湘建价〔2008〕2 号）	市政工程及土建单项主要材料市场价格涨降幅度在 3% 以外，安装工程及装饰主要材料市场价格涨降幅度在 5% 以外时，应予以调整
湖北	2008	《关于调整部分主要建设工程材料价格的指导意见》（鄂建文〔2008〕190 号）	材料上涨幅度 10%（含 10%）以内的风险由承包方承担，超过 10% 的部分，由发、承包双方本着相互协商、风险共担的原则，双方协商调整
山东	2008	《关于加强工程建设材料价格风险控制的意见》（鲁建标字〔2008〕27 号）	主要材料价格发生波动时，波动幅度在 ±5% 以内（含 5%）的，其价差由承包人承担或受益；波动幅度超出 ±5% 的，其超出部分的价差由发包人承担或受益
黑龙江	2008	《关于发布 2008 年建筑安装等工程结算办法的通知》（黑建造价〔2008〕9 号）	合同价款方式为固定价格的，其人工、材料价格涨落超过合同基准期价格 10% 的超出部分应当予以调整
吉林	2008	《关于发布建设工程材料价格指导意见的通知》（吉建造〔2008〕8 号）	主要材料以工程中标价为基数，价差在 10% 以内时不调整，在 10% 以上时进行调整
云南	2008	《关于进一步规范建设工程材料价格波动风险条款约定及工程合同价款调整等事宜的通知》（云建标〔2008〕201 号）	包干范围以内的主要材料（含设备）单价发生上涨或下降的情况，其幅度在 ±10% 以内（含 10%）的，其价差由承包人承担或受益；幅度在 ±10% 以外的，其超过部分的价差由发包人承担或受益

（续）

省市区	年份	文 件 名 称	具 体 规 定
成都	2008	《关于进一步规范成都市建设工程价格风险分摊的通知》（成建价〔2008〕2号）	可调主要材料的风险幅度值在0～5%以内取定。招标人可针对工程的具体情况将附件所列材料之外的某一种或几种材料列为可调材料，并在5%以内约定风险幅度值
宁波	2008	《关于调整工程主要材料结算价格加强建设工程材料价格风险控制的指导意见》（甬发改投资〔2008〕399号）	主要材料上涨或下降幅度在10%以内（含10%）的，其价差由承包人承担或受益；在10%以上的，其超出部分的价差由发包人承担或受益
云浮	2008	《关于我市建设工程人工、材料价格异常波动时调整工程造价的补充意见》（云建价〔2008〕4号）	人工涨幅大于5%、材料涨幅大于10%时，应该调整
长沙	2007	《关于调整部分主要材料预算价格、市场价格的通知》（长建价〔2007〕10号）	单位在工程价款调整和工程结算时单项主要材料价格变化幅度超过±8%时，双方应重新协商确定结算单价。投标人在投标书中承诺的优惠率仍按约定执行
郑州	2000	《关于处理工程主要材料价格结算若干问题的意见》（郑建价办字〔2000〕08号）	凡确定采取固定价格结算方式的工程，建筑材料价格的调整（包括主材价和辅材价）一律不再调整
苏州	2008	《关于试行＜政府公共工程合同价款调整统一范本＞的通知》（苏建价〔2008〕18号）	当材料价格上涨或下降在5%（含）以内时，其差价由承包人承担或受益，当上涨或下降幅度超出5%时，其超出部分的差价由发包人承担或受益；差价计算方法按下一款执行
内蒙古	2008	《关于调整定额人工费和材料价格有关事项的通知》（内建工〔2008〕319号）	材料价格波动幅度超过原报价格15%的部分，应予调差，调差材料品种由工程建设甲乙双方根据工程具体情况确定

　　通过对以上部分省市区造价文件的整理与归纳得出，各省市区建设行政主管部门出台的相关造价文件主要对由于材料市场价格变化超过一定幅度范围的幅度界限进行规定，但由于各省市区的实际情况不同，针对材料价格变化的调整幅度也不相同。通过比较分析可得：部分省市区将主要材料的价格变化调整幅度确定为5%，超过5%时，价款应进行调整；而另一部分省市区则将这一范围确定为10%；还有部分省市区对主要材料的价格变化幅度规定为8%、15%等。在实践工作中，发承包双方可参考各省市区出台的造价文件规定的材料价格调整幅度，约定合同条款中关于主要材料价格调整幅度的内容，同时引入风险分担的原则来确定主要材料价格变化时合同价款调整幅度的范围，作为发承包双方约定条款内容的依据。

9.1.4　物价变化的合同价款调整案例

案例 9-4

【案例问题】

　　由于物价变化引起材料价格上涨，当一种材料价格大幅变化时，其附属产品价格能否调整？比如石油价格大幅上涨，那么机械台班费、塑料制品等价格能否调整？

【案例分析】

1. 问题要点：此类材料的价格属于何种价格形式，以及政府指导价、政府定价的具体适用范围。

2. 问题依据及解析：首先应分析此类材料的价格是属于市场调节价、政府指导价或是政府定价，不同价格形式下的材料价格调整方法不同。

（1）实行市场调节价的商品和服务。按照合同约定的调整幅度范围和调整方法进行调整，如果合同中没有明确规定，按照国家法律法规处理。

依据07版《标准施工招标文件》（13年修订）第16.1款的规定，除专用合同条款另有约定外，因物价变化引起的价格调整采用价格指数或造价信息调整价格差额。

依据13版《清单计价规范》第9.8.2条的规定：承包人采购材料和工程设备的，应在合同中约定主要材料、工程设备价格变化的范围或幅度；当没有约定，且材料、工程设备单价变化超过5%时，超过部分的价格应按照价格指数调整法或造价信息调整法计算调整材料、工程设备费。

（2）实行政府指导价或政府定价的商品和服务。按照政府指导价或政府定价规定的价格进行确定和调整。

石油价格属于政府定价。2001年颁布的《国家计委和国务院有关部门定价目录》（国家计委令第11号）规定，原油、成品油价格按现行有关规定管理。

施工过程中涉及的水、电、燃油等价格，依据《中华人民共和国价格法》第十八条的规定，此类商品和服务属于重要的公用事业，其价格应实行政府指导价或者政府定价。依据第十二条，经营者进行价格活动，应当遵守法律、法规，执行依法制定的政府指导价、政府定价和法定的价格干预措施、紧急措施。

【解答】

石油价格为政府定价，应按照政府定价规定的价格进行确定和调整。石油的附属用品塑料制品的价格属于市场调节价，应按照合同约定的调整幅度范围和调整方法进行调整，如果合同中没有明确规定，按照国家法律法规处理。机械台班费的调整则遵从"有约定从约定，无约定从法定"的原则。

案例 9-5

【案例背景】

山西省某工程总合同额1700万元，因为发包人原因造成推迟开工，投标时投标人人工费报价为18.22元/工日，当时山西省人工费定额是25元/工日，项目开工时山西省建设管理部门公布的人工费价格是36元/工日，双方同意对人工费进行调价，承包人认为人工费调整价格为：（36 - 18.22）元/工日，发包人认为人工费调整价格为（36 - 25）元/工日，双方对人工费调整的具体额度产生了纠纷。

【案例问题】

人工费应该如何调整？

【案例分析】

1. 首先明确人工费应该调整。因为项目开工时山西省建设管理部门公布的人工费发生调整。此部分的费用由发包人承担。

2. 投标报价时人工费定额是 25 元/工日，承包人投标报价是 18.22 元/工日，人工费存在价差，那么就是说承包人愿意承担这部分人工费价差的风险，承担的人工费风险价格为（25 - 18.22）=6.78 元/工日。项目开工时，承包人应继续承担那部分人工费的风险，不能因人工费的上涨而改变，因此承包人还应承担人工费上涨 6.78 元/工日的风险。项目开工时山西省建设管理部门公布的人工费价格是 36 元/工日，因此承包人应承担 6.78（25 - 18.22）元/工日人工费上涨的风险，而发包人应承担 11（36 - 25）元/工日人工费上涨的风险。所以人工费应按照发包人意见进行调整。

【解答】

人工费应按照发包人意见，调整价格为 11（36 - 25）元/工日。

问题一：合同中是否可以不约定调价的幅度和范围？

2013 版《清单计价规范》第 9.8.2 条规定：承包人采购材料和工程设备的，应在合同中约定主要材料、工程设备价格变化的范围或幅度；当没有约定，则材料、工程设备单价变化超过 5% 时，超过部分的价格应按照价格指数调整法或造价信息调整法（具体方法见附录 A）计算调整材料、工程设备费。

因此，合同中可以不约定调价的幅度和范围。

问题二：合同中能否约定不调价？

2013 版《清单计价规范》第 3.4.3 条规定：由于市场物价波动影响合同价款的，应由发承包双方合理分摊，当合同中没有约定，发承包双方发生争议时，按本规范第 9.8.1～9.8.3 条的规定调整合同价款。

由此条款可知，物价波动引起的价款调整的风险应由发承包双方共担。

又根据第 3.4.1 条的规定：建设工程发承包，必须在招标文件、合同中明确计价中的风险内容及其范围，不得采用无限风险、所有风险或类似语句规定计价中的风险内容及其范围。可知，发包人不可以为了保护自己的利益，在招标文件中做出类似"固定价格合同不许调价"或者"物价波动一律不调整"的约定。

又由于本条款属于强制性条文，依据上次讨论的结果可知，强制性条款必须执行，因此进一步证实了合同中不可约定不调价。

9.2　暂估价引起的合同价款调整

随着我国建筑业的持续发展，建设项目的规模越来越大，不确定性程度越来越高。合同柔性作为应对不确定性的有效手段，越来越受到学者们的关注。综合现有文献发现，注入合同柔性的途径有很多种，其中价格柔性是学者们普遍认可的一种途径。而暂估价是价格柔性的一种。专业工程暂估价的设置虽然解决了因标准不明确而导致招标困难的问题，但也易引起承包人机会主义行为的发生，且设置范围越大，承包人产生机会主义行为的概率越大。究其原因在于合同柔性越大，承包人产生机会主义行为的概率会增大。研究表明，机会主义是信任存在的必要。信任程度越高，机会主义产生的损失越低。本章节从暂估价设置和调整两个方面讨论专业工程暂估价柔性程度大小。

9.2.1 暂估价的概述

1. 暂估价的起源

（1）源起于英式工程量清单（SMM7）中的暂定金额 1965 年，英国皇家特许测量师学会（RICS）出版发行了全英统一的《建筑工程工程量标准计算规则》（Standard Method of Measurement of Building Works，SMM）中提出了 "Provisional Sum and Prime Cost（暂定金额和主要成本）的概念[4]。英国传统的工程计价模式，一般情况下都在投标时附带由业主工料测量师编制的工程量清单，其工程量按照 SMM 规定进行编制、汇总构成工程量清单，承包商的工料测量师参照工程量清单进行成本要素分析，根据其以前的经验，并收集市场信息资料、分发咨询单、回收相应厂商及分包商的报价，对每一分项工程都填入单价，以及单价与工程量相乘后的合价，其中包括人工、材料、机械设备、分包工程、临时工程、管理费和利润。

英式工程量清单一般包括：开办费（Preliminary）、分部分项概要（Preambles）、工程量部分（Measured Work）、暂定金额和主要成本（Provisional Sum and Prime Cost）、汇总（Collections and Summary）五部分内容。SMM7 的规定：工程量清单应完整、精确地描述工程项目的质量和数量。如果设计尚未全部完成，不能精确地描述某些分部工程，应给出项目名称，以暂定金额编入工程量清单。

1）Provisional Sum（暂定金额）。SMM7 中规定了两种形式的暂定金额：可限定的暂定金额和不可限定的暂定金额。

① 数量确定的可限定的暂定金额。工作的性质和数量都是可以确定的，但现实还不能精确地计算工程量，承包商报价时必须考虑项目管理费。

② 工作的内容范围不可限定的暂定金额。工作的内容范围不明确，承包人报价时不仅包括成本，还有合理的管理费和利润。如果经过判断，承包人认为在项目实施过程中工作内容发生的可能性较大，就可将价格定得高些；如果不一定会发生，就可以报低些，这样毕竟有助于降低报出的总价，增加中标机会。也就是与不平衡报价有一定关系。

2）Prime Cost（主要成本）。SMM7 的规定，在工程中如业主指定分包商或指定供货商提供材料时，他们的投标中标价应以主要成本的形式编入工程量清单中。分包工程款内容范围与工程使用的合同形式有关，至此，SMM7 并未对暂定金额中主要成本的范围做出规定。

基于 SMM7 的规定，其中 Provisional Sum and Prime Cost 的概念与 13 版《清单计价规范》中暂列金额（Provisional Sum）和暂估价（Prime Cost Sum）的用词相似。

首先，13 版《清单计价规范》第 2.0.18 条规定暂列金额（Provisional Sum）为招标人在工程量清单中暂定并包括在合同价款中的一笔款项。用于工程合同签订时尚未确定或者不可预见的所需材料、工程设备、服务的采购，施工中可能发生的工程变更、合同约定调整因素出现时的合同价款调整以及发生的索赔、现场签证确认等的费用。

其次，13 版《清单计价规范》、08 版《清单计价规范》、07 版《标准施工招标文件》（13 年修订）、17 版《工程施工合同》、99 版《工程施工合同》均定义暂估价为：招标人在工程量清单中提供的用于支付必然发生但暂时不能确定价格的材料、工程设备的单价以及专业工程的金额。

所以，13 版《清单计价规范》中的暂估价，溯其本源应理解为基于英式工程量清单

SMM7 的暂定金额。13 版《清单计价规范》在 08 版《清单计价规范》的基础上，对暂估价的定义进行了完善和补充，并给出了其英文的释义。结合 SMM7 中对暂定金额的定义和解释，建设工程各参与主体发包人、总包人、分包人等将更明确和理解暂估价设置的原因及操作的内涵。

3）我国暂估价与 SMM7 中的暂定金额的异同。

① 相同点：必然性、无量有价性。

a. 必然性：暂估价的本质为合同实施过程中必然发生但内容范围或工程量不能确定的工作。

b. 无量有价性：区别于招标工程量清单中各分部分项工程，以暂估价的形式包含的工作内容，并非由招标人或其委托代理机构提供工程量，供投标人报价；与之相反，以暂估价的形式包含的工作内容在招标工程量清单中提供了暂时估计的价格或金额，工程量反而不能确定。

② 不同点：SMM7 主要根据成本原则、只限于指定分包。SMM7 中的暂定金额主要是根据主要成本原则进行估价，且只限于指定分包，由指定分包商或指定供货商提供材料，将其投标中标价以主要成本的形式编入工程量清单中。而国内暂估价是由发包人提供，并未说明暂估价的估价原则和估价依据。而在 13 版《清单计价规范》等我国建筑工程法律法规及建筑规范中，暂估价为招标人在工程量清单中提供的用于支付必然发生但暂时不能确定价格的材料、工程设备的单价以及专业工程的金额。

（2）FIDIC 中的暂定金额包括但不限于暂估价　99 版 FIDIC 新红皮书第 1.1.4.10 条规定，暂定金额是指合同中指明为暂定金额的一笔金额（如果有），是用于按照第 13.5 款［暂定金额］实施工程的任何部分或提供永久设备、材料和服务的一笔金额（如有时）。

99 版 FIDIC 新红皮书第 13.5 款关于暂定金额的解释为：每笔暂定金额只应按照工程师的指示全部或部分地使用，合同价格应相应进行调整。付给承包商的总金额只应包括工程师已指示的，与暂定金额有关的工作、供货或服务的应付款项。对于每笔暂定金额，工程师可指示用于下列支付：

a. 根据第 13.3 款［变更程序］的规定进行估价的、要由承包商实施的工作（包括要提供的工程设备、材料或服务）；和（或）

b. 应包括在合同价格中的，要由承包商从指定分包商（按第 5 条［指定分包商］的定义）或其他单位购买的工程设备、材料或服务，所需的下列费用：i. 承包商已付（或应付）的实际金额；ii. 用适用资料表中的有关百分率（如果有）计算的，这些实际金额的一个百分率作为管理费和利润的金额。如无此种百分率，应采用投标文件附录中的百分率。

当工程师要求时，承包商应出示报价单、发票、凭证和账单或收据等证明。

从 FIDIC 对 Provisional Sum 的解释可知，其暂定金额与工程师的指示密切相关，而且多用于根据变更程序进行估价及工程师指示应由承包商实施的工作，也包括材料、工程设备及服务的采购等，是一种用于对事先不能确定或不能完全预计的工程价款的额外开支。

综上分析，99 版 FIDIC 新红皮书中的 Provisional Sum 包括但不限于 13 版《清单计价规范》中的暂估价。13 版《清单计价规范》中的暂估价只属于 99 版 FIDIC 新红皮书中的 Provisional Sum 中的一部分内容，FIDIC 中的 Provisional Sum 包括了 13 版《清单计价规范》

中暂列金额的内容，比较全面。

2. 暂估价的演变

"暂估价"这一词语第一次出现在七部委27号令中[5]，随后07版《标准施工招标文件》（13年修订）和08版《清单计价规范》都提出了暂估价的概念，但两个文件对暂估价的定义却不一致。07版《标准施工招标文件》（13年修订）提出的暂估价概念中包括设备暂估价，而08版《清单计价规范》的定义没有包括设备暂估价。《中华人民共和国招标投标法实施条例》（本章以下简称《招标投标法实施条例》）第二十九条对暂估价进行了规定，并提出了暂估价概念。13版《清单计价规范》对08版《清单计价规范》中暂估价的概念做了补充，即增加了设备暂估价。至此，13版《清单计价规范》与07版《标准施工招标文件》（13年修订）对暂估价的定义一致，即暂估价是指招标人在工程量清单中提供的必然发生但以暂估的形式出现的材料、工程设备以及专业工程的金额。综上所述，暂估价在我国的发展历程如图9-10所示。

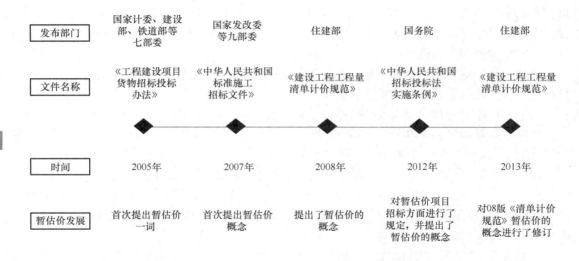

图9-10　暂估价在我国发展的历程

3. 暂估价的概念

在工程招标阶段已经确认的材料、工程设备或专业工程项目，由于标准不明确，当时无法确定准确价格，为方便合同管理和计价，由发包人在招标工程量清单中给定一个暂估价，该暂估价构成签约合同价的组成部分。同时暂估价在工程分包招标、施工过程中是合同价款重要的调整因素。

（1）相关文件对暂估价的定义　七部委27号令第五条规定：以暂估价形式包括在总承包范围内的货物达到国家规定规模标准的，应当由总承包中标人和工程建设项目招标人共同依法组织招标。这是"暂估价"的术语首次出现在国内法律法规文件中。

随后，07版《标准施工招标文件》（13年修订）、08版《清单计价规范》、13版《清单计价规范》等也对暂估价进行了规定，各类合同范本或规范中对暂估价的定义如表9-4所示。

表 9-4　各类合同范本或规范中对暂估价的定义

规范文件	07 版《标准施工招标文件》（13 年修订）	13 版《清单计价规范》	17 版《工程施工合同》	99 版 FIDIC 新红皮书
条款号	通用条款 1.1.5.5	2.0.18	通用条款 1.1.5.4	1.1.4.10
对暂估价的定义	暂估价是指发包人在工程量清单中给定的用于支付必然发生但暂时不能确定价格的材料、设备以及专业工程的金额	暂估价为招标人在工程量清单中提供的用于支付必然发生但暂时不能确定价格的材料、工程设备的单价以及专业工程的金额	暂估价是指发包人在工程量清单或预算书中提供的用于支付必然发生但暂时不能确定价格的材料、工程设备的单价、专业工程以及服务工作的金额	"暂定金额"是指合同中指明为暂定金额的一笔金额（如有时），是用于按照第 13.5 款[暂定金额]实施工程的任何部分或提供永久设备、材料和服务的一笔金额（如有时）

从定义上看，暂估价是指必然发生但价格却无法确定的材料、工程设备以及专业工程的金额。而 13 版《清单计价规范》提倡风险的合理分担，但是暂估价项目的设置无疑是发包人承担更多的风险，因此，暂估价本质是发包人对风险约束的放松。

（2）暂估价的分类　《房屋建筑和市政工程标准施工招标文件》（建市〔2010〕88 号）第 2.8.2 项规定：暂估价分为材料、工程设备暂估单价和专业工程暂估价两类。依据 07 版《标准施工招标文件》（13 年修订）和 13 版《清单计价规范》，暂估价可分为材料、工程设备暂估价和专业工程暂估价。

13 版《清单计价规范》与 07 版《标准施工招标文件》（13 年修订）对暂估价的招标范围、价格确定、招标主体等方面的界定详细并且基本一致；但《招标投标法实施条例》仅仅对需要招标的暂估价项目进行了确定。三者均在将暂估价分为依法必须招标和不属于依法必须招标两大分类的基础上进一步将暂估价细分为材料、工程设备暂估价以及专业工程暂估价，如表 9-5 所示。

综上，暂估价可分为材料、工程设备暂估价和专业工程暂估价。

4. 暂估价的作用

暂估价的招标主体通常是发包人或总承包人，暂估价本质上属于尚未经过竞争而工程建设项目招标人必要必须要支付的费用，因此，工程建设项目招标人须为暂估价提供充分和公平的竞争机会，并对暂估价的费用计算原则和支付方式承担决策责任。

暂估价有以下三个作用：

（1）防止恶意低价竞标，并使得投标报价更为合理　采用暂估价时，投标人应注意实质性响应招标文件的相关要求。投标人报价低于招标人给定的暂估价或擅自修改专业工程暂估价的，将作为实质性不响应招标文件。在同等水平上进行比价，更能反映出投标人的实际报价，使确定的中标价更加科学合理。同时使用暂估价，在招标阶段可以避免投标人不平衡报价而低价中标。

（2）确保材料、设备和专业工程质量的同时，可以有效控制造价　对有些材料、设备和专业工程，不能准确描述其综合质量，价格相差较大，如果对其质量要求不能明确，施工中要求档次较高，投标人也会利用这些进行不平衡报价，调低材料价格而低价中标，中标后通过调整材料档次来获得超额利润。发包人为了控制工程质量和避免不平衡报价，在招标时不得不先设定暂估价，施工中根据工程实际对暂估价项目进行认质认价或通过招标选择专业工程分包，通过参建各方共同考察市场，明确质量要求，经过详细比选确定暂估价项目的价格，这样在保证质量的基础上有效地控制工程造价。

表9-5 相关文件对依法必须招标和不属于依法必须招标的暂估价项目的规定

法规文件 条款号			13版《清单计价规范》 9.9	07版《标准施工招标文件》（13年修订） 15.8	《招标投标法实施条例》 第二十七条
材料、工程设备暂估价和专业工程暂估价	依法必须招标	范围	发包人在招标工程量清单中给定暂估价的材料、工程设备，专业工程属于依法必须招标的	发包人在工程量清单中给定暂估价的材料、工程设备和专业工程属于依法必须招标的范围并达到规定的规模标准的	工程总承包招标依法必须招标项目，招标人可以按照工程建设有关规定，对工程以及与工程建设有关的货物、服务，全部或者部分发行总承包招标。未包括在总承包范围内的工程以及与工程有关的货物、服务采购，达到国家规定规模标准的，应当由招标人依法组织招标。应当由招标人依法以招标方式包括在总承包范围内的工程以及与工程有关的货物、服务采购达到国家规定规模标准的，应当进行招标
		组织招标的主体	由发承包双方以招标方式选择供应商；专业工程是应当由发承包双方依法组织招标选择分包人，并应接受有管辖权的建设工程招标投标管理机构的监督	由发包人和承包人以招标的方式选择应商或分包人	
		双方权利义务的界定	—	发包人和承包人按专用合同条款约定	
		价格确定及合同价款调整	确定暂估价项目价格并以此为依据取代暂估价，调整合同价款	中标金额与工程量清单中所列的暂估价的金额差以及相应的税金等其他费用计入合同价格	
	不属于依法必须招标	范围	发包人在招标工程量清单中给定暂估价的材料工程设备，专业工程不属于依法必须招标的	发包人在工程量清单中给定暂估价的材料、工程设备及专业工程不属于依法必须招标的范围或未达到规定规模标准的	
		采购的主体	由承包人按照合同约定采购	应由承包人提供的材料、工程设备及专业工程	
		双方权利义务的界定	—	—	
		价格确定及合同价款调整	经发包人确认后以此为依据取代暂估价，调整合同价款；发包人在工程量清单中给定暂估价的专业工程不属于依法必须招标的，应按照[工程变更]相应条款的规定确定专业工程价款，并以此为依据取代专业工程暂估价，调整合同价款	经监理人确认的材料、工程设备价格与相应暂估价的金额差等其他费用计入合同价格。发包人在工程量清单中给定暂估价的专业工程不属于依法必须招标的范围或未达到规定规模标准的，由监理人按照[变更]的估价原则进行估价，但专用合同条款另有约定的除外。经估价确定的专业工程与工程量清单中所列的暂估价的金额差以及相应的税金等其他费用计入合同价格	

（3）有利于选择到合理的投标报价，确保项目的顺利进行　由于设计规范要求施工图不得明确建筑材料、构配件和设备品牌、生产厂家或代理商，因此一些材料因技术复杂或不能确定详细规格或不能确定具体要求。同时由于施工图存在幕墙、钢结构等在施工中需进行二次深化设计的工程，该部分价格难以一次确定。因此在工程招标中就存在不易确定的材料、设备以及专业工程的价格，由招标人统一给出暂估价，在同等水平上进行比价，使投标报价能反映出投标人的实际综合水平，从而有利于招标人选择到科学合理的投标报价。

5. 暂估价的设置

工程合同在履行过程中，通常会出现发包人在招标阶段预见必然要发生但无法确定价格的材料、工程设备以及专业工程，这就需要发包方暂估一个价格，即暂估价。在工程实践和文献研究中，也有"暂定价""甲控材料价"或"甲控乙购材料价"等名称。

（1）可设立暂估价的情况

1）设计图和招标文件未明确规格、型号和质量要求的材料、工程设备。品牌的不同往往导致价格不一，即使是相同的品牌，不同的规格或型号，甚至是同种规格不同型号的材料，其价格差异也较大，如节能塑钢门窗、防火门、石材、铝合金门窗等。

2）同等品牌、规格、型号的产品，但市场价格悬殊、档次不一的材料、工程设备。

3）设计深度不够，一般需要由专业人员二次设计才能计算价格的专业工程，尤其是实行总承包的工程，暂时无法确定价格的项目很多，如不设立暂估价，则工程招标很难正常进行。

4）由于时间仓促，设计不到位，边设计边施工，导致编制标底时难以确定其造价的项目。该项目可能涉及造价比例比较大，以致编制标底、确定控制价时难以确定其造价，例如某工程的暂定项目弓形柱定型模板。

5）需要特殊资质承包商实施的项目。由于此部分内容的专业化要求较高，需要由有相关专业资质的专业承包人进行设计和施工，而总承包人并不具备这样的资质和能力，例如钢结构工程、智能工程、消防工程、通风空调工程等。

6）只有少数承包商可以实施的项目。由于工程项目建筑设计选用了特殊材料或设备，仅有少数供应商可供选择，短期无法询价确定造价，且该部分造价占招标控制价较大；或者建设工程部分专业工程技术复杂或者有特殊专业要求，仅有少数专业施工队伍可供选择的。

（2）各地区关于暂估价设置范围的相关规定　随着暂估价的广泛使用，各地区关于暂估价管理的文件相继出台，来规范暂估价的使用。部分地区关于暂估价设置范围的相关规定汇总如表 9-6 所示。

表 9-6　部分地区关于暂估价设置范围的相关规定汇总

序号	省市区	发布机构	文 件 名 称	内　　容
1	四川省	四川省发改委等	《关于印发〈四川省国家投资工程建设项目招标人使用标准文件进一步要求〉的通知》（川发改政策〔2008〕666 号文件）	第五章 2.9（1）暂列金额和暂估价的金额不得超过该项目（合同段）最高限价的 5%

（续）

序号	省市区	发布机构	文件名称	内　容
2	浙江省	浙江省人民政府	《浙江省人民政府关于严格规范国有投资工程建设项目招标投标活动的意见》（浙政发〔2009〕22号）	（七）严格控制招标文件中设立材料的暂估价。确需设立暂估价的材料、设备必须由业主方供应，估价材料或设备的总价值应达到规定的必须进行依法招标的额度，且保证今后能够通过依法招标的方式确定供应商，否则视同肢解发包、规避监督行为。原则上不得设立专业工程、分部分项工程等的暂估价
3	江西省	江西省住房和城乡建设厅	关于印发《江西省房屋建筑和市政基础设施工程施工招投标评标办法》的通知（赣建字〔2010〕1号）	第七条　暂列金额和暂估价大于等于招标项目总价20%或合计超过50万元的，由招标人和中标人双方依法共同组织对暂列金额和暂估价项目的招标（招标人供料除外）
4	天津市	天津市人民政府	《天津市建设工程招标投标监督管理规定》（津政令第30号）	第六条　以暂估价形式包括在总承包范围内的材料、重要设备和专业工程，应当依法另行招标
5	江苏省	南通市城乡建设局	《南通市城乡建设局等关于印发〈建设工程暂估价及发包人供应材料和设备采购管理办法（试行）〉的通知》（通建工〔2011〕37号）	第六条　（一）建设工程部分专业工程建筑设计有特定艺术或特定技术要求需二次深化设计，且该部分造价占招标控制价较大；（三）建设工程部分专业工程技术复杂或者有特殊专业要求，仅有少数专业施工队伍可供选择的
6	湖南省	岳阳市财政局	《岳阳市财政局关于印发〈岳阳市财政投资项目暂估价预算评审管理办法〉的通知》（岳市财审〔2011〕2号）	第二条　暂估价设定原则：尽可能少设，且有利于质量与成本控制、有利于建设项目管理。工程量清单编制时，经测算确认的暂估价，应在其他项目清单中列项计入综合单价与总造价
7	北京市	北京市住房和城乡建设委员会	《北京市住房和城乡建设委员会关于进一步规范北京市房屋建筑和市政基础设施工程施工发包承包活动的通知》（京建发〔2011〕130号）	第十条　暂估价和暂定项目应当反映市场价格水平。暂估价和暂定项目的合计金额占合同金额的比例不得超过30%
8	安徽省	黄山市黄山区人民政府办公室	《黄山市黄山区人民政府办公室关于印发〈黄山市黄山区工程建设项目招标投标监督管理暂行办法〉的通知》（黄政办〔2012〕126号）	第九条　招标控制价中的暂估价一般不得超过招标控制价的百分之十，如特殊项目需要超过该标准的，必须经有关监管部门审批同意。以暂估价形式包括在总承包范围内的工程、货物、服务达到本暂行规定第五条标准的，应当进行招标
9	上海市	上海市建设工程评标专家管理委员会	《关于招收建设工程稀缺专业及暂估价招标评标专家有关事宜的通告》	附件三"暂估价招标所需专业"列表勘察：物探、工程测量、水文设计、施工、监理：消防、照明、幕墙、装饰装修其他专业：标志标线、通信及信号、脱硝

由表9-6可以看出，部分地区对暂估价的监督管理应用有着具体的规定，各地区规定不尽相同，但多数地区对于暂估价项目占招标控制价或者合同金额的比重问题有所规定，比重一般在5%～30%范围内。暂估价占招标控制价或者合同金额的比例要合理，不应过大，否则会降低竞争力，则失去了招投标本质的意义。例如：某住宅工程招标控制价为56974247.04元，消防和弱电智能化工程暂估价为2570000元，占招标控制价的4.5%；某住宅小区总包

合同的合同金额为 107275491 元，室外工程暂估价为 5586647.34 元，暂估价占总包合同价格的 5.2%；某学校工程合同金额为 384731.36 万元，其中暂估价金额为 41112.30 万元，占合同金额的比例为 10.69%。

（3）专业工程暂估价设置范围的柔性分析　对可以设置暂估价的专业工程范围进行论述，是设置暂估价的前提条件。专业工程暂估价是一种价格柔性，而专业工程范围这个指标难以对其柔性程度大小进行度量，因此本书采用专业工程暂估价的设置比例大小对其设置范围柔性进行度量。鉴于四川省把暂估价占招标控制价的比例最高设置为 5%，浙江省开化县、湖南省岳阳市、安徽省把暂估价占招标控制价的比例最高设置为 10%，江西省新余市把暂估价占招标控制价的比例最高设置为 20%，江苏省南通市装饰工程规定专业工程暂估价占招标控制价的最高比例为 15%，上海市、北京市、河南省、山东省把暂估价占招标控制价的最高比例设置为 30%，因此占招标控制价或者合同金额的 30% 时专业工程暂估价的柔性为最大。没有设置专业工程暂估价的项目，专业工程暂估价的柔性为 0，即刚性。

综上所述，随着专业工程暂估价在招标控制价或者合同金额中的比例的不断增加，产生的柔性的强度不断增强。

专业工程暂估价为一种价格柔性，其柔性大小体现在两个方面：一是专业工程暂估价设置范围，二是专业工程暂估价的定价方式。可从这两个方面讨论专业工程暂估价柔性程度的大小，并可得出专业工程暂估价的整体柔性程度很依赖于专业工程暂估价设置范围比例的大小。专业工程暂估价两方面的柔性程度分析如图 9-11 所示。

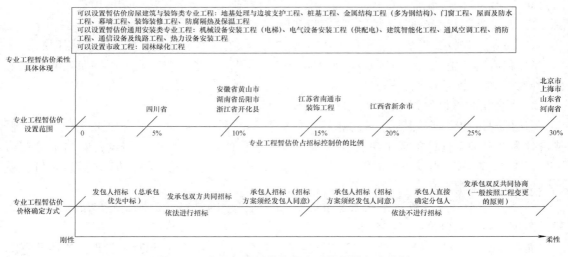

图 9-11　专业工程暂估价两方面的柔性程度分析

9.2.2　暂估价的编制

1. 暂估价的类型

（1）适用材料、工程设备暂估价的项目　从前文暂估价产生的原因可以看出，适用材料或设备暂估价的项目主要有三大类，即价值量大的材料、有特殊要求的材料（或设备）、市场价格波动较大的材料，具体细分为以下七种：

1）工程造价达到一定规模标准的材料，即材料中价值量大。

2）价格信息中没有价格且材料用量很大的材料。

3）工程关键使用部分、质量要求严格的材料、工程设备。

4）规格型号、质量标准及样式颜色等有特殊要求的材料且发布工程量清单时不能尽快确定，比如地面瓷砖。

5）技术复杂、性质特殊不能确定详细规格和具体要求的材料。

6）品种多、质量等级参差、档次不一、质量要求不能确定或后期要求档次较高的材料，如要求高级装修的大面层材料等。

7）市场价格波动大的材料。

这七类材料或工程设备设置暂估价项目，既有利于保证工程质量与成本控制，又有利于建设项目管理。

而一般化的、非关键部分的、小量的材料，或质量要求明确、规格详尽可以做唯一性限制的材料（或工程设备）则不适用材料暂估价。

（2）专业工程暂估价项目　适用专业工程暂估价的项目可归结如下：

1）专业设计深度不够、专业工程施工图设计不够完整齐全、技术参数不明等或工程设计明确有特定艺术或特定技术项目需要二次深化设计才能确定价格的专业工程，如精装修、弱电系统和某些钢结构工程、外墙幕墙、运动极限场地、文化系统、指示系统、儿童游乐场、廊架工程等。

2）部分或者全部是属于"四新工程"（四新是指新技术、新材料、新设备、新工艺），因为缺少计价依据与市场信息暂时无法确定，从而专业工程金额无法确定的项目。

3）与拟建工程有关的特殊要求的工程部位。

4）专业工程技术复杂、总承包无法自行完成、仅有少数专业施工队伍具备施工资质。

5）仅有特定施工组织方案选择且短期无法询价⊖确定造价的专业工程，如玻璃幕墙工程、智能工程、钢结构工程等。

2. 暂估价的编制原则

《房屋建筑和市政工程标准施工招标文件》（建市〔2010〕88号）第2.8.2项规定：暂估价分为材料和工程设备暂估单价和专业工程暂估价两类。其中的工程设备暂估单价按第3.3.2项"材料和工程设备暂估价表"的报价原则进入分部分项工程量清单之综合单价，不在其他项目清单中汇总。

13版《清单计价规范》第5.2.5条规定：暂估价中的材料、工程设备单价应按招标工程量清单中列出的单价计入综合单价。

而在实践过程中，施工过程中暂估价定价管理分为非招标管理和招标管理。所谓非招标管理是指暂估价工作量或材料设备采购，不经过公开招标或邀请招标⊜的形式，而直接通过竞争性谈判、询价等形式确定供应商和采购价格的管理模式。而且除了大宗材料（如钢材、水泥等）用公开招标的方式外，其他暂估价材料适宜用竞争性谈判或询价采购的方式来确

⊖　狭义的询价特指政府采购手段，即询价采购。询价小组根据采购人需求，从符合相应资格条件的供应商中确定不少于三家的供应商并向其发出询价单让其报价，由供应商一次报出不得更改的报价，然后询价小组在报价的基础上进行比较，并确定成交供应商的一种采购方式。

⊜　邀请招标，也称为有限竞争性招标，是指招标人根据供应商或承包人的资信和业绩，选择若干供应商或承包人（不能少于三家），向其发出投标邀请，由被邀请的供应商、承包人投标竞争，从中选定中标人的招标方式。

定实际价格，这样可以缩短采购准备时间，还能紧急采购需要的暂估价材料，定价效率高，更能体现暂估价应用效力，也不会耽误工程施工工期。

暂估价数额不应该超过《工程建设项目招标范围和规模标准规定》（国家发展计划委员会令第 3 号）中规定的重要设备、材料等货物的采购，且单项合同估算价在 100 万元人民币以上的，否则有违反《招标投标法》中规避招标的嫌疑。因此采用暂估价计价时应考虑其适用条件，计价时应当遵循以下五条原则：

1）依法必须招标的材料暂估价项目和不属于依法必须招标的材料暂估价项目在计价过程中应遵循各自的法定程序。

2）要慎重确定以暂估价进行计价的项目范围。

3）要根据实际情况，确定合理的暂估价计价方式。

4）暂估价的计价要遵守 13 版《清单计价规范》的相关规定，其文字表达必须清晰严谨。

5）确定的暂估价金额要相对准确。

综上所述，材料、工程设备暂估价在招标控制价的编制过程中，应区分属于依法招标的和不属于依法招标的材料、工程设备暂估价，由招标人在材料和工程设备暂估单价表中填写，并备注暂估价中的材料或工程设备拟用于哪些清单子目中。

需要注意的是，招标控制价中暂估价是招标人根据工程造价管理机构发布的材料价格、工程设备价格信息而暂估的一个价格，不在其他项目清单中汇总，而是计入招标控制价中清单子目综合单价，不包括投标人的企业管理费和利润。若材料、工程设备包括原材料、燃料、构配件，则按规定应计入建筑安装工程造价的设备。

3. 暂估价的编制方法

材料价和设备价是影响工程造价的重要因素。

材料价格应根据工程造价管理机构发布的工程造价信息（如《天津工程造价信息》《河北工程建设造价信息》《深圳建材参考价格》等），工程造价信息没有发布的参照市场价进行估算。

在没有工程造价信息可以查询的时候，需要自行询价。材料的询价有很多方式，但是要根据材料的规格、使用情况、使用量的大小来合理确定询价的方式。主要的询价方式有联系生产厂商询价、联系经销商询价、根据已施工工程材料的购买价确定、利用互联网上发布的信息询价、通过咨询公司询价等。

招标文件中常采用的主要材料价格的取定办法有：按指定的当地工程造价部门发布的某一期材料设备指导价取定；按发包人指定的厂家产品规格型号询价或发包人直接指定价格；承包人负责提供价格由考察监理人确认；市场询价等。

编制暂估价应对主要设备、材料的规格、型号及质量等特殊要求详细说明，对投标人询价困难的设备及材料进行特殊处理；对部分材料市场价格不稳定、无法正确预计未来的市场价格，发包人可在招标时给定一个暂定价，结算时，按实际发生时间，依据本地区造价管理部门发布的造价信息或甲方签证价进行换算结算；对装饰装修材料的价格，在编制工程量清单时可直接给暂定价或材料不计入报价，其结算价依据合同约定。

要想在招标时将综合单价中所包含的材料费合理准确地估算出来，就必须在询价的基础上对现有的市场价格进行调整，可以乘以一定的风险系数。该风险系数的确定可以通过搜集

313

市场现有资料以及当地工程造价机构发布的建筑材料预算指导价或材料价格走势分析后进行确定。

9.2.3 暂估价的调整

1. 暂估价调整的相关规定

07版《标准施工招标文件》（13年修订）和13版《清单计价规范》对暂估价调整的相关规定如表9-7所示，并以此作为暂估价调整的相关依据。

表9-7 对暂估价项目调整的相关规定

规 范 文 件	07 版《标准施工招标文件》（13 年修订）	13 版《清单计价规范》
条 款 号	15.8.2 15.8.3	9.9.2 9.9.3
不属于依法招标的暂估价项目的调整	15.8.2 发包人在工程量清单中给定暂估价的材料和工程设备不属于依法必须招标的范围或未达到规定的规模标准的，应由承包人按第5.1款的约定提供。经监理人确认的材料、工程设备的价格与工程量清单中所列的暂估价的金额差以及相应的税金等其他费用列入合同价格 15.8.3 发包人在工程量清单中给定暂估价的专业工程不属于依法必须招标的范围或未达到规定的规模标准的，由监理人按照第15.4款进行估价，但专用合同条款另有约定的除外。经估价的专业工程与工程量清单中所列的暂估价的金额差以及相应的税金等其他费用列入合同价格	9.9.2 发包人在招标工程量清单中给定暂估价的材料、工程设备不属于依法必须招标的，应由承包人按照合同约定采购，经发包人确认单价后取代暂估价，调整合同价款 9.9.3 发包人在工程量清单中给定暂估价的专业工程不属于依法必须招标的，应按照本规范第9.3节相应条款的规定确定专业工程价款，并应以此为依据取代专业工程暂估价，调整合同价款
规 范 文 件	07 版《标准施工招标文件》（13 年修订）	13 版《清单计价规范》
条 款 号	15.8.1	9.9.1 9.9.4
依法必须招标的暂估价项目的调整	15.8.1 发包人在工程量清单中给定暂估价的材料、工程设备和专业工程属于依法必须招标的范围并达到规定的规模标准的，由发包人和承包人以招标的方式选择供应商或分包人。发包人和承包人的权利义务关系在专用合同条款中约定。中标金额与工程量清单中所列的暂估价的金额差以及相应的税金等其他费用列入合同价格	9.9.1 发包人在招标工程量清单中给定暂估价的材料、工程设备属于依法必须招标的，应由发承包双方以招标的方式选择供应商，确定价格，并以此为依据取代暂估价，调整合同价款 9.9.4 发包人在招标工程量清单中给定暂估价的专业工程，依法必须招标的，应当由发承包双方依法组织招标选择专业分包人，并接受有管辖权的建设工程招标投标管理机构的监督，还应符合下列要求：①除合同另有约定外，承包人不参加投标的专业工程发包招标，应由承包人作为招标人，但拟定的招标文件、评标工作、评标结果应报送发包人批准。与组织招标工作有关的费用应当被认为已经包括在承包人的签约合同价（投标总报价）中。②承包人参加投标的专业工程发包招标，应由发包人作为招标人，与组织招标工作有关的费用由发包人承担。同等条件下，应优先选择承包人中标。③以专业工程发包中标价为依据取代专业工程暂估价，调整合同价款

从表9-7可以看出，专业工程暂估价与专业工程发包中标价差额的税金是列入合同价格的。

2. 材料、工程设备暂估价的调整

发包人在招标工程量清单中给定暂估价的材料、工程设备的采购包括依法必须招标和依法不需招标两种情况，根据《中华人民共和国政府采购法》的规定，选择供应商的方式一般包括以下几种方式：①公开招标；②邀请招标；③竞争性谈判；④单一来源采购⊖；⑤询价；⑥国务院政府采购监督管理部门认定的其他采购方式。

（1）依法必须招标的材料、工程设备　13版《清单计价规范》第9.9.1条规定：发包人在招标工程量清单中给定暂估价的材料、工程设备属于依法必须招标的，应由发承包双方以招标的方式选择供应商，确定价格，并应以此为依据取代暂估价，调整合同价款。一般情况下发承包双方采用公开招标的方式，也可以采用邀请招标和询价。

1）以公开招标方式选择供应商，应由发包人和承包人共同选择供应商，包括以下几个步骤：①招标单位主持编制招标文件，招标文件应包括招标公告、投标人须知、投标格式、合同格式、货物清单、质量认证标准及必要的证件及附件；②刊登招标广告；③对投标单位进行资格预审（需要时）；④投标单位购买标书；⑤投标报价；⑥开标、评标、确定中标单位；⑦签订合同；⑧承包人办理价格确认单。

在公开招标方式中，发承包双方的权利和义务要在专用合同条款中约定，双方应约定编制招标文件的组织方式（某一方编制招标文件或双方代表共同编制招标文件）、双方参与评标的人员组成、价差调整方式、风险分担幅度等。

2）采用邀请招标方式时，发、承包单位应遵守下列步骤：①选择三家以上具备承担招标项目能力、资信良好的材料设备生产厂家或者其他组织发出投标邀请函；②向预选单位说明采购货物的品种、规格、数量、质量、交货时间、供货方式等情况，请他们参加投标竞争；③被邀请的单位同意参加投标后，从招标单位获取招标文件，按规定要求进行投标报价；④发、承包双方组织评标人员，进行评标，确定中标人；⑤办理价格确认单。

3）询价方式确定供应商时，发、承包单位可以遵循以下步骤：①成立询价小组。询价小组由采购人的代表和有关专家共三人以上的单数组成，其中专家的人数不得少于成员总数的2/3。询价小组应当对采购项目的价格构成和评定成交的标准等事项做出规定。②确定被询价的供应商名单。询价小组根据采购需求，从符合相应资格条件的供应商名单中确定不少于三家的供应商，并向其发出询价通知书让其报价。③询价。询价小组要求被询价的供应商一次报出不得更改的价格。④确定成交供应商。采购人根据符合采购需求、质量和服务相等且报价最低的原则确定成交供应商，并将结果通知所有被询价的未成交的供应商。⑤办理价格确认单。

（2）依法不需要招标的材料、工程设备　13版《清单计价规范》第9.9.2条规定：发包人在招标工程量清单中给定暂估价的材料、工程设备不属于依法必须招标的，应由承包人按照合同约定采购，经发包人确认单价后取代暂估价，调整合同价款。承包人可以采用竞争性谈判或单一来源采购方式选择工程所需材料、工程设备。

⊖　单一来源采购是指对于只能从唯一供应商处采购、不可预见的紧急情况、为了保证一致或配套服务从原供应商添购原合同金额10%以内的情形的政府采购项目，采购人向特定的一个供应商采购的一种政府采购方式。

承包人提供材料、工程设备时，承包人必须按设计图纸的技术要求、有关标准及招标文件的要求进行采购，采购材料、工程设备的规格、质量不符合要求时，应按照监理人要求的时间运出施工场地，重新采购。施工中使用了不符质量及施工技术要求的材料、工程设备时，应按照监理人的指示拆除已建工程，并重新采购材料、工程设备进行重建，费用由承包人承担。

1）采用竞争性谈判方式选择供应商应遵循下列程序：①成立谈判小组。谈判小组由采购人的代表和有关专家共三人以上的单数组成，其中专家的人数不得少于成员总数的2/3。②制定谈判文件。谈判文件应当明确谈判程序、谈判内容、合同草案的条款以及评定成交的标准等事项。③确定邀请参加谈判的供应商名单。谈判小组从符合相应资格条件的供应商名单中确定不少于三家的供应商参加谈判，并向其提供谈判文件。④谈判。谈判小组所有成员集中与单一供应商分别进行谈判。在谈判中，谈判的任何一方不得透露与谈判有关的其他供应商的技术资料、价格和其他信息。谈判文件有实质性变动的，谈判小组应当以书面形式通知所有参加谈判的供应商。⑤确定成交供应商。谈判结束后，谈判小组应当要求所有参加谈判的供应商在规定时间内进行最后报价，采购人从谈判小组提出的成交候选人中根据符合采购需求、质量和服务相等且报价最低的原则确定成交供应商，并将结果通知所有参加谈判的未成交的供应商。⑥办理价格确认单。

2）采取单一来源方式采购的，在保证采购项目质量和双方商定合理价格的基础上进行采购。

（3）材料、工程设备暂估价的调整方法 材料、工程设备暂估价调整方法具体有价差税金法、代入替换法、整体替换法。

1）价差税金法。价差税金法是指依据工程师实际确认价格与暂估价之间的差额并计取税金调整合同价款，这种方法适用于只对暂估价内容补差价并考虑税金的情况。

2）代入替换法。代入替换法是指将材料设备、人材机的实际确认价格代入替换原投标的暂估价并重新组价，这种方法不但补偿暂估价与实际价格的差价，而且综合考虑由此对管理费、利润和税金的影响。

3）整体替换法。整体替换法是用实际确认的全价（含直接费、间接费、利润、税金）整体置换原投标时暂估价工作内容的全价，这种方法全部释放承包方风险，实报实销，一般只适用于整项暂估价或原来是暂估价后又发生变更的项目。

《房屋建筑和市政工程标准施工招标文件》（建市〔2010〕88号）中第3.3.2项规定：除应按招标文件规定将此类暂估价本身纳入分部分项工程量清单相应子目的综合单价以外，投标人还应将材料有关的管理费和利润包含在分部分项工程量清单相应子目的综合单价中，并计取相应的规费和税金。

13版《清单计价规范》第6.2.5条规定：投标报价中材料、工程设备暂估价应按招标工程量清单中列出的单价计入综合单价。

材料暂估价一般是指计入材料价格后，再计取管理费、利润、规费和税金后确定的综合单价。材料价格是指材料（包括构件、成品、半成品等）从其来源地（交货地点、供应者仓库提货地点等）到达施工地仓库（施工工地内存放材料的地点）后出库的综合平均价格。材料价格一般由材料原价（或供应价格）、材料运杂费、运输损耗费、采购及保管费四项组成，构成材料单价。此在计价时，材料费中还应包括单独列项计算的检验试验费，依据

《建筑安装工程费用项目组成》（建标〔2013〕44 号）规定得出暂估的材料费的计算如式（9-1）所示。

$$暂估的材料费 = （暂估材料消耗量 \times 材料暂估价） + 检验试验费 \qquad (9\text{-}1)$$

材料暂估价中的材料价格应是《建筑安装工程费用项目组成》中的材料单价，即包含材料原价、材料运杂费、运输损耗费、采购及保管费用的材料价格。材料单价的计算公式如下：

$$材料单价 = [（材料原价 + 运杂费） \times （1 + 运输损耗率(\%)）] \times （1 + 采购及保管费费率(\%)） \qquad (9\text{-}2)$$

（4）材料、工程设备暂估价的调整程序　材料、工程设备暂估价采用据实调整的方式结算，在材料、工程设备价格确定后，发包人、承包人展开对材料、工程设备暂估价的调整工作，材料、工程设备暂估价的调整程序分三个步骤：①对材料、工程设备暂估价价差的分析；②承包人提交暂估价调整申请；③发包人审定暂估价调整费用。

1）材料、工程设备暂估价价差分析。确定材料供应商后，暂估材料实际价格得以确定，与供应商签订合同时的暂估价即是实际发生的暂估价。由于暂估价据实调整的结算方式，因此用实际发生价与招标人在工程量清单中提供的材料、工程设备暂估价对比，检验是否有差别。

2）承包人提交暂估价调整申请。检验若没有价差，则不做调整，作为最后的结算价；若有价差，则承包人向发包人递交暂估价调整申请。同时要注意，提出暂估价调整申请的时限，在确定实际价格后的 14 天内提出调整申请，如在专用合同条款中对此内容另有约定，在按合同约定的天数内提交调价申请，否则承包人失去调整权利，认为该项价款不需调整。

3）发包人审定暂估价调整费用。发包人收到承包人提交的暂估价调整申请之后，必须在 14 天内对申请进行审核，商定或确定调整价格，如专用合同条款对暂估价调整时限另有约定的，在约定天数内完成暂估价调整申请审核，否则认为该项价款变化已确认。

由上可知，材料、工程设备暂估价的调整过程从价差的对比分析开始，承包人提交暂估价调整申请后，到发包人对申请审核确定结束，共三个步骤确定最终的材料、工程设备暂估价费用。

07 版《标准施工招标文件》（13 年修订）、13 版《清单计价规范》等文件或规范均将材料、工程设备暂估价，专业工程暂估价分为依法必须招标的和不属于依法必须招标的范畴，在这两种范畴中材料、工程设备暂估价引起的合同价款调整程序如图 9-12 所示。

从图 9-12 可知，最终确定的材料、工程设备暂估价要对最初的进行取代。因此在合同的履行过程中，发包人与承包人要按照合同中所约定的程序和方式确定暂估价材料、工程设备的实际价格并根据约定的方法调整合同价款。

3. 专业工程暂估价的调整

（1）依法必须招标的专业工程　13 版《清单计价规范》第 9.9.4 条规定：发包人在招标工程量清单中给定暂估价的专业工程，依法必须招标的，应当由发承包双方依法组织招标选择专业分包人，并接受有管辖权的建设工程招标投标管理机构的监督，还应符合下列要求：

① 除合同另有规定外，承包人不参加投标的专业工程发包招标，应由承包人作为招标人，但拟定的招标文件、评标工作、评标结果应报送发包人批准。与组织招标工作有关的费用应当被认为已经包括在承包人的签约合同价（投标总报价）中。

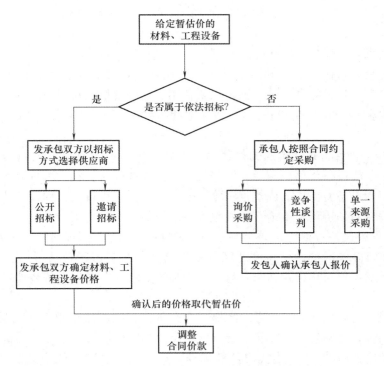

图 9-12　材料、工程设备暂估价引起的合同价款调整程序

② 承包人参加投标的专业工程发包招标，应由发包人作为招标人，与组织招标工作有关的费用由发包人承担。同等条件下，应优先选择承包人中标。

③ 应以专业工程发包中标价为依据取代专业工程暂估价，调整合同价款。

由于进行专业工程暂估价的"共同招标"时的主体是首次招标的发包人和承包人，而根据 13 版《清单计价规范》上述规定可知，进行专业工程暂估价的二次招标时分两种情况：一是承包人不参加投标的专业工程发包招标，二是承包人参加投标的专业工程发包招标。

在上诉需要招标的情形下，可采用如下招标方式：

1）公开招标。建设项目施工招标是规范的招标管理活动，依据《招标投标法实施条例》的规定，公开招标组织如下：

① 总承包人不参加专业工程投标的流程。由于总承包人不参加专业工程暂估价的投标，总承包人应作为招标人，组织招标有关活动以及费用（认为包含在总承包投标报价中）由承包人承担，具体流程如下：

a. 招标前准备：首次招标的发包人办理有关审批手续，总承包人确定招标方式为自行招标或是委托招标，划分标段并制订详细的招标方案以及实施计划。

此后的 b～g 都是总承包人组织，但是其过程要在发包人的监督下进行，并且这些过程与评标结果需要得到发包人的批准。

b. 发布资格预审公告或招标公告：根据 07 版《标准施工招标文件》（13 年修订）的规定，若在公开招标过程中采用资格预审程序，可用资格预审公告代替招标公告，资格预审后不再单独发布招标公告。

c. 资格预审：发出资格预审文件；投标人提交资格预审申请文件；对投标申请人的审定和评定；发出通知与申请人确认。

d. 编制发售招标文件：由招标人或其委托的招标咨询机构编制，招标人发布。

e. 勘查现场召开投标预备会：招标人应统一组织所有的投标人进行现场勘察。

f. 投标：投标人编制投标文件，投标，招标人接受投标文件。

g. 开标、评标、定标，签订合同。

总承包人不参加专业工程发包招标的合同签订的主体是总承包人和分包人，因此在结算时由总承包人对分包人进行分包工程的价款支付。

② 总承包人参加专业工程投标的流程。若招标文件中所列的专业工程暂估价项目总承包人有资格进行投标，同时有意愿参加专业工程发包招标，那么二次招标的招标人依旧是原工程的发包人，即招标流程中的主持人是发包人。招标所需的有关费用由首次招标的发包人承担。其流程与总承包人不参加专业工程发包招标以及总承包发包招标流程相同，且同等条件下，优先选择总承包人。

显然，总承包人参加专业工程发包招标的合同签订的主体是首次招标的发包人，因此在结算时由发包人对分包人进行分包工程的价款支付。

2）邀请招标。

① 总承包人不参加专业工程发包招标的流程。对于总承包人不参加专业工程暂估价的发包招标，总承包人应作为招标人，组织招标有关活动以及费用（认为包含在总承包投标报价中）由总承包人承担，依据《招标投标法实施条例》流程如下：

a. 招标前准备：首次招标发包人办理有关审批手续（邀请招标需要向有关部门申请），总承包人确定自行招标或是委托招标，划分标段并制定详细的招标方案以及实施计划。

此后的 b ~ g 都是总承包人组织，但是其过程要在发包人的监督下进行，并且这些过程与评标结果需要得到发包人的批准。

b. 资格预审：对拟定邀请招标的投标人进行资质的审定和评定，确定进行邀请招标的单位。

c. 发送投标邀请书：至少 3 家潜在投标人。

d. 编制、发售招标文件：由招标人或其委托的招标咨询机构编制，招标人发布。

e. 勘查现场召开投标预备会：招标人应统一组织所有的投标人进行现场勘察。

f. 投标：投标人编制投标文件，投标，招标人接受投标文件。

g. 开标、评标、定标，签订合同。

总承包人不参加专业工程发包招标的合同签订的主体是总承包人和分包人，因此在结算时由总承包人对分包人进行分包工程的价款支付。

② 总承包人参加专业工程发包招标的流程。若招标文件中所列的专业工程暂估价项目总承包人有资格进行投标，同时有意愿参加专业工程发包招标，那么二次招标的招标人依旧是原工程的发包人，即招标流程中的主持人是发包人。招标所需的有关费用由首次招标的发包人承担。其流程与总承包人不参加专业工程发包招标以及总承包发包招标流程相同，且同等条件下，优先选择总承包人。

（2）依法不需要招标的专业工程　13 版《清单计价规范》第 9.9.3 条规定：发包人在

工程量清单中给定暂估价的专业工程不属于依法必须招标的，应按照本规范第9.3节相应条款的规定确定专业工程价款，并以此为依据取代专业工程暂估价，调整合同价款。可知，不属于依法招标的情况下专业工程暂估价的调整是按工程变更的调整方法来进行的。

9.2.4 暂估价的定价模型

1. 定价模型提出背景

（1）大型建设项目具有高度的不确定性　改革开放以来，随着我国经济和建筑行业持续和高速的发展，大型工程项目建设的数量和规模呈现了逐渐增长的趋势。并且近几年，建筑业不断改革，社会分工不断细化，受到商业竞争与项目环境的影响，大型工程项目越来越复杂，且其不确定性越来越高。大型项目之所以具有高度的复杂性和不确定性，是由建设周期长、投资额大、参与方众多、技术难度高、信息量大等自身特点造成的。同时由于人材机等要素构成的项目实施系统处于动态变化环境之中，这些因素的相互作用和系统的动态变化使得项目的复杂水平提高和不确定性增强。例如工程项目在建设过程中，受国家的法律法规、经济、文化等宏观因素的影响，即国家的法律法规和制度规范的不完善会对项目的工期、质量和成本的管理产生阻碍，从而不利于项目目标的实现。

"对不确定性缺乏有效的应对措施，是导致项目失败较为重要的因素。"[6]由于建设项目处于动态的内外部环境中，发承包双方时时刻刻遭受不确定性所造成的干扰，导致发承包双方面临较大的风险管理压力，因此如何做出对不确定性的快速适应机制，成为实现项目管理成功的关键问题之一。

（2）合同柔性是应对不确定性的有效手段　曹春辉等人通过文献总结得出，工程领域中针对不确定性的研究包括两个方面：一方面就是研究不同的项目管理模式应对不确定性情况时的优势和劣势，从而根据项目特征择优选择管理模式；另一方面是从风险管理的视角，运用数学模型对风险进行评估[7]。但"大量的案例说明项目的不确定难以通过各类定量模型完全预测出来，尤其对于技术复杂、工期较长的项目"[8]。

合同的天然不完全性意味着任何合同条款的制定都不可能把所有建设过程中的不确定性事件预测出来，原因在于项目所处环境的高度复杂性、发承包双方的有限理性以及交易成本的存在。所以发承包双方不可能把所有需要注意的事项以合同条款的形式制定出来。并且发承包双方的对抗思维使得发包人倾向于把更多的风险通过免责条款设计转嫁给承包人。然而，这种免责条款即刚性条款很容易引起承包人机会主义行为的产生，例如偷工减料，同时这些机会主义的发生对项目管理绩效具有消极的影响。且上述刚性条款如包含在针对较长建设周期项目签订的合同时，容易使得该合同在面临项目实施过程中的不确定性因素时发生终止情况。同时过于非柔性的条款一般在面对不确定性情况时难以适应。因此在面对环境的不确定性情况时，合同的作用应不止保护发承包双方之间的利益，还应有适应环境变化的功能。不确定性是工程项目需要柔性的原因。当建设项目不确定性较高时，发承包双方签订的合同中需要注入柔性以适应环境的变化，从而促进建设项目的顺利实施。合同柔性提升项目价值的途径主要有三种：第一种就是有利于实现合理的风险分担；第二种就是形成合同的激励机制；第三种就是有利于提高项目管理的绩效。

综上所述，合同柔性是应对建设项目不确定性的一种有效手段，是有效调节发承包双方行为以适应环境变化的一种机制，并具有项目管理绩效改善和提升项目价值的功能。

2. 专业工程暂估价柔性与初始信任的匹配研究

（1）专业工程暂估价柔性下的承包人机会主义行为分析 机会主义最早由威廉姆森提出。威廉姆森认为机会主义通常采用微妙、狡猾的欺骗形式，更为一般地说，机会主义与信息的不完全、信息披露的曲解有关，尤其是与误导、曲解、使人模糊或制造混乱等故意行为有关。自威廉姆森提出机会主义概念后，营销、经济、管理、工程项目等领域的学者们从各自领域的视角对机会主义的概念、影响因素以及治理机制进行了大量的研究。营销、经济、管理、工程项目等领域对机会主义行为进行了定义，并对机会主义的具体表现进行了描述。表9-8为各领域学者对机会主义行为的定义和具体描述。

表9-8 机会主义行为的定义和具体描述

序号	作者（年份）	领域	概念	具体表征
1	曾伏娥等[9]（2015）	营销	用欺诈的手段为自身谋取利益	扭曲和隐藏信息，逃避或不执行承诺、义务
2	尹贻林[10]等（2014）	公共项目	未对机会主义进行具体定义，但是给出了承包人机会主义行为的表征	不平衡报价、不合理变更、恶意索赔、偷工减料
3	罗剑[11]（2015）	PPP①项目	指在信息不对称的情况下，交易一方隐瞒信息以及为了自身利益而做出损害他人利益的行为	建设阶段：偷工减料、降低建设标准等；运营阶段：降低服务水平
4	郑宪强[12]（2007）	建设项目	未对机会主义进行具体定义	机会主义：逆向选择、道德风险 逆向选择：发包人隐瞒工程建设信息、承包人假借资质 道德风险：发包人肢解发包、违法分包、延期支付工程款，承包人的违法分包、转包、偷工减料等
5	姜琳[13]（2009）	建设项目	信息不对称下，拥有优势的一方通过欺诈、偷懒等手段为自身谋取利益	分为事前机会主义和事后机会主义 事前机会主义即逆向选择：一方隐瞒信息与另一方签订合同 事后机会主义即道德风险：通过隐藏或者扭曲违背合同的约定，以获得合同外的利益
6	刘金东[14]（2015）	建设项目	采用不正当的手段为自身谋取利益	承包人的投机主义
7	王勇[15]（2010）	建设项目	未对其进行重新定义	偷工减料，承包商的管理投入不够，质量标准低下（受贿），恶意索赔，承包人利用合同、法律的漏洞进行敲诈
8	李锦丽[16]（2011）	建设项目	在信息不对称的情况下，交易各方隐藏个人信息以获取自身利益最大化，从而给交易对方造成损失	违约现象、偷懒行为，例如在招投标中投标人的串标行为
9	付振江[17]（2007）	建设项目	交易一方隐藏信息或者透露歪曲的信息，给交易对方带来误导，以达到搅乱或者混淆目的的行为	事前机会主义：发包人隐藏项目的不利信息，降低承包人的报价；承包人不平衡报价，以谋取更高的利益 事后机会主义：发包人拖延支付工程价款；承包人恶意索赔

（续）

序号	作者（年份）	领　域	概　　念	具体表征
10	叶飞[18]等（2012）	管理	指在交易中以狡黠的手段来追求自身利益的行为	隐瞒、欺骗、不遵守契约、窃取数据给他人造成困惑
11	王节祥[19]等（2015）	管理	未对机会主义进行详细定义。但对机会主义行为进行了具体描述	显性机会主义为违约、强制修改合同、拒绝合理的合同修改 隐形机会主义为信息隐藏、责任推脱、挑毛病、违背行业规范
12	孙彩虹[20]等（2010）	管理	用虚假、空洞的威胁和承诺为自己谋利	某些合作伙伴不提供最好的研发人员和最先进的技术知识
13	符加林[21]（2008）	管理	交易一方利用对方的信息劣势或某种弱点，违反显性或隐性契约，故意地隐瞒、欺骗或敲诈，以谋取自身利益	把联盟中的机会主义分为三类，即逆向选择、道德风险、敲竹杠

① PPP 为 Public-Private Partnership 的简写，译为政府和社会资本合作。

从表9-8可以看出，机会主义行为就是交易一方以欺诈的手段违反显性或者隐形契约，以谋取自身利益。综合现有文献发现，机会主义有三种分类标准：第一种按照发生的阶段划分，可以分为事前机会主义和事后机会主义；第二种按照动机进行划分，分为主观机会主义和客观机会主义；第三种按照违背协议的性质进行划分，分为公然机会主义和合法机会主义。这里所论述的机会主义，按照第一种分类方式，是属于事后机会主义。

针对专业工程暂估价设置范围和定价方式两个方面，承包人机会主义的表现为总承包人和分包单位串通，蒙骗发包人[22]，或者总承包人会在二次招标或共同询价过程中，采取不当手段甚至威胁，要求投标人提高报价，否则不予签订合同，或者在与中标单位签订合同前谈判压价以获取较高利润。

（2）专业工程暂估价柔性与初始信任匹配的必要性分析　机会主义使信任的存在成为必要。与初始信任程度较高的承包人签订合同时，其事后机会主义导致的损失通常会较小，所以可以签订较为柔性的合同。与初始信任程度低的承包人签订合同时，其事后机会主义导致的损失通常会比较大，所以需要较为刚性的合同。因此，可以根据发承包双方之间的初始信任基础，选择合同柔性程度的大小。但专业工程暂估价柔性大小一般已在选择承包人之前确定。而 B. Klein 研究表明在发承包人双方缺乏信任的情况下，初始制定的合同柔性条款很可能就是没用的，甚至对项目目标的实现产生消极的影响[23]。Laure 和 Sephance 的研究说明合同柔性需要配置一定程度的信任。因此合同柔性的设置需要信任作为保障，以便发挥其积极的作用。所以专业工程暂估价柔性的设置需要配备一定程度的初始信任。同时过高的合同柔性会加大承包人机会主义的产生，而信任程度越高，越能抑制机会主义导致的项目损失。合同柔性越大，导致上述论述的承包人机会主义行为产生的概率增大，所以柔性程度越大，越应配备高度初始信任程度的承包人。而如果柔性程度小，配备初始信任程度高的承包人，那么容易丧失潜在投标人的数量，导致流标。因此不同柔性程度应配备不同等级的初始信任，且专业工程暂估价柔性与初始信任的匹配关系应是正向匹配关系。

综上所述，不同的专业工程暂估价柔性程度配备不同等级的初始信任成为必要。

（3）专业工程暂估价柔性与初始信任匹配的结果　综合合同柔性与信任的文献综述，

可知不同的专业工程暂估价柔性程度需要配备不同等级的初始信任。即在总承包招标时，根据专业工程暂估价柔性程度的大小，设置不同初始信任程度的资格预审指标，从而选择符合要求的初始信任程度的承包人。综合各地的评标方法，主要有两种方法，分别是定量评审法和定性评审法。定量评审法就是设置指标权重，并对指标进行评分；定性评审法就是通过设置指标的合格条件，对各指标是否合格进行审查。专业工程暂估价柔性与初始信任匹配结果如表 9-9 所示。

表 9-9 专业工程暂估价柔性与初始信任匹配结果

序号	资格预审条件	评标办法	初始信任等级	专业工程暂估价柔性程度
1	必备条件： 营业执照（有效） 资质等级（符合招标文件要求） 安全生产许可证（有效） 企业和项目经理承担过类似项目 定量评审指标： 财务能力：近三年来，承包企业未出现连续亏损情况 管理能力：具有与该项目相应的项目管理架构和公司组织管理架构 信誉：近三年来履约过程中无不良行为，无质量、安全事故 技术能力：具有与该项目相适应的项目管理人员、技术人员和机械设备	定量评审法和定性评审法相结合 承包人必须满足必备条件（公开招标）	低度信任	不设置专业工程暂估价项目，即专业工程暂估价柔性程度为刚性
2	必备条件： 营业执照（有效） 资质等级（符合招标文件） 安全生产许可证（有效） 近三年内企业承担的类似工程获得市优工程或者省优工程 近三年内企业获得省级相关部门颁发的重合同守信誉证书 近三年内项目经理承担的类似工程获得过市优工程或者省优工程、企业承担的工程获得过文明工地称号或标化工地称号 近三年内项目经理获得过优秀项目经理的称号 近三年内项目经理获得过优秀建造师荣誉证书 定量评审指标： 财务能力：财务状况、财务稳定性、银行信贷和担保额、财务投标能力 管理能力：企业获得 ISO 质量体系认证 ISO 环境管理体系认证 ISO 职业健康安全管理体系认证 信息化程度、质量、成本、进度、风险等方面的管理能力 工程经验与业绩：近三年完成的类似项目、正在施工和新承接项目、完成工程的优良情况 信誉：获奖情况（已在必备条件中提及）、不良记录及诉讼仲裁情况、资信水平、履约情况、失败经历、与合作方的关系等。 技术能力：项目管理人员、机械设备资源、信息技术、工艺和工程技术	定量评审法和定性评审法相结合 承包人必须满足必备条件（公开招标）	中度信任	专业工程暂估价的设置范围在 0 ~ 30%，未达到 30% 的上限，此时专业工程暂估价柔性程度处于刚性与柔性之间

（续）

序号	资格预审条件	评标办法	初始信任等级	专业工程暂估价柔性程度
3	必备条件： 营业执照（有效） 资质等级（符合招标文件的要求） 安全生产许可证（有效） 近三年内企业承担的类似工程获得国家级奖项或者省级奖项 近三年内企业获得过国家级相关部门颁发的重合同守信用证书 近三年内项目经理承担的类似工程获得国家级奖项或者省级奖项、企业承担的工程获得过安全文明工地称号 近三年内项目经理获得过优秀项目经理的称号 近三年内项目经理获得过优秀建造师荣誉证书 定量评审指标： 财务能力：财务状况、财务稳定性、银行信贷和担保额、财务投标能力 管理能力：企业获得 ISO 质量体系认证 ISO 环境管理体系认证 ISO 职业健康安全管理体系认证 信息化程度、质量、成本、进度、风险等方面的管理能力 信誉：获奖情况（已在必备条件中提及）、不良记录及诉讼仲裁情况、资信水平、履约情况、失败经历、与合作方的关系等 技术能力：项目管理人员、机械设备资源、信息技术、工艺和工程技术 发包人对承包人主观评价：合作的经历、业主的口碑	定量评审法和定性评审法相结合 承包人必须满足必备条件（邀请招标）	高度信任	设置比例柔性：专业工程暂估价占合同金额的比例为 30%，柔性程度最大 定价方式柔性：专业工程暂估价的定价方式为承包人招标

　　通过上述分析得出专业工程暂估价柔性与初始信任匹配的必要性，并得出不同柔性程度应配备不同等级的初始信任，最终得出专业工程暂估价柔性与初始信任的匹配结果。

9.2.5　暂估价的案例分析

案例 9-6

【案例背景】

　　北京市 RS 集团有限公司新建水下防喷器厂房，建筑面积为 18620m²，一共两层，工程基础垫层面标高 -4.26m，地下结构为全现浇混凝土结构，地上主体结构为钢结构。在编制工程量清单过程中，对于土建部分用量较大、价格波动幅度较大的材料暂估价的确定，公司参考了北京市建设工程造价管理处在某月《北京工程造价信息》期刊中发布的部分主要建筑材料的市场价格信息，该公司的招标工程量清单中部分材料暂估价见表 9-10 和表 9-11。

　　在工程结算的过程中，公司通过招标方式选择了 DYJY 公司来进行工程项目的实施，该承包人会依据材料当时的市场价格再拟定一份材料暂估价表，见表 9-12 和表 9-13。在最终进行合同价款的结算时，要由发承包双方来确定一个价格重新填入材料暂估价调整表，见表 9-14 和表 9-15。

表 9-10　材料暂估价（土建）

工程名称：水下防喷器厂房工程（土建）　　标段：

序号	材料（工程设备、名称、规格、型号）	计量单位	数量		单价/元		合价/元		差额/元		备注
			暂估	确认	暂估	确认	暂估	确认	单价	合价	
1	预制钢筋混凝土管桩 PHC500AB100-28 和 100-29	m	500		170		85000				
2	钢板	t	4000		4600		18400000				
3	镀锌型钢	t	5290		5200		27508000				
4	0.6mm 天蓝色压型钢板	m²	432		45		19440				
5	不锈钢护窗栏杆	m	500		180		90000				
6	卫生间隔板复合板	套	670		750		502500				
7	钢筋（综合）	t	3689		4500		16600500				
8	推拉复合钢板门	m²	890		500		445000				
9	彩钢夹心板 100mm	m²	467		120		56040				
10	采光瓦 1.2mm 厚	m²	340		100		34000				

表 9-11　材料暂估价（给水排水、小消防）

工程名称：水下防喷器厂房工程（给水排水、小消防）　　标段：

序号	材料（工程设备、名称、规格、型号）	计量单位	数量		单价/元		合价/元		差额/元		备注
			暂估	确认	暂估	确认	暂估	确认	单价	合价	
1	内外喷塑钢管（综合）	t	750		6180		4635000				
2	挂斗式小便器及附件	套	30		260		7800				
3	感应式冲洗阀	个	30		350		10500				
4	洗涤盆、洗脸盆	个	20		150		3000				
5	墩布池	个	15		260		3900				
6	板式换热器	台	50		234000		11700000				
7	容积式换热器	台	30		256000		7680000				

表 9-12　材料暂估价和调整表（土建）（一）

工程名称：水下防喷器厂房工程（土建）　　　　标段：

序号	材料（工程设备、名称、规格、型号）	计量单位	数量		单价/元		合价/元		差额/元		备注
			暂估	确认	暂估	确认	暂估	确认	单价	合价	
1	预制钢筋混凝土管桩 PHC500AB100-28 和 100-29	m	500	490	170	187	85000	91630	17	6630	
2	钢板	t	4000	4000	4600	4890	18400000	19560000	290	1160000	
3	镀锌型钢	t	5290	5310	5200	5460	27508000	28892600	260	1484600	
4	0.6mm 天蓝色压型钢板	m²	432	450	45	60	19440	27000	15	7560	
5	不锈钢护窗栏杆	m	500	500	180	190	90000	95000	10	5000	
6	卫生间隔板复合板	套	670	675	750	780	502500	526500	30	24000	
7	钢筋（综合）	t	3689	3900	4500	4800	16600500	18720000	300	2119500	
8	推拉复合钢板门	m²	890	900	500	520	445000	468000	20	23000	
9	彩钢夹心板 100mm	m²	467	480	120	130	56040	62400	10	6360	
10	采光瓦 1.2mm 厚	m²	340	350	100	130	34000	45500	30	11500	

表 9-13　材料暂估价和调整表（给水排水、小消防）（一）

工程名称：水下防喷器厂房工程（给水排水、小消防）　　　　标段：

序号	材料（工程设备、名称、规格、型号）	计量单位	数量		单价/元		合价/元		差额/元		备注
			暂估	确认	暂估	确认	暂估	确认	单价	合价	
1	内外喷塑钢管（综合）	t	750	760	6180	6300	4635000	4788000	120	153000	
2	挂斗式小便器及附件	套	30	30	260	270	7800	8100	10	300	
3	感应式冲洗阀	个	30	30	350	369	10500	11070	19	570	
4	洗涤盆、洗脸盆	个	20	20	150	160	3000	3200	10	200	
5	墩布池	个	15	15	260	270	3900	4050	10	150	
6	板式换热器	台	50	50	234000	235000	11700000	11750000	1000	50000	
7	容积式换热器	台	30	30	256000	270000	7680000	8100000	14000	420000	

表 9-14 材料暂估价和调整表（土建）（二）

工程名称：水下防喷器厂房工程（土建） 标段：

序号	材料（工程设备、名称、规格、型号）	计量单位	数量		单价/元		合价/元		差额/元		备注
			暂估	确认	暂估	确认	暂估	确认	单价	合价	
1	预制钢筋混凝土管桩 PHC500AB100-28 和 100-29	m	500	490	170	175	85000	85750	5	750	
2	钢板	t	4000	4000	4600	4700	18400000	18800000	100	400000	
3	镀锌型钢	t	5290	5310	5200	5300	27508000	28143000	100	635000	
4	0.6mm 天蓝色压型钢板	m²	432	450	45	50	19440	22500	5	3060	
5	不锈钢护窗栏杆	m	500	500	180	185	90000	92500	5	2500	
6	卫生间隔板复合板（综合）	套	670	675	750	775	502500	523125	25	20625	
7	钢筋（综合）	t	3689	3900	4500	4700	16600500	18330000	200	1729500	
8	推拉复合钢板门	m²	890	900	500	515	445000	463500	15	18500	
9	彩钢夹心板 100mm	m²	467	480	120	125	56040	60000	5	3960	
10	采光瓦 1.2mm 厚	m²	340	350	100	120	34000	42000	20	8000	

表 9-15 材料暂估价和调整表（给水排水、小消防）（二）

工程名称：水下防喷器厂房工程（给水排水、小消防） 标段：

序号	材料（工程设备、名称、规格、型号）	计量单位	数量		单价/元		合价/元		差额/元		备注
			暂估	确认	暂估	确认	暂估	确认	单价	合价	
1	内外喷塑钢管（综合）	t	750	760	6180	6200	4635000	4712000	20	77000	
2	挂斗式小便器及附件	套	30	30	260	265	7800	7950	5	150	
3	感应式冲洗阀	个	30	30	350	360	10500	10800	10	300	
4	洗涤盆、洗脸盆	个	20	20	150	155	3000	3100	5	100	
5	墩布池	个	15	15	260	270	3900	4050	10	150	
6	板式换热器	台	50	50	234000	234400	11700000	11720000	400	20000	
7	容积式换热器	台	30	30	256000	270000	7680000	8100000	14000	420000	

【案例问题】

1. 公司用什么方法确定材料价格？

2. 由于最终据实结算的材料价格与最初的材料暂估价存在价差，公司应该采取什么方式进行合同价款的调整？

【案例分析】

在施工过程中，材料暂估价的价格是不变的，在最终进行合同价款的结算时，应按当时的市场价格据实结算材料价格然后再替代最初的材料暂估价。在确定实际价格的时候有依法公开招标的和不属于依法招标两部分，首先，在该案例中，对于土建部分中用量较大、材料价格波动幅度也较大的混凝土、钢板这类材料，公司采取的是公开招标的方式。

2012 年 5 月 7 日该公司在《中国建设报》、中国采购与招标网和北京市政府服务中心网站发布了招标公告，在规定的时间内，先后共有 6 家潜在投标人购买了资格预审文件。至 2012 年 5 月 17 日中午 12：00 资格预审申请截止时间前，这 6 家潜在投标人均递交了资格申请文件。

RS 集团有限公司在规定的时间内，向 6 家通过资格预审的潜在投标人发出了资格预审合格通知书，邀请这 6 家供应商参加投标。

最终在 6 家公司内选定了 DYJY 公司提供的混凝土、钢筋的报价。在招标文件分部分项工程量清单中预制钢筋混凝土管桩的工程量是 500.000m。最终 DYJY 公司提供的综合单价是 187 元（包含人、材、机及管理费和利润），合价是 93500.00 元，在最终结算时还要根据该材料占总材料的比重进行加权，最终得到的材料价格是 175.00 元，与最初招标人制定的 170.00 元材料暂估价有价差，那么在最后进行价款结算的时候通过价差税金法调整材料价差，计取税金。

在给水排水部分，这些材料品牌繁多，不同品牌之间价格差异巨大，公开招标时不能指定品牌，难以消除品牌对价格的影响，在招标文件要求的技术指标都满足的情况下通过评审确定以价低中标，很可能投资费用是节约了，但材料却很低档，造成"价低质次"。在这种情况下，公司选择的是竞争性谈判来确定材料的价格，在招标文件中对其中两种换热器有相关要求，如表 9-16 所示。

表 9-16　换热器具体要求列表

序号	设 备 名 称	型　　号	数　　量	技 术 指 标
1	板式换热器	GC-60M＊134	4 台	满足国家要求
2	容积式换热器	BHR2000-5-30-1.6/1.6-LS	4 台	满足国家要求

要求换热器的材质均为不锈钢材质，经过批准，该材料设备邀请 5 家供应商，采用竞争性谈判的方式组织采购来确定材料暂估价的价格。

在谈判过程中，符合采购需求的国内供应商有 4 家，其最后一次价格情况如表 9-17 所示。

表 9-17　符合采购需求的国内供应商

供 应 商	A	B	C	D
价格/元	264000	288000	252000	276400

该材料价格的确定应该遵守《中华人民共和国政府采购法》及其相关规定对竞争性谈判的规定，为此，该材料价格确定供应商的原则为：满足表9-17的供应商中，报价最低的为成交供应商。据此原则，应确定供应商C为成交供应商，其成交价格为252000.00元。

但是最终确定的该材料价格与招标书中该材料价格有价差，因此也需要在合同价款时进行调整。

根据案例分析，发、承包人依据材料暂估项目必须招标和不需要招标的原则，采用共同招标或是承包人单独选择供应商确定材料实际价格，并通过暂估价调整程序确定最终暂估价费用。

因此，在该案例中，对于土建部分中混凝土和钢筋的材料暂估价DYJY公司给出的最后综合单价是包含了材料基价和管理费、利润的价格，因此在进行暂估价价格的调整时，应该采用的是价差税金法，因为该方法不仅考虑暂估价与实际价格的差价，还考虑由此对税金的影响，这样将材料设备、人材机的实际确认价格的价差进行计算之后，再计取税金，这样的方法操作性强，并且过程简便易行，进而最终取代原始的材料暂估价作为新的综合单价计入工程量清单中。

其次，对于给排水分项工程当中的换热器价格的调整，采用的是价差税金法，因为该方法一般适用于材料费低或是价差相对较小的项目，像换热器、墩布池，挂斗式小便器这样的材料造价费用不高，价格幅度不大因此价差也相对较小，用这种方法，调整方式比较简便，不考虑管理费和利润。

本章参考文献

[1] 李建莘. 暂估价专业分包工程的合同价款支付控制研究［D］. 天津：天津理工大学，2014.

[2] 尹晓璐. 基于激励的建设工程物价变化风险分担最优模型研究［D］. 天津：天津理工大学，2014.

[3] 英国土木工程师学会（ICE）. NEC［Z］. London：英国土木工程师学会，1993.

[4] 胡瑛. 工程造价计价模式改革与清单投标决策的研究［D］. 昆明：昆明理工大学，2007.

[5] 李建莘. 暂估价专业分包工程的合同价款支付控制研究［D］. 天津：天津理工大学，2014.

[6] 张亚娟. 合同柔性视角下的工程项目合同条款设计研究［D］. 天津：天津理工大学，2015.

[7] 曹春辉，席酉民，张晓军，等. 工程项目管理中应对不确定性的机制研究［J］. 科研管理，2011（11）：157-164.

[8] 尹贻林，王垚. 合同柔性与项目管理绩效改善实证研究：信任的影响［J］. 管理评论，2015（9）：151-162.

[9] 曾伏娥，陈莹. 分销商网络环境及其对机会主义行为的影响［J］. 南开管理评论，2015（1）：77-88.

[10] 尹贻林，徐志超，邱艳. 公共项目中承包商机会主义行为应对的演化博弈研究［J］. 土木工程学报，2014（6）：138-144.

[11] 罗剑. 契约和监管视角下PPP项目运营期投资者机会主义行为研究［D］. 成都：西南交通大学，2015.

[12] 郑宪强. 建设工程合同效率研究［D］. 大连：东北财经大学，2007.

[13] 姜琳. 面向工程建设项目业主决策的交易费用相关问题研究［D］. 天津：天津大学，2009.

[14] 刘金东. 工程项目的投资套牢问题研究［D］. 成都：西南交通大学，2015.

[15] 王勇. 基于交易费用理论的项目治理结构研究［D］. 天津：天津大学，2010.

[16] 李锦丽. 建筑工程项目业主与承包商的信息不对称研究［D］. 大连：东北财经大学，2011.

［17］ 付振江. EPC 合同争端预警及争端解决研究［D］. 天津：天津大学，2007.

［18］ 叶飞，张婕，吕晖. 供应商机会主义行为对信息共享与运营绩效的影响［J］. 管理科学，2012（2）：51-60.

［19］ 王节祥，盛亚，蔡宁. 合作创新中资产专用性与机会主义行为的关系［J］. 科学学研究，2015（8）：1251-1260.

［20］ 孙彩虹，于辉，齐建国. 企业合作 R&D 中资源投入的机会主义行为［J］. 系统工程理论与实践，2010（3）：447-455.

［21］ 符加林. 企业声誉效应对联盟伙伴机会主义行为约束研究［D］. 杭州：浙江大学，2008.

［22］ 王宇燕. 谈建设项目暂估价管理［J］. 合作经济与科技，2015（12）：118-119.

［23］ Klein, B. Why Hold-ups Occur：The Self-enforcing Range of Contracts［J］. Economic Inquiry，1996 34（3）：444-463.

第 10 章
索赔引起的合同价款调整

建设工程施工合同的签订实质上是对初始"合同状态"的一种承诺，而在合同履行过程中，潜在风险因素（如现场条件的变化、人为干扰和施工环境变化等）的出现将打破初始"合同状态"，从而形成一种新的合同状态，因此需要不同的补偿方式对状态进行补偿。索赔作为状态补偿方式之一，具有再调节承发包双方之间权利与义务的分配关系以及调整合同价款的功能，使合同状态重新达到一种新的平衡。基于不完全契约理论的风险分担视角下，索赔是建筑市场发承包双方的风险再分担行为，目的是通过二者间的再谈判和博弈实现对合同状态变化的合理补偿。该博弈过程体现为风险费在发承包双方间的转移或再分配，用来弥补提出索赔一方不应当承受的损失，从而使得风险分担程度趋于合理化。

通常，索赔可根据工程对象的不同，分为广义和狭义两种方式。狭义的索赔是指工程合同的承包人在合同实施过程中造成的工期延误或费用增加而要求发包人给予补偿损失的一种权利要求；而广义索赔包含承包人向发包人索赔以及发包人向承包人索赔两方面。因此，本章立足于《中华人民共和国标准施工招标文件》（发改委等令第 56 号）[本章以下简称 07版《标准施工招标文件》（13 年修订）]、《建设工程施工合同（示范文本）》（GF—2017—0201）（本章以下简称 17 版《工程施工合同》）和《建设工程工程量清单计价规范》（GB 50500—2013）（本章以下简称 13 版《清单计价规范》）等法律法规文件，从 99 版 FIDIC《施工合同条件》（本章以下简称 99 版 FIDIC 新红皮书）追本溯源，阐述索赔的内涵和索赔分类原则，剖析索赔的理论本质。然后将索赔作为事件层级再谈判的方式之一，具体分析常见索赔事项引起的合同价款调整并进行证据确认。最后按照状态补偿的原理进行索赔费用的计算。

20 世纪 80 年代中期，我国首次实行国际竞争性招标的云南鲁布革水电站工程成为大型土建工程对外开放的窗口和建设管理体制改革的试点。这是我国面对的第一个土建施工国际承包合同的管理，也首次认识到了工程索赔管理的重要性和复杂性。当承包人在工程建设施工过程中，如果发现施工条件与合同初始状态不符，导致合同状态改变，且引起合同状态改变的责任不属于承包人原因所致：一方面，承包人需要为这种合同状态的改变付出额外的代价，承包人应如何采取合理、合法措施来维护自身权益；另一方面，发包人为了保证合同的执行效率，该如何对合同状态发生改变而对承包人进行合理的补偿。这两方面的内容将成为本章索赔所讨论的主要问题。

10.1 索赔内容概述

10.1.1 索赔的含义界定

索赔是工程实践中一项正常的、普遍存在的合同管理业务，是在正确履行合同义务的基础上争得合理补偿的正当权利要求。索赔的目的是保护自己应得的利益，体现在建设工程中，一般则是发包人和承包人为了维护自己的利益不受损失，对因非己方原因导致的事件引起的损害要求对方补偿。

1. 索赔及工程索赔的概念

索赔是指对于某物、某事权利的一种要求、主张及坚持等。在《牛津英汉双解词典》中的定义为："要求承认某人之所有权或对某物享有某种权利，或根据保险合约所要求的赔偿"。类似地，在《朗文辞典》中写道："索赔——作为合法的所有者，根据自己的权利提出的有关某一资格、财产、金钱等方面的要求"。英国的《施工合同索赔》[1]对索赔在工程合同中的定义如下：①要求或者，如果希望用语不太强烈（刺激），请求或者申请某项事宜；②对于该事宜，承包人（正确或者错误地）认为、相信或者力争其应有的权利；③但是尚未达成协议。总之，索赔的实质就是要求获得属于自己的东西，或者要求补偿自身损失的权利。

关于工程索赔，13 版《清单计价规范》第 2.0.23 条规定：索赔（Claim）在工程合同履行过程中，合同当事人一方因非己方的原因而遭受损失，按合同约定或法律法规规定应由对方承担责任，从而向对方提出补偿的要求。

在通常情况下，索赔是指承包人（施工单位）在合同实施过程中，对非自身原因造成的工程延期、费用增加而要求发包人给予补偿损失的一种权利要求。而发包人（建设单位）对于属于施工单位应承担责任造成的，且实际发生的损失，向施工单位要求赔偿，称为反索赔，也称发包人索赔。发包人索赔的概念是相对于承包人索赔提出的，即发包人向承包人提出的索赔。但是从法律的角度来看，通常称索赔人（Claimant）或者原告（Plaintiff）的请求称为索赔，而将答辩人（Respondent）或者被告（Defendant）所做的抗辩称为反索赔。索赔的双向性给合同双方都赋予合理地向对方索赔的权利，以维护受损害一方的正当经济利益。

实际工作中，"索赔"可能是双向的，建设单位和施工单位都可能提出索赔要求，通常把承包人向发包人提出的索赔称为索赔，而将发包人向承包人提出的索赔称为反索赔。但建设单位索赔数量较小，而且处理方便，可以通过冲账、扣拨工程款、扣保证金等事项对施工单位索赔；而施工单位对建设单位的索赔比较困难一些。

索赔的成立必须同时满足以下三个条件，缺一不可：

1）与合同相对照，事件已造成承包人成本的额外支出，或直接的工程损失。

2）造成费用增加和工期延误的原因，按照合同约定不属于承包人的行为或风险责任。

3）承包人按照合同规定的程序提出了索赔事项通知书和索赔报告。

2. 索赔的法律特征

（1）索赔是要求给予补偿的权利主张，而非对违约方的惩罚　FIDIC 合同属于国际民商事合同，是当事人双方自有合约的体现，因此索赔具有违约损害赔偿性质。对于损害赔偿的性质，在以下主要法律规范文件中均有体现：《中华人民共和国民法通则》规定，"当事人一方不履行合同义务或者履行合同义务不符合约定条件的，另一方有权要求履行或者采取补救措施，并有权要求赔偿损失。"《中华人民共和国合同法》（本章以下简称《合同法》）第一百一十三条规定，"当事人一方不履行合同或者履行合同义务不符合约定，给对方造成损失的，损失赔偿额应当相当于因违约所造成的损失，包括合同履行后可以获得的利益，但不得超过违反合同一方订立合同时预见到或者应当预见到的因违反合同可能造成的损失。"《联合国国际货物销售合同公约》第七十四条规定，"一方当事人违反合同应负的损害赔偿额，应与另一方当事人因他违反合同而遭受的包括利润在内的损失额相等。这种损害赔偿不得超过违反合同一方在订立合同时，依照他当时已知道或理应知道的事实和情况，对违反合同预料到或理应预料到的可能损失。"可见，在民法理论界有关法律规定，以及一些国际公约或国际惯例中，都认可了违约损害赔偿的补偿性，而非惩罚性。

（2）索赔采用过错责任原则　FIDIC 合同中的索赔采取严格责任原则。大陆法系国家传统上一般采取过错责任原则，即一方违反合同义务时，应以违约方主观上有过错作为确定违约责任的要件。而英美法系国家在违约责任的归责原则上则一般采取严格责任原则或无过错责任原则，即确定违约当事人的责任主要考虑是否存在违约行为，而不是违约方主观心理状态。针对不可抗力，大陆法系与英美法系均采用免责事由，FIDIC 则规定对于不可抗力给承包商造成的损失，由业主承担赔偿责任。目前我国工程领域索赔偏向适用大陆法系国家的过错责任原则。

（3）索赔必须"以合同为准则，以事实为依据"　在承包人索赔中，尤其是国际承包合同，应当在选定的 FIDIC、JCT、ICE 或 AIA 合同条件下，以合同文件为根本准则，以施工资料事实为依据，遵循相应法律法规文件规定，有序进行。其中合同文本与施工材料主要包括招标文件、投标保价文件、施工协议书及其附属文件、来往信函、会议记录、施工现场记录、工程财务记录、现场气象记录、市场信息资料等。索赔管理做到以合同为准则，以事实为依据。

（4）索赔的强时效性　99 版 FIDIC 新红皮书第 20.1 款规定，"如果承包商根据本合同条件的任何条款或参照合同的其他规定，认为他有权获得任何竣工时间的延长和（或）任何附加款项，他应通知工程师，说明引起索赔的事件或情况。"13 版《清单计价规范》第 9.13.2 条规定，"承包人应在知道或应当知道索赔事件发生后 28 天内，向发包人提交索赔意向通知书，说明发生索赔事件的事由。承包人逾期未发出索赔意向通知书的，丧失索赔的权利。"17 版《工程施工合同》第 19.1 款规定，"承包人应在知道或应当知道索赔事件发生后 28 天内，向监理人递交索赔意向通知书，并说明发生索赔事件的事由；承包人未在前述 28 天内发出索赔意向通知书的，丧失要求追加付款和（或）延长工期的权利。"07 版《标准施工招标文件》（13 年修订）第 23.1 款规定，"承包人应在知道或应当知道索赔事件发生后 28 天内，向监理人递交索赔意向通知书，并说明发生索赔事件的事由。承包人未在前述 28 天内发出索赔意向通知书的，丧失要求追加付款和（或）延长工期的权利。"由此可见，这实际上相当于民法中的诉讼时效，即当承包人不行使索赔的权利，持续地经过合同规定的期间（即 28 天）届满，即丧失其请求法院依诉讼程序强制发包人履行义务的权利。因此，承包人在遇到可以根据合同规定进行索赔的事件时，应该在其知道或者应该知道之日起 28 天内向工程师发出索赔的意向通知，通知应该尽可能详细，最好能够达到使工程师能依此做出正确决定的程度，这就是索赔时效性。

10.1.2　索赔的历史沿革

1. 索赔在西方的发展

第二次世界大战以后，为了尽快地重建欧洲，大兴土木建筑工程，英国土木工程师学会与英国土木工程承包人联合会经过协商，于 1945 年 12 月将各类文本发展成为一份标准文件，即 ICE 范本。在该范本中提出了可补偿事件的概念，这是索赔概念在西方出现的雏形。1957 年 8 月，国际咨询工程师联合会（FIDIC）和房屋建筑与公共工程联合会（现被称为"欧洲建筑工业联合会"，FIEC）编制的《土木工程施工合同条件（国际）》（红皮书）第 1 版问世。后第 2 版于 1963 年、第 3 版于 1977 年相继出版，1988 年及 1992 年对第 3 版做了两次修改。1999 年国际咨询工程师联合会根据多年来在实践中取得的经验以及专家、学者的建议与意见，在继承前几版优点的基础上进行重新编写。随着 FIDIC 合同条件的逐步发展，索赔的相关条款日益完善。

在国际工程承包实践过程中，99 版 FIDIC 新红皮书虽然不是法律，也不是法规，但它是全世界公认的一种国际惯例，是国际工程进行索赔处理的重要依据。随着国际工程施工领域内的竞争日益激烈，承包商竞相压价以求中标，因而在施工过程中的微利或无利润现象逐年增多。承包商如何通过索赔二次经营，便被提到工程承包界的议事日程上来，并逐渐成为承包施工必不可少的管理行为，成为承包企业保护其经济利益最基本的管理行为。

2. 索赔在中国的发展

自中华人民共和国成立以来，中国工程建设领域"合同管理"的理念逐渐建立，因此"索赔"的概念也随之建立。最早自鲁布革水电站工程在我国首次实行建设工程国际性招标，以及日本大成建设公司在此工程建设过程中首次就轮胎事件进行索赔以来，中国开始进入了建设工程国际性的合同管理，同时拉开了中国建设领域索赔管理的序幕。随着我国改革开放后大量外资项目和世界银行等贷款项目的建设，工程领域法律、法规的不断完善，索赔也逐渐被国内的发包人、监理单位和承包人所认识和重视，如小浪底水利枢纽工程和二滩水电站，以及许多公路桥梁和发电站工程。

索赔的做法虽然能在工程建设领域得到一定的应用，但是由于没有良好的合同文本来规范，从而不能做到科学合理的索赔。1991 年 3 月，国家工商行政管理局和建设部联合发布了《建设工程施工合同示范文本》。在该文本中不仅有专门的索赔条款，并对索赔的条件、时限都有具体的要求和规定，而且其他条款也能为科学地进行索赔提供良好的法律依据，使得索赔工作有法可依。随着 99 版《工程施工合同》、13 版《工程施工合同》、17 版《工程施工合同》、07 版《标准施工招标文件》（13 年修订）以及 03 版《清单计价规范》、08 版《清单计价规范》、13 版《清单计价规范》等合同文本、清单计价规范的颁布，索赔的概念、依据和应用已经逐步得到规范及完善。

10.1.3 索赔的分类原则

索赔从不同的角度，按照不同的标准可以进行以下不同的分类：按风险承担原则可将工程索赔分为发包人主观原因引起的索赔、发包人应承担风险的索赔（不利现场、不可抗力；其中：在本书中除不可抗力之外的、由客观原因造成的索赔事项统称为不利现场）和承包人原因引起的索赔（误期赔偿）；按索赔目的可将工程索赔分为工期索赔和费用索赔（包含利润索赔）；按索赔事件性质可将其分为工程延误索赔、合同被迫中止索赔、工程加速索赔、意外风险和不可预见因素索赔以及其他索赔；按索赔依据可将其分为合同内索赔、合同外索赔及道义索赔；按索赔处理方式可将索赔分为单项索赔和综合索赔；按索赔对象可将其分为索赔和反索赔。

1. 按风险承担原则分类

07 版《标准施工招标文件》（13 年修订）、17 版《工程施工合同》、99 版 FIDIC 新红皮书等合同范本以及 13 版《清单计价规范》均约定了承包人可向发包人索赔的事项和内容。通过对合同体系中 07 版《标准施工招标文件》（13 年修订）关于索赔条款的分析，可将索赔分为发包人主观原因引起的索赔、应由发包人承担责任的索赔以及承包人原因引起的索赔。而 13 版《清单计价规范》仅将索赔中的常见事项提前竣工、误期赔偿以及不可抗力提出来单独列出，其余索赔事项无分类描述。因此，本书将采用合同体系语言中索赔产生的原因对索赔进行分类。

07 版《标准施工招标文件》（13 年修订）中约定了承包人可向发包人索赔的事项和可索赔的内容，如表 10-1 所示。

表 10-1　07 版《标准施工招标文件》（13 年修订）合同条款规定的承包人索赔的条款

条款号	项目	主 要 内 容	可补偿内容		
			工期	费用	利润
非承包人原因引起的索赔	工期、费用、利润都能补偿	迟延提供图纸	√	√	√
		迟延提供施工场地	√	√	√
		发包人提供材料、工程设备不合格或迟延提供或变更交货地点	√	√	√
		承包人依据发包人提供的错误资料导致测量放线错误	√	√	√
		因发包人原因造成工期延误	√	√	√
		发包人暂停施工造成工期延误	√	√	√
		工程暂停后因发包人原因无法按时复工	√	√	√
		因发包人原因导致承包人工程返工	√	√	√
		监理人对已经覆盖的隐蔽工程要求重新检查且检查结果合格			
		因发包人提供的材料、工程设备造成工程不合格			
		承包人应监理人要求对材料、工程设备和工程重新检验且检验结果合格			
		发包人在工程竣工前提前占用工程			
		因发包人违约导致承包人暂停施工			
	费用利润补偿	发包人的原因导致试运行失败的		√	√
		工程移交后因发包人原因出现新的缺陷或损坏的修复		√	√
	费用补偿	发包人要求承包人提前竣工		√	
		发包人要求向承包人提前交付材料和工程设备		√	
发包人应承担的风险	工期补偿	异常恶劣的气候条件导致工期延误	√		
		因不可抗力造成工期延误	√		
	费用补偿	提前向承包人提供材料、工程设备		√	
		因发包人原因造成承包人人员工伤事故			
		工程移交后因发包人原因出现的缺陷修复后的试验和试运行			
		因不可抗力停工期间应监理人要求照管、清理、修复工程			
	工期、费用补偿	施工中发现文物、古迹	√	√	
		监理人指令迟延或错误	√	√	
		施工中遇到不利物质条件			
		发包人更换其提供的不合格材料、工程设备			

根据表 10-1 可以发现不同原因引起可索赔的权利分配是不一样的。按照索赔权利的不同又可以将索赔归类：①发包人原因引起的可以索赔工期、费用、利润，除非发生这一事件不引起工期的顺延，那就没必要索赔工期，如发包人原因导致试运行失败、缺陷责任期内发包人导致工程缺陷和损失；②发包人应承担风险索赔事件（不可抗力、不利现场），只可以索赔工期，或者可以索赔工期和费用，不可以索赔利润。基于此，可补充由承包人原因引起的索赔。

按索赔风险承担的原则分为非承包人原因引起的索赔和承包人原因引起的索赔，同时将非承包人原因引起的索赔按发生原因的主客观性分为发包人主观原因引起的索赔和发包人应承担风险的索赔。

（1）发包人主观原因引起的索赔　非承包人原因引起的索赔主要是指发包人主观原因引起的索赔。因发包人主观原因引起的索赔主要包括发包人提供的材料和工程设备不符合合同要求、发包人提供的基础资料错误导致承包人的返工或造成损失、发包人原因引起的暂停、发包人原因导致的工期延误、监理人对隐蔽工程重新检查且经检验证明工程质量符合合同要求等事项引起的索赔。

发包人承担责任的，一般来讲有利润补偿的一定有成本（费用）补偿；反之不一定成立。发包人原因导致承包人增加工作内容或引起工期拖延的，承包人的损失包括工期、费用和利润；在缺陷通知期内的责任一般没有工期补偿。需要说明的是，由发包人原因引起的提前竣工是 13 版《清单计价规范》中单独列出的索赔事项，因此后文将提前竣工作为常见索赔事项进行阐述。

（2）发包人应承担风险的索赔　发包人应承担风险的索赔是指由客观事实造成的，但应由发包人承担责任的索赔。这些事项包括如施工过程中发现文物、古迹以及其他遗迹、化石、钱币或物品，承包人遇到不利物质条件、不可抗力等事项。在本书中除不可抗力之外的由发包人客观原因造成的索赔事项统称为不利现场。由于不可抗力情况较为特殊，将单列一章对不可抗力进行阐述。

（3）承包人原因引起的索赔　承包人原因引起的索赔包括承包人误期赔偿引起的索赔、承包人原因导致的合同终止、承包人原因导致的工程缺陷造成发包人的损失等，根据 13 版《清单计价规范》第 9.12 节，本书将误期赔偿作为较典型的承包人原因引起的索赔进行单独阐述。

按风险承担原则将索赔进行的分类如图 10-1 所示。

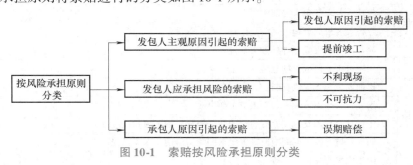

图 10-1　索赔按风险承担原则分类

2. 按索赔目的分类

（1）工期索赔　由于非承包人原因而导致施工进程延误，要求批准顺延合同工期的索赔，称为工期索赔。工期索赔形式上是对权利的要求，以避免在原定合同竣工日不能完工时，被发包人追究拖期违约责任。一旦获得批准合同工期顺延后，承包人不仅免除了承担拖期违约赔偿费的严重风险，而且可能因提前工期得到奖励，最终仍反映在经济收益上。

（2）费用索赔　费用索赔的目的是要求经济补偿。当施工的客观条件改变导致承包人增加开支，在一定情况下承包人可以要求对超出计划成本的附加开支给予补偿，以挽回不应由他承担的经济损失。费用索赔中还可以包括利润索赔，以弥补承包人因非自身原因导致的应得利润的损失。

3. 按索赔事件性质分类

（1）工程延误索赔　因发包人未按合同要求提供施工条件，如未及时交付设计图纸、施工现场、道路等，或因发包人指令工程暂停或不可抗力事件等原因造成工期拖延的，承包人对此提出索赔。这是工程中常见的一类索赔。按延误责任进行分类，可分为可原谅延误和不可原谅延误两种。可原谅延误是由发包人的责任和客观原因造成的延误，并非承包人的过错。它是无法合理预见和防范的延误，是可以原谅的，虽然不一定能得到经济补偿，但承包人是有权获准延长合同工期的。在工程索赔管理实践中，根据延误是不是由于发包人或工程师的过错或违约，将可原谅延误分为可原谅可补偿的延误和可原谅但不可补偿的延误。

1）可原谅可补偿的延误。可原谅可补偿的延误是由于发包人或工程师的过错和责任造成的延误，承包人不仅可以得到工期延长，还可以得到经济补偿；根据 07 版《标准施工招标文件》（13 年修订）第 11.3 款规定，发包人原因的工期延误包括：增加合同工作内容；改变合同中任何一项工作的质量要求或其他特性；发包人延迟提供材料、工程设备或变更交货地点的；因发包人原因导致的暂停施工；提供图纸延误；未按合同约定及时支付预付款、进度款；发包人造成工期延误的其他原因。如果发包人不能提供工地进入条件，承包人的施工将被延误。对于规定了开工日期的合同，承包人应该做好记录，以便向发包人提出索赔。如果发包人做出重大变更，即超出了合同范围，大量的修改就会干扰或阻碍承包人的正常施工，从而引起工期延误，这时承包人拥有重大变更的索赔权利，可以要求发包人补偿所有的直接成本和间接成本的损失。

发包人也可能在其他方面干扰承包人，如暂停工作、指令承包人采用完全不同的施工顺序、坚持更为严格的验收标准等。如果发包人没有及时支付进度款导致承包人撤离工地，也将引起工期延误。发包人还有义务保证设计和说明的正确性，承包人不仅有权获得因设计和说明存在错误和缺陷所造成的损失补偿，而且能就改正错误的时间得到补偿。作为发包人的代理人，监理人引起的延误也应由发包人承担责任，如监理人由于自身原因发出错误指令等造成的损失。

2）可原谅但不可补偿的延误。可原谅但不可补偿的延误是由于客观原因而不是发包人或工程师的过错所造成的，承包人仅可以获得工期延长而不能获得经济补偿。不可补偿的延误包括：异常恶劣气候条件；不可抗力；不利物质条件；突发疫情（如"非典"）等。例如，承包人获得了一份在河边建造住宅的合同，但是由于一场飓风，部分地基被冲走了。此时，如果没有导致完全无法施工的话，承包人就面临着不可抗力所造成的工期延误，这是属于承包人没有过错的情形。在一般情况下，承包人有权得到工期的延长。但是恶劣的天气本身并不一定导致可原谅的延误。要构成一个可原谅的延误，恶劣天气的频率、强度和持续时间必须非比寻常，例如"百年一遇"的洪水，承包人无法提前预测。

对于可原谅的延误，通常发包人和承包人先进行谈判。如果双方达不成协议，一般由监理人来决定延长的时间。延长的时间应当反映总的损失时间，而不止是反映被迫停止的工作天数。有时候，工作被迫推迟进入冬季，施工速度就会大大减缓。

3）不可原谅延误。不可原谅延误是指因可以预见的条件或在承包人控制范围之内的情况，或由承包人自己的问题与过错而引起的延误。如果没有发包人或其代理人的不合适行为，没有上面所讨论的其他可原谅情况，则承包人必须无条件地按合同规定的时间实施和完成工程施工任务，不仅得不到工期延长，也得不到费用补偿，还要赔偿发包人由此而发生的费用。不可原谅延误构成承包人的违约。

按延误是否处于关键路线上可分为关键延误和非关键延误。关键延误是位于网络进度计划的关键线路上的延误。关键延误肯定会导致总工期的延长，如果是可原谅的延误，应该给予承包人工期补偿。非关键延误是位于非关键线路上的延误。当其延误时间没有超出自由时差时，便不会造成总工期的延长，只有超出自由时差时，才对其超过部分予以延期。即使是可原谅的延误，只要其延误不造成总工期的延长，承包人仍然得不到工期补偿。

按事件发生的时间对延误进行分类，可分为单独延误和共同延误。单独延误即延误与其他的延误不发生在同一时段上，它可以作用在一个或几个工序上。共同延误是指在同一时段上有两个或多个延误，它可以作用在同一工序或不同工序上，责任方可以涉及发包人、承包人、不可抗力或其共同作用。

（2）合同被迫中止索赔　合同被迫中止索赔是指由于发包人或承包人违约以及不可抗力事件等原因造成合同非正常中止，无责任的受害方因其蒙受经济损失、社会信誉损失等而向对方提出索赔。

（3）工程加速索赔　工程加速索赔是指由于发包人或监理人指令承包人加快施工速度，缩短工期，引起承包人的人、财、物的额外开支而提出的索赔。

（4）意外风险和不可预见因素索赔　意外风险和不可预见因素索赔是指因人力不可抗拒的自然灾害、特殊风险以及一个有经验的承包人通常不能合理预见的不利施工条件或外界障碍，如地下水、地质断层、溶洞、地下障碍物等引起的索赔。

（5）其他索赔　其他索赔是指因货币贬值、汇率变化、物价上涨、政策法令变化等原因引起的索赔。

4. 按索赔依据分类

（1）合同内索赔　合同内索赔即以合同条件为根据，发生了合同范围内规定的干扰事件，被干扰方（通常指承包人）根据合同规定提出索赔要求。这种形式的索赔是比较常见的，而且按索赔的合同根据可以将工程索赔分为合同中明示的索赔和合同中默示的索赔。

合同中明示的索赔是指承包人所提出的索赔要求，在该工程项目的合同文件中有文字根据，承包人可以据此提出索赔要求，并取得经济补偿。这些在合同文件中有文字规定的合同条款，称为明示条款。

合同中默示的索赔是指承包人的该项索赔要求，虽然在工程项目的合同条款中没有专门的文字叙述，但可以根据该合同的某些条款的含义，推断出承包人有索赔的权利。这种索赔要求同样有法律效力，有权得到相应的经济补偿。这种有经济补偿含义的条款，在合同管理工作中被称为"默示条款"或称为"隐含条款"。默示条款是一个广泛的合同概念，它包含合同明示条款中没有写入、但符合双方签订合同时设想的愿望和当时环境条件的一切条款。

（2）合同外索赔　合同外索赔是指施工过程中发生的干扰事件的性质已超过合同范围，在合同中找不到具体的依据，一般必须根据适用于合同关系的法律解决索赔问题。

（3）道义索赔　承包人没有合同理由，例如对于干扰事件发包人没有违约，发包人不应承担责任，可能是承包人失误（如报价失误）或发生承包人应负责的风险而造成承包人重大的损失，这将极大影响承包人的财务能力、履约能力甚至危及承包人的生存，承包人提出要求，希望发包人从道义或从工程整体利益的角度给予一定的补偿，这称为道义索赔。

5. 按索赔处理方式分类

（1）单项索赔　单项索赔就是采取一事一索赔的方式，即在每一件索赔事项发生之后，立即报送索赔通知书编写索赔报告，要求单项解决支付，不与其他的索赔事项混在一起。单项索赔通常原因单一，责任单一，分析起来相对较容易，便于双方分清责任达成一致，因此在施工索赔中应尽可能采用单项索赔的处理方式。单项索赔要求合同管理人员能够迅速识别索赔机会，对索赔时间做出快速反应，根据合同要求，在规定时间内向对方提出索赔要求。

（2）综合索赔　综合索赔又称总索赔，俗称"一揽子索赔"，是在工程完工前或工程移交前，承包人将整个工程中所发生的多起未能解决的单项索赔，集中起来进行综合考虑，提出一份综合的索赔报告。采用综合索赔是在特定情况下的一种被迫行为。在合同实施过程中，有些单项索赔问题比较复杂，不能立即解决，为了不影响工程进度，经双方协商同意留待以后解决。有时，在施工过程中受到非常严重的干扰，承包人的施工活动和施工计划有很大不同，原合同规定的工作与变更后的工作相互混淆，承包人无法为索赔提供准确的成本记录资料，无法分辨哪些费用是原来合同规定的，哪些是新增的工作量，在这些情况下，承包人无法采用单项索赔的方式对某项工作提出索赔，只能在工程接近完工时，对整个工程的实际总成本与原预算成本进行比较分析，提出一揽子索赔。

由于一揽子索赔中许多干扰事件交织在一起，影响因素比较复杂又相互交叉，责任分析和索赔数值的计算都十分困难，索赔金额往往数额巨大，双方都不愿意或不容易做出让步。综合索赔的处理一般十分困难，承包人在采取综合索赔的时候，承包人应该向监理工程师证明：①承包人的投标报价是合理的，承包人不存在故意低报价格的行为；②实际发生的成本是合理的；③承包人对成本的增加没有任何责任，成本的增加是由发包人工程变更或其他非承包人原因引起的；④不能采取其他方法准确地计算出实际发生的损失数额。承包人只能比较工程总成本与原来预算成本提出索赔。即使承包人能够证明确实存在费用损失，采用综合索赔方式，因为涉及的因素太多，也很难获得满意的结果。

6. 按索赔的对象分类

在国际工程实践中，通常把承包人向发包人提出的，为了取得费用补偿或工期延长的要求，称为"索赔"；把发包人向承包人提出的，由于承包人违约而导致发包人经济损失的补偿要求，称为"反索赔"。这一定义已为国际工程承包界所公认和普遍应用，具有特定的明确含义。承包人可以对工程量增加、场地条件变化、设计变更、设计图纸拖延、物价上涨等情况向发包人提出索赔，发包人可以根据承包人的索赔报告批准索赔或提出反索赔。

（1）索赔　承包人向发包人提出的索赔，从本质上讲是将施工过程已经承担的风险寻求经济价值补偿。一般而言，承包人向发包人索赔时，承包人属于弱势一方，发包人可以根据索赔报告的内容提出反索赔，甚至完全拒绝索赔。承包人为了获得索赔成功，有时必须求助诉讼或仲裁，这将花费大量的人力和物力。在许多工程纠纷仲裁案件中，承包人往往把索赔当作一项二次经营获得收益和减少损失的重要手段，即所谓"得标须低价，获利靠索赔"。承包人除了花费不菲的价格聘请有经验的律师外，自身的工程技术人员往往组成专案工作小组倾巢而出，在索赔事项上投入更大的人力物力。而发包人可能由于预算和专业水平的限制，在索赔方面的投入就不能和承包人相提并论。从这个意义上说，承包人获得索赔成功的概率较大。因此，如果双方竞相恶意索赔必然会造成两败俱伤的局面。

（2）反索赔 对于承包人提出的索赔，发包人可采取两种处理方式：①就是针对承包人施工中存在的质量问题和拖延工期，发包人可以向承包人提出反要求，也就是发包人通常向承包人提出反索赔，要求承包人承担修理工程缺陷的费用和对工程拖延交纳误期损害赔偿金。②发包人可以对承包人提出的损失索赔要求进行评审，即按照双方认可的生产率或会计原则等事项以及合同规定和客观事实，对索赔要求进行分析。这样能够快速减少索赔款的数量，达成一个比较合理或可以接受的款额。由此可见，发包人对承包人的反索赔包括两个方面：其一是对承包人提出的索赔进行分析评审和修正，否定其不合理的要求，接受其合理的要求；其二是对承包人在履约中有缺陷责任的，如某部分工程质量达不到技术规范的要求，或拖延工期独立地提出补偿要求。

综上所述，将本节描述的索赔分类汇总如图 10-2 所示。

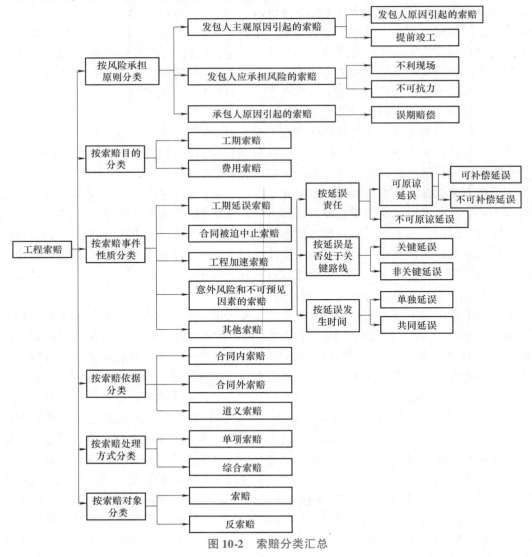

图 10-2　索赔分类汇总

10.1.4　索赔的处理程序

1.99 版 FIDIC 新红皮书中的索赔程序

99 版 FIDIC 新红皮书只对承包商的索赔做出了规定，程序如下：

（1）承包人索赔的提出

1）如果承包商认为有权得到竣工时间的任何延长期和（或）任何追加付款，承包商应当向工程师发出通知，说明索赔的事件或情况。该通知应当尽快在承包商察觉或者应当察觉该事件或情况后 28 天内发出。如果承包商未能在上述 28 天期限内发出索赔通知，则竣工时间不得延长，承包商应无权获得追加付款，而雇主应免除有关该索赔的全部责任。

2）在承包商察觉或者应当察觉该事件或情况后 42 天内，或在承包商可能建议并经工程师认可的其他期限内，承包商应当向工程师递交一份充分详细的索赔报告，包括索赔的根据、要求延长的时间和（或）追加付款的全部详细资料。如果引起索赔的事件或者情况具有连续影响，则：

① 上述充分详细索赔报告应被视为临时的。

② 承包商应当按月递交进一步的中间索赔报告，说明累计索赔延误时间和（或）金额，以及工程师所可能合理要求进一步的详细资料。

③ 承包商应当在索赔的事件或者情况产生影响结束后 28 天内，或在承包商可能建议并经工程师认可的其他期限内，递交一份最终索赔报告。

（2）工程师的答复　工程师在收到索赔报告或对过去索赔的任何进一步证明资料后 42 天内，或在工程师可能建议并经承包商认可的其他期限内，做出回应，表示批准或不批准或不批准并附具体意见。他还可以要求任何必要的进一步资料，但仍要在上述期限内对索赔的原则做出回应。工程师应当商定或者确定应给予竣工时间的延长期及承包商有权得到的追加付款。

2.07 版《标准施工招标文件》（13 年修订）中的索赔程序

07 版《标准施工招标文件》（13 年修订）中对承包人和发包人的索赔都做了相应的规定，程序如下：

（1）承包人索赔的程序

1）承包人索赔的提出。根据合同约定，承包人认为有权得到追加付款和（或）延长工期的，应按以下程序向发包人提出索赔：

① 承包人应在知道或应当知道索赔事件发生后 28 天内，向监理人递交索赔意向通知书，并说明发生索赔事件的事由。承包人未在前述 28 天内发出索赔意向通知书的，丧失要求追加付款和（或）延长工期的权利。

② 承包人应在发出索赔意向通知书后 28 天内，向监理人正式递交索赔通知书。索赔通知书应详细说明索赔理由以及要求追加的付款金额和（或）延长的工期，并附必要的记录和证明材料。

③ 索赔事件具有连续影响的，承包人应按合理时间间隔继续递交延续索赔通知，说明连续影响的实际情况和记录，列出累计的追加付款金额和（或）工期延长天数。

④ 在索赔事件影响结束后的 28 天内，承包人应向监理人递交最终索赔通知书，说明最

终要求索赔的追加付款金额和延长的工期，并附必要的记录和证明材料。

2）承包人索赔处理程序

① 监理人收到承包人提交的索赔通知书后，应及时审查索赔通知书的内容、查验承包人的记录和证明材料，必要时监理人可要求承包人提交全部原始记录副本。

② 监理人应商定或确定追加的付款和（或）延长的工期，并在收到上述索赔通知书或有关索赔的进一步证明材料后的 42 天内，将索赔处理结果答复承包人。

③ 承包人接受索赔处理结果的，发包人应在做出索赔处理结果答复后 28 天内完成赔付。承包人不接受索赔处理结果的，按照解决争议的相关约定办理。

3）承包人提出索赔的期限

① 承包人接受了竣工付款证书后，应被认为已无权再提出在合同工程接收证书颁发前所发生的任何索赔。

② 承包人提交的最终结清申请单中，只限于提出工程接收证书颁发后发生的索赔。提出索赔的期限自接受最终结清证书时终止。

（2）发包人索赔的程序

1）发生索赔事件后，监理人应及时书面通知承包人，详细说明发包人有权得到的索赔金额和（或）延长缺陷责任期的细节和根据。发包人提出索赔的期限和要求与承包人提出索赔的期限和要求相同，延长缺陷责任期的通知应在缺陷责任期届满前发出。

2）监理人确定发包人从承包人处得到赔付的金额和（或）缺陷责任期的延长期。承包人应付给发包人的金额可从拟支付给承包人的合同价款中扣除，或由承包人以其他方式支付给发包人。

3. 13 版《清单计价规范》中的索赔程序

13 版《清单计价规范》中对承包人和发包人的索赔都做了相应的规定，程序如下：

（1）承包人索赔的程序

1）承包人索赔的提出。13 版《清单计价规范》规定：根据合同约定，承包人认为非承包人原因发生的事件造成了承包人的损失，应按以下程序向发包人提出索赔：

① 承包人应在知道或应当知道索赔事件发生后 28 天内，向发包人提交索赔意向通知书，说明发生索赔事件的事由。承包人逾期未发出索赔意向通知书的，丧失索赔的权利。

② 承包人应在发出索赔意向通知书后 28 天内，向发包人正式提交索赔通知书。索赔通知书应详细说明索赔理由和要求，并附必要的记录和证明材料。

③ 索赔事件具有连续影响的，承包人应继续提交延续索赔通知，说明连续影响的实际情况和记录。

④ 在索赔事件影响结束后的 28 天内，承包人应向发包人提交最终索赔通知书，说明最终索赔要求，并附必要的记录和证明材料。

2）承包人索赔的处理程序。根据 13 版《清单计价规范》的规定，承包人索赔应按下列程序处理：

① 发包人收到承包人的索赔通知书后，应及时查验承包人的记录和证明材料。

② 发包人应在收到索赔通知书或有关索赔的进一步证明材料后的 28 天内，将索赔处理结果答复承包人，如果发包人逾期未做出答复，视为承包人索赔要求已被发包人认可。

③ 承包人接受索赔处理结果的，索赔款项作为增加合同价款，在当期进度款中进行支

付，承包人不接受索赔处理结果的，按合同约定的争议解决方式办理。索赔的处理程序如图 10-3 所示。

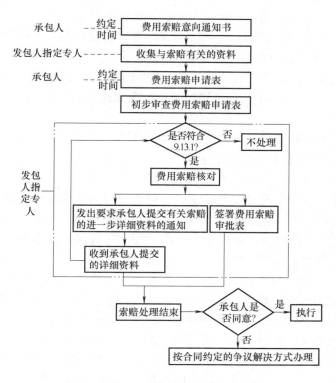

图 10-3　索赔的处理程序

（2）发包人索赔的程序　同时 13 版《清单计价规范》规定了发包人向承包人索赔时的索赔的提出及处理程序：根据合同约定，发包人认为由于承包人的原因造成发包人的损失，也按承包人索赔的程序进行索赔。

4. 17 版《工程施工合同》中的索赔程序

17 版《工程施工合同》中对承包人和发包人的索赔都做了相应的规定，程序如下：

（1）承包人索赔的程序

1）承包人索赔的提出。根据合同约定，承包人认为有权得到追加付款和（或）延长工期的，应按以下程序向发包人提出索赔：

① 承包人应在知道或应当知道索赔事件发生后 28 天内，向监理人递交索赔意向通知书，并说明发生索赔事件的事由；承包人未在前述 28 天内发出索赔意向通知书的，丧失要求追加付款和（或）延长工期的权利。

② 承包人应在发出索赔意向通知书后 28 天内，向监理人正式递交索赔报告；索赔报告应详细说明索赔理由以及要求追加的付款金额和（或）延长的工期，并附必要的记录和证明材料。

③ 索赔事件具有持续影响的，承包人应按合理时间间隔继续递交延续索赔通知，说明

持续影响的实际情况和记录，列出累计的追加付款金额和（或）工期延长天数。

④ 在索赔事件影响结束后 28 天内，承包人应向监理人递交最终索赔报告，说明最终要求索赔的追加付款金额和（或）延长的工期，并附必要的记录和证明材料。

2）承包人索赔的处理程序。对承包人索赔的处理如下：

① 监理人应在收到索赔报告后 14 天内完成审查并报送发包人。监理人对索赔报告存在异议的，有权要求承包人提交全部原始记录副本。

② 发包人应在监理人收到索赔报告或有关索赔的进一步证明材料后的 28 天内，由监理人向承包人出具经发包人签认的索赔处理结果。发包人逾期答复的，则视为认可承包人的索赔要求。

③ 承包人接受索赔处理结果的，索赔款项在当期进度款中进行支付；承包人不接受索赔处理结果的，按照按争议解决的约定处理。

3）提出索赔的期限

① 承包人按竣工结算审核的约定接收竣工付款证书后，应被视为已无权再提出在工程接收证书颁发前所发生的任何索赔。

② 承包人提交的最终结清申请单中，只限于提出工程接收证书颁发后发生的索赔。提出索赔的期限自接受最终结清证书时终止。

（2）发包人索赔的程序

1）发包人索赔的提出。根据合同约定，发包人认为有权得到赔付金额和（或）延长缺陷责任期的，监理人应向承包人发出通知并附有详细的证明。发包人应在知道或应当知道索赔事件发生后 28 天内通过监理人向承包人提出索赔意向通知书，发包人未在前述 28 天内发出索赔意向通知书的，丧失要求赔付金额和（或）延长缺陷责任期的权利。发包人应在发出索赔意向通知书后 28 天内，通过监理人向承包人正式递交索赔报告。

2）发包人索赔的处理程序。对发包人索赔的处理如下：

① 承包人收到发包人提交的索赔报告后，应及时审查索赔报告的内容、查验发包人证明材料。

② 承包人应在收到索赔报告或有关索赔的进一步证明材料后 28 天内，将索赔处理结果答复发包人。如果承包人未在上述期限内做出答复的，则视为对发包人索赔要求的认可。

③ 发包人接受索赔处理结果的，发包人可从应支付给承包人的合同价款中扣除赔付的金额或延长缺陷责任期；发包人不接受索赔处理结果的，按争议解决的约定处理。

对比以上四个文件对承包人和发包人的索赔，列出以下对比分析表，如表 10-2 所示。

5. 对比分析

由表 10-2 对比分析可得出以下结论：

（1）承包人索赔的提出 99 版 FIDIC 新红皮书与 07 版《标准施工招标文件》（13 年修订）对承包人索赔提出程序的相关规定基本相同。区别在于递交材料的期限和类型不同：99 版 FIDIC 新红皮书要求在承包人察觉或者应当察觉的 42 天内（或工程师认可的其他期限内）递交详细的索赔报告；而 07 版《标准施工招标文件》（13 年修订）规定承包人发出索赔意向通知书后 28 天内向监理人正式递交索赔通知书，无须递交详细索赔报告。13 版《清单计价规范》和 17 版《工程施工合同》对该部分的规定与 07 版《标准施工招标文件》（13 年修订）相同。

表 10-2　索赔程序对比分析表

分类	要点	99 版 FIDIC 新红皮书	07 版《标准施工招标文件》(13 年修订)	13 版《清单计价规范》	17 版《工程施工合同》
承包人的索赔	索赔的提出	①承包商察觉或者应当察觉该事件或情况后 28 天内向工程师发出索赔通知的（逾期未发出索赔意向通知的丧失索赔权）→②在承包商察觉或者应当察觉该事件后 42 天内（或工程师认可的其他期限内）递交详细的索赔报告→③连续影响的按月递交进一步的中间索赔报告→④事件影响结束后 28 天内（或工程师认可的其他期限内）递交最终索赔报告	①承包人应当知道或者应当知道索赔事件发生后 28 天内向监理人递交索赔意向通知书（逾期未发出索赔意向通知书的丧失索赔权）→②发出索赔意向通知书后 28 天内向监理人正式递交索赔通知书→③按合理时间间隔继续递交延续索赔通知（若存在连续影响）→④事件影响结束后的 28 天内向监理人递交最终索赔通知书	同 07 版《标准施工招标文件》(13 年修订)	同 07 版《标准施工招标文件》(13 年修订)
	索赔的处理程序	工程师收到索赔报告或者其他证明资料后 42 天内（经承包商认可的其他期限内）做出回应，表示认可或不批准，不批准时应附具体意见，不批准时，并应当确定应给予竣工时间的延长期及承包商有权得到的追加付款	①监理人收到索赔通知书后，及时审查其内容等证明材料，及时审查并对进一步证明材料→②收到索赔通知书或进一步证明材料后的 42 天内，将答复承包人索赔处理结果（商定或确定追加的付款和（或）延长的工期）→③承包人应在收到索赔处理结果答复后 28 天内，按照承诺付；发包人逾期答复的，承包人不接受处理结果的，按照争议处理	①发包人验承包人的记录和证明材料→②发包人收到承包人索赔通知书后的 28 天内答复承包人，如果发包人逾期未做出答复，视为承包人已认可承包人索赔→③承包人接受索赔处理结果的，索赔款项在当期进度款中进行支付；承包人不接受的，按合同约定争议解决方式办理	①监理人应在收到索赔报告后 14 天内完成审查并报送发包人。（监理人对索赔报告有异议的，有权要求承包人提交全部原始记录副本）→②发包人应在监理人收到索赔报告后 28 天内，出具经发包人签认的索赔处理结果，发包人逾期答复的，则视为认可承包人索赔要求→③承包人接受索赔处理结果的，索赔款项在当期进度款中进行支付；承包人不接受索赔处理结果的，按照合同约定解决的争议处理

（续）

分类	要点	99版 FIDIC 新红皮书	07版《标准施工招标文件》（13年修订）	13版《清单计价规范》	17版《工程施工合同》
承包人的索赔	索赔的期限	无相关规定	①承包人接受了竣工付款证书后，应被认为已无权再提出在合同工程接收证书颁发前所发生的任何索赔→②承包人提出最终结清申请单中，只限于提出工程接收证书颁发后发生的索赔。提出索赔的期限自收到最终结清证书时终止	无相关规定	同07版《标准施工招标文件》（13修订）
	索赔的提出	无相关规定	监理人应及时书面通知承包人，详细说明发包人有权得到的索赔金额和根据。发包人提出索赔的细节和要求与承包人提出索赔的通知应在缺陷责任期和要求相同，延长缺陷责任期的，在缺陷责任期届满前发出		①监理人应向承包人发出通知并附有详细的证明→②发包人应在知道或应当知道索赔事件发生后28天内通过监理人向承包人提出索赔意向通知书，该（未在前述28天内发出索赔意向通知书的，丧失索赔权）→③发包人应在发出索赔意向通知书后28天内，通过监理人向承包人正式递交索赔报告
发包人的索赔	索赔的处理程序	无相关规定	监理人确定发包人应得到的索赔付的金额和承包人应付的延长期。（或）缺陷责任期。承包人的金额可从拟支付给承包人的合同价款中扣除，或由承包人以其他方式支付给发包人	根据合同约定，发包人认为由于承包人的原因造成发包人的损失，宜按承包人索赔的程序进行索赔	①承包人收到索赔报告后及时审查其内容等证明材料→②承包人应在收到索赔报告后28天内，将索赔处理结果答复发包人，如果承包人逾期未答复的，视为认可发包人索赔。发包人可要求→③发包人接受承包人索赔处理结果的，发包人可从应支付给承包人的合同价款中扣除索赔的金额或延长缺陷责任期；发包人不接受的，按争议解决的约定处理
	索赔的期限	无相关规定	发包人提出索赔的期限和要求与承包人提出索赔的期限相同		①承包人按第14.2款【竣工结算审核】约定接受竣工付款证书后，应被视为已无权再提出工程接收证书颁发前所发生的任何索赔 ②承包人按第14.4款【最终结清】提交的最终结清申请单中，只限于提出工程接收证书颁发后发生的索赔。提出索赔的期限自接受最终结清证书时终止

（2）承包人索赔的处理程序　四个文件均对答复承包人索赔处理结果的期限进行了限制，但规定不一。99 版 FIDIC 新红皮书与 07 版《标准施工招标文件》（13 年修订）以工程师/监理人/发包人收到索赔报告或索赔通知书或进一步证明资料后的 42 天为期限，而 13 版《清单计价规范》和 17 版《工程施工合同》则以 28 天为限，但 17 版《工程施工合同》同时也规定了监理人应在收到索赔报告的 14 天内审查完毕并送发包人。07 版《标准施工招标文件》（13 年修订）、13 版《清单计价规范》和 17 版《工程施工合同》三个文件均对索赔款项的支付做了相关规定，而 99 版 FIDIC 新红皮书无此项规定。其中 13 版《清单计价规范》和 17 版《工程施工合同》对其支付方式规定相同，且未规定支付期限，即承包人接受索赔处理结果的，索赔款项在当期进度款中进行支付。而 07 版《标准施工招标文件》（13 年修订）只规定了支付期限未说明支付方式，即发包人应在答复后 28 天内按照承包人接受的索赔处理结果完成赔付。

（3）承包人索赔的期限　99 版 FIDIC 新红皮书与 13 版《清单计价规范》未对该部分内容做相关规定。07 版《标准施工招标文件》（13 年修订）与 17 版《工程施工合同》对该部分内容规定相同（详见表 10-2）。

（4）发包人索赔的提出及处理程序　99 版 FIDIC 新红皮书未对该部分内容做相关规定。13 版《清单计价规范》规定此部分按承包人索赔的程序进行索赔。07 版《标准施工招标文件》（13 年修订）规定的该部分的程序较简单，而 17 版《工程施工合同》的规定则较详细（详见表 10-2）。

10.2　索赔的基础理论

10.2.1　不完全契约理论视角下的索赔分析

1. 不完全契约的存在是索赔发生的必要前提

不完全契约是索赔发生的必要前提。从契约理论的视角看，无论是新古典契约理论的完全合同，还是现代契约理论中的不完全合同，都体现出合同效率逻辑。显然，完全合同由于详细规定了每一种自然状态下交易双方的权利义务，而且每一种风险均被分配给了能以最低成本承担的一方并能够得以强制执行，从而完全合同表现为一种帕累托均衡，能够最优地实现交易双方预期的初始交易目标，合同效率也是最优的。

在合同人假设条件下，发包人和承包人是有限理性的。当发包人和承包人之间的信息不可证实时，则他们之间存在"弱不可缔约性"；若他们之间信息既不可获得也不可证实，则他们之间存在"强不可缔约性"。首先，虽然不完全合同可以随着时间的推移而得到修正或重新谈判，但重新谈判或协商的过程也要产生多种成本。在建设工程合同中，补充合同、合同变更、签证等对原合同的完善都需要双方付出一定的成本，不但无助于生产效率，而且又耗费时间和浪费资源。其次，在事后的讨价还价过程中，由于各方具有不对称的信息，所以他们可能达不成有效的协议。最后，由于合同的不完全性，缔约各方可能都不愿意做出事前的专用关系性投资，比如履约担保、进度款支付担保等。如果每一方都担心对手在重新谈判阶段会有"敲竹杠"行为的话，那么各方所做的投资可能都是非专业化的。这样就牺牲了某些专业化分工的效率利益。

合同若把所有或然事件及其处理写入合同条款，这对合同当事人双方而言无疑是一项收益，但同时这也需要就此条款进行谈判，这又是一项成本。因而，把不完全合同转换为完全合同的过程中，当增添不确定事件条款的成本等于所获收益时，此时合同是最有效率的。从合同效率视角来看，不完全合同有其经济上的必要性。不论是新古典契约理论中的完全合同，还是现代契约理论中的不完全合同，不论是拟定合同条款还是选择补充条款，它们都倾向于选择效率，从本质而言，最优契约与合同效率是在同组约束条件下的等价议题。而交易成本是客观存在的，并且交易成本的存在本身就是一种合同效率损失，合同效率的获得在于交易成本的最小化。不完全合同就是在交易成本为正的假设条件下构建起来的，在此条件下，制度安排对合同效率有影响。在此实证结论前提下，如何设置制度安排以提高合同效率，这便涉及规范的科斯定理⊖：一是建构法律以消除私人协商的障碍，即润滑交易；二是建构法律以最小化私人协商失败导致的损害，即纠正错误配置。这两种方法都是为了提高效率，前者符合帕累托效率⊜，容易被人接受，后者符合卡尔多-希克斯效率⊜标准。从效率角度看，后者比前者好，因为后一种方法可以消除交易成本，前一种方法可能仅仅降低交易成本。

2. GHM 模型的再谈判是索赔处理的核心环节

在实践中，由于发包人与承包人只能缔结一份不完全合同，那么不完全合同的不确定性必然将影响到交易双方预期目标的有效实现。在理论上，通过对这种充满不确定性的不完全合同的不断边际调整将减少其不确定性，使之向"确定性合同"转化，从而提高合同效率。

因此，将尽可能多的未来或然事件写入合同条款并明确责任相关方，对于交易双方而言是一项收益，在不完全合同向"完全合同"的转化过程中，增加的收益与成本相等时，合同最有效率。但显然，这种转化过程中仍然将产生"合同剩余"，这可能是由于交易双方的有限理性以及将所有或然事件纳入合同条款的信息成本可能大于该条款所带来的收益等。因此，再谈判或合同修订机制引入不完全合同模型便成为必要，从而填补"合同剩余"中的风险与责任的分配。因此不完全合同理论下的合同模型即可以界定为初始合同与再谈判的组合模型，如图 10-4 所示。

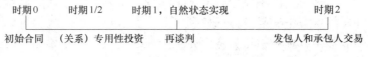

图 10-4　不完全合同的缔结与再谈判模型

在经典的不完全契约 GHM 模型（Grossman and Hart，1986；Hart and Moore，1990；Hart，1995）中，初始合同的缔结与再谈判是保障交易绩效的两大核心环节，二者的有效匹配能够协同解决不完全合同的不确定性问题。发包人与承包人缔结的不完全合同，在时间推移过

⊖　科斯定理（Coase Theorem）是由科斯提出的产权理论，认为在某些条件下，经济的外部性或者说非效率可以通过当事人的谈判而得到纠正，从而达到社会效益最大化。

⊜　帕累托效率（Pareto Efficiency）是指资源分配的一种理想状态，假定固有的一群人和可分配的资源，从一种分配状态到另一种状态的变化中，在没有使任何人境况变坏的前提下，使得至少一个人变得更好。

⊜　卡尔多-希克斯效率（Karldor-Hicks Principle）是指第三者的总成本不超过交易的总收益，或者说从结果中获得的收益完全可以对所受到的损失进行补偿，这种非自愿的财富转移的具体结果。

程中，通过双方事后的谈判并进行转移支付能够实现一个有效率的结果。此时，初始契约对于再谈判则提供一种"参照点"的作用，缔约方会倾向于把缔约时刻签订的合同作为未来再协商的框架，一旦事后的谈判改变了初始缔约时刻的利益预期，则履约过程将必然发生交易绩效的折减（Shading）。

考虑一个发包人与承包人的两时期模型，如图 10-5 所示。合同各方在 0 时期缔结合同，并在时期 1 交易，在 1/2 时期，承发包双方进行专用性投资。

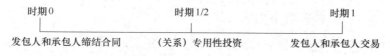

图 10-5　发包人与承包人的缔约模型

在时期 0，由于发包人与承包人的有限理性及双方各拥有私人信息，且项目未来实施过程的各种不确定性的存在等，缔约时点双方只能订立一份不完全合同。时期 1 时，交易双方交易标的的特征（如工程质量、工期、造价等）在时期 0 并不能完全界定准确，而是依存于时期 0 至时期 1 过程中的各种自然状态及双方的专用性投资（如发包人投入土地、管理人员，承包人租赁或购买装备、技术人员、资金等），从而时期 0 缔结的合同不可避免地成为一份"不确定性合同"。

10.2.2　风险分担理论视角下的索赔分析

1. 初始合同的索赔条款是风险的初次分担

工程项目风险分担可以视为工程合同或协议的核心，对应于不完全合同的初始合同与再谈判的模型，风险分担也相应地解构为缔约阶段的初始风险分担（对应于初始合同）与履约阶段的再分担（对应于再谈判），如图 10-6 所示。

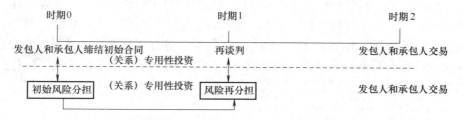

图 10-6　基于不完全合同的发包人与承包人风险分担模型

对于发包人与承包人而言，双方自愿交易的动机在于能够实现各自的预期收益。假定发包人通过获得完工的工程项目获得价值 v，承包人建造的成本为 c，双方为此进行的专用性投资分别为 s_o、s_c，自然状态为 θ，交易价格为 p。显然，$v = v(s_o, p, \theta)$，$c = c(s_c, \theta)$ 且 $s_o = s_o(\theta)$，$s_c = s_c(\theta)$，$p = p(\theta)$，即发包人与承包人获得的价值、建造成本及双方的专用性投资均与自然状态相关。交易规则可以表示为 $v \geq c$ 且 $p \geq c$。因此，合同的状态就间接地取决于自然状态，而在自然状态下初始合同的索赔条款就是风险的初次分担。

2. 索赔的再谈判是工程风险的再分担

建设工程的商品属性显然并不能在时期 0 得以清楚地约定，更精确地说，它依赖于一种有待实现的自然状态。相应地，时期0的初始风险分担注定是不完全的，而一旦自然状态 θ 实现，合同双方就有可能对原有的合同进行重新修订或再谈判，从风险分担的角度看即进行风险的再分担。然而，从契约经济学的视角看，初始合同在再谈判过程中体现了"参照点"的作用，因此，对于再谈判有相应的约束功能。同样地，初始风险分担条款的效率受制于初始风险分担与风险再分担的协同影响，风险再分担受到初始风险分担方案的制约。因此，索赔作为再谈判的方式之一，是在合同履行过程中风险的再分担。

10.2.3 合同状态理论视角下的索赔分析

1. 合同状态是索赔处理的理论基础

目前，工程索赔基础理论研究大致分为两类：①一类以成虎、田威为代表从合同状态为切入点研究工程索赔。成虎提出合同状态分析是工程建设项目索赔的理论基础，与之类似的理论为田威提出的"波纹"理论。合同状态分析的基本思路是从状态改变需相应改变合同价款角度出发，指出"合同状态"是合同签订时各方面要素的总和，合同一经签订，它们即构成一个整体。合同状态分析方法主要集中在两个方面：索赔机会识别、索赔值的计算。②另一类研究以吕胜普为代表从合同利益构成为切入点研究工程索赔，吕胜普从合同利益构造出发提出索赔的理论基础[2]：履约利益、信赖利益、维持利益，工程索赔的本质是非己方原因造成的三种利益的损失。

成虎[3]早在1995年就提出了"合同状态"的概念，合同状态（又被称为计划状态或报价状态）是指合同签订时各方面要素的总和。该理论提出如果在工程中某一因素变化，打破"合同状态"，造成工期延长和额外费用的增加，由于这些增量没有包括在原合同工期和价格中，则应按合同规定调整"合同状态"，以达到新的平衡；给出了增加合同收入的前提是工程中某一因素变化，打破"合同状态"，即出现风险因素。合同在工程实施前签订，签订合同实质上是双方对"合同状态"的一致承诺。如果在工程中某一因素变化，打破"合同状态"，则应按合同规定调整"合同状态"，以达成新的平衡。其中，能够引起合同状态改变的原因有：①合同文件的修改、变化，造成承包人工程范围、工作内容、性质、合同义务的变化；②环境变化，环境变化是工程的外部风险，这在工程中极为常见，它会引起实施方案的变化和价格的调整；③实施方案的变化。通常实施方案由承包人制订，作为投标文件的重要组成部分供发包人审查。

2. 状态补偿是索赔处理的核心要素

与合同有关的合同目标和合同条件是随时间在不断变化的，所以合同状态是建立在时间变量基础上的函数。对于承包人索赔机会的识别，可以将合同状态划分为合同原始状态、合同假想状态和合同现实状态三种。合同原始状态，即合同签订时合同目标、合同条件等方面要素的总和，是合同实施的起点。合同假想状态，即为了分析的需要，在原始合同的基础上，人为地加上外界干扰事情的影响，经合理推测得到的一种状态。合同假想状态是从合同原始状态推演而来，在加入了合理的干扰因素后，主要为在合同的实施过程中发生的索赔事件提供支持。在执行合同的过程中，由于各种干扰（如合同目标的变动、合同条件的变化等）的影响，实际的合同状态一般不会是合同的假想状态，而是一种与假想状态有联系但又不同的新的状态，这种由于各种干扰而使合同状态偏离假想状态产生的新的合同状态称为合同的现实状态。合同状态改变引起的合同价款调整机理如图10-7所示。

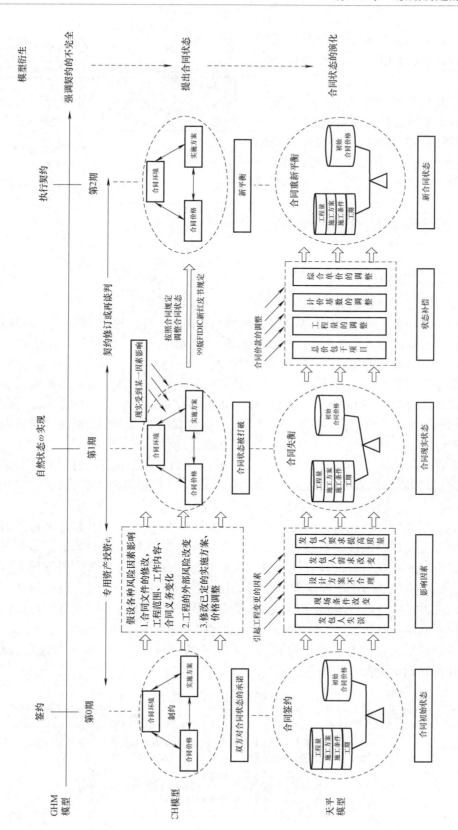

图 10-7　合同状态改变引起合同价款调整机理

基于上述研究，本书提出的利用合同状态分析理论的索赔实现创收的结构如图 10-8 所示。

合同状态的补偿是索赔处理的核心要素，即将合同现实状态偏离合同原始状态的大小作为是否存在索赔机会的判断点，通过合同假想状态，来进行承包人与发包人之间责任的分配，通过合同现实状态，来进行实际的索赔管理。

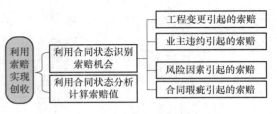

图 10-8　利用索赔实现创收的结构

10.3　基于再谈判的索赔分析[4]

10.3.1　再谈判的综合分析研究

1. 再谈判及其效率文献研究

谈判包括正式场合下的狭义谈判和除此之外协商、商量、磋商等广义谈判，而再谈判则是在既定结果或实际情形下恢复或继续的交流协商，相对较深入、范围广、难度大。"谈"即各方详细论述自己对问题的看法，充分表达自己对对方承担责任、权利与义务的意见，明确说明自己所要达到的目标；"判"即对各方必须承担的责任、权利与义务达成一致的看法，并加以确认的过程。美国谈判学会会长 Gerard I. Nierenberg 在《谈判的艺术》一文里，对谈判做了明确的解释："虽然谈判的内涵较明了，但与其相关的内容却很多，所有必须被实现的愿望和所有必须被提供的需要，几乎全是导致进行谈判的动因。一旦人们为了双方产生联系而交换彼此的见解，一旦人们是为了达成一致而进行磋商协议，这样就被认为是在进行谈判。"而再谈判则是在第一次或前一次谈判的基础上，重新协调利益关系的交互过程，该过程包括谈判主体、谈判客体、谈判目的与谈判结果等要素。

（1）再谈判的研究历史　再谈判在项目领域的研究目前主要集中于 PPP 项目。国外学者分析了 PPP 项目再谈判的诱发因素和造成的不良影响，结合实际案例确定了影响再谈判的因素，并提出 PPP 立法、合同设计优化、竞争性招标、优化监管工具使用等规避再谈判的建议；崔智鹏[5]则分别利用博弈论和公平感知思想分析了再谈判过程中政府和社会资本的权力差异以及再谈判与项目绩效的关联；夏立明等认为引发基础设施 PPP 项目再谈判的原因包括合同不完全、规制不足、外部环境变化和机会主义行为等客主观两方面原因，并且认为再谈判导致的结果包括基于合作对合同的补充和基于机会主义对初始合同的补偿[6]。其主要结论和研究视角如表 10-3 所示。

表 10-3　再谈判相关内容研究

序号	作　者	分析角度	内　　　容
1	孙慧[7]等	PPP 项目再谈判	再谈判影响指标包括特许权授予方式、监管架构与法律环境完善程度、项目监管主体自主性、特许期长短、外部环境等
2	王芳芳	特许经营合同	我国城市水业特许经营应当建立准入制度、监管体系构建、合理投资回报确定、风险分担机制、再谈判机制

（续）

序号	作　者	分析角度	内　容
3	Gong[8]	城市基础设施项目	政治环境、经济环境、社会环境及技术环境变化能够触发 PPP 项目再谈判，利用 PEST 确定不同案例中触发 PPP 项目的事件
4	陈富良[9]	基础设施 PPP 项目	承诺能力缺失的原因包括政府更迭、自利性、法律监管不健全等，政府承诺能力救济手段之一是听证会情形下的再谈判
5	吴淑莲	土地整治 PPP 项目	诱发因素包括项目实施周期长、协调难度大、管理制度不规范等因素，并结合再谈判案例提出了规避再谈判的建议
6	Ho[10]	博弈	加强责任认定、加强成本和服务质量监督与寻求仲裁再谈判优化建议
7	崔智鹏	再谈判与履约绩效	研究 PPP 项目中再谈判、公平感知和履约绩效的关系，利用 SPSS 软件对测量构念的量表进行合理性检验，揭示出 PPP 项目再谈判对履约绩效的影响机理
8	夏立明	基础设施 PPP 项目再谈判	结果包括基于合作的初始合同补充和基于机会主义的初始合同补偿，治理则包括"合同预设条件和合同柔性（尽量将不确定的事件框定到合同条款内）"与"正视再谈判来设计制度"

（2）再谈判的概念形式　项目领域的再谈判与市场交易中广泛意义上的再谈判不同。PPP 项目再谈判的诱因主要是合同存在设计漏洞以及履约过程中不确定性事件的发生，然后由政府与特许经营者之间针对服务标准、特许经营期限、收费标准、投资比例、排他性约定、一次性收入等分歧进行二次或多次磋商。再谈判概念最早是引入 GHM 理论来解决专用性投资套牢问题的，是政府和社会资本签订合同后，客观环境发生变化，政府、社会资本与相关第三方进行的二次协商，其中能够诱发再谈判的事件是指在签订合同时无法预见的，不在可控商业风险范围之内的客观事件。PPP 项目再谈判事件不仅包括合同未预料到的或然事件，还包括合同不完全的其他情形。因此，PPP 项目再谈判具体是指合同或然事件发生情形下以及合同不完全情境中政府与社会资本之间通过改变或补偿合同条款来解决双方矛盾的手段。工程项目领域中再谈判目的是改变合同的风险分担现状或者改变项目范围。根据诱因情形不同和发生时间的差异，对再谈判类型进行了划分，具体如表 10-4 所示。

表 10-4　再谈判的基本类型

序号	作　者	分析角度	标　准	内　容
1	孙慧等	结果不同	帕累托改进再谈判	通过再谈判修正合同中未考虑的项目执行决策，通过对合同的补充保障公共利益，提高社会整体福利水平
			机会主义再谈判	特许经营授权过程中，政府相信价格较低的机会主体投标者，而中标人利用再谈判实现项目过程的财务平衡
2	陈富良	再谈判	缔约前再谈判	合同签订前或签订过程中，合同双方为了保证合同的完全性和自身利益最大化，进行多次协商探讨的过程
			缔约后再谈判	合同达成后，在履约阶段由于专用性资产的形成和风险可预测难度的降低，参与人被动选择再谈判方式

由以上情形可以看出，无论是政府还是社会资本发起再谈判，其结果基本包括两种情形：一种是帕累托情形下的再谈判，目的是为了保证公众利益，提高社会福利，弥补合同不完全损失，通过再谈判修正事前合同解决执行中出现的问题；另一种是机会主义下的再谈

判，目的是在再谈判机会出现后，利用竞争优势争取自身利益，弥补招投标过程中的不足。

2. 再谈判的综合分析研究

（1）再谈判诱因与影响　项目领域诱发再谈判的因素众多，尤其对于合作期限较长、权责复杂的 PPP 项目，引发再谈判的原因更是错综复杂。孙慧等认为政治经济法律环境、特许权合同完全性、监管不合理、激励机制缺失、风险分担不合理是诱发 PPP 项目再谈判的主要原因；王芳芳和董骁在研究城市水业特许经营项目再谈判时认为，制度框架不完善、特许者选择过于随意、政策和法律释义不一以及公私部门目标差异是导致城市水业特许经营再谈判混乱的关键要素；Gong 将原因归结于政治环境、经济环境、社会环境、技术环境的改变上；陈富良和刘红艳则将 PPP 项目再谈判的诱因归结为政府承诺能力的严重缺失，具体是社会技术的改进、生产效率的提高、经营环境的转变、外资利益的诱惑导致政府在合作期间承诺能力降低，其他学者总结诱发再谈判的因素如表 10-5 所示。

表 10-5　再谈判诱发因素

序号	作　者	分析角度	标　准	内　容
1	Ho	PPP 项目再谈判博弈分析	持续时间长	项目持续时间较长、不确定性事件非常多
			利益交织	PPP 项目交织着公、私、民众等众多部门利益
			本质是合作	公私合作状态容易受到政策、官员升迁影响
2	吴淑莲[11]等	土地整治 PPP 项目再谈判	利益矛盾	公私部门在土地整治过程中存在利益矛盾，问题扩展到项目经营阶段则会诱发多次再谈判
			土地整治项目周期长	规划设计不周、资金拨付不及时、施工时间较短、乡镇配合积极性低导致整治周期的延长
			土地整治协调难度大	整治归口单位不同，缺乏信息沟通交流机制，存在严重的信息不对称，存在难以协调的情况
			管理不规范	土地整治工序复杂，暗箱操作机会较多
3	夏立明	诱发原因	合同不完全	有限理性、交易成本、环境变化决定合同不完全必然存在；刚性条款限制交易双方能动性
			规制不足	服务价格上限比固定投资收益和合同条款比具体制度的规制更容易诱发项目的再谈判
			外部环境变化	不确定性的外部环境变化造成再谈判
			私人机会主义	私人部门低价中标，通过项目再谈判来弥补
			政府方机会主义	政府方为推进项目的进度，仓促上马 PPP

在长期的项目合作过程中，特许经营权授权方式的不当、法律框架的不完善、监督主体缺失、风险分担不合理以及合同约定不完全等均能导致项目再谈判的发生，是发承包双方需要重新协商确定利益分配的必要程序。基于合作的再谈判能够使交易方意识到增加社会剩余带来的长期回报，有利于激励其为对方着想，提高社会福利。然而项目再谈判进行不当会削弱特许授权竞争的效果，背离政府与社会资本之间的合作构想，降低特许经营效益和公众福利，增加特许经营者的机会主义倾向。对于私人部门来说，通过再谈判可以利用信息优势扭转事前签约的不利地位，扩大再谈判情境下获取不当利益的空间、改变风险分担比例。对于项目来说则会增加投资与实施周期，具体表现为：特许经营者利用项目建设经验和政府专用性投资获得再谈判地位优势，不合理延长建设期；不确定性风险导致建设成本增加，特许经

营者通过提高收费标准来弥补建设成本的投入，保证回收率；私营部门利用政府专用资产投资的不利地位要求其追加投资或改变利益分配比例，结果造成财政投资责任加重。

（2）再谈判程序与规范　再谈判的关键组成包括谈判的目标、谈判的方式和谈判的结果。其中 PPP 项目再谈判涉及众多利益主体和目标诉求，其效用函数受到经济、地位、策略和政治环境多方影响；再谈判采取的方式应当是一个决策者、提供者、消费者共同参与的决策机制；而再谈判结果则取决于利益相关者的力量分配。而这三个因素也决定了再谈判的基本程序，即意见表示方式、信息沟通渠道、矛盾分歧聚焦和一致意见形成。在规范 PPP 项目再谈判程序时，吴淑莲和孙陈俊妍结合土地整治项目提出，应当完善再谈判相关的制度和合同示范文本，为政府和社会资本之间建立平等对话机会提供支持。夏立明则提出合同治理、外部规制、关系植入和全生命周期理念，其中：合同治理包括提高合同完全性，拟定触发再谈判的事件或其阈值，建立一个具有适当柔性的合同体系防范再谈判以及在合同中具体制定再谈判的程序、标准和风险分担；外部规制则包括增强招投标程序透明度、实施透明法案、增强进入规制和建设项目委员会；关系植入则是指建立沟通交流机制，妥善处理争议；同时以全生命周期视角规划关键信息、绩效指标的掌握。由此来综合保证项目再谈判程序的规范性。

（3）再谈判效率描述　再谈判作为一种市场交易行为，并不具有一般生产意义上的原材料投入与产品输出的性质，但是可以理解为谈判人力资本与物质成本投入、争议纠纷产出等狭义上的生产活动。按照时间、物质、价值三个效率维度描述的要求，可以将再谈判效率定义为：在谈判人力、物力成本一定的情况下，争议纠纷处理时间的长短，以及合同关系维持的稳定程度。对于具体的纠纷事件，在谈判人力、物力投入一定的情况下，再谈判效率可以表示为时间投入的多少，时间越短效率越高；或者对于固定的谈判人力、物力投入，在一定的时间内，解决纠纷事件越多效率越高；当然，在具体评价再谈判行为效率时，还应兼顾对合同关系稳定性的分析，也即谈判事件处理的效果或再谈判创造的价值。由此，本书绘制出再谈判行为投入产出过程示意图，如图 10-9 所示。

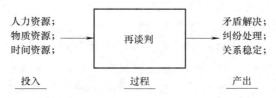

图 10-9　再谈判行为投入产出过程示意图

由图 10-9 可以看出，再谈判效率反映的是与合同关系稳定程度有关的，是再谈判行为资源投入与矛盾纠纷处理时间的比率。再谈判行为效率改善包括技术效率提升和配置效率提升两个方面，其中技术效率主要是指再谈判程序启动、再谈判程序执行与再谈判程序调整等效率；配置效率则是指再谈判人员素质、物质资源、时间资源等与谈判方式匹配的效率、不同谈判方式与谈判内容匹配的效率。由此可以看出，影响再谈判效率的关键因素包括再谈判程序启动的难易程度、再谈判程序执行的顺畅程度、再谈判程序调整的空间、谈判人员素质能力、再谈判物质资源投入大小、再谈判时间长短，以及再谈判资源投入（决定了方式）与谈判事件的匹配程度。

10.3.2 再谈判的层级类别划分

再谈判是重要的处理工程项目不完全合同自然事件、或然事件以及纠纷事件的合同内机制，是在锁定双边关系中避免敲竹杠的有效手段。再谈判效率受技术效率和配置效率两个方面影响，其中技术效率主要是反映具体再谈判方式在解决工程合同事件中的解决能力；配置效率主要是反映再谈判投入资源与再谈判方式的匹配（避免资源浪费）、再谈判方式与再谈判事件的匹配。索赔、签证、变更、调价以及和解调解是目前国内主要的处理工程项目事件的再谈判方式。

1. 再谈判方式存在的问题

目前，再谈判主要存在以下三个问题：

（1）合同的不完全诱致合同再谈判的事件未得到全面的识别和分类　不完全理性与不完全信息导致工程项目合同不完全成为必然，然而在工程项目执行过程中，合同的不完全到底会诱致什么事件发生，发生的事件具体包括哪些情形还未得到合理的归纳。

（2）现有再谈判方式的执行程序和资源投入存在明显的不合理地方　签证、变更、调价、索赔与和解调解等在处理合同内事件时，已经具有相对固定的程序，然而在实践操作过程中仍旧存在人力、物质资源投入与执行程序上的明显漏洞，以至于难以发挥不同再谈判方式的优势，造成资源浪费。

（3）再谈判方式和具体纠纷事件未得到合理的匹配　签证是发承包双方代表处理工程施工现场或然事件的有效措施，索赔是补偿非己方责任损失的重要再谈判方式，变更则是修正工程项目设计和施工准则的有效渠道，调价是应对政府指导价格变化等风险的调解手段，和解调解是处理合同关系的交易双方对话机制。然而，在目前工程实践过程中，再谈判事件却未和合适的再谈判方式进行匹配，例如发承包双方更乐于使用现场签证来处理工程施工责任事件，程序不当导致合同纠纷的发生。

2. 广义的再谈判和狭义的再谈判

基于工程实践，本书提出广义和狭义的再谈判。广义的再谈判包括事件层级和项目层级两类，而狭义的再谈判只是指项目层级再谈判。

（1）基于合同状态补偿的事件层级再谈判　事件层级再谈判是指可以按照合同中已规定的程序和原则自动处理发生的不确定事件的方式。此类再谈判是对合同状态的补偿，不需要双方进行面对面的协商，具体包括工程项目实施过程中已经形成的比较成熟的签证、变更、调价、索赔等再谈判方式。工程项目实施具有长远的历史，无论是发包人还是承包人均在长期、多次的市场交易和工程实践中积累了大量的合同管理经验。为了快速应对常见的不稳定因素与或然事件，在工程合同中安排了具体的状态补偿条款，即签证、变更、调价、索赔等处理机制，当预期自然事件与或然事件发生后，双方即可以按照约定的再谈判方式进行处理。由此也为不完全合同的执行节约了交易成本。

（2）基于合同状态补充的项目层级再谈判　项目层级再谈判是指按照合同规定的程序和原则处理合同未规定具体处理机制的事件的处理方式。此类方式是对合同状态的补充，没有明确的程序可以执行，不能按照合同自动进行，主要是指合同约定自然事件与或然事件处理机制之外的"和解调解"，是发承包双方在合同内直接对话的再谈判。不完全合同包括合同有缺口和存在不可证实条款两种情形。事件层级再谈判方式主要解决合同预期到的自然事件与或然事件，而项目层级再谈判则主要用来处理合同中未约定的事件、合同条款存有争议的事件以及事件层级再谈判处理不当引发的纠纷事件。与合同内已规定明确的处理程序和原则、可以自动解决的事件层级再谈判相比，项目层级再谈判即和解调解是处理不能按合同约定程序自动处理的事件，需要双方面对面进行的再谈判方式。而相比仲裁和诉讼，和解调解属于没有第三方强制的裁决结果的合同内解决机制范畴，仍是双方自愿协商进行处理不确定事件的方式。因此，本书不再如其他研究工程纠纷解决方式的文献中那样，将和解与调解作为两种方式分开论述，而是将其作为一种项目层级再谈判方式进行表述和分析。两个层级再谈判具体划分如图 10-10 所示。

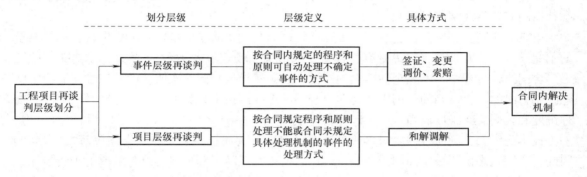

图 10-10　事件层级再谈判与项目层级再谈判划分示意图

　　工程项目再谈判的目的是妥善处理不完全合同下发生的自然事件与或然事件，是寻求合同内解决的重要手段，是避免第三方证实不公与资源浪费的有效举措。再谈判层级划分也是实现再谈判制度优化的必然要求。

10.3.3　再谈判本质是状态补偿

　　不确定性事件的发生以及合同条款约定的不完整导致了工程项目事件层级和项目层级再谈判的必然发生。通过事件层级再谈判对工程项目合同进行补偿和项目层级对合同的补充则是实现合同关系由不稳定到稳定转变的重要途径。由此可知，工程项目中出现的不确定性事件以及合同中未预见的或然事件发生导致了合同关系的变化，具体表现为合同状态的不稳定，而发承包之间通过事件层级和项目层级再谈判来协调处理合同关系，则是实现合同内补偿和合同外补充的重要手段，也是合同状态由不稳定向稳定转变的过程。因此，对于工程项目事件层级和项目层级再谈判与合同状态之间的关系可以表述如下：

　　第一，工程项目再谈判是实现合同状态不稳定向稳定转变的重要手段。合同的三维状态模型将合同状态描述为时间、物理和合同关系三个维度，其中再谈判即按照合同关系处理打破物理边界与时间边界事件的过程；而一旦谈判的事件超越现有合同关系的约束范围，即合同出现缺口或无法证实，则需要通过调整合同关系来处理打破物理边界与时间边界的事件。前者通常表现为事件层级的再谈判，后者则多是项目层级的再谈判。由此，可以将不稳定的合同状态归于稳定状态。

　　第二，工程项目再谈判是实现不完全合同状态补偿的自我实施机制。Klein 和 Hart 在不完全合同治理研究中，虽然前者重点关注合同后的制度设计，后者关注合同前的所有权配置，但均是在合同内研究不完全合同的解决机制。工程项目再谈判的对话双方是发包人和承

357

包人，是交易合同的对应主体，基于不完全合同的共识，双方利用再谈判解决矛盾纠纷与合同缺口是典型的自我实施机制。此种解决方式优点体现在三个方面：①双方面对长期的双务合同关系，需要多次处理不完全合同带来的意见分歧，而利用再谈判方式进行解决，能够有效节约不完全合同的履行成本费用；②合同内的再谈判有利于保持双方的交易合同关系，通过充分的交流与沟通能够更好地表达自己的观点与主张，为协调解决双边争议提供快速通道；③合同内再谈判能够有效避免第三方意见的干预，如果将不完全合同带来的纠纷诉诸法院，不但会导致第三方力量的强加干预，浪费成本费用，同时第三方证实能力的有限性，必然导致合同处理的不公平或效率低下。因此，再谈判是不完全合同履行过程中，实现合同状态补偿的有效自我实施机制。

第三，合同状态回归稳定是衡量工程项目再谈判效率的重要指标。工程项目合同是典型的不完全合同，并且具有双边专有性投资、双边关系锁定以及承包人"乐于敲竹杠"的特点。合同执行过程中，不完全性因素的广泛存在必然导致合同状态改变的常态性，而稳定状态则是暂时的。再谈判的作用则体现在对合同状态偏离稳定状态的调整，包括时间维度、物理维度和合同关系维度。在进行工程项目再谈判效率评价时，一方面需要关注再谈判人力、物力成本的投入，同时也需要对再谈判持续时间进行关注，还需要兼顾合同关系友好程度。因此，合同状态由不稳定回归稳定的过程以及速率是反映工程项目再谈判效率的重要指标。

不完全合同导致了合同物理边界、时间边界与合同关系的不稳定，也即合同状态的不稳定。再谈判则是综合处理物理边界被打破、时间边界被打破以及合同关系不协调的重要手段。因此，工程项目再谈判是实现合同状态由不稳定向稳定转变的有效措施，是实现合同状态补偿有效的合同内自我实施机制，同时合同状态回归稳定的效果也是衡量再谈判效率的重要指标。

10.3.4　索赔再谈判的实践应用

1. 索赔再谈判的基本类型

索赔再谈判的分类标准大致按索赔目的、索赔依据、索赔处理方式、索赔事件性质和索赔对象五方面进行分类。通过对文献中索赔再谈判类型对应的情形进行分析得出，能够通过索赔再谈判方式解决的事件类型包括勘察设计错误、工程变更、合同文件错误、发包人及代理人行为违约与错误、承包分包行为违约与错误、项目干扰事件、外部不利自然环境干扰、外部不利社会环境干扰、项目决策改变九种情形。

2. 索赔再谈判的事件及内容

索赔再谈判事件在现有相关法律法规文件中已有较全面和明确的规定，甚至对于各事件的可索赔内容，即费用、工期和利润都可以较准确地进行识别。基于此，本书对 99 版 FIDIC 新红皮书、《合同法》与 13 版《清单计价规范》、07 版《标准施工招标文件》（13 年修订）四个文件进行梳理，总结出条款规定的各索赔事件及其可索赔内容。

（1）基于 99 版 FIDIC 新红皮书的索赔再谈判诱发事件分析　FIDIC 是国际上开展工程施工合同研究经验丰富的组织，其颁布的示范文本对国际工程施工进行了较全面的总结和概括，因此从中识别诱发合同状态改变、触发再谈判的事件将会有重要的参考意义。具体识别结果如表 10-6 所示。

表 10-6　99 版 FIDIC 新红皮书诱发索赔再谈判事件识别

序号	名　称	条　款　号	条款主体内容	内　容
1		1.9	延误的图纸或指示	C + P + T
2		2.1	现场进入权	C + P + T
3		3.3	工程师的指示	C + P + T
4		4.6	合作	C + P + T
5		4.7	放线	C + P + T
6		4.12	不可预见的物质条件	C + T
7		4.24	化石（施工中发现化石、硬币、有价值古物）	C + T
8		7.2	样品	C + P
9		7.4	试验	C + P + T
10		8.3	进度计划	C + P + T
11		8.4	竣工时间的延长	C + T
12		8.5	当局造成的延误	T
13		8.8/8.9/8.11	暂时停工；暂停的后果；拖长的暂停	C + P + T
14		9.2	延误的试验	C + P + T
15		10.2	雇主提前占用工程	C + P
16		10.3	对竣工检验的干扰	C + P + T
17	FIDIC	11.2	修补缺陷的费用	C + P
18	可引用的	11.6	进一步的试验	C + P
19	明示条款	11.8	承包人调查	C + P
20		12.3/12.4	工程变更删除工作内容导致损失	C
21		13.1	变更权	C + P + T
22		13.2	价值工程	C
23		13.5	暂定金额	C + P
24		13.7	因法律改变的调整	C + T
25		13.8	因成本改变的调整	C
26		15.5	雇主终止的权利	C + P
27		16.1	承包人暂停工作的权利	C + P + T
28		16.2/16.4	由承包人终止：终止时的付款	C + P
29		17.3/17.4	发包人的风险：雇主风险的后果	C + P + T
30		17.5	知识产权和工业产权	C
31		18.1	有关保险的一般要求	C
32		19.4	不可抗力的后果	C + T
33		19.6	自主选择终止、付款和解除	C
34		19.7	根据法律解除履约	C
1		1.3	通信交流	C + P + T
2		1.5	文件优先次序	C + P + T
3	FIDIC	1.8	文件的照管和提供	C + P + T
4	可引用的	1.13	遵守法律	C + P + T
5	默示条款	2.3	发包人人员	C + T
6		2.5	发包人的索赔	C
7		3.2	由工程师委托	C + P + T

（续）

序号	名 称	条 款 号	条款主体内容	内 容
8	FIDIC可引用的默示条款	4.2	履约保证	C
9		4.10	现场数据	C + T
10		4.20	发包人设备和免费供应的材料	C + P + T
11		5.2	对指定的反对	C + T
12		7.3	检验	C + P + T
13		7.6	修补工作	C + P + T
14		8.1	工程的开工	C + P + T
15		8.12	复工	C + P + T
16		12.1	需测量的工程	C + P

注：其中 C 表示费用索赔，T 表示工期索赔，P 表示利润索赔。

（2）《合同法》与 13 版《清单计价规范》再谈判诱发事件分析 《合同法》与 13 版《清单计价规范》是目前规范我国建筑市场交易和发承包双方行为重要的参考准则，是工程项目建设过程中规范合同条款执行和调整的参考，因此本书对其规定的诱发再谈判的事件进行分析和归纳，具体如表 10-7 所示。

表 10-7 《合同法》与 13 版《清单计价规范》中诱发再谈判事件识别

序号	名称	责任	条款主体内容	条款/性质
1	《合同法》	发包人	发包人在妨碍承包人正常施工情况下检查进度和质量	第二百七十七条
2			发包人未能及时检查验收隐蔽工程	第二百七十八条
3			竣工后发包人未及时进行验收、接收工程	第二百七十九条
4			发包人未经验收及验收不合格，提前使用工程	第二百七十九条
5			发包人未按照合同约定提供场地、技术	第二百八十三条
6			发包人未按照合同约定提供材料、设备	第二百八十三条
7			发包人原因使工程中途停建、缓建	第二百八十四条
8			发包人提供的招标文件资料不准确	第二百八十四条
9			发包人未按照合同约定及时提供勘察、设计资料	第二百八十四条
10			发包人施工过程中进行工程变更	第二百八十五条
11			发包人未按照合同约定支付工程价款	第二百八十六条
12		承包人	承包人原因导致建设工程质量不合格	第二百八十一条
13			承包人原因导致工程合理使用期限内人身和财产损害	第二百八十二条
14	13 版《清单计价规范》	发包人	项目实施中法律法规规章及政策变化	外部环境
15			省级及行业主管部门发布人工费调整规定	
16			政府定价或指导价格管理的原材料价格调整	
17			施工过程中出现工程变更情形	合同风险
18			招标文件中招标工程量清单缺陷	
19			招标文件中招标工程量清单特征不符	
20			招标文件中招标工程量清单数量偏差	
21		承包人	承包人使用机械设备、施工技术及组织管理造成损失	行为技术
22		双方	项目建设过程中由于市场物价波动影响合同价款	外部风险
23			施工过程中出现不可抗力情形，造成经济损失	

（3）07 版《标准施工招标文件》（13 年修订）再谈判诱发事件分析　07 版《标准施工招标文件》（13 年修订）是我国目前进行工程项目招标的指导性规范，该文件提供的通用合同条款是在总结实际施工技术和特殊事件处理中凝练而成的，对发承包双方具有较大的参考作用。基于此本书对其诱发再谈判的事件的合同条款进行分析和归纳。具体归纳结果如表 10-8 所示。

表 10-8　07 版《标准施工招标文件》（13 年修订）可诱发再谈判条款

序号	名　称	条　款　号	条款主体内容	内　容
1		1.6.1	发包人延迟提供图纸	C+P+T
2		1.6.2	承包人提供的文件（大样图、加工图等）	C
3		1.10.1	施工中发现文物、考古价值遗迹、化石	C+T
4		1.11.1	承包人侵犯专利或知识产权引发责任	C
5		2.3	延迟提供施工场地	C+P+T
6		4.1.7	承包人侵害发包人与他人使用公用道路、水源、市政管网等权利	C
7		4.1.9	工程接收证书前，工程维护与监管不当	C
8		4.11	施工中遇到不利物质条件	C+T
9		5.2.6	发包人提供材料、工程设备不合格或延迟提供或变更交货地点	C+P+T
10		5.4.3	发包人更换其提供的不合格材料、工程设备	C+P+T
11		8.3	承包人依据发包人提供的错误资料导致测量放线错误	C+P+T
12		9.2.6	因发包人原因造成承包人人员工伤事故	C
13		11.4	异常恶劣的气候条件导致工期延误	T
14		11.6	发包人要求提前竣工	C
15	07 版《标准施工招标文件》（13 年修订）	12.2	发包人暂停施工造成工期延误	C+P+T
16		12.4.2	工程暂停后因发包人原因导致无法按时复工	C+P+T
17		13.1.3	因发包人原因导致承包人工程返工	C+P+T
18		13.5.3	监理人对已经覆盖的隐蔽工程要求重新检查且检查结果合格	C+P+T
19		13.5.4	承包人私自覆盖隐蔽工程	C
20		13.6.1	承包人使用不合格材料、工程设备、施工工艺	C
21		14.1.3	承包人应监理要求对材料、工程设备和工程重新检验且检验结果合格	C+P+T
22		15	变更	C+P+T
23		16.1	物价波动	C
24		16.2	基准日后法律的变化	C
25		18.4.2	发包人在工程竣工前提前占用工程	C+P
26		18.6.2	因发包人的原因导致工程试运行失败	C+P
27		18.7.2	承包人未按要求恢复临时占用地	C
28		19.2.3	工程移交后因发包人原因出现新的缺陷或损坏的修复	C+P
29		19.4	工程移交后因发包人原因出现的缺陷修复后的试验和试运行	C+P
30		21.3.1（4）	因不可抗力停工期间应监理人要求照管、清理、修复工程	C
31		21.3.1（4）	因不可抗力造成的工期延误	T

注：其中 C 表示费用索赔，T 表示工期索赔，P 表示利润索赔。

对比分析表 10-6、表 10-7 和表 10-8，99 版 FIDIC 新红皮书和 07 版《标准施工招标文件》（13 年修订）对索赔再谈判的事件情形和每类情形发生可索赔的费用、工期和利润进行了详细的规定。因《合同法》是上位法且涉及内容较广，只规定了很常见的索赔再谈判事件，但对各事件的责任划分较清晰。而 13 版《清单计价规范》对各索赔再谈判事件的描述角度不同且较学术与概括，但细究其对应的具体事件情形与其他三个文件还是相吻合的。因此，对于索赔再谈判的事件和内容，本书给予的观点是：国际类工程项目采用 99 版 FIDIC 新红皮书的规定较合理，对于国内工程项目采用 07 版《标准施工招标文件》（13 年修订）更符合实际国情和工程实践。

3. 索赔再谈判的依据与证据

依据是指法律、法规规范等不需要质证的材料，证据则是书证、物证等需要质证才能成立的依据。索赔再谈判过程中，发承包双方要遵循"以合同为准则，以事实为依据"的原则，依据和证据的有效性直接决定了索赔再谈判的成功与否，所以在索赔再谈判中发承包双方最重要的任务之一就是尽可能提供证明力较强的依据和证据。那么项目实施中哪些文件和资料可以作为依据与证据是发承包双方首先需要明白的关键问题。因此，本书根据相关学者列举出的众多索赔再谈判依据和证据，从合同文件、施工相关资料和法律法规文件三方面进行探讨。各类包含具体依据和证据资料详见图 10-11 所示。

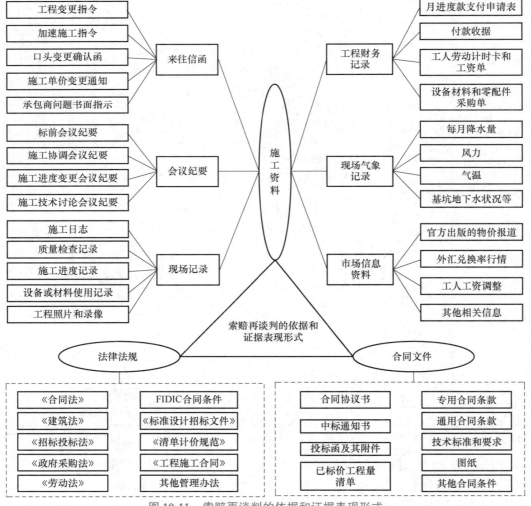

图 10-11　索赔再谈判的依据和证据表现形式

由 10-10 图可以看出，施工资料对整个索赔再谈判的成功起着很重要的作用，其资料种类繁多，呈现的具体形式也各式各样。且这些资料基本都在施工过程中生成，资料签认或制作时一方面可能由于工作人员的不认真、不负责产生错误或纰漏，甚至可以造假等现象，另一方面就是资料收集和保存的不及时、不完整。这些都能够影响索赔再谈判的结果，进而影响因索赔事件引起的合同状态改变的补偿效果。

4. 索赔再谈判的处理程序

实践中的索赔再谈判是按合同内约定程序进行自我实施机制解决双方矛盾的最后一个关卡。索赔再谈判通常是承包人主动提出的，对于施工中签证不能、变更不能和调价不能等遗留问题，承包人一般会选择通过索赔再谈判弥补自己的损失，取得经济补偿。但索赔事件的处理要按照一定的程序进行，所以对索赔事件的处理程序就直接关乎发承包双方之间的利益分配问题。由此，相关法律法规文件如 99 版 FIDIC 新红皮书、07 版《标准施工招标文件》（13 年修订）、13 版《清单计价规范》和 17 版《工程施工合同》对索赔再谈判的程序均有较详细的规定。其中后三者属于我国工程实践的使用范畴，但它们也是借鉴 99 版 FIDIC 新红皮书来制定的，其内容规定基本一致。具体程序如图 10-12 所示。

363

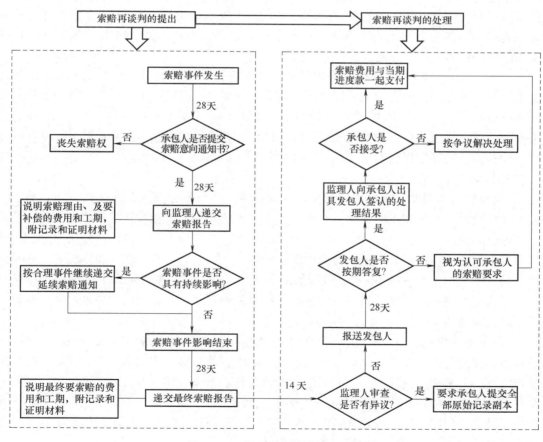

图 10-12　索赔再谈判的处理程序

由图 10-12 可知，索赔事件发生引起索赔再谈判的程序一般分为索赔提出和索赔处理两部分。其中整个程序最明显的关键点是时间的限制，从事件发生→索赔意向通知书的提交→索赔报告→最终索赔报告→发包人的答复，每一环节均有时限，且均为 28 天。特别需要注意的是提出索赔意向通知书的时间，如果承包人在索赔事件发生之后 28 天仍未提交索赔意向通知书的，则再无此项事件的索赔权，则无法对已造成的合同状态改变。此外，程序中任一环节出现问题都将影响到索赔再谈判结果，决定着合同状态的补偿程度，即索赔方最终获得的费用或工期延长的补偿大小。

10.4 常见的索赔事项引起的合同价款调整

10.4.1 发包人原因导致的索赔引起的合同价款调整

1. 概念界定

发包人原因导致的索赔是指因发包人主观原因引起的索赔，主要包括发包人提供的材料和工程设备不符合合同要求、发包人提供基准资料错误导致承包人的返工或造成损失、发包人原因引起的暂停、发包人原因导致的工期延误、监理人对隐蔽工程重新检查且经检验证明工程质量符合合同要求等事项引起的索赔。13 版《清单计价规范》将提前竣工（赶工补偿）引起的索赔作为合同价款调整的单独一节进行说明，本书将提前竣工（赶工补偿）该类索赔的相关概念做出重点阐述。

（1）赶工补偿　赶工补偿有狭义和广义两种理解，狭义的理解仅是指工期提前的情况下赶工所支付的费用，即实际工期比合同工期提前的情况；广义的理解包括工期拖延和工期提前两种情况下赶工所支付的费用，其中工期拖延是指由于非承包人原因导致工期延误时，即可原谅延误，承包人应发包人的要求而采取加快工程进度措施，实际工期超过原合同工期，但比补偿后的工期提前的情况。

（2）提前竣工

1）提前竣工的概念。提前竣工可分为两种情况：一种是在合同工期之前完工；另一种是由于非承包人原因导致工期延误，承包人应发包人的要求而采取加快工程进度措施，使实际工期超过原合同工期，但在补偿后的工期之前完工。只有当那些与规定的竣工日期相关的关键路线上的活动，由于非承包人等原因发生延误时，承包人才有权获得工期延长。在承包人提交的进度计划中有一项或一系列活动出现时差，并且发生非承包人责任的延误的情况下，承包人将无权获得工期延长，直到所有这些时差被消除，受影响的一项或一系列活动又重新落到关键路线上。

2）提前竣工费的概念。13 版《清单计价规范》第 2.0.25 条规定：提前竣工（赶工）费是承包人应发包人的要求而采取加快工程进度措施，使合同工程工期缩短，由此产生的应由发包人支付的费用。同时在 13 版《清单计价规范》条文说明中规定，提前竣工（赶工）费是对发包人要求缩短相应工程定额工期或要求合同工程工期缩短产生的应由发包人给予承包人一定补偿支付的费用。根据 07 版《标准施工招标文件》（13 年修订）中索赔相关条款的规定，将发包人原因导致的索赔归纳如表 10-9 所示。

表 10-9　发包人原因导致的索赔的条款

| 序号 | 07 版《标准施工招标文件》（13 年修订） | | 可索赔内容 |
	条款号	条款内容	
1	11.3	迟延提供图纸	C + P + T
2	2.3	迟延提供施工场地	C + P + T
3	11.3	发包人提供材料、工程设备不合格或迟延提供或变更交货地点	C + P + T
4	8.3	承包人依据发包人提供的错误资料导致测量放线错误	C + P + T
5	12.2	发包人暂停施工造成工期延误	C + P + T
6	12.4	工程暂停后因发包人原因无法按时复工	C + P + T
7	13.1	因发包人原因导致承包人工程返工	C + P + T
8	13.5	监理人对已经覆盖的隐蔽工程要求重新检查且检查结果合格	C + P + T
9	14.1	承包人应监理人要求对材料、工程设备和工程重新检验且检验结果合格	C + P + T
10	18.6	发包人的原因导致试运行失败的	C + P
11	19.2	工程移交后因发包人原因出现新的缺陷或损坏的修复	C + P
12	11.6	发包人要求承包人提前竣工	C
13	14.1	发包人要求向承包人提前交付材料和工程设备	C
14	20.2	因发包人原因造成承包人人员工伤事故（尚未找到文件依据）	C

注：其中 C 表示费用索赔，T 表示工期索赔，P 表示利润索赔。

根据表 10-9 可知，07 版《标准施工招标文件》（13 年修订）及 99 版 FIDIC 新红皮书对发包人原因导致的索赔所规定的事项大致相似。针对 07 版《标准施工招标文件》（13 年修订）中的上述条款对可索赔内容的规定，将发包人原因导致的索赔根据可索赔内容的不同大致分为三类：可索赔工期、费用及利润；可索赔费用及利润；可索赔费用。

2. 可索赔事项分类

（1）可索赔工期、费用及利润　由表 10-9 可知，由于发包人的工期延误，延误提供施工场地，发包人提供材料、工程设备不合格或迟延提供或变更交货地点等事项时，承包人可向发包人索赔费用、利润和工期。

1）发包人原因引起的工期延误。07 版《标准施工招标文件》（13 年修订）第 11.3 款规定，在合同履行过程中，由于发包人的一些原因造成工期延误的，承包人有权要求发包人延长工期和增加费用，并支付合理的利润。这些原因包括：①增加合同工作内容；②改变合同中任何一项工作的质量要求或其他特性；③发包人迟延提供材料、工程设备或变更交货地点的；④因发包人原因导致的暂停施工；⑤提供图纸延误；⑥未按合同约定及时支付预付款、进度款；⑦发包人造成工期延误的其他原因。

2）测量放线错误。发包人对其提供的测量基准点、基准线和水准点及其书面资料的真实性、准确性和完整性负责。发包人提供上述基准资料错误导致承包人测量放线工作的返工或造成工程损失的，发包人应当承担由此增加的费用和（或）工期延误，并向承包人支付合理利润。

3）暂停施工及复工。由于发包人原因引起的暂停施工造成工期延误的，承包人有权要求发包人延长工期和（或）增加费用，并支付合理利润。暂停施工后，监理人应与发包人和承包人协商，采取有效措施积极消除暂停施工的影响。当工程具备复工条件时，监理人应立即向承包人发出复工通知。承包人收到复工通知后，应在监理人指定的期限内复工。承包人无故拖延和拒绝复工的，由此增加的费用和工期延误由承包人承担；因发包人原因无法按时复工的，承包人有权要求发包人延长工期和（或）增加费用，并支付合理利润。

4）对隐蔽工程的检验。隐蔽工程部位在覆盖前应进行检查。首先是承包人自行检查确定。经承包人自检确认的工程隐蔽部位具备覆盖条件后，承包人应通知监理人在约定的期限内检查。承包人的通知应附有自检记录和必要的检查资料。监理人应按时到场检查。经监理人检查确认质量符合隐蔽要求，并在检查记录上签字后，承包人才能进行覆盖。监理人检查确认质量不合格的，承包人应在监理人指示的时间内修整返工后，由监理人重新检查。若在承包人自行检查隐蔽工程部位质量后，监理人对质量有疑问的，可要求承包人对已覆盖的部位进行钻孔探测或揭开重新检验，承包人应遵照执行，并在检验后重新覆盖恢复原状。经检验证明工程质量符合合同要求的，由发包人承担由此增加的费用和（或）工期延误，并支付承包人合理利润；经检验证明工程质量不符合合同要求的，由此增加的费用和（或）工期延误由承包人承担。

5）材料、工程设备和工程的试验和检验。监理人对承包人的试验和检验结果有疑问的，或为查清承包人试验和检验成果的可靠性，要求承包人重新试验和检验的，可按合同约定由监理人与承包人共同进行。重新试验和检验的结果证明该项材料、工程设备或工程的质量不符合合同要求的，由此增加的费用和（或）工期延误由承包人承担；重新试验和检验结果证明该项材料、工程设备和工程符合合同要求，由发包人承担由此增加的费用和（或）工期延误，并支付承包人合理利润。

（2）可索赔费用及利润 可索赔费用及利润的事项包括发包人的原因导致试运行失败的、工程移交后因发包人原因出现新的缺陷或损坏的修复。由于承包人的原因导致试运行失败的，承包人应采取措施保证试运行合格，并承担相应费用。由于发包人的原因导致试运行失败的，承包人应当采取措施保证试运行合格，发包人应承担由此产生的费用，并支付承包人合理利润。缺陷责任期内，发包人对已接收使用的工程负责日常维护工作。发包人在使用过程中，发现已接收的工程存在新的缺陷或已修复的缺陷部位或部件又遭损坏的，承包人应负责修复，直至检验合格为止。监理人和承包人应共同查清缺陷和（或）损坏的原因。经查明属承包人原因造成的，应由承包人承担修复和查验的费用。经查验属发包人原因造成的，发包人应承担修复和查验的费用，并支付承包人合理利润。

（3）可索赔费用 可索赔费用的事项包括发包人要求承包人提前竣工、发包人要求向承包人提前交付材料和工程设备等。这里重点分析发包人要求承包人提前竣工的情形。

1）赶工补偿费用的构成。发包人要求合同工程提前竣工，应征得承包人同意后与承包人商定采取加快工程进度的措施，并修订合同工程进度计划。发包人应承担承包人由此增加的提前竣工（赶工补偿）费。其费用构成包括：①人工费，包括因发包人指令工程加速造成增加劳动力投入、不经济地使用劳动力使生产效率降低、节假日加班、夜班补贴；②材料费，包括增加材料的投入、不经济地使用材料、因材料需提前交货给材料供应商的补偿、改变运输方式、材料代用等；③施工机具使用费，包括增加机械使用时间、不经济地使用机械、增加新设备的投入；④管理费，包括增加管理人员的工资、增加人员的其他费用、增加临时设施费、现场日常管理费支出；⑤分包商费用，分包商费用一般包括人工费、材料费、施工机具使用费等。

2）赶工补偿费用的计算方法。在合同签订之后，因发包人要求合同工程提前竣工，承包人不得不投入更多的人力和设备，采用加班或倒班等措施压缩工期，这些赶工措施可能造成承包人大量的额外花费，为此承包人有权获得直接和间接的赶工补偿。赶工补偿的计算有两种方法：一种是实际费用法，另一种是按约定的固定费用补偿。发承包双方需根据合同中的规定，确定赶工补偿的具体计算方式。赶工补偿费用的计算方法有：①实际费用法。提前竣工每日历天应补偿的赶工补偿费额度应在合同中约定，作为增加合同价款的费用，在竣工结算款中一并支付。应注意的是赶工补偿费用指的是"日历天"的费用，而不是"工作日"费用，即在周末和法定假日同样存在此费用。②约定的固定费用补偿。发包人要求合同工程提前竣工，应征得承包人同意后与承包人商定采取加快工程进度的措施，并修订合同工程进度计划。发包人应承担承包人由此增加的提前竣工（赶工补偿）费。

3）提前竣工工期的认定。根据工期的延误责任划分情况，提前竣工工期认定大致可分为三种情况：①由于非承包人原因造成工期拖延，发包人希望工程能按时交付，由工程师下达指令承包人采取加速施工措施。提前竣工工期＝非承包人原因导致的工期延误天数。②工程未拖延，由于市场等原因，发包人希望工程提前交付，与承包人协商采取赶工措施。提前竣工工期＝合同约定工期－实际完成工期。③由于发生干扰事件，已经造成工期拖延，但双方对工期拖延的责任产生争执，但发包人认为拖延是承包人的责任，并直接指令承包人加速施工，承包人被迫采取加速施工措施。但最终经承包人申诉或经调解、经仲裁，工期拖延为发包人责任，承包人工期索赔成功，但这时发包人的加速施工指令被推定为赶工情况，发包人应承担相应责任。提前竣工工期＝非承包人原因导致的工期延误天数。

13 版《清单计价规范》第 9.11.1 条规定："招标人应依据相关工程的工期定额合理计算工期，压缩的工期天数不得超过定额工期的 20%，超过者，应在招标文件中明示增加赶工费用。"提前竣工每日历天应补偿的赶工补偿费额度应在合同中约定，作为增加合同价款的费用，在竣工结算款中一并支付。此外，定额工期、招标文件要求的合理工期、发包人实际要求的提前竣工工期之间的关系如图 10-13 所示。

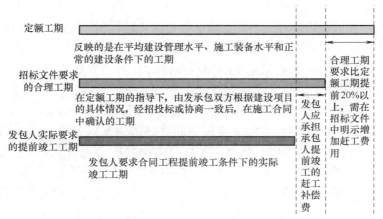

图 10-13　三种工期之间的关系

10.4.2　发包人应承担风险的索赔引起合同价款调整

1. 概念界定

发包人应承担风险的索赔是指由客观事实造成的，但应由发包人承担责任的索赔。这些事项包括如施工过程中发现文物、古迹以及其他遗迹、化石、钱币或物品，承包人遇到不利物质条件、不可抗力等事项。根据07版《标准施工招标文件》（13年修订）中索赔相关条款的规定，将发包人应承担风险的索赔归纳如表10-10所示。

表 10-10　发包人应承担风险的索赔的条款

序号	07版《标准施工招标文件》（13年修订）		可索赔内容
	条款号	条款内容	
1	1.10	施工中发现文物、古迹	C + T
2	4.11	施工中遇到不利物质条件	C + T
3	11.4	异常恶劣的气候条件导致工期延误	T
4	21.3	因不可抗力造成工期延误	T
5	5.2.4	提前向承包人提供材料、工程设备	C
6	21.3	因不可抗力停工期间应监理人要求照管、清理、修复工程	C

注：其中C表示费用索赔，T表示工期索赔，P表示利润索赔。

根据表10-10可知，由客观原因造成的损失，由发包人承担风险，分为三种情况：①化石文物，不利物质条件，只能索赔工期和费用；②异常恶劣气候和不可抗力只能索赔工期；③其他只能索赔费用的情况。

2. 可索赔事项

（1）可索赔工期和费用　可索赔工期和费用的事项包括施工中发现文物、古迹，施工中遇到不利物质条件。在施工场地发掘的所有文物、古迹以及具有地质研究或考古价值的其他遗迹、化石、钱币或物品属于国家所有。一旦发现上述文物，承包人应采取有效合理的保护措施，防止任何人员移动或损坏上述物品，并立即报告当地文物行政部门，同时通知监理人。发包人、监理人和承包人应按文物行政部门要求采取妥善保护措施，由此导致的费用增加和（或）工期延误由发包人承担。

除专用合同条款另有约定外，不利物质条件是指承包人在施工场地遇到的不可预见的自然物质条件、非自然的物质障碍和污染物，包括地下和水文条件，但不包括气候条件。承包人遇到不利物质条件时，应采取适应不利物质条件的合理措施继续施工，并及时通知监理人。监理人应当及时发出指示，指示构成变更的，按变更的约定办理。监理人没有发出指示的，承包人因采取合理措施而增加的费用和（或）工期延误，由发包人承担。

（2）可索赔工期　可索赔工期的事项包括异常恶劣的气候条件导致工期延误，因不可抗力造成工期延误，由于本书第11章为"不可抗力引起的合同价款调整"，因此不可抗力的情形在此处不再详细描述。07版《标准施工招标文件》（13年修订）第11.4款规定：由于出现专用合同条款规定的异常恶劣气候的条件导致工期延误的，承包人有权要求发包人延长工期。

（3）可索赔费用　可索赔费用的事项包括提前向承包人提供材料、工程设备，因不可抗力停工期间应监理人要求照管、清理、修复工程等。07版《标准施工招标文件》（13年修订）第5.2.1项规定，发包人提供的材料和工程设备，应在专用合同条款中写明材料和工程设备的名称、规格、数量、价格、交货方式、交货地点和计划交货日期等。且第5.2.4项规定，发包人要求向承包人提前交货的，承包人不得拒绝，但发包人应承担承包人由此增加的费用。07 版《标准施工招标文件》（13 年修订）第 21.3.1 项规定，发生不可抗力时，承包人的停工损失由承包人承担，但停工期间应监理人要求照管工程和清理、修复工程的金额由发包人承担。同样，13 版《清单计价规范》第 9.10.1 条第五款规定，工程所需清理、修复费用，应由发包人承担。

10.4.3　承包人原因引起索赔的合同价款调整

1. 概念界定

承包人原因引起的索赔包括承包人误期赔偿引起的索赔、承包人原因导致的合同终止、因承包人原因导致的工程缺陷造成发包人的损失。根据 13 版《清单计价规范》第 9.12 节，误期赔偿是较典型的承包人原因引起的索赔，因此将重点介绍误期赔偿的索赔。

（1）工期延误的概念　在工程项目施工过程中，由于很多不稳定因素的影响，包括社会条件、人为条件、自然条件和管理水平等，施工效率降低甚至停工，造成实际进度滞后于计划进度，形成了工期延误。工期延误是工程项目实施过程中的常见问题，它发生的原因也是多方面的，但无论是哪一方原因导致的工期延误，都可能造成一种均衡状态的破坏，失去补救的机会，导致工程延期费用增加。各方应承担己方责任，并补偿对方相应的损失，体现国际合作中及合同中权利和义务、风险和责任对等的原则。引起工期延误的事件有很多，应根据事前控制的原则，在合同签订阶段对工期延误与误期赔偿费条款详细约定，旨在明确发承包双方的权利和义务、风险和责任，以减少相关纠纷或争议的发生，将双方的经济损失降到最低。

（2）工期延误的责任划分　根据工期延误的责任是否完全由承包人承担，可将工期延误分为三大类：第一类为非承包人原因导致的工期延误，即发包人原因导致的和应由发包人承担风险导致的工期延误，如发包人未按合同约定履行义务或不可抗力等；第二类为发承包双方共同引起的工期延误；第三类为承包人原因导致的工期延误，即完全由承包人自身过失或由其选定的分包商、供货商等原因造成的延误。前两种工期延误在第 10.4.1 小节和第 10.4.2 小节已详述，在此只分析第三类承包人原因导致的工期延误。

由承包人自身过失造成的延误是真正意义上的不可原谅的延误，对于这种延误，承包人既不能获得工期延长，也不能获得费用补偿。承包人原因造成的工期延误往往是因承包人内部计划不周、组织协调不力、管理不当等原因引起的延误。例如现场管理人员变动过于频繁造成人员内部沟通不及时、现场管理人员过少或管理水平低造成管理混乱，材料设备等供应不及时、承包人经验不足、建设方法不当造成返工或拖期，施工计划不合理或准备不足、施工过程中的技术性错误等原因造成工期延误，均属于承包人原因造成的工期延误。

13 版《清单计价规范》第 9.12.1 条规定：承包人未按照合同约定施工，导致实际进度迟于计划进度的，承包人应加快进度，实现合同工期。合同工程发生误期，承包人应赔偿发包人由此造成的损失，并按照合同约定向发包人支付误期赔偿费。即使承包人支付误期赔偿费，也不能免除承包人按照合同约定应承担的任何责任和应履行的任何义务。可见，当由于承包人原因，未能按合同进度计划完成工作，或监理人认为承包人施工进度不能满足合同工期要求的，承包人应采取措施加快进度，并承担加快进度所增加的费用。若赶工后仍不能实现合同工期的，按照合同约定承包人应向发包人支付误期赔偿费。

2. 误期赔偿费

（1）误期赔偿费的概念及性质

1）误期赔偿费的概念。99 版 FIDIC 新红皮书中"Delay Damages"是一个重要的概念，在国内通常翻译为"误期损害赔偿费"或"拖期赔偿费"。99 版 FIDIC 新红皮书第 8.7 款规定，如果承包人没有按期完工，承包人应根据发包人的赔偿要求，向发包人支付误期损害赔偿费。在国内，13 版《清单计价规范》第 2.0.26 条规定：误期赔偿费是承包人未按照合同工程的计划进度施工，导致实际工期超过合同工期（包括经发包人批准的延长工期），承包人应向发包人赔偿损失的费用。

2）误期赔偿费的性质。误期赔偿是承包人误期完工，对发包人造成损害的一种强有力补救措施。但是如果发包人阻止承包人按期完工而无任何有效的延长工期机制，发包人便会丧失依赖误期赔偿赋予的权利。可见，误期赔偿属于发包人索赔的范畴，是指对发包人实际损失费的计算，而不是罚款。误期赔偿费的额度是发包人因承包人违约而损失的额度，而罚款则是带有惩罚性质。在工程合同中，误期赔偿费标准是在合同签订前由发包人确定下来的只是在招标时对拖期损失的一种合理预见。

（2）误期赔偿费的构成　误期赔偿费的构成包括：直接损失和间接损失。

1）直接损失是指积极损失，是既存利益因违约行为而减少的部分，包括后续工程本身的影响及递延影响。可根据各个工程的具体情况，根据发包人在该工程建设中所涉及的利益群体进行指标分解，然后综合计算。对于一般建设工程而言，直接损失有：发包人管理费、银行利息、对供货商的违约金、对客户的违约金、本工程监理费、其他承包人索赔、其他监理费、防护措施费、不可抗力损失费、折减费等。

2）间接损失主要是雇主预期利益的损失，是假设工程正常竣工时，发包人应该肯定能够得到的利润。当然发包人和承包人都不能完全确定该项目未来的利润，但根据市场情况，发包人在一定程度上肯定能获得的利润就可以作为发包人的预期利益损失。

确定一个合理的日误期赔偿费至少要满足三个基本条件：一是赔偿费用不能过低，否则起不到鼓励承包人按期完工的目的；二是不能太高，以免损害发生达到限额后，承包人不积极采取措施加快进度，从而加重误期损失；三是赔偿金额要能弥补发包人的实际损失。

（3）误期赔偿费的计算方法　13 版《清单计价规范》第 2.0.26 条规定：误期赔偿费是承包人未按照合同工程的计划进度施工，导致实际工期超过合同工期（包括经发包人批准的延长工期），承包人应向发包人赔偿损失发生的费用。

1）合同中约定误期赔偿费的计算方法。误期赔偿费计算的两大要素为日均误期损失赔偿费及延误天数。其中，日均误期损失赔偿费需在投标书附录中予以明确，这就要求发包人在发标前预先估算延误损失。而延误天数则需在工程发出接收证书后予以评估。因此，误期赔偿费的预评估是指对日均误期损失赔偿费的估算。

① 日均误期损失赔偿费的确定。发承包双方应在合同中约定误期赔偿费，明确每日历天应赔额度，即日均误期损失赔偿费。应注意的是日均误期损失赔偿费指的是"日历天"的费用，而不是"工作日"费用，即在周日和法定假日同样存在此费用。日均误期损失赔偿费指标及计算方法详见表 10-11。

表 10-11　日均误期损失赔偿费指标及计算方法

二级指标	三级指标	计 算 方 法	备 注
直接损失	管理费（A）	$a\% \times P_1 \div T_1$	P_1——合同价款；$a\%$——管理费率，一般电力工程取 35%，道桥工程取 20%，房建工程取 15%；T_1——本工程合同工期，按天计算
	银行利息（I_1）	$(L_1/P_1) \times (P_1 - P_2) \times r_1 \div 365$	L_1——用于本工程建设的贷款；P_2——已完工程价款；r_1——合同签订时中国人民银行规定的固定资产投资贷款利率
	对供货商的违约金（P_3）	日违约金	根据雇主与供货商签订的供货合同所约定的迟延接收日违约金支付
	对客户的违约金（P_4）	日违约金	根据雇主与客户签订的买卖合同中约定的迟延交付日违约金支付
	本工程监理费（S_1）	$P_5 \div T_1$	P_5——本工程总监理费
	其他承包人索赔（C）	据实计算	区分是不是由于该承包人误期所直接导致的其他承包人的损失
	其他监理费（S_2）	$P_6 \div T_2$	P_6——其他总监理费T_2——所监工程的合同工期
	防护措施费（M）	据实计算	按发生与否及具体情况确定
	不可抗力损失费（L_2）	据实计算	考虑承包人对不可抗力本身没有过错，但在不可抗力发生上有因果关系，故应由承包人承担无过错责任
间接损失	预期利益（P_7）	$I_2 \times r_2 \div 365$	r_2——类似项目的年平均修正利润率，I_2——该项目投资总额
		$I_2 \times r_3 \div 365$	r_3——所在地行业平均修正利润率
		$I_2 \times r_4 \div 365$	r_4——雇主可行性研究报告中所预期的年平均利润率
		$P_8 \times r_1 \div 365$	P_8——雇主可行性研究报告中的总利润。该方法适用于类似于房地产开发等产品数量不变、利润延迟获得的情况

② 承包人延误天数的确定。

承包人延误天数 = 实际工期 – 合同工期 – 工期顺延

A. 实际工期。土建工程的实际工期，一般是指从监理人"开工令"中指明的日期开始，直至工程"实质性建成"的日期。一般来说，当工程能够按照预定合同被发包人占有和使用时，工程就可称为"实质性建成"，具体来说，应同时具备以下条件：a. 剩余工作不妨碍发包人对该承包工程的占据和使用；b. 工程师认可承包人对未完工程（扫尾工程）在缺陷责任期内将以应有的速度及时完成的书面保证；c. 工程基本完工，并圆满通过规定的完工检验；d. 承包人提交工程移交申请或请监理人签发移交证书。

B. 合同工期。合同工期是指根据合同条件及发包人意愿，不考虑发包人责任和其他非承包人责任对工期的影响，承包人完成承包任务的时间规定。合同对施工工期的规定通常有两种形式：a. 从开工之日到某一日期截止时段内完工；b. 从开工之日算起经过限定的天数完工。

C. 工期顺延。工期顺延即在工期基础上的递延，也可理解为合同工期的延长。此类延长是由于非承包人原因造成的，这种延长通常在下列情况下发生：a. 发包人的原因，如未按规定时间向承包人提供施工现场或道路，干涉施工进展，大量地提出工程变更或额外工程，提前占用已完工的部分建筑物等；b. 咨询工程师的原因，如修改设计、不按规定时间向承包人提供施工图纸，图纸错误引起返工等；c. 客观的原因，而且是发包人和承包人都无力扭转的，如政局动乱、特殊恶劣气候、不可预见的现场不利自然条件等。

③ 误期赔偿费的限额。在国际工程承包施工实践中，为了防止发包人以索要赔偿为目的，故意促成承包人违约，从而与公平、诚信原则相悖，一般都对误期赔偿费的累计扣款总额有所限制。例如《公路工程标准施工招标文件》（2009 年版）规定逾期交工违约金累计金额最高不超过项目专用合同条款数据表中写明的限额，发包人可以从应付或到期应付给承包人的任何款项中或采用其他方法扣除此违约金。如果承包人拖延的时间特别长，误期赔偿费已经达到了最高限额，再继续拖延下去，发包人将遭受更大的损失，发包人有权终止合同，承包人将赔偿发包人由此造成的损失。

2）合同中未约定误期赔偿费的计算方法。对于合同中未约定误期赔偿费的计算方法，可用公式：

$$P_1 \times d\% \div T_3$$

式中　　$d\%$——最高损害赔偿限额百分率；

　　　　T_3——允许的合理误期天数。

这样的计算方式较为简单、计算方便，也符合一个合理的误期损害赔偿的三个基本条件要求。但是，当合同双方发生争执时，难以具体定量分析。所以建议对一般或较大工程采用第一种方法，或两种方法综合应用，对小型简单工程可采用第二种方法。

（4）误期赔偿费的支付　13 版《清单计价规范》第 9.12.2 条规定：误期赔偿费应列入竣工结算文件中，并应在结算款中扣除。如果在工程竣工之前，合同工程内某单项（位）工程已通过了竣工验收，且该单项（位）工程接收证书中表明的竣工日期并未延误，而是合同工程的其他部分产生了工程延误，则误期赔偿费应按照已颁发的工程接收证书的单项（位）工程造价占合同价款的比例幅度予以扣除。

3. 相关案例分析

案例 10-1

【案例背景】

2014 年 8 月，某建筑公司承揽了一个高层住宅项目，投标时在投标文件中承诺，施工时若发包人资金紧张将垫资施工，并保证工程按时竣工。在工程实际施工过程中，由于发包人资金拨付不及时，承包人提交停工报告和索赔要求并多次停工，导致工程超过约定竣工时间一年多且仍未竣工。后承包人提出解除合同，并以工程欠款为由将发包人诉至法院，发包人出于诉讼策略的考虑提出工期延误及质量问题抗辩而未提出反诉。案件审理中发现，承包人在施工过程中提出的停工报告和索赔要求等书面材料几乎全部缺乏发包人的有效签收，发包人据此不予认可且根据合同中约定的投标文件内容优先于合同专用、通用条款的约定内容，主张承包人应履行投标文件中全额垫资至工程竣工的承诺，至此，承包人在巨大压力下做出让步，与发包人进行和解结案。但在和解后不久，发包人另案以工期延误等问题进行索赔 400 余万元将承包人诉至法院，该标的额超过了和解案中发包人应付给承包人的工程款额，目前案件仍在审理过程中，承包人不仅工程欠款债权难以实现，且有可能承担巨额工期延误违约金责任。

【争议焦点】

承包人是否应该承担工期延误的违约责任？

【案例分析】

依据 13 版《清单计价规范》第 7.1.1 条的规定：招标文件与中标人投标文件不一致的地方，应以投标文件为准。这条规定加重了招标人的管理责任，也使得投标人必须在招投标阶段严格审核己方的投标文件，避免为达到中标目的而做出不慎重的承诺。承包人在投标文件中承诺，施工中若发包人资金紧张将垫资施工，并保证工程按时竣工。但在实际施工过程中，由于发包人资金拨付不及时，承包人提交停工报告和索赔要求并多次停工，导致工程超过约定竣工时间一年多且仍未竣工。因此，承包人应承担工期延误的违约责任。但发包人诉讼工期延误的索赔金额 400 余万元超过了发包人应付给承包人的工程价款，承包人的误期赔偿费应该按照 13 版《清单计价规范》的规定执行，其中第 9.12.3 条规定：在工程竣工之前，合同工程内的某单项（位）工程已通过了竣工验收，且该单项（位）工程接收证书中表明的竣工日期并未延误，而是合同工程的其他部分产生了工程延误时，误期赔偿费应按照已颁发工程接收证书的单项（位）工程造价占合同价款的比例幅度予以扣减。

【案例解答】

承包人应承担工期延误的违约责任，承包人支付给发包人的误期赔偿费应按照单项（位）工程造价占合同价款的比例幅度予以扣减。

本案例的启示：一是在招投标阶段严格审查投标文件，着重对诸如付款不及时垫资、保修期延长、价款让利、签证索赔资料的签收等方面进行把关，避免为达到中标目的而做出不慎重的承诺。二是 13 版《工程施工合同》中规定有 30 个签证条款和 21 个索赔条款，对签证和索赔都有着相应的权利行使期限和程序规定。工程施工过程中，律师应帮助承包人建章立制、规范管理、责任到人，书面提示承包人在施工的每一阶段所应进行哪些方面的签证或索赔，并着重提示应遵守的权利行使期限和程序。同时，帮助承包人有意识地与发包人建立起一种有效签收制度，将证据及时、有效地固化于施工过程中。对于发包人出于某种原因或目的故意不签收相关文件，在难以与发包人之间建立起签收制度情况下，可建议承包人通过邮政特快专递的方式将有关书面资料送达，并将该过程和文件内容提请公证机构予以公证，保留存根并在日后及时查询发包人是否收到，借此保留曾主张过抗辩权利的书面证据，争取涉诉或仲裁时的主动。三是在工程竣工验收时如实际竣工时间晚于约定竣工时间，应提示承包人注意在非己方责任导致工期延误时要补办工期延误签证手续，并在竣工验收证明书中按合同约定的提交竣工报告时间来填写竣工日期。

案例 10-2

【案例背景】

某建筑公司（承包人）与某建设单位（发包人）签订了某单层工业厂房的施工合同。工程项目总工期为 31 周。由于该项目急于投入使用，在合同中规定，工期每提前（或拖后）1 周奖励（或惩罚）3 万元。承包人按时提交了施工方案和施工网络进度计划如图 10-14 和表 10-12 所示，并得到了发包人的批准。

表 10-12　网络计划工作时间

工作名称	A	B	C	D	E	F	G	H	I	J	K
持续时间/周	3	5	3	6	5	7	3	4	4	8	5

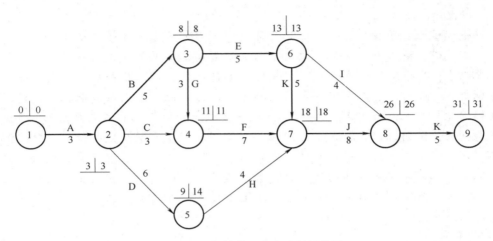

图 10-14　初始施工进度计划网络图

【案例问题】

在施工中出现了如下几项事件：

事件 1：在 B 工序施工中，因施工机械故障，造成人工窝工 2 周。

事件 2：在 E 工序施工开始时，发现地下有软土层，按发包人代表指示对该地进行复查，承包人等待处理和复查时延误 2 周。

事件 3：在 D 工序施工中，发生合同专用条款规定的异常恶劣的气候天气（施工期内平均日气温 -5℃以下），导致工期延误两周。

事件 4：在 J 工序施工时，设计图纸不合适，导致发包人重新设计，延误了 3 周。

其余各项工作实际作业时间和费用均与原计划相符。

分析事件：

事件 1：施工机械故障造成的窝工，是承包人的责任，所以不能索赔。

事件 2：属于不可抗力情况发生，是可原谅的延误，承包人可以进行工期索赔。

事件 3：属于异常恶劣的气候条件，发包人需承担工期风险，故承包人可以提出工期索赔。

事件 4：发包人的原因导致图纸延误，同样可以进行工期索赔。

【案例分析】

通过对初始施工网络计划的分析，得出关键路线为，1→2→3→4→7→8→9，1→2→3→6→7→8→9。只有在关键路线上的延误才会造成总工期的延长。将干扰事件造成的延误时间带入原网络计划，得到新的网络计划图 10-15。

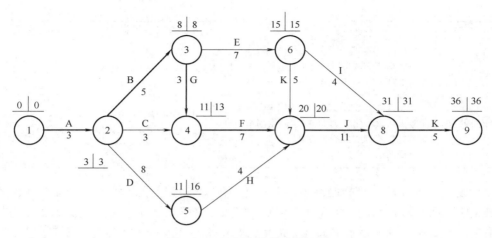

图 10-15 工程实际施工网络图

【案例解答】

通过比较图 10-14 与图 10-15 发现，关键路线变为 1→2→3→4→7→8→9，总工期延长了 5 周。其中 2→5 是承包人造成的延误但并不在关键路线上，所以对总工期不产生影响。而 3→6、7→8 在关键路线上并且非承包人的责任，所以承包人可以要求延长 5 周工期。

10.4.4　常见索赔事项引起的合同价款调整案例分析

案例 10-3

【案例背景】

某项目设计生产能力为年产 22.3 万 t。工程位于河北省秦皇岛市。项目部承建的工程包括：厂房建安工程、热轧开挖和基础工程、精整设备基础工程、加热炉设备基础、版基线基础、冷轧开挖、热轧设备安装、加热炉设备安装、版基线设备安装、DC 铸锭机基础、公辅管道安装、精整和热轧照明共计 12 项。

【案例分析】

（1）发包人提供图纸迟延导致工期延误　在工程施工过程中，因发包人提供的图纸迟延到场导致工期延误的事件，累计发生三次，给工期造成的延误时间累计 350 天，其中，主要变更事项见表 10-13。

表 10-13　发包人提供图纸迟延导致工期延误的主要变更事项

工作名称	工作内容	拖延时间	证据资料
精整车间 201 线柱基础施工	精整车间 201 线柱基础从 5 月 25 日至 6 月 15 日等待变更，原因是 201 线柱基础与原冷轧厂柱基础相接，施工需到冷轧厂内，但承包人不同意，需进行变更，2006 年 6 月 15 日变更图纸到位	2006 年 5 月 25 日—2006 年 6 月 15 日（22 天）	F54J11-14d1

（续）

工作名称	工作内容	拖延时间	证据资料
精整车间墙架施工	等待精整车间218线EG跨墙架布置图，218线EG跨墙面结构变更图至2007年9月17日到位，图号CSA-01-035REV.3	2006年11月28日—2007年9月17日（294天）	CCI/MCC20-1842 CSA-01-035REV.3
精整车间版基线结构围护	发包人口头通知版基线结构围护要变更，因此承包人从2007年7月16日起开始等待精整车间版基线结构围护的变更图纸，至2007年8月18日变更到位	2007年7月16日—2007年8月18日（34天）	F54J15-21d1 22d1 23d1

（2）发包人低效的项目管理导致工期顺延　在施工过程中发包人方存在大量低效的项目管理，给承包人的施工进度造成较大影响，延误了正常的施工计划，造成工程延期。审批迟延导致工期延误，施工方案审批迟延是发包人方低效的项目管理的重要方面，表10-14列出了四项延迟时间较久的施工方案。

表10-14　发包人低效的项目管理导致工期延误的事件

序号	工作名称	工作内容	拖延时间	证据资料
1	热轧柱基础	H列柱基础最晚完工，其中101、133-135线在2006年7月25日才释放图纸，2006年8月21日熔铸车间需拆除设施和构筑物，2006年8月27日增加防尘措施	30天	CCI/MCC20 122（2006年7月25日）CCI/MCC20 189 CCI/MCC20 227
2	热轧屋面结构安装	精轧机、初轧机上方屋面无法使用升降机安装，与发包人讨论施工方案，至2007年3月27日发包人下发初轧、冷却屋面安装安全防护方案回复	2007年1月5日—2007年3月27日（82天）	CCI/MCC20-770（2007年3月27日）
3		部分屋面结构需等待加热炉烟囱处屋面可以封闭后才能安装，2007年6月27日，发包人下发加热炉烟囱处屋面可以封闭的通知	2007年4月25日—2007年6月27日（64天）	CCI/MCC20-1289（2007年6月27日）
4	精整车间版基线结构围护	12月10日能施工的部分已施工完成，版基线西墙仍未封闭，原因是西墙处有一配电箱影响安装，承包人多次口头要求拆除其配电箱未果，于2008年1月打了报告，发包人2008年1月18日回复内容为配电箱不能拆除需等待，直到2月20日西墙才具备施工条件	2007年12月10日—2008年2月20日（73天）	CCI/MCC20-3013（2008年1月18日）

（3）其他工程施工对工期的影响

1）乳化液池、冷却液池基础施工对工期的影响。柱基础施工等待乳化液池、冷却液池回填，2006年10月10日—2007年2月1日共影响115天。钢柱、吊车梁、屋面梁结构等待乳化液池、冷却液池回填，2006年11月12日—2007年2月1日共影响82天。

2）设备基础施工对热轧车间地坪的影响。热轧车间地坪施工属一期合同的施工内容，按照工序应在厂房屋面结构施工完成后具备施工条件开始施工（一期合同不包含设备基础），但在实际的施工中，必须等待设备基础施工完成后才能进行施工，关于此问题发包人在2006年12月3日的地坪施工方案回复（CCI/MCC20 390）中也要求在设备基础施工完成后再施工地坪。

3）精整车间冬季施工降效。由于发包人变更原因，导致承包人安装檩条时是冬季施工，檩条上有霜，每天早晨9：30之后才可安装，延误工期15天。

4）设备基础对版基线结构围护的影响。2007年5月15日图纸到位，但2007年5月15日版基线设备基础尚未施工完成（工期至6月30日），设备基础施工完成后，还需进行地坪施工，因为围护结构是固定在地坪上的，2007年7月16日具备施工条件，共延期62天。

5）设备基础对精整车间地坪影响。精整车间地坪施工属一期合同的施工内容，按照工序应在厂房屋面结构施工完成后具备施工条件开始施工（一期合同不包含设备基础），但在实际的施工中，必须等待设备基础施工完成后才能进行施工，关于此问题发包人在2006年12月3日的地坪施工方案回复中也要求在设备基础施工完成后再施工地坪（CCI/MCC20390）。

案例 10-4

【案例背景】

某建设工程系外资贷款项目，发包人与承包人按照99版FIDIC新红皮书签订施工合同。施工合同《专用条件》规定：

2.1 钢材、木材、水泥由发包人供货到现场仓库，其他由承包人自行采购。

3.1 如果发包人提供的材料出现问题或延迟交货时，则承包人有权根据此条款向发包人索赔有关费用，计入合同价款，并相应延长工期。

3.2 如果施工场地的停水、停电及有其他不可预见的外界条件时，则承包人有权根据此条款向发包人索赔有关费用，计入合同价款，并相应延长工期。

当工程施工至第5层框架柱钢筋绑扎时，因发包人提供的钢筋未到，使该项作业从10月3日至10月16日停工（该项作业的总时差为0）。

在施工过程中：

10月7日至10月9日因停电、停水使第3层的砌砖停工（该项作业总时差为4天）。

10月14日至10月17日因砂浆搅拌机发生故障，使第一层抹灰延迟开工（该项作业总时差为4天）。

为此，承包人于10月20日向监理人提交了一份索赔意向书，并于10月25日送交了一份工期、费用索赔计算书和索赔根据的详细材料。其计算书的主要内容如下：

（1）工期索赔

1）框架柱钢筋绑扎10月3日至10月16日停工，计14天

2）砌砖10月7日至10月9日停工，计3天

3）抹灰10月14日至10月17日停工，计4天

总计请求顺延工期21天

（2）费用索赔

1）窝工机械设备费：

① 一台塔吊　　　　　　　　　14天×468元/天＝6552元

② 一台混凝土搅拌机　　　　　14天×110元/天＝1540元

③ 一台砂浆搅拌机　　　　　　7天×48元/天＝336元

小计：8428元

2）窝工人工费：

① 钢筋绑扎　　　　　　　　35人×40.30元/（天·人）×14天＝19747元

② 砌砖　　　　　　　　　　30人×40.30元/（天·人）×3天＝3627元

③ 抹灰　　　　　　　　　　35人×40.30元/（天·人）×4天＝5642元

小计：29016元

3）保函费延期补偿：（1500万元×10%×0.6%/365天）×21天＝517.81元

4）管理费增加：（8428元＋29016元＋517.81元）×15%＝5694.27元

5）利润损失：（8428元＋29016元＋517.81元＋5694.27元）×5%＝2182.80元

经济索赔合计45838.88元

【案例分析】

在索赔事件中，首先要明确双方责任的划分。在分析工期延误时，主要应注意网络计划中的关键路线、工作的总时差及对工期的影响，并应明确因非承包人原因造成窝工的机械与人工增加费的确定方法。因发包人原因造成的施工机械闲置补偿标准要以机械来源确定：如果是承包人的自有机械，一般按台班折旧费标准补偿；如果是承包人租赁来的机械，一般按台班租赁费标准补偿。因机械故障造成的损失应由承包人自行负责。确定因发包人原因造成的承包人人员窝工补偿标准时，可以考虑承包人应合理安排窝工工人做其他工作，所以只考虑补偿工效差。

因承包人自身原因造成的人员窝工和机械闲置，其损失发包人不予补偿。

【案例解答】

（1）工期索赔

1）框架柱钢筋绑扎停工14天，应予以补偿，这是由于发包人原因造成的，并且该项工作位于关键路线上。

2）砌砖停工，不予以工期补偿，因为该项工程停工虽属发包人原因造成的，但该项作业不在关键路线上，且未超过工作总时差。

3）抹灰停工，不予以工期补偿，因为该项停工属于承包人自身原因造成的。

同意补偿工期14天＋0＋0＝14天

（2）费用索赔　经双方协商一致，窝工机械设备费索赔按台班单价的65%计算；考虑对窝工人工应合理安排工人从事其他作业后的降效损失，窝工人工费索赔按每工日30元计算；保函费计算方式合理；管理费、利润不予补偿，则：

1）窝工机械设备费

一台塔吊　　　　　　　　　14天×468元/天×65%＝4258.80元

一台混凝土搅拌机　　　　　14天×110元/天×65%＝1001.00元

一台砂浆搅拌机　　　　　　3天×48元/天×65%＝93.60元

小计：4258.80元＋1001.00元＋93.60元＝5353.40元

2）窝工人工费

钢筋绑扎窝工　　　　　　　35人×30元/（天·人）×14天＝14700.00元

砌砖窝工　　　　　　　　　30人×30元/（天·人）×3天＝2700.00元

小计：14700.00元＋2700.00元＝17400.00元

3）保函费补偿　　　　　　1500万元×10%×0.6%/365天×14天＝345.20元

经济补偿合计：　　　　　5353.40 元 + 17400.00 元 + 345.20 元 = 23098.60 元

案例 10-5

【案例背景】

某建筑公司于某年 8 月 20 日与发包人签订了土方工程的施工合同，总工程量为（开挖土方）6000m³，直接费单价为 8.4 元/m³，综合费费率为直接费的 18%，施工单位所编报的施工方案与进度计划已获得发包人代表（工程师）批准。该土方工程方案规定：土方工程采用租赁一台斗容量为 2m³ 的蛋斗挖掘机械施工，租赁费为 1450 元/台班。合同约定 9 月 11 日开工，9 月 20 日完工。在施工过程发生了如下几项事件：

（1）因租赁的挖掘机大修，晚开工 2 天，造成人员窝工 13 工日。

（2）基坑开挖后，因遇到软土层，接到工程师 9 月 15 日停工的指令，进行地质复查，配合用工 14 工日。

（3）9 月 19 日接到工程师于 9 月 20 日复工的指令，同时提出基坑开挖深度加深 3m 的设计变更通知单，由此增加土方开挖量 1200m³。

（4）9 月 20 日至 9 月 22 日，因下罕见大雨迫使基坑开挖暂停，造成人员窝工 14 工日。

（5）9 月 23 日用 28 工日修复冲坏的永久道路，9 月 24 日恢复挖掘工作，最终基坑于 9 月 30 日挖坑完毕。

【案例问题】

设人工费单价为 58 元/工日，因增加用工所需的管理费为增加人工费的 30%。试对本工程进行索赔分析与计算。

【案例分析】

对案例中所发生事件按照索赔原因和性质进行分析，具体如表 10-15 所示。

表 10-15　索赔原因与性质分析统计表

事件编号	原因分析	延误性质	索赔是否成立
1	租赁的挖掘机大修延迟开工属于承包人自身责任	不可原谅延误	不成立
2	施工地质条件变更是一个有经验的承包人所无法合理预见的	可原谅延误	成立
3	这是由于设计变更引起的，由发包人承担责任	可原谅延误	成立
4	这是因特殊反常的恶劣天气造成的工程延误，由发包人承担责任	可原谅延误	成立
5	因恶劣的自然条件或不可抗力引起的工程损坏及修复应由发包人担责	可原谅延误	成立

【案例解答】

A. 事件（2）：属于可原谅且可补偿损失的延误，所以工期与费用均可获得补偿。则索赔工期：

$$\Delta T_{s2} = 5 \text{ 天 （15～19 日）}$$

索赔费用：ΔQ_2 = 人工费 + 机械费

$$= 14 \text{ 工日} \times 58 \text{ 元/工日} \times (1 + 30\%) + 1450 \text{ 元/（台班·天）} \times 5 \text{（台班·天）}$$

$$= 8305.6 \text{ 元}$$

B. 事件（3）也是属于可原谅且可补偿损失的延误，费用可要求补偿。所以：

索赔费用 $\Delta Q_2 = 1200\text{m}^3 \times 8.4\text{ 元}/\text{m}^3 \times (1+18\%) = 11894.4$ 元

C. 事件（4）：属于可原谅的延误中的不可补偿的延误。所以只能得到工期补偿。即索赔工期：$\Delta T_{s4} = 3$ 天（20~22 日）

D. 事件（5）：索赔的延误类型与事件（2）、事件（3）相同。所以有：

索赔工期 $\Delta T_{s5} = 1$ 天（23 日）

$$\Delta Q_{s5} = \text{人工费} + \text{机械费}$$
$$= 28\text{ 工日} \times 58\text{ 元}/\text{工日} \times (1+30\%) + 1450\text{ 元}/\text{台班} \times 1(\text{台班} \cdot \text{天})$$
$$= 3561.2\text{ 元}$$

共计索赔工期 = 5 天 + 3 天 + 2 天 + 1 天 = 11 天（6.43）

共计索赔费用 $\Delta Q = 8305.6$ 元 + 11894.4 元 + 3561.2 元 = 2.37612 万元

10.5 常见的索赔事项处理的证据分析

工程索赔从索赔事件的成立到索赔成功的过程可划分为提出阶段和解决阶段。提出阶段包含索赔事件、索赔原因、证据搜集、索赔额计算；解决阶段包括索赔报告提交、索赔谈判等。本书将工程索赔划分为索赔提出阶段与索赔解决阶段，以索赔通知书提交为节点，索赔通知书提交前为索赔提出阶段，包括：合同状态差异分析、索赔事件成立分析、索赔证据确定、索赔额计算（即合同状态差异的大小）等；索赔通知书提交后为索赔解决阶段，包括索赔谈判、索赔处理等[12]。具体的工程索赔过程划分如图 10-16 所示。

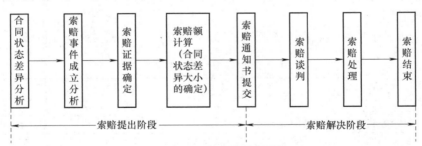

图 10-16　工程索赔过程划分

索赔提出阶段是索赔成功的核心阶段，在合同状态差异与索赔事件成立分析后，进入索赔证据的确定环节，相关研究表明索赔证据是索赔成功的必备条件，直接影响索赔成功，同时也是补偿合同状态的基础。鉴于此，本书将脱离以往多数研究简单罗列索赔证据的方式，以合同状态差异为视角、工程索赔证据固化技术为手段，对工程索赔证据确认技术进行研究，以期增强承包人索赔证据确认技术能力，为承包人快速实现索赔及维护自身合理利益提供基础。

10.5.1　常见的索赔事项处理的证据固化技术

1. 索赔证据及固化技术的概述

（1）索赔证据的概念　论述索赔证据的概念，应以证据的概念为切入点，从字面意义分析，证据是证明的依据，是证明事实客观存在性的依据。根据《中华人民共和国民事诉讼法》第六十三条可知，可作为证据的有：①当事人陈述；②书证；③物证；④视听资料；

⑤电子数据；⑥证人证言；⑦鉴定意见；⑧勘验笔录。同时，这些证据必须被查实，才能作为认定事实的根据。首先，证据是一种事实，具有客观存在性；其次，这种事实已被查证，查证的过程是客观事实变为法律事实的过程，即证据的产生过程。此外，证据还应具备确定性与充分性。确定性是指：①证据是客观存在的事实；②证据必有关联性与证明性，即证据与所系案情有联系；③证据的查证必须合法。充分性是证据与所系案情必须有逻辑关系。据此，可知证据是与所系案情事实有逻辑性和关联性且通过合法手段查证的客观事实。根据上述分析，并结合建设工程与工程索赔的特点，可明确工程索赔证据的概念：承包人通过合法手段查证的用来支持其索赔要求的客观事实，包括合同文件、现场记录、总结报告及相关法律法规文件等。

（2）索赔证据固化技术的定义　关于索赔证据固化技术有两种观点：第一种观点认为在索赔中，以合同、事实、法律法规等为基础，实现索赔取证的过程，只有通过固化了的索赔证据才能保证索赔成功；另一种观点认为索赔证据的固化技术是指发包人与承包人以合同为依据，根据相应的程序及时间要求，搜集、整理及分析索赔事件证明材料的技术，只有固化的索赔证据才是有效证据。可见，这两种观点虽然表述不尽相同，但对索赔证据固化的定义本质基本相同，工程索赔的过程可以理解为工程索赔证据的固化过程。本书将索赔证据固化技术定义为对发包人行为意义上的证据和结果意义上证据的举证过程，其中行为意义上的举证是发包人违约责任和风险责任的认定过程，结果意义上的举证是指组织可证明、支持承包人损失存在性和损失可补偿性的合同文件、法律法规文件及其他证据文件的过程。

2. 工程索赔证据固化技术的实现基础

当分析合同状态差异确定索赔事件后，需要实现合同状态差异的补偿，使合同状态回归到合同履行状态，这个过程必须以索赔证据为基础来实现，因此工程索赔证据固化技术就转化为合同状态差异补偿的核心技术。要实现工程索赔证据固化技术，必须事先建立承包人的索赔证据库，当出现索赔事件时，可利用索赔证据固化技术快速实现索赔证据的确认。与工程索赔相关的证据有施工合同、会议纪要及往来函件、视频资料、电子邮件、变更通知单、签证单和法律法规文件和监理指令等。此外，有学者认为公序良俗也是索赔的证据，包括现实生活中被人们公认的"公理"等，这既有普遍性的公序良俗，也有特定范围的公序良俗，如工程建设领域的行业惯例。工程索赔证据可分为索赔资格证据、索赔责任证据、索赔计算证据。索赔资格证据是指干扰事件是否能被确认为索赔事件的证据；索赔责任证据是指承包人提出索赔请求的证据，这是最核心的证据，包括合同文件等；索赔计算证据是指可计算索赔额的证据，例如计价依据、工程图纸、财务记录等。

（1）索赔责任证据库的构建　工程索赔责任证据主要包括法律法规文件、合同文件、在施工过程中形成的各种书面文件、影像资料等。通过研究总结出索赔责任证据库，如图10-17所示。

索赔责任证据库包括八类索赔证据，分别是：①合同文件；②法律法规政策文件；③监理工程师指令；④施工现场工程文件；⑤工程照片、录像资料；⑥往来的书面文件；⑦检查验收报告和技术鉴定报告；⑧现场气象记录。此外，如果工程索赔引起了民事诉讼，下列证据也有完全的证明力，①承包人提出的索赔证据，发包人无不足以反驳的证据和理由；②法院委托鉴定人做出的鉴定结果在受发包人质询时，发包人不足以反驳的证据和理由。

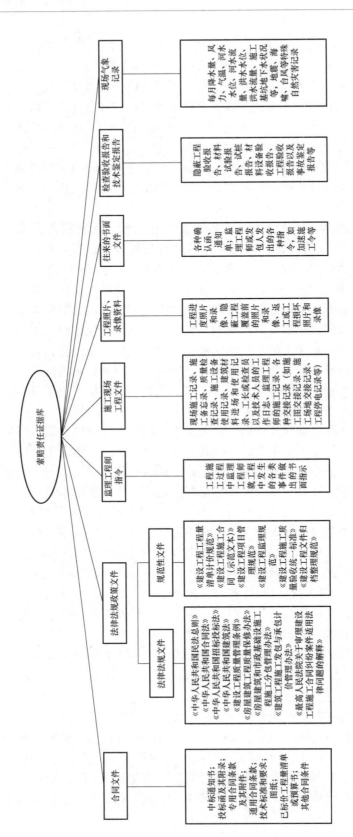

图 10-17 索赔责任证据库

（2）索赔计算证据库的构建　工程索赔计算证据主要包括进度报表、工时记录、工资报表、管理费用表以及工程成本表等。通过研究总结出索赔计算证据库，如图 10-18 所示。

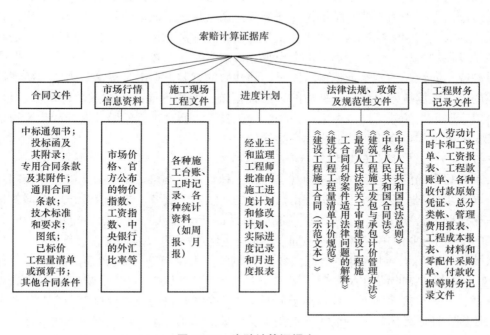

图 10-18　索赔计算证据库

由图 10-18 可知，索赔计算数据库包括六类索赔数据：①合同文件；②市场行情信息资料；③施工现场工程文件；④进度计划；⑤法律法规、政策及规范性文件；⑥工程财务记录文件。

综上所述，通过合同状态差异的分析确认索赔事件后，承包人需以索赔责任证据库与索赔计算证据库为基础，以索赔证据固化技术为手段，实现索赔证据的确认，即确定合同状态差异可补偿性与合同状态差异的大小。索赔证据库对索赔证据固化技术的基础支撑如图 10-19 所示。

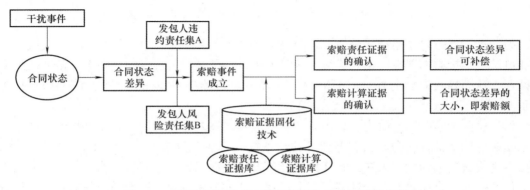

图 10-19　索赔证据库对索赔证据固化技术的基础支撑

383

10.5.2 基于固化技术的索赔证据确认技术

当确定索赔事件后，承包人仅凭借索赔责任证据库与索赔计算证据库难以形成具有完全效力的索赔证据，因为支持索赔事件的证据多而杂，且每个证据的效力层级不一样，必须按效力层级的大小实现索赔证据的固化，使索赔证据效力最大化，为索赔的成功夯实基础。索赔事件是发展的过程，单个证据难以实现承包人的索赔，而将工程项目各阶段的证据固化为同性质的或不同性质的索赔证据链。同时，同性质的索赔证据链是最高效力的索赔证据，不同性质的索赔证据链效力弱于同性质的索赔证据链，但均可提高索赔成功的概率。基于此，本书将以索赔证据的效力层级和索赔证据链为工具，以实现工程索赔证据的固化，为承包人索赔证据的确认提供切实可行的操作性指导。

1. 证据效力层级固化的工程索赔证据确认技术

关于工程索赔的效力层级有两种观点。第一种观点将索赔证据分为两类，即合同外围证据与合同条款证据。合同外围证据是由法律法规、政策、规章、规范性规定、合同的自由和诚实信用原则及公序良俗，公序良俗包括普通性的行为模式和适用于特定范围的行为模式（如建筑领域的行业惯例）；合同条款证据包括工程实物成果（合同文件、图纸等）、技术成果（技术水平、工程质量等）、时间成果（计划工期及实际进度）和经济成果（各种台账等）。合同条款证据的证明效力高于法律法规、政策、规章、规范性规定；法律法规、政策、规章、规范性规定的证明效力高于公序良俗；公序良俗的证明效力高于合同的自由和诚实信用原则。证明效力较低一级的证据是上层证据的基础，但上层证据更具体、详细，针对性更强，作为索赔证据证明效力更强。合同外围证据与合同条款证据的效力层级如图 10-20 所示。

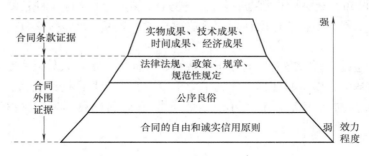

图 10-20　合同外围证据与合同条款证据的效力层级

另一种观点是将索赔证据分为五个层级，分别为第一层级、第二层级、第三层级、零层级和负层级，按第一层级、第二层级、第三层级、零层级、负层级的次序，索赔证据效力依次减弱，从而导致索赔的处理时效和结果大不相同，索赔证据五层级效力模型如图 10-21 所示。

借鉴这两种索赔证据效力层级的研究，以合同状态差异分析为基础，可将索赔证据划分为索赔事件确认证据、合同状态差异可补偿证据（即责任证据）、合同状态差异计算证据。索赔事件确认证据为发包人违约责任集和发包人风险责任集，合同状态差异可补偿证据为索赔责任证据库，合同状态差异计算证据为索赔计算证据库。这三类索赔证据的效力层级分析如下：

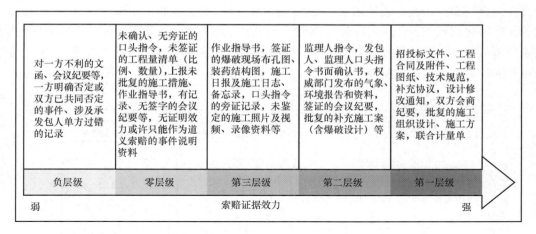

图 10-21　索赔证据五层级效力模型

1）存在费用差异和工期差异的发包人违约责任集和发包人完全承担的风险责任集可直接确认索赔事件的成立；存在费用差异和工期差异的发包人与承包人共担的风险责任集需经分析后才能确定索赔事件是否成立，因此其效力低于发包人违约责任集和发包人完全承担的风险责任集的效力。这三种证据的效力层级为：发包人违约责任集＝发包人完全承担的风险责任集＞发包人与承包人共担的风险责任集。

2）本书将索赔责任证据库的证据划分为：最优层证据、次优层证据、一般层证据，且证据的效力层级依次减弱。最优层证据为合同文件及法律法规政策文件；次优层证据为监理工程师指令、往来的书面文件、检查验收报告和技术鉴定报告；一般层证据为工程照片、影像资料和施工现场文件。

3）同理可将索赔计算证据库的证据也划分为：最优层证据、次优层证据、一般层证据，且证据的效力层级依次减弱。最优层证据为合同文件、法律法规和政策及规范性文件；次优层证据为市场行情信息资料、进度计划；一般层证据为施工现场工程文件、工程财务记录文件。

通过对索赔事件确认证据、合同状态差异可补偿证据（索赔责任证据）、合同状态差计算证据三类证据的证明效力层级分析，结合工程索赔过程划分及前文的合同状态差异引起的工程索赔事件的确认分析，构建了基于效力层级的工程索赔证据固化技术的实现途径模型，如图 10-22 所示。

由图 10-22 可知，在干扰事件的作用下，出现合同状态差异时，依据索赔事件确认证据判定索赔事件成立后，可利用基于效力层级的工程索赔证据固化技术实现索赔责任证据及索赔计算证据的确认，进而判断合同状态差异的补偿性与合同状态差异的大小；此外效力层级越高的证据，其证明能力越强，获得索赔成功的可能性越大。据此，承包人在索赔中，应优先选择效力层级高的证据，实现索赔的快速处理。

2. 项目阶段证据固化的工程索赔证据确认技术

除上述基于效力层级的索赔证据固化技术外，还存在另外一种基于项目阶段的索赔证据固化技术。该固化技术以招标投标阶段为开端、延续至合同签订阶段、经施工阶段，到工程项目结束；以招标文件为起始固化证据，直至合同义务履行完毕，是一条涵盖招标文件、投标文件、合同文件、施工现场记录、变更通知单、施工日志等的证据链。经此种固化技术固化的证据是起到预防的作用与保障的作用，在多数情形下未必被使用，也可能从项目开始到结束也未被使用，但如果发生索赔事件，此类被固化的证据将是最有力的证据保证，同时，也可极大提高承包人的索赔能力。

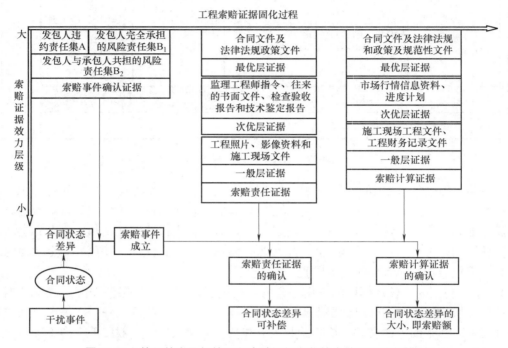

图 10-22　基于效力层级的工程索赔证据固化技术的实现途径模型

（1）招标投标阶段与合同签订阶段的证据固化

1）使用 17 版《工程施工合同》。因为 17 版《工程施工合同》首先根本上突破了 99 版 FIDIC 新红皮书的局限性并进一步规范工程交易市场。其总体目的是指导建设工程施工合同当事人的签约行为，维护合同当事人的合法权益。合同要素由原 11 个增加为 20 个，并力求系统化。在合同条件中明确约定了发承包双方的责任与义务，通过明确合理的风险分担（如第 5 章对工程质量的约定、第 7 章对工期和进度的约定、第 10～12 章对价款调整与支付的约定）来约束发承包双方的行为，从而保障发承包双方的利益。通过规范工程交易的主体行为来规范工程交易市场。其次，17 版《工程施工合同》与 99 版 FIDIC 新红皮书类似，在合同条款中约定了发包人、承包人和监理人三个主体，通过明确三者的权利和义务来构建铁三角，并互相约束行为，从而平衡发承包双方的地位。例如，发包人通过与监理人签订监理合同来约束监理人行为，监理人通过现场对质量、进度和成本的管理以及拥有商定或确定的权利来约束承包人行为，承包人依据发包人提供的现场和基础资料来施工、发包人支付价款从而约束发包人行为，这就形成了互相约束的局面。最后 17 版《工程施工合同》正视和重视风险分担，"固定价格"与"可调价格"是风险分担的表现，己方承担的风险发生不调价表现为"固定价格"，己方不承担的风险发生需要调价表现为"可调价格"，这些内容均可在单价合同和总价合同中体现。这些变化均为承包人索赔提供了有力的平台和索赔实现基础。

此外，17 版《工程施工合同》中的通用合同条款详细规定了发包人与承包人的权利和义务，条款设置公平。若在工程项目中采用 17 版《工程施工合同》，可以强化承包人的索赔能力以及索赔证据的确认。

2）寻找文件差异。这里的差异是指招标文件、图纸及工程量清单等有错误或者矛盾的地方，并及时与发包人沟通，采用书面形式，并保留经发包人签字的回执，为后续发生与之相关的索赔提供证据。

3）明确权限。此处的权限是指发包人代表与发包人委托的监理单位派往施工现场的监理工程师的权限。承包人与发包人订立合同后，发包人代表会对工程实施监督检查，建立工程师监督合同的履行及进展状况，包括对施工技术、工程质量、工程进度等监督。因此，承包人应明确发包人代表与监理工程师的《授权委托书》中的权限范围，以便因发包人代表与监理工程师因超越权限范围导致承包人发生损失时，可快速确认索赔事件与索赔证据。

（2）施工阶段的证据固化

1）随时做好证据固化。承包人的索赔证据不应是当索赔事件发生后才开始固化，这往往会导致索赔证据不充分而致使索赔失败。承包人应从工程开工之日起，即从工程放线、基础开挖起就开始固化证据，建立起合理而规范的资料管理体系，配备专职资料收集、整理及分析人员，做到随时收集、每天整理、每天分析。这不仅可以为后期工程索赔提供有力的证据支撑，通过资料分析还可识别索赔机会。这些资料包括：建筑材料、构配件的检验；监理人员对隐蔽工程的验收；对涉及安全的试块检验以及见证取样的检验结果等。

2）遇到问题，及时报告。由于气候、地质、施工场地周围环境等影响，在承包人施工过程中，会经常遇见意外状况，如停电、不可抗力、法律法规政策变化、遇见异常地质状况、图纸缺陷、合同缺陷、工程变更、发包人要求工期提前等情况。这些事件均可能导致工程停工、工作量增加及承包人费用增加等。一旦发生此类情况，承包人应第一时间编写书面报告，并及时将书面报告呈送发包人。呈送给发包人的书面报告应包括以下几方面内容：①对事件的客观描述，可运用 5W + 1H 分析方法（Who、What、When、Where、Why、How），即承包人在什么时间、什么地点、因为什么原因发生了什么事情，以及承包人当时是如何做的，对事件清晰描述的报告可为索赔提供直接证据；②承包人的预处理方案，比如因事件的发生拖延了工期及增加了费用，需要延长工期的时间及需要增加的费用额度；③必须在书面报告中明确发包人的答复期限，若有相关文件对答复期限有规定执行规定，若无规定承包人应按行业惯例或参考相关案例进行答复期限确认；④必须明确发包人过期答复或不予答复的处理方式。例如：请于报告规定时间内答复，若不予答复或过期答复，我方将停止施工；若贵方不同意处理意见，请及时答复，双方共同协商。

3）保留往来及呈送文件。对于承包人向发包人呈送的各种文件，必须采取固化，防止遗失，尤其对于一些不易保存或容易损坏的文件。这既包括书面文件，也包括双方的往来邮件、通话记录、短信记录等。关于文件的送达，承包人可选择当面呈送、邮寄、电子邮件、传真、短信等方式，但应当选择可固化证据的方式，尽量选择当面呈送，并且承包人必须自己留底，以备出现索赔事件时，可作为索赔证据使用。

4）注意保全证据。当承包人确认了索赔事件后，可能会因为当时的证据不易保全而导致索赔证据缺失，进而影响索赔证据的效力，出现索赔失败的情形。因此，承包人须采用拍照、录像或者第三方公证或申请司法证据保全，这样使证据固化，排除了证据效力不足，增大了证据的证明能力，促使索赔成功。

（3）构建项目阶段的拟索赔证据链　通过招标投标、合同签订及施工阶段各种证据的固化，形成了基于项目阶段的证据集合，但是这个证据集合是杂乱的、无层次的，当出现索赔事件时，承包人还须花费大量时间去筛选证据，降低了承包人的索赔效率，也可能导致超出索赔时限，使索赔失败。据此，承包人以项目阶段为时间横轴，以固化的证据为纵轴，建立时间—证据坐标系，当发生索赔事件时，可快速确认索赔证据，提高承包人索赔效率，增加承包人索赔的概率。基于此，建立了基于项目阶段的索赔证据固化技术实现途径模型，如图 10-23 所示。

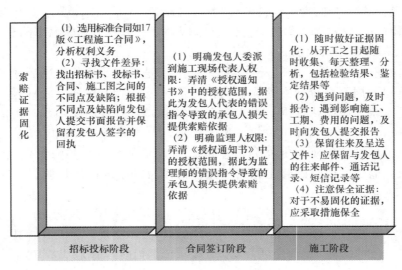

图 10-23　基于项目阶段的索赔证据固化技术实现途径模型

10.6　基于状态补偿的索赔费用确定[13]

10.6.1　分部分项工程索赔影响因素及索赔值确定

1. 人工费的索赔

（1）人工费的索赔影响因素　建筑安装工程费中的人工费，是指按工资总额构成规定，支付给从事建筑安装工程施工的生产工人和附属生产单位工人的各项费用。构成人工费的基本要素有两个：人工工日消耗量和人工日工资单价。因此，人工费变化情况分三类：方式1，人工工日消耗量变化；方式2，人工日工资单价变化；方式3，人工工日消耗量及人工日工资单价同时变化。对于方式1，人工工日消耗量的变化根据人工效率及利用情况可以分为三类：人员窝工闲置、劳动效率降低、用工量增加。对于方式2，人工日工资单价情况变化，根据是否引起工期延误，可以分为两类：工期延误期间的工资上涨及非工期延误期间的工资上涨。对于方式3，常见的情况如超过法定时间的加班。分部分项工程人工费变化风险处理途径如表 10-16 所示。

表 10-16　分部分项工程人工费变化风险处理途径

人工费的变化类别	人工费变化的具体影响因素	影响事件	双方归责	处理途径
人工工日消耗量变化	人员窝工闲置	不可抗力、不利物质条件或工期调整	承包人	承包人自消化
			发包人	索赔
	劳动效率降低导致工效降低	加班、自然环境因素、管理因素等	承包人	承包人自消化
			发包人	索赔
	用工量增加	变更导致	承包人合理化建议、发包人变更令	变更估价
		返工或重复劳动	发包人	索赔
			承包人	承包人自消化
		工程量变化大于10%	发包人	价款调整
人工日工资单价变化	工期延误期间的工资上涨	发包人原因工期延误	发包人	索赔
		承包人原因工期延误	承包人	承包人自消化
	非工期延误期间的工资上涨	法律法规变化、物价波动	发包人承包人共担	价款调整
人工工日消耗量及人工日工资单价同时变化	超过法定时间的加班	为提前竣工进行的赶工	发包人	提前竣工奖励
		为消减非承包人原因引起的工期延误而进行的赶工	发包人	索赔

（2）人工费索赔值的确定

1）单因素下的人工费索赔值的计算。人工费计算的特点决定了人工费索赔的特点，因此，可以得到三种方式下的统一的计算公式 $\Delta M_{人} = Q_1 P_1 - Q_0 P_0$，其中，$Q_1$ 代表变化后的人工工日消耗量；Q_0 代表投标书中计划消耗量；P_1 代表变化后的人工日工资单价，P_0 代表单价分析表中的人工日工资单价。对于不同因素下的人工费索赔，可以赋予上述参数不同的含义。

① 超过法定时间的加班：

$$索赔值 = 加班用工量 \times 加班补偿率 \qquad (10-1)$$

式中，加班用工量可以根据工人出勤记录、工人人数等证明、工作进出场记录计算得出；加班补偿率遵照合同专用约定。

② 人员窝工闲置：

$$索赔值 = 窝工闲置人工量 \times 窝工闲置率 \qquad (10-2)$$

式中，窝工闲置人工量可以依据工人出勤记录、工人人数等证明、窝工闲置工日的签认证明得到，窝工闲置率可采用最低人工工资标准（元/工日）、人工单价的 60% ~ 70%、最低平均日工资等计算得出。

③ 工期延误期间的工资上涨。工期延误使得随后的工作大量后延，因此精确计算工期延误引起的工资上涨索赔必须首先计算延误之后的全部工作量与新单价的乘积，再计算无延误状态下的实际成本，最后取两者之差得到。但是，施工企业在进度计划设计时，一般需要将

资源平均分配，因此每一阶段人工相差量不大，所以工期延误期间的工资上涨可以简化为以下公式：

$$索赔值 = 延误用工量 \times 人工工资上涨幅度 \qquad (10\text{-}3)$$

式中，延误用工量以依据工人出勤记录、工人人数等证明、延误工日的签认证明得到，人工工资上涨幅度可采用合同中规定的调价方法（价格指数或造价信息调价法）。

④ 劳动效率降低导致工效降低：

$$索赔值 = 实际用工量下的人工成本 - 正常劳动效率下的人工成本 \qquad (10\text{-}4)$$

式中，实际用工量下的人工成本是实际用工量与人工费费率的乘积；正常劳动效率根据行业数据、企业类似项目数据、本项目无干扰工作的效率等确定。

⑤ 用工量增加：

$$索赔值 = 增加的用工量 \times 人工单价 \qquad (10\text{-}5)$$

式中，增加的用工量根据证明工人出勤记录、工人人数等证明计算得到，人工单价根据投标文件得到。

2）多因素下的人工费索赔值的确定。以上费用增加因素单独发生时，通过上面提到的方法可以快速有效地处理；但是在以上因素共同发生的情况下，需系统考虑人工费索赔问题。图 10-24 描述了以上各要素相互间的关联，其中在工程量增加、劳动效率降低、窝工闲置情况下，若不做处理，工程一般将导致延误。此时，若人工单价增加，则势必触动"工期延误期间的工资上涨"这一人工费索赔"触发器"；增加用工量或超过法定时间加班，则触动"超过法定时间的加班"及"用工量增加"这两个人工费索赔"触发器"；超过法定时间加班又成为"劳动效率降低"的"触发器"。

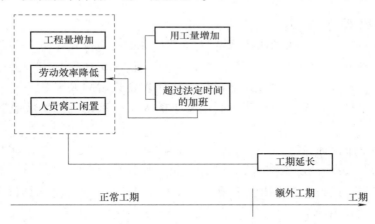

图 10-24　人工费索赔因素之间的关联关系

消耗量可分为三类：计划消耗量；剔除承包人责任后的实际消耗量（包括延期完工消耗量）；加班消耗量、闲置量、窝工量。对于人工单价可分为三类：投标时综合单价分析表中的价格；延误期内双方认可的人工单价；加班需额外补偿的单价、窝工及闲置下双方认可的单价。

利用上述变量及文献综述中关于人工费索赔的计取方法，可以得出人工费索赔的综合处理模型，如表 10-17 所示。

表 10-17　人工费索赔综合模型

参　　数	工　程　量	单　　价	单　价　备　注
计划消耗量	Q_0	P_0	投标时综合单价分析表中价格
剔除承包人责任后的实际消耗量	Q_1	—	
其中：延期完工消耗量 1	$Q_{延1}$	$P_{延1}$	延误 1 期内双方认可的人工单价
延期完工消耗量 2	$Q_{延2}$	$P_{延2}$	延误 2 期内双方认可的人工单价
其中：加班消耗量	$Q_{加}$	$P_{加}$	除按时计取工资外，加班需额外补偿的单价
闲置量、窝工量	$Q_{闲}$	$P_{闲}$	窝工、闲置下双方认可的单价
人工费索赔值	$Q_1P_0 + [(Q_{延1}P_{延1}+Q_{延2}P_{延2})-(Q_{延1}+Q_{延2})P_0]+Q_{加}P_{加}+Q_{闲}P_{闲}-Q_0P_0$		

（3）人工费索赔案例　某工程按原合同规定的施工计划，工程全部完工需要劳动力为255918 工日，投标报价中人工单价为 100 元/工日。由于开工后，发包人没有及时提供设计资料而造成工期拖延 2 个月。期间，因发包人组织不利造成施工低效，使得最终消耗劳动力275816 工日。为尽快弥补工期拖延，承包人在监理人指示下加速施工，其中超过法定时间的加班时间为 3567 工日，加班补偿为 100 元/工日，该加速施工使得工期延误减轻 1 个月。在延期的 1 个月内，实际用工 85604 工日，期间人工工资上涨 10 元/工日。这些有记工单和工资表为证据。

根据上述案例事实，通过比对人工费索赔综合公式，可以看出：

$Q_0 = 255918$ 工日；$P_0 = 100$ 元/工日；$Q_1 = 275816$ 工日；$Q_{延1} = 85604$ 工日；

$P_{延1} = 110$ 元/工日；$Q_{加} = 3567$ 工日；$P_{加} = 100$ 元/工日；

因此，$Q_1P_0 + (Q_{延1}P_{延1}-Q_{延1}P_0) + Q_{加}P_{加} - Q_0P_0 = 3202540$ 元。

2. 材料费的索赔

（1）材料费的索赔影响因素　建筑安装工程费中的材料费，是指施工过程中耗费的原材料、辅助材料、构配件、零件、半成品或产品、工程设备的费用。构成材料费的基本要素是材料消耗量、材料基价。

$$材料费 = \sum (材料消耗量 \times 材料基价) \tag{10-6}$$

$$材料基价 = (供应价格 + 运杂费) \times (1 + 运输损耗率) \times (1 + 采购保管费) \tag{10-7}$$

材料基价是由材料原价（或供应价格）、材料运杂费、运输损耗费以及采购保管费合计而成的。因此，从材料费构成可以看出影响材料费的因素来自两个方面：材料消耗量变化、材料基价变化。显然，材料费变化情况分两类：材料消耗量变化；材料基价变化。分部分项工程材料费变化处理途径如表 10-18 所示。

表 10-18　分部分项工程材料费变化处理途径

材料费变化类别	材料费的影响因素	影　响　事　件	双方归责	处　理　途　径
材料消耗量增加	材料消耗量增加	变更导致	承包人合理化建议 发包人变更令	变更估价
		返工或重复劳动	发包人	索赔
			承包人	承包人自消化
		工程量变化大于约定幅度	发包人	价款调整

（续）

材料费变化类别	材料费的影响因素	影响事件	双方归责	处理途径
材料基价上涨	甲供材料运货地点的变化导致材料运费增加	发包人原因导致的交货地点变更	发包人	索赔
	甲供材料交货时间导致材料保管费增加	发包人要求提前交货		
	正常情况下的物价波动	法律法规变化、物价波动	发包人承包人共担	价款调整
	工期延误下的材料基价上涨	市场价格波动	发包人	索赔
			承包人	承包人自消化

（2）材料费索赔值的确定　材料费索赔与人工费索赔不同：①不存在低效率；②不存在不同时段工作费用不同的情况。其索赔值的计算公式如下：

① 材料消耗量增加：

$$索赔值 = 材料消耗量增加值 \times 材料单价 \qquad (10\text{-}8)$$

式中，材料消耗量增加值一种常用的确定方法是根据建筑材料的领料、退料方面的记录、凭证和报表等得到，材料单价取自投标文件。

②材料运费增加（未延期）：

$$索赔值 = 材料消耗量 \times 运费单价增量 \qquad (10\text{-}9)$$

式中，材料消耗量根据建筑材料的进场、使用方面的记录、凭证和报表等计算得到，运费单价增量则参照合同中综合单价分析表材料单价或根据合同并参考市场运价综合确定。

③ 材料保管费增加（未延期）：

按照财会材料保管费的计算方法，材料保管费的计算方法为

$$索赔值 = 仓储时间增量 \times 仓储材料量 \times 单位仓储成本 \qquad (10\text{-}10)$$

式中，仓储时间增量、仓储材料量根据仓储记录得到，单位仓储成本根据企业财务会计得到。

④ 工期延误下的材料基价上涨。工期延误使得随后的工作大量后延，因此精确计算工期延误引起的材料上涨索赔值（延误材料消耗量是指未完工程材料消耗量），必须首先计算出延误之后的全部材料消耗量与新单价的乘积，再进行计算无延误状态下的实际成本，最后取两者之差得到。但是，施工企业在进度计划设计时，一般需要将资源平均分配，因此每一阶段材料消耗量相差不大，所以工期延误期间的工资上涨可以简化为以下公式：

$$索赔值 = 延误材料消耗量 \times 材料单价上涨幅度 \qquad (10\text{-}11)$$

式中，延误材料消耗量根据建筑材料的采购、订货、运输、进场、使用方面的记录、凭证和报表、每月成本计划与实际进度及成本报告得到；材料单价上涨幅度可采用合同中规定的调价方法（价格指数或造价信息调价法）得到，其主要依据包括国家或省、自治区、直辖市的政府物价管理部门或统计部门提供的价格指数，行业建设部门授权的工程造价机构公布的材料价格。

（3）材料费索赔案例　某工程项目在施工过程中，钢筋安装后要浇筑混凝土前，监理人未在合同规定的时间内进行检查。承包人为不影响进度，对工程进行了覆盖，随后监理人认为该批钢筋材料不符合要求，要求对覆盖的隐蔽工程揭开检查，通过对钢筋材料进行试验，发现所用材料符合工程要求。承包人重新覆盖隐蔽工程，耗费建筑材料 C30 混凝土

10m³，投标文件中其单价为 320 元/m³，耗费钢筋 ϕ20mm 钢筋 1.5t，钢筋报价为 5500 元/t。期间，这些均有材料进场、使用方面的记录、凭证和报表等为证据。则材料费索赔值为：

$$10\text{m}^3 \times 320\ \text{元}/\text{m}^3 + 1.5\text{t} \times 5500\ \text{元}/\text{t} = 11450\ \text{元}。$$

3. 施工机具使用费的索赔

（1）施工机具使用费的索赔影响因素　根据《建筑安装工程费用项目组成》，施工机具使用费包括施工机械使用费和仪器仪表使用费。在此只讨论施工机械使用费的计算，仪器仪表使用费按实际发生，不列举。建筑安装工程费中的施工机具使用费，是指施工机械作业所发生的施工机械、仪器仪表使用费或其租赁费。

$$施工机械使用费 = \sum (施工机械台班消耗量 \times 机械台班单价) \tag{10-12}$$

构成施工机械使用费的基本要素是施工机械台班消耗量和机械台班单价。因此，影响机械使用费的因素来自三个方面：施工机械台班消耗量的变化、机械台班单价的变化、机械台班消耗量及台班单价同时变化。

机械台班消耗量变化根据机械设备利用情况可分为劳动效率降低、机械闲置（租赁设备）、台班用量增加；台班单价变化根据是否发生工期延误可分为两类；机械台班消耗量及台班单价同时变化的情形包含承包人设备的闲置。分部分项工程机械使用费变化处理途径如表 10-19 所示。

表 10-19　分部分项工程机械使用费变化处理途径

机械使用费变化类别	机械使用费的影响因素	影响事件	责任归属	处理途径
机械台班消耗量变化	劳动效率降低	加班、自然环境因素、管理因素等	承包人	承包人自消化
			发包人	索赔
	机械闲置（租赁设备）	不可抗力、不利物质条件或工期调整	发包人	索赔
	台班用量增加	1. 变更导致	合理化建议、发包人变更令	变更估价
		2. 返工或重复施工	发包人	索赔
			承包人	承包人自消化
		3. 工程量变化大于 10%	发包人	价款调整
台班单价变化	工期延误期间的台班单价上涨	1. 发包人原因工期延误	发包人	索赔
		2. 承包人原因工期延误	承包人	承包人自消化
	非工期延误下的台班单价上涨	3. 法律法规变化、物价波动	双方共担	价款调整
机械台班消耗量及台班单价同时变化	机械闲置（承包人设备）	工期延误	承包人	承包人自消化
			发包人	索赔

（2）机械使用费索赔值的确定

1）单因素下机械使用费索赔值的确定：

① 劳动效率降低导致工效降低：

$$索赔值 = 实际台班消耗成本 - 正常劳动率下的台班成本 \tag{10-13}$$

式中，实际台班消耗成本等于实际台班消耗量与台班单价乘积，正常劳动效率可以根据行业数据、企业类似项目数据、本项目无干扰工作的效率计算得到。

②机械闲置（租赁设备）：

$$索赔值 = 机械闲置量 \times 租赁单价 \qquad (10\text{-}14)$$

式中，机械闲置量可以依据工期延误记录等证明，租赁单价可根据投标报价单价分析表、租赁合同等得到。

③机械台班用量增加：

$$索赔值 = 增加的机械台班量 \times 台班单价 \qquad (10\text{-}15)$$

式中，增加的机械台班量根据工程量增加值及定额等计算得到，台班单价根据投标文件得到。

④工期延误期间的台班单价上涨。工期延误使得随后的工作大量后延，因此精确计算工期延误引起的台班单价上涨索赔值必须首先计算延误之后的全部工作量与新单价的乘积，再计算无延误状态下的实际成本，最后取两者之差得到。但是，施工企业在进度计划设计时，一般需要将资源平均分配，因此每一阶段台班使用量相差量不大，所以工期延误期间的台班单价上涨可以简化为以下公式：

$$索赔值 = 延误台班用量 \times 台班单价上涨幅度 \qquad (10\text{-}16)$$

式中，延误台班用量依据台班使用计划、进度计划、工期延长记录等计算得到，台班单价上涨幅度可采用合同中规定的调价方法（价格指数或造价信息调价法）。

⑤机械闲置（承包人设备）：

$$索赔值 = 机械闲置量 \times 窝工单价 \qquad (10\text{-}17)$$

式中，机械闲置量可以依据工期延误记录等证明，窝工单价可根据机械台班折旧费计取。

2）多因素下机械使用费索赔值的确定。机械与人工两种资源存在以下几方面的类似：第一，都存在工作效率现象；第二，都存在成本与工作状态相关的现象（如：窝工或闲置状态与正常状态成本不同）。不同之处在于：人工存在加班补偿费。因此与人工费类似，当工程量增加、机械效率降低、窝工闲置情况下，若不做处理，工程一般将导致延误。此时，若机械台班单价增加，则势必触动"工期延误期间的台班单价上涨"这一机械使用费索赔"触发器"；而超过法定时间加班又成为劳动效率降低的"触发器"。利用上述变量及关于机械使用费索赔的处理方法，可以得出机械使用费索赔的综合处理模型，如表10-20所示。

表 10-20　机械使用费索赔综合模型

参　　　数	工　程　量	单　　价	单　价　备　注
计划台班消耗量	Q_0	P_0	投标时综合单价分析表中价格
剔除承包人责任后的实际台班消耗量	Q_1		
其中：延期完工台班消耗量1	$Q_{延1}$	P_1	延误1期内双方认可的人工单价
延期完工台班消耗量2	$Q_{延2}$	P_2	延误2期内双方认可的人工单价
闲置台班量、台班窝工量	$Q_{闲}$	$P_{闲}$	窝工、闲置下双方认可的单价
机械台班索赔值	$Q_1 \times P_0 + [(Q_{延1} \times P_1 + Q_{延2} \times P_2) - (Q_{延1} + Q_{延2}) \times P_0] + Q_{闲} \times P_{闲} - Q_0 \times P_0$		

（3）机械使用费索赔案例　某工程按原合同规定的施工计划，工作B作业承包人使用自有的施工机械B一台，台班费为600元/台班，其中台班闲置费为360元/台班；工作F作业承包人使用自有的施工机械F两台，台班费为400元/台班，其中台班闲置费为240元/台班。因不利物质条件使得施工机械B、施工机械F闲置1个月，且期间机械使用费中人工费

上涨 50 元/台班。

其中，窝工费为：360 元/台班 × 30 台班 + 240 元/台班 × 30 台班 × 2 = 25200 元。

延期完成的工程量为：工作 B30 台班；工作 F60 台班。延期期间机械使用费上涨引起的索赔为：（30 台班 + 60 台班）× 50 元/台班 = 4500 元。

因此，机械使用费索赔值为：25200 元 + 4500 元 = 29700 元。

4. 企业管理费的索赔

（1）企业管理费的索赔影响因素　企业管理费是指建筑安装企业组织施工生产和经营管理所需的费用。企业管理费（或称总部管理费）作为间接费，通过一定的分摊原则被分配到项目中，就费用本身来说与工期强相关。因此企业管理费增加包括工期延长下的企业管理费增加。

企业管理费的变化类别及处理途径如表 10-21 所示。

表 10-21　企业管理费的变化类别及处理途径

管理费的变化类别	管理费的影响因素	影响事件	双方归责	处理途径
企业管理费增加	工期延长造成的企业管理费增加	变更或工程范围扩大引起的工期延误	发包人	变更估价
		其他发包人方原因引起的工期延误	发包人	索赔

（2）企业管理费索赔值的确定　企业管理费采用分摊的方法，因此计算工期延误下的总部管理费索赔值时，应考虑该工程单位时间内总部管理费的分摊情况，进而得出具体的索赔值。具体参照表 10-22。

表 10-22　企业管理费索赔值确定

费用索赔的因素	计算方法	参数的确定	证明材料
工期延长下企业管理费增加	单位时间企业管理费费率与延误期限乘积	单位时间企业管理费费率：本项目企业管理费/合同工期	现场管理费明细表

（3）企业管理费索赔案例　某跨江大桥项目，合同金额为 400 万元，工期为 10 个月。在施工过程中，由于发生多次图纸错误、发包人原因的暂停施工、高压输电线迁移等，造成工期延误两个月，根据投标报价文件，可知管理费费率及利润率共计 12%。

承包人根据企业财会制度，计算出近期企业管理费与合同金额的比值为 3%。则本项目中分摊的企业管理费为 400 万元 × 3% = 12 万元，每月均摊的企业管理费为 12 万元/10 月 = 1.2 万元/月，则可索赔的企业管理费为：1.2 万元/月 × 2 月 = 2.4 万元。

5. 利润的索赔

（1）利润的索赔影响因素　利润是指施工企业完成所承包工程获得的盈利。工程发承包合同是典型的民商法合同，索赔作为此类合同履行过程中受损方寻求补偿的一种手段，具有违约损害赔偿的特征。在大陆法系各国的合同法律中，存在着履行利益、信赖利益的概念。履行利益、信赖利益是违约损害赔偿计算的基础，也是工程索赔计算的依据。信赖利益损失是指缔约人信赖合同有效成立，但因法定事由的发生，致使合同不成立、无效或者被撤销等而遭受的损失，表现为既有财产的减少，即为了准备履行合同而支出的经济费用。与信赖利益相对应的概念为履行利益（也可称为预期利益），是指合同有效成立的情况下，当事人因履行合同而可以获取的利益。两者适用于不同的情形，前者适用于合同无效的情形，后者适用于合同有效的情形。

履行利益着眼于合同上根据因果关系确定的损害原因事实,作为履行的替代,它所追求的目的是使债权人因此而恢复适当履行时如他所应处的状态。而信赖利益着眼于应恢复什么样的财产状态,因此它所追求的目的是使债权人恢复到没有加害行为时所应处的状态。履行利益的目的为与法律行为之履行有同一利益之恢复,信赖利益的目的则为因以无效之法律行为信为有效所蒙受损失之排除。这表现在构成上就是,履约利益通常包括成本和利润,而信赖利益常常只包含成本。

由此可以看出,利润索赔的理论基础为履行利益,显然利润索赔判断的关键点是"发包人适当履行时承包人所应处的状态与现实状态是否一致"。那么此处的状态存在两种形式:一是以利润总量形式存在;二是以利润率形式存在(可以通过可以补偿利润的合同条款加以证明)。利润形式有两种:计划利润、预期利润。其中,计划利润是投标时按照计划能实现的利润水平;预期利润是随着工程实践,预期能获得的利润;显然计划利润与预期利润不同。13版的《清单计价规范》中第9.13.4条规定,承包人要求赔偿时,可以选择以下一项或几项方式获得赔偿:①延长工期;②要求发包人支付实际发生的额外费用;③要求发包人支付合理的预期利润;④要求发包人按合同的约定支付违约金。可以看出利润索赔应索赔预期利润。

由以上分析显然可以得出:工程量增减、删减工程、额外工程影响利润总额或者利润率,因此需要得到补偿;但对于工期延长,是否可以索赔利润却存在争议,争议的核心是利润率能否用时间作为基数,通过分析07版《标准施工招标文件》(13年修订)中利润索赔条款(见表10-23)可以得出以下结论:由发包人或监理人原因造成可索赔费用的工期延误可以索赔利润;否则不可以索赔利润。所以可以判定利润率不能用时间作为基数,但是工期延误可能通过影响费用进而影响预期利润。

表10-23 07版《标准施工招标文件》(13年修订)中索赔的相关规定

合同条款号	条款主要内容	可调整事项
1.10.1	施工过程中发现文物、古迹以及其他遗迹、化石、钱币或物品	C + T
4.11.2	承包人遇到不利物质条件	C + T
5.2.4	发包人要求向承包人提前交付材料和工程设备	C
5.2.6	发包人提供的材料和工程设备不符合合同要求	C + P + T
8.3	发包人提供基准资料错误导致承包人的返工或造成损失	C + P + T
11.3	发包人的原因导致的工期延误	C + P + T
11.4	异常恶劣的气候条件	T
11.6	发包人要求承包人提前竣工	C
12.2	发包人原因引起的暂停施工	C + P + T
12.4.2	发包人原因造成暂停施工后无法按时复工	C + P + T
13.1.3	发包人原因造成工程质量达不到合同约定的验收标准	C + P + T
13.5.3	监理人对隐蔽工程重新检查,经检验证明工程质量符合合同要求的	C + P + T
16.2	法律变化引起的价格调整	C
18.4.2	发包人在全部工程竣工前,使用已接收的单位工程导致承包人费用增加	C + P + T
18.6.2	发包人的原因导致试运行失败的	C + P
19.2	发包人原因导致工程缺陷和损失	C + P
21.3.1	不可抗力	T

注:C表示费用;T表示工期;P表示利润。

故分部分项工程利润变化的处理途径如表 10-24 所示。

表 10-24　分部分项工程利润变化的处理途径

利润的变化类别	利润的影响因素	影响事件	双方归责	处理途径
预期利润损失	工程量增加	变更	发包人	变更估价
		合同规定外的工作	发包人	变更估价
	删减工程	变更	发包人	索赔
		合同终止	发包人	索赔
	额外工程	修复发包人原因的缺陷	发包人	索赔
		为承包人提供工作条件	发包人	索赔
	发包人原因造成的工期延误可索赔费用	暂停施工、工期延误等	发包人	索赔

（2）利润索赔值的确定　中国国内利润索赔与国际工程利润索赔不同：国际工程可采用 Hudson 公式或 Eichleay 公式计算方法计算利润索赔值，而这两种算法都是基于单位时间的损失量视角，这显然与国内利润索赔不同。国内利润索赔值的确定如表 10-25 所示。

表 10-25　国内利润索赔值的确定

利润索赔的因素	计算方法	参数的确定	证明材料
删减工程	所删减工程的价值与预期利润率的乘积	预期利润率的确定： 同类企业平均利润率 行业平均利润率 （已完工程合同价值—已完工程的成本)/已完工程合同价值	企业财务会计报表、项目开支明细、历次支付申请及支付证书
额外工程	额外工程的价值与预期利润率的乘积		
发包人原因造成的工期延误可索赔费用	可索赔的费用与预期利润率的乘积		

（3）利润索赔案例　某学校教学楼施工工程经过招标，某建设公司以 3000 万元中标。承包人依据招标工程量清单、市场信息及企业实际情况编制投标报价，且在合同中承包人承诺在投标报价的基础上让利 10%。在施工过程中，发包人改变原设计，删减室外楼梯，删减工程合同造价为 10 万元。

根据投标文件，无法确定承包人的可得利润。因此，承包人利用其财务会计制度，计算出累计工程成本及累计合同价款，通过公式（合同价款 – 工程成本）/合同价款计算出利润率为 3.2%，则利润索赔值为 10 万元 × 3.2% = 3200 元。

10.6.2　措施项目索赔影响因素及其索赔值的确定

1. 以量计量的措施项目索赔

以量计量的措施项目，与分部分项工程子项费用构成相同，都包含五部分内容：人工费、材料费、施工机具使用费、企业管理费、利润。其中企业管理费与利润计算方法类似，采用分摊法。因此，措施费中管理费、利润的索赔此处不再讨论，分部分项工程费用索赔中的管理费及利润索赔适用于以量计量的措施项目；人工费、材料费、机械使用费则与分部分项工程差别较大，其主要原因为分部分项工程有统一的计量规则，可以通过计算工程量计算人材机费用，而措施项无计量规则，仍然采用定额计价形式，计量方式不同决定索赔费用确定方法的不同，因此本节主要讨论措施费索赔中人材机的索赔费用确定问题。

（1）模板及支架费索赔

1）模板及支架费的索赔影响因素。混凝土及钢筋混凝土模板及支架费与分部分项工程相关性很大，甚至在"广东省建筑工程综合定额"中现浇混凝土模板被归为混凝土及钢筋混凝土工程中而非措施项中。因此，当混凝土及钢筋混凝土用量发生变化时，混凝土及钢筋混凝土模板及支架费也会发生变化；另外模板工程中人工、材料、机械单价发生变化时，也会造成混凝土模板费的增加。

针对混凝土及钢筋混凝土模板费增加的两个因素，其风险处理途径如表10-26所示。

表10-26　混凝土及钢筋混凝土模板费的造价风险处理途径

混凝土模板费的变化类别	混凝土模板费的影响因素	影响事件	双方归责	处理途径
模板用量增加	钢筋混凝土用量增加	工程返工等	发包人	索赔
		变更	发包人	变更估价或合同价款调整
		工程量偏差		
模板单价发生变化	人工、材料、机械等单价发生变化	发包人原因引起的工期延误	发包人	索赔

2）模板及支架费索赔值的确定。措施费中混凝土及钢筋混凝土模板及支架费计算决定了其索赔值的确定应参照综合单价分析表中的定额组价形式。

① 钢筋混凝土使用量增加。根据投标报价文件中混凝土、钢筋混凝土单价分析表中存在的信息，可以得出，在钢筋混凝土使用量增加情况下，可以采用下述公式计算：

$$\frac{混凝土、钢筋混凝土增加量}{混凝土、原钢筋混凝土用量}×模板费 \tag{10-18}$$

或者采用：

$$\frac{新增模板用量}{定额中的模板计量单位}×（人工费+材料费+机械使用费+管理费+利润） \tag{10-19}$$

式中，人材机管理费利润单价、定额中的模板计量单位、模板费可以参照混凝土及钢筋混凝土模板及支架单价分析表；混凝土及钢筋混凝土增加量主要证明材料包括混凝土的采购、订货、运输、进场、使用方面的记录、凭证和报表等。

② 人材机单价发生变化：

$$延误的模板工程价款×\left[定值权重+\sum_{i\in可调人工}B_i\frac{F_{ti}}{F_{0i}}+\sum_{j\in可调材料}B_j\frac{F_{tj}}{F_{0j}}+\sum_{k\in可调台班}B_k\frac{F_{tk}}{F_{0k}}-1\right]$$
$$\tag{10-20}$$

式中，B_i代表第i种可调整单价的人工；B_j代表第j种可调整单价的材料；B_k代表第k种可调整单价的台班；F_{ti}、F_{tj}、F_{tk}分别代表第i种可调整单价的人工、第j种可调整单价的材料、第k种可调整单价的台班的现行价格指数，指合同约定的付款证书相关周期最后一天的前42天的各可调因子的价格指数；F_{0i}、F_{0j}、F_{0k}分别代表第i种可调整单价的人工、第j种可调整单价的材料、第k种可调整单价的台班基准日期的价格。

被延误浇筑的混凝土及钢筋混凝土工程量根据证明材料计算得到；人工材料机械指数上涨幅度可采用合同中规定的调价方法（价格指数或造价信息调价法），其主要证明材料为市场价格、官方的物价指数、工资指数等。

③ 模板及支架费索赔案例。某工程框架柱采用 C30 混凝土，清单中其工程量为 a m³，框架柱的支模费用为 b 元，在工程施工过程中，在第一层框架柱支模之后，施工方发现框架柱设计不符合要求，发包人会同监理人审核后又重新设计，为此，承包人提出第一层框架柱模板费用的索赔。按照原施工图及计量规则，第一层框架柱工程量为 c m³，则索赔值为 $(bc)/a$ 元。

（2）脚手架费用索赔

1）脚手架费用的索赔影响因素。脚手架分里脚手架和外脚手架。其中里脚手架包括外墙内面装饰脚手架，内墙砌筑及装饰脚手架，外走廊及阳台的外墙砌筑与装饰脚手架，走廊柱、独立柱的砌筑与装饰脚手架，现浇混凝土柱、混凝土墙结构及装饰脚手架，但不包括吊装脚手架，如发生构件吊装，该部分增加的脚手架另按有关的工程量计算规则计算，套用单排脚手架。里脚手架随需使用里脚手架的分部分项工程的进展而搭设、使用、拆除，也随需使用里脚手架的分部分项工程的变化而变化。因此，里脚手架与实体工程量联系紧密，当实体工程量发生变化时，存在脚手架使用量的变化。外脚手架是为建筑施工而搭设在外墙外边线外的上料、堆料与施工作业用的临时结构架。外脚手架与分部分项工程量不存在关系，但是与工期进度相关。因此，外脚手架使用周期的变化会引起承包人额外成本的增加。但是合同工期并不代表就是定额工期，许多合同工期都是少于定额工期的，所以在对脚手架费用提出索赔时，必须清楚地了解工程的定额工期是多少日历天，只有对超过定额工期的脚手架使用时间段，才有可能提出脚手架费用的索赔要求，否则就有可能索赔失败。

另外，无论是里脚手架或外脚手架，在可原谅工期延误下的单价上涨风险，都应由发包人承担。因此，脚手架费用的造价风险处理途径如表 10-27 所示。

表 10-27　脚手架费用的造价风险处理途径

脚手架费用的变化类别	脚手架费用的影响因素	影响事件	双方归责	处理途径
脚手架用量增加	里脚手架的用量增加	工程返工等	发包人	索赔
		变更	发包人	变更估价或合同价款调整
		工程量偏差		
脚手架使用时间增加	外脚手架使用时间增加	发包人原因引起的工期延误等	发包人	索赔
脚手架单价发生变化	里脚手架单价发生变化	发包人原因引起的工期延误	发包人	索赔
	外脚手架单价发生变化			

2）脚手架费用索赔值的确定。类似于混凝土模板费的索赔，脚手架费用的计算方法决定了其索赔值的确定应参照综合单价分析表中的定额组价形式。

① 里脚手架用量的增加。根据投标报价文件中脚手架单价分析表中存在的信息，可以得出，在里脚手架使用量增加情况下，可以采用下述公式计算：

$$\frac{里脚手架使用增加量}{里脚手架使用量} \times 里脚手架费用 \qquad (10-21)$$

或者采用：

$$\frac{新增里脚手架用量}{定额中的里脚手架计量单位} \times (人工费 + 材料费 + 机械使用费 + 管理费 + 利润)$$

$$(10-22)$$

式中，人材机管理费利润单价、定额中的里脚手架计量单位、里脚手架费用可以参照混凝土及钢筋混凝土模板及支架单价分析表；里脚手架使用增加量主要证明材料包括里脚手架的使用方面的记录、凭证和报表等。

② 外脚手架使用时间增加。根据外脚手架的影响因素，可以得出其索赔值计算公式为

$$\frac{\text{延误的工期} - （\text{定额工期} - \text{合同工期}）}{\text{定额工期}} \times \text{外脚手架费用} \qquad (10\text{-}23)$$

式中，延误的工期参照主体工程延误工期申请、工期延误记录等证明；定额工期则根据施工费投入资源数量、每道施工工序的时间定额等计算得到；合同工期参照合同工期约定；外脚手架费用参考投标报价。

③ 脚手架单价发生变化：

$$\text{延误的脚手架工程价款} \times \left[\text{定值权重} + \sum_{i \in \text{可调人工}} B_i \frac{F_{ti}}{F_{0i}} + \sum_{j \in \text{可调材料}} B_j \frac{F_{tj}}{F_{0j}} + \sum_{k \in \text{可调台班}} B_k \frac{F_{tk}}{F_{0k}} - 1 \right]$$

$$(10\text{-}24)$$

式中，各符号含义与式（10-20）符号含义相同；各类脚手架的延误量根据证明材料计算得到；人工材料机械上涨幅度可采用合同中规定的调价方法（价格指数法或造价信息调价法）。证明材料包含 a. 脚手架的使用方面的记录、凭证和报表等；b. 既定施工计划下的脚手架需求计划；c. 市场价格、官方的物价指数、工资指数等。

（3）脚手架费用索赔案例 某房建项目，合同工期为 225 天，按照定额及施工企业人力、资源安排，测算定额工期为 240 天，其中 15 工日劳动量采用夜间施工形式。外脚手架费用为 45000 元，期间因主体工程量变化引起工期延误 50 天。则脚手架索赔值为：45000 元 ×（50 天 - 15 天）/240 天 = 6562.5 元。

2. 独立性以项计量措施项目索赔

以大型机械进出场及安拆费的索赔为例介绍。

1）大型机械进出场及安拆费的索赔影响因素。大型机械进出场及安拆费是指"机械整体或分体自停放场地运至施工现场或由一个施工地点运至另一个施工地点，所发生的机械进出场运输及转移费用及机械在施工现场进行安装、拆卸所需的人工费、材料费、机械使用费、试运转费和安装所需的辅助设施的费用"。该项费用以项计量，且费用的发生与实体工程量无关，但是与工期存在联系，如发包人不能及时提供施工场地造成的工期延误下的大型机械重复进出场，因此其造价风险处理途径如表 10-28 所示。

表 10-28　大型机械进出场及安拆费的造价风险处理途径

大型机械进出场及安拆费的变化类别	大型机械进出场及安拆费的影响因素	影响事件	双方归责	处理途径
进出场次数增多	进出场次数增多	工期延误	发包人	索赔

2）大型机械进出场及安拆费索赔值的确定。参照定额计价形式，对于大型机械进出场及安拆费，其定额计量单位为台次，因此计算进出场次数增多带来进出场费增加下的索赔值，其计算公式为

定额人工消耗量 × 人工单价 + 定额材料消耗量 × 材料单价 + 定额机械消耗量 × 机械台班单价

$$(10\text{-}25)$$

或采用：

人工实际消耗量×人工单价＋材料实际消耗量×材料单价＋机械实际消耗量×机械台班单价

$$(10-26)$$

或采用：

进出场运输费×增加的进出场次数＋一次安拆费×增加的安拆次数　　(10-27)

式中，定额人工消耗量、定额材料消耗量、定额机械消耗量采用各地区定额得到；人工实际消耗量、材料实际消耗量、机械实际消耗量根据签证及监理工程师通过施工现场的实地监测等计算得到；人工单价、材料单价、机械台班单价来源有两种方法，一是根据其他分部分项工程综合单价分析表得到，二是依据行业建设部门授权的工程造价机构公布的价格；进出场运输费、一次安拆费按照企业内部定额计取；增加的进出场次数及增加的安拆次数根据记录计取。

3）大型机械进出场及安拆费用索赔案例。窝工期间甲方要求施工方将机械设备（轮胎式向阳号 4 吊规格的起重机）退场，待实际开工再进场。其中企业内部定额中进出场运输费为 800 元，一次安拆费为 700 元，施工企业以此向发包人提出 1500 元索赔。

3. 综合性以项计量措施项目索赔

对于以项计量的综合性项目措施费，可以采用包干形式，也可以采用可调总价形式。对于采用包干形式的，即使因发包人原因发生一些费用损失，也不能以此索赔；对于可调总价形式，其费用的索赔计算一般以施工合同为依据，按实际发生费用，可按"分项法"进行计算。

（1）安全文明施工费的索赔

1）安全文明施工费的索赔影响因素。安全文明施工费包含四部分内容：环境保护费、安全施工费、文明施工费、临时设施费。环境保护费是指"施工现场为达到环保部门要求所需要的各项费用"，安全施工费是指"施工现场文明施工所需要的各项费用"，文明施工费是指"施工现场安全施工所需要的各项费用"，临时设施费是指"施工企业为进行建筑工程施工所必须搭设的生活和生产用的临时建筑物、构筑物和其他临时设施费用等"。其中临时设施费为施工前一次性投入，其他三项为施工期间费用。

安全文明施工费投标时常常按照人工费或人工机械使用费乘以一定的费率计取，但该四项费用与分部分项工程之间联系较少，在安全文明施工费索赔中，一般是归责于发包人的可索赔事件直接造成了安全文明施工费的增加，而不是通过影响分部分项工程进而间接影响到安全文明施工费。一般情况下，安全文明施工费会发生变化，具体如表 10-29 所示。

表 10-29　安全文明施工费的造价风险处理途径

安全文明施工费的变化类别	安全文明施工费的影响因素	影响事件	双方归责	处理途径
安全文明施工费	安全事故	因发包人原因导致的未按安全措施方案施工	发包人	索赔
	新增合同约定外的安全措施	需新增安全措施事件的出现	发包人	变更估价或合同价款调整

2）安全文明施工费索赔值的确定。对于安全事故的索赔，因清单及定额中未出现此类子目，因此，安全文明施工费索赔值应据实处理。

（2）二次搬运费的索赔

1）二次搬运费的索赔影响因素。二次搬运费是指因施工场地狭小等特殊情况而发生的二次搬运费用，二次搬运费是以项计量的措施费用项。在清单模式下，二次搬运费以计算基础与二次搬运费费率的乘积计算，在44号文附件3中，其计算公式为计算基数×二次搬运费费率（％），二次搬运费计算以定额人工费或定额人工费＋定额机械使用费为计算基数。

但是，在投标报价中，承包人先按照消耗定额及平均单价计算出二次搬运费，随后再按照既定的计算基础，算出投标时的二次搬运费费率。因此，在分析二次搬运费的影响因素时，要分析二次搬运费的定额组价形式。

二次搬运费按照运输机具的不同分为两类：机动翻斗车二次搬运与单（双）轮车二次搬运，可根据实际情况选择是采用人工装运或机械装运。从表10-30可以看出，二次搬运费的计算依据为：二次搬运材料工程量、与运距相关的单价。而对于二次搬运的运距，以取料中心点为起点，以施工场地内材料堆放地为终点，一般不会发生变化。因此，二次搬运费的影响因素主要是指二次搬运材料工程量的变化。

表10-30　江苏省单（双）轮车二次搬运费的定额

定 额 编 号	项　　　目	单 位	运　距　在	
			60m 以内	每增加 50m
23-23/24	标准砖	千块	0.373 工日	0.045 工日
23-31/32	空心砖、多孔砖	100 块	0.680 工日	0.082 工日
23-33/34	水泥	100 袋	0.659 工日	0.101 工日
23-43/44	黄砂	t	0.151 工日	0.036 工日
23-105/106	盘圆、直筋	t	0.177 工日	0.014 工日
23-107/108	弯曲成型钢筋	t	0.243 工日	0.019 工日
23-53/54	木材	t	0.101 工日	0.009 工日
23-119/120	玻璃	10 箱	0.157 工日	0.012 工日

对于二次搬运工程量的变化，主要原因分为三类：变更导致返工或重复劳动、工程量变化大于约定幅度、现场条件发生变化。二次搬运费的造价风险处理途径如表10-31所示。

表10-31　二次搬运费的造价风险处理途径

二次搬运费的变化类别	二次搬运费的影响因素	影 响 事 件	双 方 归 责	处 理 途 径
需二次搬运的材料用量增加		变更导致	合理化建议 发包人变更令	变更估价
		返工或重复劳动	发包人	索赔
			承包人	承包人自消化
		工程量变化大于约定幅度	发包人	价款调整
		现场条件发生变化	发包人	索赔

2）二次搬运费索赔值的确定。类似于混凝土模板费的索赔，措施项目费中二次搬运费的计算方法决定了其索赔值的确定应参照综合单价分析表中的定额组价形式，具体计算如下：

二次搬运材料增量×定额单位内人工用量(台班用量)×人工(台班)单价　（10-28）

式中，二次搬运材料增量根据建筑材料的领料、退料方面的记录、凭证和报表等计算得到；定额单位内人工用量（台班用量）根据定额计算得到；人工（台班）单价则采用投标报价中的人工单价。

或者可以采用：

$$额外人工用量(额外台班用量) \times 人工(台班)单价 \tag{10-29}$$

式中，额外人工用量（额外台班用量）根据签证计算得到，人工（台班）单价则采用投标报价中的人工单价。

3）二次搬运费索赔案例。南水北调工程某支线在施工过程中，根据发包人、监理人批复的施工总进度计划安排，承包人提供的拌和站等施工临时设施计划在 2009 年 1 月 31 日前完成。但由于拌和站位置的施工用地迟迟无法交付使用，施工进场后无法按计划进行拌和站施工。因此承包人根据现场实际情况，拟采用相近标段 TJ5-3 标段的混凝土拌和站作为现场施工使用的备用站，并得到监理人、发包人的批准。同时根据发包人方面的要求，为保证 2009 年 2 月底完成混凝土首仓的浇筑、2009 年年底主体箱涵全部完工的工期要求，承包人只好采用 TJ5-3 标段的拌和站代为加工混凝土，以满足现场混凝土施工要求。由 TJ5-3 标段拌和站代为加工供应混凝土，造成混凝土加工费用的增加，同时由于拌和站的位置距离浇筑现场较远，造成混凝土运距的增加，因此引起承包人混凝土施工成本的增加，据此承包人提出索赔。

（3）夜间施工增加费的索赔

1）夜间施工增加费的索赔影响因素。夜间施工增加费是指因夜间施工所发生的夜班补助费、夜间施工降效、夜间施工照明设备摊销及照明用电等费用。44 号文规定的夜间施工增加费的计算公式为

$$夜间施工增加费 = 计算基数 \times 夜间施工增加费费率 \tag{10-30}$$

由此可见，在合同工期内的夜间施工，无论其目的是工期需要还是技术需要，其费用已经通过夜间施工增加费加以补偿，比如为保持混凝土浇筑的连续性而选择的夜间施工导致的照明费、施工效率降低等费用。因此，夜间施工增加费的影响因素为：合同工期内的夜间施工除外的夜间施工，也即夜间施工量的增加。

夜间施工量的增加包括以下情况：一是依据监理人的指示加速施工；二是非监理人指示下的加速施工。夜间施工增加费的造价风险处理途径如表 10-32 所示。夜间施工增加费的索赔可以在赶工措施项目费列支。

表 10-32　夜间施工增加费的造价风险处理途径

夜间施工增加费的变化因素	夜间施工增加费的影响因素	影 响 事 件	双 方 归 责	处 理 途 径
夜间施工量的增加	监理人加速施工指示	发包人原因的工期延误	发包人	索赔
		发包人方原因的提前竣工	发包人	索赔
	非监理人指示下的加速施工	发包人原因引起的工期延误	承包人或发包人	自消化或索赔
		承包人为提前竣工采取的加速施工	承包人与发包人共担	提前竣工奖励
		承包人为减轻自身延误责任的加速施工	承包人	自消化

2）夜间施工增加费的费用索赔值的确定。根据投标报价中夜间施工增加费的计算方法，可以类似推导出夜间施工增加费的费用索赔值的确定方法，其具体计算如下：

$$\frac{夜间施工工日量}{合同工期 - 定额工期} \times 投标报价中的夜间施工增加费 \tag{10-31}$$

式中，夜间施工工日量根据工人出勤记录、工人人数等证明、工作进出场记录计算得到；定额工期则根据施工费投入资源数量、每施工工序的时间定额等计算得到；合同工期参照合同工期约定。

3）夜间施工增加费的费用索赔案例。某房建项目，合同工期为 225 天，按照定额及施工企业人力、资源安排，测算定额工期为 240 天，其中 15 工日劳动量采用夜间施工形式。其中夜间施工增加费为 6000 元，期间因主体工程量变化引起工期延误 50 工日，被延误工期全部采用夜间施工形式加以弥补，则夜间施工增加费索赔值为：6000 元/15 × 50 = 20000 元。

（4）冬雨季施工增加费的索赔

1）冬雨季施工增加费索赔影响因素。冬雨季施工增加费是指在冬季或雨季期间施工的工程，为了保证其工程质量所采取的保温、防雨、防滑、排水和掺加早强剂、提高混凝土和砂浆强度等级等所增加的用工、材料和燃料，以及设备摊销费和工效差等的费用，但是不包含蒸汽养护费。13 版《清单计价规范》中冬雨季施工增加费采用以人工费为计费基础，乘以冬雨季增加费费率表示。因此，在合同既定工期内的冬雨季施工增加费，已经通过冬雨季施工措施项目费得以补偿。但是影响冬雨季施工增加费的主要因素是工期，工期延误下可能将非冬雨季施工项目拖入冬雨季，进而导致费用增加。

尽管实际中会出现冬雨季施工增加费增加的情况，但是在实际工程实践中，为了简化计算工作，一般都采用全年平均计费法，即无论工程在哪个季节施工，都要按人工费、材料费和施工机具使用费的百分率计取（取费标准各地不同，可按相应标准计算）。因此其造价风险处理途径如表 10-33 所示。

表 10-33　冬雨季施工增加费的造价风险处理途径

冬雨季施工增加费的变化因素	冬雨季施工增加费的影响因素	影 响 事 件	双 方 归 责	处 理 途 径
冬雨季施工工程量增加	工期延误	发包人原因的工期延误	发包人	索赔
		承包人原因的工期延误	承包人	自消化

2）冬雨季施工增加费索赔值的计算。根据冬雨季施工增加费的构成，可计算出其索赔值计算可采用公式为：

方法 1：

$$\sum_{i \in 材料品类} 材料用量_i \times 材料单价_i + \sum_{j \in 用工种类} 人工用量_j \times 人工单价_j + \sum_{k \in 机械种类} 台班用量_k \times 台班单价_k \tag{10-32}$$

方法 2：

$$\frac{新增冬雨季施工工程合同价}{原计划冬雨季施工工程合同价} \times 冬雨季施工增加费 \tag{10-33}$$

3）冬雨季施工索赔案例。南水北调工程某支线某标段根据招标文件施工组织设计及施工进度计划安排，工程安排 24 个月工期施工；其中箱涵混凝土主体施工最晚安排至 2010 年

10 月底完成，期间不安排冬季施工。由于承包单位按照监理单位批复的施工总进度计划未安排冬季施工，根据发包人单位下发的《关于下发南水北调中线一期某干线某市某段工程调整后实施总进度计划的通知》，2009 年年底完成全部主体箱涵浇筑任务。该标段根据要求对施工总进度计划进行了调整，并在调整计划中安排了冬季施工，并制订了冬季施工方案。进入冬季施工后，按照监理单位批复的冬季施工方案，对 C30W6F150 混凝土和 C35W6F150 混凝土冬季施工配合比进行了调整，并对混凝土搅拌、运输、浇筑、养护全过程采用了保温措施。对土方回填进行了冬季施工措施。2009 年 11 月 7 日至 2009 年 12 月 30 日，该标段完成了主体箱涵和土方回填冬季施工任务。以此，承包人向发包人提出冬雨季施工索赔，其索赔值计算采用式（10-33）。

（5）已完工程及设备保护费的索赔

1）已完工程及设备保护费的索赔影响因素。已完工程及设备保护费是指竣工验收前，对已完工程及设备进行保护所需的费用。44 号文规定的已完工程及设备保护费的计算公式为：已完工程及设备保护费 = 计算基数 × 已完工程及设备保护费费率。而且四川省、北京市等多数省市区规定建筑工程已完工程及设备保护费以直接费为基础，乘以一定的费率得到。可以看出：清单中已完工程及设备保护费类似于二次搬运、施工排水、施工降水等项，是采用倒推法：先计算出已完工程及设备保护费，再按照招标文件中的计算基础推算出已完工程及设备保护费费率。已完工程及设备保护人工费、材料费的计算公式如下：

$$已完工程及设备保护人工费 = 工程量 × 综合人工定额 × 人工工日单价 \quad (10\text{-}34)$$

$$已完工程及设备保护材料费 = 工程量 × 材料耗用定额 × 材料单价 \quad (10\text{-}35)$$

因此，可以看出影响已完工程及设备保护费的因素主要包含：实体工程量（也即需要保护的已完工程及设备工程量）、人工材料机械单价（工期延误引起的单价变化）。其风险处理途径如表 10-34 所示。

表 10-34　已完工程及设备保护费的造价风险处理途径

已完工程及设备保护费变化类别	影响因素	影响事件	双方归责	处理途径
需保护的实体工程量的增加	额外增加的工程照管、修复工作	不可抗力暂停期间工程照管、清理及修复工程	发包人	索赔
		缺陷责任期内，对发包人原因引起的工程缺陷的维修工作	发包人	索赔
人工材料机械单价上涨	人工材料机械单价上涨	可费用索赔的可原谅工期延误	发包人	索赔

2）已完工程及设备保护费的费用索赔值的确定。

① 额外增加的工程照管、修复工作。根据投标报价中已完工程及设备保护费计算方法，可以类似推导出已完工程及设备保护费的费用索赔值的确定方法，其具体计算如下所示：

$$已完工程及设备保护费的费用索赔值 = \sum 材料消耗量 × 材料单价 + \sum 人工消耗量 × 人工单价$$

$$(10\text{-}36)$$

式中，材料消耗量、人工消耗量根据签证计算得到；材料单价、人工单价则采用投标报价中的单价或工程造价管理机构公布的价格，并以发票作为费用发生证明。

② 人工材料机械单价上涨：

已完工程及设备保护费的费用索赔值 =

$$\sum_{i \in 材料品类} 延误材料用量_i \times 材料单价增幅_i + \sum_{j \in 用工种类} 延误人工用量_j \times 人工单价增幅_j$$

$$(10\text{-}37)$$

式中，各类材料人工的延误量根据证明材料计算得到；人工材料上涨幅度可采用合同中规定的调价方法（价格指数或价格造价调价法）。

本章参考文献

［1］Wright，Thomas. Construction Contract Claims［M］. London：Macmillan Education UK，1993.

［2］吕胜普. FIDIC 合同条件下的工期及费用索赔研究［D］. 天津：天津理工大学，2006.

［3］成虎. 工程承包合同状态研究［J］. 建筑经济，1995（2）：39-41.

［4］王晓娜. 基于不完全合同理论的工程项目再谈判及效率研究［D］. 天津：天津理工大学，2017.

［5］崔智鹏. PPP 项目中再谈判对履约绩效影响研究［D］. 天津：天津理工大学，2016.

［6］夏立明，王丝丝，张成宝. PPP 项目再谈判过程的影响因素内在逻辑研究——基于扎根理论［J］. 软科学，2017（1）：136-140.

［7］孙慧，孙晓鹏，范志清. PPP 项目的再谈判比较分析及启示［J］. 天津大学学报（社会科学版），2011（4）：294-297.

［8］Gong L, Tian J. Model for Renegotiation in Infrastructure Projects with Government Guarantee［C］//IEEE Computer Society. 2012 Fifth International Conference on Business Intelligence and Financial Engineering［S. l.］：IEEE，2012.

［9］陈富良，刘红艳. 基础设施特许经营中承诺与再谈判研究综述［J］. 经济与管理研究，2015（1）：88-96.

［10］Ho S P. Model for Financial Renegotiation in Public-Private Partnership Projects and Its Policy Implications：Game Theoretic View［J］. Journal of Construction Engineering & Management，2006，132（7）：678-688.

［11］吴淑莲，孙陈俊妍. PPP 模式再谈判风险规避策略——以土地整治项目为例［J］. 经营管理者，2016（8）：319-320.

［12］胡雯拯. 基于合同状态差异的索赔事件成立及证据确认研究［D］. 天津：天津理工大学，2015.

［13］赵进喜. 工程量清单计价模式下的索赔费用确定问题研究［D］. 天津：天津理工大学，2012.

第 11 章
不可抗力引起的合同价款调整

在建设工程合同的履行过程中，可能会遇到诸如地震、洪水之类的自然灾害风险，甚至会遭遇战争、罢工、骚乱等社会风险。此类事件的发生，对于建设工程合同双方当事人而言，属于事前不能预见和避免、事后也不能克服的风险，这些风险在各国的民事法律制度中称为"不可抗力"。对于因不可抗力造成的经济损失风险应当如何承担，往往是建设工程合同发、承包双方争议的焦点。要解决不可抗力的风险分担问题，首先要界定不可抗力的范围。

根据不完全契约理论，在有限理性假设下，缔约合同必然只能是不完全契约。涉及不可抗力风险的分担时，则表现为发、承包双方在建设工程合同订立阶段对于不可抗力的范围未进行明确的约定，或者即使有约定，也只是直接引用了不可抗力的法律定义，而对具体哪些事件属于不可抗力并未进行明确界定，于是在发生此类争议后，双方对不可抗力事件的认定会产生较大的分歧。基于不完全契约的初始契约与再谈判模型，风险分担也可相应地解构为缔约阶段的初始风险分担（对应于初始契约）与履约阶段的风险再分担与合同价款调整（对应于再谈判）。因此，发生双方认可的不可抗力事件后，建设工程合同价款应当如何进行调整，也是解决不可抗力风险分担的一个关键问题。当不可抗力造成的合同受挫使合同目的不能实现时，解除合同是合同双方当事人的效率路径选择。而不可抗力造成承包人损失严重导致其选择效率违约的情况下，为了节约合同主体的转换成本，发包人对其进行道义补偿促使承包人继续合同，是发包人考虑自身成本节约和承担社会资源节约义务、实现卡尔多－希克斯效率的有效路径，从而进一步提升合同效率和社会效率。

本章主要以《中华人民共和国民法总则》（主席令第 66 号）（本章以下简称《民法总则》）、《中华人民共和国合同法》（本章以下简称《合同法》）、《中华人民共和国海商法》（本章以下简称《海商法》）、《中华人民共和国标准施工招标文件》（发改委等令第56 号）[本章以下简称 07 版《标准施工招标文件》（13 年修订）]、《建设工程施工合同（示范文本）》（GF—2017—0201）（本章以下简称 17 版《工程施工合同》）、《建设工程工程量清单计价规范》（GB 50500—2013）（本章以下简称 13 版《清单计价规范》）以及99 版 FIDIC《施工合同条件》（本章以下简称 99 版 FIDIC 新红皮书）等为依据，通过梳理不可抗力的理论根源，结合国内外建设工程施工合同示范文本以及建设工程工程量清单计价规范的相关规定，针对不可抗力的界定、风险分担原则以及合同价款调整等问题展开具体论述，希望为发承包双方解决工程实践中因不可抗力产生的合同价款纠纷而提供理论借鉴及实际指导。

11.1 不可抗力概述

11.1.1 不可抗力的概念

由于建设项目周期长，项目实施过程中一些不能预见、不能避免、不能克服的事件一旦发生，将影响合同的履行进而影响合同价格的形成，该事件即为不可抗力。

1. 不可抗力作为免责条款的出发点是公平原则

不可抗力（Force Majeure）起源于古罗马，其来源可以追溯到《汉谟拉比法典》。罗马法中不可抗力包括意外事故，是指不能完全预见或预防的事件，具体包括火灾、坍塌等，还包括海盗袭击、敌人入侵、皇帝裁定、海难、毁灭性风暴、野兽袭击等不可避免的损失。由此可见，关于不可抗力的范围，罗马法对其进行了系统的分类，然而，不可抗力所包含的范围还是比较广的，以上可以称之为不可抗力概念的雏形。

古罗马皇帝戴里克先（Diocletianus）和皇帝马西米安（Maximian）在他们的赦令中明确宣布：代理人对意外事变不承担责任。两位皇帝以赦令的形式确立了"契约止于事变"的制度，罗马古典法时期的法学界在司法实践中一贯将此制度作为法学理论原则来指导判例[1]。不可抗力的上位概念在罗马法中是"事变"，而事变分为不可抗力及轻微事变两种，是指不是债务人的故意或过失而发生的债务不能履行的结果，也包括与行为人无关的第三人行为所致的损害。在罗马法中，已经将不可抗力作为了免责事由，且其出发点之一是公平原则。

而不可抗力制度最早的规定是在1804年法国法的《法国民法典》上，《德国民法典》在借鉴法国法的基础上，创设了债务履行不能制度。德国法院还另行创立了"情势变更"规则，以补充债务履行不能的不足。为了解决类似问题，英美判例法创设了合同履行的"不可能"和"不现实"以及"合同目的落空"等规则。可见，各国都将不可抗力当作解除合同或者免责的法定事由，唯各自的接受路径和方法不同。

2. 世界各国不可抗力制度的发展殊途同归

（1）文化、民族传统和法律体系的不同，造就了不可抗力的不同规制 就国际工程所涉及的范围而言，所涉及的法系包括"罗马日耳曼法系（大陆法系）""习惯法系（英美法系）""社会主义法系"等。大陆法系来源于凯撒大帝与奥古斯都（Augustus）皇帝时代（公元前63年到公元14年）的罗马法律，之后又受到公元6世纪（公元529—534年）的查士丁尼（Justinian）皇帝编纂法的影响。习惯法系起源于1066年诺曼底公爵征服英格兰后适用于全英国的法律，这一法系的渊源是判例法。社会主义法系是从大陆法系的基本理念出发所发展成的另一个不同法律体系，它起源于苏联。

由图11-1可以看出，虽然不同国家的不可抗力制度之间存在较大的差异，但是总体上还是有不少的相似之处：①不可抗力理论基础上具有同源性，即公平原则；②不可抗力制度的发展过程趋同——沿袭和借鉴；③不可抗力制度内容及功能上具有相似性，都是免责事由；④不可抗力制度在法律实践上具有趋同性。中国的法律体系借鉴的是德国的债法体系，但是并没有沿用德国的给付不能制度，而是借鉴了法国法，直接规定了不可抗力。

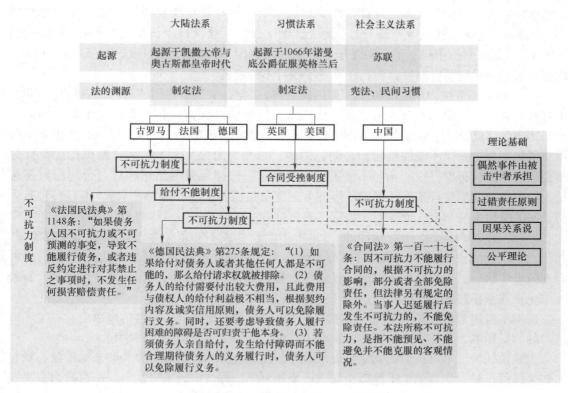

图 11-1　不同法系下主要国家不可抗力制度与理论基础

（2）大陆法系的不可抗力制度继承了罗马法　不可抗力制度最早的规定是在 1804 年法国法的《法国民法典》。古罗马法对法国法的影响深远，法国法的不可抗力制度继承了罗马法的不可抗力理论。但遗憾的是，法国法至今没有对"不可抗力"的内涵做出解释，但是通过法国最高法院不断完善判例和结合学者学说，法国在不可抗力判定上坚持"三要件"理论，即外在性、不可预见性和不可抗拒性。其中，"不可预见性"要件借自于罗马法中的"偶然事件"的概念，而"不可抗拒性"要件直接取自罗马法中"不可抗力"的概念。

德国在 1896 年颁布了《德国民法典》，这部法典也属于大陆法系，它与《法国民法典》一样继承了罗马法。在这部法典中，对于不可抗力的规定由给付不能制度来承担，这主要与德国债法体系存在了内在联系，主要因为德国法中的法律不能、事实不能和物质不能已经承担了不可抗力制度所具有的功能。

（3）习惯法系中的"合同受挫"理论替代了不可抗力制度，并明确了"合同受挫"免责制度　习惯法系的英美法与大陆法系不同，它的法律渊源来自法院的判例，并不是古代法律的延续。所以英美法并不存在大陆法系制度以上的"不可抗力"概念，也不存在名义上的不可抗力制度。在英美的法律体系中，承担此项功能的是"合同受挫"制度。

由于英美法长期以来的契约必须严守的思想，它认为合同当事人的合同关系中的允诺是基于对价关系做出的，一旦做出允诺，就要受到允诺的约束，就必须对合同预期的结果加以"保证"，所以在很长一段时间，英美法并不承认不可抗力可以作为债务人被免责的事由。合同责任即担保责任，一旦当事人以合同负担义务，原则上是不能以任何缘由而减轻或免除其所承担的义务。但是这种绝对责任在实际操作中并不符合经济发展的需要，所以在1863年的 Taylor v. Caldwell 案中发展了"合同受挫制"度，后来英国上诉法院在1903年的 Krell v. Henry 的著名判例中确立了合同受挫的法则[2]。美国不仅继承了英国法中的"合同受挫"理论以及合同目的落空制度，而且还发展了履行不能制度。

（4）我国不可抗力制度借鉴了《德国民法典》，但是未采纳德国的给付不能制度　我国不可抗力制度早在唐朝就有适用的成文法记载，后来的《大清民律草案》《中华民国民法典》因参鉴了德国的立法例，都有不可抗力的相关规定。《德国民法典》第306条中有明确而又清楚的规定：以不能的给付为合同标的的，合同为无效。这当然是《德国民法典》之父们坚决贯彻执行罗马法"给付不能不构成债"这一法律原则的结果。从《合同法》不可抗力的概念及构成要件来看，我国不可抗力制度虽然借鉴了《德国民法典》，但是并没有采纳德国的给付不能制度，而是明文规定了不可抗力，同时关于不可抗力概念的界定在条文中也有体现：在《合同法》中，不可抗力是指不能预见或不能避免并不能克服的客观情况。相比之下，我国《合同法》并未将履行不能作为一种独立的违约形态，而是将其作为一种客观的事实状态，出现履行不能后，仅需考虑其是否属于不可抗力，而没有规定当事人是否可以免责或承担违约责任。

按照不可抗力是减轻或者免除当事人违约责任和侵权责任的一般性抗辩事由，有关不可抗力的判定标准，目前在学术界主要存在主观说、客观说、折中说三种学说。

主观说认为，不可抗力的判定是以承包人的预见能力和抗御能力作为判断标准的，承包人如果已尽了最大注意仍然不能防止损害后果的发生，即认定为不可抗力。不可抗力只是一种客观偶然性，判断是否存在不可抗力的标准是承包人的注意程度。

客观说的基本思想是，以事件的性质及外部特征为标准，凡属于一般人无法抗御的重大外来力量为不可抗力。在英美法理论中，一般认为不可抗力是客观的，是"一种自然的和不可避免的必然性"，是指不可抗拒的强制或强迫，是能量极大的力量。我国著名民法学者史尚宽先生主张客观说。

折中说一般兼采主客观标准，既承认不可抗力是一种客观的外部因素，也强调发包人以最大的注意预见不可抗力、以最大的努力避免和克服不可抗力。我国《民法总则》第一百八十条规定："不可抗力是指不能预见、不能避免且不能克服的客观情况。"我国学者大多认为《民法总则》的这一规定来自折中说的理论。

分析上述三种学说，主观说将不可抗力的判断标准定位于承包人的主观方面，必然导致执法的任意性。客观说又完全不考虑承包人的主观因素，在某些情况下，虽然客观事件是不可预见和不可避免的，但如果当事人尽力而为，则有可能减少损害，因此客观说也是不可取的。因此目前折中说较为全面且合理。

基于上述认识，《民法总则》第一百八十条对不可抗力进行的定义是比较科学的。

表11-1是涉及建筑工程领域的法律法规对不可抗力的概念规定。

表11-1　法律法规对不可抗力的概念规定

序号	法律法规	条款	不可抗力定义
1	《民法总则》	第一百八十条	不可抗力是指不能预见、不能避免且不能克服的客观情况
2	《合同法》	第一百一十七条	本法所称不可抗力，是指不能预见、不能避免并不能克服的客观情况

（续）

序号	法律法规	条　款	不可抗力定义
3	13 版《清单计价规范》	2.0.27	发承包双方在工程合同签订时不能预见的，对其发生的后果不能避免，并且不能克服的自然灾害和社会性突发事件
4	07 版《标准施工招标文件》（13 年修订）	21.1.1	不可抗力是指承包人和发包人在订立合同时不可预见，在工程施工过程中不可避免发生并不能克服的自然灾害和社会性突发事件
5	17 版《工程施工合同》	17.1	不可抗力是指合同当事人在签订合同时不可预见，在合同履行过程中不可避免且不能克服的自然灾害和社会性突发事件
6	99 版 FIDIC 新红皮书	19.1	在本条中，"不可抗力"的含义是指如下所述的特殊事件或情况： （a）一方无法控制的 （b）在签订合同前该方无法合理防范的 （c）情况发生时，该方无法合理回避或克服的 （d）以及主要不是由于另一方造成的

对于不可抗力的概念，以上法律、法规和规定均提出了不可抗力事件必须同时满足以下四个共同点：一是不能预见；二是一旦发生不能避免；三是不能克服；四是客观事件。只有同时满足这四个条件，才能构成不可抗力的实质性概念。

11.1.2　不可抗力的范围

1. 我国的不可抗力判定标准过于严格，其"不能预见"界定不明

由建筑工程领域的法律法规对不可抗力的定义可知（详见表 11-1），现行法律法规针对不可抗力的内涵提出了"三个不能"，即不能预见、不能避免、不能克服。我国"三个不能"是并列（and）关系，对于不可抗力的构成是相当严格的。但是对于不能预见性的规定并不具体。现在科技发达，很多自然灾害可以预见，而且不能预见的时间维度是多大，是指订立合同时不能预见还是指从订立合同开始到合同履行完毕的整个时间阶段都不能预见？关于"不能预见"一词的定义在 FIDIC 红皮书和 FIDIC 黄皮书第 1.1.6.8 款："不能预见系指一个有经验的承包人在提交投标书日期前不能合理预见。"在 FIDIC 银皮书中却没有这一定义或类似定义。我国 1985 年颁布的《中华人民共和国涉外经济合同法》第一次对不可抗力的概念做出规定时指出：不可抗力是指当事人在合同订立时不能预见，对其发生的后果不能避免并不能克服的事件。但是该法 1999 年废止，1999 年颁布的《合同法》和 2017 年的《民法总则》对"不能预见"并没有详细规定，相关法律法规和合同示范文本中也无相关定义。有些不可抗力如台风、战争在发生之前是可以预见的，但是对于合同当事人来说是不能避免和不能克服的，但是我国 13 版《清单计价规范》和 07 版《标准施工招标文件》（13 年修订）中将两者列为不可抗力事件。

2. "不能预见"作为不可抗力构成要件在其他国家也颇受争议

各国的文化、民族传统和法律体系的不同，造就了各国用不同的制度来规制不可抗力。罗马法没有对不可抗力的内涵做出明确的规定，但是罗马法的原始文献中，对于不可抗力的构成要件是："不能预见或虽然能预见但是无法抗拒的事件且当事人无过错"，但是不能预见是债务人不能预见还是一般人不能预见并没有规定[3]。《法国民法典》虽然有不可抗力的

411

规定，但是没有规定不可抗力的内涵，也没有明确不可抗力的判断标准，但是法国法借助判例及学者学说归纳出不可抗力的"传统三要件"：不可预见性、不可抗拒性及外在性，且三者缺一不可[4]。但是，由于其严格性对债务人的要求过于严苛，不可预见性要件现在存在存废之争，有时不可预见性并不是认定不可抗力事件的必要条件。英美法上的"合同受挫"制度替代了不可抗力制度，某一事件是否能构成不可抗力主要从三个方面判断：客观上，不可预见的意外事件必须使得约定的履行变得不可能或不现实，或者给订立合同的目的造成了实质性的落空；主观上，对于主张免责一方当事人自身必须对"合同受挫"的发生没有过错；当事人没有承担超出法律强加的义务。但是一些学者和法官对客观上的不可预见性作为"合同受挫"的构成要件也颇有微词，正如第四巡回法庭指出的："可预见性最多是解决如下问题时被考虑的一个事实：首先，该事件发生的可能性有多大；其次，基于以往的经验，事件的发生是否具有合理的可能性，以至于债务人不仅仅应该预见到这一风险，而且由于事件发生可能性的程度，债务人本应该采取防范措施或者约定相应的免责条款。"也就是说，可预见性只是在确定作为合同订立基础基本假设时被考虑的一个因素而已，不可预见性不应该成为"合同受挫"构成要件的决定性要件。

综上所述，各国对于不可抗力的内涵中"不能预见"这一构成要件皆有争议，包括不能预见的主体、时间维度和预见程度等。

3. 不可抗力内涵构成要件的界定

虽然不可抗力定义中的构成要件存在上述争议，但是在合同范本中约定的不可抗力是指"合同当事人在合同签订时不可预见，在合同履行过程中不可避免且不能克服的自然灾害和社会突发事件"，在本条规定的前半句无疑是已经解答了不能预见的主体、时间维度，但是没有解答不能预见的程度。

本书认为对于不可抗力的三个构成要件，可以分为主观要件和客观要件，主观要件是指不能预见，客观要件是指不能避免和不能克服。对于不能预见的主体界定，遵循13版《清单计价规范》，不能预见的主体是发承包双方；对于不能预见的时间维度，无论是99版FIDIC新红皮书、07版《标准施工招标文件》（13年修订）还是17版《工程施工合同》，均指在合同签订时不能预见；关于预见的程度，将其分为在现有科学技术水平下对于合同当事人完全不能预见、不能完全预见两种。对于客观要件的界定，虽然不能避免和不能克服是不可抗力发生的客观性和必然性，但是以现有科学技术，可以进行部分克服以减少损失，所以在合同双方不能避免的情况下是不能克服或者部分不能克服。

我国建筑工程领域的法律法规及合同范本将不可抗力的外延划分为自然属性和社会属性，其具体内容如图11-2所示。

由图11-2可以看出，虽然17版《工程施工合同》、07版《标准施工招标文件》（13年修订）和99版FIDIC新红皮书均从自然灾害和社会性突发事件两方面界定了不可抗力的范围，但是99版FIDIC新红皮书对不可抗力事件的指向更加明确，描述也更加明确。上述合同文本中政府行为并没有被列举其中，而大多数学者和一些判例将政府行为列入了不可抗力之列。政府行为对于自然人是具有强制性的，发包人和承包人在合同履行期间，一旦政府行为对工程的实施造成影响，将是不可避免的。发承包双方在合同缔约后，当地的政府或上级政府颁布了新的法律、法规、行政措施并导致双方签订的合同履行不能，或履行原合同将构成非法行为，合同双方将不得不放弃履行合同[5]。

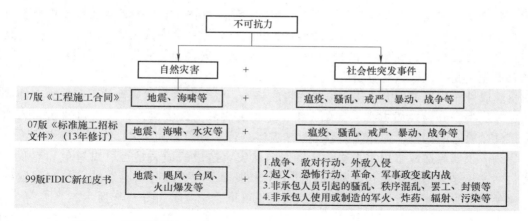

图 11-2　不可抗力在 17 版《工程施工合同》、07 版《标准施工招标文件》
（13 年修订）和 99 版 FIDIC 新红皮书中的范围界定

在我国，建设工程领域的"政府行为"不可抗力被定义为"法律法规变化"类事项。政府抽象的政府行为应视为不可抗力。抽象行政行为是指行政主体针对不特定行政相对人所做的行政行为，包括行政立法行为和制定规范性文件行为。具体行政行为是指行政主体针对特定行政相对人所做的行政行为，包括行政许可、行政征收、行政处罚、行政强制等。符合"三个不能"标准的政府抽象行为导致合同障碍影响合同履行的，应构成不可抗力。具体的政府行为应具体分析，因合同当事人过错受到行政处罚的，不应视为不可抗力。合法的行政征收、征用等具体政府行为，导致行政当事人无法履行合同的，应归为不可抗力范围。政府干预、戒严、禁令、禁运、征收、征用等政府行为，只要符合不可抗力内涵的构成要件，并对建设工程造成了影响和损失，可以作为不可抗力进行处理。

4. 不可抗力风险库的构建

无论是既有的主观说、客观说，还是折中说理论，都未对不可抗力的范围做出十分明确的说明或形成较为统一的认识。在英国法中，不可抗力可以是自然性质的，也可以是非自然性质的，而且比自然灾害一词具有更广的含义。《民法总则》第一百八十条虽然规定了折中说的判断标准，但并没有列举不可抗力的范围和种类。一些单行民事法规中关于不可抗力的规定对于我们理解不可抗力的范围将有所帮助。《海商法》第五十一条并没有使用不可抗力一词，而是列举了一般认为属于不可抗力范围的一些客观事件，包括：①火灾；②天灾；③战争或者武装冲突；④政府或者主管部门的行为、检疫限制或者司法扣押；⑤罢工、停工或者劳动受到限制。如果将上述五项均认定为不可抗力，其范围则比较宽，并可归纳为两个方面：其一，自然灾害；其二，社会异常事件。有关政府行为类的不可抗力在我国属于法律法规变化，在此不多做讨论。

（1）自然灾害　我国法律认为自然灾害是典型的不可抗力，尽管随之科学的进步，人类已不断提高了对自然灾害的预见能力，但自然灾害仍频繁发生并影响人们的生产和生活，阻碍合同的履行。所以，我国法律将自然灾害作为不可抗力是合理的，因自然灾害导致合同不能履行的，应使当事人被免除责任。但是并非一切自然灾害都能作为不可抗力而成为免责事由：一方面，一些轻微的、并未给当事人的义务履行造成重大影响的自然灾害，不构成不可抗力；另一方面，如果就事件本身来说，具有不能避免、不能克服的特性，但就其对合同的履行来说却并非完全是不能避免、不能克服的，则这种情况下的自然灾害也不构成不可抗力。对于已经预报的地震、洪水等自然灾害，我们首先应当考虑自然灾害对合同履行的具体影响是否能够被避免、克服。如果对于所有人而言自然灾害即使被预知也不能采取有效的措施加以避免、克服，那么就应当认为其仍然构成不可抗力。

自然属性作为不可抗力公认和重要的组成部分，张新宝将自然属性的不可抗力事件按照自然灾害的类型分为地质灾害、气象灾害、生物灾害和海洋灾害[6]。对于自然属性的不可抗力事件风险库的构建，首先应区分该自然灾害是否不可预见；其次，该自然灾害是否对工程、货物、工期等造成了损害；再次，针对自然灾害造成的损失是否可以避免和克服；最后，自然灾害是否影响了承包人履行合同义务。根据上文文献分析与总结，并按照预见程度、避免与克服程度进行分类，构建自然属性不可抗力风险库如图 11-3 所示。

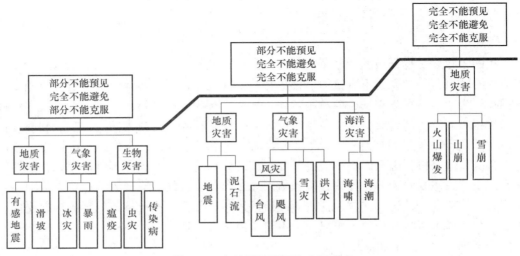

图 11-3　自然属性不可抗力风险库

（2）社会异常事件　社会异常事件是社会中团体政治行为所引起的事件，如战争、武装冲突、罢工、骚乱、暴动等。这些事件对发动者或制造者而言是能预见与避免的，而对司法行为的当事人而言是既不能预见也不能避免与克服的。对于社会异常事件构成不可抗力问题目前达成的共识是将战争、武装冲突等作为不可抗力，而对于罢工、劳动力缺乏的理解则有不同的观点，但从国际惯例来看，罢工作为不可抗力的一种主要事由得到了世界各国普遍的接受和认可[7]。

社会原因的不可抗力也应当具备三个条件：①不可预见性；②不可避免并不能克服；③原因的社会性，即产生这一事件的原因来自社会，而不是由于发包人或承包人过错、第三人过错或者自然现象。

社会异常事件通常包括战争、恐怖袭击、军事政变、骚乱、社会暴动、罢工等，对在社会异常事件地区的建设工程造成一定的影响。这里对工程项目造成影响的社会异常事件进行整理，构建社会异常事件不可抗力风险库如图 11-4 所示。

（3）不可抗力风险库总结　根据合同范本和文献整理，按照 Ibrahim Mohamed Shaluf[8]对不可抗力的系统分类和上文研究结果，这里将工程项目中常见的不可抗力的外延进行分类，如图 11-5 所示。

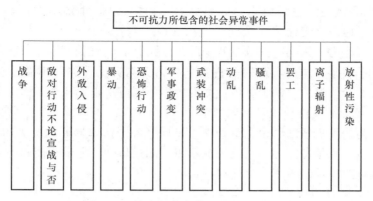

图 11-4　社会异常事件不可抗力风险库

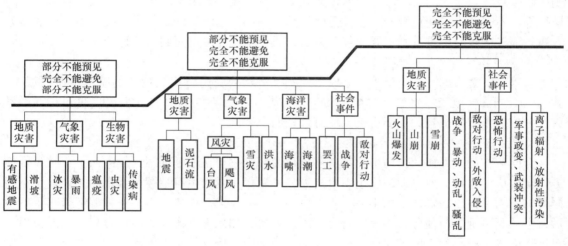

图 11-5　不可抗力风险库

综上所述，对于不可抗力风险确认条款可从两方面进行改善：①关于不可抗力内涵，主观构成要件"不能预见"的时间维度是"签订合同时"不能预见，不能预见的主体是合同当事人，从时间维度和预见主体上减少模糊性；对于不能预见的程度，无须采用绝对标准，尽管发承包双方在合同订立之前能够预见不可抗力事件可能发生，如台风，但是无法合理预见该事件的影响严重性，此类事件也应当符合"不能预见"这一要件的要求。客观构成要件"不能避免、不能克服"的时间维度是在合同履行期间，17 版《工程施工合同》对于不可抗力内涵的规定相对清晰，有利于提高合同效率。②尽可能多地列举不可抗力事件，避免发承包双方对于不可抗力事件的认定上产生纠纷。

11.1.3　不可抗力的免责

我国现行立法规定了不可抗力为免责事由。法律确认不可抗力作为法定的免责事由，可以促使人们在从事交易活动时预先确定未来可能出现的各种风险并在出现风险后合理地解决风险负担问题。这不仅有利于减少当事人的合同纠纷，在不可抗力发生后能尽快采取措施，减少不可抗力造成的损失，而且也节省了当事人为解决纠纷支出的成本。

《中华人民共和国民法通则》第一百零七条规定："因不可抗力不能履行合同或者造成他人损害的，不承担民事责任。"《合同法》第一百一十七条也规定："因不可抗力不能履行合同的，根据不可抗力的影响，部分或者全部免除责任，但法律另有规定的除外。"由于上述规定不够具体、明确，司法实践中一些地方对"免除责任"的范围做了扩大，从而损害了另一方当事人的合法权益。确定不可抗力的免责范围应从以下几个方面加以把握：

1. 不可抗力免除的责任仅限于违约责任

不可抗力作为违约责任的法定免责条件，是现代各国法律的通例。例如《法国民法典》第 1148 条规定："如果债务人因不可抗力或不可预测的事变，导致不能履行债务，或者违反约定进行对其禁止之事项时，不发生任何损害赔偿责任。"

2. 不可抗力的法律后果不等于是全部免除违约责任

应视不可抗力的影响程度分别处理：如果不可抗力已使合同债务人的履行成为不可能，则应解除双方当事人的合同，并免除债务人的违约责任；如果不可抗力只造成合同债务人的履行部分不能，则应变更合同内容，免除违约方的部分违约责任；如果不可抗力仅造成债务人履行债务的暂时困难，则可要求债务人迟延履行，但免除迟延履行的违约责任。

3. 遭受不可抗力的一方当事人有通知义务

遭受不可抗力的一方当事人怠于履行通知义务给对方造成损失的，仍应承担违约责任。我国《合同法》规定，遭受不可抗力的一方当事人应将不可抗力的事实及时通知对方当事人，并应提供有关机构关于不可抗力的有效证明。

4. 违约者不受益：迟延期间发生不可抗力的不免责

合同双方任一方违约，均不能因其违约行为而受益。在迟延期间，债务人不及时履行债务已经构成了违约，所以即使发生不可抗力，不履行一方仍负有继续履行合同的义务，不能履行的应当承担违约责任，而不能主张发生不可抗力免责。债务人不能免责的依据在于迟延后发生的不可抗力与债务人的违约行为有因果关系，如果债务人及时履行合同，就不会因不可抗力的发生而导致合同不能履行。但大陆法系国家有例外规定，即如果债务人能证明即使其及时履行，仍不能避免标的物毁损灭失时，不履行一方可以免责。

11.2 不可抗力引起价款调整的基本理论

11.2.1 交易成本理论下不可抗力的风险分析

1. 交易成本理论下的合同效率

Coase 在《企业的性质》（1937）首次引入交易成本的思想，是为了解答"既然市场那么完美，为什么还会存在企业"的问题。社会活动中无论以何种方式进行交易，都是需要成本的。那些谈判、签订合同、监督合同的执行以及解决纠纷的成本就是交易成本。Williamson 将交易成本区分为事前交易成本和事后交易成本，包括了拟定合同、谈判和确保合同履行、解决纠纷、讨价还价，以及双方偏离契约的不适用成本等；R. C. O. Matthews 认为交易成本包括了三部分，分别是事前准备合同和事后监督以及强制合同执行的成本。虽然诸位学者对交易成本的外延认知和表述不同，但是事实上都是指交易发生的整个过程中的所有费用，它包括了搜集信息的成本、拟定合同的成本、达成合同的成本、监督合同履行的成本以及违约后寻求赔偿和解决纠纷的成本。

合同效率含义为：①能够降低交易成本；②有效的权利配置并能尽可能自动履行；③能够对未来行动具有激励作用。Williamson 在《资本主义经济制度》一书中，将合同分成了两类，即垄断式合同和效率式合同，并利用效率式合同的概念将强调激励组合的理论和强调节省交易成本的理论加以区分。交易成本经济学认为，节省交易成本最重要的就是减少讨价还价成本，因为讨价还价是无处不在的，实行纵向一体化的目的就是减少讨价还价成本，达到节省交易成本。

Williamson 将交易成本分为了事前交易成本和事后交易成本，交易成本的类型如图 11-6 所示，事前交易成本主要包括搜寻交易对象的成本，如发包人的招标成本，起草合同、谈判和签约的成本，以及确保合同得以履行的成本。事后交易成本区分为合同正常履行下的成本和合同非正常履行下的交易成本，在合同正常履行情况下，发生的交易成本较少，具体包括监督成本、沟通和协调成本。但是在合同非正常履行情况下，比如发生变更、不可抗力、承包人违约等情况下，就会出现不适应成本，即合同履行逐渐偏离了最初的合作方向，造成了合同双方的不适应成本；如果出现了不合作现象，就会导致合同双方讨价还价，从而造成讨价还价成本，这种讨价还价行为还会上升至合同纠纷，产生再谈判成本，甚至会导致合同暂停履行或者合同解除的行为发生等，这些都会导致交易成本的发生。不可否认，交易成本是客观存在的，交易成本的存在就是合同效率的损失，合同效率的获得在于交易成本的最小化。

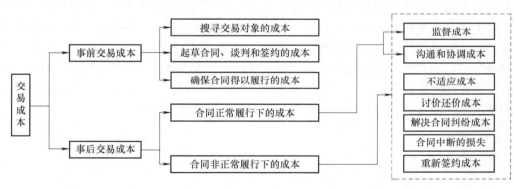

图 11-6　交易成本的类型

对于交易成本产生的原因，Williamson、Benjamin Klein 和张五常等理论学家都没有给出明确的答案，但是 Grossman、Hart 和 Moore 等人认为，交易成本产生的根源是不确定的[9]。针对交易成本产生的原因，利用文献研究后发现，大多数学者认为，产生交易成本的原因主要包括有限理性、机会主义、资产专用性、不确定性、交易频率等。

针对工程项目的性质对工程项目的交易成本产生的原因进行分析，如表 11-2 所示。

表 11-2　工程项目交易成本产生原因分析描述

序号	产生原因	描述
1	有限理性	工程项目中交易主体的有限理性指的是发承包双方的有限理性。由于信息不对称和能力有限，虽然发承包双方进行的活动是有目的、理性的，但仅是有限条件下的理性。所以发承包双方既不能在事前搜集到关于合同安排的所有信息，也不能预测未来可能发生的各种变化，从而在事前将这些变化反映在合同条款中，因此，合同总是不完全的。在这种情况下，交易当事人也许就要为解决突发事件和双方争议而消耗资源，而这必然产生交易费用

417

（续）

序号	产生原因	描 述
2	机会主义	从发包人的角度，无论是招投标阶段还是施工阶段，承包人都会出现机会主义行为。在招投标阶段，承包人与发包人之间存在信息不对称，承包人会利用信息不对称发生串标、不合理低价中标、偷工减料、不平衡报价等机会行为，还会利用合同漏洞进行有预谋的索赔，利用合同予以的模糊性规避责任等
3	资产专用性	工程项目的资产专用性相对较强：①由于其固定性，导致场地专用性强；②施工中用到的专用模具、非标准尺寸的钢筋和构件，各种工程文件，造成物资专用性强；③工程项目中的管理人员、技术人员、施工人员也具有专用性，具有人力资产专用性
4	不确定性	工程项目的长期性和复杂性决定了较大的不确定性，首先，项目环境因素的不确定性大，如政治因素、法律风险、经济风险、自然风险、社会风险；其次，行为主体的不确定性大，如发包人的经营状况变化，承包人的技术能力和管理能力不足等；最后，信息不对称导致不确定性增加，如对合同、图纸的理解不同，工程项目各方缺乏沟通，导致项目实施中具有很大的不确定性
5	交易频率	工程项目的交易活动主要针对发包人和承包人，也包括发包人与供应商、承包人与供应商、发包人与政府等之间的交易，此外，工程项目交易过程中的不确定性和不完全性带来的变更与冲突造成的再谈判，也会导致工程项目交易频率增大

以上五个因素之间相互作用，导致项目执行过程中产生纠纷和问题，进而影响交易成本。交易成本产生机理分析如图 11-7 所示，由于人的有限理性和交易环境的不确定性，产生了不完全契约，加之交易双方的机会主义行为。为了降低不确定性，减少机会主义行为，保证交易主体全面准确有效的信息构成，会产生相应的协调成本，在合同履行过程中产生的问题和纠纷又会引发纠偏成本、讨价还价成本等。资产专用性较高，会产生"套牢""敲竹杠"问题，同时也会引起机会主义行为，进而导致了交易成本增加；有限理性、机会主义、不确定性、资产专用性都会引起问题和纠纷的发生，从而导致交易频率上升，讨价还价成本、协调成本、监督成本等交易成本都会随之上升。

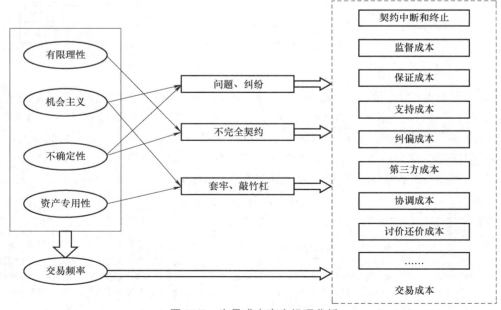

图 11-7　交易成本产生机理分析

建设工程合同的签订就是一般的交易过程，所涉及的交易成本包括了招标成本、草拟合同的成本、对合同条款进行谈判的成本、合同履行过程的监督成本、协调成本、支持成本和解决纠纷成本，当出现不确定性的再谈判成本等。不可抗力的不确定性增加了合同执行的阻力，一旦出现合同中没有约定的情形必定引起纠纷，增加讨价还价成本，降低合同效率。不可抗力是合同状态调整下的合同对于价的变更，为了使其从不效率路径回归到效率路径，应从风险分配的公平开始，降低事后谈判成本，使合同自动履行，降低交易成本，提高合同效率。

2. 公平合理的不可抗力风险分担能够降低交易成本，提高合同效率

已有经验研究表明，合理的风险分担对工程项目管理绩效具有某种积极作用。如 Martinus P. Abednego 与 Stephen O. Ogunlana 指出，合理风险分担对于良好的项目整体绩效有贡献，有利于项目成功。然而也有学者认为，风险分担与项目管理绩效间的关系具有不确定性，很难简单地表述为正相关或负相关，发包人只是不应该将风险最大化地转移给承包人，而应寻求风险的最优分担格局。工程项目管理目标在于不断提高项目管理绩效，以期实现或超越项目所有者的需求及期望。因此，绩效改善研究一直是工程管理领域的核心命题。

（1）公平合理的风险分担降低合同交易成本，提高项目管理绩效　公平合理的风险分担能够有效降低交易成本，提高项目管理绩效。公平合理的风险分担能降低承包人因承担能力范围之外的风险造成的损失，促使承包人"安分守己"⊖，达到项目履行过程"风平浪静"⊖，从而减少不必要的纠纷，减少项目事后讨价还价成本，降低项目交易成本，促使项目管理绩效改善。

（2）公平合理的不可抗力风险分担是提高合同效率的必要条件　众多学者认为，公平合理的风险分担能够改善项目绩效、降低承包人机会主义行为、减少纠纷发生、改善项目管理绩效、提高合同履行效率。郑宪强认为，风险分担的公平与合理是合同效率的折返逻辑，合同效率要求建设工程项目的风险"产权"边界在合同中界定清楚，因为这样合同效率障碍就越小。Zhang X. 认为将公平合理的风险分担结果体现在合同条款中，可有效推进项目顺利执行[10]。合同效率应建立在合同公平之上。古典经济学坚持起点公平、效率优先的公平观，新古典经济学派也坚持规则公平、效率优先的观点。从经济学角度，在签订合同时，初次分配的"低公平"将制约合同效率的提升，初次分配"低公平"是制约效率提高的瓶颈，经济学家认为，没有公平就没有效率，不公平的效率不是人们所渴望的效率。

不合理的风险分担机制会对项目产生负面作用，使得风险分担方案无法得到有效的实施，有可能导致整个项目失败。不合理的风险分担会导致项目成本超支、工期延长、质量下

⊖　安分守己：尹贻林教授将"安分守己"解释为承包人的字面履约与完美履约，是指承包人完成项目契约约定的内容外，执行有利于各利益相关者和项目绩效的行为。对于承包人而言，提高其公平感知、使其得到预期的合理利润，能够降低其机会主义行为，减少其利用业主招标文件和合同条件中的"漏洞"来弥补自然状态恶化时己方多付出的建造成本（如不平衡报价、多变更、多调价、多索赔等），从而保证了承包人的公平感，带来了其行为上的"安分守己"。

⊖　风平浪静：尹贻林教授提出的"风平浪静"可以理解为项目的稳定化目标通过刚性条款的有效执行得到实现，同时过程中的不确定性与风险通过柔性合同得到缓冲和边际释放，进而减少利益相关者之间的摩擦与冲突，避免工程项目绩效实现过程中的波动与震荡。

降等，进而引起发承包双方产生价款纠纷和其他纠纷等，最终导致合同失灵，即合同失去效率。杜亚灵等认为工程合同中风险分担方案和控制权的配置以及合同价格的确定与调整方案直接决定合同的效率以及工程项目的管理绩效[11]。判断风险分担是否公平与合理，最直接核心的判断标准就是合同的执行效率[12]，如果合同当事人仅仅从"零和博弈"的角度出发，没有站在全局的制高点考虑进行合理的风险分担，就会造成了合同条款的风险分担不可理喻，就会造成交易费用增加而绩效降低[13]。反过来，"公平合理的风险分担也决定了合同的效率"，风险分配不均将会影响合同的效率。通过建立激励、抑制因素的约束条款和公平分配风险的合同条款可以有效降低交易成本，故公平合理的风险分担是提高合同效率的必要条件。

11.2.2 不完全契约理论下不可抗力风险分析

1. 不完全契约是不可抗力风险"不能预见"特点的具体表现

建设工程合同争议的发生往往因为缔约的不完全，发承包双方的有限理性和交易成本决定双方在进行合同签订时不可能预料到未来施工过程中所有的不可抗力事件以及所造成的损害，不可抗力后果承担责任边界界定不明，也会导致合同效率的损耗。这主要是因为不可抗力事件发生后，如果没有明确的此类风险分配的合同条款，那么就需要通过协商、调解、仲裁或者诉讼等方式进行解决。但是这一过程往往是需要花费大量的人力、物力资源和时间资源等交易成本，从经济学意义上看，这些都是低效率的。

我国建设工程施工合同不可抗力条款包括主要四个部分：不可抗力的确认、不可抗力的通知、不可抗力后果的承担以及因不可抗力解除合同。其中不可抗力的确认条款，主要采用了有限列举和综合性定义的方式对不可抗力进行明确。其中，不可抗力事件的定义是满足合同签订时不能预见、合同履行过程中不能避免并且不能克服的三个条件的自然条件和社会性突发事件。该定义完全满足我国《合同法》第一百一十七条对不可抗力的定义："本法所称不可抗力，是指不能预见、不能避免并不能克服的客观情况。"

2. 不完全契约下不可抗力列举条款包括风险的初次分担与再分担

毫无疑问，在建设工程合同缔约与履约过程中交易成本广泛存在，在有限理性假设下，缔约合同必然只能是不完全契约。基于不完全契约的初始契约与再分担模型，风险分担也可相应地解构为缔约阶段的初始风险分担（对应于初始契约）与履约阶段的风险再分担（对应于再谈判），如图 11-8 所示。

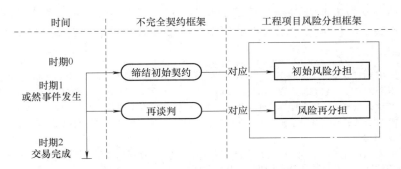

图 11-8　基于不完全契约的风险分担框架

　　基于不完全契约理论，事前的初始契约设计旨在合理平衡契约条款的完备性、灵活性与可执行性，并对专用性资产投资提供激励；而事后契约履行过程中发生的或然事件，则通过契约调整或再分担予以应对。因此，将初始契约映射于初始风险分担，则初始风险分担也可以通过风险分担条款的完备性、灵活性、可执行性与激励性进行刻画。而事后调整以其是否能够弥补初始契约的"漏洞"，从而减少初始阶段不完全契约的不确定性予以判断，有效的再分担机制有助于契约效率的提高。在已有文献中，有效的再分担机制主要从其谈判范围与目标合理性、过程有效性及收益成本等维度进行衡量。因此，作为对应于不完全契约的再分担机制，工程项目履约过程中的风险再分担可以通过再分担的范围、目标合理性、过程有效性等维度进行刻画。

　　尽管工程项目风险再分担的概念并未获得明确的界定，但在合同履行过程中需要对风险分担方案进行补充或调整的理念已获得理论与实务界的认同。如 Hartman 与 Snelgrove[14]、Rahman 与 Kumar swamy[15]的研究都强调了这种风险分担的事前约定与事后补偿对绩效的影响，并且事后调整效率受制于缔约阶段的事前约定。

　　对应不完全契约的初始合同与再谈判，将风险分担相应地解构为缔约阶段的风险初始分担与履约阶段的风险再分担，并建立了初始风险分担——风险再分担——项目管理绩效三者之间的联动关系，如图 11-9 所示。

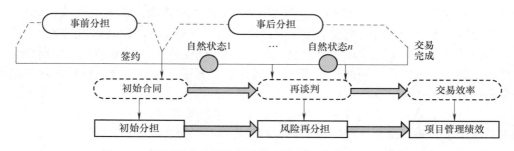

图 11-9　基于不完全契约理论的工程项目风险分担理论模型

　　风险初始分担关注合同的完备性，并通过预先在合同中注入柔性条款为风险再分担提供依据；而风险再分担重在依据合同中预设的事后支持制度调整初始分担中不合理、不明确的约定，在实践中表现为通过变更、调价、索赔等手段对初始分担中未合理约定或履约过程中出现的次生风险进行风险再分担。事实上，风险分担的动态性正是合同的不完全性，正因为在合同签订时当事人不可能穷尽所有的风险，而在合同中设计了重新谈判条款来实现风险再分担。工程项目交易过程中大量的合同价款调整或争议的产生，其实质均与风险的再次分配相关，如田威指出变更、调价、索赔是承包人创收的三大支柱[16]。

11.2.3　合同受挫理论下不可抗力风险分析

1. 合同完全受挫时解除合同是一种效率选择

　　（1）合同受挫条件下合同解除是合同效率的选择　合同缔结时的客观基础发生剧烈变化，或者合同赖以存在的客观基础意见丧失，合同的履行对当事人已失去了意义，即使这种履行仍然是可能的，当事人也可因合同受挫而不再履行先前的承诺。古罗马戴里克先皇帝和马克西米安皇帝在他们的赦令中明确宣布：代理人对意外事变不承担责任。两位皇帝以赦令的形式确立了"契约止于事变"的制度，罗马古典法时期的法学界在司法实践中一贯将此制度作为法学理论原则来指导判例。不可抗力的上位概念在罗马法中是"事变"，而事变分为不可抗力及轻微事变两种，是指不是债务人的故意或过失而发生的债务不能履行的结果，也包括与行为人无关的第三人行为所致的损害。在英美法中，类似于大陆法系中的情势变更原则的是合同受挫制度（或者合同落空），大陆法系中的情势变更原则重点考察与关注当事人的内心预期，而英美法系的合同受挫制度在很大程度上是以合同自身的履行以及合同带来的经济效益为考量的。在美国《第二次合同法重述》中，第261条阐述了处理履行不现实的普遍性规则，即"双方当事人缔结合同后，因不可归责于当事人的原因，因突发事件（或不可抗力），导致乙方当事人履约异常困难，该履行困难的当事人可以不用继续履行先前合同约定的义务"。目的的落空并不是合同没有继续履行下去的可能了，而是有履行的义务和可能，只是行为人的目的或者订立合同的意义不复存在。

我国《合同法》秉承契约必须严守的理念，合同解除免责仅局限于不可抗力事件导致合同不能履行的情景，可见，《合同法》认为，合同受挫是解除合同的一种效率选择。孙美兰认为如果在合同签订后发生了不可抗力事件，而此事件又导致合同履行不能或者即使合同能够履行，但是需要双方付出非常高的代价，即合同的对价关系已经破坏，则已经丧失了合同履行的实际意义[17]，此时若继续坚持契约所必须严守的原则，合同效率就会必然丧失。当然，在合同完全不能履行的情况下继续履行合同也是不现实的。合同解除虽然是合同履行障碍清除失败情况下的无奈选择，但是也不失为一种效率选择。合同解除的目的是使合同当事人能够及时摆脱不效率合同的拘束[18]，合同目的不能实现时，让合同自动解除来结束合同关系是更好的选择。

（2）不可抗力致使合同解除的三种途径　合同解除是指合同一方或者合同双方当事人根据其意思表示导致当事人之间的关系归于消灭的一种行为或制度，一般分为三种，即协议解除、约定解除和法定解除。合同的协议解除是指在合同成立以后，未履行或未全部履行之前，发承包人双方可以在合同解除条件具备时协商解除合同，它强调解除合同的时点是在合同有效成立后。《合同法》在第九十三条第一款中对协议解除做出了规定。合同的约定解除是指合同双方当事人可以在合同中约定单方可以解除合同的条件，当在履行过程中满足该条件时，具有解除权的一方可以单方解除合同。然而，合同解除条件的满足并不意味着该合同必须解除，具有解除权的一方可以选择继续保持合同效力。约定解除与协议解除不同，强调订立时就在合同中约定解除合同条件，并且由于该约定是当事人真实的意思表示，可以灵活应对复杂情况，更好地满足了当事人的需要。《合同法》在第九十三条第二款中对约定解除做出了规定。合同的法定解除是法律规定的合同解除方式，是指发生不可抗力事件后导致合同无法实现时，合同可以被解除。法定解除是一种单方解除，不可抗力事件发生后发承包中一方不需征得另一方的同意就可以行使法定解除权单方解除合同，但需要通知另一方或通过人民法院、仲裁机构等第三方主张其解除合同的意思表示。《合同法》在第九十四条对法定解除做出了规定。

综上所述，不可抗力发生后，发承包双方有三种途径解除合同：第一，如果合同中约定了合同解除条件，不可抗力事件发生后导致合同满足了合同解除条件；第二，如果发承包双方没有约定合同解除条件，双方可以通过协商解除合同；第三，不可抗力事件导致合同目的不能实现，符合了法定解除合同条件。

2. 合同不完全受挫时发包人的道义补偿是卡尔多－希克斯效率改进

所谓卡尔多-希克斯效率，是指第三者的总成本不超过交易的总收益，或者说从结果中获得的收益完全可以对所受到的损失进行补偿，这种非自愿的财富转移的具体结果就是卡尔多-希克斯效率。同样，合同的卡尔多-希克斯效率可以定义为：如果一项合同法律制度的安排使一些人的福利增加而同时使另外一些人的福利减少，那么只要增加的福利超过减少的福利，就可以认为这项法律使社会福利总体实现了增加，因此这项合同法律就是有效率的。对合同目的不能实现的程度划分不明确，还导致合同履行的一方逃避责任。例如，当承包人在不可抗力事件中的损失过大时，虽然合同没有达到解除的标准，但是承包人继续履行合同变得无利可图，就会选择解除合同。

我国《合同法》第一百一十八条规定，如果一方当事人由于不可抗力事件致使其无法履行合同的，应及时通知合同另一方，以减少给对方造成的损失。

承包人在面对不可抗力事件造成的损失过大时解除合同，是建立在理性的、追求自身利益最大化或效用最大化的"经济人"基础之上的。

故而，当承包人一方因自身损失严重，继续履行合同并不能达到预期利益、履行合同的代价相对过高而选择解除合同时，而此时不可抗力事件又并没有导致合同完全不能履行，发包人具有继续实施项目的建设意愿，那么发包人基于合同利益共同体理论，可以选择对承包人进行道义补偿。

在合同人假设条件下，发包人和承包人都有实施机会主义行为的倾向，他们的合作并不一定会实现合同效率并达到社会效率，建设工程施工合同效率追逐的是卡尔多-希克斯效率，是将发包人和承包人个体的有限理性的主观动机导向公共利益优化的客观结果。在违约的默认条款中，允许承诺人在合同再谈判时违反对其无效率的或无利益的合同[19]。当承包人选择效率违约的情况下，重新更换承包人的转换成本大，这种成本是资产专用性造成的，发包人将会蒙受不必要的损失。

在建设工程中，资产专用性较强，许多专用性资产没有办法移作他用，即使能够移作他用，其使用价值也会大打折扣。发包人重新招标产生了合同重新起草、谈判和讨价还价的交易成本，新的承包人对项目的重新认识和信息对接也会产生交易费用，这不仅对发包人是一种损失，对社会财富也是一种浪费。实现资源的有效配置，违约并不一定可行。此时，最优的选择是基于合同利益共同体理论，用协商调解的方法促使承包人继续合作，对承包人进行道义补偿，实现卡尔多-希克斯效率改进。经济人应当不仅仅局限于追求自身利益最大化，还要负有一定的社会责任，即追求社会财富最大化。经济学中，效率的判定标准是卡尔多-希克斯效率，从理论上的视角看，应用卡尔多-希克斯效率标准能够增加社会福利。然而，卡尔多-希克斯效率与帕累托效率密切相关，卡尔多-希克斯效率要求合同双方在实现社会效率时，实现发包人和承包人效率总和的最大化，在此前提下对受损者进行补偿，进而提升双方的福利水平，追求经济自由主义的社会福利最大化的目标。

基于合同受挫的效率选择机制研究设计如图 11-10 所示。

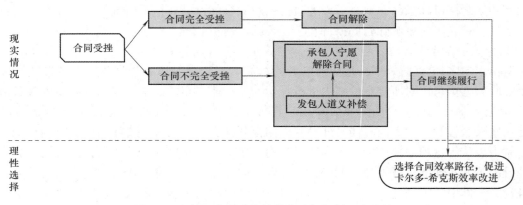

图 11-10　基于合同受挫的效率选择机制研究设计

11.3　不可抗力引起合同价款调整的依据

不可抗力属于无法预测的事件，是契约不完备性的体现。在交易成本学派看来，合同不完备的原因有三：①很难预测未来可能发生的各种情况并为之做出计划；②即使第一个原因满足，也很难达成协议，因为很难有共同语言可以描述这种情况；③即使前两个原因都满足，也很难将它们写得让第三者如法院可以执行。正是这三种交易成本造成了合同的不完备，一个工程合同很难预测在合同期内会发生什么样的不可抗力，发包人和承包人也不想去花费成本去详细界定不可抗力并预测出所有可能发生的不可抗力。

当不可抗力事件发生后，将影响工程价格的形成。在合同价款调整过程中经常产生不可抗力认定纠纷、不可抗力风险分担不合理、不可抗力损失承担纠纷等事件，以下将对这三部分进行详述。

11.3.1　不可抗力事件的认定

发生不可抗力事件后，根据 99 版 FIDIC 新红皮书的规定，应该由发包人主要承担由不可抗力引起的损失或工期延误，并给予承包人合理的补偿；承包人可以根据不可抗力条款进行索赔。一个事件只有同时满足第 19.1 款中的四个条件时，才能称为不可抗力。同时，也列举了一些不可抗力的事件，但也说明不局限于此。只要合同双方达成一致意见，可以在合同条款中约定其他可能发生的事件为不可抗力事件。

但是，07 版《标准施工招标文件》（2013 年修订）通用条款部分第 21.1.2 项又规定了当发包人和承包人达不成一致意见时不可抗力事件的确定机制，约定合同双方对是否属于不可抗力或其损失的意见不一致的，由监理人按第 3.5 款商定或确定。发生争议时，按第 24 条的约定办理。

为了减少不可抗力事件发生后，对于不可抗力事件认定的纠纷，双方达成一致意见可以在合同条款中约定不可抗力条款来限定不可抗力事件。不可抗力条款是当事人特别约定的一类合同条款，约定某些情形为不可抗力，一旦发生约定的情形，即可作为免责事由。不可抗力条款的运用，是以对不可抗力做狭义的理解（通常限于自然现象）为背景的，加入一些当事人认为有必要纳入的情形，比如政府的禁运、公众的罢工等，由此出现了通过合同扩张不可抗力概念的倾向。另外，对于不可抗力条款，法院在解释上也应该与解释免责条款相似，宜从严掌握。

1. 不可抗力条款是不可抗力事件认定的有力补充

各国合同法都规定了不可抗力是合同的免责事由，但是有关不可抗力的内容和适用范围则很难由法律做出具体规定，这就需要当事人在合同中设定不可抗力条款，具体列举各种不可抗力事由和范围。

当事人订立不可抗力条款的作用主要表现在：①补充法律对不可抗力免责事由的规定不足。由于不可抗力情形复杂，工程建设项目周期长，各种交易行为种类复杂，因此法律不可能对不可抗力做出十分具体的规定，这就需要发承包双方设定不可抗力条款以反映工程交易的需要，努力减少不可抗力事故发生所致的风险。②减轻风险并合理分配风险。由于法律不可能对各种引起合同不能履行的不可抗力事件均做出列举性的规定，这就需要当事人在订立合同时考虑各种未来可能出现的不可抗力事件，并且通过免责条款的规定，由当事人合理分担未来出现的风险。③正确认定责任。发承包双方事先设定不可抗力条款，就可以在某种事件发生后，为确定事件是否可以成为不可抗力事件并导致当事人被免责，提供明确的法律依据。

不可抗力条款是对法定的不可抗力事件的补充，它和法律关于不可抗力的规定是统一而又不可分割的组成部分。也就是说，当我们提出不可抗力可以免责时，不可抗力不仅仅是指法律关于不可抗力的规定，同时包括了约定的不可抗力条款。当然，法律对不可抗力的规定与当事人对不可抗力的约定也可能是不一致的，在此情况下，由于不可抗力的法律规定具有强制性，因此当事人的约定必须符合法律规定。

2. 列举式设定不可抗力条款更为合理

当事人在设立不可抗力条款时，应采用何种方式确立不可抗力事件，对此有两种不同的观点：一种观点认为，当事人在合同中订立不可抗力条款时，应通过列举方式明确规定不可抗力事件；另一种观点认为，不可抗力条款应采用概括式的方式。两种观点都有一定的道理，但是列举式的观点相对而言更为合理，主要理由是，当事人设立不可抗力条款旨在对法律关于不可抗力的规定做出具体的补充。法律的规定常常过于原则，如果当事人在合同中订立的不可抗力条款也同样过于原则，将很难起到补充法律规定不足的作用。当然，具体列举也有其不足之处，这主要表现在：具体列举的事件不可能穷尽。而一旦当事人未列举的事件发生并导致合同不能履行，完全可以由法院做出解释并认定该事件是否属于不可抗力事件。所以有一些买卖合同仅笼统地规定本合同适用不可抗力条款，或重复法律关于不可抗力条款的规定，都不能使不可抗力条款产生应有的作用。

当事人具体列举的不可抗力事件主要包括自然灾害、社会异常事件两类，但当事人是否可以列举一些不符合法律关于不可抗力规定的事件，是否可以扩大不可抗力事件的范围，对此有两种不同的观点。一种观点认为，既然允许当事人设立不可抗力条款，就应当允许当事人自由地列举不可抗力事件，并在这些事件发生时使当事人被免除责任；而且从合同自由的原则出发，既然可以允许当事人自由设定免责条款，那么也应当允许当事人自由设立不可抗力条款。另一种观点认为，对不可抗力条款的设立应有所限制，而不能随意扩大其范围，否则会混淆不可抗力和其他概念的区别。本书认为，当事人约定的不可抗力条款原则上应符合法律关于不可抗力的规定，这些规定是当事人约定不可抗力事件最基本的法律依据。如果当事人约定的条款不符合法律的规定，法院可以根据具体情况认定当事人约定的事件不属于不可抗力。如果允许当事人可以任意列举不可抗力事件，法律关于不可抗力的规定也就形同虚设，尤其造成不可抗力与意外事件等概念的混淆，从而不利于正确认定合同责任。当然，如果当事人从减轻风险出发，愿意扩大不可抗力的范围，则完全可以通过设定免责条款的办法加以解决。对于不可抗力事项的约定，可从我国现行法律法规中认定为不可抗力的事项中进行列举，基于此，本书构建了不可抗力风险库（详见第11.1.2小节）。

当事人在合同中设立的不可抗力条款，不仅要具体列举不可抗力事件的范围，而且应当就一些可能引起争议的问题做出规定。例如不可抗力事件发生以后的通知义务，一方是否对另一方做出补偿，是否可以导致合同的变更等。

11.3.2 不可抗力风险分担原则

关于工程项目风险分担原则说法不一，但可基本统一为以下几条：

①可控性风险分配原则：谁能最有效地（有能力和经验）预测、防止和控制风险，能够有效地降低风险损失，或能将风险转移给其他方面，则应由他承担相应的风险。②经济性风险分配原则：承担者控制相关风险是经济的，能够以最低的成本来承担风险损失，同时他管理风险的成本、自我防范和市场保险费用最低。③公平性风险分配原则：分担风险的一方必须有相应的权利、报酬或机会，公平原则是合同双方"责权利"分配关系的具体体现。工程项目合同价款风险分担应秉承一种权责利对等的思想，并考虑合同各方的意愿与能力。风险分担的公平是合同效率的折返逻辑，合同是发包人与承包人之间分担工程风险、分享收益的一种方式[20]。

法经济学风险分担哲学规则较为单一，容易操作。这种风险分担哲学认为，风险应分配给最低成本的风险承担者，这种风险成本可从三个方面来判断，即损失程度、风险发生概率以及自我保险或市场保险的成本。这种风险分配哲学是通过实现合同效率目标优先，然后再使受损方获得赔偿恢复到风险前财产状态，以此获得潜在帕累托效率，不过这种风险分配哲学更多的是需要正式制度安排如合同法的支持。

07版《标准施工招标文件》（13年修订）第21.1.1项列举了一些不可抗力事件，同时标明发包人和承包人可以在专用合同条款中约定其他不可抗力的情形。不可抗力的范围在各个范本中的规定都是基本一致的。而不可抗力的风险分担，国内范本与FIDIC是不一样的。07版《标准施工招标文件》（13年修订）与13版《清单计价规范》对不可抗力风险分担的原则基本一致，不可抗力风险由发包人和承包人共担。但是与FIDIC是不一样，FIDIC中不可抗力的风险都是由发包人承担的。99版FIDIC新红皮书第17.3款就将"一个有经验的承包人无法合理地预见和防范的任何自然力作用"风险定义在"发包人风险"之列。以法经济学来分析，这种风险分配哲学是缺乏效率的，理由有三：其一，风险分配主观性较强，不符合合同人趋利避害假设，发包人与承包人形成一致合意难度大；其二，没有考虑发包人和承包人的风险偏好；其三，没有考虑风险成本与收益比较。所以，我国不可抗力风险由发承包双方共担符合法经济学的观点。

另外，在遇到不可抗力事件时，承包人应按照合同条件中的有关条款，通过索赔挽回经济损失或采取相应措施加以弥补。除根据合同进行正当的索赔外，承包人还可以通过保险的方式，将一些风险转移给保险公司承担。而且，在报价时可将保险费计入工程成本。此外，为应付项目实施过程中偶然发生的意外事故，承包人可在其报价中计入适当比例的风险金，一般可占合同总额的 2% ~ 5%。

11.3.3　不可抗力损失归责依据和承担原则

1. 不可抗力损失承担的基本归责依据

不可抗力损失承担的基本归责依据有以下三种：过错责任原则、公平原则和合同利益共同体理论。

过错责任原则起源于古罗马法，罗马法最早确立了不可抗力免责的根本训条："对偶然事件谁也不能负责""偶然事件由被击中者承担"[21]，这两个根本训条作为责任原则，认为当事人都没有过错，不可能以过错要求一方或双方对此承担责任，但不可抗力损害后果是客观存在的，总要有承担者，罗马人只好让"天意"来选择"不幸者"，即不可抗力给当事人一方或双方造成的损失，由当事人独自承担。所以根据过错责任原则，由不可抗力引起的损失不应由无过错的当事人承担，由双方当事人各自承担自己的损失，即使一方当事人遭受损害或双方所遭受的损害差别很大时，也不可要求与其共同承担这一损失。

有学者认为，在不可抗力事件的背后，最大的受害者并不理所当然就是债权人（被违约人），因此没有理由要求一个既没有过错且遭受重大损失的最大不幸者承担违约责任。不可抗力造成合同不能履行或不能完全履行，虽然使发包人遭受一定的损失，但承包人遭受的损失更大。债务人遭受的损失主要包括如下两方面：一方面，发包人拥有的合同标的物很有可能遭到部分甚至全部毁损灭失；另一方面，债务人因其不能履行或不能完全履行而难以或不能获得债权人的对待给付，显然又丧失了全部或部分的履行利益。而相对的债权人则仅仅丧失了履行利益。债务人在遭受损失的同时，因为合同不能履行或不能完全履行，而又不能使其免责，还应承担损害赔偿等责任。如果债务人既无迟延履行的过错，又积极采取补救措施以减少不可抗力造成的损失，那么令债务人承担此时的责任，就使不可抗力造成的绝大部分损失落在了债务人身上，而债权人只是丧失了履行利益却不承担任何责任，这是违反公平原则的。所以允许债务人在出现不可抗力的情况下被免除责任，但却不直接免除不可抗力造成的损失的责任承担，"有利于保护无过错的当事人的利益，维护公平原则的实现"。崔建远教授在其专著《合同法》中也做了相似的论述并得出结论："于此场合，合理的解决方法，应是债务人不负违约责任，债权人与债务人分担风险"。所以根据公平原则，不可抗力造成的损失由债权人与债务人共同承担。

此外，合同利益共同体理论支持不可抗力事件造成的损失由发包人和承包人共同承担。合同利益共同体理论是指达成了合同的双方在事实上已经形成了一个以合同为纽带、以利益为共同目的的整体，这个整体的两端其利益是相对立的又是相互依存的，一方的利益以另一方的利益为前提，一方的利益不存在无疑也导致另一方利益的消亡。承包人与发包人签订的合同使他们成为合同利益共同体。不可抗力作为一种风险存在于任何合同之中，使合同的预期目的受挫，使合同利益减少乃至丧失，不可抗力不论落在哪一方之上，都会通过利益共同体传导至共同体的另一方，使另一方也遭受损失。由此可以看出，不可抗力不会也不可能只集中在一方，它必然是使双方利益都有损失。若违约方不能通过不可抗力免责，就必须给予非违约方损害赔偿，使其恢复到如同合同被适当履行的状态从而获得期待利益，则非违约方在不可抗力事件中未受丝毫损失，而违约方则不仅要承受自身期待利益的损失，还要补偿对方的期待利益。这样将不可抗力造成的损失集中到了相同的一端，造成双方利益失衡。这种人为分配风险的方式违背了合同利益共同体理论。所以根据合同利益共同体理论，应当免除违约方的损失承担责任，让各方承担自身的利益损失。

综上所述，无论是过错责任原则、公平原则还是合同利益共同体理论，均支持不可抗力造成的损失应由承包人和发包人共同承担。

2. 当事人不可抗力损失承担原则

07 版《标准施工招标文件》（13 年修订）第 21.3.1 项对于不可抗力造成损害的责任规定如下：①永久工程，包括已运至施工场地的材料和工程设备的损害，以及因工程损害造成的第三者人员伤亡和财产损失由发包人承担；②承包人设备的损坏由承包人承担；③发包人和承包人各自承担其人员伤亡和其他财产损失及其相关费用；④承包人的停工损失由承包人承担，停工期间应监理人要求照管工程和清理、修复工程的金额由发包人承担；⑤不能按期竣工的，应合理延长工期，承包人不需支付逾期竣工违约金，发包人要求赶工的，承包人应采取赶工措施，赶工费用由发包人承担。第 21.3.2 项规定，因一方责任延迟履行合同，在延迟履行合同期间发生不可抗力的，不免除其责任。17 版《工程施工合同》、13 版《清单计价规范》关于不可抗力的相关规定与 07 版《标准施工招标文件》（13 年修订）基本一致，而且符合国际惯例的规定。

由此可见，国内对于不可抗力在发承包双方费用承担的原则有两条：一是各自的风险各自承担费用；二是承包人应发包人的要求对现场及工程进行管理和安保的费用，工程所需清理、修复费用由发包人承担。其中，发包人的风险为：工程本身损害、材料和工程设备损害、因工程损害导致第三方人员伤亡和财产损失、发包人人员伤亡及其他财产损失等。承包人的风险为：承包人人员伤亡及其他财产损失、承包人施工接卸设备⊖损坏、停工损失等。

发生不可抗力事件后，99 版 FIDIC 新红皮书第 19 条规定："应该主要由发包人承担由不可抗力引发的损失，并给予承包人合理的补偿；承包人可以根据'不可抗力'条款进行索赔。"

根据《合同法》、99 版 FIDIC 新红皮书等法律法规、合同示范文本中对不可抗力概念的界定，在合同条款中应尽量对不可抗力的具体内涵和内容做出明确规定，以避免在合同履行过程中事件发生时引起发包人和承包人之间的分歧。表 11-3 是相关法律法规及合同示范文本对不可抗力风险分担与损失承担的具体规定。

表 11-3　不可抗力风险分担与损失承担对比

比 较 项	13 版《清单计价规范》	07 版《标准施工招标文件》（13 年修订）	17 版《工程施工合同》	99 版 FIDIC 新红皮书
因不可抗力不能履行合同	发包人承担	发包人承担	发包人承担	发包人承担
当事人迟延履行后发生不可抗力	承包人承担	承包人承担	承包人承担	承包人承担
工程本身的损害、因工程损害导致第三方人员伤亡和财产损失以及运至施工场地用于施工的材料和待安装的设备的损害	发包人承担	发包人承担	发包人承担	发包人承担

⊖　接卸设备主要包括起重设备、连续运输设备、装卸搬运车辆、专用装卸搬运设备等。

（续）

比　较　项	13 版《清单 计价规范》	07 版《标准施工招标 文件》（13 年修订）	17 版《工程施 工合同》	99 版 FIDIC 新红皮书
承包人的施工机械设备损坏及停工损失	承包人承担	承包人承担	承包人承担	发包人承担
承包人、发包人人员伤亡	由伤亡人员所 在单位负责	由伤亡人员所 在单位负责	由伤亡人员所 在单位负责	发包人承担
工程所需清理、修复费用	发包人承担	发包人承担	发包人承担	发包人承担
使不可抗力对履行合同造成的 任何延误减至最小	双方共担	双方共担	双方共担	双方共担
因不可抗力造成工期延误，经 工程师确认，工期相应顺延	发包人承担	发包人承担	发包人承担	发包人承担
停工期间，承包人应发包人要求留 在施工场地的必要的管理人员及 保卫人员的费用	发包人承担	发包人承担	发包人承担	发包人承担

综上，不可抗力损失承担原则可以归纳为：工程损失，发包人承担；各自损失，各自承担。此外，13 版《清单计价规范》增加了不可抗力解除后复工及因不可抗力解除合同两款约定：①不可抗力解除后复工，发包人要求赶工的，发包人承担增加费用；②解除合同，发包人支付已完工程款。99 版 FIDIC 新红皮书对于不可抗力引起合同解除情形的价款结算规定，考虑到已实施或部分实施的措施项目、已合理订购的材料和设备货款、撤离现场的合理费用、为完成合同工程而预期开支的合理费用的承担原则，均由发包人承担。而且，施工场地内的承包人施工机械的损失和停工损失也由发包人承担，与 07 版《标准施工招标文件》（13 年修订）相关不可抗力导致合同解除的规定并不一致，其主要原因是西方财产观念与我国不一致。从财产观念上，西方认为工地范围内的财产都是发包人的财产，所以施工场地内的承包人施工机械的损失和停工损失也由发包人承担。

11.4 不可抗力引起合同价款调整的方法

11.4.1 不可抗力损失后果分担去模糊分析

根据公平原则，实现合同公平是实现合同效率的前提，因为不公平的合同条款在合同履行期间容易引发合同纠纷，造成交易成本的上升，帕累托效率是依靠合同公平实现的。虽然我国按照公平原则进行了不可抗力损失后果的分配，确定了我国"各自损失各自承担"的不可抗力损失承担原则的合理性与效率性，但是由于我国合同中词义的模糊，在执行过程中依旧造成了一定的纠纷，因此在不可抗力的处理上并没有 NEC 合同高效。

如图 11-11 所示，07 版《标准施工招标文件》（13 年修订）、17 版《工程施工合同》和13 版《清单计价规范》关于不可抗力风险后果分担条款中共有三点不明确之处：①"永久工程"是指按照合同实施并移交给发包人的工程？它与"合同工程"表示的内容是否一致？永久工程是否包括与工程实体直接相关的措施项目？②运至施工现场的材料设备如何界定？③ 07 版《标准施工招标文件》（13 年修订）和 13 版《清单计价规范》规定承包人的停工损失由承包人自行承担，但是 17 版《工程施工合同》规定停工损失由发包人和承包人合理分担，两者矛盾如何处理？

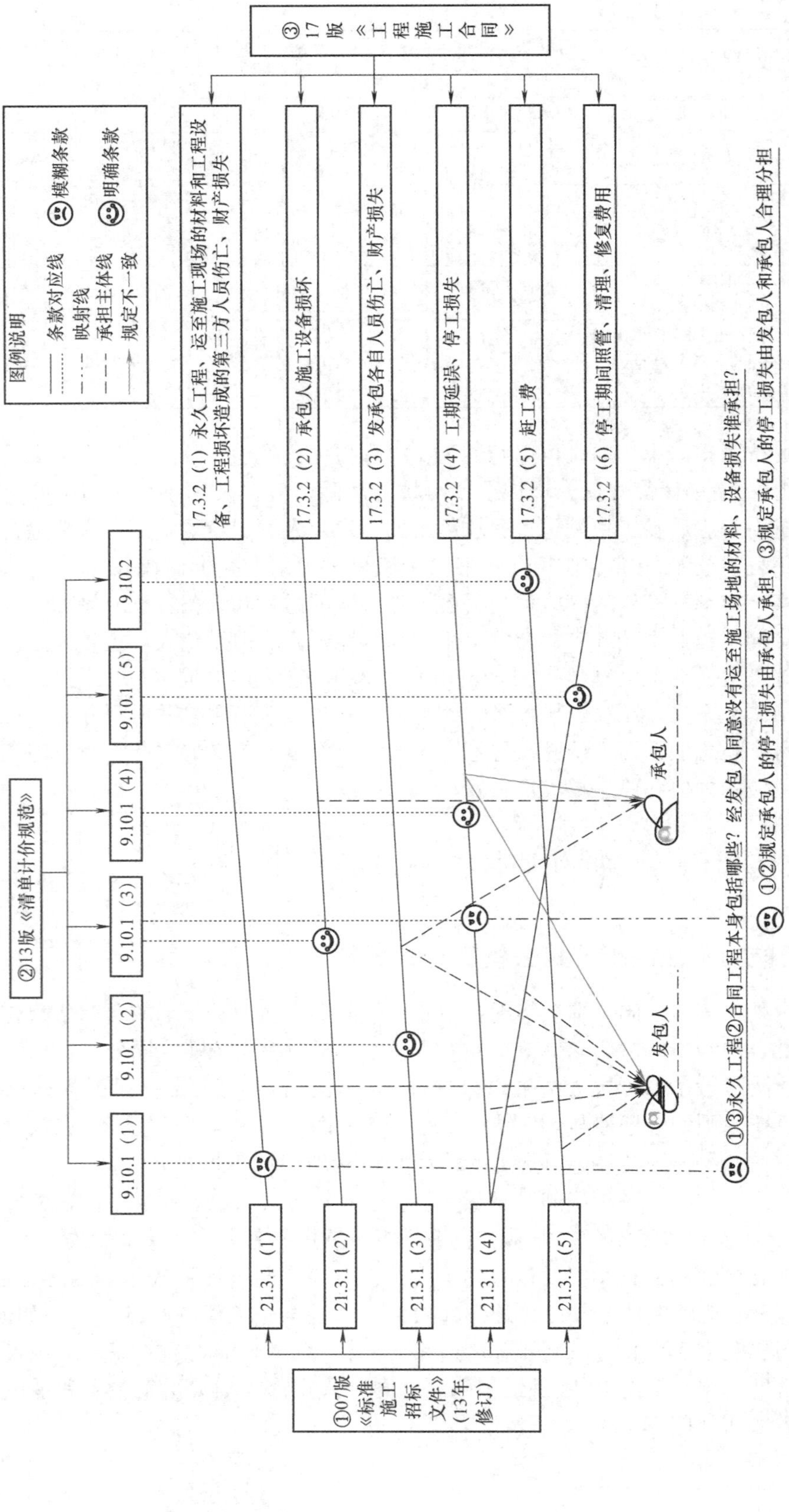

图 11-11　不可抗力后果分担条款分析图

　　针对上述问题，本书在识别不可抗力条款的主要模糊不清之处后，以 07 版《标准施工招标文件》（13 年修订）、13 版《清单计价规范》、99 版 FIDIC 新红皮书等作为理论依据，通过不可抗力后果承担的条款分析以及在实践应用中的具体情况，运用理论分析法对不可抗力条款进行去模糊界定。通过对 17 版《工程施工合同》、13 版《清单计价规范》、07 版《标准施工招标文件》（13 年修订）以及国际施工合同条件、国家或地方颁布的相关法律法规对比分析，对不可抗力风险分担条款进行去模糊研究。具体的研究逻辑如图 11-12 所示。

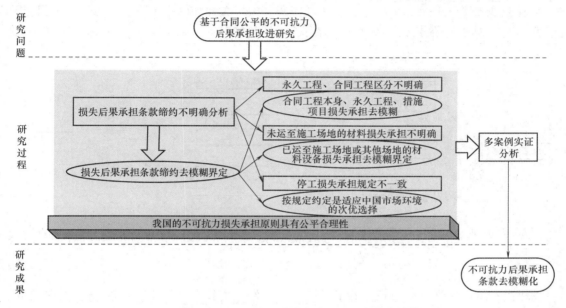

图 11-12　基于合同公平的不可抗力后果承担条款去模糊研究

1. 不可抗力造成合同工程本身、永久工程、措施项目损失去模糊界定

　　在 17 版《工程施工合同》、07 版《标准施工招标文件》（13 年修订）、13 版《清单计价规范》中，关于工程损失的用词不一。17 版《工程施工合同》和 07 版《标准施工招标文件》（13 年修订）中称为永久工程，13 版《清单计价规范》中称为合同工程本身。在 17 版《工程施工合同》的"词语定义与解释"中明确，工程是指与合同协议书中工程承包范围对应的永久工程和（或）临时工程，其中：永久工程是指按合同约定建造并移交给发包人的工程，包括工程设备；临时工程是指为完成合同约定的永久工程所修建的各类临时性工程，不包括施工设备。在 17 版《工程施工合同》的不可抗力后果的承担条款中，并没有约定临时工程的损失应由谁承担。经分析，临时工程包括使用导流工程、施工交通工程、施工场内外供电工程、工人宿舍等。临时工程包括了临时设施，这些临时工程在《房屋建筑与装饰工程工程量计算规范》（GB 50584—2013）应属于安全文明施工的措施项目中的临时设施。由此引申，发生不可抗力事件之后，措施项目损失应如何分担在不可抗力后果承担条款中并没有明确。

　　经文献分析，下文总结了措施项目的几种分类：按照功能与实体将措施项目分为了与工程实体关联措施项目、独立与特殊措施项目和整体性的措施项目；按照计量方式将措施项目分为以量计量和以项计量的措施项目；按照计价方式将措施项目分为单价措施项目和总价措施项目；按照与组织活动的相关性分为组织措施项目和技术措施项目；按照措施项目发生的

431

特点将措施项目分为分部分项措施、公共性措施、临时性措施和其他措施项目。在研究不可抗力发生后措施项目损失的承担问题中，我们不妨按照与分部分项工程直接相关的措施项目和与分部分项工程间接关联的措施项目对损失承担进行探讨。

（1）与分部分项工程直接相关的措施项目损失承担　与分部分项工程直接相关的措施项目一般以单价计算，它们随着分部分项工程实体项目的实施而发生，主要包括脚手架工程、混凝土模板及支架（撑）工程、已完工程及设备保护和施工排水、降水工程等。不可抗力发生后，随着工程实体的损坏，脚手架工程、模板工程和已完工程及设备保护工程会随之损坏，施工排水、降水工程和设备也有可能损坏，如图 11-13 所示。

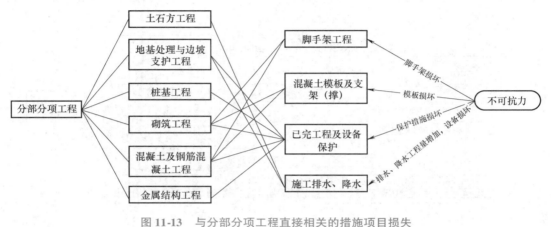

图 11-13　与分部分项工程直接相关的措施项目损失

根据 13 版《清单计价规范》对于不可抗力事件下责任划分原则"各自损失各自承担"和 07 版《标准施工招标文件》（13 年修订）第四章第 1.1.3.8 项对承包人设备的定义"承包人自带的施工设备"。施工设备是指完成合同约定的各项工作所需的设备、器具和其他物品。无论模板为租赁还是承包人自有，都应统一认定为承包人设备，承包人设备损失由承包人自己承担。但是已损失的脚手架和模板的工程属于已完工程的，则措施项目费属于工程的组成部分，应由发包人承担，故此部分工程费用应予以支付。

对于已完工程及设备的保护措施一般是一次性材料，如果因不可抗力导致损坏，承包人损失不大，该项费用已随工程进度和工程实体计入已完工程的工程价款中，故已完工程及设备的保护损坏由发包人承担。如因不可抗力造成降排水设备损坏，则根据承包人设备损坏由承包人承担的条款，应由承包人承担，但是由不可抗力造成的降排水工程量的增加，则由发包人承担。

（2）与分部分项工程间接关联的措施项目损失承担　与分部分项工程间接关联的措施项目主要是临时设施、安全文明施工、材料检验费、外脚手架和垂直运输措施项目等，这类措施项目不属于工程实体的一部分，但是却服务于项目的整体。不可抗力会导致施工现场的混乱，安全文明施工项目会受到破坏，可能会产生新的安全文明施工项目。在 NEC 合同文本中，临时工程、工棚、临时出入道路和其他现场设施的损失和损坏由承包人承担，在 13 版《清单计价规范》、17 版《工程施工合同》或 99 版 FIDIC 新红皮书中对工程的定义都是指永久工程和临时工程，或视情况指其中之一。永久工程是指按合同约定建造并移交给发包人的工程，包括工程设备。临时工程是指为完成合同约定的永久工程所修建的各类临时性工程，不包括施工设备，所以当安全文明施工措施项目中的临时工程，如临时道路、临时宿舍、加工场、临时仓库、临时水塔、临时管道等设施遭到破坏时，其清理和修复费用由发包人承担；垂直运输大型机械、外脚手架等设备的损失由承包人承担。

2. 不可抗力造成已运至施工场地或其他场地的材料设备损失承担去模糊界定

13 版《清单计价规范》、17 版《工程施工合同》、07 版《标准施工招标文件》（13 年修订）中有关不可抗力事件下材料损失的规定是运至现场并用于施工的材料损失由发包人承担。但没有明确说明运至现场是指运至建筑红线以内还是指验收入库或是其他，如果施工场地狭小，承包人将施工材料或设备安置在其他场地，不可抗力造成的损失应由发承包哪一方承担存在争议，所以在实际工程中对现场材料损失的划分普遍存在争议。

（1）经验收合格运至施工场地的材料、设备损失由发包人承担　施工材料进场程序复杂繁多，不可抗力事件发生后，施工材料遭遇损失时，合同双方需要就材料是否运至现场做出价款协商。

施工材料的进场都需要进行严格的检验，经检验合格或有合格证明的才能通过验收。通过验收后，签发验收单，然后签发入库单才能进场。施工材料运至施工场地的时间节点应为经验收合格并签发验收单时，在此之后如果发生了不可抗力并导致施工材料损失，发包人承担该项损失，否则不承担。

（2）经验收合格、发包人同意堆放在施工场地之外的材料、设备损失由发包人承担　如果施工场地狭小，一些施工材料和设备无法运至施工场地内，承包人提出在施工场地之外的场所存放，此时如果经发包人或监理工程师同意并验收合格，那么此时材料和设备的堆放地应为临时占地。在 17 版《工程施工合同》的"词语定义与解释"中明确，施工现场是指用于工程施工的场所，包括在专用合同条款中约定的作为施工场所组成部分的其他场所，包括永久占地和临时占地。

综上所述，只要经发包人或监理人验收合格的材料或设备，其所有权就归发包人所有，发生不可抗力后造成的损失应由发包人承担。界定发包人承担施工现场用于施工的材料损失，就要明确施工现场材料的数量以及承包人举证明确材料的确已进场（包括临时占地），并统计施工现场材料的损失情况后才能计算其损失金额。通过核对施工材料进场验收记录和施工材料使用记录，其数量之差就是在施工现场未用于施工的材料损失的数量。

在不可抗力事件发生后，通过以上第一手资料界定运至现场用于施工材料的范围和数量，为了确定损失情况以及调查统计不可抗力事件对运至现场材料的影响，应发包人要求承包人或第三方人员要对事故现场进行损失调查，并出具损失报告。不可抗力事件后运至现场材料受灾损失调查报告如表 11-4 所示。

表 11-4　运至现场材料受灾损失调查报告

序号	内　容	备　注
1	发生灾害的时间、经过	需经监理工程师签证
2	受灾情况描述与鉴定	按完全损坏、部分损坏、损坏可忽略进行分类
3	反映现场材料受灾情况的照片	注明地点
4	现场材料受损物资清单	需经监理工程师签证
5	受损物资价值计算	—

资料来源：文献［22］。

如表 11-4 所示，在进行运至现场材料受灾损失调查时，要记录发生灾害的时间、经过，按完全损坏、部分损坏、损坏可忽略分类进行受灾情况描述与鉴定，经监理工程师签证出具现场材料受损物资清单，不满足要求的材料损失不计入现场材料受损物资清单中。

综上，发生不可抗力事件，承包人举证现场材料的损失资料，如以上提及的采购材料的原始凭证，材料的合格证书，出厂检验报告，材料出、入库台账以及材料使用月报表等，以及拍照调查材料损失情况（完全损坏、部分损坏、损坏可忽略）后出具损失报告（按损失的数量统计或按比例就算）。监理工程师审查有关资料和报告。进场材料的数额减去已使用的材料就可计算出在施工现场未用于施工的材料数量，即可计算出施工现场用于施工材料的损失金额。

3. 对于停工损失承担的约定，应遵循现阶段按规定约定是适应中国市场环境的次优选择的普适原则

不可抗力发生后，一旦消除了影响工程进度的影响因素后，工程可以继续进行。这是施工中最常遇到的情况。因此，施工单位必将有一段在施工现场停工待命的时间。在此期间，造成的停工损失有以下几种费用，见表 11-5。

表 11-5　停工损失费用

名　　称	内　　容
待命人工费	一旦不可抗力因素消除后，工程还要继续进行建设，所以，承包人的施工人员会在施工现场待命。此时，就会造成施工人员的大量窝工
周转材料的租赁费	承包人的周转材料一般是向租赁单位租来的，停工期间承包人依旧要向租赁单位支付材料租赁费，该项费用会给承包人带来经济损失
机械费	大型机械的租赁费以及承包人自己的机械折旧费在停工期间都会连续发生
其他直接费	现场排污费、冬雨季防护费等
间接费	公司对本工程的管理费及现场管理人员的现场经费

关于停工损失这一问题，在 13 版《清单计价规范》、17 版《工程施工合同》和 07 版《标准施工招标文件》（13 年修订）中的规定不一致。本书认为此项损失承担应明确按照 13 版《清单计价规范》执行。

17 版《工程施工合同》中约定，因不可抗力导致的承包人停工的费用由发包人和承包人合理分担，但是 13 版《清单计价规范》和 07 版《标准施工招标文件》（13 年修订）中规定承包人的停工损失由承包人承担。尹贻林认为，按照规定约定工程造价是适应中国现阶段市场环境的次优方案；13 版《清单计价规范》主要运用在建筑工程领域，用于规范建筑领域计价行为，是建筑工程参与各方执行建筑工程计价行为的强制性标准。它的编号为 GB 50500—2013，属于我国的强制性国家标准，所以它拥有《中华人民共和国标准化法》及《中华人民共和国标准化法实施条例》所赋予的强制效力。《中华人民共和国建筑法》第十八条规定：建筑工程造价应当按照国家有关规定，由发包单位与承包单位在合同中约定。公开招标发包的，其造价的约定，须遵守招标投标法律的规定，发包单位应当按照合同的约定，及时拨付工程款项。与 13 版《清单计价规范》相比，17 版《工程施工合同》属于格式合同，而《合同法》关于格式条款的规定削弱了合同中不合理约定的效力，同时《建筑工程施工发包与承包计价管理办法》（住建部部令第 16 号）强化了清单规范的效力。

因此，基于合同公平的前提，本书建议停工损失应按照 13 版《清单计价规范》进行约定，由承包人承担。

11.4.2　不可抗力导致合同解除的价款结算

1. 不可抗力导致合同解除

合同完全不能履行，发生在合同标的物全部遭不可抗力而毁损灭失的情形下，此时合同目的必定无法实现。不可抗力可能直接导致合同的解除。《合同法》第九十四条规定：因不可抗力致使不能实现合同目的的当事人可以解除合同。如在建工程倒塌或毁损严重无法修复的、因灾后重新规划致使原有建筑区划发生变化的，原来的工程合同就无法继续实施，只能解除。17 版《工程施工合同》第 17.4 款规定：因不可抗力导致合同无法履行连续超过 84 天或累计超过 140 天的，发包人和承包人均有权解除合同。

99 版 FIDIC 新红皮书第 19.6 款规定：如果由于不可抗力，导致整个工程已经持续 84 天无法继续施工，或停工时间累计已经超过了 140 天，则任一方可向对方发出终止合同的通知，通知发出 7 天后终止即生效；承包人按照合同终止时的规定撤离现场；如果因不可抗力合同已经中止，工程师应估算已完成的工作的价值，并向承包人颁发支付证书。由于不可抗力造成的后果往往十分严重，如果影响到工程的时间很长的话，有可能造成继续该工程对发包人已经失去意义，甚至会招致更大的损失，或者承包人如果继续等待会失去其他项目机会。

对于因不可抗力致使合同解除的条款要点如图 11-14 所示。

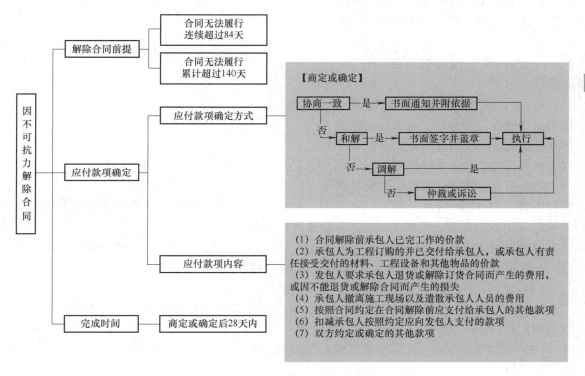

图 11-14　不可抗力致使合同解除条款要点解析图

435

综上，不可抗力致使合同目的不能实现时合同才能解除。合同解除条件下，产生的损失承担和价款结算问题最为棘手也最为重要。

2. 不可抗力致使合同解除后的价款结算程序

不可抗力致使合同解除后的工程价款结算，是发包人对向承包人支付合同解除之日前已完成工程但未支付的合同价款所做的结算。

在结算过程中可以遵循的程序为：

1）如承包人认为根据不可抗力事件任何条款或与合同有关的其他文件，有权要求发包人支付价款时，承包人向工程师发出通知，说明该不可抗力的事件或情况。

2）承包人还应提供合同要求的其他通知以及与事件或情况相关的证据。

3）承包人还应在现场或工程师接受的其他地点保存同期记录。工程师在收到承包人的通知后，在未承认是发包人的责任前，可以监管承包人同期记录情况，并可指示承包人进行进一步的记录。承包人应允许工程师查阅此项记录，并在工程师要求时提供复印件。

4）承包人向工程师提供完整的报告，包括依据，款额等。

5）工程师应在收到每项报告后在一定的时间内答复，予以批准。若不批准承包人要求发包人支付的价款，则应说明详细的原因，工程师可以要求承包人提交进一步的证据，但此情况下，也应将原则性的答复在上述时间内给出。

6）发包人支付承包人相应价款，并颁发支付证书。

7）支付证书中只包括已经被合理证明并到期应付的价款，当承包人提供的证据不能证明全部价款时，承包人仅仅有权获得他已经证明的那部分。

不可抗力致使合同解除后的价款结算程序如图 11-15 所示。

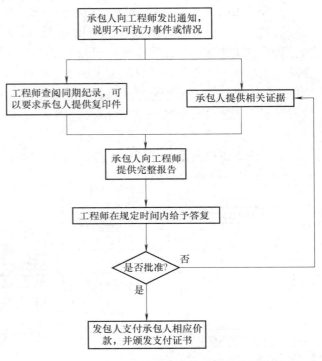

图 11-15　不可抗力致使合同解除后的价款结算程序

3. 不可抗力致使合同解除后的工程损失费用结算

17 版《工程施工合同》第 17.4 款规定："合同解除后，由双方当事人按照第 4.4 款〔商定或确定〕商定或确定发包人应支付的款项，该款项包括：

（1）合同解除前承包人已完成工作的价款；

（2）承包人为工程订购的并已交付给承包人，或承包人有责任接受交付的材料、工程设备和其他物品的价款；

（3）发包人要求承包人退货或解除订货合同而产生的费用，或因不能退货或解除合同而产生的损失；

（4）承包人撤离施工现场以及遣散承包人人员的费用；

（5）按照合同约定在合同解除前应支付给承包人的其他款项；

（6）扣减承包人按照合同约定应向发包人支付的款项；

（7）双方商定或确定的其他款项。

除专用合同条款另有约定外，合同解除后，发包人应在商定或确定上述款项后 28 天内完成上述款项的支付。"

4. 合同不完全受挫时发包人的道义补偿是卡尔多-希克斯效率改进

当发生比较严重的不可抗力事件导致合同目的不能实现时，各国的发承包双方普遍会选择解除合同。但是当合同当事人一方损失过于严重，使得合同受挫，但不至于完全不能履行，此时若解除合同，项目将前功尽弃，造成社会资源浪费。若承包人损失严重，对于承包人来说，此时解除合同的效率将高于继续履行，但是对于发包人来说，重新更换承包人的转换成本大，此时可以运用合同利益共同体理论，使发包人选择性忽视不可抗力分担条款对承包人进行合理补偿，促使项目进行下去，发承包双方都能实现盈利，同时实现卡尔多-希克斯效率改进。

本小节从合同完全受挫和不完全受挫的角度出发，分别讨论了合同完全受挫下发承包双方的效率选择和承包人选择解除合同时，发包人的效率选择。当不可抗力事件出现后，导致合同目的无法实现时，解除合同是合同效率的选择。然而，当承包人一方因自身损失严重，因履行合同的代价相对过高而选择效率违约时，发包人可以基于合同利益共同体理论，按照合同效率判断标准卡尔多-希克斯效率对承包人进行道义补偿，使其继续履行合同，实现自身利益的同时，尽可能降低社会效率损失。

11.4.3　不可抗力导致合同迟延履行的价款调整

1. 不可抗力导致迟延履行合同

在某些情况下，不可抗力只是对合同的履行造成一定的影响，并非总是导致"合同目的不能实现"，在这些情况下，合同契约的关系继续存在，但是会阻碍合同的履行。此时的阻碍只是影响到合同的履行期限，并没有达到影响到合同目的实现的程度，阻碍解除后当事人仍可继续履行合同。在不可抗力导致合同迟延履行的情形下，不可抗力并未影响到合同标的物的存在状态，只是因为遇到不可抗力而使合同的履行不得不迟延而已。此时，合同双方当事人遭受的损失都相对于合同解除来说要小得多。具体到损失的内容上，债权人的损失为实际损失中为订立合同和履行合同进行相关准备而支出的必要费用的增加部分，在可得利益损失部分债权人可能会损失掉之后缔约机会带来的收益。但一旦合同之后能够继续履行，债权人仍然可以在合同完成后去寻找新的缔约机会并从中获得利益，所以此时的损失应当认为是一时的损失。合同标的物未受损使债务人除为订立合同和履行合同进行相关准备而支出的必要费用外未受到太大的实际损失，在可得利益的部分债务人因为合同能够继续履行而使其还是可以获得缔约时确定的利益。

2. 不可抗力致使合同迟延履行的合同价款调整处理程序

（1）不可抗力事件的通知　17 版《工程施工合同》第 17.2 款规定："合同一方当事人遇到不可抗力事件，使其履行合同义务受到阻碍时，应立即通知合同另一方当事人和监理人，书面说明不可抗力和受阻碍的详细情况，并提供必要的证明。不可抗力持续发生的，合同一方当事人应及时向合同另一方当事人和监理人提交中间报告，说明不可抗力和履行合同

437

受阻的情况，并于不可抗力事件结束后 28 天内提交最终报告及有关资料。"

99 版 FIDIC 新红皮书第 19 条规定："如果由于不可抗力发生，一方已经或将要无法履行合同义务，那么在该方注意到此事件后的 14 天内，应通知另一方有关情况，并详细说明他已经或将要无法履行的义务和工作。此后，该方可在此不可抗力持续期间，免去履行此类义务（支付义务除外）。""当不可抗力的影响终止时，该方也应通知另一方。"规定 14 天的期限是因为考虑到不可抗力事件的后果影响特别大，出现后有可能造成信息沟通受到影响，甚至暂时中断，不能因为程序上的问题而轻易损害一方的实际权益。99 版 FIDIC 新红皮书第 19.2 款规定："合同一方（主要是指发包人），不能以不可抗力为借口，不向另一方支付按合同应支付的款项。"也就是说，如果因不可抗力导致发包人支付工程款出现困难，虽然可以延缓支付，但应按其他合同条款支付工程款的利息，也不应影响承包人按照合同行使其他权益。根据 99 版 FIDIC 新红皮书第 19.3 款规定："任何情况下，合同双方都应在合理范围内做出一切努力，以减少不可抗力引起的延误，目的在于限制合同一方的投机行为。"

不可抗力的通知条款是为了减少信息不对称，从而减少发承包双方的机会主义行为，有利于降低交易成本。我国合同范本对于不可抗力通知义务的规定如表 11-6 所示。

表 11-6　我国合同范本对不可抗力通知义务的规定

合 同 范 本	第一次通知时间	第一次损失情况报告	中 间 报 告	最 终 报 告	备　注
91 版《工程施工合同》	无规定	24 小时内	每隔 10 天	无规定	无规定
99 版《工程施工合同》	立即	48 小时内	每隔 7 天	结束后 14 天内	无规定
07 版《标准施工招标文件》（13 年修订）	立即	立即	及时	结束后 28 天内	无具体时间规定
13 版《工程施工合同》	立即	立即	及时	结束后 28 天内	无具体时间规定
17 版《工程施工合同》	立即	立即	及时	结束后 28 天内	无具体时间规定

由表 11-6 可知，我国施工合同范本对于不可抗力通知条款正在向有效率的监控转变。及时的通知能够尽可能减少信息不对称情况，减少机会主义行为的发生，有利于减少交易成本。但是基于 17 版《工程施工合同》，提交中间报告用"及时"词语进行规定，虽然增加了报告的时效性，但是缺乏准确性和强制要求性。

针对以上情况，这里提出对于不可抗力通知条款的改进建议：中间报告除了要求及时提交之外，还应规定每隔 7 天提交一次中间报告，尽可能有约可行，及时准确地报告不可抗力造成的合同履行受阻的情况，做到实时监控。

对于通知义务的主体而言，17 版《工程施工合同》规定的是因不可抗力事件使其履行合同义务受到阻碍的一方，通知的对象是合同另一方的当事人和监理人；但是 99 版 FIDIC 新红皮书中负有通知义务的一方是因不可抗力事件使其履行合同义务将要受到阻碍的一方，通知的对象是他方。显然，对于促进合同双方始终尽所有合理的努力使不可抗力对履行合同造成的任何延误减至最小，99 版 FIDIC 新红皮书的规定将更有效率[23]。对于通知内容而言，17 版《工程施工合同》中规定的内容是"不可抗力和受阻碍的详细情况"，本项规定显然没有规避合同的抽象和笼统性，降低了合同效率。99 版 FIDIC 新红皮书中则规定通知的内容要具体说明不可抗力时间和已经无法或将要无法履行的义务、工作，显然较为具体明确，另外，还应通知不可抗力已经造成的损失情况。

综合上述分析，对不可抗力的通知条款的改进结果如下：

【不可抗力的通知】

合同一方当事人遇到不可抗力事件使其履行合同规定的任何义务受到或将要受到阻碍，应立即通知合同另一方当事人和监理人，明确说明不可抗力事件和已经受阻碍或将要受阻碍的详细情况，以及现阶段的工程损失情况，并提供必要的证明。

不可抗力持续发生的，每隔 7 天提交一次中间报告，情况变化严重的，合同一方当事人应及时向合同另一方提交中间报告，说明不可抗力和履行合同已或将受阻情况，并于不可抗力时间结束后 28 天内提交最终报告及有关资料。

对于合同条款中无法确切规定标准的行为，比如"发承包双方采取有效措施尽量避免和减少损失的扩大"，很难将发承包双方采取措施的行为标准进行对比和监控，不如将其导向正确的方向[24]。对于没有采取措施导致损失扩大的行为，因为不可抗力事件事发突然，采取措施是否属于及时难以考量。工程损失的部分哪些属于不可抗力直接造成的、哪些属于措施不到位进一步造成的难以区分，但是合同双方均有义务采取措施避免和减少不可抗力损失，保证合同双方的财产损失尽可能降低，这是对自己和对他人负责的表现。所以 17 版《工程施工合同》对于避免和减少不可抗力损失条款的规定"没有采取有效措施导致损失扩大的，应对扩大的损失承担责任"，属于正确的引导性条款，这种方向性的引导是有效率的。

（2）不可抗力后果的承担　如果由于发生不可抗力，承包人无法履行其合同义务，并且已经按照要求通知了发包人，则承包人有权按照程序索赔自己遭受的工期和费用损失。17 版《工程施工合同》第 17.3.1 项规定：不可抗力引起的后果及造成的损失由合同当事人按照法律规定及合同约定各自承担，不可抗力发生前已完成的工程应当按照合同约定进行计量支付。第 17.3.2 项规定："不可抗力导致的人员伤亡、财产损失、费用增加和（或）工期延误等后果，由合同当事人按以下原则承担：（1）永久工程、已运至施工现场的材料和工程设备的损坏，以及因工程损坏造成的第三方人员伤亡和财产损失由发包人承担；（2）承包人施工设备的损坏由承包人承担；（3）发包人和承包人承担各自人员伤亡和财产的损失；（4）因不可抗力影响承包人履行合同约定的义务，已经引起或将引起工期延误的，应当顺延工期，由此导致承包人停工的费用损失由发包人和承包人合理分担，停工期间必须支付的工人工资由发包人承担；（5）因不可抗力引起或将引起工期延误，发包人要求赶工的，由此增加的赶工费用由发包人承担；（6）承包人在停工期间按照发包人要求照管、清理和修复工程的费用由发包人承担。

不可抗力发生后，合同当事人均应采取措施尽量避免和减少损失的扩大，任何一方当事人没有采取有效措施导致损失扩大的，应对扩大的损失承担责任。因合同一方迟延履行合同义务，在迟延履行期间遭遇不可抗力的，不免除其违约责任。"

对于不可抗力对合同工程本身、永久工程及措施项目造成的损失后果，应按 07 版《标准施工招标文件》（13 年修订）、13 版《清单计价规范》和 17 版《工程施工合同》等相关法律规范中所规定的责任承担方承担（详见第 11.4.1 小节）。

如果由于发生不可抗力，承包人无法履行其合同义务，并且已经按照要求通知了发包人，则承包人有权按照程序索赔自己遭受的工期和费用损失。从 99 版 FIDIC 新红皮书第

19.4 款可以看出，在发生不可抗力事件之后，风险基本上是由发包人承担。但同时，该款也反映出一个国际惯例，即若发生的不可抗力事件属于 99 版 FIDIC 新红皮书第 19.1 款规定的第 5 类"自然灾害"（天灾），则承包人仅仅有权索赔工期，而无权索赔费用。也就是说，发生此类自然灾害事件，发包人和承包人均应承担一部分损失。尽管如此，99 版 FIDIC 新红皮书第 19.4 款还是反映出新红皮书在不可抗力风险分摊方面，总体上是有利于承包人一方的。根据有关工程的合同或协议，分包商有权按照 99 版 FIDIC 新红皮书第 19.5 款规定："在附加的或超出相应条款规定范围之外的不可抗力发生时免除某些工作，但不应成为承包人不履约的借口，或解除其履约义务。"此规定可以在一定程度上避免承包人在风险发生后，以分包商向其索赔为由，向发包人提出索赔，使自己获利。

11.4.4　不可抗力导致赶工引起的合同价款调整

不可抗力引起的赶工费是指为防止因不可抗力造成工期延误而加快工程进度而增加的费用。13 版《清单计价规范》第 9.10.2 条规定："不可抗力解除后复工的，若不能按期竣工，应合理延长工期。发包人要求赶工的，赶工费用应由发包人承担。"

因此，构成赶工的要件有两点：一是存在非承包人自身原因或不可抗力造成的可原谅的延误；二是在可原谅的延误发生后发包人要求按原工期竣工。不可抗力导致工程停工并且对工程竣工时间造成影响的，承包人有权得到工期的顺延。当发包人要求赶工时，根据规定，承包人有权得到赶工费的补偿。

1. 计算赶工费的步骤

由于不可抗力引起的赶工，施工单位对赶工而引起费用的增加会对发包人单位提出费用增加的要求。对于发包人的管理人员，当缩短工期会产生更大的经济、社会效益时，如何确定施工方的赶工费呢？因不可抗力发生延误的工程项目若不进行赶工，对发包人而言，按照合同预定的支付曲线只是前期变得较为平缓，累计支付线的斜率相对较小，对成本总量的影响不大。但是由于工程项目的延误，导致项目的间接费用发生巨大变化，使承包人的工程项目施工支出总成本增加，即由于工程项目的延误使承包人按照合同预定支付资金流所获得的资金较实际支出的施工费用小，有时甚至要远远小于实际支出。

根据 99 版 FIDIC 新红皮书对不可抗力引起的赶工的界定，是前序作业发生延误，工期延长，使施工间接费用增加，而后序作业赶工，工期压缩，使直接费用增加，从而造成施工总成本增加。

采取赶工措施使工程成本大量增加，形成了附加成本开支，包括：采购或租赁原施工组织设计中没有考虑的新的施工机械和有关设备；增加施工的工人数量，或加班施工；增加建筑材料供应量和生活物质供应量；采用奖励制度，提高劳动生产率；工地管理费增加。

要计算赶工费十分困难，因为赶工费的计算涉及整个合同报价的依据。赶工费的计算涉及：劳动力、劳动效率、工人加班费的补贴的改变；材料运输使用方式的变化；机械设备的数量、机械使用强度、损耗增加导致的折旧费用增加；现场管理费和公司总部管理费的变化；赶工导致供应商提前交货引起的费用变化。不同的赶工索赔事件将会产生不同费用组成。承包人在要求赶工索赔时，首先应该根据赶工索赔的性质具体分析赶工费的构成内容。

在计算赶工费时一般应遵循以下步骤：

1) 确认赶工的合法性，即确认是发包人要求的赶工，还是承包人自行决定的赶工。若承包人自行赶工，则因赶工所发生的一切费用将无法从发包人处获得补偿；若发包人要求赶工，则应有明确的赶工指示，无论这些指示是书面的还是口头的，都构成要求赶工的合法依据。有时由于一些原因的影响，发包人并未发布任何书面的或口头的指示要求赶工，但其行为已表明要求承包人赶工，则承包人实施的赶工仍然被认为是发包人指令的结果，这种赶工即所谓的可推定的赶工指令。

2）界定赶工的工程范围。有时赶工的部位不一定是延误部位，发包人还可能要求在其他未发生延误的部位进行赶工，所以延误和赶工并不一定有必然的联系。赶工范围的界定为后续的赶工费分析限定了空间范围。

3）进行工期分析，确认赶工的时段。在进行赶工费分析前，应对工程项目进度计划进行分析，确认赶工开始时间和终止时间，进而确定赶工时段。赶工时段的界定为后续的赶工费分析限定了时间范围。

4）明确赶工费计算方法。一般来说，对于单独事件引起的赶工，可以按照引起赶工的事件进行处理。在工程项目未发生延误时，承包人被要求赶工，或者由双方共同责任造成延误而进行的赶工，因为涉及环节过多，可采用实际费用法或投入资源法来明确费用。所谓实际费用法，实质是将在赶工时段内用于赶工部位的合理额外费用作为赶工费用的方法。这种方法的重点除界定赶工部位和赶工时段外，确认合理额外费用是计算结果是否合理的关键。在审查承包人发生的实际费用时，一定要确认所有的花费都是在赶工时段内用在了赶工部位。投入资源法的实质是按照赶工部位在赶工时段内投入的资源计算费用的办法。与实际费用法类似，采用投入资源法时首先要确定赶工部位和赶工时段，其次确认投入的资源，包括设备、材料和劳务等，然后按照合理的费率（可以采用折减的计日工设备的费率，也可以通过协商确定）计算额外费用，在计算中应当考虑到赶工工作的特殊性造成的材料浪费。

2. 赶工费的计算方法

承包人在了解了发生赶工的情况下自己能够要求的索赔费用构成之后，应当提供赶工引起损失的证据。因为尽管承包人能够证明引起工期拖延的不是自己，发包人也可以证明承包人要求赔偿是为了弥补自己过失引起的费用增加。并且要想成功进行赶工索赔，承包人还应当选择一种能够准确计算出赶工引起的额外费用的方法，合适的计算方法可以使发包人信服无法反驳。下面对经常使用的几种赶工索赔的方法进行对比讨论，找出其优缺点，并且讨论这些方法的适用情况，为不可抗力下赶工索赔方法的研究提供支持。将不同的计算方法的对比制成表 11-7。

分析表 11-7 发现，总价法与调整总价法的计算方式比较简单，都是将赶工实际发生的费用减去完成赶工工程量的计划投入。不同的是调整总价法在实际增加的费用中减去了自身原因引起的费用超支，相较于总价法，调整总价法更加科学公平。但是两者都过于简单，计算过程中无法体现赶工的证据，并且两者的前提都是承包人原先的报价是准确能够反映工程成本的。因此这两种方法都不够科学，容易遭到发包人的反驳，最好不要使用。

表 11-7　赶工索赔计算方法的对比

名　　称	做　　法	优　　点	缺　　点
总价法	承包人完成项目的总花费减去投标时的报价	计算方式比较简单，只需要用实际花费减去投标报价	这种计算方法建立在一切额外的支出都是承包人的损失的基础上，不能使发包人信服

441

（续）

名　　称	做　　法	优　　点	缺　　点
调整总价法	建立在总价法的基础上，用总价法计算的结果再减去由承包人自身原因造成的损失	相较于总价法比较合理，用额外支出减去承包人原因导致的损失，比较公平	难以界定哪些损失是由承包人的原因引起的，没有充足的证据无法使发包人信服
直接成本法	利用施工过程中的记录，计算因为赶工而产生的费用，减去合同中约定的价格	施工记录会对干扰事件的责任方、损失的成本、利润都有详细记录，基于此提出赶工索赔可使发包人无法反驳	计算过程比较复杂、现场统计工作量大，实际投入的资源边界难以区分
测量法	用正常的劳动速率和受影响工作与加速工作的劳动效率的差异来衡量承包人的损失	依据合同执行过程中真实的数据来衡量承包人的损失，原投标报价中的错误和遗漏不影响计算结果	正常劳动效率、受影响的劳动效率和加速施工时的劳动效率难以衡量，只能算出人工、机械增加费
重新估价法	重新估计已完工程的价格、管理费和利润	原先的价格对于已经完成的工作来说已经不合适使用	只有在工程发生重大变更时适用
公式法	赶工费 = 赶工时段完成的工作内容的合同价 * $(K-1)$；K 是赶工时段内按合同价格计算的产值和实际工期的指数函数	计算简单，减少计算赶工费的工作量，只需要确定赶工的天数就可以计算出赶工费	用公式计算的赶工费没有直接计算实际产生的费用精确，可能会导致赶工费用的偏高或偏低。不适用于事后计算赶工费

　　直接成本法是根据承包人在赶工过程中的记录，分析相关成本，能够比较精确地计算出因为赶工而导致的费用增加。因为赶工不仅会引起直接成本的增加，还会影响后续工序的成本，承包人应当根据实际情况分析费用的变化。直接成本法虽然计算比较复杂，但是计算科学准确，可以减少发包人的反驳。测量法与直接成本法相似，都需要根据施工记录进行计算。测量法的难点在于无法准确估计劳动效率的变化幅度。

　　公式法只需要能够确定赶工的工期就能估算出赶工的费用，适用于赶工之前协商赶工费，比如在招投标期间，招标人要求压缩工期达到工期目标，双方可以按照这种方法来商定赶工费。并且在工期压缩程度较大时，算出的赶工费较高，对承包人比较有利。

　　根据各种赶工费计算方法的特点和使用范围，以及不可抗力对建筑工程的不同影响，认为在不可抗力仅造成工程停工时，由于赶工的天数少，选择的赶工措施比较简单，引起的费用较少，用总价法计算得出的赶工费与实际发生的费用误差较少时，可以用总价法计算赶工费。在不可抗力造成工程损毁或者灭失时，对工期造成的延误时间较长时，由于赶工的措施较为复杂，发生的费用比较多，用总价法计算可能误差较大，应该尽量选择用直接成本法计算，如果压缩的工期较长，也可以选择公式法进行计算，见图 11-16。

　　目前在各施工企业经济独立核算的情况下，承包人都以获取最大限度利润为目的。因此，要把好变更预算、变更审批、变更影响评价等环节。变更审批人员须秉公办事，坚持原则，从严把关；工作中应坚持深入施工现场，了解工程变更内容

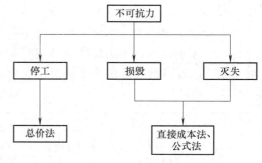

图 11-16　不可抗力下赶工费的计算方法

的具体做法，熟悉工程变更增减工程量情况，为决算审计打下基础，同时要建立严格的变更审批制度。只有坚持严格的办法和程序，才能保证变更审批的科学性、有效性，避免不必要的变更和赶工，在有效控制工程造价方面必将发挥重要作用。

11.5 不可抗力引起的价款调整案例分析

不可抗力事件发生后，虽然法律法规和相关文件已经对不可抗力风险分担原则做了相关规定，但是在发承包双方之间还会出现争议和纠纷，如不可抗力事件认定意见不统一、不可抗力风险分担方案显失公平、不可抗力事件索赔金额发生争议等。这些争议和纠纷都需要用到最基本的不可抗力风险分担处理原则："工程损失发包人承担，各自损失各自承担"和"违约者不受益原则"。

案例 11-1

【案例背景】

一项工程 EPC 总包合同，合同中不可抗力条款规定恶劣气候不属于不可抗力范围。工程施工过程中遇到了特大暴风雨，这种暴风雨在施工当地是十分罕见的。承包人因暴风雨的缘故无法正常施工导致施工队伍和设施窝工，暴风雨也毁损了现场的电缆沟、管沟以及建筑物和基础设备等，为重建和修复这些土建工程，承包人花费了大量的资金。承包人认为此种罕见暴风雨应属于不可抗力，因此有权要求延长因暴风雨导致窝工而产生的项目延误，发包人应补充其相应的经济损失。而发包人主张根据合同规定，恶劣天气不属于不可抗力事件，因此承包人无权要求因此引发的项目延误，发包人也没有义务给予其经济补偿。

【案例问题】

该恶劣天气是否属于不可抗力？承包人因该恶劣天气导致的损失是否应该得到发包人的经济补偿？

【案例分析】

该案集中反映了合同中不可抗力条款对承包人的巨大影响。根据 17 版《工程施工合同》第 17.3 款和 99 版 FIDIC 新红皮书第 19.4 款的规定，承包人受到不可抗力的影响，可以向发包人索赔工期，在符合一定条件的情况下，同时可以索赔费用，合同遭受不可抗力的毁损或损坏后果由发包人承担。基于此，有经验的发包人在谈判不可抗力条款时会尽可能缩小不可抗力事件的范围，而不可抗力范围越窄，承包人承担的风险将越大。上述案例中的承包人理应在签订合同时努力争取将恶劣天气包括在不可抗力范围内，但如果发包人在合同中对不可抗力事件规定的范围过窄，而承包人基于各种原因又没能争取扩大不可抗力的范围，这种情况下，建议承包人投保某些险种，以此分散风险的承担，降低工程风险。

【案例解答】

本案例中，根据不可抗力定义的一般规定，罕见的暴风雨应当属于不可抗力，完全符合 99 版 FIDIC 新红皮书第 19.1 款对不可抗力的定义：一方无法控制；该方在签订合同前，不能对之进行合理防备；发生后，该方不能合理避免或克服；不主要归因于他方。但是，由于双方在合同不可抗力条款中明确规定将恶劣天气排除在外，因此，本案中承包人遭受的罕见的暴风雨不属于合同界定的不可抗力范畴，这也直接导致了承包人无权基于不可抗力要求工期延长和损失补偿。

另外，如果某一承包人通过在合同中规定误期违约金条款来承担延误风险，则应该在投标时于标书中加入一项费用以抵消潜在的损失。承包人也应该在原始进度表中加入额外时间来防备工程的延误。承包人会因合同规定的增加费用及额外工期而受益，不论该工程项目是否真的会拖延。

案例 11-2

【案例背景】

北京某建工工程公司作为承包人，承揽天津某材料生产企业的某建筑工程。施工过程中发生如下延误工期的责任事件：

事件一：施工许可证延迟取得。合同约定承包人进行施工许可证的申领，并对未能如期申领施工许可证承担相应的合同责任。承包人予以认可。

事件二：图纸会审时间延迟。

事件三：多次设计变更。施工过程中发包人对工程设计进行多次变更，延误的工期得到顺延。发包人承担此顺延责任。

由于工期顺延，导致本应于冬季之前竣工的项目，在冬季结束后才基本完成。此过程中遭遇大雪等不可抗力因素对建筑实体造成一定的破坏、增加相应的费用，并导致工期进一步延误。双方就上述问题的责任划分争议成诉。

【争议焦点】

承包人：造成工期延误的责任在于发包人，发包人应承担不可抗力对工期延误及建筑实体的影响。

发包人：导致进入冬季的主要事件是双方责任共担，冬季发生的不可抗力造成的损失应双方共担。

【案例分析】

经过审查，造成工期延误的责任认定：

第一，施工许可证延迟取得是北京公司的责任。虽然《中华人民共和国建筑法》第七条规定了建设单位申领施工许可证的法定责任，但该规定并不影响当事人在合同中做出相反约定的效力，即在当事人在合同中约定由承包人北京公司负责办理施工许可证、天津公司仅负配合责任的情况下，在北京公司与天津公司的内部民事法律关系上，北京公司应当对未能如期申领施工许可证承担相应的合同责任。

第二，图纸会审时间延迟属于双方责任。根据一、二审查明事实，双方当事人对此均存在一定过错，且"会审"的进行本身即需要双方当事人配合，认定双方当事人对此均应承担一定的法律责任。

第三，设计变更属于天津公司责任。据一、二审查明事实，案涉工程施工过程中，天津公司确实进行了十余次小型设计变更。根据双方施工合同通用条款第29.1条的约定，施工过程中发包人对工程设计进行变更的，延误的工期应当相应顺延。

第四，不可抗力事件发生在工期延误期间，但造成工期延误双方当事人均有一定责任，故北京公司应对不可抗力事件造成的损失承担违约责任。

【判决结果】

本案判决，双方在合同履行过程中均存在违约行为，因冬季施工造成的工期顺延的违约责任，仍应由发生不可抗力前负有违约责任的各方当事人按照其违约责任比例承担相应责任。不支持承包人以不可抗力因素为由认为其不应承担违约责任。

本章参考文献

［1］ 丁玫. 罗马法契约责任 ［M］. 北京：中国政法大学出版社，1998.

［2］ 原蓉蓉. 英美法中的合同受挫制度研究 ［D］. 济南：山东大学，2013.

［3］ 李巾惠. 论合同法上的不可抗力制度 ［D］. 上海：华东政法大学，2013.

［4］ 勒内·达维. 英国法与法国法：一种实质性的比较 ［M］. 北京：清华大学出版社，2002.

［5］ 建纬律师 < 北京 > 事务所 FIDIC 课题组. FIDIC 条款与中国建筑市场的对接与碰撞专题系列 （二） FIDIC99 施工合同条件中不可抗力条款的适用 ［J］. 建筑经济，2003 （11）：38-41.

［6］ 沈维春，尹贻林，李文静. 建设工程项目中不可抗力风险库的构建研究 ［J］. 陕西电力，2014 （9）：79-83.

［7］ 唐翔宇. 不可抗力的损失承担问题研究 ［D］. 大连：大连理工大学，2007.

［8］ Ibrahim Mohamed Shaluf. Disaster Types ［J］. Disaster Prevention and Management，2007，16 （5）：706.

［9］ 科斯，哈特，斯蒂格利茨，等. 契约经济学 ［M］. 李风圣，主译. 北京：经济科学出版社，1999.

［10］ Zhang X. Critical Success Factors for Public-Private Partnerships in Infrastructure Development ［J］. Journal of Construction Engineering & Management，2005，131：3-14.

［11］ 杜亚灵，胡雯拯，尹贻林. 风险分担对工程项目管理绩效影响的实证研究 ［J］. 管理评论，2014 （10）：46-55.

［12］ 丁建军，黄喜兵. 风险分担对工程合同执行效率的影响研究 ［J］. 工程经济，2016 （10）：19-21.

［13］ 章昀玥，张云宁，程曦，等. 社会资本视角下风险分担对工程项目绩效的影响研究 ［J］. 土木工程与管理学报，2015 （3）：78-83.

［14］ Francis Hartman，Patrick Snelgrove. Risk allocation in lump-sum contracts-concept of latent dispute ［J］. Journal of Construction Engineering and Management，1996 （9）：291-296.

［15］ Motiar Rahman M，Kumarswamy M M. Risk management trends in the construction industry：moving towards joint risk management ［J］. Engineering，Construction and Architectural Management，2002，9 （2）：131-151.

［16］ 田威. 创收的三大支柱及 "不可抗力" ［J］. 国际经济合作，2001 （1）：52-55.

［17］ 孙美兰. 情势变更与契约理论 ［M］. 北京：法律出版社，2004.

［18］ 周江洪. 风险负担规则与合同解除 ［J］. 法学研究，2010 （1）：74-88.

［19］ Jacobi O，Weiss A. The effect of time on default remedies for breach of contract ［J］. International Review of Law & Economics，2011，35 （1）：13-25.

［20］ 祝铭山. 建设工程合同纠纷 ［M］. 北京：中国法制出版社，2003.

［21］ 崔建远. 合同法 ［M］. 北京：法律出版社，2003.

［22］ 范智杰，刘玲. 工程保险合同索赔管理中应注意的问题 ［J］. 公路，2000 （3）：62-66.

［23］ 何通胜. FIDIC 合同条件风险负担条款之比较研究 ［D］. 武汉：武汉大学，2013.

［24］ 陈泽. JCT 工程合同范本的经济学分析 ［D］. 天津：天津大学，2009.

第 12 章
现场签证引起的合同价款调整

现场签证的概念起源于 1961 年西南第一建筑工程公司新都机械厂工程。当时因发包人原因发生一项合同预算外的事件，并产生相应额外的支出和费用，承包人以一份工程签证单要求补偿，发包人在签证单上签认[1]，替代了当时对一些小的或附带性的工作以变更方式进行处理的做法。该处理方式很快推行至全国并沿用至今。

近年来，现场签证的做法得到了工程造价咨询界认可并在我国建筑业内被广泛采用，其定义概念正式被收录于《建设工程工程量清单计价规范》（GB 50500—2008）（本章以下简称 08 版《清单计价规范》），从此拥有了官方的定义和概念，且作为专业术语加以规范。这使现场签证的概念由过去非正式制度的体现逐步走向制度化、法制化。从制度经济学角度考虑，现场签证是降低补偿合同状态变化过程中产生交易成本的有效手段，其实质是一种用于快速解决现场发生变化的简化处理机制。

现场签证作为处理合同未明确事项、工程变更及其他零星项目的一种方式，并未被合同体系所接纳。其原因是和《清单计价规范》相比较，合同范本更加注重工程建设的法定程序以及合同双方权利义务，弱化了对计价行为约束的规定。并将工程施工过程中发生的合同以外的零星项目、非承包人责任事件、改变原合同工作等事项归纳到变更或索赔的处理方式中。

随着现场签证在国内的推广以及《清单计价规范》与合同范本的匹配度不断增强，现场签证这一概念作为专业术语纳入合同体系（官方示范文本）指日可待。因此本章立足于《建设工程工程量清单计价规范》（GB 50500—2013）（以下简称 13 版《清单计价规范》）等相关标准、规程、规范性文件，阐述现场签证的概念演变、现场签证事项的范围以及引起的合同价款调整后其调整值的确定。

工程竣工验收合格后工程师补做的签证是发包人对施工过程发生变更的一种追认行为，只要签证内容真实、可靠、合理合约，经济责任和主体明确，应作为结算依据。发包人应根据竣工图纸或现场勘察核查签证内容，而不应轻易否定事后签证效力。

通过实际施工中的现场签证问题，我们可以看出发承包双方必须在合同中对事后签证能否作为结算依据进行约定；同时，约定现场签证的程序和授权代表以及价款的调整方式和计价方式。这些问题将在本章中予以解答。

12.1 现场签证概述

12.1.1 现场签证的概念

对于现场签证的相关概念，目前并没有被纳入合同体系中，因此在合同中未提及签证的概念，而仅在 13 版《清单计价规范》中提及。在目前的工程实践中，合同的不完备性、工程项目的一次性、周期长、涉及范围广等特点，导致合同状态常因无法预料到的情况而改变，现场签证是合同状态改变后的快速补偿机制，是合同的有力补充。即现场签证的法律实质是工程发承包双方在施工过程中对合同履行、费用支付、顺延工期、赔偿损失等方面所达成的双方意思表示一致的补充协议，同时也是施工过程中的有效签证，应作为发承包双方工程结算的依据。现场签证的相关文件解释如表 12-1 所示。

表 12-1　现场签证的相关文件解释

序　号	相 关 文 件	定　　义
1	《工程造价咨询业务操作指导规程》（中价协〔2002〕第 016 号）	按发承包合同约定，一般由发承包双方代表就施工过程中涉及合同价款之外的责任事件所做的签认证明
2	《建设项目全过程造价咨询规程》（CECA/GC 4—2009）	发包人现场代表和承包人现场代表就施工过程中涉及合同价款之外的责任事件所做的签证
3	13 版《清单计价规范》	发包人现场代表（或其授权的监理人、工程造价咨询人）与承包人现场代表就施工过程中涉及的责任事件所做的签认证明

一般来讲，现场签证应由两部分组成：一是签证发生的原因、过程、具体内容、采取的措施及施工方法、施工图和计算依据等；二是由此引发的工程量增减和相应的价款报告。工程量的确认应按工程量清单所规定的计算规则，综合单价的确定应遵循合同和约定条款要求进行。发包人、承包人、监理人、造价咨询单位各方负责根据现场情况、合同约定及相关规定，如实记录现场签证所发生的原因、解决方案、施工情况、损失、价款及费用、工期承担方案。

12.1.2　现场签证的演变

签证最早由中国人用于工程建设领域，签证的概念起源于 1961 年西南第一建筑工程公司新都机械厂工程。从现场签证首次出现之后，不同的法律法规规范等规定逐渐完善了现场签证的相关条款，其中现场签证的发展历程如图 12-1 所示。

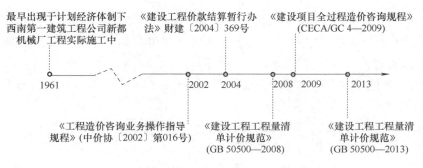

图 12-1　现场签证的发展历程

狭义的现场签证是指在施工及结算过程中，发包人与承包人根据合同约定就价款增减、费用支付、损失赔偿、工期顺延等事宜达成的补充协议[2]。狭义的现场签证突出了现场签证的最终法律效果，是发承包双方应该履行的补充协议，发承包双方不得擅自推翻。

按照 13 版《清单计价规范》对于现场签证的定义，现场签证是承包人应发包人要求完成合同以外零星项目、非承包人责任事件等工作的书面凭证。由此，当对合同以外零星项目进行签证时，签证可以与变更、索赔等调价因素一样作为一种调价因素而出现；当签证以"承包人与发包人核定一致"的事项出现时，签证则不是一种调价因素，而是对变更、索赔等调价因素的确认程序。

《建设工程监理规范》（GB/T 50319—2013）所附的 18 张监理工作基本表中规定表单有三类：第一种表单：承包人申请、监理人核定的文件；第二种表单：监理人向承包人发出的指令；第三种表单：联系单、通知单及回复。第一、二种表单涉及双方权利义务变动，涵盖绝大部分工程合同的履行过程，但又不属于通常的签证，因此在这里把签证的定义扩大，即定义一种广义的签证。

广义的现场签证是指在施工过程中监理人依合同约定核定承包商提出的工程事项申请或者发出工程指令的表单。

综上所述，在中国工程建设中，现场签证的概念经历了如下一些演变：

首先，现场签证作为一种对零星工作的快速解决现场发生变化的处理方法出现，这种对签证的定义可以看成与变更、索赔等平行的调价因素。

其次，基于对发承包双发核定一致的事项所进行的现场确认，狭义的现场签证出现了。狭义的现场签证被定义为施工及结算过程中，发包人与承包人根据合同约定就价款增减、费用支付、损失赔偿、工期顺延等事宜达成的补充协议。同时狭义的现场签证包括了上述研究的可作为调价因素出现的签证以及不可作为调价因素出现的签证。

最后，针对由监理人向承包人单方面发出的指令，现场签证的概念又进一步扩大，在上述狭义现场签证的定义上增加了一种由监理人依合同约定核定承包商提出的工程事项申请或者发出的工程指令表单的签证。

同时，以本书的观点来看，现场签证既可作为调价因素又可作为对调价因素的确认程序存在。

12.1.3 现场签证的属性

1. 现场签证的工程造价文件属性

13 版《清单计价规范》首次将现场签证纳入合同价款调整，根据其总则第 1.0.4 条的规定："招标工程量清单、招标控制价、投标报价、工程计量、合同价款调整、合同价款结算与支付以及工程造价鉴定等工程造价文件的编制与核对，应具有专业资格的工程造价人员承担"。可知工程造价文件包括招标工程计量文件、合同价款调整文件、合同价款结算与支付文件等。现场签证作为合同价款的调整因素之一，同时也是价款结算的依据之一，形成的相关书面形式的签证具有工程造价文件的属性，且具有一定的法律效力。

工程建设领域中，建设工程项目具有复杂性、特殊性、一次性、周期较长等特点，由于事先无法准确把握工程建设所有事项，致使在合同签订过程中无法订立完整全面的建设施工合同，需要在履行合同过程中对合同进行补充和完善，即签订补充协议。而现场签证也是一种补充协议，下文主要从订立时间、概念、内容范围、产生原因等方面进行综合分析，如表 12-2 所示。

表 12-2　现场签证与补充协议的比较分析

对比要素	现 场 签 证	补 充 协 议
订立时间	合同签订之后，实际施工过程中	原中标合同签订后
订立方式	承包人发出要约，发包人承诺	与合同订立一致，采用要约、承诺方式
概念界定	现场签证是发包人现场代表（或其授权的监理人、工程造价咨询人）与承包人现场代表就施工过程中涉及的责任事件所做的签认证明	补充协议是基于原中标合同成立且生效的情形下，对合同内容中没有约定或约定不明的补充文件，是合同的组成部分
相关属性	工程造价文件	合同的有力补充
内容范围	承包人应发包人要求完成合同以外的零星项目、非承包人责任事件等工作	对合同内容中没有约定或约定不明的内容进行补充
产生原因	基于不完全合同和交易成本理论，由于人的有限理性、信息不对称、存在交易成本和不可预知等因素使得合同在缔约过程中是不完备的，需要根据合同实际履行过程中出现的各种情况，对合同进行补充、完善。现场签证是一种对合同状态发生变化的快速补偿方式	基于不完全合同和交易成本理论，由于人的有限理性、信息不对称、存在交易成本和不可预知等因素使得合同在缔约过程中是不完备的，需要根据合同实际履行过程中出现的各种情况，对合同进行补充、完善。补充协议是一种完善缺陷合同较为有效的方式
基本要求	（1）双方意思表示一致 （2）双方授权代表确认签字 （3）对合同未尽事宜进行补充约定	（1）原中标合同成立且生效 （2）为双方合议，自愿订立且意思表示真实 （3）对合同未尽事宜进行约定，不得背离合同的实质性内容

通过对表 12-2 中现场签证和补充协议的相关内容归纳分析发现，一般情况下，现场签证是实际施工过程中发生的，符合补充协议在合同签订之后订立的时间条件；产生原因相近，皆是基于不完全合同和交易成本理论，人的有限理性、信息不对称、存在交易成本和不可预知等因素使得合同在缔约过程中是不完备的，需要根据合同实际履行过程中出现的各种情况，对合同进行补充、完善；关于内容范围的规定，现场签证的范围是承包人应发包人要求完成合同以外的零星项目、非承包人责任事件等工作，也包含原中标合同中未约定或者约定不明，属于补充协议的内容范围；其两者的生效条件也具有一致性。

通过现场签证与补充协议的概念、产生原因、内容范围等方面进行比较分析，可以总结得出现场签证与补充协议在各方面具有一致性，无论是从签订的时间、产生原因，还是其内容形式和生效条件等方面，足以证明现场签证是经发承包双方意思表达真实一致的补充协议。

因此基于工程造价文件属性的角度，现场签证也是一种补充协议。根据《建设工程施工合同（示范文本）》（GF—2017—0201）（以下简称 17 版《工程施工合同》）第一部分"合同协议书"第十一条对补充协议的约定："合同未尽事宜，合同当事人另行签订补充协议，补充协议是合同的组成部分"。在第二部分"通用合同条款"中第 1.5 款对合同文件优先顺序的有关约定如下："组成合同的各项文件应互相解释，互为说明。除专用条款另有约定外，解释合同文件的优先顺序如下：（1）合同协议书；（2）中标通知书（如果有）；（3）投标函及其附录（如果有）；（4）专用合同条款及其附件；（5）通用合同条款；（6）技术标准和要求；（7）图纸；（8）已标价工程量清单或预算书；（9）其他合同文件。"合同文件优先顺序如图 12-2 所示。

由上可知，补充协议是合同协议书的组成部分，除专用条款外具有最高的解释优先顺序。现场签证作为一种补充协议，是合同协议书的一部分，具有较高的合同文件解释顺序。

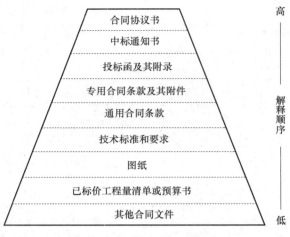

图 12-2　合同文件优先顺序

2. 现场签证的证据属性

依据《最高人民法院关于审理建设工程施工合同纠纷案件适用法律问题的解释》法释〔2004〕14 号第十九条规定："当事人对工程量有争议的，按照施工过程中形成的签证等书面文件确认。承包人能够证明发包人同意其施工，但未能提供签证文件证明工程量发生的，可以按照当事人提供的其他证据确认实际发生的工程量。"该条文说明了因工程量发生争议时，可通过书面形式的签证和其他证据来确认实际发生的工程量。由此可知现场签证作为书面形式的签证，与其他证据一同作为争议处理的证据，具有一定的法律证据效力。同时，该条文也体现了在争议产生环节，现场签证具有法律证据属性。

3. 现场签证两种属性的关联性

通过对现场签证的工程造价文件属性和法律证据属性进行研究分析，得出了现场签证两种属性的形成程序、构成要件、生效条件等，具体分析如表 12-3 所示。

表 12-3　现场签证两种属性间的比较

内　　容	工程造价文件属性	法律证据属性
体现阶段	价款形成环节	纠纷处理环节
形成程序	采用要约、承诺的方式，具体依据 13 版《清单计价规范》	客观事实通过法定程序形成证据
构成要件	要约、承诺的主体	法律证据的当事人
	要约、承诺的内容	法律证据的内容
	要约、承诺的形式	法律证据的形式
生效条件	要约与承诺采用书面形式	必须为事件发生时的书面文件
	要约与承诺双方主体有签署权限	必须符合法定主体
	要约与承诺内容的规范准确且意思一致	法律证据的内容须真实
	要约与承诺具有时效性	法律证据的提出须及时

由表 12-3 可得，现场签证两种属性的构成要件皆为主体、内容和形式，而且两者的生效条件相近，可以概括为以下四点：①现场签证采用书面形式；②现场签证的双方主体有签署权限；③现场签证的内容可靠、充分；④现场签证具有时效性。13 版《清单计价规范》中做了相关现场签证具体程序的规定，从工程造价文件属性和法律证据属性角度分析两者的形成过程。现场签证是合同的补充协议，采用要约、承诺的方式形成工程造价文件。而现场签证作为一种法律证据时，是通过法定程序由双方签字确认最终形成法律事实。虽然现场签证的工程造价文件属性与法律证据属性分别处于实际施工的不同阶段，工程造价文件属性出

现在价款形成环节，法律证据属性体现于纠纷处理环节，但现场签证的两种属性的形成程序、构成要件、生效条件等具有一致性。

在纠纷处理环节，现场签证通过其有关的法定程序得到双方主体的签字确认，形成可供法官审理、判断的法律证据。而在价款形成环节中，双方确认的现场签证作为造价文件，其形成程序和有效性会极大地影响到在纠纷处理环节现场签证的法律事实能否成立。保证现场签证这一造价文件形成的有效性、完整性及充分性，能够减少索赔及纠纷的产生，同时也能确保现场签证作为一种证据的法律效力。

12.1.4　现场签证、变更、索赔的对比分析

现场签证、工程变更和工程索赔三者都涉及合同价款调整，都是伴随着工程的实施而产生的合同外调整费用，都将计入合同价款以形成最终的工程造价。三者的联系和区别如表 12-4 所示。

表 12-4　现场签证、工程变更和工程索赔三者联系和区别表

对比内容		现场签证	工程变更	工程索赔
定义		现场签证是指发包人现场代表（或其授权的监理人、工程造价咨询人）与承包人现场代表就施工过程中涉及的事件所做的签证说明	13 版《清单计价规范》第 2.0.15 条将"工程变更"定义为合同工程实施过程中由发包人提出或由承包人提出经发包人批准的合同工程任何一项工作的增、减、取消或施工工艺、顺序、时间的改变；设计图纸的修改；施工条件的改变；招标工程量清单的错、漏从而引起合同条件的改变或工程量的增减变化	13 版《清单计价规范》第 2.0.22 条将"索赔"定义为在工程合同履行过程中，合同当事人一方因非己方的原因而遭受损失，按合同约定或法规规定应由对方承担责任，从而向对方提出补偿的要求
联系		现场签证、工程变更是工程索赔的依据，现场签证也可能成为工程索赔的部分，对于施工过程中出现的质量、费用工期的变化，可以通过现场签证或工程变更的方式调整，如果双方未能达成一致则需要进行工程索赔		
区别	反映内容	现场签证是一种在施工过程中出现的，涉及双方责任和费用的事项的证明机制，现场签证突出的重点是证明	工程变更是一种对双方在合同签订中确认的合同状态进行主观或客观的改变机制，工程变更突出的重点是改变	工程索赔是一种建立在一方出现非自身过错而遭受损失时的补偿机制，工程索赔突出的重点是补偿
	处理方式	现场签证是通常情况下先签证后实施，但对于紧急事件也可以先实施后签证	工程变更是发包人先发出变更指令，承包人实施，例如 07 版《标准施工招标文件》（13 年修订）第 15.3.3 项规定：承包人收到变更指示后，应按变更指示进行变更工作	工程索赔是已经发生了实际事件、造成实际损失后才能进行索赔
	实施主体	现场签证作为对施工中特殊事项的证明，可以由发包人提出，也可以由承包人提出，承包人以最终生效的签证单为依据进行施工	工程变更作为对合同的修改与补充，其提出有三种方式：由发包人直接提出变更指令、由监理人向承包人发出变更意向书、由承包人提出变更建议书。不论哪种情形，最终应由发包人向承包人发出书面变更指令，指示承包人进行变更工作	工程索赔作为对遭受损失一方的弥补，可以是承包人向发包人的索赔，也可以是发包人向承包人的索赔

451

现场签证是对所涉及事件的签认说明，工程变更也是工程签证和工程索赔产生的原因之一，都为工程索赔提供支撑和依据，对于施工过程中出现的质量、费用、工期引起合同价款的变化，可以通过现场签证或工程变更的方式调整，如果双方未能达成一致则需要进行工程索赔。

12.1.5 现场签证理论综述

1. 现场签证是合同状态发生改变之后的再谈判与状态补偿机制

工程项目自然事件、或然事件处理效率低下的现实问题促使我们进一步思考合同的不完全性与事件的再谈判方式。建设工程中发包人与承包人的有限理性和外部环境变化的不确定性，使得双方签订的初始合同必然是不完全的，即合同本身就不可能涵盖项目全过程中的所有情况，条款设置是不全面的。同时这也决定了再谈判的产生是不可避免的，工程项目领域中再谈判的目的是改变合同的风险分担现状或者改变项目范围[3]，那么随着工程项目的逐步实施，初始合同漏洞的显现及外部环境的变化使得初始合同状态发生改变，造成新的合同状态与初始合同状态之间产生差异，而这会对合同一方或双方造成损失，此时一方会提出合同价款调整的要求，再谈判也就成为双方解决纠纷的主要方式。其中现场签证作为快速简洁的事件层级再谈判（事件层级主要包括变更、索赔、签证、调价），是发承包双方代表处理工程施工现场或然事件的有效措施，有助于合同状态发生改变后，实现合同状态的快速补偿，保障其重新恢复平衡[3]，其中现场签证的合同状态补偿机制如图12-3所示。

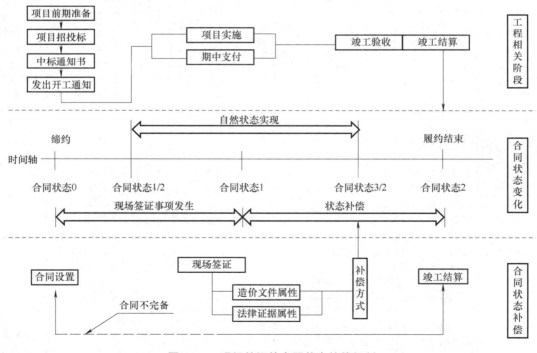

图 12-3　现场签证的合同状态补偿机制

由图12-3可知，不完全合同导致了合同物理边界、时间边界与合同关系的不稳定，也即合同状态的不稳定。再谈判则是综合处理物理边界被打破、时间边界被打破以及合同关系不协调的重要手段。因此，工程项目再谈判是实现合同状态由不稳定向稳定转变的有效措施，是实现合同状态补偿有效的合同内自我实施机制。

现场签证作为一种造价文件，较之工程变更、索赔，具有更为简化快速的程序。当实际施工中出现现场签证事项时，合同状态发生改变，通过提出现场签证，简化流程，由此快速进行合同状态的补偿。在纠纷产生后的争议解决阶段，将确定"合同状态"的现场签证作为一种法律证据，有助于争议的解决，确定重新平衡后的合同状态，促使合同状态达到新的平衡。总而言之，现场签证的实质是合同状态改变后的一种快速且简易的补偿机制。现场签证作为合同状态改变后的一种快速补偿的简易机制，其费用被 13 版《清单计价规范》规定作为增加的合同价款与进度款同期支付，实现对合同状态改变后的补偿。

2. 现场签证再谈判的范围与内容

根据相关资料分析，现场签证再谈判的范围与内容主要包含工程技术、工程经济、工程进度、隐蔽工程和其他方面，详见图 12-4。

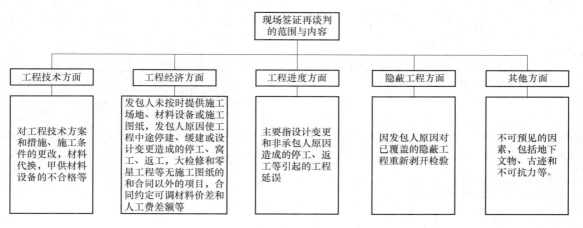

图 12-4　现场签证再谈判的范围与内容

3. 现场签证再谈判的处理与审核

签证是可以用来进行工程结算的文件，具有一定的证据效力。所以对签证的处理与审核也尤为重要，工程实践中要避免一些无效签证充当结算依据，进而获得不正当利益的现象发生，如缺少程序要件和伪证类的签证均属于无效的签证。根据相关分析，现场签证再谈判进行处理和审核的要点有时间性、规范性和真实性三方面[4]，具体如图 12-5 所示。

4. 现场签证再谈判效率提升建议

工程实践中，导致签证再谈判效率降低的主要原因在于人员素质和程序方面。因签证的法律效力较强，可以直接作为工程结算的依据，而签证成为法律要件最重要的一条是需发承包双方共同签字确认。而在签证再谈判过程中，由于相关工作人员缺乏签证专业知识或不认真，往往缺少业主的签字，导致签证无效。最终可能会使该事件按索赔再谈判或项目层级再谈判进行处理，造成时间、人力、成本的重复浪费，即本该由签证再谈判解决的事件转化为由索赔再谈判处理，造成事件解决与再谈判方式错配。所以，应重视签证相关人员的专业素质训练和签证程序执行的规范，从配置效率和技术效率两方面全面提升其效率。

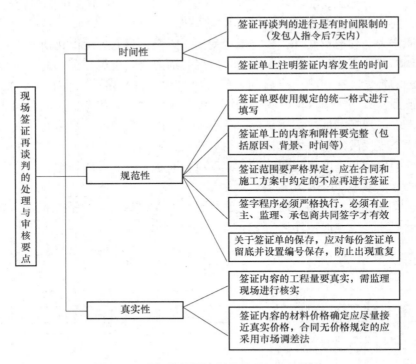

图 12-5　现场签证再谈判的处理与审核要点

12. 2　现场签证的适用范围

12. 2. 1　现场签证与合同价款调整的关系

13 版《清单计价规范》第 9 章"合同价款调整"规定了 14 条具体原因或将引起合同价款的调整。其中包括影响合同价款的直接因素与间接因素。间接因素可视为合同状态的补偿事件，而直接因素是补偿事件的处理方法。间接因素与直接因素的互动，形成合同价款调整的整体框架。现场签证是合同价款调整的直接影响因素。现场签证一旦确认将直接影响合同价款的调整，最终影响结算价。现场签证与合同价款调整的关系如图 12-6 所示。

12. 2. 2　现场签证引起价款调整的范围

13 版《清单计价规范》第 9.14.1 条规定：承包人应发包人要求完成合同以外的零星项目、非承包人责任事件等工作的，发包人应及时以书面形式向承包人发出指令，提供所需的相关资料；承包人在收到指令后，应及时向发包人提出现场签证要求。第 9.14.6 条规定：在施工过程中，若发现合同工程内容因场地条件、地质水文、发包人要求等不一致时，承包人应提供所需的相关资料，提交发包人签证认可，作为合同价款调整的依据。

依据 13 版《清单计价规范》，现场签证项目可分为三大类：第一类，完成合同以外的零星项目；第二类，非承包人责任事件；第三类，改变原合同工作。

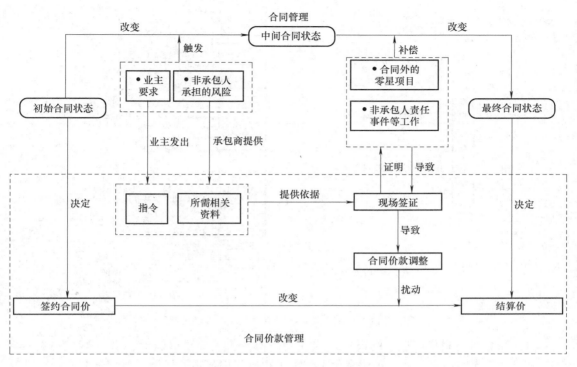

图 12-6　现场签证与合同价款调整的关系

1. 完成合同以外的零星项目

这些项目包括零星用工、修复工程、技改项目及二次装饰工程。

1）零星用工：工程施工现场发生的非承包人义务范围内的材料、设备装卸，完成监理、发包人临时指令用工及其他零星用工[5]。

2）修复工程：对原有不符合要求的工程，经过修复满足其功能要求。

3）技改项目：新老风、水、电、气等的衔接与改造工程。

4）二次装饰工程：对原装修工程进行局部的改造或修缮。

2. 非承包人责任事件

依据 13 版《清单计价规范》条文说明中的现场签证存在情形，可知现场签证中非承包人责任事件包含清单与实际施工不符、合同约定价格变化、施工条件及合同条件变化、发包人原因造成停工、发包人口头指令或书面通知，详见图 12-7。

其中因发包人原因造成停工的情形可以概括为以下几点：

（1）停水停电停工超过规定时间范围的损失　主要包括：停电造成现场的塔吊等机械不能正常运转，工人停工、机械停滞、周转材料停滞而增加租赁费、工期拖延等损失。

（2）窝工、机械租赁、材料租赁等的损失　施工过程中由于图纸及有关技术资料交付时间延期，而现场劳动力无法调剂施工造成乙方窝工损失，应向甲方办理签证手续。

（3）业主资金不到位致使长时间停工的损失　由于甲方资金不到位，中途长时间停工，造成大型机械长期闲置的损失可以办理签证。

455

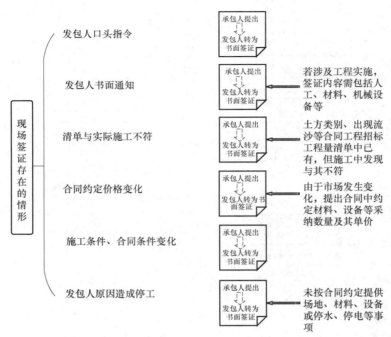

图 12-7　非承包人责任现场签证存在的情形

（4）发包人材料供应造成的损失　这主要是指发包人提供材料时，供料不及时或不合格给承包人造成的损失。施工单位在包工包料工程施工中，由于发包人指定采购的材料不符合要求，必须进行二次加工的签证，以及设计要求而定额中未包括的材料加工内容的签证。

（5）设计变更等所造成的损失　这主要是指工程开工后，工程设计变更给施工单位造成的损失，如属于施工图纸有误，或开工后设计变更而施工单位已开工或下料造成的人工、材料、机械费用的损失等应做好签证；工程需要的小修小改所耗费的人工、材料、机械应做好签证。

3. 改变原合同工作

在工程施工过程中，由于工程自身的特点决定了原合同内容中不确定的事项，如：因场地条件、地质水文、发包人要求不一致的项目及发包人要求改变原合同工程内容等。

（1）场地条件　开挖基础后，发现有地下管道、电缆、古墓等。这些属于不可预见因素，可根据实际发生的费用项目，经发承包双方签字认可办理手续。

（2）地质水文　由于地质资料不详或甲方在开工前没有提供地质资料，或虽然提供了但和实际情况不相符，造成基础土方开挖时的相关费用增加，可就此办理签证。

（3）发包人要求　发包人为方便管理、协调环境等在施工阶段提出的设计修改和各种变更而导致施工现场签证。

12.2.3　不可进行现场签证的相关事项

对于在施工过程或建设工程施工合同履行过程中出现的有些事项，按计价规范、计价依据、施工合同的相关规定和约定，不可办理现场签证的相关事项如下：

1）对于部分已经采用总价包干或费用包干的合同计费项目，实际情形发生变化或其他条件改变，不应归责于发包人，不应再办理相关现场签证。

2）作为一个有经验的承包商，根据工程经验应估计到的工程和市场风险，或根据合同特别约定应由承包商承担的合同风险，不应采用现场签证的方式转由发包人承担。

3）不可归责于发包人的原因，或由于承包人过错或过失造成的其他损失。

4）属于正常工程管理或工程验收过程中签署的验收文件，一般情况下不作为现场签证处理。

12.2.4　现场签证的程序

现场签证的程序应按双方签订的工程施工合同约定的流程和制度执行，由书面授权代表或项目经理签字，并按相关流程办理复核、审核和批准程序后盖章，作为合同价款调整、支付和结算依据。13 版《清单计价规范》第 9.14.1 条规定：承包人应发包人要求完成合同以外的零星项目、非承包人责任事件等工作的，发包人应及时以书面形式向承包人发出指令，并应提供所需的相关资料；承包人在收到指令后，应及时向发包人提出现场签证要求。第 9.14.2 条规定：承包人应在收到发包人指令后的 7 天内向发包人提交现场签证报告，发包人应在收到现场签证报告后的 48 小时内对报告内容进行核实，予以确认或提出修改意见。发包人在收到承包人现场签证报告后的 48 小时内未确认也未提出修改意见的，视为承包人提交的现场签证报告已被发包人认可。第 9.14.5 条规定：现场签证工作完成后的 7 天内，承包人应按照现场签证内容计算价款，报送发包人确认后，作为增加合同价款，与进度款同期支付。

《建设工程价款结算暂行办法》（财建〔2004〕369 号）第十四条第六款规定：发包人要求承包人完成合同以外零星项目，承包人应在接受发包人要求的 7 天内就用工数量和单价、机械台班数量和单价、使用材料和金额等向发包人提出施工签证，发包人签证后施工。如发包人未签证，承包人施工后发生争议的，责任由承包人自负。

《建设工程价款结算暂行办法》（财建〔2004〕369 号）关于承包人向发包人提出签证的签证时间与 13 版《清单计价规范》相同，但是并没有规定发包人应在收到现场签证报告后对报告内容进行核实的具体时间。

现场签证的程序如图 12-8 所示。

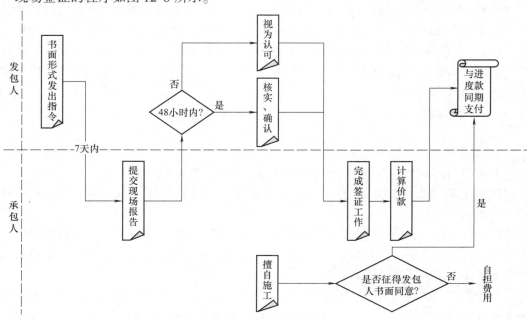

图 12-8　现场签证的程序

综上可知，《建设工程价款结算暂行办法》（财建〔2004〕369号）中承包人向发包人提出签证的签证时间与13版《清单计价规范》相同，但是并没有规定发包人应在收到现场签证报告后对报告内容进行核实的具体时间。所以，当实际施工过程中发生现场签证事项时宜参照13版《清单计价规范》的程序加以解决。

12.3 现场签证价款的确定

12.3.1 价款确定的原则

现场签证通常会涉及工程技术、工程工期（进度）、工程质量、隐蔽工程等各方面内容，应根据现场签证的不同性质将现场签证分为两部分叙述，即涉及工期变化的现场签证以及涉及价款调整的现场签证。两者的合同价款确定原则如下。

1. 现场签证引起工期变化的调整原则

工程工期（进度）签证是指工程实施过程中，因不可归责于承包人的原因，或不应由承包人的过失或过错引起的，由发包人向承包人出具的工期延期签认证明文件。在实践中，同一工程在不同时期完成的工作量，其材料价差和人工费的调整等不同。工期签证可用作工期索赔的证据，承包人要求赔偿时，可以选择下列一项或者几项方式获得赔偿：①延长工期；②要求发包人支付因工期延长所发生的人工费、相关管理费，以及材料/设备/人工等价格上涨所带来的额外费用等；③要求发包人支付合理的预期利润；④要求发包人按照合同约定支付违约金。当承包人的费用索赔和工期索赔相关联时，发包人在做出费用索赔的批准决定时，应结合工程延期，综合做出费用索赔和工程延期的决定。

2. 现场签证引起价款调整的调整原则

根据13版《清单计价规范》第9.14.3条规定：现场签证的工作如已有相应的计日工单价，现场签证中应列明完成该类项目所需的人工、材料设备和施工机械台班的数量；如现场签证的工作没有相应的计日工单价，现场签证中应列明完成该类项目所需的人工、材料设备和施工机械台班的数量及单价。第9.14.4条规定：合同工程发生现场签证事项，未经发包人签证确认，承包人便擅自施工的，除非征得发包人书面同意，否则发生的费用应由承包人承担。

12.3.2 价款调整的方法

1. 现场签证引起合同价款调整

（1）有计日工单价的现场签证　13版《清单计价规范》将计日工定义为：在施工过程中，承包人完成发包人提出的工程合同范围以外的零星项目或工作，按合同中约定的单价计价的一种方式。

其中计日工综合单价的确定，应执行建设工程施工合同约定或投标报价文件的报价，若合同未约定或约定不明确，应由双方根据招标文件或政府指导价协商确定，另行签订补充协议或以现场签证的方式进行确认。

双方经协商无法达成协议，可报政府建设行政主管部门进行调解解决，也可参照如下政策规定由双方进行确认：对计日工中的人工单价和施工机械台班单价应按省级、行业建设主管部门或其授权的工程造价管理机构公布的单价计算；材料应按工程造价管理机构发布的工程造价信息中的材料单价计算，工程造价信息未发布材料单价的材料，其价格应按市场调查确定的单价计算。

案例 12-1

【案例背景】

2011 年冬季，某项目某合同段为避免道路受雪融化而受损，进行除雪，且该项工作双方事前未约定，因此产生有计日工单价的现场签证事项。

【案例分析】

当实际过程中发生有计日工单价的现场签证事项时，提交现场签证报告的程序如下：

第一，承包单位向监理工程师提交计日工报审表。

第二，监理单位致承包单位计日工通知。

第三，承包单位致总监工程师计日工单价申报表。

计日工原因：由于 2011 年冬季降雪频繁、降雪量较大，路基表面堆积了大面积残雪，为了防止道路上积雪融化损失路基，降雪后需要对某路段内的积雪进行清除工作：清雪 8 天。

计日工工程量：2011 年清雪总天数：8 天

人工：8 天 ×20 工日/天 =160 工日

装载机：8 天 ×1 台班/天 =8 台班

15t 以内自卸车：8 天 ×1 台班/天 =8 台班

计日工金额：人工：160 工日 ×49.65 元/工日 =7944 元

装载机：8 台班 ×1030.1 元/台班 =8241 元

15t 以内自卸车：8 台班 ×761.13 元/台班 =6089 元

监理单位致承包单位现场签证报告批复指令见表 12-5。

表 12-5　现场签证表

工程名称：		标段：			编号：
施工部位			日期		

致：(发包人全称)

根据（指令人姓名）____ 年____ 月____ 日的口头指令或你方（或监理人）____ 年____ 月____ 日的书面通知，我方要求完成此项工作应支付价款金额为（大写）贰万贰仟贰佰柒拾肆元整（小写22274 元），请予核准。

附：1. 避免道路受雪融化而受损进行除雪

2. 2011 年清雪总天数：8 天

1）人工：8 天 ×20 工日/天 =160 工日

2）装载机：8 天 ×1 台班/天 =8 台班

3）15t 以内自卸车：8 天 ×1 台班/天 =8 台班

3. 计日工金额

1）人工：160 工日 ×49.65 元/工日 =7944 元

2）装载机：8 台班 ×1030.1 元/台班 =8241 元

3）15t 以内自卸车：8 台班 ×761.13 元/台班 =6089 元

承包人（章）

承包人代表

日期

（续）

| 复核意见：
你方提出的此项签证申请经复核：
□不同意此项签证，具体意见见附件
□同意此项签证，签证金额的计算由造价工程师复核

监理工程师
日期 | 复核意见：
□此项签证按承包人中标的计日工单价计算，金额为（大写）贰万贰仟贰佰柒拾肆元整，（小写22274元）
□此项签证因无计日工单价，金额为（大写）____元，（小写____元）。

造价工程师
日期 |

（2）无计日工单价的现场签证　13版《清单计价规范》第9.10.3条规定：如现场签证的工作没有相应的计日工单价，现场签证中应列明完成该类签证工作所需的人工、材料设备和施工机械台班的数量及单价，其中单价的确定方法如下：

1）人工综合单价的确定。对于无计日工单价的现场签证项目中的人工费，其单价核定通常比合同单价偏高，监理工程师可视具体工种及情况而定。

2）材料综合单价的确定。对于无计日工单价的现场签证项目中的材料费用，应按承包人采购此种材料的实际费用加上合同中规定的其他计费费率进行计量支付，该费用包括了材料费、运输费、装卸费、管理费、正常损耗及利润等，监理工程师可将供货商和运货商的发票作为实际费用的支付依据。

3）施工机械综合单价的确定。对于无计日工单价的现场签证项目中的机械设备，可参照《概（预）算定额》中有关机械设备的台班定额，根据工程量大小通过计算确定。

2. 现场签证引起工期变化的调整

现场签证除可引起合同价款调整之外，同时也是工期变化的一种确认方式。例如工程在实施过程中因主要分部分项工程的实际施工进度、工程主要材料、设备进退场时间及发包人原因造成的延期开工、暂停开工、工期延误等的签证。此时承包人若与发包人签订工期签证，则在责任事件发生后可顺利顺延工期，若没有工期签证，则需要提供其他发包人同意顺延工期的证据证明承包人无须承担工期延误的责任。以下举例分析因工期签证引起合同价款调整的情形。

案例 12-2

【案例背景】

某省建筑公司于2012年与某开发公司签订某房地产项目施工合同，约定工期为600天，因种种原因，某建筑公司在工程完成至±0.00以下工程后（此时距开工已1000天）停止了施工。2017年4月建筑公司起诉至珠海中院要求开发公司支付拖欠的工程进度款2000余万元。开发公司随即提起反诉，要求赔偿因工期延误造成的经济损失4000余万元。

庭审中，某建筑公司就工期问题答辩称，工期延误属实，但延误的原因在于工程量增加、设计变更以及开发公司未按合同约定足额支付工程进度款等，故延误的责任应由发包人承担。开发公司则认为，虽然有设计变更、工程量增加等事实，但由于承包人某建筑公司在施工过程中从未提出过工期顺延请求，未按合同规定办理过任何工期签证，因此可以认为承包人放弃了增加工期的权利。

法院审理后认为，依据有关法律，建筑公司对工期顺延的请求负有举证责任，结果建筑公司始终拿不出过硬的证据。

【案例分析】

在此案例中，工期签证是承包人主张权利最有效的证据。根据有关举证责任分配的规定，发包人如果提起工期延误赔偿诉讼，需要的证据仅 2 份就足够，一份是双方签订的施工合同，另一份则是四方盖章的竣工验收报告。而承包人如果要反驳发包人的诉讼请求，则需要提供发包人同意顺延工期的证据，即工期签证，以证明自己并没有延误工期。如果承包人没有工期签证，则需要提供大量证据证明自己对工期延误没有责任，包括：双方约定的可以顺延工期的合同条款；实际发生的可以顺延工期的事实证据（技术核定单、设计变更通知单、发包人和工程师指令、双方函件、会议纪要等）；工期顺延计算依据等。

12.4 现场签证的案例分析

在合同履行过程中，合同状态的变化引起合同双方权利义务关系的改变。现场签证是对变化重新予以确认，并达成一致意见的书面结果。现场签证与施工过程中状态变化具有客观性、关联性、合法性，而在现场签证效力诉讼争议过程中，效力的实现主要依赖于签证的程序，其本身也是一种证据，具有相关证据属性。但是一旦有其他证据证明签证是虚假的，则可根据被证实的证据判定签证无效，且该案件的性质也将发生改变。

案例 12-3

该案例是在结算过程中，发包人单方认为签证工程量及单价过高并存在虚假签证的情况下，现场签证的效力实现问题，分析如下。

【案例背景】[○]

2004 年 10 月，原告为承包人湖南某水电建设有限公司，被告为发包人江华县某江水电有限公司，双方签订《某江水电站厂房土建与金属结构设备安装工程协议书》，同年 10 月 29 日原告进场施工。2007 年主体工程完工，施工到 2008 年 4 月，双方协议退场，原告将已完工程、临时设施等移交被告。2008 年 10 月，原告提交已完工程竣工结算资料，但被告既未审核又未支付工程欠款，双方对工程竣工结算签证单效力的问题产生争议，具体如图 12-9 所示。

【案例问题】

（1）某江水电有限公司认为整个工程中的水泥签证量和实际用量明显不符，签证中含有大量虚假的签证。湖南某水电建设有限公司认为：现场签证单内容清楚，用水泥用量倒推工程量没有科学依据。

（2）在公安局对某水电建设有限公司的法定代表人李某与委托代理人孙某的讯问笔录中，双方都承认在 2005 年 1 月的工程进度支付中，李某和孙某恶意串通，虚增钢材量

○ 案例引自（2012）永中法民二初字第 11 号。

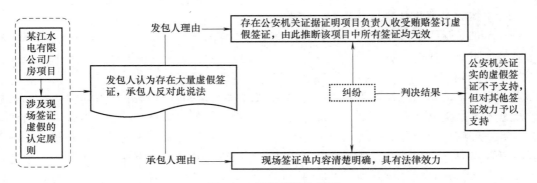

图 12-9　案例纠纷分析图

217.4t，共计虚增 1000040 元钢材工程款。某江水电有限公司认为孙某在得到上述虚增工程款后，向李某进行了行贿，以得到更多的利益，所以该工程中的多处虚假签证不应作为该案计算工程造价的依据。湖南某水电建设有限公司承认经公安局证实的虚假签证，但不认为这影响了其他现场签证的效力。

【案例分析】

发包人常因虚假签证、内容不全等不予支付，但实际上承包人的请求难以推翻。这是因为，从法律角度来说，现场签证作为原合同的补充协议，经承包人要约与监理工程师承诺两个程序后，双方意思表示真实一致，合同成立！除非发包人有证据表明"现场签证"存在可变更、可撤销或是无效的情形，否则现场签证难以推翻。从工程造价角度来说，现场签证经监理工程师签字后已经由客观事实变为法律事实，成为工程结算的证据之一，同样难以驳回。

【案例解答】

法院判决结果：某江水电有限公司提出工程相关人员行贿受贿及虚假签证的问题，经公安机关证实受贿相关的虚假签证，法院对扣减额予以了认定，至于某江水电有限公司提出其他签证也有可能虚假，但没有充分的证据予以证明，法院不予支持。

案例 12-4

该案例是在总承包合同无效、工程竣工且投入使用的情况下，现场签证缺少发包人签字的效力问题。分析如下：

【案例背景】⊖

某建设公司在 2010 年 1 月 5 日与承包人房某签订《备忘录》，约定建设公司将所承包的"2009 年度某区拆坝建桥沟通水系工程"中的某村 1—6 号桥工程交由房某施工，工程款造价暂定为人民币（以下币种相同）180 万元，决算按实计取，建设公司按投标价的 25% 收取税金和管理费。2010 年 1 月 6 日房某进场施工，2010 年 6 月 3 日工程通过竣工验收合格，6 月 10 日完成工程移交，7 月 13 日房某向建设公司提交了结算报告文件，结算价款为 2941270 元，但建设公司未予答复，后建设公司仅支付了工程款 1548490 元，双方就此产生工程纠纷，具体见图 12-10 所示。

⊖　案例引自（2012）浦民一（民）初字第 2891 号。

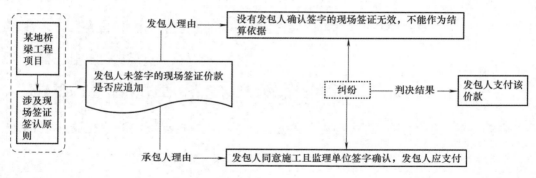

图 12-10　案例纠纷分析图

【案例问题】

(1) 房某为个人，无相关建筑施工资质条件下签订的建设工程施工合同应认定为无效，故工程所签订的《备忘录》应属于无效，在此情况下，签证是否有效？

(2) 房某提交的签证单有监理单位的签章，但无发包人签字确认，在此情况下，签证是否有效？

【案例分析】

该建设工程施工合同无效，但经竣工验收并合格的项目应予支付工程款。个人房某提交的签证单均有监理单位的签章，监理单位是独立的建筑市场主体之一，与发包人之间是委托与被委托关系，与承包人施工方之间是监理与被监理关系，既要对发包人负责，也要维护承包人的利益，监理作为独立、中立的第三方，对工程施工情况做出客观确认，从而有其签章的工程签证真实、合法、有效。

【案例解答】

法院判决结果：支持房某，房某签证有效。

本章参考文献

[1] 汪金敏，朱月英. 工程索赔 100 招 [M]. 北京：中国建筑工业出版社，2009.

[2] 韩俊丽. 浅谈工程签证的应用 [J]. 经营管理者，2011 (20)：304.

[3] 杜亚灵，尹航. 工程项目中社会资本对合理风险分担的影响研究 [J]. 管理工程学报，2015，29 (1)：135 – 142 + 148.

[4] 王晓娜. 基于不完全合同理论的工程项目再谈判及效率研究 [D]. 天津：天津理工大学，2017.

[5] 张凯红，杜亚灵，朱志鹏. 13 清单规范下零星项目现场签证引起的合同价款调整研究 [J]. 工程造价，2015 (9)：71-79.

第 13 章
暂列金额引起的合同价款调整

在建设工程采购阶段，暂列金额是指招标人暂定并包括在合同中的一笔款项。不管采用何种合同形式，其理想的标准是，一份合同的价格就是其最终的竣工结算价格，或者至少两者应尽可能地接近。由于人的有限理性以及建设工程合同的不完全性，工程建设过程中必然产生一定的风险，暂列金额为这些风险提供了一定的缓冲空间。

根据我国的相关政策，对于使用国有资金或使用财政资金的政府投资项目实行概算管理制度，经项目审批部门批复的设计概算是工程投资控制的刚性指标，即使商业性开发项目也有成本的预先控制问题，否则，无法相对准确预测投资的收益和科学合理地进行投资控制。但工程建设自身的特性决定了工程的设计需要根据工程进展不断进行优化和调整，业主需求可能会随着工程建设进展出现变化，工程建设过程还会存在一些不能预见、不可确定的因素。这些因素必然会影响合同价格的调整，暂列金额正是为这些不可避免的价格调整而设立的。

基于此，本章针对暂列金额引起合同价款的调整进行深入探讨，对暂列金额的概念、作用做出了详尽阐述说明，暂列金额的使用权、使用范围及基于案例推理技术的暂列金额的确定是本章的重点。

暂列金额在建设工程工程量清单中属于其他项目清单的一部分，根据《建设工程工程量清单计价规范》（GB 50500—2013）（本章以下简称 13 版《清单计价规范》）的规定，暂列金额是指发包人在工程量清单或预算书中暂定并包括在合同价格中的一笔款项，用于工程合同签订时尚未确定或者不可预见的所需材料、工程设备、服务的采购，施工中可能发生的工程变更、合同约定调整因素出现时的合同价格调整以及发生的索赔、现场签证确认等的费用。暂列金额应用的价款调整事项包括：①法律法规变化；②工程变更；③项目特征描述不符；④工程量清单缺项；⑤工程量偏差；⑥计日工；⑦现场签证；⑧物价变化；⑨暂估价；⑩不可抗力；⑪提前竣工；⑫误期赔偿；⑬施工索赔；⑭暂列金额及其他事项。基于上述分析，本章将重点问题归纳为以下两点：有关暂列金额使用权的问题以及暂列金额适用范围的问题。

13.1 暂列金额概述

13.1.1 暂列金额的概念

建设工程投资项目自身特性决定了建设工程的设计即使在工程实施过程中，也要不断地进行变更、优化和调整。同时，由于法律法规因素、政策性因素，技术因素、市场因素的变化和不可抗力等的出现所造成的影响，合同价款会不断地进行调整。且随着工程进度不断推进，这种影响会变得越来越小，最终随着工程的竣工和合同履行完毕，形成合同结算价。为使这些因素导致的价款调整不过多地突破合同价款，让合同价款尽可能接近竣工结算价款，需在合同价款中设一项预留金，用于支付这些不能预见、不能确定因素引起的价款调整，这笔预留金即为暂列金额[1]。暂列金额是指招标人暂定并包括在合同中的一笔款项，是用于合同价款调整的风险备用金。不管采用何种合同形式，其理想的标准是，一份合同的价格就是其最终的竣工结算价格，或者至少两者应尽可能地接近。各个相关规范及文件对暂列金额的解释可以归纳为表 13-1 所示。

表 13-1　暂列金额概念及演变

合同及规范	条　款　规　定
99 版 FIDIC 新红皮书	第 1.1.4.10 条规定，暂定金额是指合同中指明为暂定金额的一笔金额（如有时），是用于按照第 13.5 款［暂定金额］实施工程的任何部分或提供永久设备、材料和服务的一笔金额（如有时）
03 版《清单计价规范》	暂列金额的功能是以预留金体现的。预留金是招标人为可能发生的工程量变更而预留的金额
07 版《标准施工招标文件》（13 年修订）	首次出现了暂列金额的概念，即指已标价工程量清单中所列的暂列金额，用于在签订协议书时尚未确定或不可预见变更的施工及其所需材料、工程设备、服务等的金额，包括以计日工方式支付的金额
08 版《清单计价规范》	采用了 07 版《标准施工招标文件》（13 年修订）中暂列金额的定义，即已标价工程量清单中所列的暂列金额，用于在签订协议书时尚未确定或不可预见变更的施工及其所需材料、工程设备、服务等的金额，包括以计日工方式支付的金额
13 版《清单计价规范》	招标人在工程量清单中暂定并包括在合同价款中的一笔款项。用于工程合同签订时尚未确定或者不可预见的所需材料、工程设备、服务的采购，施工过程中可能发生的工程变更，合同约定调整因素出现时的合同价款调整以及发生的索赔、现场签证确认等的费用
17 版《工程施工合同》	是指发包人在工程量清单或预算书中暂定并包括在合同价格中的一笔款项，用于工程合同签订时尚未确定或者不可预见的所需材料、工程设备、服务的采购，施工中可能发生的工程变更、合同约定调整因素出现时的合同价格调整以及发生的索赔、现场签证确认等的费用

在《建设工程工程量清单计价规范》（GB 50500—2003）（本章以下简称 03 版《清单计价规范》）中，暂列金额的功能是以预留金体现的。2007 年 11 月 1 日，国家发改委、财政部、建设部等九部委联合颁布的《中华人民共和国标准施工招标文件》（发改委等令第 56 号）［本章以下简称 07 版《标准施工招标文件》（13 年修订）］中，首次出现了暂列金额的概念，《建设工程工程量清单计价规范》（GB 50500—2008）（本章以下简称 08 版《清单计价规范》）中，采用了 07 版《标准施工招标文件》（13 年修订）中的暂列金额定义。13 版《清单计价规范》在 08 版《清单计价规范》的基础上将"施工合同"改为"工程合同"，将"工程价款"约定为"合同价款"的表述更规范。工程合同比施工合同包括的范围更广，13 版《清单计价规范》采用工程合同的约束，扩大了暂列金额的适用性，与工程实际需求更吻合。

99 版 FIDIC《施工合同条件》（以下简称 99 版 FIDIC 新红皮书）第 1.1.4.10 条规定，

"暂定金额是指合同中指明为暂定金额的一笔金额（如有时），是用于按照第13.5款［暂定金额］实施工程的任何部分或提供永久设备、材料和服务的一笔金额（如有时）。"

通过对以上概念分析可知，暂列金额包括以下几层含义：

1）暂列金额应用条件："可能发生""合同约定调整因素出现""发生索赔、现场签证确认"等情况，这些均属于"未确定或不可预见"。

2）暂列金额由招标人在建设工程招标采购阶段，根据拟建项目类型、工程规模、施工期限、施工复杂程序、工程造价等工程特点，结合市场竞争、宏观发展状况等因素综合考虑工程建设中招标人应承担的工程风险，确定一定的数额或比例，投标人应将上述暂列金额计入投标总价中。

3）在合同签署过程中按招标采购阶段确定的额度，计入合同价款中，作为发包人所有并控制、支配的，用于抵消建设项目实施过程中发生的各类工程价款上涨风险。

除此之外，13版《清单计价规范》规定暂列金额还用于施工过程中的工程变更、合同约定的调整因素、索赔和现场签证等引起合同价款调整的费用。

暂列金额明细表如表13-2所示。

表13-2 暂列金额明细表

工程名称： 标段： 第 页共 页

序 号	项目名称	计量单位	暂列金额/元	备 注
1				
2				
3				
合计				

注：招标人填写，如不能详列，也可只列暂列金额总额，投标人应将上述暂列金额计入投标总价中。

在此条件下的建设工程施工合同总价，为招标人的建设工程目标合同价或投资目标控制价。暂列金额和暂估价作为工程项目两个相似的概念，都是暂未确定的费用，发包人与承包人往往会因为概念不清楚发生一些争议和纠纷。在审计工程结算时，承包人也会将此概念模糊化，通过高估冒算增加工程费用来追求高额利润。审计人员如果对此概念不明确、内涵不清楚，将会出现审计不公正的问题。本章对暂列金额和暂估价进行对比分析，如表13-3所示。

表13-3 暂列金额和暂估价对比分析[2]

序号	区 别	暂 列 金 额	暂 估 价
1	概念	暂列金额是指招标人在招标工程量清单中暂定并包括在合同价款中的一笔款项。用于施工合同签订时尚未确定或者不可预见的所需材料、设备、服务的采购，施工中可能发生的工程变更、合同约定调整因素出现时的工程价款调整以及发生的索赔、现场签证确认等的费用	暂估价是指招标人在工程量清单中提供的用于支付必然发生但暂时不能确定的材料的单价以及专业工程的金额
2	发生可能性	暂列金额是包含在合同价里面的一笔费用，暂列金额不一定会发生，具有不可预见性	暂估价是在合同中必然发生的

（续）

序号	区　别	暂 列 金 额	暂 估 价
3	价格形式	包括在合同价款中的"一笔款项"	不能确定价格的材料、工程设备的"单价"以及专业工程的金额
4	使用方式	暂列金额属于工程量清单计价中其他项目费的组成部分，包括在合同价之内，但并不直接属承包人所有，而是由发包人暂定并掌握使用的一笔款项，如有剩余应归发包人所有	暂估价属于依法必须招标的，应通过招标确定价格，并以此取代暂估价，调整合同价款；不属于招标的，应由承包人按照合同采购，经发包人确认单价后取代暂估价，调整合同价款

13.1.2　暂列金额理论综述

1. 暂列金额产生的原因——不完全合同理论

不完全合同理论提出合同签订时存在不能预见、不能描述、不能证实的事项[3]，导致合同在签订时并不是"完美"合同，同时结合建设合同是缓期的交易或含有完成交易所需时间在内的交易，任何环境的变化都将导致合同的变化，一般需要合同价款调整来进行合同双方之间的平衡，因此不完全合同理论导致合同价款调整。暂列金额作为合同的风险备用金，是合同价款调整主要来源，因此不完全合同理论是暂列金额产生的根本原因。

2. 暂列金额确定理论基础——风险分担理论

因为人的有限理性、自然状态的不可证实性及交易双方的认知差异等，合同订立之初并不"完美"，合同价款调整在所难免，为了使得合同价款在契约修订或再谈判之后仍然可控，故需要暂列金额这个"资金池"的存在，作为合同状态平衡的调节器。

暂列金额是属于发包人的风险备用金，鉴于合同履行过程中的风险并不是由发包人或承包人完全承担，随着 FIDIC 风险分担思想的引入，07 版《标准施工招标文件》（13 年修订）、08 版《清单计价规范》、13 版《清单计价规范》的试行，多年来，建设项目风险分担已深入人心，以此为基础，暂列金额科学合理预测的温床已经形成。在我国工程量清单计价模式下，可以通过对建设项目风险科学合理的预测，进而为暂列金额的确定提供基础数据，由此可以看出风险分担理论是暂列金额确定的理论基础。同时因暂列金额也是一种风险备用金，不同的风险分担方案决定着不同的暂列金额，由此暂列金额的确定依据于合同约定的风险分担方案，风险分担方案是风险责任划分的基础，能够为暂列金额的确定提供依据和指导。通过对暂列金额确定机理的分析，得出如图 13-1 所示的理论框架图。

从图 13-1 可以看出，不完全合同理论证实合同签订时存在不能预见、不能描述、不能证实的事件，导致在合同履行过程中会出现风险事件，在风险分担原则下，风险事件通过变更、索赔及调价等形式对风险事件进行补偿。如果暂列金额得不到足够的重视，当风险事件发生后初始平衡状态将会被打破，且需追加合同价款实现状态的再次平衡，这样必然导致投资控制的失衡。如果初始暂列金额设置合理，风险事件发生后的状态补偿只需从事先设置好的"资金池"中支出即可，合同总价并不会发生相对调整，平衡状态将不会轻易被打破，从而实现了投资的高效管控。

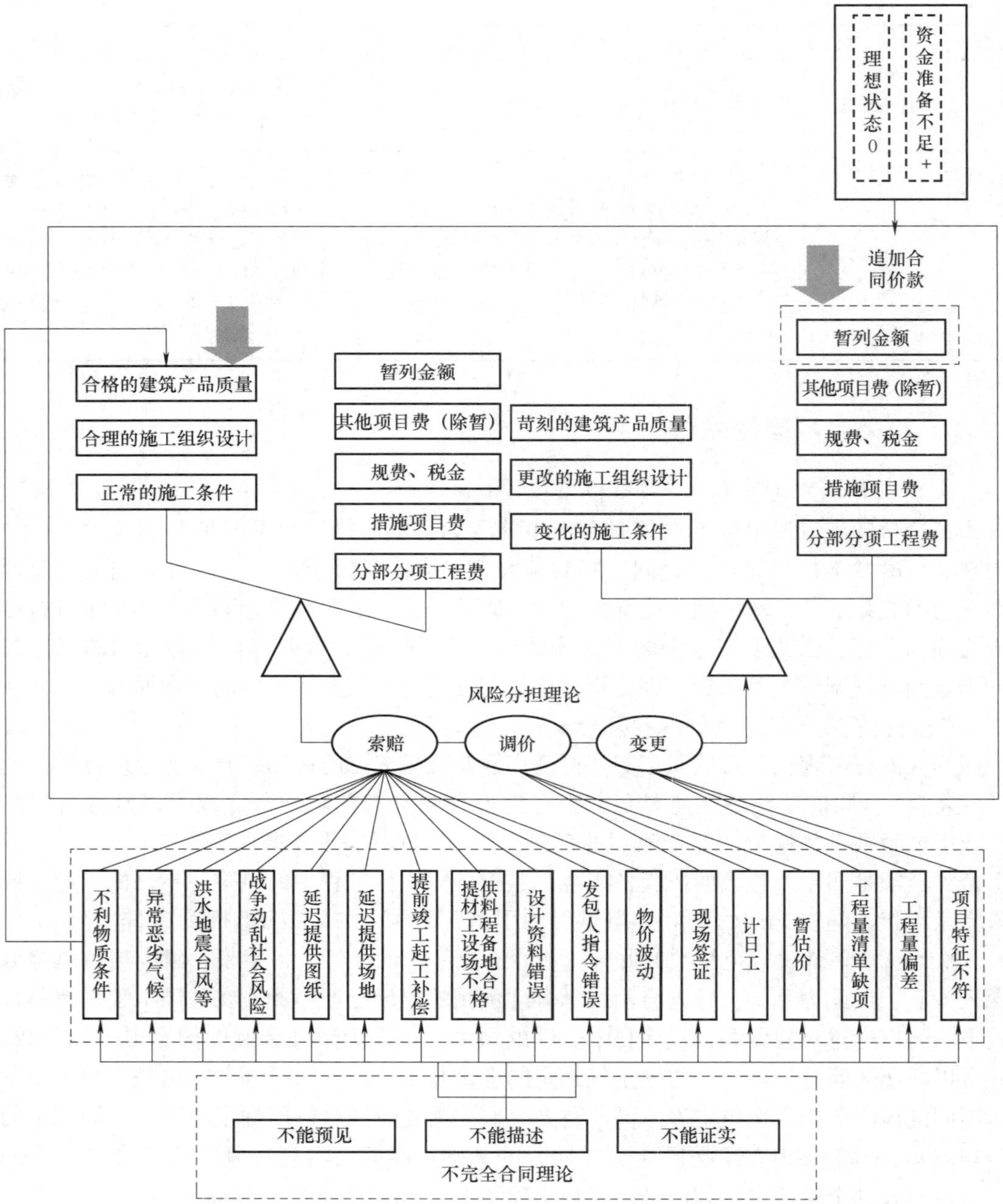

图 13-1　暂列金额确定机理

13.1.3　暂列金额的作用

在我国，针对政府投资项目需要进行概算审批，经审批的初步设计文件及概算作为该项目的刚性约束，超过一定范围的改变均需进行调整概算。同样，对于其他商业建设项目，预先进行成本预算是项目建设的重要环节，进而以此为成本目标进行投资管控。在建设合同履行期间，由于设计图纸的不完善、业主的变更、不利物质条件等情况时有发生，为保证工程的继续开展，建设单位需要对合同价款进行调整以弥补施工单位所做的合同额外工作或损失。由此，暂列金额为应对部分无法预见、不能确定的风险发生后进行的价款补偿。暂列金额出现在招投标阶段，属于招标控制价的一部分。在编制招标控制价过程中，发包人依据设计院提供的设计图纸及工程实际情况，依据自身或编制单位的工程经验，科学合理地设置暂列金额。暂列金额设置的最终目标是实现建设项目竣工结算价接近或等于签约合同价，从而能实现高效的建设项目投资控制，既能够应对突发事件的发生导致的资金链断裂，也能够实现发包人资金的有效使用。暂列金额在价款调整中的作用如图 13-2 所示。

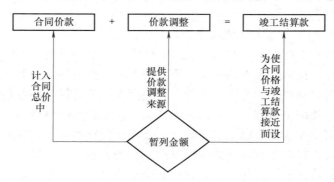

图 13-2　暂列金额在价款调整中的作用

从图 13-2 可以看出，暂列金额是一笔包含在合同价款中的风险备用金。其最终的目标是使得合同价款接近于最终结算价[4]。

13.2　暂列金额的应用

13.2.1　暂列金额的使用权

《建筑安装工程费用项目组成》（建标〔2013〕44 号）规定，暂列金额由建设单位根据工程特点，按有关计价规定估算，在施工过程中由建设单位掌握使用，扣除合同价款调整后如有余额，归建设单位。

99 版 FIDIC 新红皮书第 13.5 款规定："每一笔暂定金额只应按照工程师的指示全部或部分地使用，合同价格应相应调整"。

07 版《标准施工招标文件》（13 年修订）第 15.6 款规定："暂列金额只能按监理人的指示使用，并对合同价格进行相应调整。"

13 版《清单计价规范》第 9.15.1 条规定："已签约合同价中的暂列金额由发包人掌握使用。"

17 版《工程施工合同》第 10.8 款规定，"暂列金额应按照发包人的要求使用，发包人的要求应通过监理人发出。"

综上，暂列金额在法律法规当中规定的使用权很明确，即发包方掌握暂列金额使用权。尽管暂列金额计入在合同价格内，但其使用归业主或监理工程师控制。

13.2.2 暂列金额的适用范围

13 版《清单计价规范》第 9.15.2 条规定，发包人按照本规范第 9.1 节至第 9.14 节的规定支付后，暂列金额余额应归发包人所有。第 9.1 节至第 9.14 节规定的支付项目有：法律法规变化；工程变更；项目特征不符；工程量清单缺项；工程量偏差；计日工；物价变化；暂估价；不可抗力；提前竣工（赶工补偿）；误期赔偿；索赔；现场签证。由此可以看出：暂列金额主要用于三个方面：提供一些工程设备、材料以及服务等内容的费用；作为一些突发事件或者意外事件的费用；用于工程施工过程中对合同中工程的价款调整以及现场签证、索赔等确认的费用。

1. 工程设备、材料以及服务等内容的费用

暂列金额中所指的工程设备、材料以及服务的费用，是指发生了合同中约定以外的工作内容时产生的，是在招投标阶段不能确定或不可预见的工作内容。一般可预见的构成建筑实体的一般性材料都是包括在合同范围之内的，如混凝土、钢筋等。一般暂列金额中的工程设备、材料以及服务主要用于三方面：①当采用特殊工艺或者是新型材料，不能确定其具体所需材料或设备时，需要在暂列金额中进行估算；②当建筑物本身具有其独特性，没有相似工程或者可参考标准时，只能在暂列金额中对不确定是否发生的工程设备、材料以及服务等进行估算；③当项目的范围发生变化时，工程内容增加所导致的工程设备、材料以及服务等的费用。

2. 突发事件或者意外事件的费用

突发事件或意外事件是指包括发现地下有化石、文物，不利物质条件[5]，异常恶劣的天气，不可抗力等，即使一个有经验的承包人都无法预测的事件。由此类事件导致的费用都是由发包人承担的，属于发包人的暂列金额范畴之内。

（1）化石、文物　在施工过程中发掘的所有文物、古迹以及具有地质研究或考古价值的其他遗迹、化石、钱币或物品，当发现时承包人应采取有效合理的保护措施，由此产生的费用增加或工期延误是由发包人承担的，是发包人暂列金额中的内容。

（2）不利物质条件　不利物质条件通常是指承包人在施工现场遇到的不可预见的自然物质条件、非自然的物质障碍和污染物，包括地下和水文条件但不包括气候条件。承包人在施工过程中遇到不利物质条件时，应采取适应不利物质条件的合理措施保证施工，因采取合理措施而增加的费用和（或）工期延误由发包人承担[6]。

（3）异常恶劣的气候条件　异常恶劣的气候条件是指在专用合同中约定的程度范围内的情况。但一定不是季节性的气候条件，比如南方梅雨季节、冬天下雪以及当地经常出现的下雨量等都不属于异常恶劣的气候条件。只有符合专用合同条款中规定的范畴所产生的费用才由发包人负责，包括在发包人暂列金额的范围内。

（4）不可抗力　不可抗力是指发包人和承包人在订立合同时不可预见，在工程施工过程中不可避免发生并不能克服的自然灾害和社会性突发事件，如地震、海啸、瘟疫、水灾、骚乱、暴动、战争和专用合同条款约定的其他情形。当不可抗力发生时造成的工程损失由发包人承担，是发包人暂列金额的内容。

3. 合同价款调整以及现场签证确认、索赔等确认的费用

暂列金额中的价款调整主要包括施工中可能发生的工程变更、合同约定调整因素出现时的价款调整。在工程实践过程中工程变更是难免的，因而合同价款的调整也是不可避免的。工程变更主要包括设计变更和其他变更两类。如果是经发包人同意可以变更的项目，发包人应该向承包人支付因工程变更增加的这部分费用，在暂列金额中进行支付。

现场签证主要是一些零星的工作或者事先不能知道工作量的项目，只要是经过发包人确认，应该给承包人的部分都属于暂列金额的范围。索赔时主要针对索赔原因进行分析，只要是因发包人的原因、发包人责任或者发包人风险造成的工期和费用索赔，都应该由发包人承担其应该承担的工期或费用的责任，给予承包人补偿，其费用发包人在招投标阶段就应该并已经通过暂列金额的形式包括在招标控制价中，并同时在合同价中反映。

13.2.3　暂列金额的计价方法

在编制招标控制价时，招标人应根据工程特点进行估算，在综合考虑工程的复杂程度、设计深度和工程环境条件的基础上确定暂列金额，一般以分部分项工程量清单费的 10% ~ 15% 为参考。各地由于工程条件、技术水平、物价水平存在差异，可以根据实际情况确定相适宜的计算基数和费率。例如，《山东省建设工程费用组成及计算规则》（鲁建标字〔2016〕40 号）规定："暂列金额，一般可按分部分项工程费的 10% ~15% 估列。"

在编制投标价时，暂列金额应按招标人在其他项目清单中列出的金额填写，不可变动。暂列金额为不可竞争费用，在评标办法中应依法设置废标条件，将投标人对于不可竞争费用的竞争设置为废标，避免不正当竞争。

在竣工结算时，暂列金额在按规定对索赔、工程款变更等进行价款支付之后，如有余额应归发包人。若出现差额，则由发包人补足并反映在相应的工程价款中。例如，13 版《清单计价规范》第 11.2.4 条规定：暂列金额应减去合同价款调整（包括索赔、现场签证）金额计算，如有余额归发包人。

13.3　暂列金额的确定

13.3.1　暂列金额确定的方法

目前暂列金额的确定以定性预测为主，定性预测准确程度主要依靠招标控制价编制人员的工程经验并结合建设行政主管部门公布的相关计价标准、办法的规定来确定。如今，定性预测已然不能满足投资控制精度的要求；而时间序列预测以历史数据为依据，较少考虑内部因果关系；因果关系预测依靠施工图纸可以非常准确地确定预算价格，但并不适用于不确定性因素过多的暂列金额确定；人工智能领域中案例推理技术有着以上三种方式的优点，同时适合于不确定性因素多、无法准确建模的项目使用。但是目前基于案例推理技术的研究较少，随着工程领域的不断发展，积累的案例资料逐渐增加，案例推理技术将会是合理确定暂列金额的最佳选择。

国外暂列金额与国内暂列金额内容不同，且相关研究较少，不过针对各类建筑物的建造指数及建造价格水平的预测有相关研究。英国皇家测量师学会（RICS）的分支机构建筑成本信息服务（Building Cost Information Service，BCIS）从 1961 年开始就在做建造价格水平的预测工作，通过不断收集、整理、分析历史项目成本信息，构造"元素"的概念，即建筑物的一部分，特定元素对应特定功能，而不管其设计、规格或结构，通过累加"元素"得到建筑物的成本。BCIS 定期公布建造价格指数与投标价格指数，其中投标价格指数是基于已竣工工程成本数据，引入价格的膨胀/减缩系数对新建项目成本的估计预测，投标价格指数在国外被广泛采用，但在我国并未编制与使用[7]。在美国，联邦公路管理局也定期公布投标指数（FHWA CBPI）及施工造价指数（ENR CCI）等。以上机构采用多种方法来编制或预测相关指数，实现了造价信息的实时更新。

而在我国香港，造价指数体系主要包括价格指数和成本指数，编制的渠道主要包括政府渠道和企业渠道。其中政府渠道发布的主要包含材料价格指数、工料综合成本指数等，由香港特区建筑署负责编制。

我国内地在工程造价指数编制方面起步较晚，没有建立完善的编制系统和方法，各地发布的指数也各有不同，编制方法也没有统一的标准。由于对造价指数编制的重视度不够，有些地区甚至没有编制造价指数。目前，国家及各地方的建设工程造价管理协会负责编制、发布相关的造价指数（以编制材料价格指数和建筑工程造价指数为主，从各地方造价信息网站均可查询），作为造价信息组成部分服务于工程建设的各参与单位。我国造价信息的预测主要根据历史数据，利用科学方法，配合专家丰富的工程经验，从而对造价信息指数的变动趋势做出预测。通过分析以上建设工程指标预测研究，可以看出在工程造价领域，预测的方法主要分为如下几种方式：时间序列预测、因果关系预测、定性预测，具体分析如表 13-4 所示。

表 13-4　各类预测方法对比分析

预测方式	描　述	特　点	主　要　方　法
定性预测	主要依靠人为地对事物发展趋势进行判断，判断过程中会考虑类似事件的经验	适用于缺乏统计资料的预测，或对趋势转折预测，更加强调预测人员的能力	德尔菲法
			主观概率法
			相互影响分析法
			情景预测法
时间序列预测	仅以时间作为变量，研究历史资料的连续性和规律性，用外推法预测未来的变动趋势	只需要历史数据即可进行预测，应用较广泛，但准确性有待考证	移动平均法
			指数平滑法
			趋势外推法
			自适应过滤法
			灰色预测法
			ARMA 模型
因果关系预测	找出影响被解释变量（因变量）变动趋势的根本原因（自变量），再利用计量经济学的方法建立自变量和因变量之间的回归模型	考虑了时间因素，同时考虑了变量的因果关系，适用于可测的因素预测不易测的因素	一元线性回归法
			多元线性回归法
			非线性回归法
			人工神经网络

以上三种方式均有明显的劣势，结合暂列金额确定的特点，定性预测及时间序列预测方式精确度不高，因果关系预测方式不适合暂列金额的确定。鉴于此，本书提出采用人工智能领域案例推理技术科学地确定暂列金额。

13.3.2　基于案例推理技术的暂列金额确定适配性分析

暂列金额确定的疑难问题在于：暂列金额的确定影响因素众多；暂列金额确定涉及众多

变量，具有较大的不确定性；现有暂列金额确定方式不科学，主要采用经验比例法确定。案例推理技术与其他智能化预测方法相比，巧妙地避开了暂列金额确定影响因素的复杂性及不确定性，利用实际案例消除"隐性"因素的影响。通过对案例推理技术优势的分析，可以看出案例推理技术能够有效解决知识表达困难或者难以建模而需要丰富经验的相关问题，充分模仿人类的思维方式。同时，可以查阅到有关暂列金额涉及的变更、索赔及调价等事件的发生情况，进而对比目标案例是否进行了相应的防范措施，因此提供的相似案例可以为目标案例提供有关暂列金额的增值服务。

1. 暂列金额确定过程中遇到的瓶颈

（1）暂列金额的确定影响因素众多　13 版《清单计价规范》中规定暂列金额用于合同约定外所产生的额外费用，包含工程变更、合同价款调整、索赔等内容，由此可以看出暂列金额涉及范围广。通过 07 版《标准施工招标文件》（13 年修订），根据风险分担原则，暂列金额涉及发包人完全承担和双方共担的风险，由此列出暂列金额所涉及的部分项目，具体如表 13-5 所示。

表 13-5　通用合同条款合同价款风险分担方案

序号	风险因素（R）	承担主体	合同条款
1	战争、禁运、罢工、社会动乱	O + C	21.3　不可抗力的后果及其处理
2	物价波动	O + C	16.1　物价波动引起的价格调整
3	法律、法规变化	O	16.2　法律变化引起的价格调整
4	化石、文物	O	1.10　化石、文物
5	不利物质条件	O	4.11　不利物质条件
6	异常恶劣的气候条件	O	11.4　异常恶劣的气候条件
7	洪水、地震、台风等	O + C	21.3　不可抗力的后果及其处理
8	延迟履行期间的不可抗力	O + C	21.3.2　延迟履行期间的不可抗力
9	发包人提供的材料和工程设备 延误施工进度	O	5.2　发包人提供的材料和工程设备 11.3　发包人的工期延误
10	基准资料错误	O	8.3　基准资料错误的责任
11	提供图纸延误	O	11.3　发包人的工期延误
12	支付预付款、进度款延误	O	11.3　发包人的工期延误
13	发包人原因引起的暂停施工造成工期延误	O	11.3　发包人的工期延误 12.2　发包人暂停施工的责任
14	提供图纸存在明显错误或疏忽 （错、漏、碰、缺）	O	1.6.4　图纸的错误
15	发包人提供的专利技术侵权	O	1.11　专利技术
16	发生变更范围内的事项	O	15.3.2　变更估价
17	发包人原因导致试运行失败	O	18.6　试运行
18	工程师指示错误导致费用增加	O	3.4　监理人的指示

注：表中 O 表示发包人，C 表示承包人。

（2）暂列金额确定涉及众多变量，具有较大的不确定性　根据上述表格可以看出暂列金额所涉及的事件众多，同样，分析影响暂列金额的风险事件可以发现，产生事件的不确定性因素众多。各个因素变量之间是相互关联的，内在联系非常复杂且很难处理，很难对暂列金额确定的方法做出归纳和模拟。

（3）现有暂列金额确定方式不科学　对于招标控制价编制人员来讲，暂列金额所涉及的不确定性事件众多，同时引起事件发生的影响因素复杂，鉴于人的有限理性，传统的定性预测方法对于暂列金额的科学性是一个极大的挑战。通过查询国家及各省市区对暂列金额确定的规定，可以看出国家及各个地方对暂列金额规定模糊且无实际操作性，并未考虑到项目本身的具体情况，确定方法不科学。

2. 案例推理技术的适用性分析

案例推理技术在暂列金额确定中表现出诸多的适用性，主要从以下几个视角进行分析：

（1）利用实际案例消除不确定性因素影响　案例推理技术与其他智能化预测方法相比，巧妙地避开了暂列金额确定影响因素的复杂性及不确定性，利用实际案例消除"隐性"因素的影响。通过对案例推理技术优势的分析，可以看出案例推理技术应用到暂列金额这样语言描述表达困难，并且难以建模，需要丰富经验的领域，能够快速准确地分析所要解决的问题，结合暂列金额确定时的"瓶颈"分析，案例推理技术非常适用于暂列金额确定（需要借鉴大量以往经验解决问题）的情况。

（2）实现暂列金额的科学预测　就暂列金额确定工作本身来看，它是一种非结构性工作，由于案例推理技术是人工智能领域的一种预测方法，配合各个公司丰富的项目案例库，只需按照标准的方法进行整理，同时，李筱青等认为案例推理可以兼顾专家的知识和经验[8]，例如确定影响暂列金额的因素和权重等，进而实现暂列金额的科学预测。随着案例库中案例数量的增加，结果准确性会越来越高，同时案例推理是参考过去的案例经验，不需要完整的模型，对暂列金额确定来讲更实用。

（3）提供有关暂列金额的增值服务　上节分析了影响暂列金额确定的事件多，且影响因素复杂，导致暂列金额很难通过分析影响因素之间的关系构建模型进行解决，只能依靠完整的案例进行学习、比较，这样才能获得更多的信息。从认知科学角度来看，案例是相关信息的表达，由于案例推理技术输出的结果不仅仅是暂列金额的建议解，同时提供相似度最高的实际案例。通过学习相似案例，可以查阅到有关暂列金额涉及的变更、索赔及调价等事件的发生情况，进而对比目标案例是否进行了相应的防范措施。综上，检索后的相似案例可以为目标案例提供相应的增值服务。

3. 暂列金额确定的框架设计

（1）案例库的框架结构　根据系统的功能，建立基于案例推理技术的暂列金额确定，主要包括以下四个模块：案例库模块、案例检索模块、案例调整模块、案例库维护模块。其框架如图13-3所示。

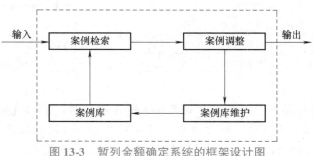

图13-3　暂列金额确定系统的框架设计图

1）案例库模块。案例库是将已有的工程案例通过固定的结构存储起来，其中存储结构可以通过提取案例中的关键指标进行确定，案例库是暂列金额确定的数据基础，为后续的案例检索提供案例来源。

2）案例检索模块。案例检索是根据目标案例的问题，提出相应的关键指标，按照指标对案例库中所有的案例进行相似度的计算，最终得到目标案例与案例库中案例的相似度。案例检索是暂列金额确定的核心算法，是得到相似案例的关键步骤。

3）案例调整模块。案例调整是对案例检索后得到的相似案例进行调整，相似案例的相似度应属于调整范围之内的，同时利用目标案例与相似案例之间的差距进行调整，最终得到目标案例的调整解。案例调整是获取最佳解的有效途径。

4）案例库维护模块。案例库维护包含两方面内容：一方面是要对案例库已有的案例进行有效性审查，删除无用的案例信息；另一方面是对目标案例或新案例进行判断，决定对新案例是否要收集、更新、储存。案例库维护模块是保证案例库提供高质量相似案例的重要保障。

（2）案例库的流程设计　暂列金额确定的工作流程如下：

1）收集大量有关建设项目招标控制价及项目竣工结算的案例，将建设项目的基本情况存入案例库，提取项目中的影响因子，作为对目标案例进行暂列金额确定时的推理基础。

2）用户根据系统提示，输入待评价的建设项目的基本信息情况及提取影响因子，如"建筑面积""投资成本""投资类型""投资方式""总工期"等，通过以上指标来检索案例库中的相似程度。

3）对于目标案例中各个指标值进行数据处理，为方便运算，处理后数据区间为 $[0, 1]$。

4）案例检索采用归纳检索与最近相邻检索两种方式，利用对上一步处理的指标，采用欧式距离方式计算目标案例与源案例之间的相似度。

5）若检索后没有完全相似的案例，则需选取部分相似案例进行案例调整，此时需要设置相似度阈值，案例调整采用自动调整和人工调整两种方式进行，最终得到调整案例解。

6）根据相似度判断目标案例是否存入案例库中，若相似度不高，则需要将目标案例作为案例库新案例进行存储。

其具体工作流程如图 13-4 所示。

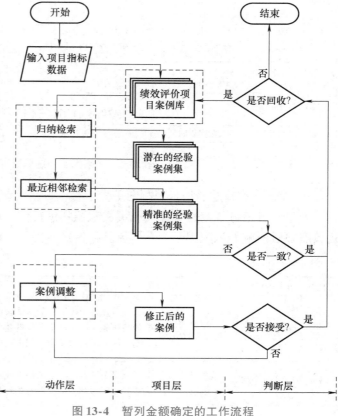

图 13-4　暂列金额确定的工作流程

13.3.3 暂列金额确定数据库的构建

1. 暂列金额确定的影响因子提取方法

案例库服务于案例推理的整个过程，是其他模块工作的基础，是暂列金额确定中非常重要的组成部分。案例表示是案例库的存储代码，是整个案例推理过程的重要基础，同时也影响着案例检索工作效率高低及质量好坏。由此可以看出案例表示是将影响暂列金额确定的风险因素与案例库指标联系起来，编码成数据结构，从而实现项目案例的表示、生成与存储。案例表示要结合案例库重要指标进行设置，因此这里研究的重点是选取暂列金额确定所需的影响因子，该影响因子的最终结果将作为案例推理中案例库的整理标准及检索标准，拟合出该影响因子与暂列金额之间的映射关系。根据文献研究，为了更全面地选取暂列金额确定的影响因子，采用信息沉淀法从规范文件、相关文献及相关案例三个方面，提取出影响因子的初始因子集；然后利用问卷调查法和聚类分析法的定性与定量相结合的方法筛选出所需的最终影响因子集，具体提取方法如图13-5所示。

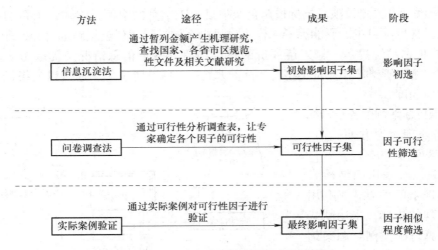

图 13-5　影响因子的选取研究设计图

2. 暂列金额确定的初始影响因子集

通过对各地方规范性文件、相关文献资料进行信息沉淀分析，从中剥离出对暂列金额确定具有显著影响的风险因子，具体风险初始影响因子集的内容如表13-6所示。

表 13-6　风险要素一览表

序号	因　子	因子来源	因子分析
1	项目规模	规范性文件 相关文献研究	项目规模由投资总额、建筑面积、占地面积、生产能力等表示，通常项目规模越大，则工程复杂程度越大，不确定性越多，对工程参与方水平要求较高，因此项目规模与暂列金额成正相关
2	项目范围	规范性文件 相关文献研究	项目范围是指项目的最终成果和产生该成果所需做的工作，项目范围与项目规模对暂列金额的影响机理类似，在设置暂列金额前要明确项目范围

（续）

序号	因　　子	因子来源	因 子 分 析
3	项目工期	规范性文件 相关文献研究	定额工期是以正常施工条件、合理的劳动组织以及社会平均生产力为基础编制的。一般来讲，项目工期较定额工期紧张，则会影响规划设计等，使得设计深度不足，若项目工期较长，则物价波动、环境变化等不确定性因素变多，进而影响暂列金额的设置
4	环境条件	规范性文件 相关文献研究	环境条件在项目中主要包括地下及外在自然环境，而对暂列金额设置的影响一般表现在补偿地下的不利物质条件与外界的不可抗力、异常恶劣气候等发生时发生的费用
5	项目特点	规范性文件 相关文献研究	特点是指某一事物区别于其他事物的显著现象，针对项目特点主要考虑项目分类，比如对土木工程可以分为房建工程、桥梁工程、道路工程、隧道工程，不同特点的项目暂列金额直接设置方式与范围不同，例如地下工程暂列金额一般设置得高于地上工程暂列金额
6	设计深度	规范性文件 相关文献研究	设计深度可以理解为设计文件的编制深度，住建部对不同设计阶段的编制深度进行规定。因承包人严格按图施工，图纸的错误、遗漏、不合理等对合同履行带来麻烦，需要设置暂列金额作为补偿费用
7	物价波动	规范性文件 相关文献研究	物价波动是指商品或劳务的价格不同于以前市场上的价格，由于工程合同是缓慢履行合同，尤其针对工期较长的工程，物价波动对合同价款的调整具有较大的影响，现有合同及清单规范规定主材、人工、机械设备等单价变化超过 5%，就可以申请价款调整，进而影响暂列金额的设置
8	资金状况	规范性文件	资金状况一般是指建设单位的各种财产、物资等货币的总和，因暂列金额是建设项目风险备用金，且设置与否完全取决于建设单位，因此建设单位的资金状况间接影响暂列金额的设置
9	技术水平	相关文献研究	技术水平是指施工单位的生产与管理水平，新设备、新技术、新材料配合先进的管理平台与经验将会在各个方面降低建造成本，同时加快建设速度，规范施工过程，降低不确定性，从而影响暂列金额的设置
10	清单编制 水平	相关文献研究	工程量清单包括分部分项工程、措施项目、其他项目，全面反映了工程价格。一般工程量清单编制委托有经验的造价咨询单位进行编制，从而避免清单缺项、工程量偏差、项目特征不符等事项发生，从而减小暂列金额的使用
11	业主经验	相关文献研究	业主作为建设项目的主导者，其丰富的经验是保障项目顺利有序实施的关键，例如业主方变更成为施工过程中的常见事项，经验丰富的业主往往利用深化设计深度减少后期的业主变更，除此之外业主对各参与方之间的协调、对突发事件的处理等都会影响到合同价款的调整，进而影响到暂列金额的设置
12	法律风险	相关文献研究	法律风险是指因国家的法律法规、规章和政策等发生变化，此部分的调整风险大部分需要业主承担，因此在设置暂列金额时需要考虑这方面的风险

　　在暂列金额确定中，每个项目案例信息量非常大，对于暂列金额的确定不需要也没必要将案例表示成大而全，因此根据其特点选择合适的指标来表示案例。对于暂列金额确定案例库，通过以上的分析，将最终影响因子集作为案例特征存储起来，由此，本案例库可以描述如表 13-7 所示。

表 13-7　案例库描述示例

案例编码：	00X		
案例名称：	某建设项目		
槽1：	工程概况描述		
		侧面1：	建设时间
		侧面2：	项目内容
		侧面3：	……
槽2：	工程特征描述		
		侧面1：	项目工期/定额工期
		侧面2：	地质条件
		侧面3：	结构类型
		侧面4：	物价波动
		侧面5：	设计深度
		侧面6：	建设性质
		侧面7：	……
槽3：	暂列金额		
		侧面1：	暂列金额值
		侧面2：	（工程结算价 − 中标合同价）/分部分项工程费
槽4：	结果评价		
		侧面1：	结果点评
		侧面2：	结算报告

13. 3. 4　暂列金额确定的案例检索与调整

1. 案例检索策略应用

案例检索是暂列金额确定的核心，其主要的目的是计算出案例库中源案例与目标案例之间的相似度。对于案例推理来讲，选择合适的检索方法对检索的质量、速度及结果至关重要，而检索的方法与案例表示所选取的指标有关。根据目前构建的绩效评价项目案例库的特征，案例库的检索分为两步走，首先通过归纳检索得到潜在的案例集，再通过最近相邻检索筛选出相似的经验案例集，具体分析路径如图13-6所示。

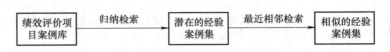

图 13-6　案例检索的研究逻辑

（1）归纳检索法　归纳检索法利用案例特征属性，根据特征属性的不同，将案例归类分析，运用该方法可以形成类似网络的层次结构。该方法的优势在于能够将案例库中的案例快速分类，方便查到相似度较高的案例，适用于在案例数量较大的案例库进行案例检索。归纳检索法的缺点在于如果特征属性选择不当，则会导致错误索引，同样也会带来较多的无关案例，对相似案例的选择不利。通过对建设工程项目案例的分析，本书将案例库中的案例分为专业工程、项目类型、建设类型三个层次进行归纳检索。

（2）最近相邻检索法　最近相邻检索法是案例检索常用的检索方法，其本质是将目标案例与案例库中的案例进行一一对应计算其相似度，相似度的计算一般是先计算案例每个特征属性的相似度，然后根据特征属性的权重加权计算两个案例间的相似度。可采用欧式距离来计算特征属性间的距离。该方法的优势在于能够利用定量的指标客观描述案例间的相似性，适用于案例数量较少的情况；缺陷在于该方法需要将指标进行量化，并求出相互间的权重，而且随着案例数量的增加，检索所需的时间也就越长。

2. 案例调整策略应用

对于建筑工程项目案例来讲，几乎不存在完全一致的两个项目。因此经过案例检索后，需要分析其相似度。对于相似度属于一定范围内的案例要进行案例调整。案例调整即是将相似案例通过补偿/修正等方式进行调整，进而使调整解更加符合目标案例的解。调整方法的选择将决定结果的质量，如若调整方法不当，则将导致调整解不适合目标案例。因此，须选用恰当的调整方式，以保证调整结果的有效性。针对工程案例的特点，选用自动调整和人机交互相结合的调整方式，具体分析路径如图 13-7 所示。

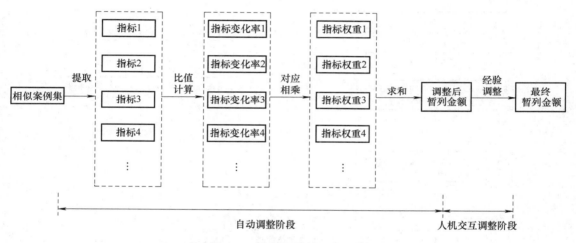

图 13-7　案例调整的研究逻辑

（1）自动调整方案　自动调整方案是指按照计算机一定的算法程序自动计算结果。结合案例推理系统特点，自动调整利用了相似案例与目标案例的相似程度。如果需要，将分解各个特征属性的相似程度，然后利用各属性的权重对相似案例的暂列金额值进行调整。目前案例调整的方法包括遗传算法、满意算法、数据挖掘方法及替代算法等。

（2）人机交互调整方案　人机交互调整方案是为充分考虑实用性需求，系统允许用户跳过方案自动调整过程，自行对方案进行修正，也可以在进行自动调整后，依靠人机交互对工程问题的解进行再调整，从而实现方案的补充、完善，得到更加令人满意的解决方案。这种方式旨在发挥计算机的智能辅助工程来实现方案的调整，充分考虑并区别对待具体工程问题之间的差异。

采用自动调整和人机交互相结合的调整方式，克服了待求解工程问题与工程案例建议解之间的差别，实现了从建议解到确定解的过渡，使得基于案例推理的暂列金额确定具有较好的实用性。

479

13.4 暂列金额引起价款调整的控制措施

13 版《清单计价规范》第 9.15.2 条规定："发包人按照本规范第 9.1 节至第 9.14 节的规定支付后，暂列金额余额应归发包人所有"。从合同价款调整事项至从暂列金额中支付调整价款的程序如图 13-8 所示。其中，合同价款调减部分：出现合同价款调减事项（不含工程量偏差、索赔）后的 14 天内，发包人应向承包人提交合同价款调减报告并附相关资料；发包人在 14 天内未提交合同价款调减报告的，应视为发包人对该事项不存在调整价款请求。调增部分：承包人在事项后 14 天应向发包人提出合同价款调增报告，并附相关资料，否则视为该事项不存在调整价款请求；承包人在 14 天内未提交合同价款调增报告的，应视为承包人对该事项不存在调整价款请求。

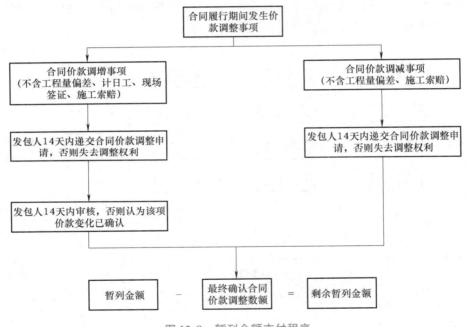

图 13-8　暂列金额支付程序

根据 13 版《清单计价规范》的规定，当发生合同价款调增事项（不含工程量偏差、计日工、现场签证、施工索赔）或合同价款调减事项（不含工程量偏差、施工索赔）时，发承包双方应就具体情况进行分析，按照合同约定或以上规定的程序来进行合同价款的调整。值得注意的是，合同价款调整的事项发生时，发承包双方均应时刻关注是合同价款调增事项还是合同价款调减事项，应在规定期限内向对方发出通知，避免因时间的延误而造成自身的损失。工程量偏差和施工索赔发生时，有其专门的调整程序，按照其专门规定进行调整；当计日工、现场签证导致合同价款调增时按照其专门规定进行调整，当其导致合同价款调减时按照图 13-8 中规定的程序进行调整。发包人支付最终确认合同价款调整数额后的剩余部分归发包人所有。

暂列金额的控制关键是从设计源头有效控制工程造价。暂列金额用于施工合同签订时尚未确定或者不可预见的所需材料、设备、服务的采购，施工中可能发生的工程变更、合同约定调整因素出现时的工程价款调整以及发生的索赔、现场签证确认等的费用。因其所包括的内容涵盖了施工过程中的大多不确定性因素，因此必须从每一环节控制其造价，只有将这些不确定性因素消灭在萌芽状态，或对发包人应承担的风险进行识别、分配，才能使暂列金额尽可能少发生。决策的控制、地质勘探的准确会减少设计图纸的变更，包括设备、材料、服务、地基上部结构等变更。设计图纸基础数据的准确性及时间的充裕，会使图纸相对完善，可以从设计角度减少施工过程中工程变更的发生，也意味着暂列金额的低发生和支出。在施工过程中慎重地选择施工队伍、施工中设计变更的控制、确保签证的质量、杜绝不实及虚假签证的发生也是控制暂列金额的有效手段。尤其从设计阶段控制暂列金额的发生，是暂列金额的控制关键。暂列金额是工程造价的重要组成部分，对其的重视、了解和控制，是控制工程造价的重要部分。

13.5 暂列金额的案例分析

案例 13-1

【案例背景】

某实验室工程，招标文件中详细开列了工程所在地的地质、水文情况，并向承包商说明了地下岩层情况。承包商投标阶段进行了现场踏勘，踏勘结果与招标文件中的描述相符。招标文件中规定，施工阶段的工程变更款项在暂列金额中支付。然而承包商在投标报价时，没有考虑工程入岩费及降水增加的台班费。开挖后，承包商要求每根桩增加500元的入岩费和共计60个抽水台班费，且此增加的措施项目已构成变更，应从暂列金额中支付，共计3万元。审监部门认为此项费用不应支付，因为增加的措施项目费没有体现在投标报价中，认为此两项费用已经包含在其他工程实体项目内了，不予支付。

【案例问题】

增加的3万元措施项目费是否应该从暂列金额中支付给承包商？

【案例分析】

从表面来看，施工过程中已经发生，且招标文件中规定：施工阶段的工程变更款项在暂列金额中支付，此款项应该支付给承包商。然而承包商在投标报价时不但要考虑施工工艺，还要根据地勘报告考虑土质情况、水文情况，并结合这些情况对措施项目进行综合报价。对于合理增加的措施项目，要求投标人在技术标中给予充分说明，工程量清单报价一经报出，即被认为包括了该工程应该发生所有措施项目的全部费用。本案例中发包人已经提供了详尽的地勘资料，且承包商通过现场踏勘证实资料无误。因此可认为承包商增加的3万元措施项目费已经综合考虑到其他工程实体项目内了，不能构成变更，且不能从暂列金额中得到支付。

【案例解答】

发承包双发签订合同时应该详细规定暂列金额所对应的合同价款调整事项和支付方法，施工阶段发生意外事项时，首先应该认定此事项是否构成了合同中所列的调整事项，然后再考虑是否应从暂列金额中支付。

本章参考文献

[1] 范坤坤. 基于案例推理技术的暂列金额确定研究 [D]. 天津：天津理工大学，2017.

[2] 魏玉才，周云. "暂列金额"、"暂估价"、"暂定金额"、"预留金"小议 [J]. 中国招标，2010（50）：27-29.

[3] Grosman S J, Hart O D. The costs and benefits of ownership：A theory of vertical and lateral integration [J]. The Journal of Political Economy，1986，94（4）：691-719.

[4] 刘梦洁，宋子婧，成虎，等. 暂列金额项目的应用研究 [J]. 工程管理学报，2014，28（5）：78-82.

[5] 严玲，丁乾星，张笑文. 不利物质条件下建设项目合同补偿研究 [J]. 建筑经济，2015，36（11）：55-59.

[6] 何通胜. FIDIC 合同条件风险负担条款之比较研究 [D]. 武汉：武汉大学，2013.

[7] 桂文林，韩兆洲. 中国居民消费价格指数间的关系与选择 [J]. 统计研究，2012，29（9）：6-13.

[8] 李筱青，罗新星，资武成. 基于案例推理方法的政府间决策协商模型 [J]. 系统工程，2013（5）：73-78.

第3篇

工程价款支付理论与实务

发包人与承包人通过合同缔结为临时的契约组织，从而产生了特定的权利和义务关系。发包人拥有受领工程项目的权利，并有支付承包人工程价款的义务；承包人拥有获取工程价款的权利，并有给付工程项目的义务。工程价款支付是发承包双方权利义务的核心内容。

工程价款的支付要依据发承包双方签订的合同以及在项目实施阶段存在的合同价款调整来进行，而计量计价是工程价款支付的基础，并且计量计价的对象是已实施的工程项目，因此工程价款支付的前提就是发承包双方对合同的履行。契约的不完备性、人的有限理性，以及发承包双方之间的信息不对称性，致使承包人存在道德风险，没有按约定履行合同义务，却按照约定享受合同权利，即获得支付的预期工程价款，因此发包人必须要审查承包人合同履行的程度，以此为依据支付工程价款。承包人则需要提供合同履行的事实来实现权利，获取工程价款。因此工程价款支付管理是围绕合同的履行展开，也是围绕着工程项目的实施展开。

工程价款的实现方式与工程项目的实施方式密不可分。工程价款应与工程施工同步实现。由于工程项目施工特殊的交易习惯，工程价款的实现一般起始于工程开工之前，即预付款的支付。预付款是发包人为解决承包人在施工准备阶段资金周转问题提供的协助。在工程施工过程中，工程价款的实现主要通过进度款支付，工程进度款的支付有赖于工程的实施情况，包括已完工程的工程量、工程进度等。进度款同时会涉及预付款的扣回和质量保证金的预付，但都要以工程的实施情况为基础。在工程竣工验收阶段，工程价款的实现方式是竣工结算，竣工结算的目的是完成竣工付款。竣工验收后工程进入缺陷责任期，缺陷责任期满后，发包人需向承包人返还剩余质量保证金，并办理最终结清。这些均是本章所述的工程价款支付管理的主要内容。

第 14 章
工程价款支付管理概述

本章运用的理论包含合同之债理论、价款支付理论。工程价款由于支付程序未履行完整，或支付申请存在瑕疵，或者发包人无力即时支付，支付行为未发生而处于合同价款而不是工程价款的状态，发包人应尽快使合同价款予以支付而达到工程价款这种稳定状态，根据已形成的结算状态支付给承包人相应的金额，从而消除这种债的关系。总之，由于合同之债的产生，合同价款不能成为工程价款；而支付行为消除了合同之债，促成工程价款的形成。

工程价款的支付必须依托合同的履行来实现。承包人按照合同约定履行建设工程项目的义务，发包人则应按照合同约定履行支付工程价款的义务。由于发承包双方的信息不对称，承包人可能会依靠信息优势获得过多的权益，但是承包人又需要提供合同履行事实来支持己方获得的权益，因此承包人必须获取并提交合同履行证明资料，而发包人则需要认真监督承包人合同履行活动以及审查已提交的证明资料。这些内容均是工程价款支付管理的主要内容。当然，对工程价款支付及管理活动内容的掌握则是基础。

本章将伴随工程项目建设过程，以《中华人民共和国合同法》（本章以下简称《合同法》）、《建设工程价款结算暂行办法》（财建〔2004〕369 号）、《中华人民共和国标准施工招标文件》（发改委等令第 56 号）［本章以下简称 07 版《标准施工招标文件》（13 年修订）］、《建设工程工程量清单计价规范》（GB 50500—2013）（本章以下简称 13 版《清单计价规范》）、《建设工程施工合同（示范文本）》（GF—2017—0201）（本章以下简称 17 版《工程施工合同》）、99 版 FIDIC《施工合同条件》（本章以下简称 99 版 FIDIC 新红皮书）、《香港建筑工程合同》、《最高人民法院关于审理建设工程施工合同纠纷案件适用法律问题的解释》（法释〔2004〕14 号）为依据，介绍工程价款的形成、工程价款支付管理体系等内容。

14.1 工程价款的形成与分析

在项目实施过程中，支付程序未履行完整，或支付申请存在瑕疵，或发包人无力即时支付等行为，引起了发包人与承包人之间存在特定的请求权利与给付义务的法律关系，表明一种债的状态，即合同之债。发承包双方对于项目建设的费用已经予以确认但还未完成支付的价款即为合同价款，它是一种动态的概念。这就明确了发承包双方的权利和义务，发包人要履行支付工程价款的义务，而承包人则享有获取工程价款的权利，即合同价款通过支付转化为工程价款。因此工程价款的形成与合同价格的约定以及合同价款的调整存在密切关系。

14.1.1　我国工程价格形成机制

　　相较于一般商品的价格，工程价格的形成是一个动态变化的过程。以政府投资项目为例，从项目立项到最终形成稳定的工程价格（工程造价）需要经历一个长期的过程[1]。在项目建议书阶段，由项目发包人组织编制项目建议书和设计任务书，此时尚处于概念阶段，因而未有估计的工程价格形式。在可行性研究阶段，项目发包人组织编制项目可行性研究报告，提交发改部门审批，可行性研究报告中得出政府投资工程的投资估算（形成估算价格）。可行性研究报告审批通过后便进入设计阶段。在设计阶段，设计单位根据可行性研究报告对项目进行初步设计，并编制初步设计概算（形成概算价格）。在完成初步设计工作后，由项目发包人将初步设计再报送发改部门，由发改部门组织专家及政府职能部门进行评审；审批通过后便进行工程技术设计和施工图设计，此阶段编制好工程施工图预算（形成预算价格）。在招投标阶段，由发包人编制工程量清单，形成招标控制价。通过评标环节确定中标人及中标价，招标人与中标人应当根据中标价订立合同，形成签约合同价（原则上中标价即为签约合同价）。在施工阶段，发包人根据施工现场所发生的设计变更、签证、索赔等调整初始合同价格（形成动态变化的合同价款），根据调整确认的合同价款，进行预付款和进度款支付（形成结算价格）。在竣工验收阶段，进行工程竣工结算。工程竣工验收后，承包人将结算价和决算价报财政部门进行审核，财政部门根据施工合同的约定对报送的工程项目的结（决）算价进行审核，调增项目实际发生而未计取的相应费用或扣减报审结算价中不应计取的费用，最终确定出一个科学合理的工程结（决）算价。我国工程价格形成机制如图 14-1 所示。

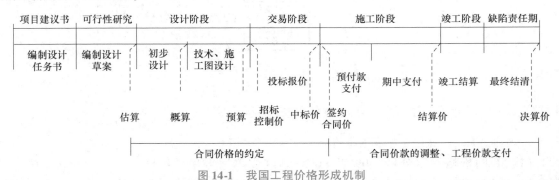

图 14-1　我国工程价格形成机制

　　注：本书把"中标价""签约合同价""竣工结算价"都视为"合同价格"在不同阶段的具体表现。在评标阶段合同价格表现为"中标价"，在签约阶段合同价格表现为"签约合同价"，在竣工阶段合同价格表现为"竣工结算价"。工程造价与合同价格对应，"竣工结算价"就是最终"工程造价"。

14.1.2　工程价款形成路径分析

　　通过梳理我国工程价格的形成机制，可以看出工程价款的形成是基于合同价格的约定以及合同价款的调整实现的。合同价格是合同价款和工程价款形成的前提，当签约时约定签约合同价（格）后，就对工程项目进行了初始的结算，确定了初始的结算金额，从而形成了预期的合同价款和工程价款。在项目履约期间，会发生变更、调价、索赔等事件，改变项目的原有状态，需要在初始结算的基础上对结算进行调整，重新结算，从而引起了预期合同价款的改变，导致合同价款的调整。在合同价款调整完成后，确定了发包人与承包人之间实际债的关系，发包人根据债的义务支付给承包人金额，即支付工程价款，这就形成了工程价款的支付。因此，工程价款形成机理就是发承包双方在合同价格约定的基础上，在施工过程中出现合同价款调整事项，调整了在签约时约定的结算状态，形成了新的结算状态，发包人根据这一结算状态实际支付给承包人的价款就是工程价款。因此工程价款的形成路径如图14-2所示。

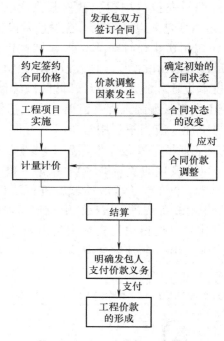

图 14-2　工程价款的形成路径

14.1.3　不同合同范本下工程价款的形成路径

1.99 版 FIDIC 新红皮书下工程价款形成路径分析

（1）合同价格约定分析　99 版 FIDIC 新红皮书适合于传统的"设计—招标—施工"（Design-Bid-Building）建设履行方式。99 版 FIDIC 新红皮书是典型的单价合同，主要采用两种计价方式。一种是在招标时工程设计达到一定深度，采用工程量清单计价。具体做法为依据设计计算书、技术规范及图纸，把项目划分为不同的工种及施工活动类型。每一种工种或施工活动再被分为独立的作业项目编入清单中，并对每一个项目进行简要的描述。从图纸上可以计算出每一作业项目的工程量。不管发包人采用何种方式招标，承包人必须在投标时为工程量清单中的每一个作业项目填入一个费率或价格。将所有标价的工程量清单进行累计计算后，就能得到合同价格。另一种是在招标时工程的设计深度不够，不足以完成工程量清单编制，可编制费率表作为签订合同的基础。与工程量清单不同，费率表中不给出工程量，承包人应在工程师所填写的原费率表的基础上增加或减少一定的百分数，或者针对每一项工作填写自己的费率。在此只讨论通常所用的带工程量清单的合同。在 99 版 FIDIC 新红皮书下承包人的投标报价包括两个步骤：第一是估算成本；第二是确定投标报价。估算的作用是使承包人尽可能地做出费用预测。投标报价是为了使承包人能够确定某一特定项目的最合适价格。

经评标程序后，发包人不得再对中标承包人进行压价，中标承包人投标价便是签约合同价。对于承包人来说该投标报价具有充分性。依据 99 版 FIDIC 新红皮书第 4.11 款的规定："承包人应被认为：（a）已完全理解了接受的合同款额的合宜性和充分性，以及（b）该接受的合同款额基于第 4.10 款［现场数据］提供的数据、解释、必要资料、检查、审核及其他相关材料。除非合同中另有规定，接受的合同款额应包括承包人在合同中应承担的全部义务（包括依据暂定金额应承担的义务，如有时）以及为恰当的实施和完成工程并修补任何缺陷必需的全部有关事宜。"本款的规定是为了防止承包人以漏项为借口，在合同执行过程中辩解其投标时的价格没有包括合同中的内容，以此向发包人提出索赔。

（2）合同价款调整分析　99 版 FIDIC 新红皮书中涉及合同价款调整的条款包括第 12 条［计量与估价］、第 13 条［变更与调整］和第 20 条［索赔、争端和仲裁］。合同价款调整的主要原因有三类。第一类是合同条款中有明确规定的，主要体现在第 13 条［变更与调整］（Variation and Adjustment）的相关规定中。合同价款调整的原因包括：①变更；②价值工程；③暂定金额；④计日工；⑤因立法变动而调整；⑥因费用变动而调整。第二类是合同性质决定的调整，主要体现在第 12 条［计量与估价］（Measurement and Evaluation）的相关规定中。第二类合同价款调整的主要原因包括：①工程重新计量；②工程数量变化导致的单价变化；③工程删减。第三类是索赔类，主要体现在第 20.1 款［承包人的索赔］（Contractor's Claims）。

1）变更与调整。变更与调整条款主要解决：项目实施过程中的工程变更的权力范围；承包人提出变更建议的权力及被采纳后应获得的收益；暂定金额覆盖的工作范围以及计日工实施和支付方法；因物价波动和立法变动原因导致的费用和工期的调整。上述条款内容最终都将导致合同价款的调整。第 13.3 款规定：每项变更都应按照第 12 条［计量与估价］来估价。对于价值工程节省的费用，计算方式为：降低的合同额度减去因变更而引起在工程质量、寿命以及运营效率等方面为发包人带来的潜在损失，由工程师按照第 3.5 款［决定］来计算。暂定金额的使用方式有两种：一种是工程师指令变更，另一种是承包人从指定分包商或其他渠道采购永久设备、材料和服务。对于工程师指令变更的定价，工程师可以动用暂定金额来指示承包人实施某工作，并按第 13.3 款［变更程序］估价。对于第二种暂定金额，承包人应得到实际费用、管理费、利润。一般采用报价单、发票、凭证、账目、收据等来确定承包人的实际费用，管理费和利润通过有关明细表中规定的百分比收取，或者按投标函附录中规定的百分比确定。计日工的确定方式为按照工程师核定的计日工表进行计价。通常在招标文件中有一个计日工表，列出有关施工设备、常用材料和各类人员，并由承包人报出单价。因立法变动而进行的调整，调整方法为在基准日期之后的法律变动应依据此类变动引起工程费用增加或减少的具体情况，对合同价款进行调整。如果因法律变动引起了工期延误或额外费用，则可以依据第 20.1 款［承包人的索赔］索赔工期和费用。因费用波动而进行的调整，应按照约定调价公式进行合同价款调整。

2）合同性质决定的合同价款调整。99 版 FIDIC 新红皮书是一种单价合同，工程量表中的工程量只是估算工程量，因此投标报价只是一个名义价格，而最终的合同价款由承包人完成的实际工程量而定，因此发包人承担工程量的风险。在第 12.2 款［计量方法］中规定：对每部分永久工程应以实际完成的净值计量。第 14.1 款规定：工程量表中的工程量只能是估算工程量，不能被认为是要求承包人实际完成的工程量，也不能作为估价使用的正确的工程量。通过上述分析可知，99 版 FIDIC 新红皮书下的工程量的自然变动可认为是自动变更，同时合同价款也随之调整。

3）承包人的索赔。引起承包人索赔的原因贯穿整个合同条件，包括明示索赔条款（见表 14-1）和隐含索赔条款见（表 14-2）两类。明示索赔条款，即合同条件中明确规定在相关情况下应给予承包人的经济和（或）工期补偿；隐含索赔条款，即虽然合同条件中没有明确规定给予承包人补偿，但根据该条款的含义，可以推定在某些情况下承包人有权向发包人提出索赔。索赔导致合同价款的调整，承包人在索赔事件发生后在一定期限内向工程师提交索赔报告，工程师根据第 3.5 款［决定］来处理索赔，被证明合理的索赔额应在支付证书中列明。

表 14-1　99 版 FIDIC 新红皮书下承包人的明示索赔条款

编　号	条款号	条款主体内容	有可能调整的内容
1	1.9	延误的图纸或指示	C + P + T
2	2.1	进入现场的权利	C + P + T
3	3.3	工程师的指示	C + P + T
4	4.6	合作	C + P + T
5	4.7	放线	C + P + T
6	4.12	不可预见的外界条件	C + T
7	4.24	化石	C + T
8	7.2	样本	C + P
9	7.4	检验	C + P + T
10	8.3	进度计划	C + P + T
11	8.4	竣工时间的延长	T
12	8.5	由公共当局引起的延误	T
13	8.8、8.9、8.11	工程暂停、暂停引起的后果、持续的暂停	C + T
14	9.2	延误的检验	C + P + T
15	10.2	对部分工程的验收	C + P
16	10.3	对竣工检验的干扰	C + P + T
17	11.2	修补缺陷的费用	C + P
18	11.6	进一步的检验	C + P
19	11.8	承包人的检查	C + P
20	12.4	省略	C
21	13.1	有权变更	C + P + T
22	13.2	价值工程	C
23	13.5	暂定金额	C + P
24	13.7	法规变化引起的调整	C + T
25	13.8	费用变化引起的调整	C
26	15.5	发包人终止合同的权利	C + P
27	16.1	承包人有权暂停工作	C + P + T

（续）

编　号	条　款　号	条款主体内容	有可能调整的内容
28	16.2、16.4	承包人终止合同、终止时的支付	C + P
29	17.3、17.4	发包人的风险、发包人的风险造成的后果	C +（P）+ T
30	17.5	知识产权与工业产权	C
31	18.1	有关保险的具体要求	C
32	19.4	不可抗力引起的后果	C + T
33	19.6	可选择的终止、支付和返回	C
34	19.7	根据法律解除履约	C

注：C 表示费用；P 表示利润；T 表示工期。

表 14-2　99 版 FIDIC 新红皮书下承包人的隐含索赔条款

编　号	条　款　号	条款主体内容	有可能调整的内容
1	1.3	通信联络	C + P + T
2	1.5	文件的优先次序	C + T
3	1.8	文件的保管和提供	C + P + T
4	1.13	遵守法律	C + P + T
5	2.3	发包人的人员	T + C
6	2.5	发包人的索赔	C
7	3.2	工程师的授权	C + P + T
8	4.2	履约保证	C
9	4.10	现场数据	C + T
10	4.20	发包人的设备和免费提供的材料	C + P + T
11	5.2	对指定的反对	C + T
12	7.3	检查	C + P + T
13	8.1	工程的开工	C + T
14	8.12	复工	C + P + T
15	12.1	需测量的工程	C + P
16	12.3	估价	C + P

注：C 表示费用；P 表示利润；T 表示工期。

（3）工程价款支付分析

1）预付款。按照 99 版 FIDIC 新红皮书第 14.2 款的规定：发包人有义务向承包人支付合同总价中的预付款。预付款的性质是用于承包人启动工程的无息贷款。在 99 版 FIDIC 新红皮书第 14.2 款中，主要约定了预付款的支付前提、预付款的扣回。预付款支付的前提有三个：第一，发包人收到了承包人提交的一份金额与预付款相等的银行预付款保函；第二，承包人按照第 14.2 款的规定提交了履约保证；第三，工程师收到了支付申请报表。预付款的起扣时间为期中付款总额（不包括付款及保留金的扣减与偿还）超过接受的合同款额（减去暂定金额）的 10%；每次扣回额度为每份支付证书中数额（不包括预付款及保留金的扣减与偿还）的 25%，并且在颁发工程接收证书或合同终止前全部扣回。

2）期中支付。99 版 FIDIC 新红皮书第 12.3～14.8 款对期中支付的支付内容、支付程序进行了约定。期中支付的内容包括 7 项：①当月承包人已实施工程的合同价值包括变更；②法律变化引起的调整和费用变化引起的调整；③保留金的扣减额；④预付款的支付和扣回应增加和减少的任何金额；⑤永久设备和材料应增加和扣减的额度；⑥索赔、争端和仲裁导致的增加和扣减的款额；⑦对以前支付证书中已有款额的扣除。对于技术相对简单、进度相对平稳的工程，FIDIC 合同中提供了一种相对简单的支付方式——支付进度计划表（Schedule of Payments），该计划表中的付款额就是当月承包人已实施工程的合同价值。对期中支付的支付程序在 FIDIC 合同条件中也做了明确约定。FIDIC 合同条件下的期中支付程序为承包人在每个月月末之后向工程师提交支付报表、进度报告、月进度详细报告。发包人在收到承包人的报表及证明文件后 28 天内，工程师向发包人签发期中支付证书，列出应付给承包人的金额，并提交详细证明资料。发包人在收到工程师报表及证明文件之日起 56 天内应该向承包人支付期中支付证书所开具的金额。

3）保留金支付。保留金的支付分为两个阶段。第一阶段为工程师颁发了整个工程的接收证书时，工程师应开具证书并将保留金的一半支付给承包人；如果接收的工程只限于一段或工程一部分，则应支付（接收段工程合同价值/最终工程价值）×40%。第二阶段为缺陷通知期满时，工程师应立即开具证书并将保留金尚未支付的部分支付给承包人。区段工程缺陷通知期满后，工程师应立即开具支付证书并支付后一部分保留金，数额 =（接收段工程合同价值/最终工程价值）×40%。

4）最终支付。最终支付的目的是承包人获得依据合同所应该获得的所有款项。在履约证书颁发 56 天内，承包人向工程师提交最终报表及结清单。最终报表应包括两项内容：依据合同完成的所有工作的价值；应得到的剩余所有款项。工程师在收到最终报表及结清单 28 天内，向发包人发出一份最终支付证书，发包人在收到最终支付证书 56 天内完成支付。在此过程中应当注意几点：①如果发承包双方对最终报表存在异议，则工程师只能就不存在争议的部分颁发期中支付证书，而不是最终支付证书，最终支付证书需在争议得到解决后才能颁发；②最终支付完成后意味着发包人责任的终止。

FIDIC 合同条件下工程价款的形成过程如图 14-3 所示。

2.《香港建筑工程合同》条件下工程价款形成路径分析

（1）合同价格约定分析　香港特区的政府建造项目所采用的招标方法有以下三种，即公开招标、邀请招标和议标。三种方法各有利弊，分别适用于不同投资来源的建设项目。大多数的私人工程项目采用公开招标的形式选择承包人[2]。香港多数公共建筑项目是受特区建筑署管制的，这两部门在选择承包人方面大都采用邀请招标的方式。议标在此不做赘述。公开招标过程包括发布招标公告、颁布招标文件、承包人编写投标书、提交投标书、开标与评标、授予合同等活动。招标文件分为两类：一类是带工程量清单的招标文件；另一类是不带工程量清单的招标文件，但都实行综合单价，形成的合同都属于单价合同。《香港建筑工程合同》与工程量清单配合使用，属于单价合同，其合同价格形成过程与 99 版 FIDIC 新红皮书合同条件下合同价格形成过程类似，工程计量都是执行工程量标准计算规则（SMM），该计算规则是强制性规则，无论是政府工程还是私人工程，都必须遵守该规则进行工程量计算。工程量计算完毕后，由承包人或工料测量师对工程量清单中的每个项目进行估价，即确定投标价。香港投标没有预算定额单价和取费标准，它是根据发包人提供的招标文件、图纸、技术规范标准（香港采用英国标准 BS）、工程量计算方法、市场材料价格、开办费、利润等计算的。在香港投标价的确定依赖于承包人和工料测量师自己的经验标准，主要参考以往同类型项目的单价，结合市场材料价格与人工工资水平[2]。同时计算投标标价是一项策略

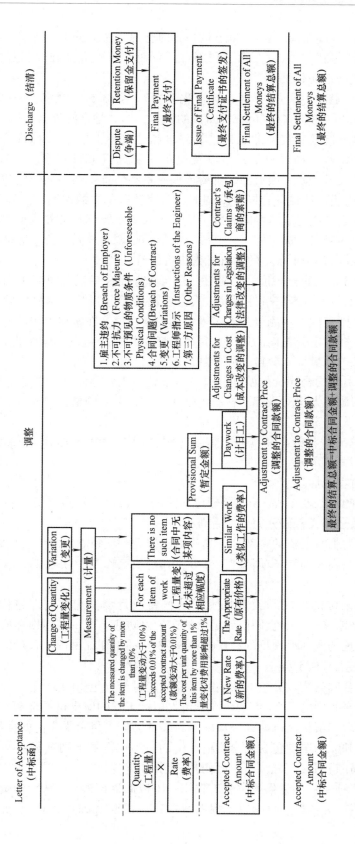

图 14-3　FIDIC 合同条件下工程价款的形成过程

性的工作。在确定工程量清单中某一部分的单价时会综合考虑分项工程单价与索赔、增减工程量及支付工程款的关系。承包人除了利用自己企业的历史数据和经验资料进行投标报价外，还可以依赖专业的成本顾问。

（2）合同价款调整分析　《香港建筑工程合同》第13.5条规定：根据第13.3条估价后，最终需要进行合同总价（Contract Sum）的调整，即调整合同价款。第13.3条规定：工料测量师需通过以下指令对实施的工程进行测量和估价：①依据第13.1条，要求的变更；②依据第13.2（a）条，对暂定工程量以及暂定项目进行重新测量；③依据第13.2（b）条，确定暂定金额支出。以上项目的估价要遵循测量和估价规则。其中包括：

1）工程量清单错误导致的合同价款调整。工程量清单中的说明、工程量或者漏项等方面错误都不影响本合同或造成本合同失效、使承包人免于履行其义务或承担其责任。这些工程量或漏项等方面的错误应进行修正，其唯一的目的是调整合同总价，应被视为建筑师要求的一项变更，并根据第13.4条中的估价规则进行估价。

2）承包人索赔导致的合同价款的调整。在《香港建筑工程合同》中列明的引起索赔的原因有12项。在承包人就索赔事件向发包人方发出索赔通知及证明材料后，建筑师若对索赔事项没有异议，则责成工料测量师确定承包人的索赔值。在索赔引起的合同价款调整中还有一种特殊情况，即指定分包商的追加支付款索赔，指定分包商的索赔程序与承包人相同，索赔确认后，确认的数额计入分包合同价款的调整。

3）价格浮动引起的合同价款调整。在《香港建筑工程合同》中规定合同价款可以依据合同附录中约定的调整方式对人工、材料价格成本进行上下调整，但并没有给出具体的调整方式。

（3）工程价款支付分析　在《香港建筑工程合同》中没有关于预付款的相关规定，只包括期中付款和结算两部分。

期中付款的内容包括：

1）妥当实施的永久性工程，包括作为变更指令的额外工程或义务，在某种程度上该额外工程或义务已经全部或者部分完成或者履行。

2）妥当实施的临时工程的一部分，其价值已作为一项独立的事项包括在合同清单中。

3）承包人妥当实施的初步项目的一部分，其价值已作为一项独立的事项包括在合同清单中。

4）满足下列条件的现场的或现场附近的材料或货物：①它们即将构成永久性工程；②它们没有被过早地移交；③它们得到足够的保护以防止天气、其他损坏或被盗。

5）尚未运抵现场或临近现场的和根据第32.3条的中期证书尚未包括的材料、货物的价值，但它们即将构成永久工程。

6）按照分包合同就指定分包商实施的工程应支付给分包商的金额。

7）包含在直接费内的第29.4条允许承包人招标工程的应支付的金额。

8）按照供应合同就指定供应商供应的材料、货物应支付给供应商的金额。

9）作为一项独立的事项包含在合同清单中的适当比例的下列金额：①应支付给指定分包商和指定供应商的利润；②指定分包商的照管费。

10）就下列事项支付的金额或发生的费用：①根据第6.3条，法定的费用和收费；②根据第8.2条，开箱检测材料、货物或工程的费用；③根据第22B.2（2）或22C.3（2）条，由于雇主未办理保险而投保并维持该保险有效的费用。

11）根据第 27.2 条，确认为对直接损失和（或）费用的追加支付款的金额。

12）根据第 38 条，应支付的人工和（或）材料成本的增加补偿，如果适用的话。

13）承包人要求计入合同总价的任何其他金额。在不损害规定的雇主权利的前提下，下面的估计金额应从全部价值中扣除：①以扣减相应的金额来代替：a. 根据第 7.2 条，实施项目过程中纠正错误；b. 根据第 8.3（c）条，材料、货物或工程的替换或者重建；c. 根据第 17.3（5）条，修补缺陷；②根据第 38 条允许雇主扣除的人工和（或）材料成本降低的金额，如果适用的话；③承包人要求从合同总价中扣减的任何其他金额。

期中支付的支付程序如下：承包人在期中证书签发日期 14 日之前向工料测量师提交报表，工料测量师应当在期中支付证书即将签发之前 7 日进行中期估价并确定期中证书中的估计金额，建筑师在附录注明的每个中期证书间隔结束时签发中期证书，发包人应按照期中支付证书中规定的日期内支付给承包人相应的金额。

结算阶段，承包人应在整个项目实质性竣工后 6 个月内或者结算金额完成时期结束前 3 个月内向工料测量师提交调整合同总价所需的合理必要的文件。工料测量师依据承包人所提交的结算文件及他现有的信息来准备最终结算金额。工料测量师在准备结算金额过程中，应随时向承包人发出关于最终结算金额的草案，在工料测量师和承包人就最终结算金额达成一致意见后，建筑师应向工料测量师和承包人签发一份工料测量师和承包人签字确认的最终结算金额。建筑师在签发整个项目缺陷修补证书之后应签发最终证书，最终证书中应列明最终的合同总价。它与期中证书中注明的应支付的金额的差额就是发包人应支付承包人的金额，并且在最终证书签发后 28 天内发包人应向承包人支付该差额。最终证书的颁发意味着除缺陷责任外，发承包双方其他权利义务的终止，最终证书是结论性的证据。

《香港建筑工程合同》下工程价款的形成过程如图 14-4 所示。

3. 07 版《标准施工招标文件》（13 年修订）条件下的工程价款形成路径分析

（1）合同价格约定分析　07 版《标准施工招标文件》（13 年修订）第 1.1.5 项规定：签约合同价是指签订合同时合同协议书中写明的，包括暂列金额、暂估价的合同总金额。依据《中华人民共和国招标投标法》《中华人民共和国招标投标法实施条例》的规定，只有少数特殊项目不需要进行招标。13 版《清单计价规范》第 3.1.1 条规定：使用国有资金投资的建设工程发承包，必须采用工程量清单计价。第 4.1.2 条规定：招标工程量清单必须作为招标文件的组成部分。从上述条款中可以得出工程量清单是形成合同价格的基础。在应用工程量清单进行招投标的过程中，首先发包人委托具有相应资质的工程造价咨询单位编制工程量清单，并根据定额和价格信息编制招标控制价作为招标工程的最高工程造价。投标人以工程量清单为基础，并根据自身施工管理能力进行自主报价。投标人的投标报价是影响评标委员会评标结果的重要因素之一。07 版《标准施工招标文件》（13 年修订）列明的评标办法有两种：综合评估法；经评审的最低投标价法。在此应该注意，投标价与投标报价是两个不同的概念，投标价是按照评审标准中的量化因素及量化标准进行折算之后的价格，而投标报价是承包人投标时工程量清单首页所表示的工程造价。承包人的投标报价经过评标过程，中标者的投标报价转变为合同价格，依据《中华人民共和国合同法》，当中标通知书发出后双方不得再另行订立背离合同实质性内容的其他协议。

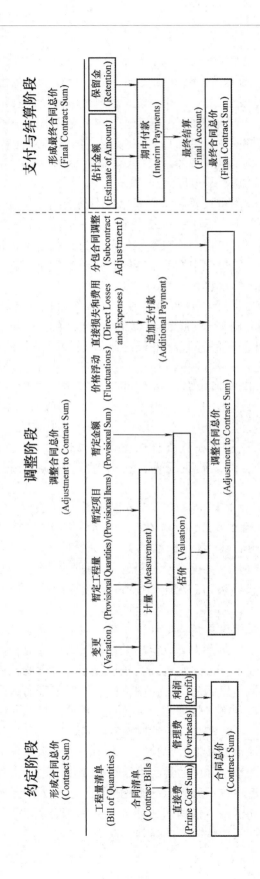

图 14-4 《香港建筑工程合同》下工程价款的形成过程

（2）合同价款调整分析　07 版《标准施工招标文件》（13 年修订）中规定能够引起合同价款调整的有以下因素：变更；价格调整；物价波动；法律变化；暂列金额；计日工；暂估价；索赔；不可抗力。上述调整内容与 99 版 FIDIC 新红皮书的调整内容相同，但因为我国的工程量清单计价方法与国际上常用的 SMM 体系有较大的区别，导致其各内容具体调整方式的差异。对于上述因素引起的合同价款调整应结合 13 版《清单计价规范》进行分析。

1）变更。工程变更导致实体项目发生变化的同时可能导致施工方案的改变，从而引起措施项目的变化。实体项目变更导致的合同价款调整，可以依据通用的变更原则确定合同价款的调整数额。措施项目变更就要调整措施项目费。

2）价格调整。07 版《标准施工招标文件》（13 年修订）中的"价格调整"包含物价波动引起的价格调整和法律变化引起的价格调整。

3）物价波动。物价波动引起的合同价款调整方式有两种：应用调价公式进行调整；应用造价管理部门发布的造价信息进行调整。

4）法律变化。法律变化主要会导致税费的调整、行政管理程序的调整，这些调整引起的工程造价的变化可以通过调整合同价款得到平衡。

5）暂列金额。暂列金额在投标报价时已经包括在合同价格中，但是暂列金额的使用支配的权力由发包人掌握，调整额 = 暂列金额 - 合同价款调整总额。

6）计日工。计日工的作用是对合同内容外的零星工作进行计价。计日工的价款按列入已标价工程量清单中的计价子目及其单价进行计算。采用计日工计价的任何一项工作变更，调整的金额应从暂列金额中支付。

7）暂估价。暂估价是用于支付必然发生的但是暂时不能确定其价格的材料、工程设备的单价以及专业工程的金额。对于依法不需要招标的材料、工程设备，承包人按照合同约定采购，发包人确认后以此为依据取代暂估价，调整合同价款；依法不需要招标的专业工程，按照工程变更计价处理；依法必须招标的材料、工程设备和专业工程，发承包双方共同招标确定，并以此为依据取代暂估价，调整合同价款。

8）索赔。索赔是合同双方的权利。如果一方不履行或者不完全履行合同义务而使另外一方遭受损失，则受损方有权提出索赔要求，根据合同约定或者通用合同条款及有关法律、法规和规章的规定，调整合同价款或者工期。

9）不可抗力。由不可抗力事件导致的人员伤亡、财产损失及其费用增加，发承包双方按照相应原则分别承担并调整合同价款和工期。

（3）工程价款支付分析　工程价款的支付内容包括预付款、工程进度款、质量保证金、竣工结算。

1）预付款。预付款是发包人向承包人支付的一笔无息贷款，用于承包人为合同工程的施工购置材料、工程设备、施工设备、修建临时设施以及组织施工队伍进场等。预付款的额度和预付办法在专用合同条款中约定，预付款在进度付款中扣回，扣回办法在专用合同条款中约定。

2）工程进度款。工程进度款是发包人在合同工程施工过程中，按照合同约定对付款周期内承包人完成的合同价款给予支付的款项，也是合同价款期中结算支付。发承包双方按照合同约定的时间、程序和方法，根据工程计量结果，办理期中价款结算，支付进度款。

3）质量保证金。质量保证金是承包人用于保证在缺陷责任期内履行缺陷修复义务的金额。发承包双方在签订合同过程中对质量保证金的预留额度要进行协商，在进度款支付时，按专用合同条款的约定扣留质量保证金。

4）竣工结算。合同工程完工后，承包人应在合同工程期中价款结算的基础上，编制竣工结算文件提交给发包人，并根据已办理好的竣工结算文件，向发包人提交竣工结算款支付申请，发包人进行核实后，向承包人签发竣工结算支付证书，并按照竣工结算支付证书列明的金额向承包人支付结算款。

07 版《标准施工招标文件》（13 年修订）下工程价款的形成过程如图 14-5 所示。

4. 17 版《工程施工合同》条件下的工程价款形成路径分析

（1）合同价格约定分析　17 版《工程施工合同》第 1.1.5.1 目规定：签约合同价是指发包人和承包人在合同协议书中确定的总金额，包括安全文明施工费、暂估价及暂列金额等。依据《中华人民共和国招标投标法》、《中华人民共和国招标投标法实施条例》的规定，只有少数特殊项目不需要进行招标。13 版《清单计价规范》第 3.1.1 条规定：使用国有资金投资的建设工程发承包，必须采用工程量清单计价。第 4.1.2 条规定：招标工程量清单必须作为招标文件的组成部分。从上述条款中可以得出工程量清单是形成合同价格的基础。在应用工程量清单进行招投标的过程中，首先发包人委托具有相应资质的工程造价咨询单位编制工程量清单，并根据定额和价格信息编制招标控制价作为招标工程的招标控制价。投标人以工程量清单为基础，并根据自身施工管理能力进行自主报价。投标人的投标报价是影响评标委员会评标结果的重要因素之一。07 版《标准施工招标文件》（13 年修订）列明的评标办法有两种：综合评估法；经评审的最低投标价法。在此应该注意，投标价与投标报价是两个不同的概念，投标价是按照评审标准中的量化因素及量化标准进行折算之后的价格，而投标报价是承包人投标时工程量清单首页所表示的工程造价。承包人的投标报价经过评标过程，中标者的投标报价转变为合同价格。依据《合同法》，当中标通知书发出以后双方不得再另行订立背离合同实质性内容的其他协议。

（2）合同价款调整分析　17 版《工程施工合同》中能够引起合同价款调整的有以下因素：变更；价格调整；市场价格波动；法律变化；暂估价；暂列金额；计日工；索赔；不可抗力。上述调整内容与 99 版 FIDIC 新红皮书的调整内容相同，但因为我国的工程量清单计价方法与国际上常用的 SMM 体系有较大的区别，导致其各项内容具体调整方式的差异。对于上述因素引起的合同价款调整应结合 13 版《清单计价规范》进行分析。

1）变更。工程变更导致实体项目发生变化的同时可能导致施工方案的改变，从而引起措施项目的变化。实体项目变更导致的合同价款调整，可以依据通用的变更原则确定合同价款的调整数额。措施项目变更，就要调整措施项目费。

2）价格调整。17 版《工程施工合同》中的"价格调整"包括市场价格波动引起的调整与法律变化引起的调整。

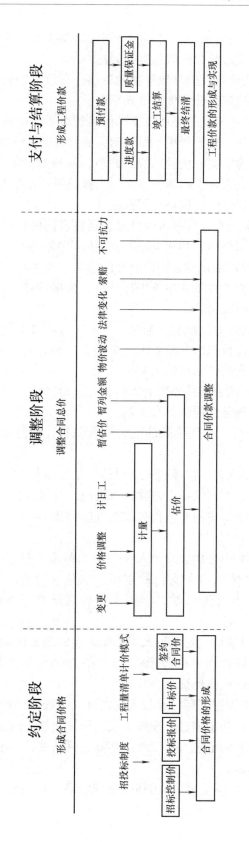

图 14-5 07 版《标准施工招标文件》（13 年修订）下工程价款的形成过程

3）市场价格波动。市场价格波动引起的合同价款调整方式有两种：应用调价公式进行调整；应用造价管理部门发布的造价信息进行调整。

4）法律变化。法律变化主要会导致税费的调整、行政管理程序的调整，这些调整引起的工程造价的变化可以通过调整合同价款得到平衡。

5）暂估价。暂估价是用于支付必然发生的但是暂时不能确定其价格的材料、工程设备的单价以及专业工程的金额。对于依法不需要招标的材料、工程设备，承包人按照合同约定采购，发包人确认后以此为依据取代暂估价，调整合同价款；依法不需要招标的专业工程，按照工程变更计价处理；依法必须招标的材料、工程设备和专业工程，发承包双方共同招标确定，并以此为依据取代暂估价，调整合同价款。

6）暂列金额。暂列金额在投标报价时已经包括在合同价格中，但是暂列金额的使用支配的权力由发包人掌握，调整额＝暂列金额－合同价款调整总额。

7）计日工。计日工的作用是对合同内容外的零星工作进行计价。计日工的价款按列入已标价工程量清单中的计价子目及其单价进行计算。采用计日工计价的任何一项工作变更，调整的金额应从暂列金额中支付。

8）索赔。索赔是合同双方的权利。如果一方不履行或者不完全履行合同义务而使另外一方遭受损失，则受损方有权提出索赔要求，根据合同约定或者通用合同条款及有关法律、法规和规章的规定，调整合同价款或者工期。

9）不可抗力。由不可抗力事件导致的人员伤亡、财产损失及其费用增加，发承包双方按照相应原则分别承担并调整合同价款和工期。

（3）工程价款支付分析　工程价款的支付内容包括：预付款、工程进度款、质量保证金、竣工结算。

1）预付款。预付款是发包人向承包人支付的一笔无息贷款，用于承包人为合同工程的施工购置材料、工程设备、施工设备、修建临时设施以及组织施工队伍进场等。预付款的额度和预付办法在专用合同条款中约定，预付款在进度付款中扣回，扣回办法在专用合同条款中约定。

2）工程进度款。工程进度款是发包人在合同工程施工过程中，按照合同约定对付款周期内承包人完成的合同价款给予支付的款项，也是合同价款期中结算支付。发承包双方按照合同约定的时间、程序和方法，根据工程计量结果，办理期中价款结算，支付进度款。

3）质量保证金。质量保证金是承包人用于保证在缺陷责任期内履行缺陷修复义务的金额。发承包双方在签订合同过程中对质量保证金的预留额度要进行协商，在进度款支付时，按专用合同条款的约定扣留质量保证金。

4）竣工结算。合同工程完工后，承包人应在合同工程期中价款结算的基础上，编制竣工结算文件提交给发包人，并根据已办理好的竣工结算文件，向发包人提交竣工结算款支付申请，发包人进行核实后，向承包人签发竣工结算支付证书，并按照竣工结算支付证书列明的金额向承包人支付结算款。

17版《工程施工合同》下工程价款的形成过程如图14-6所示。

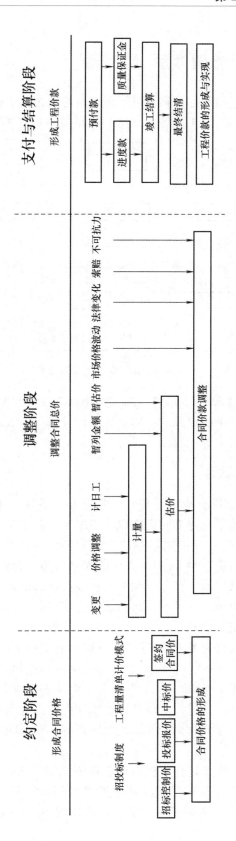

图 14-6　17 版《工程施工合同》下工程价款的形成过程

14.2 工程价款支付管理体系

工程量清单计价模式下的工程价款支付管理包括对预付款、进度款、竣工结算款、质量保证金以及最终结清款的管理。工程价款支付的内容如图 14-7 所示。

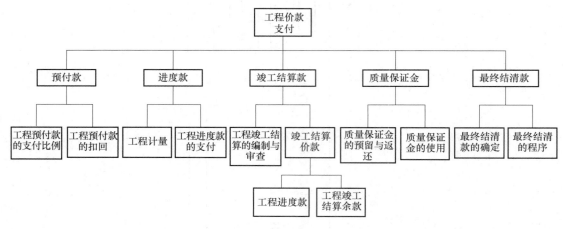

图 14-7 工程价款支付的内容

综合《建设工程价款结算暂行办法》（财建〔2004〕369 号）和 13 版《清单计价规范》的相关规定，本书以及本章中所提及的工程价款支付管理包括了预付款、进度款、竣工结算款、质量保证金、最终结清款等内容。

14.2.1 预付款支付与扣回

07 版《标准施工招标文件》（13 年修订）明确预付款用于承包人为合同工程施工购置材料、工程设备、施工设备、修建临时设施以及组织施工队伍进场。《建设工程价款结算暂行办法》（财建〔2004〕369 号）中规定在合同条款中发承包双方应就预付工程款的数额、支付时限和抵扣方式进行约定。99 版 FIDIC 新红皮书认为工程预付款从性质上是发包人提供给承包人动员工作的无息贷款。在此强调了工程预付款的抵扣，也就是发包人支付给承包人的预付款仅仅是提供给承包人的借款，而不是预先支付的工程款。

1. 预付款支付数额确定及支付

预付款的支付与扣回比例需要在合同专用条款中进行约定，依照《建设工程价款结算暂行办法》（财建〔2004〕369 号），原则上预付款的支付比例不低于合同价格的 10%，不高于合同金额的 30%。但具体到每一个工程项目，仍需根据项目特点进行测算。预付款一般是在整个项目开工之前进行支付，所以其计算周期应该为合同工期，预付款的确定主要以材料购置费为基础。在签订合同时，为了简化合同内容，在合同专用条款中一般只会约定预付款占合同价格的比例。

预付款的支付方式有一次支付和多次支付。具体比例需依据工程项目的特点进行约定。不同的项目规模预付款的支付方式存在差异。在《水利水电工程施工合同和招标文件示范文本》中约定工程预付款的总金额应不低于合同价格的 10%，分两次支付给承包人。第一次预付款的金额应不低于工程预付款总金额的 40%。两次支付的时间分别是签订协议书后 21 天内和承包人主要设备进入工地后。在《公路工程标准施工招标文件》（2009 年版）也有类似的预付款支付方式。在公路工程中承包人签订合同协议并提交预付款保函后，可以得到 70% 的预付款，在承包人主要设备进场后，再支付另外 30%。在《建设工程价款结算暂行办法》（财建〔2004〕369 号）中同样提到了采用工程量清单计价方式的，可以分别约定实体性消耗和非实体消耗的预付款比例。

2. 预付款的扣回方式比较

通过查找现有合同范本、规程、文献可知，目前常用的预付款扣回方法有四种，具体方法如表 14-3 所示。

表 14-3　预付款扣回方式

方 法 来 源	计算公式或方法名称	解　　释
《水利水电工程施工合同和招标文件示范文本》	$R = \dfrac{A}{(F_2 - F_1)\,S}\,(C - F_1 S)$	R——每次进度付款中累计扣回的金额 A——工程预付款总金额 S——合同价格 C——合同累计完成金额 F_1——开始扣款时合同累计完成金额达到合同价格的比例 F_2——全部扣清时合同累计完成金额达到合同价格的比例
《建设项目全过程咨询规程》（CECA/GC4—2009）	$T = P - \dfrac{M}{N}$	T——起扣点，即预付备料款开始扣回时的累计完成工作量金额 M——预付备料款限额 N——主要材料所占比重 P——承包工程价款总额
《建设项目全过程咨询规程》（CECA/GC4—2009）	等值扣回法	始于工程中期支付证书中工程量清单累计金额超过合同价值 10% 的当月开始扣回，止于合同规定竣工日期前 3 个月的当月，在此期间，从中期支付证书中逐月按等值扣回
《公路工程标准施工招标文件》（2009 年版）	"超一扣二"法	工程预付款在进度付款证书的累计金额未达到签约合同价 30% 之前不予扣回，达到签约合同价 30% 后，开始按工程进度以固定比例（每完成签约合同价的 1%，扣回开工预付款的 2%）分期从各月的进度付款证书中扣回，全部金额在进度付款证书的累计金额达到签约合同价的 80% 时扣完

《水利水电工程施工合同和招标文件示范文本》中使用的预付款扣回方法在 99 版 FIDIC 新红皮书中也被推荐使用。能保证发包人在项目结束前收回全部预付款，同时又能满足承包人的项目现金流的具体情况。该种预付款扣回方式既能帮助承包人实现良性的资金周转，又不影响发包人的利益。

等值扣回法实际操作起来较为方便，但当工程进度缓慢或因其他原因工程款支付不多的情况下，会出现扣回额大于或接近工程支付额，而使中期支付证书出现负值或接近零，而且实际工程往往没法准确确定工期，所以实际采用得不多。

"超一扣二"法预付款的扣回额与每期支付的工程款有直接关系，即工程完成额多就多扣，完成少就少扣，所以在实际工程中，不会出现承包人在某一期的本期应支付工程款出现负数的情况，因此这种扣回方式相对于等值扣除的方法要合理些。

从上述分析中可以看出，预付款的支付与扣回方式对承包人的现金流有较大的影响，预付款可以作为承包人进行短期融资的一种手段。依据项目特点，承包人可以合理利用预付款的支付与扣回时间达到自身项目现金流的平衡。

14.2.2 进度款的支付

1. 工程计量

工程价款的支付伴随着合同的履行、项目的实施而进行，需要根据已经完成的工程确定应支付的价款，这需要基于工程计量来实现。工程计量是依据合同约定的计量规则和方法对承包人实际完成工程的数量进行确认和计算，是发包人向承包人支付工程进度款的重要依据。

07版《标准施工招标文件》（13年修订）中规定承包人对已完工程进行计量，向监理人提交进度款付款申请表。工程价款的支付依赖于准确的工程计量。监理人在收到承包人提交的工程量报表后，需要对工程量进行复核。监理人对工程量报表中工程量认定的前提条件是承包人工程量报表中的工程量是合同范围以内的工程，并且是已完的合格工程。所谓合同范围以内的工程，包括工程量清单中的项目，工程图纸中的项目加变更项目。工程计量的最终目的在于完成工程价款的支付，所以工程计量的内容需要与计价方式相结合。

在工程量清单中根据计价方式的不同，可以将工程计量分为单价子目和总价子目两种。单价子目是工程量清单中以单价计价的子目，一般是可以按照约定工程量计量规则确定数量的子目。总价子目是在工程量清单中以项或总额为计量单位，以总价计价的子目。单价子目与总价子目在工程计量上的本质差异在于对支付的影响。工程量清单中单价子目的工程量一般与结算工程量不同。单价子目是以承包人实际完成工程量为最终结算工程量，工程计量的方法在工程量清单中也有明确的说明。每个计量周期内经过监理人确认后的单价子目工程量会在进度款中予以支付。因此，单价子目的工程量具备支付价款的合同约束力。总价子目工程计量对于进度款的影响相对较小。总价子目的工程进度款支付一般都是以工程的形象进度或者合同约定的支付周期平均支付，工程计量结果只作为参考内容。如果总价子目在施工过程中没有发生变更或者其他价款调整事项，则其支付的总额也不会发生变化。对于总价子目计量的目的更多的是对承包人已完总价子目工程质量的检验和监督。

2. 进度款支付内容

在99版FIDIC新红皮书和07版《标准施工招标文件》（13年修订）中对于支付申请表中所列项目都有相应约定。99版FIDIC新红皮书中进度款支付内容共有七项。通过对条款内容进行分析，可以将其分为三类：第一类为按照合同约定范围内实施工程的工程价款；第二类为按照合同约定对合同价款进行的调整；第三类是预付款和质量保证金的扣减。与之类似，在07版《标准施工招标文件》（13年修订）中进度款申请单中的支付内容为六项。文件中没有关于运至现场还未用于工程施工的材料和设备的支付规定。

虽然合同中约定了进度款支付的内容，但并没有具体说明每个支付内容中所包含的具体支付事项。本书以13版《清单计价规范》中计价方法及费用划分为基础对07版《标准施工招标文件》（13年修订）中涉及的进度款支付内容进行分解，以达到合理确定进度款支付金额的目的。

1）已实施工程的工程价款的确定。已实施工程的工程价款按照计价方法不同分为单价子目和总价子目两种。对于单价子目进度款的支付，应该按照施工图纸，计算工程量，再乘以工程量清单中的综合单价进而汇总。对于总价项目，应该以计量资料为基础，以确定工程形象进度或分阶段支付所需要完成的工程量。总价项目应该按照形象进度或支付分解表所确定的金额向承包人支付进度款。

2）合同价款的调整金额。通过对 13 版《清单计价规范》进行分析，导致合同价款调整的因素共有 14 项。这些调整因素最终会在工程价款的支付中得以体现。在合同价款的调整完成后，进行当期工程进度款支付。

3）预付款的扣回与工程价款支付。预付款的性质是发包人对承包人的无息借款，在工程价款支付过程中需要在进度款中扣回。

4）质量保证金与工程价款支付。质量保证金是从第一个支付周期开始扣减，直至扣留到质量保证金达到合同中约定的金额为止。

合同范围内已实施工程的工程价款、合同价款的调整金额、预付款的扣回、质量保证金的扣减四项构成了工程进度款的支付内容。工程进度款的支付内容记入支付申请表。

14.2.3　竣工结算款的支付

1. 竣工结算款支付内容

工程竣工结算是指承包人按照合同规定的内容全部完成所承包的工程，经验收质量合格并符合合同要求后，向发包人提出的最终工程价款结算的活动。《建设工程价款结算暂行办法》（财建〔2004〕369 号）第十四条规定：工程竣工结算分为单位工程竣工结算、单项工程竣工结算和建设项目竣工总结算。单位工程竣工结算由承包人编制，发包人审查；实行总承包的工程，由具体承包人编制，在总承包人审查的基础上，发包人审查。单项工程竣工结算或建设项目竣工总结算由总（承）包人编制，发包人可直接进行审查，也可以委托具有相应资质的工程造价咨询机构进行审查；政府投资项目，由同级财政部门审查。单项工程竣工结算或建设项目竣工总结算经发、承包人签字盖章后有效。第十六条规定：根据确认的竣工结算报告，承包人向发包人申请支付工程竣工结算款。竣工结算款的金额也就是项目的工程造价。

中国之前一直沿用定额计价模式，采用估概预结决五算体系，自 2003 年以来，在中国开始逐步推行建设工程量清单计价模式，13 版《清单计价规范》的推出是中国工程量清单计价模式的应用逐渐完善的重要标志。但是在中国，现在清单计价模式的竣工结算中仍然存在定额计价模式的影子，致使竣工结算时工作内容增多以及容易引起计算失误，因此中国的竣工结算应仿照 FIDIC 合同条件结算的模式，弱化定额计价的方式。

由于发包人承担风险的态度不同以及项目的特性不同，工程项目存在着总价合同与单价合同两种合同模式，由于这两种合同模式的风险分担方式不同，因此这两种合同模式的结算方法和内容也必然不同。在总价合同的结算报告中，总价合同的结算价格主要由四部分组成：①固定总价部分（同投标书部分）；②设计变更调整部分；③索赔与签证调整部分；④其他价款调整部分（例如，法律法规变化）。单价合同的计算则是以计量中形成最终结算工程量为基础，汇总历次进度款支付中分部分项工程价款、措施项目价款、其他项目费、索赔及签证等内容。在选择好竣工结算编制方法后就要开始编制竣工结算，此时要保证竣工结算编制的准确性。在竣工结算阶段发包人要注意竣工结算编制的关键点和审查的重点，以及发包人要防范承包人常用的不规范结算方式，如工程计量虚报、多报等。

对于竣工结算的管理，主要包括：在竣工结算时区别清单计价模式和定额计价模式；根据不同的合同类型选择不同的结算方法；编制和审查竣工结算；防范发承包人常用的不规范结算方式等。

2. 竣工结算款支付程序

基于 07 版《标准施工招标文件》（13 年修订）的竣工结算款支付程序如图 14-8 所示。竣工结算款支付程序中涉及审核期限、竣工结算争议处理两个重要因素。审核的节点包括监理人对于竣工付款申请单的审核、发包人对于监理人报送的支付金额的审核、发包人对于竣工付款证书的审核及支付。上述审核节点的审核时间为 14 天。即承包人从发出竣工付款申请单到取得竣工结算款的最高期限为 42 天。如果双方对于工程竣工结算存在争议，则发包人应就无争议部分颁发临时付款证书并予以支付。对于争议部分可按照合同约定的争议处理条款进行处理。

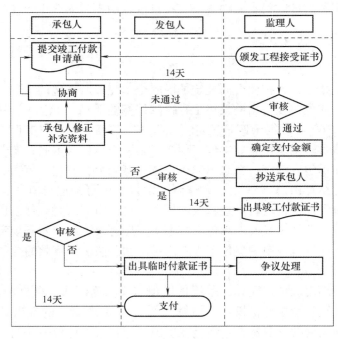

图 14-8　竣工结算款支付程序

14.2.4　质量保证金的留还

《建设工程质量保证金管理办法》（建质〔2017〕138 号）第二条规定：建设工程质量保证金（以下简称保证金）是指发包人与承包人在建设工程承包合同中约定，从应付的工程款中预留，用以保证承包人在缺陷责任期内对建设工程出现的缺陷进行维修的资金。07版《标准施工招标文件》（13 年修订）第 1.1.5.7 目规定质量保证金是用于保证在缺陷责任期内履行缺陷修复义务的金额。对于质量保证金的管理主要包括两大内容：一个是质量保证金的预留，主要包括质量保证金预留的额度、预留方式、预留期限三个内容；另一个是质量保证金的返还，包括质量保证金的返还方式以及缺陷责任期内承包人承担的缺陷责任范围等内容。

14.2.5　工程项目最终结清

最终结清的概念来源于 99 版 FIDIC 新红皮书中的结清证明，在 07 版《标准施工招标文件》（13 年修订）中首次提到了最终结清的概念。通过对比可以发现 99 版 FIDIC 新红皮书中"最终付款"与 07 版《标准施工招标文件》（13 年修订）的"最终结清"作用类似。在 99 版 FIDIC 新红皮书中，结清证明确认了最终报表上的总额代表了依据合同与合同有关的事项，应付给承包人的所有款项的全部和最终结算总额。结清证明应注明在承包人收到退回的履约担保和该总额中尚未付清的余额后生效。可见结清证明是承包人承认发包人对其经济责任终止的证明。

07 版《标准施工招标文件》（13 年修订）中最终结清的实质是它具有最终付款的作用。在缺陷责任期终止后，承包人在收到缺陷责任终止证书后，应在约定的期限内向监理人提交最终结清申请单，并提供相关证明材料。但没有对最终结清申请单内容详细叙述，结合 FIDIC 最终报表内容，最终结清申请单应该包括：依据合同完成的所有工作的价值；承包人认为依据合同或其他规定应支付给他的任何其他金额。依据 07 版《标准施工招标文件》（13 年修订）最终结清的程序如图 14-9 所示。

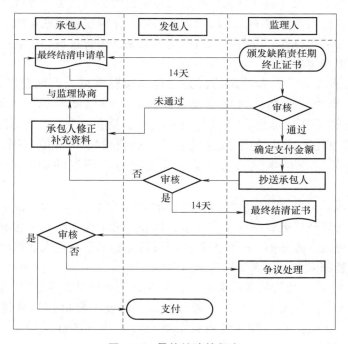

图 14-9　最终结清的程序

本章参考文献

[1]　方远. 我国政府投资工程造价管理问题研究［D］. 南宁：广西大学，2015.

[2]　中国建设监理协会. 建设工程合同管理［M］. 北京：知识产权出版社，2003.

15

第 15 章
工程预付款

　　本章运用内部控制理论对预付款进行研究：①进行内部控制环境分析，梳理出发包人、承包人和监理单位之间的明确分工与具体职责；②对预付款内部控制过程进行分析，从预付款的真实性、预付款应用合法性、预付款的扣回角度对预付款支付活动进行分析与控制，并提出各个要点控制的思想与改善措施；③对预付款的流程进行内部控制与分析，对发包人、承包人和监理三个主体对应的预付款支付全流程进行控制，促进相互之间的信息交流，防止舞弊现象出现，以促进预付款的合法合规有效应用。

　　工程项目规模庞大、投资消耗巨大，承包人在项目中标后就需要投入大量资金为项目开工和施工做准备，发包人为缓解承包人的经济压力以及保证项目顺利实施，预先支付给承包人一定款额用于购置工程材料、设备以及组织施工机械、周转材料和人员进场等。这笔预先支付的款额就是工程预付款。

　　工程预付款能够改变承包人前期的现金流从而减轻承包人的前期经济压力。其原因有二：一是发包人在项目前期垫付给承包人预付款，可以减轻承包人筹集大量资金的经济压力；二是依据 FIDIC 思想，预付款是一笔无息贷款，我国工程实践中也采用这种思想，即预付款的返还不考虑在建设过程中产生的资金时间价值，因此预付款因时间价值产生的溢价可以看作是承包人的收益，改变承包人前期的现金流，促进合同的执行效率。

　　工程预付款也可以抵御通货膨胀给工程项目带来的风险，因为项目前期可以通过使用预付款购买工程项目建设所需的材料和工程设备，从而降低了通货膨胀引起的物价上涨给项目带来的负面影响。通过合理预测，提前购置所需材料能够减轻承包人前期经济压力，抵御通货膨胀风险，因此能够激励承包人更好地执行合同。

　　本章主要以《中华人民共和国标准施工招标文件》（发改委等令第 56 号）［本章以下简称 07 版《标准施工招标文件》（13 年修订）]、《建设工程价款结算暂行办法》（财建〔2004〕369 号）、《建设工程工程量清单计价规范》（GB 50500—2013）（本章以下简称13 版《清单计价规范》）、《建设工程施工合同（示范文本）》（GF—2017—0201）（本章以下简称 17 版《工程施工合同》）、99 版 FIDIC《施工合同条件》（本章以下简称 99 版FIDIC 新红皮书）为依据，介绍了工程预付款的概念、工程预付款的作用、工程预付款的支付前提、工程预付款支付与扣回的程序、工程预付款的相关计算以及工程预付款的违约等内容。

15.1　工程预付款概述

15.1.1　工程预付款的概念

发承包双方在签订合同后（此时的工程价格为签约合同价），建设项目进入实施阶段，为了缓解承包人前期的资金压力，发包人应先支付承包人一定比例的预付款，作为承包人开工的"启动资金"。预付款支付是工程价款支付的开始环节，在其后的进度款支付中还涉及预付款的扣回，直至扣完为止。

不同合同范本和规范文件对预付款的定义有所不同。99 版 FIDIC 新红皮书中预付款的英文为 Advance Payment，即预先支付。13 版《清单计价规范》第 2.0.48 条给出了"预付款"的定义，这与 07 版《标准施工招标文件》（13 年修订）的定义基本相同。具体如表 15-1 所示。

表 15-1　合同文件与计价规范关于预付款的定义

名　　称	颁布年份	条　款　号	具 体 内 容
99 版 FIDIC 新红皮书	1999	14.2	当承包人根据本款提交了银行预付款保函时，雇主应向承包人支付一笔预付款，作为承包人动员工作的无息贷款
07 版《标准施工招标文件》（13 年修订）	2007	17.2.1	预付款用于承包人为合同工程施工购置材料、工程设备、施工设备、修建临时设施以及组织施工队伍进场等。预付款必须专用于合同工程
13 版《清单计价规范》	2013	2.0.48、10.1.1	2.0.48 规定：在开工前，发包人按照合同约定，预先支付给承包人用于购买合同工程施工所需的材料、工程设备以及组织施工机械和人员进场等的款项 10.1.1 规定：承包人应将预付款专用于合同工程

由表 15-1 可知，预付款是发包人按照合同约定，在开工前预先支付给承包人用于购买合同工程施工所需的材料、工程设备，修建临时设施及组织施工机械和人员进场等动工准备的一笔无息贷款。预付款必须专用于合同工程。因此，可以说我国吸收了 FIDIC 思想，预付款的性质已从早期"预付备料款"的概念转化为发包人提前支付承包人的一笔无息贷款。

15.1.2　工程预付款的性质

对于建设工程预付款的性质，现有学者的研究主要集中于三种观点：

第一种观点认为，预付款是提前支付的工程款，是发包人为帮助承包商解决施工前期开展工作时的资金短缺，从未来的工程款中提前支付的一笔款项[1]；第二种观点认为，预付款是发包人向承包人支付的用作动员工作的一笔无息贷款[2]，其额度、分期支付次数及时间、扣回方式等应在合同中约定[3]；第三种观点认为，预付款不仅作为建设工程的启动资金，还具有定金担保的作用[4]。

根据 17 版《工程施工合同》的约定：预付款的支付按照专用合同条款的约定执行；除专用条款另有约定外，预付款在进度款中同比例扣回。由此可见预付款需根据合同约定的时间和相应比例扣回，属于承包人对该项债务的偿还行为，不应将预付款视为提前支付的工程款。同时预付款作为一种预先履行合同的行为，不同于定金作为合同履行担保的性质，因此不应将预付款与定金二者等同。基于上述分析，本书认同预付款是作为建设工程动员工作的无息贷款这一观点。

1. 预付款不具有定金的担保作用

定金合同为实践性合同，交付定金合同成立并生效，这要求定金给付应先于债的履行期，此为定金的预先给付性。有定金的预先给付，定金罚则始得适用，定金的担保功能才能发生。在债务履行后将定金抵作价款的情况下，定金就具有预付款的性质。定金的给付导致定金所有权的转移，受定金人可以占有、使用、收益、自由处分定金。虽然定金给付本身并非以支付价为目的，但一经给付，在事实上就具备了预付款法律和经济上的效果。按照我国立法规定，履行债务以后，定金可以抵作价款，此处"抵作"当解为"抵销"之意，定金具有预付款的性质，但预付款性质只是定金的次要性质，且不可将其过分强调。定金和预付款虽然在实务中往往被混淆，但两者的区别是显著的。"定金与单纯的预付款有质的区别，后者不是合同的担保形式，不具有定金的法律效力"[5]。而且，定金的预付款性质有时也有例外，定金因债务履行而返还时，其预付性质则不够明显。

2. 预付款的性质是无息贷款

预付款的性质是发包人向承包人提供的无息贷款。具体理由为：

一是我国的 13 版《清单计价规范》、07 版《标准施工招标文件》（13 年修订）、17 版《工程施工合同》均认可预付款的贷款性质。我们注意到 13 版《清单计价规范》、07 版《标准施工招标文件》（13 年修订）、17 版《工程施工合同》均对预付款的扣回做出规定，如果预付款本身是先行支付的工程款，则应该属于债务的正常履行，当然无须扣回。可见，我国的标准和规范文件认可承包人从应得工程款中扣除部分给发包人是债务的偿还行为。

二是以国际咨询工程师联合会（FIDIC）为代表的国际惯例明确了预付款是贷款的法律性质。99 版 FIDIC 新红皮书第 14.2 款规定：当承包人按照本条款提交一份保函后，雇主应支付一笔预付款（Advance Payment），作为用于动员的无息贷款（Interest-free Loan）。预付款总额、分期付款的次数，以及适用的货币和比例，应在投标书附录中进行规定。可见，预付款的法律性质为无息贷款而非工程款的支付，在承发包双方之间形成借贷法律关系。

15.1.3 工程预付款的作用

如前文所述，工程预付款是发包人预先支付给承包人用于动工准备的一笔无息贷款，作为承包人开工的"启动资金"，因此工程预付款就有缓解承包人前期资金压力和抵御通货膨胀的作用。

1. 工程预付款可以改变承包人前期现金流，缓解承包人前期工程压力

正因为工程预付款是一笔无息贷款，即预付款的返还不考虑在建设过程中产生的资金时间价值，因此预付款因时间价值产生的溢价可以看作承包人的收益，可以改善承包人前期的现金流。具体示例如下：

假设某工程合同价为 5 亿元，预付款为合同价的 20%，工期为 2 年，预付款扣回方式为从第一个月起每月等额扣回，则承包人的预付款现金流量图如图 15-1 所示（$i = 6\%$）。

由条件可知，$A_0 = 5$ 亿元 $\times 20\% = 1$ 亿元，$A_1 = A_0/24 = 0.042$ 亿元，$i_m = 6\%/12 = 0.5\%$

图 15-1 承包人的预付款现金流量图

把所有的预付款扣回折现，利用等额支付系列现值公式⊖，可知

$$A' = A_1(P/A, i, n) = A_1 \frac{(1+i)^n - 1}{i(1+i)^n} = 0.042 \text{ 亿元} \times \frac{(1+0.5\%)^{24} - 1}{0.5\% \times (1+0.5\%)^{24}} = 0.948 \text{ 亿元}$$

$$A_0 - A' = 1 \text{ 亿元} - 0.948 \text{ 亿元} = 0.052 \text{ 亿元} = 520 \text{ 万元}$$

由计算结果可知，考虑资金的时间价值，由于预付款的提前支付，每月扣回金额现值之和比预付款减少 520 万元，可以视为承包人的收益。此外，发包人在项目前期支付给承包人预付款能避免承包人筹集大量资金的需要，从而减轻承包人前期的经济压力。因此，预付款的支付制度可以缓解承包人前期的资金压力，改善现金流。

2. 工程预付款可以抵御通货膨胀

由工程预付款的概念可知，预付款用于购买合同工程施工所需的材料、工程设备及组织施工机械、周转材料和人员进场等。因此，如果可以合理预测施工所需材料价格的涨幅，提前购入材料价格涨幅较大的材料，则可以有效缓解因通货膨胀对工程所带来的负面影响。

2007~2008 年间，我国建筑市场经历了一次物价大幅上涨的过程。特别是在 2008 年，物价上涨的情况尤为明显。φ14mm 圆钢的价格从 2007 年 5 月的 1400 元/t 涨到 2008 年 6 月的 6900 元/t。很多承包人因签订的总价合同中约定"物价波动原因引起的价款调整一律由承包人承担"而导致了巨额亏损，甚至倒闭。

但也不乏经验丰富的项目经理，通过合理加大预付款比例来抵御通货膨胀的案例。

某私人投资项目⊖2007 年开工，签订总价合同，历时 10 个月，主要为钢结构，初步计算钢结构占总造价的 70% 左右。承包人项目经理预见到未来钢材价格会大幅上涨，因此建议加大预付款比例到 50%，提前购买所需钢材。经过协商，发包人同意这个建议，但要求加大预付款保函的管理力度。由于这个成功的决定，最终这个项目在物价异常波动的情形下顺利完成。

15.2 工程预付款的支付

15.2.1 预付款的支付前提

承包人应在签订合同或向发包人提供与预付款等额的预付款保函后向发包人提交预付款

⊖ 等额支付系列的含义为多次现金流量是连续序列流量，而且数额相等。等额支付系列现值公式的含义为把多次等量连续序列的现金流量折算为现值 P。公式为 $P = A(P/A, i, n) = A \frac{(1+i)^n - 1}{i(1+i)^n}$

⊖ 国有资金投资的项目，预付款的支付额度应在 10%~30% 之间。即使合理预测出材料价格涨幅较大，预付款的支付额度也不应超过 30%，否则不合法。

支付申请。发承包双方在施工合同中应约定承包人在收到预付款前是否需要向发包人提交预付款保函、预付款保函的形式、预付款保函的担保金额、担保金额是否允许根据预付款扣回的数额相应递减等内容。一般，预付款保函金额始终保持与预付款等额，即随着承包人对预付款的偿还逐渐递减保函金额。例如，07版《标准施工招标文件》（13年修订）第17.2.2项规定：除专用合同条款另有约定外，承包人应在收到预付款的同时向发包人提交预付款保函，预付款保函的担保金额应与预付款金额相同。保函的担保金额可根据预付款扣回的金额相应递减。17版《工程施工合同》第12.2.2项规定：发包人要求承包人提供预付款担保的，承包人应在发包人支付预付款7天前提供预付款担保，专用合同条款另有约定除外。预付款担保可采用银行保函、担保公司担保等形式，具体由合同当事人在专用合同条款中约定。在预付款完全扣回之前，承包人应保证预付款担保持续有效。

预付款保函作为对发包人预付款安全的一种保障措施，其本质为发包人对承包人违约风险的转移。通过承包人提供的预付款保函，当承包人不履行其责任或拒绝退还预付款时，发包人可向银行索要赔偿。为了保证这一目的的顺利实现，承包人提供的预付款保函金额一般应与发包人支付的工程预付款的金额相等，但也可根据工程的具体情况由发承包双方在合同中协商约定。

在预付款的管理中，应当加强对预付款保函管理。13版《清单计价规范》表明承包人向发包人提交预付款保函是预付款支付的前提。预付款保函金额始终保持与预付款等额，即随着承包人对预付款的偿还逐渐递减保函金额。在预付款的管理中，应约定预付款保函减额条款。要明确减额规则，明确递减时间安排、递减比例以及递减程序等。

15.2.2　预付款的支付额度

预付款的支付额度在不同合同文件和计价规范中的规定略有不同，但一般规章文件的规定是：包工包料工程的预付款的支付比例不得低于签约合同价（扣除暂列金额）的10%，不宜高于签约合同价（扣除暂列金额）的30%，如表15-2所示。

表15-2　相关文件对预付款额度的规定

比　较　项	条　款　号	颁布年份	条　款　内　容
07版《标准施工招标文件》（13年修订）	17.2	2007	预付款的额度和预付办法在专用合同条款中约定
《建设工程价款结算暂行办法》（财建〔2004〕369号）	第十二条（一）	2004	包工包料工程的预付款按合同约定拨付，原则上预付比例不低于合同金额的10%，不高于合同金额的30%，对重大工程项目，按年度工程计划逐年预付
13版《清单计价规范》	10.1.2	2013	包工包料工程的预付款的支付比例不得低于签约合同价（扣除暂列金额）的10%，不宜高于签约合同价（扣除暂列金额）的30%

在实际工作中，预付款的支付额度要根据各工程类型、合同工期、发承包方式、主要材料比重等不同条件而定。一般来说，主要材料在工程造价中所占比重高的项目，预付款的数额也要相应提高。例如，工业项目中钢结构和管道安装占比重较大的工程，其主要材料所占比重比一般安装工程要高，因而预付款数额也要相应提高；工期短的工程比工期长的工程预付款要高；材料由承包人自行购置的比由发包人供应的预付款要高。只包工不包料的工程项

目，则可以不预付工程款。

在实际工程中，预付款数额准确、合理的确定是进行工程投资控制的一项重要工作，具体的预付款确定有以下三种方法：

1. 按合同中的约定确定支付数额

发包人根据工程的特点、工期长短、市场行情、供求规律等因素，招标时在合同条件中应明确工程预付款的百分比，按此百分比计算工程预付款数额。

2. 按影响因素法确定支付数额

将影响工程预付款数额的每个因素作为参数，按其影响关系，进行工程预付款数额的计算，计算公式为

$$A = \frac{BK}{T} \times t \qquad (15\text{-}1)$$

式中　A——工程预付款数额；

　　　B——年度建筑安装工作量；

　　　K——材料比例，即主要材料和构件费占年度建筑安装工作量的比例；

　　　T——计划工期；

　　　t——材料储备时间，可根据材料储备定额或当地材料供应情况确定。

3. 按额度系数法确定支付数额

将影响工程预付款数额的因素进行综合考虑，确定一个系数，即工程预付款额度系数 λ。其含义是工程预付款额占年度建筑安装工作量的百分比。其计算公式为

$$工程预付款额度系数(\lambda) = \frac{工程预付款数额}{年度建筑安装工程量} \times 100\% \qquad (15\text{-}2)$$

于是可得出工程预付款数额，即

$$工程预付款数额 = 工程预付款额度系数 \times 年度建筑安装工程量 \qquad (15\text{-}3)$$

考虑工程类别、施工期限、建筑材料和构件生产供应情况，通常取 $\lambda = 20\% \sim 30\%$。

装配化程度较高的项目，需要的预制钢筋混凝土构件、金属构件、木制品、铝合金和塑料配件较多，工程预付款的额度应适当加大。

15.2.3　预付款的支付程序

为了更好地进行预付款的支付，承发包双方应在合同签订过程中，对预付款的支付时间及支付程序等具体内容做出明确的约定。在法律法规、《工程量清单计价规范》和合同范本中，承发包双方会根据实际情况针对各项内容约定不同的方式。具体内容如表 15-3 所示。

表 15-3　相关文件对预付款支付的规定

名　称	颁布年份	条款号	具体内容
《建设工程价款结算暂行办法》（财建〔2004〕369 号）	2004	第十二条（二）	在具备施工条件的前提下，发包人应在双方签订合同后的 1 个月内或不迟于约定的开工日期前的 7 天内预付工程款，发包人不按约定预付，承包人应在预付时间到期后 10 天内向发包人发出要求预付的通知，发包人收到通知后仍不按要求预付，承包人可在发出通知 14 天后停止施工，发包人应从约定应付之日起向承包人支付应付款的利息（利率按同期银行贷款利率计），并承担违约责任

（续）

名　　称	颁布年份	条款号	具　体　内　容
13 版《清单计价规范》	2013	10.1	10.1.3　承包人应在签订合同或向发包人提供与预付款等额的预付款保函（如有）后向发包人提交预付款支付申请 10.1.4　发包人应在收到支付申请的 7 天内进行核实，向承包人发出预付款支付证书，并在签发支付证书后的 7 天内向承包人支付预付款 10.1.5　发包人没有按合同约定时支付预付款的，承包人可催告发包人支付；发包人在预付款期满后的 7 天内仍未支付的，承包人可在付款期满后的第 8 天起暂停施工。发包人应承担由此增加的费用和（或）延误的工期，并应向承包人支付合理利润 10.1.6　预付款应从每一个支付期应支付给承包人的工程进度款中扣回，直到扣回的金额达到合同约定的预付款金额为止
17 版《工程施工合同》	2017	12.2.1	预付款的支付按照专用合同条款约定执行，但至迟应在开工通知载明的开工日期 7 天前支付。预付款应当用于材料、工程设备、施工设备的采购及修建临时工程、组织施工队伍进场等。除专用合同条款另有约定外，预付款在进度付款中同比例扣回。在颁发工程接收证书前，提前解除合同的，尚未扣完的预付款应与合同价款一并结算 发包人逾期支付预付款超过 7 天的，承包人有权向发包人发出要求预付的催告通知，发包人收到通知后 7 天内仍未支付的，承包人有权暂停施工，并按第 16.1.1 项〔发包人违约的情形〕执行

通过对比可知，预付款的支付一般都为开工前 7 天，发包人若不按约定进行支付预付款，则承包人有权暂停施工，发包人应承担由此增加的费用和（或）延误的工期，并向承包人支付合理利润。

13 版《清单计价规范》对预付款支付程序的规定较为详细，据此可绘制预付款支付流程图，如图 15-2 所示。

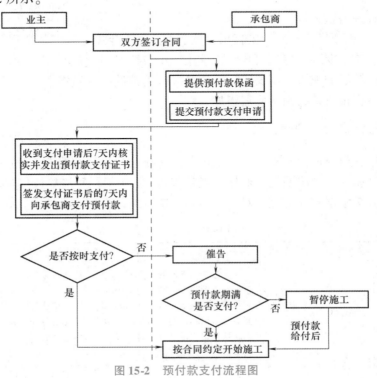

图 15-2　预付款支付流程图

15.2.4　预付款支付的违约

工程预付款的支付与扣回是发包人进行价款管理的主要工作之一。对该项工作控制的效果直接影响着价款管理的程度。因此，预付款的支付与扣回应避免产生违约现象的发生。这其中既包括发包人未及时支付工程预付款的违约，也包括承包人将预付款挪作他用或收到预付款后不履行其施工职责的违约情况。针对各方的违约情况，国家的法律法规及合同范本都规定了较详细的处理措施。相关文件对发包人未及时支付预付款的规定如表 15-4 所示。

表 15-4　相关文件对发包人未及时支付预付款的规定

名　称	颁布年份	条款号	具 体 内 容
《建设工程价款结算暂行办法》（财建〔2004〕369 号）	2004	第十二条	发包人不按约定预付，承包人应在预付时间到期后 10 天内向发包人发出要求预付的通知，发包人收到通知后仍不按要求预付，承包人可在发出通知 14 天后停止施工，发包人应从约定应付之日起向承包人支付应付款的利息（利率按同期银行贷款利率计），并承担违约责任
13 版《清单计价规范》	2013	10.1.5	发包人没有按合同约定按时支付预付款的，承包人可催告发包人支付；发包人在预付款期满后的 7 天内仍未支付的，承包人可在付款期满后的第 8 天起暂停施工。发包人应承担由此增加的费用和延误的工期，并向承包人支付合理利润
17 版《工程施工合同》	2017	12.2.1	发包人逾期支付预付款超过 7 天的，承包人有权向发包人发出要求预付的催告通知，发包人收到通知后 7 天内仍未支付的，承包人有权暂停施工，并按第 16.1.1 项〔发包人违约的情形〕执行

通过以上对比显见，针对发包人未支付预付款情况的处理程序基本相同，只是在具体的处理时限规定上略有不同。发承包双方应在合同条款中对处理时限进行明确的约定，以避免工程施工中的纠纷。根据以上条款的规定可得出：当合同一方违约时，合同的另一方可采取的应对措施分析图如图 15-3 所示。

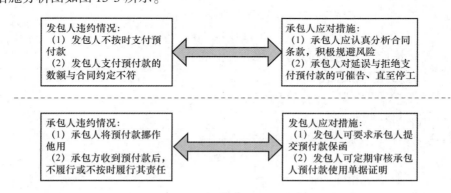

图 15-3　合同违约情况及应对措施分析图

15.3　工程预付款的扣回

工程预付款的扣回主要包括两部分内容：工程预付款起扣点的确定和工程预付款的扣回

方法。

15.3.1 预付款起扣点确定

起扣点的确定方法共有三种，其中《建设项目全过程造价咨询规程》（CECA/GC 4—2009）提出累计工作量法和工作量百分比法，在其他书籍中还提到支付百分比法。

1. 累计工作量法

该方法是从未施工工程尚需的主要材料及构件的价值相当于工程预付款数额时起扣，从每次结算工程价款中，按材料比重扣抵工程价款，竣工前全部扣清。其计算公式为

$$T = P - \frac{M}{N} \tag{15-4}$$

式中　T——起扣点，即工程预付款开始扣回时的累计完成工程价值；

　　　M——工程预付款数额；

　　　N——主要材料费比重；

　　　P——承包工程价款总额。

算例 15-1

某工程合同总额为 200 万元，工程预付款为 24 万元，主要材料、构件所占比重为 60%，问从什么时候开始以后的工程价款支付中要考虑扣除工程预付款，即起扣点为多少万元？

【解答】按起扣点计算公式：

$$T = P - \frac{M}{N} = 200 \text{ 万元} - \frac{24 \text{ 万元}}{60\%} = 160 \text{ 万元}$$

则当工程完成 160 万元时，本项工程预付款开始起扣。

当已完工程超过开始扣回工程预付款时的工程价值时，就要从每次进度款结算中陆续扣回预付的工程款，首次应扣回的预付款数额的计算公式是

$$A = (C - T)N \tag{15-5}$$

式中　A——第一次应扣回的预付款数额；

　　　C——累计已完工程价值；

　　　T——开始扣回预付款时的工程价值；

　　　N——主要材料费比重。

以后每次应扣回预付款数额的计算公式是

$$F = VN \tag{15-6}$$

式中　F——以后每次应扣回的预付款；

　　　V——每次结算的已完工程价值；

　　　N——主要材料费比重。

由于预付款的性质是一笔无息贷款，在进行预付款起扣点的计算时，仍将未施工工程尚需的主要材料及构件的价值占据工程预付款数额的比重作为主要影响因素，意义不大，因此本书不推荐运用具有"按材料比重扣抵工程价款"思想的累计工作量法来计算预付款的起扣点并运用此方法在此基础上进行预付款的扣回。

2. 工作量百分比法

在承包人完成金额累计达到合同总价的一定比例后（《建设项目全过程造价咨询规程条文说明》中建议该比例为 10%），由承包人开始向发包人还款，发包人从每次应付给承包人的金额中扣回工程预付款，发包人至少在合同规定的完工期前一定时间内（《建设项目全过程造价咨询规程条文说明》中建议该时间为 3 个月）将工程预付款的总计金额按逐次分摊的办法扣回。

根据定义，假设建筑安装工程累计完成的建筑安装工程量 T，占年度建筑安装工作量的百分比达到起扣点的百分比时，开始扣还工程预付款，设其为 R，则有

$$R = \frac{T}{P} \times 100\% \tag{15-7}$$

将式（15-4）代入得

$$R = \left(1 - \frac{M}{PN}\right) \times 100\% \tag{15-8}$$

以上所求的百分比应由发承包双方在合同中具体约定，如规定当工程进度达到 60% 时开始抵扣工程预付款。

算例 15-2

某堤防工程项目发包人与承包人签订了工程施工承包合同。合同中估算工程量为 5300m³，单价为 180 元/m³。合同工期为 6 个月。有关付款条款如下：

（1）开工前发包人应向承包人支付估算合同总价 20% 的工程预付款。

（2）工程预付款从承包人获得累计工程款超过估算合同价的 30% 以后的下一个月起，至第 5 个月均匀扣除。承包人每月实际完成工程量情况如表 15-5 所示。

表 15-5　承包人每月实际完成工程量情况

月　份	1	2	3	4	5	6
完成工程量/m³	800	1000	1200	1200	1200	500
累计完成工程量/m³	800	1800	3000	4200	5400	5900

【问题】

（1）估算合同总价为多少？

（2）工程预付款为多少？工程预付款从哪个月起扣回？每月应扣工程预付款为多少？

【解答】

（1）依题意估算合同总价：$5300m^3 \times 180$ 元/$m^3 = 95.4$ 万元

（2）1）工程预付款 = 估算合同总价 $\times 20\% = 95.4$ 万元 $\times 20\% = 19.08$ 万元

　　　 2）预付款的起扣日期

估算合同价 $\times 30\% = 954000$ 元 $\times 30\% = 28.62$ 万元

1 月累计工程款 $= 800m^3 \times 180$ 元/$m^3 = 14.4$ 万元

2 月累计工程款 $= 1800m^3 \times 180$ 元/$m^3 = 32.4$ 万元

$1800m^3 \times 180$ 元/$m^3 = 32.4$ 万元 > 95.4 万元 $\times 30\% = 28.62$ 万元

依题意，经计算工程预付款从第 3 个月起扣。

3）依题意，工程预付款应从3、4、5月均匀扣回。

每月扣：19.08 万元÷3 =6.36 万元

3. 支付百分比法[2]

支付百分比法是在合同中预先规定当期中支付款累计额度达到合同中标金额一定比例时，预付款必须扣还完毕。计算公式为

$$R = \frac{A(C - aS)}{(b - a)S} \tag{15-9}$$

式中 R——在每个期中支付证书中累计扣还的预付款总数；

A——预付款的总额度；

S——中标合同金额；

C——截止每个期中支付证书中累计签证的应付工程款总数，该款额的具体计算方法取决于合同的具体规定，如是在扣除保留金之前或者之后的（一般不包括保留金）还是调价之前或之后（一般为调价之前），C 的取值范围为 $aS < C < bS$；

a——期中支付额度累计达到整个中标合同金额开始扣还预付款的那个百分数；

b——当期中支付款累计额度（同样该款额的具体计算方法取决于合同的具体规定）等于中标合同金额的一个百分数，到此百分数，预付款必须扣还完毕。

此公式的最大优点就是在确定了归还条件后，准确地将每次应归还的预付款计算出，具有很大的操作性与实用价值。

15.3.2 预付款的扣回方法

发承包双方可在合同专用条款中约定扣回方法。在实际经济活动中，情况比较复杂，有些工程工期较短，就无须分期扣回；有些工程工期较长，如跨年度施工，工程预付款可以不扣或少扣，并于次年按应付工程预付款调整，多退少补。具体地说，跨年度工程，预计次年承包工程价值大于或相当于当年承包工程价值时，可以不扣回当年的工程预付款，如小于当年承包工程价值时，应按实际承包工程价值进行调整，在当年扣回部分工程预付款，并将未扣回部分转入次年，直到竣工年度，再按上述办法扣回。

在颁发工程接收证书前，由于不可抗力或其他原因解除合同时，尚未扣清的预付款余额应作为承包人的到期应付款。

预付款的每次扣回额，在实际中一般有三种扣回方法：

第一种扣回方法为等值扣回法⊖。即规定在工程中期支付证书中工程量清单累计金额超过合同价值10% 的当月开始扣回，止于合同规定竣工日期前3 个月的当月，在此期间，从中期支付证书中逐月按等值扣回。也有规定是完全按照签约合同价的完成比例进行约定。例如，开工预付款在进度付款证书的累计金额未达到签约合同价的10% 之前不予扣回，在达到签约合同价的10% 开始到合同规定竣工日期前3 个月，每月从进度款中等额扣回。总结来说就是，约定起扣点和结束扣回时间，在每个支付周期内把预付款等值扣回。

⊖ 见《建设项目全过程造价咨询规程》（中价协〔2009〕008 号）。

第二种扣回方法为固定比例法，也叫"超一扣二"法[⊖]。开工预付款在进度付款证书的累计金额未达到签约合同价的 30% 之前不予扣回，达到签约合同价 30% 后，开始按工程进度以固定比例（每完成签约合同价的 1%，扣回开工预付款的 2%）分期从各月的进度付款证书中扣回，全部金额在进度付款证书的累计金额达到签约合同价的 80% 时扣完。

第三种扣回方法为等比例扣回法。即在每次进度款支付中，都按原比例进行扣回，直到扣完为止。例如，某国际工程合同专用条款对预付款扣回的约定如下：All progress payments shall be subject to a deduction of ten percent（10%）of each and every progress payment until the full amount of the Advance Payment has been refunded.［在每笔进度款中均应扣除百分之十（10%）的金额，直至预付款得到全额偿还。］

15.3.3　预付款扣回的讨论

13 版《清单计价规范》与 17 版《工程施工合同》均无预付款扣回方法的具体规定，需要在合同专用条款中进行约定。上文述述的各种计算方法、起扣点的确定、预付款的扣回等提供了思路和方法，其目的是更好地通过工程预付款改善承包人前期现金流。如果起扣点较早，则不能实现其作用。但有些方法计算复杂，一般在实际工作中，大多采用上文介绍的第三种方法——等比例扣回法，即在每次进度款支付中，都按原比例进行扣回，直到扣完为止。

13 版《清单计价规范》对于工程预付款的扣回程序有较为详细的规定，据此绘制的预付款扣回流程图如图 15-4 所示。

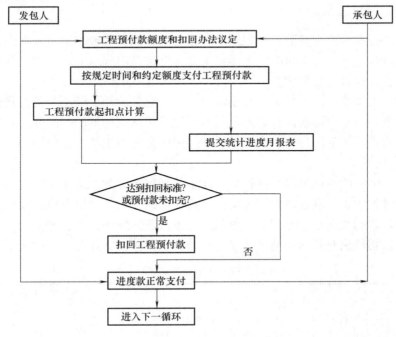

图 15-4　预付款扣回流程图

⊖　见《公路工程标准施工招标文件》。

15.4 工程预付款的内部控制

15.4.1 内部控制环境分析

要解决好预付款的支付问题，发包人、监理工程师和承包人三方要充分明确自己的职责[6]。

在合同的媒介下做好预付款的支付问题。发包人、监理工程师、承包人要分工明确，具体职责分工见表15-6。

表 15-6 预付款支付中相关者的职责

相关者	职责
发包人	在招标文件中规定预付款的限额和扣回方式，对监理单位审核后的材料进行复核
监理工程师	对承包人提交的材料进行审核；向发包人提交已经审核完的承包人的材料，还要提交监理工程师的联系单，以便发包人发现问题或者有不同意见时和监理工程师校对
承包人	提交保函和预付款申请，要求按照施工合同文件的规定比例，同时提交的材料有施工合同的复印件和承包人通用的申请表，以便于承包人的财务部门进行财务管理

15.4.2 内部控制过程分析

预付款的准备在施工准备阶段，包括双方签订了合同、承包人提交了保函、总监理工程师签付开工预付款证书。在支付时，上述三个文件财务部门都应该有一份，分别按照工程款支付凭据的保管、存档进行处理。

工程预付款用于承包人支付施工开始时与本工程有关的动员费用和备料费用，如承包人滥用此款，发包人有权立即收回。因此预付款的风险包括预付款的真实性、预付款应用合法性以及预付款的扣回数量。另外，由于预付款保函的金额越来越大，保函的真实性也成为转移到发包人的风险。

针对风险评估中的各项风险，在控制活动中找到解决方案，确保预付款的支付和使用的真实性。从预付款的支付流程及控制环境和风险评估的分析，可以得出，预付款支付的关键控制点就是预付款的数额是否合理以及承包人对预付款的使用是否合理。

应用内部控制理论对预付款支付活动进行分析，具体内容如表15-7所示。

表 15-7 预付款支付控制活动分析

风险	控制思想	改善措施
预付款的真实性	包工包料工程的预付款按合同约定拨付，原则上预付比例不低于合同金额的10%，不高于合同金额的30%。对重大工程项目，按年度工程计划逐年预付。实体性消耗和非实体性消耗部分应在合同中分别约定支付比例	监理工程师审查工程合同和发包人预付款账簿，核对开工预付款金额是否与招标文件上规定的相同，查明预付款的额度是否合理，有无超过规定的限额

（续）

风　　险	控 制 思 想	改 善 措 施
预付款应用合法性	凡是没有签订合同或不具备施工条件的工程，发包人不得预付工程款，不得以预付款为名转移资金	监理工程师有权监督承包人对该项费用的使用，如经查实承包人滥用开工预付款，发包人有权立即通过银行发出通知以收回开工预付款保函的方式将该款收回
预付款的扣回	预付的工程款必须在合同中约定扣回方式，并在工程进度款中进行扣回	监理工程师审查预付款是否按规定的起扣点和时间扣回，有无延期不扣或少扣的行为

预付款的支付和使用要在发包人、监理工程师和承包人之间透明化，因此要严格按照合同中规定的预付款限额和扣回方式执行。政府投资项目中，承包人提交预付款申请，监理单位审核，发包人委托咨询单位复核，并签署相应的支付证书，然后报送发包人主管部门。主管部门委托投资审核机构进行审计，合格后由财政部门拨付给发包人，再由发包人拨付承包人，同时联系监理单位通知工程情况。这是整个预付款支付流程中的现场信息流。这样就建立了一个以合同为介质的交流平台，便于信息交流和沟通。预付款支付的信息沟通平台如图 15-5 所示。

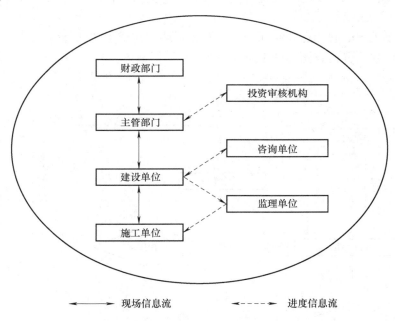

图 15-5　预付款支付的信息沟通平台

监督检查主要是明确各方职责及预付款支付制度的执行情况。预付款的支付和使用情况以及扣回过程，由监理工程师来监督检查。监督检查内容和程序如下：

1. 审查预付款的真实性

预付款金额较大时，除审核付款凭证之外，还应向收款单位查询，核实预付款是否真实，有无虚假问题。以材料抵付时，要审查发包人、承包人双方的供应、领用手续是否完备，计价是否准确。

对于审查预付款的真实性，可以从报送报表、工程施工进度上以及财务资金情况等关键控制点进行分析，具体内容如表15-8所示。

表 15-8　预付款真实性控制点分析

控 制 点	控 制 方 法
从报送报表上控制	对报送的报表要细心、仔细地核对，找出对材料预付款不真实的统计因素，对屡次出现作假的行为进行整顿。为更好地实时了解材料预付款的真实性，可要求承包人每月报送主要材料供应月报表。通过报表可以反映承包人每月的材料供应量和使用情况，做到付款心中有数
从工程施工进度上控制	如果发现上报材料数量与实际施工用量明显不符，可以现场查看施工承包人材料库存。从工程施工角度出发，完成形象工程已耗费的材料数量现场无法统计，但可以通过工程管理部门了解施工承包人构筑物的施工形象工程进度，推算出本期的材料用量，再与施工承包人报送的材料预付款中的材料用量对比，偏差不大即为属实
从财务资金情况上控制	如果发现承包人报送的材料可疑，可以要求承包人将所购材料发票原件送来，给财务部门审核，既可以发现是否使用假发票，又可以对照发票复印件检查是否有涂改行为

2. 审查预付款的合规性和合理性

核对开工预付款金额是否与招标文件上规定的相同，查明预付款的额度是否合理，有无超过规定的限额；工期较长的工程是否按年度工程量拨付预付款，有无计算错误的问题。

3. 审查预付款扣回

审查是否按规定的起扣点和时间扣回，有无延期不扣或少扣的行为。

具体的预付款监督检查图如图15-6所示。

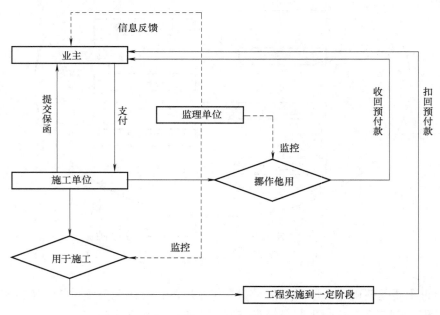

图 15-6　预付款监督检查图

15.4.3　预付款流程的内部控制分析

通过上面的分析可以知道，在预付款的流程中，按时间和额度的约定支付预付款是监督检查预付款支付真实性、合法性的关键点。监理方要对这一点进行严格的监控，在承包人递交的进度月报表上进行严格的控制，并检查工程预付款起扣点计算的准确性，这样才能保证预付款支付过程中不会出现偏差。预付款流程的内部控制分析如图 15-7 所示。

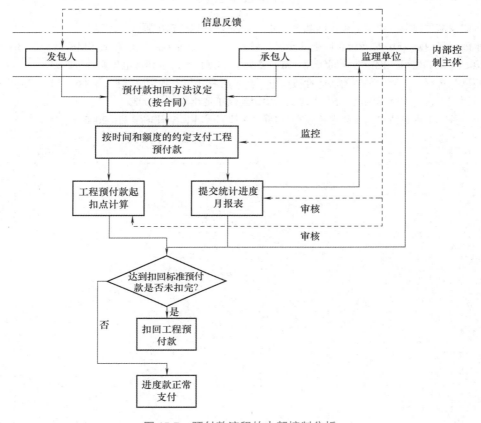

图 15-7　预付款流程的内部控制分析

注：对价款支付/结算进行内部控制分析的过程中，实箭线表示支付的实际进程，虚箭线表示控制主体间关键控制活动线路的信息流。

从内部控制分析图可以看出：监理单位的信息流包括监理单位（或者具有相应资质的咨询单位、投资审核单位）对支付申请材料的审核和对预付款使用的监督等方面，在预付款中审核的材料主要是承包人提交的付款申请单、监理单位提交的审核签证。整个预付款支付流程中的信息传递，包括信息流和资金流，以及承包人提出申请的步骤和发包人拨付预付款给承包人后联系监理单位通报工程情况。

在传统的预付款支付流程中，着重强调发包人和承包人之间按合同的规定支付与扣回预付款，而不能清楚地了解承包人是否在预付款申请和使用上存在问题，因为发包人、监理单位、承包人相互之间都没有信息交流，就难免不出现舞弊现象。在内部控制过程中，根据风险分析和控制活动的分析，已经知道在预付款的支付中，关键控制点就是预付款申请的真实性和使用的合理性，这在信息与沟通中通过监理单位、咨询单位和投资审核机构等多方面的监督可以得到解决。通过内部控制理论的设计，监理单位将通过自己从承包人报送的报表、工程施工进度信息以及财务资金状况等方面得到的信息，绕过承包人直接与发包人进行信息沟通，从而可以使发包人在预付款支付中掌握更多的资料，预防预付款支付与工程的实际情况不符。

本章参考文献

［1］中国建设监理协会．建设工程合同管理［M］．北京：知识产权出版社，2003.

［2］张水波，何伯森．FIDIC 新版合同条件导读与解析［M］．北京：中国建筑工业出版社，2003.

［3］卢谦．建设工程招标投标与合同管理［M］．2 版．北京：中国水利水电出版社，2004.

［4］丁晓欣，宿辉．工程预付款的法律性质探讨［J］．吉林建筑工程学院学报，2006（2）：72-74.

［5］何佰洲．工程合同法律制度［M］．北京：中国建筑工业出版社，2003.

［6］郭志．基于工程量清单的工程造价管理［D］．天津：天津大学管理学院，2006.

第 16 章
工程计量与进度款

本章主要内容为工程计量与进度款支付。工程实践中，与"计量支付"相关的内容一度成为工程项目纠纷的导火线，本章将根据我国现行的相关法规及标准规范、参考并总结实践中的相关经验，给出工程计量和进度款支付的相关原则；进而运用内部控制理论，对进度款支付进行分析与探讨。在本章中主要运用和总结的原则或理论如下：

1. 承包人正确履行合同义务形成的工程量应予计量并支付的原则

工程量清单计价模式下，承包人正确履行合同义务形成的工程量应予计量与支付。已标价工程量清单中的单价子目工程量为估算工程量。结算工程量是承包人实际完成的，并按合同约定的计量方法进行计量的工程量。

2. 从量支付原则

工程量清单计价模式下，由招标工程量清单以及综合单价确定的初始合同价格，因为招标工程量清单中的量是估算工程量（由于图纸深度不够等）不能作为支付和结算的依据，所以是一个动态价格，最终合同价格的形成依赖于最终结算，因此清单计价模式下的单价合同存在"重新计量"需求，重新计量合同在价款支付的相关规定中处处遵循"从量支付"原则。"从量支付"原则的核心是：精准的量是价款支付的依据，没有工程量就不能支付。

3. 内部控制理论

本章运用内部控制理论对进度款支付进行分析。主要进行正常情况下进度款支付的内部控制分析和进度款支付过程中变更、签证、调价、索赔的内部控制分析。通过对进度款内部控制环境分析、过程分析及计量支付流程内部分析，识别发承包双方、监理方的职责义务，梳理进度款支付的关键控制点与防止失控的措施，以对计量支付过程中产生的各种问题进行总结、纠正，不断完善，完成进度款合理支付。

工程计量与进度款支付是对合同履行过程中合同状态的确认。单价合同为典型的重新计量合同（Re-measurement Contract），即招标工程量清单列明的工程量是估算工程量，结算要按照实际完成的工程量进行价款结算。这类合同主要表现在工程完成之前合同价格的不确定性与支付程序的复杂性[1]。在重新计量合同里应采取定期预付的方式，根据对已完工程和供应材料的合理估价对承包人进行支付[2]，这也是进度款支付制度存在的原因。

《建设工程工程量清单计价规范》（GB 50500—2013）（本章以下简称13版《清单计价规范》）要求过程中确认的工程计量结果和合同价款直接进入结算，强调过程计量结果的重要性。为确保合同履行阶段计量结果的准确性，根据工程控制原理，加入了反馈机制——对历次支付证书的修正程序。但是99版FIDIC《施工合同条件》（本章以下简称99版FIDIC

新红皮书）与13版《清单计价规范》对于进度款修正程序的规定略有不同。99版FIDIC新红皮书规定，工程师可以对除了最终支付证书以外的由工程师签发的任何支付证书进行调整或更改，而13版《清单计价规范》规定的进度款修正的截止时间为最后一次进度款支付，即最后一次进度支付结束后不能对过程确认的工程计量结果和合同价款进行修改。

本章主要以《中华人民共和国标准施工招标文件》（发改委等令第56号）[本章以下简称07版《标准施工招标文件》（13年修订）]、《建设工程价款结算暂行办法》（财建〔2004〕369号）、13版《清单计价规范》、《建设工程施工合同（示范文本）》（GF—2017—0201）（本章以下简称17版《工程施工合同》）、99版FIDIC新红皮书为依据，介绍了工程计量的方法与程序、工程进度款的支付程序、工程进度款的相关计算等内容。

16.1 进度款的理论基础

16.1.1 履约计量原则

1. 承包人正确履行合同义务

工程量清单计价模式下，承包人正确履行合同义务形成的工程量应予计量与支付。已标价工程量清单中的单价子目工程量为估算工程量。结算工程量是承包人实际完成的，并按合同约定的计量方法进行计量的工程量。"承包人正确履行合同义务"应符合以下四点：

1）承包人应按图按发包人指令按标准规范施工（即在合同范围内施工），承包人不应超出设计图纸（含设计变更）范围施工。

2）承包人应承担工程缺陷责任（即承包人原因导致的返工工程量）。

3）招标工程量清单中出现缺项、工程量偏差等错误导致工程量发生增减变化的，承包人不为此承担责任。

4）承包人不承担工程变更（发包人提出或承包人提出经发包人同意）的风险，即变更引起的工程量的增减应予计量。

综上所述，承包人正确履行合同义务是指承包人按图、按指令、按标准规范施工。

2. 承包人正确履行合同义务形成的工程量应予计量

（1）法释思想支持对承包人正确履行合同义务形成的工程量应予计量

1）《最高人民法院关于审理建设工程施工合同纠纷案件适用法律问题的解释》法释〔2004〕第14号第十九条："当事人对工程量有争议的，按照施工过程中形成的签证等书面文件确认。承包人能够证明发包人同意其施工，但未能提供签证文件证明工程量发生的，可以按照当事人提供的其他证据确认实际发生的工程量。"

2）《北京市高级人民法院关于审理建设工程施工合同纠纷案件若干疑难问题的解答》第10条规定：工程监理人员在监理过程中签字确认的签证文件，涉及工程量、工期及工程质量等事实的，对发包人具有约束力。

第16条规定：工程因设计变更、规划调整等客观原因导致工程量增减、质量标准或施工工期发生变化，当事人签订补充协议、会谈纪要等书面文件对中标合同的实质性内容进行变更和补充的，属于正常的合同变更，应以上述文件作为确定当事人权利义务的依据。

在施工过程中形成的签证文件是承包人在施工中正确履行合同义务的工程量的佐证，工程因设计变更、规划等调整导致的变更也是对承包人工作量的一种变现形式，因此在施工中发生的工程量应该根据实际情况进行计量。

（2）现有部门标准支持正确履行合同义务形成的工程量应予计量

1）07 版《标准施工招标文件》（13 年修订）第 17.1.4 项第一款规定：

已标价工程量清单中的单价子目工程量为估算工程量。结算工程量是承包人实际完成的，并按合同约定的计量方法进行计量的工程量。

2）13 版《清单计价规范》第 8.2.2 条规定：

施工中进行工程计量，当发现招标工程量清单中出现缺项、工程量偏差，或因工程变更引起工程量增减时，应按承包人在履行合同义务中完成的工程量计算。

（3）FIDIC 研究学者支持正确履行合同义务形成的工程量应予计量

1）FIDIC 研究学者在《哈德逊论建筑和工程合同》（哈德逊著）中阐述道，"建筑师应该按照工程量表及承包人实际完成应予计量的部分进行有效计量，如果工程量表不能达到合理、准确的计量要求，则承包人有权要求建筑师予以赔偿"。

2）《FIDIC 系列工程合同范本——编制原理与应用指南》（英尼尔 G. 巴尼著）第 3 章 "基于习惯法系的法律概念"中 3.7 节 "履行合同义务"中规定：

当合同双方履行其合同义务时，合同就通过履行义务而得到执行。在建设工程合同中，一方面，履行合同意味着承包人要完成工程以及修复工程缺陷的义务，另一方面，履行合同也意味着发包人要认可承包人义务工程量并履行支付的义务。

3. 承包人正确履行合同义务形成的工程量应予计量并支付

（1）双务合同之债之正确履行合同义务形成的工程量应予支付　《中华人民共和国民法总则》之债权债务规则规定，民事主体依法享有债权。债权是因合同、侵权行为、无因管理、不当得利以及法律的其他规定，权利人请求特定义务人为或者不为一定行为的权利。

在双务工程合同之债中，承包人正确履行合同义务形成工程量是其索要薪酬支付债权的累积。虽然发承包双方合同义务履行出现时间上的前后性，然而按照工程量得以认可是施工合同之债消灭前提的思想，对承包人正确履行合同义务形成的工程量给予支付则是理所应当的。

（2）客观事实向法律事实转化　工程计量支付中保障法律事实与客观事实一致性的路径是经过一系列法定的计量支付程序将结算工程量变为可支付的结算工程量，即工程计量通过计量支付程序得到双方确认，形成可供法官审理、判断的法律依据，即工程计量支付中双方确认的过程性文件成为法律事实成立的要件。

16.1.2　从量支付原则

1. 三位一体本质即 "从量支付"

清单计价模式具有量价分离的特性；单价合同的定义主要强调合同价格的可调整性，因为 17 版《工程施工合同》与《建设工程价款结算暂行办法》（财建〔2004〕369 号）对单价合同的定义同时明确了单价合同具有综合单价风险范围内包干的属性，因此单价合同的可调整性主要体现在了工程量的调整上；设计—招标—建造（DBB）模式提供的是阶段性服务并不是一次性交付成果，所以不适合总价包干，也要求采用单价合同。因此在清单计价模式、单价合同、DBB 模式三位一体系统下，要求建设项目必须遵循 "从量支付" 原则，其中进度款的支付主要是依据承包人正确履行合同义务形成的工程量计量结果，结算款的依据是历次期中支付的累计。

2. 正确履行合同义务形成的量是支付依据

99 版 FIDIC 新红皮书本质上是一种"新计量"合同，它认为工程量表或其他资料表可能列出的任何数量都是估计数，因此在合同执行过程中需要随时对合同进行补偿，其中补偿的途径即为"从量支付"。07 版《标准施工招标文件》（13 年修订）以及 13 版《清单计价规范》与 99 版 FIDIC 新红皮书思想一致，否定招标工程量的准确性，主要通过重新计量工程量进行进度款支付，从而实现对合同状态的补偿。尼尔 G. 巴尼（2007）将"核实并决定"解释为重新计量实际完成的工程量。在红皮书模式下，发包人并不保证工程量清单中的工程量是准确无误的。显然，若不经过重新计量，则不能保证实现合理风险分担，也不能够实现合理的支付。因此精确的量是工程价款支付与结算的依据，没有量就不存在支付。关于量的说法，张水波等把进度款支付依据的量称作"重新计量"，从专业造价角度出发应称之为"计量"。清单中的量是根据清单计算规则算出来的，而实际过程中支付依据的量是按照合同约定的计算规则，按照实际集合尺寸测量计算出来的量。

3. 计量的范围

清单计价模式下单价合同遵循"从量支付"原则。那么从哪些量是可以支付的？从哪些量是不予以支付的呢？根据《建设工程价款结算暂行办法》（财建〔2004〕369 号）中第十三条的相关规定："对承包人超出设计图纸（含设计变更）范围和因承包人原因造成返工的工程量发包人不予计量"。以上条款说明因未按照图纸以及承包人自身原因导致工程量的增加是不予以计量的。

那么予以计量的量是哪些呢？简单地说，从量支付的量就是承包人正确履行合同义务形成的工程量。承包人正确履行合同义务即按图纸施工、按指令施工、按标准规范施工。如果发包人提供的图纸错误或者指令错误怎么办？因此承包人正确履行合同义务是建立在上述三个"按"原则两两结合的基础上的，即按指令施工也必须符合标准规范，按图纸施工也必须符合标准规范。其中签证也是计量过程中必须考虑的一个因素，其本质也是按照指令施工（有时不是指令，但涉及无因管理之债，一般会得到发包人的认可），形成的量必须予以计量支付。

16.2 工程计量管理概述

16.2.1 工程计量的概念

07 版《标准施工招标文件》（13 年修订）第 17.1.4 项规定：已标价工程量清单中的单价子目工程量为估算工程量。结算工程量是承包人实际完成的，并按合同约定的计量方法进行计量的工程量。

99 版 FIDIC 新红皮书属于重新计量合同（Re-measurement Contract），即工程量清单中的工程量为发包人估算工程量，发包人不保证其准确无误，需要对完成的工作内容进行最终的重新计量。工程计量既是对估算的工程量的确认，也是对合同履行状态的确认。

重新计量合同与我国单价合同的概念相似，招标工程量清单中的工程量为估算工程量，因此要求工程量据实结算。

由此可知，工程计量是依据合同约定的计量规则和方法对承包人实际完成工程数量进行的确认和计算。

16.2.2 工程计量的依据

目前，学术界对国际惯例形成了较为一致的看法，在对建设工程的工程管理领域内，尤其是在工程造价管理方面，有三种不同的模式并存：第一，工料测量（Quantity Surveying，QS）体系，以英国和中国香港为代表；第二，造价工程管理（Cost Engineering，CE）体系，以北美的造价管理为代表；第三，积算制度，主要适用于日本的工程管理。不同模式下的工程计量各有体系。

1. QS 体系下的工程计量

以英国为代表的工料测量制度的基础是建设工程工程量的测算以及计量的方法。由于英国暂时没有相对统一的价格标准，因此，规定的工程量的计算规则就成为参与建设工程各参与方所共同遵守工程量计算的基本规则。在建设工程管理领域中，应用最广泛的为《建筑工程工程量标准计算规则》（Standard Method of Measurement of Building Works，SMM），它是由英国皇家特许测量师学会组织指定的计算准则。在土木工程领域，英国土木工程师学会制定的《土木工程工程量标准计算规则》（Civil Engineering Standard Method of Measurement：Third Edition，CESMM3A）。统一的工程量计算规则为工程量的计算、计价工作及工程造价管理提供了规范化、科学化的基础。

中国香港的工程计价方法一般是先确定拟建工程的工程量，计算规则按照《香港建筑工程工程量计算规则》（Hong Kong Standard Method of Measurement）确定。这种计算规则由香港测量师编制而成，该规则来源于 SMM，而 SMM 明确规定了每一项目应该如何计算工程量。香港的建筑工程的工程量计算都要执行《香港建筑工程工程量计算规则》的规定。无论是公共建筑工程还是私人建筑工程，都应该按照该规定计算建筑工程的工程量，《香港建筑工程工程量计算规则》与 2013 版《清单计价规范》规定的工程量计算规则相同，都是法定性的规范文件[3]。一般情况下，所有的招标工程都由工料测量师确定工程量，并作为招标文件的一部分随招标文件公布，承包人不用计算或者复核。承包人对已有的工程量清单进行自主报价。

2. CE 体系下的工程计量

美国政府部门未统一发布工程量计算规则和工程定额，但这并不意味着美国的工程估价无章可循。许多专业协会、大型工程咨询顾问公司、政府有关部门出版了大量的商业出版物，可供工程估价时选用，美国各地政府也在对上述资料综合分析的基础上定时发布工程成本材料指南。美国工程造价管理体系的形成基础是充分竞争的市场机制，在未有统一的工程造价概预算定额与工程量计量规则的前提下，主要依据历史统计资料确定工程"量"，根据市场行情确定"价"，对政府参与投资的项目的工程造价管理也有完善的部门性管理规章[4]。

3. 工程积算制度下的工程计量

日本的工程造价管理与我国较为类似，定额取费方式基本一致，即由建设省制定一整套工程计价标准，作为建筑工程积算基准。该基准被政府公共工程和一般工程广泛采用。日本采用了较为独特的计价模式，该计价模式的首要特点是量价分离。采用量价分离方式进行工程计价的前提是确定工程量，一般先由建筑积算人员按此规则计算出工程量。工程量的计算，按照建筑积算研究会编制的《建筑数量计算基准》标准进行，并以设计图纸及设计书为基础，对工程数量进行调查、记录和合计，从而对构成建筑的各部分进行准确而详细的计量和计算[5]。

与我国工程造价管理体系最为相近的当属日本的工程积算制度。日本的工程积算体系与我国的定额体系有许多相似之处，但日本采用的是"市场定价体系"。随着我国从计划经济向市场经济的转变，我国内地从 2003 年开始实施工程量清单计价，经过 2008 年和 2013 年两个版本的发展，中国的工程量清单计价模式正在逐渐走向成熟。尤其是 13 版《清单计价规范》，从重视竣工结算结果管理转变为依靠计量计价的期中过程管理，为工程价款精细化、科学化管理提供了有力依据。13 版《清单计价规范》是推行工程量清单计价改革过程中的重要文件。我国《清单计价规范》的构成与发展如图 16-1 所示。

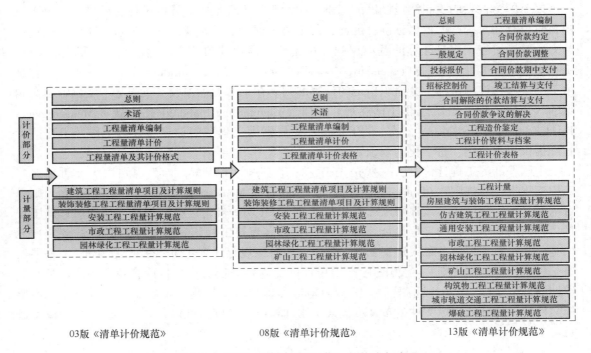

图 16-1　我国《清单计价规范》的构成与发展

从构成体系上可以看出，13 版《清单计价规范》包括计价和计量两个部分。目前《清单计价规范》已颁布的 08 版和 13 版两个版本都沿用该结构。与英国 SMM 体系相比，我国《清单计价规范》有三大特点：①《清单计价规范》对不同类型的项目按照五个级别进行逐次分解；②《清单计价规范》包括计价和计量两个部分，两者配套使用，而国外的工程量清单计价部分主要是参考各种合同范本，在具体合同中由发承包双方进行约定；③在实际操作中，国内的工程量清单计价还与原有的定额配套使用，虽然《清单计价规范》统一了工程量计量规则，但综合单价的确定仍沿用原有的定额数据。

16.2.3　工程计量的性质

1. 工程计量的实质即重新计量

工程计量具有多次性的特点[6]。工程交易阶段，造价工程师会依据设计图纸按照统一的计量规则计算图纸工程量，该工程量为承包人投标报价时的工程量。如果是采用单价合同方式，该工程量清单中的工程量只是暂估工程量。

工程实施阶段的工程计量是对承包人已经实施的工作，按照合同约定程序由承发包双方或者其代表实地测量所得的工程数量。按照 99 版 FIDIC 新红皮书的约定，测量的目的是确定工程的支付价值。经过测量程序后，如果双方对测量结果没有异议，就认为测量所得的工程量为准确的并被接受的工程量。因此，工程量的正确计量是发包人向承包人支付工程进度款的前提和依据。工程计量的多次性如图 16-2 所示。

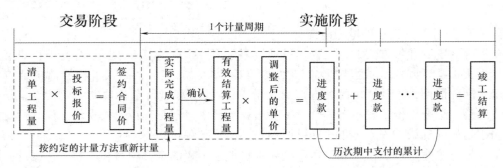

图 16-2　动态计量示意图

由图 16-2 可知，计量不是一次性的行为，而是一个动态的过程，招投标阶段形成的工程量清单中的工程量只是估算工程量，承包人实际完成的工程量需要按合同中约定的计量方式和周期进行重新计量，以确定最终的结算工程量，即项目实施阶段不断地对承包商已完工程量进行重新计量。

2. 单价合同是重新计量的合同

在土木工程中因地下工程量很多，工程量无法准确预测，因而倾向于采用重新计量合同，即发包人承担原估算工程量以及投标时报价的某些费率与价格的变动风险的合同（尼尔 G. 巴尼，2009）。

ICE 合同范本和 99 版 FIDIC 新红皮书均属于此类合同。《ICE 合同条件》第 20.1 节中关于变更估价有如下规定："投标总金额与合同价格并无直接关系，最终合同价格的确定有别于总价合同，对 ICE 合同类型的本身用一种专业的合同进行描述，定义该类合同为'重新计量'合同。"按照 99 版 FIDIC 新红皮书第 12.1 款的约定，对工程进行测量的目的是确定其支付价值。第 14.1 款规定，工程量清单中列出的任何工程量仅为估算的工程量。同时第 12.1 款还规定，承包人实际完成的待支付的工程量需经过一定的测量程序，承包人和工程师对工程测量结果达成一致，则认为测量所得的工程量为准确的，并被接受。

我国主要存在三种合同类型：单价合同、总价合同、成本加酬金合同。根据 13 版《清单计价规范》第 2.0.11 条：单价合同是指发承包双方约定以工程量清单及其综合单价进行合同价款计算、调整和确认的建设工程施工合同。单价合同通常采用工程量清单进行招标，招标工程量清单中的量是估算工程量，进度款结算与竣工结算要以承包人实际完成合同工程应予计量的工程量确定。单价合同为典型的重新计量合同，即招标工程量清单列明的工程量是估算工程量，要按照实际完成的工程量进行价款结算。这类合同主要表现在工程完成之前合同价格的不确定性与支付程序的复杂性。在重新计量合同里应采取定期预付的方式，根据对已完工程和供应材料的合理估价对承包人进行支付，这也是进度款支付制度存在的原因[7]。

根据 13 版《清单计价规范》第 2.0.12 条，"总价合同是指发承包双方约定以施工图及其预算和有关条件进行合同价款计算、调整和确认的建设工程施工合同"。尽管根据 13 版《清单计价规范》第 8.3.1 条，采用工程量清单方式招标形成的总价合同，其工程量的确定同单价合同，但是除工程变更外总价合同价款一般不予调整，即总价合同工程量为招标工程量加变更增加的工程量。因此工程计量（重新计量）必须在单价合同的环境下才能实现。

16.2.4　工程计量的前提

1. 工程量清单是工程计量的前提

在传统的定额计价方式下，工程建设项目多采用按阶段结算方式，不存在严格意义上的按月计量支付结算方式，工程按形象进度进行工程价款的支付；而在工程量清单计价方式下，遵循国际惯例，价款结算的关键是"计量支付"。工程量清单计价的主要特点就是工程量按实调整，综合单价一般不得调整。工程结算主要依赖于工程计量的支付，而计量支付的核心问题是如何确认工程实体项目和措施项目的结算工程量[8]。

工程量清单是指按照招标和设计图纸要求将拟建工程的全部项目和内容，依据统一的工程量计算规则、统一的工程量清单项目编制规则要求，计算拟建工程的实物工程量项目和措施项目的数量清单[9]。工程量清单可以用于重新计量实际完成的工程量以及合同价格决算[2]。工程量清单是计量支付的前提，也就是说，只有以工程量清单方式招标形成的合同价款的支付才会产生计量支付。工程量清单是计量支付的依据，招标工程量清单中数量不能作为最终结算和支付的依据，工程量清单数量必须通过工程变更报经发包人批准后才能更改[10]。

2. 13 版《清单计价规范》合并了单价、总价合同的计量规则

我国从 2003 年开始实施工程量清单计价，经过 2008 版和 2013 版《清单计价规范》的发展，中国的工程量清单计价模式正在逐渐走向成熟。尤其是 13 版《清单计价规范》否定了竣工图重算的计量规定，从重视竣工结算结果管理转变为依靠计量计价的期中支付的过程管理，为工程价款精细化、科学化管理提供了有力依据。13 版《清单计价规范》包括计量和计价两部分，计价规范和各专业工程工程量计算规范分别独立成册，配合使用。其中计量部分（包括《清单计价规范》中第 8 章"工程计量"）统一了工程量计算规则，是我国现阶段工程计量的主要依据。

13 版《清单计价规范》对单价合同和总价合同工程计量的规定如表 16-1 所示。

表 16-1　13 版《清单计价规范》对工程计量的规定

比较项	单价合同	总价合同	
		以工程量清单方式招标的总价合同	经审定批准的施工图纸及其预算方式发包形成的总价合同
计量方法	施工中进行工程计量，当发现招标工程量清单中出现缺项、工程量偏差，或因工程变更引起工程量的增减，应按承包人在履行合同义务中完成的工程量计算	同单价合同	除按照工程变更规定的工程量增减外，总价合同各项目的工程量应为承包人用于结算的最终工程量

（续）

比较项	单价合同	总价合同	
		以工程量清单方式招标的总价合同	经审定批准的施工图纸及其预算方式发包形成的总价合同
计量周期	承包人应当按照合同约定的计量周期和时间，向发包人提交当期已完工程量报告	应以合同工程经审定批准的施工图纸为依据，发承包双方应在合同中约定工程计量的形象目标或时间节点进行计量	应以合同工程经审定批准的施工图纸为依据，发承包双方应在合同中约定工程计量的形象目标或时间节点进行计量

由表 16-1 可知，13 版《清单计价规范》合并了单价、总价合同的工程计量规则，否定了竣工图重算，明确了凡是以工程量清单招标形成的合同（包括单价合同和总价合同）均应进行重新计量。此规范重新界定了单价、总价合同的风险范围，即总价合同并不等于风险包干，以工程量清单方式招标的总价合同的计量方式同单价合同；经审定批准的施工图纸及其预算方式发包形成的总价合同也不包括工程变更的风险。

16.2.5　工程计量的范围

国内外法律、合同范本以及专著对工程计量范围的规定如表 16-2 所示。

表 16-2　国内外各规范性文件中对工程计量范围的规定

序号	文件名称	内容描述
1	《建设工程价款结算暂行办法》（财建〔2004〕369 号）	第十三条（二）规定：对承包人超出设计图纸（含设计变更）范围和因承包人原因造成返工的工程量，发包人不予计量
2	13 版《清单计价规范》	第 4.1.2 条（强制条文）规定：招标工程量清单必须作为招标文件的组成部分，其准确性和完整性由招标人负责 第 8.1.3 条规定：因承包人原因造成的超出合同工程范围施工或返工的工程量，发包人不予计量 第 8.2.1 条规定：工程量必须以承包人完成合同工程应予计量的工程量确定 第 8.2.2 条规定：施工中进行工程计量，若发现招标工程量清单中出现缺项、工程量偏差，或因工程变更引起工程量的增减，应按承包人在履行合同义务中完成的工程量计算
3	17 版《工程施工合同》	第 12.3.1 项量原则：工程量计量按照合同约定的工程量计算规则、图纸及变更指示等进行计量
4	《哈德逊论建筑和工程合同》	建筑师应该按照工程量表及承包人实际完成应予计量的部分进行有效计量，如果工程量表不能达到合理、准确计量要求时，则承包人有权要求建筑师予以赔偿
5	《FIDIC 系列工程合同范本——编制原理与应用指南》	在建设工程合同中，一方面，履行合同意味着承包人要完成工程以及修复工程缺陷的义务，另一方面，履行合同也意味着发包人要认可承包人义务工程量并履行支付的义务

根据 13 版《清单计价规范》，在工程量清单计价模式下，发包人承担工程量的风险。由于发包人依据施工图设计编制的招标文件中的工程量只是估算量，在施工过程中，当出现实际工程量与清单工程量不一致的情况时，应以承包人实际完成合同工程应予计量的工程量

确定，即承包人正确履行合同义务形成的工程量应予计量并支付。

综上所述，应计量的范围是承包人实际完成的工程量，除去承包人超出设计图纸（含设计变更）范围和因承包人原因造成返工的工程量。

16.2.6　工程计量的方法

工程实施阶段的工程计量是对承包人已经实施的工作，按照合同约定程序由发承包双方或者其代表实地测量所得的工程数量。测量的目的是确定工程的支付价值。经过测量程序后，如果双方对测量结果没有异议，就认为测量所得的工程量为准确的并被接受的工程量。因此，工程量的正确计量是发包人向承包人支付工程进度款的前提和依据。工程计量中采用的技术与方法的先进性、计量人员计量规则运用的正确性、施工机械操作的精度等因素都将直接影响工程量计量的准确性。需根据计量工程的特点确定使用不同的计量方法。一般来说，以图纸测量为主，灵活选用其他方法辅助。

对于已完工程或工作内容，一般可按照以下方法进行计量：

工程量必须按照相关现行国家工程量计算规范规定的工程量计算规则计算。工程计量可选择按月或按工程形象进度分段计量，具体计量周期在合同中约定。因承包人原因造成的超出合同工程范围施工或返工的工程量，发包人不予计量。

1. 单价合同的计量

工程量必须以承包人完成合同工程应予计量的按照现行国家计量规范规定的工程量计算规则计算得到的工程量确定。施工中工程计量时，若发现招标工程量清单中出现缺项、工程量偏差，或因工程变更引起工程量的增减，应按承包人在履行合同义务中完成的工程量计算。

2. 总价合同的计量

采用工程量清单方式招标形成的总价合同，其工程量应按照与单价合同相同的方式计算。采用经审定批准的施工图纸及其预算方式发包形成的总价合同，除按照工程变更规定引起的工程量增减外，总价合同各项目的工程量是承包人用于结算的最终工程量。总价合同约定的项目计量应以合同工程经审定批准的施工图纸为依据，发承包双方应在合同中约定工程计量的形象进度或时间节点来进行计量。

3. 成本加酬金的合同

成本加酬金合同按照单价合同的计量规定进行。

16.2.7　工程计量的程序

1.《建设工程价款结算暂行办法》（财建〔2004〕369 号）规定的工程计量程序

第十三条规定，工程量计量应当符合以下程序：

1）承包人应当按照合同约定的方法和时间，向发包人提交已完工程量的报告。发包人接到报告后 14 天内核实已完工程量，并在核实前 1 天通知承包人，承包人应提供条件并派人参加核实，承包人收到通知后不参加核实，以发包人核实的工程量作为工程价款支付的依据。发包人不按约定时间通知承包人，致使承包人未能参加核实，核实结果无效。

2）发包人收到承包人报告后 14 天内未核实完工程量，从第 15 天起，承包人报告的工程量即视为被确认，作为工程价款支付的依据，双方合同另有约定的，按合同执行。

2. 07 版《标准施工招标文件》（13 年修订）规定的工程计量程序

除合同双方另有约定外，综合单价子目已完成工程量按月计算，总价包干子目的计量周期按批准的支付分解报告确定。

（1）单价子目的计量　已标价工程量清单中的单价子目工程量为估算工程量。结算工程量是承包人实际完成的，并按合同约定的计量方法进行计量的工程量。具体的计量程序如下：

1）承包人对已完成的工程进行计量，向监理人提交进度付款申请单、已完成工程量报表和有关计量资料。

2）监理人对承包人提交的工程量报表进行复核，以确定实际完成的工程量。对数量有异议的，可要求承包人按合同约定进行共同复核和抽样复测。承包人应协助监理人进行复核并按监理人要求提供补充计量资料。承包人未按监理人要求参加复核，监理人复核或修正的工程量即视为承包人实际完成的工程量。

3）监理人认为有必要时，可通知承包人共同进行联合测量、计量，承包人应遵照执行。

4）承包人完成工程量清单中每个子目的工程量后，监理人应要求承包人派员共同对每个子目的历次计量报表进行汇总，以核实最终结算工程量。监理人可要求承包人提供补充计量资料，以确定最后一次进度付款的准确工程量。承包人未按监理人要求派员参加的，监理人最终核实的工程量即视为承包人完成该子目的准确工程量。

5）监理人应在收到承包人提交的工程量报表后的 7 天内进行复核，监理人未在约定时间内复核的，承包人提交的工程量报表中的工程量即视为承包人实际完成的工程量，据此计算工程价款。

（2）总价子目的计量　总价子目的计量和支付应以总价为基础，不因物价波动的因素而进行合同价格调整。承包人实际完成的工程量，是进行工程目标管理和控制进度支付的依据。具体的计量程序如下：

1）承包人在合同约定的每个计量周期内，对已完成的工程进行计量，并向监理人提交进度付款申请单、专用合同条款约定的合同总价支付分解表所表示的阶段性或分项计量的支持性资料，以及所达到工程形象目标或分阶段需完成的工程量和有关计量资料。

2）监理人对承包人提交的上述资料进行复核，以确定分阶段实际完成的工程量和工程形象目标。对其有异议的，可要求承包人按合同约定进行共同复核和抽样复测。

3）除按照合同约定的变更外，总价子目的工程量是承包人用于结算的最终工程量。

3. 13 版《清单计价规范》规定的工程计量程序

（1）一般规定　工程量必须按照相关工程现行国家计量规范规定的工程量计算规则计算。工程计量可选择按月或按工程形象进度分段计量，具体计量周期在合同中约定。因承包人原因造成的超出合同工程范围施工或返工的工程量，发包人不予计量。成本加酬金合同按照单价合同的计量规定进行计量。

（2）单价合同计量　单价合同工程量必须以承包人完成合同工程应予计量的按照现行国家计量规范规定的工程量计算规则计算得到的工程量确定。施工中工程计量时，若发现招标工程量清单中出现缺项、工程量偏差，或因工程变更引起工程量的增减，应按承包人在履行合同义务中完成的工程量计算。具体的计量程序如下：

1）承包人应当按照合同约定的计量周期和时间，向发包人提交当期已完工程量报告。发包人应在收到报告后 7 天内核实，并将核实计量结果通知承包人。发包人未在约定时间内进行核实的，则承包人提交的计量报告中所列的工程量视为承包人实际完成的工程量。

2）发包人认为需要进行现场计量核实时，应在计量前 15 小时通知承包人，承包人应为计量提供便利条件并派人参加。双方均同意核实结果时，则双方应在上述记录上签字确认。承包人收到通知后不派人参加计量，视为认可发包人的计量核实结果。发包人不按照约定时间通知承包人，致使承包人未能派人参加计量，计量核实结果无效。

3）如果承包人认为发包人核实后的计量结果有误，则应在收到计量结果通知后的 7 天内向发包人提出书面意见，并附上其认为正确的计量结果和详细的计算资料。发包人收到书面意见后，应在 7 天内对承包人的计量结果进行复核后通知承包人。承包人对复核计量结果仍有异议的，按照合同约定的争议解决办法处理。

4）承包人完成已标价工程量清单中每个项目的工程量后，发包人应要求承包人派人共同对每个项目的历次计量报表进行汇总，以核实最终结算工程量。发承包双方应在汇总表上签字确认。

（3）总价合同计量

1）采用施工图预算方式发包。采用经审定批准的施工图及其预算方式发包形成的总价合同，除按照工程变更规定引起的工程量增减外，总价合同各项目的工程量是承包人用于结算的最终工程量。总价合同约定的项目计量应以合同工程经审定批准的施工图为依据，发承包双方应在合同中约定工程计量的形象目标或时间节点来进行计量。具体的计量程序如下：

① 承包人应在合同约定的每个计量周期内，对已完成的工程进行计量，并向发包人提交达到工程形象目标完成的工程量和有关计量资料的报告。

② 发包人应在收到报告后 7 天内对承包人提交的上述资料进行复核，以确定实际完成的工程量和工程形象目标。对其有异议的，应通知承包人进行共同复核。

2）采用工程量清单方式招标。采用工程量清单方式招标形成的总价合同，其工程量应按照单价合同计量的相关规定计算。

4.17 版《工程施工合同》规定的工程计量程序

（1）单价合同的计量　除专用合同条款另有约定外，单价合同的计量按照本项约定执行：

1）承包人应于每月 25 日向监理人报送上月 20 日至当月 19 日已完成的工程量报告，并附具进度付款申请单、已完工程量报表和有关资料。

2）监理人应在收到承包人提交的工程量报告后 7 天内完成对承包人提交的工程量报表的审核并报送发包人，以确定当月实际完成的工程量。监理人对工程量有异议的，有权要求承包人进行共同复核或抽样复测。承包人应协助监理人进行复核或抽样复测，并按监理人要求提供补充计量资料。承包人未按监理人要求参加复核或抽样复测的，监理人复核或修正的工程量视为承包人实际完成的工程量。

3）监理人未在收到承包人提交的工程量报表后的 7 天内完成审核的，承包人报送的工程量报告中的工程量视为承包人实际完成的工程量，据此计算工程价款。

（2）总价合同的计量　除专用合同条款另有约定外，按月计量支付的总价合同，应按照本项约定执行：

1）承包人应于每月 25 日向监理人报送上月 20 日至当月 19 日已完成的工程量报告，并附具进度付款申请单、已完工程量报表和有关资料。

2）监理人应在收到承包人提交的工程量报告后 7 天内完成对承包人提交的工程量报表的审核并报送发包人，以确定当月实际完成的工程量。监理人对工程量有异议的，有权要求承包人进行共同复核或抽样复测。承包人应协助监理人进行复核或抽样复测并按监理人要求提供补充计量资料。承包人未按监理人要求参加复核或抽样复测的，监理人审核或修正的工程量即视为承包人实际完成的工程量。

3）监理人未在收到承包人提交的工程量报表后的 7 天内完成复核的，承包人提交的工程量报告中的工程量即视为承包人实际完成的工程量。

（3）总价合同支付　总价合同支付采用支付分解表计量支付的，可以按照第（2）项〔总价合同的计量〕约定进行计量，但合同价款按照支付分解表进行支付。

通过上述对比可知，单价合同与总价合同的工程计量程序基本一致，唯一的不同在于，单价合同中，经确认的工程量是计算工程价款的依据，以支付分解表为计量支付依据的总价合同，则应按照支付分解表进行支付。工程计量程序图如图 16-3 所示。

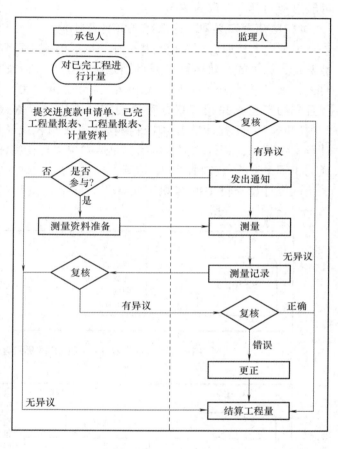

图 16-3　工程计量程序图

16.2.8　工程计量有效性

客观事实就是通常所谓的客观真实、实质真实，是指实际发生过的"原汁原味"的案件事实，是曾经存在过的事实；而法律事实则是所谓的法律真实、实质真实，是指在诉讼程序中认定的案件事实，也即法院按照法定程序对客观事实的"再现"或者"复原"。法律事实不完全是客观事实，客观事实也不一定能成为法律事实。客观事实和法律事实是辩证统一的关系，两者既相互区别又具有一致性。客观事实与法律事实的关系如图 16-4 所示。

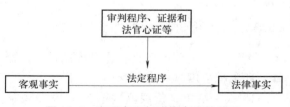

图 16-4　客观事实与法律事实的关系

1）客观事实是法律事实的基础，法院（仲裁机构）只有在客观事实发生以后才能将其认定为法律事实。

2）在诉讼（仲裁）过程中，客观事实需要经过法律手段才能被认定成为法律事实，基本的法律手段包括审判程序、证据规则和法官（仲裁调解员）心证（内心裁量）。

3）法律事实是经过主观认定（认识）的客观事实，由于客观局限性和认识的主观性，可能出现两者不一致的情形。

4）法律事实必须以追求客观事实为目标。

当承包人按照合同及变更指令施工时，客观上已经发生的工程量即为客观事实；而最终被发包人认可的有效结算工程量则是法律事实，当发承包双方就有效结算工程量争执不下时，必须经过"法律程序"，承包人实际完成的工程量才能转变为有效结算工程量。只有按照合同约定完成并经过双方确认的实际工程量（客观事实）才能被视为有效结算工程量（法律事实）。工程计量支付中保障法律事实与客观事实一致性的路径是经过一系列法定的计量支付程序，签订并汇总包括变更通知单、现场签证单、计日工表等过程文件，将实际完成的工程量变为可支付的有效结算工程量。

两类计量支付中的客观事实——变更工程量和已完工程量向法律事实转化的过程如图 16-5 和图 16-6 所示。

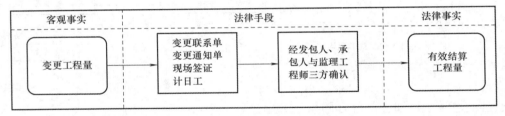

图 16-5　基于法律事实的工程变更有效结算工程量确认

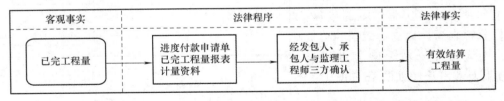

图 16-6　基于法律事实的已完工程量有效结算工程量确认

16.3　工程进度款的支付

16.3.1　工程进度款的概念

由于建设工程项目具有建设周期长、投资额大等特点，因此应在施工过程中进行期中付款，即工程进度款的支付。

13 版《清单计价规范》第 2.0.49 条规定：在合同工程施工过程中，发包人按照合同约定对付款周期内承包人完成的合同价款给予支付的款项，也是合同价款期中结算支付。

16.3.2　工程进度款的计算

1. 工程进度款支付申请的内容

在 99 版 FIDIC 新红皮书和 07 版《标准施工招标文件》（13 年修订）中对于支付申请表中所列项目都有相应约定。99 版 FIDIC 新红皮书中进度款支付内容共有七项。通过对条款内容进行分析，可以将其分为三类：第一类为按照合同约定范围内实施工程的工程价款；第二类为按照合同约定对合同价款进行的调整；第三类是预付款和质量保证金的扣减。与之类似，在 07 版《标准施工招标文件》（13 年修订）中进度款申请单中的支付内容为六项。在 07 版《标准施工招标文件》（13 年修订）中没有关于运至现场还未用于工程施工的材料和设备的支付规定。

虽然合同中约定了进度款支付的内容，但并没有具体说明每个支付内容中所包含的具体支付事项。本书以 13 版《清单计价规范》中计价方法及费用划分为基础，对 07 版《标准施工招标文件》（13 年修订）中涉及的进度款支付内容进行分解，以达到合理确定进度款支付金额的目的。

按照 13 版《清单计价规范》第 10.3.8 条，工程进度款支付申请需要计算的内容如图 16-7 所示。

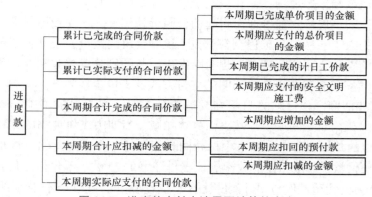

图 16-7　进度款支付申请需要计算的内容

2. 工程进度款支付的计算方法

按照以上所述的进度款支付申请中具体款项的解释及各费用的计算方法如下：

（1）已完成的单价项目　对已标价工程量清单中的单价项目，承包人应按工程计量确认的工程量与综合单价计算。如综合单价发生调整的，以发承包双方确认调整的综合单价计算进度款。

该项费用为进度款支付中的主要内容，是指承包人按照双方合同的约定完成规定的工程量后对应部分的工程价款。该部分价款的确定应按照合同的约定方式进行计量与支付。对于单价合同，其数额在整个支付的进度款中所占的比例最大，其准确性将对工程计量支付的结果产生重大影响。

该部分费用的确定需要以经监理工程师认可的工程量为计算依据，按照合同中约定的计算规则，套用双方认可的综合单价来计算该部分的工程价款，该部分的关键为确定出准确的工程量。若综合单价有调整，以调整后的为准。计算公式为

单价项目的金额 ＝ $\sum$ 监理工程师认可的工程量 × 调整后的综合单价（如有）

（2）应支付的总价项目　对已标价工程量清单中的总价项目，承包人应按合同中约定的进度款支付分解，分别列入进度款支付申请中的安全文明施工费和本周期应支付的总价项目的金额中。

（3）计日工　实施计日工工作过程中，承包人每天应向工程师送交一式两份的前一天为计日工所投入的资源清单报表，清单具体包括：

1）所有参加计日工工作的人员姓名、工种和工作时间。

2）施工设备的类别、型号及使用时间。

3）安装的设备和使用的材料的类别和数量。

工程师经过核实批准后在报表上签字，并将其中一份退还给承包人。如果承包人需要为完成计日工作购买材料，则应先向工程师提交订货报价单并获得批准，采购后还要提供证实所付款的收据或其他凭证。

（4）安全文明施工费　发包人应在工程开工后的 28 天内预付不低于当年施工进度计划的安全文明施工费总额的 60%，其余部分按照提前安排的原则进行分解，与总价项目类似。

（5）应增加的金额　应增加的金额包括除单价项目、总价项目、计日工、安全文明施工费外的全部应增金额，如现场签证和得到发包人确认的索赔金额。

现场签证用于发生现场签证事项而引起的合同价款调整。该项费用的支付计算应以监理工程师签字认可的人工、材料、工程设备和施工机械台班的数量，及计日工单价进行计算。

发包人确认的索赔金额应是按照工程索赔发生引起的价款调整数额。该项费用的支付计算应以监理工程师签字的索赔报告中列明的支付方式及支付金额为准。

（6）预付款扣回额　预付款的归还方式是按合同约定在支付证书中扣减，如果扣减的方法没有在投标保函附录中写明，应按下面方法扣减：当期中支付证书的累积款项（不包括预付款以及保留金的减扣与退还）超过中标合同款额与暂定金额之差的 10% 时，开始从期中支付证书中抵扣预付款，每次扣发的数额为该支付证书的 25%（不包括预付款以及保留金的减扣与退还），扣发的货币比例与支付预付款的货币比例相同，直到预付款全部归还为止。

如果在整个工程的接收证书签发之前，或者在发生终止合同或发生不可抗力之前，预付款还没有偿还完，此类事件发生后，承包人应立即偿还剩余部分。

（7）应扣减的金额　应扣减的金额包括除预付款以外的全部应减金额，如发包人提供的甲供材料金额以及承包人应付给发包人的索赔金额。

发包人提供的甲供材料金额，应按照发包人签约提供的单价和数量从进度款支付中扣除。承包人应付给发包人的索赔金额应按照承包人认可的索赔报告中列明的金额及支付方式进行支付。

3. 工程进度款的计算公式

各具体款项计算结束，则本付款周期实际应支付的工程价款 =［本周期已完成单价项目的金额 + 本周期应支付的总价项目的金额 + 本周期已完成的计日工价款 + 本周期应支付的安全文明施工费 + 本周期应增加的金额 − 本周期应扣回的预付款 − 本周期应扣减的金额］× 合同中约定的支付比例。

而工程进度款的支付比例也是发承包双方应重点商定的内容。《建设工程价款结算暂行办法》（财建〔2004〕369 号）和 13 版《清单计价规范》都规定：进度款的支付比例按照合同约定，按期中结算价款总额计，发包人应按不低于工程价款的 60%、不高于工程价款的 90% 向承包人支付工程进度款。

16.3.3　工程进度款的支付

进度款的支付周期与计量周期相同。07 版《标准施工招标文件》（13 年修订）中对于计量周期的约定为单价子目按月计量，总价子目按照支付分解报告确定的周期进行计量。在每个计量支付周期期末进行进度款的支付申请工作。

进度款的支付程序中涉及两个重要的因素：审核权限和审核时间问题。通过分析进度款的支付程序，进度款的支付过程中共有两次审核。第一次是监理人对承包人提交的进度付款申请单及相应资料的审核。第二次审核为发包人对监理人确定的支付金额的审核。监理人的审核重点包括两方面：对进度款付款申请表中支付内容金额的确定，对支持性证明文件的审核。支持性证明材料主要有工程量统计表、工程签证表、材料采购发票等。发包人的审核一般涉及发包人内部多个部门，不同部门之间的审批权限和作用有所区别。为了防止发包人恶意拖延工程进度款的支付，在合同中会约定进度款的审核与支付期限。《建设工程价款结算暂行办法》（财建〔2004〕369 号）中已完工程量的核实工作先于工程进度付款申请完成。已完工程量核实期限为 14 天，发包人核实后的工程量作为工程价款支付的依据。在承包人向发包人提出支付工程进度款申请 14 天内，发包人应按不低于工程价款的 60%、不高于工程价款的 90% 向承包人支付工程价款。

通过上述分析可知，《建设工程价款结算暂行办法》（财建〔2004〕369 号）中工程进度款的支付期限为 28 天。07 版《标准施工招标文件》（13 年修订）中工程量的审核工作在进度款付款申请之后由监理人完成，工程量的审核及应付进度款的金额确定需要 14 天内完成。发包人支付期限为承包人提交进度付款申请单 28 天内。综上所述，目前国内承包人从完成工程计量到取得工程进度款的最高期限为 28 天。承包人为了保证工程的顺利进行，至少应准备（计量周期 + 28 天）的周转资金。进度款的支付程序如图 16-8 所示。

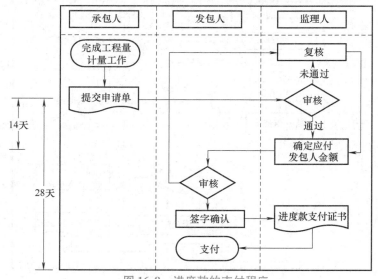

图 16-8　进度款的支付程序

在对以往历次已经签发的进度款证书进行汇总和复核的过程中发现错、漏重复的，监理人有权予以修正，承包人也有权提出修正申请。经双方复核同意的修正，应在本次进度款中支付或扣除。相关文件对于工程进度款修正的规定如表16-3所示。

表16-3　相关文件对进度款修正的规定

名　　称	颁布年份	条　款　号	具体内容
17版《工程施工合同》	2017	第12.4.5项	在对已签发的进度款支付证书进行阶段汇总和复核中发现错误、遗漏或重复的，发包人和承包人均有权提出修正申请。经发包人和承包人同意的修正，应在下期进度付款中支付或扣除
13版《清单计价规范》	2013	第10.3.13条	发现已签发的任何支付证书有错、漏或重复的数额，发包人有权予以修正，承包人也有权提出修正申请。经发承包双方复核同意修正的，应在本次到期的进度款中支付或扣除
07版《标准施工招标文件》（13年修订）	2007	第17.3.4项	在对以往历次已签发的进度付款证书进行汇总和复核中发现错、漏或重复的，监理人有权予以修正，承包人也有权提出修正申请。经双方复核同意的修正，应在本次进度付款中支付或扣除
99版FIDIC新红皮书	1999	第14.6款	工程师可在任何支付证书中对任何以前的证书给予恰当的改正或修正。支付证书不应被视为是工程师的接受、批准、同意或满意的意思表示

通过对比可知，前三者规定基本一致，而99版FIDIC新红皮书在历次支付证书修改的时效和主体略有不同。在FIDIC中，主体为工程师，终止于最终支付证书的颁发，即收到最终报表及书面结清单后28天内，也就是在最终结清之后。而在中国的相关文件中，主体为发包人（监理）和承包人，进度款修正的时间截止于最后一次进度款支付。

进度款修正的程序如图16-9所示。

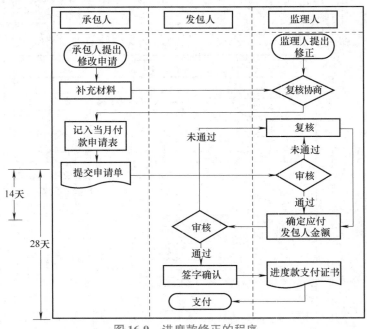

图16-9　进度款修正的程序

16.3.4　拖欠进度款的处理

工程进度款的支付是施工过程中发包人进行价款管理的主要工作之一。对该项工作控制的效果直接影响着价款管理的程度。进行工程进度款的支付首先要审核承包人提交的已完工程量报告，发包人审核后颁发工程进度款支付证书，进行支付。通常所说的拖欠工程款就是拖欠工程进度款，主要有三种情况：发包人不按时审核已完工程量报告、不按时颁发进度款支付证书以及颁发进度款支付证书后不按时支付工程进度款。这种现象在实际工作中经常发生。针对这些违约行为，国家的法律法规及合同范本都制定了较详细的处理措施，具体内容如表 16-4 所示。

表 16-4　相关文件对发包人拖欠工程进度款的规定

名　　称	颁布年份	条款号	具 体 内 容
《建设工程价款结算暂行办法》（财建〔2004〕369 号）	2004	第十三条（三）	发包人超过约定的支付时间不支付工程进度款，承包人应及时向发包人发出要求付款的通知，发包人收到承包人通知后仍不能按要求付款，可与承包人协商签订延期付款协议，经承包人同意后可延期支付，协议应明确延期支付的时间和从工程计量结果确认后第 15 天起计算应付款的利息（利率按同期银行贷款利率计）。发包人不按合同约定支付工程进度款，双方又未达成延期付款协议，导致施工无法进行，承包人可停止施工，由发包人承担违约责任
17 版《工程施工合同》	2017	第 12.4.4 项	发包人逾期未完成审批且未提出异议的，视为已签发进度款支付证书。除专用合同条款另有约定外，发包人应在进度款支付证书或临时进度款支付证书签发后 14 天内完成支付，发包人逾期支付进度款的，应按照中国人民银行发布的同期同类贷款基准利率支付违约金
13 版《清单计价规范》	2013	第 10.3 节	若发包人逾期未签发进度款支付证书，则视为承包人提交的进度款支付申请已被发包人认可，承包人可向发包人发出催告付款的通知。发包人应在收到通知后的 14 天内，按照承包人支付申请的金额向承包人支付进度款 发包人未按照本规范第 10.3.9 ~ 10.3.11 条规定支付进度款的，承包人可催告发包人支付，并有权获得延迟支付的利息；发包人在付款期满后的 7 天内仍未支付的，承包人可在付款期满后的第 8 天起暂停施工。发包人应承担由此增加的费用和延误的工期，向承包人支付合理利润，并应承担违约责任

16.4　正常情况下进度款内部控制分析

541

16.4.1　内部控制的环境分析

承包人每完成一个施工段，质量检查合格，即可支付该段工程进度款。在正常情况下支付的进度款，是不包括发生变更、签证、调价和索赔等能够形成工程进度款追加费用的。本节内容着重描述正常情况下的进度款支付的内部控制理论分析。

工程进度款的控制与审核是一项集管理、技术、经济、法律等知识技能于一体的工作，需要在事前、事中、事后进行全过程、全方位的动态管理，如果在这个过程中充分发挥激励和约束两种机制的功能，正确支付工程进度款，就能较理想地控制施工阶段的合同价款，从而达到对投资的有效控制[11]。承包人、监理工程师和发包人在进度款支付过程中的职责如表 16-5 所示。

表 16-5　工程进度款支付中相关者的职责

相　关　者	职　责
承包人	（1）完成施工任务并准确测量统计工程量 （2）提交工程量报告、中间计量表和进度款支付申请
监理工程师	（1）按合同原则和该工程的规定，及时审核签认承包人报送的计量支付资料 （2）审核承包人报送的新增工程项目的数量、单价、费用等 （3）监督承包人严格执行工程的有关规定，防止出现超验、超计，并对审核的工程量、费用的准确性承担责任 （4）执行该工程的有关规定及时批示变更工作。督促承包人按工程的规定及时办理变更报批手续。协助主持变更处理会议，审核相应变更资料
发包人	（1）督促、检查承包人和监理工程师计量与支付的申报和审核工作，审定该计量与支付申报和审核是否符合合同和规定，并根据实际情况修改、完善有关管理办法 （2）综合审查各种变更的处理程序的合理性和完整性，计量与支付的正确性和准确性，及时扣除或扣留各种应扣款项 （3）对合同的主要条款（包括合同的标的、数量、质量、价款、支付、履行地点和方式、违约责任和解决争议方法等）进行管理、监控

工程计量是工程进度款支付的基础，所以在建设项目实施前期，首先由发包人组织监理、承包人审核工程图纸的工程量，复核工程量清单和图纸之间工程量的差值，并对准确完善的清单图纸的工程量对照结果进行批复。根据批复后的合同清单工程数量，建立工程数量明细表台账及计量支付合同台账，作为审核和控制计量的基础和依据[12]。

工程计量程序有三个方面的约定：一是施工合同（示范文本）约定的程序；二是建设工程监理规范规定的程序；三是 FIDIC 施工合同约定的工程计量程序。采用哪一种程序进行工程计量应依据工程合同的约定，要严格按照合同约定程序执行。工程计量支付工作一般会在合同中约定明确的程序[13]。

16.4.2　内部控制的过程分析

准确的实际工程量只有通过计量才能获得。工程计量必须按合同文件所列的工程数量，在图纸和规范的基础上估算的工程量，不能作为支付的依据。工程计量是工程施工中的一个十分重要的环节，不能出现任何纰漏[14]。

在正常情况下，进度款的支付关键在于工程计量，监理单位和发包人是计量支付的管理者，应分工明确，互相配合完成计量支付的任务。针对在工程施工过程中的风险，结合各参与方的职责，可以得出关键控制活动是对计量的审核以及支付款项的计算[15]。

对发包人来说，进度款支付控制的主要方法是通过核查项目管理或监理公司的申请报告，同时还应加强本单位人员自身成本预算和控制的能力，根据施工段设立投资控制点，并根据施工组织设计和施工网络计划，编制工程资金月使用计划，这样既可以保证月工程进度款的按时支付，避免了承包人的费用索赔，又可以减少资金占用利息。对承包人而言，申请进度款是其获得工程款的主要途径。因此，无论采用何种合同文件，实际工程中对进度款的申请程序和方式都是极为重视的。另外，对已拨付工程款的使用加强监督，防止施工方挪作他用。

在分析了正常情况下进度款支付的内部控制的风险评估与控制方法后，就要分析内部控制的监督措施，发包人需要做好的内部控制监督，主要包括：

1. 审查监理单位资质

国家有关部门应加强对监理单位的资质审查和日常管理，加大对违规行为的处罚力度，严格审查监理单位市场准入资质，让具备条件的监理单位进入市场运行，同时加强管理。监理工程师要有高度的责任心，严格地按照有关法律、法规公正地进行监理，杜绝一切不正之风。监理单位也要加强对现场监理工程师的监督和管理，坚决撤换不称职的监理人员。

2. 审查施工组织设计

在施工阶段，要求施工企业在正式开工前，必须由监理工程师审查承包企业制订的施工组织设计、施工方案及施工进度计划，这不仅是为了控制工程项目的进度，也是为了有效控制工程项目的造价。主要审查施工组织设计和施工方案的可行性、合理性，同时也审查实施的经济性。主要从以下三个方面入手[16]：

一是在选择施工方法和安排施工流程时，方法是否可行、条件允许，是否符合施工工艺要求，是否符合现行国家颁发的施工验收规范和质量检验评定标准的规定[17]。

二是严格控制措施项目的费用，在确保施工质量、安全、进度的前提下，施工方法力求科学、先进，减少一些非必要的施工和技术措施。

三是审查施工进度计划时，要协助承包人在确保合同总工期的前提下，合理安排施工进度，实现作业的高效性，以尽量减少抢工期、赶进度而增加的各项措施费用，要根据工程特点和施工企业的实际情况，在人力、物力、技术、组织、空间等各个方面，做出一个全面合理的安排。

3. 建立台账制度

监理单位在对工程项目进行施工阶段监理时，通过建立工程台账制度使进度款审定和支付做到公平公正，保持合理状态[18]。承包人每月按期向监理单位提交该月度内实际完成的工程量、付款申请及工程形象进度报告。监理单位在约定的时间内进行审核，并与承包人达成共识，然后报发包人作为进度款支付的凭证。进度款台账制度支付流程如图 16-10 所示。

16.4.3　支付流程的内部控制

在进度款的计量支付过程中，监理人采取的控制活动重点要针对已完工程的质量验收、对质量不合格的工程要求质量整改并对其进行监控，对承包人提交的工程量清单进行审核、对现场工程进行计量并对工程计量进行审核。发包人委派的工程师代表也要对工程计量的关键环节进行监控。为了防止承包人与监理人之间的舞弊行为，监理人必须将对工程计量中的相关信息反馈给发包人，以便发包人进行更加有效的控制，保证计量与支付的正确性和准确性。

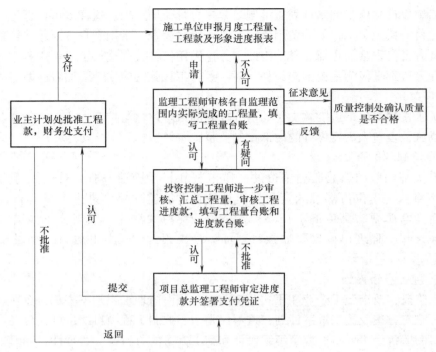

图 16-10　进度款台账制度支付流程

具体计量支付流程的内部控制分析如图 16-11 所示。

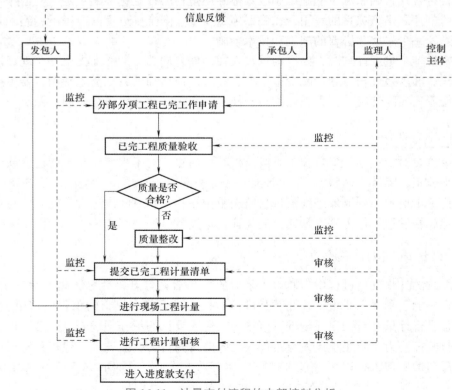

图 16-11　计量支付流程的内部控制分析

综合内部控制分析的内容，进度款支付中的关键控制点是准确计量，进度与工程量、资金与工程量的核对点是否真实、合理、正确是至关重要的。针对进度与工程量的核对点，要通过支付流程中的监理人签订的进度确认证书以及监理人的审核监督来避免；资金与工程量的核对点通过建设单位联系监理人通报支付情况后，由监理人监督承包人来避免。

16.5　价款调整与进度款内部控制分析

16.5.1　内部控制环境分析

上一节分析的是在正常情况下，按合同规定进行进度款支付的内部控制过程。在实际工程中，工程变更、索赔、签证以及调价是影响进度款支付的变数，这些事件的存在会使工程款的支付与实际情况出现偏差。本节将采用内部控制理论对工程实施过程中的这些因素进行分析。

在工程实际中，工程变更和工程签证以及调价和索赔的存在，会造成工程价款支付的改变。发包人、承包人和监理人要针对这些引起计量支付改变的因素，各自从中获得信息并在一定渠道上进行沟通，达到造价控制的目标。

站在项目的角度，发包人、承包人与监理人在进度款的计量支付过程中，要考虑由于变更、签证、索赔、调价引起的进度款支付数额与支付程序的改变。

16.5.2　内部控制条件分析

1. 工程变更处理程序的内部控制分析

依据 07 版《标准施工招标文件》（13 年修订）中的通用合同条款第 15.3.1 项的规定，变更的提出包括三种情况：

1）监理人认为可能要发生变更的情形。

2）监理人认为发生了变更的情形。

3）承包人认为可能要发生变更的情形。

无论何种情况确认的变更，变更指示只能由监理人发出。变更指示应说明变更的目的、范围、变更内容以及变更的工程量及其进度和技术要求，并附有关图纸和文件。承包人收到变更指示后，应按变更指示进行变更工作。

工程变更处理程序的内部控制分析如图 16-12 所示。

在审查工程变更时，要对影响工程造价的各个因素详加分析，对多个技术方案进行筛选，并进行技术经济分析比较，尽量减少变更费用。

2. 现场签证流程的内部控制分析

现场签证是在施工现场由发包人、监理人和承包人的负责人或指定代表共同签署的，用来证实施工活动中某些特殊情况的一种书面手续。它既不包含在施工合同和图纸中，也不像实际变更文件有一定的程序和正式手续。它的特点是临时发生，具体内容不同，没有规律性，是施工阶段投资控制的重点，也是影响工程投资的关键因素之一。作为发包人一定要熟悉现场签证编制的依据与原则，切实做好现场签证的工作，达到有效地控制工程造价的目的。

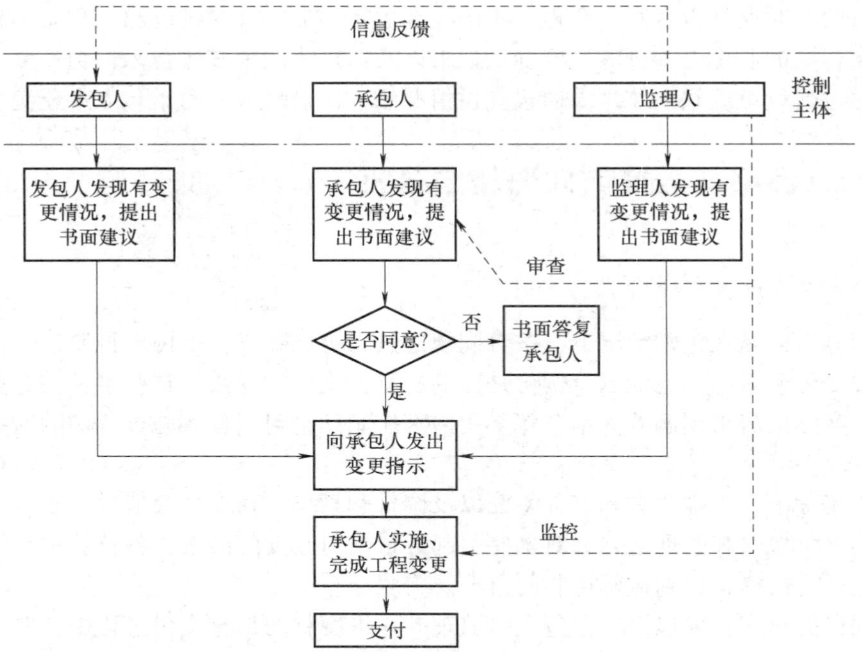

图 16-12　工程变更处理程序的内部控制分析

　　进度款支付的过程中，工程变更与现场签证是影响支付的重要因素，进度款支付过程中的信息交流和沟通，包括监理工程师、承包人和发包人的及时沟通，对进度款支付的效率有重大影响；工程变更的现场签证的程序严谨、流程规范对变更和签证的有效性起到关键作用。对于签证的管理，要做到有理、有据、有节，并且要讲究管理的及时性、有效性和规范性[19]。

　　现场签证流程的内部控制分析如图 16-13 所示。

　　在现场签证的内部控制过程中，监理人要对签证的理由是否正当、签证的依据是否完整以及签证的费用计算是否准确等方面进行审核，并将信息传递给发包人。发包人在收集到监理人反馈的信息后，要针对工程中出现的实际情况在签证批复上严格控制，并将信息反馈给总监理工程师，同意签证的批复。

　　对签证事项进行审查时，应严格审查签证事项发生的内容、原因、范围、价格，明确费用发生的承担方。即如果该签证事项的发生是由施工方的原因造成的或已包含在合同价款中，应予注明。此外，还要规范现场签证，详细说明签证事项产生的原因、时间、处理的办法等内容，必要时配以简图和文字说明，减少工程结算时的扯皮。变更金额的审批较烦琐，为避免影响工程进度，应适当缩短审批程序。另外，对已批准并下发了变更指令的工程，可以先将该款项列入暂列金额予以支付，变更手续完成后再予以调整。

　　在项目的实施进程中，由于不可预见的多方面因素的影响，经常发生工程变更及现场签证这些变更，将影响造价控制目标，有可能使项目投资超出预算，从而影响项目投资效益。因此，必须加强对工程变更与现场签证的审查。

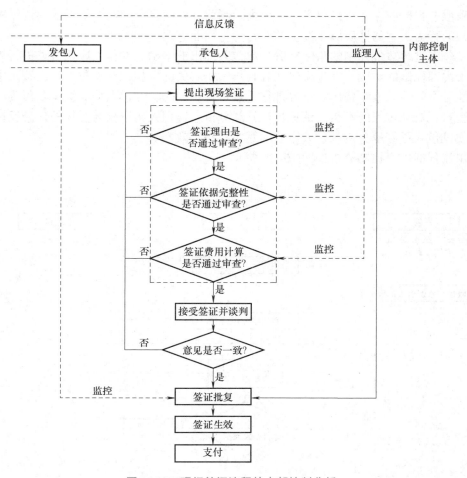

图 16-13　现场签证流程的内部控制分析

3. 价款调整的内部控制分析

为了更好地控制工程造价，准确地调整材料价差是其关键环节之一。材料价差调整准确与否直接关系到国家投资的经济效益，直接关系到发包人与承包人的经济效益。由于工程造价具有多次计价的特点，即在初步设计阶段要计算概算造价，在施工图设计阶段要计算预算造价，在工程承包时要计算承包价，在工程竣工后要计算决算价，各阶段都存在材料价差调整的问题。能否准确地调整材料价差，主要取决于两个方面：一是如何调整价款；二是选取合适的调整方法。

在完成工程计量后，也要掌握建筑安装材料价格信息，及时进行材料预算价调整。这是工程投资控制的重要工作，也是正确支付工程进度款的重要工作。因此，发包人要求承包人进场的主要材料除向现场管理人员报送质量三证外，还要求报送预算价格，现场管理人员除掌握每月经济信息外，还要了解建材市场的实际情况，进行综合分析，并及时与承包人协商，确定当月主要进场材料的价值。

4. 索赔流程的内部控制分析

当事人一方不履行合同义务或履行合同义务不符合合同约定条件的，另一方有权要求履行或者采取补救措施，并有权要求赔偿损失。因此，索赔是合同双方依据合同约定维护自身合法利益的行为，它的性质属于经济补偿行为，而非惩罚。

从发包人进行造价控制的角度来看，承包人提出的索赔是发包人应该重点进行控制的对象。基于内部控制的角度，发包人要充分收集索赔有关的资料，对承包人提出费用索赔申请的真实性、有效性、索赔费用数额等进行重点审查。同时，发包人也应根据收集到的与索赔有关的资料，对承包人的索赔申请进行审核和分析，监理人将审核与监控的信息反馈给发包人，以便发包人更好地分析承包人索赔的真实性与有效性。

索赔流程的内部控制分析如图 16-14 所示。

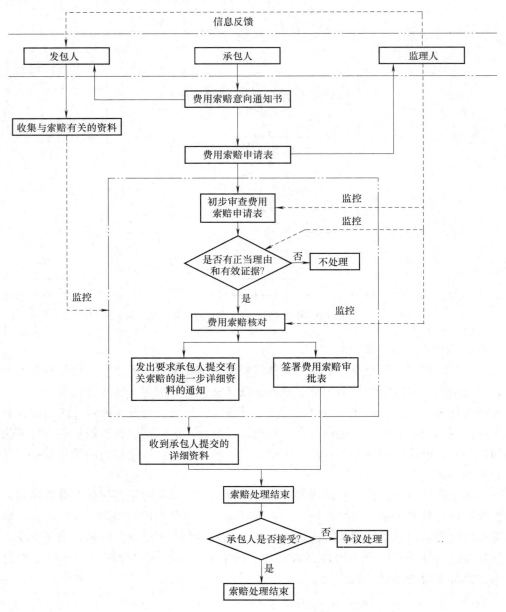

图 16-14　索赔流程的内部控制分析

5. 对于拖欠进度款问题的分析

对于前面所述的拖欠进度款问题，发包人可采用以下的方法进行内部控制：

对于设计变更、工程签证等项目，要检查是否真正按设计变更通知单和工程签证所写的内容实施了，并准确、及时地记录下来。只有这样才能对承包人申报的工程进度款、工程设计变更或签证的内容以及索赔事项做到明辨是非，控制管理好工程进度款。

要做好施工日志、工程进度记录、气象记录、材料使用情况记录、建材价格变化记录、材料检验报告、会议记录、变更洽商、签证及往来信函等资料的归纳整理工作，以便在不同阶段能够准确地区分工程进度款中的各种费用及其来源，分清引起设计变更、工程签证等事项的原因，正确处理承包人上报的工程进度款、变更或签证价款、索赔事项。

在进度款支付管理中，发包人要加强和总监办、驻地办公室、总承包方、各标段承包人之间的沟通，应该建立发包人单位、监理人单位、各施工标段计量支付人员的联系网络，随时进行联络，通告最新消息，进行有效沟通。定时组织有关部门进行对账，对计量支付过程中产生的各种问题进行总结、纠正，不断完善。

16.6　措施项目的计价与进度款支付问题

16.6.1　措施项目的计价

根据 13 版《清单计价规范》第 11.2.2 条，分部分项工程和措施项目中的单价项目，应依据发承包双方确认的工程量与已标价工程量清单的综合单价计算；发生调整的，应以发承包双方确认调整的综合单价计算。

根据第 11.2.3 条，措施项目中的总价项目应依据已标价工程量清单的项目和金额计算；发生调整的，应以发承包双方确认调整的金额计算，其中安全文明施工费应按本规范第 3.1.5 条的规定计算。

根据第 3.1.5 条，措施项目中的安全文明施工费必须按国家或省级、行业建设主管部门的规定计算，不得作为竞争性费用。

16.6.2　措施项目的支付

作为措施项目费中的安全文明施工费的支付为措施项目费支付提供了借鉴方案。

13 版《清单计价规范》第 10.2 节有关安全文明施工费的支付规定如下：

第 10.2.1 条：安全文明施工费包括的内容和使用范围，应符合国家有关文件和计量规范的规定。

第 10.2.2 条：发包人应在工程开工后的 28 天内预付不低于当年施工进度计划的安全文明施工费总额的 60%，其余部分应按照提前安排的原则进行分解，并应与进度款同期支付。

第 10.2.3 条：发包人没有按时支付安全文明施工费的，承包人可催告发包人支付；发包人在付款期满后的 7 天内仍未支付的，若发生安全事故，发包人应承担相应责任。

第 10.2.4 条：承包人对安全文明施工费应专款专用，在财务账目中应单独列项备查，不得挪作他用，否则发包人有权要求其限期改正；逾期未改正的，造成的损失和延误的工期应由承包人承担。

措施项目费在进度款支付中的具体方式如表 16-6 和表 16-7 所示。

表 16-6　措施项目清单（一）进度支付计价表

工程名称：　标段：　第　页共　页

序号	项目名称	计算基础	费率（%）	金额/元				备注
				合同内	上期累计完成	本期完成	累计本期完成	
1								
2								
3								
4								
5								
6								
	合计							

表 16-7　措施项目清单（二）进度支付计价表

工程名称：　标段：　第　页共　页

序号	项目编码	项目名称	项目特征描述	计量单位	合同内			上期累计完成		本 期 完 成			至本期累计完成		备注
					工程量	金额/元		工程量	合价/元	工程量	综合单价	合价/元	工程量	合价/元	
						综合单价	合价								
1															
2															
3															
4															
5															
6															
	合计														

　　由表 16-6 和表 16-7 可知，措施项目在进度款支付中有两种支付方式，措施项目中的总价项目按照费率方式进行支付，措施项目中的单价项目同分部分项项目的支付方式，通过综合单价方式进行支付。

本章参考文献

[1] 张水波，何伯森. FIDIC 新版合同条件导读与解析 [M]. 北京：中国建筑工业出版社，2003.

[2] 巴尼. FIDIC 系列工程合同范本——编制原理与应用指南：第 3 版 [M]. 张水波，等译. 北京：中国建筑工业出版社，2008.

[3] 尹贻林，申立银. 中国内地与香港工程造价管理比较 [M]. 天津：南开大学出版社，2002.

[4] 郝建新. 美国工程造价管理 [M]. 天津：南开大学出版社，2002.

[5] Whiteside Ⅱ J D. Developing Estimating Models [J]. Cost Engineering，2004，46（9）：23-30.

[6] 李贺. 工程量清单计价模式下工程价款的形成与实现研究 [D]. 天津：天津理工大学，2013.

[7] 刘一格. 工程计量对合同状态的动态补偿机理及实现研究 [D]. 天津：天津理工大学，2014.

[8] 孙荣芳. 清单工程计量支付中的工程量确定 [J]. 安徽建筑，2009（3）：166-168.

［9］许强. 关于工程量清单计价模式下几个问题的探讨［D］. 重庆：重庆大学，2006.

［10］刘淑芬. 工程计量与合同管理［J］. 西南公路，2010（2）：91-95.

［11］王国峰. 做好工程计量支付监理工作的几点体会［J］. 建设监理，2007（3）：56-60.

［12］古建宏. 业主对合同管理中计量支付工作的管理［J］. 公路，2004（8）：78-82.

［13］鲁慧娟. 浅谈施工当中的工程计量支付［J］. 科技信息，2007（9）：79-80.

［14］赵文洁，高耀华. 浅谈如何正确控制支付工程进度款［J］. 山西建筑，2000（4）：37-41.

［15］黄海. 浅谈业主在项目建设设计和施工阶段的投资控制［J］. 中国西部科技，2004（12）：112-116.

［16］胡寿美. 浅议加强工程进度款的审核和管理［J］. 交通财会，2007（7）：23-26.

［17］李金华. 加强我国审计监督工作的若干思考［J］. 中央财经大学学报，2003（8）：149-153.

［18］孙忠顺. 在投资控制中如何建立台账制度合理支付工程进度款［J］. 建设监理，1999（6）：46-50.

［19］郑增枫. 施工过程中监理对工程签证的管理研究［D］. 重庆：重庆大学，2007.

第 17 章
竣工结算及价款管理

99 版 FIDIC《施工合同条件》（本章以下简称 99 版 FIDIC 新红皮书）中并无类似我国的竣工结算概念。99 版 FIDIC 新红皮书以合同管理的思想实施工程价款的支付与结算。工程计量形成结算工程量，通过进度款的历次支付，并就其不准确的部分修改或修正，使合同价款逐渐形成。

中国的竣工结算方式大多以竣工图纸为依据，进行竣工结算。这样的结算方式增加了大量的工作量，如对于工程量、综合单价等内容的重新审核，需要耗费大量的时间，而且增加了社会重复劳动成本。这种竣工结算方式与《建设工程工程量清单计价规范》（GB 50500—2013）（本章以下简称 13 版《清单计价规范》）的思想存在差异。而 13 版《清单计价规范》的出台，意味着我国的工程结算方式正向着"历次期中支付直接进入结算"的思路转变。

本章主要以 13 版《清单计价规范》、《建设工程施工合同（示范文本）》（GF—2017—0201）（本章以下简称 17 版《工程施工合同》）、99 版 FIDIC 新红皮书、《中华人民共和国标准施工招标文件》（发改委等令第 56 号）〔本章以下简称 07 版《标准施工招标文件》（13 年修订）〕、《建设工程价款结算暂行办法》（财建〔2004〕369 号）、《建设工程造价咨询规范》（GB/T 51095—2015）、《建设项目工程结算编审规程》（CECA/GC 3—2010）、《最高人民法院关于审理建设工程施工合同纠纷案件适用法律问题的解释》（法释〔2004〕14号）（本章以下简称法释〔2004〕第 14 号）为依据，以历次期中计量支付的结果直接进入结算为原则介绍了竣工结算的概念、编制及审查，最终实现对竣工结算价款的有效管理。

17.1 竣工结算概述

13 版《清单计价规范》与 99 版 FIDIC 新红皮书相类似，重视工程项目施工期间计量和计价结果，否定竣工图重算法，强调历次期中计量支付的结果直接进入结算，且工程量应以承包人履行合同义务应予计量的工程量确定，即承包人按图纸、按规范、按发包人指令施工形成的工程量（非质量缺陷修复）应予计量并支付。以上述思路指导竣工结算，是我国现阶段法律法规及相关规范的一贯要求。在发承包双方签订的合同中，其竣工结算相关条款应以现阶段法律法规及相关规范的一贯要求为编制原则。

17.1.1 竣工结算的概念

《建设项目工程结算编审规程》（CECA/GC-3—2010）中第 2.0.2 条明确规定：竣工结算是指承包人按照合同约定的内容完成全部工作，经发包人或有关机构验收合格后，发承包双方依据约定的合同价款的确定和调整以及索赔等事项，最终计算和确定竣工项目工程价款。而 13 版《清单计价规范》只有对竣工结算价的概念进行了界定，第 2.0.51 条规定：发承包双方依据国家有关法律、法规和标准规定，按照合同约定确定的，包括在履行合同过程中按合同约定进行的合同价款调整，是承包人按合同约定完成了全部承包工作后，发包人应付给承包人的合同总金额。由此可以看出，竣工结算是一个过程，而竣工结算价是竣工结算的一个结果。

17.1.2　竣工结算的方式

1. 99 版 FIDIC 新红皮书的结算方式

在 FIDIC 第 14.10 款中，说明了竣工报表的内容包括：

1）根据合同完成全部工作的最终价值。

2）承包人认为应该获得的其他款项，如要求的索赔款。

3）根据合同应支付给承包人的估算总额。

因为工程变更导致实际完成工程量与工程量清单中估计的工程量存在差异，所以进行竣工结算时，要对竣工结算总额加以调整，其处理原则如图 17-1 所示。

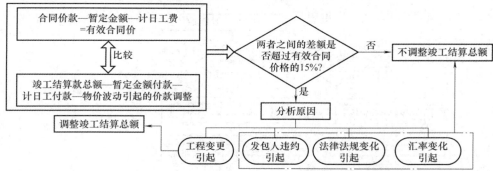

图 17-1　99 版 FIDIC 新红皮书中竣工结算调整的处理原则

最终结算是指颁发履约证书后，发包人对承包人完成全部工作价值的详细结算，以及根据合同条件对应付给承包人的其他费用进行核实，确定合同的最终价款。包括以下几个方面：

（1）申请最终支付证书

1）按工程师批准的格式，承包人提交最终报表草案。须详细列明两项内容：一是承包人完成的全部工作的价值；二是承包人认为发包人仍需要支付给他的余额。

2）工程师对最终报表草案进行审核。如果工程师对最终报表草案有异议，承包人应提交给工程师合理要求的补充资料，来进一步证明。经双方工程师与承包商协人并修改后，形成最终报表。

3）争议的处理。双方对最终报表草案有争议，工程师应先就最终报表草案无争议部分向发包人开具一份期中支付证书，争议按 99 版 FIDIC 新红皮书第 20 条［索赔、争端与仲裁］办理。根据解决的结果，承包人编制最终报表，提交给发包人及工程师。

（2）结清单　由于工程支付十分复杂，作为惯例，申请最终支付款项时，承包人不但提交最终报表，还需向发包人提交一份"结清单"，作为一种附加确认。结清单上应确认最终报表中的总额，即应支付给承包人的全部和最终的合同结算款额。结清单上还可以说明，只有承包人收到履约保证和合同款余额时，结清单才生效。

（3）最终支付证书的签发　最终的支付证书应包括最终到期应支付的金额和扣除发包

人以前已经支付的款额后，还应支付承包人的余额。结清单在发包人支付最终支付证书上的金额并退还履约保函后予以生效，同时也意味着承包人索赔权的终止。

如果承包人不按期申请最终支付证书，工程师应通知要求其提交，通知后 28 天内仍不提交，工程师可自行合理决定最终支付金额，并相应签发最终支付证书。

99 版 FIDIC 新红皮书中的价款支付过程如图 17-2 所示。

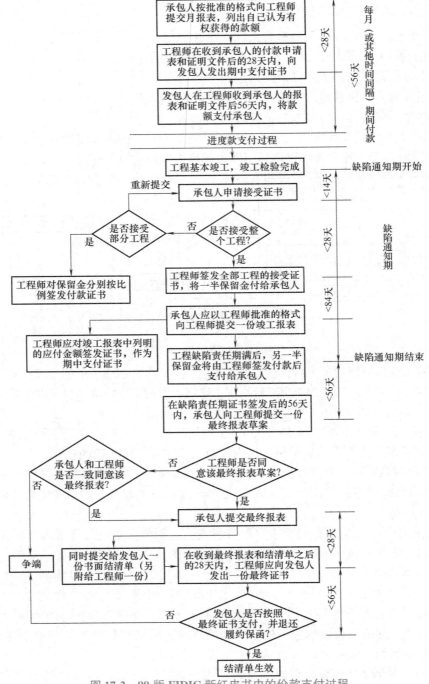

图 17-2　99 版 FIDIC 新红皮书中的价款支付过程

按 99 版 FIDIC 新红皮书的有关规定，从颁发缺陷责任书后至支付最终款项结清，一般在 168 天内完成，详见图 17-3 所示。

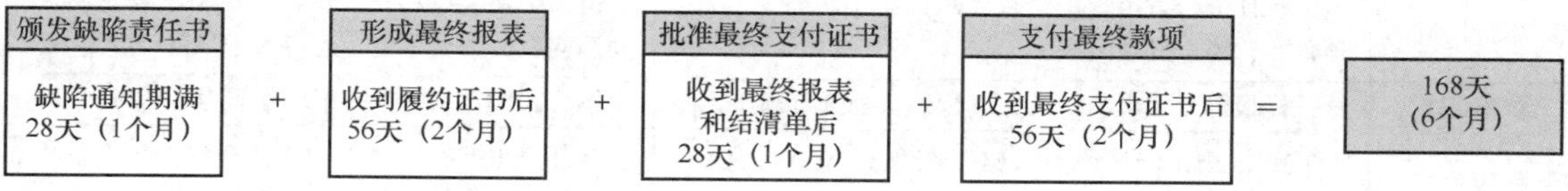

颁发缺陷责任书		形成最终报表		批准最终支付证书		支付最终款项		
缺陷通知期满28天（1个月）	+	收到履约证书后56天（2个月）	+	收到最终报表和结清单后28天（1个月）	+	收到最终支付证书后56天（2个月）	=	168天（6个月）

图 17-3　FIDIC 施工合同条件下最终结算款的支付期限

从 99 版 FIDIC 新红皮书的价款支付过程（见图 17-2）中可以看出，工程计量形成结算工程量，结算工程量是构成已完成估算合同价值的基础，而估算合同价值在进度款中体现。通过进度款的历次支付，并就其不准确的部分修改或修正，使合同价值逐渐形成。在结算中的发承包双方的主要工作是对合同价款进行调整及对争议事件的处理，并确定其款额，最终形成竣工结算合同总价款[1]。

由此可以看出，99 版 FIDIC 新红皮书把竣工结算当作一次进度付款来处理，而并未像我国一样单独列出一套固定程序。99 版 FIDIC 新红皮书是以合同管理的思想实施工程价款的支付与结算。工程计量形成结算工程量，通过进度款的历次支付，并就其不准确的部分修改或修正，使合同价值逐渐形成。

2. 我国的竣工结算方式

（1）传统的竣工结算方式　长期以来，我国的建设工程的计价模式一直沿袭苏联的工程造价管理模式。该模式在计划经济时期和市场经济初期对工程造价管理起到了积极的作用，有效地控制了工程造价，推动了建筑业的发展。但随着改革开放和经济体制改革的不断深入，这种计价模式的弊端也日显突出，不能完全适应市场经济的发展。2003 年以来，在我国开始逐步推行建设工程量清单计价模式。此后，这种计价模式的应用逐渐完善。清单计价模式加强了工程施工阶段结算与合同管理，将以概预算为计价依据的静态投资控制模式改为将各种因素考虑在综合单价中的动态的计价模式，在变更、调价、索赔管理及支付与结算中起到积极的作用。

定额计价体系是现阶段的工程量清单计价模式的发展基础，两种计价模式的区别见表 17-1。定额计价在今后一段时期内将发挥其过渡的作用。况且我国各地区经济发展的不平衡性，导致了建筑市场发展程度存在较大差异。在某些行业、地区，这种"量价合一，按规定取费"的定额计价方法依然被广泛使用。这就造成了我国处于工程定额计价和工程量清单计价两种计价模式并存的状态。

表 17-1　定额计价模式与工程量清单计价模式的区别[2]

内　　容	定额计价模式	工程量清单计价模式
反映的定价阶段	介于国家定价和国家指导价之间	反映了市场定价阶段
适用阶段	适用于在项目建设前期各阶段的预测和估计，及在工程建设交易阶段作为合同价格形成的辅助依据	主要适用于合同价格形成以及后续的合同价格管理
计价依据	工程造价管理部门颁布的法律法规及定额基价	承包人依照企业定额自主报价，是市场决定价格的体现

555

（续）

内　容	定额计价模式	工程量清单计价模式
单价构成	定额计价价款由直接工程费、间接工程费、利润、预备费、税金五项组成	由人工费、材料费、机械使用费、管理费和利润构成的综合单价，还应考虑风险
价差调整	投标报价与定额价对比，进行人材机价差调整	按合同约定调整，一般不予调整
使用范围	编审标底，设计概算、施工图预算等造价文件，工程造价鉴定	全部使用国有资金投资或国有资金为主的大中型建设工程和需要招标的小型工程
工程风险	投标人承担工程量偏差带来的风险	招标人要承担工程量偏差带来的风险，投标人要承担组成价格因素变化引起的风险
价格水平	建筑市场平均价格水平	施工企业个别价格水平
评标方法	采用综合百分法中标	一般采用合理低价中标法
工程结算方式	定额计价结算为定额价格加取费结算	实物工程量乘以综合单价再加索赔、变更等为结算价格

在实际工程结算过程中，否定历次计量支付过程中确认的工程量和支付的合同价款，发包人要求承包人按照竣工图纸为依据，进行竣工结算。这种结算方式在定额计价模式下被称为竣工图重算法，当今却常被用于清单计价模式中，显示出了传统定额计价体系下的概预算制度的阴影仍然存在。

"竣工图重算"的结算方式与 99 版 FIDIC 新红皮书，以合同管理的思想实施工程支付结算的价款结算方式相比较，增加了很多额外的工作量，如对于工程量、综合单价等内容的重新审核，需要耗费大量的时间，更主要的是增加了社会重复劳动成本。两种体系的计价内容如图 17-4 所示。

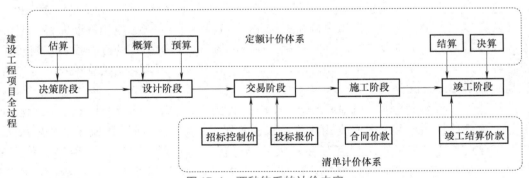

图 17-4　两种体系的计价内容

（2）13 版《清单计价规范》的竣工结算方式　13 版《清单计价规范》第 11.2.6 条规定：发承包双方在合同工程实施过程中已经确认的工程计量结果和合同价款，在竣工结算办理中应直接进入结算。第 11.3.1 条规定：合同工程完工后，承包人应在经发承包双方确认的合同工程期中价款结算的基础上汇总编制完成竣工结算文件，并在提交竣工验收申请的同时向发包人提交竣工结算文件。

由上述两条规定可以看出，13 版《清单计价规范》中要求的竣工结算编制基础是已经确认的工程计量结果和合同价款。而工程合同价款按照交付时间顺序可分为：工程预付款、工程进度款和工程竣工结算款，由于工程预付款已经在工程进度款中扣回，因此，工程竣工结算存在等式：

$$工程竣工结算价款 = 工程进度款 + 工程进度结算余款 \tag{17-1}$$

可见，竣工结算与合同工程实施过程中的工程计量及其价款结算、进度款支付、合同价款调整等具有内在联系，除有争议的量、价部分外均应直接进入竣工结算，简化结算流程。可见，13 版《清单计价规范》的出台意味着我国的工程结算与支付管理正逐渐向国际惯例（如 FIDIC）靠拢。因此本书以 13 版《清单计价规范》规定的竣工结算方式为主进行介绍。

综上，FIDIC 合同中，是以合同管理的思想实施工程价款的支付与结算。工程计量形成结算工程量，通过进度款的历次支付，并对其不准确的部分进行修改或修正，使合同价值逐渐形成。在结算中的发承包双方的主要工作是对合同价款进行调整和确定，及对争议事件的处理确定其款额，以此为依据进行工程价款的支付。而在我国，随着 13 版《清单计价规范》的出台，结算程序逐渐简化，开始重视过程管理，向着国际惯例靠拢，相信在未来的 5年、10 年，甚至 20 年，我国也将进一步与国际接轨。

17.1.3　竣工结算的程序

1.07 版《标准施工招标文件》（13 年修订）**对竣工结算程序的规定**

依据 07 版《标准施工招标文件》（13 年修订）相关条款的规定，办理工程竣工结算基本流程如图 17-5 所示。

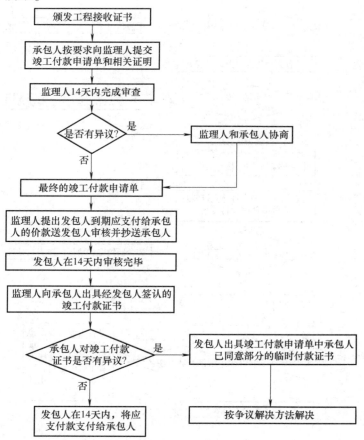

图 17-5　07 版《标准施工招标文件》（13 年修订）竣工结算程序

557

由此可见 07 版《标准施工招标文件》（13 年修订）更加强调竣工结算价款的支付，而对此部分价款的计算来由无明确约定，且其竣工结算的编制开始时间为工程接收证书颁发后，发包人经过验收后同意接受工程的，应在监理人收到竣工验收申请报告后的 56 天内，由监理人向承包人出具经发包人签认的工程接收证书。发包人验收后同意接收工程但提出整修和完善要求的，限期修好，并缓发工程接收证书。故 07 版《标准施工招标文件》（13 年修订）中竣工结算是在竣工验收完成后进行的。

2. 13 版《清单计价规范》对竣工结算程序的规定

依据 13 版《清单计价规范》相关条款的规定，办理工程竣工结算基本流程如图 17-6 所示。

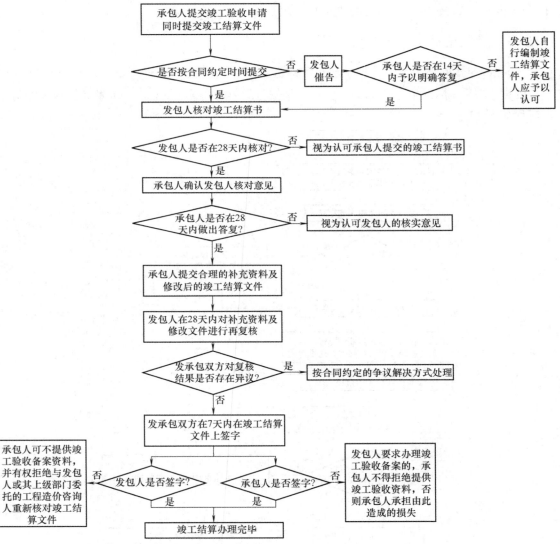

图 17-6　13 版《清单计价规范》竣工结算流程

17.2 竣工结算的编制

17.2.1 竣工结算的编制依据

13 版《清单计价规范》第 11.2.1 条规定：工程竣工结算应根据下列依据编制和复核：

1）本规范。

2）工程合同。

3）发承包双方实施过程中已确认的工程量及其结算的合同价款。

4）发承包双方实施过程中已确认调整后追加（减）的合同价款。

5）建设工程设计文件及相关资料。

6）投标文件。

7）其他依据。

对比《建设工程工程量清单计价规范》（GB 50500—2008）（本章以下简称 08 版《清单计价规范》）和 13 版《清单计价规范》，关于竣工结算编制依据的相关规定详见表 17-2。

表 17-2 两版《清单计价规范》关于竣工结算编制依据的对比

08 版《清单计价规范》	13 版《清单计价规范》
第 4.8.3 条	第 11.2.1 条
1）本规范	1）本规范
2）施工合同	2）工程合同
3）工程竣工图及资料	5）建设工程设计文件及相关资料
4）双方确认的工程量	3）发承包双方实施过程中已确认的工程量及其结算的合同价款
5）双方确认追加（减）的工程价款	4）发承包双方实施过程中已确认调整后追加（减）的合同价款
7）投标文件	6）投标文件
9）其他依据	7）其他依据
6）双方确认的索赔、现场签证事项及价款	
8）招标文件	

由竣工结算依据的变化可以看出：

1）2013 版《清单计价清单》不再将招标文件单独列入竣工结算的编制与审核依据中。

2）竣工结算依据不再局限于索赔、现场签证等，在施工过程中发承包双方确认的合同价款的调整都应该作为竣工结算的依据。

3）2013 版《清单计价清单》不再将竣工图单独列入竣工结算的编制与审核依据中，否定了工程量清单计价模式下竣工图重算法的结算方式。

在工程量清单计价模式下，工程竣工结算时，发包人往往以竣工图作为竣工结算编制与审核的依据，否定历次计量支付过程中形成的法定结算工程量，要求承包人按照竣工图为依据，进行竣工结算，并对进度款支付中形成的工程量、变更签证重新审查，导致发承包双方在竣工结算阶段出现大量争议。对于竣工图重算的结算方式的否定以及加强发包人的过程管理责任是减少结算争议的一种有效途径。

同时，应注意《建设工程造价咨询规范》（GB/T 51095—2015）中第8.2.4条竣工结算编制依据包括以下几个内容：

1）影响合同价款的法律、法规和规范性文件。

2）现场踏勘复验记录。

3）施工合同、专业分包合同及补充合同，有关材料、设备采购合同。

4）相关工程造价管理机构发布的计价依据。

5）招标文件、投标文件。

6）工程施工图、经批准的施工组织设计、设计变更、工程洽商、工程索赔与工程签证、相关会议纪要等。

7）工程材料及设备认价单。

8）发承包双方确认追加或核减的合同价款。

9）经批准的开工、竣工报告或停工、复工报告。

10）影响合同价款的其他相关资料。

17.2.2 竣工结算的计价原则

13版《清单计价规范》第11.2.2条规定：分部分项工程和措施项目中的单价项目应依据双方确认的工程量与已标价工程量清单的综合单价计算；发生调整的，应以发承包双方确认调整的综合单价计算。

第11.2.3条规定：措施项目中的总价项目应依据已标价工程量清单的项目和金额计算；发生调整的，以发承包双方确认调整的金额计算，其中安全文明施工费应按本规范第3.1.5条的规定计算。

第11.2.4条规定：其他项目应按下列规定计价：

1）计日工应按发包人实际签证确认的事项计算。

2）暂估价应按本规范第9.9节的规定计算。

3）总承包服务费应依据已标价工程量清单的金额计算；发生调整的，应以发承包双方确认调整的金额计算。

4）索赔费用应依据发承包双方确认的索赔事项和金额计算。

5）现场签证费用应依据发承包双方签证资料确认的金额计算。

6）暂列金额应减去合同价款调整（包括索赔、现场签证）金额计算，如果有余额则归发包人。

13版《清单计价规范》规定：规费中的工程排污费应按工程所在地环境保护部门规定的标准缴纳后按实列入。

17.2.3 竣工结算的编制程序

根据《建设项目工程结算编审规程》（CECA/GC 3—2010），结算文件一般由工程结算汇总表、单项工程结算汇总表、单位工程结算汇总表和分部分项（措施、其他、零星）工程结算表及结算编制说明等组成。其中：工程结算汇总表、单项工程结算汇总表、单位工程结算汇总表应当按表格所规定的内容详细编制；结算编制说明可根据委托工程的实际情况，以单位工程、单项工程或建设项目为对象进行编制，并应说明工程概况、编制范围、编制依据、编制方法、有关材料/设备/参数和费用的说明、其他有关问题的说明。一般而言，工程结算文件提交时，编制人（受委托的编制人）应当同时提供与工程结算相关的附件，包括所依据的发承包合同调整条款、设计变更、工程洽商、材料及设备定价单、调价后的单价分析表等与工程结算相关的书面证明材料。

该规程第 4.1 节规定的工程结算编制程序如下：

工程结算应按准备、编制和定稿三个工作阶段进行，并实行编制人、校对人和审核人分别署名盖章确认的编审签署制度。

1. 结算编制准备阶段

1）收集与工程结算编制相关的原始资料。

2）熟悉工程结算资料内容，进行分类、归纳、整理。

3）召集相关单位或部门的有关人员参加工程结算预备会议，对结算内容和结算资料进行核对与充实完善。

4）收集建设期内影响合同价格的法律和政策性文件。

5）掌握工程项目发承包方式、现场施工条件、应采用的工程计价标准、定额、费用标准、材料价格变化等情况。

2. 结算编制阶段

1）根据竣工图及施工图以及施工组织设计进行现场踏勘，对需要调整的工程项目进行观察、对照、必要的现场实测和计算，做好书面或影像记录。

2）按既定的工程量计算规则计算需调整的分部分项、施工措施或其他项目工程量。

3）按招标文件、施工发承包合同规定的计价原则和计价办法对分部分项、施工措施或其他项目进行计价。

4）对于工程量清单或定额缺项以及采用新材料、新设备、新工艺的，应根据施工过程中的合理消耗和市场价格，编制综合单价或单位估价分析表。

5）工程索赔应按合同约定的索赔处理原则、程序和计算方法，提出索赔费用，经发包人确认后作为结算依据。

6）汇总计算工程费用，包括编制分部分项费、施工措施项目费、其他项目费、零星工作项目费或直接费、间接费、利润和税金等表格，初步确定工程结算价格。

7）编写编制说明。

8）计算主要技术经济指标。

9）提交结算编制的初步成果文件，待校对、审核。

3. 结算编制定稿阶段

1）由结算编制受托人单位的部门负责人对初步成果文件进行检查、校对。

2）工程结算审定人对审核后的初步成果文件进行审定。

3）工程结算编制人、校对人、审核人分别在工程结算成果文件上署名，并应签署造价工程师或造价员职业或从业印章。

4）工程结算文件经编制、审核、审定后，工程造价咨询企业的法定代表人或其授权人在成果文件上签字或盖章。

5）工程造价咨询企业在正式的工程上签署工程造价咨询企业职业印章。

工程结算编制人、校对人、审核人要各尽其职，具体职责和任务如下：

1）工程结算编制人员按其专业分别承担其工作范围内的工程结算相关编制依据收集、整理工作，编制相应的初步成果文件，并对其编制的初步成果文件质量负责。

2）工程审核人员应由专业负责人和技术负责人承担，对其专业范围内的内容进行审核，并对其审核专业的工程结算成果文件的质量负责。

3）工程审定人员应由专业负责人和技术负责人承担，对工程结算的全部内容进行审定，并对工程结算成果文件的质量负责。

17.3 结算价款的审查

17.3.1 竣工结算的审查依据及方法

对竣工结算资料进行收集与整理，不仅是编制竣工结算的前提，也是进行竣工结算审核的前提。在进行竣工结算的审查时，要充分依靠竣工结算资料。除了工程结算文件外，竣工结算审查的依据也包括其他很多内容。具体来说，竣工结算审查的依据如下：

1）建设期内影响合同价格的法律、法规和规范性文件。

2）工程结算审查委托合同。

3）完整、有效的工程结算书。

4）现场踏勘复验记录。

5）施工发承包合同、专业分包合同及补充合同，有关材料、设备采购合同。

6）与工程结算编制相关的国务院建设行政主管部门以及各省、自治区、直辖市和有关部门发布的建设工程造价计价标准、计价方法、计价定额、价格信息、相关规定等计价依据。

7）招标文件、投标文件。

8）工程竣工图或施工图、经批准的施工组织设计、设计变更、工程洽商、索赔与现场签证，以及相关的会议纪要。

9）工程材料及设备中标价、认价单。

10）双方确认追加（减）的工程价款。

11）经批准的开、竣工报告或停、复工报告。

12）工程结算审查的其他专项规定。

13）影响工程造价的其他相关资料。

在审查竣工结算的过程中应依据施工工程合同约定的结算方法进行，根据施工发承包合同类型，采用不同的审查方法。本节所述的审查方法主要适用于采用单价合同的工程量清单单价法编制竣工结算的审查。工程结算审查时，对原招标工程量清单描述不清或项目特征发生变化，以及变更工程、新增工程中的综合单价，应按下列方法确定：①合同中已有使用的综合单价，应按已有的综合单价确定；②合同中有类似的综合单价，可参照类似的综合单价确定；③合同中没有适用或类似的综合单价，由承包人提出综合单价，经发包人确认后执行。

工程结算审查中涉及措施项目费的调整时，措施项目费应依据合同约定的项目和金额计算，发生变更、新增的措施项目，以发承包双方合同约定的计价方式计算，其中措施项目清单中的安全文明施工费应审查是否按国家或省级、行业建设主管部门的规定计算。施工合同中未约定措施项目费结算方法时，应按以下方法审查：

1）审查与分部分项实体消耗相关的措施项目，应随该分部分项工程的实体工程量的变化是否依据双方确定的工程量、合同约定的综合单价进行结算。

2）审查独立性的措施项目是否按合同价中相应的措施项目费进行结算。

3）审查与整个建设项目相关的综合取定的措施项目费，是否参照投标报价的取费基数及费率进行结算。

工程结算审查中涉及其他项目费用的调整时，按下列方法确定：

1）审查计日工是否按发包人实际签证的数量、投标时的计日工单价，以及确认的事项进行结算。

2）审查暂估价中的材料单价是否按发承包双方的最终确认价在分部分项工程费中对相应综合单件进行调整，计入相应分部分项工程费。

3）对专业工程结算价的审查应按中标价或发包人、承包人与分包人最终确定的分包工程价进行结算。

4）审查总承包服务费是否依据合同约定的结算方式进行结算，以总价形式的固定的总承包服务费不予调整，以费率形式确定的总承包服务费，应按专业分包工程中标价或发包人、承包人与分包人最终确定的分包工程价为基数和总承包单位的投标费费率计算。

5）审查计算金额是否按合同约定计算实际发生的费用，并分别列入相应的分部分项工程费、措施项目费中。

同时，应注意投标工程量清单的漏项、设计变更、工程洽商等费用应依据施工图以及发承包双方签证资料确认的数量和合同约定的计价方式进行结算，其费用列入相应的分部分项工程费或措施项目费中。工程结算审查中涉及索赔费用的计算时，应依据发承包双发确认的索赔事项和合同约定的计价方式进行结算，其费用列入相应的分部分项工程费或措施项目费中。工程结算审查中涉及规费和税金时的计算时，应按国家、省级或行业建设主管部门的规定计算并调整。

17.3.2　竣工结算的审查程序

根据《建设项目工程结算编审规程》（CECA/GC-3—2010），对竣工结算的审查应按准备、审查和审定三个工作阶段进行，并实行编制人、校对人和审核人分别署名盖章确认的内部审核制度。其简要工作流程如图 17-7 所示。

具体而言，结算审查准备阶段的主要工作程序为：

1）审查工程结算手续的完备性、资料内容的完整性，对不符合要求的应退回限时补正。

2）审查计价依据及资料与工程结算的相关性、有效性。

3）熟悉招投标文件、工程发承包合同、主要材料设备采购合同及相关文件。

4）熟悉竣工图纸或施工图纸、施工组织设计、工程概况，以及设计变更、工程洽商和工程索赔情况等。

5）掌握《清单计价规范》、工程预算定额等与工程相关的国家和当地的建设行政主管部门发布的工程计价依据及相关规定。

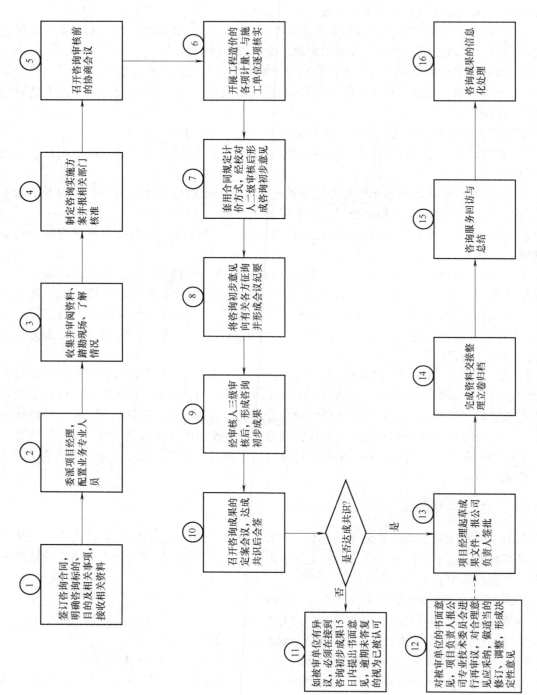

图 17-7 竣工结算的审查程序

结算审查阶段的主要工作程序为：

1）审查结算项目范围、内容与合同约定的项目范围、内容的一致性。

2）审查工程量计算的准确性、工程量计算规则与计价规范或定额保持一致性。

3）依据法释〔2004〕第 14 号，审查结算单价时应严格执行合同约定或签订建设工程施工合同时当地建设行政主管部门发布的计价方法或者计价标准结算工程价款。

4）对于清单或定额缺项以及采用新材料、新工艺的，应根据施工过程中的合理消耗和市场价格审核结算单价。

5）审查变更签证凭证的真实性、合法性、有效性，核准变更工程费用。

6）审查索赔是否依据合同约定的索赔处理原则、程序和计算方法以及索赔费用的真实性、合法性、准确性。

7）审查取费标准时，应严格执行合同约定的费用定额标准及有关规定，并审查取费依据的时效性、相符性。

8）编制与结算相对应的结算审查对比表。

9）提交工程结算审查初步成果文件，包括编制与工程结算相对应的工程结算审查对比表，待校对、复核。

结算审定阶段的主要工作程序为：

1）工程结算审查初稿编制完成后，应召开由结算编制人、结算审查委托人及结算审查受托人共同参加的会议，听取意见，并进行合理的调整。

2）由结算审查受托人单位的部门负责人对结算审查的初步成果文件进行检查、校对。

3）由结算审查受托人单位的主管负责人审核批准。

4）发承包双方代表人和审查人应分别在"结算审定签署表"上签认并加盖公章。

5）对结算审查结论有分歧的，应在出具结算审查报告前，至少组织两次协调会；凡不能共同签认的，审查受托人可适时结束审查工作，并做出必要说明。

6）在合同约定的期限内，向委托人提交经结算审查编制人、校对人、审核人和受托人单位盖章确认的正式的结算审查报告。

17.4　结算纠纷的处理

17.4.1　竣工结算纠纷处理相关理论基础

1. 不完全合同（契约）理论

（1）不完全合同理论概述　现代契约理论从完全契约的假设条件出发，分析其与现实条件的差异，引入了不完全契约的概念。完全契约是指缔约双方都能完全预见契约期内可能发生的重要事件，愿意遵守双方所签订的契约条款，当缔约双方对契约条款产生争议时，第三方（例如法院）能够强制其执行[3]。以 Williamson 和 Hart 为代表的经济学家则认为，由于人的有限理性和交易成本的存在，实际中缔结一份完备的合同是不可能的。契约不完全的原因具体地可以概括为以下三类成本（Tirole，1999）：一是预见成本，即当事人由于某种程度的有限理性，不可能预见到所有的或然状态；二是缔约成本，即使当事人可以预见到或然状态，但以一种双方没有争议的语言写入契约是不可能的或者成本太高；三是证实成本，即关

565

于契约的重要信息对双方是可观察的，但对第三方（如法庭）是不可证实的[4]。Grossman 和 Hart（1986）、Hart 和 Moore（1988），以及 Hart（1995）所建立的不完全合同与产权理论（GHM 模型）正式开启了不完备契约理论（Incomplete Contracting Theory）的研究。不完备契约理论一经提出便凭借其令人信服的对现实的解释力，扩展到了金融、国际贸易、宏观经济学、法律、公共物品等众多领域[5]，例如将公共部门引入不完全契约理论的框架中，讨论公共部门的最佳边界问题[6]。

（2）不完全合同的基本模型：合同状态　杨瑞龙、聂辉华在 Klein et al.（1978）、Williamson（1985）、Grossman 和 Hart（1986）、Hart 和 Moore（1988）等人关于不完全合同理论研究的基础上，提出了以下基本模型。假设买卖双方（不考虑其风险偏好）在日期 0 签订了一份合同，合同中约定上游的卖方 S 在日期 2 要向下游的买方 B 提供一个特定的小物品 W。由于双方在签约时无法完全描述 W 的规格、形状或价格等具体要求，因此只能等到自然状态 ω 实现后再议（日期 1）。在日期 0、1 之间，卖方需要做出关系型专用性投资 σ，给买方 B 带来的成本为 $C(\sigma,\omega)$，价值为 $V(\sigma,\omega)$。在日期 1、2 之间，双方可能会根据自然状态以及合同的履行情况，对初始契约进行修订或再谈判，直到日期 2，卖方 S 向买方 B 提供最终的成品，合同履行完毕。即在日期 2，买方的投资结束，收益得到实现。不完全合同的模型如图 17-8 所示。

图 17-8　不完全合同的模型

由图 17-8 可知，合同从签订到最终完成需经历三个状态，这一模型与我国以成虎教授为代表的合同状态理论不谋而合。二者均证明，基于外部环境的不确定性和人的有限理性，合同当事人不可能在合同中详尽约定履约过程中出现的各种风险，因而合同存在"状态"，且随着合同条件的变化发生改变。

（3）清单计价模式下，重新计量与进度款结算对合同状态变化的动态补偿作用　工程结算是指，依据合同对项目实施过程中、终止时合同价款的重新计算、调整和确认的过程，以及与此过程相关的计量和支付行为。结算内容包括工程预付款、工程进度款、工程竣工结算款、质量保证金和合同终止结算等。工程计量、进度款支付以及竣工结算是工程结算的核心工作，是对承包人履行合同义务的认可。

根据不完全合同理论，有效率的合同是事后再谈判的合同，只有当自然状态实现以后，经过修订契约或再谈判使合同得以继续履行。施工合同条件下，合同价款不断调整和支付的过程相当于发承包双方的再谈判过程。基于不完全合同理论，发包人通过重新计量和期中结算、竣工结算等对合同状态进行动态补偿，并形成最终的合同价格，如图 17-9 所示。

2. 合同状态理论

（1）合同状态理论的缘起与发展　成虎教授（成虎，1995）在一篇论文中通过描述工程承包合同的形成过程，首次提出"合同状态"这一概念。合同状态是合同签订和实施过程中各方面要素的总和。这些要素具体包括合同文件、外部环境、实施方案、合同价格四个方面，合同一经签订，它们即构成一个整体，如图 17-10 所示。在工程实施过程中，由于干扰事件的出现，致使"合同状态"被打破，此时就需要按合同约定进行工期或价款的调整以使合同状态恢复平衡。因此，合同状态是索赔（反索赔）和争议解决的依据[7]。

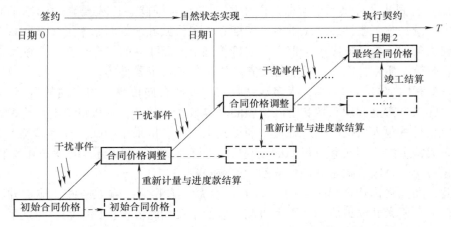

图 17-9　重新计量与进度款结算对合同状态变化的动态补偿作用

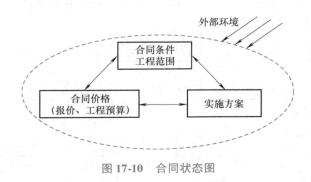

图 17-10　合同状态图

在合同状态"四要素"的基础上，不同的学者又引入工程建设活动中的其他要素，但不同学者关于合同状态的定义尚未形成一致的观点，但均围绕合同执行过程中各种内外部要素展开。

（2）合同状态的形成与演进分析　发承包双方签订合同的过程也是形成共同承诺的过程，这包括双方在责任划分、合同价格、工期及施工组织措施等方面的承诺，这些方面的动态变化及对立统一关系组成了"合同状态"[8]。

从合同签订到执行结束的过程中，由于干扰事件的存在，合同状态不断变化而呈现不同的类型。不同的学者依据合同状态的定义以及研究目的，对合同状态的变化过程进行了划分。而大多数学者对合同状态的划分趋于一致，均是依据干扰事件的影响及其变化过程进行分析。

基于此，合同在履行过程中大致可以划分为三个状态：①合同签订时，各种内外部因素形成的合同状态为合同初始状态；② 当干扰因素出现，导致合同状态的组成要素发生改变，致使初始合同状态平衡被打破，形成合同现实状态；③合同初始状态被打破后，通过合同约定或双方协商一致的方式，对合同现实状态进行补偿使合同状态恢复平衡，此时形成新的合同初始状态。此时的合同初始状态不同于合同签订时的初始状态，而是在原有初始状态上的"提升"。

3. 合同状态补偿理论

（1）施工合同状态补偿的模型　虽然不同学者对合同状态构成要素的归纳不同，但基本包含了工程量、施工条件、施工方案、工期和工程价款五个方面。本书将合同状态定义为工程量、施工条件、施工方案、工期和合同价款五个方面要素的集合，其中，施工条件包含法律法规、政策、质量标准、人材机等要素价格、施工现场条件等。

关于各要素内部之间的关系，大多数文献将工期和合同价款作为合同的目标，工程量、施工条件、施工方案是实现工期和合同价款的基本条件。然而，工程量清单计价模式下，合同价款实质上是承包人依据图纸工程量、现场施工条件、拟采用的施工方案以及工期、质量等要求，完成特定的合同义务应得到的支付[9]，即合同价款可以与合同状态中除价格外的所有要素相对应，合同价款是其他要素的"平衡机制"。

基于此，在此将构建合同状态的"天平"模型：工程量、施工条件、施工方案、工期和合同价款五个要素共同组成一个平衡机制，前四个要素组成天平的一端，与之平衡的另一端是合同价款，前四个要素的改变可以通过调整合同价款来使"天平"始终保持平衡。这里将前四个要素作为合同的基本条件，合同价款是基于合同基本条件形成的，是合同基本条件的平衡机制，如图 17-11 所示。

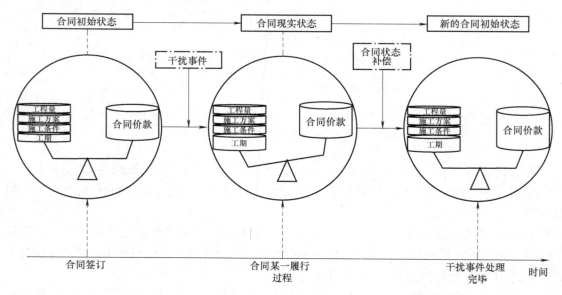

图 17-11　合同状态的"天平"模型

由图 17-11 可知，合同签订时，合同文件中约定的工程量、施工方案和工期，发包人提供的勘察设计资料、招标工程量清单、施工场地，以及合同签订时所处的外部环境等形成了合同初始状态；随着施工合同履行，出现了干扰事件，导致合同状态中某一要素发生改变（图中假设为工期改变），原有合同状态失衡；此时，需要按合同中约定（或签订补充协议）的方式对合同状态进行补偿，调整合同价款，使合同状态恢复平衡，此时就形成了新的合同初始状态，以此循环，直至合同履行结束。

（2）基于合同类型的状态补偿机理　依据合同价款支付方式的不同，建设工程施工合同可以分为单价合同、总价合同和成本加酬金合同。发承包双方应根据不同项目的特点，选择适合的合同类型。根据前文综述，不同类型合同的风险分担方式和特点不同，则相应的其状态补偿方式也不同。

1）单价合同：动态补偿。采用单价合同的，工程量的风险由发包人承担，发包人对招标工程量清单的准确性和完整性负责，承包人承担价的风险。根据 13 版《清单计价规范》的规定，工程量必须以承包人实际完成合同工程应予计量的工程量确定，通过过程结算的累积形成竣工结算，因此单价合同通过历次计量与支付进行动态补偿。

此外，13 版《清单计价规范》中给出了 14 个调价因素（其中风险因素为 9 项），并基于合理风险分担的思想，将风险在发包人和承包人之间进行合理分配，因此，清单计价模式下，当风险发生并达到一定条件后，综合单价也应进行相应的调整，并随进度款进行支付。由此可见，单价合同下，随着进度款的支付，发包人对合同状态随时进行补偿，充分体现合同状态的动态补偿机制。

2）总价合同：事先补偿。总价合同通常表现为一种风险包干合同，量与价的风险均由承包人承担，表面上不包含合同状态变化补偿机制，但其风险包干是在一定的范围内的，承包人已经将这部分风险包含在其投标报价中，也就是说，发包人已在合同约定的风险范围内嵌入事前状态补偿机制。因此，总价合同虽然表面上对合同状态不予补偿，但实际上发包人在总价的基础上已进行了事先补偿。此外，根据 13 版《清单计价规范》的规定，以工程量清单计价方式招标形成的总价合同的计量同单价合同，工程量的风险由发包人承担，承包人只承担价的风险，保障承包人在合同状态变化后得到合理的状态补偿。

3）成本加酬金合同：事后补偿。成本加酬金形式的合同将项目投资划分为工程建造成本和酬金两部分，承包人的建造成本需要在工程实施后凭借发票实报实销，再按合同约定支付给承包人相应的报酬，即事后补偿。该类合同中由于发包人承担了项目的全部风险，承包人往往不注重降低项目成本，因此该类合同的缺点是项目投资难以控制。

该类合同主要适用于建设内容、技术经济指标等尚未完全确定，投标报价的依据尚不充分的情况下，因时间紧迫且必须发包的工程；或者发承包双方间存在高度信任，承包人在某些方面具有独特的技术、特长或经验。因为发包人无法提供可供承包人准确报价所必需的资料，承包人缺乏报价依据，因此只能采用成本加酬金的方式对合同价款进行约定。成本加酬金合同广泛地适用于工作范围很难确定或者在设计完成之前就开始施工的工程。

4. 合理的风险分担理论

（1）风险分担的思想　关于建设工程合同的风险分配，国际和国内学术界广泛认同的有三种分配思想：可预见性风险分担思想、可管理性风险分担思想和法经济学风险分担思想。这些风险分担的思想被国际上 FIDIC、ICE、NEC 等合同范本所广泛采纳。

1）可预见性风险分担思想。可预见性（Foreseeability）风险分担原理是指，"如果某风险是一个有经验的承包人能够合理预见的，则该风险分担至该承包人是可以接受的，否则不能[10]"，并在 FIDIC 红皮书、橘皮书及 ICE 等合同范本中得到广泛体现。例如不可抗力、不利物质条件、法律法规变化以及发包人提供图纸延误等风险是一个有经验的承包人也不能合理预见的，则这些风险均应由发包人承担，而承包人的进度、质量、安全管理能力，承包人施工机械损毁等风险则应该由承包人自行承担。由于"有经验的承包人"和"可以合理预

569

见"等标准具有主观性，实践中难以对其进行清晰的界定使得该原理的应用具有一定局限性，因此认为这一风险分担原理是低效率的。

2) 可管理性风险分担思想。可管理性（Manageability）风险分担原理，即根据广泛接受的风险分担原则将可识别的风险进行分析并分担，即：①风险应该由具有管理能力的一方承担；② 公平的风险分担。关于该原理应用的典型案例是 NEC 合同范本，其第 1 版导则中写道："处于最佳管理风险的一方当事人，能够最小化额外费用并在风险发生时最小化延误"。例如，对不可抗力、汇率等双方均没有管理能力的风险由发包人和承包人共担，预算、设计准确性等发包人明显具有控制力的风险由发包人承担，而施工的技术水平、劳动力生产能力等风险则由承包人承担。这种风险分担理论往往导致发包人将风险转移给承包人，承包人将风险转移给分包商、供货商等恶性循环的局面，而被认为是低效率的。

3) 法经济学风险分担思想。法经济学风险分担原理认为，风险应该分配给承担成本较低的一方[11]。该原理强调实现合同效率优先，即风险获利一方赔偿承担风险一方遭受的损失后仍有剩余，从而获得理论上的帕累托效率。

（2）基于合同的风险分担格局　项目风险分担是通过合同条款实现的，有学者总结了基于合同条款设置的工程项目风险分担格局，如图 17-12 所示。

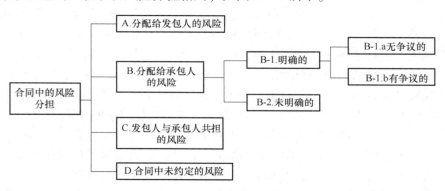

图 17-12　基于合同条款的风险分担

由图 17-12 可知，通过合同条款的风险分担包括明确而无争议的与未约定或有争议的两种状态。其中明确且无争议的风险分担可以通过合同自我履行实现；对于合同中未约定或有争议的风险分担条款，则需要通过合同履行过程中的变更、调价等方式或修改合同条款或签订补充协议，甚或仲裁等方式解决。合同中的这种未约定或有争议的风险分担很可能会造成承发包双方之间的纠纷不断，降低项目履约效率。

17.4.2　承包人向发包人提出的价款纠纷

1. 施工现场条件变化引起的争议

施工现场条件变化是指在施工过程中，承包人遇到的实际自然条件比招标文件中所描述的更为困难和恶劣，是一个有经验的承包人不可能预见到的不利的自然条件或障碍，因而承包人为完成合同要花费更多的时间和费用。按照国际工程惯例，承包人应得到发包人方面的补偿。在实践中，"有经验的承包人"的界定常常出现分歧，发包人总是试图将现场条件的变化界定为承包人应该知晓的，所发生的费用包含在承包人投标报价中，从而拒绝承包人的争议及结算要求。在国际工程承包施工中，常把施工现场条件的变化分为以下两类：

（1）第一类现场条件的变化　此类现场条件的变化是指招标文件描述现场条件失误，即在招标文件中对施工现场存在的不利条件虽然已提出，但严重失实，或其位置差异较大，或其严重程度差异较大，从而使承包人误入歧途。这一类现场条件的变化通常指的是地质条件的变化。不利的现场条件主要有以下几个方面：

1）在开挖现场挖出的岩石或砾石，其位置高程与招标文件中所述的高程差别很大。

2）招标文件钻孔资料注明系坚硬岩石的某一位置或高程上，出现的却是软体材料。

3）实际的破碎岩石或其他地下障碍物，其实际数量大大超过招标文件中给出的数量。

4）设计指定的取土场或采石场开采出来的土石料，不能满足强度或其他技术指标要求，必须更换料物。

5）实际遇到的地下水在位置、水量、水质等方面与招标文件中的数据悬殊。

6）地表高程与设计图纸不符，导致大量的挖填方量。

7）需要压实的土壤的含水量数值与合同资料中给出的数据差别过大，增加了碾压工作的难度或工作量。

此类现场条件的变化，实质是现场条件变化导致工程量的变化，导致承包人费用和工期的增加。这一类现场条件变化一般不属于不可抗力因素。对某些条件的变化，承包人可以根据工程量的变化，向发包人提出追加价款及结算要求。还有某些现场条件变化属于承包人自己应该承担的风险，承包人无权提出争议，具体情况应根据双方合同条件协商解决。

（2）第二类现场条件的变化　此类现场条件的变化是指在招标文件中根本没有提到，是完全出乎意料的不利现场条件，这种不利的现场条件是承包人和发包人都难以预见的情况。通常包括以下几个方面：

1）在开挖基础时发现了古代建筑遗迹文物与化石。

2）遇到了高度腐蚀性的地下水或有毒气体，给承包人的施工人员和设备造成意外的损失。

3）在施工过程中遇到图纸中未做说明的地下电缆、管道和各种装置。

第二类现场条件的变化实质是属于不可抗力范畴。这类风险属于发包人应该承担的风险。由第二类现场条件变化引起的承包人工期延长和费用增加，都可以向发包人提出工期和费用索赔或追加合同价款。

2. 发包人原因引起工程延误的结算争议

发包人因为未按规定时间向承包人提供施工现场或道路、未按时提供设计图纸等情况导致工程延期，从而使承包人为完成合同花费了更长的时间和更大的开支。在这种情况下，承包人有权向发包人提出工程价款追加及工期顺延。发包人造成的工程延误常见的有下列情形：

1）发包人拖延交付合格的施工现场。

2）发包人拖延交付图纸。

3）发包人或工程师拖延审批图纸、施工方案、计划等。

4）发包人拖延支付预付款或工程款。

5）发包人指定的分包商违约或延误。

6）发包人未能及时提供合同规定的材料或设备。

7）发包人拖延关键路线上工序的验收时间，造成承包人下道工序延误。

8）发包人或工程师指令错误，打乱了承包人施工计划。

9）发包人提供的设计数据或工程数据延误。

10）发包人原因暂停施工导致的延误。

11）发包人设计变更或要求修改图纸，导致工程量增加。

12）发包人对工程量质量要求超出原合同的规定。

13）发包人要求增加额外工程。

14）发包人的其他变更指令导致工期延长。

对于上述1）至10）项原因引起的工程延误，承包人可索赔工期，又可索赔费用。对于11）至14）项原因引起的工期延误，属于工程变更，发包人会给予承包人适当的补偿，包括工期延长和费用补偿，但如果工程师确定的变更单价或价格不合理，或缺乏说服承包人的依据，承包人有权就此向发包人索赔。

3. 加速施工引起的工程结算争议

加速施工是指承包人加快工作的进展速度，比合同工期（初始的合同工期或根据合同条件规定的承包人正当延长的工期）提早完成任务。根据《中华人民共和国合同法》中的公平原则，承包人有权利在合同的规定期限和正当的延长工期内完成项目。因此，当项目的发包人要求在项目合同工期内提前完成工作，项目的发包人就促使了承包人的加速施工，发包人也就要对承包人为加速施工所承担的额外费用负责。相反，如果承包人为了自身的利益自愿加速施工，他就不能从项目发包人那里得到额外的补偿。因此，承包人在进行加速施工争议处理时，必须证明加速施工的费用是由于发包人原因引起的。

对于发包人原因引起的加速施工，承包人承担的额外费用不易计量，因为影响费用的因素很多，比如投入资源的数量、提前完工的天数、加班津贴、施工新单价等。为解决此问题，建议发包人采用"奖金"的办法，鼓励承包人克服困难，早日完工，因为承包人完工时间越提前，获得的奖金越多。此种方法不仅促使承包人早日建成工程，早日投入运营，且计价方法简单，避免加速施工导致的价格调整的烦琐计算，提高效率。

4. 发包人不正当终止工程而引起的结算争议

由于发包人不正当地终止工程，承包人有权要求补偿损失，其数额是承包人在被终止工程中的人工、材料、机械设备的全部支出，以及各项管理费、保险费、贷款利息、保函费的支出（减去已结算的工程款），并有权要求赔偿其盈利损失。

5. 物价上涨或国家政策法令变化引起的争议

物价上涨是各国市场的普遍现象，尤其是发展中国家。这里的物价上涨含义是宽泛的，包括人工、材料、机械台班、各种费率的取费标准、汇率等。由于物价上涨，必然引起工程成本的增加，承包人可要求发包人给予一定的补偿。由于发包人的国家或地方的任何法规、法令、政令或其他法律或规章发生变更，导致承包人成本增加，发包人应给予一定的补偿。

6. 不可抗力引起的结算争议

根据99版FIDIC新红皮书的规定，不可抗力是指全部满足以下条件或状况的事件：一是一方无法控制；二是在签订合同之前，该方无法合理防范；三是事件发生后，该方不能合理避免和克服；四是该事件本质上不是合同另一方引起的。

在全部满足上述条件下，下列事件或情况可包括（但不仅限于）在不可抗力范围之内：

1）战争、敌对行为、外敌入侵。

2）起义、恐怖、革命、军事政变或内战。

3）非承包人人员引起的骚乱、秩序混乱、罢工、封锁等。

4）非承包人使用或造成的军火、炸药、辐射、污染等。

5）诸如地震、飓风、台风、火山爆发等自然灾害。

不可抗力发生后，若承包人受到了不可抗力的影响，且按规定向发包人方发出通知，承包人可按争议程序争议工期。若费用影响是由于上述 1）至 4）所述原因造成，并且 2）、3）、4）类的情况发生在工程所在地，则承包人还可以争议费用。

对于承包人向发包人的争议，各种常见的事件及其可争议的内容，99 版 FIDIC 新红皮书仅在相应条款中给予了相应的表述，具体见表 17-3。

表 17-3　99 版 FIDIC 新红皮书中承包人可以引用的争议处理条款

序号	条款号	条款的主要内容	可能补偿的内容		
			工期	费用	利润
1	1.3	通信联络	√	√	√
2	1.5	文件的优先次序	√	√	√
3	1.8	文件缺陷或技术型错误	√	√	√
4	1.9	延误发放图纸或指示	√	√	√
5	1.13	遵守法律	√	√	√
6	2.1	延误移交施工现场	√	√	√
7	2.3	发包人人员引起的延误、妨碍	√	√	√
8	3.3	工程师的指示	√	√	√
9	4.6	合作	√	√	√
10	4.7	承包人依据工程师提供的错误数据导致放线错误	√	√	√
11	4.12	不可预见的外界条件	√	√	
12	4.20	发包人的设备和免费提供的材料	√	√	√
13	4.24	施工中发现化石、硬币和有价值的文物	√	√	
14	5.2	指定分包商	√	√	√
15	7.2	样本	√	√	√
16	7.4	非承包人原因检验导致施工的延误	√	√	√
17	8.4	（a）变更导致竣工时间的延长、（c）异常不利的气候条件、（d）由于传染病或其他政府行为导致工期的延误、（e）发包人或其他承包人的干扰	√		
18	8.5	公共当局引起的延误	√		
19	10.2	发包人提前占用工程		√	√
20	10.3	对竣工检验的干扰	√	√	√
21	11.8	工程师指令承包人调查		√	√
22	12.4	删减		√	
23	13.7	后续法规引起的调整	√	√	
24	14.8	延误的付款	√	√	√
25	15.5	发包人终止合同		√	√
26	16.1	承包人有权暂停工作	√	√	√

（续）

序号	条款号	条款的主要内容	可能补偿的内容		
			工期	费用	利润
27	17.4	发包人的风险	√	√	√
28	18.1	发包人办理的保险未能从保险公司获得补偿部分		√	
29	19.4	不可抗力事件造成的损害	√	√	
30	19.6	可选择的终止、支付和返回		√	
31	19.7	根据法律解除履约		√	

17.4.3 发包人向承包人提出的价款纠纷

由于承包人不履行或不完全履行约定的义务，或者由于承包人的行为使发包人受到损失时，发包人可以向承包人提出修改价款及结算款。

1. 工期延误引起的结算争议

在项目的施工过程中，由于多方面的原因，工程竣工日期拖后，影响到发包人对工程的使用，给发包人造成经济损失。如果工程竣工延期是由于承包人原因造成的，按照国家惯例，发包人有权向承包人提出误期损害赔偿。至于误期损害赔偿费的计算方法，一般在合同文件中有具体规定。

2. 工程质量不符合要求的结算争议

当承包人的施工质量不符合合同要求，或使用的设备和材料不符合合同规定，或在合同缺陷责任期未满以前没有完成应该负责修补的工程时，发包人有权向承包人追究责任，要求补偿所受到的经济损失。如果承包人在规定的期限内未完成缺陷修复工作，发包人有权雇用他人修复或自行修复，发生的成本和费用由承包人承担。

3. 承包人不履行保险费用的结算争议

如果承包人未能按照合同条款指定的项目投保，并保证保险有效，发包人可以投保并保证保险有效，发包人所支付的必要的保险费可在应付给承包人的款项中扣除。

4. 发包人对超额利润的争议

如果工程量增加很多，使承包人预期的利润加大，发包人可以同承包人讨论，收回部分超额利润，因为工程量增大并未增加承包人的固定成本的支出。如果由于法规的变化导致承包人在工程施工过程中降低了成本，产生了超额利润，应重新调整合同价格，收回部分超额利润。

5. 发包人合理终止合同或承包人不正当放弃工程的结算争议

如果发包人合理终止承包人的承包合同或承包人不合理放弃工程，发包人可以从承包人手中收回由新的承包人完成工程所需的工程款与原合同未付部分的差额。

6. 对确定工程量时间的争议的规定

在工程中，建筑公司迟迟不确定承包人实际完成的工程量，导致承包人不能及时得到工程款，损害了承包人的利益。法释〔2004〕第14号第二十条规定："当事人约定，发包人收到竣工结算文件后，在约定期限内不予答复，视为认可竣工结算文件的，按照约定处理。承包人请求按照竣工结算文件结算工程价款的，应予支持。"本条规定为保护合同当事人的合法权益提供了法律依据。法律法规对工程量争议解决的规定如表17-4所示。

表 17-4　工程量争议的解决

工程量争议来源	争议具体内容	法律法规依据	处 理 方 法
确认工程量	工程量清单中出现漏项、工程量计算偏差，以及工程变更引起的工程量增减	13 版《清单计价规范》	按承包人在履行合同义务过程中实际完成的工程量
	对承包人超出设计图纸（含设计变更）范围和因承包人原因造成返工的工程量	《建设工程价款结算暂行办法》（财建〔2004〕369 号）	发包人不予计量
	对承包人超出设计图纸范围和因承包人原因造成返工的工程量	17 版《工程施工合同》	工程师不予计量
	当事人对工程量有争议的	法释〔2004〕第 14 号第十九条	按照施工过程中形成的签证等书面文件确认
	承包人能够证明发包人同意其施工，但未能提供签证文件证明工程量发生的		按照当事人提供的其他证据确认实际发生的工程量
确认工程量的时间	当事人约定，发包人收到竣工结算文件后，在约定期限内不予答复	法释〔2004〕第 14 号第二十条	视为认可竣工结算文件的，按照约定处理

综上所述，法律法规提出了工程量争议的解决措施，从而减少了工程量争议问题。

本章参考文献

［1］王保龙．天生桥一级水电站 C3 标工程结算支付分析［J］．水利水电技术，2000（6）：50．

［2］严玲，尹贻林．工程计价实务［M］．北京：科学出版社，2010．

［3］Coase，Hart，Oliver，等．契约经济学［J］．李凤圣，译．北京：经济科学出版社，2003．

［4］杨瑞龙，聂辉华．不完全契约理论：一个综述［J］．经济研究，2006（2）：104-115．

［5］杨宏力．不完全契约理论前沿进展［J］．经济学动态，2012（1）：96-103．

［6］Hart O，Vishny R W. The Proper Scope of Government：Theory and Application to Prisons［J］. The Quarterly Journal of Economics，1997，112（4）：27-61．

［7］成虎．工程承包合同状态研究［J］．建筑经济，1995（2）：39-41．

［8］成虎．建设工程合同管理与索赔［M］．南京：东南大学出版社，2010．

［9］杨鹏鸣，罗汀．与工程合同状态有关的施工索赔模型［J］．工程管理学报，2006（1）：41-43．

［10］翟冬．论"有经验的承包商"［J］．法制与社会，2014（29）：102-103．

［11］ZHANG S，ZHANG S，GAO Y，et al. Contractual governance：Effects of risk allocation on contractors'cooperative behavior in construction projects［J］. Journal of Construction Engineering & Management，2016，142（6）：04016005．

18

第 18 章
质量保证金及最终结清

质量保证金的本质是承包人对发包人的一种履约担保,其预扣方式简化了缺陷责任期内工程维修费用的支付程序,降低了履约担保价值实现的交易成本。基于激励相容视角,质量保证金又是发包人对承包人的行为约束与负向激励,在平衡发承包双方现金流的基础上,实现双方目标函数的一致,确保承包人能够履行缺陷责任期内的保修义务。

在我国合同体系中,质量保证金已固化为一种债权担保制度,但其表现形式在《建设工程工程量清单计价规范》(GB 50500—2013)(以下简称 13 版《清单计价规范》)与《建设工程施工合同(示范文本)》(GF—2017—0201)(以下简称 17 版《工程施工合同》)中存在一定差异。《清单计价规范》中,质量保证金仅体现为结算款中的预留;而在合同中,质量保证金体现为对承包人履行其后续义务的担保,可以用保函、合同中约定的其他方式来替代结算款的预留。在 FIDIC 合同体系中,体现为"保留金",为保证系谱中的一类。在某种情况下,可以用即付保函或无条件保函替代,一旦收到发包人的索赔要求,其中说明承包人未按合同履行其义务或保证中规定的某一事件已发生,则承包人会支付给发包人赔偿费。

本章主要介绍了质量保证金的预留额度、方式以及预留与返还的程序,并分析了保留期限。在此基础上,对质量保证金与保修金、缺陷责任期与工程保修期进行对比分析。

18.1 质量保证金概述

18.1.1 质量保证金

1. 质量保证金的定义

质量保证金是指发包人与承包人在建设工程承包合同中约定,从应付的工程款中预留,用以保证承包人在缺陷责任期内对建设工程出现的缺陷进行维修的资金。缺陷是指建设工程质量不符合工程建设强制性标准、设计文件,以及合同的约定。

2. 质量保证金的性质

质量保证金属于合同担保的一种方式。《中华人民共和国担保法》(本章以下简称《担保法》)规定了五种担保形式,分别为保证、抵押、质押、留置和定金。由于质量保证金采用扣押工程款的现金方式,符合动产质押的特征,属于《担保法》中的动产质押担保。

3. 质量保证金的使用

在缺陷责任期内,由于承包人而造成的缺陷,承包人应该负责维修,并且承担鉴定及其维修费用。如果承包人不进行维修也不愿意承担相应的费用，则发包人可以按照合同约定扣除保证金，并且由承包人承担相应的违约责任；非承包人责任造成的缺陷，由发包人负责组织维修，承包人不需承担相应费用，并且发包人不得从承包人保证金中扣除费用。在合同签订的过程中，发承包双方应该对工程缺陷责任期进行认真的协商，以确定合理的缺陷责任期限。

缺陷责任期自工程的实际竣工日期开始计算。在全部工程竣工验收之前已经发包人提前验收合格的单位工程，其缺陷责任期的开始计算日期应该相应地提前。对于因发包人原因不能进行按期竣工的，在承包人提交竣工验收报告 90 天以后，该工程自动进入缺陷责任期。

4. 质量保证金的约定

《建设工程质量保证金管理办法》（建质〔2017〕138 号）（本章以下简称 17 版《质量保证金管理办法》）第三条规定，发包人应当在招标文件中明确保证金预留、返还等内容，并与承包人在合同条款中对涉及保证金的事项进行约定，包括：保证金预留、返还方式；保证金预留比例、期限；保证金是否计付利息，如计付利息，利息的计算方式；缺陷责任期的期限及计算方式；保证金预留、返还及工程维修质量、费用等争议的处理程序；缺陷责任期内出现缺陷的索赔方式；逾期返还保证金的违约金支付办法及违约责任。

5. 质量保证金的管理

（1）政府投资项目的质量保证金的管理　缺陷责任期内，实行国库集中支付的政府投资项目，保证金的管理应按国库集中支付的有关规定执行；其他的政府投资项目，保证金可以预留在财政部门或发包人。

缺陷责任期内，如发包人被撤销，保证金随交付使用资产一并移交使用单位管理，由使用单位代行发包人职责。

（2）社会投资项目的质量保证金的管理　社会投资项目采用预留保证金方式的，发承包双方可以约定将保证金交由第三方金融机构托管。在工程项目竣工前，已经缴纳履约保证金的，发包人不得同时预留工程质量保证金。采用工程质量保证担保、工程质量保险等其他保证方式的，发包人不得再预留保证金。

18.1.2　缺陷责任期

《建设工程质量保证金管理暂行办法》（建质〔2005〕7 号）（以下简称 2005 版《质量保证金管理办法》）第一次提到了目前合同中的缺陷责任期，进一步，国家发改委等部门在《中华人民共和国标准施工招标文件》（发改委等令第 56 号）[本章以下简称 07 版《标准施工招标文件》（13 年修订）]中给出了明晰的定义：缺陷责任期是工程承包单位履行缺陷责任的时限。

缺陷责任期是指发承包双方在专用合同条款中约定的，履行缺陷责任的期限，自全部工程的实际竣工日期算起（在全部工程竣工验收前，已经发包人提前验收的单位工程，其缺陷责任期的起算日期相应提前），一般为 1 年，（连同由于承包人原因造成的缺陷责任期的延长），但最长不超过 2 年由发承包双方在合同中约定。

1. 缺陷责任期的起算点

17 版《质量保证金管理办法》第八条规定，缺陷责任期从工程通过竣工验收之日起计。由于承包人原因导致工程无法按规定期限进行竣工验收的，缺陷责任期从实际通过竣工验收之日起计。由于发包人原因导致工程无法按规定期限进行竣工验收的，在承包人提交竣工验收报告 90 天后，工程自动进入缺陷责任期。

但要特别注意的是，17 版《质量保证金管理办法》对缺陷责任期的起算点与 07 版《标准施工招标文件》（13 年修订）、17 版《工程施工合同》的相关规定略有不同。

07 版《标准施工招标文件》（13 年修订）第 19.1 款规定：缺陷责任期自实际竣工日期起计算。在全部工程竣工验收前，已经发包人提前验收的单位工程，其缺陷责任期的起算日期相应提前。并在第 18.3.5 项对实际竣工日期进行了规定，即除专用合同条款另有约定外，经验收合格工程的实际竣工日期，以提交竣工验收申请报告的日期为准；且第 18.3.6 项规定，发包人在收到承包人竣工验收申请报告 56 天后未进行验收的，视为验收合格，实际竣工日期以提交验收竣工验收申请报告的日期为准，但发包人由于不可抗力不能进行验收的除外。

17 版《工程施工合同》对缺陷责任期的规定如下：缺陷责任期从工程通过竣工验收之日起计算，合同当事人应在专用合同条款约定缺陷责任期的具体期限，但该期限最长不超过 24 个月。单位工程先于全部工程进行验收，经验收合格并交付使用的，该单位工程缺陷责任期自单位工程验收合格之日起算。因承包人原因导致工程无法按合同约定期限进行竣工验收的，缺陷责任期从实际通过竣工验收之日起计算。因发包人原因导致工程无法按合同约定期限进行竣工验收的，在承包人提交竣工验收报告 90 天后，工程自动进入缺陷责任期；发包人未经竣工验收擅自使用工程的，缺陷责任期自工程转移占有之日起开始计算。

在第 13.2.3 项对实际竣工日期进行界定，即工程经竣工验收合格的，以承包人提交竣工验收申请报告之日为实际竣工日期，并在工程接收证书中载明；因发包人原因，未在监理人收到承包人提交的竣工验收申请报告 42 天内完成竣工验收，或完成竣工验收不予签发工程接收证书的，以提交竣工验收申请报告的日期为实际竣工日期；工程未经竣工验收，发包人擅自使用的，以转移占有工程之日为实际竣工日期。

通过分析上述三个文件中对缺陷责任期的计算点的规定可知，17 版《质量保证金管理办法》与 07 版《标准施工招标文件》（13 年修订）、17 版《工程施工合同》不一致。项目缺陷责任期的计算起点分为两种：一是竣工验收之日，二是竣工验收合格之日。通过分析项目竣工验收程序可知，两个时点间可相差 56 天。因此，发承包双方在约定缺陷责任期的起算时间时，应在条款中注明项目缺陷责任期的计算起点。

2. 缺陷责任期的调整

当承包人在缺陷责任期满时，没能完成缺陷责任的，或不履行缺陷责任的，发包人可要求承包人延长缺陷责任期，并督促承包人完成维修工作。

07 版《标准施工招标文件》（13 年修订）第 19.3 款规定了缺陷责任期的延长，由于承包人原因造成某项缺陷或损坏，使某项工程或工程设备不能按原定目标使用而需要再次检查、检验和修复的，发包人有权要求承包人相应延长缺陷责任期，但缺陷责任期最长不超过 2 年。

17 版《工程施工合同》第 15.2.2 项规定了，缺陷责任期内，由承包人原因造成的缺陷，承包人应负责维修，并承担鉴定及维修费用。如承包人不维修也不承担费用，发包人可按合同约定从保证金或银行保函中扣除，费用超出保证金额的，发包人可按合同约定向承包人进行索赔。承包人维修并承担相应费用后，不免除对工程的损失赔偿责任。发包人有权要求承包人延长缺陷责任期，并应在原缺陷责任期届满前发出延长通知。但缺陷责任期（含延长部分）最长不能超过 24 个月。由他人原因造成的缺陷，发包人负责组织维修，承包人不承担费用，且发包人不得从保证金中扣除费用。

3. 缺陷责任的识别

（1）**质量缺陷的责任主体**　建设工程的质量缺陷问题是从勘察设计、施工以及投入使用这三个阶段形成的，每个阶段都对应着不同的参与主体[1]。通过对常见质量缺陷问题的原因进行分析，可以得出导致工程质量缺陷的责任主体主要有：发包人或使用人、承包人、勘察设计人、材料设备供应商。质量缺陷造成的原因及参与主体具体如图 18-1 所示。

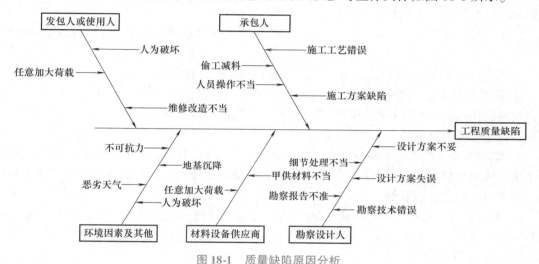

图 18-1　质量缺陷原因分析

（2）**缺陷责任界定不清的风险分析**　导致质量缺陷的原因一般都是多方面的，因此质量缺陷的责任主体通常也不是单方的。承包人虽是建设工程产品的直接生产者，但建设工程的质量缺陷也与勘察设计的水平、材料设备选用、建筑产品使用者的日常使用维护，以及可能遭受的极端天气、不可抗力等有很大的关系。当缺陷责任界定不清，发包人将不属于承包人原因导致的质量缺陷，归因给承包人或者将不全属于承包人原因导致的缺陷单纯归因于承包人，要求承包人承担相应缺陷修复发生的费用，并在其预留的工程质量保证金中扣除这部分费用，最终导致返还保证金时，承包人不能足额回收，具体分析如图 18-2 所示。

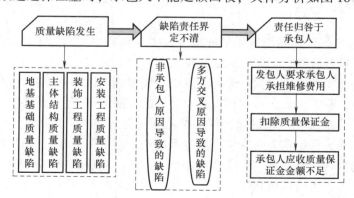

图 18-2　责任界定不清的风险分析

（3）17 版《质量保证金管理办法》和 07 版《标准施工招标文件》（13 年修订）对发承包双方缺陷责任的相关规定

1）17 版《质量保证金管理办法》第九条规定的发承包双方的缺陷责任如下：

① 发包人的缺陷责任。非承包人原因造成的缺陷，发包人负责组织维修，承包人不承担费用，且发包人不得从保证金中扣除费用。

② 承包人的缺陷责任。缺陷责任期内，由承包人原因造成的缺陷，承包人应负责维修，并承担鉴定及维修费用。如承包人不维修也不承担费用，发包人可按合同约定从保证金或银行保函中扣除，费用超出保证金额的，发包人可按合同约定向承包人进行索赔。承包人维修并承担相应费用后，不免除对工程的损失赔偿责任。

2）07 版《标准施工招标文件》（13 年修订）第 19.2 款规定的发承包双方的缺陷责任如下：

① 承包人应在缺陷责任期内对已交付使用的工程承担缺陷责任。

② 缺陷责任期内，发包人对已接收使用的工程负责日常维护工作。发包人在使用过程中，发现已接收的工程存在新的缺陷或已修复的缺陷部位或部件又遭损坏的，承包人应负责修复，直至检验合格为止。

③ 监理人和承包人应共同查清缺陷和（或）损坏的原因。经查明属承包人原因造成的，应由承包人承担修复和查验费用。经查验属发包人原因造成的，发包人应承担修复和查验费用，并支付承包人合理利润。

④ 承包人不能在合理时间内修复缺陷的，发包人可自行修复或委托他人修复，所需费用和利润的承担，按照上一条约定办理。

（4）缺陷责任的划分

1）保证金责任承担的条件。保证金责任是指出卖人违反保证金合同约定的义务时，应承担的买受人不再返还已经收取的保证金的不利法律后果。具备何种条件时，出卖人才应承担保证金责任，是保证金法律制度的关键，也是实践中争议多发之处。保证金属于债务的非典型担保方式，当事人签订保证金合同时，可以对承担保证金责任的条件预先进行约定。例如，当事人有权约定一旦出卖人交付的标的物出现质量问题，保证金即不予退还；也可以约定标的物出现质量问题后，双方应先进行协商解决或采取其他补救措施，只有在采取补救措施后仍未能在合理期限内及时解决质量缺陷的情形下，保证金才不予退还。如当事人仅约定了保证金而未明确约定出卖人承担保证金责任的条件时，可考虑以下条件作为判断承担保证金责任的依据：

① 标的物在质量保证期间出现质量问题。在买卖合同中，出卖人负有按照约定质量交付标的物之义务，这是合同适当履行原则的要求，出卖人如违反此种义务，则应承担违约的不利法律后果。但出卖人对所提供的标的物承担质量瑕疵担保义务应有时间上的限制，否则对出卖人负担过重，有失公允，发生纠纷时也会造成查证困难等实际问题。因此，买卖合同中规定质量保证期非常常见。质量保证期的性质属于除斥期间，不发生中断或者延长的问题。保证金责任和质量保证期关系密切，质量保证期决定了保证金责任的时间界限。在质量保证期内，标的物出现质量问题，才能适用保证金责任。质量保证期届满后，即使标的物出现质量问题，出卖人也不应承担保证金责任。如当事人之间没有约定质量保证期而约定了检验期，应以产品的检验期作为确定保证金责任的时间限度。

②产品的质量瑕疵没有及时得以解决，买受人无法正常使用标的物。质量保证期间，标的物不符合合同约定的质量标准，买受人可以要求出卖人承担修理、更换等补正责任，以解决标的物的质量缺陷。出卖人也可主动要求采取上述补救措施，有学者称之为"救治权"。出卖人没有及时采取相应的补正措施解决质量问题，或虽然采取了补正措施但没有解决质量问题，影响了买受人对标的物的使用或交易，出卖人应当承担保证金责任。实践中存在争议的是，虽然标的物存在质量瑕疵，但出卖人在质量保证期间内采取措施解决了标的物的质量问题，保证金责任是否还有适用的余地？这一争议的实质是，保证金责任的承担是采取完全的行为标准还是同时包括后果标准？本书认为，民事责任以补偿性为原则，以惩罚性为例外，如当事人无特别约定民事责任具有惩罚性，则一般均为损害填补责任。虽然当事人约定保证金的基本功能在于担保买卖合同标的物的质量，但当出卖人违反质量瑕疵担保义务时，保证金又转化为对买受人因此所遭受的损害的一种补偿。因此，在质量瑕疵出现之前，保证金具有担保性；在产品确实出现质量瑕疵之后，保证金具有补偿性。应当看到，补偿的前提是发生了损害，如果没有损害，则无补偿的必要和标准。因此，保证金的事后补偿性决定了保证金责任的承担应统筹考量行为标准和后果标准。只有当出卖人不但交付了质量不符合约定的标的物，而且这种瑕疵履行确实影响了买受人对标的物的使用效果或降低了标的物的交换价值的，保证金责任才能适用。虽然出卖人交付了质量不合格的标的物，但在质量保证期间内及时解决了产品的质量问题的，就无须再承担保证金责任。

③双方当事人的主观状态。当事人的主观状态如何，也对保证金责任的承担与否具有影响。人民法院在审理出卖人要求退还保证金的案件时，应同时审查双方当事人在订立合同时是否知道或应当知道标的物存在质量瑕疵。如出卖人知道或应知标的物存在质量问题，但是为了欺诈善意的买受人而故意不告知产品的质量问题的，出卖人无疑应承担保证金责任，出卖人要求退还保证金的，人民法院当然不应支持。出卖人和买受人都知道标的物存在质量瑕疵而仍然约定保证金的情形很少见，如确实出现此种情形，出卖人当然应承担保证金责任。出卖人并不知悉标的物存在隐蔽瑕疵而支付了保证金，但买受人在缔约时明知标的物存在质量问题而仍然愿意购买的，则属于自甘冒险，出卖人的质量瑕疵担保责任应予以免除，买受人应自行承担相应的不利法律后果。但买受人应知却因重大过失而不知者，不在此限。

2）因发包人原因造成的缺陷责任。发包人造成缺陷责任的原因多为提交的设计图纸不准确，由此造成的质量缺陷，施工单位有负责维修缺陷的责任，但不承担相关缺陷修复产生的费用。缺陷修补后，施工单位有权向发包人申请支付修复缺陷的费用和合理利润。

发包人造成的缺陷责任有时还由于提供的材料不合格，导致工程施工时使用存在质量隐患的材料和构件等，导致后期工程检验不合格，存在质量缺陷，如图 18-3 所示。

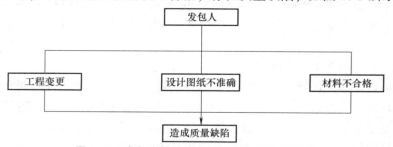

图 18-3　发包人缺陷责任界定不清的风险分析

3）因承包人原因造成的缺陷责任。17 版《工程施工合同》中指明了缺陷责任期内缺陷工程修复的资金指向及相关责任承担，在缺陷责任期内承包人造成的缺陷，应由承包人负责维修，并且由其承担鉴定和维修费用，如图 18-4 所示。承包人若未履行缺陷修复义务，发包人则可以按照合同相关约定扣除预留的保证金，承包人还会因此承担相应的违约责任。

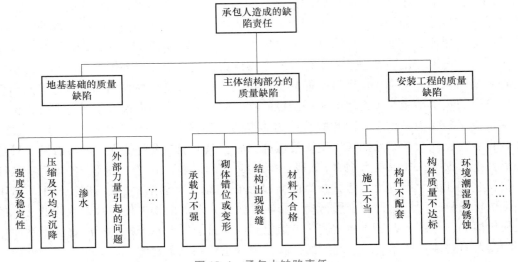

图 18-4　承包人缺陷责任

4）因勘察设计单位原因造成的缺陷责任。项目具体化、可行化必须具备的条件为建设工程项目进行得全面、合理。根据业主定制的各种质量和技术需求，由专业的勘察设计人员进行初步设计，初步显示出工程项目的功能和内容，然后通过技术和施工图设计阶段来确定工程项目的结构可靠性、设备适配性、技术和经济可行性。所以，勘察设计单位的准确性决定着工程项目未来落地后的功能和质量，图 18-5 为勘察设计阶段存在的缺陷责任分析。

我国对不可抗力的定义中通常包括自然灾害、社会异常事件等。在我国工程项目建设中，在发生不可抗力时自然灾害原因和社会异常事件通常是影响工程项目质量的主要原因，图 18-6 为不可抗力事件。

（5）缺陷责任期外的缺陷事件处理办法　缺陷责任期与质保期与不同，质保期可以是永久性的，而缺陷责任期不得超过 24 个月。那么如何保证基础工程、主体结构等质保期超过 24 个月的项目，在退还"缺陷责任金"后，要求施工单位对其质量承担责任呢？这时需要拿起的是法律武器，用法律来维护自己的权益。实际上根据 17 版《质量保证金管理办法》《建筑工程质量管理条例》规定，不论缺陷责任金（不应该再称之为"质量保证金"了）是否返还，都不能免除施工单位对保修期内工程质量的保修责任，这是施工单位必须承担的法定义务。

4. 缺陷责任期与工程保修期的辨析

首先，缺陷责任期与保修期的性质不一致。缺陷责任期是指承包人按照合同约定承担缺陷修复义务，且发包人预留质量保证金（已缴纳履约保证金的除外）的期限。它应为缺陷责任期内对建设工程出现缺陷进行维修的资金。缺陷责任期不同于保修期，当事人约定保证金返还期限。尽管缺陷责任期短于工程保修期，亦应尊重当事人约定，承包人要求返还的应

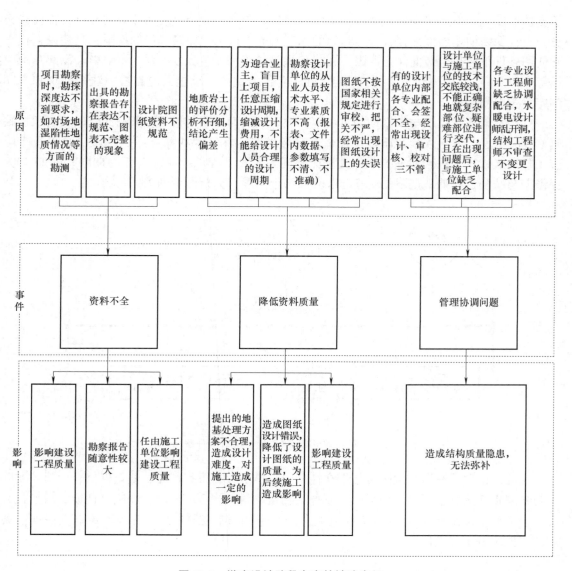

图 18-5　勘察设计阶段存在的缺陷责任

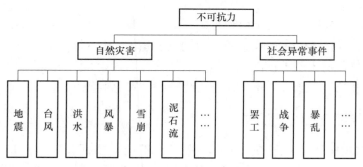

图 18-6　不可抗力事件

583

予支持。发包人返还工程保证金后，不影响承包人依照合同约定或法律规定履行工程保修义务。工程保修期是当事人在合同中约定的承包人对工程承担保修责任的期限，是建设工程正常使用条件下的法定最低保修期限，在《房屋建筑工程质量保修办法》（中华人民共和国建设部令第 80 号）中进行了详细的规定。在工程保修期内，承包人应当根据法律规定和合同约定承担保修责任。

其次，缺陷责任期与保修期的时长不一致。缺陷责任期是指承包人按照合同约定承担缺陷修复义务，且发包人预留质量保证金（已缴纳履约保证金的除外）的期限，自工程实际竣工日期起计算。保修期是指承包人按照合同约定对工程承担保修责任的期限。图 18-7 为保修期与缺陷责任期从期限的时长与起算点两个角度，分析两者的关系。

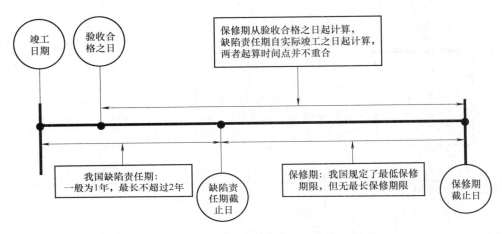

图 18-7　工程保修期与缺陷责任期关系图

因此，工程保修期和缺陷责任期在性质、功能上存在重大区别，质量保修金的返还实际上与缺陷责任期紧密相连，该期限是发包人扣留质量保修金的期限，缺陷责任期满后发包人应当退还质量保修金。17 版《工程施工合同》通用条款第 15.2 款新增了缺陷责任期的条款，用以区分工程保修期。

18.2　质量保证金的预留

发承包双方在合同条款中约定保证金的预留方式与预留比例，保证金的预留方式分为一次预留方式和逐次预留方式，保证金的预留比例根据 17 版《质量保证金管理办法》第七条的规定，保证金总预留比例不得高于工程价款结算总额的 3%。合同约定由承包人以银行保函替代预留保证金的，保函金额不得高于工程价款结算总额的 3%。

18.2.1　质量保证金的预留方式

在 17 版《质量保证金管理办法》、07 版《标准施工招标文件》（13 年修订）、13 版《清单计价规范》以及 17 版《工程施工合同》中明确地规定了保证金的预留方式，具体内容如表 18-1 所示。

表 18-1　相关文件对于质量保证金预留方式的规定

名　称	17 版《质量保证金管理办法》	07 版《标准施工招标文件》（13 年修订）	13 版《清单计价规范》	17 版《工程施工合同》
颁布年份	2017	2007	2013	2017
条款号	第七条	第 17.4.1 项	第 11.5.1 条	第 15.3.2 项
具体规定内容	第七条　发包人应按照合同约定方式预留保证金，保证金总预留比例不得高于工程价款结算总额的 3%。合同约定由承包人以银行保函替代预留保证金的，保函金额不得高于工程价款结算总额的 3%	监理人应从第一个付款周期开始，在发包人的进度付款中，按专用合同条款的约定扣留质量保证金，直至扣留的质量保证金总额达到专用合同条款约定的金额或比例为止。质量保证金的计算额度不包括预付款的支付、扣回以及价款调整的金额	发包人应按照合同约定的质量保证金比例从结算款中扣留质量保证金	质量保证金的扣留有以下三种方式： （1）在支付工程进度款时逐次扣留，在此情形下，质量保证金的计算基数不包括预付款的支付、扣回以及价格调整的金额 （2）工程竣工结算时一次性扣留质量保证金 （3）双方约定的其他扣留方式

可见，保证金的预留方式主要有两种，一次预留方式和逐次预留方式。

1. 一次预留方式

一次预留方式是指保证金的预留是一次性扣除。17 版《质量保证金管理办法》规定在工程结算款中预留保证金，13 版《清单计价规范》规定在结算款中按照合同约定的保证金的比例扣除保证金，两者都是在工程结算款中对保证金进行"一次预留"。

2. 逐次预留方式

逐次预留方式是指保证金的预留是在进度款中按约定的比例逐次扣除。在 07 版《标准施工招标文件》（13 年修订）中规定，在进度款中按照约定扣留保证金，所以保证金的预留方式是"逐次预留"，并且规定其计算额度不包括预付款的支付、扣回以及价款调整的金额。

17 版《工程施工合同》第 15.3.1 项还规定了承包人提供保证金的三种方式，即：①质量保证金保函；② 相应比例的工程款；③双方约定的其他方式。一般情况下采用质量保证金保函的形式进行保证金的支付，即在项目的实施过程中逐次预留，发包人累计扣留的质量保证金不得超过工程价款结算总额的 3% 。如承包人在发包人签发竣工付款证书后 28 天内提交质量保证金保函，发包人应同时退还扣留的作为质量保证金的工程价款；保函金额不得超过工程价款结算总额的 3% 。发包人在退还质量保证金的同时按照中国人民银行发布的同期同类贷款基准利率支付利息。

3. 不得预留的情况

17 版《质量保证金管理办法》规范了发包人预留工程保证金的行为，包括以下两种情况：①在工程项目竣工前，已经缴纳履约保证金的，发包人不得同时预留工程保证金；②采用工程质量保证担保、工程质量保险等其他保证方式的，发包人不得再预留保证金。

18.2.2　质量保证金的预留比例

在 17 版《质量保证金管理办法》、07 版《标准施工招标文件》（13 年修订）、13 版

《清单计价规范》以及 17 版《工程施工合同》中明确地规定了质量保证金的预留比例，具体内容如表 18-2 所示。

表 18-2　相关文件对于质量保证金预留比例的规定

名　称	17 版《质量保证金管理办法》	07 版《标准施工招标文件》（13 年修订）	13 版《清单计价规范》	17 版《工程施工合同》
颁布年份	2017	2007	2013	2017
条款号	第七条	第 17.4.1 项	第 11.5.1 条	第 15.3.2 项
具体规定内容	发包人应按照合同约定方式预留保证金，保证金总预留比例不得高于工程价款结算总额的 3%。合同约定由承包人以银行保函替代预留保证金的，保函金额不得高于工程价款结算总额的 3%	专用合同条款约定的金额或比例	发包人应按照合同约定的质量保证金比例从结算款中扣留质量保证金	发包人累计扣留的质量保证金不得超过工程价款结算总额的 3%。如承包人在发包人签发竣工付款证书后 28 天内提交质量保证金保函，发包人应同时退还扣留的作为质量保证金的工程价款；保函金额不得超过工程价款结算总额的 3%。发包人在退还质量保证金的同时按照中国人民银行发布的同期同类贷款基准利率支付利息

由以上规定可知，保证金预留的额度是以工程价款结算总额为基数的，工程价款结算总额是发包人已支付给承包人的建设工程的实际完成价款。应注意的是，使用不同的合同文本对保证金预留的规定是不同的，例如《公路工程标准施工招标文件》（2009 年版）中规定的质量保证金预留比例的基数是合同价格，即发包人应付给承包人而未支付的金额；07 版《标准施工招标文件》（13 年修订）规定质量保证金的计算额度不包括预付款的支付、扣回以及价格调整的金额。另外，与 17 版《工程施工合同》相比，17 版《质量保证金管理办法》将工程质量保证金的比例下调至工程价款结算总额的 3%。

18.3　质量保证金的返还

18.3.1　质量保证金的返还前提

1. 国内合同及规范、办法中的规定

国内对于保证金返还的规定有 17 版《质量保证金管理办法》、07 版《标准施工招标文件》（13 年修订）、13 版《清单计价规范》、17 版《工程施工合同》等。规定质量保证金均是一次性返还，返还的前提是缺陷责任期满。

2. 99 版 FIDIC 新红皮书的规定

99 版 FIDIC 新红皮书中规定：没有进行区段划分的工程，则所有保留金分两次退还，第一次退还一半，其前提是颁发工程移交证书后先退还一半，另一半退还的前提是缺陷通知期结束；涉及工程区段/部分，则分三次退还，第一次退还该分项工程或部分工程估算的合同价值除以估算的最终合同价格所得比例的 40%，其前提是区段移交证书颁发之后，第二次退还该分项工程或部分工程估算的合同价值除以估算的最终合同价格所得比例的 40%，其前提是该区段缺陷通知期到期之后，第三次退还剩余 20%，其退还条件是最后的缺陷通知期结束。

18.3.2　质量保证金的返还程序

1. 国内合同及规范、办法中的规定

（1）17 版《质量保证金管理办法》的规定　缺陷责任期内，承包人认真履行合同约定的责任，到期后，承包人向发包人申请返还质量保证金。发包人在接到承包人返还保证金申请后，应于 14 天内会同承包人按照合同约定的内容进行核实。如无异议，发包人应当按照约定将保证金返还给承包人。对返还期限没有约定或者约定不明确的，发包人应当在核实后14 天内将保证金返还承包人，逾期未返还的，依法承担违约责任。发包人在接到承包人返还保证金申请后 14 天内不予答复，经催告后 14 天内仍不予答复，视同认可承包人的返还保证金申请。

（2）07 版《标准施工招标文件》（13 年修订）的规定　缺陷责任期满时，承包人向发包人申请到期应返还承包人剩余的质量保证金金额，发包人应在 14 天内会同承包人按照合同约定的内容核实承包人是否完成缺陷责任。如无异议，发包人应当在核实后将剩余保证金返还承包人。

缺陷责任期满时，承包人没有完成缺陷责任的，发包人有权扣留与未履行责任剩余工作所需金额相应的质量保证金余额，并有权根据第 19.3 款约定要求延长缺陷责任期，直至完成剩余工作为止。

（3）13 版《清单计价规范》的规定　在合同约定的缺陷责任期终止后的 14 天内，发包人应将剩余质量保证金返还给承包人。剩余质量保证金的返还，并不能免除承包人按照合同约定应承担的质量保修责任和应履行的质量保修义务。

（4）17 版《工程施工合同》的规定　缺陷责任期内，承包人认真履行合同约定的责任，到期后，承包人可向发包人申请返还保证金。发包人在接到承包人返还保证金申请后，应于 14 天内会同承包人按照合同约定的内容进行核实。如无异议，发包人应当按照约定将保证金返还给承包人。对返还期限没有约定或者约定不明确的，发包人应当在核实后 14 天内将保证金返还承包人，逾期未返还的，依法承担违约责任。发包人在接到承包人返还保证金申请后 14 天内不予答复，经催告后 14 天内仍不予答复，视同认可承包人的返还保证金申请。发包人和承包人对保证金预留、返还以及工程维修质量、费用有争议的，按本合同第 20 条约定的争议和纠纷解决程序处理。

可以看出，17 版《质量保证金管理办法》、07 版《标准施工招标文件》（13 年修订）、《13 版清单计价规范》对质量保证金的返还程序基本相同。

结合上文对质量保证金预留的规定，得出质量保证金的预留与返还程序，用图 18-8表示。

2. 99 版 FIDIC 新红皮书的规定

1）当已颁发工程移交证书时，工程师应确认将保留金的前一半支付给承包人。如果某单位工程或部分工程颁发了接收证书，保留金应按一定比例予以确认和支付。此比例是该单位工程或部分工程估算的合同价值，除以估算的最终合同价格所得比例的五分之二（40%）。

587

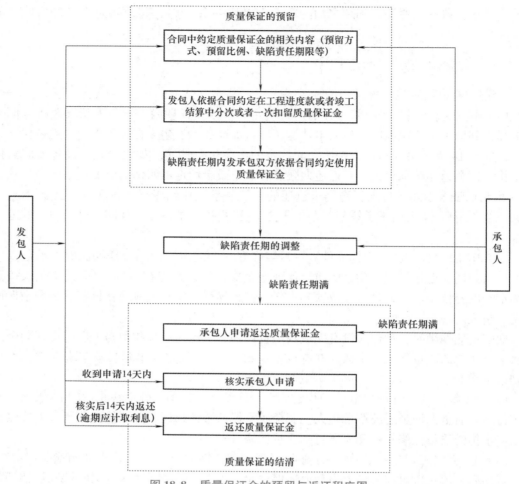

图 18-8　质量保证金的预留与返还程序图

2）在各缺陷通知期的最末一个期满日期后，工程师应迅速确认将保留金未付的余额付给承包人。如对某单位工程颁发了移交证书，保留金后一半的比例额在该单位工程的缺陷通知期满日期后，应迅速确认并支付。此比例应是该单位工程的估算合同价值，除以估算的最终合同价格所得比例的五分之二（40%）[2]。

18.4　质量保证金的新规分析

2017 年 6 月 20 日，住建部与财政部对《质量保证金管理办法》进行了修订，与 2016 年年底颁布的《质量保证金管理办法》相比，仅在比例上进行调整，由工程价款结算总额的 5% 下调至 3%。而 16 版《质量保证金管理办法》与 05 版《质量保证金管理办法》则存在较大的改变，本节将对两个版本的文件进行对比分析。

（1）进一步明确缺陷责任期一般情形　05 版《质量保证金管理办法》第二条规定，缺陷责任期一般为 6 个月、12 个月或 24 个月，具体可由发承包双方在合同中约定。

而在 16 版《质量保证金管理办法》第二条对缺陷责任期限进行了限制，即规定缺陷责任期一般为 1 年，最长不超过 2 年，由发承包双方在合同中约定。

对比两个条款，可以知修订后进一步明确了缺陷责任期的一般情形，并对缺陷责任期进行了一个限制。

（2）新增要求发包人明确逾期返还保证金的违约金支付方法及违约责任，对承包人合法权利进行保障　16 版《质量保证金管理办法》第三条新增（七）逾期返还保证金的违约金支付办法及违约责任，即新增了要求发包人明确逾期返还保证金的违约金支付方法及违约责任，对承包人合法权利进行保障。

（3）新增了竣工前已缴纳履约保证金的，发包人不得同时预留工程质量保证金的情形，进一步规范了发包人预留工程质量保证金的行为　05 版《质量保证金管理办法》第四条规定，采用工程质量保证担保、工程质量保险等其他保证方式的，发包人不得再预留保证金，并按照有关规定执行。

而 16 版《质量保证金管理办法》第六条规定，在工程项目竣工前，已经缴纳履约保证金的，发包人不得同时预留工程质量保证金。采用工程质量保证担保、工程质量保险等其他保证方式的，发包人不得再预留保证金。

对比两个条款，可知修订后的规定新增了竣工前已缴纳履约保证金的，发包人不得同时预留工程质量保证金的情形；进一步规范了发包人预留工程质量保证金的行为。

（4）承包人责任承担由原来的保证金扣除和违约责任同时承担，变更为先扣除保证金，超出部分再进行追偿，客观上减轻了承包人的责任　05 版《质量保证金管理办法》第八条规定，缺陷责任期内，由承包人原因造成的缺陷，承包人应负责维修，并承担鉴定及维修费用。如承包人不维修也不承担费用，发包人可按合同约定扣除保证金，并由承包人承担违约责任。承包人维修并承担相应费用后，不免除对工程的一般损失赔偿责任。

而在 16 版《质量保证金管理办法》第九条规定，缺陷责任期内，由承包人原因造成的缺陷，承包人应负责维修，并承担鉴定及维修费用。如承包人不维修也不承担费用，发包人可按合同约定从保证金或银行保函中扣除，费用超出保证金额的，发包人可按合同约定向承包人进行索赔。承包人维修并承担相应费用后，不免除对工程的损失赔偿责任。

对比两个条款，可知修订后的规定，承包人责任承担由原来的保证金扣除和违约责任同时承担，变更为先扣除保证金，超出部分再进行追偿，客观上减轻了承包人的责任。

（5）明确了没有约定或约定不明确情形的返还期限，同时删除了发包人逾期支付保证金利息的规定　05 版《质量保证金管理办法》第十条规定，发包人在接到承包人返还保证金申请后，应于 14 日内会同承包人按照合同约定的内容进行核实。如无异议，发包人应当在核实后 14 日内将保证金返还给承包人，逾期支付的，从逾期之日起，按照同期银行贷款利率计付利息，并承担违约责任。

而在 16 版《质量保证金管理办法》第十一条规定，发包人在接到承包人返还保证金申请后，应于 14 天内会同承包人按照合同约定的内容进行核实。如无异议，发包人应当按照约定将保证金返还给承包人。对返还期限没有约定或者约定不明确的，发包人应当在核实后 14 天内将保证金返还承包人，逾期未返还的，依法承担违约责任。

对比两个条款，可知修订后的规定，明确了没有约定或约定不明确情形的返还期限，同时删除了发包人逾期支付保证金利息的规定。明确了没有约定或约定不明确情形的返还期限，同时删除了发包人逾期支付保证金利息的规定。

18.5 最终结清相关流程

缺陷责任期终止后，承包人已完成合同约定的全部承包工作，但合同工程的财务账目需要结清，因此要求承包人在合同约定的期限内向监理人提交最终结清申请单，并提供相关证明材料。发包人向承包人支付最终结清款标志着发包人向承包人就合同工程的支付责任宣告结束。本节主要以 07 版《标准施工招标文件》（13 年修订）、13 版《清单计价规范》、99 版 FIDIC 新红皮书等为依据，介绍最终结清的相关内容和程序。

结合 07 版《标准施工招标文件》（13 年修订）、13 版《清单计价规范》以及 17 版《工程施工合同》对最终结清程序规定的相关规定，最终结清的流程图如图 18-9 所示。

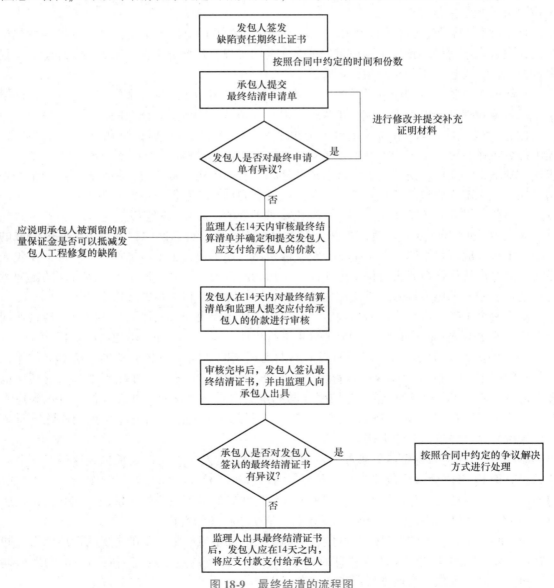

图 18-9　最终结清的流程图

1. 缺陷责任期终止证书

99 版 FIDIC 新红皮书第 11.9 款缺陷责任期终止证书规定：

直到工程师向承包人颁发缺陷责任期终止证书，注明承包人完成合同规定的各项义务的日期后，才应认为承包人的义务已经完成。

缺陷责任期终止证书应由工程师在最后一个缺陷通知期限期满日期后 28 天内颁发，或者在承包人提供所有承包人文件，完成所有工程的施工和试验，包括修补任何缺陷后立即颁发。缺陷责任期终止证书的副本应发送给雇主。

07 版《标准施工招标文件》（13 年修订）规定，在约定的缺陷责任期，包括延长的期限终止后 14 天内，由监理人向承包人出具经发包人签认的缺陷责任期终止证书，并退还剩余的质量保证金。

由以上规定可知，缺陷责任期终止证书签发后，表明承包人已完成全部承包工作，但存在尚未结清的合同遗留账目，因此要求承包人在合同约定的期限内向监理人提交最终结清申请单，并提供相关证明材料。

2. 最终结清申请单

（1）99 版 FIDIC 新红皮书第 14.11 款最终支付证书的申请规定　承包人在收到缺陷责任期终止证书后 56 天内，应向工程师提交按照工程师批准的格式编制的最终报表草案并附证明文件，一式六份，详细列出：

1）根据合同完成的所有工作的价值。

2）承包人认为根据合同或其他规定应支付给他的任何其他款额。

如果工程师不同意或无法核实最终报表草案中的任何部分，承包人应按照工程师可能提出的合理要求提交补充材料，并按照双方可能商定的意见，对该草案进行修改。然后，承包人应按已商定的意见编制并向工程师提交最终报表。这份商定的报表在本条件中称为"最终报表"。

（2）07 版《标准施工招标文件》（13 年修订）第 17.6.1 项最终结清申请单规定

1）缺陷责任期终止证书签发后，承包人可按专用合同条款约定的份数和期限向监理人提交最终结清申请单，并提供相关证明材料。

2）发包人对最终结清申请单内容有异议的，有权要求承包人进行修正和提供补充资料，由承包人向监理人提交修正后的最终结清申请单。

（3）13 版《清单计价规范》第 11.6.1 条规定　缺陷责任期终止后，承包人应按照合同约定向发包人提交最终结清支付申请。发包人对最终结清支付申请有异议的，有权要求承包人进行修正和提供补充资料。承包人修正后，应再次向发包人提交修正后的最终结清支付申请。

（4）17 版《工程施工合同》第 14.4.1 项最终结清申请单规定

1）除专用合同条款另有约定外，承包人应在缺陷责任期终止证书颁发后 7 天内，按专用合同条款约定的份数向发包人提交最终结清申请单，并提供相关证明材料。

除专用合同条款另有约定外，最终结清申请单应列明质量保证金、应扣除的质量保证金、缺陷责任期内发生的增减费用。

2）发包人对最终结清申请单内容有异议的，有权要求承包人进行修正和提供补充资料，承包人应向发包人提交修正后的最终结清申请单。

为了与国际接轨，我国 07 版《标准施工招标文件》（13 年修订）的编制借鉴了 99 版 FIDIC 新红皮书的相关内容。从以上关于最终申请单的规定，可知我国 07 版《标准施工招标文件》（13 年修订）中的最终结清申请单与 99 版 FIDIC 新红皮书的最终支付证书规定类似。两者在时间上基本一致，都是在缺陷责任期终止证书签发后，提出申请。两者在内容上也基本一致，都需要提交相关证明材料。而 13 版《清单计价规范》、17 版《工程施工合同》的编制借鉴的是 07 版《标准施工招标文件》（13 年修订）。因此三个文件对最终结清单的规定内容基本一致，只是 17 版《工程施工合同》规定了最终结清申请单应列明的内容：质量保证金、应扣除的质量保证金、缺陷责任期内发生的增减费用。

3. 最终结清证书

（1）99 版 FIDIC 新红皮书第 14.13 款最终支付证书的颁发规定　工程师在收到承包人的最终支付证书的申请和结清证明的最终报表和结清证明后 28 天内，应向雇主发出最终支付证书，其中说明：

1）最终应支付的金额。

2）确认雇主先前已付的所有金额以及雇主有权得到的金额后，雇主尚需付给承包人，或者承包人尚需付给雇主（视情况而定）的金额（如果有）。

如果承包人未按最终支付证书的申请和结清证明的规定申请最终支付证书，工程师应要求承包人提出申请。如承包人在 28 天期限内未能提交申请，工程师应按其公正确定的应付金额颁发最终支付证书。

（2）07 版《标准施工招标文件》（13 年修订）第 17.6.2 项最终结清证书和支付时间规定

1）监理人收到承包人提交的最终结清申请单后的 14 天内，提出发包人应支付给承包人的价款送发包人审核并抄送承包人。发包人应在收到后 14 天内审核完毕，由监理人向承包人出具经发包人签认的最终结清证书。监理人未在约定时间内核查，又未提出具体意见的，视为承包人提交的最终结清申请已经监理人核查同意；发包人未在约定时间内审核又未提出具体意见的，监理人提出应支付给承包人的价款视为已经发包人同意。

2）发包人应在监理人出具最终结清证书后的 14 天内，将应支付款支付给承包人。发包人不按期支付的，按专用合同条款的约定，将逾期付款违约金支付给承包人。

3）承包人对发包人签认的最终结清证书有异议的，按照专用合同条款约定的争议解决方式办理。

4）最终结清付款涉及政府投资资金的，按照国库集中支付等国家相关规定和专用合同条款的约定办理。

（3）13 版《清单计价规范》第 11.6.2 至第 11.6.7 条规定

1）发包人应在收到最终结清支付申请后的 14 天内予以核实，并向承包人签发最终结清支付证书。

2）发包人未在约定的时间内核实，又未提出具体意见的，应视为承包人提交的最终结清支付申请已被发包人认可。

3）发包人未按期最终结清支付的，承包人可催告发包人支付，并有权获得延迟支付的利息。

4）最终结清时，承包人被预留的质量保证金不足以抵减发包人工程缺陷修复费用的，承包人应承担不足部分的补偿责任。

5）承包人对发包人支付的最终结清款有异议的，应按照合同约定的争议解决方式处理。

（4）17 版《工程施工合同》第 14.4.2 款最终结算证书和支付规定

1）除专用合同条款另有约定外，发包人应在收到承包人提交的最终结清申请单后 14 天内完成审批，并向承包人颁发最终结清证书。发包人逾期未完成审批，又未提出修改意见的，视为发包人同意承包人提交的最终结清申请单，且自发包人收到承包人提交的最终结清申请单后 15 天起视为已颁发最终结清证书。

2）除专用合同条款另有约定外，发包人应在颁发最终结清证书后 7 天内完成支付。发包人逾期支付的，按照中国人民银行发布的同期同类贷款基准利率支付违约金；逾期支付超过 56 天的，按照中国人民银行发布的同期同类贷款基准利率的两倍支付违约金。

99 版 FIDIC 新红皮书规定了在向发包人申请最终结算证书时，应说明的内容和相关程序。07 版《标准施工招标文件》（13 年修订）、17 版《工程施工合同》虽没有明确规定申请最终结算证书时应说明的内容，但规定了申请最终结算证书时的相关程序；同时 13 版《清单计价规范》的规定虽没有明确规定申请最终结算证书应说明的内容，但隐含了申请时应说明的内容：承包人被预留的质量保证金是否足以抵减发包人工程缺陷修复费用。

本章参考文献

［1］徐文胜. 工程竣工交付后的质量责任［J］. 建筑市场与招标投标，2006（6）：18-20.

［2］张水波，何伯森. FIDIC 新版合同条件导读与解析［M］. 北京：中国建筑工业出版社，2003.